水处理科学与技术

饮用水安全保障技术原理

曲久辉　等著

科学出版社
北京

内 容 简 介

本书结合近年来国内外饮用水供给方面的研究与应用进展，以水质健康风险控制为核心理念，从源水水质改善、处理工艺优化与强化、输配过程水质保障、特殊污染物去除、水质安全评价的全过程，系统地论述了饮用水水质安全保障的新技术原理，尝试构建涵盖水质转化-过程控制-工艺应用-风险评价的完整体系，力求将本领域的最新成果系统地向读者展示。

本书可供从事给水排水工程、环境科学与工程等专业的研究人员、高等院校师生、企业技术人员等参考。

图书在版编目(CIP)数据

饮用水安全保障技术原理/曲久辉等著. —北京：科学出版社，2007

ISBN 978-7-03-018809-0

Ⅰ.饮… Ⅱ.曲… Ⅲ.饮用水-水处理 Ⅳ.TU991.2

中国版本图书馆 CIP 数据核字（2007）第 045616 号

责任编辑：杨　震/责任校对：赵燕珍
责任印制：张　伟／封面设计：铭轩堂

科学出版社出版
北京东黄城根北街 16 号
邮政编码：100717
http://www.sciencep.com

北京虎彩文化传播有限公司印刷
科学出版社发行　各地新华书店经销

*

2007 年 4 月第　一　版　　开本：B5（720×1000）
2020 年 1 月第三次印刷　　印张：43 3/4
字数：862 000

定价：198.00元
（如有印装质量问题，我社负责调换）

前　言

饮用水是人类生存所必需的物质资源。然而，随着环境污染的加剧，饮用水质安全已经成为影响人类生存与健康的重大问题。我们经常被一些由于饮用水质所导致的疾病所困扰，也经常被一些为此而失去健康甚至生命的案例所震惊。人类从来都没有像今天这样对养育和滋润了自己的生命之水感到如此的陌生和疑惑，也从来没有像今天这样对正在失去的水的纯净而焦虑和恐惧。我们不断地探求人类的生命之源到底发生了怎样的变化：从水分子的微观结构到作为水源的江河湖库，从水中物质的复杂组分到水质净化的全部过程，从汲取水的健康营养到合理饮用的科学方式……。于是，保护饮用水源的紧迫感变为全人类的自觉行动，获取高质量饮用水的需求成为我们对相关科学和技术进行探索的巨大动力。

在这种动力的推动下，20 世纪中叶以来饮用水科学和技术得到迅速发展。首先是人们发现了对水质具有影响的诸多要素和过程。如在水源水中发现了多种具有致癌、致畸和致突变的化学物质，发现了这些物质可以来源于环境的直接排放也可以来自于水中其他物质的转化，而这些转化往往发生在环境多介质和多界面过程，是复杂的和复合的。人们也惊奇地发现，水中的很多化学物质即使在非常低的剂量下，当它们中的几种共存时就会产生复合污染，表现出毒性效应。这一事实告诉我们，传统的饮用水水质的评价方法和标准已不能适应于健康风险控制的需求，必须发展和采用一种更加科学和合理的方式。基础科学的发展和风险概念的提出，对饮用水污染控制和水质净化提出了更高的技术要求。于是，以水质转化过程和风险控制为基础的饮用水安全保障技术得到新的发展。在研究与实践中人们认识到，保护水源、控制水源污染是保障饮用水安全的前提，优化和强化常规处理工艺是去除水中污染物的关键，针对微量有毒有害污染物的深度处理工艺是保障饮用水安全的重要手段，控制输配水过程“二次污染”是确保用户终端水质安全的重要环节。

为此，人们注重将水源地保护与水质改善、水厂安全净化和管网水质稳定等环节统筹考虑，进行关键技术开发和综合集成，形成系列技术和方法。在水源保护与水质净化方面，近年来发展出以植物作用为主的生态工程技术、生物预处理技术、扬水曝气技术以及生态/生物/物理化学组合技术等。在水厂净化方面，从预处理到深度处理技术水平全面提高，以催化氧化为代表的污染物安全转化技术原理不断深化并得到工程应用；新型絮凝剂和絮凝技术成为改善常规净水工艺的重要基础，在高效絮凝剂开发成功并走向市场的同时，与之相适应的高效絮凝反应器和投药控制系统也相继应用，将高效能絮凝剂-高效率反应器-自动投药控制进行组合的水厂絮凝集成化技术系统不仅在概念和原理上，而且在工程应用上都得到丰富和发展；以絮凝过程为基础的水处理沉淀和过滤新工艺也在水质改善中发挥了重要作用，如接触凝聚-拦截沉淀技术、改性滤料与微絮凝直接过滤技术等都在处理低温低浊水中得到成功应用；以控制消毒副产物、提高水质安全为目标的饮用水消毒技术也有新的发展，如二氧化氯及其消毒技术、顺序氯氨消毒技术、紫外消毒及与臭氧联合消毒技术等，都在应用中不断完善；针对水中有毒有害污染物去除的深度处理技术近年来发展迅速，除常用的臭氧-生物活性炭工艺以外，深度氧化、高效吸附、膜过滤等新材料、新技术和新工艺成为代表饮用水技术发展水平的研究与应用成果。在管网安全送配方面，有关水质化学与生物学指标变化的研究成果，对维护管网水质稳定提供了科学基础；管材对水质影响的认识及控制策略的提出，为饮用水输配过程的污染控制提供了重要依据；管网漏失检测、预警和控制技术的新进展，为提高饮用水送配效率提供了有效保证。这些技术的发展，为饮用水安全生产和供给提供了有力的技术支撑。

然而，水质及其变化是非常复杂的，而饮用水中有毒污染物的危害也是没有阈值的，风险控制才是保障水质安全的根本途径。为此，全世界都在不断提高饮用水的质量标准，我国也已将生活饮用水水质标准由原来的 35 项提高到 103 项，原有的一些指标则更加严格。水质标准的提高，必然导致实际水源水质与水质需求之间的矛盾更加突出，从而对水质净化提出了新的、更高的技术需求。针对我国水源污染状况及其复合污染特征，如何从根本上保障饮用水安全、控制潜在健康风险，实现水质安全转化与净化仍然是亟待解决的难点问题。同时，随着新型污染物的不断发现以及多学科的交叉与融合，饮用水处理技术原理也将不断取得新进展与新突破。适应本领域的发展趋势和科技需求，系统总结和深化饮用水安全保障方面的最新进展，对提升我国饮用水水质安全保障的研究与应用水平具有重要意义。

本书针对水质健康风险与过程控制这一核心问题，以作者近年来在饮用水水质安全保障与风险控制方面的主要工作为基础，结合国内外本领域的研究与应用进展，从饮用水水源保护、处理过程优化与强化、输配过程水质保障、特殊污染物的去除与控制、水质安全评价的全过程，系统地阐述了饮用水安全保障的新技术原理，试图形成涵盖水质转化-过程控制-工艺应用-风险评价等不同系统层次的饮用水安全保障技术体系。

本书共分 12 章。第 1 章为概论，最后一章（第 12 章）为水质安全评价，头尾两章通过“水质安全”这一核心内容前后呼应、有机衔接；中间 10 章分别从预处理、强化常规处理、深度处理、地下水处理、安全消毒和管网输配各环节，系统阐述了饮用水安全保障的新原理和新方法。在介绍了作者近年来有关饮用水水质安全保障研究和应用工作的同时，综述了大量国内外文献，力求将本领域的最新成果系统地向读者展示。

本书的研究工作得到了国家自然科学基金、中国科学院知识创新工程等项目的支持，本书的出版得到了中国科学院科学出版基金的赞助；本书的第2章、第4章、第7章和第12章用到了中国科学院生态环境研究中心汤鸿霄院士、尹澄清研究员和王子健研究员的部分研究结果，并得到了他们对本书的大力支持；兰华春、葛小鹏、胡承志、赵旭等为本书的排版、绘图、校对和资料收集做了大量的工作，在此一并致谢。

本书可供从事给水排水工程、环境科学与工程等专业的工程技术人员、科研人员参考，也可作为高等学校相关专业研究生、本科生的参考书。

由于著者水平有限，诚望读者对书中谬误之处不吝指正。

中国科学院生态环境研究中心

2007年1月于北京

目　　录

前言
第1章　概论……1
1.1　水质概论……1
1.1.1　水的分布与循环……1
1.1.2　我国的水资源与污染现状……2
1.1.3　水的物理化学性质……3
1.1.4　天然水化学特性……6
1.1.5　水质学基础……8
1.1.6　饮用水水质标准……10
1.2　水质安全问题……11
1.2.1　水质的感观性态……11
1.2.2　水质的化学污染……12
1.2.3　水质的生物污染……17
1.2.4　水质毒理学……18
1.2.5　水质复合污染……18
1.2.6　水质突发事件……19
1.3　水质转化与控制新概念……20
1.3.1　水质转化过程……20
1.3.2　水质复合污染途径……21
1.3.3　水质的健康风险……23
1.3.4　水质毒理学评价……24
1.3.5　水质数据库与系统仿真控制……25
1.3.6　水质安全保障系统观……25
1.4　水质控制技术研究进展……26
1.4.1　国内外发展状况概述……26
1.4.2　水质控制技术系列进展……28
参考文献……35
第2章　水源保护与污染控制……36
2.1　饮用水源……36
2.1.1　饮用水源的基本类型……36

2.1.2 水源地生态系统…… 37
2.1.3 水源地的基本功能…… 37
2.1.4 水源地保护的污染总量控制…… 39
2.2 饮用水源的污染问题与来源…… 40
2.2.1 饮用水的污染类型…… 40
2.2.2 主要污染途径…… 41
2.2.3 水源污染的生态效应…… 43
2.2.4 水源污染的健康安全…… 45
2.2.5 水源污染对后续水处理工艺的影响…… 46
2.3 水源污染的综合控制…… 46
2.3.1 水源污染控制与修复的基本原理…… 47
2.3.2 方法概述…… 58
2.3.3 水源地点源污染控制…… 60
2.3.4 水源地面源污染控制…… 60
2.3.5 水源地内源污染控制…… 67
2.3.6 外源-内源污染协同控制 …… 68
2.4 水源污染综合控制方法的工程实例…… 71
2.4.1 背景与限制因素…… 71
2.4.2 总体思路…… 72
2.4.3 生态型水源建设的环境构造…… 72
2.4.4 生态系统构建和工程实施的初步结果…… 80
参考文献 …… 84
第3章 原水预处理 …… 89
3.1 概述…… 89
3.2 原水预处理目的…… 89
3.2.1 改善原水水质…… 90
3.2.2 降低处理负荷…… 90
3.2.3 提高水质安全…… 90
3.3 原水预处理的主要方法…… 90
3.3.1 化学预氧化处理…… 90
3.3.2 生物预处理 …… 100
3.3.3 吸附预处理 …… 103
3.3.4 酸碱预处理 …… 104
3.3.5 曝气预处理 …… 105
3.3.6 沉淀预处理 …… 105

3.4　预处理对后续工艺的影响 …… 106
3.4.1　预氧化对混凝的影响：北方水体 …… 106
3.4.2　预氧化对混凝的影响：南方水体 …… 109
3.5　预处理应用案例分析 …… 116
3.5.1　原水嗅味问题 …… 116
3.5.2　主要处理技术与效果评估 …… 119
参考文献 …… 123
第 4 章　强化混凝原理 …… 125
4.1　强化混凝研究与进展 …… 125
4.1.1　混凝概论 …… 125
4.1.2　混凝理论基础 …… 128
4.1.3　强化混凝与优化混凝 …… 135
4.2　混凝剂的强化 …… 141
4.2.1　混凝剂研究概况 …… 141
4.2.2　无机高分子絮凝剂化学基础 …… 143
4.2.3　纳米絮凝剂 …… 158
4.2.4　新型多功能水处理药剂——高铁 …… 168
4.3　混凝过程强化 …… 182
4.3.1　原水水质特征 …… 182
4.3.2　不同水质的强化混凝特征 …… 187
4.3.3　多功能混凝剂 PACC 的强化混凝特性 …… 191
4.3.4　Al_{13} 形态的转化及其强化混凝机制 …… 194
4.4　絮体的形成与工艺控制 …… 201
4.4.1　絮体的形成与破碎 …… 201
4.4.2　絮体分形理论 …… 203
4.4.3　絮体强度的测定 …… 205
4.4.4　絮体结构特征及测定 …… 211
4.4.5　絮体结构与强度的工艺控制 …… 217
4.5　展望 …… 221
参考文献 …… 222
第 5 章　接触凝聚沉淀 …… 227
5.1　水体颗粒物及接触凝聚 …… 227
5.1.1　水体颗粒物 …… 227
5.1.2　接触凝聚 …… 235
5.2　絮体分形结构对沉淀的影响 …… 237

5.2.1　絮体的分形结构特征 …… 237
5.2.2　分形絮体的特征 …… 240
5.2.3　分形絮体的 cluster-fractal 模型 …… 241
5.2.4　絮体的生长过程及形态与密度的关系 …… 243
5.2.5　絮体分形结构与其粒度分布的关系 …… 245
5.2.6　絮体分形结构对其碰撞速度的影响 …… 245
5.2.7　絮体分形结构对其沉降速度的影响 …… 246
5.3　沉淀的分类及经典原理 …… 247
5.3.1　沉淀池的发展和应用 …… 247
5.3.2　沉淀过程的分类 …… 249
5.3.3　沉淀的经典原理 …… 251
5.3.4　现行沉淀方法的缺陷 …… 252
5.4　拦截沉淀工艺 …… 252
5.4.1　拦截沉淀的基本原理 …… 252
5.4.2　拦截沉淀反应器 …… 253
5.4.3　拦截沉淀的效能及主要影响因素 …… 256
5.4.4　拦截沉淀与其他沉淀工艺的比较 …… 267
5.4.5　拦截沉淀工艺的应用实例 …… 270
参考文献 …… 271
第 6 章　接触絮凝气浮 …… 277
6.1　溶气气浮技术的发展概况 …… 277
6.2　溶气气浮理论与新模式 …… 281
6.2.1　热力学方面的研究 …… 281
6.2.2　动力学方面的研究 …… 288
6.2.3　颗粒气泡黏附的物理化学流体动力学模式研究 …… 291
6.2.4　颗粒与气泡碰撞的群体平衡模式 …… 295
6.2.5　其他模式 …… 296
6.2.6　溶气气浮技术的新概念 …… 297
6.2.7　溶气气浮新方法的类型 …… 298
6.3　絮凝-平流式溶气气浮工艺 …… 299
6.3.1　絮凝-平流式溶气气浮的工艺流程 …… 299
6.3.2　絮凝剂对絮凝-平流式溶气气浮工艺除浊效果的影响 …… 300
6.3.3　水力条件对絮凝-平流式溶气气浮工艺除浊效果的影响 …… 301
6.3.4　絮凝操作条件对絮凝-平流式溶气气浮工艺的颗粒物去除效果的影响 …… 304

6.3.5　溶气-释气条件对絮凝-平流式溶气气浮工艺除浊效果的影响 …… 305
6.3.6　气浮池水力负荷对絮凝-平流式溶气气浮工艺除浊效果的影响 …… 306
6.3.7　絮凝-平流式溶气气浮工艺的稳定性和除藻性能 …… 307
6.4　逆流式气浮 …… 308
6.4.1　逆流气浮反应器系统 …… 308
6.4.2　逆流气浮柱反应器的水力特征 …… 309
6.4.3　逆流共聚气浮的除浊性能 …… 311
6.5　强化共聚逆流气浮组合工艺 …… 313
6.5.1　强化共聚逆流气浮组合工艺流程 …… 313
6.5.2　微涡旋管式絮凝(MEF)-逆流气浮(CCDAF)-纳滤(NF)组合工艺 …… 314
6.5.3　JMS-逆流气浮(CCDAF)-纳滤(NF)组合工艺 …… 319
6.6　溶气气浮分形动力学模型 …… 321
6.6.1　微气泡在水中的上升过程 …… 321
6.6.2　烧杯气浮实验中絮体与微气泡间的碰撞 …… 322
6.6.3　逆流动态气浮过程 …… 323
6.6.4　分形絮体与气泡黏附的方程 …… 324
6.6.5　絮体/微气泡的聚集体在水中的上升速度 …… 325
参考文献 …… 326
第7章　强化过滤新工艺 …… 332
7.1　水处理过滤的基本原理和方法 …… 332
7.1.1　水处理过滤的基本原理 …… 332
7.1.2　过滤材料 …… 333
7.1.3　过滤工艺 …… 335
7.1.4　现行过滤工艺的问题 …… 335
7.2　新型过滤材料及其强化过滤作用 …… 336
7.2.1　过滤材料改性及过滤效能 …… 336
7.2.2　新型过滤材料研制及过滤性能 …… 338
7.3　强化过滤新工艺 …… 342
7.3.1　强化过滤工艺的优化方法 …… 342
7.3.2　接触凝聚强化过滤 …… 343
7.3.3　强化纤维过滤工艺 …… 350
7.3.4　预氧化强化过滤 …… 357

7.3.5 二次微絮凝强化过滤技术 …… 359
7.3.6 强化过滤对水质的保障作用 …… 362
7.4 强化过滤的应用与发展方向 …… 366
7.4.1 新型过滤材料的应用案例分析 …… 366
7.4.2 强化过滤工艺应用的案例分析 …… 367
参考文献…… 368
第8章 深度处理新技术…… 371
8.1 常用深度处理方法概述 …… 371
8.1.1 深度处理问题的提出 …… 371
8.1.2 常用的深度处理方法 …… 372
8.1.3 臭氧-生物活性炭工艺中存在的主要问题…… 382
8.2 深度催化臭氧化新方法 …… 383
8.2.1 均相催化臭氧化 …… 383
8.2.2 Fe(Ⅱ) 催化臭氧氧化效能 …… 386
8.2.3 Mn(Ⅱ) 催化臭氧氧化 …… 388
8.2.4 非均相催化臭氧氧化 …… 391
8.3 膜处理方法 …… 395
8.3.1 微滤在饮用水深度处理中的应用 …… 396
8.3.2 超滤在饮用水深度处理中的应用 …… 397
8.3.3 纳滤在饮用水深度处理中的应用 …… 399
8.3.4 反渗透在饮用水深度处理中的应用 …… 400
8.4 深度吸附处理新方法 …… 400
8.4.1 类脂复合吸附剂的形态结构 …… 401
8.4.2 类脂复合吸附剂对水中 POPs 的吸附性能 …… 402
8.4.3 类脂复合吸附剂对水中 POPs 的吸附过程 …… 404
8.5 饮用水的其他深度处理方法 …… 406
参考文献…… 407
第9章 安全消毒新方法…… 410
9.1 概述 …… 410
9.1.1 饮用水消毒历史沿革 …… 410
9.1.2 饮用水消毒概况 …… 411
9.1.3 饮用水消毒的主要安全问题 …… 412
9.2 常用的消毒方法 …… 415
9.2.1 氯消毒 …… 415
9.2.2 氯胺消毒 …… 418

9.2.3 二氧化氯消毒 …… 420
9.2.4 臭氧消毒 …… 421
9.2.5 高锰酸钾消毒 …… 422
9.2.6 紫外消毒 …… 423
9.3 饮用水消毒新技术 …… 425
9.3.1 光催化消毒 …… 425
9.3.2 电化学消毒 …… 432
9.3.3 超声消毒 …… 436
9.3.4 高铁酸盐消毒 …… 438
9.3.5 新型杀菌材料及其消毒效能 …… 440
9.3.6 联用消毒新技术 …… 443
9.4 消毒副产物的生成与控制 …… 448
9.4.1 消毒副产物生成的化学基础 …… 448
9.4.2 消毒副产物的生成与控制 …… 453
参考文献 …… 471
第10章 以地下水为原水的水质净化 …… 479
10.1 概述 …… 479
10.1.1 地下水的主要污染问题 …… 480
10.1.2 地下水污染控制 …… 484
10.2 水中有机物去除方法 …… 487
10.2.1 去除地下水中有机物的一般方法 …… 487
10.2.2 锰氧化物氧化/吸附水中有机物方法 …… 487
10.3 地下水中 NO_3^- 的去除 …… 494
10.3.1 水中 NO_3^- 去除方法概述 …… 494
10.3.2 Pd-Cu/水滑石催化氢还原脱硝 …… 513
10.4 地下水中砷的去除 …… 532
10.4.1 地下水除砷方法概述 …… 532
10.4.2 复合金属氧化物吸附除砷新方法 …… 534
10.4.3 对砷的吸附性能 …… 535
10.5 地下水中氟的去除方法 …… 539
10.5.1 吸附法 …… 539
10.5.2 离子交换法 …… 542
10.5.3 絮凝沉淀法 …… 543
10.5.4 电化学方法 …… 543
10.5.5 膜滤法 …… 544

10.5.6 化学沉淀法…………………………………………………………… 544
10.6 地下水中铁锰的去除…………………………………………………… 545
10.6.1 自然氧化法…………………………………………………………… 545
10.6.2 接触氧化法…………………………………………………………… 546
10.6.3 生物法………………………………………………………………… 548
10.6.4 膜技术………………………………………………………………… 550
参考文献…………………………………………………………………… 551
第 11 章 输配过程的水质稳定 ……………………………………………… 556
11.1 概述………………………………………………………………………… 556
11.2 水的化学稳定性与管网水质……………………………………………… 558
11.2.1 铁释放的机理和影响因素…………………………………………… 559
11.2.2 铜和铅的释放机理及其影响因素…………………………………… 563
11.2.3 消毒剂对管网水质化学稳定性的影响……………………………… 568
11.2.4 pH 对管网水质化学稳定性的影响 ………………………………… 569
11.2.5 水力条件对管网水质化学稳定性的影响…………………………… 570
11.2.6 CO_2 对管道腐蚀的影响 ………………………………………… 571
11.2.7 金属管材腐蚀的评价………………………………………………… 574
11.2.8 腐蚀的控制…………………………………………………………… 578
11.3 水的生物稳定性与管网水质……………………………………………… 582
11.3.1 水的生物稳定性评价方法…………………………………………… 582
11.3.2 影响管网水质生物稳定性的主要因素……………………………… 585
11.3.3 管网系统中的微生物及其控制方法………………………………… 587
11.4 消毒剂余量与管网水质的关系…………………………………………… 593
参考文献…………………………………………………………………… 597
第 12 章 水质安全评价 ……………………………………………………… 606
12.1 水源地水质安全评价……………………………………………………… 606
12.1.1 现行水源地水质标准及其存在问题………………………………… 606
12.1.2 水源水质基准与风险评价方法……………………………………… 609
12.1.3 水源地生态风险评价案例…………………………………………… 615
12.2 饮用水工艺过程出水安全性评价………………………………………… 618
12.2.1 国内外现有水质标准………………………………………………… 618
12.2.2 水质安全评价的基本方法…………………………………………… 621
12.2.3 饮用水处理工艺及出水水质安全性化学评价指标体系…………… 622
12.2.4 未知污染物评价方法………………………………………………… 626
12.2.5 突发事件应急监测方法……………………………………………… 645

12.3 饮用水健康风险评价…… 646
12.3.1 饮用水健康风险评价研究与应用现状…… 647
12.3.2 健康风险评价的一般过程…… 648
12.3.3 某市居民生活饮用水健康风险评价研究案例…… 655
参考文献…… 664
附录…… 665
附录1 中华人民共和国生活饮用水卫生标准…… 665
附录2 世界卫生组织饮用水水质标准…… 670
附录3 欧盟饮用水水质指令…… 677
附录4 美国饮用水水质标准…… 679

第1章 概　　论①

1.1 水质概论

1.1.1 水的分布与循环

水是世界上分布最广的自然资源，也是人类社会和一切生命活动所必需的物质。蕴藏在海洋中的水占地球上水量的绝大部分，为地球总水量的97.2%，并覆盖着70%以上的地球表面；陆地上到处分布有江河、湖泊、沼泽等地面水，其中淡水约有一半，但其总量只占地球总水量的万分之一。另外，地下土壤和岩层中含有多层地下水；在高山及永冻地区积存有巨量的冰雪和冰川，它们约占陆地淡水总资源量的四分之三，随着全球气候变暖，这些淡水资源将会给人类生存带来极大影响；大气中的水蒸气和天空中的云蕴含着大量可用的水资源；动植物机体中也饱含水分，例如，大多数细胞原生质内含水分约80%，人的身体中有65%为水分；即使在矿物岩石结构中也还包含相当数量的结晶水[1]。由此可见，水是地球上一切生命活动的源泉！

人类可以利用的水资源主要有：大气水、地表水、地下水、经处理的污水、淡化海水、土壤水和生物水等。但是自然界的水并不是静止不动的，而是一直在进行着流动、迁移和转化，这种川流不息、周而复始的运动，称为水的自然循环，其直接推动力来自太阳热能和地球引力。自然界的各种活动如风雨雷电、洪水干旱、火山爆发等，无不影响和控制着自然循环中的水量与水质。

此外，由于人类社会生活、生产活动以及动植物的生命活动也不断消耗大量的水，并制造大量生活污水和工业废水排入各种天然水体，构成了水的一个局部循环体系（称之为水的社会循环）。人们取水、用水、排水连同自然过程所形成的复杂循环，对水体的水量、水质都会产生重要影响，并直接地决定着水的人为可利用性。虽然除了用水环节中的蒸发耗散和发生的内部循环外，水量基本没有大的变化，但水质却往往会有较大的改变。如市政与工业用水在使用前都经过了必要的处理，由于使用过程中引入了各种各样的污染物而成为污水或废水，即使在循环利用或排入受纳水体前进行了有效处理，但污染物浓度通常已大大高于原水。

水的自然循环量只占地球上总水量的0.031%，而其中经径流和渗流的约占

① 本章由王东升，曲久辉撰写。

0.003%，水的社会循环从中取用的水量又不过是径流和渗流水量的2%～3%，亦即地球总水量的数百万分之一。此部分水的比例在数量上似乎微不足道，然而却在社会循环中，表现出人与自然在水量和水质方面的复杂矛盾，对人类的生存与发展具有重大影响。

1.1.2 我国的水资源与污染现状

我国是一个贫水国家，人均水资源占有量约2340m^3，仅为世界人均占有量的四分之一，而且时空分布极不均匀，开发利用难度很大，致使全国许多地区和城市严重缺水。与此同时，我国水环境质量不断恶化，不仅进一步加剧了水资源的紧张，而且对人体健康构成了直接和潜在威胁，并造成了巨大的经济损失，直接影响了我国社会和经济的可持续发展。

"水多、水少、水脏"成为我国水资源保护与利用的三大问题。"水多"即洪涝灾害、"水少"即短缺和旱灾、"水赃"即水体污染。这三种现象在我国不同地区和不同时期都有极端严重的表现，1998年的大面积水灾同时又发生黄河断流和北方旱灾，长期以来的水短缺和沙漠化，全国江河湖海的普遍污染，都显示出我国水资源问题的严峻和迫切。这三方面的问题，从表面看来，前两种是水量多少问题，后一种是水质优劣问题，实际上，水量与水质这两方面是彼此相关、互为因果的，水质污染减少了可用水量，水质净化又增加了有效水量。因此，水质问题贯穿于整个水资源问题当中，也是我国资源开发和环境保护中最为迫切和关键的问题。2005年国家环境状况公报显示[1]，国家环境监测网（简称国控网）七大水系的411个地表水监测断面中，Ⅰ～Ⅲ类、Ⅳ～Ⅴ类和劣Ⅴ类水质的断面比例分别为41%、32%和27%。其中，珠江、长江水质较好，辽河、淮河、黄河、松花江水质较差，海河污染严重。主要污染指标为氨氮、五日生化需氧量（BOD_5）、高锰酸盐指数（COD_{Mn}）和石油类。七大水系的100个国控省界断面中，Ⅰ～Ⅲ类、Ⅳ～Ⅴ类和劣Ⅴ类水质的断面比例分别为35%、40%和24%。海河和淮河水系的省界断面污染较重。滇池、太湖、巢湖等大部分湖泊富营养化严重。水污染成为我国社会和经济发展的重要制约因素。

近20年来，我国内陆水体面临着水面萎缩和水体污染的双重困扰，导致很多水体生态功能丧失及供水水源质与量的下降。例如，1949年中国湖泊总面积为70 000km^2，1994年下降至55 000km^2，其中的淡水湖泊水资源储存能力在45年间降低了340亿m^3，50%的大型湖泊富营养化，数千公里河段鱼虾绝迹，非人工养殖的水产品产量和多样性逐年下降，许多中国特有的种群已经或即将绝迹。此外，经济高速发展过程中排放的大量化学污染物相当一部分积累在水体沉积物中，对水生态系统构成长期威胁。因此，控制水污染、保障饮用水安全已经成为我国生存与发展的重大问题。

近年来，我国政府采取了许多控制水污染的重要举措，对流域污染治理和饮用水安全保障起到了重要作用，使我们在碧水清波的期望中看到了“源头活水”的未来。

1.1.3 水的物理化学性质

1.1.3.1 水的组成与分子结构

众所周知，水是由氢和氧两种元素组成的。水的最简单化学式为 H_2O，是由一个氧原子与两个氢原子以共价键连接而成。它是一种独特的液体，具有很高的沸点和高的蒸发热。它在 4℃时密度最大，冷冻时体积发生膨胀。水的表面张力很大，它是盐类和极性分子的良溶剂[1]。这些性质都与水分子的特殊结构密切相关。

从高温水蒸气的密度测得水的相对分子质量为 18，恰与其分子式 H_2O 相符，但是氢和氧都有同位素，因而会形成各种不同相对分子质量的水分子。我们知道，氢有三种同位素，即氕（H^1）、氘（H^2，又称重氢，简写为 D）、氚（H^3，简写为 T）。其中，前两种同位素比较稳定，在所有天然氢中占绝大部分，丰度分别为 99.9844%、0.0156%。第三种是氢的超重同位素 H^3(T)，它是一种半衰期为 12.41 年的放射性同位素，它以超微量存在于水中。另外，氧的同位素有 O^{14}、O^{15}、O^{16}、O^{17}、O^{18}、O^{19}六种，其中 O^{16}、O^{17}、O^{18}是稳定的，其余是放射性的，O^{16}的数量占所有氧同位素的 99.76%[2]。

在 H_2O 分子式中，三个原子排列成以 H 原子为底、以 O 原子为顶的等腰三角形方式。其 O—H 距离为 0.9568Å，H—H 距离为 1.54Å，H—O—H 所夹键角为 104.5°。在冰中，分子内 O—H 距离增加到 0.99Å，而键角增大到四面体角，即 109°30′。水分子的电子云是由 s 电子和 p 电子杂化而形成的，在水分子的三个核周围环绕着 10 个电子，其中有两个电子靠近氧核，为其 1s 电子。氧的另外 6 个电子（$2s^2 2p^4$）经过杂化与两个氢原子的电子合成 4 对，分别在 4 个长椭圆形轨道上运动。其中两对为氢与氧原子核所共有，在氧原子与两个氢原子之间形成 OH 键，组成两个成键轨道，两轨道的轴沿着 O—H 键方向；另外两对则是氧的孤对电子，构成两个非成键轨道，其所在的平面大致通过氧原子核而与 H—O—H 所在的平面垂直。OH 键和孤对电子形成四面体构型，两个键对电子与两个孤对电子按四面体分布在四个顶点上（图 1-1[1]）。

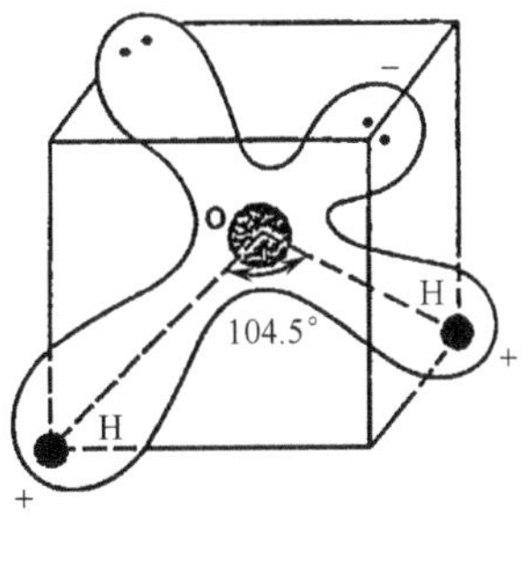

图 1-1 水分子的电子云[1]

1.1.3.2 水的氢键缔合与水分子团簇

水是一种极性很强的分子，由于水分子中裸露的 H 原子核与相邻水分子中电负性较大的氧原子上的孤对电子之间存在静电吸引而形成氢键，氢键使若干水分子相互缔合形成水的团簇（water cluster）。因此，水除以单分子形式存在外，还可存在缔合度大小不等的各种水分子簇。近年来的大量研究表明，在自然条件下水主要是以分子簇的形式存在。根据热力学计算，如果水是以单个分子形式存在，熔点就应该是－110℃，而沸点为－85℃，但实际上水的熔点是 0℃，沸点是 100℃。物质具有熔点、沸点随相对分子质量增大而升高的性质，这表明水并不是以单个分子形式存在，而是以水分子簇的形式存在，也就是说单个水分子在氢键作用下，水分子之间相互缔合成由几个、十几个甚至几十个水分子构成的分子集团。可以认为，液体水是由水分子、分子簇以及由水的微弱离解生成的氢离子和氢氧根离子组成的一种多相液态结构。

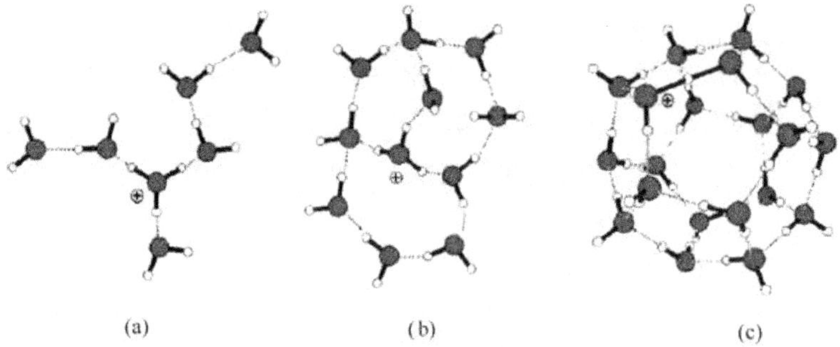

图 1-2 水中存在的各种形式的氢键网络

(a) 链式结构；(b) 网式结构；(c) 笼型结构[3]

液态水分子通过分子间的氢键形成团簇结构，而氢键是靠质子转移呈线性方式联系，即 X—H…Y，其中 X—H 为质子给体，Y 为质子受体。水分子簇就是由这样的氢键所构成的各种形式的网络结构（图 1-2[3]）形成的，其中水分子既是质子给体，又是质子受体。水分子在缔合时，氢键键能得以释放，是放能过程；反之则是吸能过程。由此可见，由大水分子簇为主所组成的水，其内部能量较低，而由小水分子簇为主所组成的水，其内部能量较高。这就是为什么由小水分子簇组成的水也被称为“活性水”的原因。所谓水的活性化就是提高水体能量的过程。从微观角度来看，水的活性化是水分子缔合程度变小的过程；外加能量可以破坏水分子间所形成的氢键，从而改变水分子的缔合程度。从宏观上讲，就改变了该水体的活性。改变水分子簇结构，一般需要通过外加能量改变水分子的运动状态，进而影响氢键网络的重排，从而达到改变水分子簇大小的目的。目前人们已经通过外加磁场法、外加电场法、激光辐照法等手段来进行改变水分子簇大小的试验研究[4]。

近年来，有关分子间相互作用（van der Waals 力和氢键）形成超分子体系的研究非常活跃，以氢键等弱键作用结合而成的水分子簇也逐渐成为人们关注的热点。研究表明，水分子簇的弱作用普遍存在于超分子生物体系中，如蛋白质的二级结构主要靠氢键作用形成稳定的构型。水分子簇大小及结构的改变可以影响蛋白质、核酸等生物大分子的空间构象和功能，而蛋白质、核酸的空间结构及其改变对于其生物学功能起着至关重要的作用。从理论上讲，水分子簇越小，水分子所蕴含的氢键势能越高，水分子簇所具有的动量就越大，因此这种由小分子簇为主体的水所具有的溶解力、渗透力、代谢力、扩散力、乳化力均有所增强，从而具有一定的“活化”作用，在一定程度上可以增强生物体的新陈代谢、血脂代谢、酶活性以及免疫功能。例如，水分子团簇结构变小，溶解氧的能力增加，并可以产生一定量的超氧阴离子自由基，具有增强代谢储能、转化排废的作用。小分子团簇的水进入细胞内，可促进细胞的新陈代谢，增强细胞活力，又因其黏度低，大大方便了营养物质的分配和废物的排泄。许多研究表明，生物和有机大分子表面存在“魔数”水结构，即水分子通过五环或六环基元连接成网格状，形成憎水笼体。因此，水的团簇结构可能对人体健康具有重要的影响。目前，水分子簇结构与功能的探索已引起科学界的广泛关注，特别是分子簇间接环境的功能效应研究可望为深层次揭示化学、生命科学的本质提供一条新的途径[5,6]。

应当指出，水分子团簇结构与功能的研究是21世纪人类科技研究的前沿热点。到目前为止，这方面的研究已经取得了一定的进展，特别是近年来随着光谱科学（各种红外、拉曼光谱、^{17}O-NMR核磁及激光技术等）与微观测试技术以及计算机科学的不断发展，水分子簇微观结构的研究进入了量子时代，各种分子动力学相关理论和计算方法相继出现，如从头计算法（*ab initio*）、蒙特卡罗（Monte Carlo）模拟、密度函数理论（DFT）等，并与各种实验技术验证相结合，从而在一定程度上对水分子簇的结构与性质做出了合理预测，揭示了液态水分子簇存在的结构、稳定能量和力学机制等。例如1977年，Dyke利用红外光谱技术首次证实了理论预测的二元水结构的存在[7]。现已发现，在气态下，水分子通过氢键形成二聚体，该二聚体结合能的试验值为22.6 kJ/mol。进入20世纪90年代以来，随着微观测试技术水平的不断提高，特别是美国加州大学Berkely实验室的远红外-振转隧道光谱（FIR-VRT）技术和可调远红外激光隧道光谱仪的出现，使液态水分子簇的研究又有了新的进展。Saykally等人应用FIR-VRT方法研究了液态水分子簇结构，证实了二元水 $(H_2O)_2$，三元水 $(H_2O)_3$，四元水 $(H_2O)_4$，五元水 $(H_2O)_5$ 的分子簇结构确实如理论预测的那样呈半平面环状[8]（图1-3）。

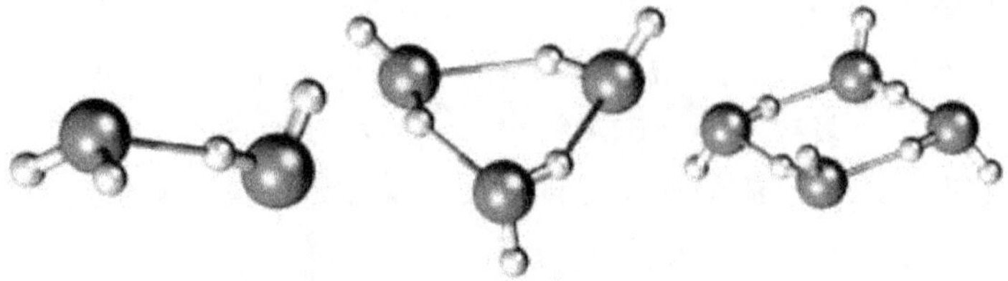

(a) (b) (c)

图 1-3 以氢键相互结合而成的水的小分子团簇

(a) 二聚体（二元水）；(b) 三聚体（三元水）；(c) 四聚体（四元水）[8]

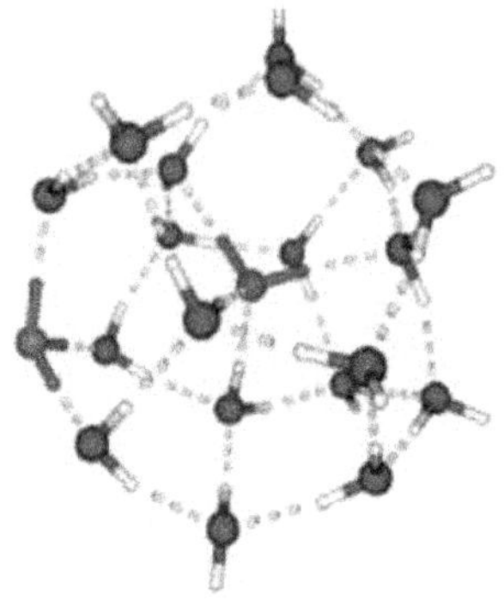

图 1-4 由 20 个水分子和质子（H_3O^+）组成的笼状水分子簇离子[9]

更大一些的水分子簇具有三维空间结构，六元水（$H_2O)_6$ 是从环状结构向三维结构的过渡。观测发现六元水的存在形式有：笼状结构、半平面环状结构、有机体中的椅式环状结构。Buck 等对更大一些的水分子团簇（$H_2O)_{7\sim10}$ 进行了研究。另外，对由 20 个水分子和质子 H_3O^+ 组成的 $n=21$ 个水分子的“魔数”水团簇的结构［$(H_2O)_{20}H_3O^+$ cluster，图 1-4[9]］也进行了研究报道。但是，由于单体水分子既是氢给体，又是氢受体，从而在液态水中形成比较复杂的氢键网络，加上极性水分子间动态的较强作用力，所以与其他弱束缚系统相比，液态的水分子特征难于直接测量和表征，要获得严格意义上的水分子结构比较困难。因此，针对水分子团簇结构改变及其所诱发的生物功效及产生机理，仍然需要更进一步的理论和实验研究。

1.1.4 天然水化学特性

天然水在自然界中分布和循环，构成地球的水圈，在循环过程中受到污染混入各种杂质，形成不同的水质特征。各类天然水体如江河湖海、地下水层等有差别很大的水质特点，即使同类水体，其水质也不尽相同。这决定于水体所处的环境条件，如气象、气候、地理、地质、人类社会活动、各种生物的生长繁殖等。下面简要叙述各类水体的水质特点，主要是自然环境下的基本概况[1]。

海洋水量有 13 亿多立方千米，覆盖着地球表面 70%以上，而且各大洋的水流是相通的，使它们之间有充分的混合。因此，世界各地海洋的水质有着基本的相似与稳定，当然这并不排除海洋水质组成在水平和垂直方向上有一定规律的变化，另外，在局部地区的海洋水质可有很大的不同。

大气降水是由海洋和陆地所蒸发的水蒸气凝结而成，它的水质组成很大程度上决定于地区条件，因而变化幅度较大。靠近海岸处的降水可混入由风卷送的海水飞沫、火山灰粉，内陆的降水可混入大气中灰尘、细菌，城市上空的降水可混入煤烟、工业粉尘等。但总的说来，雨和雪是杂质较少而矿化度很低的软水。

雨水的含盐量一般从数毫克/升到 30～50mg/L，其组成在靠海岸处与海水相似，以 Na^+、Cl^- 为主，而在内陆与河水相似，以 Ca^{2+}、HCO_3^- 为主，但 SO_4^{2-} 的含量常稍高。雨水中的溶解气体如 O_2、CO_2 等常是饱和或过饱和的，还常含有雷电生成的含氮化合物。雨水 pH 一般在 5.5～7.0 范围，在城市上空受工业气体污染可能酸性更强。

河流是降水经地面径流汇集而成的，它在发源地可能受高山冰雪或冰川水补给，沿途可能与地下水相互交流。由于流域面积十分广阔，又是敞开流动的水体，河水的水质成分与地区和气候条件关系密切，而且受生物活动和人类社会活动的影响最大，也是用水废水、环境污染涉及最多的水质系统。河水广泛接触岩石土壤，水质与地形、地质等条件直接相关，不同的地区矿物组成决定着河水的基本化学成分。江河水一般均卷带泥沙悬浮物而有浑浊度，从数十到数百度，夏季或汛期可达上千度，冬季冰封期又可降至数度，随季节有较大变化。山区、林区、沼泽地带流出的河水可含腐殖质而有较高色度，或可因水藻繁生而带有表色，也随季节而变化。水的温度更与季节气候直接有关。

湖泊是由河流及地下水补给而形成的，虽然湖水的水质与补给来源的水质有密切关系，但两者的化学成分可能相差很远。气候、地质、生物等条件也同样影响着湖泊水质，另外，湖泊有着与河流不相同的水文条件。湖水流动缓慢而蒸发量大，由于有相对稳定的水体而具有调节性，因此，流入和排出的水量水质，日照和蒸发的强度等因素也强烈地影响湖泊水质。如果流入和排出的河流水量都较大，而湖水蒸发量相对较小，则湖水可保持较低的含盐量，成为淡水湖。如果流入的水量大部分或全部被蒸发，而输入的溶解盐在湖水中积聚起来，就形成咸水湖以至盐湖。一般，淡水湖是指含盐量低于 1000mg/L 的湖泊；咸水湖的含盐量在 1000mg/L 以上直到 35 000mg/L，即相当于海水的范围；而含盐量超过海水时就称为盐湖。在沿海岸地区也可构成盐湖或咸水湖，这可由海水侵入或海湾变迁生成，称为海源湖或者泻湖。

水库可算是人工的湖泊，一般为淡水湖，其水质状态与湖泊十分近似，但在新建成时期要有一个过渡阶段，从河水及原有地区的水质特点逐步调整为稳定的湖泊状态。

地下水是由降水经过土壤地层的渗流而形成的，有时也可以由地表水体渗流补给，不过由于存在条件不同，其水质可能与地表水有很大区别。地下水的水质与所接触的土壤岩石、环境条件密切相关，同时局部水层之间不易交流，所以水质成分变化多种多样成为地下水的一大特征。总的说来，地下水质的基本特点是：悬浮杂质甚少，水比较透明清澈；有机物和细菌的含量可能较少，受地面污染的影响小；溶解盐含量高，硬度和矿化度较大。地下水按其深度可以分为表层水、层间水和深层水等，水层越深，地下水的特点就越明显。

1.1.5 水质学基础

饮用水安全保障的核心内容是水质安全。"水质"这一概念，通常具有双重含义。如汤鸿霄先生指出：一是指水的性质，即水与其中所含的各种其他物质共同构成的综合特性，它包容了环境水质体系的各种特征和过程；二是指水的质量，即人类现代生产与生命保健对水质特性所要求达到的水平，它包含人类生活和生产对水质提出的需求和保证达到要求的水质转化方式[10,11]。

水质科学与技术，简称为水质学，所研究的就是与人类生存和发展有关的水质及其转化过程的规律。这一学科领域的研究范畴既包括自然环境中水体的水质转化过程，也包括工程处理中人为强化的水质转化过程。这两方面的外界条件虽然不同，但其基本原理是相同的，水处理的工程技术手段往往是模拟自然界水质转化过程，并加以强化，以求迅速达到所需求的质量。

就水质科学发展所经历的历史过程来看，有关水质及其转化过程的早期研究主要集中在化学领域。历史上，对水质的研究主要沿着两个方向展开：一方面是对自然环境中的水质过程研究，综合为地球化学和水文化学；另一方面是对水质处理工程中的转化过程研究，综合为卫生工程化学和用水废水化学。这两方面历年来已陆续出版了许多专著，例如，早期在国内比较有影响的由 O. A. Алекин 所著的《水文化学原理》(1953)，J. P. Riley 和 G. Skirrow 编著的《化学海洋学》(1965)，A. M. Buswell 著的《水与污水处理化学》(1928)，C. N. Sawyer 著的《卫生工程师化学》(1960)，T. R. Camp 著的《水及其杂质》(1963) 以及汤鸿霄先生编著的《用水废水化学基础》(1979) 和《环境水化学纲要》等[10]。

由于水质问题的复杂性，其涉及领域已远超出化学范围，除包含几乎所有门类的化学而综合构成其核心内容外，还紧密渗透结合了水文、水力、土壤、气象、地理、地质、生态、生物、微生物、系统工程、信息系统以及各类工艺技术等学科。近年来，水质科学研究已逐步趋向于形成一门新的学科——环境水质学。这一学科的实际奠基人当首推 W. Stumm。他首先把天然水体与水处理两方面过程加以综合，提出了"Aquatic Chemistry"这一名词，并在此领域中作了广泛研究，得到多方面的规律性成果。他撰写的《水化学——天然水体化学平衡导论》(1970) 一书，集合与深化了他本人及许多研究者的研究结果，确立了学科的体系和地位。这本书出版后产生了广泛影响，特别是1981年又出版了第二版，使其内容更加丰富。该书最后的修订版——第三版也已于1996年出版问世。经过前两次大量增订，第三版已扩展成为千余页的水质学巨著，除原有章节适当改写外，还增加了如大气-水的相互作用，痕量金属的循环，调节和生物作用，氧化还原过程动力学，光化学过程，固-液界面动力学等章节。在总体上进一步综合其他学科，更趋向水质学的特色，堪称环境水质学领域的经典著作。

从专业术语角度讲，W. Stumm在“Water Chemistry”这一通用名词基础上，提出了“Aquatic Chemistry”这一专有名词，并已得到世界公认。其确切含义应是水质体系的化学，中文名词可译为“水质化学”或“水体化学”，但也不易通用。我国著名环境科学家汤鸿霄院士曾建议定名为“环境水化学”或“环境水质学”，以兼顾环境科学领域和水化学、水质学的学科方向。根据“水质”一词的英文含义即Water Quality或Aquatic Quality，汤鸿霄先生还进一步提出了把后两个字的字头合起来再加学科字尾——logy，构成“Aqualitalogy”作为“水质学”的专用名词的设想。由他发起并创建的以研究天然环境和人工强化条件下各种水质转化过程的现代科学与技术原理为主要宗旨的环境水质学实验室，近十几年来也一直在不断发展壮大，为我国的水质科学与技术的发展做出了突出的贡献。

继W. Stumm之后，国外又有不少有关水质科学与技术的专著出版问世。例如，F. M. M. Morel著的《水质化学原理》（1983）和J. F. Pankow著的《水质化学概念》（1991）等，都沿用了上述名称和体系并具有自己的特色。另外，W. Stumm还集合了众多学者先后主编了《湖泊化学过程》（1985）、《水质界面化学》（1987）、《水质化学动力学》（1990）等书，把水质化学的理论深度和应用广度都推向了新的阶段。在此期间，还出版了许多水化学方面的通论和专论书籍。我国在此领域也一直与世界发展同步，并有一些学者在此学科长期从事科研教学工作。

环境水质学的范围甚广，有多方面的进展。目前，环境水化学或环境水质学已经建立起广大的学派和学术活动网，有大量相关文献发表，国际学术会议不断举办，成为环境科学和技术中的活跃领域。原国际水污染协会（IAWPRC）以组织众多国际学术会议和出版《水研究》及《水科学技术》两大杂志而著称于世，正式改名为国际水质协会（IAWQ）后更扩大了其活动影响，已拥有一百余国家的5500名会员，最近又在国际互联网络（Internet）定期发表通讯。以“水质”为名的学术著作也越来越多。其中，水质科学与技术研究方向可包括水质形态、水质过程、水质生态、水质毒理、水质资源、水质处理技术等全方位的研究内容，构成了新的综合研究体系。

而我国环境水质学实验室在汤鸿霄先生的领导下于1989年建立，实验室的基础研究侧重于水质鉴定评价、水质转化机制、水生态与毒理等方法学研究；应用基础研究侧重于安全给水、水污染控制、水生态安全保障等技术原理和新技术开发。目前面向国家解决水环境问题的重大需求和本领域的国际前沿，深入研究天然水体和水处理过程中水质转化的基本规律，发展水处理高新技术，建立水质资源保障、资源利用以及水环境及饮用水安全的基本模式和科学方法，不断完善环境水质学的学科体系，成为我国环境水质学应用基础研究和高技术创新集成的重要基地。

1.1.6 饮用水水质标准

人类对水质与健康关系的认识存在一个过程。最初，对于饮用水对人体健康的影响人们主要关心的是致病微生物（由于传染病发病时间短）。随着科学技术进步和生活质量的提高，人们开始关心饮用水中污染物对健康的慢性影响（如癌症和老年痴呆症），这一认识过程恰好与“二战”后环境中化合物数量的增加有关，随污染物数量的增加与慢性病的流行在时间和数量上相吻合。这一过程也说明，水处理工艺改造以及水质标准的修订应是一个动态的与时俱进的过程。

随着微量分析化学和生物检测技术的进步，以及流行病学数据的统计积累，人们对水中微生物的致病风险和致癌有机物、无机物对健康的危害的认识得到不断深化，世界卫生组织（WHO）和世界各国相关机构也纷纷修改原有的或制订新的水质标准。根据对世界各国水质标准现状的分析，世界卫生组织《饮用水水质准则》、欧盟《饮用水水质指令》以及美国环保局（USEPA）《饮用水水质标准》是各国制订标准所参照的基础，这三部标准的制订原则和重要的水质参数反映了当今饮用水水质标准的特点。

了解和把握水质问题的现状与趋势，对于我们重新审视和修订国家饮用水水质标准，满足不断提高的饮水水质需求，加强对人体健康的保护，具有十分重要的意义。中华人民共和国成立 50 多年来我国的水质标准共颁布了 4 次，从开始的 16 项增加到现在的 103 项，每次标准的修改制订都增加了水质检验项目并对一些指标的限制更为严格。我国的饮用水标准与美国的《饮用水水质标准》、世界卫生组织的《饮用水水质准则》以及欧盟《饮用水水质指令》相比仍然存在一定的差别。

值得注意的是，我国供水行业和有关卫生监督和管理部门对饮用水水质标准给予了高度重视。基于对全国 100 多个城市的调查研究，参考欧盟和世界卫生组织标准，进行了重大的修改，增加了有关微量有机污染物、消毒副产物（disinfection by-products，DBPs）等项目。然而，对国际上十分关注的亚硝酸盐、溴酸盐以及贾第虫和隐孢子虫，修改后的规范未作出相应规定。同时，现行水质标准存在着以下几方面的问题：①水质标准的制定缺乏必要的基准依据；②对微量有毒物质关注不够；③微生物管理指标有待加强；④水质风险管理意识不足；⑤紧急污染事件监管刚刚起步。

与当今国际三大水质标准相比，我国的水质标准和行业水质目标，不论从项目的数量上，还是项目的指标值上都有较大的差距。随着新技术的发展和新污染污染问题的不断涌现，我国饮用水的检测水平和安全评价方法也有很大的进步，越来越多的污染物质被检测出来，污染物控制的风险投资分析也提上日程。现行的水质标准还需要根据风险指标和原水水质状况，进行不断地修订和完善。

1.2 水质安全问题

饮用水安全问题是影响国家安全和人民身体健康的重大问题。为了保障饮用水质安全，首先需要全面地了解水质转化的复杂因素与过程。这包括了基于复杂现象、物质形态转化、控制和管理等多层次、多方位的问题，如水源、水处理工艺、供水输配等一系列水的取用、生产、循环以及突发性水质污染事件等。一般可以从感观性态、化学污染、生物污染、毒理学及复合效应等多方面进行认识与剖析。

1.2.1 水质的感观性态

安全优质的饮用水不仅要求水质不存在危害人体健康的问题，而且感观必须是可以接受的。水质感观性态主要指水的色、嗅、味这些人直接可以感受到的水质特征，也因此成为人类历史上最早用来判断水质优劣的指标。水质感观性态问题主要指成品水质，但同时也泛指水源和水处理过程中水质转化过程所出现的各种问题。它主要表现在以下若干方面：

(1) 色泽变化。天然水是无色透明的。水体受污染后可使水色发生变化，从而影响感官。如印染废水污染往往使水色变红，炼油废水污染可使水色黑褐等。水色变化，不仅影响感官，增加处理难度，而且在管网输送过程中常常会发生黄水和红水等现象，这主要是由于管网的水质变化如腐蚀或原水中的铁（锰）所导致的氢氧化物沉积。

(2) 浊度变化。水体中含有浮游动植物（如藻类等）、泥沙、有机质以及无机质的悬浮物和胶体物，产生浑浊现象以致降低水的透明度，影响感官乃至水生生物的生活。在水的输送过程中的管网腐蚀、微生物生长和氢氧化物沉积均会导致浊度变化。

(3) 泡状物。许多污染物排入水中会产生泡沫，如洗涤剂等。漂浮于水面的泡沫，不仅影响观感，还可在其孔隙中栖存细菌，造成生活用水污染。在水处理过程中也常常会发生泡状物水面聚集现象，影响水厂的处理过程与感观质量。

(4) 异嗅味。许多物质能在 ng/L 水平上产生强烈的异味，随着水源污染及水体富营养化的加剧，饮用水产生异味的现象也越来越多，导致消费者对自来水水质的信心下降。在饮用水嗅味问题上，土霉味是最常见的一种异味，通常认为引起饮用水中土霉味的物质有 2-甲基异莰醇（2-methylisoborneol，MIB）、土臭素（geosmin）、2，4，6-三氯苯甲醚（TCA）、2-异丙基-3-甲氧基吡嗪（IPMP）和 2-异丁基-3-甲氧基吡嗪（IBMP），其中，MIB、土臭素和 TCA 的嗅阈浓度分别是 5～10、1～10 和 0.05～10ng/L。IPMP 和 IBMP 的嗅阈浓度分别是 9.9 和 0.4 ng/L。目前的初步研究结果表明，我国多数水库水的主要致嗅物质是 MIB、土臭素，其中 MIB 出现的可能性更大一些。

1.2.2 水质的化学污染

1.2.2.1 一般性问题

20 世纪以来，大量化学品源源不断地涌现并且以各种各样的渠道进入我们赖以生存的环境中。世界各国开始关注全球环境变化问题，化学品的污染是生态系统变化的重要原因之一。大气、土壤、水、人类活动等要素构成的环境系统与化学物质的密切交互作用，共同决定了这些化学物质在水环境中的归趋。图 1-5 是化学物质在湖泊中分布、滞留时间与汇的主要环境过程示意图，描述了可能发生的物理、化学、生物过程。

需要说明的是这些过程主要分为两类：不改变化学物质结构的过程和会导致化学物质结构改变的过程（从而引发水质复合污染问题）。第一类过程包括在给定水环境介质（例如某水体）中的迁移与混合过程，以及在不同相和/或环境介质之间的转移过程（例如水-大气交换过程、吸附与沉降过程、沉积物-水交换过程、生物摄取过程等）；第二类过程主要包括化学转化反应、光化学转化反应和/或生物（主要为微生物）转化等反应过程。应该认识到，在给定的水环境系统中，所有过程都可能会同时发生，不同过程之间会发生显著的相互作用与影响，决定了化学污染的复杂性和水质问题的发展变化（这在后面一节将详细述及）。

在影响人体健康的诸多因素中，化学污染物占首位。由于化学物质污染具有显著的危害性（与微生物所造成的污染具有显著不同的特征），对于人体健康的影响可以是急（突发）性也可以是潜在的，尤其是蓄积性毒物与“三致”物质等。水质的化学污染从其本质而言可以分为有机与无机两大类，其成因则可以有自然过程和人类活动两大因素。前者为诸如地质条件与地球化学作用结果：某些特别地区因为水土中化学物质的过多（或过少）从而引发生物地球化学性疾病，如地方性氟病、甲状腺肿、大骨节病、克山病等。从处理工艺的角度，水质化学污染则可以区分为原水污染、水处理过程如化学药剂的使用、氧化剂与有机物的

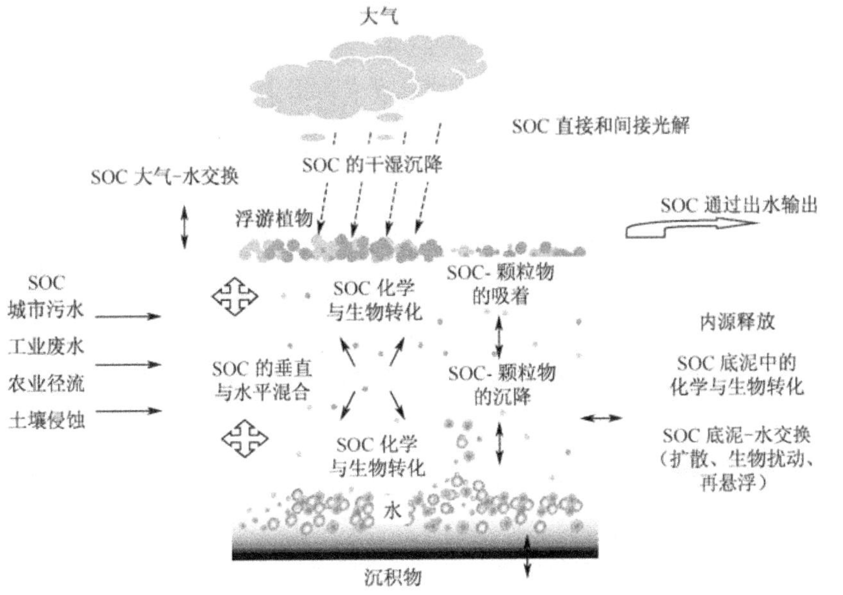

图 1-5 人工合成有机物（synthetic organic compounds，SOC）在湖泊中分布、滞留时间与汇的主要环境过程

相互作用等引入的污染以及输送过程中的水质转化（如管材的浸出）等。

环境中化学物质种类繁多、成分复杂，人类会因不同的途径暴露这些物质，而水的饮用是一个重要途径。美国环保局的调查表明，饮用水水源中含有多达数千种的微量化学物质。除了人工合成的化学物质以外，水中还存在通过各种化学和生物反应而生成的副产物。根据美国“Chemical Abstracts”的数据，1990 年登录的化学物质高达 1000 万，每年以 60 万数量增加。据统计约有 4 万种化学物质在商店中销售，每年约有 500～1000 种新化学物质投入使用。这些化学物质通过大气、水体、土壤、食物等途径进入人体，对健康造成损害。现已证明了几十种化学物质能诱发人类癌症，几百种能在动物身上诱发癌症，上千种能损害细胞中的 DNA。如何预测、规避或减轻化学污染风险和危害是饮用水安全保障的重要课题。

资料表明，现阶段水体污染物主要以有机物为主。无机污染物主要来源于工业排放，其中以重金属污染为最。而有机物污染则可以来源于多种途径如工业污染排放、农药化肥等农业污染以及人类的日常生活。有机物可以分为天然有机物（natural organic matter，NOM）与人工合成有机物。水体中的 NOM 一般指易于分解的有机腐殖质，来自于动植物残体腐烂过程中的低相对分子质量组分，以及水生植物和低等浮游生物的分解。而人工合成有机物则十分复杂，有的结构非常稳定，在环境中历经几年甚至数十年的时间才可能降解，可以长期残留于水体。这些化合物可以通过各种各样的途径被生物分解、吸收富集，使生物体内的浓度大大升高，并通过食物链层层传递危害人类安全。许多人工合成污染物具有“三致效应”和毒性作用。2001 年 5 月 22 日在瑞典首都斯德哥尔摩通过《关于持久性有机污染物的斯德哥尔摩公约》，至今已有 151 个国家签署、83 个国家批准。它是继 1987 年《保护臭氧层的维也纳公约》和 1992 年《气候变化框架公约》之后，第三个具有强制性减排要求的国际公约，是国际社会对有毒化学品采取优先控制行动的重要步骤。目前，该公约涉及禁止使用和生产的持久性有机污染物（persistent organic pollutants，POPs）主要包括农药、工业化学品和副产物三大类，共计 12 种，分别为艾氏剂、异狄氏剂、狄氏剂、毒杀芬、氯丹、七氯、灭蚁灵、DDT、六氯苯、多氯联苯、二 英及呋喃等。该公约已于 2004 年 11 月 11 日在中国生效。

1.2.2.2 环境激素

环境激素是指一类外源性化合物质，因其是从环境中进入人体，对生殖器官等产生类似激素的作用，因此习惯又称环境荷尔蒙（environmental hormone），学术上命名为内分泌干扰物（endocrine disrupter 或 endocrine disrupting chemicals，简称 EDCs）。它具有干扰生物的正常行为及生殖、发育相关的正常激素的合成、释放、运转、代谢、结合等过程，激活或抑制内分泌系统功能，破坏内分泌系统维持机体稳定性和调控作用。不仅如此，环境激素因其具有类似生物体内激素的特征，一旦进入生物体，不仅扰乱内分泌、神经和免疫这三个相对独立而又相互作用的系统，而且会沿着上述三个系统相互作用的路线，影响到整个生物体，由此产生严重的后果，如生殖器官异常、系统异常（学习障碍、智能低下、多动症、异常兴奋），免疫系统异常（过敏性疾病增加）等。所以该问题一经提出，立即引起强烈反响，受到世界各国特别是发达国家政府、有关国际组织和许多非政府组织的高度重视，环境激素的研究被视为关系到人类子孙后代能否正常延续下去的生存与消亡的问题，成为全球关注热点。

环境激素广泛存在于生物体内，其大部分通过水生食物链，部分通过陆生生态系统对野生动物产生不良影响。环境激素对动物造成的危害主要表现为生殖器官、生殖机能和生殖行为的异常。它能导致水生生物生殖能力降低、甲状腺增大、雌雄同体化等。因为鱼类处于环境激素污染的始点，所以这方面的研究以对鱼类的研究报道最多。此外，在对爬虫类、鸟类以及哺乳动物的研究中，也发现存在各种危害。例如，美国佛罗里达州湖泊里的雌性鳄鱼卵的孵化率降低，五大湖的海鸥雌性化、患甲状腺瘤，以及发现哺乳动物在胎儿和刚出生时期比成年后更容易受环境激素的感染等。有关环境观测与生物变异的报道和图片已经非常普遍和触目惊心，如图 1-6。长约 459km 的波托马克河位于美国东部，流经华盛顿，为包括华盛顿在内的地区提供饮用水，美国国防部所在地五角大楼和华盛顿众多纪念建筑都建在波托马克河畔。美国科学家最近在为包括首都华盛顿等地区提供饮用水的波托马克河发现奇怪现象，河中一些黑鲈兼具雄性和雌性生理特征，成为双性“阴阳鱼”，约 42%的雄性鲈鱼性器官中有卵子。2006 年 8 月科学家对波托马克河 3 条支流的调查结果则更令人惊讶。调查发现，超过 80%的雄性小口黑鲈体内有卵子。波托马克河中的“双性”鲈鱼并不是水污染导致的第一例动物变异。早在 1995 年，美国明尼苏达州就出现过畸形青蛙。其中有的缺腿、有的多腿、有的腿长的位置不对，有的只长了一只眼睛，甚至有的雄性青蛙体内长出卵巢。过去几十年，水污染中的激素成分已在不同国家导致鳄鱼、青蛙、北极熊和其他动物发生畸形变异，给全世界敲响了警钟。

(a) 波托马克河

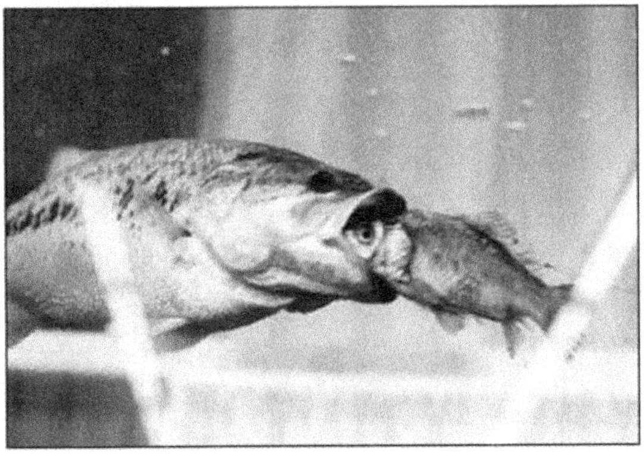

(b) 变异的黑鲈

图 1-6 环境观测与生物变异的图片

1996 年 3 月，美国出版发行了“Our Stolen Future”《被剥夺了的未来》一书，对于环境荷尔蒙的认识和关心在国际上迅速普及提高。此后，欧洲委员会和美国总统府等相继召开了有关环境荷尔蒙的国际性会议。经济合作和开发组织（OECD）等国际机构也开始着手这方面的工作。1996 年，美国环保局开始着手建立并开发食品、饮料中的环境激素物质的筛选方法；同年 8 月欧洲经济协力开发机构（DECD）也开始了环境激素的实验方法的开发；英国环境署对环境激素类物质的生产和排放也加以控制，并将其确认为优先研究领域。日本环境厅于 1998 年公布了环境荷尔蒙战略计划。1997 年世界野生动物基金会（WWF）召开会议，启动了庞大的“蓝带专家”（ blue ribbon）环境激素的研究计划。2001 年 5 月 23 日签署的国际公约中禁止使用或限制使用的 12 种 POPs，绝大多数属于环境激素。

扰乱内分泌的环境激素的化学物质具体有多少种类，目前世界上还没有准确定论，现在的研究将系统地鉴别那些能干扰生殖系统正常生长和功能的环境化学物。至今为止，实际上只有 40 多种环境污染物被认定为环境激素，它们中的大多数只是因为危险事故才得到认定，而不是基于合理的和详尽的检测程序。从科学性角度来讲，只有在对哺乳动物进行风险评价的合适的生物标志被确定并用于大规模地对潜在毒性化合物进行检测后，才能确定它们是否是环境激素。对环境激素物质的研究，目前主要集中在以下几方面：

（1）环境激素物质快速筛选的方法。目前使用的方法，涉及生物不同组织水平、细胞、器官、个体乃至世代的反应，大致包括整体生物实验法和体外生物实验法。

（2）环境激素对生物与人体的危害及其致毒机理。有关环境激素对野生生物造成危害的报道以水生生物居多，主要表现为生殖器官、生殖机能和生殖行为异常。环境激素对人体的影响，多采用流行病学、免疫学等研究手段，但其影响至今仍不清楚。目前危险度评价的新进展则是应用定量结构活性关系（QSAR）模型来预测化学物的安全性。

（3）环境激素的迁移行为及其环境效应。环境激素物质是如何以环境介质为媒体进入生物和人体，是人们所关注的问题。分析环境激素的环境水平，研究其在环境中的源、汇、迁移转化机制，及进入人体的关键途径等，能为确定环境激素的污染状况，研究环境激素类物质的剂量-生物效应，以及进行健康风险评价提供基础数据，并为阻断污染途径与确定防治对策提供科学依据。

1.2.2.3 环境纳米污染物

20 世纪 80 年代以来，国际环境领域兴起两大科学技术潮流，即分子科学与纳米技术。由于纳米结构所具有的特殊物理、化学性质，有关纳米材料和纳米技术的研究已成为当今科学的前沿和热点。

新的纳米材料表现出异常功能，并且能够进行自组装及复制，在投入环境后产生比已有的纳米污染物更强烈的生态环境效应。研究发现，纳米尺度物质在生命体内的行为可能产生正负两方面的效应。除正面的生物效应可以加以利用外，其负面的生物效应如特殊的生物毒理等，将可能对人类健康和环境产生严重危害。纳米材料甚小，有可能进入人体中大颗粒材料所不能抵达的区域和健康细胞。碳纳米管会进入小鼠肺泡，并形成肉芽瘤，而用聚四氟乙烯制作的纳米颗粒毒性更强。吸入的纳米颗粒物可以穿透细胞壁，进入人体组织，深入到人体防卫系统、神经和血管中，造成疾病。它们有可能直接干扰和伤害生理功能，成为新一类潜在的环境污染物。因此，研究新兴纳米材料可能对生态系统与人体健康造成的不良影响已成为纳米技术发展中所无法忽视的重要问题。为纳米材料的环境友好程度拟定评价方法与控制原则也成为当前的热点课题。过去宏观物质的安全性评价方法和结果有可能不适用于纳米材料，一门纳米材料的毒理学（nano toxicology）正在兴起。纳米材料向人们展示了诱人的应用前景外，种种迹象已经表明纳米物质具有与常规物质完全不同的毒性，在人类健康、社会伦理、社会安全、生态环境、可持续发展等方面将会引发诸多问题，纳米技术将会和基因技术一样成为备受争议的应用技术之一，其影响将遍及工农业生产、信息产业、纺织、生物、医疗、制药、国防等很多方面。

环境纳米污染物（environmental nano-pollutants，ENP）是环境中尺度处于纳米级别而有强烈尺度效应及结构效应的污染物，它们广泛存在于天然水体和饮用水中，在水质转化过程中起着独特的作用。不但粒度处于介微的纳米层次(1～100nm)，相对分子质量较大（>1000），形态结构复杂多变，亲和力活性高，而且具有十分显著的环境与生态效应特征。这一范畴包括：有机有毒物（POPs，PTs，内分泌干扰物等），重金属水合氧化物（Pb、Cd、Cu、稀土等），生命元素多形态化合物（氮、磷、铁、铝、砷等），微生物及生物分泌物（细菌、藻类、病毒、藻毒素、激素、信息素）等。它们在水环境中广泛迁移，多途径转化，进行生物富集和潜在累积，使水生态系统受到干扰失衡，对人体生理健康产生毒性伤害。近年来，在更深入认识水污染规律的基础上，它们已经成为研究和污染控制的核心物质。天然和人工的纳米颗粒物作为载体吸附各种有毒有害物质并且高倍富集，成为水中浓度更大更集中的微污染的源和汇。纳米污染物和纳米材料的复合体是更危险的水生态环境冲击物，或可称为微型化学炸弹。传统的化学炸弹概念也正是指化学品高度蓄积的微界面体系而言，这将因人工纳米材料的发展和应用而加剧其出现概率。因此，研究各种纳米材料在使用过程和废弃进入水环境后与纳米污染物的复合污染效应、协同和拮抗作用，可以为饮用水安全保障提供更综合的科学基础。深入认识纳米污染物在尺度和结构上的共同特征以及在环境中发挥的特殊作用，寻求对它们进行有效控制的机理和方法，无疑是饮用水安全保障研究的重要方向。

1.2.3 水质的生物污染

水质的生物污染是指病原体随人畜粪便、生活污水以及医院、屠宰和肉类加工等行业污水进入水体，含有各类病毒、细菌、寄生虫等病原微生物，从而传播各种疾病（称为介水传染病）。介水传染病一旦发生往往会在短时间内大量爆发而引起流行。

病原菌是最早研究的水体病原微生物。如霍乱弧菌、伤寒沙门氏菌、副伤寒沙门氏菌、志贺氏菌等都是20世纪60年代前给水处理所涉及的病原菌。而随着医学、微生物学以及分析测试技术的进步，人们对水体病原菌有了更新的认识，一些病原菌、病毒、病原原生动物得到陆续的发现。病毒的尺寸约为 10～100nm，这么小的生物体的存在是在 1931 年出现电子显微镜后才得到证实的。现在已经确认，传染性肝炎和脊髓灰质炎是由病毒引起的而且可以通过饮用水传播。传染阿米巴痢疾的痢疾变形虫是发现最早的病原原生生物，而引起大量关注的贾第虫、隐孢子虫由于仅为数微米大小而容易穿透滤池，进入饮用水中从而造成介水传染病。根据 AWWA 报道，美国 1971～1985 年共发生 452 起生物性病原体介水传染病的爆发流行，发病人数累计达 10 万人左右；1991～1994 年间共发生水质事故 64 起，致病人数422 820人，其中 99%是肠道疾病。我国的介水传染病的爆发流行也比较严重，1959～1984 年传染性肝炎的介水传染病的爆发流行 141 起，发病率为 12%～24%，累计发病 9548 例。

1.2.4 水质毒理学

由于水体污染日益复杂，对于饮用水水质需要关注的不仅仅是单一化合物的浓度，更需要关注的是其毒理学性质。需要应用毒理学的手段对水质进行评价，以进一步明确控制方法和应对措施，保障水质安全。同时，在水环境中水生生物与环境的密切关系，更需要我们从毒理学的角度进行深入的认识和解释。

毒理学是研究物理化学生物因素（特别是化学因素）对生物机体的损害作用及其机理的科学。水环境毒理学是其中的一个重要分支，着重研究外源化学物质对水生生物的毒性作用及其规律。水环境毒理学不仅涉及化学污染物质对（水生）生物的毒性影响，而且涉及对整个生态系统中生命过程的毒性影响。在水体中化学物质的毒性与生物间的、生物内的和水环境的因素相互作用有关。环境中的水质特征、温度、光、污染物的分布、吸收与溶解性质为其中重要的影响因素。在明确污染源、污染物进入水体的途径基础上，探讨污染物在水环境（包括水相与沉积物）中的分布，进一步探究 DNA 损伤和生物效应、个体效应、种群效应、群落效应乃至整个系统生态效应，明确污染物的生物可利用性、吸收代谢与蓄积特征乃至最终对人体健康的影响，是非常重要和前沿的水质科学与技术问题。

1.2.5 水质复合污染

近年来在我国的许多地表、地下中水中检测出了种类繁多的有机物、重金属以及氮磷等污染物质，水质污染呈明显的复合特征。由于越来越多的有机和无机污染物进入水体以及这些污染物在水环境中的长期积累和暴露，水体污染的复合性特征也表现得越来越突出：多种污染共存并联合作用；多种污染过程同时发生；多种污染效应表现出协同或拮抗效应；污染物在环境中的行为涉及多介质、多界面过程；同时发生的物理、化学和生物作用致使水体污染问题更加复杂。

复合污染广泛存在于各种水体及其循环过程之中。它包括天然及各种水处理工艺过程中来源众多、组成复杂的污染物，在多种介质和复杂界面过程中所发生的包括二次污染在内的放大或抑制的各种污染效应。对复合污染进行广泛而深入的研究，阐述其生态健康效应，探索其中的物理、化学、生物及其交互影响的非平衡、非线性转化机制和水质响应机理，建立科学评价方法，并研究对水中复合污染的过程控制原理及水质安全保障技术，具有重要的现实意义。

对复合污染的研究最早可以追溯至1939年Bliss对两种毒物联合作用的毒性所开展的工作。但对水中复合污染问题真正引起重视，则是在20世纪70年代以后随着全球城市化、工业化和集约化农业生产的迅速发展而产生的。当大量未经处理的城镇废水、工业污水以及氮磷、农药进入环境后，地表或地下水体的污染则以由化学需氧量（chemical oxygen demand，COD）、BOD_5、悬浮物污染、病原生物等为代表的传统污染形式，迅速向包括氮磷、重金属、持久性有毒物质、内分泌干扰物等的复合型污染转变。

发达国家在过去100多年内的不同时期所发生的水污染问题，最近二三十年在我国各主要陆源水体内几乎都集中出现，这是我国水体污染问题区别于其他发达国家的主要特点之一。可以说我国现阶段发生的水污染的复合特点比其他任何国家都要显著，也较其他任何国家更为复杂。

虽然对复合污染效应研究较之其他方面的研究要多一些，但鉴于已经进入水体环境中的人工合成的有机污染物数量和种类非常之多，可以认为目前发现的复合污染效应仅仅是初步的和肤浅的。因此，伴随着方法学研究的不断突破，对复合污染效应特别是有机物复合为主要特征的污染效应的研究将取得新的进展。

1.2.6 水质突发事件

自美国“9·11”事件发生后，世界各国对预防恐怖事件高度重视，而与安全问题相关的突发事件也引起了足够的关注。而SARS的发生使我国对环境安全也有了新的认识，引起许多深刻的反思。特别是由于与工业过程相配套的安全措施不健全，近些年来我国重大突发性水污染灾害事件时有发生。1993年4月30日，我国开封市突发了中华人民共和国成立以来最大的饮用水污染事故，致使几十万人受害。2001～2004年，全国共发生具有灾害性的水污染事故3988起，平均每年近1000起。如2003年黄河兰州段短期内连续发生两次重大油污染事件，大量水生生物因缺氧和污染而死亡，污染殃及黄河中下游省份，给当地人民群众生产生活带来严重影响。2004年，四川某大型化肥厂违规技改引发的沱江水污染事件造成的直接经济损失超过1亿元，生态环境更遭到灾难性破坏，成为当时全国范围内最大的一起水污染事故。2005年，吉林石化分公司双苯厂爆炸造成松花江重大水环境污染事件，使沿岸数百万居民的生活受到严重影响，涉及跨国界污染问题。2006年，湘江株洲霞湾港至长沙江段发生镉重大污染事件，湘潭、长沙两市水厂取水水源水质受到不同程度污染，严重影响了当地人民的饮用水安全。自2005年年底松花江水污染事件发生到2006年2月1日的两个半月时间，还相继发生了广东北江镉污染事件、辽宁浑河抚顺段水质酚浓度超标事件、广西红水河天峨段水质污染事件以及河南巩义二电厂柴油泄漏污染黄河事件等。这些重大污染事件，对流域或区域生态环境和人民健康造成了重大危害，影响了当地社会稳定和正常的经济秩序。

因此，研究开发应对重大突发性水污染事件的关键技术及其集成化系统，是保障饮用水水质安全的重要基础。

1.3 水质转化与控制新概念

1.3.1 水质转化过程

水质转化过程主要包括了地表水体和地下水的水质转化、饮用水净化、污水处理与再生、水的循环利用四个环节，各环节中水质相互影响及转化关系可以简单地用图1-7表示。研究表明，不论是水循环利用的哪个阶段，都存在着不同方式的水质变化，而在不少情况下这些变化与所期待的目标相反，从而产生水质的安全风险。

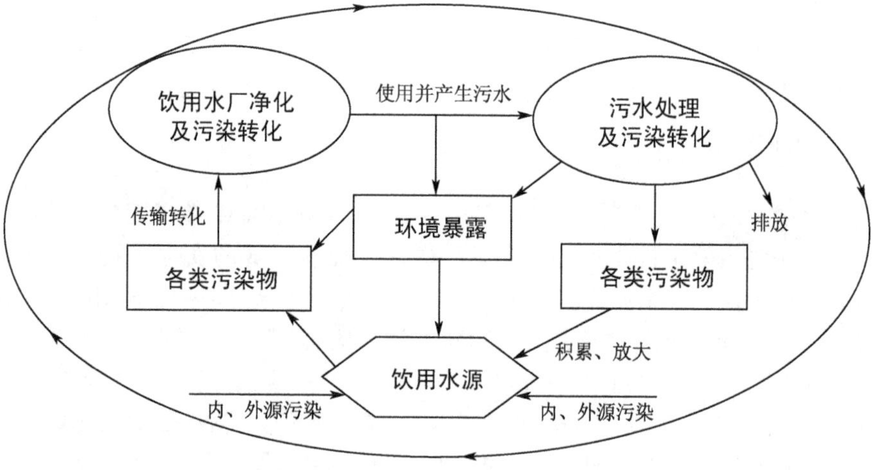

图1-7　水质转化的循环过程

与饮用水相关的水质转化过程，主要有水源水质变化、处理过程中的水质转化、输送过程的二次污染三个环节。水源水质变化主要是由水的社会循环所造成的水污染引起，包括了面源污染、点源污染以及污染物在水源特定物理、化学、生物和生态条件下所发生的复杂反应和作用，是饮用水质转化的最初阶段。处理过程中的水质转化，主要发生在预处理、混凝、沉淀、过滤和消毒工艺当中，其中最重要的环节是能够导致物质形态发生转化的过程，氧化则是各环节的关键，包括了预氧化、后氧化以及消毒工艺，它们经常会使水中的有机和无机物转化成新的物质，如小分子有机酸、DBPs 等，是可能产生水质安全风险的工艺过程，也是保障饮用水安全的系统流程中最可控的阶段。水在通过管网向用户送配的过程中，可能由于出厂水水质的原因或是管材以及其物理、化学及生物特性变化的原因，使管网成为一个巨型的反应器，为水中的各类物质发生进一步的形态变化和水质转化提供了有利的场所，是饮用水供给中导致水质下降的重要途径。可见，饮用水质安全保障的关键在于对各环节的优化调控，从水源保护、水厂净化、管网输配到用户终端，需要根据水质变化特征建立全流程协同控制的技术与管理体系。

1.3.2 水质复合污染途径

水质循环过程中的水质转化呈现出的复合污染特征如图 1-8 所示。由于水环境体系的复杂性，在水的循环和变化过程中某些共存污染物间发生相互作用，如通过协同作用等使本来无毒无害的污染物质或毒性较小的污染物在复合体系下表现出不同程度的毒副作用。当地表水或地下水转化为可饮用的自来水时，水质发生了根本性转化：有毒有害、影响健康和感官的物质被转移和降解，然而在使用以后即变成了含有大量污染物质的污水或废水，这些污水或废水呈现明显的复合污染特征。

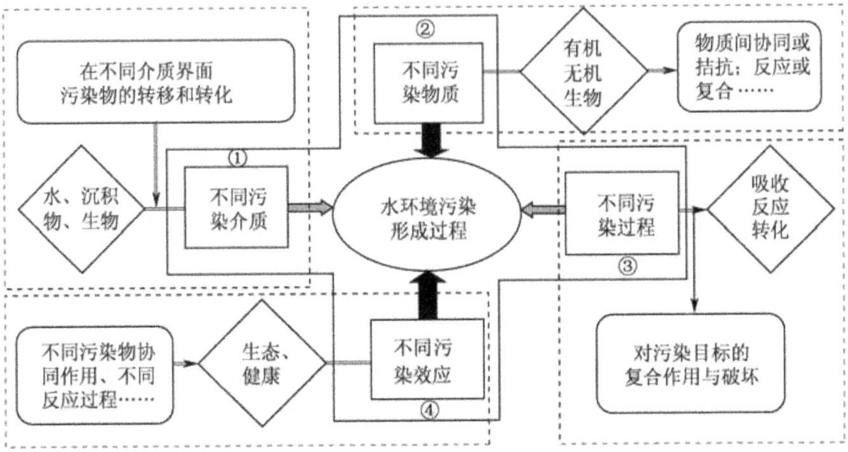

图 1-8 水循环过程中水质转化的复合污染效应

除我们经常了解的水污染问题以外，有三大类复合污染问题需格外引起关注。

第一类是水体沉积物复合污染问题。我国地面水源由于历年排放的污染物大量聚集在沉积物中，已成为二次污染源。在污染源控制达到一定程度后，沉积物的处置将会突出表现出来，成为影响水质变化的重要因素。已发现并证实了水体沉积物具有生物毒性，如乐安江在20～50km段显示较强毒性，在下游159km处有一定毒性，从20～195km段沉积物均显毒性。对某水库1980～2001年水质动态变化的研究表明，水库底泥和进库工农业污水为其污染的主要来源，是造成该水库水体营养化的主要原因。发达国家在水质改善方面取得了相当的成功以后，对水体沉积物污染控制仍不乐观。研究表明，这些底泥半数以上都受到污染，必须作为危险废物加以处理。实际上，水体富营养化的解决关键也仍与沉积物密切相关，繁生的藻类和氮、磷残余物都蓄积在底部沉积物中。沉积物中的重金属、有机有毒化学品等会长期成为饮用水源污染的重要来源，是水体复合污染物及复合污染过程的主要载体和介质。

第二类是水中悬浮胶体颗粒物复合污染问题。大分地表水体中含有黏土、腐殖质等胶体物质，它们是水体复合污染物的重要载体。研究表明，水中的很多有机或无机污染物都吸附在胶体颗粒表面，并以其为载体或介质进行运移、反应和发生形态变化，极细胶体颗粒物的浓度直接影响了水中污染物的含量。同时，胶体本身的性质和构成也不相同，如水中有以黏土为主的胶体颗粒、以腐殖质为主的胶体颗粒等，它们为污染物提供的转化介质条件不同，所发生的过程及产生的结果也将不同。实际上，水中污染物的变化将是在多介质条件下发生的。

第三类是水中有机有毒化学品的复合污染问题。各类有机有毒化学品是当前国际上最关注的污染物，目前已注意到包括神经毒素、发育和生殖障害物等在内的化学品污染问题。水质标准也日益严格，检测和处理更要求高新技术。同时，有机有毒化学品的净化问题也已成为水处理的热点研究课题。我国水中的有机污染物大多是人工合成的化学品，如在许多水体中发现的多氯联苯、多环芳烃、有机氯农药等都是人工合成化学品。这些物质是我国天然水体的重要有机污染物，具有较高的生物毒性和生态破坏作用，是饮用水安全风险的主要影响因素。

地下水的复合污染问题尚未引起人们的高度重视，一种原因是认为地下水比较洁净而且研究和控制的难度很大。实际上地下水污染的复杂性在很多方面超过地表水体。地表水渗透土壤或地层进入被称之为蓄水层的地下储层，一旦进入就会在那里滞留数十年乃至上千年。地下水深埋地下，因此其中的污染很难监测。地下水有足够的时间与多孔的地下蓄水层发生化学作用，易于受到矿物质溶出的内源污染影响。污染物不会受到阳光和氧气协助的氧化分解作用，不会挥发，且流动和扩散非常缓慢不利于稀释。由于存在丰富的毛细微孔界面，地下水的污染易于被各种介质和界面吸附，因此即使将被污染的地下水抽吸处理仍然不能有效修复。地下水污染具有十分显著的复合特征，来自面源的硝酸盐污染、农药沥滤、事故和地下储罐泄漏、非法倾倒、采矿活动、垃圾填埋场渗漏、污水回注污染比比皆是，可能在地下复杂而漫长的迁移转化过程中产生复合效应。据美国环保局估计，美国有30万～40万个地点的地下水受到污染，很多地区的地下水中同时存在重金属、氟、硝酸盐、卤代有机物以及农药污染等，这些被污染地点总的净化费用高达7500亿美元。

研究证明，即使是在饮用水的净化及送配过程中，也很难保证物质的转化是有利于水质安全的。采用臭氧化方法处理饮用水中甲草胺的试验结果表明，臭氧化后水中甲草胺并不能被彻底降解，而是生成了14种小分子有机物，经测定这些臭氧化副产物的生成直接导致处理后水中总有机碳（total organic carbon, TOC）升高。这表明，常规的饮用水处理过程发生的水质转化具有不确定的安全风险。

复合污染更准确和更全面地反映了环境水体及水处理过程中发生的水质变化的实质效应。随着对水质复合污染认识的不断深入，过去在单一污染物、污染介质或简单污染过程研究基础上建立的水质控制技术系统以及相应的水质控制标准体系，已远远不能适应水质安全保障的要求。探索天然水体及水质转化过程中复合的污染机制，由此建立水质转化过程的控制理论和技术原理，进而形成基于复合污染控制的饮用水质安全转化的科学基础和技术体系，对于保障饮用水质安全具有重要意义。

1.3.3 水质的健康风险

水的污染效应在很大程度上依赖于对复合污染的解释。事实上，目前的水质评价指标基本是单一的化学或微生物浓度值，并没有从毒性的角度综合评价水处理方法的安全性，技术组合和工艺设计也不是基于以毒性效应为依据的健康安全水平，因此处理后的饮用水质无法保证健康安全。例如现有的饮用水卫生标准、地表水环境标准大多仅基于单因素的评价，难以从根本上反映水质风险水平。因此，应用复合污染研究成果，正确评估水质，有助于推动更为符合污染实际、更有助于安全和人体健康的水质标准的制定。

目前世界上大多数国家对化学污染物危险性的评价包括危害分析、暴露特征指数估算、剂量-效应关系和危险性特征指数计算4项主要内容，它们主要是针对单一化学污染物存在条件下的情形，而对一种以上化学污染物的危险性评价和定量表征，还缺乏必要的研究和可靠的方法，有待进一步深化和发展。如何快速准确地分析水中的复合污染应该引起重视。国外比较重视对复合污染诊断指标体系（包括物理指标、化学指标、生物学指标、生态学指标和生态毒理学指标等）、污染诊断的影响因素和诊断方法进行研究。通过研究，目前大体上已经建立的复合污染诊断方法有敏感植物指示法、敏感动物指示法、敏感微生物诊断法和酶学诊断法等。

但是，在评价复合污染的水质响应及其生态、生理风险方面的研究总的来讲还比较缺乏。目前还主要以急性毒性实验为主，结合长效应实验（如基因突变和遗传等）和蓄积实验，应用生物测试技术开展研究。Deroux 对运河网络（Languedoc-Roussillon area，France）中的水进行了分析，通过质谱方法分析发现水体中有 110 种 μg/L 级的物质，其中有 13 种是主要的污染物。设在 Kansas Lawrence 的美国地理调查实验室通过 GC/MS、二极管阵列高效液相色谱法（high performance liquid chromatography，HPLC）和固相萃取及 LC/MS 来检测水体中除草剂等有机污染物，取得较好的效果，这些研究在确定除草剂及其代谢物的出现和分布方面起到了作用。常规哺乳动物试验存在周期长、成本高、方法复杂等缺点，近年来发展起来的生物传感器技术因其快速、灵敏、可实时和在线测量等优点在毒性监测中受到高度关注，但这一技术并不能直接反映生理毒性。

综上所述，现在很多复合污染的研究结果都带有猜想性，实验也多以急性毒性实验为主，长效实验和蓄积实验较少，一些生物技术的新方法没有充分利用，因此今后对复合污染健康效应的产生过程与机理的研究，将更加有赖于分子生物学技术手段的应用。

1.3.4 水质毒理学评价

毒理实验已经证明许多污染物和 DBPs 具有致癌性、内分泌干扰作用等毒性，但是这些物质因为具有较高的亲水性，用通常的水处理技术去除率较低，通过饮用水对人的暴露的可能性较高。为了确保饮用水的安全性，在掌握饮用水中此类物质的暴露水平和毒性的基础上，开展与工艺过程相适应的水质毒性变化研究也显得十分迫切。毒性是一个复杂的生物现象，只有生物测试可以判断化合物对生物有害还是无害，分辨混合污染物表现协同还是拮抗作用。生物毒性不仅反映化合物的性质，而且与受试物种和实验条件有关。

对于水质的毒性监测分析方法主要可以分为急性毒性实验、致突变实验和内分泌干扰效应实验等。早期采用的毒性测试手段主要是单指标生物毒性实验，这种方法能够较准确地反映出某种化合物对某一特定生物产生的特定毒性作用。当前，传统毒理学研究已经在整体水平上建立和不断补充以剂量效应关系为中心的数据库，为污染物的毒性评价和健康风险度量化提供了基本依据。另外进一步发展了多指标生物测试（multispecies bioassay）、多级生物毒性检验（battery bioassay）等。从统计学意义上来讲，成组生物毒性检验结果能够部分反映污染物对生态系统的影响。而近年来，细胞生物学的飞速发展为毒理学研究注入了新的活力，并提供了新的技术与方法。

环境中内分泌干扰物质有仪器检测法和生物检测法两种方法。仪器法能准确检测各种环境介质中的已知物质，而生物检测法可以评价环境中各种物质的综合作用效应。目前存在评价环境激素活性的方法几乎都是针对环境雌激素的，任何一种单一的生物检测方法都只能提供有限的证据。另外由于不同国家各实验室所用动物或细胞的来源不同，同一物质的雌激素活性及其强度可能会出现不同的甚至是相反的结果。

1.3.5　水质数据库与系统仿真控制

为了充分了解水质的变化特征、优化水处理工艺，建立水质数据库是十分必要的基本措施。通常水质数据库包括原水水质和各工艺运行数据。随着环境污染的加剧，水质不断发生变化，同时各种先进技术的研究应用，使得从烧杯批量试验、中试研究到生产验证的研究数据库显得日益重要，这也为最终进行系统的仿真控制提供了可靠的基础。在我国有关数据库的建立与研究工作仍然十分欠缺，虽然局部工作有所进行，但与欧美等发达国家相比有相当大的差距。

水质仿真与控制是信息技术在水工业中应用的重要内容，也是水质科学与技术学科发展的重要方向之一。其基本点是通过对水处理工艺过程建立数学模型来进行对真实过程的模拟。由于其简易快捷和巨大的包容性，以及相对实验而言具有较低的成本与互补性，数学仿真在水工业中的应用必将得到迅速的推进。仿真是基础而非最终目的，通过系统的仿真实施在线实时控制管理才是根本所在。实施自动控制包括了过程控制、顺序控制与管理控制等多个方面。水处理过程控制可以在工艺运行中不断地对系统状态和参数如浓度、搅拌条件等进行测量，并且将测量值与设定值进行比较，而后通过一定的控制方案对过程的有关参数进行调整，达到确保运行的稳定、安全、经济的目的。

我国供水企业普遍存在传统管理模式和管理手段无法满足“合理规划、科学管理、安全供水、优质服务”要求的问题。为了充分利用水资源、节约能源，使城市供水安全经济，人们日益感到传统的经验管理与调度方式已不能适应现代要求，并深刻认识到实现系统水力、水质仿真和科学调度的重要性，针对城市供水系统的现状，深入研究工艺过程的各种内在特性和远期的供水发展趋势，寻求管理运行的最佳模式，成为饮用水安全保障的重要内容。通过水质数据库的建立，选择适合的系统仿真方法，如多元线性回归、BP 神经网络分析等，建立水质变化仿真系统。利用实时在线监测数据，可以为水厂运行参数调节提供基本信息，实现水厂-供水管网水质的反馈控制。

1.3.6　水质安全保障系统观

饮用水安全保障是一项系统工程，必须从水质安全保障的系统观出发，对影响水质的各要素、各环节进行综合考虑和系统设计，构建水源保护与水质改善-水厂高效净化-管网稳定输配-水质安全评价的技术系统，并将技术、管理、标准和相关的政策、法规有机耦合，形成饮用水安全保障的科学技术体系。

水质安全保障的技术系统应该包括以下 4 个要素：①水源所提供的原水质量是保障饮用水质安全的根本。需要在把握水源水质变化规律的基础上，采取科学合理的技术措施和管理策略，保护水源、改善水质。②水厂净化是保障供水水质的核心环节。净化工艺的选择和运行应该与原水水质相适应，以健康风险控制作为根本目标，经济合理地进行技术运用和工艺组合，其中强化常规处理过程的效率是改善出水水质的工艺基础。③出厂水的送配是保障用户水质安全的重要过程。水在管网输送过程中可能发生一系列的转化，从管材选择、管网压力、水流速度以及水的化学和生物学特性变化等方面系统考虑饮用水的安全送配，对保障水质安全和稳定具有重要意义。同时，也必须将出厂水的水质作为保证管网水质的前提要素。④安全评价是保障饮用水水质的基本依据。研究表明，目前全世界所有饮用水的化学指标加到一起总共 280 项，但即使全部达标也不一定能够保障水质的健康安全。因此需要将化学指标、生物学指标和毒理学指标统筹考虑，才能对饮用水的健康风险给出科学和真实的判断。为此，建立饮用水安全评价的指标和技术系统成为水质风险管理的关键所在。

以上 4 个方面是相互联系和相互影响的，在构建饮用水质安全保障体系时，必须从全流程的因果关系进行系统规划和动态调控，才能达到经济高效运行、水质可靠稳定的效果。

1.4 水质控制技术研究进展

1.4.1 国内外发展状况概述

在饮用水安全保障方面，美国等发达国家将水源水质保护-预处理-水厂处理工艺-安全消毒-输配过程的水质保证进行系统的技术研究和应用实施。如采用充氧曝气法对原水进行预处理，去除水中的挥发性有机物、嗅味、藻类等，不产生二次污染，提高了后续处理的效率和安全性。对常规的絮凝方法进行改进，采用高效复合絮凝剂、铁系絮凝剂等以提高絮凝效率、避免残留药剂污染。同时，发展絮凝在线监测和投药控制技术的研究与应用，建立了多种具有高技术含量和广泛适用性的絮凝控制方法。广泛应用活性炭过滤工艺，并针对活性炭对水中微量有机物的高效吸附去除及其安全性进行技术开发，对饮用水的安全保障起到了重要作用。随着膜技术的发展及其在水处理方面应用技术水平的提高，国外已研究开发出适于饮用水深度净化的膜集成应用技术，不少水厂在常规过滤和活性炭过滤的基础上，采取超滤、纳滤等工艺，使饮用水水质大大提高。国外一直将安全消毒作为饮用水技术研究的重点，发展出多种消毒药剂和消毒方法，主要目的是减少 DBPs 的产生，如二氧化氯与氯适量联用以减少氯代有机物产生；臭氧化、臭氧-过氧化氢联用等，以避免二次污染。为了保证输送过程的水质稳定，国外采取调节出厂水 pH 的方法，以降低输送管道的腐蚀，并使用新型优质安全管材，提高了输配过程中水质的稳定性。与此同时，加大了供水全过程的水质监测和自动控制水平，实时调控水质变化。结合水质科学和其他学科的研究进展，不断改进和提高饮用水水质标准。近年来，国外特别重视对水中低剂量持久性有毒有机污染物的去除技术研究，如高级化学氧化、高效多功能絮凝、新型高效吸附、生物净化等，但这些新技术许多还处于研究开发阶段，尚未达到集成应用水平。

我国自 20 世纪 80 年代起，在微污染水源水处理方面组织实施了多项国家科技计划，取得了重要进展。在原水的预处理方面，利用生物预处理去除水中氨氮技术已在华南地区进行了生产性应用，预处理后水质明显提高。研究开发出非氯源复合预氧化技术，对去除水中的一些有机物和嗅味具有较好效果。在国家“九五”科技攻关项目的支持下，研究建立了以新型高效絮凝剂为核心的水厂高效絮凝集成化技术系统，发明了高效气浮技术、深床过滤技术、高效拦截沉淀技术，实现了高效能絮凝剂-高效率反应器-最优投药控制的有机集成，达到工程应用水平。在除藻技术方面，研究开发出化学氧化和电化学相结合的方法，证明对去除饮用水中蓝藻及其毒素有优异效果。去除地下水中硝酸盐氮研究已取得新进展，建立了自养-异养集成生物反硝化工艺、微电解反硝化技术、微电解-生物集成反硝化系统等，为实现饮用水硝酸盐氮净化技术的生产应用奠定了重要基础。原水中微量有机物的去除技术，是近年来我国饮用水安全保障技术的研究热点，新技术和新方法不断涌现，如高级化学氧化法、电化学法、多功能氧化絮凝法等，为我国饮用水微污染净化的研究与应用提供了丰富的成果积累。然而，目前我国在饮用水处理与安全保障方面，整体化技术水平有待提高，新技术与工业化应用有较大差距。由于针对我国水污染特点的技术缺乏，绝大多数水厂仍采用传统的絮凝-沉淀-过滤工艺，在强化处理、安全消毒和输配水质稳定等方面，还不能很好地满足饮用水安全保障系统技术的需求。

针对目前我国安全供水方面存在的问题，在“十五”国家重大科技专项“水污染控制技术与治理工程”中将水源水质改善、水厂高效净化、送配过程水质稳定和安全评价进行系统考虑，开发出若干技术含量高、应用前景广的关键技术和集成系统，初步建立了涵盖水源、厂内工艺和管网及水质风险评价的全过程饮用水安全保障体系。

1.4.2　水质控制技术系列进展

1.4.2.1　水源水质改善技术

发达国家近年来通过法律法规的完善加强了对水源地的保护，同时通过在线监测、数据网络传输和数学模拟等手段加大了对水源水质变化的内在规律研究。但是，目前还无法做到对水源水质进行准确的预警预测，很难将水源水质变化数据用于指导水厂运行。在欧洲许多国家开始利用湿地生态系统进行水源水质改善的尝试，取得了宝贵的经验。

我国一贯重视对水源地的保护工作，但是对水源水质变化规律的研究则刚刚开始受到关注，有关水源地、取水口、蓄水池的水质改善工程研究也逐步得到开展，并有少数工程实例。但总体上来说，由于研究基础薄弱，投入有限，与发达国家相比，目前我国在水源水质变化的预警预测以及水质改善工程研究和应用方面还存在较大的差距。

水的污染过程即是“自然原水-净化和利用-处理与回用-进入受纳水体”的水质循环转化过程。这一循环和转化是非平衡的，具有积累效应和复合污染特征。因此，控制水污染实质上就是对水的这一循环和转化过程进行的单元和系统的控制，特别是针对水中重点污染物及其转化过程所进行的全系统的综合控制。

以人工湿地和水环境生态系统建设为核心，将生态工程技术与环境工程技术相结合，可形成保护水环境、改善生态系统功能、提高水体质量的水质转化调控机制。

经过近年来的研究和工程实践，国外对水体的复合污染控制、受污染水环境预警、水环境生物-生态修复、极端严酷条件下的水源地保护等，取得一定的经验。日本江户川支流坂川的古崎净化场就是利用卵石接触氧化法对水进行净化的。古崎净化场是建在江户川河滩地下的廊道式净水设施。该设施内部放置了直径为15～25cm的卵石，水在卵石间流动时与卵石上附着的生物膜相接触，通过接触沉淀、吸附、氧化分解等作用可去除水中的污染物。坂川水通过净化场的净化，水质有了明显改善。在天津泰达经济开发区建设的生态型水源地，进行了植物群落构建，实现了水生植物引种和自然繁衍的生态系统重建，生物多样性逐步提高。运行两年后，湿地植物增加了13种，水中的叶绿素a、COD、浑浊度等明显降低，溶解氧明显增高，水质显著改善。

地下水的污染问题远较地面水体复杂，对受污染地下水的恢复行动被证明是昂贵并且常常是无效的行为。美国政府耗费了数十亿美元试图将一些地点的地下水恢复至可饮用水平，但数十年的经验表明，在很多情况下这根本是不可能的。一些补救的方法主要是防止或最大限度地减少污染物进入地下水或者防止污染羽状物流到清洁可用的水区。这类以封堵为主的方法主要有地下墙壁阻挡法、深沟拦截法和通过战略性抽水改变地下水水流方向的羽状物管理法。地下水修复技术主要有生物修复技术，如针对地下水中硝酸盐和卤代有机物污染，将具有还原能力的细菌和营养物注入地下水层，利用细菌的还原作用去除硝酸盐和卤代有机物的复合污染。在过去近20年里，一些新型的地下水原位修复技术得以不断开发，如铁还原墙技术、电动力学技术、微泡注射技术、地下水曝气技术等，但迄今为止还没有成功运行超过10年的系统。目前，最为流行的地下水净化方法仍是抽吸处理技术，但抽吸处理技术受地层内复杂介质界面过程的影响显著。对于复合污染更应该注重源头控制。由于复合的结果是使体系变得更复杂、更难以预测，终端的控制技术可能需要花费大量资金、时间，而实际的效果可能并不理想。

1.4.2.2 预氧化、预处理技术

预氧化是控制水处理过程中藻类和微生物的异常繁殖、微污染有机物及异嗅味、改善水处理整体工艺性能的有效方法，在国内外得到广泛应用。由于其显著的经济有效性，氯目前仍然是国内外使用最多的预氧化剂，但氯能与原水中多种有机污染物发生反应生成一系列对人体危害较大的卤代有机物，而成为其广泛应用的一个制约因素。

包括臭氧、高锰酸钾、二氧化氯、氯胺等作为替代预氧化药剂受到国内外的关注。“八五”期间，国内有关单位开始开展高锰酸钾预氧化技术研究，并将该技术应用到若干水厂。但由于缺乏系统深入的研究，国内对该技术的效果、作用机制和应用条件等方面仍存在一些争论。作为上述几种药剂中氧化性最强的氧化剂，臭氧很早就受到关注。一些研究结果表明，臭氧预氧化可以改善混凝效果、节约混凝剂投量，近年来在我国得到较多的研究和应用。然而，国际上关于臭氧预氧化的研究和应用还有很多问题没有得到解决。最近的研究结果表明，臭氧预氧化的助凝效果不一定具有普适性，且与投加量、原水有机物组成有密切关系。另外，臭氧预氧化技术在工程应用上出现的一些实际问题以及致癌物溴酸盐的产生等问题也说明，应该加强对臭氧应用条件及其处理效果的系统深入探索，以确保在取得预期效果的同时避免产生新的水质安全风险。

1.4.2.3 常规工艺强化技术

作为水处理系统中最基本的单元工艺之一，混凝沉淀最主要的功能是浊度的去除，在很大程度上决定着后续工艺的运行工况，以及最终出水质量与成本费用。混凝过程十分复杂，混凝剂、原水的物理化学特征、混凝反应器结构以及反应条件等都是影响混凝沉淀效果的重要因素，也是国内外相关研究的主要对象。

尽管混凝是一个历史悠久的研究领域，随着科学技术的发展，近几十年来，

其相关研究仍然十分活跃。混凝研究的内容虽然广泛而复杂，但可以粗略地归纳为 3 个方向，即混凝化学（水质化学、混凝剂化学、混凝反应化学）、混凝动力学（混凝水力学、混凝形态学）与混凝工艺学（混凝反应器、混凝控制技术）。虽然随着研究的不断深入，有关混凝过程的研究在过去几十年里取得了显著的进展，影响混凝过程的各种因素也渐渐得到明确，但是由于缺乏全方位、综合性的实验研究，当今的研究成果仍然比较零碎，系统性不强，缺乏一种可以用来全面描述混凝过程的模型模式，与水厂生产应用有较大差距。把絮凝过程的研究成果全面地应用于水厂生产，仍然需要今后很长一段时间的努力。比较理想的方式是根据水源水质设计适配的混凝剂及相应的混凝反应器和反应条件，在不显著增加成本的前提下提高有机物的去除效果。要实现这一目标，今后需要加强针对水源水质表征、特效混凝剂、高效混凝反应器及投药控制等方面的系统研究。

过滤是控制出水浊度的关键一步，也是饮用水安全保障的一个重要屏障，这一屏障作用在隐孢子虫污染日益受到关注的今天尤为显著。为了防止隐孢子虫的泄漏，要求水厂在实际运行中将滤后水浊度控制在 0.1NTU。目前各国水厂在实际运行中都把降低滤后水浊度作为一个重要目标，在这种需求的驱动下，各种高灵敏度浊度仪以及颗粒计数仪等技术不断得到开发，用于水厂的水质监控和滤池运行控制。

过滤单元主要由滤池、滤料和操作系统构成，是一个比较单纯的水处理单元。在 20 世纪 70～80 年代，国外出现了一些新型滤池结构，其中有些结构目前也已经在国内得到了应用。我国有关单位从 90 年代开始探索赋予滤池更多功能的可能性，陆续开展了有关滤料改性和双层滤料（沙层、活性炭层）的研究，试图在去除浊度的同时去除有机物，并在部分水厂开展了示范应用。但总体上来说，水在滤池中的停留时间只有短短几分钟，在这么短的时间里要想实现多个目标，往往会牺牲浊度去除的效率，这将会与国际上尽量降低滤池出水浊度的发展趋势和总体目标相悖。另外，原水中的一些红虫类生物会穿透滤池进入管网，对饮用水安全构成一定的隐患。我国南方地区由于水源污染、气候温暖，一些水厂存在红虫滋生的问题。20 世纪 70 年代以来，英国和美国的一些城市针对供水系统红虫滋生进行了控制试验，包括封闭供水系统中的蓄水池、安装微滤器、对已被污染的水池进行清洗和消毒等措施。1999 年深圳水务集团也启动了“自来水红虫控制技术研究”科研项目，初步建立了物理、化学、生物三位一体的红虫控制技术。

通过系列的技术研发和系统集成，强化饮用水处理的常规工艺，提高了对浊度和部分有毒有害污染物的去除率。“十五”期间分别针对我国南方、北方和太湖流域不同的水源水质特点，研究和优选了高效混凝剂，强化了对水中细微悬浮物和藻类的去除效果。研发了 FDA 混凝投药控制系统，利用分形理论、水下视频摄像图像装置和现代图像监测计算技术，对絮凝体形态与结构状态实现了动态观察和投药量的有效控制。研发了小格网高效反应器，通过絮凝工艺的合理分级和动力学参数的优化，创造了良好的絮凝水力条件，实现了高效絮凝。以上述关键技术为核心，初步形成了针对特定水质的强化常规水处理集成技术系统，对低浊高藻、低温高藻等难于处理的水源水有良好的适应性，达到了出厂水浊度低于0.1NTU、保证率大于90%的水平。

1.4.2.4 深度处理技术

在过去15～20年内，针对水源水污染开发了很多高级的氧化降解技术和深度处理技术。比较典型的高级处理技术包括以提高˙OH生成量和生成速度为主的高级氧化技术，如H_2O_2、臭氧、紫外线、高能辐射、等离子、光化学、超声化学、化学催化、电极催化等技术以及两种或多种高级氧化技术的组合。一些高级处理技术如臭氧-活性炭技术、膜过滤技术等在饮用水处理中得到成功应用，催化氧化技术、超临界氧化技术、Fenton试剂等也在不同规模的饮用水净工程中进行了成功尝试。

对饮用水质的安全保障，重点是控制水中化学与生物质在水质净化过程中的形态转化及其复合效应，以及由此而产生的健康风险。例如，针对水中内分泌干扰物的降解，已开发了以甲草胺为模型污染物，Cu/Al_2O_3为催化剂，臭氧为氧化剂的催化臭氧化技术及反应器，并取得优异效果。各种水处理方法，无论是物理的、化学的或生物的过程，一般都需要在水处理体系中进行。由于引入了氧化剂、絮凝剂等化学物质，并有可能生成某些副产物，可能造成水的二次污染。为此，有研究者提出了一种新的水质净化思路，如图1-9所示。基于上述思路，开发的$CuO\text{-}Fe_2O_3$和$MnO\text{-}Fe_2O_3$等磁性吸附材料，具有高催化氧化活性和重复再生使用性能。实验结果表明，这类吸附剂可以将水中的酸性红B等有机物迅速地全部吸附去除，并可很容易地经磁分离加以回收。

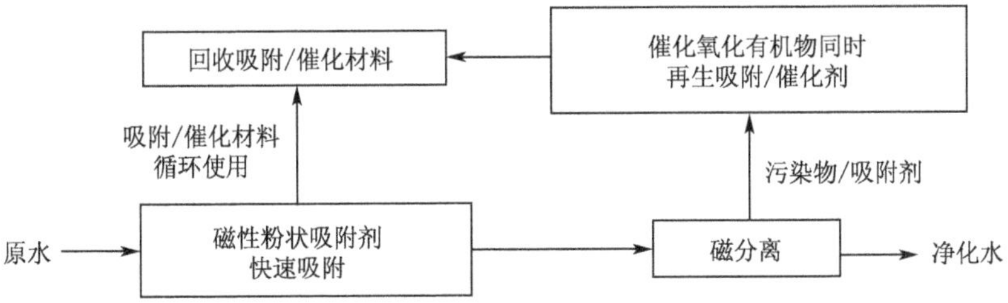

图1-9 细粉末吸附-磁分离-异位催化再生净水系统

最典型的深度处理技术是活性炭吸附及臭氧-生物活性炭组合工艺。在地表水污染趋势不能得到根本控制的情况下，该深度处理技术仍将是今后用于改善水质、保障饮用水的化学和生物安全性的主要手段。臭氧-生物活性炭技术最初在德国得到研究和应用，随后被法国、荷兰等欧洲国家的许多水厂相继采纳，日本于20世纪90年代中开始在一些水源水质较差的水厂进行推广应用。但是，随着水质标准中增加对溴酸的限制，日本一些原水中含溴离子较高的水厂出现了为了防止溴酸超标而不能有效实现臭氧处理设计目标的问题。

国内最早使用臭氧-活性炭工艺的水厂是北京市自来水集团田村山水厂。近年来，在水源污染比较严重、经济也比较发达的东部地区（浙江桐乡、嘉兴等地）和南部地区（广东广州、深圳等地），陆续有些水厂开始采用该工艺。为了提高饮用水质量，满足日益严格的水质标准，许多大型水厂也已经采用或规划采用。然而，臭氧-生物活性炭技术也不是万能的，臭氧对于一些农药类物质、有机卤代物（如二 英类等）的分解效率很低，当原水中存在这类物质时，往往需要使用组合高级氧化技术（如臭氧-过氧化氢技术）等。

1.4.2.5　安全消毒技术

卫生安全始终是饮用水安全保障的核心问题之一，而消毒是现代饮用水处理技术的发端，也是保障饮用水生物安全的最关键和最后的一个屏障。长期以来，氯气或次氯酸钠作为一种经济有效的消毒剂在世界范围内得到广泛的应用，用户末端水中是否存在余氯是判断饮用水卫生水平的一项重要依据。然而，有关氯化对饮用水质影响的一系列发现动摇了人们对氯消毒的信心，引起了关于氯消毒是否安全的争论。

20世纪70年代美国环保局发现氯消毒过程中会产生三氯甲烷等致癌性DBPs，因此，在1976年修改的饮用水标准中首次规定了DBPs标准（三氯甲烷含量＜100mg/L）。此后，随着分析技术的进步，卤乙酸（haloacetic acids，HAAs）等其他的有害DBPs又被检测出来。各种DBPs的检出迫使人们探讨使用氯替代消毒剂的可能性，有关利用氯胺、二氧化氯、臭氧、紫外等替代消毒剂和消毒方法的研究层出不穷。大量的研究结果表明，使用氯胺、二氧化氯、臭氧、紫外可以有效降低三卤甲烷（trihalomethanes，THMs）等DBPs的产量，但替代消毒剂也存在许多问题。在消毒效果上，臭氧和氯大致处于同一个水平，而二氧化氯稍微弱一些，按CT值计算，氯胺对大肠杆菌和病毒的消毒效果是臭氧和氯的百分之一到千分之一。但是，臭氧和紫外不具残留性，管网中的消毒效果无法保证。二氧化氯消毒也会存在产生亚氯酸盐的问题。目前，日本仍然主要使用次氯酸钠作为消毒剂。从减少DBPs、保证管网末梢余氯出发，国内外不少净水厂使用氯胺进行消毒。但近期的一些研究结果表明，由于氯胺对管网内生物膜的抑制性较弱，而且结合态氨氮能够成为硝化菌的潜在底物，控制不当时，使用氯胺反而会降低管网的生物稳定性，并加快管网中余氯的消耗。对于 DBPs 的控制，除了应注意消毒剂的优选之外，一些水厂不同程度地采取了优化氯消毒方式、强化 DBPs 前驱物去除等一些综合性的措施。其主要方法包括强化常规处理工艺、改变消毒方式（如停止预氯化）、加氯点后移、采用深度处理工艺等。

1.4.2.6 出厂水安全输配和二次污染控制技术

饮用水出水厂后流入地下管网，经过数小时乃至更长的时间达到用户末端，在此输配过程中，除了水量的调配外我们很难对饮用水水质再有任何改善调节的手段。从这个角度来看，输配过程是饮用水安全保障中的一个薄弱环节。然而，长期以来，由于埋设于地下的巨大的管网的不可视特性和监测条件的限制，人们对于管网中水质的变化没有给予应有的重视。近年来，人们发现城市供水管网就像一个巨型的反应器，由于生物、化学和物理的作用，水质和管材都会发生一系列复杂的变化。

国外从 20 世纪 30 年代开始认识到管网水中细菌二次繁殖的问题，但在过去的几十年中，这一问题一直没有得到很好的解决。用于表达管网水生物稳定性的一个主要指标是可同化有机碳（assimilable organic carbon，AOC），有人认为 AOC 控制在 50μg/L 以下可以保证生物稳定性，但实际上往往很难达到。美国对 79 个水厂的调查研究表明，95％的地表水源水厂和 50％的地下水源水厂的出厂水 AOC 超过 50μg/L。近年来的研究结果表明，除了 AOC 外，化学稳定性、氨氮、营养盐以及管网材质等许多因素都会影响管网水的生物稳定性。我国对生物稳定性的研究主要是从 90 年代后期开始的，但在这方面还没有形成一个体系。

出厂水的化学稳定性主要与水的碱度、pH 和管材有关。国内外在解决管网化学稳定性问题时，采取的主要措施是更换耐腐蚀性更好的管材或附加内衬以及调节出厂水 pH。管材是影响管网水质的一个重要方面，未经防腐处理的金属管道，长时间使用就会发生腐蚀而影响管网水质，而采用防腐处理的管道其防腐衬里渗出物也可能影响水质。加快城市旧网改造步伐、推广应用新型管材及内防腐材料，是今后改善管网水质的重要途径。然而，管网水的水质变化是一个非常复杂的过程，往往其化学稳定性与生物稳定性交织于一起，而管网的物理因素如水的滞留时间、水温等也会起到加速或减缓水质变化的作用。

由于管网水质的不可控性，近年来人们把更多的力量投到水质的在线监控和动态模拟方面，以便在出现重大水质问题时能够采取相应的措施或对容易出现问题的管网进行调整改造。而各种先进的组合型在线监测仪表的不断出现，也为管网水质的动态监控提供了可能。发达国家已经在建立在线监控系统方面积累了丰富的经验，我国起步较晚，但在“十五”期间许多自来水公司都建立了在线监控系统。对于管网水质模型，国外学者的研究起步较早，Wood、Clark、Grayman

等都研究过准动态水质模型。国内对水质模型的研究起步较晚，直到 20 世纪 90 年代末我国才建立了几种配水系统水质模型。然而，目前国内外研究的配水系统水质模型中可以应用于实际的并不多。

1.4.2.7 饮用水及其净化技术的安全评价方法

对饮用水的水质评价应该包括以下几个方面：色度、浊度和异味等感观指标；pH、硬度、盐度等一般物性指标；微生物等卫生学指标以及各种无机和有机物等化学指标。其中化学指标最多，而且随着化学品使用种类和数量的日益增加以及认识水平的提高，人们关心的化学指标数量还在不断上升。从水质管理的角度来看，对越来越多的化学指标仅仅依靠仪器分析的手段不仅效率低，而且也容易放过一些未知的有害物质或不同物质的协同效应。因此，能够识别不同毒性效应的生物检测方法可以成为辅助饮用水安全评价的一个重要工具。

在饮用水的遗传毒性检测方面，广为采用的方法是致突变性试验。最早的毒性试验方法为 Ames 法，该方法在国际上已得到普遍认可，但由于分析过程非常繁杂而昂贵，近年来逐渐被简单易行、快速的 umu 试验方法所替代。日本已经出现了在线的 umu 分析设备用于水质管理。另外，随着毒理概念的发展，用于内分泌干扰物质毒性评价的酵母双杂交法等许多新的生物测试方法也不断出现，并被用于水质评价。美国、日本和欧盟等发达国家每年都投入大量的资金研究饮用水中化学物质的行为，将化学分析和生物毒性结合起来分析污染物的暴露水平，评价在自来水中的化学物质对人体可能造成的健康风险，及时制定出水质标准，并制定风险削减措施。

和先进国家相比，我国大多数水厂对饮用水水质管理的认识则相对落后，在日常生产中仍然主要关注的是浊度、大肠杆菌等常规指标，难以满足广大消费者日益高涨的全面改善饮用水水质、提高其安全性的要求。近年来自来水部门已经逐步认识到水质安全的重要性，特别是少数发达地区的自来水部门已经意识到必须综合考虑饮用水的感观、卫生学以及毒理学指标，全面提高饮用水水质的必要性。

1.4.2.8 水处理优化集成工艺技术

“十五”期间，国家重大科技专项“水污染控制技术与治理工程”设置了饮用水安全保障技术研究专题，将饮用水源地保护与原水预处理、水厂强化常规和深度处理、管网输配过程的水质稳定、水质风险评价作为一个有机整体，开展系统的技术开发、综合集成和工程示范，开发出原水水质改善、通过强化常规提高水中有毒有害污染物去除效率、安全消毒、控制二次污染、管网水质稳定和水质毒性评价、水质预测和预警等关键技术，取得了系列具有自主知识产权的技术成果，初步形成了适合不同区域水质特点的饮用水安全保障技术系统。

针对我国南方地区的水质特点，以深圳市饮用水供给过程为研究对象，开发出控制水中有机物污染、阻断溴酸盐产生等关键技术，建立了“水源水质在线监测和预警-强化常规处理与深度净化-管网水质稳定-水质风险评价方法与指标体系”为一体的集成技术系统，进行了大规模应用示范，为我国南方地区饮用水安全保障提供了新模式。针对太湖流域的水质特点，开发出水中氨氮、有机物去除等关键技术，建立了“原水沿程生物预处理-强化常规净化-安全送配-水质安全性评价”为一体的集成技术系统，进行了大规模应用示范，为我国太湖流域饮用水安全保障提供了成套技术。针对我国北方地区的水质特点，以天津市供水过程为研究对象，开发出低温高藻、安全消毒等关键技术，建立了“水源水扬水曝气充氧控藻除 VOC-高效絮凝气浮-输配过程 AOC 控制-安全评价”为一体的集成技术系统，进行了大规模应用示范，为我国北方地区饮用水安全保障提供了初步的解决方案。

但总体上，目前的饮用水安全保障技术还不能适应对水质风险控制的实际需求，开发针对低剂量、长期暴露的有毒污染物的控制与去除关键技术及其集成系统，将是本领域长期和重大的研究开发课题。

参考文献

[1] Bottero J Y. Physical Properties of Water. In：Nollet Leo M L (Ed.)，Food Sci. Technol. (N.Y.) 2000，102 (Handbook of water analysis)，Marcel Dekker，Inc. 41～49

[2] 汤鸿霄著. 用水废水化学基础. 北京：中国建筑工业出版社，1979，5

[3] Miyazaki M，Fujii A，Ebata T，Mikami N. Infrared Spectroscopic Evidence for Protonated Water Clusters Forming Nanoscale Cages. Science，2004，304，1134～1137

[4] 张建平，赵林，谭欣. 改变水分子簇的结构及诱发的生物效应研究. 天津理工学院学报，2003，19 (4)：8～12

[5] 徐同广，陈亚妍，赵月朝. 水分子簇的红外光谱研究进展. 卫生研究，2003，32 (3)：287～291

[6] 王林双，王榕树. 水分子簇的研究进展. 化学进展，2001，13 (2)：81～86

[7] 张俊峰. 水分子簇研究进展及在血液透析中的应用前景. 国外医学移植与血液净化分册，2005，3 (5)：1～5

[8] Keutsch F N，Saykally R J. Water clusters：Untangling the mysteries of the liquid，one molecule at a time. PNAS，2001，98 (19)，10533～10540

[9] Zwier T S. The Structure of Protonated Water Clusters. Science，2004，304：1119～1120

[10] 汤鸿霄. 水质转化的现代科学与技术——兼谈环境水化学实验室的科研方向. 环境化学，1993，12 (5)：325～333

[11] 汤鸿霄. 环境水质学的进展——颗粒物与表面络合（上）. 环境科学进展，1993，1 (1)：25～41

第 2 章　水源保护与污染控制①

2.1　饮用水源

饮用水源占地球上淡水资源的很少一部分，但它却是其中最重要的部分。由于对生命与健康的直接影响，饮用水源从来都是人类最为珍惜和努力保护的目标。但随着社会和经济的发展，饮用水源不断地受到人类活动的胁迫，水质污染越来越严重和复杂，因而成为全球共同关心的重大资源与环境、生存与健康问题。

2.1.1　饮用水源的基本类型

饮用水源按其存在形式分为地表水源和地下水源。

地表水源包括江河、湖泊、水库和海水等。一般意义上，地表水源是指具有相应功能的地表淡水水体，通常分为河流与湖泊（水库）两大类。由于海水的含盐量高，以前除了淡水资源特别匮乏的海岛、船舶等，一般不将其作为生活水源。但近年来，随着海水淡化技术的发展和淡水资源短缺的加剧，海水正在成为一些沿海城市的重要补充水源，并表现出强劲的发展势头。地表水源由于其可视易得而成为人类的优先水源。但是，地表水易受人类生产和生活活动干扰，水中悬浮颗粒物、细菌、有机物、重金属、氮磷等含量高于地下水，水源保护难度大。

相对地表水而言，另一类重要而储量丰富的水资源就是地下水资源，包括潜水、承压水、裂隙溶岩水、上层滞水和泉水。它位于自然地壳以下，土壤蓄水层之中，经常是含水的沙层或砂砾层。这些岩层称之为蓄水层。相对于地表水，地下水受人类活动干扰较小，水质比较清洁，水中一般不含悬浮颗粒物，细菌、有机物等含量较低。但近年来由于地下水超采，污染物渗入地下等因素，水质污染也不断加剧。

地表水与地下水二者之间关系密切，它们同为水文循环的组成部分。对水体产生影响的陆地区域称为“流域”（watershed）[1]。在考虑饮用水来源和进行水源污染控制时，非常重要的一点是基于整个流域考虑，而不是仅仅考虑河流或湖泊的部分[2,3]。

---

① 本章由王为东，曲久辉，尹澄清撰写。

2.1.2 水源地生态系统

水源地是以相对稳定的陆地为边界的天然淡水水域，属于淡水生态系统。按水体状态又分为静水与流水两类[4]：池塘、湖泊是典型的静水生态系统；小溪、江河是流水生态系统；而水库则介于这两者之间。

水源地生态系统就是把水源水体看作完整的生态系统，具有水的栖息地，包括水中的悬浮物质、溶解物质、底泥和水生生物等，该生态系统的健康性、稳定性和可持续性对于饮用水源的水质具有重要影响。水源地生态系统虽然仅占地表较小份额，但对人类具有重要作用。一方面，它是生活和工农业生产用水的主要来源；另一方面，在水文循环中，水源地生态系统具有重要作用。水源地生态系统与流域内其他生态系统相邻，具有景观格局的复杂性、相邻界面的边缘性等。通常该系统距人类聚居区较近，人类活动或干扰较强，在经济和工业发达地区，尤为如此，加上对饮用水源地水质的高要求，所以生态系统较为脆弱。流域内其他生态系统的物流、能流和生物流都会对饮用水源地的生态系统产生影响。受污染或微污染饮用水源则是一种复杂多相体系，对其治理需要系统控制和综合整治。

一个健康良性循环的水源地生态系统，应尽可能维持在较低生产力水平，充分发挥生态系统的自我维持功能，依靠水体本身的净化能力维持其对外界干扰和污染物等的抵御潜能。人类不应以经济利益为目的而提高水源地生态系统的生产力水平，这样会加速水源地生态系统的演化进程，也必然导致水源地生态系统的逐渐退化和水质下降。

2.1.3 水源地的基本功能

水源地是一种复杂体系，根据人类的利用目的和出发点，具有多种服务功能。其目的性功能是系统结构与系统功能相互配合的结果[5]。下面分别介绍水源地的几项基本功能：

（1）提供居民生活饮水、用水。这是饮用水源地最基本的功能，饮用水是人民生活中第一物质材料，饮用水水源保护优先于发展经济。维持水源地生态系统的完整性［包括生态系统健康、生态系统弹性或恢复力（resilience）和生态系统潜力[6]］，保证对饮用水资源的利用是可持续的，是区域饮用水功能区划和水资源管理的重要目标。一级水源保护区的主要功用就是提供生活饮水，在这些生态系统中物质和能量输入输出基本平衡，较好地发挥着水生态系统的自然净化功能，如密云水库、北戴河上游洋河水库、西安黑河水库。

（2）农用灌溉。这是许多水源地的重要功能。农业是我国的主要用水户。根据20世纪80年代末和90年代初的估算，全国农业灌溉每年为4500万 hm^2，用水量为 4200 亿 m^3，约占全国总用水量的 84%[5]。近年来，由于我国人口仍在继续增长，生活水平不断提高，灌溉的农田和可开垦的耕地必然还要增加，农业用水总量也有所增加。但随着农业节水技术的进步和应用，农业灌溉用水量可望在提高效率的前提下，得到有效控制。

(3) 水产养殖。水源地水生态系统由于较高的生物生产力，尤其是湖泊、水库，往往成为水产养殖的重要基地。适当开展水产养殖，利用水生“食物链”的相生相克关系，可以有效增加水体的自净能力。然而，如果不顾水体的渔业承载力，放养密度过高或投饵过量，或引种不当，当养殖活动期间水体中增加的物质量一旦大于水体自净作用所消耗的物质量时，水体将逐步富营养化。虽然湖内网箱养鱼在解决人们食鱼困难方面和取得经济效益方面都是成功的，但是如果不注意网箱养鱼的科学性，使水体生态失去平衡，不但使水质变坏，富营养化加剧，而且会造成水体污染而无法进行养殖活动。作为饮用水源地的湖泊，应从长远考虑，不能为眼前利益而使水源地受污染。以饮用水源地为主要功能的湖泊，应禁止网箱养鱼或严格限制、分别控制网箱养鱼业的发展。

(4) 削减洪峰。某些水源地处于低洼地势，其宽广的水域和岸边缓冲区可以成为流域泄洪的缓冲器。它们对减缓洪水向下游推进的速度，降低流量，削减洪峰，起到举足轻重的作用，可大大缓解下游中心城市防洪抢险压力。鄱阳湖是我国最大的淡水湖泊，它汇集了赣江、抚河、信江、修水和饶河五大水系，经其调解后，由湖口注入长江。鄱阳湖及其周边湿地调节洪峰能力非常强，根据分析，一般可削减洪峰流量 15%～30%，从而大大减轻对长江的威胁。在洪汛区和洪汛期，可以适当开启部分水源地的这项功能，从而缓解流域洪水压力。但洪水中常含有大量泥沙颗粒物或从流域上游携带下来的其他不明污染物质，对饮用水源造成影响。

(5) 休闲娱乐。在部分水源地，还具有自然观光、旅游、娱乐等美学方面的功能。中国有许多重要的旅游风景区都分布在水源地区域，如不少湖泊因自然景色壮观秀丽而吸引人们前往，被辟为旅游和疗养圣地。滇池、太湖、洱海、杭州西湖等都是著名的风景区，除可创造直接的经济效益外，还具有重要的文化价值。尤其是城市中的饮用水源水体，在美化环境、调节气候、为居民提供休憩空间方面有着重要的社会效益。

(6) 动植物栖息地。水源地生态系统的过渡性和多样性以及较为复杂的生态环境，使其成为很多动植物生长繁育的摇篮。适于各类生物，如甲壳类、鱼、两栖类、爬行类、兽类及植物在这里繁衍，当然也特别适于珍稀鸟类的生栖。水源地还是许多名贵鱼类、贝类的产区，也是重要造纸原料芦苇及其他有经济价值的植物生长区。

综上所述，虽然水源地具有多种功能，但饮用水源地的首要基本功能是提供饮用水源，大多数重要水源地，更应维持其供应饮用水源的专一功能，确保人民饮水安全。对部分水源地，也只有在保证饮用水安全的前提下，才可以适当考虑开发和利用其他服务功能。

2.1.4 水源地保护的污染总量控制

饮用水源地保护对于保证饮用水安全、减少饮用水处理成本具有至关重要的作用。源头保护是确保饮用水安全“多屏障方法”（multi-barrier approach）中的一种[1,7,8]。多屏障方法的其他关键要素包括：有效的水处理、布水系统的保护以及适当的测试与培训。由于目前的水处理方法往往不能有效地去除许多有毒有害化学品[9]，因而从源头保护并阻止污染物进入水体是改善饮用水质、保障人类健康的根本途径[1]。同时，水源地的保护也是提供可持续的、清洁安全的饮用水资源的长远需求。

实践证明，仅仅靠土地利用控制、点源处理以及基于浓度控制等手段，受纳水体质量并没有明显改善。因此，人们不断地探索和尝试更加有效的新技术和新方法。美国在20世纪70年代提出了TMDL（total maximum daily load）的概念[10~12]。所谓TMDL是指在考虑点源与非点源污染、自然背景值以及地表水排出量（withdrawals）的情况下，受纳水体的同化能力或负荷容量，其基本公式为

$$\mathrm{TMDL} = \mathrm{LC} = \sum \mathrm{WLA} + \sum \mathrm{LA} + \mathrm{MOS} \tag{2-1}$$

式中，LC为负荷容量，表征在不违反水质标准条件下，水体所能接受的最大负荷量；WLA为废物负荷分配，指TMDL分配给现存或将来点源的负荷部分；LA为负荷分配，指TMDL分配给现存或将来非点源和自然背景的负荷部分；MOS为安全系数，是对污染物负荷和受纳水体容量关系不确定性的估算。安全系数可通过分析假设来间接提供或通过预留部分负荷容量直接给出。

TMDL概念的提出是将其作为一种机制，来辨识对地表水质产生影响的所有负荷贡献量，并设定目标以确定为达到地表水质标准某些特定污染物所必须削减的负荷量。在美国联邦清洁水法中，要求制定相应的TMDL以应用于那些在采取了基于技术控制的废水排放限制后仍不能达到水质标准的水体。TMDL也可用来维持或保护那些尚未受损水体的水质。目前在美国环保局的水质规划和管理法规中已经制定了TMDL的相应条款。

韩国政府根据美国TMDL的概念，结合韩国具体情况，提出了TLCS（total load control system）控制模式和TPLMS（total pollution load management system）管理系统[13,14]。与美国的TMDL概念类似，TLCS的基本思想也是在流域尺度上同时考虑点源和非点源污染物负荷，其目标在于：在受扰动的流域内，应用TLCS使其水质达到标准；在未扰动流域内，应用TLCS形成一种环

境友好型的开发实践。TPLMS主要用于流域综合管理，旨在通过以环境友好方式与在取得和维持既定水质目标下进行区域开发，来达到保护和开发的协调发展。采用TPLMS可以弥补传统基于浓度排放控制的缺陷（表2-1）。

表2-1 TPLMS与传统排放控制的比较[14]

	传统排放控制	TPLMS控制
概念	调控废水中污染物浓度	调控废水中污染物总负荷量
调控	浓度（C）=污染负荷（L）/废水量（Q）	污染负荷（L）=浓度（C）×废水量（Q）
优缺点	—容易执行 —污染源群集时不能控制污染物总负荷的增加	—在环境许可容量下控制污染物的总负荷 —不容易实施和监测

中国与韩国具有相似的政策调控系统和调控标准，也正在发展和应用TPLMS管理系统，但目前大多数行业环境法规仍然只是规定了基于污染物浓度控制的标准[15,16]。

综合来讲，各国所实施的污染总量控制其本质是充分考虑流域内各种污染物负荷量（包括点源和非点源以及自然背景值）、水体自净能力和水环境承载能力、现有技术手段所能达到的水平和目前的经济承受力等诸多方面，提出为达到水质标准或维护保护受纳水体水质所能接受的最大污染负荷量，促进水资源的可持续利用。

2.2 饮用水源的污染问题与来源

自20世纪以来由于科学技术的进步和社会生产力的飞速发展，人类社会物质文明提高到前所未有的境地。但是，这些发展却付出了巨大的代价，给水源水环境带来较大的污染，全球很多饮用水源水质下降，人类面临着有史以来最严峻的饮水安全的巨大挑战。为此，发达国家提出了更加严格的水质标准，我国也已出台新的饮用水标准，增加多项水质指标。我国现阶段的经济发展水平决定了水源水质还不可能在短时间内有根本的好转，因此，水质标准的提高和水源水质恶化的矛盾在一定的时期内还会更加突出。改善水源水环境和改进水厂的处理工艺，提高供水水质是当前最紧迫的任务。

2.2.1 饮用水的污染类型

饮用水源中某些污染物来自自然界岩石形成后的风化和侵蚀，其他污染物则可能来自工厂、农田肥料和农药的施用、家庭庭院活动等[1]。饮用水源的污染源可以就在邻近，也可能在几十公里以外的很远地方。城镇供水水源主要是受到人为或自然因素的影响，使水的感官性状、微生物指标、有毒成分等超出了标准。

饮用水源的主要污染类型概括有：物理污染，有机物污染，细菌和微生物污染，富营养化污染，酸碱和无机盐污染，毒性物质污染，油污染，放射性污染，内分泌干扰物，管网二次污染等[17]。加拿大水环境研究所将饮用水源水质和水生态系统健康的威胁归纳成 13 类，分别是水传播病原菌，藻类毒素，农药，由大气传播的长程污染物，市政废水排放，工业废水排放，城市径流，固体废弃物管理实践，由于气候变化、筑坝分流和极端事件引起的水量变化，氮磷营养物质，酸化污染，内分泌干扰物（EDCs）和遗传变异生物（GMOs）[18]。其中，后 4 类污染威胁近年来受到了广泛关注。这些威胁从污染源、污染物和水量效应三个层面上对饮用水源产生综合影响（图 2-1）。因此，受污染的饮用水源其成分相当复杂，一般同时存在胶体颗粒、无机离子、藻类个体、溶解性有机物、不溶性有机物等。这些污染物质相互作用，相互影响，构成了对水源水质的复合污染。

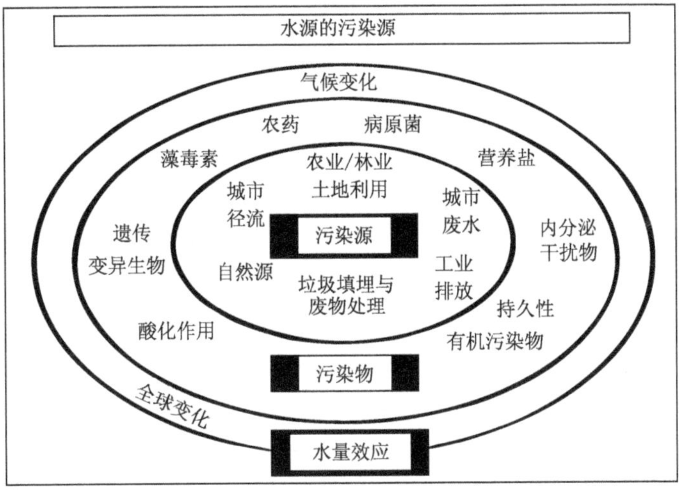

图 2-1　饮用水源的污染源[18]

2.2.2　主要污染途径

引起地表水体污染的污染源各异、物质种类很多，在不同水体中其表现的污染特征有所不同。迄今为止，尚未见有最佳的或统一的污染源分类方法。因分类原则不同，污染源所属类型也各异。一些常见的分类方法包括：按污染物的成因分类，按污染源排放的污染物属性分类，按污染源的空间分布分类，按污染源排放污染物在时间上的分布特征分类，按产生污染物的行业性质分类，按水污染源的有否移动性分类，按接纳水体分类等。这里我们根据污染物来源和主要污染途径将饮用水源地污染分为外源污染和内源污染进行讨论。

2.2.2.1 外源污染

外源污染是水在社会循环过程中造成的污染，即人类活动造成的污染，属于人为污染，也称为社会活动污染[17]。如外源的化学物质是水体从外界接纳的物质，由流域内人类活动或自然灾害等引起的，主要来自于地表径流、土壤渗沥、大气降水、工业废水、生活污水、农业排水以及化肥、农药、杀虫剂使用等。外源污染又可以根据污染物的扩散途径分为点源污染和非点源污染。饮用水源的外污染源是其最根本的和最终的污染源，欲控制饮用水源污染和保护水源地，必须切实有效地控制水源地的外源污染途径。

2.2.2.2 内源污染

内源污染是水在自然循环过程中造成的污染，也称为自然污染[17]。如内源有机物来自于生长在水体中的生物群体（藻类、细菌、水生植物及大型藻类）所产生的有机物和水体底泥释放的有机物。内源污染物也包括水源地生态系统内部转化过程中产生的污染物。受污染水源水是一种复杂体系，其中的污染物具有复合污染特征，尤其是当水体中存在较多微量或痕量持久性有机有毒污染物时，这种特征就更为明显。在特定条件下，比如水源地生态系统退化或不稳定时，水体内部的某些无毒（或无害）物质与污染水体或其中所含有毒污染物发生相互作用，就会转化为有毒有害物质。这种转化在水体的自然循环过程和饮用水处理过程中均可能发生，并且往往与水质既定目标相悖，产生饮用水的安全风险。在中国许多饮用水源地，由于长期持续污染使得水体中积聚了大量有毒有害物质，即使切断外源污染，内源污染也可能长期发生作用，如太湖梅梁湾水源地由于内源污染严重所引发的超富营养化异常严重，极大地增加了饮用水制水成本和潜在的安全隐患。

2.2.2.3 地下水的污染方式

地下水污染绝大部分是由人类工农业生产、生活及其他活动造成的，可将其污染源分为点污染源和非点污染源。其中，点污染源形式多种多样，常见的有：地下储罐及其输送管线、工业废水注入地下、地质勘探与自然资源开发过程、工业和城市垃圾等造成地下水污染；非点源污染即面源污染主要有海水浸入、被污染的地表水体以及农业使用的化肥、农药、杀虫剂等大面积污染地下水[1]。地下水的污染途径往往很难发现和检测，其污染过程异常缓慢，一旦发生，则很难彻底根治。

2.2.2.4　人类活动影响水源地质量的方式

在流域内人类干扰与自然过程的联合作用下，特别是在人类聚居之地，城市的日益扩大和工农业的迅猛发展，会增加污染物进入水体的速度和数量，致使水体累积和富集更多的污染物；另一方面，人类干扰会加速水源地生态系统的退化或恶化过程，从而使其内部质量下降。人类通过各种各样的方式来影响水源地，如通过影响水文、基质、侵蚀过程、能量过程，最终导致生态响应。因此，人类影响水源地是十分复杂的，可以将其看成一个生物物理过程。城市化也是水源地受害的一个主要原因，它已经导致水源地面积的直接丧失和生态系统的退化。退化主要原因是：水量、水质和流速变化；污染物质的输入；由于非本地物种的引入造成物种组成的变化等。伴随着城市化的主要污染物包括沉淀、营养物质、需氧物质、盐类、重金属、碳水化合物、细菌和病毒。这些污染物以点源和非点源污染的形式进入水源地。建筑活动是通过城市径流进入水源地悬浮物的主要方式。各种人类活动对源水的影响示意图见图 2-2。

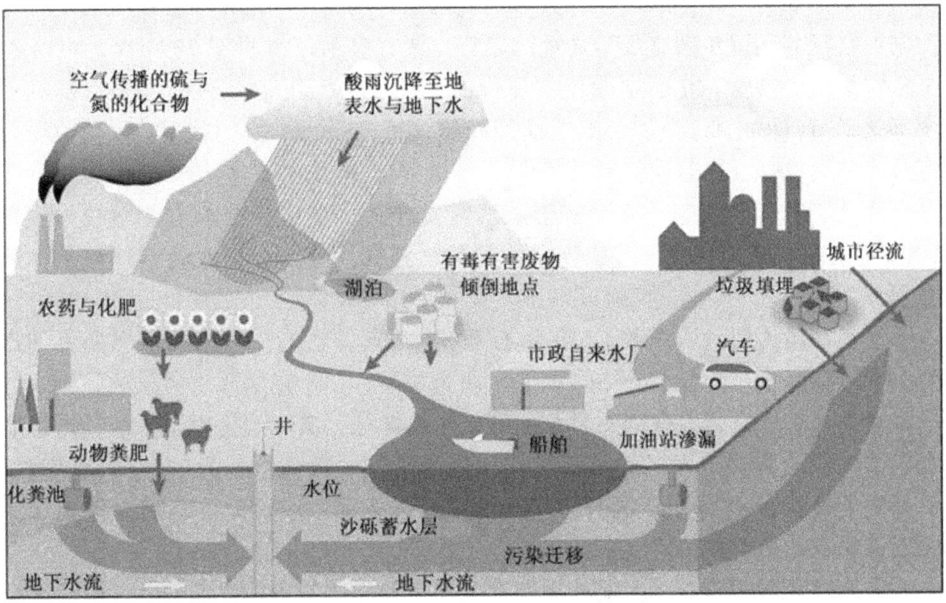

图 2-2　人类活动影响源水示意图[1]

2.2.3　水源污染的生态效应

近年来，在作为饮用水源的天然水体和地下水中，检测出了上百甚至几百种有机物、重金属以及氮磷等污染物质，水质污染呈明显的复合特征。由于水环境体系的复杂性，水中共存的这些复杂污染物，在水的循环和变化过程中某些污染物间相互作用，如通过协同作用等使本来无毒无害的污染物质在复合体系下变得具有毒副作用。

污染物进入水生态系统后，污染物与污染物、污染物与环境之间相互作用，并使之成为生物的有效状态，决定其能否为生物体所吸收，并随食物链流动，进而产生各种复杂的生态效应。由于污染物的种类不同，水生态系统与生物个体千差万别，所以生态效应的发生及机制也多种多样。污染物与水生态系统的一般组分发生相互作用，使生态系统的组成、结构和功能发生相应的变化，表现为生物种类减少（生物多样性降低）、系统的相对稳定性减弱，食物链变短。对于生物个体而言，生物的个体遭受毒害，生理指标发生变化，有些污染物还诱发个体突变。饮用水源污染的生态效应往往综合了多种物理、化学和生物学的过程，并且往往是多种污染物共同作用，形成复合污染效应。

下面举例来说明水源污染的生态效应。

水源污染生态效应的典型表现是可以引起水体富营养化和一系列附属问题。富营养化已成为一个全球性的重大水环境问题，引起了广泛重视。研究表明，中国湖泊富营养化近年来有逐步加重的趋势。调查显示，20 世纪 70 年代，中国 34 个重点湖泊中富营养化的湖泊仅占评价面积的 5%，到 90 年代，中国东部湖泊全部处于富营养化状态。“十五”期间我国调查 34 个湖泊，其中 54%湖泊受到有机物和无机盐（氮、磷等）污染[17]。2002 年，监测的 8 个大型淡水湖泊水库有 6 个处于富营养状态，滇池属于重度富营养化，城市内湖水质普遍较差。据 2004 年中国水资源公报，国家重点治理的“三湖”情况是：太湖中营养水体的面积占 23%，富营养水体占 77%。滇池水质以Ⅴ类为主，占评价面积的 69%，劣于Ⅴ类水质占评价面积的 31%，全湖处于富营养状态。巢湖的东半湖巢湖市第一水厂湖区水质为Ⅳ类，中庙湖区水质为Ⅴ类，西半湖水质为劣Ⅴ类，湖水处于富营养状态。富营养化的主要危害有：水质恶化，破坏水生生态系统，增加制水成本等[19]。国内外学者对富营养化的发生机制、蓝藻水华的危害以及控制技术开展了大量研究[20～24]。富营养化水源水在未来的一段时间内将成为饮用水深度处理面临的严峻挑战之一。

水体重金属污染对水生动植物的致毒作用和人体健康的危害很大，已成为全球性的环境问题[25]。重金属进入水生生态系统后，分布于水生生态系统的各个组分中，对水生动植物的生长发育、生理代谢过程产生一系列影响[26]。重金属元素可以阻碍生物大分子的重要生理功能，取代生物大分子中的必需元素，影响并改变生物大分子所具有的活性部位的构象。当生物体内重金属积累到一定数量后，就会出现受害症状，生理受阻、发育停滞，甚至死亡，整个水生生态系统结构与功能受损、崩溃[19,26]。

水动力和胶体化学作用使有机污染物在水体中沉积。这些物质毒性大，难于降解，对水源地的生态环境破坏力强，其潜在的危害是不可估量的。水体中的有毒有机污染物可通过沉积物的再悬浮作用而重新进入水体，也可被水生生物富集，通过食物链危及人类健康。目前许多研究者开展了水体生物对毒害性有机污染物的生理、生态效应及毒性作用机理的研究。POPs 由于结构稳定，不易被微生物或阳光分解，在自然界的残效性较其他有机化合物大，更容易被生物吸收累积，进而通过食物链被富集起来。有机污染物对生物的慢性致疾作用也引起了很多学者的注意，已开展了分子生物水平的研究。毒害有机污染物在参与水生生态系统的物质和能量循环过程中会发生复杂的形态变化，通过生物代谢可能转变为毒性更大的物质。许多有机物在低浓度时无明显生态效应，但进入生态系统后，在各种生物和非生物因素作用下，会改变自身的性质、数量和分布，在到达生物器官组织时就会产生明显的危害效应，因此，对这些潜在危害过程的研究，也是水体有机污染生态效应研究的一个重要方面。

2.2.4　水源污染的健康安全

保护水源对于保证人类健康至关重要。随着国民经济的发展，人工合成的有机物越来越多。据统计，在人类生产和生活的排泄物中，已有 2200 余种化学污染物和 1400 余种有毒藻类、细菌、病毒等流入水体，导致水质下降，形成水质性缺水。其中人工合成的有机污染物危害更大，具有生物富集性、致癌、致畸、致突变、致内分泌干扰和毒性，对公众健康危害甚大。美国环保局在全国饮用水检测中发现 289 种化学物质，其中有 111 种卤代化合物（多为 DBPs），占 38%，它们具有致癌、致畸、致内分泌紊乱和致突变作用，特别是 THMs 和 HAAs 类，后者致癌性为前者的 50～100 倍。

医学流行病学查明，国内外 70%～80%的人类疾病与水污染密切相关[17]。根据 2003 年举行的第三届世界水论坛，全世界范围内每年至少有 500 万人死于与水有关的疾病。这些疾病通过饮食受污染水或食品感染而直接传播，或者消化携带病原菌的微生物而间接传播。大多数受与水有关致死或致畸影响的人群是小于 5 岁的儿童。现已确定了约 50 种可影响分泌系统的化学物质，其中约有一半为氯化物（如多氯联苯、二　英）、杀虫剂、滴滴涕。

已经证明，水源污染能够引起一系列疾病及健康问题，如介水传染病，生物地球化学性疾病，急、慢性中毒及远期危害。多数研究认为，饮水氯化与癌症有关。长期接触或饮用受致突变、致癌物质污染的水，可使饮用人群中癌症的发病率增高。目前，在中国落后偏远的农村，特别是水质型缺水地区，由饮用水质不达标所引起的疑难病症和地方性病正困扰着老百姓，也出现了令人忧虑的“癌症村”。我国江苏启东等县肝癌发病率较高，调查研究表明，肝癌高发与居民饮用泯沟（灌溉沟）和宅沟（死水塘）中污浊的水有关。而饮用水质较好的深井水的居民肝癌发病率则很低。继河北磁县、河南林州之后，河北涉县正成为中国癌症高发区，该县固新、神头等镇近年来的癌症发病率逐年增高，已超过全国平均发病率的几十倍，被人称为“癌症村”、“死亡之区”。据悉，饮用水源被疑为癌症高发的主因。河南沈丘县也有个癌症村，该县周营乡黄孟营村，十几年前开始多发癌症，被疑为流经该地区的淮河支流沙颍河污染所致。

2.2.5 水源污染对后续水处理工艺的影响

近些年来，我国水源水质污染有加剧和恶化趋势。据统计，我国 90%以上的城市水域严重污染，近 50%的重点城镇水源不符合饮用水水源的标准。由于绝大多数水厂采用常规处理工艺，因此使处理后饮用水水质的化学安全性得不到有效保证。水源污染趋势加重，有机污染成分增多，使当前的给水处理厂的混凝剂和消毒剂耗量增加，饮水的安全和管网水的生物稳定性得不到保证。城市水源污染带来的另一个后果，就是在使城市水环境恶化的同时，加大了城市水厂的水处理难度。过去曾认为低水平污染是安全的，现在认识到低水平污染仍然危害健康[27]。鉴于现有处理技术和基于处理成本考虑，污染水源大大增加了饮用水的潜在健康安全风险。

水源水的污染不仅给人类的健康带来了较大的危害，而且对传统净水工艺和水质的影响所造成的各种损失更是难以估量。据 1985 年统计，我国南方 12 个城市取水量为 243.3 亿 m^3，其中 80%因水污染而每年要增加 3 亿～4 亿元净化水的成本费[17]。富营养化水体中富含的藻类及其死亡残体在水处理过程中，会干扰混凝过程，造成管道堵塞或产生腐蚀。水体中毒害污染物有些本身就是致突变物前身，或者是 DBPs 的前驱物。水源水质的恶化，一方面势必额外投加大量的混凝剂，使制水成本大大增加；另一方面由于传统净水工艺对水中微量有机污染物没有明显的去除效果，相反还可能使氯化后出水的致突变活性有所增加，水质毒理学安全性下降，对人体健康造成危害。

考虑到我国绝大多数水厂采用的还是传统的给水处理工艺流程，能否经济有效地强化常规给水处理效果，拓宽现行给水处理工艺的净水效能，或适当增加预处理和深度处理，以增强去除污染物能力和适应日益严格而细化的水质标准，已成为当今水处理工作者一项十分重要而紧迫的新课题。

2.3 水源污染的综合控制

水源污染综合控制是从水源地生态系统的整体出发，以环境容量为基础，以实现饮用水质安全保障为目标，综合考虑发展经济与保护环境的关系，将人工措施与利用环境自净能力相结合，控制技术与环境管理相结合，从而制定出最优化水源污染综合控制方案。水源污染综合控制对提高和改善水环境质量，确保饮用水质安全，促进我国经济和社会的健康、可持续发展具有战略意义。

2.3.1　水源污染控制与修复的基本原理

2.3.1.1　污染控制与修复的基本原则

饮用水源污染控制总的原则是从源头上控制污染物进入水体、预防优先于治理和全过程控制。对于源头污染物，应最大限度减少其产生量，对于在源头不能削减的污染物，则应大量采用对环境无害的循环利用技术，对于不能回收利用而排出的污染物进行处理，只作为一种最终手段。下面分别阐述饮用水源污染综合控制与修复的基本原则。

1. 清洁生产与源控制

工业是我国水环境的最大污染源，对工业污染源的治理应作为水污染防治的重点。防止水污染的最好途径是加速建立环境保护产业和推行清洁生产技术[5]。不能再走边生产、边污染、边治理的老路。此外，采用污水循环利用以实现污水资源化，污水灌溉和土地处理系统，对城市雨水进行收集、循环利用和强化处理前期暴雨径流等都是尽可能将污染物质留蓄于陆地生态系统和在系统内部进行消化的有效途径，这样可在源头上控制污染物进入水体，从而有效地保护水源水体。

2. 预防优于治理

鉴于饮用水源一旦污染后治理难度很大、成本相当高而且具有很强的潜在安全风险，很有必要采取预防性措施来保护所有的饮用地表水及地下水。就我国目前国情而言，预防对于保护水资源和控制水污染最为简单、经济和高效。水资源统一规划和水源地保护规划是水源污染控制的重要内容。

3. 对水循环和水质转化过程进行单元与系统控制

水的污染过程即是从自然水-净化和利用-处理与回用-进入受纳水体这一循环系统的水质转化过程。这一循环和转化是非平衡的、具有积累效应和复合污染特征的。因此，控制水污染实质上就是对这一循环和转化过程进行单元和系统的控制，特别是针对水中重点污染物及其转化过程进行安全控制，并根据这种需要发展水污染控制的关键技术和集成工艺。

4. 地表水与地下水污染控制的统一

地表水和地下水是水资源的两个重要组成部分，是水资源在不同时间和空间上的表现形式。人们往往更关注可见的地表水体，而忽视地下水资源。事实上，地下水系统是天然的净水贮水系统，水质一般比地上水体和人工水库的固态悬浮物更少，而且地下贮水比地上水体更少蒸发，应该更合理、更科学地利用和发挥这个系统的优点。要做到这一点，首先应该有意识地增加一个地区的自然渗滤。随着一个地区的开发和建设，有许多因素能降低自然渗滤量，如市区修筑道路和人工地面、沼泽地的排水干燥化等，都能降低自然渗滤量，这些都对保护地下水资源不利。水资源是一个不可分割的整体，具有统一性，因此在水源污染控制过程中对地表水和地下水必须要统一管理、统一规划和统一保护[28]。

5. 关键区域优先控制与重点目标污染物控制

在水功能区划基础上，结合流域水环境调查和评价，划分水源污染的重点污染发生区。研究表明，流域内污染物输出活跃区和水文敏感区相互交汇的区域应是污染控制的重点区域，称为“关键源区”[29]。这部分区域是造成水体污染的高等级源区，必须优先进行控制。同时，对这部分区域进行控制可以有效地保护水体水质。受污染水体异常复杂，污染物种类繁多，交互作用明显，需要根据水体的功能目标要求，针对其中的重点污染物质进行控制。

6. 控源与水体修复相结合

水源污染控制总体方案的制定，应当体现控制外污染源与生态修复两大部分内容[30～32]。在湖泊污染或富营养化控制中，控制外污染源，包括点源、非点源，以减少污染负荷是至关重要的，但是仅仅这一点是不够的，恢复水体的生态系统也是必不可少的。要达到地表水水环境污染控制（特别是湖泊富营养化控制）的目标，对外污染源应采取切实有效的治理技术，同时，设计必要的水体生态修复技术和方案。水体生态修复既是水环境的最重要的要素之一，又是水体自净能力的主要贡献者。因此在方案制定中，应涉及岸边、浅水区生态恢复与沉水植物恢复等生态恢复方案。

7. 人工诱导为辅和自然恢复为主

限于“规模经济性”，而且自然界往往朝着最有利于自己稳定的方向演替，在生态恢复过程中，人工诱导是辅助措施。人工诱导措施主要是辨识和恢复有助于维持生态系统结构和功能稳定的关键生态过程，或通过改善其中的某些限制因子，加速退化生态系统恢复的启动，从而有利于生态恢复的进行[33]。然而，大部分的恢复工作最好由自然界自己完成。这是目前国外强烈倡导和广为实施的重要原则。

8. 以可持续发展为目标的水资源统一管理

根据国外治理污染水源的经验，管理措施是技术措施实施的保证。我国水源地质量下降的一个很大的原因是管理不善。考虑到管理对象的规模、时空范围和问题性质的差异，水资源管理问题的内容也有宏观和微观之分。此外，还有基础工作管理、管理组织体制和协调机构的管理等。综合来说，水资源管理包括：水资源产权（水权）的管理，水资源合理配置管理，水资源政策管理，水资源开发利用与水环境保护管理，水资源信息与技术管理，水资源组织与协调管理，流域生态系统管理，污染物排放总量控制管理，点源和面源污染管理，风险管理等[5,28,34]。目前，在许多发达国家，水资源保护管理已进入了系统化管理阶段[34]。

2.3.1.2　控制与修复原理

1. 生态学原理

(1) 充分利用水源地生态系统的自净功能。在进行水源污染控制与修复时，除人工采取措施（工程与管理等）外，需注意充分利用水源地生态系统自身的净化作用。这种净化作用通常发生在水源地生态系统的内部并且与系统的能流与物流过程密切联系，表现为生态系统的自我修复和恢复功能，称之为生态系统的自净作用。它包括了复杂生态系统中存在的富集与扩散、合成与分解、拮抗与协同等多种自然调控过程的集成[19]。由于存在上述过程，生态系统才不至于因为出现某类限量物质的累积而消亡，但可能会出现原有结构与功能在一定范围变化基础上的更新。

在自然条件下，水源地生态系统的自净功能通常较强，然而在人类干扰较强和污染负荷过重的水源地，其生态系统自净功能受到削弱甚至丧失。加强饮用水源污染控制和修复，要充分发挥水源地生态系统特别是水源地周边的岸带缓冲系统的自然净化功能，从而有效地减少泥沙等颗粒物以及溶解污染物的实际入湖或入河量。

(2) 生态系统的自组织理论。生物多样性是生态系统健康和污染净化功能的主要衡量指标之一。生态系统自组织理论常被用来解释生态系统的生物多样性现象，也被广泛采纳于生态工程设计。这种自组织功能表现为生态系统的可持续性。自组织的机理是物种的自然选择，也就是说某些与生态系统友好的物种，能够经受自然选择的考验，寻找到相应的能源和合适的环境条件[35]，即各自找到自己合适的“生态位”。在这种情况下，生境就可以支持一个能具有足够数量并能进行繁殖的种群。自组织理论的适用性还取决于具体的生态和环境条件。在利用自组织和自设计理论时，特别要注意充分利用土著种。引进外来物种时要持慎重态度，防止生物入侵。

要区分两类受干扰的水源地生态系统。一类是未超过水环境承载力的生态系统，是可逆的。当去除外界干扰以后，有可能靠生态系统的自然演替实现自我恢复的目标。另一类是被严重干扰了的生态系统，它往往是不可逆的。在去除干扰后，仍需辅助以人工措施改善和创造适宜的生境条件，再靠发挥自然修复功能，有可能使生态系统实现某种程度的修复。因此，在运用生态系统自设计、自我恢复原则时，并不排除工程师和科学家采用工程措施、生物措施和管理措施的主观能动性[35]。

(3) 水生生态系统组分及其净化功能。水生生态系统包括生物和非生物环境两大部分，也有称之为生命系统和环境系统。非生物环境部分指构成非生产组分的自然与环境因素；生物部分包括作为生产者的藻类及水生植物，作为消费者的原生与后生动物，作为分解者的细菌。这些组分在生态系统中分别发挥着不同的功能，共同维持着生态系统的稳定和发展。

水生植物是水生生态系统污染净化的主体。挺水植物通过对水流的阻尼和减小风浪扰动使悬移质在岸边区域发生沉降，并通过与其共生的（微）生物群落发挥着水质净化功能。水生植物通常很少直接从水中吸取营养盐，主要通过根系来吸取深层底泥中的营养物质，而植物死亡/枯落之后其部分残体又往往滞留湖底，造成水体的污染。所以在利用挺水植物水质净化功能时，必须注意做好水生植物的管理、收割利用和防止其种群退化。各种沉水植物是健康水生态系统的重要组成，其耐污程度和对水温、水位、水流、水质、底质等条件各有差异，要根据当地具体自然条件因地制宜、因时制宜在时间空间上予以镶嵌优化组合，使各种种群在整体上互补共生适应季节变化和环境灾变[36]。

多年来，水生生态系统中的生物组分因为其较为活跃而受到研究者和管理者的广泛关注。然而，在水生生态系统污染控制和修复的实践中，人们越来越认识到保护和恢复物理生境的重要性[37]。“十五”期间在太湖梅梁湾实施的湖滨带生态恢复工程中，提出在湖泊运用潜水丁坝结合水生植物种植的组合技术进行湖滨带生态系统的恢复和保护，工程实施效果表明潜水丁坝技术有效改善了湖滨带生境，提高了生物多样性，为高等植物从湖滨带向水体繁衍，进行生态恢复提供了一条新的途径。

利用水生生物之间复杂的相生相克的食物链网关系，将特定水生生物的数量控制在一定范围之内的技术称之为生态控制技术。这种技术可以避免施用药物所产生的副作用和使用机械所需要的高成本，而且具有比较长期持久的效果[31]。

当然，这种技术也存在引入危险物种的风险。因此，在对湖泊等水体进行生态控制技术之前，应该进行水体生态调查。

（4）生态系统方法。全球范围内生态系统的退化对研究者和决策者来说都是一种挑战。人们迫切需要寻找切实可行而有效的方案来解决经济、环境和社会的可持续发展问题。国际生物多样性公约（CBD）建议采用生态系统方法（ecosystem approach）来取得人类社会经济和环境的保护和可持续发展[38]。生态系统方法倡导了一系列工作原则和运行指导方针，这些原则之间是互为补充和相互关联的[6,39,40]。生态系统方法认为人类对土地、水和生物资源的管理目标与社会选择密切相关，它的实现需要社会各相关部门和多学科的参与。生态系统方法旨在寻找生物多样性保护和利用之间的平衡。应用时要综合考虑各种信息，包括科学的、本土的和地方的知识、创新和实践。生态系统管理者应考虑它们的活动对相毗邻和其他生态系统的效应（实际效应或潜在效应）。考虑到变动的时间尺度和滞后效应是生态系统过程的特征，生态系统管理目标必须从长远角度进行制定。对生态系统的管理还必须意识到生态系统的变化是难免的。为了维持生态系统服务功能，对生态系统结构和功能的保护应成为生态系统方法优先考虑的目标。对生态系统的管理必须在它们的功能限度内、在适当的时空尺度上进行和在最低适宜尺度上分散开展工作。为了更好地理解管理所带来的潜在获益，通常有必要从经济范畴上来理解和管理生态系统。任何这样的生态系统管理项目需要：减少对生物多样性产生负面影响的市场误解；采用联合激励机制促进生物多样性保护和可持续发展；在切实可行的范围内使成本和利益成为生态系统的内在组成部分。

2. 生物学原理

（1）生物净化。水体自净作用大体可以分成物理净化（如扩散、稀释）、化学净化（如因发生各种化学反应使污染物浓度降低）、生物净化（如水中微生物对有机物的氧化分解作用）三类，其中生物净化是主要的作用形式。受污染水体中有机物的分解可根据水中溶解氧充足与否分为需氧和厌氧分解两种。在水的自净中促使有机物分解的微生物，主要是水栖细菌属、真菌、藻类和许多单细胞或多细胞低等生物等。总的来讲，水里的有机物分解时要消耗大量的氧。如果供氧充足，需氧有机污染物质先在细胞体外发生水解而生成较简单的化合物，再透入细胞内发生分解，一部分被合成为细胞材料，供细菌生长和繁殖，另一部分在分解中释放出能量，以最简单的生成物排出体外。溶解氧的测定可鉴别水体是否净化以及自净的能力。在缺氧条件下，水质将被严重污染。

（2）生物修复。生物修复是水环境污染控制与修复的重要基础和经济有效的手段，指在生物特别是微生物催化条件下降解有机污染物，从而消除环境污染的一个受控的过程，即利用培育的植物或培养、接种的微生物的生命活动，对水中污染物进行转移、转化及降解，从而使水体得到净化的技术。与传统的化学、物理处理方法相比，生物修复技术有以下优点[41]：①污染物在原地被降解；②修复时间较短；③就地处理操作简便，对周围环境干扰少；④较少的修复费用，仅为传统化学、物理修复费用的 30%～50%；⑤人类直接暴露在这些污染物下的机会减少；⑥不产生二次污染，遗留问题少。

目前，生物修复技术根据在修复过程中被污染介质是否发生移位和搬运可划分为原位生物修复和异位生物修复两种[31,42]。现在所说的生物修复主要就是指原位生物修复（*in-situ* bioremediation technology），该技术是近些年开发出并广泛应用于受污染地表水体、地下水、近海洋面及土壤修复的一项新技术，并逐渐成为水体污染治理技术发展的主流[43,44]。水体生物修复的主要方法有：生物处理技术，生态塘处理法，人工湿地处理技术，土地处理技术等。其中，人工湿地处理技术将是一个比较重要的发展方向[45]。

（3）生物控制（生物操纵，biomanipulation）。从某种程度上讲，生物控制和生态控制是相互关联和融合的一体化技术。本质上说，这两种技术都是对自然界自我恢复能力和自净能力的一种强化，因此也有人将二者合称为“生物-生态控制方法”。生物控制和生态控制技术在防治水体富营养化和控制水源水中有害生物孳生中已有应用[46～48]，属于水污染防治的内环境防治技术中的一种方法。其基本技术原理包括：①通过富营养化水体中水生生物对营养元素的吸收利用及其代谢活动达到去除营养物和污染负荷的目的；②调整湖库水生生物群落结构从而抑制水体的富营养化进程。传统意义上的生物控制主要是指“生物操纵”。

Shapiro 等[49]首先提出了“生物操纵”的概念，定义为“通过一系列湖泊中生物及其环境的操纵，促进一些对湖泊使用者有益的关系和结果，即藻类特别是蓝藻类的生物量的下降”。换言之，生物操纵也指以改善水质为目的的控制有机体自然种群的水生生物群落管理[50]。生物操纵旨在使湖泊管理者通过放养凶猛鱼类来逆转食浮游生物鱼类对浮游植物的影响从而改善富营养化的症状[51]。

Drenner 和 Hambright[51]在分析了大量已有研究的基础上，归纳总结了人们认为凶猛鱼类放养可降低藻类生物量的主要机理。尽管一些生态学家对食物网操纵能否稳定而长久地改善富营养湖泊的水质持怀疑态度，生物操纵已被运用到许多北美和欧洲的湖泊，其方式是通过凶猛鱼类的放养（添加到以前无凶猛鱼类的水体或补充已有的凶猛鱼类群落）或通过人为地毒杀或捕捞的方式完全除去食浮游生物鱼类[51,52]。生物操纵正逐渐成为一种改善湖泊和水库水质的日常技术[52,53]。然而，对于通过生物操纵来改善水质存在的一些典型问题（如蓝藻控制，长期稳定性）和生物操纵实验带给整个生态系统非常复杂的扰动以及生物操纵的有效性和持久性，都必须慎重考虑[50]。

基于世界各地报道的大多数生物操纵的失败和在武汉东湖的实验研究的结果，中国科学院水生生物研究所的专家们提出了通过控制凶猛鱼类及放养食浮游生物的滤食性鱼类（鲢、鳙）来直接牧食蓝藻水华的生物操纵，并称之为非经典的生物操纵[54,55]（non-traditional biomanipulation），而将在北美和欧洲广泛采用的通过放养凶猛鱼类或通过直接捕杀或毒杀的方式来控制食浮游生物鱼类，借此壮大浮游动物种群来遏制藻类的生物操纵称为经典的生物操纵（traditional biomanipulation）。值得注意的是，非经典生物操纵所依靠的放养对象，正好是经典生物操纵论者要求捕除或毒杀的对象！因为蓝藻水华的控制具有重要的实践意义，非经典生物操纵的核心目标定位为控制蓝藻水华。

3. *污染化学原理*

从饮用水源水体污染物的类型出发，结合水体污染控制和修复过程，从简单的物理污染、化学污染物和生物污染物等方面来探讨饮用水源的污染化学控制原理。

（1）悬浮物。水体中的悬浮物和漂浮物来源复杂，主要由地表径流携带进入水体。这些悬浮颗粒物常成为溶解态污染物的载体。其元素组成因地域而异。如果水体受到污染，水中的离子成分特别是金属元素含量明显增加，元素组成没有一定的规律性。在水体污染控制和修复系统中，对于大量的悬浮物和漂浮物主要是通过格栅、筛网、沉砂池和沉淀池等设施来拦截、沉淀体积和密度较大的污染物，最后通过人工或机械方法来清除这些污染物。

（2）酸碱物质。天然水体的酸污染主要来源于酸性废矿水、黄铁矿或者其他硫化物，这些物质在微生物催化氧化的作用下会形成硫酸。碱污染主要来源于碱法造纸、化学纤维、制碱、制革以及炼油等工业废水。水体的酸碱污染一般多发生在水体流域内有酸或者碱污染源。例如河流的两岸存在造纸、钢铁、采矿和化工等企业。

一般说来，对于含酸、碱工业废水污染的饮用水源治理常用中和法。对于酸性废水污染常用的溶解性药剂有：氢氧化钠、生石灰、纯碱、石灰石、氨水、碳酸氢钠和含钙动物贝壳等廉价实用的碱性药品。对于碱性废水污染经常使用的酸性药剂有：硫酸、盐酸、二氧化碳等，其中硫酸比较便宜，但是如果废水中含有钙离子时会产生沉淀。

（3）重金属。受到重金属污染的饮用水源其成分较为复杂，可能含有汞、镉、铬、铅等金属元素，它们与水体中其他离子成分之间发生着复杂的化学反应，大大增加了水体污染的复杂性以及水污染治理的难度[26]。监测结果显示，我国饮用水水源主要的重金属污染为汞，其次为镉。我国各类饮用水水体的重金属污染的共同特点是：污染物在水中浓度低，但作为水中背景物质的碱金属和碱土金属浓度高，其浓度要比重金属高几个数量级[56]。因此，必须寻找一种有效的方法，使之对重金属微污染有较好的去除效果和较高的选择性。下面以汞为例来说明重金属的污染化学。

造成水体中汞污染的主要污染源有生产汞的厂矿、有色金属冶炼、使用汞的生产部门、矿物燃料的燃烧、有机汞农药的使用等。日本曾经发生的水俣病就是因河水中累积的汞污染物被微生物转化为甲基汞进入大米和鱼体中，通过食物链进入人体而使人中毒。

天然水体中的汞含量很低。地球上河水、湖水中含汞量一般不超过 10^{-9} 数量级。汞在天然地表水和地下水中的浓度低于 0.5 μg/L，但在矿区地下水中含量可能增高。为了预防汞污染对整个生态环境的影响，要做好汞污染源的治理工作。同时也要积极做好汞污染的水体的治理工作。

针对污染源的含汞废水治理，其方法有化学絮凝沉淀法、离子交换法、金属还原法等；排入水环境中的汞，主要沉积于江河湖海的底部，对于这样较大范围的汞污染，可以采取疏浚法和覆盖法来消除[57]。疏浚法适用于河流比较浅、污染面积小、汞含量大的河床。覆盖法通过在含汞沉积物的表面，撒用惰性黏土、细砂、矿渣、锰铁矿、硫铁矿、含硅矿物质等物质，使水体沉积物表面隔开，起到防止甲基汞向水中释放和降低汞甲基化反应的作用。

(4) 有机污染物。在地球上已经存在的有机物有一千多万种，多数来源于自然环境，即由生物体的活动过程产生的。然而，从 20 世纪以来，人类开始致力于合成和生产自然界没有的有机化合物，从而产生了自然界难以降解的有机物，新的人工合成的有机化合物每年以惊人的速度增加。痕量的有机毒物虽然对综合指标 BOD_5、COD_{Cr}、TOC 等的贡献极小，但却可能对人体健康和生态环境造成严重影响[58]。

水体中的有机污染物主要是农药、染料、表面活性剂、酚类化合物、石油等。这里以农药为代表介绍水体中有机污染物的环境化学行为和治理方法。

农药是一类复杂的化学合成物，简单地说，农药是用于农业和林业的化学防治药品。水体中农药的主要来源是农药制造厂、加工厂向水体排放的废水和废物；人们在农业生产和林业防护中使用农药以及农药药具的洗涤废水、公共卫生防疫系统用于公共卫生的农药防治、降水淋洗大气中的农药；暴雨产生的径流侵蚀被农药污染的土壤。农药污染的分布比较广泛，除了农药制造厂、加工厂废水排入江河以外，在水稻、麦田、蔬菜、森林、水生杂草水域等都存在不同程度的农药污染。

针对环境中农药污染的控制方法[57]主要有：①从根本上改变使用农药的思想，采用生物多样性以虫治虫、以菌治菌、以虫制菌、以菌治虫等方法，即人们常说的以天敌防治病虫草害。利用天敌防治害虫和草丛的优点是没有污染，对人畜安全，也可以减少化学农药使用量。但要合理使用天敌方法，并与其他方法配合，防止原来的天敌成为新的虫害和病害。②使用生物农药来代替化学农药，以减少其对生态的污染。③利用转基因作物——植物农药来代替化学农药，以达到防治病、虫、草、鼠害目的的植物农药产品。然而转基因植物可能对周围其他植物和物种产生该种基因耐受性。转基因植物食品和饲料是否对人畜安全还是个有待解决的问题。④使用和合成高效、低毒和低残留农药。

对于农药污染的水体等环境可以采用投加碱性药剂的方法，因为大部分农药在碱性条件下容易发生降解。经常采用的投洒碱性药剂有石灰、碳酸钠等。

4. 环境工程学原理

在饮用水源地水体受到污染后，当生物-生态方法一时难以奏效，就可考虑采用工程技术和手段。然而，环境工程手段通常主要用于小面积水体和短期应急所需。从长远角度考虑，还应首先采用生物-生态方法，以实现水源地生态系统的稳定和可持续健康演化。下面介绍在水源地污染控制与修复中较常采用的环境工程技术原理[31]。

(1) 稀释和冲刷。稀释和冲刷是一种常用的技术，在我国南京玄武湖、杭州西湖以及昆明滇池内海，都采用外流引水进行稀释和冲刷。这种技术可以有效地减少污染物的浓度和负荷，减少水体中藻类的浓度，促进水的混合，稀释藻类的有害分泌物等。

(2) 深层水抽吸技术。水体质量的恶化一般从深层水开始，将深层水抽出来一部分并进行一定程度的处理是一种可供选择的技术。这样，深层水停留时间缩短，深层水转为厌氧状态的机会就减小了许多，由此减小了底泥中富营养元素和重金属离子释放的速率，减小了对鱼类的不利影响，也减小了污染物质或者富营养元素向表层水的扩散传输。

(3) 水动力学循环技术。湖泊水库的水体动力学循环从 1950 年以来就开始得到应用。最初主要用来防止浅水结冰，防止其中的鱼类生物被冻死。在 60 年代以后，水体动力学循环技术逐步用于水体富营养的控制和水体水质的改善，是被广泛应用的技术之一。该技术的主要作用机理是：提高水体溶解氧浓度，控制水体生物数量，控制内源性污染，加速氨氮的氧化等。水体循环技术在改善好氧水体生物的生存环境时，也可能同时强化了一些相反的作用过程。如实际观察表明，水体中内源性的磷和藻类数量并没有变化甚至还会增加。

(4) 深水曝气。深水曝气也是常用的环境工程学手段，其目的通常有三个：第一个也是通常能够达到的一个目的就是在不改变水体分层的状态下提高溶解氧浓度；第二个目的是改善冷水鱼类的生长环境和增加食物供给；第三个目的是通过改变底泥界面厌氧环境为好氧条件来降低内源性磷的负荷；其他附带的目的或者效果包括降低氨氮、铁、锰等离子性物质的浓度。

(5) 磷的沉淀和钝化。湖泊水库内源性的磷对于富营养化具有举足轻重的作用，尤其是对于浅层湖泊，或者表层水与厌氧水层距离近的湖泊水库。磷的沉淀和钝化属于改善湖泊水库的技术，目的是通过沉淀去除水体中的磷，通过钝化延缓内源性磷从底泥中的释放。在沉淀中，通常是用硫酸铝等铝盐，加入水中形成磷酸铝或胶体氢氧化铝共沉淀。沉淀技术发挥作用比较快，但是难以发挥长效作用，因此一般建议作为临时措施使用。如果将大量氢氧化铝投加覆盖在底泥表面，通过钝化这种作用途径，内源性的磷可以在较长时期内（例如几年）得到抑制，从而控制湖泊的富营养化。

(6) 底泥修复。底泥是湖泊水库中的内污染源，有大量的污染物质积累在底泥中，包括营养盐、难降解的有毒有害有机物、重金属离子等。疏浚底泥能够彻底去除积累在其中的有毒有害物质。在疏浚过程中，需要注意防止底泥泛起，导致有毒物质进入水体，以及注意底泥的合理处置，防止二次污染。底泥氧化能够氧化其中有机物，脱氮，将亚铁转化为氢氧化铁，使磷与铁氢氧化物紧密结合起来，氧化深度达到 10～20 cm 的范围，达到控制内源性磷的目的。底泥覆盖也是一种修复途径，但在覆盖材料选择上要求较高，已经证明一些高聚合物覆盖材料例如聚乙烯是非常有效的，但是成本相对比较高。

5. 管理学原理

对水资源进行科学高效管理是有助于按照成本有效和可持续的方法尽力解决水问题的一种过程，也是饮用水源地污染控制的重点和关键。必须将水源地污染控制的管理纳入整个水资源管理的框架中，而且要优先管理和合理保护水源保护区。水源地污染控制的管理目标主要包括：从源头削减污染负荷或控制污染物质的产生和传输过程，实现水源地生态系统的良性循环和自我维持功能，并最终达到水资源与环境持续利用和经济与社会协调、持续发展的统一。

(1) 水资源管理的涵义。现在世界上许多地区特别是干旱、半干旱地区，水资源已成为非常稀缺的不可再生资源。面对人口、经济增长、生态环境日益恶化的严峻挑战，实施以可持续发展为目标的水资源管理体制已迫在眉睫。然而，目前尚没有公认和明确的水资源管理定义[5,59]。面对可持续发展要求，冯尚友认为水资源管理的定义可以这样来界定[5]：为支持实现可持续发展战略目标，在水资源及水环境的开发、治理、保护、利用过程中，所进行的统筹规划、政策指导、组织实施、协调控制、监督检查等一系列规范性活动的总称，就是水资源持续利用管理。水资源管理的根本目的在于实现水资源的持续利用，即满足当代人和后代人对水的需求，同时，要使水资源、环境和经济、社会协调、持续发展。

(2) 水资源统一管理。为了对水资源实现有效可持续的管理，国外提出了水资源统一（综合）管理，它是目前国外广为倡导和实施的一种管理模式，主要是相对于传统的分散型管理而言。然而，两种管理体制却并非相斥。也许适合于可持续发展战略的水管理模型是在强有力的国家水资源管理权威机构的基础上，辅以分散的、具有相当程度的自治流域或区域管理组织形式和需水与供水统一的管理形式。

水资源统一管理（integrated water resources management，IWRM）是能够帮助各国按照成本-效益较优和可持续的方法尽力处理水问题的一种过程[28]，或译为水资源综合管理。水资源统一管理的概念已经引起了1992年在都柏林和里约热内卢召开的水与环境国际会议的特别关注。然而，水资源统一管理的概念引起了广泛的争论，目前还没有关于水资源统一管理的确切定义。全球水伙伴技术委员会为了提供一个共同框架，将水资源统一管理定义为：水资源统一管理是以公平的方式，在不损害重要生态系统可持续性的条件下，促进水、土及相关资源的协调开发和管理，以使经济和社会财富最大化的过程。

水资源统一管理中的"管理"指"开发和管理"，其中的"统一"是必要的但不是充分的。那些参与水资源管理的人知道统一本身不能保证制定出最优的策略、计划和管理方案。水资源统一管理中的"统一"强调自然和人类系统的相互作用。与"传统的"水资源分散管理相比，水资源统一管理的概念在根本上与水的需求和供给管理有关。因此，可以根据下述两种方式考虑统一：①自然系统，对资源的可利用量和质量至关重要；②人类系统，它从根本上决定了资源的利用、废物的产生和资源的污染，它还必须确定开发的优先顺序。

统一可以产生于上述两种系统之内或之间，同时要考虑时间和空间的变化。从历史角度来看，水管理者趋向于将自己看作起"中立作用"的角色，通过管理自然系统满足由外部条件决定的要求。水资源统一管理方法能够帮助水管理者认识到他们的行为也会影响水的需求。显然，消费者只能"要求"提供产品，但所提供的水可能会有截然不同的特性，如在低流量或高峰用水期的水质和可用水量。由于对基础设施的投资将潜在的水需要转化为实际需求，水价和水费的设定也会影响水的需求。

(3) 流域尺度上的生态系统管理。饮用水源地保护和污染控制是一项复杂的综合工程。鉴于水源水体对人类活动较为敏感，其中的污染物常常具有复合污染特征，再加上水源污染后治理和控制难度相当大，必须从流域尺度上加强水源地生态系统的管理和流域内污染物排放总量控制的管理。只有从源头控制污染物质的产生和传输过程，才能有效降低水体的污染物负荷；只有切实加强饮用水源地生态系统本身和相邻重要生态系统的管理，维持这些生态系统的健康良性循环，才能保证饮用水源地的生态安全、降低后续处理成本和对人体健康的风险。

"生态系统管理"这个概念有多种定义[6]。世界自然保护联盟认为，生态系统管理提出了一个较综合的和一体化的管护方法新框架，人是其中综合因素的一个组成部分。生态系统管理就是操作物理学、化学和生物学的过程，把有机体与非生物体环境以及人类活动的调节联系起来，营造一个理想的生态系统环境。生态系统管理一方面针对生态系统本身的过程，另一方面也包括引起生态系统过程变化的自然、人为因素。由于调整人类活动要比调节生态系统结构和功能的自然因素更加实际，因此，对人类活动的管理是生态系统管理的重要内容。人类的活动可能在程度或格局上改变那些过程。

良好的生态系统管理将保持生态系统功能的完整性，避免迅速的、不希望见到的生态和环境变化。它将保持和尽可能地提高生物多样性和环境服务功能，例如水的质量和对食物链的支撑。生态系统方法（ecosystem approach）提供了一个更为广阔的管理基础，所包括的管理单元的范围大小可以通过不同时空尺度来调节，其主要依据是问题的性质和生态系统过程可以正常运行的尺度范围。它也为政府、社团和私人之间利益的合作努力提供了一个更具操作性的架构，使综合的、跨学科的、可参与的和可持续的管理方法成为可能。

2.3.2 方法概述

在造成水体污染以及富营养化的因素和强度没有得到有效控制的情况下，对水源地的水体污染和生态系统退化的控制和修复，仅靠某一种方法通常很难奏效和持久。由于水源水体污染的复杂性以及复合污染特征，对水源污染必须从多角度、多层次进行系统集成化的综合控制。

(1) 由于水资源的特殊性和不可替代性，国家必须从战略上高度重视水资源的保护和管理，将水资源保护和管理纳入到整个国民经济和社会的可持续发展规划当中，制定水资源保护和统一管理的法令法规和控制方案。从流域尺度上对水资源进行统一规划、统一管理、统一调配。要加强各相关部门之间的通力合作、协调和相互监督。要鼓励水资源管理、水源污染控制和治理等方面的技术、政策、工程、工艺的科学研究，从而不断提高水资源管理和污染控制的水平和能力。

(2) 加强饮用水源保护，除了提高生活污水和工业废水的处理率，严格控制新的污染源产生外，更为关键的是要改变传统的生产和生活方式，推行节水技术，发展闭路循环的水处理系统，提高工业用水的重复使用率及城市污水资源化等，减少废水的排放总量，走可持续发展的道路。要充分认识到，为了实现社会经济可持续发展、构建和谐社会，必须大力推行有利于环境保护的清洁生产技术和发展循环经济，以实现资源有效利用和废物减量化、最小化。对于工农业生产生活所产生的废物、垃圾等，要合理处置和尽可能实现回收利用。

(3) 为了有效改善和保护水源水体质量，必须在全国、全行业范围内实行严格的排污总量控制制度，从水资源质量目标出发，根据水域纳污能力，通过技术、经济可行性分析，优化分配污染负荷，确定切实可行的总量控制方案。污染总量控制的关键就是确定污染源排放量与水质状况的定量关系，将水质保护目标和污染源控制这两个对象联系起来。在制定总量控制方案时要结合我国国情和技术经济水平，综合考虑流域内点源、非点源以及自然源等不同污染源。

(4) 流域水文循环是水流和物质流的重要途径，也是污染物传输的重要通道，加强流域水文循环控制是合理控制污染传输的有效途径，要基于流域对进入受纳水体的污染物进行截蓄、储存和净化，加强流域水土流失治理和控制。随着点源污染的治理，面源污染对于受纳水体的影响越来越重要，对面源管理和控制必须引起高度重视。城市和农村区域都必须加强暴雨径流污染的控制，从促渗和储存两个环节上，增加水力持留时间，减缓径流进入水体的过程，从而尽可能使径流在流域内部进行循环和净化。

(5) 在饮用水源保护过程中，要实现流域生态恢复和水体修复并举。流域缓冲地带是污染物截留净化的重要缓冲器和强化处理器，是污染物进入水体的天然屏障，必须有效保护、恢复和合理利用。由于人类的开垦和破坏，我国有一半以上的岸边带系统遭受破坏或有效面积丧失殆尽，造成了严重的生态环境后果和巨大的经济损失。目前人们已经认识到问题的严峻性，正在大力开展岸边带系统的生态恢复，但这方面亟需科学的理论进行指导，如岸边带恢复的范围、面积、模式、植被演替和效率维持等。水体修复主要采用生物和生态方法进行，有利于维持水生态系统的健康、稳定和良性演替。从长远的观点看，具有合理的生物多样性和种群结构、健康的营养结构、有着正常能量代谢的水生态系统，是衡量水源水质良好的重要标准。

(6) 应该借鉴国内外的成功做法，将城市和农村水源地区建设成为人类与大自然和谐相处的示范区。构建生态型水源保护区势在必行。袁志彬在分析探讨水源保护区的生态恢复问题的基础上，提出了建立生态水源保护区的概念和内涵[60]。生态水源保护区是具有湿地处理系统、林木缓冲系统和清新空气保护系统三维一体化的、可以实现水源保护和水量保证的、符合可持续发展要求的水源保护区。这一概念首次从三维一体的角度全面系统地阐述了水源保护区的生态恢复问题，可以从三个层次加以理解：一是水质保护；二是水质净化；三是符合可持续发展要求的水质安全保障。本质上说，建立生态水源保护区是采用生态方法(或模拟生态方法)对自然界恢复能力和自净能力的一种强化。

(7) 加强对公众的水资源保护的宣传教育，对管理人员和专业人员进行必要的培训和指导，充分调动社会各阶层的力量，保护水资源要从我做起，只有全民总动员，水资源保护事业才会有根本性的转机。国外水环境管理的实践和研究表明，成功水环境管理需要公众参与和支持，公众参与到有关水环境问题的立法和管理过程中将增加水环境管理的透明度，提高水环境管理的效率和效果。此外，公众还是水环境质量的监督者和水环境污染控制行动的参与者，对水环境管理是非常重要的。

2.3.3 水源地点源污染控制

水源地点源污染来自可以辨识的源并从特定地点进入水环境。点污染源主要包括集中排入湖库的城镇生活污水排污口、排放工业废水的企业及湖库流域内其他固定污染源。点源污染的例子有：工业点排放，以及工业化学品的渗漏和溢流；城市废水排放；垃圾填埋场的渗滤液；现存和废弃矿场的废弃物；原位化粪系统；地下油气储罐渗漏等。

水源地点源污染控制主要通过改进社会生产生活方式，完善污染物排放标准和管理法规及加强执法力度，集中处理重点污染源和优先控制污染物，推广工业和生活废水的生态治理和污水回用技术等途径来实现。

由于工业结构的不合理和粗放型的发展模式，工业废水造成的水污染占我国水污染负荷的50%以上，绝大多数有毒有害物质都是由工业废水的排放带入水体。加强工业和城市污染治理在一定时期内仍是我国水源地污染防治的重点。对工业废水污染防治必须采取综合性的对策措施，其中，发展清洁生产及节水减污应该是控制工业废水污染最重要的对策与措施[34]。我国工业生产正处于关键发展阶段，工业结构的调整应以降低单位工业产品或产值的排水量及污染物排放负荷为重点。

城镇生活污水处理要根据污染源排放的途径和特点，因地制宜地采取集中处理和分散处理相结合的方式。通过对方案的技术、经济分析比较，得出最佳设计方案。以湖库为受纳水体的新建城镇污水处理设施，必须采取脱氮、除磷工艺，现有的城镇污水处理设施应逐步完善脱氮、除磷工艺，提高氮和磷等营养物质的去除率，稳定达到国家或地方规定的城镇污水处理厂水污染物排放标准。

2.3.4 水源地面源污染控制

2.3.4.1 概述

点污染源以外的外部污染源统称为面源（非点污染源）。当水流经过土地收集自然或人为污染污物，并使这些污染物直接在地表水中沉积或通过入渗进入地下水，面源污染便产生了。

面源污染具有如下特征：污染物种类繁多，没有固定的集中发生源，污染过程复杂，污染物的迁移转化在时间和空间上有不确定性和不连续性，暴雨径流收集和处理较难等。面源污染物的性质和污染负荷受气候、地形、地貌、土壤、植被以及人为活动等因素的综合影响。

水源地面源污染来自于许多分散的源[1]，主要包括：农业径流，其中包含油类、油脂、肥料、杀虫剂、细菌和来自牲畜与粪便的营养物质；来自于建筑物、街道和人行道的城市径流，其中携带着沉积物、营养物质、细菌、油类、重金属、化学品、杀虫剂、公路盐、宠物粪便和丢弃垃圾；来自游艇的细菌性和石油类产品；盐水入侵；酸沉降和其他形式的空气污染，可直接落在地表水面和陆地上。

随着点源污染逐步得到控制，面源负荷在污染贡献中的位置越来越突出。“三湖”（太湖、滇池和巢湖）面源污染物贡献率占总贡献率至少是 30%，最高的巢湖 TP 达到 73%（表 2-2）。流域内几乎所有的人类活动都会产生面源污染。世界上许多国家均逐渐认识到即使点源污染完全控制，如果不进行面源污染控制，受纳水体的水质并不会得到显著改善。因此，世界各国均在找寻一个经济的、科学的、高效的面源污染控制策略。

表 2-2　“三湖”各种污染负荷贡献率（%）[61]

污染源	太湖		滇池		巢湖	
	TN	TP	TN	TP	TN	TP
工业废水	16	10	10	14	14	10
生活污水	25	60	57	45	23	17
面源污染物	59	30	33	41	63	73

注：TN、TP 分别为总氮、总磷。

目前，面源污染的研究和控制已成为水环境研究的重点和难点之一[62～65]。面源污染形成的原因和机理较为复杂，仅靠单一措施解决复杂的面源污染问题难以奏效。无论是农业（村）面源，还是城市面源，从源头上进行控制均是最为有效的方法。其次是对面源污染的迁移转化途径（即运移途径）进行控制。只有少数情况下，在面源污染到达受纳水体前进行末端治理和控制。

面源污染控制措施之不同有如面源污染源本身之各异，因而在控制和治理方法上也不尽相同。归纳起来，面源污染控制应从源→运移途径→汇等链式环节上进行综合控制，采用多种技术手段或管理措施进行系统集成化控制。具体措施包括工程措施和非工程措施（主要是管理措施、有关政策法规等）。对应于三个环节，面源污染控制（治理）措施可以分为三个层次：①对危险的土地及危险的土地利用作污染源控制，包括一系列面源污染控制措施，着重从源头入手。首先要考虑的管理措施是设法将潜在污染物保留在原地，并防止其离散；②汇流的集中控制，并且削减排入水体的污染物，即暴雨径流控制。面源污染控制的第二类管理措施包括：径流离开源地后消除其中污染物的方法和构筑物。污染物被径流稀释，并向比发源地浓度低的方向移动，这样就更难以控制。其中促渗是最为有效的方法，其次考虑采用储存径流措施；③径流处理（终端处理）。处理的主要对象是合流制下水道溢流出水，然而在许多情况下（如暴雨水排放到湖泊），雨水管的出水也需要处理。可以采用许多现成的处理方案对暴雨水污染进行控制，处理厂大部分坐落于暴雨水抵达受纳水体之前。然而，当过量的养分进入湖泊和水库时，为了减轻随时性的面源污染，可采用多种环境工程和生态工程等处理和补救的技术方法。由于暴雨水的排放和溢流是很不规则的，有些在线和离线储存必须包括如何减少处理设备的成本，在储存等量体积和处理率之间有所选择。

面源污染的治理和控制必须与点源污染控制相结合。流域管理与城市规划是面源污染的关键和核心，也只有从管理和规划上下工夫，才能在面源污染控制上治标又治本。流域是以水文单元为基础构成的社会、经济环境高度综合的综合体，以水为纽带，实行流域水环境协调管理是一种必然趋势。彻底改变单独由行政区划分块管理的管理模式，实现以流域单元为目标，以行政区划协调的综合防治与管理的水环境协调模式。应该将城市面源污染控制纳入到城市规划中，对面污染源、污水收集管道、城市雨水收集和处置系统进行合理规划，从而有效地在各个环节上对面源进行管理和控制。

加强对面源污染控制和治理的长期性、复杂性、艰巨性、困难性和紧迫性的认识。面源污染来源多样、成分多变，形成机理复杂，监测信息获取困难，并具有形成前的潜伏性和形成后的难治理等特点。因此，需要采取综合性措施。对于流域面源污染控制和治理，在对策上，应做到工程技术的科学性、可靠性和可操作性，社会及经济的协调性，管理上的实效性，公众的可参与性。真正做到社会、经济、环境多赢。治理措施中，无论是工程技术措施还是非工程措施，一定要以人为本，以生态为核心，讲求经济效益，贯穿公众参与原则。对污染发生源要减量化、无公害化；对已发生的污染要在陆域上采用生态阻截性控制和治理，最大限度地减少入水体量；对水体污染实施生态修复和治理。

在大量研究的基础上，美国提出“最佳管理措施（best management practices，BMPs）”的概念[62,63,66]。美国环保局把 BMPs 定义为：“任何能够减少或预防水资源污染的方法、措施或操作程序，包括工程、非工程措施的操作和维护程序”。它因高效、经济、符合生态学原则，在面源污染控制中日益受到重视，目前在全世界得到广泛运用。众所周知，治理点源和面源污染有一条规律：治理污染的费用和难度，与污染物被径流稀释的程度成反比；消除每单位负荷的高浓度污染物的基建投资比低浓度污染物的开支要低。因此，治理费用随地表径流从污染源至处理厂的距离增加而相应增加。由此引出选择 BMPs 的一条基本原则：“属于土地的物质应该保留在土地上”。当物质一旦随径流或土壤水移动，治理起来就很麻烦且昂贵。在城市面源污染控制方面，目前得到广泛应用的最佳管理措施主要有：城市的科学规划、雨污分流、合理制定水价、岸边缓冲带、暴雨滞留池和沉淀塘、人工湿地、植被过滤带、透水性路面等。上述措施中，前三项为非工程措施，后五项为工程措施。现在 BMPs 已经在发达国家的城市面源污染控制中得到广泛应用。农业面源污染最佳管理措施又分为两类。一类是控制污染源的管理措施。主要包括：保护性耕作，等高耕作，条状种植，植被覆盖和保护性作物轮作，营养物管理，综合有害物管理，精细农业，建立合理的轮牧制度，地下水位的管理控制，灌溉水的生态化。另一类是控制污染物迁移的工程措施，即控制径流的措施。包括梯田、植草水道、水渠改道，缓冲带，泥沙支流工程，人工湿地等。

2.3.4.2　小流域生态工程技术：以于桥水库流域面源污染控制研究结果为例

下面以天津市引滦入津的调节水体——于桥水库为例，介绍在水源地面源污染控制方面的主要方法[67~70]。

为控制水源地面源污染，一些研究者针对南方湿润气候区特点提出了控制的景观方法与途径，例如我国南方的多水塘系统[71]、红壤丘陵区的立体种植模式[72]等，但针对北方较干旱地区农业流域景观特点，除了有关水土保持的措施以外，提出的面源污染景观控制方法很少。

1. 于桥库区流域的污染源

于桥库区流域没有大的工业和城镇，主要污染源是周边的 59 个村庄、农地、果园和鱼塘。这些村庄里，农户使用干厕所，村庄无污水处理设施，许多农户饲养牛、猪、鸡。家禽、牲畜废弃物、生活垃圾经常散乱堆放于村庄附近。当遇到降雨时，从农田、果园、村庄路面、庭院四周、堆肥处产生的污染径流汇集进入邻近河道，向下游传输。

本研究使用了磷和氮流失指数概念[29]，即全面考虑磷氮流失的源区土壤磷氮含量、水文条件及土地管理等综合指标，得到磷氮流失的相对值。流域不同土地利用的 P 流失指数分别为：山地 0.1～0.4，农田 1.3～6.7，果园 1.6～8.2，库岸 0.1～0.3，村庄 6.9～17.2；N 流失指数：对于地表流失来说，山地 0.1～0.6，农田 2.0～10.2，果园 2.2～11.2，库岸 0.2～0.9，村庄 8.6～14.4。村庄由于污染物积累高，土壤入渗率低，是最重要的磷氮污染源，其次为果园和农田。

2. 桃花寺流域的面源污染控制措施

从源-传输-汇各环节对污染物分别减量、拦截是水源地面源污染控制的普遍应用模式。控源措施优先针对污染负荷输出贡献大的关键源区，在桃花寺流域主要是村庄、果园等，进行了养殖户的牲畜粪便卫生处置，堆肥的防流失处理以及粪便、垃圾的还田利用。对果园，进行了施肥方法改进的实验，减少肥料流失。在流失严重的山地区修建水保工程，包括坡面工程和沟道谷坊工程等。对于流域中广泛分布的旱地农田来说，除了在田块间设置植被过滤带外，采用立体种植以加强养分吸收也是重要的控制途径。

主要采用了传输-汇环节的景观结构持留方法，拦截污染物向下游传输并尽可能减量和利用。其原理是：通过景观格局的优化与调整，尽可能滞留其营养成分，控制物质流失。在桃花寺流域，沿着季节性河流从上游至下游，构建或利用原有的缓冲/滞留型“汇”景观结构，包括石坝（stone dams，SDs）、路侧植草水道（roadside grassed ditch，RGD）、植被过滤带（grassed filter strip，GFS）、干塘（dry ponds，DPs）和库岸缓冲区（riparian buffer zone，RBZ）。上述五种结构大体可分为两类：①滞留型结构，包括石坝和干塘；②缓冲型结构，包括路侧植草水道、植被过滤带和库岸缓冲区。主要通过这五种“汇”景观结构共同对径流挟带下的污染物传输发挥持留作用（图 2-3）。

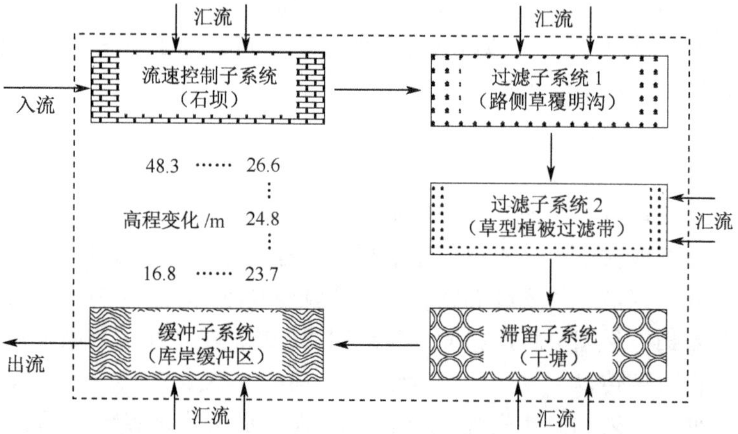

图 2-3 于桥水库桃花寺流域可净化污染径流的“汇”型景观结构系统

表 2-3 列出了各“汇”型景观结构在不同径流类型下对水量和污染物的持留率。在 2003 年 6 月 22 日连续流事件中，系统入流中 TSS、TN、TP、NO_3^--N、NH_4^+-N、DRP 的浓度分别为 3.20 g/L、12.02 mg/L、0.31 mg/L、1.84 mg/L、1.68 mg/L、0.05 mg/L。但当遇到村庄高浓度污染径流汇入时，TSS、TN、TP、NO_3^--N、NH_4^+-N、DRP 的浓度急剧升高至 3.75 g/L、18.86 mg/L、5.69 mg/L、7.26 mg/L、2.95 mg/L、0.38 mg/L。在经过四座石坝后，颗粒态

物质（TSS、TN、TP）浓度下降明显。而溶解态污染物（NO_3^--N、NH_4^+-N、DRP）的浓度变化较小。当污染径流通过路侧植草水道时，污染物浓度变化呈现波动性，这可能主要是因为其受人为干扰程度较大，引起水质净化功能退化所致。相比之下，受人为干扰程度较小的天然植被过滤带，对污染物浓度的削减十分明显。TSS、TN、TP、NO_3^--N、NH_4^+-N、DRP 在过滤带入口处的浓度分别为 1.54 g/L、16.20 mg/L、2.14 mg/L、6.68 mg/L、1.63 mg/L、1.23 mg/L。而在过滤带出口则降为 0.52 g/L、11.21 mg/L、1.01 mg/L、3.01 mg/L、0.82 mg/L、0.32 mg/L。在干塘和库岸缓冲区，由于无大的支流汇入，污染物浓度在景观结构的吸纳、截留作用下得到进一步降低。在流域出口，TSS、TN、TP、NO_3^--N、NH_4^+-N、DRP 的浓度分别降为 0.42 g/L、3.32 mg/L、0.29 mg/L、1.74 mg/L、0.57 mg/L、0.07 mg/L。在间断流事件中，污染物的传输是不连续的，流域出口处无地表径流输出。污染物浓度的降低更为迅速，主要是因为较小的流量导致径流动能大为降低，冲刷及携污能力较小。可以看到，无论在连续流还是在间断流降雨事件中，“汇”型景观结构均能有效地降低污染物浓度，使高浓度污染径流逐渐得到净化。

表 2-3　各“汇”型景观结构在不同径流类型下对水量和污染物的持留率

	2003 年 6 月 22 日连续流持留率/%					2002 年 8 月 4 日间断流持留率/%				
	SDs	RGD	GFS	DPs	RBZ	SDs	RGD	GFS	DPs	RBZ
水量	6.7	8.0	10.5	31.8	3.7	36.3	39.6	68.7	100.0	—
TSS	40.1	6.5	18.0	42.7	9.5	57.2	48.4	67.2	100.0	—
TN	28.1	7.4	21.2	32.7	15.5	47.4	46.8	66.9	100.0	—
TP	34.2	10.1	23.6	45.3	12.3	52.6	40.2	70.5	100.0	—
NO_3^-	4.3	9.3	23.0	6.4	15.8	30.9	37.4	61.4	100.0	—
NH_4^+	7.9	8.4	28.1	9.9	17.6	54.5	47.1	74.2	100.0	—
DRP	12.1	6.8	31.2	24.6	20.5	46.5	32.7	70.2	100.0	—

注：阴影部分为持留率特别高的类型。SDs—石坝；RGD—路侧植草水道；GFS—植被过滤带；DPs—干塘；RBZ—库岸缓冲区。

在 2003 年 6 月 22 日连续流事件中，整个系统输入的 TSS、TN、TP、NO_3^--N、NH_4^+-N、DRP 总负荷分别为 3609.4 kg、8.437 kg、1.214 kg、2.532 kg、1.852 kg、0.328 kg。而 TSS、TN、TP、NO_3^--N、NH_4^+-N、DRP 输出负荷分别为 986.3 kg、2.859 kg、0.373 kg、1.427 kg、0.896 kg、0.138 kg。系统对 TSS、TN、TP、NO_3^--N、NH_4^+-N、DRP 的持留率分别可达 72.7%、66.1%、69.3%、43.6%、51.6%、57.9%。而在间断流事件中，由于流域出口

断面无地表径流输出，系统对地表径流中污染物的持留率均接近100%。

由2002～2003年21场降雨径流事件"汇"型景观系统对径流及污染物的持留率可以看到，5场连续流事件中，整个系统对径流、TSS、TN、TP的持留率范围分别为43.6%～68.3%、63.7%～72.7%、49.6%～67.4%、50.3%～73.6%，平均值分别为53.4%、70.4%、60.4%和63.7%。而在16场间断流事件中，由于径流量较小且呈不连续分布，"汇"景观结构系统往往能全部吸纳、储存，流域出口断面没有或只有很少的径流输出，因此，系统对地表径流及其携带污染物的持留率可接近100%。在不同的水文条件下，"汇"型景观结构系统对污染物的持留率虽存在一定变动，但均能显著降低径流和污染物的输出负荷。

3. 整个库边流域的面源污染控制

在小流域研究的基础上，为天津的水源保护工程中设计了整个于桥水库库边村庄的面源污染控制计划。计划主要是在面源污染控制工程范围336.93 km^2和岸边带净化工程范围87.80 km^2内整合和重建库边流域的"汇"景观结构。这种方法类似于国际上通行的"最佳管理措施"[62,64]。这些计划包括下列工程：

(1) 修建小石坝。在53条毛支沟内营造谷坊坝群，有的修在村庄下游，有的修在山腰，以筑堤促淤，缓洪滞污。

(2) 路侧修植草水道。在38.1 km的环湖公路一侧或两侧修建深0.6 m、宽1.6 m的路边植被沟，以减少水流流速，促使泥沙沉积。

(3) 村塘村沟疏挖。于桥水库库边有许多村塘村沟，但是多年的疏于管理，村塘村沟多为垃圾、脏土填满。所以要疏挖和重建村塘27.1万 m^3，疏挖村沟32.6 km，以扩大对污染径流的存储、净化能力。

(4) 库周边界环形沟修建。沿22 m（大沽高程，下同）水库边界的护拦网，修建77.6 km的环形大沟，增加对污染径流的存储净化容量45.7万 m^3。

(5) 干塘修建。沿库周边界环形沟修建35个浅型干塘，把村沟与库周环形沟连接，扩大存储、净化面积37万 m^3。

(6) 废弃鱼塘改造为湿地。库边大量的鱼塘形成了对水源地重要的污染源。本计划目的在于取缔鱼塘，将其改造利用为芦苇净化区。将分布在20 m高程的废弃鱼塘改造成芦苇净化区，种植芦苇面积达58万 m^2，促进水生植物自然繁殖的面积达116万 m^2。

(7) 建设库岸生态缓冲区。在护拦网内21.5～22 m之间的湖滨带区域种植柳树和馒头柳。高程20 m以下为沉水植物和一年生草本植物，采取自然恢复的生物调控措施。

完成以上措施，可使于桥水库村落污水、地表径流处理率达到90%以上，明显改善库周边的排水系统，防止库岸侵蚀，加强自然净化能力并美化湖滨自然景观。

2.3.5 水源地内源污染控制

内源产生的污染物不经过输送转移等中间过程直接进入湖库水体。在受污染水体的复杂体系中，因生态系统退化或水质转化所产生的毒副产物也属于内源污染的范畴。湖库内污染源（内源）主要包括湖内船舶、湖内养殖、污染底泥等。此外，内源还包括因水体富营养化而造成的蓝藻暴发、水生生物疯长形成的间接污染。内源污染对水质和水生态系统的影响具有直接性和持续性。湖库内源污染控制是消除和防治富营养化的重要途径和措施。研究表明，即使外源得到控制，由于强烈的内源释放，水体富营养化或其他水质问题也会维持相当时间。因此，内源污染控制必须引起足够重视。

湖库内船舶污染主要是由于旅游、航运所用船舶产生的，其污染物主要有生活污水、生活垃圾及油污染物。加强对湖库内船舶的管理，提高游客和运输船主的环境意识，建立全面严格的管理、监督机制，需要采取的措施应纳入湖库环境规划和旅游、船运设施建造计划。湖库内旅游、航运产生的生活废水、废物应按规定妥善收集、储存或处理，严禁向湖库中直接排放或抛弃。按照有关法规、规范要求建立相应的船舶防污染应急机制。饮用水水源地保护区内，以汽油、柴油为燃料的船舶应限期改用电力、天然气或液化气等清洁能源。

在湖库养殖中鼓励科学的自然放养方式。应根据湖库功能分类控制网箱养殖规模，以生活饮用水源为主要功能的湖库严禁发展网箱养殖，已有的网箱养殖应予以取缔；以工农业用水或旅游为主要使用功能的湖库，发展网箱养殖需要进行科学论证并经有关部门审批。在允许发展网箱养殖的湖库水域中，应科学确定网箱养殖的密度，严格禁止高密度养殖。网箱养殖活动向水中排放的污染物不得超过相邻水体自净能力。

我国城市湖库底泥中的氮、磷等营养物质含量较高，是湖库富营养化主要影响因素之一。实践证明，一些外环境治理较好的湖泊，富营养化现象仍然得不到有效的控制，这主要是由于底质中富营养物质向水体转移的原因所致。目前对于湖库底泥污染控制主要采用两种方式[31,66]：一是底泥固化，二是底泥疏浚。当污染底泥中含有大量的重金属和有毒污染物时，需要进行封闭处理，在对处理区域地质状况进行详细调查后，采取适当的工程措施，防止它们扩散。当污染底泥中的主要污染物是磷和氮而不含重金属及有毒物质时，在湖库污染底泥堆积较厚的局部浅水区域，宜采用环保底泥疏浚工程进行治理，取出湖泊底质中富含氮、磷等营养物质的淤泥，运至附近的农田作肥料，则既可以利用营养物质增加农业产量，又能降低湖水中营养盐类的浓度，增加湖泊的蓄水量，大大改善湖泊的水质状况。深水区域含污染物量大的底泥可在试验研究的基础上，因地制宜地采用合适的方式进行治理。在底泥生态疏浚工程的设计和施工过程中，须同时考虑湖库水生生物的恢复，对施工过程应严格监控，采取有效方式处理堆场余水，避免造成二次污染。合理处理疏浚底泥，努力实现底泥的综合利用。

对蓝藻水华暴发或单一种水生植物疯长造成水体景观和水生态系统破坏的情况，应采取有效措施应急处理，但要注意防止造成水体新的污染。目前，蓝藻水华控制仍是世界上尚未完全解决的棘手问题，已引起国内外许多专家的高度关注。传统的人工捞藻法，是较为直接而简单的方法，对于小水域的湖库适用。然而，总体来说，人工捞藻和机械除藻费时费力，化学除藻只能应急所需，往往治标不治本。只有从水生生态系统健康的角度，从控制蓝藻水华的关键环节入手，采用生物和生态控制的措施，消除蓝藻水华发生的条件，才是长久之策。近年来采取的由上而下的控制水华暴发的措施，就是水生动物恢复的良好效应。如常见的鲢鱼和鳙鱼，它们属滤食性鱼类，以滤食浮游植物（蓝藻）为主要食物，且生长速度快。据中国科学院水生生物研究所的一项研究表明：鲢鳙鱼对藻类的吸收消化率为 30%。而鲢鳙鱼每长 1 kg 肉，就能吸收消化 50 kg 的蓝藻等浮游生物。通过循环放养和重复养殖，鱼可深入到湖区各部，调控湖泊中生物之间的食物链关系，利用鲢鳙鱼这一典型的滤食浮游生物鱼类吞噬蓝藻这一食性，建立鲢鳙鱼-蓝藻-氮、磷食物链间的转换关系，让鲢鳙鱼吞噬蓝藻，而蓝藻又能吸收水中的氮、磷等污染水体的主要成分，再通过成鱼捕捞，取走水体中的营养物质，从而控制蓝藻暴发，以达到维持水体生态平衡，减轻湖泊污染负荷，提高水环境质量的目的[55]。但如何使用，国内外还有相当多不一致的观点。

虽然已有许多湖内处理技术在应用中获得了成功，但一般认为，湖内治理之前，应削减外负荷。在能够截污或建设磷酸盐处理设施的地方，这是很容易实现的。然而，对许多处于城市和农村环境中的湖泊，接受因渔业、居民区扩大所产生的径流中的营养负荷以及来自农业和森林的肥料等日益增长，因此，削减这种来源所带来的营养物质负荷的惟一的方法，只能是进行流域治理，从而减少可能的径流。对流域的治理，往往更难以进行，而且，也并不会对受纳湖泊有很大的效果。但是，从长远的角度来看，这是治理湖泊最合理的方法之一。

2.3.6 外源-内源污染协同控制

由于影响水源污染的因素甚多，形成水源污染的机理也十分复杂，必须注意选用综合控制的途径和方法，才能收到较好的防治效果。饮用水源污染控制需在流域尺度和生态系统层次上，从污染源→迁移转化路径→汇，进行全过程系统控制。

建立饮用水源保护区是保护饮用水水源的关键措施，也是保护水源地的最强手段。按照不同的水质标准和防护要求分级划分饮用水水源保护区。饮用水水源保护区一般划分为一级保护区和二级保护区，必要时可增设准保护区，各级保护区应有明确的地理界线。饮用水源各级保护区及准保护区均应规定明确的水质标准并限期达标。

饮用水水源保护区的设置和污染防治应纳入当地的经济和社会发展规划和水污染防治规划，跨地区的饮用水水源保护区的设置和污染防治应纳入有关流域、区域、城市的经济和社会发展规划和水污染防治规划。跨地区的河流、湖泊、水库、输水管道，其上游地区不得影响下游饮用水水源保护区对水质标准的要求。

控制水源污染必须要标本兼治。加强饮用水源地保护，从污染源上进行控制，及时切断和治理污染源，是最为经济有效的措施。为了社会、经济可持续发展和饮用水质安全保障，必须从根本上将“先污染后治理”及“防治污染”改为“避免污染”的战略。即做到对污染的沿程控制。在人类的社会活动和生产过程中，哪里发生污染，就在哪里解决问题，逐步做到排污最小化。必须加强实行严格的排污总量控制制度，加大环保监督和执法力度。

流域内众多污染物（包括点源与非点源）在产生后，通过水文循环进入受纳水体的过程，就是污染物的迁移转化途径。对水源污染的迁移转化控制主要通过径流控制和流域生态恢复来实现。面源污染绝大部分都是通过暴雨径流携带进入河流湖泊以及河口和海岸带地区，导致水质恶化，影响工农业生产和人民健康，以及当地社会经济的可持续发展。控制面源污染的有效途径，总体上只有两条：降低污染物的产生量，降低携带进入水体的比例。怎样降低暴雨携带面源污染物的可能性？暴雨径流主要是人类对景观系统的改变引起的，从而又反作用于水质系统，改善土地利用规划和加强管理措施则可能降低暴雨径流量。暴雨期间，通过对改变土地利用方式和非通透性表面比例，来改变地表径流的路径或收集处理地表径流，从而减低污染物排放进入水体的处理措施，是最直接、也是最为人们熟悉的主要 BMPs 功能与模式。BMPs 的选择、配套、设计等会因污染物类型、处理场景的不同而有所差异。但总的来说，各种 BMPs 主要通过增加渗透和储存两种途径来控制暴雨径流，目的在于延缓径流过程和驱使污染径流在流域内部循环。流域生态恢复是控制污染物迁移转化路径的另一条重要途径。如何进行生态恢复，人们有不同看法，但越来越多的生态学家都持有这样的观点：生态恢复应该在流域尺度上进行。在流域尺度上各种生态系统和景观要素通过水的流动及其对物质的搬运而相互联结，并发生相互作用，流域整体生态环境的改善既依赖于汇水区陆地生态系统的植被恢复，也取决于水域系统的生态修复。而且，流域尺度上的生态管理也最为合理有效。

水源污染的“汇”控制包括水体修复、水质转化过程中的污染控制、湖库内源控制等。大气的干、湿沉降过程不经过输移等中间过程而直接进入水体，在污染控制中属不可控因子。需要指出的是，在进行“汇”控制之前，必须保证切断了外污染源，不再有外源污染物的输入和转化。污染源的控制是保护水环境的先决条件，从源头控制污水排入河网和湖库应该是解决水质污染问题的最根本措施。但改善水环境，水体自身的生态修复也必不可少，水体生态修复能够提高河湖自身的净化能力，尽管水生植物群落恢复、植物自身生存繁衍、水体中生物链形成是一个较为缓慢的过程，对水质的改善效果要经过较长时间才能显现。

为了对饮用水源污染进行全面系统的控制，从各个环节上保障饮用水质的安全，国外在长期的研究和实践基础上提出了综合控制方案。为确保饮用水的清洁、安全和可靠，供水系统的各个组分，从水源保护到饮用水的处理和输送再到消费者，必须作为一个整体进行管理。尽管没有一种单一的方法能够百分之百保证饮用水系统的安全，目前已经确证：管理饮用水系统的最有效的途径是实施从水源到水龙头的多屏障方法（multi-barrier approach）[7]。所谓多屏障方法，是指为了降低公共卫生的风险，从水源到水龙头各个环节上为预防或削减饮用水污染所采取的措施、工艺和手段的集成系统。该方法最早是由加拿大有关部门在2002年提出来的，目的在于降低饮用水污染的风险，增加饮用水污染修复控制或预防措施的可行性和有效性。作为安全保障，非常重要的是要采取适当的应急规划以便应对可能出现的饮用水意外事故，并且有必要在任何可行之处嵌入重复性措施。

图2-4描绘了保障饮用水安全的多屏障方法的三个主要组分。这些组分分别是：源水保护、饮用水处理和饮用水布水系统。它们通过一系列的措施和手段融为一体，例如：从源头到水龙头的供水系统中的水质监测和管理；立法和政策框架；公众参与和意识；指导原则、标准和目标；相关研究；开发科学和技术解决方案。在多屏障方法中，所有潜在的控制屏障均具有一定的局限性。这些局限性涉及病原体或污染物通过屏障的风险。单一的屏障并不足以消除或预防饮用水的污染，但联合起来，这些屏障就可以为饮水安全提供巨大的保障。多屏障方法也有助于确保供水系统的长期持续利用。在任何饮用水系统中，保护源水是避免饮用水污染的关键措施。基于流域管理的源水保护涉及一种协调方法，风险承担者用来制订短期和长期的规划，用以预防、最小化或控制潜在污染源，或在必要的地方提高水质。这里的源水包括地表水体、蓄水层或地下水补给区。除可以降低公共卫生风险外，有效的流域管理还可以将运行成本降至最小化，减轻饮用水处理的程度，降低水处理工艺中所需化学品的使用量，减少处理过程副产物的产生量。

美国经过多年研究，也提出采用多屏障方法[8]，确保饮用水安全。其方法包括四道主要屏障用以保护源水免遭污染。这四道屏障分别是风险预防屏障、风险管理屏障、风险监测和达标胁迫（compliance）屏障、个人行动屏障。预防污染对于保护饮用水免遭污染和减少后续处理的昂贵费用至关重要。公众参与和个人

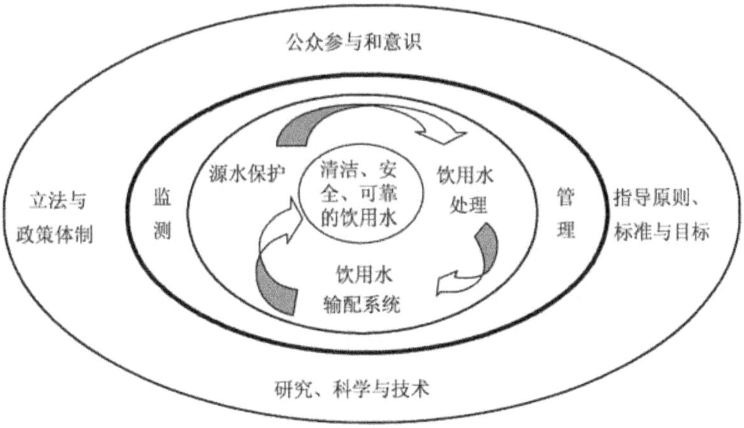

图 2-4　多屏障方法[7]

行动对提供饮用水安全保障也十分关键。

2.4　水源污染综合控制方法的工程实例①

针对饮用水源污染控制开展生态型水源地的建设和研究，国外已有许多成功的实践，然而在国内尚无可借鉴的案例。下面以天津经济技术开发区（简称泰达开发区，TEDA）二期调节池生态型水源构建为例来介绍水源污染综合控制方法。

2.4.1　背景与限制因素

天津经济技术开发区位于海河洪积形成的滨海平原，是建立在原塘沽盐场上的一座新城，占地 33 km^2，开发区地势平坦低洼，坡降小于 1/1000。土壤受海水长期淹渍而形成滨海盐渍土，土质黏重，透气性差。土壤含盐量高，pH 为 8 以上，有机质含量低，仅为 1%左右。地下水位约为 1m。地下水矿化度大，为 100～208 g/L，盐分以 NaCl 为主，属于海水型地下水。其淡水水源来自富营养化的滦河水系，沿途还受到面源的污染。随着开发区经济的快速发展，水资源需求扩大，迫切需要修建第二个水源调节池。为更好地保护水源地，改善调节池及周边的环境，在调节池建设之初，中国科学院生态环境研究中心和天津泰达自来水公司经过反复研讨，提出了构建生态型水源的系统的构思。自 2000 年开始，通过调研、植物标本的采集、水质试验研究等工作，提出了生态型水源地构建模

① 此部分研究工作由曲久辉、尹澄清、张广云、刘俊新、刘萍萍等共同完成。

式与规划方案，并在天津经济技术开发区自来水厂二期调节池的工程建设中成功实施。

根据调查，发现在天津经济技术开发区构建生态型水源地系统的难点及限制因素[73]主要包括：

(1) 土壤含盐量高，其1m土体内盐分含量平均为4.7%，同时由于土壤为淤泥质黏土，土壤渗透性微弱，因此脱盐困难。

(2) 调节池地处滨海区，属季风环流旺盛地带，常年多风，水池中能观察到因大风形成的0.4m高波。这一自然现象对水生植物生长有不利的影响。大风浪会使许多植物生长无序，扎根困难，或只生长而不发育，乃至死亡。由于大风，浪裹泥沙进入池内，影响原水水质和造成底部泥沙沉积。

(3) 由于调节池是在滨海盐田上修建，周围没有自然湿地，缺乏水生植物种源，依靠植物自然的种子繁殖或克隆繁殖困难。

(4) 调节池四周的土壤中含盐量很高，有些盐池仍在晒盐，调节池的地势比周边低洼，随着雨水的冲刷和渗透，仍然会有大量盐分流入调节池里，周边植被区是首当其冲的受害者，这些盐分对植物生长非常不利。

2.4.2 总体思路

针对上述构建生态型调节池的难点和限制因素，在多年的工作基础和参考国内外许多水厂水源地的设计方案的基础上，确定构建生态型调节池及周边健康协调水环境的总体思路如下。

在保证供水安全的条件下，通过对调节池恶劣环境进行改造，在调节池内栽植水生植物及对周边进行绿化，实现水源地的生态保护、生态治水和生态用水的水系生态系统的互补与综合利用，在盐碱地上构建全新的生态型水源地系统。在此基础上，以调节池建设项目为契机，探索开发区乃至整个滨海新区水资源综合高效利用途径，通过构建生态型水源地的生态系统，改善区域水环境质量。通过景观水体与周边绿地、人文景观的构建和集成，使源水、污水、雨水的处理系统与开发区的绿化工程形成有机整体，从而建立一个提供多种服务功能的良性城市水生态系统。

2.4.3 生态型水源建设的环境构造

2.4.3.1 生态型调节池基本构造

二期调节池前期工程建设始建于2000年11月，完成于2001年5月。人工湿地构建前是盐田，大沽高程3.3 m，经过排水、深挖，调节池水面面积为15万 m^2，大部分为深水区，深度4 m。中间筑三个小岛。调节池及小岛外围为浆砌石，浆砌石内 3～8 m 和小岛周边 10～30 m 的区域为浅水区，种植水生植物。浅水区设计面积为 2.8 万 m^2。调节池的平面示意图见图 2-5。

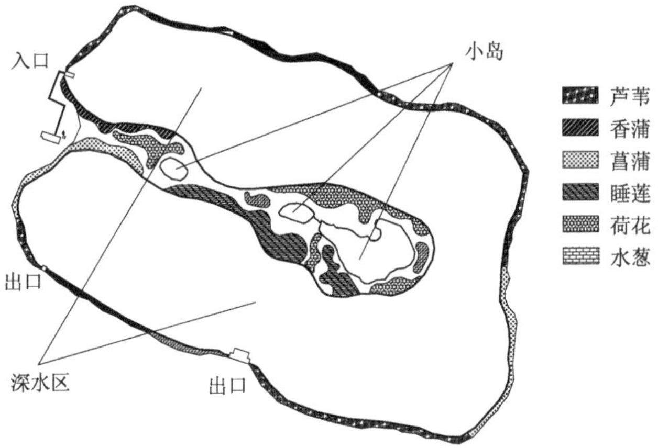

图 2-5　调节池水生植物种植分布图

2.4.3.2　土质条件改造

二期调节池建设在高含盐的土地上，不适合水生植物的生长。为保证先锋植物的生长，在种植先锋植物的调节池周边和岛屿周边的植物生长区（2.8 万 m^2）内实施换土。考虑到主要的水生植物是挺水型，根系生长方式和深度不一样，有些种类既有横走根状茎，又有直立根。按照植物生长规律，设计换土深度不少于 50 cm。

对邻近水域包括水库、河流、沟渠和湖泊等进行考察，主要土壤、水体特征如表 2-4～表 2-7 所示。

表 2-4　考察地点和取样情况

样号	取样地点	备注
1	黄港水库 2 库	周边芦苇、蘼草等高大型水草较多
2	北塘水库旁边鱼塘	仅北部沟中有香蒲生长
3	北大港水库	植物种类较多，有挺水、沉水植物生长
4	沙井子水库	含盐量很高，芦苇和川曼藻生长很好
5	海河大桥	桥下及两侧有水鳖及眼子菜生长
6	宁海东七里庄水库	含盐量高，植物种类很少
7	马营庄水沟及水塘	水塘植物种类较多，覆盖度很大
8	于桥水库	湿地植物生长茂盛，有沉水和浮叶类植物生长
9	天津市区水上公园	挺水植物生长很好，局部区域种类多
10	北塘水库干涸底泥	水体干涸，无水生植物生长

表 2-5　考察的天津水域土样、底泥主要化学成分

土样	有机质/%	速效磷/(mg/kg)	全 N/%	土样	有机质/%	速效磷/(mg/kg)	全 N/%
1	2.37	34.05	0.161	6	3.76	64.81	0.231
2	1.31	29.46	0.088	7	3.81	62.98	0.115
3	1.25	19.72	0.076	8	4.10	18.63	0.282
4	1.40	30.61	0.093	9	10.91	25.31	0.532
5	1.26	20.33	0.080	10	1.98	54.53	0.168

表 2-6　考察的天津水域部分水质分析结果 (1)

水样	Cl^-/(mg/L)	H_T/(mmol/L)	A_T/(mmol/L)	HCO_3^-/(mg/L)	水样	Cl^-/(mg/L)	H_T/(mmol/L)	A_T/(mmol/L)	HCO_3^-/(mg/L)
1	3053.72	27.30	8.00	488.18	6	3776.54	28.66	9.11	556.10
2	107.21	4.77	5.15	314.13	7	410.95	14.02	13.10	799.13
3	354.10	7.49	3.81	232.42	8	30.05	2.70	2.50	152.82
4	10046.42	87.36	1.76	107.19	9	181.11	4.96	4.38	267.27
5	399.58	8.00	3.79	231.35	10①	899.1①			

①10 号样是 20 g 土样用 100 mL 水浸泡后所测得的水样含量。

表 2-7　考察的天津水域部分水质分析结果 (2)　　单位：mg/L

水样	Al	Ca	Cd	Cu	Cr	K	Mg	Na	S	P	Pb
1	0.99	90.26	<0.01	0.06	0.17	65.04	202.13	1716	291.2	1.73	<0.01
2	0.80	37.86	<0.01	0.06	0.14	6.53	33.01	100.1	37.81	1.67	<0.01
3	0.87	48.16	<0.01	0.05	0.11	0.52	43.83	200.0	77.92	2.17	<0.01
4	1.84	311.26	<0.01	0.13	0.29	219.09	541.37	4926	851.8	/	<0.01
5	0.75	59.48	<0.01	0.06	0.14	7.09	53.45	274.7	109.8	1.67	<0.01
6	1.33	29.04	<0.01	0.10	0.21	71.00	220.68	1891	216.0	1.25	<0.01
7	0.85	57.74	<0.01	0.04	0.12	4.99	90.05	227.2	46.11	1.69	<0.01
8	0.89	18.93	<0.01	0.04	0.12	1.76	17.62	25.0	15.40	2.75	<0.01
9	0.97	23.31	<0.01	0.05	0.14	4.91	38.18	149.8	65.52	2.08	<0.01
10①	1.03	64.96	<0.01	0.15	/	33.10	52.89	371.7	242.1	/	<0.01

①10 号样是 20 g 土样用 100 mL 水浸泡后所测得的水样含量；/表示未测定。

经过综合分析，最后选取天津北塘不列水库作为换土地点。北塘不列水库底泥 Cl^- 含量约为 0.04%，符合种植区土壤更换条件，可以为水生植物的种植和生长提供较为适宜的生境条件。因此将北塘不列水库的底泥作为种植土对原来的盐土进行换置，共换土 13 600 m^3。施工时，为防止土壤盐分从底部盐土进入种植区，采用了高密度聚乙烯膜作为防渗膜铺设于种植土之下，隔离塑料厚膜底部插入土内，厚膜之间不留缝隙，与土壤的接口用黏土夯实。

2.4.3.3　深水区脱盐和水位调节

由于换土的浅水植物种植区面积仅为总水面面积的 18%，在此种植先锋植物，其余深水区仍为原来的盐土，所以采用引淡水浸泡的方法使之排盐。二期调节池从 2001 年 5 月 11 日引入淡水，经过两周时间将大部分高含盐水排出后，重新引入淡水浸泡。自 6 月 7 日再次将大部分高含盐量盐水排出后引入淡水。随后，通过不断地、少量地排出高盐水引入淡水，将盐分不断地排出二期调节池，将水体 Cl^- 浓度保持在 2000 mg/L 以下。至 2002 年 9 月，将所有高含盐量水排出二期调节池后，全部引入淡水。浸泡时，二期调节池水位保持在海拔 2.6 m 以下，采取这种措施可以避免高含盐量的水对已种植水生植物的危害。

2.4.3.4　消浪墙设计

地处滨海区二期调节池水面面积较大，常年多风。为减小风浪对水生植物生长的不利影响，在设计池和岛周围的水生植物栽培区与大水面之间建设消浪墙，有效削减波浪的影响，其水波、驻波的运动方式和泥土的流失模式见图 2-6。

由随机水波浪理论，这些可裹带泥土层的水波浪越浪量可求得，在浪高为 0.4 m，消浪墙高度最好为 0.4 m，见图 2-7。

根据计算结果和现场实际情况进行总体设计，在二期调节池大水面与种植

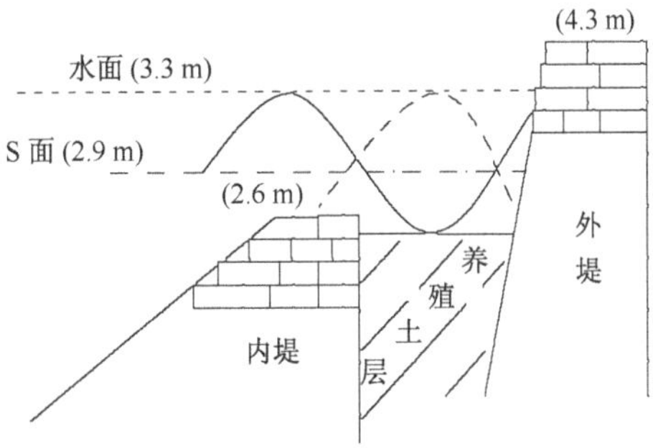

图 2-6　波浪引起岸边底泥冲刷示意图

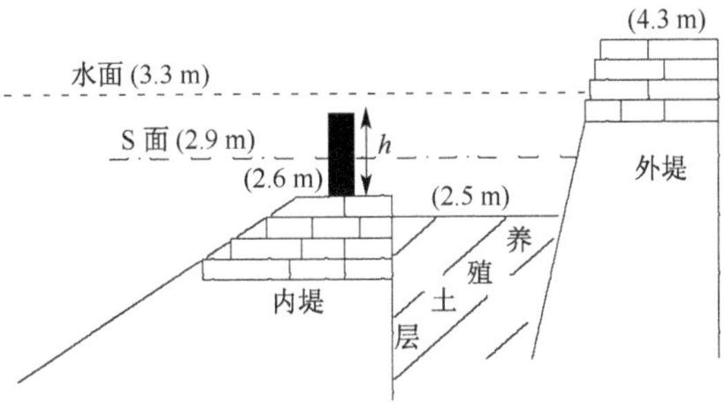

图 2-7　有消浪墙时的堤岸设计示意图

区之间的内堤上建设木质薄板消浪墙，外侧垂直，高度约为 0.4 m，墙上端约在正常水面下 0.2 m 左右，这样既能减少浪击动能，保持水流畅通，又能保持水面完整。该消浪墙于 2002 年 3 月建设完成，根据现场实际观测，构筑消浪墙后，种植区土壤没有进入二期调节池的开阔水体，消浪墙发挥了较好的消浪和保持种植区土壤的作用。

2.4.3.5 含盐量控制

由于二期调节池周边土壤的含盐量很高，且地势比周边低洼，周边盐水会汇集流入调节池，种植区是首当其冲的受害者。雨水溶解换土层盐分后会通过挡土墙进入种植区。三个岛屿上层虽然换上无盐种植土，下层仍然是含盐量很高的土壤，随着雨水、灌溉水的冲刷和渗透，会有大量盐分进入种植区。所以，无论是二期调节池周边的 38 m 宽的种植区，还是三个岛屿四周的绿化区，都必须采取有效的排盐、防盐措施。

由盐分运移的规律可知，二期调节池周边土壤中水盐运动主要有溶质对流和弥散作用两种形式。据调查，水池周围盐水的静止水位是 3.42～2.64 m（大沽高程），通过计算可得出不同池内水位和池外水位条件下对流运动的氯离子通量（表 2-8）。

表 2-8 不同水位条件下对流运动进水氯离子量

池内水位/m	进水氯离子量/ [g/(m² · d)]	
	池外水位 3.3 m 条件下	池外水位 2.6 m 条件下
2.2	0.750	0.276
2.6	0.486	0.012
3.0	0.222	−0.253
3.3	0.023	−0.451
3.4	−0.043	−0.517

从表 2-8 中数据可看出，以对流运动进水的盐量很少，每日每平方米少于 1 g,在实际上可忽略不计。当池内水位保持 3.4 m，或池外水位较低时，对流运动可使盐分向下运动（表中为负值），即高水位产生压盐作用。

表 2-9 是通过计算得到的模拟扩散条件下每平方米盐土向水体释放的氯离子量和因扩散氯离子浓度降低一半的深度。

由于盐分的扩散作用和水波的助长，浸泡后的 15 天内，平均每日每平方米浸出氯离子 159 g。到 45 日末，0.2 m 深度的盐分开始浸出，每平方米浸出的氯离子共计 3728 g，相当于 0.1 m 被置换盐土的含盐量。因此，浸泡 45 日的效果与置换并夯实 0.1 m 无盐黏土的效果等同。

表 2-9　模拟扩散条件下盐土向水体释放的氯离子量

时间	盐土向水体释放的氯离子量/[g/(m^2·d)]	氯离子浓度降低一半的深度/m
第 1 天	614	0.0163
第 2 天	343	0.0254
第 3 天	210	0.0310
第 4 天	171	0.0354
第 5 天	143	0.0394
第 6 天	126	0.0428
第 7 天	112	0.0458
第 8 天	101	0.0485
第 9 天	94.8	0.0510
第 10 天	89.0	0.0534
第 11 天	81.3	0.0556
第 12 天	76.7	0.0576
第 13 天	72.6	0.0595
第 14 天	68.9	0.0613
第 15 天	67.1	0.0631
第 16～20 天	平均 59.4	最终达 0.0710
第 21～25 天	平均 50.8	最终达 0.0777
第 26～30 天	平均 45.1	最终达 0.0837
第 31～35 天	平均 41.1	最终达 0.0892
第 36～40 天	平均 37.7	最终达 0.0942
第 41～45 天	平均 34.2	最终达 0.0987

为了考察调节池底部在无黏土隔离层条件下盐分向上运动的具体情况，在实验室内进行了模拟实验，结果如表 2-10 所示。

表 2-10　土壤 Cl^- 浸出量随时间的变化

时间	Cl^- 浸出量/[g/(m^2·d)]			
	Ⅰ	Ⅱ	Ⅲ	Ⅳ
第 1 天	126.45	226.77	196.69	197.68
第 2 天	105.21	112.26	104.91	105.63
第 3 天	61.09	93.62	72.64	70.34
第 4 天	25.40	64.69	55.90	55.49
第 5 天	21.13	61.45	53.31	49.66
第 6 天	37.42	47.79	48.80	45.89
第 7 天	17.16	48.82	44.75	43.74
第 8 天	16.50	50.87	44.15	42.68
第 9 天	17.01	37.80	40.88	39.65
第 10 天	18.53	39.35	38.97	37.95
第 11 天	18.99	36.28	32.42	30.46
第 12 天	15.81	44.14	34.43	34.01
第 13 天	15.42	30.47	31.70	32.00
第 14 天	16.41	28.18	29.74	29.89
第 15 天	14.18	31.29	29.20	28.45

通过对二期调节池种植区底部及周边含盐量进行详细分析计算，提出了相应的控制方案。例如漫灌排盐法、黏土隔离法或三合土阻隔法等，其目的是使含盐量较高的水不能进入植物栽培区，以防止盐离子对水生植物的侵害。工程实施中，采用了高密度聚乙烯膜作为防渗膜铺设于种植土之下，防止土壤盐分从原盐田土壤进入种植区，面积 17877 m^2，隔离塑料厚膜底部插入土内，厚膜之间不留缝隙，与土的接口用黏土夯实。

2.4.3.6　水生植物种类选择和栽培

水生植物不仅具有良好的净化水质功能，也同样影响并调节着局部区域生态系统的环境质量。如植被具有对小气候调节、空气质量调控等重要的作用。

水生植物种类选择主要是就地取材，优先选入景观效果好，有一定净化水质作用的种类。通过实地考察，在天津塘沽周边地区共采集到水生植物标本 27 号，隶属 16 科、23 属、26 种（名录列于表 2-11）。从所采到的标本分析，本地区有一些较好种类，可以选进绿化区栽培。

根据具体情况确定了选择水生植物种类的原则是：净化水质性能好、比较耐盐、景观优美、尽量利用本地种类。有通气组织，可输送氧气到根系的种类，根系可形成纵横交错的网络式立体分布的种类，以及适应性较强的种类可以优先栽培。这些种类有芦苇、香蒲、扁秆藨草、菖蒲等，可作为起步阶段栽培。待底泥熟化后可进一步引入景观优美但比较娇气的品种。为了节省费用，应首先选用本地有观赏价值的乡土种，这些种类多数都是水景建设中的常见种，有一定观赏性，为人们所喜爱。这些种类常年在这里生长、繁殖，有很强的适应本地气候、水土能力。

表 2-11　天津地区水生植物采集名录

采集号	中文名	学名
1	扁秆藨草、三棱藨草	*Scirpus planiculmis* Fr.
2	巴天酸模	*Rumex patientia* Linn.
3	东方香蒲	*Typha orientalis* Presl.
4	菹草	*Potamogetoan crispus* Linn.
5	轮叶狐尾藻	*Myriophyllum verticillatum* Linn.
6	角果藻	*Zannichellia palustris* Linn.
7	红柳	*Tamarix ramosissima* Ledeb.
8	双穗雀稗	*Paspalum paspaloides* (Michx.) Scribn.
9	扁秆藨草	*Scirpus planiculmis* Fr.
10	川曼藻	*Ruppia maritime* Linn.
11	水鳖	*Hydrocharis dubia* (Bl.) Backer.
12	轮叶黑藻	*Hydrilla verticillata* (Linn. F.) Royle

续表

采集号	中文名	学名
13	碱菀	*Tripolium vulgare* Nees
14	芦苇	*Phragmites australis* (Cav.) Trim ex Steud
15	荇菜	*Nymphoidis peltata* (Gmel.) O. Kuntze
16	合子草	*Actinostemma tenenum* Griff
17	藨草	*Scirpus triqueter* Linn.
18	野慈菇	*Sagittaria trifolia* Linn.
19	野菱	*Trapa pseudoincisa* Nala.
20	金鱼藻	*Ceratophyllum demersum* Linn.
21	花蔺	*Butomus umbellatus* Linn.
22	菖蒲	*Acorus calamus* Linn.
23	酸模叶蓼	*Polygonum lapathifolium* Linn.
24	齿果酸模	*Rumex dentatus* Linn.
25	菰（茭草）	*Zizania caduciflora* (Turcg. ex Trin.) Hand. -Mazz.
26	水葱	*Scirpus validus* Vahl.
27	东方泽泻	*Alisma orientale* (Samuel.) Juz.

结合野外考察结果和二期调节池的现有条件，选择种植了芦苇(*Phragmites australis*)、香蒲（*Typha angustata*)、菖蒲（*Acorus calamus*)、荷花（*Nelumbo nucifera*)、睡莲（*Nymphaea candida*)、水葱（*Scirpus validus*)、荸荠（*Eleocharis dulcis*)、菰（*Zizania caduciflora*）八种水生植物，其栽种面积、栽种株数及栽种方式见表2-12。针对生态开放型调节池整体规划和功能的要求，制定出水生植物栽培规划和建议。将种植区分解成若干小区，如挺水植物区、浮叶植物区、漂浮植物区等。在小区中还可细分为莲区、睡莲区、香蒲区、水葱区等。

表2-12 水生植物种植表

植物	种植面积/m^2	株数	种植方式
芦苇（*Phragmites australis*)	4350	17 400	根茎 30 cm
香蒲（*Typha angustata*)	3660	14 640	根茎 30 cm
菖蒲（*Acorus calamus*)	3237	12 948	根茎 30 cm
睡莲（*Nymphaea candida*)	3833	22 998	盆栽
荷花（*Nelumbo nucifera*)	4420	17 680	根茎 40 cm
水葱（*Scirpus validus*)	12.5	50	多分枝
菰（*Zizania caduciflora*)	33.3	50	
荸荠（*Eleocharis dulcis*)	33.3	50	
合计	19 500	85 666	

2.4.4 生态系统构建和工程实施的初步结果

2.4.4.1 水生植物生长与植物多样性恢复

对二期调节池水生植物的成活率和生长情况进行调查，主要水生植物在不同时期的生物量调查结果汇于图 2-8。二期调节池种植的八种水生植物的成活率均达到95%以上，水生植物生长良好。2002 年二期调节池植物种类增加了 2 种，到 2003 年，二期调节池植物种类又增加 9 种。新增加的水生植物分属于 8 个科，10 个属，它们是穗花狐尾藻（*Myriophyllum spicatum*）、篦齿眼子菜（*Potamogeton pectinatus*）、角果藻（*Zannichellia palustris*）、水花生（*Alternanthera philoxeroides*）、水蓼（*Polygonum hydropiper*）、扁秆藨草（*Scirpus planiculmis*）、双穗雀稗（*Paspalum paspaloides*）、长芒稗（*Echinochloa caudata*）、光头稗（*Echinochloa colonum*）、水蒿（*Artemisia selengensis*）、鳢肠（*Eclipta prostrata*）等植物。

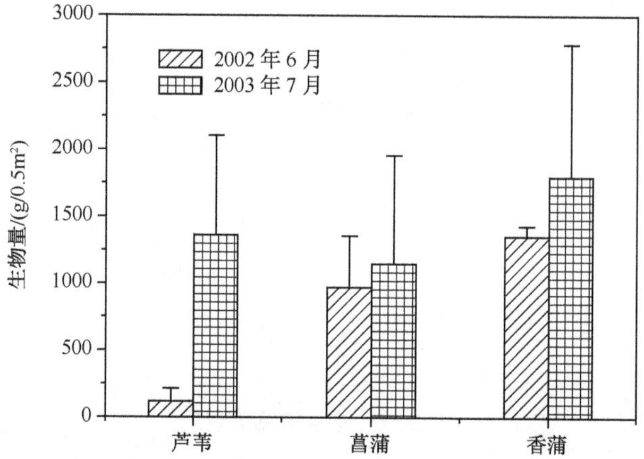

图 2-8 二期调节池主要水生植物生物量

2.4.4.2 调节池内含盐量变化情况

1. 种植区土壤含盐量下降趋势

2002 年 4 月～6 月，通过多点采样方法对不同植物种植区土壤 Cl^- 含量进行分析，用以衡量采用高密度聚乙烯膜作为防渗措施的可行性，结果如图 2-9 所示。由此可知，种植区土壤中 Cl^- 含量在 4 月～6 月呈减少趋势，由 0.04%降低到 0.02%，种植区土壤没有明显的积盐现象，说明采用高密度聚乙烯膜作为防渗膜的措施是可行的。

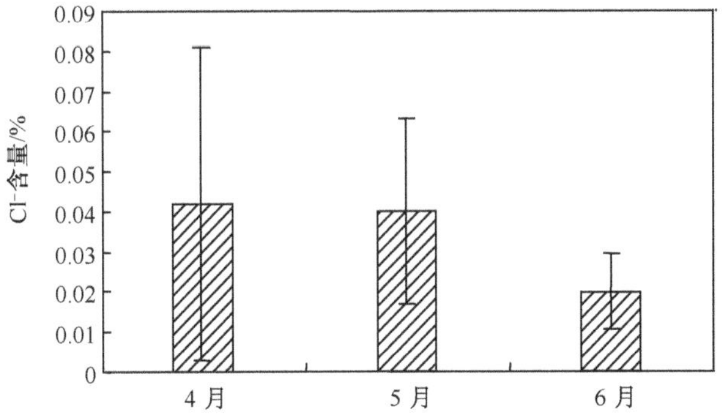

图 2-9　不同时期种植区 Cl^- 的含量变化

2. 调节池的深水区底泥 Cl^- 含量变化

二期调节池底部原盐田底质盐分的运移过程关系到水生植物能否生长，对二期调节池的原水水质状况也有很大影响。土壤剖面离子含量动态可以比较直观地反映盐分的积累和淋洗过程。对调节池非种植区底泥剖面盐分的分布规律分析研究发现，如图 2-10 所示，4 月份 Cl^- 含量在底泥剖面表层 0～8 cm 差异不大，为 0.21%～0.25%，随深度的增加，Cl^- 含量呈直线增加，从 0.25%增加到 1.32%，22 cm 深度以后，Cl^- 含量出现一个明显的拐点，增加趋势减缓，从 1.32%增加到 1.65%，表层与底部相差 1.40%。9 月份 Cl^- 含量在底泥剖面上的分布呈直线趋势，Cl^- 含量从 0.11%增加至 0.58%，差值为 0.47%。同时，土柱表层 0～8 cm 处 Cl^- 含量在两个月份差异不大，分别为 0.25%和 0.11%，随着土柱深度的增加，两个月份 Cl^- 含量差异逐渐增大，达到 1.07%。结果表明，在水土界面，土壤表层 Cl^- 含量保持相对稳定，随浸泡时间的延长，Cl^- 含量在 30 cm 土壤剖面平均为 0.35%。

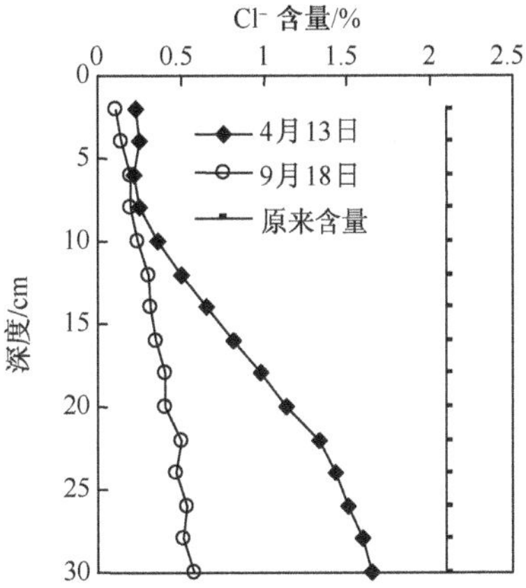

图 2-10　Cl^- 在土壤剖面中的分布

3. 水体中 Cl^- 浓度的变化

虽然二期调节池的水来自于桥水库的地表淡水，但原盐田土壤中 Cl^- 含量在 3%左右。由于二期调节池开阔水体区底部的底泥没有更换，也无衬膜，水质受原盐田盐分扩散的影响，水中盐分很高。图 2-11 为自 2001 年 5 月二期调节池注

入于桥水库源水后 Cl^- 浓度的变化情况。源水进入调节池两周后，水中 Cl^- 浓度即从 500 mg/L 增加到 9548 mg/L，这种现象在全部换水后又再次出现。再次换水后 Cl^- 浓度增加的趋势逐渐缓慢，到 2002 年 9 月 Cl^- 浓度在 1200～1400 mg/L 之间。由于盐量过高会对水生植物产生侵害，因此水位在这段时间内保持在 2.6 m 以下，避免高含盐水进入种植区。2002 年 9 月，调节池的水全部被抽走，重新注入滦河源水，至 10 月 1 日，其水位达到 3.3 m，二期调节池水体的 Cl^- 浓度在 100 mg/L 以下。到 2003 年 Cl^- 浓度保持在 60 mg/L 以下。

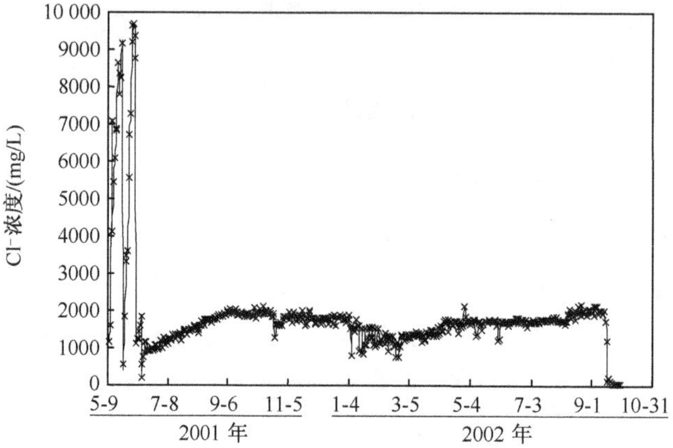

图 2-11　2001 年 5 月至 2002 年 9 月构建湿地 Cl^- 含量变化

2.4.4.3　工程实施效果

二期调节池及其周边绿化从 2001 年运行至今已经 6 年，生态型水源系统构建获得成功。通过换土、防浪墙建设、隔盐膜设置，创造了适合于水生植物生长的环境，8 种水生植物已种植成功，越来越多的水生植物在这里繁衍。水鸟已经开始光顾，水中的浮游生物也逐渐增多。

在二期调节池植物生态建设的同时，适当地引入了动物，例如，为控制沉水植物的过旺生长堵塞水道，引入了草鱼；为控制蚊虫引入了小型鱼类和蜻蜓。但是尽量把人为调控减少到最低程度，主要由其自然引入和调控，在生物多样性有序生成的同时，减少对水安全的影响。目前二期调节池正在变成生态型水景，与周围的森林公园融合为一体，达到了预期的目的。

2.4.4.4　调节池水质影响研究

生态型调节池构建的主要目的之一是不影响源水水质，且对其能有所改善。为了考察水生植物对调节池水质的影响和对水生植物进一步优化，从 2002 年 10

月至 2003 年 7 月，对二期调节池入口和出口的水质状况进行了监测和分析。

水质指标主要包括：pH、氯化物、COD_{Mn}、总氮、总磷、叶绿素 a、藻类计数、TOC 等。从 2002 年 10 月至 2003 年 7 月，二期调节池 pH 在出口和入口水质没有差异，原盐田土壤对人工湿地水体 Cl^- 含量影响不大，Cl^- 含量均小于 60 mg/L（图 2-12）。综合各种指标的变化，入口和出口的浓度相比，各种水质指标保持稳定；代表水体富营养化的叶绿素 a 含量有所降低（图 2-12～图 2-15）。二期调节池在改善水质方面发挥了作用。

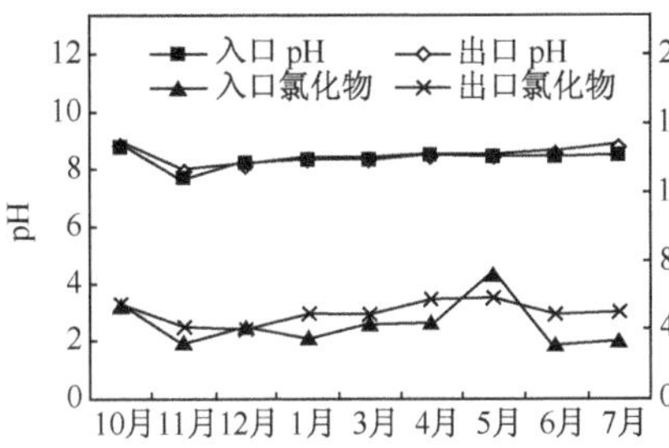

图 2-12　2002～2003 年人工湿地入口和出口 pH 和氯离子变化

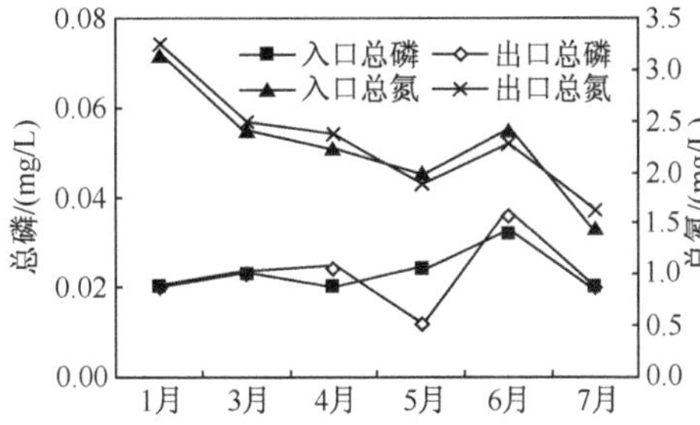

图 2-13　2003 年二期调节池入口和出口总氮和总磷变化

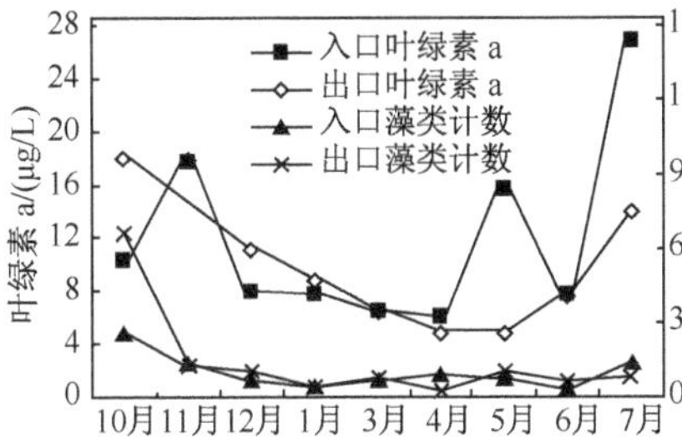

图 2-14　2002～2003 年二期调节池入口和出口叶绿素 a 和藻类计数变化

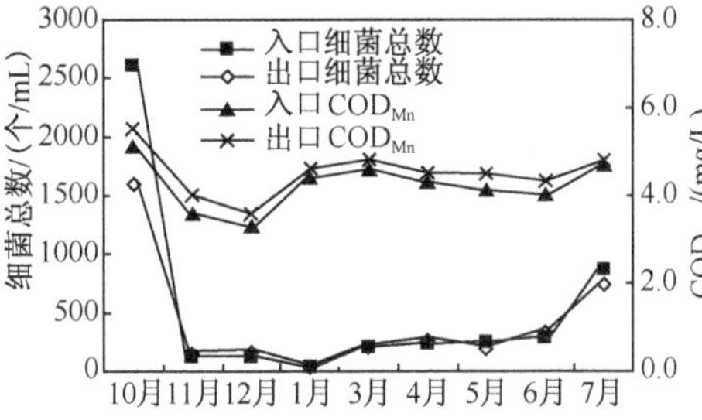

图 2-15　2002～2003 年二期调节池入口和出口细菌总数和 COD_{Mn} 数变化

为了评估种植水生植物对二期调节池源水的风险，对水生植物种植区的水质和源水水质进行比较，2002 年 10 月的监测结果见表 2-13。总体而言，水生植物区与源水水质各个指标没有明显差异，叶绿素 a、藻类计数等指标降低。

国内外有许多研究和实践证明，湿地和水生植物对水质变化有巨大的环境缓冲作用。如上游出现污染或其他事故，源水水质发生重大变化的情况下，一方面，湿地的巨大水土界面矿物质及其表面生长的植物、微生物会大量吸收、吸附和降解污染物，使流出水的污染物浓度维持在很低水平；另一方面，湿地中存在的多样性动植物会对来水水质作出预警反应，为管理者提供信息。

表 2-13 二期调节池水生植物种植区与源水水质比较

检验项目	单位	标准值	原水	芦苇	荷花	菖蒲	香蒲
水温	℃	/	22.00	20.50	20.25	20.25	20.00
pH	/	6.5～8.5	8.83	8.68	8.62	8.58	8.66
氯化物（以 Cl^- 计）	mg/L	≤250	55.00	59.75	98.75	61.75	60.75
亚硝酸盐（以 N 计）	mg/L	≤0.15	0.01	0.01	0.01	0.01	0.00
COD_{Mn}	mg/L	≤8	5.50	4.78	5.18	5.10	5.05
氨氮	mg/L	≤0.5	0.09	<0.02	0.06	0.07	0.10
细菌总数	个/mL	/	1600.00	632.50	370.00	1355.00	820.00
大肠菌群	个/L	/	20.00	40.00	40.00	<20	<20
总硬度	mg/L（$CaCO_3$）	/	172.00	181.50	192.25	181.50	187.50
浑浊度	NTU	/	8.23	10.20	8.59	7.93	7.11
总碱度	mg/L（$CaCO_3$）	/	136.00	131.00	128.50	128.50	136.00
叶绿素 a	μg/L	≤10	37.90	23.48	30.03	22.65	34.30
藻类计数	万个/L	/	6613.80	4154.10	4214.25	4493.70	3468.75
硝酸盐（以 N 计）	mg/L	≤20	<0.02	<0.02	<0.02	<0.02	<0.02
溶解氧	mg/L	≥5	12.03	11.38	11.28	11.44	11.22
电导率	μS/cm	/	472.00	481.00	612.75	485.00	499.75
悬浮物	mg/L	/	7.00	9.00	8.00	7.00	8.25
总磷（以 P 计）	mg/L	≤0.1	0.02	0.04	0.05	0.06	0.05
COD_{Cr}	mg/L	≤20	26.00	29.95	29.33	32.73	32.03
BOD_5	mg/L	≤4	1.39	0.94	0.79	0.93	1.22
总氮	mg/L	≤0.3	5.64	2.87	2.96	2.85	3.08

综合来讲，水源生态系统是复杂的，针对水源污染以及水质转化过程中出现问题的控制措施和方法也是多样化的，需要根据污染特征、类型和地区差异等具体情况而适当选择。随着水污染问题的加剧以及人类对污染治理认识的加深，针对水源污染的控制方法正朝着综合性、系统性控制的方向发展，特别是强调要在流域和生态系统的层面上加强污染控制和管理。针对新出现污染物和新的污染问题积极开展污染控制方法和净化处理工艺的探索也是十分必要的。建设人与自然相和谐的生态型水源地系统将成为确保饮用水安全，为人类提供优质、安全、可靠的饮用水资源的一种重要途径。

参考文献

[1] Pollution Probe. The Source Water Protection Primer. Toronto: Pollution Probe, 2004, 1～85

[2] Protecting our environment. Watershed-Based Source Protection Planning. Science-based Decision-making for Protecting Ontario's Drinking Water Resources: A Threats Assessment Framework Technical Experts Committee Report to the Minister of the Environment. Ontario: Queen's Printer for Ontario, 2004, 1～81

[3] Davies J M, Mazumder A. Health and environmental policy issues in Canada: the role of watershed

management in sustaining clean drinking water quality at surface sources. Journal of Environmental Management, 2003, 68: 273～286

[4] 方子云主编. 水资源保护工作手册. 南京: 河海大学出版社, 1988, 110～133

[5] 冯尚友著. 水资源持续利用与管理导论. 北京: 科学出版社, 2000, 18～23, 80, 111～118

[6] E. 马尔特比等编著. 康乐, 韩兴国等译. 生态系统管理——科学与社会问题. 北京: 科学出版社, 2003, 1～12, 19～61

[7] The Federal-Provincial-Territorial Committee on Drinking Water of the Federal-Provincial-Territorial Committee on Environmental and Occupational Health and the Water Quality Task Group of the Canadian Council of Ministers of the Environment. From Source to Tap: The multi-barrier approach to safe drinking water. Manitoba: Canadian Council of Ministers of the Environment, 2002, 1～13

[8] Office of Ground Water and Drinking Water. Consider the Source: A Pocket Guide to Protecting Your Drinking Water: Drinking Water Pocket Guide #3. EPA 816-K-02-002, 2002, 1～4

[9] USEPA. Protecting Drinking Water Sources. EPA 810-F-99-015, 1999a

[10] USEPA. Guidance for water quality-based decisions: The TMDL process. EPA 440/4-91-001. U. S. Environmental Protection Agency, Washington, DC, 1991

[11] USEPA. New policies for establishing and implementing Total Maximum Daily Loads (TMDLs). U. S. Environmental Protection Agency, Washington, DC, 1997

[12] USEPA. Draft guidance for water quality-based decisions: The TMDL process (second edition). EPA 841-D-99-001. U. S. Environmental Protection Agency, Washington, DC, 1999b

[13] Korean National Institute of Environmental Research. Guideline for Total Load Control System (TLCS). NIER, Seoul, Korea, 2002

[14] Ministry of Environment (Republic of Korea). Environmental White Book. 2003

[15] Administrative Centre for China's Agenda. Sustainable Development Report of China. 2002

[16] UNEP. Environmental Management in Industrial Estates in China. 2002

[17] 李永存, 李伟, 吴建华编著. 饮用水健康与饮用水处理技术问答. 北京: 中国石化出版社, 2004, 12～15, 31～34, 48～49, 99～100, 134～135

[18] Environment Canada. Threats to Sources of Drinking Water and Aquatic Ecosystem Health in Canada. National Water Research Institute, Burlington, Ontario. NWRI Scientific Assessment Report Series No. 1, 2001, 1～72

[19] 孙铁珩, 周启星, 李培军主编. 污染生态学. 北京: 科学出版社, 2001, 1～14, 53～59, 194～198, 334～336

[20] 王国祥, 成小英, 濮培民. 湖泊藻型富营养化控制——技术、理论及应用. 湖泊科学, 2002, 14 (3): 273～282

[21] Carmichael W W. Health effects of toxin-producing cyanobacteria: "the CyanoHABs". Human and Ecological Risk Assessment, 2001, 7: 1393～1407

[22] Landsberg J H. The effects of harmful algal blooms on aquatic organisms. Reviews in Fisheries Science, 2002, 10: 113～390

[23] Sigee D C, Glenn R, Andrews M J, Bellinger E G, Butler R D, Epton H A S, Hendry R D. Biological control of cyanobacteria: principles and possibilities. Hydrobiologia, 1999, 395/396: 161～172

[24] Sellner K G, Doucette G J, Kirkpatrick G J. Harmful algal blooms: causes, impacts and detection.

Journal of Industrial Microbiology and Biotechnology，2003，30：383～406. DOI 10.1007/s10295-003-0074-9
[25] Health and Welfare Canada. Guidelines for Canadian Drinkiag Water Quality. Prepared by the Federal-Provincial Subcommittee on Drinkiag Water of the Federal-Provincial Advisory Committee on Environmental Occupational Health，Environmental Health Directorate，Chapter on the Protection of Community Water Supplies and Summary of Guidelines for Chemical and Physical Parameters，Ottawa，Canada，1996
[26] 刁维萍，倪吾钟，倪天华，杨肖娥．水体重金属污染的生态效应与防治对策．广东微量元素科学，2003，10（3）：1～5
[27] 王占生，刘文君编著．微污染水源饮用水处理．北京：中国建筑工业出版社，1999，57～76
[28] 全球水伙伴中国地区委员会．梁瑞驹，沈大军，吴娟译．水资源统一管理．北京：中国水利水电出版社，2003，1～23
[29] 王夏晖．华北超渗产流模式下农业非点源污染发生机制与控制途径研究．中国科学院研究生博士学位论文，2004，66～71
[30] 国家环保总局，农业部，水利部，交通部，科学技术部．湖库富营养化防治技术政策．环发（2004）59号，2004
[31] 张锡辉编著．水环境修复工程学原理与应用．北京：化学工业出版社，2002，41～99，178～229
[32] 朱亮主编．供水水源保护与微污染水体净化．北京：化学工业出版社，2005，17～26，60～64，85～122，123～130，148～149，155～160
[33] 尹澄清，王为东，王夏晖，刘萍萍，王洪君，卢金伟，陆海明．用生物-生态方法保护水源地．第二届海峡两岸饮用水安全控制技术及管理研讨会论文集，2005年10月16－20日，北京．238～245
[34] 朱党生，王超，程晓冰著．水资源保护规划理论及技术．北京：中国水利水电出版社，2001，50～56，146～148，159～163，175～176，184～190
[35] 董哲仁．试论生态水利工程的基本设计原则．水利学报，2004，（10）：1～7
[36] 濮培民，王国祥，李正魁，胡春华，陈宝君，成小英，李波，张圣照，范云崎．健康水生态系统的退化及其修复——理论、技术及应用．湖泊科学，2001，13（3）：193～203
[37] 秦伯强，胡维平，刘正文，高光，谷孝鸿，胡春华，宋玉芝，陈非洲．太湖梅梁湾水源地通过生态修复净化水质的试验．中国水利，2006，17：23～29
[38] Convention on Biological Diversity. Decision V/6：The Ecosystem Approach. Montreal，Canada：CBD Secretariat. 2000
[39] 董宁平．生态系统方法用于湿地资源管理的设想．环境与可持续发展，2006，（4）：4，51～52
[40] 汪思龙，赵士洞．生态系统途径——生态系统管理的一种新理念．应用生态学报，2004，15（12）：2364～2368
[41] 张甲耀，李静，夏威林，邓南圣．生物修复技术研究进展．应用与环境生物学报，1996，2（2）：193～199
[42] 陈玉成编．污染环境生物修复工程．北京：化学工业出版社，2003，1～14，17～52，171～256
[43] Madsen E L. Determining in situ biodegradation：facts and challenges. Environmental Science and Technology，1991，25（10）：1663～1672
[44] 李继洲，胡磊．污染水体的原位生物修复研究初探．四川环境，2005，24（1）：1～3，26
[45] 董哲仁，刘蒨，曾向辉．受污染水体的生物—生态修复技术．水利水电技术，2002，33（2）：1～4
[46] 李红清，马经安．生物控制技术在水体富营养化防治中的应用．人民长江，2005，36（8）：60～61

[47] 崔福义，林涛，马放，冯琦，张立秋．水源中水蚤类浮游动物的孳生与生态控制研究．哈尔滨工业大学学报，2002，34（3）：399～403

[48] 孙兴滨，崔福义，张金松，卜祥菊，刘丽君．水源水中摇蚊幼虫的孳生与生态控制．环境污染治理技术与设备，2006，7（8）：1～5

[49] Shapiro J，Lamarra V，Lynch M．Biomanipulation：an ecosystem approach to lake restoration．In：Brezonik P L，Fox J L（eds.）．Proceedings of a Symposium on Water Quality Management through Biological Control．Gainesville：University of Florida，1975，85～89

[50] 谢平著．鲢、鳙与藻类水华控制．北京：科学出版社，2003，134

[51] Drenner R，Hambright K D．Piscivores，trophic cascades，and lake management．The Scientific World Journal，2002，（2）：284～307

[52] Drenner R，Hambright K D．Review：biomanipulation of fish assemblages as a lake restoration technique．Archiv Fur Hydrobiologie，1999，146：129～165

[53] Hansson L A，Annadotter H，Bergman E，Hamrin S F，Jeppesen E，Kairesalo T，Luokkanen E，Nilsson P A，Sondergaard M，Strand J．Biomanipulation as an application of food-chain theory：constraints，synthesis，and recommendations for temperate lakes．Ecosystems，1998，1：558～574

[54] 刘建康，谢平．揭开武汉东湖蓝藻水华消失之谜．长江流域资源与环境，1999，3：312～319

[55] Xie P，Liu J K．Practical success of biomanipulation using filter-feeding fish to control cyanobacteria blooms：a synthesis of decades of research and application in a subtropical hypereutrophic lake．The Scientific World Journal，2001，1：337～356

[56] 赵璇，吴天宝，叶裕才．我国饮用水源的重金属污染及治理技术深化问题．给水排水，1998，24（10）：22～25

[57] 赵睿鑫编．环境污染化学．北京：化学工业出版社，2004，194～249

[58] 张利民，夏明芳，邹敏．饮用水源有机毒物污染及其处理技术进展．环境导报，2001，（3）：21～24

[59] 姜文来．试论水资源管理学．中国水利，2004，（3）：27～29

[60] 袁志彬．浅析水源保护区的生态恢复问题．水利发展研究，2004，（7）：16～19

[61] 姜文来，唐曲，雷波等著．水资源管理学导论．北京：化学工业出版社，2005，76～87

[62] Novotny V，Chesters G．Handbook of Nonpoint Pollution：Sources and Management．Van Nostrand Reinhold Company，New York，1981

[63] 珠江水资源保护办公室编译．面污染源管理与控制手册．北京：科学普及出版社，1987，215～263

[64] 贺缠生，傅伯杰，陈利顶．非点源污染的管理与控制．环境科学，1998，19（5）：87～91

[65] 王晓燕编著．非点源污染及其管理．北京：海洋出版社，2003，130～143

[66] 孙书存，包维楷主编．恢复生态学．北京：化学工业出版社，2005，173～233

[67] 王夏晖，尹澄清，颜晓，单保庆，王为东．流域土壤基质与非点源磷污染物作用的3种模式及其环境意义．环境科学，2004，25（4）：123～128

[68] 王夏晖，尹澄清，单保庆．农业流域“汇”型景观结构对径流调控及磷污染物截留作用的研究．环境科学学报，2005，25（3）：293～299

[69] Wang X H，Yin C Q，Shan B Q．Control of diffuse P-pollutants by multiple buffer/detention structures by Yuqiao Reservoir，North China．Journal of Environmental Sciences，2004，16（4）：616～620

[70] Wang X H，Yin C Q，Shan B Q．The role of diversified landscape buffer structures for water quality improvement in an agricultural watershed，North China．Agriculture，Ecosystems and Environment，2005，107：381～396

[71] Yin C Q, Shan B Q. The multipond systems: a sustainable way to control diffuse phosphorus pollution. AMBIO, 2001, 30 (6): 369～375

[72] Wang M Z, Yin R L. Study on ecological agriculture patterns in hilly red soil region. Acta Ecologica Sinica, 1998, 18 (6): 595～600

[73] 刘萍萍，尹澄清，曲久辉，张广云，冯文清，刘俊新. 滨海地区生态型水源地工程的建设. 中国给水排水，2004, 20 (9): 17～20

第3章　原水预处理[①]

3.1　概　　述

对于受污染的水源水，仅通过常规工艺处理往往不能达到水质安全保障的要求。目前，饮用水厂一般采用混凝-沉淀-过滤-消毒处理工艺，对水中浊度和微生物有很好的净化效果。但上述工艺对色度和有机物去除率较低，而且由于原水中可能存在氯氧化副产物的前驱物，在经氯消毒处理后可能产生一些有毒有害副产物，这是常规工艺不能有效控制的。

针对常规水处理工艺的局限性，为提高饮用水水质，除了加强水源的管理与污染控制、提高常规处理工艺水平、进行深度处理以外，经常需要在水处理流程中适当增加其他工艺环节。而原水预处理就是提高和改善饮用水水质，保证饮用水安全的重要措施。所谓原水预处理，就是在水进入常规水处理工艺之前，通过一定的处理过程有目标地去除或削减那些常规工艺不能很好去除的污染物，或改变污染物的形态和水处理条件，减少后续处理工艺负荷，提高出水水质。本章仅对原水及工艺过程中的主要预处理方法及其安全保障的技术措施，以及所取得的若干研究进展进行简要的归纳和介绍。

3.2　原水预处理目的

常规水处理工艺所难以有效去除的污染物主要有三大类：一是氨氮、藻类等易造成水异嗅味的物质；二是DBPs的前驱物（主要是天然有机物）；三是溶解性微量污染物（主要是人工合成有机物等）。一般而言，预处理要对某种污染物的完全去除往往非常困难，因此改变污染物的性质和可处理性通常是预处理的主要目的，即通过物理、化学、生物等方法，控制前述水中的第一、第二大类物质，使其能在后续处理中得到有效去除。而对于第三大类的溶解性微量污染物，其去除主要是依靠强化混凝及深度处理。总体而言，原水预处理的主要目的可以概括为以下三个方面。

① 本章由王东升，曲久辉，葛小鹏撰写。

3.2.1 改善原水水质

不同来源的原水可能存在多种水质问题，诸如藻类、嗅味、无机/有机污染物以及致病微生物等。原水经预处理工艺如活性炭吸附、臭氧等化学预氧化，可以去除部分藻类、细菌等悬浮颗粒物及腐殖酸类有机污染物，并可改变某些有机物的混凝处理性能，提高常规处理工艺对有机物的去除效果。进而减少氯化消毒副产物的产生，并降低出水浊度，提高水的感官性能，改善常规工艺出水水质。例如，原水经过氧化氢、臭氧等预氧化，可以发挥其较强的助凝除浊效果，明显降低过滤单元出水浊度，并对 UV_{254} 有较好的去除且效果稳定。

3.2.2 降低处理负荷

采用预氧化等预处理工艺，可以有效减少滤池堵塞，提高滤池截污能力，从而增加过滤时间，延长滤池反冲洗周期，提高滤池的产水量。对于某些微量污染物，通过预处理也可以得到部分或者全部去除，并能降低后续流程的负荷。另外，对于突发性水质变化过程（如突发水质污染、洪水暴雨季节性变化、水源切换等），预处理工艺不仅提供了一个缓冲过程，而且可使得水质得到有效控制。

3.2.3 提高水质安全

原水经预处理工艺之后，可有效地降低水中腐殖酸等天然有机物含量，减少或避免 DBPs 的生成，或转化某些有机物，增强对它的混凝处理效果，从而大大降低原水中“三致”物质的含量，提高水质安全性。同时，出厂水中有机物含量的减少还有效地降低了异养菌残余在输配管网中大量积聚和繁殖，增强了水的生物稳定性，减少或避免了饮用水输配过程中水质的二次污染。例如，原水经过氧化氢、臭氧、高锰酸钾等预氧化后，可以使水中有机物的结构发生改变，形成更多的羟基、羰基和羧基，从而增加了分子极性和亲水性，减少了双键和环状结构，并使低相对分子质量化合物的比例明显增加，有利于后续工艺中有机物的去除，提高出水水质。

3.3 原水预处理的主要方法

目前，原水的预处理主要采取化学氧化、生物降解、吸附去除、pH 调节、曝气、沉淀、生态工程等方法，本节只对其中应用比较广泛的几种方法作简要介绍。

3.3.1 化学预氧化处理

化学预氧化主要利用氧化势较高的氧化剂来氧化分解或转化水中污染物，同时削弱污染物对常规处理工艺的不利影响，强化常规处理工艺的净化效能。目前能够用于给水处理的氧化剂主要有臭氧、氯、二氧化氯、高锰酸钾、过氧化氢等。

3.3.1.1　臭氧预氧化

臭氧用于给水处理最初主要目的是消毒，主要是在法国和其他一些西欧国家得到了推广和应用。例如，法国 Bon Voyage 水厂早在 1906 年就首次将臭氧消毒设备投入运行。自 20 世纪 70 年代以来，臭氧氧化技术才逐渐开始作为一种预氧化措施在水处理中得到应用，主要用于改善水质感官指标、助凝、初步去除或转化有机污染物等。

臭氧是一种强氧化剂，但臭氧极不稳定，需直接在现场制备使用。它的氧化还原电位为

$$O_2 + H_2O \longrightarrow O_3 + 2H^+ + 2e \quad (\text{酸性条件下}) \quad E_0 = -2.07V \quad (3\text{-}1)$$

$$O_2 + 2OH^- \longrightarrow O_3 + H_2O + 2e \quad (\text{碱性条件下}) \quad E_0 = -1.24V \quad (3\text{-}2)$$

溶解于水中的臭氧在酸性条件下比较稳定，但当 pH 或水温升高，臭氧就会发生分解。臭氧的分解过程是一个自由基连锁反应（radical chain reaction），可以用图 3-1 表示[1]。

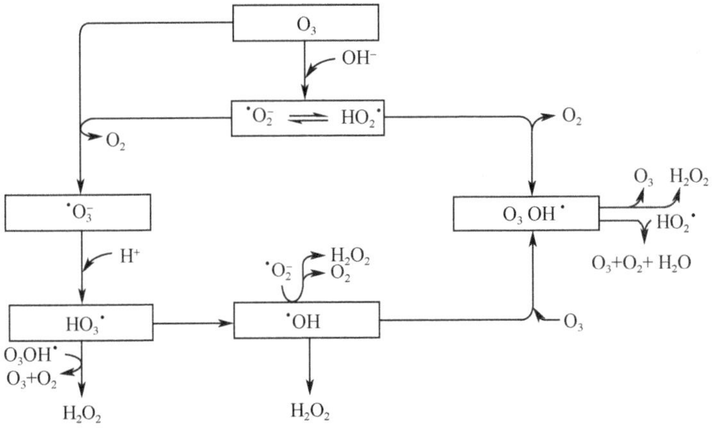

图 3-1　臭氧自分解连锁反应（SBH 模型）[1]

在这个连锁反应中，臭氧分子 O_3 与 OH^- 反应生成超氧自由基（$^{\cdot}O_2^-$）和超氧化氢自由基（$HO_2^{\cdot}$），超氧自由基（$^{\cdot}O_2^-$）再与 O_3 反应并与 H^+ 结合生成氢化臭氧自由基（$HO_3^{\cdot}$），然后 $HO_3^{\cdot}$ 又分解为氧分子 O_2 和氢氧自由基（$^{\cdot}OH$）。$^{\cdot}OH$ 具有比 O_3 更强的氧化能力，在臭氧处理过程中起着重要的作用。一部分 $^{\cdot}OH$ 与 O_3 结合成臭氧氢氧自由基（$O_3OH^{\cdot}$），$O_3OH^{\cdot}$ 分解出 O_2 分子则转化为 $HO_2^{\cdot}$，

它与$\cdot O_2^-$之间有化学平衡关系。这样，连锁反应完成一个循环，生成的$\cdot O_2^-$再与O_3作用开始下一个循环的连锁反应。如图 3-1 所示，连锁反应过程中还伴有过氧化氢分子（H_2O_2）的生成。

臭氧进入水溶液后与水中有机物的反应历程比较复杂，但普遍认为包含两条途径：一是臭氧直接反应，称为 D 反应；二是臭氧通过自由基连锁反应自我分解产生羟基自由基（$\cdot OH$）的间接反应，称为 R 反应。实际上，臭氧对有机物的去除效果是上述两种反应历程综合作用的结果，并依赖于不同的反应条件。羟基自由基（$\cdot OH$）的产生受溶液的 pH 影响较大，当 $pH<8$ 时，$\cdot OH$ 会大大削减；投加碳酸氢盐（例如 $NaHCO_3$）作为$\cdot OH$ 基的捕集剂，也会减弱$\cdot OH$ 基的反应强度。因此，可以通过控制溶液 pH 和碱度达到控制臭氧反应途径的目的。在高 pH 和低碱度的情况下，臭氧分子迅速分解，强化了羟基自由基的氧化作用。反之，在低 pH 或高碱度的情况下则是强化了臭氧直接反应的作用，将会有利于臭氧的充分利用而增强其脱色、去除有机物及杀菌的效果。由于天然水体中含有相当数量的碳酸根和重碳酸根，而且其 pH 在 6～8.5 之间，因此对于饮用水臭氧预处理，其对有机污染物的氧化去除主要是通过臭氧直接反应途径来完成的[2]。

臭氧与水中有机污染物间的直接氧化作用主要有两种方式：一种是偶极加成反应；另一种是亲电取代反应。由于臭氧具有偶极结构，因而臭氧分子与具有不饱和键的有机物可以进行加成反应。首先形成过氧化物，此类过氧化物在水中进一步分解成含羰基的化合物及一种过渡态中间产物，随后形成羟基过氧化物，并进一步分解成羰基化合物和过氧化氢。亲电取代反应主要发生在有机污染物分子结构中电子云密度较大的部分，特别是芳香类化合物。带有供电子基类化合物在邻对位碳原子上的电子云密度较大，因而这些碳原子很容易与臭氧发生反应。因此，臭氧与含供电子基团的有机物如苯酚或苯胺等反应首先形成邻对位羟基的中间产物，随后可进一步被氧化为醌，最后生成含有羰基或羧基的脂肪类化合物。

一般而言，臭氧同烷烃类有机污染物反应性较差，但可以同烯烃、炔烃发生偶极环加成反应，破坏其碳碳双键或三键，从而形成醛和羧酸。对于具有亲核基团的醇、酯、醛和羧酸等物质，臭氧反应是首先与其形成环氧化合物，进而生成醛、酮和酯，但很难再进一步将羧酸类有机物氧化分解。对于芳香烃类化合物，臭氧则主要是在芳环本身或侧链取代基上与其发生反应。给电子取代基（$—NH_2$，$—OH$）可以加速臭氧化反应，而得电子取代基（$—NO_2$，$—Cl$）往往会抑制臭氧氧化反应。因此，对于酚类、胺类有机物及其衍生物，臭氧都容易与其发生反应。

大量研究证实，臭氧氧化后水中由 TOC 代表的有机物总量的变化并不明显，表明臭氧氧化一般很难直接将有机物彻底矿化为无机物，而主要是改变了有机物的结构和性质，从而对水中有机物的相对分子质量分布、亲水性、憎水性产生重要影响。因而，臭氧预氧化的一个重要作用是转化水中大分子有机污染物，从而降低了 THMs 生成势。在臭氧化过程中，臭氧同有机物发生了复杂的化学反应，不稳定的臭氧分子在水中很快发生链式反应，生成对有机物氧化起主要作用的羟基自由基（˙OH），将非饱和有机物氧化成饱和有机物，将大分子有机物分解成小分子有机物。经臭氧氧化后，一些复杂的芳香族有机物被氧化分解为简单的含氧链状有机物，使有机物发生开环和断链，破坏了有机物的芳香性，氧化产物中羧酸类有机物较多，羧基中的羰基与羟基形成共轭体系，从而使羰基的反应性能降低，不起在一般情况下醛、酮羰基所特有的卤仿反应；同时，氧化过程中也有可能形成以苯环为主体，环上含有羟基的有机物，而羟基是很强的邻对位定位基，氧化后形成氢醌等中间产物，使苯环上不易发生卤代反应；另外，氧化后生成的醚类有机物也不易发生卤代反应。因此，臭氧化对水中有机物的 THMs 生成势有更明显的削减作用[3,4]。

臭氧化对水中 THMs 生成势的削减作用，除了来自臭氧对 THMs 前驱物的直接氧化作用之外，另一种主要功效是通过臭氧氧化改善有机物的生化降解性能，从而在后续的生物处理工艺（如生物活性炭等）中得以有效去除。臭氧化后随着有机物相对分子质量的降低、亲水性的改善，羟基、羰基、羧基所占比例的增大，有机物的生化降解性能得到明显改善[5,6]。大量研究表明，具有非饱和构造的有机物难以生物降解，而具有饱和构造的有机物则有较好的生物降解性能。

臭氧氧化作为一种预处理工艺，与其他后续处理工艺联合，可以最大限度地发挥臭氧氧化的作用，强化水处理功效，它在去异嗅味及色度、除藻、除氨氮、降低铁、锰含量以及助凝等方面都可以发挥重要作用。水的嗅味主要由腐殖质等有机物、藻类、放线菌和真菌以及过量投氯引起，其中典型致异嗅味的物质主要有 MIB、IPMP、土臭素以及 TCA 等。臭氧氧化能够有效降低水中这些嗅味物质的阈值浓度，去除水的色度，改善水的感官性指标。

臭氧作为一种强氧化剂，它也能起到很好的杀藻效果。欧美等一些发达国家近年来陆续采用臭氧预氧化除藻。臭氧预氧化作用之一是溶裂藻细胞，二是杀藻，使死亡的藻类易于被后续工艺去除。臭氧投加量直接影响藻细胞的溶裂程度，增大投加量可改善除藻效果。另外，藻类在代谢过程中还会释放藻毒素以及其他有机碳、土腥臭代谢物等，这些产物在预氧化过程中会被臭氧立即氧化掉，而其他氧化剂则没有这方面的优势。

臭氧氧化还可以有助于氨氮的去除。氨氮被臭氧缓慢氧化成硝酸根离子，然后在砂滤池或粒状活性炭滤池中经生物硝化和代谢同化，从而得以去除。在这一过程中，Br^- 对臭氧的氧化可起到催化作用，它首先被臭氧迅速氧化成为 HOBr，然后再与氨反应，形成 N_2 和 Br^-；Br^- 可再被臭氧氧化，直至将氨全部去除。

另外，很多学者认为臭氧对地表水有一定的助凝作用[7~10]，但在大多数情况下其助凝作用是在臭氧投量较小时表现出来的，即对于某一特定水质存在着一最佳投加量，臭氧过高会导致出水浊度上升。臭氧的助凝作用可能包含以下五种作用机理[11,12]：

(1) 臭氧化后羧基含量升高，可导致腐殖质有机物与钙、铝和镁等离子络合，并使之在这些金属的沉淀物或絮体上的吸附倾向增大；

(2) 臭氧使得吸附在无机胶体颗粒表面的有机物相对分子质量降低、破坏了颗粒物表面的有机包围层，降低了颗粒物表面的静电作用，从而可减少空间阻碍或发生电中和；

(3) 臭氧可能会破坏有机物与金属离子间的键合，使金属离子游离出来，并参与混凝；

(4) 臭氧使藻类破坏，释放出不同类型的生物聚体，起到助凝剂的作用；

(5) 臭氧对腐殖质有机物氧化后，使得一些处于介稳状态的溶解有机物发生氧化聚合（oxidation-ploymerization）作用，形成具有吸附架桥能力的聚合电解质。

大量的研究与工程实践证明，臭氧预氧化能有效提高后续深度水处理工艺对水中污染物的去除率。目前，与臭氧联合使用较多的是后续生物滤池或生物活性炭滤池。O_3/GAC工艺中注重的不是臭氧对水中污染物的直接去除率，而是臭氧对水中有机物的改性作用。臭氧化与这些工艺组合可达到较高的TOC去除率，许多水厂的实践运行也证明了这一点。原水经臭氧氧化处理后，许多大分子有机物分解成小分子有机物而易于进入活性炭微孔中，并且被吸附。此时活性炭微孔比较充分地发挥了吸附作用。另外，臭氧化后水中可降解的小分子有机物比例增加，这正好适于满足生物过滤的处理对象要求，从而使生物过滤的功效得以强化。

值得注意的是，水中存在溴离子的情况下，臭氧预氧化有可能产生溴酸根离子等可疑致癌性物质，从而影响水的毒理学安全性。溴离子存在时，臭氧会与之反应生成次溴酸。次溴酸是弱酸，它在与次溴酸根及氢离子达成离解平衡的同时，可以继续氧化生成溴酸盐，还可与有机化合物反应生成含溴有机化合物。其反应式可用如下形式表示：

$$O_3 + Br^- \longrightarrow O_2 + BrO^- \qquad (3\text{-}3)$$

$$BrO^- + H^+ \longrightarrow HBrO \qquad (3\text{-}4)$$

$$BrO^- + 2O_3 \longrightarrow 2O_2 + BrO_3^- \qquad (3\text{-}5)$$

$$\text{有机化合物} + HBrO \longrightarrow \text{含溴有机化合物} \qquad (3\text{-}6)$$

当溴离子与氨氮共存的条件下，还会发生下列反应：

$$HBrO + NH_3 \longrightarrow NH_2Br + H_2O \qquad (3\text{-}7)$$

$$NH_2Br + 3O_3 \longrightarrow NO_3^- + Br^- + 3O_2 + 2H^+ \quad (3\text{-}8)$$

$$3HBrO + 2NH_3 \longrightarrow N_2 + 3HBr + 3H_2O \quad (3\text{-}9)$$

$$CH_3CHO + NH_2Br \longrightarrow CH_3CN + HBr + H_2O \quad (3\text{-}10)$$

$$CH_3CN + 2HBrO \longrightarrow CHBr_2CN + 2H_2O \quad (3\text{-}11)$$

因此，含溴原水经预臭氧化后，含溴消毒副产物（DBPs）的量会明显上升[13]。提高臭氧投加量可以降低溴代物，但却生成有害的溴酸盐。采用臭氧-生物活性炭联合处理工艺，可以将上述臭氧预氧化过程中产生的溴酸盐副产物，用微生物代谢的办法，连同水中的氨氮一块去除。

3.3.1.2 预氯化及二氧化氯预氧化

预氯化是应用最早，且在国内目前使用最普遍的一种预氧化处理方法。它经常用于水预处理工艺中杀灭藻细胞，使藻类及其代谢过程中分泌的藻毒素易于在后续水处理工艺中去除。但如原水中含有较高浓度的天然有机物，经预氯化氧化不可避免地会产生一系列对人体有害的相应氯代有机 DBPs。例如，水中游离余氯与酚类有机物作用可生成具有异嗅味的氯酚，它还可以氧化水中含氮有机化合物而产生各种有机氯胺（甲基氯胺、甲基二氯胺等），并能氧化溴离子。饮用水中对人体健康有重要影响的 THMs 等 DBPs 也是在水处理过程中，由氯与 THMs 的前驱物（腐殖酸和富里酸等）反应所产生的。

尽管预氯化会产生有机卤代物等副产物，但目前它仍然是国内高藻期常用的预氧化剂。同时，预氯化还具有一定的改善混凝效果的作用。预氯化过程中，利用氯与某些无机物如 Fe^{2+}、Mn^{2+} 等的氧化还原反应还可以进行铁和锰的去除等。例如，地下水中呈溶解态的二价铁可以通过氯氧化为氢氧化铁沉淀物而去除。

$$2Fe(HCO_3)_2 + Cl_2 + Ca(HCO_3)_2 = 2Fe(OH)_3 + CaCl_2 + 6CO_2 \quad (3\text{-}12)$$

水中溶解的二价锰同样也可以经氯氧化生成二氧化锰沉淀而去除，但 pH 应为 7～10（最佳在 pH＝10 附近），反应式为

$$MnSO_4 + Cl_2 + 4NaOH = MnO_2 + 2NaCl + Na_2SO_4 + 2H_2O \quad (3\text{-}13)$$

由于预氯化过程中容易产生氯代有机副产物，近年来也逐渐开始使用其他氯氧化替代试剂，如二氧化氯、氯胺等。二氧化氯一般需由亚氯酸钠与氯反应现场制作，是一种有效的水处理消毒剂[14]，它具有氧化作用强，生产简单，成本低等特点。二氧化氯作为氧化剂，在我国饮用水处理过程中的应用虽时间不长，但已表现出良好应用前景，特别是在原水受酚类、腐殖质、锰等污染物以及季节性藻类和异嗅困扰的地区逐渐引起了人们的广泛关注。

二氧化氯本身对有机物的直接去除能力不强，预氧化的目的是为了使有机物

改性，提高后续常规处理工艺的净水效果。二氧化氯在氧化过程中具有很高的选择性，它与有机污染物（如腐殖质、酚类等）主要发生氧化反应，而非取代反应，并能有效破坏水体中的微量有机污染物，如酚类、苯并芘、蒽醌、氯仿、四氯化碳等。因此，用二氧化氯进行预氧化，生成的 THMs、卤乙酸等含量显著降低。

二氧化氯预氧化具有很好的脱色、除藻、去异嗅味作用[15]。研究表明，二氧化氯遇水能生成多种氧化物，它们组合在一起能产生氧化能力极强的自由基，并可与不饱和官能团反应、破坏碳碳双键而去除真色。二氧化氯也能有效氧化铁、锰等无机成色离子，使它们成为不溶的化合物氢氧化铁和二氧化锰，再通过沉淀过滤去除，从而使水脱色。此外，二氧化氯氧化还具有一定的助凝作用，这也有助于有机胶体和颗粒物的混凝，并通过过滤去除致色物质。

二氧化氯预氧化可以有效控制藻类等水生生物繁殖。作为一种较强的氧化剂，它用于预氧化除藻的优势在于：对藻类具有良好的去除效果，同时又不产生显著量的有机副产物。二氧化氯预氧化除藻的作用机理主要有两个方面：一是直接杀灭藻类；二是部分分解藻类使其脱稳，削弱藻类对常规处理工艺的影响。一般而言，二氧化氯的直接杀藻机理是由于藻类叶绿素中的吡咯环与苯环非常相似，而二氧化氯对苯环具有一定的亲和性，能使苯环发生变化，故二氧化氯也同样能作用于吡咯环，氧化叶绿素，致使藻类因新陈代谢终止而死亡。同时，二氧化氯在水中以中性分子形式存在，它对微生物细胞壁有较强的吸附和穿透能力，易于透过细胞壁与藻细胞内主要的氨基酸反应，从而使藻细胞因蛋白质合成中断而死亡。因此，它比一般的强氧化剂更易杀灭藻类，在较低浓度下即可取得理想的除藻效果。值得注意的是，二氧化氯虽然对杀灭藻类具有良好效果，但它去除藻毒素的能力有限，且投量要严格掌握。研究表明，在二氧化氯含量较低时，二氧化氯主要和藻毒素发生反应，但当其投量＞1mg/L 之后，就会优先和藻类发生反应，破坏藻类细胞，使胞内的毒素释放到水体内，增加了水中藻毒素的本底含量。

二氧化氯预氧化的另一个重要作用是去除源水的异嗅味。它不与氨发生反应，一般不能氧化溴离子。此外，氯代酚等酚类化合物是微污染水源中常见的产生异味的物质。二氧化氯预氧化能够强化常规处理工艺的除酚效果。据研究，在原水中酚类有机物含量较高（2mg/L）情况下，常规处理工艺对其去除率一般仅为 20%左右，除酚效果难以令人满意。采用二氧化氯预氧化处理可显著改善水处理工艺的除酚效果，并且明显优于液氯。而且，适当提高原水 pH 还会使二氧化氯的除酚效率进一步提高，从而有利于更好地除臭，这些均不同于次氯酸。此外，氧化能力较强的二氧化氯也会对硫化物进行氧化，从而进一步减轻水体的异嗅味程度。

特别需要指出，在过量投加条件下，ClO_2与水中有机物及其他还原组分作用有可能生成对人体有害的ClO_2^-及ClO_3^-等，这些物质在人体内过量积聚将引起过氧化氢的产生，从而使血红蛋白氧化，造成溶血性贫血。因此，饮用水处理中应严格控制ClO_2的投加量。

3.3.1.3 过氧化氢预氧化

过氧化氢最初主要用于高浓度有机废水，如有机染料废水、造纸及纺织工业废水等，后来作为生物预处理技术，它能有效改善废水的可生化性。随着天然水源中有机物的污染越来越严重，近年来已有不少研究和工程实践将其作为预氧化技术用于给水处理。目前，过氧化氢预氧化常用于水中藻类、天然有机物和地下水中铁、锰等的去除。

过氧化氢的标准氧化还原电位仅次于臭氧，它能直接氧化水中有机污染物和构成微生物的有机物质。同时，其本身仅含有氢和氧两种元素，分解后生成水和氧气，使用时不会在反应体系中引入任何杂质。在给水处理中过氧化氢分解速度很慢，同有机物作用温和，既可保证长时间的残余消毒作用，又可以作为脱氯还原剂，降低水中有机卤代物含量。

过氧化氢对有机物的氧化常常无选择性，且可完全氧化有机物为CO_2和H_2O等，但单独使用过氧化氢，其与有机物反应速度很慢，对有机物去除作用并不显著。而且在不同pH条件下，过氧化氢氧化有机物的能力差别也较大。从理论上讲，它在低pH条件下具有较强的氧化性。根据反应电动势，过氧化氢在酸性溶液中的歧化程度较在碱性溶液中稍大，易于形成羟基自由基。

过氧化氢单独氧化难以将腐植酸等天然有机物进行彻底氧化，而主要是在一定程度上改变了有机物的构造。通常需在一定的催化条件（如Fe^{2+}，紫外光等）及与其他氧化剂（如O_3）的联合作用下，产生氧化性更强的$^{\cdot}OH$自由基，才能充分发挥其对水中有机污染物的氧化降解能力。

经过氧化氢催化氧化后，水中有机物的结构有时发生较大变化，一些复杂的芳香族有机物被氧化分解为简单的含氧链状有机物，使有机物发生开环和断链，从而改变了有机物的可混凝性能，提高了常规处理工艺对有机物的去除作用。研究表明，过氧化氢预氧化具有较强的助凝除浊作用，可明显降低过滤单元出水浊度，并对UV_{254}有较好的去除效果[2]。

根据所用催化剂的不同，常用的过氧化氢氧化种类主要有Fenton试剂、H_2O_2/UV、H_2O_2/O_3、$H_2O_2/UV/O_3$等。

Fenton试剂就是Fe^{2+}和H_2O_2的混合物，当pH足够低时，在Fe^{2+}的催化作用下过氧化氢就会分解产生$^{\cdot}OH$，从而引发一系列的链反应。在给水处理中Fenton试剂的作用主要包括对有机物的氧化和混凝作用，从而能不同程度地去除水体中的有机物。

在紫外光照射条件下，H_2O_2也可迅速生成$\cdot OH$，并能与水中有机物迅速发生降解反应。H_2O_2/UV 氧化法的优点是：经济可行，运行费用比单独使用H_2O_2或 UV 都要少，而且有较好的热稳定性和较高的溶解度。其缺点是：在有碳酸盐或生物碳酸盐等$\cdot OH$ 捕集剂存在时，反应生成氧化性较弱的碳酸盐自由基，阻碍了反应的正常快速进行。H_2O_2/UV 体系对有机物的去除能力比单独用过氧化氢或紫外光更强，过氧化氢和紫外光相结合的方法去除水中三氯甲烷在给水处理中应用较多。研究表明，在去除三氯甲烷的同时可减少饮用水中 TOC 含量，使水质进一步提高。

H_2O_2和O_3可以分别作为强的氧化剂（E_0分别为 2.07V 和 1.77V），单独使用H_2O_2或O_3时，有多种反应途径，反应产物难以控制。H_2O_2和O_3联合时则可以发生环链式反应，形成一些新的自由基，如过氧化物自由基（$HRO_2^{\cdot}$）、$\cdot OH$ 自由基等。H_2O_2和O_3联合使用对有机物有很强的去除能力，能更有效地氧化单独使用O_3所不能去除的消毒副产物（THMs），因而在给水处理中经常用作对地下水中卤代烃的处理工艺中。

另外，随着O_3消毒在给水处理中应用逐渐增多，对含 Br^- 原水O_3消毒产生可疑致癌物溴酸盐，同时生成含溴副产物的负面影响也日渐突显。H_2O_2/O_3氧化产生的$\cdot OH$ 可消耗水中过量的O_3，限制溴酸盐的生成，而且水中有H_2O_2存在时还能使次溴酸（盐）还原，从而减少水中溴酸盐含量。因此，H_2O_2/O_3氧化还可控制由溴化引起的副产物的生成[16]。

3.3.1.4　高锰酸钾预氧化

高锰酸钾是一种强氧化剂，从 20 世纪 60 年代初就被用于去除水中铁锰、嗅味、色度等，效果良好。高锰酸钾可将二价锰氧化成不溶性的二氧化锰，本身也被还原为二氧化锰，其反应式为

$$3Mn^{2+} + 2KMnO_4 + 2H_2O = 5MnO_2 + 2K^+ + 4H^+ \tag{3-14}$$

高锰酸钾氧化水中二价锰的反应很快，一般可在数分钟内完成。氧化生成的固相二氧化锰可以通过沉淀、过滤等工艺去除，这是地下水以及地表水除铁、除锰的常用工艺，已在许多水厂中得到应用。另外，高锰酸钾还可将三价砷氧化成易于被氧化化铁吸附的五价砷，从而通过混凝将其去除。研究结果表明[17]，高锰酸钾可显著提高三氯化铁共沉降去除水中亚砷酸盐作用效能，氧化是其主要作用机理，另外，高锰酸钾的还原产物新生态二氧化锰对砷也有一定的氧化吸附能力。

在氧化去除有机污染物方面，高锰酸钾也发挥着重要作用。1986 年，李圭白院士率先提出了用高锰酸钾去除饮用水中微量有机污染物的方法，并结合我国

水源普遍严重污染的状况，就高锰酸钾预氧化的助凝、控制DBPs以及去除水中微量有机污染物等方面，开展了一系列系统研究工作，发展了高锰酸钾预氧化集成技术。另外，还开发出了高锰酸盐复合药剂（PPC），通过高锰酸钾与助剂之间的协同作用，显著提高了除污染效能，目前已在全国多家水厂应用，取得了良好效果[18~22]。但近年来也有研究报道，高锰酸钾在对一些异嗅味物质，如2-甲基异莰醇（MIB）等，去除效果并不明显。

高锰酸钾在不同pH条件下的氧化性及还原产物有很大差异。在强酸性溶液中（$[H^+] \geqslant 0.1mol/L$）$KMnO_4$与还原剂作用，MnO_4^-被还原为Mn^{2+}，半反应为

$$MnO_4^- + 8H^+ + 5e = 4H_2O + Mn^{2+} \qquad E = 1.51V \qquad (3\text{-}15)$$

在微酸性、中性或弱碱性溶液中，MnO_4^-被还原成MnO_2，半反应为

$$MnO_4^- + 2H_2O + 3e = 4OH^- + MnO_2 \qquad E = 0.588V \qquad (3\text{-}16)$$

在碱性溶液中，被还原为MnO_4^{2-}，半反应为

$$MnO_4^- + e = MnO_4^{2-} \qquad E = 0.564V \qquad (3\text{-}17)$$

可见高锰酸钾的氧化还原能力随pH的升高而降低，即在酸性介质中具有强氧化性，而在中性和碱性介质中，氧化能力减弱。研究表明，高锰酸钾在中性条件下对水中天然有机物的去除效果明显优于酸性与碱性条件，它能有效去除水中致突变物质，降低水的致突变活性。虽然在此条件下，高锰酸钾氧化能力不处于最强状态，但其氧化还原产物二氧化锰在水中溶解度很小，易于进行固液分离，不会使处理后水中的溶解性锰增加而造成污染，这是高锰酸钾在给水处理中应用的有利条件之一。同时，高锰酸钾在反应过程中可能产生某些介稳状态中间产物，它们对水中污染物的去除具有催化作用[20]。

研究表明，水中还原性成分如腐殖酸有机物、Mn(Ⅱ)等的存在对高锰酸钾的除污染效能具有一定的促进作用。例如，当高锰酸钾和还原性成分同时存在时，对苯酚的去除率显著提高。高锰酸钾被还原后产生的不同价态的中间产物，如Mn(Ⅵ)、Mn(Ⅴ)、Mn(Ⅳ)、Mn(Ⅲ)等，可能是导致高锰酸钾除污染效率提高的关键因素之一。有文献表明，Mn(Ⅴ)是一种具有极强氧化能力的中间态成分，其氧化还原电位E^0＝Mn(Ⅴ)/Mn(Ⅳ)高达4.27V，由于Mn(Ⅴ)能够通过氧桥与有机物形成五元环结构，有利于电子转移，因而易于将有机物分解破坏。但是锰的中间价态成分Mn(Ⅴ)极不稳定，存在时间通常在毫秒级以下，一般在与有机污染物作用之前即可能已经转化为低价态成分，如Mn(Ⅳ)。因此，如何控制和利用中间产物，是提高高锰酸钾除污染效能的关键环节。

综合起来，高锰酸钾及其复合药剂投加到水中以后，之所以能有效去除水中的有机污染物，可能主要通过以下几种途径：①高锰酸钾的直接氧化作用。高锰酸钾对含有不饱和键及某些特征官能团的有机物具有较好的氧化降解能力。研究

表明，高锰酸钾在中性条件下对水中天然有机物的去除效果明显优于酸性及碱性条件，天然水中的某些共存成分对高锰酸钾除微污染效能有重要影响。②新生态二氧化锰的氧化、催化、吸附以及絮凝核心作用。高锰酸钾的还原产物——新生态的二氧化锰存在大量比表面积和羟基，可以吸附有机物，并经后续混凝沉淀过滤工艺去除，或者有机物在新生态二氧化锰形成的过程中被吸附包裹在胶体颗粒内部，从而被共沉淀去除。此外，高锰酸钾在反应过程中可能产生某些介稳状态中间产物，并对水中污染物的去除具有催化作用。③高锰酸钾与其他组分的协同作用。高锰酸钾复合药剂中，作为助剂的其他组分一方面提高了中间价态介稳产物的稳定性，另一方面强化了还原产物新生态二氧化锰的吸附能力，从而体现出明显优于高锰酸钾的除污染效果。

3.3.2 生物预处理

饮用水生物预处理是指在常规净水工艺前增设生物处理工艺，借助微生物的新陈代谢活动，对水中的氨氮、有机污染物、亚硝酸盐、铁、锰等污染物进行初步的去除，以减轻常规处理和深度处理的负荷，通过综合发挥生物预处理和后续处理的物理、化学和生物的作用，提高和改善出水水质[14]。其中，在微污染水源预处理工艺中，主要采用生物接触氧化法，它是依靠浸没在水下的填料作为生物膜载体，在足够的曝气或充氧条件下，使源水流经填料，并在填料上形成生物膜。在水与生物膜不断接触的过程中，通过微生物自身生命代谢活动——氧化、还原、合成等过程以及利用微生物的生物絮凝、吸附、氧化，包括生物降解和硝化等综合作用去除水中氨氮、有机物等污染物质。

通过生物预处理，能够有效去除水中的可生物降解有机物，降低消毒副产物的生成，提高水质的生物稳定性，减低后续常规处理的负荷，改善常规处理的运行条件（如降低混凝剂的投加量，延长过滤周期，减少加氯量等）。据研究，饮用水生物预处理可以去除进水中80%左右的可生物降解有机物，如以COD_{Mn}表示，生物预处理的去除率一般在20%～30%。此外，能够有效去除水中的氨氮，在生物预处理构筑物中氨氮在亚硝化菌的作用下先被转化为亚硝酸盐，再在硝化菌的作用下进一步转化为硝酸盐，生物预处理对氨氮的去除率可以达到70%～90%。

生物预处理并不是饮用水的主导工艺，但对水质的改善却有十分重要的作用，它弥补了传统工艺的缺陷与不足。相对于污水来说，微污染源水中的有机物和氨氮、亚硝酸氮的浓度一般都很低，是一种贫营养环境。因此，对微污染水源处理起主要作用的微生物绝大多数属于好氧贫营养型微生物。它们对有机物的吸附能力强、吸收速度快、吸收容量也较大，具有世代周期长，繁殖缓慢的特性。据研究，这类微生物细胞与有机营养物接触，能够借助细胞柄或者丝状体类似物增大其表面积，使其在细胞结构上发生一定的适应性变化，以增加与有机物分子的接触概率，从而增加捕获水中营养物的机会。同时，贫营养型微生物体内还积累了大量储存物，如黏液层、荚膜等，它们自凝聚力强，易于挂膜生长。通过使微生物附着在载体填料上，形成生物膜，使微生物获得稳定的生长环境，适合于世代周期长的微生物的生存和繁殖。同时，也可保证达到水处理效果所需的足够生物量，因而绝大多数生物预处理都采用生物膜法的形式进行。

饮用水预处理中生物过滤是传统过滤技术与生物膜技术结合而成的新型过滤工艺，是近 10 年来国内外研究的一个热点。在普通生物过滤中，主要以石英砂、无烟煤、粒状活性炭等为滤料，对滤料的要求是孔隙率高、单位体积的滤料表面积大，物理化学性质稳定、易于取材等。与预曝气生物滤池相比，普通生物过滤无专门的曝气设备，工艺运行稳定，管理方便，节省电力，但负荷低，易产生堵塞现象，需定期反冲洗，环境卫生条件相对较差。然而，对于微污染饮用水源水的预处理，普通生物过滤可以发挥其优点，去除部分污染物质，减轻常规处理和深度处理的负荷。

生物过滤过程中生化柱对污染物的去除作用，是先通过生物膜的吸附，然后通过生物降解作用完成的。传质和吸附是生物降解的前提条件，而生物膜外表层主要由菌胶团细菌组成，菌胶团表面被羟丁酸等多糖类为主体的黏质层所包围，表面张力较低，吸附能力较强。研究发现，在生物膜的吸附过程中，可能既有分子间力所产生的物理吸附（包括电荷的静电力影响等），也有氨氮、有机物等吸附质中双键及官能团的化学作用以及由菌胶团表面物质所产生的生物吸附，包括胞外酶对吸附有机物的水解作用等。氨氮主要是依靠生化柱填料上的亚硝化菌和硝化菌，通过微生物的硝化作用和亚硝化作用去除。同时，一部分氨氮也会被微生物摄取，通过一系列生化反应过程转变为蛋白质，进而合成为原生质，为微生物所同化，形成新的微生物有机体。

生物预处理技术近年来在饮用水处理工程实践中已被广泛采用，各种生物预处理工艺也在不断地得到迅猛发展。目前采用生物膜法的生物预处理技术主要有普通生物过滤、生物滤塔、生物转盘、生物流化床、淹没式生物滤池等几种生物接触氧化工艺，其中以对普通生物过滤、淹没式生物滤池的研究及应用最为广泛和深入。

从生物预处理工艺发展的历史来看，滴滤池（普通生物滤池）被称为第一代生物滤池，也是生物滤池的雏形；高负荷生物滤池、生物滤塔是在此基础上发展起来的第二代生物滤池，其主要特征是增加了处理负荷；而曝气生物滤池又是在普通生物滤池、高负荷生物滤池、生物滤塔、生物接触氧化法等生物膜法的基础上发展而来的，被称为第三代生物滤池。它是真正集生物膜法与活性污泥法于一体的反应器，出水水质高、处理负荷大。它对生物滤池进行了全面的革新：采用人工强制曝气，代替了自然通风；采用粒径小、比表面积大的滤料，显著提高了生物浓度；采用生物处理与过滤处理联合方式，省去了二次沉淀池；采用反冲洗的方式，免去了堵塞的可能，同时提高了生物膜的活性；采用生物膜加生物絮体联合处理的方式，同时发挥了生物膜法和活性污泥法的优点[2]。

此外，在给水处理工艺中还普遍采用生物活性炭预处理技术。以活性炭作为微生物载体滤料，利用活性炭优良的吸附性能，结合微生物降解作用来去除水中污染物质，称为生物活性炭过滤。生物活性炭过滤在饮用水预处理中能够结合物理吸附和生物降解两方面作用，对水中溶解性有机物、氨氮、浊度有良好的去除效果。而且，活性炭表面与土壤粒子相似，从而为硝化菌生长繁殖提供了良好的环境，可充分发挥硝化过程的最大能力。

生物预处理技术在原水输送过程的水质强化净化中已得到成功应用。“十五”期间，上海市北自来水公司针对太湖流域和黄浦江上游原水具有氨氮和有机物含量较高的水质特点，利用黄浦江原水经过 40 多公里、长达 12h 以上时间输送到水厂的管渠，运用生物反应器和反应动力学原理，强化原水在输水渠道中的生物净化作用，达到改善原水水质的目的，减轻厂内常规处理和深度处理工艺的负担，延长过滤或活性炭吸附等物化处理工艺的使用周期，最大限度发挥水处理工艺的整体效益。具体工艺是：在取水处设短时间的生物接触氧化池（利用自主开发的生物载体填料），优化生物接触氧化池内的曝气强度，出水不设沉淀池，使悬浮的生物膜随水流进入输水渠道，并维持较高的溶解氧浓度，同时利用中途泵站的调压池和沿途检查井的复氧作用，把引水渠道设计成好氧生物反应器，使水中的氨氮和有机污染物在引水渠道中完成生物降解过程，起到生物预处理的作用。还通过理论分析，并结合沿程水质实测，确定了在工程实例中黄浦江原水有机污染物和氨氮的生物降解速率常数。研究表明，在输水管渠中水的氨氮浓度普遍具有较大程度的降低，而水中 COD_{Mn} 同时有所下降。同时发现水温的变化对氨氮降解效果影响较为显著。经曝气充氧和生物预处理后，水温 6℃左右原水经渠道氨氮降低 18.5%～44.3%；水温 8℃左右原水经渠道氨氮降低 22.3%～47.8%；水温 10℃以上原水经渠道氨氮降低 45%～80%。该技术因地制宜，充分利用原有的泵站调压池和输水渠道，可大大节省工程费用；通过一定的工程强化措施，可充分发挥原水生物预处理对水质的改善及对后续工艺净化效率提高的作用。完成了规模为 400 万 m^3/日的受污染黄浦江原水的生物预处理系统设计和工程建设，费用仅为单独采用建设大型生物接触氧化池的 1/2 左右。

综上所述，生物预处理是在常规工艺之前对水中氨氮和有机质预去除或转化的一种有效方法。但是，生物预处理本身也存在一定的局限性。一些研究表明，生物处理对微量难生物降解的有机污染物没有效果；与常规工艺相比，需较长的成熟期进行生物驯化；由于生物处理是借助于微生物的新陈代谢去吸收利用水中的污染物，因此会有各种代谢产物以及微生物本身进入水中，其中大多数物质的特性及对人体健康的可能影响还知之甚少。另外，填料间水流缓慢，水力冲刷较弱，生物膜只能自行脱落，更新速度慢，易引起堵塞，而且布水布气不易达到均匀等问题也限制了该项技术的应用效能。

3.3.3 吸附预处理

吸附是饮用水预处理的重要方法之一，一般采取活性炭吸附法。在2005年松花江污染事件的饮用水应急处理中，利用粉末活性炭吸附去除水中硝基苯取得了显著成效。

活性炭是以含碳为主的物质，如煤、木屑、果壳（椰子壳等）以及含碳有机废渣等作原料，经高温炭化和活化而制得的一类疏水性吸附剂[23]。它是由类似石墨结构的碳微晶排列而成，碳微晶之间强烈交联形成发达的微孔结构，通过活化反应使微孔扩大形成许多大小不同的孔隙。活性炭的多孔性结构使其具有极大的内比表面积。同时，由于高温炭化和灰化，致使活性炭孔隙结构表面存在缺陷和不饱和价，使氧和其他杂原子产生附着，并使活性炭表面具有各种不同的化学官能团，从而表现出各种不同的化学吸附特性。按孔径大小，活性炭的多孔结构可分为微孔（＜2nm）、中孔（2～50nm）和大孔（＞50nm）。大孔的主要作用是作为溶质到达活性炭内部的通道；中孔可同时起到吸附和通道的作用，但其对大分子有机溶质的吸附有可能堵塞小分子溶质进入微孔的通道；微孔占活性炭表面积的主要部分，是活性炭吸附有机微污染物的主要作用点。活性炭的来源及制备工艺不同，其孔隙分布也不同，因而对有机污染物吸附性能也会有很大的差异。根据分子筛的筛分作用原理，一定尺寸的吸附质分子不能进入比其直径小的孔隙，按照立体效应，一般仅能允许其孔径的1/2～1/10大小的分子进入。

活性炭表面化学性质和孔隙组成的不同，如孔隙形状、孔径大小分布、表面官能团分布以及灰分组成、含量等都会影响有机物在活性炭孔隙中的迁移及扩散速度，并使活性炭对有机物的吸附具有一定的选择性。活性炭表面的化学官能团，主要有含氧官能团和含氮官能团。含氧官能团又可分为酸性含氧官能团和碱性含氧官能团，酸性基团有羧基、酸酐基、内酯基、乳醇基、羟基、酚羟基、醌型羰基、醚基及环式过氧基等，碱性含氧化物普遍认为是苯并的衍生物或类吡喃酮结构基团。一般说来，活性炭的氧含量越高，其酸性也就越强。酸性表面基团使活性炭具有一定极性和阳离子交换特性，从而有利于吸附各种极性较强的化合物；氧含量低的活性炭表面则表现出碱性特征以及阴离子交换特性，易吸附极性较弱或非极性物质。活性炭表面可能存在的含氮官能团有酰胺基、酰亚胺基、乳胺基、吡咯基和吡啶基等，它们的存在使活性炭表面表现出碱性特征以及阴离子交换特性[16]。

在饮用水的实际预处理中，应根据情况选择活性的种类。一般情况下，颗粒活性炭以滤床形式使用，通过过滤吸附过程去除水中污染物质。但相对粉末活性炭而言，颗粒炭的比表面较小，吸附速度较慢，对污染物的去除效率较低。相比之下，粉末活性炭的比表面积大，吸附速度快，吸附容量高，对污染物的去除效果好，特别是对水中溶解性有机物具有更高的净化效率。但在使用中，应根据污染物的种类不同，选择适宜的吸附工艺和处理条件。作为预处理的手段，粉末活性炭的应用需要与沉淀和过滤工艺结合，将其从水中分离。因为粉末活性炭密度较轻，如果不能被水完全润湿，则很难通过混凝沉淀过程分离。为此，在使用粉末活性炭时，既要考虑它对水中污染物的吸附去除效果，也要考虑后续处理的可行性。当它对污染物的吸附速度较慢时，应该给予较长的吸附作用时间。一般如果水源地到水厂有一定的距离，可以选择在取水口投加。在上述所提及的松花江污染事件中，哈尔滨自来水厂就选择粉末活性炭吸附作为去除水中硝基苯的方法，并在取水口投加，经约 2h 的作用以后，到达常规水处理工艺。经此过程，水中的硝基苯基本可被完全吸附，同时粉末活性炭被水湿润完全，在后续的混凝和沉淀工艺中得到很好去除。

为了解决粉末活性炭的分离问题，最近研究出一种将其赋磁的方法。其基本思路是，在粉末活性炭表面，包裹上一层具有磁性的物质，在不影响其吸附效能的情况下，形成易于磁场分离的材料。作者所在的研究小组最近就研制成功一种以氧化铁作为主要材料的磁性活性炭，证明这种磁性吸附剂对水中污染物的吸附效果良好，而且很容易进行磁分离，为粉末活性炭的应用提供了一种有效的途径。

3.3.4 酸碱预处理

pH 调节，通常用作针对具体水源水质特点、强化某种水质指标去除工艺的一种前处理措施。例如，高硬度水的软化处理，就需要加碱控制原水的 pH，利用流化床结晶软化等工艺以达到去除碳酸钙硬度、软化水质之目的。

另外，预氧化及强化常规处理工艺过程中，都有可能涉及 pH 调节问题。例如，高锰酸钾预氧化处理，在不同 pH 条件下其氧化性及还原产物会有很大差异。高锰酸钾氧化还原能力随 pH 升高而降低，即在酸性介质中具有强氧化性，而在中性和碱性介质中，氧化能力减弱。在给水处理条件下，即在中性 pH 范围内，高锰酸钾氧化能力不处于最强状态，但其氧化还原产物二氧化锰在水中溶解度很小，易于进行固液分离，不会使处理后水中的溶解性锰增加而造成污染，因而作为一种有利条件在给水处理中得到广泛应用。

当采用过氧化氢预处理时，在不同 pH 条件下，过氧化氢对溶解性有机物的氧化能力也有较大差别。从理论上讲，过氧化氢在低 pH 条件下具有较强的氧化性。根据反应电动势，过氧化氢在酸性溶液中的歧化程度较在碱性溶液中稍大，即易于形成羟基自由基。因而，对于含腐殖酸等天然有机物水源水预处理，过氧化氢氧化更适于在偏酸性的条件下进行。

此外，pH 也在不同程度上影响微生物灭活效果。在不同 pH 条件下，对氯或氯胺的微生物灭活效果研究表明，二者消毒效果的差距随着 pH 增加而减小，这主要因为随 pH 增加，氯主要以 OCl^- 这种杀菌力很差的形式存在的缘故。因此，给水处理中普遍采用 pH 调节法来改善水质稳定性，即在出厂前投加稳定剂，把 pH 调整至 7～8.5，以提高水的生物稳定性，抑制管网中细菌的生长、繁殖，同时减少对配水管线管壁的腐蚀，防止水的二次污染的发生。

3.3.5 曝气预处理

随着饮用水源污染的加剧，近年来国外很多水厂采用充氧曝气法对原水进行预处理，以去除水中的挥发性有机物、嗅味、藻类等。大量的研究与实践证明，曝气充氧预处理，不产生二次污染，提高了后续处理的效率和安全性。

“十五”期间，针对天津水源水的季节性藻类高发问题，从控制和降低富营养化问题发生的角度，研究开发出扬水曝气技术。该技术可在原位通过混合充氧实现对水中藻类繁殖和底泥中污染物释放的抑制，有效去除挥发性有机物。在结构设计上，建立了优化设计模型与方法，使其运行更加可靠、高效和稳定。在扬水混合功能基础上，针对我国湖库底部厌氧和运行水位变幅大的特点，增加了底层水体高效充氧和水位自动调节功能。在性能的理论分析方面，建立了扬水曝气器提水与充氧能力数学模型，实现了其性能的定量分析与模拟。

将扬水曝气与生物接触氧化有机结合，实现了功能协同和优势互补。通过扬水曝气器破坏水体分层、抑制藻类和底泥中污染物释放、去除挥发性有机质，并促进生物接触氧化。生物接触氧化可持续利用提水后的尾气，省去了供气系统，利用生物作用将水中有机物高效吸附、降解，同时上层水体生物填料的设置限制了藻类的生长。该技术对抑制水中藻类生长、改善底层水体厌氧环境和抑制氮磷释放效果明显，使底泥中氮、磷、铁、锰的释放速率降低 90%以上，对叶绿素、COD_{Mn}、TOC、氨氮、色度等去除明显。

3.3.6 沉淀预处理

对一些高浊度原水，采取沉淀预处理是必要的。在过高的浊度下，由于超出常规工艺的负荷，混凝-沉淀和过滤出水可能达不到饮用水标准。为此，国内外均采取不同形式的预沉淀方法，以在常规处理工艺之前，预先降低浊度，特别是对其中一些粒径比较大的颗粒物进行去除。

地表水源中的悬浮颗粒物主要由呈胶体和悬浮固体状态的杂质颗粒构成，包括黏土等无机矿物颗粒、腐殖质等有机及生物大分子胶体颗粒以及细菌、藻类等浮游微生物。这些胶体状态的颗粒构成了水浑浊度的主要来源，也是现行常规给水处理工艺流程的主要去除目标和大多数水厂滤后水质的主要监控指标。依靠沉淀预处理，通常不能对一些细微悬浮物特别是一些大分子有机质颗粒有效去除。如果在预处理阶段要进一步降低这类悬浮物的浓度，需要采取预氧化等方法。

3.4　预处理对后续工艺的影响

预处理对后续工艺将产生重要影响，本节仅以预臭氧化对混凝处理效果的影响为例进行讨论。所介绍的是针对我国北方和南方两种典型水体的部分研究结果。

3.4.1　预氧化对混凝的影响：北方水体

分别考察预 O_3 对使用絮凝剂高效聚合铝（HPAC）和 $FeCl_3$＋阳离子型有机高分子助凝剂（HCA）处理北方水体的影响。试验结果如图 3-2、图 3-3 所示，预 O_3 处理后浊度升高，但对 $FeCl_3$ 除浊有很好的促进作用，经 $FeCl_3$ 气浮处理后出水浊度明显低于不采用预 O_3 工艺气浮出水。但预 O_3 对使用 HPAC 去除浊度的促进作用不明显，O_3 投加后使用 HPAC 絮凝的气浮出水浊度和不采用预 O_3 工艺气浮出水浊度相当。

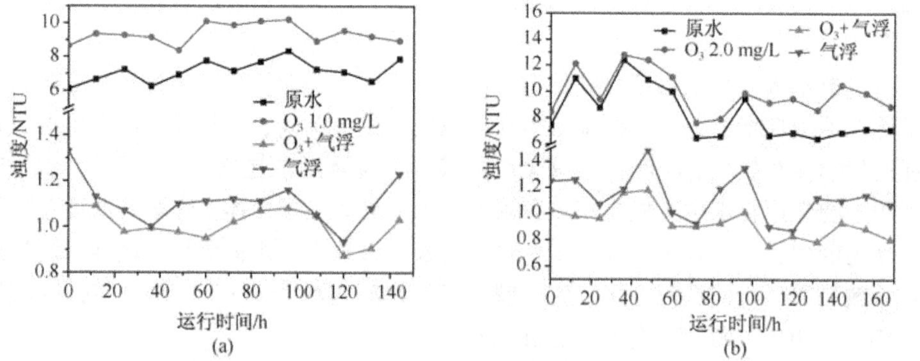

图 3-2　预臭氧对 $FeCl_3$ 去除浊度效果影响

(a) 1.0mg/L；(b) 2.0mg/L

尽管臭氧的氧化能力极强，但主要是选择性地与水中有机污染物作用，破坏其不饱和键，导致有机物极性增加、可生化性提高，但对 TOC 去除影响很小。臭氧很难将有机污染物彻底矿化，主要以中间产物的形式存在于水中。预 O_3 对

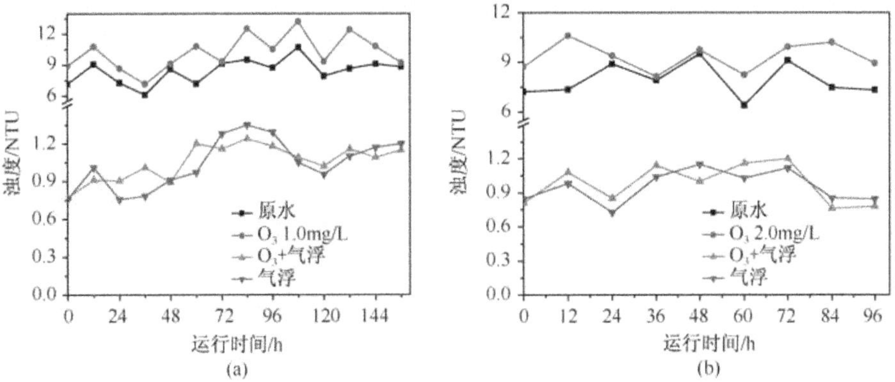

图 3-3　预臭氧对 HPAC 去除浊度效果影响

(a) 1.0mg/L；(b) 2.0mg/L

使用 HPAC 和 $FeCl_3$ 去除有机物的影响如图 3-4 所示。可以看出，预 O_3 能显著降低原水的 UV_{254} 值，对絮凝剂 HPAC 和 $FeCl_3$ 去除 UV_{254} 的影响作用表现出明显的区别。

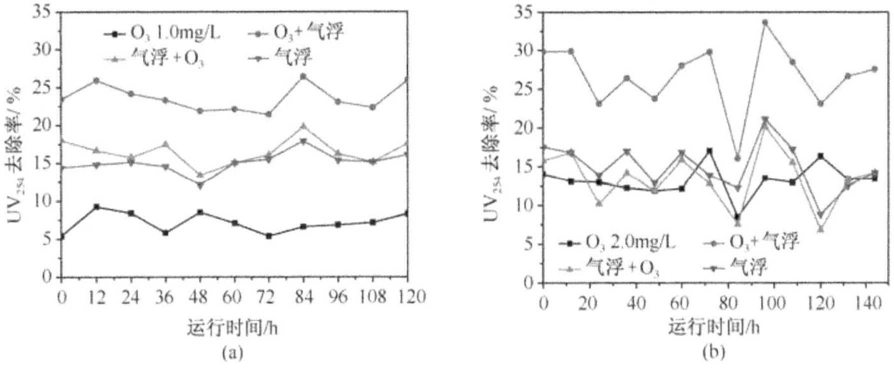

图 3-4　预臭氧对 $FeCl_3$ 去除 UV_{254} 效果影响

(a) 1.0mg/L；(b) 2.0mg/L

对于 $FeCl_3$，在 1.0mg/L O_3 投药量下，对去除 UV_{254} 有明显的促进作用，O_3 投加后气浮出水的 UV_{254} 去除率明显高于无 O_3 工艺气浮出水。但在 2.0mg/L O_3 的投药量下，对 $FeCl_3$ 去除 UV_{254} 没有促进作用，O_3 投加后使气浮出水 UV_{254} 去除率低于无预 O_3 处理的气浮工艺。说明预 O_3 过量虽然对 $FeCl_3$ 去除浊度有一定的促进效果，但对 UV_{254} 去除有抑制作用。研究表明，使用 $FeCl_3$ 为絮凝剂，臭氧的最佳投药量在 1.0～1.2mg/L。

图 3-5 为预臭氧投加量分别在 1.0mg/L 和 2.0mg/L 下，对 HPAC 去除有机物（UV_{254}）的影响，可以看出，预臭氧化对 HPAC 去除有机物影响不明显。

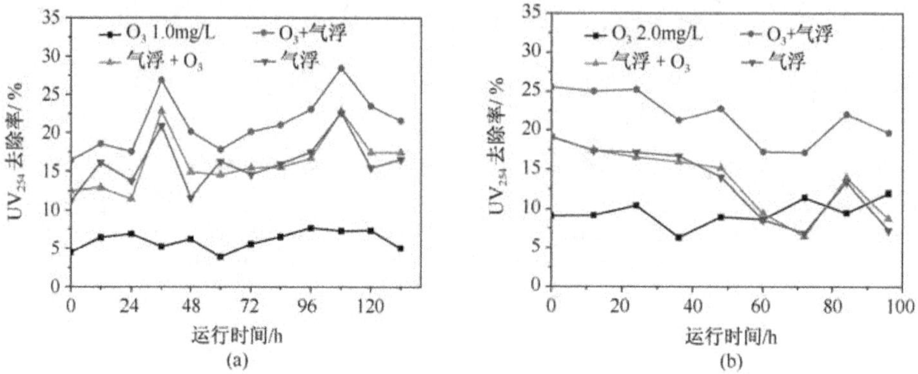

图 3-5 预臭氧对 HPAC 去除 UV_{254}效果影响

(a) 1.0mg/L；(b) 2.0mg/L

一方面臭氧氧化降解部分憎水性有机物，生成醛、酮、酸等小分子有机物，部分氧化产物与阳离子絮凝剂具有更强的结合力，促进有机物的去除；另一方面，部分有机物被分解成小分子、亲水性有机物，絮凝剂需要量增加，不利于混凝去除。从图 3-6 可以看出，预臭氧化使憎水性碱和憎水中性有机物显著增加，而 HPAC 对臭氧氧化生成的憎水性碱和憎水中性有机物具有更好的去除效率。在高投药量下，臭氧对 HPAC 去除有机物影响不是很明显。

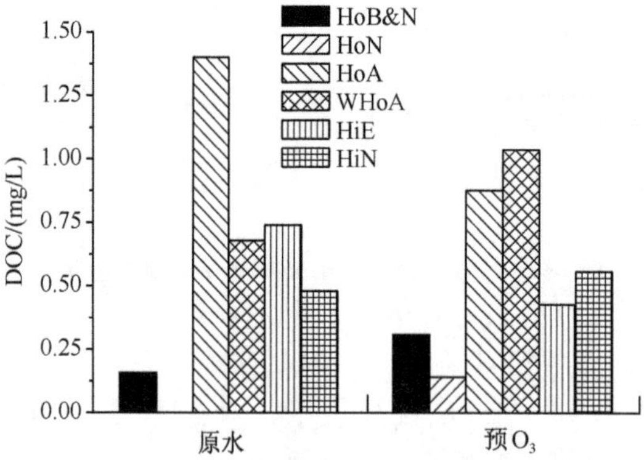

图 3-6 预臭氧对水体有机物极性的影响

HoB&N—憎水碱和中性物质；HoN—憎水中性物质；HoA—憎水酸；WHoA—弱憎水酸；HiE—亲水电性物质；HiN—亲水中性物质

3.4.2 预氧化对混凝的影响：南方水体

利用动态絮凝指数测定仪（photometric disperse analysis，PDA）监测技术和有机物分级表征，对臭氧、混凝组合工艺的操作参数、影响因素等进行了比较研究，以明确混凝剂类型、有机物组成和特征、臭氧接触剂量的影响。研究表明，不同碱化度（*B* 值）的聚合铝在组合工艺中表现迥异。碱化度越低，臭氧对絮体形成的影响越明显，以 *B* 为 2.5 为最佳；不同有机物组成对组合工艺有重要影响，臭氧的使用和工艺条件的确定应该针对实际条件下有机物组成和反应特性。

试验中使用两种水样，深圳原水和实验室配制水样。配制水样由一定量的高岭土、腐殖酸（天津产）、谷氨酸加入自来水中混合搅拌 3h 以上。主要指标如表 3-1所示。

表 3-1　原水和配水各主要指标

样品	TOC/(mg/L)	浊度/NTU	pH	碱度/(mg/L)	硬度/(mg/L)
深圳原水	3.12	8.72	7.23	40.3	39.6
配　水	4.53 ± 0.10	8.83 ± 0.10	7.00 ± 0.10	113.8 ± 2.3	123.5 ± 2.5

混凝剂的制备：实验室缓慢滴碱法，用 Ferron 法测定铝形态分布，结果如表 3-2 所示。

表 3-2　聚合铝的形态分布

絮凝剂	碱化度	Al_a/%	Al_b/%	Al_c/%	浓度/(mmol/L)	pH
$AlCl_3$	0	99.1	0.9	0	0.10	2.9
$PACl_{1.5}$	1.5	35.2	56.1	8.7	0.10	3.2
$PACl_{2.2}$	2.2	6.7	75.4	17.9	0.10	3.8
$PACl_{2.5}$	2.5	6.3	53.0	40.7	0.10	4.3

3.4.2.1 臭氧剂量对絮体形成过程的影响

配制水样经投加不同剂量的臭氧，保持接触时间 10min，清除余臭氧后用烧杯试验和 PDA 在线测试絮体形成情况，结果如图 3-7 所示。

$AlCl_3$ 作混凝剂，絮体形成比较缓慢，絮凝指数（flocculation index，FI）曲线呈现随着絮凝时间逐渐爬升的状态。即使在较低剂量的臭氧作用后，FI 都有明显减缓和降低。在臭氧剂量为 3.2、4.8 mg/L 预氧化后，形成的 FI 最大值较小，且预臭氧投加量越高，FI 斜率以及最大值都越小。说明絮凝过程受到负面

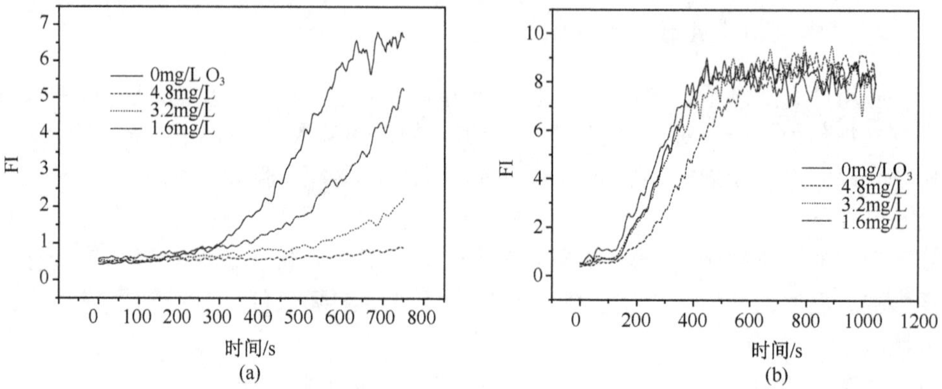

图 3-7　臭氧对 $AlCl_3$ 和 PACl 絮凝指数（FI）的影响

（a）$AlCl_3$ 1.5mg/L；（b）$PACl_{2.5}$ 1.5mg/L

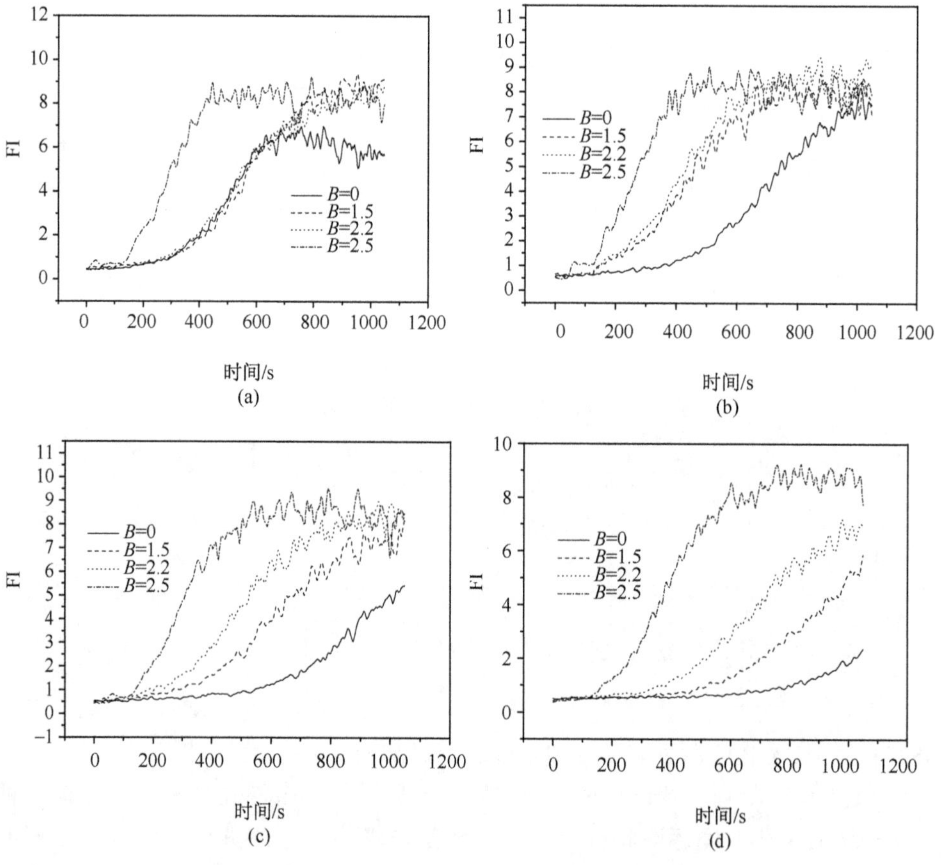

图 3-8　臭氧浓度对不同 PACl 混凝效果的影响

（a）0；（b）1.6mg/L；（c）3.2mg/L；（d）4.8mg/L

影响，絮体形成缓慢，粒径变小，随着臭氧剂量的加大影响越显著，对浊度、UV_{254}和DOC的去除率也下降。

而$PACl_{2.5}$作混凝剂，絮体形成较快，FI在投药310s即达到高峰。同样预臭氧对絮体形成有影响，随着臭氧剂量加大（4.8 mg/L），FI上升滞缓，但在510s后也可以达到最高，而且不同剂量条件下FI的最大值差距不明显。说明$PACl_{2.5}$在絮体形成速度和粒径方面受预臭氧化影响较小。然而值得注意的是，当臭氧浓度≥3.2 mg/L时，絮体沉降性能明显降低，浊度和DOC的去除率也下降。

使用实验室制备的不同碱化度（*B*）值PACl，在不同的预臭氧剂量条件下进行混凝实验，其结果如图3-8所示。PACl对臭氧预氧化有较强的适应性，随着*B*值的增加，臭氧的影响逐渐降低。其中，*B*值为2.5的PACl具有良好的适应性，在试验臭氧剂量下，絮体形成较好，而且浊度、DOC、UV_{254}去除效果也维持在较好水平。表3-3是具体测试结果。

表3-3 不同剂量臭氧预氧化条件下，不同*B*值混凝剂的混凝效果

碱化度	臭氧投量/(mg/L)	浊度/NTU	UV_{254}	DOC/(mg/L)
B=0	0	4.98	0.024	1.430
	1.6	6.25	0.026	1.533
	3.2	8.58	0.028	1.678
	4.8	9.65	0.028	1.786
B=1.5	0	3.84	0.017	1.272
	1.6	2.66	0.021	1.440
	3.2	4.21	0.025	1.623
	4.8	7.97	0.031	1.716
B=2.2	0	4.01	0.015	1.262
	1.6	2.36	0.016	1.383
	3.2	5.61	0.023	1.516
	4.8	5.71	0.027	1.646
B=2.5	0	1.52	0.014	1.239
	1.6	1.45	0.017	1.472
	3.2	1.63	0.023	1.523
	4.8	2.09	0.027	1.646

总体而言，实验条件下臭氧对混凝的助凝作用不明显，对以有效去除消毒副产物前驱物为目标的强化混凝有负面影响。不同碱化度的混凝剂在预臭氧条件下表现不同，随着*B*值的增大，臭氧的负面影响逐步减弱，其中以$PACl_{2.5}$为适应性最好的混凝剂。

3.4.2.2 水中有机物组成和性质对组合工艺效果的影响

水中有机物的组成和性质对臭氧、混凝组合工艺的选择有重要意义。配制了两种不同类型的水样，一种以大分子有机物腐殖酸（HA）为主，另一种以小分子有机物水杨酸（SA）为主。用同一批自来水配水，方法如表 3-4 所示，水样配制后用 NaOH 和 HCl 调节 pH 到 7.00 ± 0.10。水样的基本数据如表 3-5 所示。

表 3-4 水样配制方法（每 10L 自来水中）

水样编号	高岭土/mg	腐殖酸/mL	水杨酸/mL	谷氨酸/mL
水样 1#	20	40	0	5
水样 2#	20	0	20	5

表 3-5 水样的基本数据

水样编号	浊度/NTU	碱度/(mg/L)	硬度/(mg/L)	TOC/(mg/L)	DOC/(mg/L)	UV_{254}	pH
自来水	0.88	137	163	2.09	1.79	0.015	6.93
水样 1#	10.25	139	165	4.53	2.18	0.058	7.03
水样 2#	8.30	133	163	4.50	3.72	0.020	6.96

其中高岭土储备液：10g 高岭土/L；腐殖酸储备液：TOC 500mg/L；水杨酸储备液：TOC 1045mg/L；谷氨酸储备液：TOC 1023mg/L。

使用实验室配制的水样 1# 和水样 2#，在同样的臭氧条件下先进行预氧化，接触时间 10min 时，用高纯氮气吹脱剩余的臭氧 10min。取水进行混凝烧杯试验，条件同上。取部分水样进行有机物分级。配水预氧化后的变化见表 3-6。

表 3-6 预氧化后的水样

样品	臭氧投量/(mg/L)	浊度/NTU	UV_{254}	DOC/(mg/L)
水样 1#	0.00	10.30	0.058	2.15
	1.15	10.20	0.070	2.31
	2.40	9.78	0.072	2.40
	3.80	9.19	0.086	2.84
水样 2#	0.00	8.30	0.020	3.72
	1.15	7.38	0.043	3.65
	2.40	7.75	0.052	3.56
	3.80	7.87	0.064	3.36

预氧化后两个水样浊度都有所下降，不同的是水样 1[#] 的浊度随着臭氧剂量加大而下降；而水样 2[#] 则随着臭氧剂量加大而有所上升，但总体都低于没有臭氧的水平。水样 1[#] DOC 随着臭氧剂量加大而升高；水样 2[#] 则下降。两个水样 UV_{254} 在预氧化后都随臭氧剂量逐步升高。图 3-9 为不同水样在不同 PACl 剂量条件下的 PDA 监测结果。

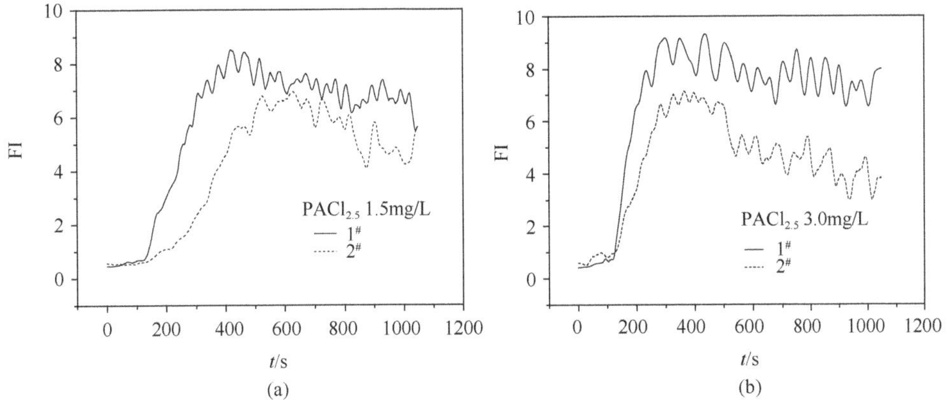

图 3-9 PACl 投加量对不同配制水样混凝效果的比较

在不同剂量（1.15、2.40、3.80 mg/L）的臭氧预氧化条件下对混凝（PACl 1.5 mg/L）影响的 FI 结果见图 3-10。可见，对于水样 1，$O_3 \leqslant 2.40$ mg/L 时对絮体形成速度没有显著影响。$O_3 \geqslant 3.80$ mg/L 时，絮体形成速度减缓。对水样 2[#]，絮体形成随着臭氧剂量的增加逐渐减缓。

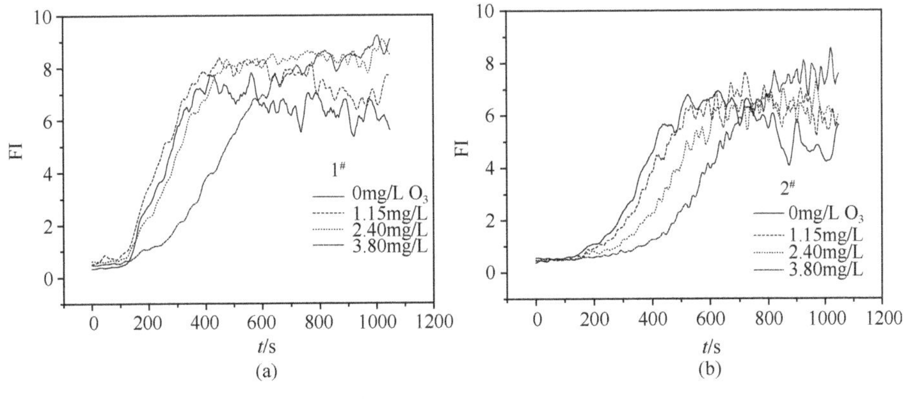

图 3-10 臭氧投加量对实验室不同配制水样的混凝效果对比

用 $PACl_{2.5}$ 作混凝剂，分别以 1.5、3.0 mg/L 剂量对预臭氧后配水进行混凝试验，结果见表 3-7。

表 3-7　实验室不同配制水样的预氧化与混凝处理效果

水样编号	O_3/(mg/L)	PACl/(mg/L)	浊度/NTU	UV_{254}	DOC/(mg/L)
1#	0	1.5	1.61	0.018	1.640
1#	0	3	1.18	0.017	1.455
2#	0	1.5	1.14	0.019	3.518
2#	0	3	0.73	0.018	3.495
1#	1.15	1.5	1.48	0.027	1.806
1#	1.15	3	0.85	0.021	1.627
2#	1.15	1.5	1.21	0.037	3.446
2#	1.15	3	0.67	0.036	3.458
1#	2.4	1.5	1.76	0.031	1.883
1#	2.4	3	1.76	0.022	1.808
2#	2.4	1.5	1.16	0.046	3.327
2#	2.4	3	0.76	0.044	3.264
1#	3.8	1.5	4.31	0.043	2.336
1#	3.8	3	2.33	0.031	2.098
2#	3.8	1.5	1.32	0.058	3.034
2#	3.8	3	0.68	0.056	2.965

相同 PACl 剂量条件下，1# 水样沉后水浊度在 1.15 mg/L O_3 预氧化下较不加臭氧配水沉后浊度有所下降，显示出一定的助凝作用，但 UV_{254} 和 DOC 均上升，显示出助凝的局限性。另外，还可能与颗粒物表面吸附有机物的脱附或降解有关。随着臭氧剂量的增大，沉后水浊度、UV_{254} 和 DOC 均上升，显示预臭氧的负面影响。增大 PACl 投量（3.0 mg/L，约为前期确定的强化混凝剂量），对沉后水质有一定的改善，水浊度较 1.5 mg/L PACl 时的情况明显降低，DOC 也有 10%左右的下降，体现出强化混凝的效果。

对于 2# 水样，同剂量 PACl 不同预臭氧剂量条件下，沉后水浊度变化趋势不明显，虽然从图 3-10 可见明显的絮体形成过程受到阻碍的情况，但从沉后水浊度上没有明显的反映。沉后水 DOC 随着预臭氧剂量增大而降低，显示以水杨酸为主的有机物在臭氧作用下逐步被矿化去除。增大 PACl 的投量，明显提高了浊度、UV_{254} 以及 DOC 的去除率，尤其是浊度去除率大幅度提高，但 UV_{254} 以及 DOC 的去除率提高不显著。预氧化后有一部分残余的 DOC 物质不易通过增加投药量的方式强化混凝去除。

对有机物的成分及预氧化后的变化作进一步分析表明，有机物组成和反应特性对组合工艺有重要影响。表 3-8 是所选用腐殖酸的表征结果，就 1# 水样而言，DOC 和 TOC 存在很大的差异，说明 HA 主要是附着在颗粒物表面，预氧化后 DOC 增加表明臭氧对其有脱附和降解作用，而且有明显的剂量-效应关系，随着臭氧剂量的加大，脱附和降解作用增强。

表 3-8　腐殖质中可溶解部分的 ^{1}H NMR 分析结果比较

样品名称	脂肪族化合物 (0～3.0ppm) /%	芳香族化合物 (6.5～8.5 ppn) /%	极性基团 (3.0～6.5ppm) /%	疏水系数
天津腐殖酸	15.4	0.5	84.1	0.19

预臭氧作用对 2# 水样中的小分子有机物的矿化去除效果非常明显（参见表 3-6）；臭氧对有机物的氧化去除随着臭氧剂量的加大而增强，在一定程度上减弱了有机物对混凝剂的需求，所以不同剂量预臭氧后沉后水浊度略有降低。增加混凝剂投量，促进浊度去除，对沉后水 DOC、UV_{254} 等指标影响都不大。

分别取水样 1# 和 2# 进行预氧化，O_3 投加量分别为 1.1 mg/L 和 4.4 mg/L，接触时间为 10 min，之后用高纯氮气吹脱剩余的 O_3；投加 $PACl_{2.5}$ 3.0 mg/L，混凝条件同上。有机物分级表征采用两种方法，一种是表观相对分子质量分级；另一种是树脂分级。

对两种模型配水（1# ：H；2# ：S）预氧化后水和预氧化混凝（$PACl_{2.5}$ 投量为 3.0mg/L）沉后水进行有机物分级表征。其中 H、S 分别代表 1# 和 2# 经过臭氧预氧化后的水样；带 * 表示相应水样经过混凝沉淀后的沉后水。表观相对分子质量分级结果表示如图 3-11 所示。

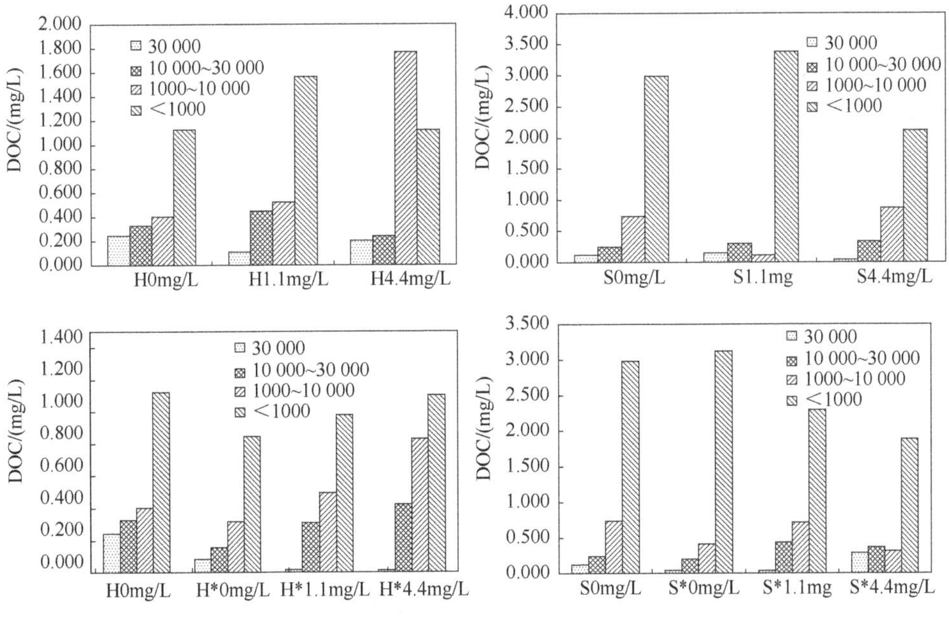

图 3-11　两种水样的有机物表观相对分子质量分级表征结果

（H、S 分别代表 1# 和 2# 水样经过臭氧预氧化后水的有机物分级结果；带 * 表示相应水样经过混凝沉淀后的沉后水）

由分级结果可见，1# 水样有机物 DOC 部分<10 000 约占 70%左右，经过臭氧化（1.1 mg/L）DOC 总量增大，小分子部分有明显增加。加大臭氧剂量（4.4 mg/L），总 DOC 进一步增加，而且大分子有所减小，10 000 以下相对分子质量的有机物进一步增加。没有臭氧作用时混凝沉后水（H* 0 mg/L）总 DOC 明显降低，去除率达到 27.3%。各个级分有机物都明显降低，30 000、10 000～30 000、1000～10 000、<1000 级分的去除率分别为 66%、54%、10%、20%。可见，混凝对大相对分子质量有机物去除效率高，对小相对分子质量有机物去除能力有限。预臭氧（1.1 mg/L）后，有机物总体去除率（预氧化＋混凝）为 12.7%。按上述顺序各级分去除率分别为 95%、7%、−25%和 10%，说明在上述臭氧化条件下，总体去除率较未加臭氧变差，造成这种现象的可能原因是臭氧化使 DOC 有些级分明显增加。DOC 增加的来源是吸附在颗粒物上的腐殖酸在臭氧的作用下被解吸降解、转化为溶解性有机物。另外通过有机物树脂分级的结果表明，臭氧化使水中有机物极性成分（Hi）增加，从不加臭氧的 0.76 mg/L 提高到 0.78 mg/L（1.1 mg O_3/L）、0.98 mg/L（4.4 mg O_3/L），臭氧处理后有机物亲水性增强，导致可以被混凝去除有机物量的减少。这不仅影响了有机物的去除，而且干扰了絮体的形成，造成絮体减小、沉后水浊度升高等问题。提高臭氧剂量（4.4 mg/L），这种趋势更加明显。预臭氧对混凝，尤其是对强化混凝有机物去除的负面作用正是源于此。

对于 2# 水样有机物 DOC 部分<10 000 约占 90%左右，经过臭氧化（1.1 mg/L）DOC 总量减小，大分子部分有所降低，小分子部分有明显增加；加大臭氧剂量（4.4 mg/L），总 DOC 进一步降低，而且 10 000 以下相对分子质量的有机物明显减少。没有臭氧作用时，混凝沉后水（H* 0 mg/L）总 DOC 有所降低，去除率只有 4.3%；大于 1000 各级分有机物都有所降低，但除 30 000～0.45μm 外其他的效果都不显著，小于 1000 的没有去除。混凝对大相对分子质量有机物的去除效率高，对小相对分子质量有机物的去除能力有限。预臭氧（1.1 mg/L）后，有机物总体去除率（预氧化＋混凝）为 14.2%；小分子（1000 以下）去除率达到 21%，是有机物被去除的主体部分。说明在上述臭氧化条件下，总体去除率较未加臭氧增大，造成这种现象的可能原因是臭氧化使 DOC 小分子级分被去除。提高臭氧剂量这种趋势更加明显，更多小分子 DOC 被去除。因此，对 2# 水样预臭氧没有带来明显的负面影响。

3.5 预处理应用案例分析

3.5.1 原水嗅味问题

我国对饮用水中嗅味的分析和去除研究都处于一个比较初步的阶段，目前自来水企业基本上都是采用感观分析方法对水质进行判别。但是，该方法无论在定性或定量方面都存在很大问题，很难为采取科学的嗅味控制措施提供依据和支持。

对某水库原水经同步蒸馏萃取（SDE）富集后，通过 GC-MS 进行定性和定量分析，结果如表 3-9 和图 3-12 所示，原水中出现了较高浓度的 MIB。

表 3-9　原水中主要的挥发性物质（2003 年 9 月 4 日）

化合物	浓度/(ng/L)
MIB	45
壬醛	26.07
癸醛	45.08
3，5，5-三甲基-2-环己烯-1-酮	105.76
2，6，6-三甲基-2-环己烯-1，4-二酮	118.63
苯并噻唑	29.56
3-叔丁基-4-羟基苯甲醚	241.40
2，4-二叔丁苯酚	53.68

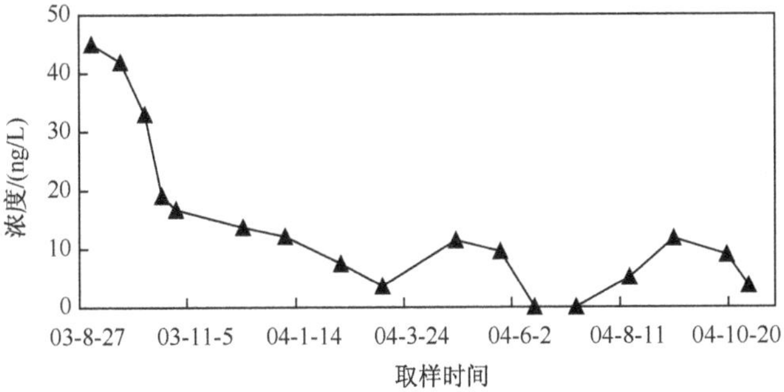

图 3-12　原水 MIB 变化

在对水中 MIB 浓度进行分析的同时对其中的蓝藻也进行了计数，每升水中在不同取样时间的蓝藻计数结果如图 3-13 所示。对应于原水中 MIB 浓度在 5 月和 9 月出现峰值，蓝藻在此前即出现了一个峰值。但是结果表明，蓝藻数和 MIB 浓度并不成正比，2004 年 9 月水中的蓝藻数大约是 2003 年 9 月的 2 倍，但是 MIB 浓度只有 2003 年 9 月的约 25%。这说明了蓝藻出现与 MIB 产生可能存在一定的关系，但不是一个线性关系。另外，相对于蓝藻高峰期，MIB 高峰要稍微滞后。

对原水（表 3-10）处理不同工艺段（表 3-11～表 3-13）的水质变化进行分析发现，当原水中 MIB 为 62.7 ng/L 时，出水低于 10 ng/L，说明活性炭发挥了较好的屏障作用。但是，当原水中 MIB 超过 100 ng/L 时，尽管活性炭仍然能够

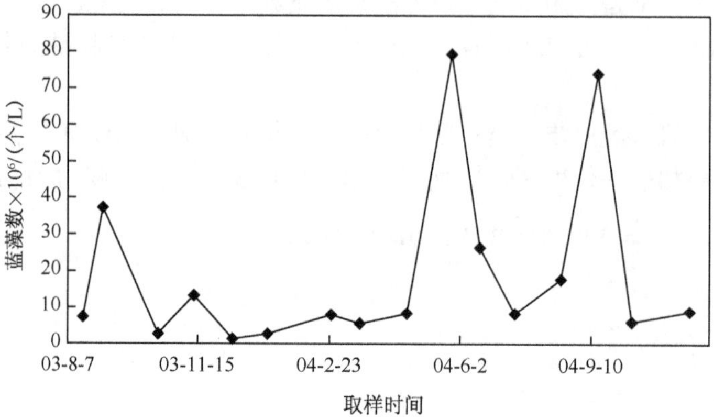

图 3-13 不同取样时间的蓝藻计数

去除大部分 MIB，出厂水 MIB 浓度已经达到 20～30 ng/L。值得注意的是，回流水中 MIB 出现了大量富集的现象。结果表明，9 月份以来原水致嗅物质异常高，尽管水厂已经采取了加大高锰酸钾投药量、停止回流水等措施，嗅味问题已经难以得到根本解决。

表 3-10 原水中主要致嗅物变化（2005 年）

采样日期	致嗅物种类	采样点		
		取水口	中层	表层
6.22	MIB	1.95	3.38	4.01
	土臭素	9.27	5.49	5.68
7.9	MIB	5.32	6.97	5.34
	土臭素	15.83	6.20	4.88
7.21	MIB	3.23	6.76	7.51
	土臭素	1.61	4.21	4.88
8.11	MIB	15.26	37.31	60.22
	土臭素	2.81	2.94	3.88
9.2	MIB	86.23	126.95	87.5
	土臭素	1.03	/	/

表 3-11 某水厂各工艺段变化（2005 年 9 月 2 日）

工艺段	MIB/(ng/L)	土臭素/(ng/L)
水厂进水	62.7	/
煤后水	53. 6	/
出厂水	9.6	/

表 3-12　某水厂各工艺段变化（2005 年 9 月 10 日）

工艺段	MIB/(ng/L)	土臭素/(ng/L)
原水	156.1	1.31
滤后水	128.2	1.53
炭后水	27.3	/
回流水	373.2	/
终端出水（实验室）	28.4	/

表 3-13　某水厂各工艺段变化（2005 年 9 月 13 日）

工艺段	MIB/(ng/L)	土臭素/(ng/L)
原水	147.7	/
原水＋回流	285.1	2.64
沙滤前 1 期	281.3	/
沙滤后 1 期	124.4	/
1 期 C 后水	26.9	/
1 期出厂	31.1	/
沙滤前 2B	100.5	/
2B 炭前水	128.8	1.05
2B 炭后水	93.0	/
回流水	422.1	/
污泥挤出水	78.6	/
实验室自来水	19.1	/

3.5.2　主要处理技术与效果评估

3.5.2.1　常规及氧化工艺对比

分别在 2003 年 9 月 4 日和 10 月 9 日对某水库原水、进厂水、煤池出水、炭后水和清水池出水等工艺段，MIB 浓度的变化进行考察。图 3-14 是 2003 年 9 月 4 日测定的实验结果，原水中 MIB 浓度达到 45ng/L，经过混凝沉淀、加氯消毒和煤滤等常规水处理单元时对 MIB 基本没有去除作用，经过粒状活性炭过滤时 MIB 大约有 30％的去除率。10 月 9 日测定的实验结果与上面相似，原水经过混凝沉淀、加氯消毒和煤滤等常规水处理单元时对 MIB 基本没有去除作用，经过粒状活性炭过滤时 MIB 大约有 30％的去除率。

结果表明，常规的水处理工艺如混凝、氯消毒和煤滤池过滤对 MIB 的去除是无效的，这与其他研究者得出的结论一样。活性炭过滤对 MIB 有一定的去除作用，MIB 在这两次实验中有约 30％的去除率，但是炭滤池对 MIB 的去除与其运行的时间有关，随着换炭后运行时间的延长，活性炭对目标物的吸附逐渐达到饱和，炭滤池对 MIB 的去除率会逐渐降低。另外，还有活性炭上附着的微生物也有可能会对嗅味物质进行分解去除。

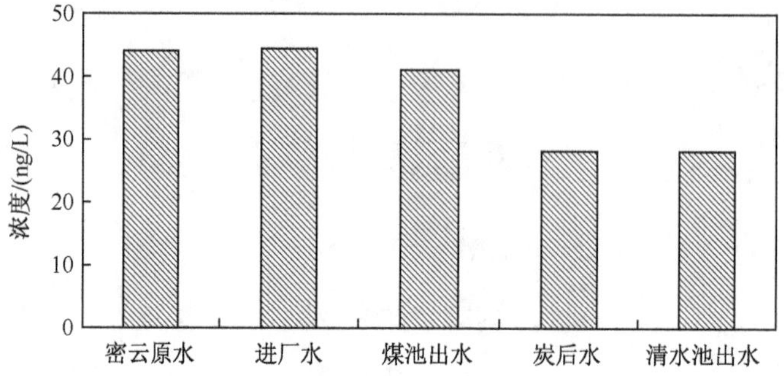

图 3-14　各工艺段 MIB 浓度的变化

图 3-15 所示的实验数据是在 pH 分别为 6、7、8 时投加 3 mg/L 的高锰酸钾对 MIB 和土臭素的去除情况。图 3-16 是原水中投加 3 mg/L 的高锰酸钾对 MIB 和土臭素的去除情况。图 3-17 是密云原水不调节 pH，分别投加 0.8 和 3 mg/L 的高锰酸钾预氧化 1h 后，以 Al_2O_3 计量投加 2.5 mg/L 的聚合氯化铝（polymeric aluminum chloride，PACl）对 MIB 和土臭素的去除情况。可以看到在上述三种条件下，MIB 和土臭素的去除率低于 10%。可以推测，高锰酸钾的氧化能力不足以把 MIB 和土臭素氧化去除。在 pH 3～11.5 的范围内，高锰酸钾的氧化反应通过一个三电子转移完成，形成了几种不溶的二氧化锰形态，二氧化锰的吸附能够对 MIB 和土臭素具有少量去除，但是，由于高锰酸钾投加量很少，吸附去除效果极为有限。

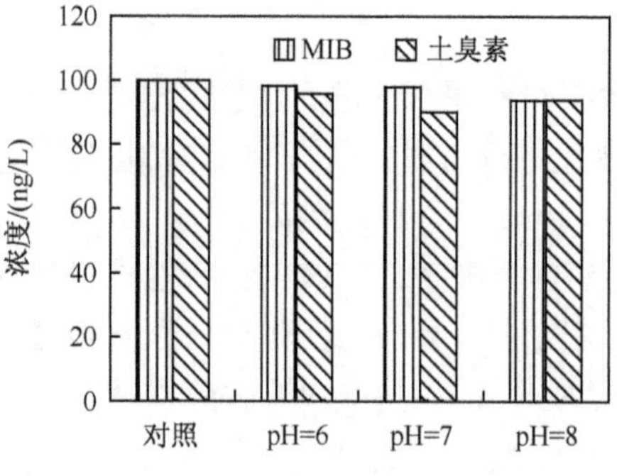

图 3-15　$KMnO_4$ 对两种嗅味物质的去除（纯水）

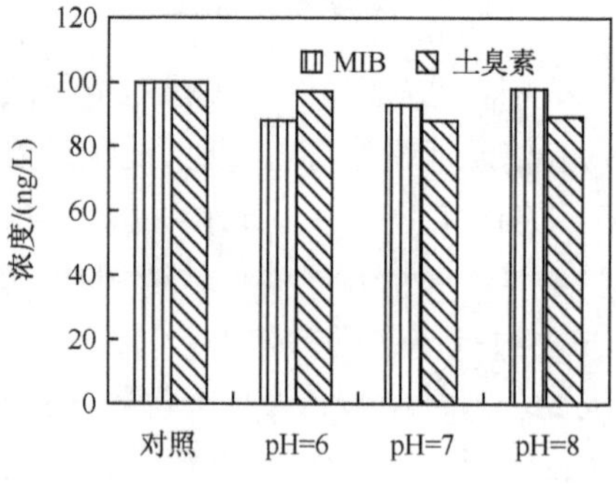

图 3-16　$KMnO_4$ 对两种嗅味物质的去除（原水）

固体二氧化锰对 MIB 和土臭素的吸附去除情况如图 3-18 所示，二氧化锰的投加量分别是 20 mg/L、40 mg/L 和 60 mg/L，随着二氧化锰投加量的增加 MIB

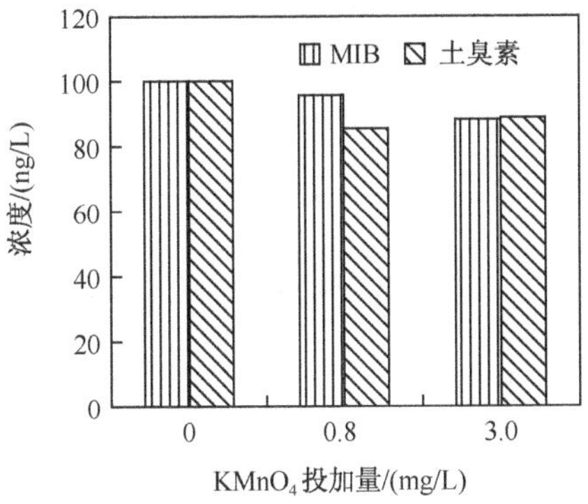

图 3-17　投加 $KMnO_4$ 和 PACl 对两种嗅味物质的去除[2.5 mg/L PACl(以 Al_2O_3 计)]

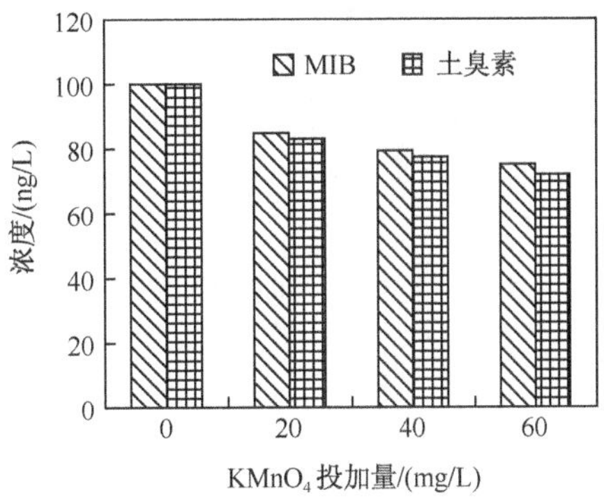

图 3-18　固体 MnO_2 对两种嗅味物质的吸附情况

和土臭素的去除率逐渐增加，在上述二氧化锰投加量下对应的 MIB 去除率是 15.1%、20.6% 和 24.9%。相应的土臭素的去除率是 16.8%、22.6% 和 28.1%。这一结果也证明二氧化锰确实对 MIB 和土臭素有一定的吸附作用，但吸附容量非常低。

在 pH 7.1、7.5、7.9 的水溶液中加入 100 ng/L 的 MIB 和土臭素，试验高铁酸钾对两种嗅味物质的氧化去除情况。反应 1h 后用亚硫酸钠猝灭其中的氧化反应，用固相微萃取（SPME）GC-MS 测定溶液中剩余的 MIB 和土臭素浓度。实验结果如图 3-19 所示，在 3 个 pH 条件下高铁酸钾对 MIB 和土臭素基本没有去除作用。因此，高铁酸钾一般不能用于 MIB 和土臭素氧化去除。

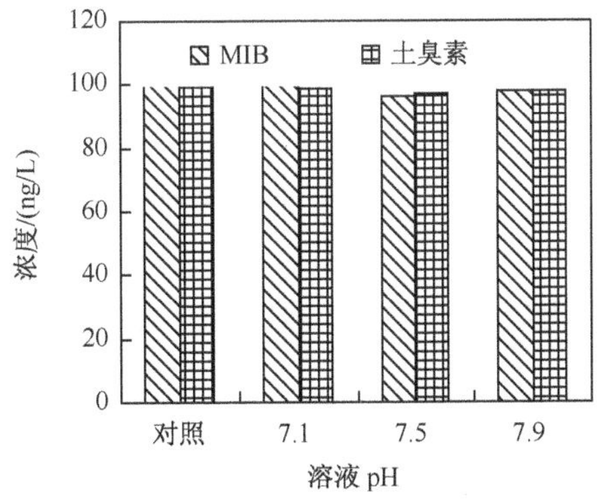

图 3-19　投加高铁酸钾对两种嗅味物质的去除情况

3.5.2.2　粉末活性炭的去除特征

在粉末炭选型时，煤质活性炭比木质炭更易沉降，而且价格便宜。通过对两家炭厂生产的煤质粉末炭进行嗅味物质吸附试验，发现相同指标的 SX 炭效果较优，高浓度吸附效果比 NX 炭显示出更强的优势。随着吸附时间的延长，两种炭的差异逐渐缩小，结果如图 3-20 所示。

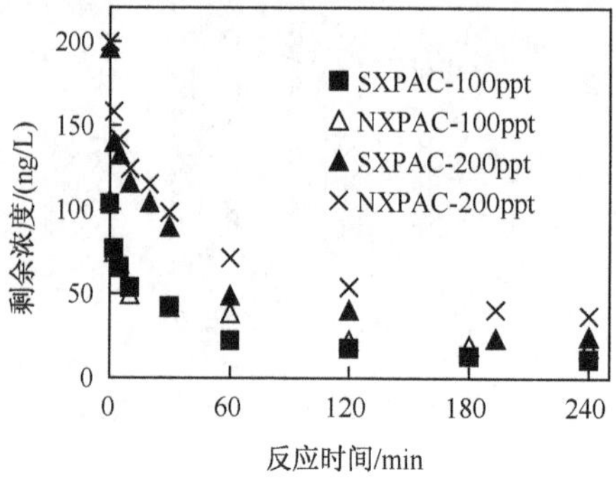

图 3-20　不同活性炭对 MIB 的吸附动力学

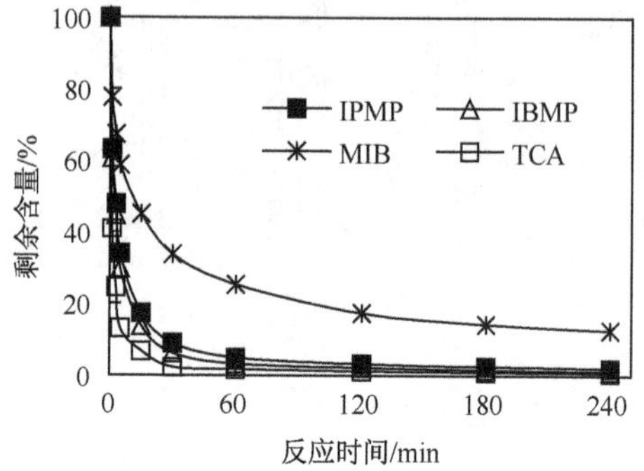

图 3-21　粉末炭对不同嗅味的吸附动力学

粉炭投加点可设在水源处、混凝前和滤池前。通过进行粉末炭对不同嗅味物质吸附动力学试验曲线，可以看出 MIB 需要较长时间进行吸附才能达到平衡。虽然粉末炭对这些痕量目标化合物的去除主要是在 1h 之内的吸附，之后的吸附速率有所降低，但如有条件延长吸附时间将会使嗅味物质浓度进一步降低，如图 3-21 所示。据此，应考虑在取水站投加，以延长粉末炭对嗅味物质的吸附时间。

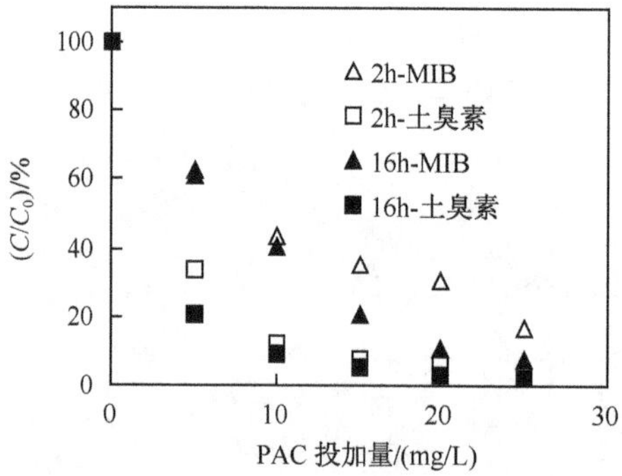

图 3-22　不同 PAC 投加量对 MIB 和土臭素的去除：2h 和 16h 平衡条件对比

MIB 和土臭素在天然水中的去除率与其初始浓度无关，因此可利用吸附特性曲线，计算出实际需要的粉末活性炭投加量。由粉末炭投加量与嗅味关系试验可知，在一个给定的粉末炭投加量和吸附时间后，痕量嗅味物质的去除率与起始浓度无关，必须考虑过量投加。经试验 15 mg/L 与 20 mg/L 粉末炭的处理效果相当，投加量确定 15 mg/L（图 3-22）。采用 15 mg/L 的 SX 粉末活性炭，投加点置于取水站，经过 18h 长距离管道吸附输送到净配水厂，净水药剂投加 20 mg/L 可提高沉淀效果，从而确定了对原水主要致嗅物质 MIB 的技术参数。

实际生产运行结果表明，除了滤池滤程略有缩短，其他各项水质指标均正常，符合水质标准。由此管网水水质有了极大的改观，用户反映投诉由开始的每日 20 余个降低到无（图 3-23），管网水检测 MIB 浓度为 6.5 ng/L，因而比较圆满地解决了管网水嗅味的问题。

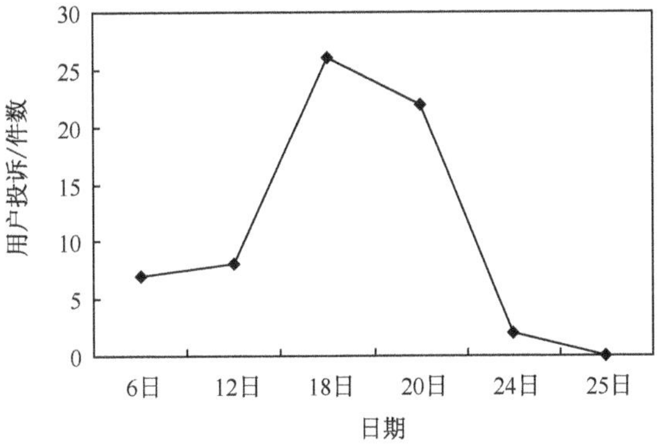

图 3-23　粉末炭应用前后管网嗅味问题的用户投诉反映情况调查

随着源水污染的加剧和供水质量要求的不断提高，预处理工艺对饮用水安全保障显示出越来越重要的作用。预氧化、预沉淀、pH 预调节、曝气吹脱等物理、化学和生物方法，成为常规净水工艺之前的重要工艺过程。在不同的水质条件下，选择适当的预处理措施，将强化常规处理能力、减轻后续处理负荷、改善处理后水质，并可能降低净水成本、提高供水效率。因此，深入研究源水水质及其在不同预氧化条件下的转化规律，开发新型高效预氧化关键技术，建立与源水水质和后续净水过程相适配的预处理工艺，是饮用水安全保障研究的重要方向之一。

参考文献

[1] Staehelln J, Holgne J. Decomposition of Ozone in Water in the Presence of Organic Solutes Acting as Promoters and Inhibitors of Radical Chain Reactions. Environ. Sci. Technol., 1985, 19 (12): 1206～1219

[2] 王晓昌（主编：何文杰，副主编：李伟光，张晓健，黄廷林，韩宏大）. 安全饮用水保障技术（第 4 章水源水质预处理技术）. 北京：中国建筑工业出版社，2006

[3] Croué Jean-Philippe, Beltrán F J, Legube B, Doré M. Effect of Preozonation on the Organic Halide Formation Potential of an Aquatic Fulvic Acid. Ind. Eng. Chem. Res., 1989, 28 (7): 1082～1089

[4] Galapate R P, Baes A U, Okada M. Transformation of Dissolved Organic Matter During Ozonation: Effects on Trihalomethane Formation Potential. Water Res. 2001, 35 (9): 2201～2206

[5] 王晓昌. 臭氧处理的副产物. 给水排水，1998, 24 (12): 75～77

[6] Camel V, Bermond A. The use of ozone and associated oxidation processes in drinking water treatment. Water Res. 1998, 32 (11): 3208～3222

[7] Farvardin M R, Collins A G. Preozonation as an aid in the Coagulation of Humic Substance-Optimum

Preozonation Dose. Water Res. 1989, 23 (3): 307～316
[8] Jekel M R. Flocculation effects of ozone. Ozone Sci. Eng., 1994, 16: 55～66
[9] Tobiason J E, Reckhow D A, Edzwald J K. Effects of ozonation on optimal coagulant dosing in drinking water treatment. J. Water Supply Res. T., 1995, 44 (3): 142～150
[10] Schneider O D, Tobiason J E. Preozonation effects on coagulation. J. Am. Water Work Ass., 2000, 92 (10): 74～87
[11] Reckhow D A, Singer P C. The removal of organic halide precursors by preozonation and alum coagulation. J. Am. Water Works Ass., 1984, 76 (4): 151～157
[12] Reckhow D A, Singer P C. Ozone as a coagulant aid. Am. Water Works Association Annual Conference, Denver Colo, 1986
[13] Haag W R, Holgné J. Ozonation of Bromide-Containing Waters: Kinetics of Formation of Hypobromous Acid and Bromate. Environ. Sci. Technol., 1983, 17 (5): 261～267
[14] 刘宏远，张燕编著．饮用水强化处理技术及工程实例．北京：化学工业出版社，2005
[15] 张金松主编．饮用水二氧化氯净化技术．北京：化学工业出版社，2003
[16] 王琳，王宝祯．饮用水深度处理技术．北京：化学工业出版社，2003
[17] 刘锐平，李星，夏圣骥，武荣成，李圭白．高锰酸钾强化三氯化铁共沉降法去除亚砷酸盐的效能与机理．环境科学，2005，26 (1)：72～75
[18] 曲久辉，李圭白．用高锰酸钾去除地表水中微量酚污染的强化方法．哈尔滨建筑工程学院学报，1992，25 (4)：71～75
[19] 李圭白，杨艳玲，马军，曲久辉．高锰酸钾去除天然水中微量有机污染物机理探讨．大连铁道学院学报，1998，19 (2)：1～4
[20] 马军，李圭白．高锰酸钾去除水中有机污染物．水和废水技术研究，北京：中国建筑工业出版社，1992
[21] 马军，李圭白，柏蔚华等．高锰酸盐复合药剂预处理控制氯化消毒副产物及致突变活性．给水排水，1994，20 (3)：5～7
[22] 许国仁，李圭白．高锰酸钾复合药剂对水中微量有机污染物去除效能的研究．给水排水，1999，25 (7)：14～17
[23] 兰淑澄编著．活性炭水处理技术．北京：中国环境科学出版社，1992

第4章　强化混凝原理①

4.1　强化混凝研究与进展

4.1.1　混凝概论[1~3]

混凝现象是自然界与人工强化水处理体系中普遍存在的现象之一。在天然水体中，混凝过程对水体颗粒物以及有害有毒物质的迁移、转化与归宿起着十分重要的作用。在市政、工业、民用用水与废水处理工艺流程中，混凝技术是得到广泛应用的关键环节之一，它决定着后续流程的运行工况、最终出水质量和成本费用。此外，混凝技术在冶金、选矿、食品、医药、油田、化工等各行业中的应用也得到不断地开拓与发展。由此可见，混凝过程的研究具有十分重要的地位。

4.1.1.1　混凝的概念与范畴

有关凝聚、絮凝的概念已有较多的论述，鉴于混凝现象的复杂性乃至混杂性，一直对其缺乏科学的定义。一方面，沿袭着传统的观点，如凝聚（coagulation）与絮凝（flocculation）的概念在水处理界中用以分指处理过程中两个区别较为明显的步骤，但大多数情况下对二者常常不加区分以同义词看待或以混凝概之；另一方面，针对一些特殊的过程或为了强调某些具体特征，出现了一些新概念且得到不断地修正，如吸附絮凝、卷扫絮凝、接触絮凝、容积絮凝、同向絮凝、异向絮凝，又如人工强化絮凝。这从某种角度上反映了混凝理论的进展与存在的不足。为了叙述方便，在本书中对有关概念作下述限定：混凝（coagulation/coagulation-flocculation）是指对混和、凝聚、絮凝的总括，具有广义与狭义的双重性。广义而言，混凝泛指自然界与人工强化条件下所有分散体系（水与非水或混合体系）中颗粒物失稳、聚集生长、分离的过程。而狭义上指水分散体系中颗粒物在各种物理化学作用下所导致的聚集生长过程，这也是本文将着重讨论的范畴。引发混凝过程的化学药剂概称为混凝剂，涵盖了所有无机型、有机型、混合型、复合型、天然型乃至助凝剂在内的低分子凝聚剂和高分子絮凝剂。目前，有关纳米颗粒物的形成与聚集过程的研究进一步丰富了混凝的内涵，必将增进对混凝机理的深入认识。

---

① 本章由王东升，曲久辉撰写。

4.1.1.2 混凝研究概况

从历史来看，混凝过程的研究贯穿于胶体科学与界面科学的历史发展进程之中。对于胶体稳定与解稳的研究构成胶体科学领域的一个重要内容，连同胶体自身性质的研究一起成为胶体科学发展的两大支柱。从 Schulze-Hardy 规则的综合到 DLVO 理论的预测与实证，各种理论相继得以提出和改进，诸如空间稳定理论、空缺稳定理论等等。同时以胶体稳定性能研究为专题的讨论会也不断举行，推动着胶体科学研究的迅速发展。

水处理领域中混凝过程的研究同样有着非常久远的历史。尽管从文献记载可以上溯到公元前 16 世纪天然高分子絮凝剂与铝钾明矾矿物的使用，但真正标志着混凝技术的诞生则是 1827 年以硫酸铝进行的混凝试验。到了 20 世纪 60 年代，“混凝化学观”与“混凝计量学”的相继发表成为混凝研究发展过程中的里程碑。与此同时，一些学者也发表了重要论文，例如我国学者提出的混凝胶体化学观及絮凝形态学。随后流体力学观、物理观及溶液化学作用的研究进一步深化了对混凝作用的认识。而由 Ives 集合众多学者的研究而编辑发表的《絮凝的科学基础》，奠定了混凝研究作为一门独立研究学科的基础，并把混凝技术的理论深度与应用广度推向了新的阶段。此后，国内外发表了大量的相关研究文献与专著，代表性的有“论水的混凝”、“凝聚与絮凝”等等。而以混凝研究为专题的讨论会也不断进行，并建立了世界范围的学术网络，成为环境科学与技术中十分活跃的研究领域。

由此可见，混凝过程的研究涉及了诸多学科范畴，如无机、有机、物理化学的诸分支（水溶液化学、水化学、高分子化学、胶体与界面化学），还涉及了流体力学、生命科学、环境科学、地球科学的诸多现象，也同时必然涉及工程科学中的方方面面。混凝理论的研究与上述学科密切相关，一方面需要及时不断地从中汲取最新的研究成果，另一方面又需要结合混凝研究中的实际问题，推动混凝研究乃至相关学科向更高、更深入的阶段发展。可以预见，该领域深入、广泛的研究必将导致一门高度综合性的学科——混凝科学与技术（coagulation-flocculation science and technology）的建立。

4.1.1.3 混凝研究基本内容

近几十年来，混凝技术领域研究在各方面均取得了较大的成果，呈现出十分活跃的发展趋势，并面临着突破性进展的前沿。其主要研究内容可以粗略地归纳为三个方面，即混凝化学（原水水质化学、混凝剂化学、混凝过程化学）、混凝物理（混凝动力学与形态学）与混凝工艺学（包括混凝反应器与混凝过程监控技术）。

混凝化学主要研究混凝过程中所参与的各类物质的形态、结构、物理化学特征及其不同条件下的化学变化规律。因此尚可以细分为混凝处理对象——原水水质化学、混凝剂化学、混凝过程化学。混凝化学研究所取得的成果使人们得以从分子水平探讨混凝过程及混凝剂自身化学形态的分布与转化规律，推动了混凝剂的分子设计、科学选择及混凝工艺方案的优化设计。随着现代混凝处理对象的不断扩展，水体颗粒物的概念范畴也已相当广泛，其泛指各类水体中可能含有的多种悬浮物、沉积物、乳浊物及高分子、生物体等，因此包括了除溶解态的分子以外的所有水体杂质或污染物。同时，天然水体水质随季节、区域甚至昼夜变化呈现不同的变化规律；而市政工业废水与生活污水更是随着来源的不同而呈现显著不同的物化性质。因此对原水水质化学开展深入的研究，成为混凝研究中一个较为迫切的领域。

在混凝过程中，混凝剂的选择与使用是其中的关键因素之一。有关混凝剂的形态、结构、化学性能的研究一直是混凝技术的主要研究内容。例如，在无机高分子 PACl 的研究中，对于混凝过程中起优势作用的形态及其在混凝过程的作用机制与形态转化规律仍然缺乏明确的认识。虽然有研究表明商品 PACl 中的形态十分接近于经一定熟化过程的实验室预制品的形态特征，对于混凝剂实际生产过程的形态生成与转化规律进行的研究仍然比较欠缺，从而对混凝剂的生产实践还缺乏明确的理论指导。

混凝过程化学的研究是阐明混凝作用机理的关键之所在，同时也是指导混凝剂的筛选、推动混凝剂进一步发展的基础。然而，相对而言，目前对于混凝过程化学研究的重视程度仍然不够。这一方面在于传统混凝剂研究大多局限于应用最为广泛的硫酸铝的作用性能，且通常以基于无定形沉淀的混凝区域图来概括阐述其混凝机理；另一方面在于混凝过程化学变化通常在瞬间完成，其形态的鉴定缺乏相应的仪器分析检测手段。尽管如此，近年来该领域引起了研究人员更多的关注，进行了一些初步研究并取得了一定的成果。

混凝动态学是研究絮体形成的动态过程，包括絮体的结构、形态、性能以及随不同条件的变化规律。絮体的结构与性能在混凝研究中占据极其重要的地位，同时对后续分离过程起着决定性的作用。随着现代物理分析检测手段与新方法、新理论的引进，近几十年来这方面的研究取得了长足的进展。

有关混凝化学、动力学及形态学的研究可以概称为混凝理论。通过对混凝理论的深入研究可以进一步指导混凝工艺过程的实施，这主要体现在混凝工艺学的研究与发展之中。混凝工艺学是在混凝理论的指导下，研究与特定混凝工艺流程、混凝剂以及与反应过程相适应的混凝工艺系统，包括混凝反应器、混凝过程监控与投药控制设备等的研制与开发。混凝物理的研究使人们对不同碰撞聚集作用机制下（如布朗运动、流体剪切、差速沉降等）颗粒物之间的动力学反应过程有了更为深刻的认识，提供了混凝反应器及优化与强化混凝工艺设计基础。由于各种监测技术的发明与应用，使得混凝过程得到有效的监控并趋向自动化发展。在此基础上，对投药监控的研究提出了若干定量计算模式并应用于工程实践，推动着混凝理论研究的发展。

虽然对于混凝过程中的各种影响因素渐渐得到明确，但综合性的实验研究仍然十分缺乏，这制约着人们对混凝过程本质性的认识。对于一既定体系（一定的水源及处理设施与选定的混凝剂）以定量计算来描述整体工艺流程，仍然是该领域研究人员所为之努力追求与奋斗的目标。随着水环境污染的日益严重，水质标准日趋严格化，以及对水处理工艺自动化与降低成本费用的迫切要求，深入研究混凝过程本质，定量描述絮体的形成、结构、行为与性能以及诸影响作用关系是非常必要的，这对混凝工艺过程的优化调控与实施具有重要的理论和实际价值，成为当前环境科学与水工业的前沿热点问题。

4.1.2 混凝理论基础[2,3]

4.1.2.1 胶体的稳定与解稳

在天然水体和人工强化处理过程的水体中，都含有形形色色的颗粒物。在环境水质学范畴中，水体颗粒物的现代广义范围可扩展至粒度大于 1nm 的所有微粒，包括胶体、高分子物质和细菌、藻类等有生命的物质在内。颗粒物本身对水质恶化有显著的作用，但更为重要的是众多痕量微量有毒污染物结合在颗粒物上，成为污染物的载体，因而颗粒物是环境污染和水质控制技术中最被关注的对象。环境质量标准对颗粒物的限定日趋严格，甚至认为只有颗粒物的深度去除才意味着有机有毒物的彻底净化。水体颗粒物的检测技术、界面反应、水质转化功能、水处理工艺中去除和利用颗粒物的高新技术都成为现代环境科学与工程研究领域的重要方面。

天然水体的浊度主要是由黏土颗粒引起的，而在净化中需要加以混凝去除的是粒径小于 15～20μm 的微粒。在黏土中粒径大于 10μm 的主要是石英、长石、云母等原生矿；小于 10μm 的主要是高岭土、蒙脱石、蛭石等次生矿物。后一类矿物是黏土的特征性成分，它们具有鲜明的胶体化学特性，如溶胶、凝聚、絮凝、离子交换、触变等等，因而又称胶态分散矿物。浑浊水的凝聚和絮凝主要对象是这一类的次生矿物微粒。各种黏土矿主要属于铝或镁的硅酸盐晶体。

比表面是颗粒物的基本性质。水体中颗粒物的活性与它们巨大的比表面是分不开的。颗粒物表面化学性质，例如对离子的吸附量、离子的交换速度等都会不同程度地受到比表面的影响。颗粒物的表面电荷特性、表面结构特性和比表面同是胶体颗粒物发生许多表面化学行为的根本原因。胶体颗粒物由于表面电荷产生的原因不同，有的带有永久性电荷，不受 pH 的影响，而有的则带有可变电荷，受 pH 的影响。表面电荷的来源有多种可能：黏土矿物的同晶置换、氧化物矿的酸碱行为、腐殖酸的两性特征、表面专属化学作用、有机物的电离。

胶体表面带上电荷以后，会吸引溶液中与表面电荷相反的离子（反离子），同时排斥与表面电荷相同的离子（同离子），这样会造成颗粒物表面附近溶液中反离子过剩。胶体表面的电荷与溶液中的反电荷构成所谓的“双电层”。双电层的存在可由电动现象证明，电动现象包括电泳、电渗、流动电位及沉降电位。

关于双电层结构历年来提出过不同理论模型。早期，Helmholtz 提出类似于平板电容结构的两层平板状模型（H 型），但它无法确切地区分表面电势，并且研究表明与粒子一起运动的结合水层厚度远远大于该模型中的双电层厚度。此外，根据 Helmholtz 模型根本不应该有电动现象发生。对此，Gouy 和 Chapman 提出扩散双电层理论模型（G 型），认为溶液中的反离子并不是规整均匀的被束缚在胶体颗粒物表面附近而是呈扩散型分布，即反离子密集于颗粒物表面附近，随着与颗粒表面距离增大，反离子浓度逐渐降低，直到与溶液中同离子达到平衡为止，从而在颗粒物表面形成扩散层。Stern 则进一步将 Gouy-Chapman 的扩散层再分成两层，即紧靠表面附近区域，由于强静电和强吸附作用使反离子被牢固地束缚在这里，由此在胶体颗粒表面与扩散层之间形成一固定吸附层，称 Stern 层（S 型）。

水体中胶体颗粒物的稳定性主要是由于其表面的双电层静电斥力而使颗粒间不能因相互靠近而结合，而且表面吸附层位阻效应也具有重要影响。

除了双电层静电斥力，胶体颗粒之间还存在 van der Waals 引力。胶体颗粒的稳定性取决于两者的相对大小。双电层静电斥力可部分甚至全部抵消 van der Waals 引力而使微粒保持稳定。因此，双电层静电斥力（$V_{排斥}$）和 van der Waals 引力（$V_{吸引}$）的综合得到相互作用势能（M）。经过计算后的综合势能 M 随颗粒间距的变化曲线如图 4-1 所示。在短距离内，由于 $V_{吸引}$ 大于 $V_{排斥}$，M 迅速下降达到一极小值，即第一极小值。但当胶体颗粒间距接近到一极限值时，双电层作用强烈，$V_{排斥}$ 远大于 $V_{吸引}$，M 急剧上升。随胶体颗粒的间距增大，在较远间距处 M 产生另一极小值，即第二极小值。在第一极小值与第二极小值间存在一势垒，胶体颗粒的凝聚絮凝作用通常发生在势垒为零或很小时，微粒凭借动能克服势垒障碍，一旦越过势垒，颗粒间相互作用势能就会迅速降低，在第一极小值附近产生迅速絮凝作用。如果势能综合曲线有较高势垒，足以阻挡颗粒在第一极小值处凝聚，颗粒仍有可能在第二极小值处聚结。

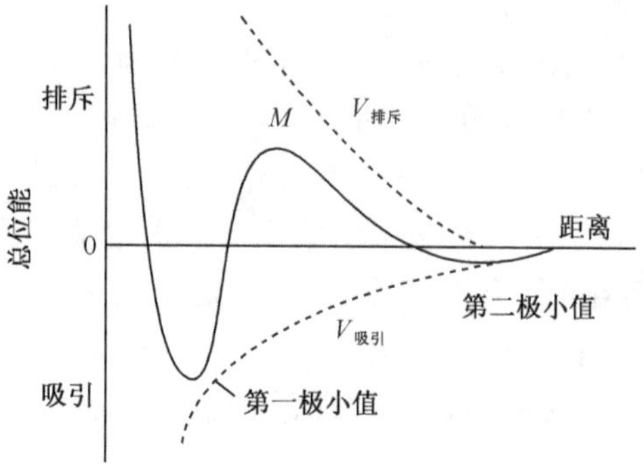

图 4-1 胶体颗粒相互作用势能曲线示意图

4.1.2.2 混凝作用机理

近代混凝理论经历了几个不同的发展阶段。继早期的 Schulze-Hardy 规则之后，Derjaguin、Landau、Verwey 和 Overbeek 根据经典胶体化学的 Guoy-Chapman 双电层模型建立了 DLVO 理论，又称凝聚物理理论。它着重强调了凝聚的物理作用，即压缩双电层，降低或消除势能峰垒。同时提出了关于各种形状微粒之间的相互吸引能与双电层排斥能的计算方法，并对憎液胶体的稳定性进行了定量计算，成功地解释了胶体的稳定性及其凝聚作用。此外，在 20 世纪 40 年代，由 Smoluchowski 提出并由 Camp 和 Stein 加以实用化的絮凝动力学理论强调了颗粒物间的碰撞絮凝作用是由水流的层流梯度决定，所提出的计算公式一直作为混凝反应器设计的主要理论依据而延续至今。

60 年代后是混凝机理深入研究及迅速发展的时期。在此期间，许多研究者相继提出吸附/电中和理论和吸附架桥理论，着重强调了凝聚过程中的化学作用，尤其专属化学作用，其代表是 Stumm 及合作者。他们先后发表了一系列文章，对传统铝、铁盐凝聚剂进行了全面系统的论述。强调了凝聚过程中的化学作用，尤其是铝、铁水解形态在胶体颗粒脱稳过程中的化学作用，并指出在胶体颗粒物浓度与水解凝聚剂之间存在化学计量关系。La Mer 等则针对有机高分子絮凝剂的凝聚絮凝状况，提出了有机高分子絮凝剂的吸附架桥理论，并阐述了吸附架桥的胶体颗粒与高聚物的空间位阻稳定理论。此前，Langeler 等还提出了关于铝盐水解胶体颗粒的黏结架桥观点。Packman 针对在低浊度、低水温时使用高剂量金属盐絮凝的状况，进一步提出了金属盐絮凝作用的卷扫絮凝理论。经过这时期的激烈争论，对于混凝作用原理，尽管仍然存在一些不同的看法，但在统一认识上已有很大进展。O'Melia 在总结长期以来许多研究者所提出的混凝作用机理后，认为混凝过程中主要存在以下四种作用机理：压缩双电层，吸附电中和，黏结架桥，卷扫絮凝。

在 70 年代后，随着界面电位计算体系和表面络合模式的发展，已有许多研究者开始在混凝基础研究中引入表面络合概念和定量计算方法，试图建立凝聚絮凝定量计算模式。依据吸附/电中和理论及表面络合模式，Letterman、Dentel、王志石等先后提出了“表面覆盖”絮凝模式。认为在水处理 pH 范围内（pH 5～9），投加的铝盐絮凝剂在水中迅速形成带正电荷的水解沉淀物，然后这些水解沉淀物与颗粒物表面结合而导致了电中和作用。据此，以氢氧化铝沉淀物在胶体颗粒物表面的覆盖程度为出发点，可以求得表面电位或电泳度的定量计算结果。

4.1.2.3 混凝过程化学与动力学

混凝剂投加入水后即刻进入复杂的物理化学环境之中。一方面，将继续进行进一步水解转化过程；另一方面，将在水中形形色色杂质的存在下发生更为复杂的反应。混凝剂与颗粒物的作用有多种可能的机理过程，包括化学作用（如吸附、表面水解、聚合沉淀）与物理作用（如颗粒碰撞、絮体黏结与流体剪切）。对混凝过程中混凝剂的形态分布与转化规律一直存在着众多的争论。通常，可以用铝、铁盐的溶解度图或混凝区域图来解释传统混凝剂的混凝行为。混凝区域图可以通过铝、铁盐的溶解平衡常数与混凝实验结果加以综合形成，因此，可以在一定程度上预测混凝过程中混凝剂投药量、pH 的相互关系以及可能的混凝作用机理。然而，这种处理方式对反应途径与可能形态的确定具有一定的主观性。实际上，许多反应取决于实验体系与条件。另外，更为重要的是混凝区域图中没有包含动态聚集过程。同时，基于无定形沉淀的溶解度平衡不适合于无机高分子形态，其混凝区域图在无机高分子絮凝剂的应用中有一定的局限性。

对于传统铝、铁盐的混凝作用机理的认识目前渐趋统一。一般认为其水解形态与水体颗粒物进行电中和脱稳、吸附架桥或黏附卷扫而生成粗大絮体，而后得以分离去除。由于水解反应极为迅速，传统铝、铁盐混凝剂在水解混凝过程中并不能完全形成具有优势混凝效果的形态。而无机高分子絮凝剂之所以具有高效的原因，在于其预制过程中可形成以优势混凝形态为主的产物，在投加后即可发挥其优越性能。对无机高分子絮凝剂作用机理的研究在很大程度上尚停留在经验推测之中，缺乏实证性的依据。目前，在应用界面络合、沉淀模式乃至界面多核沉淀模式以及水体悬浮颗粒物、沉积物的结构模型的基础上，无机高分子絮凝剂的定量计算模式正处于发展和建立过程中。应当指出，现阶段大量针对无机高分子絮凝剂的机理研究是在除浊、除天然色度的给水处理研究的基础上进行的，至于其在市政、工业废水处理中的性能并结合废水水质成分特性的研究还比较缺乏。另外，万能的混凝剂是不存在的，尤其在特性废水处理中，起主要混凝作用的形态组成具有一定的化学专属性，这可以从配位化学观中得到理解与解释。例如，在某些印染废水处理的实践中发现，硫酸亚铁有优于三价铁、铝乃至聚合铁、聚合铝的混凝效能。因此，在处理分散质组成复杂的废水时，往往需要有与之相适应的混凝剂形态与组分。而在实际应用过程中，为了达到水质标准，混凝往往需要与其他现代水处理高新技术相结合，如光催化氧化-混凝、电化学氧化-混凝等。在这方面起指导性意义的研究还比较欠缺。

与此同时，混凝动力学的研究取得了长足的进步，从经验性、定性的探讨转为理论性、定量的研究，在碰撞动力学、絮体结构的形成机制方面也取得了相应的进展。深化无机混凝剂化学、混凝过程化学的基础研究，并结合其生产工艺、工程应用中的实际问题是无机混凝剂发展到更高阶段的必然途径。混凝动力学的深入研究可以对混凝作用机理从分子反应动态学的水平上予以揭示，并有发展成为高度综合性、交叉性分支学科的趋势，这也将是当前化学科学、化学工程科学发展中的前沿领域之一。

混凝动力学的研究作为阐明颗粒物相互作用现象中所涉及的胶体及水力学作用的得力手段，是胶体科学中最引人注目的基础研究领域之一。对混凝动力学的研究可以采用多种技术，如应用超显微镜、粒子计数仪直接计数等，但这些方法均存在着手续繁杂的缺点而不宜于混凝动力学的常规检测。光散射技术因其快速简便、直接监测而不干扰样品的优点成为该领域研究中颇引人注目的技术。

应用动态光散射法测定混凝动力学，同样需要测定粒子与聚集体的形状因子。只是有的方法假定初始颗粒为 Rayleigh 散射粒子，然后对其聚集体运用 RGD 近似处理，或假定初始颗粒为迈散射粒子，同样采用 RGD 近似的方法计算其聚集体形状因子的分布状况。另外，由于动态光散射技术是基于自动相关函数的测定，而测定过程中悬浮液颗粒不断发生聚集反应，因此，在其应用及解释中存在特殊的困难。这远比单单存在浓度涨落对散射光强的影响复杂得多，且相应的强度涨落不仅仅来自于平移扩散，同时也必然有旋移扩散所带来的贡献。正因如此，大多数动态光散射法至多应用于近似测定稳定率，而不太可能用于绝对混凝速率的测定。

混凝动力学的研究中光散射技术的应用仍然处于不断的发展过程之中。应用光散射技术测定混凝速率常数的研究主要限于对惰性电解质与简单阳离子，如 Ca^{2+} 等，对于无机高分子絮凝剂（IPF）的混凝过程研究似尚未见报道。Elimelech等对静态光散射（SLS）测定混凝速率常数的方法作了改进，采用多角度同时测定，从而更为有效地消除了尘粒的影响，以不同的方法推导出类似上述结果。当然，值得一提的是混凝速率常数测定技术仍处于不断进展之中，新技术、新方法层出不穷。

4.1.2.4　絮体形成、结构与性能

絮体的结构、行为与性能在混凝研究中一直具有十分重要的地位。尽管混凝技术的应用在固液分离实践中是最为古老的工艺，实际操作过程中常常遭遇松散不易沉降或易于破碎的絮体。这些实际困难连同对污泥处置与水质问题的关注再度激发着人们对絮体行为与性能（诸如大小、强度、密度与穿透性）的研究与探讨。絮体的上述特性取决于颗粒物性质、过程协同、物理化学因素的综合和非线性、随机的水力学因素等。缺乏对这些复杂相互作用的阐明，将阻碍着混凝最佳工艺的设计与混凝实际操作过程的合理进行。

絮体结构与性能中非常重要而密切相关的两个性质为絮体密度与强度。絮体强度往往决定于颗粒间结合键的本质和每个颗粒所形成结合键的数目，后者为絮体密度的函数。由于细小颗粒或絮体碎片易于从沉淀池中流出并穿透滤层而影响最终出水水质，所以在大多数情况下，往往希求形成较强的絮体以更好地抵御在固液分离过程中可能遭遇的各种剪切力。同时紧密结实的絮体往往能够带来良好的脱水率。天然水体中常常因含有腐殖质而易于形成较松散的絮体结构。虽然絮体破碎的机理仍然未能得到较好的认识，但是很大程度上决定于湍流的本质与强度。

混沌论（chaos）是继相对论和量子力学问世以来，20 世纪物理学的第三次革命，它研究自然界非线性过程内在随机性所具有的特殊规律性。而与混沌论密切相关的分形理论（fractal theory）则揭示了非线性系统中有序与无序的统一，确定性与随机性的统一。“分形”（fractal）的概念由 Mandebrot 于 1975 年首次提出，指一类极其破碎且复杂但有其自相似性或自仿射性的体系。分形现象在自然界中普遍存在着，诸如布朗运动途径、河流脉络、海岸线与星系分布等。混凝过程中絮体的形成与结构具有典型的分形特征，表现出典型的絮体密度随絮体粒度的增加而减小的特性。然而，颇令人惊讶的是近年来对呈胶态分散的颗粒物的研究随处可见，但对其聚集状态所予以的关注却甚为少见，尽管后者对其物理化学性能有着显而易见的影响。1979 年 Forrest 与 Witten 首次观察到铁、锌、氧化硅在气相中聚集体的密度相关具有长程幂定律（long-range power law exponent），其幂指数接近于 1.8。实验结果表明，在一些临界现象中幂定律反映了与一类结构相似相联系的有效维数，其结构中存在的典型的涨落或几何特征并不会因为空间的伸缩而变化，也即具有伸缩对称性（dilation symmetry）。他们初始性的研究工作重新激发了人们对混沌、非平衡动力学生长过程的兴趣。自此，尽管初始重点在于计算机模拟动力学生长模型，但在多种类型的颗粒物聚集体中长程结构相关性的存在得到了证实，这使人们大大增加了对非平衡结构形成机理与控制因素的理解。

Hackley 和 Anderson 等首次应用准弹性、静态与电泳光散射技术研究了胶体针铁矿（α-FeOOH）的混凝聚集过程及结构。实验结果表明，由角散射光强测得的静态结构因子具有幂定律，反映了聚集体的结构中具有长程密度相关性，从而与分形结构特征相一致。在扩散控制与反应控制两种区域中，由散射指数得到其有效分形维数分别为 1.6，2.0。在扩散控制区域中测得的维数显著低于早先球形颗粒的测定值，其原因可能在于各向异性黏结的结果。由此进一步提出了一个具有短程 DLVO 作用的简单模型。目前，对于混凝过程中絮体分形结构的探讨尚不多见。鉴于其重要性，近年来分形理论在混凝研究中渐渐得到了应用与发展，并随之触动、启发着研究人员对混凝机理与动力学过程的更新认识。基于分形结构得以合理改进了以往有关絮体碰撞机制与动力学、絮体的穿透、沉降性能的模型，成为混凝研究中另一个显著的前沿热点。有关分形理论在混凝研究中的应用尚处于尝试性阶段，随着分形科学研究的不断发展，可以预见，一个完整意义上的混凝过程定量描述的时代将逐渐形成并发展起来。

4.1.2.5 混凝定量计算模式

对于一定的水处理体系（即水体颗粒物、溶液组成以及特定的反应条件下）通过定量计算来进行混凝最佳效果的预测和控制，一直是众研究人员所关注的热点和混凝技术研究的主体目标之一。显然，混凝过程的定量计算与控制不仅具有显著的科学意义，同时又具有重要的社会与经济价值。目前已有的一些定量计算模式，如 Letterman 的表面络合原理与混凝理论相结合的计算模式、王志石的絮凝过滤模式、Dentel 的吸附沉淀-电中和模式（precipitation charge neutralization model，PCNM），以及 Edwards 的有机物混凝去除的经验模式等等，虽然代表了该领域的研究热点与发展水平，但是这些模式总体上仍停留在种种假设和经验基础上。究其原因在于缺乏对混凝过程中的化学形态的实证性研究，从而尚未能建立起微观定量计算模式。同时，上述研究主要针对传统混凝剂，对于无机高分子絮凝剂所具有的显著差异性，在其定量计算模式中未能得到反映。

近年来，表面络合理论的研究得到了迅猛地发展，并出现了多种计算模式与软件。不同的表面络合模式由于对双电层结构的假设不同而异，然而，在各类模式中若干主要参数的获得需要通过对吸附实验曲线的拟合来获取。因此，尽管所认定的形态结构与作用机理各持不同观点，各类模式都能获得类似的预测结果。经过近 30 年的发展，这方面的研究已经积累了大量的资料数据。混凝过程究其本质为一系列配位化学反应过程，因此理论上完全可以应用表面络合理论进行计算。然而，如何合理地应用已有的模式，尤其针对无机高分子混凝剂的特点，进行混凝过程的定量计算具有其特殊的困难。混凝过程具有诸多复杂的影响因素，各种复杂的反应（诸如溶液化学反应、颗粒物界面反应过程和颗粒物的聚集生长过程）共同发生于混凝过程之中。因此，表面络合模式在混凝过程中的合理应用存在很大困难。目前，表面络合理论的研究主要涉及诸多二价阳离子的表面络合性能，其溶液反应与界面反应过程显著区别于三价阳离子。因此，建立在二价阳离子基础上的模式无法沿用于三价阳离子，以及经预制的高分子形态。尽管如此，在上述诸领域所取得的研究成果基础上，对混凝过程进行合理的假设与简化，建立其理论上合理又便于应用的表面络合计算模式仍然是可行的。

4.1.3 强化混凝与优化混凝[4]

4.1.3.1 强化/优化混凝的提出

随着环境污染问题的日益严重以及水质标准的渐趋严格，常规混凝技术已经越来越不能满足人们对水质安全的要求，而强化混凝与优化混凝成为提高常规饮用水处理工艺效率的重要途径。

强化混凝的概念由来已久。早在美国水工协会（American water works association，AWWA）会刊1965年的一篇论文中就有所论述。而美国水工协会在20世纪90年代提出的强化混凝是指水处理常规混凝处理过程中，在保证浊度去除效果的前提下，通过提高混凝剂的投加量来实现提高有机物（即DBPs前驱物）去除率的工艺过程。这一强化混凝的概念主要是基于混凝剂投加量的提高或混凝过程pH条件的控制。优化混凝则是在强化混凝的基础上提出来的，是具有多重目标的混凝过程，包括最大化去除颗粒物和浊度；最大化去除水体有机物和DBPs前驱物；减小混凝剂的残余量；减少污泥产量；最小化生产成本等。

从工艺研究的角度而言，强化混凝侧重于在现有水处理工艺设施基础上的改进与提高。这种强化可以通过对混凝剂的筛选优化、混凝剂投量与混凝反应过程以及反应pH条件的控制来实现。而与前处理（如预氯化、预臭氧化等）以及后续处理过程（如强化过滤、深度处理等）的系统性结合，则属于优化混凝的范畴。优化混凝是一个综合、系统化的过程，然而从水处理的实际过程来看，强化与优化并不能截然区分，往往是“强化中的优化，优化中的强化”。在强化混凝通过筛选混凝剂、控制反应条件与反应过程来实现的同时，必须兼顾前处理与后续流程的运行工况（而非简单的基于混凝剂投加量的提高或反应pH条件控制），才能达到真正强化也即优化的目的。

随着人们对水体中NOM和DBPs重视程度的不断提高，1986年的美国安全饮用水法案（safe drinking water act，SDWA）要求美国环保局制定相关污染物的最高污染物浓度水平（MCL）和消毒剂/消毒副产物法规（disinfectants/disinfection by-products rule，D/DBPR）。1996年美国环保局颁布了消毒副产物法规（第一阶段），制定了相关污染物的最高浓度水平和消毒剂/消毒副产物法规。该法规要求到 1998 年 6 月前，美国的水处理厂必须根据其相应水质条件下达到相应的有机物（TOC）去除率。

表 4-1 中列出了美国环保局所制定的 DBPs 前驱物处理的基本要求，规则包括阶段 1 和阶段 2 两种情况。如果有些水体在处理后无法达到强化混凝第一阶段的要求，则必须执行强化混凝第二阶段要求的程序。即在不另外加酸调节 pH 的情况下，以 10 mg-Al/L 为单位增加混凝剂的投量，测定 TOC 的去除率。如果增加 10mg-Al/L 所带来的 TOC 的去除率增量小于 0.3mg/L，或者 pH 已经达到表 4-2 中所对应的 pH 时，则认为 TOC 去除率已经达到递减收敛点，并以此时的 TOC 去除率作为最低要求。

表 4-1　常规处理水厂强化混凝需要达到的 TOC 去除率：第一阶段去除率

原水 TOC/(mg/L)	原水碱度/(mg $CaCO_3$/L)		
	0～60	60～120	>120
>2.0～4.0	35.0%	25.0%	15.0%
>4.0～8.0	45.0%	35.0%	25.0%
>8.0	50.0%	40.0%	30.0%

表 4-2　第二阶段去除需要达到的目标 pH

原水碱度/(mg $CaCO_3$/L)	pH
0～60	5.5
>60～120	6.3
>120～240	7.0
>240	7.5

为了减少 DBPs 的生成，尽量降低水体中 NOM 含量是关键。大量研究表明，可以将 TOC 作为 DBPs 前驱物的主要替代指标。为了达到 TOC 去除目标，制水企业可以采取多种方法，而并非必须采取强化混凝。比如：有些水体或原水水质经过常规处理或常规混凝即可达到上述要求；或者有些水体中的 TOC 指标经过活性炭吸附处理能够达到规定的要求，则没有必要进行强化混凝。相较那些复杂而且昂贵的设备改造、工艺改进方案，强化混凝被认为是去除 DBPs 前驱物的最可行技术（best available technology，BAT），因而也成为是强化常规工艺的重要内容。

4.1.3.2 强化混凝研究进展

1. 强化混凝的表征技术

近几十年来，对于颗粒物和界面过程已经有了较为广泛的研究。在水体颗粒物的分析检测技术、界面反应特征、水质转化功能以及水处理工艺中应用或去除颗粒物的高新技术等方面均有较大的进展。尤其是在表面络合理论的兴起及其广泛研究应用后，颗粒物及其界面过程的研究逐步向理论的更深化发展，并且着重于动力学规律的探索。这方面曾先后有多本专集与论著发表，具有代表性的如"Aquatic Surface Chemistry"（水体界面化学）、"Aquatic Chemical Kinetics"（水体化学动力学）、"Environmental Particles"（环境颗粒物）等，突出体现了该领域的进展与发展水平。随着研究的不断深入，有关颗粒物的微界面形态结构逐渐有了一些明确认识。从简单的双电层结构，发展为恒定容量模式、扩散层模式、三层模式、四层模式乃至多点位模式，并加以多种修饰改进，如非渗透或疏松可渗透等；从表面的简单吸附络合，延长扩展至多核络合物、簇、晶核、聚合物、沉淀物并引入表面覆盖、架桥等作用；从最初的纯金属氧化物体系研究扩展到其他矿物体系以及应用于天然土壤和沉积物。而现代光谱技术诸如粉末X射线衍射、红外/拉曼光谱、固态核磁共振、各类X射线吸收光谱等，作为强有力的工具更提供了多角度、多方面的综合判据。

水体有机物和颗粒物作为现代水质科学的重要研究对象，具有十分广泛的概念范畴，包括诸如高分子物质、胶体、悬浮颗粒以及有生命的细菌、藻类、原生动物等，或天然形成、或人为污染所致并伴随着复杂的水质转化过程。水体有机物、颗粒物与水溶液相互交错构成了复杂微界面水质体系，进行着各种生物、物理、化学反应及迁移转化过程，在很大程度上决定着原水水质。然而由于水体有机物/颗粒物组成的混杂性以及微界面过程的复杂性，一直以来没有恰当的方法做全分析。传统的分析方法，如溶剂提取法只能分析水体中10%左右的有机物。自20世纪70年代，逐步应用并发展了对水体有机物进行相对分子质量、化学特性等物化性质的表征方法与技术，出现了树脂吸附法，利用水体有机物的不同化学性质将它们分级。以Leenheer为代表，在这方面做了较全面和深入的研究，到目前为止被认为是比较有效地全面分析水中有机物的方法，因此被广泛采用。但是，这些方法也只是对水体有机物的总体模糊分块分析，且带有很强的人为限定性。

同时，开展DBPs生成势研究以及生物毒性的评估来优化微污染原水的处理过程显得十分必要。农业生产上使用的肥料和农药，各种残留于工业废水和城市废水中的化学物质，以及人类在各种消费和生产活动中排放的化学物质最终都有可能进入作为水源的水环境中。调查表明，饮用水水源中含有多达数千种的微量化学物质，其中相当一部分，特别是有毒的难降解有机物，因其潜在的生态和健康危害，已经引起极大的关注。这些有毒化学物质的存在，使得饮用水水源的水质受到严重的威胁。而在原水处理的各个环节，又不可避免地形成一些新的化学物质，其毒害作用可能比母体化合物更大。比如氯气、臭氧、紫外线、二氧化氯等能有效杀灭细菌、病毒等微生物，但在消毒过程中，水中的部分化学物质可能会与消毒剂发生化学变化，引起危害人体健康的负面效果。因此除了对已经制定了标准的化学物质进行风险评价以外，为了确保饮用水的安全性，还必须对可能残留的未制定标准的有毒有害化学物质进行监测。

2. 强化混凝机理

目前，在我国针对强化混凝的研究力度空前加大，同时也备受各方关注。对水体中有机物的特性和去除规律也进行了大量的研究工作，总结出了一些规律。通过研究发现，强化混凝过程中混凝剂的投加量是提高有机物去除率的重要影响因素，另外温度、pH 等也有一定影响。许多研究者正在试图建立强化混凝过程中有机物的去除模式。

强化混凝去除水体有机物的研究认为，对于大多数金属盐混凝剂去除有机物的机理主要有两点：①在低 pH 时，带负电性的有机物通过电中和作用同带正电性的金属盐混凝剂水解产物形成不溶性化合物而沉降；②在高 pH 时，金属盐水解产物形成的沉淀物可对有机物吸附而去除。强化混凝主要影响因素包括混凝剂类型，pH，温度等。

混凝剂类型的影响：关于混凝剂类型对强化混凝影响的报道目前还比较混乱，有些报道认为铁盐混凝剂的 TOC 去除效果好于铝盐，有些则相反；但是总体而言无机混凝剂的效果要好于有机合成混凝剂。造成不同效果的可能原因一方面在于温度对水解的影响，另一方面在于有机物的化学组成与分布特征。

混凝剂投加量的影响：强化混凝的最初想法就是投加较单独降低浊度时更多的混凝剂以达到降低 TOC 的目的。但是有些报道指出，如果调整到最优 pH，强化混凝的混凝剂投加量可以接近常规混凝的投加量。

pH 对强化混凝的影响：一些研究认为对于混凝过程中有机物的去除而言，pH 比混凝剂的投加量影响更大，是有机物去除的决定性因素。对于铝混凝剂而言，最适于有机物去除的 pH 在 5.5～6.5 之间。尽管较低的 pH 有利于有机物的去除，但是在实际操作中，混凝剂的类型、投加量、pH 都必须同时考虑。

温度对强化混凝的影响：低温对于常规混凝具有负面的影响作用。有研究显示，低温并不影响 TOC 的去除，但是对于相对分子质量小于1000 的有机物和色度的去除起负面影响。温度的影响是复杂的，低温可能造成水的黏度上升，阻碍混凝剂的扩散和絮体沉降；而且可以影响水解动力学平衡，影响金属氢氧化物的生成；另外低温降低水的离子积常数，从而降低水中氢氧根的浓度。同时，低温可能造成絮体密实度较低、絮体较小，导致分离效果差。需要指出的是，对于TOC去除过程的研究通常采用滤膜过滤加以表征，从而一定程度上掩盖了不同条件下形成絮体的颗粒粒度分布以及絮体结构、沉降性能之间的差异。

水体有机物的含量和组成对强化混凝也会存在一定的影响，有机物的含量越高，相对分子质量越大，混凝剂投量就会加大、沉淀效果也变差。随着强化混凝的推广，强化混凝的一些副效应也逐步显现出来，如水的腐蚀性增加问题、残余铝浓度升高、污泥量增大等问题。

4.1.3.3　强化混凝研究发展方向

1. 混凝剂及其形态组成的重要性

近几十年来，有关混凝剂化学、混凝过程化学的研究在各方面均取得了较大的进展，突出表现在混凝作用机理与无机高分子絮凝剂（inorganic polymer flocculants，IPF）的研究生产与应用之中。对于传统无机盐混凝剂的作用机理自20世纪60年代的激烈争论后逐渐趋向物理观与化学观的统一，认为其通过水解形态的吸附电中和、网捕架桥作用使水体颗粒物聚集成长为粗大密实的絮体，在后续流程中得以去除，并建立了若干定量计算模式。同时对于IPF的作用机理研究也取得了一定的进展，与传统药剂的行为特征和效能之间的区别逐步得到明确。然而，有关IPF作用机理的认识很大程度上仍停留在假设推测基础上，缺乏实证性的理论研究，尤其是混凝剂投加后的形态转化规律。同时现有IPF为各种形态并存的混合体系，其作用机理显然为各种形态协同作用的结果。如何明确不同形态、粒度大小、荷电特性所相对应的混凝作用机制，仍有待于深入的实验研究来阐明。

2. 反应器与反应条件的重要性

混凝过程是一集众多复杂物理化学乃至生物反应于一体的综合过程，在既定条件下，包括诸如水溶液化学、水力学因素以及不断形成与转化的絮体之间或碰撞或黏附或剪切等物理作用及其微界面物理化学过程等。混凝技术的高效性取决于高效混凝剂、与之相匹配的高效反应器、高效经济的自动投药技术与原水水质化学等多方面的因素。

对于混凝工艺过程需要进一步探讨搅拌方式的影响，拦截絮凝、气浮、直接过滤等分离过程的不同特性，不同水质状况的适应性与最优工艺条件（如搅拌强度与反应时间等）的选择等。另外，还需要进一步明确絮体的形成机制、絮体结构控制方式与絮体形成的强化工艺，以达到对于原始水体颗粒物以及混凝过程形成的颗粒物的最优去除，并相应达到对有机物的优化去除。

3. 水体颗粒物与有机物

近年来，对强化混凝的研究突出体现在对水体有机物的深入认识、对有机物去除模式的研究以及对有机物去除手段的综合利用等。

目前常用的有机物相对分子质量分布表征是利用特制的不同孔径的超滤膜在一定的压力驱动下，通过超滤的方法，将水体中的有机物按照相对分子质量的不同范围进行分离，并且通过计算、分析，推测有机物的来源和处理途径。

水体有机物化学特性分级是根据不同极性或疏水性有机物在通过特定吸附树脂时的吸附能力的差异进行的。树脂分级结合色谱-质谱（GC-MS）分析可以详细测定有机物成分，了解有机物的特性、来源，从而有针对性地寻求有效的处理方式。

对于我国不同水体中颗粒物、有机物的分布与转化规律需要开展深入系统的研究，建立完整系统的数据库，揭示水源水质特征与相应的变化规律。同时需要进一步针对模拟体系，如腐殖酸、富里酸、溶解性有机物、蛋白质、多糖类以及难降解有机物如草酸、典型工农业污染物等的强化或优化混凝过程加以研究。另外，明确有机物的去除与转化特征，探索其强化去除工艺条件，探求不同有机物的 DBPs 形成特征与控制条件，建立相应的有机物强化去除模式都是今后强化混凝研究的重要方面。

4. 我国强化/优化混凝技术发展方向

通过对典型水源地强化混凝的研究，并吸取国外相关研究的经验，可以提出我国强化混凝与优化混凝的国家目标与切实可行的方案，主要分以下四个阶段实施：

（1）水质特征与变化规律的研究。进行常规指标与特殊指标的综合研究，揭示水源水质的特征与相应的变化规律，建立完整系统的数据库。

（2）药剂的筛选优化。应用不同形态组成的混凝剂同时配合助凝剂的使用，探索强化混凝效果与可行的工艺条件。

（3）反应工艺的优化。在进一步分析水质特点和水质规律的基础上，深入研究混凝机理，探寻有效的强化手段和方法，合理设计处理工艺和处理系统，引入先进的工艺监控技术，提高有机物的处理水平，提高出水的水质安全可靠性。

（4）通过系统分析，总结提炼国家目标与优化（强化）混凝的标准方法。

对于我国实施强化和优化混凝的总体技术路线可用图 4-2 来表示。除强化混凝外，有机物的去除还可以利用化学氧化、生物处理、过滤、吸附等方法。不同方法各有所长，如何有效地、合理地配合使用这些手段将是今后研究的重要方向。

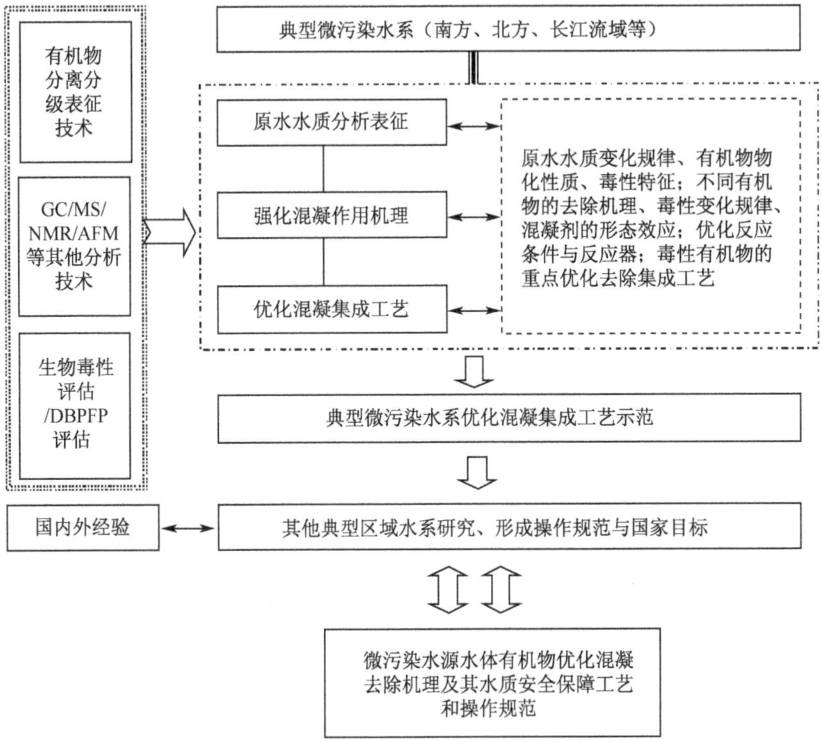

图 4-2　我国强化/优化混凝实施的一般技术路线

4.2　混凝剂的强化

4.2.1　混凝剂研究概况[5]

混凝剂是混凝技术应用中关键之所在。混凝剂主要可分为无机与有机两大类，另外无机、有机之间的混合型、复合型混凝剂当前也有一定的发展。有机类絮凝剂中最初是以改性天然高分子为主要产品，目前使用的有机类絮凝剂大多是合成高分子。但其存在处理后单体的残余问题，且对此问题所带来的生物毒性尚不清楚，从而使其应用受到了限制；微生物絮凝剂的寻找、驯化培养及工业化存在一定难度且周期长。相对有机高分子絮凝剂而言，无机混凝剂具有无毒（或低毒）、价廉、原料易得等多方面的优点，在混凝技术中始终占据极其重要的地位。因此，在本书中主要讨论的是无机类混凝剂。在传统无机铝、铁盐基础上发展起来的新一类水处理药剂-无机高分子絮凝剂，自 20 世纪 60 年代出现后，经过不断的发展与完善，逐渐成为无机混凝剂的主导，在给水处理中有替代传统无机盐类的趋势。然而，由于混凝实践中处理对象的复杂性与多变性以及混凝过程中各种物理化学乃至生物过程的交叉性，对无机混凝剂的研究、生产及应用带来极大的困难。与此同时，受基础研究缺乏的制约，使无机混凝剂向更高阶段的发展面临着较大的挑战。

无机混凝剂的应用有着非常悠久的历史，而应用最早的无机混凝剂应该算是明矾，而当今世界上水与废水处理中使用最多的则是硫酸铝。自 19 世纪末叶，美国最先将硫酸铝用于给水处理并取得专利以来，硫酸铝就以其卓越的混凝性能而得到广泛的应用。目前世界上硫酸铝的产量约 400 万～500 万 t，其中相当一部分用于给水与废水处理。而后，基于铁盐的混凝剂（主要是三氯化铁与硫酸铁），自 20 世纪 30 年代以来也在水处理中得到广泛应用。在此基础上，以铝、铁盐为主要成分的各种无机混凝剂得到不断的探索。

土壤科学家 Matterson 在 20 世纪 30 年代的电泳研究中就已经提出水处理中铝、铁盐是以其水解产物起主要混凝作用的观点，但这一观点当时并未引起足够重视。直到 60 年代，在前苏联、日本首先研制了羟基聚合的铝盐絮凝剂并在水处理中加以应用，使得新一类水处理药剂——无机高分子絮凝剂（IPF）脱颖而出。我国也为其研制较早的国家，试制始于 1964 年，到 70 年代达到高潮。

无机混凝剂的种类繁多，且因制作、生产工艺的不同而有所区别，要从严格的科学角度进行归类尚存在一定的困难。根据其组成、形态性能及特征的不同，可以分别归纳为如表 4-3 所示的几类。无机高分子絮凝剂作为无机混凝剂发展中的主流，逐步形成了系列品种，如表 4-4 所示。其中 PACl、聚合硫酸铝、聚合硫酸铁等已有固定产品。活化硅酸作为助凝剂在现场制备，其改进产品直接作为混凝剂也已得到一定的开发。其他产品则尚处于研试阶段。

PACl 是上述品种中研究最多、技术较成熟、效能较稳定而同时具有最大市场销售量的一种。当前在日本、俄罗斯、西欧、中国都有相当规模的生产和应用，尤其是日本聚合铝产量已超过其他无机混凝剂。聚合硫酸铁较成熟的生产工艺是用 $NaNO_2$ 作催化剂，用 H_2O_2、O_2 作氧化剂经过近 10h 以上的反应制得成品。其缺点有：产品中含有 NO_2^-，被视为致癌物，不能适用于自来水厂给水的处理；应用于给水处理往往容易出现滞后沉淀现象，使自来水泛黄并带铁锈味；生产过程能耗较大，产生大量的 NO、NO_2 酸雾造成环境污染。近年来，华南理工大学化学工程研究所从改变合成工艺路线入手，简化了生产工艺，反应时间由原来的十多小时减少到 2h，所用催化剂 $NaNO_2$ 的量大为减少，所得产品性能超过了目前日本的指标，在我国南方已有多处厂家生产。然而，铁盐具有显著不同于铝盐的水解特性，更倾向于形成高分子聚合物乃至溶胶沉淀。一般认为具有良好混凝性能的铁的低聚物种（oligmers或polycations）极易形成聚集体而难以大量预制加以稳定。另外，在实验室通常所采用的碱化方式预制的聚合铁并不能显著地增强其混凝性能。因此，提高铁系无机高分子絮凝剂品种的混凝性能仍存在着一定的实际困难。

表4-3　无机混凝剂的品种分类

分类依据	品种及其典型实例
组成	铝系混凝剂，例如硫酸铝、聚合铝等 铁系混凝剂，例如氯化铁、聚合铁、硫酸亚铁等 其他，如镁、锌及混合或复合型，例如氯化镁、聚合铁铝等
形态性能	低分子凝聚剂，例如硫酸铝、氯化铁等 高分子絮凝剂，例如聚合铝、聚合铁等
特征	单一型，例如氯化铁、硫酸铝等 复合型，例如聚合铁铝、聚合铝硅等 混合型，例如黏土＋铁盐、铝盐＋铁盐等
其他	如有机-无机混合或复合型，如聚铝＋聚丙烯酰胺等

表4-4　无机高分子絮凝剂的品种

阳离子型	聚合氯化铝 聚合氯化铁 聚合磷酸铝	聚合硫酸铝 聚合硫酸铁 聚合磷酸铁
阴离子型	活化硅酸	聚合硅酸
无机复合型	聚合氯化铝铁 聚合硅酸铝 聚合硅酸铝铁	聚合硫酸铝铁 聚合硅酸铁 聚合磷酸铝铁
无机有机复合型	聚合铝-聚丙烯酰胺	聚合铝-甲壳素

4.2.2　无机高分子絮凝剂化学基础[2,5,6]

铝、铁、硅均为地球上的丰度元素，其地壳含量仅次于氧而位居前四位，分别为8.8%、5.1%、27.6%。铝（Ⅲ）、铁（Ⅲ）、氧化硅水化学的研究在环境科学、土壤科学、地球科学、材料科学、冶金化工乃至生命科学的研究中都具有十分重要的地位。在水与废水处理混凝科学与技术的研究中，铝（Ⅲ）、铁（Ⅲ）、氧化硅水化学更是混凝作用机理研究和无机混凝剂研制开发的基础。因此，在逾越了一个多世纪以来在多学科的角度累积了丰富的有关铝（Ⅲ）、铁

(Ⅲ)、氧化硅水化学的知识与经验，其中相关的专著与综述文献不断得到发表与更新[7~12]。

4.2.2.1 铝（Ⅲ）水解聚合及形态分布特征

铝离子在水溶液中通常是以水合络离子形式存在，在酸性稀水溶液中（pH<3)，铝与六个水分子配位结合而生成水合铝络离子 $Al(H_2O)_6^{3+}$，pH>4 时，水合铝络离子将发生一系列的逐级水解反应，如式（4-1）～式（4-3）所示：

$$Al(H_2O)_6^{3+} + H_2O \rightleftharpoons Al(OH)(H_2O)_5^{2+} + H_3O^+ \quad K_{1,1} \tag{4-1}$$

$$Al(OH)(H_2O)_5^{2+} + H_2O \rightleftharpoons Al(OH)_2(H_2O)_4^{+} + H_3O^+ \quad K_{1,2} \tag{4-2}$$

$$Al(OH)_2(H_2O)_4^{+} + H_2O \rightleftharpoons Al(OH)_3(H_2O)_3^{0} + H_3O^+ \quad K_{1,3} \tag{4-3}$$

在较高 pH 时还会发生如式（4-4）的反应：

$$Al^{3+} + 4H_2O \rightleftharpoons Al(OH)_4^- + 4H^+ \quad K_{1,4} \tag{4-4}$$

式中，$K_{x,y}$为逐级水解平衡常数，表 4-5 列出了各步反应的水解平衡常数值。

表 4-5 铝的水解平衡常数（25℃）

水解反应	lg K
$Al^{3+}+H_2O=AlOH^{2+}+H^+$	−4.95
$Al^{3+}+2H_2O=Al(OH)_2^{+}+2H^+$	−10.1
$Al^{3+}+3H_2O=Al(OH)_3^{0}+3H^+$	−16.8
$Al^{3+}+4H_2O=Al(OH)_4^{-}+4H^+$	−22.87
$Al^{3+}+3H_2O=Al(OH)_3$(gibbsite)$+3H^+$	−7.74

值得指出的是，不同文献所提供的 lg K 值有所不同，如 lg $K_{1,1}$ 从 −4.89 到 −5.10不等，这主要由于各研究者测定时的实验条件不同所致。水溶液中铝形态与溶液特性等多种条件有关。通常情况下，溶液中铝的浓度和 pH 是起决定性作用的两个因素。一般的，在铝浓度小于 10^{-4} mol/L 的酸性或碱性溶液中，铝水解优势形态为单体羟基络离子。pH3～5 时，Al^{3+}、$Al(OH)^{2+}$、$Al(OH)_2^+$ 等为铝水解的优势形态；在 pH7～8 时，铝水解形态以新生成的 $Al(OH)_3$凝胶沉淀物为主；当 pH>8 时，铝形态主要以铝酸阴离子 $Al(OH)_4^-$ 形式存在。

在铝浓度较高（>10^{-3} mol/L）或者是在含铝溶液中加碱时，溶液中水解生成的单体羟基铝络离子会发生聚合反应生成二聚体、低聚体及高聚体等多种羟基聚合形态，如 2 个 $Al(OH)(H_2O)_5^{2+}$ 发生聚合反应生成二聚体：

$$2Al(OH)(H_2O)_5^{2+} = Al_2(OH)_2(H_2O)_8^{4+} + 2H_2O \tag{4-5}$$

聚合反应是在两相邻单体铝络离子之间羟基架桥形成一对具有共同边的八面体结构，二聚体的结构如图 4-3 所示。随溶液 pH 的升高或 OH/Al 摩尔比的增加，铝水解聚合反应会延续而生成更复杂的各种羟基铝聚合离子。

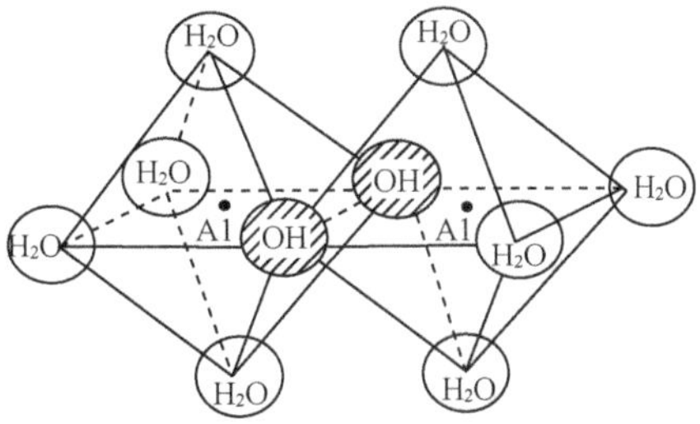

图 4-3　$Al_2(OH)_2(H_2O)_8^{4+}$ 形态结构图

铝水解聚合反应及其生成物组成与多种因素有关，其中最主要的是溶液的 pH 和碱化度。碱化度是表征水解聚合铝的最重要的特征参数，通常碱化度表示为：B＝OH/Al（摩尔比），式中，OH 表示在制备样品时向溶液中所投加的碱量。或更为精确地可以用由 Tang 和 Stumm 等在聚合铁的研究中提出的水解度参数 B^* 值来表示。B^* 值可以由式（4-6）来计算：

$$B^* = B_H + B_{add} - A_{add} = (10^{-pH} + [OH^-]_{add} - [H^+]_{add}) / Al_T \qquad (4\text{-}6)$$

其中，B_H 为自发水解项，以区别于化学强化或抑制项（B_{add} 为加入的碱，A_{add} 为加入的酸）。应用水解度作为控制参数具有较多的优点，诸如可以作为水解产物的结构参数，用以表征温度与浓度效应，动态追踪形态变化过程以及有利于建立统一的模式来研究水解过程。由于 Fe(Ⅲ)具有更为强烈的自发水解趋势，因此 B^* 可以有较多的应用。然而，由于 Al(Ⅲ)的自发水解过程较之强化水解过程而言非常微弱，使得 $B^* \approx B$。

对铝水解聚合反应过程，目前存在多种不同观点，目前较一致的研究结果认为，在铝水解聚合过程中，水解和聚合反应交替进行，逐渐趋向于聚合度增加，生成具有高电荷的聚合羟基络离子，然后转向于低电荷直至无电荷的沉淀物。其形态结构随 B 值的增加而逐步按线型→面型→体型的模式顺序转变，但对其水解形态分布及形成机理主要存在两种研究结果与观点：在形态分布方面，一种观点认为是从单体到聚合物作统计性的连续分布，但不同的优势形态随反应条件而演变，除单体及二聚体形态外，不同作者还陆续提出许多种水解聚合形态，如 $Al_2(OH)_2^{4+}$、$Al_3(OH)_4^{5+}$、$Al_4(OH)_8^{4+}$、$Al_6(OH)_{15}^{3+}$、$Al_7(OH)_{17}^{4+}$、$Al_8(OH)_{20}^{4+}$、$Al_{13}(OH)_{32}^{7+}$、$Al_{14}(OH)_{32}^{10+}$、$Al_{14}(OH)_{34}^{8+}$ 等等，甚至更高的聚合形态。另一种观点则认为是集中于某数种形态而直接转化，认为能够稳定存在的聚合形态主要是 $Al_{13}O_4(OH)_{24}^{7+}$ 及其聚集物等。两种观点的实质主要反映在对铝水解形态形成机理的不同看法，前者认为铝的水解聚合形态是以“六元环（core-links）”结构模型为稳定形态而逐渐演变的，后一种则认为是以“核环（keggin）”（Al_{13}）结构模型为稳定形态。

“六元环”结构模型是基于铝化合态的传统研究方法即化学分析法和电位滴

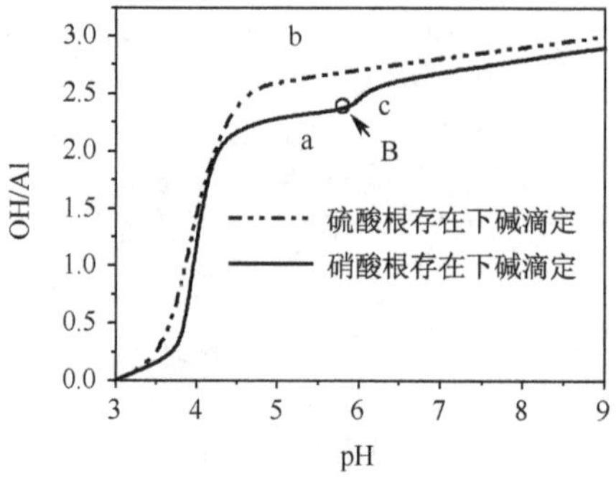

图 4-4　典型的铝电位滴定曲线

定法提出的。Vermeulen 等曾以电位滴定法绘制出 OH/Al 比对 pH 的典型滴定曲线如图 4-4 所示。Stol 等认为，在 $B=2.2$[图4-4a 区]，水解导致迅速连续地生成相对较小的聚合物，在 $B=2.5$ 时生成环状结构的聚合物（图 4-4B 点），在 $B=2.5\sim2.7$，这种环状聚合物边角位结合，并当这些边位电荷降低后，形成平板结构的无定形氢氧化物沉淀。并指出，在碱滴定 pH＞6 时，沉淀物的生成是由于羟基离子与聚合形态边缘阳离子所络合水分子的脱质子反应所致。这种脱质子反应导致聚合形态电荷降低，从而引起聚合形态聚集并形成可见沉淀物。因此，水解聚合形态的边位离子化反应是控制其反应过程的重要步骤。

Hem 等采用电位滴定及 Al-Ferron 逐时络合比色法进一步研究了弱酸性稀铝溶液中（铝浓度 $2\times10^{-4}\sim5\times10^{-5}$ mol/L，$B=2.0\sim2.4$，pH＝4.75～5.2）水解聚合形态分布及其动力学转化过程。他们认为在弱酸性稀铝溶液中能够形成具有相对分子质量连续分布的铝聚合形态。在碱化度 $B=2.4$ 时生成的铝聚合形态达到最大，但仍主要以稳定的四个“六元环”状结构延展而成，形态表达式为 $Al_{16}(OH)_{38}^{10+}$，直径＜20Å，电荷为 0.63。

综上所述，“六元环”结构的基本理论是：在铝水解聚合过程中，聚合分子不断增大而趋于生成具有最稳定化学单元结构的六元环结构，即 $Al_6(OH)_{12}(H_2O)_{12}^{6+}$（单元环结构），其空间构型是由六个六配位的八面体铝原子通过羟基桥键的结合而形成类似于苯环结构的“六元环”状结构。随着碱化度的增大，铝水解形态呈连续变化分布，羟基化合态由单体到聚合体，按六元环的模式发展（图 4-5）。不同的优势形态随条件而演变，直到生成沉淀仍保持着拜耳石的结构。这种观点的理论基础是多核络合物的核链（core and link）络合机理，除

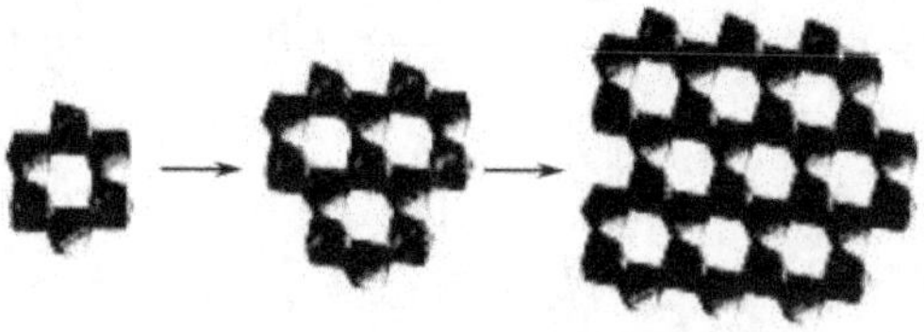

图 4-5　铝的六元环连续模型

Al^{3+}，$Al(OH)_2^+$，$Al(OH)^{2+}$，$Al(OH)_3^0$，$Al(OH)_4^-$ 等单体外，不同作者陆续提出 $Al_2(OH)_4^{2+}$，$Al_2(OH)^{5+}$，$Al_3(OH)_4^{5+}$，$Al_4(OH)_8^{4+}$，$Al_6(OH)_{15}^{3+}$，$Al_7(OH)_{16}^{5+}$，$Al_8(OH)_{20}^{4+}$，$Al_{10}(OH)_{22}^{8+}$ 等聚合形态。铝的六元环结构模型观点在许多年中占统治地位，但尚缺乏直接的结构鉴定证明。

早在20世纪60年代，Johansson 就根据 X 光散射测定 $Na[Al_{13}O_4(OH)_{24}(H_2O)_{12}(XO_4)_4]$（X=S 或 Se）晶体结构的研究结果，提出了水解铝溶液中存在 $[Al_{13}O_4(OH)_{24}(H_2O)_{12}]^{7+}$（简称为 Al_{13}）水解聚合形态。此后，Rauschca 等采用小角度 X 衍射仪、Water 等采用拉曼光谱仪研究的结果也都支持 Johansson 提出的 Al_{13} 聚合形态的观点。小角度 X 衍射仪测定结果还提出 $[Al_{13}O_4(OH)_{24}(H_2O)_{12}]^{7+}$ 聚合形态的回转半径为 4.3Å。更多的则是近年来许多研究者采用 ^{27}Al-NMR仪直接研究水解铝溶液中的聚合形态分布，均一致证实了 Johansson 提出的 Al_{13} 聚合形态的存在。如 Akitt 首先根据 ^{27}Al NMR 的特征谱峰来鉴别水解铝溶液中的聚合形态。最初研究表明，在 Al=10^{-2}～10^{-4} mol/L，OH/Al=0.5～2.5的水解铝溶液中主要存在 $[Al(H_2O)_6]^{3+}$、$[Al_2(OH)_2(H_2O)_8]^{4+}$、$[Al_{13}O_4(OH)_{24}(H_2O)_{12}]^{7+}$ 和 $[Al_8(OH)_{20}(H_2O)_x]^{4+}$ 等水解聚合形态。两年后 Akitt 等进一步研究指出，在 OH/Al＞2.0 的水解铝溶液中，仅存在 $[Al_{13}O_4(OH)_{24}(H_2O)_{12}]^{7+}$ 水解聚合形态（占 70%～90%）和少量 $[Al(H_2O)_6]^{3+}$ 和 $[Al_2(OH)_2(H_2O)_8]^{4+}$。Bottero 等采用 ^{27}Al NMR 法及化学平衡计算模式综合研究了 Al=0.1 mol/L、B=0.5～2.5 的水解铝溶液中的形态分布结果认为，主要存在形态为 $[Al(H_2O)_6]^{3+}$、$[Al(OH)(H_2O)_5]^{2+}$、$[Al_2(OH)_x(H_2O)_{10-x}]^{(6-x)+}$、$[Al_8(OH)_{20}(H_2O)_{12}]^{4+}$、$Al_{13}O_4(OH)_{24}(H_2O)_{12}]^{7+}$ 和一种带电凝聚物 $Al(OH)_3^*$。并指出在 B＞2.0 的水解铝溶液中，Al_{13} 聚合形态可高达 70%～90%。Buffle 和 Parthasarthy 等采用动力学比色法、超滤和 ^{27}Al NMR 法综合研究表征了水解铝溶液中的各种形态分布状况，指出在 OH/Al 为 2.5、Al=10^{-1}～10^{-4} mol/L的水解铝溶液中，$[Al_{13}O_4(OH)_{24}(H_2O)_{12}]^{7+}$ 形态可达 80%以上，聚合物直径大致为10～20Å，平均电荷为 0.53～0.56。Bertsch 等采用电位滴定、^{27}Al NMR 及 Ferron 比色法综合研究分析了水解铝溶液的形态，认为主要水解聚合形态为 Al_{13} 和比 Al_{13} 更大的惰性形态（这种水解形态与 Ferron 反应比与 Al_{13} 形态的反应更为缓慢）。其他研究者采用 ^{27}Al NMR 直接测定结果也均证实了在 B＞2.0 的水解铝溶液中 Al_{13} 聚合形态为优势形态。

Al_{13} 结构模型研究认为，在水解铝溶液中只存在某几种形态的相互转化，在单体及二聚体之外只提出了 Al_{13} 及更高聚合物等几类形态。最稳定的水解聚合形态只有一种，即 Al_{13} 形态，它是由十二个六配位八面体的铝原子围绕一个四配位的铝原子通过羟基桥键的结合而形成。Al_{13} Keggin 结构存在 5 种同分异构体分别是 α-Al_{13}、β-Al_{13}、γ-Al_{13}、δ-Al_{13}、ε-Al_{13}，其结构见图 4-6。

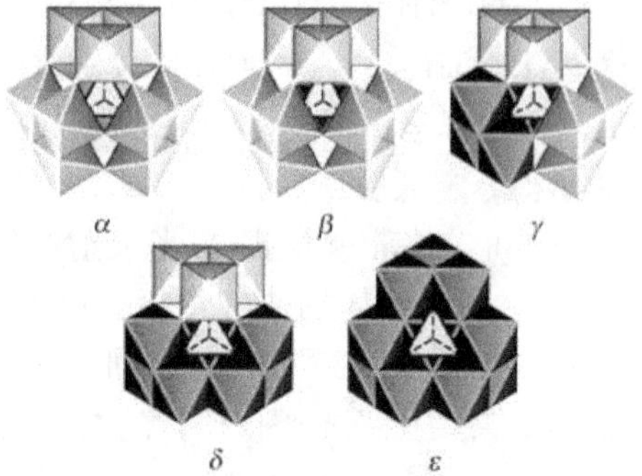

图 4-6　Al_{13} Keggin 结构的 5 种同分异构体

最近一些研究指出，在高温合成或熟化条件下制备的聚合铝溶液，存在一些比 Al_{13} 聚合形态更大的$[(AlO_4)_2Al_{28}(OH)_{56}(H_2O)_{26}]^{18+}$（简称 Al_{30}）聚合形态，Al_{30}形态结构示意图见图 4-7。依据 Al_{30} 结构模型，Al_{30} 是由 2 个具有 Keggin 结构的 δ-Al_{13} 通过 4 个铝单体连结聚合而成的具有 30 个铝原子，18 个正电荷的聚

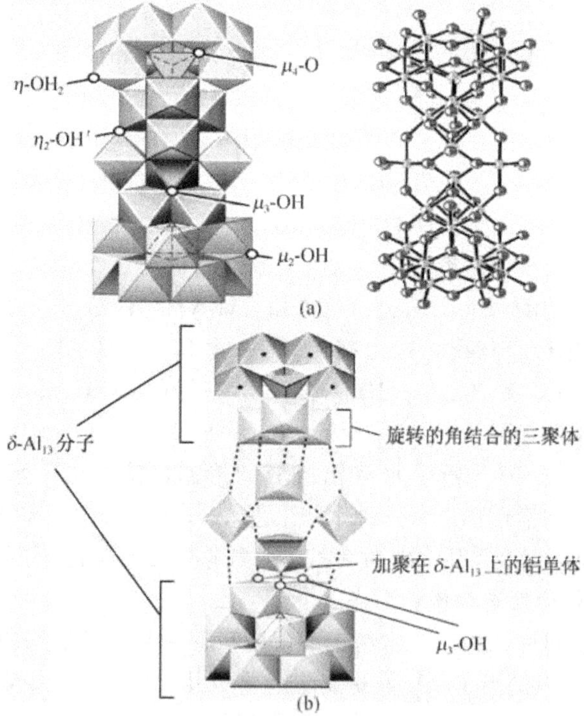

图 4-7　Al_{30} 分子结构模型（a）和 Al_{30} 分子结构解析（b）

合阳离子，粒径约 2nm。在 Al_{30} 中存在 8 个 μ_4-O 型氧原子，50 个 μ_2-OH 型氧原子，6 个 μ_3-OH 型氧原子和 26 个 η-H_2O 配位水分子，共 90 个氧原子。单体和 Al_{13} 是形成 Al_{30} 的前驱物，Al_{30} 的形成机理（图 4-8）与 Al_{13} 的形成有密切的关系。虽然 Al_{30} 形成的详细机理尚需要深入研究，但它的发现极大地支持了 Al_{13} 结构模型理论。近年来 Al_{13} 结构模型理论得到更多的承认，成为仪器鉴定和絮凝剂化学中的主流观点。

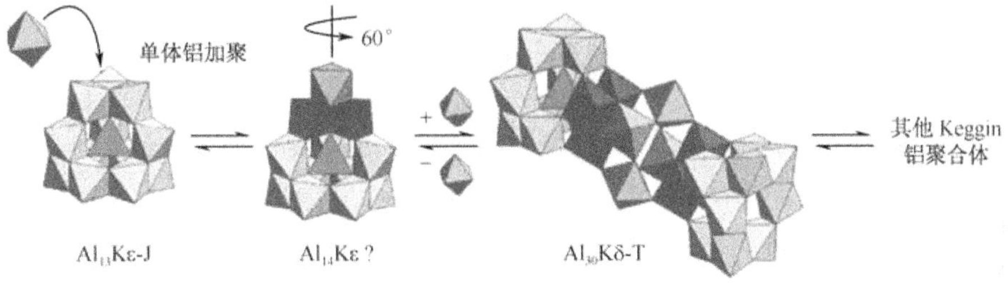

图 4-8　Al_{30} 的形成机理示意图

4.2.2.2　Fe(Ⅲ)水化学的研究与进展

Fe(Ⅱ)与 Fe(Ⅲ)是铁化合物中重要的存在形式，其水解产物对铁元素的生物地球化学循环、矿物的形成与迁移具有十分重要的作用。另外，铁的水解产物还可以作为有毒有害物质的载体对其在天然水体中的迁移转化具有较大的影响。铁水解产物的重要性还表现在给水与废水的处理中用作混凝剂，在药物和一些催化剂的生产上作为有效组分。在材料的腐蚀与防护，颜料、涂料、陶瓷及标准颗粒物的生产过程中，铁水解产物同样有着重要的应用。因此，铁的水解-络合-聚合-溶胶-凝胶-沉淀-晶化等系列过程研究得到诸多学科及工业部门的广泛重视，日益成为研究开发的重要领域。

$Fe(H_2O)_6^{3+}$ 呈淡紫色，存在于铁矾或不含强配位性阴离子的强酸性溶液中。在水溶液中，$Fe(H_2O)_6^{3+}$ 迅即发生水解、络合、聚合、沉淀等系列反应。一般而言，水解生成的 Fe(Ⅲ)单体（monomer）迅速地形成初聚体（oligomer）或晶核（nuclei 或 cluster），继而聚集生成更大的形态，然后连接形成三维的无限网络固相结构，并随着熟化过程的延长，这些初步形成的固相逐渐经溶解-重结晶机制或经结构调整而转化为更稳定的晶相结构。对于其初始的连续水解去质子化反应可以用下列反应式及其平衡常数来表示：

$$Fe(H_2O)_6^{3+} + H_2O \rightleftharpoons Fe(OH)(H_2O)_5^{2+} + H_3O^+ \quad pk_{1,1} = 2.7 \quad (4\text{-}7)$$

$$Fe(OH)(H_2O)_5^{2+} + H_2O \rightleftharpoons Fe(OH)_2(H_2O)_4^{+} + H_3O^+ \quad pk_{1,2} = 3.8 \quad (4\text{-}8)$$

$$Fe(OH)_2(H_2O)_4^+ + H_2O \rightleftharpoons Fe(OH)_3(H_2O)_3^0 + H_3O^+ \quad pk_{1,3} = 6.6 \tag{4-9}$$

$$Fe(OH)_3(H_2O)_3^0 + H_2O \rightleftharpoons Fe(OH)_4(H_2O)_2^- + H_3O^+ \quad pk_{1,4} = 9.3 \tag{4-10}$$

显然，Fe(Ⅲ)水解产物为 Brönsted 酸，且 $Fe(H_2O)_6^{3+}$ 具有与磷酸相当的一级酸度常数。每当一个质子离解转入水溶剂中，其中的一个配位水分子就转化为羟基。在水溶液中，铁水解形态均与水分子相结合而存在，为简单起见，我们通常在其表达形式中略去配位水分子，如 Fe^{3+}。同时需要指出的是，由于 Fe^{3+} 离子在水溶液中的溶解度极低，平衡常数 $k_{1,1\sim4}$ 的精确测定十分困难，上述数值是从一系列的热力学数据在离子强度为 0.16 与常规 pH 标度条件下转换而得。

水解生成的铁单体络合形态强烈地趋向于聚合，其中最简单的生成二聚体的反应及其平衡常数为

$$2Fe(OH)^{2+} \rightleftharpoons Fe_2(OH)_2^{4+}(+2H_2O) \quad k_{2,2} = 1.46 \tag{4-11}$$

该二聚离子具有显著的稳定性，得以较大量地存在于浓度高于10^{-4} mol/L 的 Fe(Ⅲ)溶液中。其中两个铁离子可能以两个羟桥方式相连接。

上述平衡曾应用光谱法、电位滴定进行了较好地证实。最近，Bottero等应用 EXAFS 实验进一步证实了溶液中二聚体的存在。Fe(Ⅲ)水溶液中的聚合反应取决于各反应过程中的物理、化学条件，其中最主要的是 pH、配位体数（$[L]_{bound}/[Fe]_t$）及温度。对于其水解聚合反应过程，目前尚缺乏明确的认识，尤其是对后续高分子以及溶胶形态形成起决定作用的初聚或低聚体形态仍存在多种不同的观点，但大致认为存在两个水解特征：水解初期的异相结晶过程与高水解度条件下的均相结晶过程。

对于不同的水解聚合反应总的可以用式（4-12）来表示：

$$xFe^{3+} + yH_2O \rightleftharpoons Fe_x(OH)_y^{3x-y} + yH^+ \tag{4-12}$$

其平衡常数表达式为

$$k_{xy} = \frac{[Fe_x(OH)_y^{(3x-y)+}][H^+]^y}{[Fe^{3+}]^x} \frac{f_{xy} f_{H^+}^y}{f_{Fe^{3+}}^x a_{H_2O}^y} \tag{4-13}$$

式中，f 为溶液离子活度系数。显然，在确定各级平衡常数时与各离子的活度系数有关，但大多数研究对离子活度系数考虑较少，同时活度系数的计算在高浓度情形下尚存在理论上的困难。因此，对各平衡常数的测定存在着较大的误差，近年来，对其中若干平衡常数进行了更为严谨的测定与计算。

Fe(Ⅲ)的水解过程可以用滴定曲线来加以表征，典型的如图 4-9 所示。图中结果由 van der Woude 和 de Bruyn 以 NaOH 滴定 6.25×10^{-2} mol/L $Fe(NO_3)_3$（初始 pH 为 0.7、离子强度为 0.5 mol/L）而得。图中实线和虚线分别代表碱滴定速度为 140×10^{-3} 和 11×10^{-3} mol/(L · h)。实验于 N_2 气氛中在快速搅拌条件

下进行。随着碱液的不断加入，可以观察到溶液颜色的递变过程，反映了水解聚合沉淀及其可逆过程的反应进程。虽然这些变化与水解度（B^*）相关联，但是并没有使溶液的 pH 得到上升，说明 Fe(Ⅲ)的酸性与一般意义上的酸具有显著不同，如磷酸的滴定曲线中可以观察到三个连续的平台（若以缓冲容量对配位体数作图可以得到明显的三个峰），而 Fe(Ⅲ)溶液的滴定曲线只出现一个平台。由此可见，Fe(Ⅲ)溶液具有特殊的缓冲性能。根据曲线的形状及滴定过程中的递变现象，van der Woude 和 de Bruyn 将滴定曲线分为4个典型的区域，分别对应于 Tang 和 Stumm 等所划分的5类聚合铁。在区域Ⅰ中，对应于 $0.1 \leqslant B^* \leqslant 0.2$，pH 迅速升高说明自发水解形成的 H^+ 得到快速中和。在此区域内，由于存在较大活度的 H^+，使多聚体以及沉淀得以迅速溶解。配位体数的增加对应于下列水解产物的快速形成：单体 $Fe(OH)_i^{3-i}$，二聚体 $Fe_2(OH)_2^{4+}$ 以及可能的三聚体 $Fe_3(OH)_4^{5+}$。尽管对于热力学稳定相 α-FeO(OH)而言，此时溶液是超饱和的，但由于所处低 pH 范围，对沉淀的形成具有动力学的不利条件，因此体系处于介稳状态之中，可稳定数月甚至数年而不发生 pH 变化与沉淀。虽然在容器的底部可以观察到因储存而形成的黄色 γ-FeO(OH)沉淀，可能归因于溶液中存在的杂质继而诱发的异相结晶与沉淀。

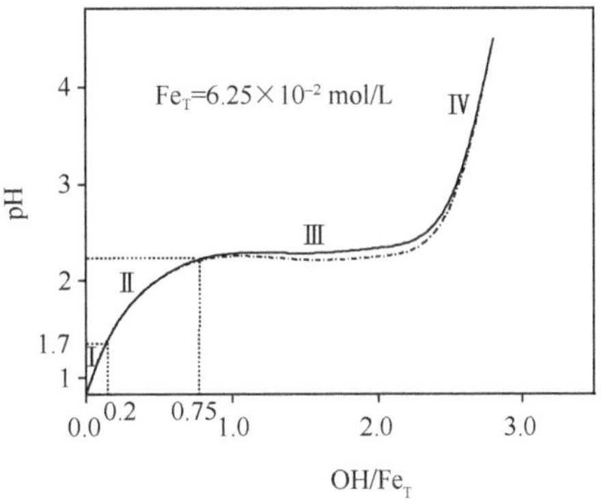

图 4-9 Fe(Ⅲ)典型的碱滴定曲线

在区域Ⅱ中，也即 $0.2 \leqslant B^* \leqslant 0.5$，溶液的颜色渐渐转为深黄色，说明已有一定量的聚合度高于二聚体的高分子聚合物形成。虽然在这一区域内，pH 仍呈上升趋势，但所加入的碱主要将参与夺取 Fe(Ⅲ)配位水中的 H 或直接取代配位水分子，因此 pH 上升渐缓。在这一区域的 pH 范围已处于无定形 $Fe(OH)_3$ 的形成区，但是停止滴定后在一定时间（称之为诱导时间）内仍观察不到溶液的 pH 与光学特征的变化。随着熟化放置时间的增加，超过诱导期将出现 Tyndall 效应，pH 随着降低继而出现沉淀。共存高价阴离子的存在将使沉淀区域提前。

继续滴定进入区域Ⅲ中，对应于 $0.5 \leqslant B^* \leqslant 2.3$，将出现一个 pH 平台，同时快速形成的无定形 $Fe(OH)_3$ 继而溶解。溶液颜色由亮黄色转为红棕色。在这一区域内，配位体数增至 2.4～2.5 而不出现本体溶液沉淀，说明所加入的碱提供聚合物形成所需的羟桥与氧桥，pH 迅即下降而不存在诱导期。这一 pH 平台的出现随离子强度与总铁浓度的增加而转向低 pH。由此表明聚合物的酸性得到一定程度的增加。同时，若保持恒定的离子强度，则滴定速率越快平台出现越早。因此，沉淀的形成与溶解成为这一区域控制水解产物的形成与分布的关键，并决定着区域Ⅳ出现的快慢。在区域Ⅳ中，即 $B^{*}\geqslant 2.3$ 时，沉淀大量形成并伴随着 pH 的突跃。

在 Fe(Ⅲ)水溶液中存在的一些基本形态为 Fe^{3+}，$Fe(OH)^{2+}$，$Fe(OH)_2^{+}$ 以及 $Fe_2(OH)_2^{4+}$ 或 Fe_2O^{4+}。上述形态均经过实验的证实，其中 $Fe_2(OH)_2^{4+}$ 或 Fe_2O^{4+} 的结构仅在与有机配体的络合物中得到表征，在其中一个络合物中，其结构为 $[L_5FeOFeL_5]$，其 L_5 为五配位基胺。另外两个络合物结构分别为 $[L_3(H_2O)_2FeOFe(OH_2)_2L_3]$，$[L_3(H_2O)Fe(OH)_2Fe(OH_2)L_3]$，$L_3$ 为取代的甲基吡啶。对于 $Fe(OH)_2Fe$ 或 FeOFe 两种结构形式的存在说明了 $Fe(OH)_2Fe$ 与 $FeOFe+H_2O$ 之间的能量差别甚微，因此 $Fe_2(OH)_2^{4+}$ 或 Fe_2O^{4+} 可能在溶液中相平衡而共存，最近，由 Bottero 等应用 EXAFS 实验证实了其存在于溶液中。然而，磁能的测定、溶液中红外光谱以及动力学数据均表明，二聚体的形态应该为 $Fe_2(OH)_2^{4+}$ 而非 Fe_2O^{4+}。另外最具特色与争议的单体形态为 $Fe(OH)_3$，或许不存在或许含量极微而无法为仪器所检测，这在于其对应固相为热力学不稳定态。而 $Fe(OH)_4^{-}$ 则被认为与氢氧化铁在 pH 大于 10 条件下的溶解相关。虽然，各单体均仅存在于一定条件中，其分离纯化鉴定尚不太现实，但仍可以得到下列认识：

(1) 这些单体之间存在着一种快速平衡反应机制，混同于质子迁移反应之中。随着去质子化程度的增加，其配位水分子的交换速率得以急增。

(2) 各形态的稳定性相差极大，且存在条件各不相同，取决于溶液 pH。在 pH 条件稍加升高时均强烈趋向于形成聚合物。

(3) 从四个连续去质子化反应的平衡常数来看，其间隔达两个 pH 单位。因此可以认为这些单体的结构保持六配位八面体的立体构型。

由于低聚态介于溶液分子态与高分子态之间，极具反应活性，特别是当溶液处于超饱和状态时，其大量形成使溶液得以处于介稳状态，因而其生成机理、存在状态与转化途径的研究显得十分重要。而所谓的分子簇（cluster）、聚阳离子（polycation）以及晶核（nuclei）均可能为其代名词适用于不同途径与条件下，对其分离、纯化、鉴定以及化学性能的研究成为水解化学研究中的难题与前沿所在。那么，Fe(Ⅲ)水解产物中究竟是否存在稳定的低聚体呢？

大量的研究结果表明，在 Fe(Ⅲ)水解产物中得以稳定存在的低聚态似乎并不太多。其中较为肯定的为酸性溶液中的 $Fe_2(OH)_2^{4+}$，可能存在 $Fe_3(OH)_4^{5+}$，而 $Fe_{12}(OH)_{34}^{2+}$ 的提法似已被否定。虽然最近 Bottero 在 Fe(Ⅲ)水解产物的 EXAFS的研究中提出 Fe_{24} 为其基本结构形态，但并没能充分说明为溶液中稳定存在的形态。另外，在碱性条件下认为可能存在 $Fe_2(OH)_8^{2-}$。这些低聚物具有比单体更强的去质子化倾向，随着聚合度的增加其去质子化趋势增强，也即具有更强的酸性，相应于单体形态，极易失稳聚合形成更大的聚合物，因此仅在强酸性或碱性以及浓溶液条件下存在。酸性条件下低聚体的生长或聚集反应属于吸热过程，因而加热有助于强化水解过程的进行。

至于高分子聚合物的形成、结构与化学性能有着更多的研究，早期的研究由Flynn作了详尽的综述，其熟化过程中的结构转化机理则由Blesa作了补充，因此，这里不再赘述。总的研究结果表明，在较高碱化度下形成的聚合物为粒径1～4nm左右，虽然其形态结构仍然处于不断的发展变化之中，这些形态的形成与晶核相共存使水解溶液得以稳定。SAXS与PCS相结合的研究结果表明，铁的氧化物或氢氧化物均由处于粒度0.5～1.5nm范围的亚结构单元组成。这些结构单元随共存阴离子的不同而发生变化。

一般而言，对Fe(Ⅲ)溶液的连续滴定及pH弛豫的研究表明其水解及沉淀的逐步形成由4个步骤构成：①水解生成单体、二聚体与三聚体；②低聚物与小型高分子的快速生成与溶解；③大型高分子聚合物的慢速形成；④沉淀的形成。Dousma等提出了一个模型［如图4-10(a)所示］包括了前三个步骤，通过羟桥连接形成高聚物，而后熟化形成氧桥伴随去质子化过程，最终形成沉淀。然而，沉淀的形成受参数-水解度所控制。在低水解度（相当于区域Ⅱ）范围，存在一个快速沉淀形成的机制。Murphy等的研究表明在此未形成高聚物的区域内所熟化形成的沉淀为γ-FeO(OH)。进一步的研究发现水解沉淀过程中存在一个特殊的水解度值，低于或高于这一水解度具有不同的水解聚合沉淀机制。由此Knight等提出了另一个模型如图4-10(b)所示。在此基础上，汤鸿霄等进一步提出了一个更具综合性的模型如图4-10(c)所示，将Dousma与Knight等的模型综合在一起，并将水解Fe(Ⅲ)溶液根据水解度区分为A、B、C、D、E 5类，分别对应于滴定曲线的4个区域。

上述的水解聚合沉淀模型描绘了Fe(Ⅲ)溶液滴碱强化水解过程中的一般规律。但是Fe(Ⅲ)的水解系列过程是十分复杂的，聚合物的形成及后续的沉淀过程取决于许多错综复杂的因素，受许多条件所控制。虽然近一个多世纪来积累了大量的实验观察与理论研究，对于其反应机制的理解仍然是较为模糊的，存在着许多困难。对于其聚合反应大致可以归纳为3种机理过程，即羟桥、氧桥与结晶的形成，如下列反应式所示：

$$\sim Fe(OH) + \sim Fe(OH) \rightleftharpoons \sim Fe(OH)_2Fe \sim \qquad \text{羟桥 (olation)} \tag{4-14}$$

$$\sim Fe(OH) + \sim Fe(OH) \rightleftharpoons \sim FeOFe \sim + H_2O \qquad \text{氧桥 (oxolation)} \tag{4-15}$$

$$\begin{aligned} & i/2Fe(OH)_i^{3-i} + i/2Fe(OH)_i^{3-i} \rightleftharpoons \\ & Fe_i(OH)_j^{3i-j}(Fe_iO_j(OH)_k^{3i-2j-k}) + nH_2O \qquad \text{缩聚(condensation)} \end{aligned} \tag{4-16}$$

对于上述 3 种机制还存在不同的表达方式，如图 4-11 所示的 Blesa 等提出的羟桥反应模式。然而这些皆属于定性描述，且尚未能对反应过程中的立体效应加以解释，而这在有其他阴离子参与反应时具有较大的影响作用。聚合物的形成过程中，可能存在一个连续的机理过程，由低聚物连接成空间立体结构，也可能直接消耗单体如 Schneider 所描述，其间伴随低聚物的迅速溶解（Ostwald 效应）。

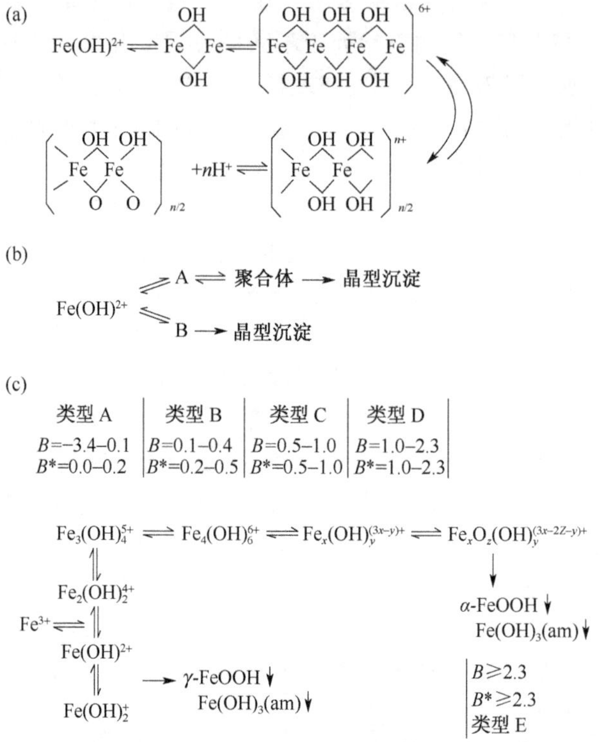

图 4-10　Fe(Ⅲ)水解过程的综合模式

(a) Dousma 和 de Bruyn；(b) Knight 和 Sylva；(c) Tang 和 Stumm

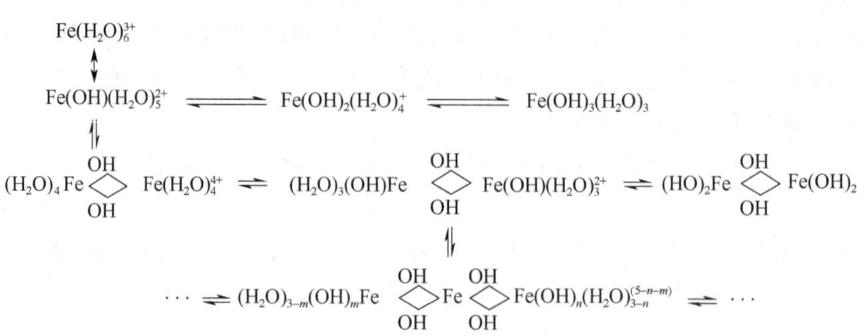

图 4-11　Fe(Ⅲ)桥连反应示意图

另外，一些其他的机理过程也可能发生于 Fe(Ⅲ)的水解过程之中，涉及其水解产物形态的磁学性能。但总的来说，对于 Fe(Ⅲ)的水解机理的研究大多从形成的晶相与沉淀结构来加以推测，直接对其缩聚过程加以研究的报道甚少。对此，近年来 Bottero 所在的小组应用多种现代仪器检测手段进行了大量的研究工作。他们对系列聚合氯化铁形成过程的形态进行逐时跟踪检测，实验结果表明：Fe(Ⅲ)聚合物首先通过羟基桥连而成。这些聚合物可能是二聚体或三聚体等，且只有边边连接的八面体形态结构存在。第二步则形成氧桥，大型高分子的形成为通过氧桥连接。

4.2.2.3　氧化硅水化学的研究与进展

硅为地球上的丰度元素，其地壳含量为 27.6%，仅次于氧。对于硅的水化学有着极为广泛的研究，其中最为出色的专著为 Iler 的 “The Colloid Chemistry of Silica and Silicates” 以及 “The Chemistry of Silica”，其再版得到了极大的丰富与完善。由于相关文献众多，涉及范围颇广，不可能加以一一评述。在英文中，Silica 泛指水体中 Si 的各种形态，中文中尚找不到合适的名称，因此本书暂以氧化硅一词代之，以区别于二氧化硅（SiO_2）。

对于较早的水溶液中氧化硅聚集行为研究可以追溯到 Graham 时期，以及 Freundlich 等的探索。由于硅酸溶液中一个显而易见的特征——随着聚合程度的增加其黏度增加而后形成凝胶，因此其聚合过程一般被认为是一个聚集或聚合过程，是由小分子单元相互连接而成的更大结构单元。许多研究者均持一种与有机聚合物的形成相类似的观点，即由 $Si(OH)_4$ 单体聚合成硅氧烷（siloxane）链而后分支及交叉相互铰链，而未能认识到在聚集之初其独立颗粒的结晶与生长过程。直至现在仍有人试图将有机化学中的单体功能性聚合以及结晶聚合观点移用于氧化硅体系中。而事实上，水溶液体系中的硅酸聚合与缩聚型有机高分子并无相关或相似之处。

1925 年，Kruyt 与 Postma 指出存在着两类硅酸溶胶，一种是稳定性的溶胶，另一种是黏度随时间增加而增加的溶胶。其实这与不同酸碱条件下的聚合稳定机制不同有关。最早将硅酸聚合过程表述为首先聚合形成单独的颗粒而后聚集成链状与网状结构的是 Carmen。他将硅酸聚合过程归纳为 3 个阶段：①单体聚合形成颗粒；②颗粒的生长；③颗粒间相互连接成分支的链而后形成网状最后伸展于液相中并经厚实化形成凝胶。自从 Carmen 于 1940 年发表该观点以来经过了更多的实验证实。大家一致认为，聚合所导致氧化硅相对分子质量的增加包含着硅氧烷基团的缩聚过程：

$$—SiOH + HOSi— \rightleftharpoons —SiOSi— + H_2O \tag{4-17}$$

“聚合”一词仅为广义上的一种概念，即 SiOH 基团的缩聚使得各分子间紧密相连的结构单位增加粒径，而不管其属于球形颗粒直径的增加或是颗粒聚集增加其组成颗粒数。两者在氧化硅的聚集生长过程中均可能同时发生。

Iler 由此提出了聚合反应过程中的一个综合模式，如图 4-12 所示。该图仅适用于水溶液体系，对于非水体系中 $Si(OH)_4$ 的聚集行为则了解甚少。对于其中的每一个步骤，由 Iler 归纳如下。

（1）如果将单硅酸的浓度限定于 100mg/L SiO_2 以内，于 25℃的水中可以长期稳定存在。然而，当单体 $Si(OH)_4$ 浓度大于 100～200mg/L SiO_2，也即无定形二氧化硅的溶解度时，并且不存在任何固相（以免可溶性氧化硅得以沉积其上），那么单体之间通过缩聚而聚合为二聚体或其他相对分子质量更高的硅酸。

（2）该缩聚式聚合过程中包含着一种离子化机理过程。在 pH 高于 2 时其聚合速率与羟基离子浓度成正比，低于 2 则与质子成正比。

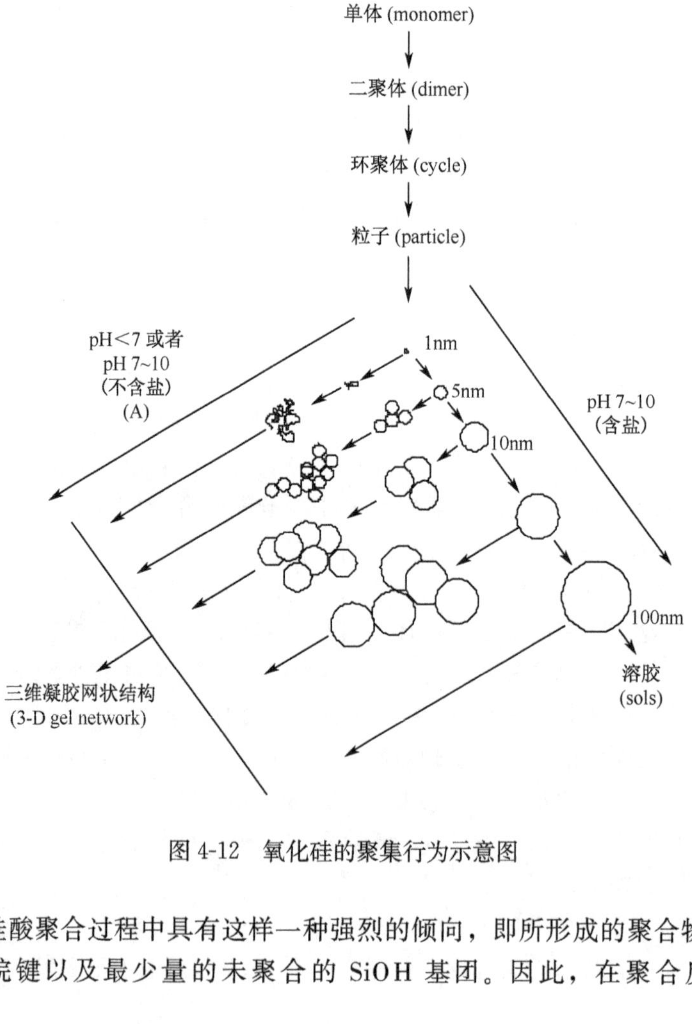

图 4-12　氧化硅的聚集行为示意图

（3）硅酸聚合过程中具有这样一种强烈的倾向，即所形成的聚合物具有最大量的硅氧烷键以及最少量的未聚合的 SiOH 基团。因此，在聚合反应初期，

SiOH 基团之间的聚合迅速形成环状结构，例如环四聚体，而后单体继续与之结合并将环状高分子聚合物连接成三维网状结构。这种结构内部继续聚合使得形成最为密实的结构并将 SiOH 基仅保留在外界。

(4) 上述球形单元也即晶核演变为更大的颗粒。这些颗粒物的溶解度取决于其粒径以及其表面的弯曲半径。同时也取决于其内部固相中去水化程度。后者在常温下进行将保留有一定程度的未聚合 SiOH 基，而在 80℃以上尤其当 pH 高于 7 时所形成的颗粒往往为高度去水化的。

(5) 因为小颗粒往往具有比大颗粒更高的溶解度，而且并非所有的三维结构都具有相同的粒度，所以，大颗粒得以增长其平均粒径而小颗粒则溶解伴随着颗粒数的减少，氧化硅得以沉积于较大的颗粒之上（Ostwald 效应）。然而，小颗粒仅仅在其粒径小于 5nm 时具有显著的溶解度而且当粒径小于 3nm 时溶解尤其明显。因此，在 pH 高于 7 时，氧化硅的溶解与沉积速率相当大，常温下颗粒生长达直径为 5～10nm 而后其生长速率才得以减缓。在低 pH 时，因为聚合与解聚速率的下降，当颗粒粒径达 2～4nm 时，其生长就已基本结束。在高温尤其 pH 高于 7 时，颗粒可以生长为更大的粒径。Vysootskii 在氧化硅聚合初期阶段的研究中也提出了类似的观点，认为水溶液体系中早期氧化硅颗粒的形成具有两个基本的步骤：①颗粒一经形成并利用溶液中的硅酸而生长；②颗粒进一步生长为大颗粒是通过其他小颗粒中溶解下来的硅酸沉积而成。这是一个较慢的过程，尤其在低 pH 条件下当单体已耗光时可以忽略不计。

(6) 在 pH 大于 6 或 7 至 10.5 时，氧化硅溶为硅酸盐而使得氧化硅颗粒荷负电而相互排斥。因此，它们之间无法碰撞聚合而继续生长。但是，当存在一定量的盐时，颗粒间的排斥作用得到降低而发生聚集胶凝。

(7) 在低 pH 条件下，氧化硅颗粒带有极微量的电荷，因此得以碰撞聚集成链，继而形成凝胶网状结构。如果 SiO_2 的浓度高于 1%，那么一旦小颗粒生成，这种聚集反应就可能发生。然而，在低浓度以及 pH 接近 2 时，在开始聚集之前单体大多转化为单独的颗粒物。另一方面，在 pH5～6 时，单体一边快速地转化为颗粒物同时又发生聚集胶凝反应而无法将其区分开来。聚集速率随着浓度的增加而快速增加，在浓度超过 1%的任何情况下，聚集过程的发生将不仅发生在颗粒物之间，同时也将发生在低聚体之间。

由此看来，氧化硅体系的聚集与胶凝行为是非常独特的，与一般的金属氧化物不同，因为其形成的固相仍然为无定形状态并可高度溶于水中，且一般与单体处于溶解平衡状态之中。同时 pH 对氧化硅的聚合生长过程的影响无论对聚硅酸抑或大颗粒均具有相同的特征，即在 pH 为 1.5～3.0 附近，具有暂时的最大稳定性，而在 pH5～6 时具有极快的胶凝速率。另外，在低 pH 时电解质对胶凝过程无甚影响，而在中间 pH 区域电解质明显加快了胶凝速率。由于氧化硅的聚合在 pH 为 2 时具有一个最小的速率，因此对其聚合机理通常认为低于此 pH 时质子起催化作用，高于此 pH 则羟基起催化作用。但是 Iler 发现在此 pH 条件下，微量的氟离子具有显著的影响作用。而通常水溶液中微量氟离子的存在是很难避免的，因此，低酸度条件下的催化作用可以视为质子与氟离子作用的加和。羟基对硅酸单体的自聚催化作用一般可以写为

$$2Si(OH)_4 \xrightarrow{OH^-} (HO)_3SiOSi(OH)_3 + H_2O \tag{4-18}$$

Treadwell 和 Wieland 等进一步提出了下列假设："为了解释说明硅酸的聚合作用机理，我们必须从这样一个事实出发，即四价硅原子从配位的角度来看仍然处于非饱和状况。在硅氟络合物中起活性作用的严格限定的二级化合价（the strongly defined secondary valences）也必然同时在水合氧化物中起重要作用。"

在此基础上，Iler 以及 Weyl 分别提出了聚合过程中的过渡态形成机制。由此看来，在 pH 高于或低于 2 时，氧化硅的聚合机理具有显著的差异。pH 高于 2 时，单体消失的速率为二级反应，而低于 2 时则为三级反应。Okkerse 对此作了解释，认为 pH 低于 2 时，硅原子的配位数增加至 6，形成了包含三个硅原子参与的中间体。pH 高于 2 时，认为只有两个硅原子参与的中间体。Dalton 则提出了另一种形式，认为如果其中一个或两个硅原子必须为聚硅酸或氧化硅颗粒表面的硅原子，那么其配位数可能为 5。

通常认为，在任何情况下，当硅原子处于 5 或 6 配位时，其 Si—O 键将得到削弱，因此分子间将发生重排。Strelko 对此作了详细论述，并提出了下列速率方程，适用于 pH 在 2～10 范围：

$$r = C^2\{k_1 K_D[H^+]/(K_D + [H^+])^2 + k_2[H^+]\} \tag{4-19}$$

其中，$K_D = [M^-][H^+]/[M]$，$[M]$与$[M^-]$分别为 $Si(OH)_4$ 与 $HSiO_3^-$ 浓度，C 为 SiO_2 总量，同时

$$[M^-] = C - [M], 且[M] = C[H^+]/(K_D + [H^+]) \tag{4-20}$$

该速率方程于中间 pH 区域内具有一个聚合速率的最大值。

另外，Stober 提出了一个硅酸溶液中多重结晶聚合反应平衡的综合理论，推导了不同结晶程度的聚合物与单体相平衡的理论，对于该复杂平衡方程的有效性尚待更多的实验证实。

4.2.3 纳米絮凝剂

4.2.3.1 概述

IPF 品种经历了近 40 多年的研制开发逐渐形成了铝系、铁系以及多类复合型品种。虽然品种繁多、制备方法与工艺各有不同，但存在的问题较多，且质量

参差不齐，多数产品稳定性较差，作用效果相去甚远。同时，IPF 的生产过程中主要技术指标仍然停留在碱化度的概念之中。对于各种羟基多核络合物的生成机制、结构形态、物化特性及其应用过程中的作用机理仍然缺乏明确的认识，且存在着多种不同乃至相反的观点。聚合铝作为一种新型高效水处理药剂，在国内外已得到迅速发展并成为目前产量最大，应用范围最广的主流水处理药剂。由聚合铝可衍生出多种复合型系列絮凝剂，其目的在于增强吸附架桥作用或凝聚沉降性能，提高净化处理效果的同时降低产品成本。但是无论哪种类型的无机高分子絮凝剂主体成分仍然是具有高价态的羟基聚合铝离子，其中起主要决定作用的成分为 Al_{13} 形态。现行主流聚合铝产品质量参差不齐，Al_{13} 的含量仍然很低（仅在 15%～30%），其生产工艺过程缺乏明确的科学理论基础。因此，深入研究优势形态 Al_{13} 的形成条件、物化特性，研制开发以高纯 Al_{13} 为目标的生产工艺，探讨其与颗粒物的相互作用机制，对 IPF 的混凝作用机理予以实证性的揭示，推动 IPF 的发展，具有重要的理论价值与广泛的应用意义，成为当前环境科学与水处理技术领域的前沿热点问题。

对于 Al_{13} 的生成机制仍存在较多的争论，其生成过程中是否必须提供前驱体抑或在天然水体中是否可以自发生成，有待从实验角度予以证实。对于 Al_{13} 形态的稳定性与聚集行为、进一步的水解特性与荷电变化特征、在颗粒物表面的吸附特性与动力学以及其聚集体结构向无定形或晶形沉淀转化机制均需加以深入研究。如何通过预制、分离纯化获得单一 Al_{13} 形态，来探讨其各种理化性能，成为目前研究的一个重要方面。迄今为止，人们对 Al_{13} 生成条件，尤其是在生产工艺过程中如何获取高产率的纳米形态 Al_{13}，尚缺乏深入系统的探讨。

IPF 究其本质为人工强化条件下，铝、铁盐水解-聚合-沉淀反应过程的动力学中间产物。其化学形态为羟基多核形态与不同阴离子的络合物，因此属于无机高分子化合物。大量研究证明，经过预制形成的这些羟基多核络合物具有较好的水解稳定性，投加入水溶液后得以直接发挥作用，从而表现出优越于传统低分子盐类的高效混凝性能。纳米 IPF，顾名思义即具有单一形态组成的、粒度处于纳米级的无机高分子化合物。首先纳米 IPF 是一类新型的形态单一的无机高分子化合物，经过特殊的物理化学方法与生产加工工艺合成并且分离纯化而得。同时由于其粒度非常微细，处于分子与胶体粒子之间也即纳米级，而具有相应特殊的物理化学性质。当然，由于生产工艺的不同以及应用领域的需要，其粒度分布可以具有一定的范围或者可以根据要求进行人为调控。因此纳米 IPF，无论从化学形态组成、物理形貌以及作用性能都将显著区别于传统无机盐混凝剂以及目前的 IPF，而将成为新一代 IPF 产品。同时，有关纳米 IPF 的基础理论研究将进一步推动混凝理论乃至水处理科学与技术的发展。

目前，国内外尚无有关纳米型 IPF 的理论与应用的系统研究。环境水质学国家重点实验室曾针对 Al_{13} 形态展开了初步的研究，通过化学制备分离纯化得到了高纯的 Al_{13} 产品，同时，对其物化性能进行了一定的研究。另外，对电化学、膜法制备高效聚合铝等新工艺也进行了一定的研究，取得了一定的进展，并在高纯聚合 Al_{13}-IPF 的制备原理、工业化生产工艺及其混凝过程化学等方面开展了系统性的工作。这些研究可以为 IPF 的研制与生产提供科学的理论指导，促进混凝技术与水工业高新技术的发展。

目前实验室可以采用硫酸钠-硝酸钡沉淀置换法制取纯 Al_{13}，并以所制得纯 Al_{13} 与氢氧化钠为原材料应用慢速滴碱法可以获得不同碱化度的 Al_{13} 制品。下面以 B 值分别为2.6、2.7、2.8，样品总铝浓度为 0.05 mol/L 的体系为例，对 Al_{13} 的不同聚集体进行了系列表征并研究了其混凝性能。

4.2.3.2 纳米 IPF 的形态表征

所制得的 Al_{13} 聚集体样品首先采用 Ferron 法与 ^{27}Al NMR 法进行了形态分析并应用激光光散射法进行粒度分布分析。

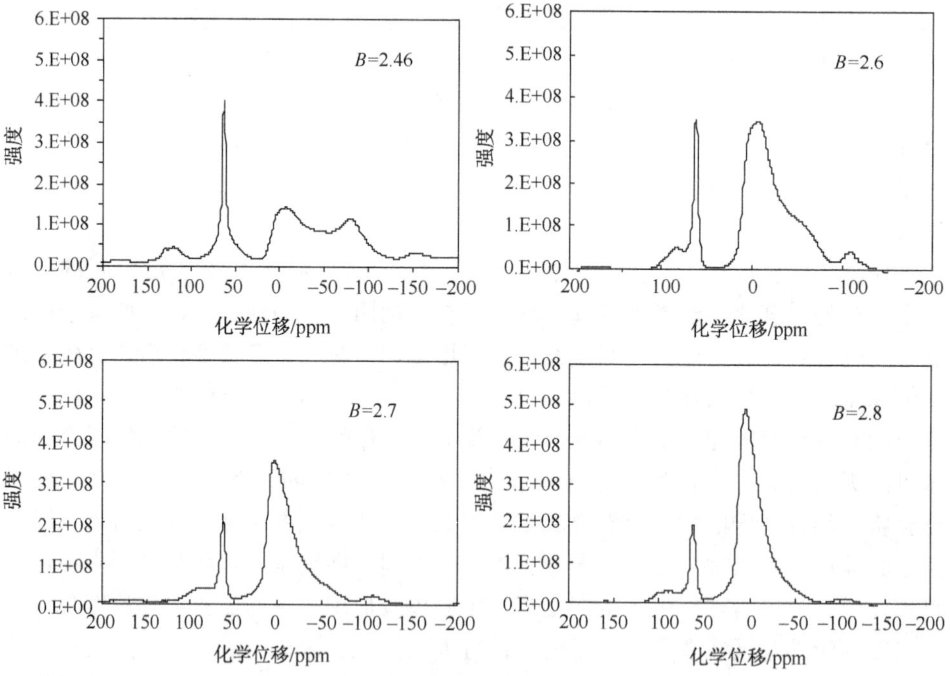

图 4-13 不同碱化度 Al_{13} 聚集体固体 ^{27}Al NMR 谱图

Al-Ferron逐时络合比色法与固体[27] Al NMR法分析结果如表4-6和图4-13所示。从表中数据可以看出随着碱化度增加，Al_b的百分含量基本保持较高的数值。实验观测到聚集体样品随熟化时间延长Al_b含量会逐渐减少。熟化时间超过一星期后，Al_{13}聚集体的形态分布基本保持不变。纯Al_{13}的形态则一直保持较高的稳定性。固体核磁共振所用样品为熟化24h后冷冻干燥所得粉末，NMR谱图显示不同碱化度的聚集体均出现Al_{13}的响应峰。但随着碱化度增加，Al_{13}响应峰值的强度明显减弱。实验结果表明纯Al_{13}在加碱聚合过程中所形成的聚集体仍然保持着Al_{13}单元的结构，其聚集过程可理解为Al_{13}单元的外边缘聚集，而不是内部结构的互相缩聚。

表4-6　Al-Ferron逐时络合比色法测得Al_{13}聚集体形态分析

总铝浓度 0.05mol/L	pH	熟化1天			熟化7天		
		Al_a%	Al_b%	Al_c%	Al_a%	Al_b%	Al_c%
B=2.46	5.26	5.0	95.0	—	5.2	94.8	—
B=2.6	5.80	2.9	89.5	7.6	3.4	71.5	25.1
B=2.7	5.88	4.0	88.7	7.3	2.1	67.7	30.2
B=2.8	5.98	2.0	85.0	13.0	2.9	61.6	35.4

图4-14所示为Al_{13}聚集体的PCS粒度分析结果。可以看出，随着碱化度增加，絮凝剂的体积分布粒径在逐渐增加。理论碱化度为2.46的纯Al_{13}所测粒度

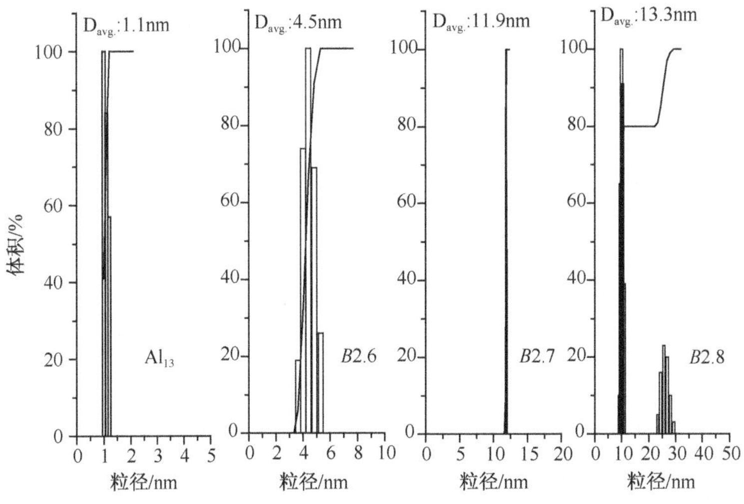

图4-14　不同碱化度Al_{13}聚集体的激光光散射体积粒径分布图

分布在1～2nm，与文献报道结果一致。随着加碱聚合，所生成的聚集体粒度范围也在增加，由4.5nm增加至13.3nm。根据形态分布结果可知，聚集体中仍然具有Al_{13}结构单元，加碱聚合只是增加了絮凝剂的粒径尺度并未改变Al_{13}的高正电荷性和高分子特性。因此，可以预见加碱聚合所制得的Al_{13}聚集体将比Al_{13}形态具有更优越的凝聚絮凝性能。

4.2.3.3 Al_{13}聚集体的颗粒粒度效应

以高岭土颗粒物悬浊液体系研究了具有不同粒度分布特征的絮凝剂的除浊行为，主要考察pH、絮凝剂投加量对浊度去除的变化规律。悬浊体系由1∶1的去离子水与自来水配制，高岭土颗粒物浓度为50mg/L，采用四联混凝搅拌装置进行烧杯实验，应用静态光散射法测试混凝过程中絮体的粒径变化。实验主要仪器分别为pH计、浊度仪（HACH2100N）、Zeta-电位仪（Zetasizer 2000）及激光粒度仪（Mastersizer 2000）。

1. 投药量对悬浊液体系ζ电位及余浊的影响

在恒定pH条件下考察了不同絮凝剂在凝聚絮凝过程中随投加量变化对体系的ζ电位及剩余浊度的影响。原水条件：pH为7.40，未加酸或碱进行调节；浊度：67NTU，初始ζ电位：－19.8mV。混凝体系的ζ电位、剩余浊度（RT）及pH随投加量变化的规律如图4-15所示。由图4-15(a)、(b)看出，4种絮凝剂都表现出强电中和能力和除浊能力。与Al_{13}聚集体（Al_{13agg}）相比，纯Al_{13}的ζ电位值要略高，但其浊度去除效果却明显劣于Al_{13}聚集体。对于Al_{13}聚集体而言，进一步的加碱聚合加强了纯Al_{13}单体之间的聚集，且这种聚集体仍然具有高正电荷特性。在一定条件下，这类聚集体也会再溶解生成Al_{13}单元。同时由于碱化度增加，聚集体的粒度分布尺度也在增加。形貌也由链状/分支状聚合为絮状体。这种絮状颗粒投加至悬浮物体系中一方面增加了体系中颗粒物浓度，提高了颗粒物碰撞概率；另一方面通过电中和吸附与架桥作用可凝聚聚集为更大的絮体，提高了除浊效率。此外，从凝聚絮凝过程中体系的pH变化可以看出，碱化度越高的Al_{13}聚集体pH稳定性越好。这是因为羟基不饱和的Al_{13}与颗粒物表面发生羟基互补趋于形成表面沉淀物。在加碱聚合过程中Al_{13}通过羟基基团聚合成结构松散的聚集体，在一定碱化度下，聚集体仍保持Al_{13}的结构与特性。因此，Al_{13}聚集体也易与颗粒物表面发生羟基互补形成表面沉淀物。由于聚集体结合了更多的羟基而具有比Al_{13}更强的缓冲能力。

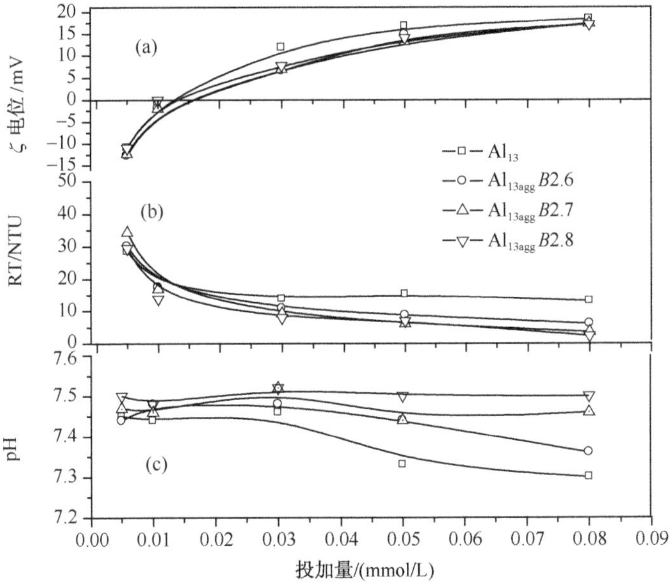

图 4-15　混凝体系的ζ电位、余浊及混凝后 pH 随投加量的变化

2. pH 对悬浊体系混凝过程ζ电位及余浊的影响

以高岭土悬浊体系为研究对象，考察了低、中、高投加量及不同 pH 时不同絮凝剂的凝聚絮凝效果。悬浮颗粒物初始浓度为 50mg/L，pH 范围为 4～10。高岭土悬浊体系混凝过程中颗粒物的ζ电位与余浊随 pH 的变化规律在不同投加量情况下分别如图 4-16～图 4-18 所示。

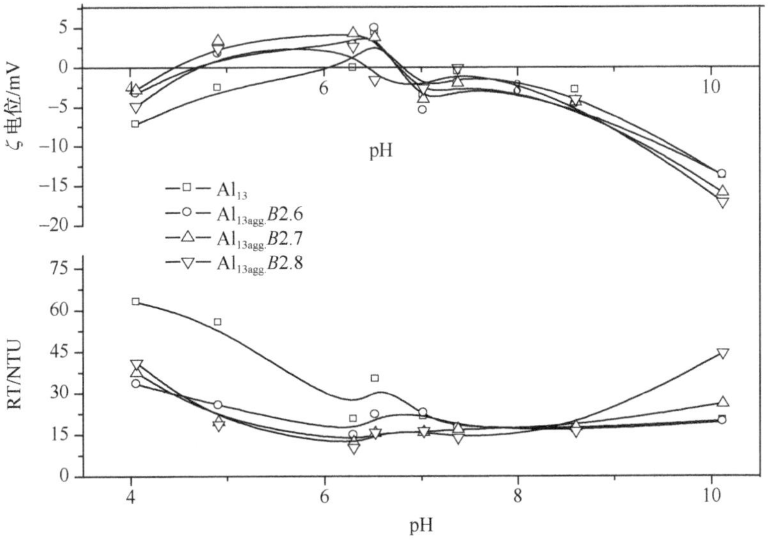

图 4-16　混凝体系的ζ电位及余浊的变化：投加量 0.01mmol/L Al

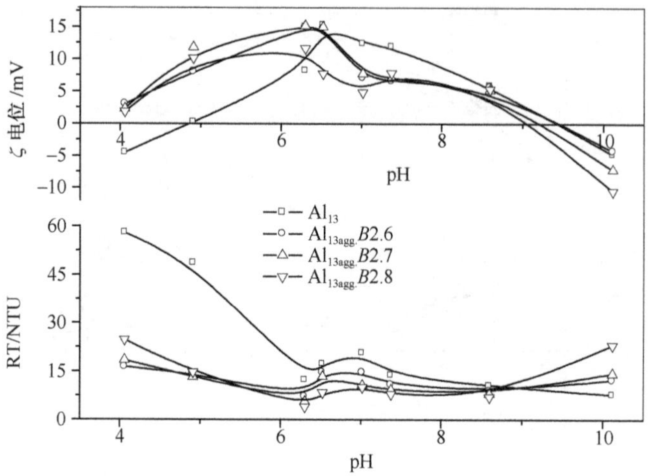

图 4-17　混凝体系的ζ电位及余浊的变化：投加量 0.03mmol/L Al

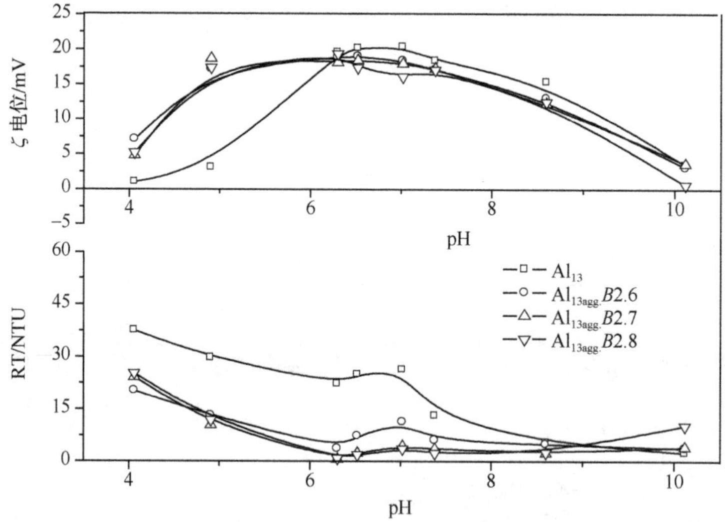

图 4-18　混凝体系的ζ电位及余浊的变化：投加量 0.08mmol/L Al

在低、中、高投加量下，Al_{13}聚集体都表现出比纯 Al_{13}更高的除浊效率和更宽的混凝区域。如图 4-16 所示，在实验所测 pH 范围内，投加絮凝剂后颗粒物的ζ电位值随投加量增加迅速上升。在酸性范围内（pH4～6），Al_{13}聚集体对应的ζ电位值高于纯 Al_{13}；相应的剩余浊度值低于纯 Al_{13}体系。这主要因为加碱聚集生成的 Al_{13}聚集体在酸性范围内分解出纯 Al_{13}单元，生成的高正电荷聚阳离子提高了电中和能力。与此同时，具有大尺度粒径的聚集体（10～25nm）藉由强架桥作用将颗粒物聚集成更大的絮体。在中性至碱性范围内（pH6～9），Al_{13}聚集体也表现出了优越的除浊性能。低、中投加量条件下（0.01mmol/L Al和0.03mmol/L Al），Al_{13}聚集体的除浊效率保持在80%左右；高投加量（0.08mmol/L Al）下，Al_{13}聚集体浊度去除率更是超过了90%。而在中性范围内（pH6～7），低、中投加量下纯Al_{13}浊度去除率都只达到60%左右。高投加量下（0.08mmol/L Al），投加纯Al_{13}后体系开始出现复稳，剩余浊度与Al_{13}聚集体体系相比已有所上升。与此相应，Al_{13}的电中和能力却强于Al_{13}聚集体。在中性至碱性范围内，Al_{13}体系的ζ电位值均处于Al_{13}聚集体之上。

尽管Al_{13}的电中和能力很强，但除浊效果并不显著。由此可见，在整个pH范围内，Al_{13}聚集体所具备的大尺度粒径是提高除浊效率的重要因素。在pH10左右，加入Al_{13}聚集体的颗粒物体系开始出现浊度上升现象。其剩余浊度上升趋势与絮凝剂粒径增长趋势相同，即粒径越大余浊值越大。高pH下，加碱生成的Al_{13}聚集体逐渐转化为无定形$Al(OH)_3$，其电中和能力开始下降，体系的ζ电位值也由正变负。低、中投加量下，体系的ζ电位值与原水值相比略有升高，但仍维持在负电荷值。此时大粒径絮凝剂（Al_{13}聚集体B2.8）体系的除浊效率为25%，随着投加量增加体系的ζ电位值逐渐上升并发生逆转，剩余浊度值相应下降至50%原水浊度值。高投加量下，体系的剩余浊度值下降至原水浊度的10%以下。

综上所述，悬浊体系凝聚絮凝过程中电中和脱稳是实现除浊的重要步骤，Al_{13}聚集体具有比Al_{13}更大的粒径而有更强的架桥作用，表现出更优越的凝聚絮凝效能。

3. 凝聚絮凝过程中的絮体变化

采用静态激光光散射法观测了凝聚絮凝过程中的絮体变化，并用计算所得$D(4,3)$值进行表征。不同投加量条件下絮体的变化过程如图4-19所示。在低剂量下，投加Al_{13}和Al_{13}聚集体生成的絮体粒径增长比较缓慢。在搅拌400s后，絮体的粒径才增长至20μm。由于此时纯Al_{13}具有比聚集体更强的电中和能力，能更快地吸附至带负电的颗粒物表面并凝聚生成较大的絮体。此时因投加量较低，凝聚絮凝主要以电中和为主，Al_{13}及Al_{13}聚集体所生成的絮体粒径差别不大。高剂量下，Al_{13}聚集体所生成的絮体粒径与聚集体絮凝剂本身的粒径分布有着显著的相关性。粒径最大的B值为2.8的Al_{13}聚集体（23nm）所形成的絮体粒径达到600μm，而粒径最小的Al_{13}(2～3nm)所形成的絮体粒径仅达到300μm。此时凝聚絮凝机理包括电中和与卷扫。大尺度分布的聚集体不仅可以发挥强电中和作用，同时又因为链状的絮凝剂能同时吸附更多的颗粒物可在短时间生成较大的絮体，表现出比Al_{13}更优越的除浊性能。

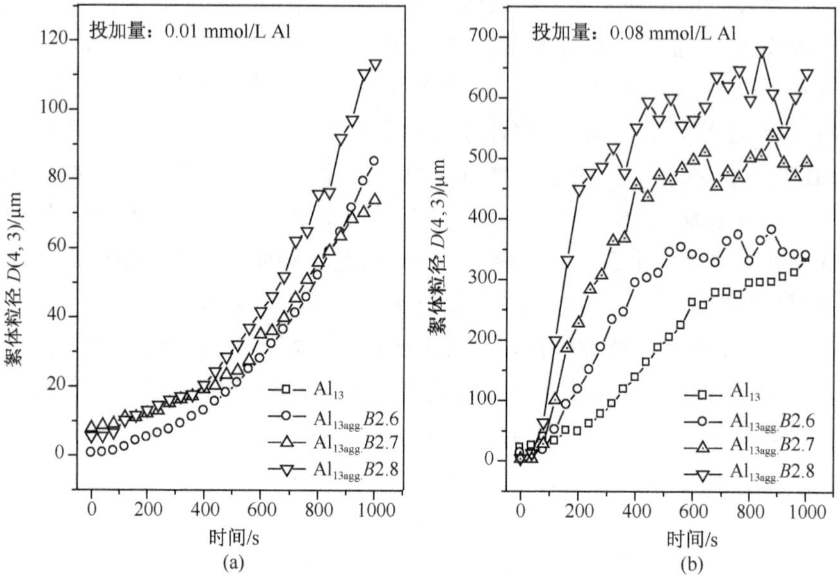

图 4-19　低、高投加量下絮体随时间的变化（原水 pH 7.4，浊度 68NTU）

4. 不同粒度分布的絮凝剂去除有机物的特征

以腐殖酸-高岭土体系为实验对象，研究了不同粒度分布的絮凝剂去除有机物的变化。高岭土颗粒物初始浓度为 50mg/L，腐殖酸初始浓度为 1mg/L。腐殖酸浓度变化以 UV_{254} 值表示。

图 4-20、图 4-21 所示为不同 pH 条件下低、高投加量下絮凝剂去除浊度及有机物的变化规律。在低、高投加量下，Al_{13} 聚集体都表现出优越的除浊能力和去除有机物的性能，在 pH5～8 区域内浊度去除率均保持在 75%以上；高投加量时去除率在 pH5～10 内更是高于 85%。与之相应，Al_{13} 在两种投加量下浊度去除率维持在 75%左右。低投加量高碱性范围内，Al_{13} 与 Al_{13} 聚集体均没有明显絮凝效果。这主要因为在 pH 较高的情况下，絮凝剂易于转化为低电荷的 $Al(OH)_3$ 沉淀，一方面其电中和能力弱，不能有效脱稳凝聚颗粒物；另一方面由于生成的无定形沉淀颗粒物浓度低不能通过卷扫絮凝来去除颗粒物。而高投加量下，因这两方面的能力均得到加强而达到较好的浊度去除效果。有机物去除方面 Al_{13} 和 Al_{13} 聚集体表现出相同特点。由于具有同样高的电中和能力，纯 Al_{13} 与 Al_{13} 聚集体都能强烈吸附腐殖酸分子，在低的投加量下就达到 50%的去除率。酸性范围内（pH＜7）腐殖酸的去除率要高于碱性范围。在 pH＝8 附近，去除率有所下降。当体系的 pH ＞ 8 后，有机物去除率又开始有所上升。在不同的酸碱

条件下，腐殖酸各官能团与 Al_{13} 单元间的羟基配体交换反应过程会有所不同，其详细的反应机理还有待进一步的研究。总的来说，絮凝剂的粒度效应对于有机物的去除并不显著。但另一方面可以看出，聚集体为 Al_{13} 单元的自组装，仍然保持着 Al_{13} 结构。

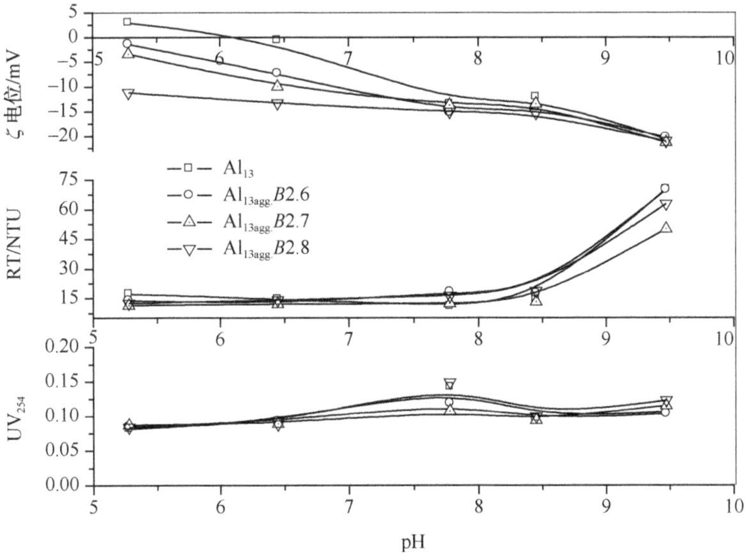

图 4-20　混凝体系ζ电位、余浊及 UV_{254} 吸光值的变化：投加量 0.04mmol/L Al

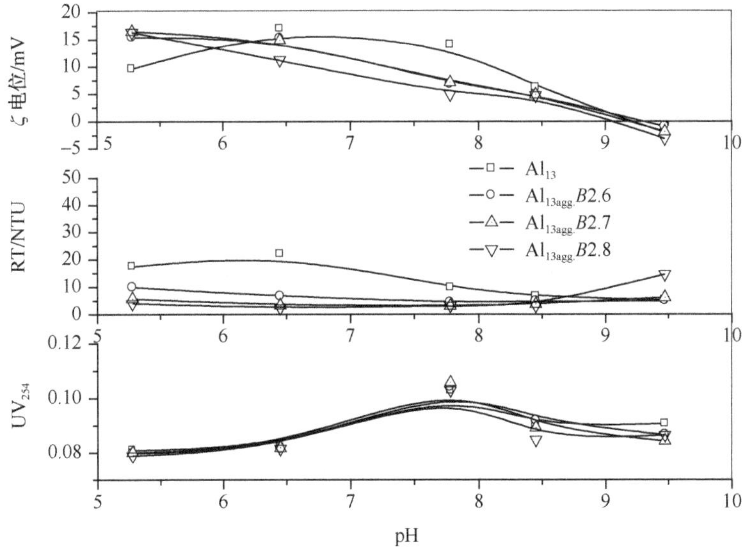

图 4-21　混凝体系ζ电位、余浊及 UV_{254} 吸光值的变化：投加量 0.08mmol/L Al

4.2.4 新型多功能水处理药剂——高铁

4.2.4.1 高铁的研究与进展

1. 高铁的研究现状[13]

铁的过氧共价化合物的水化学性质不太适合广泛适用的技术，因此对大于三价的铁的性质知道很少。但高铁 Fe(Ⅵ)离子却例外，它与典型的第一族过渡金属元素共价含氧金属阴离子不同，高铁在结构、光谱、化学性质等方面都具有自己的特征。人们对高铁的研究是从 1841 年 Fremy 首次合成高铁酸钾开始的。100 年后，Schreyer 和 Thompsonz 在实验室利用次氯酸盐氧化三价铁制备出高纯度、高产率的高铁酸钾。之后，关于高铁的结构、光谱、稳定性及氧化还原历程等方面的问题也逐步被揭开。随着人们对高铁酸盐认识的进一步深化以及高铁酸盐特殊的化学性质，使其在水处理应用方面有着广阔的前景。越来越多的证据显示高铁酸盐是一种多功能、高效、安全的水处理药剂。随着高铁制备工业化的实现，在水处理实践中将得到更广泛的应用。

高铁是一种六价铁的化合物，纯净的高铁酸钾固体在外观上与高锰酸钾类似，为紫黑色晶体，有光泽，易溶于水。高铁酸盐溶于水后溶液呈紫色，浓度高时为紫黑色。高铁酸根具有正四面体结构，Fe 原子位于四面体的中心，四个氧原子位于四面体的顶角上。在水溶液中成理想 T_d对称。水中高铁就以 FeO_4^{2-} 形式存在。

Wood 早在 1957 年就测定了在 25℃时 FeO_4^{2-}(aq.)的几个热力学常数：生成热，通过测量水中 K_2FeO_4 与 0.5mL $HClO_4$ 的反应热计算，$\Delta H_f^0 = -115 \pm 1$kcal/mol；熵，估计值为 9± 4e. u.；自由能，$\Delta F_f^0 = -77 \pm 2$kcal/mol。

Kaufman 和 Schreyer 研究发现 K_2FeO_4 在 500nm 处有一宽带吸收光谱，两个最小吸收值所在的波长分别为 390nm 和 675nm。Robert 对此进一步研究后认为 K_2FeO_4的最大吸收波长应该在 505nm 处。高铁酸钾吸收光谱的发现对高铁浓度的测量具有重要意义，由于高铁在较低的浓度就有较深的颜色和较大的吸光值，所以利用分光光度计就可以方便、准确地测出高铁酸钾的浓度。

FeO_4^{2-} 在所有的范围内都表现强氧化性，它的氧化能力明显高于高锰酸钾，在 MnO_4^- 与 O_3之间。Robert 和 de Luca 对高铁半反应电位的测定结果也说明了这一点。

在酸性条件下：

$$Fe^{3+} + 4H_2O \longrightarrow FeO_4^{2-} + 8H^+ + 3e \qquad (4\text{-}21)$$

该半反应的标准电势电位 $E^0 = -2.20 \pm 0.03$V。

在碱性条件下：

$$Fe(OH)_3 + OH^- \longrightarrow FeO_4^{2-} + 4H^+ + 3e \qquad (4\text{-}22)$$

该半反应的标准电势电位 $E^0 = -0.72 \pm 0.03V$。

高铁的稳定性是影响其生产制备、实际应用最主要的性质。高铁酸钾晶体在常温下相对稳定，在密封干燥条件下可保存一年左右，198℃以上开始分解。其水溶液的稳定性要差得多，受多种因素的影响如，pH、温度、浓度、杂质等。

(1) 溶液含碱量和 pH 的影响。无论是化学氧化法还是电解法制备高铁酸盐，都需要在饱和的强碱溶液中进行。许多文献报道高铁在酸性条件下不稳定易分解，在碱性条件下相对稳定。进一步证明在低 pH 区，高铁两种质子化的形态 (H_2FeO_4、$HFeO_4^-$) 特别活泼。而只有碱性条件下完全脱质子的 FeO_4^{2-} 相对稳定。高铁在较浓的碱液（3mol/L 或以上）中可以保持相对稳定，同时它在 pH10～11 范围内还存在一个相对稳定的区间。

(2) 高铁酸盐自身浓度的影响。Schreyer 等研究高铁酸钾分解时溶液 pH 随时间变化，由于 OH^- 是高铁酸盐分解产物之一，所以溶液中 OH^- 的多少代表着高铁的分解程度。研究结果表明：以高铁浓度 0.03mol/L 为界限，大于 0.03mol/L 时高铁迅速分解（在 10min 内）达到最大 pH；小于 0.03mol/L 时高铁在前 60min 内分解缓慢，在达到某一临界点后，突然加快分解速度，迅速达到最大 pH。由此可以得出这样的结论：高铁酸钾在水液中的浓度对 FeO_4^{2-} 离子的分解速率也具有显著的影响，高铁溶液越稀，高铁溶液越稳定。

(3) 其他离子的影响。溶液中离子的存在会对高铁的分解产生影响，Schreyerd 等对一些离子的研究后得出的结论是：KCl 和 KNO_3 的存在加快了高铁酸钾的初始分解速度，但会使分解后剩下的小部分高铁保持相对的稳定。NaCl 加快高铁的分解速度。但同时发现一些物质对高铁有稳定作用，包括 I^-、IO_3^-、IO_4^- 和 IO_6^{5-} 的碱金属盐；硅酸根的碱金属盐（如 $nNa_2O \cdot mNa_2SiO_3 \cdot pH_2O$，其中 $n:m$ 的值从 0.1：1.0 到 5：1，p 值从 0 到 24)；MnO_4^-；SO_4^{2-}；PO_4^{3-}。

(4) 其他。高铁酸根热稳定性随温度升高而越来越差，所以干燥高铁酸钾产品时，温度不得高于 60℃。碱土金属高铁酸盐比碱金属及过渡金属高铁酸盐有较好的稳定性。如 $BaFeO_4 \cdot H_2O$ 在中性或弱碱性的环境中仍能稳定存在，很少发生分解，而且在 100℃以上放置也不会失去其氧化能力。因此碱土金属高铁酸盐作为氧化剂是大有前途的。

文献报道 Fe(Ⅵ)分解的第一步产物是 Fe(Ⅴ)离子，为一个二级反应。光谱、分解方式（单分子和双分子混合过程）、pH 依赖性都可以证明 Fe(Ⅴ)与 Fe(Ⅵ)在离子结构上具有类似的形态，二者有相同的正四面体含氧阴离子结构。Fe(Ⅴ)分解最终残余物的光谱分析，被认为是三价铁的氢氧化物，中间产物 Fe(Ⅳ)存在时间很短，而很可能是 Fe(Ⅲ)与过氧化氢的络合物。通过稳态辐解的方法，可以确定过氧化氢是 Fe(Ⅴ)分解的主要产物。高铁分解反应的对比实验表明，Fe(Ⅴ)的分解产物过氧化氢可以促进 Fe(Ⅵ)的分解，Fe(Ⅵ)以二级反应速率把过氧化氢氧化成氧气。Fe(Ⅵ)与 Fe(Ⅴ)的作用是促进高铁分解的另一个反应，产物目前不清楚，此反应在 pH11.5 时相对缓慢[$K_{(Fe_{Ⅵ}+Fe_{Ⅴ})}=5\times10^{3}$ mol/(L·s)]，但随着 pH 降低而加快。虽然高铁分解的中间历程很复杂，但其分解的最终产物为 $Fe(OH)_3$、OH^- 和 O_2，其完全分解的反应方程式可以表示为

$$4FeO_4^{2-}+10H_2O \longrightarrow 4Fe(OH)_3+8OH^-+3O_2 \tag{4-23}$$

2. 高铁作为选择性氧化剂的应用

由于高铁酸盐的强选择氧化性和本身的安全、无毒、无污染、无刺激等优点，使其可能成为一种有机工业氧化剂理想的替代品。为此，对高铁酸盐氧化性能的研究也越来越多。目前，有机物的氧化常使用 $KMnO_4$、$K_2Cr_2O_7$ 等氧化剂，尤其是后者有毒、对皮肤及黏膜有腐蚀性和刺激性，而且重铬酸钾的氧化产物三价铬对动物具有毒害作用。

研究证明，高铁酸盐适宜于作为有机物选择性氧化剂，但主要问题是它在有机物中溶解性太差，另外高铁酸钾适用的强碱性环境（pH11.5～13.5）也限制了它的使用范围。为了解决溶解度问题，在使用相转移催化剂（PTC）的条件下，高铁酸钾选择性氧化烯丙醇、苄醇、仲醇，取得较好的结果。使用高铁酸钾粉末、色谱纯 Al_2O_3（未活化）、及 $CuSO_4\cdot5H_2O$ 组成的混合物，能在伯醇和仲醇的混合物中选择氧化仲醇成酮，而伯醇不被氧化。另外，5-乙烯-2 醇经过 24h 没有被氧化，在环乙烯存在下，苄醇 5h 被氧化成苯甲醛的产率仅有 20%。这个结果表明，高铁酸钾的活性位受碳碳双键（ $>C=C<$ ）束缚，以至其不能很好地进行氧化反应。此外，高铁酸钾对多羟基的选择性很强，如苯基-1,3-丁醇，经 4h 氧化后以 95%的转化率生成苯基-1-羟基-3-酮。这是其他氧化剂所不能比拟的，充分地显示了高铁酸盐作为选择性氧化剂的优越性。

3. 高铁酸盐在水处理中的应用

高铁酸盐作为铁的六价化合物，在水中具有极强的氧化性和优良的多功能水质净化效能：①对水中有毒有害物质具有优良的氧化降解功效。它要比高锰酸盐、氯等化学氧化剂对水中的某些还原性有机或无机污染物具有更为有效的氧化降解功效，尤其对难降解污染物表现出了更为优良的去除能力，而且不产生任何对水构成污染的副产物。同时，它在氧化过程中新生成的 $Fe(OH)_3$ 等对各种阴阳离子也有明显的吸附去除作用。②良好的杀菌消毒作用。研究表明，高铁酸盐作为消毒剂对微生物具有极强的抑制作用，杀菌效果与原子态氯相当，而且使用

时不会对水产生任何二次污染。③高效混凝与助凝作用。高铁离子及其在氧化还原反应过程中生成的三价铁离子都是优良的无机絮凝剂，而它的氧化和吸附作用又将产生重要的助凝效果。

高铁酸钾可以选择性地氧化水中的许多有机物。在氧化50%醇类的同时，能够有效降低水中的联苯、氯苯等难降解有机物的浓度。在pH为11.2的条件下，采用75mg/L和167mg/L的K_2FeO_4，10min内可以分别将水中10mg/L的CN^-氧化降解至0.082mg/L和0.062mg/L，去除效率分别为99.18%和99.38%，按照15∶1的投加比例(K_2FeO_4/C_6H_5OH)，K_2FeO_4能够将水中的苯酚完全氧化降解。

作为一种高效氧化剂，高铁酸盐可以有效地去除饮用水中的优先有机污染物，由表4-7所示，以30mg/L高铁氧化40min，水中三氯乙烯浓度由0.1mg/L降低到0.03mg/L以下，去除率>70%。如果在20NTU的浑浊水中，同样的高铁投加量，可以将水中的0.1mg/L三氯乙烯全部去除，也可以将其中100%的萘，84.4%的溴二氯甲烷，61%的二氯苯和12.8%的硝基苯除去，但氧化产物还不清楚，这说明高铁酸盐的氧化与絮凝的协同作用对水中优先有机污染物的去除是十分有效的。

表4-7 经30mg/L高铁酸盐处理后的残铁量(mg/L)

优先污染物	硝基苯	三氯乙烯	苯	1,2-二氯苯	溴二氯甲烷
处理前	0.1	0.1	0.1	0.1	0.1
处理后	0.087	0.0	0.0	0.038	0.015

DeLuca等还试图通过已知优先有机污染物的某些物理化学参数来预测高铁对它们的去除程度。有三个参数被证明与有机物的剩余百分率（PREM）高度相关（$R^2=0.98$），它们分别为：偶极矩（DP）、溶解参数（SOLUP）和log活度系数（LOGACT）。

回归方程式：

$$\text{PFEM}=-16.12+24.00\text{DP}-3.07\text{SOLUP}+9.86\text{LOGACT} \quad (4\text{-}24)$$

高铁酸盐作为氧化剂用于放射处理也具有明显效果。比如，按摩尔比1∶1投加K_2FeO_4可以将废水中BHP(*N*-亚硝基［羟脯氯酰基］胺）氧化为羰基形态；过量K_2FeO_4则能将废水中的BHP完全降解为CO_2。可见，高铁酸盐作为一种强氧化剂，对选择性地去除水中的有机污染物具有重要的应用价值。

Waite等假设高铁与有机物反应可以有三种形式：①水溶液中直接分解生成Fe^{3+}；②直接与有机物反应生成一种氧化产物；③高铁分解生成某种中间氧化形态，与反应物生成某种产物。可以由图4-22表示。

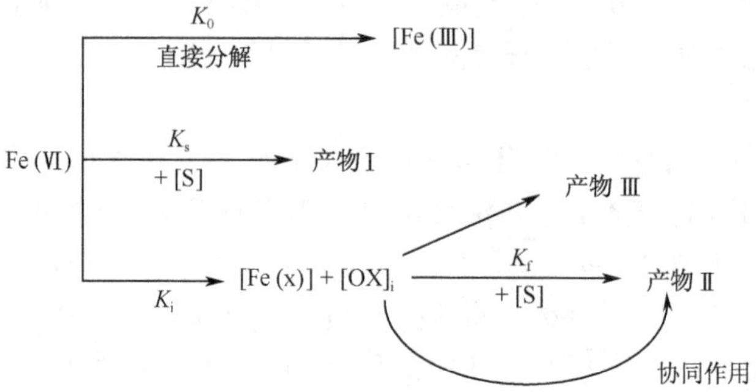

图 4-22　高铁形态的氧化还原分解机理

[S] ＝还原物；Fe(x)＝Fe(Ⅴ)、Fe(Ⅳ)或 Fe(Ⅲ)；[OX]$_i$＝Fe(x)以外的中间氧化形态；K_s＝Fe(Ⅴ)与还原物的反应速率；K_0＝Fe(Ⅴ)标准分解速率；K_i＝中间态形成速率；K_f＝中间态与还原物的反应速率

在水处理中，投加铝盐或铁盐后，百万分之一秒级别的时间内就会生成可溶性的水解化合物和低聚物，水解产物易于吸附在胶体颗粒物的液-固表面上。金属氢氧化物的沉淀物大约在 1～7s 中形成。在混凝过程中最重要的步骤是电中和作用，因其既能保证水解产物的形成又能使胶体颗粒物脱稳。

Waite 曾假设 FeO_4^{2-} 阴离子在从 Fe^{6+} 降解到 Fe^{3+} 的过程中，形成的多电荷的铁阳离子能够使胶体颗粒物脱稳。而且高铁降解得到的 Fe^{5+}、Fe^{4+} 等水解中间产物很可能比铝盐、二价铁盐、三价铁盐形成的水解产物具有更强的脱稳能力和网捕功能。更多不同水解形态的形成，意味着高铁在降低胶体颗粒物的 ξ 电位方面比其他无机絮凝剂具有更高的效率。多种水解产物经历聚合作用后，最终产物都是三价铁的氢氧化物沉淀。

实验结果显示，适量的 K_2FeO_4 投加量，能够将一般地表水中 99％的可沉淀悬浮物和 94％的浑浊度除去，这比同样条件下的三价铝盐和三价铁盐的絮凝效果好得多。高铁酸盐对废水中的悬浮物同样具有较高的去除效率。当加入高铁酸盐浓度为 8mg/L 时，二级废水中大约 86％的固体悬浮物可被除去，而且只要 K_2FeO_4 投加量大于 6mg/L，则悬浮物的去除率均高于 80％。用 K_2FeO_4 处理废水中放射性核素的烧杯试验表明，K_2FeO_4 对去除水中的镅和钚均有明显效果。如表 4-8 所示，在 pH 为 11.0～12.0 条件下，向废水中加入 5 mg/L 的 Fe^{6+}，经二级处理后可以将水中的总放射活性从 37 000pCi/L 降至 40pCi/L，满足放射排放的放射性残留标准。此过程对水中的有机物同样具有优良的去除效果。

高铁酸盐是一种优良的水处理消毒药剂，它的消毒效果主要是通过其水解时的氧化作用，破坏细胞的酶系统所致。由于它对所处理的水不产生二次污染和在消毒过程中不产生氯仿，同时具有杀菌力高、见效快等优点，非常适用于饮用水的消毒处理。用6mg/L K_2FeO_4处理30min，可以将原水中20万～30万个/mL细菌去除到小于100个/mL。将高铁酸盐用于废水消毒同样有效。比如，二级处理废水经10mg/L K_2FeO_4消毒处理后，水中96% BOD、91%的细菌、99%大肠菌群和99.98%的总肠形菌素被杀死。高铁酸盐的杀菌效率可以通过与其他氧化剂的联合使用得到提高。投加2mg/L的臭氧可以杀死水中99%的肠形菌素，但如果用5mg/L的K_2FeO_4进行预处理，1mg/L臭氧便可以杀死肠菌总数的99.9%。5mg/L的K_2FeO_4足以使二级处理废水中的大肠菌总数降至2.2MPN/400mL的水平。

表4-8　5mg/L Fe^{6+}对放射活性的二级处理结果

实验编号	处理pH	处理后α活性	
		总量/(pCi/L)	可溶量/pCi
1	11.0	90±70	<40
2	11.5	60±60	<40
3	12.0	<40	<40

注：原水pH为7.9；放射活性为37 000pCi/L±2000 pCi/L。

高铁的分解产物$Fe(OH)_3$是一种优良的吸附剂，Murmann等应用高铁酸钾吸附沉降去除水中的金属离子取得了良好的效果。而且铁残留量很低，通常小于20μg/L。高铁酸盐对含硫臭味的水有特殊除臭作用，用量2～5mg/L的K_2FeO_4，就能将湖水中典型的“硫”臭味很快地完全除去，其效果优于活性炭吸附。

实际上，使用高铁酸盐净水，是一个氧化、絮凝、吸附、消毒等协同作用并连续发生的过程，这也是高铁相对其他水处理药剂最大的优势所在。如果原水经5mg/L的K_2FeO_4处理、沉淀或过滤后，会产生如下变化或处理效果：

(1) 溶液pH略有升高，因此可使一些痕量金属粒子沉降下来；

(2) 产生臭味的H_2S和某些有机物质被去除了；

(3) 铁的配合物或二价态的铁被降低到0.02mg/L以下；

(4) BOD水平将被降低，水中含氧量少量增加；

(5) 胶质物质将很容易被去除；

(6) 痕量金属如Cd^{2+}、Zn^{2+}、Cu^{2+}、Hg^{2+}等将被吸附共沉降一部分；

(7) 绝大部分细菌将被杀死；

(8) 绝大部分病毒将失去活性。

根据Waite的研究报告，投加10mg/L的K_2FeO_4（以其中的铁含量计）可以将生活污水中大约40%的磷酸盐和40%的TOC去除，50%～95%的BOD氧化降解，99%以上的细菌杀死。实验结果进一步证明，使用适量的高铁酸盐对二级处理废水具有优良的综合净化效果。可见，多功能协同净水作用是高铁酸盐作为高效水处理药剂的最突出特征。

4.2.4.2 高铁氧化絮凝除藻

对高藻水的处理，目前研究最多的是从给水净化工艺上加以改进，如微絮凝-直接过滤法、气浮-过滤法等。采用氯氧化是目前最简单的办法，但由于藻类是典型的氯化 DBPs 前驱物质，在氧化过程中将与氯作用形成 THMs 等多种有害副产物。近年来采用高铁酸盐作氧化絮凝剂除藻受到关注。其基本原理是利用高铁的氧化能力及其还原后形成的铁离子的絮凝性能去除水中的藻类。

苑宝玲等对此进行了较系统的研究。选择两种不同类型的含藻原水进行高铁处理，一种以颤藻（*Oscillatoria*）为主，个体较小，细胞密度高。其中小颤藻是优势种，它经常被作为 β-中污水体、α-中污水体和多污水体的指示种；另一种水中主要以小球藻为主，小球藻细胞没有鞭毛或纤毛，只能悬浮在水中而不能游动，当环境条件不良时，往往会产生下沉现象，但当环境条件变得适宜时，又会自然浮起。以这两种主要原水作为研究对象，考察了原水中藻的种类、数量差异，高铁酸钾的去除效能。为方便起见，在此我们将含颤藻为主的称为原水 1，而以小球藻为主称为原水 2。

1. 氧化絮凝除藻效果

从藻类总量看，原水 1 中藻类总量为 3.2×10^7 个/L，比原水 2 中藻类总量多出 2～3 倍，而且原水 1 的藻类，以颤藻为主，约占 80%～90%，其次还有球藻、星杆藻等；原水 2 的藻类种类较丰富，优势藻种为球藻，约占 60%～70%，其次还有栅列藻、弯月藻、平板藻、纤维藻等。单纯 PACl 混凝对 2 种原水藻类的去除效果不同，如图 4-23 所示。原水 2 中的藻类易于去除，投加 18mg/L 的 PACl，藻类去除率就已达 94%，水中的总藻浓度从 1.2×10^7 个/L 减少到 6.9×10^5 个/L。而处理原水 1 时，PACl 投加量增加到 60mg/L，藻类去除率仅为 81%，藻类总量仅从 4.0×10^7 个/L 减少到 7.7×10^6 个/L。

可见，原水 1 中藻类难以去除。分析其原因，一是由于原水中藻类总量绝对值比原水 2 多 3 倍，也就是在 1L 的水中，原水 1 藻的总数比原水 2 多出几千万个藻，相应就需加大 PACl 的投加量；二是因为原水 1 中的优势藻种为颤藻，其形状如同细竹竿，细胞密度高、藻丝长、体积大难以被 PACl 絮凝、吸附除去。而原水 2 中藻种丰富，多为细胞密度低，个体体积小，易于被吸附沉降的小球藻，再加之环境不良时，小球藻自身有下沉现象，故容易去除。

由于原水 2 中的藻种较丰富，主要为体积小、细胞密度高的小球藻，单纯投加 PACl 就可达到很好的去除效果，所以再加入高铁酸盐进行预氧化，对藻类的去除效果没有明显的提高，不能发挥出高铁酸盐预氧化的优势。

实验证明在处理原水 1 时，将高铁酸盐与 PACl 联合使用，与单纯 PACl 混凝相比，可显著提高对藻类的去除效果。随着高铁酸盐投加量的增加，藻去除率增大。高铁酸盐与 PACl 联合使用，仅需投加 0.4mg/L 的高铁酸盐，对藻类的去除率与单纯 PACl 混凝相比，可提高 10%～20%，如图 4-24 所示。高铁酸盐投加 1.2mg/L，PACl 投加 84mg/L 时，藻去除率达到 98%，原水藻类总量从原来的 2.4×10^7 个/L 降到 5.2×10^5 个/L。高铁酸盐对这 2 种水源中藻类去除效果的差异，主要是由它们本身水质和水中藻种种类的不同决定的。

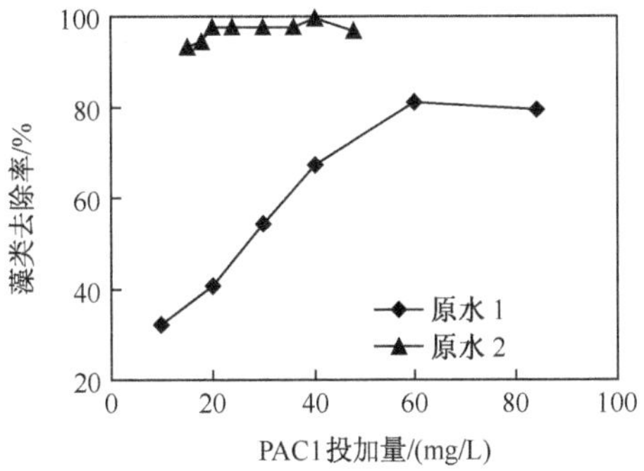

图 4-23　单纯 PACl 对藻类去除的影响

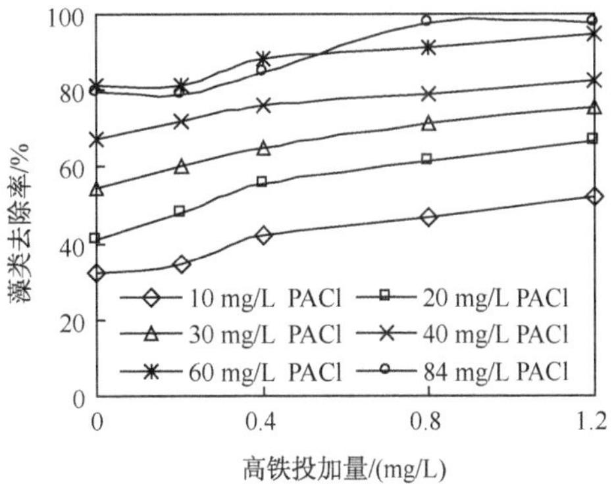

图 4-24　高铁酸盐预氧化去除藻类的效能

2. 预氧化除藻比较

利用氧化剂除藻或预氧化与絮凝结合是目前常用的饮用水除藻方法，如我国深圳自来水厂即采用预氯化然后进行常规絮凝除藻，有一定的效果。但预氯化生成三氯甲烷等物质，对水质产生不良影响。为克服预氯化除藻方法的有害性，采用高铁酸盐预氧化来代替预氯化，并将两种预氧化方法除藻效果进行对比。结果如图 4-25 所示。原水含藻量为 4.0×10^7 个/L，高铁酸盐投加量小于 0.4mg/L 时，其氧化作用不明显，藻类去除率为 88%，剩余藻为 4.7×10^6 个/L；当高铁酸盐的投加量增加到 1.6mg/L，藻去除率达到 96%。与氯对照，当氯投加量为 0.5～0.9mg/L 时，藻去除率达到 90%以上，剩余藻为 3.9×10^6 个/L，但是再加大氯的投加量，藻类去除率不再增高，保持在 90%左右。当投加高剂量时，高铁酸盐对藻类的去除效果明显优于氯，由于高铁酸盐预氧化除藻不会对环境造成二次污染，所以采用高铁酸盐预氧化代替预氯化除藻从原理和性能上是完全可行的。

高铁酸盐与高锰酸钾预氧化两种处理方法对藻类的去除效果如图 4-26 所示。投加 84mg/L PACl 进行絮凝，变化预氧化剂的投加量，高锰酸钾投加量 0.8 mg/L，藻去除率为 86%，再加大投加量，藻类去除率也不会增高，而且高锰酸钾颜色深，反应速度慢，极难褪色，不适宜投加高剂量。高铁酸盐量投加到 0.8 mg/L，对藻类的去除率可达到 97%，而且反应速度快，明显比高锰酸钾的去除效果好。

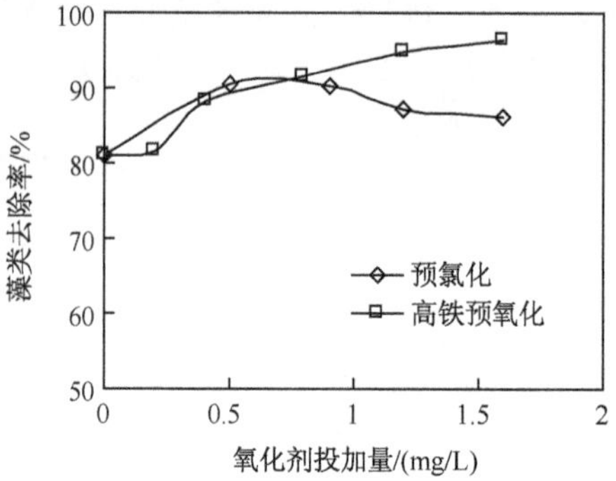

图 4-25　高铁酸盐预氧化与预氯化除藻效果对比

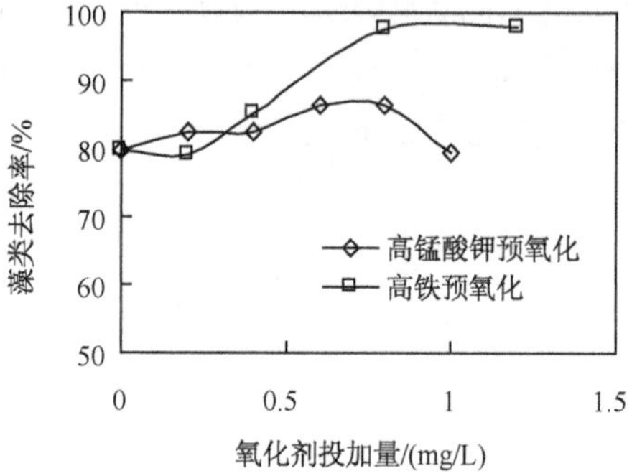

图 4-26　高铁酸盐与高锰酸盐预氧化除藻效果对比

3. 高铁酸盐氧化絮凝除藻机制

正常藻类是水体中的初级生产者，白天在阳光作用下，利用二氧化碳和水合成碳水化合物，放出氧气，光合作用大于呼吸作用，水中溶解氧增高。夜晚，藻类只进行呼吸作用，消耗溶解氧，因此夜晚的溶解氧比白天低。经杀藻后残留藻与正常藻一样，也能进行光合作用，因此，从残留藻在白天光合作用和呼吸作用的差异程度，通过测定白天和夜晚产生溶解氧量的差异，可以正确判断杀藻的效果。如果白天光合作用大于呼吸作用，溶解氧明显增高。夜晚（或清晨）只有呼吸作用，要消耗氧，水中溶解氧就会下降。试验证明采用高铁氧化絮凝剂具有很好的除藻效果，而且随投加量增加，氧化性增强，大部分藻被杀死，残留活藻的数量减少。当高铁浓度为 80、120 和 160mg/L 时杀藻效果好，静置 4 天后，水中的溶解氧下降至最低点，且早晚溶解氧差值趋于零，证明大量藻已死亡，结果如图 4-27 所示。

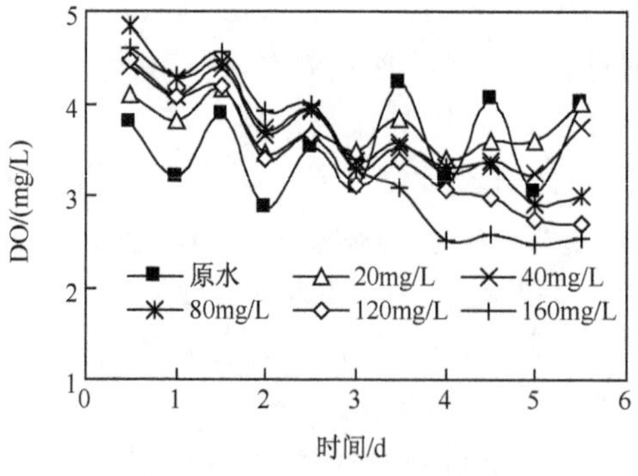

图 4-27　藻类溶解氧的变化

采用实验室人工培养藻液，对高

铁酸盐氧化絮凝过程中和沉淀后的藻类进行扫描电镜分析。由图 4-28 可以看出，在处理过程中杆状的颤藻互相交织在一起构成支架，絮体黏附在支架上，凝聚絮凝作用将大量的小球藻网捕在交联的支架上。从沉淀物的扫描电镜分析可知，大量的小球藻被包夹在支架絮团中，颤藻又交织在絮团与絮团之间，随着絮团共沉淀下来。与以往研究的单纯 PACl 絮凝比较，高铁的作用机制是增强了颤藻的交联性和加剧小球藻的收缩聚集作用。对于高铁是否侵蚀藻的细胞壁，破坏了藻细胞的完整性还有待通过透射电镜进一步分析。

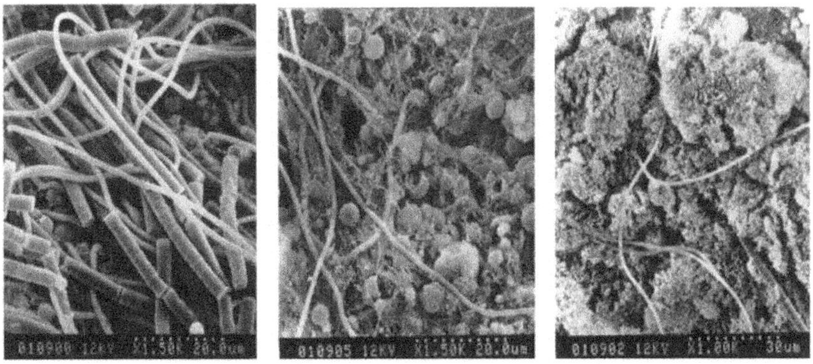

(a)　(b)　(c)

图 4-28　高铁酸盐去除藻扫描电镜结果

(a) 原水；(b) 絮凝；(c) 沉淀

为了深入探讨高铁酸钾及其他氧化剂除藻作用机制，采用实验室人工培养的球藻，对比高铁酸钾和高锰酸钾两种氧化剂对藻类单细胞的影响。控制 pH 在酸性条件下（防止高铁酸钾絮凝），单纯投加氧化剂处理。反应后对藻细胞进行脱水、切片处理，通过透射电镜进行观察和分析，结果如图 4-29 所示。

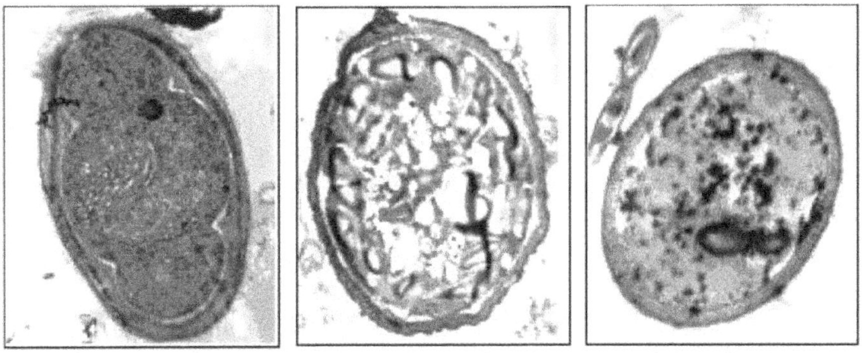

藻类　高铁处理后　高锰酸钾处理后

图 4-29　氧化剂处理后藻的透射电镜结果

透射电镜的分析证明，未处理的球藻细胞壁光滑完整，内囊体中的线状叶绿体纹理清晰，液泡饱满，如细小蜂窝一样紧密堆积。用高铁酸钾处理后，细胞壁干皱、紧缩，内囊体内线状叶绿体和液泡明显被破坏，整个细胞内出现大的干瘪空泡，但未观察到明显的细胞破碎现象。与高锰酸钾进行对比，高锰酸钾处理后的藻细胞内也出现叶绿体纹理混乱不清，但不如高铁破坏的程度大，而且细胞壁未发生明显的紧缩。

4.2.4.3　高铁氧化絮凝去除藻毒素

颤藻作为多种污水的指示种，在秋季大量繁殖，成为水体中第一优势种。藻类死亡后，大量藻毒素释放到水体中，对水源水产生严重污染。铜绿微囊藻是广泛引起水华和最早被发现产毒被研究的藻种，产毒量大，污染严重。因此以颤藻和微囊藻为对象，利用多功能高铁的强氧化性和絮凝助凝等作用，研究其对藻毒素的去除效能和机制。

1. 对藻毒素和有机物的去除效能

高铁酸盐作为多功能药剂在水中还原的过程中产生 O_2^{2-} 、HO_2^- 自由基和三价铁离子，使其既具有强氧化性又有较好的絮凝作用。作者所在研究组实验考察了不同反应时间下，高铁酸盐对藻毒素的降解效能，如图 4-30 所示。

当高铁投加量为 10mg/L，反应 10min 藻毒素的去除率达到 39%；延长反应时间，去除率增大。反应到 30min 时，去除率为 67%；反应时间一定，增大高铁投加量，藻毒素去除率也明显升高。如高铁投加量增到 20mg/L，反应 30min，藻毒素去除率增到 93%；高铁投加量再增加一倍到 40mg/L，去除率增大到 98%。这说明在反应时间一定的条件下，单纯投加大剂量的高铁，已无法突出其强氧化性。这主要是因为大剂量的高铁自身也需要一定的还原时间来发挥其氧化能力。而在相同高铁投加量下，增加反应时间，去除率却明显提高，进一步说明了高铁的氧化还原需要一个过程。总的来说，藻毒素易于被高铁氧化降解，且降解效能与高铁投加量和反应时间直接相关。

在研究高铁酸盐降解藻毒素的同时，考察高铁酸盐氧化絮凝对高有机质的去除效能，结果如图 4-31 所示。藻类粗提液的有机质含量很高，TOC 值高达 46.8mg/L。随着高铁投加量的增加，藻毒素去除率增高，有机质含量逐渐降低。当高铁投加到 20mg/L，藻毒素去除率为 93%，TOC 去除率为 24.6%；当高铁投加增至 40mg/L 时，藻毒素几乎被全部降解，TOC 值为 24.9mg/L，去除率为 46.8%。高铁的强氧化性使粗提液中的藻毒素和其他有机质降解，高铁自身还原生成 Fe^{3+} 、$Fe(OH)_3$ 等还原产物。这些还原产物作为絮凝剂，凝聚吸附和共沉降藻毒素及其他大分子有机质，使水质得到进一步净化。再增加高铁的投加量，

TOC 去除率不再增加。藻毒素粗提液中除了少数高分子质量的有机物外，占主要部分的溶解性有机物（DOC）的分子质量分布在 1000～10 000Da，属于中低分子质量物质。说明高铁降解大分子有机质为中、小分子质量的有机质，很难再通过絮凝吸附除去。

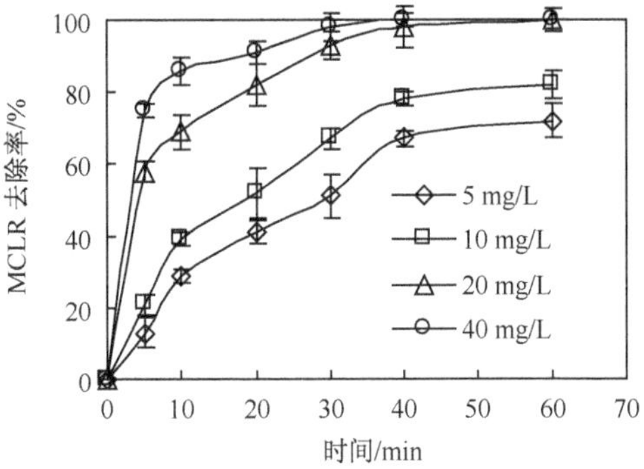

图 4-30 高铁氧化絮凝对藻毒素的降解

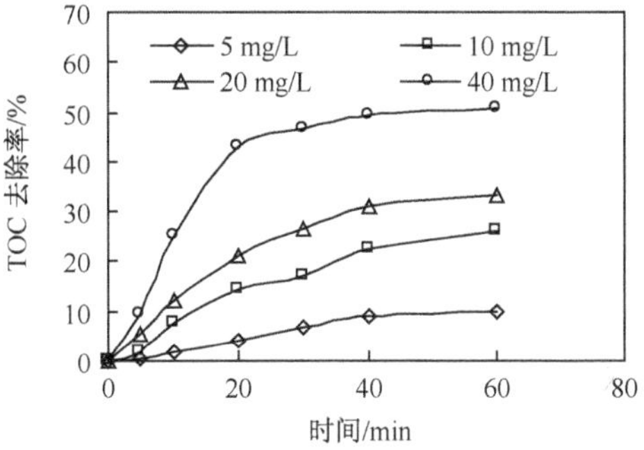

图 4-31 高铁氧化絮凝对 TOC 的去除效能

2. pH 对去除藻毒素和有机质的影响

由于高铁酸盐在不同的酸碱条件下，其氧化还原电位的差异和还原产物的形态，直接影响其在氧化絮凝降解藻毒素时的行为。试验结果发现，高铁酸盐的氧化絮凝能力受反应 pH 的影响（图 4-32），在 pH 分别为2、4、6、7、8、10的条件下，高铁的氧化絮凝能力不同。当 pH＝2 和 4 时，高铁的氧化还原电位为 2.27V，此时氧化能力极强，甚至高于臭氧的氧化还原电位（2.07V），但即使投加高铁量达到 40mg/L，藻毒素的去除率分别为 49％和 72％。这是因为在此 pH 条件下，高铁酸盐的氧化反应速度太快，投加后还未来得及扩散到溶液中与毒素反应，就在瞬间自身还原了，表现在其溶液紫红色的快速褪去。将 pH 调至 6 或 7 反应进行平稳，藻毒素去除效能明显提高，分别为 92％和 42.9％。当反应 pH 在 8～10 时，藻毒素去除率增幅不大，说明此时藻毒素基本已被降解或吸附完全。

研究在不同 pH 条件下，对藻毒素粗提液中高含量有机质的去除实验发现（图 4-33），在低 pH 如 pH 为 2～4，且高铁投加量为 40mg/L 时，由于高铁酸盐的还原产物主要以 Fe^{3+} 的形态存在，几乎不具有凝聚共沉淀作用，因此对 TOC 去除率仅为 26.7％和 29.7％。将 pH 调至 6，高铁酸盐发挥其絮凝助凝的作用，在反应过程中产生矾花，絮凝效果明显增强，对水中 TOC 的去除率明显提高，达到 42.9％。当反应 pH 在 8～10 时，藻毒素去除率增幅不大，说明基本已被吸附降解完全；TOC 的去除率呈上升趋势，在 pH 为 10 时，去除率达 53.2％，说明在偏碱的条件下，更有利于高铁发挥其吸附凝聚功能，通过共沉淀作用提高了对有机质的去除效果。但在此基础上再增加 pH，由于高铁氧化性和絮凝作用的减弱，去除藻毒素和 TOC 的效果都会降低，而且将延长作用时间，增加了处理后水的碱度。研究证明，高铁去除水中藻毒素的最佳 pH 范围是 6～10。

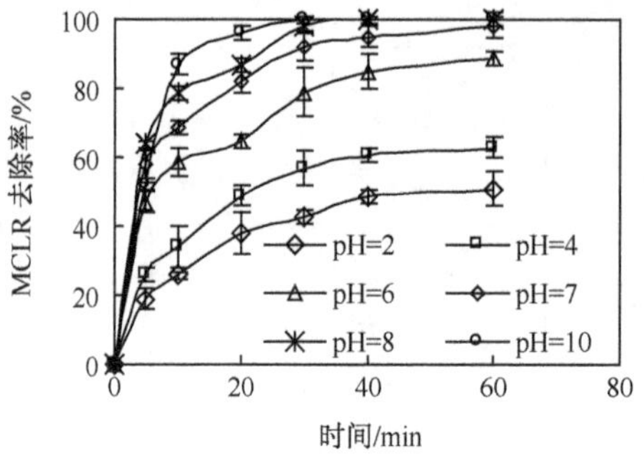

图 4-32 不同 pH 条件下高铁氧化絮凝降解藻毒素

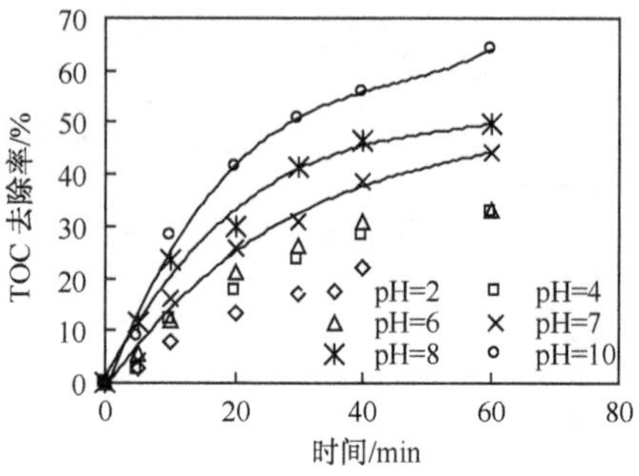

图 4-33 pH 对高铁氧化絮凝去除 TOC 的影响

3. 单纯絮凝作用去除藻毒素

为了进一步证明高铁降解藻毒素过程中强氧化性所起的重要作用，采用单纯 PACl 考察混凝过程对藻毒素的去除。据文献报道传统混凝剂对溶解在水中的毒素基本上是无效的。实验结果也证明了这一点，如表 4-9 所示。投加 60mg/L 的 PACl 对藻类粗提液进行混凝试验，藻毒素去除率仅为 11%，而仅投加 5mg/L 的高铁作用 30min，藻毒素就可以去除 50%以上，证明了高铁的氧化性在去除藻毒素时具有决定性的作用，单纯絮凝无法去除藻毒素。

表 4-9 单纯 PACl 絮凝对藻毒素的去除效果

处理方式	起始浓度/(μg/L)	处理后浓度/(μg/L)	去除率/%
36mg/L $Al_2(SO_4)_3$+过滤+氯消毒	65	56	14
55mg/L $FeCl_3$+过滤+氯消毒	49	49	0
60mg/L PACl	113	101	11

4. 与其他氧化剂去除藻毒素的对比

针对藻毒素污染，实验室研究大多采用化学氧化法，其中采用最多的就是氯氧化、高锰酸钾和臭氧。在此，只对高锰酸钾与高铁进行对比。投加不同量的高锰酸钾和高铁，考察对藻毒素的降解效果，结果如图 4-34 所示。对比高铁和高锰酸钾氧化降解藻毒素发现，藻毒素的降解主要是靠氧化作用破坏 MCLR 基团来实现的，且氧化剂的氧化能力越强，藻毒素去除率越高。

5. 高铁酸盐降解藻毒素的机理探讨

目前进行的研究是通过检测高铁降解藻毒素（MCLR）过程中在其最大吸收波长 505nm 下的吸光度值，来简单解释高铁氧化藻毒素机制的。高铁选择性氧化溶解性有机物有三种作用历程：在检测的 pH 条件下，溶解性有机物不影响、加速和延迟高铁的正常自身分解速度。

通过对照高铁和高铁降解藻毒素在 505nm 的吸光度值发现（图 4-35）：在 pH 为 6～10 的范围内，藻毒素的加入基本不影响高铁自身的正常分解速度，但从液相色谱分析谱图观察，随着高铁量的增加，藻毒素部分或全部被氧化降解了。这说明尽管藻毒素没有促进高铁的分解，但它还是参与了某些反应，并且在一定程度上被高铁转化成了氧化产物。根据文献，这种反应的作用机制可能是高铁在降解藻毒素的过程中，是通过形成一种稳定的中间体（如铁的中间氧化态）来完成氧化反应的。而且整个反应相对缓慢，这也说明藻毒素一般不易于被氧化去除。

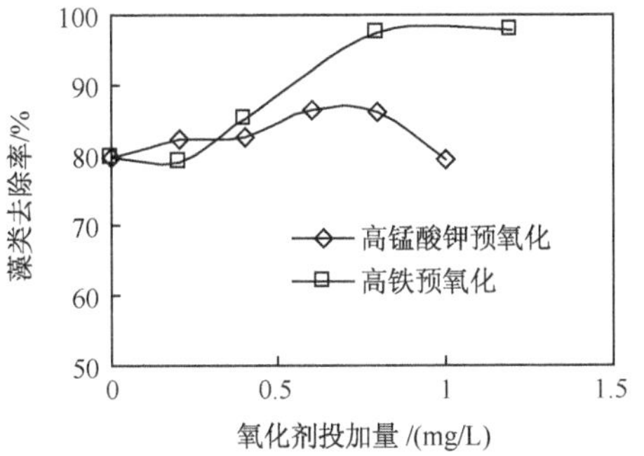

图 4-34　对比高铁与高锰酸钾降解藻毒素的效能

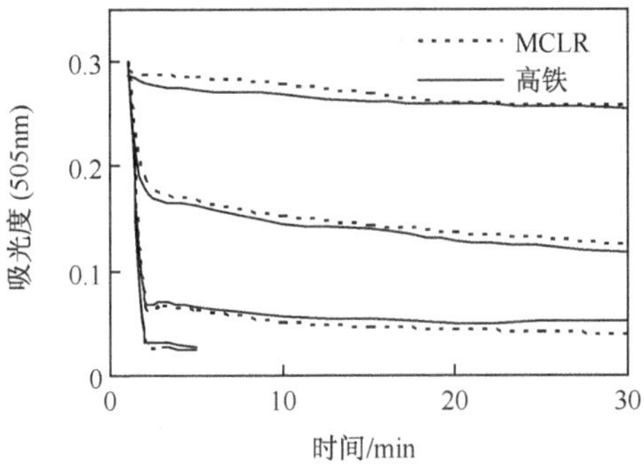

图 4-35　MCLR 存在下高铁的分解曲线

藻毒素的毒性主要是由 Adda 基团引起的，Adda 基团的微小变化将导致藻毒素毒性的降低。高铁氧化降解藻毒素，去除其毒性的关键是破坏 Adda 基团的结构。从藻毒素的结构可以看出，Adda 基团主要是一个芳环加一个共轭的双键，它的最佳检测波长在 238nm。而环状结构多肽的最佳检测波长在 210nm，多肽环的打开或破坏，主要表现在 210nm 谱峰的变化。图 4-36 所示为投加高铁酸盐前后藻类肝毒素的色谱图结构变化。

由图可以看出，在未投加高铁酸盐，保留时间为 6.28min 时，藻毒素出峰；在投加高铁酸盐降解肝毒素后，保留时间为 6.28min 的藻毒素峰消失，谱图上出现 2 个新的小峰，扫描其紫外光谱发现，这 2 个新峰的紫外最大吸收波长发生了蓝移，移动 10nm 左右。说明藻毒素被破坏，Adda 基团结构和多肽环发生了变化。作用机制可能是高铁氧化或异构化 Adda 基团中的共轭双键，并且打开或破坏了多肽的环状结构，从而去除了藻毒素，降低了其毒性。

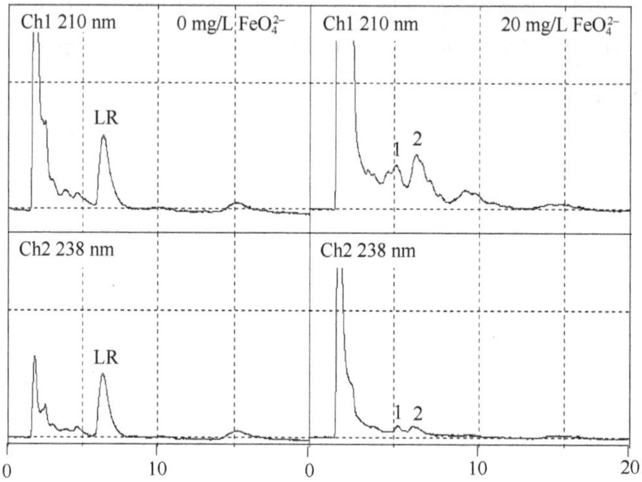

图 4-36 MCLR 的液相色谱图

4.3 混凝过程强化

4.3.1 原水水质特征

对于原水水质特征和水质问题，以往的关注点主要在一般的物理化学性质与指标如浊度、温度、硬度、COD 等等，对于其中的水体颗粒物和有机物的组成与分布特征的认识还不够深入。而后者尤其是有机物的组成与分布特征，对于混凝过程起着重要的影响作用，一定程度上决定了出水水质状况。因此，从强化混凝的角度出发，对原水水体颗粒物和有机物的物化组成进行化学分级和粒度分布表征，并确定其最优混凝条件，对水厂实际工艺的运行和调控具有重要意义。

4.3.1.1 DOM 化学分级分布和变化特性

国外研究者在 20 世纪 70 年代开始了根据有机物的化学性质使用特定树脂对 DOM 进行化学分级表征的研究，国内则于 90 年代开始了初步的研究工作，但以上工作基本都是针对单个时间点的研究，难以说明水质的根本特征和变化特性。通过对深圳水库原水进行连续研究，以期得到原水有机物组成的变化特性。

深圳水库原水DOM化学分级特征在所研究时段内随时间变化特性如图4-37所示。由图中可以看出，虽然原水DOM各分级组分DOC质量分数会发生一定波动，但憎水酸和亲水物质为主要成分这一基本的化学分布特征没有发生变化。

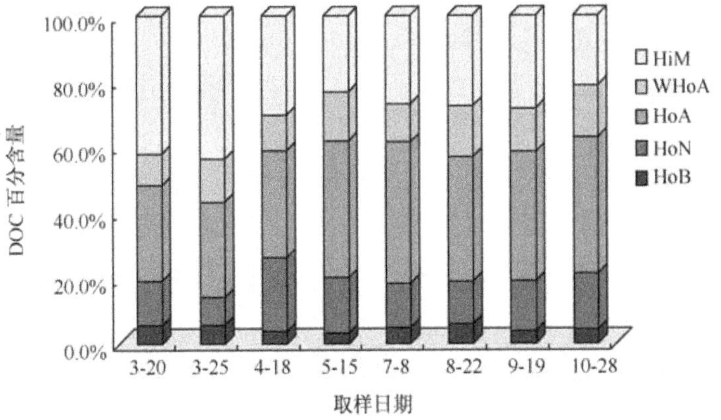

图4-37 原水化学分级DOC分布特征

HiM：亲水物质；WHoA：弱憎水酸；HoA：憎水酸；HoN：憎水中性物质；HoB：憎水碱

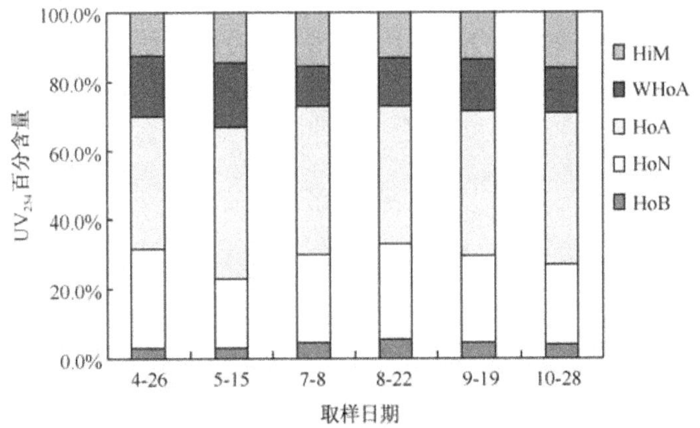

图4-38 原水化学分级组分UV_{254}分布特征

HiM：亲水物质；WHoA：弱憎水酸；HoA：憎水酸；HoN：憎水中性物质；HoB：憎水碱

深圳水库原水DOM化学分级各组分UV_{254}分布特征及其百分含量在所研究时段内随时间变化特性如图4-38所示。原水DOM各化学分级组分的UV_{254}含量占原水的百分比，在所研究时段内，其变化特性同DOC百分含量变化特性一样有一定的规律性。从图 4-38 可以清楚地看到，各化学分级组分的 UV_{254} 百分含量变化并不是很大。HoA 和 HoN 为占 UV_{254} 百分比最大的两部分，这点与 DOC 百分含量图稍有不同，亲水物质所占的 UV_{254} 比重平均只有 14.21%，憎水中性物的比重增加，均值为 25.10%，说明憎水中性物中所含不饱和键的有机物较多，这与其憎水性密切相关。憎水酸性物 UV_{254} 所占比重最大，均值为 41.57%。憎水碱所占比例最少，为 4.07%，这与其在 DOM 中所占比例最少有一定的关系。弱憎水酸含量稍高于亲水物质，为 15.04%。

4.3.1.2　原水 DOM 分子质量分布特性

测定原水中有机物分子质量分布主要有两种方法，凝胶色谱法（GPC）和超滤膜法（UF 膜法）。凝胶色谱法是色谱柱中装填一定孔径分布的多孔凝胶作为固定相。根据不同分子质量的有机物进入凝胶孔隙的能力大小，通过色谱柱时间的不同，从而按照分子质量大小的先后次序出现在流出液中。超滤膜法用一系列已知截留分子质量的超滤膜对水样进行分离，就可以得到有机物的分子质量分布，该方法简单方便，无需昂贵的试验设备，就能得到大量的分离水样。

图 4-39、图 4-40 为水库原水在 2005 年不同月份取样的分子质量分级结果。从图上可以清楚的看到原水 DOC 在各个分子质量范围内虽然所占比例并不恒定，但从总的趋势来看，分子质量在 10 000～30 000Da 以及＜1000Da 的有机物占大多数（两者所占比例在 56.91%～74.69%之间）。＞10 000Da 的有机物其 DOC 在整个取样期间占原水的比例都比较稳定，比例维持在 31.09%～39.23%。

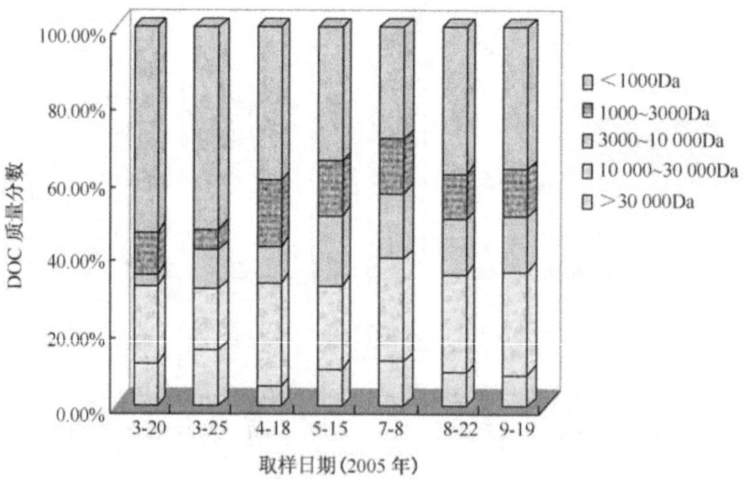

图 4-39　原水 DOM 物理分级分布特征

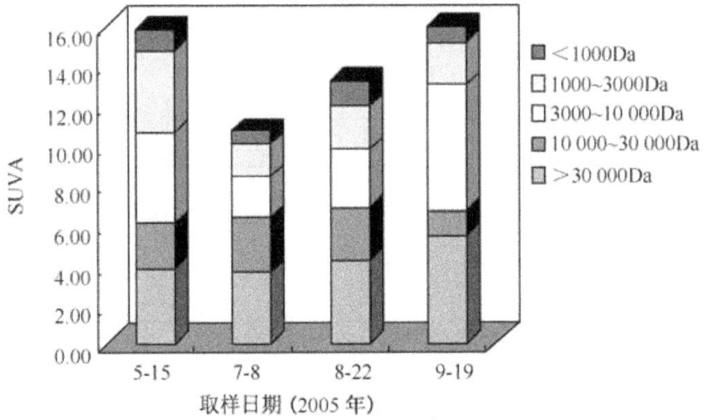

图 4-40　原水 DOM 各分子质量 SUVA 百分含量

从不同月份水库原水 DOM 分子质量分级分布图可以看到，虽然在整个实验期间内，各分子质量范围 DOC 所占比例并不是恒定不变的，但是表观分子质量在 10 000～30 000Da 以及＜1000Da 的有机物一直是此水体的两个主要组成成分，这与黄浦江原水分子质量分布的特征类似，研究显示黄浦江原水 DOC 也主要集中在 10 000～30 000Da 以及＜1000Da 这两个分子质量范围[14]。东江水源取水点处保护良好，水体中分子质量范围主体不变这一表观分子质量分级特征一直都处于稳定的状态，说明东江水源水分子质量分布特性有很好的稳定性。分子质量分布规律不如化学分级各组分的 SUVA 图明显，但从图 4-40 仍可以看出，分子质量＞30 000Da 和 3000～10 000Da 之间的有机物紫外吸收能力较强，＜1000Da的有机物紫外吸收能力最弱。

4.3.1.3　北方原水水质特征

以 2004 年度天津市水源水变化为例，图 4-41 是水厂水源部分水质指标资料。通过分析可以看出：

(1) 同为中国北方水系，因具有相同的地质特征，滦河水和黄河水水质具有很大的共性，如高碱度（＞120mg $CaCO_3$/L）、高硬度（＞160mg $CaCO_3$/L）、高 pH(＞8.2)，属于较难处理的水质。同时，也受各自流域自然和人为因素的影响，各自表现出不同的特征。如滦河水主要在夏、秋高温季节作为饮用水水源，此时藻类繁殖旺盛，使水中含有较高浊度、叶绿素和藻类数，蛋白质氮比重也较高。另外，黄河水流经中国西北、华北地区，地质复杂，具有更高的碱度、硬度和盐含量。

(2) 水质表现出明显的季节性。水温在夏季 7 月和 8 月达到最高值 30℃左右，而在冬季 1 月和 12 月温度最低，在 5℃以下；部分理化和生物指标如浊度、

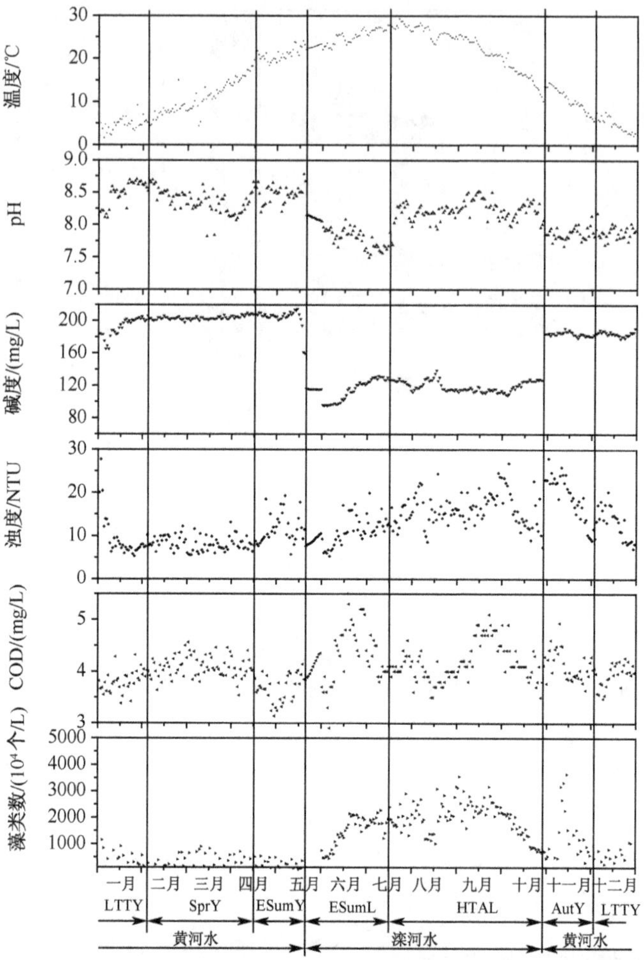

图 4-41　2004 年天津市源水水质随季节的变化

碱度、COD_{Mn}、氨氮、叶绿素、藻类计数等指标季节性变化明显。在 1～3 月和 11～12 月期间水温、浊度较低。7～9 月碱度、硝酸盐较低，由于水温影响水体生物繁殖生长，特别是藻类繁殖，水的浊度、硬度、氯化物、氨氮、硝酸盐、叶绿素、叶绿素 α 和藻类数都与温度表现出相关性，高温季节，有机氮与亚硝酸盐氮比值显著升高。

(3) 水质波动中表现出一定的稳定性。从图中可以看出，虽然个体参数表现出一定的波动，氨氮、COD_{Mn}、总大肠菌群、挥发酚、pH 等指标偶有突发性超标，如 1987 年氨氮最高值为 3.31mg/L，是国家Ⅲ类水体标准（0.5mg/L）的 6.5 倍，1990 年 COD_{Mn} 为 18.30mg/L，是国家Ⅲ类水体标准（6.0mg/L）3 倍，近期卫生部颁布的《生活饮用水卫生规范》对饮用水原水的 COD_{Mn} 提出了更高的要求，指出 $COD_{Mn} \leq 4mg/L$，以此为标准计算 1990 年 COD_{Mn} 超标 4.6 倍；但在 3 年中表现出明显的一致性，在各年度间水质变化不大。

（4）水体富营养化严重。高藻期藻类计数最高达 14 000 万个/L，叶绿素高于富营养化标准值 1.5～10 倍，水中有机物含量增大，耗氧量上升，浮游藻类优势种为蓝藻、绿藻。在此期间浊度明显偏高，水质呈弱碱性，总氮、总磷超标。

（5）水体有机污染物污染严重。滦河水和黄河水 COD_{Cr} 常年在 4mg/L 以上，强化混凝工艺非常必要，但水的 pH 常年稳定在 8.0 以上，碱度在 100mg/L 以上，混凝效率低。研究针对高碱度污染水体的强化混凝技术工艺具有重要意义。

（6）根据原水对混凝效率影响最为显著的几个指标：碱度、温度、浊度、藻类和有机物含量和性质，可以将天津源水按季节分为 6 个典型水质期：低温低浊黄河水（LTTY，1 月和 12 月）；春季黄河水（SprY，2～4 月）；早夏黄河水（ESumY，4～5 月）；早夏滦河水（ESumL，5～7 月）；高温高藻期滦河水（HTAL，7～10 月）；秋季黄河水（AutY，10～11 月）。

4.3.2　不同水质的强化混凝特征

4.3.2.1　水质影响

强化混凝可以选择多种不同的工艺，可以通过与预氧化的结合、强化混凝剂/助凝剂效能、调整 pH、改良投药条件和水力条件等。但无论采取哪种措施或者是哪些措施的组合都是围绕其去除水体污染物和 DBPs 前驱物的要求，以达到经济、有效、安全地去除水体污染物和降低 DBPs 的目的。

强化混凝的目的之一就是选择有效的操作条件改善混凝效果，在混凝过程中经济有效地降低有机物含量。已经比较明确的有机物的混凝去除机理主要有：①低pH 时，负电性有机物通过电中和作用同正电性混凝剂水解产物形成不溶化合物而沉降；②高pH 时，高剂量混凝剂水解产物对有机物吸附去除。一般情况下，二者共同起作用，但主导机理在不同的条件下有区别。

研究了 6 个典型水质期，典型絮凝剂铁、铝盐和聚合铝等对北方水体的混凝去除性能。以铁盐在 6 个典型水质期实验结果为例，说明各个水质期水质混凝特性，如图 4-42、图 4-43 所示。可以看出，我国北方水体的混凝效率随水质表现出明显的季节性特征。

滦河水较黄河水在浊度和有机物方面更容易去除。对于黄河水，也表现出明显的季节性差异，温度越高，有机物的去除率也越高，在温度较高的早秋，藻类生长还比较旺盛时，其有机物的去除效率较高，但仍然明显低于滦河水，秋季和早夏 UV_{254} 的去除率高于春季，春季高于低温低浊期。黄河水表现出明显的季节

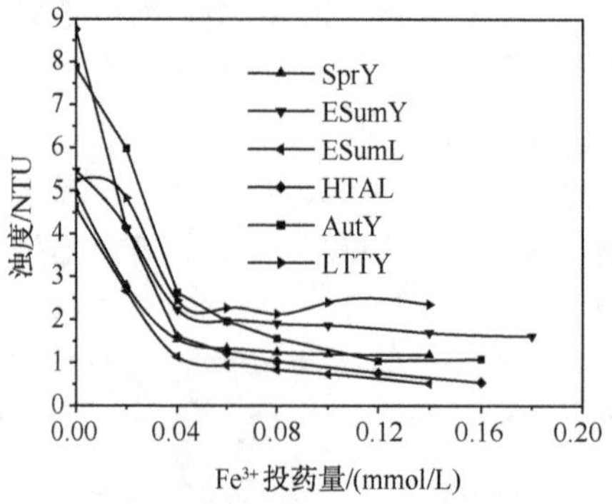

图 4-42 各典型水质期铁盐对浊度去除效果

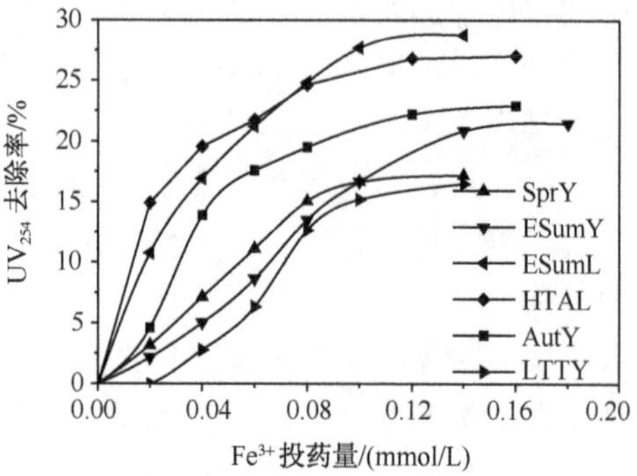

图 4-43 各典型水质期铁盐对 UV_{254} 去除效果

性混凝特征，温度越高，有机物的去除率也越高，只有在温度较高的早秋，藻类生长还比较旺盛时，其有机物的去除效果和滦河水相当。虽然在各个季节，对浊度去除的经济投药量都是 0.04mmol/L，但是剩余浊度季节性差别很大。滦河水的浊度去除效果明显优于黄河水。虽然滦河浊度季节性差别较大，但剩余浊度都能降低到 1.0NTU 以下；黄河水的浊度去除也表现出季节性差异，春季和秋季黄河水的浊度更容易去除，剩余浊度可以达到 1.5 NTU 左右，而秋季和冬季浊度去除效果很差。

对浊度去除的最佳投药量明显低于对有机物去除的最佳投药量。在天然水体中，去除有机物的絮凝剂量取决于水中不饱和有机基团量，絮凝剂必须使有机物不饱和基团饱和。传统的通过浊度去除确定投药量，虽然能有效地去除水体中的颗粒物，但不能有效使水体中不饱和有机物脱稳。为有效去除水体有机物，必须增加投药量。

水中有机物的去除效率受多种因素影响，尤其是碱度、温度和有机物的特征和分布。碱度是一个对有机物去除很重要的影响因素，碱度决定了金属盐絮凝剂投加后水解产物的形态，碱度越高，越多的多聚体和沉淀生成，虽然能吸附去除部分有机物，但去除效率不及低聚体和中聚体。从图中可以看出，滦河水较黄河水具有更低的碱度，有机物去除效率更高。

温度对有机物去除的影响表现在两个方面，一方面，温度越高，越有利于絮凝剂的水解、与污染物的相互作用，有机物去除率越高；另一方面，温度影响水体中微生物的生长，温度越高，微生物生长越旺盛，水体有机物从溶解态转化为颗粒态，较容易混凝去除。滦河水主要在夏秋高温季节，有机物去除率高于黄河水。黄河水中有机物的去除效率也随温度表现出明显的差异。温度较高的季节比低温季节去除率高。

水中有机物的形态和性质直接决定与絮凝剂之间的相互作用，因此认识水中有机物的性质对深入认识混凝过程非常重要。选取了具有代表性的高温高藻期滦河水和秋季黄河水，研究其水中主要污染物的性质及分布对混凝的影响。

研究发现，SUVA 大于 4 显示水中有机物容易通过混凝工艺去除，反之不然。黄河水和滦河水中的 SUVA 值分别只有 3.41 和 2.11，属于较难通过混凝去除有机物的水体。

图 4-44 为高温高藻期滦河水和秋季黄河水混凝结果比较，可以看出，以上两种水质代表两种典型的 TOC 混凝去除机理——沉淀和吸附。滦河水有机物去除机理以沉淀为主，随着投药量的增加而显著提高，直到与水中有机物浓度达到平衡时，继续增大投药量有机物去除没有显著变化；黄河水对有机物的去除机理是以吸附为主，有机物的去除随投药量的增加缓慢上升，投药量越大，有机物去除率增加越缓慢。滦河水相对黄河水具有较低的碱度，絮凝剂投加后水解产物不像黄河水那样充分，低聚体和中聚体量相对较高，它们比高聚体带有更高的平均电荷，具有更高的电中和能力。

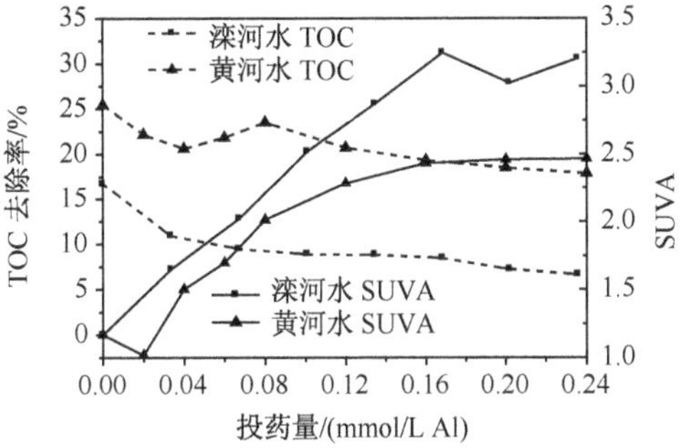

图 4-44 典型滦河水和黄河水有机物去除特征比较

事实上，有机物的去除模式并不是取决于源水中总的有机物性质，而是取决于通过混凝去除的那部分有机物的特性。图 4-44 的 SUVA 可以看出，滦河水混凝沉淀后其 SUVA 值随投药量的增加缓慢降低，说明水中被去除的有机物性质比较一致，直到投药量增加到 0.16 mmol /L 时，有机物去除达到平衡，SUVA 值出现拐点。而对于黄河水，投药量 0.04～0.08mmol/L 之间出现一个升高，说明此时一部分低 SUVA 的有机物被去除，且被去除的有机物性质波动较大。

4.3.2.2 强化混凝目标

美国环保局选择强化混凝技术作为最可行技术[15]。强化混凝包括两步：第一步，根据源水的碱度和有机物浓度确定有机物去除标准，碱度越低，TOC 越高，有机物去除目标值越高。第二步是对经过技术革新仍然不能达到第一步有机物去除目标的水体，通过烧杯试验确定确定其有机物去除替换标准。烧杯试验中，以 10 mg/L $Al_2(SO_4)_3 \cdot 14H_2O$ 或相同离子当量的铁盐的增加逐渐增大投药量，直到混凝后水体的 pH 达到目标 pH（根据原水碱度确定），每增加 10 mg/L$Al_2(SO_4)_3 \cdot 14H_2O$ 或相同离子当量的铁盐的投药量时，TOC 去除量增加低于 0.3mg/L 时认为有机物去除率达到收敛点，此时的有机物去除率为有机物去除率目标。

参照美国环保局颁布的《强化混凝和强化沉淀软化指导手册》（Enhanced Coagulation and Enhanced Pricipitative Softening Guidance Manual）中烧杯试验方法对典型季节水质进行强化混凝试验，试验采用 1L 的反应器，试剂纯 $AlCl_3$ 投加量按离子当量转换成 $Al_2(SO_4)_3 \cdot 14H_2O$。

图 4-45 和图 4-46 分别是选取较容易混凝的高温高藻期滦河水和秋季黄河水的试验结果。

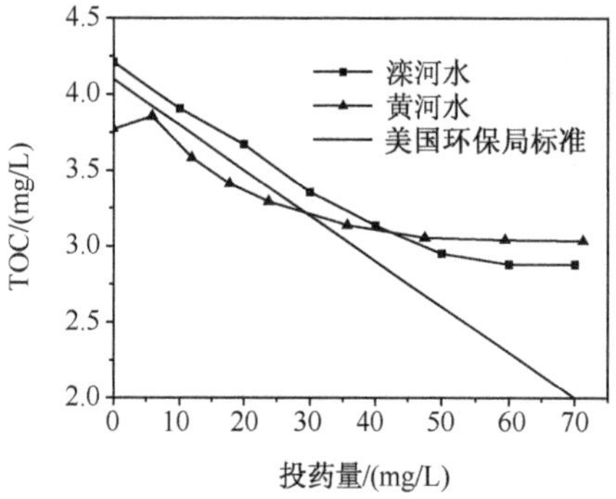

图 4-45　TOC 去除效果与美国环保局标准比较

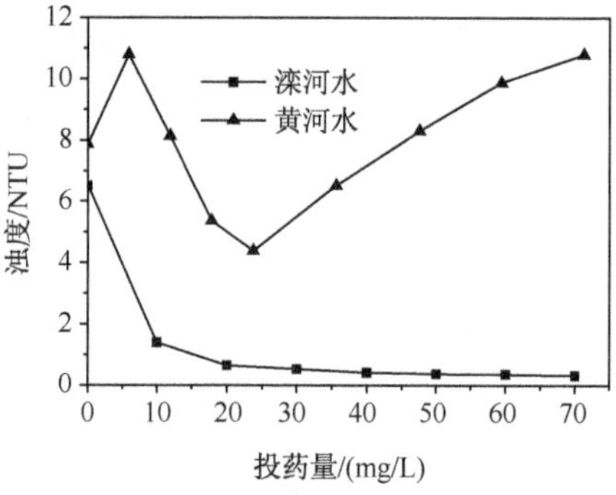

图 4-46　滦河水和黄河水浊度去除效果

可以看出，只在投药量为 30mg/L 以下时，每增加 10mg/L $Al_2(SO_4)_3 \cdot 14H_2O$，TOC 的去除量才能增加 0.3mg/L，去除率为 20.3%。当投药量为 40mg/L 和 50mg/L 时，TOC 去处量分别为 0.22mg/L、0.24mg/L，去除率也达到 31.2%，继续增加投药量 TOC 去除效果不明显。而美国环保局对于滦河水这种碱度在 116 mg/L，TOC 为 4.21 的水，去除率应该为 35%。黄河水强化混凝试验结果显示，对于 $AlCl_3$，即便是在很低的投药量下，每增加 10 mg/L 当量的 $Al_2(SO_4)_3 \cdot 14H_2O$，TOC 去除量增加 0.3mg/L 的目标也不是很容易实现。而对于滦河水这种碱度在 156mg/L，TOC 为 3.71 的水美国环保局的 TOC 去除率应该为 15%。由于原水水质不仅具有高碱度，而且受到不同程度的有机物污染，SUVA 值较低，上述水体中有机物属于较难通过混凝去除的类别。

对于絮凝剂的最佳投药量有两种方式确定：①达到某有机物及浊度等指标目标的最低投药量；②当投药量继续增加对出水水质提高影响不是很显著时的投药量。由此确定对滦河水投药量为50mg/L $Al_2(SO_4)_3 \cdot 14H_2O$，TOC 去除率为31%的目标是比较合适的，继续增加投药量有机物去除没有明显提高。对于黄河水，25mg/L $Al_2(SO_4)_3 \cdot 14H_2O$ 的投药量 TOC 去除率为 12.7%的目标是比较合适的，继续增加投药量不仅对有机物的去除无益，反而会使部分颗粒物复稳，影响净水效果。

表 4-10 是根据试验结果提出的典型北方水体季节性有机物（UV_{254}）和颗粒物（浊度）去除目标，同时给出传统去除目标和各自对应的投药量。

表 4-10　我国北方典型水质期强化混凝目标

水质分期	投药量/(mmol/L)	传统目标 浊度/NTU	UV_{254}/%	投药量/(mmo/L)	强化混凝目标 浊度/NTU	UV_{254}/%
SprH	0.04	1.54	7.0	0.1	1.2	16.5
ESumH	0.04	2.23	5	0.14	1.7	20
ESumL	0.04	1.14	17.0	0.1	0.75	27.5
HTAL	0.04	1.6	20	0.12	0.8	27
AutH	0.06	1.96	17.5	0.12	1.0	22.5
LTTH	0.04	2.44	<5	0.1	2.4	15

很多研究者发现，UV_{254}值和水体中有机物量具有很好的相关性，尤其芳香族有机碳。这部分有机物和氧化剂更容易反应生成 DBPs。研究发现 UV_{254} 比 DOC 和 DBPs 具有更好的相关性。另外，UV_{254}和 COD_{Mn}等指标更容易检测，不需要复杂的仪器，可以在水厂日常检测。水厂可以根据日常烧杯试验结果，确定工艺目标。可以看出，虽然优化混凝需要增加一定的投药量，但能显著改善水质，有机物去除率平均提高 40%以上。值得指出的是，生产投药量可以低于静态试验投药量，通过系统优化，调节 pH 及优选絮凝剂等技术途径实现有机物去除目标。

4.3.3　多功能混凝剂 PACC 的强化混凝特性

PACC 是一类新型的聚合铝，除了含有高含量的 Al_{13} 形态，还含有活性氯。PACC 是一种双效水处理药剂，它有可能同时发挥给水处理中预氧化与混凝净水作用。

4.3.3.1　活性氯在 PACC 混凝中的作用

采用电解法制备了两种混凝剂，分别是新工艺电解制备的 PACC 和原工艺制备的 E-PACl。PACC 制备采用铝板为阳极，不锈钢板为阴极，以 $AlCl_3$ 为电解液，通以一定大小直流电，在低电压高电流的条件下，可以制备得到具有较高含量 Al_{13} 的絮凝剂。表 4-11 列出了几种混凝剂的特征指标。除了 PACC 含有 4800 mg/L 的活性氯外，PACC 和 E-PACl 的铝形态、总铝和碱化度基本相同。$AlCl_3$，C-PACl（Al_2O_3 为 30%；B 为 48%，南宁化工集团）为固体产品，使用前将其用去离子水溶解并稀释到一定浓度。

表 4-11　混凝剂特征指标

混凝剂	Al_T/(mol/L)	B	pH	Al_m/%	Al_{13}/%	Al_u/%	活性氯/(mg/L)
PACC	0.50	2.35	4.65	0	78.3	21.7	4800
E-PACl	0.53	2.31	4.60	2	80.8	17.2	0
C-PACl	0.47	1.51	2.82	48.8	34.8	16.4	0
$AlCl_3$	0.55	0	2.26	100	0	0	0

考察了 PACC 和 E-PACl 在不同有机物浓度模拟水样中的混凝效能。如图 4-47和图 4-48 所示，剩余浊度与 DOC 的去除趋势基本相同。

混凝特征主要表现在：随着投药量的增加，颗粒物的表面电位不断增大，剩余浊度和 DOC 随之减小；在等电点时，浊度和 DOC 达到最小值；随后颗粒物表面电位被逆转，颗粒物复稳，此时浊度和 DOC 又略微升高。等电点时的混凝效能最高，此时为最佳投药量，这也说明吸附电中和是主要混凝机理。对 PACC 和 E-PACl 混凝效能进行比较，发现腐殖酸（HA）含量不同时活性氯对混凝的影响不尽相同。在水样 1 中（图 4-47），PACC 的混凝效能要好于 E-PACl，活性氯在此有助凝作用，相反，在水样 2 中（图 4-48），PACC 的混凝效能要差于 E-PACl，活性氯在此有阻凝作用。在有机物浓度相对较低的水中有利于 PACC 中活性氯发挥助凝作用。

HA 很容易被吸附在颗粒物上，在水中 HA 能够增加高岭土颗粒物的稳定性。由于高相对分子质量 HA 电性较低而更能够吸附在同样带负电性的颗粒物表面，高相对分子质量 HA 在增加颗粒物稳定性方面的作用大于低相对分子质量 HA。水中投加了 PACC 后，大分子 HA 被活性氯氧化成为小分子有机物，

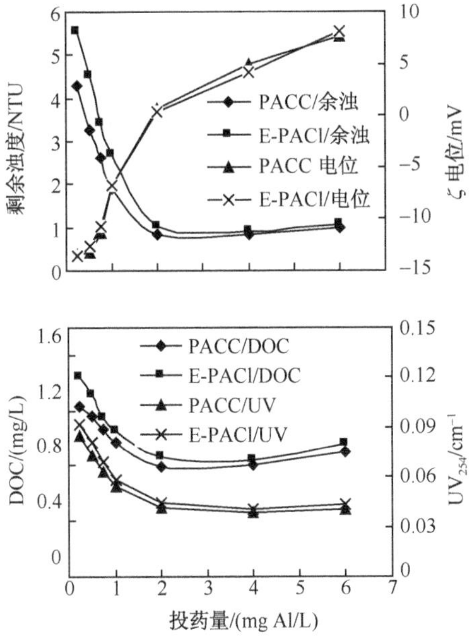

图 4-47 剩余浊度、ζ电位、DOC 和 UV_{254} 随投药量的变化（DOC=2mg/L）

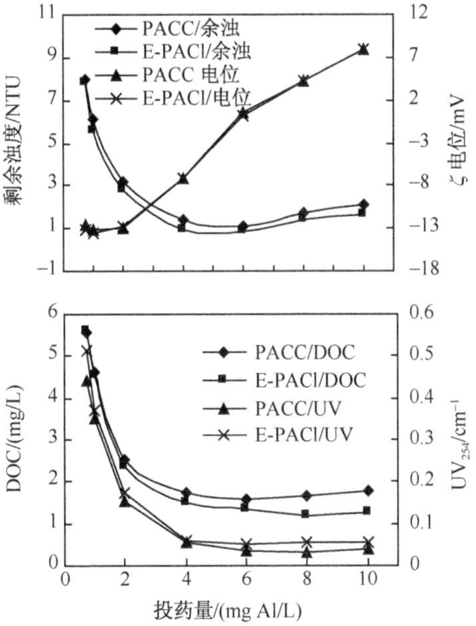

图 4-48 剩余浊度、ζ电位、DOC 和 UV_{254} 随投药量的变化（DOC=10mg/L）

这一点在图 4-48 中表现最明显。在水样 2 中虽然 PACC 在对浊度与 DOC 的去除效能不如 E-PACl，但在 UV_{254} 方面强于 E-PACl。这是由于活性氯难以将大分子 HA 完全矿化造成的，被氧化生成了难以被混凝去除的小分子有机物。向较低 DOC 浓度的水样 1 中投加活性氯后，吸附在颗粒物上的 HA 相对分子质量降低了，颗粒物电性减弱，造成颗粒物稳定性降低，有利于混凝，因此含有活性氯的 PACC 的混凝效能好于 E-PACl。向较高 DOC 浓度的水样 2 投加活性氯，水样中溶解态的 HA 相对分子质量分布朝减小的方向发展，不利于混凝，所以含有活性氯的 PACC 的混凝效能差于 E-PACl。研究还发现，pH 越低，活性氯对混凝的影响则越大。

4.3.3.2 活性氯的消毒效能

在 PACC 的混凝过程中，粪大肠杆菌既可以被活性氯杀灭也可以通过混凝被去除。表 4-12 中记录了混凝剂除菌和 PACC 中活性氯杀菌的结果。在水中投加 C-PACl 快搅后，粪大肠菌群随着投药量的逐步加大变化相对较小。这证明投药快搅后立刻取样接种的方法可以可靠地评价活性氯的消毒作用而同时尽可能地避免混凝的干扰。

比较 PACC 和 C-PACl 快搅后的水样中大肠杆菌的情况可以发现，PACC 中活性氯对水中的粪大肠杆菌有很好的杀灭作用。当投加 8 mg/L 的活性氯（24 mg Al/L）时，在 PACC 的水样中检测不出粪大肠杆菌群。沉淀后上清液中的粪大肠杆菌群更少，这可能是由于较长的消毒反应时间和混凝沉淀作用造成。C-PACl上清液的结果表明粪大肠杆菌可以被混凝去除，但去除效果远低于双效水处理药剂 PACC。

表 4-12 混凝剂除菌和 PACC 中活性氯杀菌情况

混凝剂剂量/(mg Al/L)	粪大肠菌群（10^3 CFU/L）			
	PACC 快搅后	PACC 上清液	C-PACl 快搅后	C-PACl 上清液
2	720	566	1010	1067
4	512	407	912	578
8	53	33	1002	120
16	6	3	756	25
24	0	0	604	8.5

4.3.4 Al_{13}形态的转化及其强化混凝机制

除了带有高的正电荷和较强的架桥能力外，预制的 Al_{13}聚合体在混凝过程中较为稳定。许多学者认为 Al_{13}形态是 PACl 在混凝时的最有效成分。因此，Al_{13}聚合体成为 PACl 制造工艺追求的目标。然而，另外一些学者却有着不同的认识，Al_{13}含量与混凝剂效能的关系仍然不明确，如 van Benschoten 等的实验结果证明用 $Al_2(SO_4)_3$去除黄腐酸时的效果略好于 PACl，在一定条件下去除腐殖质时 Al_{13}并不是起决定性作用的形态。

混凝剂的筛选很大程度上取决于水质条件和药剂自身的特征。近几年，有关铝形态对混凝行为影响的研究成为混凝领域的研究热点之一。然而很少有人关注在原水中 Al_{13}形态对混凝效能的影响，并且缺乏投药后的形态转化对混凝的影响进行深入研究。本节考察铝盐在混凝过程中的铝形态分布情况对混凝剂去除颗粒物和有机物的影响。重点研究 Al_{13}形态在混凝中的作用机制，阐明 Al_{13}含量与混凝效能的关系。从铝形态转化的角度揭示 pH 对混凝效能产生影响的原因。

4.3.4.1　对颗粒物和DOC的去除

原水取自北京官厅水库妫大桥附近，时间是2004年7月正值水华爆发期。表4-13列出了基本水质特征，总氮和总磷含量已远超过富营养化水体水质指标。该水样具有较高的碱度，溶解性有机碳（DOC）含量达到16.62 mg/L。具有较低的SUVA值（UV_{254}/DOC），这说明水样中小分子有机物所占比例较大，这些有机物不利于被混凝去除。

表4-13　原水水质特征

总氮/(mg/L)	4.10
总磷/(mg/L)	0.36
pH（20℃）	8.60
碱度/(mg $CaCO_3$/L)	226
浊度/NTU	14.50
DOC/(mg/L)	16.62
UV_{254}	0.1244
SUVA	0.75

采用了3种混凝剂：$AlCl_3 \cdot 6H_2O$（$AlCl_3$）、市售PACl（$PACl_1$）、电解制备的PACl（$PACl_2$）。$AlCl_3$，$PACl_1$（Al_2O_3＝30%；Basicity＝48%，南宁化工集团）为固体产品，使用前将其用去离子水溶解并稀释到一定浓度。三种混凝剂的铝形态分布特征列于表4-14中，Al_{13}含量从高到低依次是$PACl_2$、$PACl_1$、$AlCl_3$。从表4-14的结果再次证明^{27}Al NMR检测出的Al_m、Al_{13}、Al_u分别与Al-Ferron逐时络合比色法测定的Al_a、Al_b、Al_c存在对应关系。

表4-14　混凝剂形态特征指标

混凝剂	Al_T/(mol/L)	B	pH	百分比/%					
				Al_m	Al_{13}	Al_u	Al_a	Al_b	Al_c
$AlCl_3$	0.50	0	2.21	100	0	0	96.2	3.8	0
$PACl_1$	0.64	1.51	2.78	48.8	34.8	16.4	43	37.4	19.6
$PACl_2$	0.58	2.35	4.65	0	72.3	27.7	4.2	74.1	21.7

如图4-49与图4-50所示，在最佳投药量之前浊度的去除率随着投加量的增加而增加，体系中颗粒物的ζ电位也在升高但仍然为负值。继续增加投加量ζ电

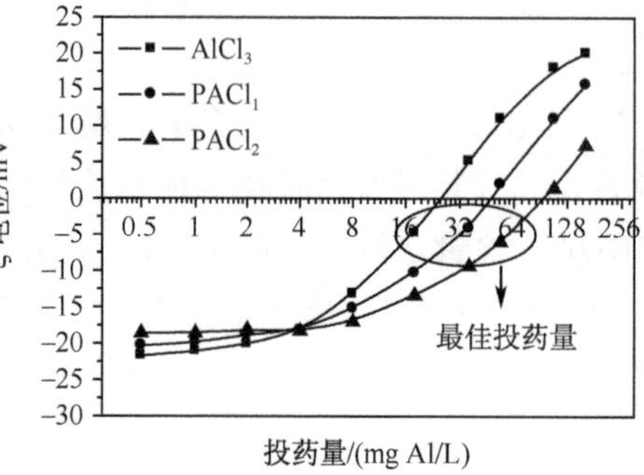

图 4-49　颗粒物ζ电位随着投药量增的变化情况

位逆转，体系中颗粒物复稳导致浊度去除率下降。当颗粒物表面电位达到等电点时浊度去除率达到最佳值。在低投药量时（0.5～2mg/L）混凝效能和表面电位值与混凝剂中 Al_{13} 含量成正比关系。在中等投加量时（4～18mg/L）混凝效能和表面电位值与混凝剂中 Al_{13} 含量成反比关系。对于 3 种混凝剂来说，DOC 的变化趋势与浊度的趋势基本相同。而且 DOC 去除的最佳投药量与除浊曲线基本一致。对于 $AlCl_3$ 来说，最佳投药量（18mg/L）是 $PACl_2$ 最佳投药量的 1/3。如根据投加量的多少来判断混凝剂优劣，混凝剂去除浊度与 DOC 能力的顺序是：$AlCl_3 > PACl_1 > PACl_2$。

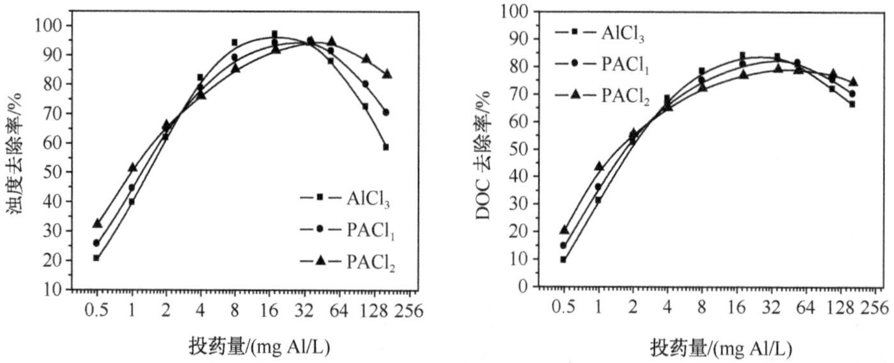

图 4-50　浊度与 COD 随投加量的变化情况

图 4-51 显示水样的 pH 由于投加混凝剂而降低了。降低水样 pH 能力的顺序依次是 $AlCl_3 > PACl_1 > PACl_2$，从最低的投加量到最高的投加量 $AlCl_3$ 体系的 pH 从 8.5 降低到 3.8。值得注意的是，三种混凝剂最佳投药量时体系的 pH 都在 7 左右（$AlCl_3$：6.81 到 $PACl_2$：7.16）。这说明在这种水质条件下，中性的 pH 环境有利于 Al 盐发挥混凝去除颗粒物和有机物的作用。

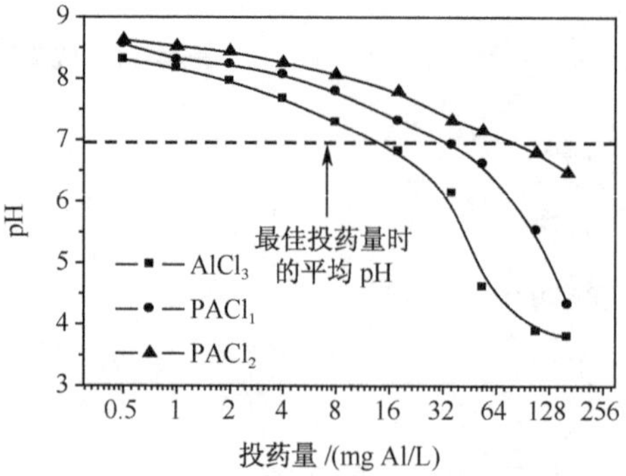

图 4-51　投药后体系 pH 变化情况

4.3.4.2　pH 对去除颗粒物和有机物的影响

考察了投加量 2 mg/L 和 8 mg/L 时 3 种混凝剂去除颗粒物和有机物在 pH 4～9范围内的变化情况。如图 4-52 所示，8 mg/L 投加量时的混凝效能大于 2 mg/L 投加量，但是两组曲线的变化趋势基本相同。以 8 mg/L 投加量为例，根据混凝剂的 Al_{13} 含量与其除浊效能的关系，曲线可以分为两段。一段是在 5～7 的 pH 之间，这时的混凝效能最高，并且混凝效能与 Al_{13} 含量成反比关系。第二段是在酸性和碱性 pH 环境中（如 pH 4 和 8～9），此时混凝效能为 $AlCl_3$＜$PACl_1$＜$PACl_2$，这时混凝效能与 Al_{13} 含量成正比关系。总的来说，3 种混凝剂在酸性环境中去除颗粒物和有机物的表现优于碱性环境，这可能是由于水中的颗粒物和有机物在酸性环境中负电性较弱。以 Al_{13} 为优势形态的 $PACl_2$ 的混凝过程受到 pH 的影响较小。

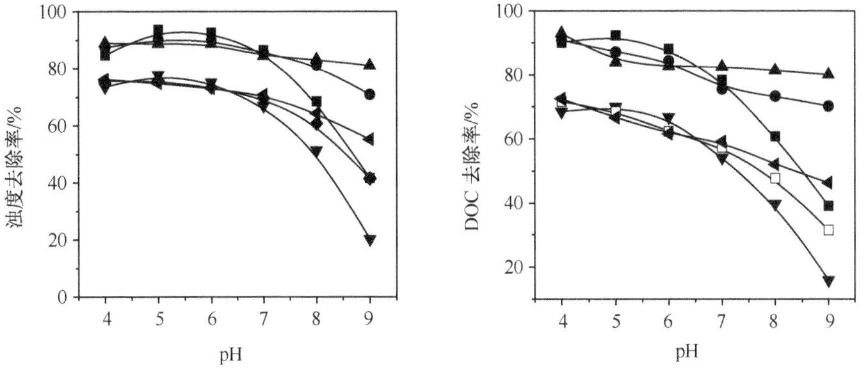

图 4-52　pH 对混凝去除浊度和 DOC 的影响

(■) $AlCl_3$：8mg Al/L；(●) $PACl_1$：8mg Al/L；(▲) $PACl_2$：8mg Al/L；(▼) $AlCl_3$：2mg Al/L；(□) $PACl_1$：2mg Al/L；(◀) $PACl_2$：2mg Al/L

4.3.4.3　混凝过程的铝形态分布

研究了混凝过程中 3 种铝盐混凝剂在 pH 4～9 的范围内的铝形态分布状况。结果如图 4-53 所示，pH 极大地影响着混凝过程中的铝形态分布。与投药前比较，投药后 $AlCl_3$ 中的铝形态分布发生了最显著的变化：在酸性环境中 Al_a 含量随着 pH 的升高急剧降低，在弱酸性至中性 pH 时到达最低值；伴随着 Al_a 含量的降低 Al_b 含量开始增加，并且在弱酸性至中性 pH 时达到最大值；Al_c形态的变化情况与 Al_b形态相似，但变化程度减小许多。$PACl_1$ 中 Al_a、Al_b、Al_c形态之间转化的情况与 $AlCl_3$的情况相似，只是变化情况有一定的减小。对于 $PACl_1$，Al_b

含量同样在弱酸性至中性环境中达到最大值。$PACl_2$ 中的铝形态在混凝中相当稳定，铝形态分布特征基本与投药前相同，Al_b 含量在 pH4～9 的范围内变化不大，受 pH 的影响很小。

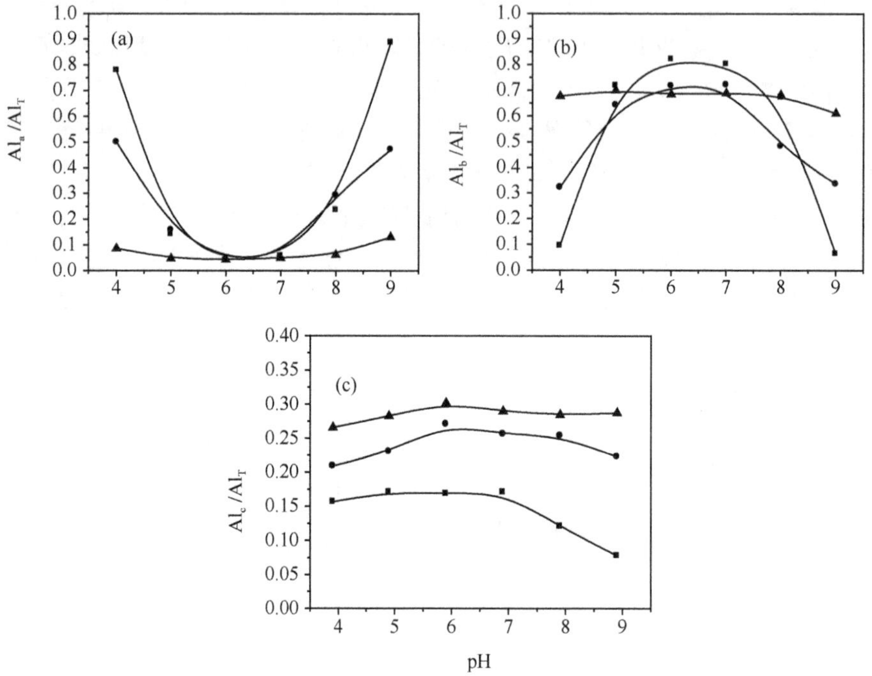

图 4-53　投药后的铝形态特征

投药量为 2×10^{-4} mol Al/L：(■) $AlCl_3$；(●) $PACl_1$；(▲) $PACl_2$

固体 ^{27}Al NMR 图谱反映了混凝后絮体沉淀物中的铝形态分布特征。如图 4-54所示，三种混凝剂在 0 ppm 处都有一个较强的共振峰，它属于铝单体。Al_{13} 聚合体的共振峰依然出现在 63 ppm 化学位移处，在两种 PACl 的图谱上均观察到了 Al_{13} 聚合体的存在，$PACl_2$ 的峰明显强于 $PACl_1$。虽然在弱酸性至中性的 pH 环境中有大量原位水解产生的 Al_{13} 形态存在（图 4-53），但是在 $AlCl_3$ 的固体 ^{27}Al NMR 图谱上并没有得到 Al_{13} 聚合体的共振峰。在图 4-54 中，Al_{13} 聚合体的共振峰强与混凝剂初始的铝形态分布特征一致。

很明显，铝形态在混凝剂投加后发生了转化，转化的程度与混凝剂初始铝形态分布特征和水质 pH 有关。混凝剂中的 Al_a 形态最不稳定，投药后它迅速转化为 Al_b 形态，如果条件合适最终转化为 Al_c。预制的聚合体和胶体聚合物形态一旦形成就表现出相当高的稳定性。例如在 $PACl_2$ 体系中，在 pH6 时 Al_b 含量为 68.7%[图4-53(b)]，这基本与 $PACl_2$ 中初始的 Al_{13} 含量（72.3%）相仿。然而

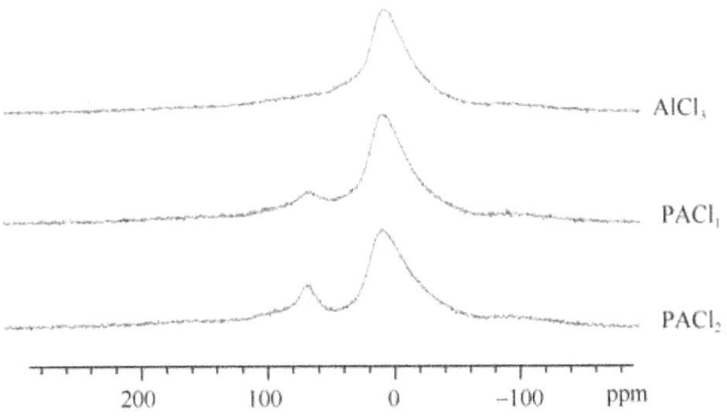

图 4-54　混凝后沉淀的固体^{27}Al NMR 图谱

在 $AlCl_3$ 体系中，至少有 80%的 Al_a 形态在 pH6 时转化为了 Al_b 形态[图 4-53(b)]，另有约 15%转化成为 Al_c 形态。投加到所选的原水中，$AlCl_3$ 的铝形态发生了明显的转化，而 $PACl_2$ 的铝形态相对保持稳定，这可能是导致二者混凝效能产生差异的根本原因。

混凝机理可以分为电中和和卷扫絮凝两种。通常在低投药量，混凝剂中主要是溶解性的形态时，电中和是混凝的主要机理。当投药量增大体系中大量存在水解沉淀形态时，卷扫絮凝成为主要混凝机制。在低投药量时（0.5～2 mg/L），混凝 pH 处于碱性区域，不利于沉淀的形成。而且此时 3 种混凝剂各自体系的 pH 差异较小，对于颗粒物表面电位的影响不大，因此在低投药量时的 ζ 电位可以反映出混凝剂的电中和能力。值得注意的是，此时 3 种混凝剂的相对混凝效能与其电中和能力的强弱正相关，以 Al_{13} 为优势形态的 $PACl_2$ 表现出最强的电中和能力，因而混凝效能最高。此后在较高的投药量时，大量的水解沉淀物形成，卷扫絮凝占主导。在最佳投药量时，所有体系的混凝 pH 都被降低到 7 左右，这与铝盐的最低溶解度时的 pH 相近。向原水加入碱化度最低的 $AlCl_3$ 后，体系达到最佳混凝 pH 时所需的投药量最低，即弱酸性到中性的 pH 范围。这一范围有利于铝形态的转化，而且为 Al_{13} 的生成提供了理想的环境。然而对于 PACl 来说，这种碱度较高的原水需要较高的投药量才能将水样 pH 降低到弱酸性到中性的 pH 范围。

在最佳投药量时 $AlCl_3$ 和 $PACl_2$ 都是通过卷扫絮凝模式除去颗粒物和 DOC 的，但是固体^{27}Al NMR 显示它们所形成的沉淀物的结构有着较大的差异。虽然投药后 $AlCl_3$ 体系中会有大量的 Al_{13} 形态由铝单体形态转化而来，但是原位水解生成的 Al_{13} 形态并不稳定，会立刻进一步转化为大分子的聚合形态，并最终转化为 $Al(OH)_3$。相反，在 $PACl_2$ 中预制形成的 Al_{13} 形态在混凝过程中相当稳定。图 4-54 清楚地显示了在 $PACl_1$ 和 $PACl_2$ 的絮体沉淀中存在 Al_{13} 形态，这说明在

$PACl_2$的絮体沉淀中铝的聚合结构没有改变，即$PACl_2$的絮体沉淀可能是由Al_{13}聚合体的聚集体组成。

将混凝过程中的Al_{13}形态（图4-53）与不同pH的混凝效能（图4-52）进行对比，发现混凝过程中的Al_{13}含量与去除浊度和DOC的效能有很好的相关关系，混凝过程中的Al_{13}含量与混凝效能成正比。在最佳混凝pH范围（6～7），去除浊度与DOC的效能的顺序是：$AlCl_3$＞$PACl_1$＞$PACl_2$（图4-52），这与此时Al_{13}含量的相对大小顺序相同[图4-53(b)]。在酸性和碱性区域，去除浊度与DOC的效能的顺序是：$PACl_2$＞$PACl_1$＞$AlCl_3$，此时Al_{13}含量的相对大小也遵循相同的顺序。这一结果说明不论是原位还是预制生成的，Al_{13}形态无疑是铝盐混凝剂中最有效絮凝成分。混凝效能与混凝过程中的Al_{13}成正比关系，而不一定取决于初始混凝剂中的成分。以前有的学者就证明，使用硫酸铝时控制pH可以优化混凝或过滤过程。本章所述结果表明控制pH是通过改变铝形态分布特征从而改善混凝过程。如将混凝过程中的水的pH调控在弱酸性至中性的范围（6～7），并选用$AlCl_3$等传统铝盐时，可能会有大量Al_{13}形态原位水解生成，因而混凝效能可以得到极大提高。由图4-52可以看出在调控pH强化混凝时选用$AlCl_3$作为混凝剂的处理效果较好，尤其是针对DOC去除的效果较好。因为铝形态在混凝过程中相对稳定，选用高碱化度PACl作为混凝剂时调控pH对于混凝效能提高的程度相对较小。

根据以上试验结果，结合不同学者研究报道，可以提出无机盐絮凝剂与天然水体混凝机理模型。无机絮凝剂投加后水解形成中间形态，具体过程到目前为止还不能被认识清楚，但根据其混凝过程中的作用性能及自身性质，可以分为单体、中聚体和胶体3类，单体是指以金属离子为主，在混凝过程中表现出阳离子性质；胶体是指金属离子水解聚集形成，比较细小，自身能够沉降；中聚体是介于单体和胶体之间的水解产物，这部分异常复杂，其中一些形态不稳定，会继续聚集形成胶体。由于是多个金属离子的聚集体，具有较强的荷电量，但其每个离子平均带电量不及单体。中聚体自身在水中是稳定的，与水污染物络合后容易脱稳。

天然水体中的有机污染物复杂，一般把他们分为两类，一类为胶体颗粒物，一类为溶解性有机物，通常以能否通过0.45μm的膜为判断标准。胶体颗粒物是指具有较大粒径的有机质，实际上，大部分有机物是以有机物和无机物的混合物形式存在，带有负电性，处于亚稳定状态。当其表面电性被中和或部分中和时，容易脱稳聚集沉降。溶解性污染物又可以分为两类，一类为低相对分子质量有机物，相对分子质量在1000以下，这类有机物多是一些简单分子，具有很好的水溶性；另一类为大分子有机物，相对分子质量从数千达到数十万，这类有机物介于亲水性和憎水性之间，受条件的影响容易脱稳，附着聚集。

目前，对絮凝剂与污染物作用后形成絮体的定义也没有统一的认识，一般认为能通过沉淀去除的被认为是有效的絮凝。为了充分认识有机物去除机理，我们将絮凝剂和有机物作用形成的聚集体分为溶解性、胶态和颗粒态絮体 3 类。溶解性的絮体为絮凝剂和有机物作用后形成的较小絮体，能通过 0.45μm 的膜，颗粒态絮体是指能够在试验条件下沉淀，胶态絮体是指介于二者之间。

如图 4-55 所示，无机絮凝剂投入水中后，经过复杂的物理和化学过程，与有机物作用，主要形成以上 12 种典型形态，Al_c具有较大的粒径，形成的絮体较大，能很好地被去除，但由于 Al_c是 Al 的聚集体，单个 Al 原子的效率低，Al_b和 Al_a能使大粒径的有机物去除，对粒径较小和溶解性有机物去除效率低，必须强化对这部分胶体态和溶解态聚集体的去除。

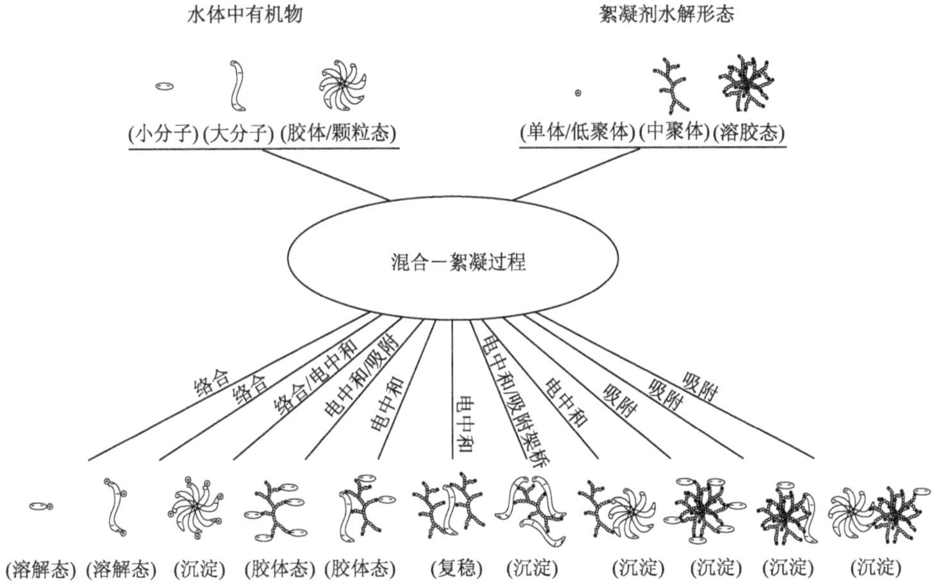

图 4-55　天然水体有机物去除模式

4.4　絮体的形成与工艺控制

4.4.1　絮体的形成与破碎

絮体的性质对于固液分离过程，乃至最终的处理效果都有重要的影响。其中，强度是水处理固液分离工艺的重要控制参数。在实际运行过程中，由于构筑物可能存在诸如气浮池中溶气释放区、构筑物的堰板及泵本身等局部强剪区域，因此絮体的破碎很难避免[16]。同时，由于小的絮体沉降速度比具有相近密度的大絮体慢、很难与气浮工艺中的气泡黏附等原因，在实际运行中，一旦絮体破碎成小的颗粒后，将大大降低水处理的效率[17]。

以往研究认为，絮体强度主要取决于颗粒间结合键的强弱[18,19]，包括单个结合键的强弱及结合键的个数。此外，絮体的密实度[17]、组成絮体的小颗粒的粒度及形状[20]也会对絮体的强度产生影响。但是，由于絮体本身及其破碎模式的复杂性，迄今为止仍没有一种令人满意的方法用来测定絮体的强度。

絮体强度的测定方法主要分为宏观和微观两类方法[20~27]。宏观测定方法主要是依据絮体的粒径与水动力条件间的关系，如根据搅拌器、超声等方法提出的许多用以表征絮体强度的方法[20~24]。但是，这些方法仅仅是相对指标，并不能对絮体的绝对强度做出表征，因此也不能提供不同絮体强度的纵向对比的表征方法。

在一定的剪切范围，絮体破碎通过测定絮体的粒径来反映[20~22,25,28~33]，因此，同一搅拌条件下絮体粒径越大，其强度越高。并且提出了 FI 指数的概念，认为 FI 指数越高，絮体的强度越大[28]。其他一些研究者根据类似的方法提出了强度因子（strength factor）[21,22,24]：

$$\text{强度因子} = \frac{d(2)}{d(1)} \times 100 \tag{4-25}$$

式中，$d(1)$为破碎前絮体成长到稳定的平均粒径值；$d(2)$为絮体破碎后的粒径，并且认为絮体强度与强度因子成正比关系。

由于宏观测定絮体强度的方法需要复杂的紊流涡旋及破碎模式的计算，因而近几年出现了直接测定单个絮体间的作用力，即絮体破碎时所需的拉伸力或压迫力的研究[26,27]。这种技术最大的优点在于，可能得到絮体如何破碎及哪个部位发生破碎等信息，并且是直接对絮体测定，这将有助于对絮体的破碎机制有更全面的理解。主要包括通过测定使絮体发生破碎所需的拉伸力[17,26,34,35]而得到的微观机理手段（micro-mechanical approach）和利用光敏纤维将处于载玻片上的絮体压迫至破碎以测定絮体强度[27]的微观操作方法（micro-manipulation）。然而，由于这些方法仅能够对单独的并且类型较少的几种絮体进行测定，并且不能方便地与其他方法进行比较。因此到目前为止，宏观方法仍然是占据主导地位的测定方法。

由于絮体强度和絮体密实度及内部结合键的个数有关，因此对于絮体结构的研究也成了关注的热点。已经有很多的研究表明[36~39]，絮体具有分形特征。而分形维数（D_f）表征了絮体内部结构的开放程度，高的分形维数表明絮体具有高的密实度。具有高密实度的絮体，由于组成絮体的初始颗粒间的排斥很小，因此相互能紧密相连。

絮体的强度直接和其结构有关，因此高度依赖于絮体的形成过程。混凝及絮凝的过程是为了增加颗粒的粒度以提高小颗粒的去除效率。混凝是指通过化学药剂的加入而使小颗粒相互靠近后形成较大颗粒的过程，这一过程可以通过压缩双电层或吸附卷扫引起的颗粒脱稳来实现[40]；絮凝是将混凝脱稳的小颗粒聚集成大颗粒的过程[41,42]。颗粒的脱稳及聚集是相当复杂的，一般被认为是颗粒转移及黏附的两个步骤[43]，颗粒的聚集首先是通过颗粒间的碰撞，其次是碰撞后的黏附实现的。Gregory[44]将上述过程进行分离研究，然而，在给定的剪切条件下，絮体达到一个稳定的尺寸后不再继续成长。一般认为，絮体的破碎和成长是同时存在的，而絮体最终的聚集是破碎与成长达到平衡的结果[21,30,45~47]。因此，絮体的稳定性取决于絮体间结合键抵御外力的能力。初始颗粒快速聚集成絮体的初始阶段决定了絮体的破碎性能，随着絮体粒径的增加，破碎的程度也随之加大，直到絮体达到稳定的粒径。因此，絮体稳定时的粒径取决于在构筑物中受到的剪切力的条件。颗粒碰撞的效率 R_{br}、黏附的概率 R_{br} 及被破碎的概率共同决定了絮体形成的效率 R_{floc}（见式 4-26）。

$$R_{floc} = \alpha R_{col} - R_{br} \tag{4-26}$$

式中，α 为颗粒碰撞导致黏附的系数。颗粒碰撞的效率并非固定的，而是受剪切力及颗粒粒度的影响。对于固定的剪切条件，随着颗粒粒度的增加，颗粒间的碰撞概率随之下降，这也是为何絮体的粒径存在极限值的原因[48]。同时，絮体的粒径还和絮体破碎后的可恢复性有关，而絮体破碎后一般不可完全恢复[21,29,33]。

总的来说，絮体形成与破碎受剪切条件的影响。当剪切增加后大于原平衡值时，絮体发生破碎，直到新的平衡建立。由于絮体破碎后具有不可恢复性，因此，当更高的剪切条件出现时，絮体的再成长不可能发生。

4.4.2　絮体分形理论

自从 Mandlebrot 在 20 世纪 70 年代提出分形理论后，分形几何学已经被广泛用于描述颗粒聚集体复杂的结构[36~39]。分形体具有以下几个特点：

（1）自相似性；

（2）两种不同几何参数间具有幂指数关系；

（3）可以用一个非整数的维数值来描述。

分形体的自相似性是指其微观特征不随放大倍数的变化而改变。虽然在很多场合，很难观察到分形体的严格自相似性，但是仍具有统计上的自相似性，这表明总体来说，分形体的一部分仍和其他部分具有相似性[49]。分形体具有的第二个特征就是在两个不同的几何参数间存在着幂指数关系。例如，式（4-27）中的面积（A）与长度（L）间的关系，或者式（4-28）中体积（V）与面积（A）的关系。

$$A \propto L^{D_f} \tag{4-27}$$

$$V \propto A^{D_f} \tag{4-28}$$

絮凝的颗粒聚集体具有分形体的特征，这就说明其内部结构及表面都显现出分形特征，质量分形一般以式（4-29）的形式表达，

$$M \propto L^{D_f} \tag{4-29}$$

式中，M 是指颗粒的质量；L 为颗粒的特征长度；D_f 即为质量分形维数。Gregory[50] 指出，特征长度 L 选择不会改变最终的分形维数值。对于 Euclidean 几何体，一维体的分形维数为整数 1；二维平面的分形维数为整数 2；三维实体的分形维数为整数 3。然而，对分形几何学来说，分形体的维数为非整数维，表现出非 Euclidean 几何学的特性。对于分形体，如果它的三维分形维数为 3，则表明其具有高度的密实性，相反，如果它的三维分形维数为 1，则表明其结构高度松散、开放。因此，分形维数可以表征絮体密实程度。絮体的分形维数值可以通过很多途径得到，其中包括：光散射技术（激光、中子相关光谱或者 X 射线）、沉降技术和二维影像分析技术[51]。

上节已经提到，目前宏观方法仍然是絮体分析的主要方法。但是宏观方法没能很好地反映絮体的分形特征。本节将根据絮体的分形特征引入一种表征絮体强度特征的方法。

Feder[52] 得出了絮体的分形维数与絮体的数量和质量之间的关系，如式（4-30）和式（4-31）所示：

$$N_f = \left(\frac{d_f}{d_0}\right)^{D_f} \tag{4-30}$$

$$M_f = \frac{\pi}{6}\rho_0 d_0^{3-D_f} d_f^{D_f} \tag{4-31}$$

由于絮体的体积能够依据式（4-31）$V_f = \frac{\pi}{6} d_f^3$ 进行计算，因此絮体的密实度可以由式（4-32）得到：

$$\lambda = \frac{\left(\frac{\pi}{6}\right) d_0^3 N_f}{\left(\frac{\pi}{6}\right) d_f^3} = \left(\frac{d_f}{d_0}\right)^{D_f - 3} \tag{4-32}$$

因此，絮体的孔隙率如式（4-33）所示：

$$\varepsilon = 1 - \lambda = 1 - \left(\frac{d_f}{d_0}\right)^{D_f - 3} \tag{4-33}$$

据研究，具有分形特征的聚集体的强度可以按照式（4-34）进行计算：

$$\sigma_T = 1.1 \frac{1-\varepsilon}{\varepsilon} \frac{F}{d_0^2} \tag{4-34}$$

式中，σ_T，F，ε 和 d_0 分别代表了聚集体的所能承受的应力、初始颗粒物间的结

合力、絮体的孔隙率以及初始颗粒物的直径。此外，有研究表明，由于絮体并非典型的固体，并且絮体内部的颗粒之间可以存在滑动，某些特征方面具备流体的特征，因此絮体在一定程度上可以视为黏度较高的液体。有文献针对河口的胶体聚集特性，利用宾汉切应力较好地描述了此类絮体的强度，其结论如式（4-35）所示：

$$\tau_B \propto \varphi^{2/(3-D_f)} \tag{4-35}$$

根据式（4-35），宾汉切应力与颗粒的浓度以及分形维数都有密切的关系，此关系式被认为较好地反映了具有自相似特征的聚集体的强度。

如果用 σ_T 代替 τ_B，则式（4-34）可以等价表示为式（4-36）：

$$\tau_B = 1.1\frac{1-\varepsilon}{\varepsilon}\frac{F}{d_0^2} \tag{4-36}$$

将式（4-33）代入式（4-36），可以得到式（4-37）：

$$\tau_B = 1.1\frac{\left(\frac{d_f}{d_0}\right)^{D_f-3}}{1-\left(\frac{d_f}{d_0}\right)^{D_f-3}}\left(\frac{F}{d_0^2}\right) \tag{4-37}$$

絮体的强度便可以由式（4-37）计算得到。

4.4.3　絮体强度的测定

目前，已有两种最基本的方法用于测定絮体强度：一种是根据某一系统中絮体破碎所需的能量输入大小，宏观表征絮体的强度特征；另一种是直接测定单个絮体内颗粒与颗粒间的作用力大小的微观表征法。表 4-15 对上述的方法进行了总结。由于剪切条件决定了絮体最终的粒度，因此，目前大部分絮体强度的研究还是基于剪切条件下的宏观分析技术。

表 4-15　测定絮体强度的研究方法

测定方法	方法介绍	强度计算
1. 宏观方法		
(1) 搅拌	通过对比在一特定的容器内，因剪切条件的增强，絮体破碎前后粒度的变化来反映絮体强度[21,22]	强度因子 $=\frac{d(2)}{d(1)}\times 100$，其中，$d(1)$为破碎前絮体成长到稳定的平均粒径值，而 $d(2)$为絮体破碎后的粒径
	在一特定的容器中，逐步加大可控的剪切条件，测定能量的输入及絮体破碎后的粒径[20,21]	$\lg d_{max}=\lg C-\gamma\lg G$，其中，$d_{max}$为絮体最大粒径；$C$为絮体强度系数；$G$为平均速度梯度；$\gamma$为稳定絮体粒径常数

续表

测定方法	方法介绍	强度计算
（2）超声	在絮体的悬浊液中通入可控超声能量，测定絮体的破碎情况[23,24]	$\frac{\delta}{\phi}=\frac{-0.78k^{0.5}\Delta\tau}{d_{f_o}^{-D/3}D\ (d_y/d_j)\ \|_{j\to 0}}$，δ为絮体键强；φ为单位时间内单位絮体体积上的超声能量；Δτ为超声时间；d_{f_o}为超声前絮体的粒径；k为比例常数；D为絮体的分形维数；j为超声时间
（3）多格混合	絮体处于一个可控的振荡混合器内[25]，振荡摇摆作用使絮体发生聚集或破碎	$\sigma\propto\frac{\rho_w\varepsilon^{3/4}d^{1/3}}{\nu^{1/4}}$，σ为絮体的强度；$\rho_w$为水的密度；ε为能量耗散；$d$为絮体粒度
2. 微观方法		
（1）微观机理	在一定的力下，将单个絮体拉伸裂解[26]	$\sigma=\frac{F}{(4/\pi)\ d^2}$，σ为絮体的强度；$d$为絮体粒度；$F$为絮体破碎所需的力。$F=C_sD$，其中，$C_s$为毛细管的硬度；$D$为毛细管的变形度
（2）微观操作	用微力传感器对处于光纤维探针和载玻片间的单个絮体施力，直到絮体破碎[27]	$F=K\ (W_0-W)$，F为絮体破碎力；K为微力传感器的灵敏度；W为输出电压；W_0为微力传感器的电压基线值

4.4.3.1　宏观测定方法

絮体强度的宏观测定方法主要是依据絮体的粒径与水动力条件间的关系。在低剪切的水动力条件下，絮体发生碰撞聚集，而当逐步提高剪切力时，絮体的破碎也随之出现[53]。因此，絮体的粒径是聚集与破碎的动态平衡的结果。Gregory[28]认为，当在一定的剪切条件下对比不同的絮体时，絮体的粒径（或絮凝指数）就可表征絮体的强度。但是，这只能表示在一定剪切条件上已长成的絮体情况，而无法给出在增大的剪切力作用下，絮体变化的具体情况。这些絮体具体变化情况相当重要，经常在水处理系统中发生，比如，溶气气浮及高速过滤中出现的絮体从低剪切水力条件区转移到强水力剪切区的情况经常出现。因此，絮体强度可以通过在不断增强的水力剪切下的絮体最大粒径或平均粒径的变化来反映[17,35,54]，而这种方法主要的问题在于输入能量总是无法在测试容器中达到均一的耗散。

大部分的宏观测定絮体强度的方法主要是在一个1～4L的容器中，通过控制搅拌速度来达到不同的能量输入，以测定絮体在不同能量输入下的粒径变化。然而，不同的方法，用的容器的几何尺寸及搅拌形式不尽相同。在一定的剪切范围，絮体破碎通过测定絮体的粒径来反映[20～22,25,28～33]。

不同的研究中，剪切条件也不相同。不同的方法中，最关键的是对絮体粒径的测定，并且需要保证不破坏脆弱的絮体。即使有些方法仍依赖于将絮体从容器中取出后，再通过显微摄像加影像分析来测定絮体粒径[32]，而大多数的测定方法都尽量保证不直接接触絮体。常用于测定絮体粒径的方法主要包括光散射技术[21,29,30]和图像的影像分析技术[20,25,31,55]。

光散射技术是通过测定悬浊液对激光的散射程度来反映颗粒的粒径，测定时，悬浊液稳定的流入激光样品池后再回到絮凝反应器中[56]，这种方法对絮体产生的破坏相当小[29,30]。在线光散射测定装置中一般包括将絮体从絮凝反应器中取出后送入样品池的塑料软管，并且通过泵力将絮体输送到样品池中。Spicer[29]等对比了3种不同的输送方式，包括：蠕动泵、柱塞泵和手动大口管，发现蠕动泵对絮体的破坏最小，而且更易实现在线连续观测。可以通过将经过泵后测定完的絮体直接排掉而不送回絮凝反应器中，克服泵输送带来的影响，以保证测定的准确性[21]。但是，这种方法将会使絮凝反应器中悬浊液的体积越来越小，会改变单位体积上的搅拌速度梯度，因此，大多数的研究者更倾向于用蠕动泵进行循环连续的方法。

很多研究者也利用同样具有蠕动泵循环的PDA装置来表征絮体粒度的变化[16,33,57,58]。透射光的强度（dc）及其波动的平方根值（rms）同时被测定，而rms和dc的比值能很敏感地反映颗粒的聚集，因此这一比值被称为絮凝指数(floccualtion index，FI)。PDA被认为是非常方便、快捷测定颗粒聚集的工具[59]。然而，和其他方法相对，PDA只能给出反映絮体粒径的相对值而非绝对粒径值。此外，FI值可以同时反映颗粒粒径和颗粒数目[16]。虽然，目前还不清楚最终的FI值能准确地提供哪些信息，但大部分的研究者都认为，FI值越大，絮体的粒径越大。

絮体摄像及影像分析的组合，也是常用于测定颗粒粒径的方法。该方法通过在很短焦距范围内（0.3～1cm）对絮体进行拍照后，再将得到的影像进行软件分析[20,47,55,60]。在对影像进行分析前，需要对软件进行标定。目前，高效的数码和CCD相机及综合的影像分析软件使运用此方法更加便捷，并且可以对大量的絮体同时进行分析。

对于不同的测定絮体粒径的方法，没有任何方法是绝对完美的。由于絮体自身具有大量的孔洞及脆弱性，因此它们的光散射特性有别于相同大小的实心球体。即使聚集体的光散射特性仍未被很好的测定，类似于PDA一样，光或激光散射及透射技术可以很好地表征絮体粒径的变化[56]。此外，光学测定技术能对较宽的粒径范围（0.02～2mm）的颗粒进行测定，因此这些技术非常适合测定絮体及胶体体系，即使光学测定设备高额的价格也在一定程度上限制了它们被大范围的应用。前面也曾提到，光学测定装置利用了泵循环，因此对絮体在一定程度上有所破坏。而在线影像分析技术无须泵循环装置，所以避免了对絮体的破坏。但影像分析技术的缺点是：费时及对影像的质量（清晰度、对比度等）要求严格；此外，较小的颗粒，很容易在影像分析中被忽视[20]，这样表面剥离机理形成的小絮体就不能被测定出。Bache 等[25]认为絮体粒径小于 30μm 时，影像分析法就不再适用。此外，高的悬浊颗粒浓度也会对得到的影像有一定的遮蔽作用。由于存在种种的限制和缺点，因此在测定絮体粒径的时候，需要比较各种方法的利弊。

4.4.3.2 微观测定方法

宏观测定絮体强度的方法需要复杂的紊流涡旋及破碎模式的计算，而近几年出现了直接测定单个絮体间的作用力的研究，测定絮体破碎时所需的拉伸力或压迫力[26,27]。这种技术最大的优点在于，可能得到絮体如何破碎及哪个部位发生破碎等信息，并且是直接对絮体测定，这将有助于对絮体的破碎机制有更全面的理解。

在该方法中，絮体强度通过测定使絮体发生破碎的拉伸力而得到[26,35]。经过 NaCl 及有机助凝剂混凝的碳酸钙絮体放置于间隙为 2mm 的两个玻璃毛细管间，小心将其中一毛细管水平方向移动拉伸絮体，直至絮体发生破裂。此时通过毛细管微悬臂的形变就可以得到拉伸力的大小，而絮体破碎前后的粒径是絮体最大和最小方向上尺度的平均值。在这一研究中[26]，直接用测定的拉伸力来代表絮体的强度，初始絮体的粒度为 5 和 50μm。当将絮体的粒径与拉伸力做双对数曲线时，未能得到线性关系。两种有机助凝剂的加入后，絮体的强度分别为 64nN 和 110nN。Boller 和 Blaser[17]将拉伸力与破碎后较小絮体的断面面积的比值作为絮体强度，得出絮体强度范围为 100～1000N/m^2。Yeung 等[35]又利用该方法研究了搅拌速度对絮体强度的影响，其中絮体为被聚合物混凝的造纸纸浆-碳酸钙的颗粒，搅拌速度从 50r/min 提高到 2500r/min，结果表明最佳的搅拌速度为 500r/min，此时絮体强度为 1500N/m^2。然而，单个絮体取出控制对测定结果至关重要，若在取样过程中絮体发生破碎或聚集，那么最终的测定结果不再是初始絮体的结果。

该方法可以很直观地观察絮体在拉伸后的破碎结果。并非所有的絮体都按大规模破裂模式破碎的，这就和水动力剪切下，拉伸导致大规模破裂的结论相矛盾。一般假设絮体的破碎发生在絮体断面最窄处，因为此处的黏附点位最少，键强最小。絮体破碎后的粒度（d_1）及破碎前的粒度（d_2）的比值与絮体密实度（分形维数）做了对比，当 d_1/d_0 接近 0.5 时，表明絮体破碎为两个大小相近的絮体，而当比值为 0 或 1 时，絮体则被破碎为两个尺度相差很大的絮体。并且研究者认为絮体的破碎模式主要取决于絮体自身的密实度，而非紊流剪切及微涡旋尺寸。对于密实度高的絮体，在絮体的外围只有较少的键存在，因此表面剥离更易发生；而疏松且孔隙率高的絮体，由于弱键随意地分布于絮体内，所以更易发生大规模裂解。

微观机理手段虽为量化絮体强度提供了有效的方法，然而该方法也只是对几百个单独的且较少类型的絮体进行了测定，还需要更多更广的应用。

Zhang 等[27]研究了显微镜下，利用光敏纤维将处于载玻片上的絮体压迫至破碎以测定絮体强度的方法。用一根一端平整的 50μm 光敏纤维与微力感应器相连，逐渐靠近载玻片上的絮体，直至絮体发生破碎。研究中的絮体为非常小的乳胶球聚集体，其平均粒径为 2.5μm，而平均絮体强度为 5.3μN。然而使用该方法时，无法测定破碎后的絮体粒径，因此无法计算出单位絮体断面处所受力的大小，所以不能同其他方法进行方便的比较。该方法也为测定絮体强度提供了选择技术，但也仍需应用于更多、更广的絮体范围，以便对该方法进行严格的评估。

4.4.3.3　絮体强度值的比较

由于每种测定絮体强度的方法不尽相同，所以不同方法间的直接对比就显得困难。表 4-16 列出了一些方法中絮体强度的变化趋势。表 4-17 给出了不同测定方法中絮体强度值的比较。

表 4-16　絮体强度的变化趋势

絮体特性	变化趋势
絮体粒径	粒径增加→絮体强度降低
混凝剂投加量	对应于絮体强度的最佳投药量
聚合物助凝	生物絮体：投加聚合物→絮体强度降低 化学絮体：投加聚合物→絮体强度增加
絮体类型	架桥絮体＞电中和絮体＞络和絮体（如：NOM-Al 絮体）

表 4-17　不同测定方法中絮体强度值的比较

方法	絮体类型	絮体粒径/μm	絮体强度	参考文献
振动多栅混合反应器	铝-腐殖酸	238	$0.08N/m^2$	[25]
		182	$0.16N/m^2$	
		143	$0.29N/m^2$	
		120	$0.42N/m^2$	
振动多栅混合反应器	等电点处淀粉絮体	1100	$1.0N/m^2$	[19]
	等电点乳胶聚集体	600	$0.9N/m^2$	
微观机理手段	聚合物 A-碳酸钙絮体	25	$100N/m^2$	[26]
	聚合物 B-碳酸钙絮体	10	$1000N/m^2$	
微观操作	等电点处乳胶聚集体	2.5	5.3μN	[27]
	布朗运动乳胶聚集体	1.7	3.1μN	

从絮体强度的研究中可以得出的最主要规律是：随着絮体粒径的增加，其强度逐渐降低。从表 4-17 中就可以明显地看出，铝-腐殖酸絮体随着粒径的增加，其强度减少到原来的 1/5。除此之外，聚合物-碳酸钙絮体也有同样的规律。聚合物 A 投加后的絮体粒径为 $25\mu m$，强度为 $100N/m^2$；而当聚合物 B 投加时，絮体粒径减小到 $10\mu m$，强度却增加到 $1000N/m^2$。虽然从机理上还未能很好地解释这一现象，但却和絮体的密实度及内部结合键的个数有关。在大多数的絮体强度的研究中，通过增加剪切强度来减小絮体粒径。而这些破碎过程使絮体中的弱结合键被破坏，絮体粒径虽减小但变得更加密实。在研究聚苯乙烯小球-铝的絮体分形维数时，就显现出这些规律。已经有很多的研究表明，絮体具有分形特征[36~39]。而分形维数（D_f）表征了絮体内部结构的开放程度，高的分形维数表明絮体具有高的密实度。Spicer 等[29]研究表明，当 $G_{av}=300s^{-1}$时，絮体最小，但分形维数为 2.65，而当 $G_{av}=50s^{-1}$时，絮体增大，分形维数却降低到 2.4。絮体具有高的密实度就表明，组成絮体的初始颗粒间的排斥很小，因此相互能紧密相连。絮体在破碎时的重组过程中，初始颗粒间靠的更近，而那些弱的结合键断裂后，在引力最大或者斥力最小的部位又形成键能更强的结合键。

类似的，密实度一般被用于解释最佳投药量时的絮体强度变化。对于电中和机理，最佳絮体结构是当絮体内的初始颗粒间的斥力最小。然而，若初始颗粒间斥力的存在，将会使絮体比初始形成时更加密实[61]。在水处理过程中，通过投加金属盐来降低胶体的相反电荷，当金属盐的投加量增加或降低，将会使絮体在最佳结构处波动[62]。

一般认为，通过投加聚合物将提高絮体的结构性能，从而增加絮体粒径、强度、沉降性及过滤特性[63]。污水絮体及铝-腐殖酸絮体，经过有机物助凝后，粒度增加。然而，只有铝-腐殖酸絮体表现出强度提高，抗剪切能量增强。有无聚合物的加入而带来的絮体强度的变化可能是聚合物与初始颗粒间结合机理的反映。对于一些聚合物（阴离子型、阳离子型、非离子型），其形成生物絮体的强度反而减小[20,54]，这一现象很难从机理上解释，而惟一的解释可能是有机聚合物对微生物产生的毒性作用，改变了胞外物质的浓度及特性。

在固体颗粒的去除过程中，卷扫及架桥被认为是将絮体联结的主要作用，而这些作用强度大于电中和作用产生的 van der Waals 力[19]，而由卷扫或架桥作用形成的絮体的强度要高于电中和絮体一到两个数量级。

同其他类型的絮体相比，高色度高天然有机物含量的絮体的结构被认为具有相对高脆弱性[19]。Bache 等[25]解释了腐殖酸絮体强度低的原因，这是由于去除天然有机物时，电中和是主要的机理，而此时絮体内无法形成高强度的键能。由于水体中的天然有机物的组成复杂，而不同的有机物种类又具有不同的电荷及亲疏水特性[64]，因此，即使部分分子已经有效地被电性中和，仍有未被电中和的有机分子，所以使絮体内排斥力续存。

4.4.4　絮体结构特征及测定

由于絮体具有高度不规则的三维结构和复杂性，评价及量化絮体的结构特征因此比较困难。然而，以往的文献已给出很多测定絮体特征的方法。这些絮体的特征主要包括：絮体粒度、形态和分形维数。

4.4.4.1　絮体粒度

很多测定絮体尺寸的结果被用于描述絮体代表性的粒度，最简便的方法是利用絮体最长方向的尺寸来代表它的粒度，这样的缺点是，只能得到絮体在某一方向上的大小。而通常可以利用絮体在水平方向和垂直方向上的最大尺寸来描述絮体的粒度特征[65]（图 4-56），同时可以通过计算絮体高度和宽度方向尺寸的比值来表征絮体的形态。

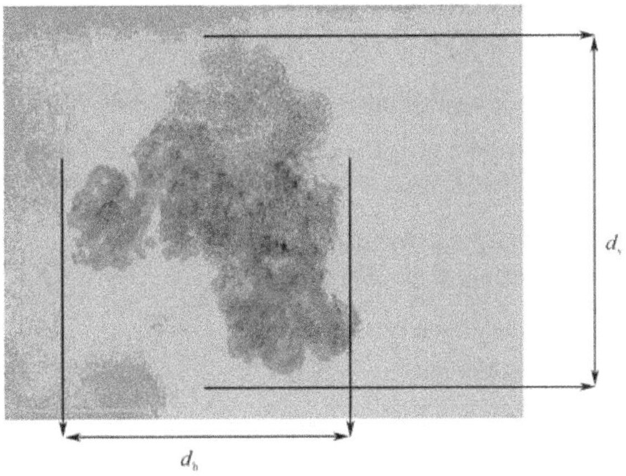

图 4-56　絮体粒度特征

d_v、d_h 分别表示垂直与水平粒径

通常以等效粒径来表征絮体的粒度[66]。当利用等效粒径时，絮体通常被看作球形体。因此使用等效粒径来表示絮体的粒度时，可以很方便地比较不同非规则形态的絮体尺度。然而，只有当絮体是真实的球形体时，才不会出现同一颗粒可能得出不同的等效粒径的情况。等效粒径并非絮体尺度的绝对值，因此，只能用于絮体间的对比，并且在比较过程中，必须保证等效粒径计算方法的一致性。Dharmarajah 和 Cleasby[67] 列举出了 15 种特征直径以用于表征非球形颗粒，其

中有些方法并非适用于絮体的测定，因为这些方法在测定的过程中，可能会破坏脆弱的絮体。筛分粒径是通过将颗粒过筛网，以能通过颗粒的最小网眼大小来表征颗粒的粒径，因此筛分法也不能用于絮体粒径的表征。目前，最常用的用于测定絮体等效直径的方法列于表 4-18 中。

表 4-18　常用测定絮体等效直径的方法[67,68]

絮体直径	简介	示意图	计算公式
等周长直径	与絮体等周长的圆形的直径	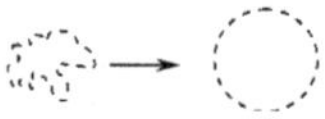	$d_c=\frac{P}{\pi}$
等投影面积直径	与絮体等投影面积的圆形的直径		$d=2\sqrt{\frac{A}{\pi}}$
等表面积直径	与絮体等表面积的球形体的直径		$d_s=\sqrt{\frac{S}{\pi}}$
等体积直径（或等效球体直径）	与絮体等体积的球形体的直径		$d_v=\sqrt[3]{\frac{6V}{\pi}}$
表面积-体积直径	与絮体等表面积/体积比的球形体的直径	/	$d_{sv}=\frac{d_v^3}{d_s^2}$
Stokes 直径	根据絮体在自由沉降中的速度，按 Stokes 公式计算出直径	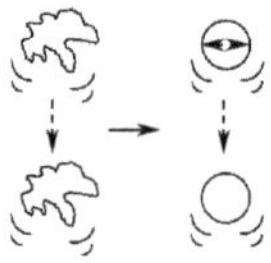	$d_{st}=\frac{18\mu v}{\rho_f-\rho_w}$
Feret 直径	絮体在水平方向上和垂直方向上的最大长度的平均值	/	$d_{FD}=\frac{(H_{max}+W_{max})}{2}$
外接圆直径	絮体投影面的最小外接圆的直径	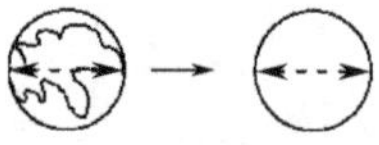	/
内接圆直径	絮体投影面的最大内接圆的直径	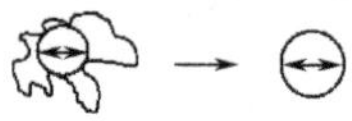	/

显微成像技术已经在测定颗粒粒度方面有了大量的应用[68,69]，表 4-18 中的絮体直径基本都是经过二维的影像分析法得到。由于二维影像测量的复杂性及絮体三维结构的不规则性，因此不能只利用某一次的测定结果来代表絮体的粒径。此外，测定的结果也强烈依赖于絮体观测的方向，因为絮体在不同方向上表现出不同的尺寸，因此只有通过大量的测定后得到的平均粒径值才具有代表意义。英国的标准中指出，显微成像测定颗粒的样本值至少需要 625 个，这样才具有代表性[70]。

基于二维成像分析的直径（如：等投影面积直径、Feret 直径等）被认为是统计意义上的直径，因为只有在大量的样本测定后得到的统计值才具有意义。由于絮体在影像分析中，有呈现自身最大面积于测定平面上的趋势，所以使得测定更加复杂化[68]，并且也意味着垂直于观测平面的方向一般为絮体的最小尺寸，经常容易被忽略。因此，通过二维影像分析得到的絮体粒径往往大于通过三维测定方法的测定值。然而，可以通过对同一絮体在不同方向上的影像分析测定，得到一个平均值，从而克服絮体在不同方向上所表现的随机性。如果等效投影面积直径是通过随机的三维方向上的得到的投影面积的平均值，那么这个等效直径值就比单纯从二维平面方向上得到的值更具有代表意义，而且也更精确。

基于体积的等效粒径通常被用于沉降测定的目的。絮体的沉降是水处理工艺的一个很重要的运行参数，在沉淀池中提高絮体的沉降效率，可以显著改善固形物的去除效果。在层流区域，颗粒在沉淀过程中的方向具有随机性，因此，需要通过多次测定才能得到有效的平均值。在非层流区域，颗粒有通过改变自身方向来抵挡水流阻力的趋势，因此通过自由沉降得到的絮体直径将小于Stokes直径。因此，在用沉淀法测定絮体粒径时，要求颗粒必须处于层流状态中。

4.4.4.2 絮体形态

通常球形度及圆度系数用于表征颗粒的外观形态。这些指标表示絮体颗粒偏离球体或圆形的程度［式（4-38）和式（4-39）］。

$$\text{球形度} = \left(\frac{d_v}{d_s}\right)^2 \tag{4-38}$$

$$\text{圆度系数} = \frac{P^2}{4\pi A} \tag{4-39}$$

球形度和絮体的等效体积直径与等效表面积直径比值有关；而圆形度和絮体的投影面积及周长有关，当圆度值趋近于0时，表明颗粒的形状近似线性，而当圆度值趋近于1时，表明颗粒的形状近似圆形。通过计算这些形状系数，可以表征颗粒在不同条件下的形态变化。例如，Cousin和Ganczarczyk[66]对比了含盐量对活性污泥形态的影响，结果表明，含盐量越高，活性污泥的形态更趋于伸张，从圆形逐渐过渡到线形。

4.4.4.3 絮体分形维数测定

1. 光散射

聚集体散射光的程度将给出聚集体结构与特征尺度的关系[71]，并且如果知道颗粒本身的一些光学特性参数的话，便可以得到聚集体的分形特征参数。这种方法基于以下假设；

（1）组成聚集体的初始颗粒具有形状与粒度上的均一性；

(2) 聚集体对光的折射率较小，因此，光的波长不会变短；

(3) 光在到达监测器前只被颗粒散射一次。可以通过减少颗粒浓度来降低多次散射的发生概率[72]。

一般来说，利用光散射技术测定分形维数是基于 Rayleigh-Gans-Debye (RGD) 散射理论［式 (4-40)］。

$$I(Q) \propto Q^{-D_f} \tag{4-40}$$

式中，$I(Q)$是散射强度；Q为光强矢量，可以由式 (4-41) 得到。

$$Q=\frac{4\pi n\sin\left(\frac{\theta}{2}\right)}{\lambda} \tag{4-41}$$

式中，n为悬浮颗粒的折射系数；θ为散射角；λ为光在真空中的波长。

分形维数 D_f 可以从双对数曲线图上得到[73]。对于分形体来说，利用式(4-40)计算分形维数时，只有在以下情况下才是有效的：

$$\frac{1}{R_{agg}} \geqslant Q \geqslant \frac{1}{R_{part}} \tag{4-42}$$

式中，R_{agg}和 R_{part}分别为聚集体和初始颗粒的粒径。这是因为，当 Q 值趋近于 R_{agg}，那么测量值受聚集体边界的影响，若 Q 值趋近于 R_{part}，光主要被初始颗粒散射，而非聚集体[61,74]。此外，初始颗粒也必须满足 RGD 散射理论。RGD 理论近似认为在以下情况中出现：

$$|m-1 \leqslant 1| \tag{4-43}$$

$$(2\pi n/\lambda)L|m-1| \leqslant 1 \tag{4-44}$$

式中，m 为颗粒的折射系数；L 是折射体的长度。

大多数应用光散射的场合是针对单分散体系，这些单分散体系中的初始颗粒的粒度及散射参数都已经被研究报道过。如乳胶球[38,75]、氧化铝颗粒[61]、氢氧化铁颗粒[51]等。然而，针对更为复杂的水处理絮体的应用要更困难些，因为在形成这些絮体的初始颗粒的光学参数很难得到，此外，这些初始颗粒也并非单一的均匀体系，有着不同的光折射率，因此基于上述假设的光散射技术不能用于复杂的颗粒的测定。Waite[51]指出氢氧化铁与高岭土的混合絮体的散射曲线形状明显有别于单纯的氢氧化铁颗粒的曲线。而活性污泥絮体的散射曲线可以有很好的线性关系[51,74]，这是因为活性污泥中的微生物的折射率较低，因此可以满足 RGD 散射理论。

光散射技术的准确性主要受测定颗粒的粒度范围所限。一般的，当测定小颗粒时，散射曲线的线性关系较好。例如，测定高岭土悬浊颗粒时，当高岭土颗粒的平均粒径为 200～350μm 时，散射曲线对应的颗粒粒径为 50～100μm[73]；对于平均粒径为 400μm 的活性污泥絮体，散射曲线线性部分在小于 70μm 处[51]。光散射技术如果运用于大颗粒的测定，需要看这些大颗粒是否具有不同的分形维数值以及是否对散射产生较大的干扰。

2. 沉降法

沉降法测颗粒的分形特征比小角度光散射法更为普遍。沉降法是基于颗粒的内在分形结构特征与其外在沉降行为表现有关，并且沉降行为是优化沉淀工艺的主要参数。絮体的沉降行为受其粒度、有效密度及孔隙率的影响[72]。絮体的分形构造可能对絮体的沉降行为造成两方面的影响，这是因为絮体成长更趋于非球形体的形式。相对于同样尺寸的球形实体，分形体在沉降过程中所受的阻力偏大，相反的，如果分形体内的孔洞足够使水流能够穿透的话，那么它受的阻力反而比球形实体的要小[71]。

Miyahara 等[76]利用沉降速度计算絮体的分形维数。球形颗粒最终的沉降速度可以用 Stokes 公式来表示，见式（4-45）。

$$v=\frac{(\rho_s-\rho_l)gd}{18\mu} \tag{4-45}$$

式中，v 为最终的沉降速度；ρ_s 为颗粒的密度；ρ_l 为液体的密度；d 为絮体的直径；μ 为悬浊液的黏度系数；g 为重力加速度。然而，Stokes 公式将絮体的沉降行为简单化，一般认为，絮体只要沉降得足够慢，就可以适用于 Stokes 公式计算[50]。在对非规则形状的颗粒进行沉降测定时，需要加入对颗粒的形状系数和黏滞力系数的修正。如果一个分形絮体包含了相似的初始颗粒，那么就可以用式（4-46）来表示。

$$i=\left(\frac{d}{d_p}\right)^{D_f} \tag{4-46}$$

式中，i 为初始颗粒的个数；d_p 为初始颗粒的直径；D_f 为分形维数。质量和体积的平衡公式如下：

$$V_f=V_s+V_l \tag{4-47}$$

$$\rho_f V_f=\rho_s V_s+\rho_l V_l \tag{4-48}$$

式中，V_f 为絮体的体积；V_s 为絮体中固形物的体积；V_l 为絮体中含液体的体积。将式（4-46）～（4-48）组合进式（4-45）后得到：

$$v=\frac{d_p^{3-D_f}d^{D_f-1}(\rho_s-\rho_l)g}{18\mu} \tag{4-49}$$

分形维数值可以通过式（4-49）以沉速对粒径的双对数曲线的斜率计算得出[77]。最终的 D_f 值等于双对数曲线的斜率值加 1。上述公式只适用于雷诺数小于 1 的情况，并且颗粒的最终沉降过程处于层流状态。Wu 等[73]认为，大多数用沉降法测定分形维数的场合，都基本复合上述的条件，只是当颗粒具有较高的孔隙率时，才会出现较大的偏差，这是因为高孔隙率的颗粒在沉降过程中，水流能穿过颗粒内部，因此沉降速度明显大于用 Stokes 公式计算的结果。在多数情况下，孔隙率对颗粒沉速的影响是被忽略的，而且这些影响相当复杂。因此，Gregory[50]认为，若颗粒的分形维数小于 2，那么用沉降法就必须引起注意。此外，用沉降法时，需要非常细心的操作和大量的样本数才能保证数据的可信度[71]。

3. 影像分析

利用显微镜及影像分析软件测定絮体的分形维数已经得到了广泛的应用[39,66,78]。一般来说，通过计算高质量的颗粒的影像可以得到颗粒的二维分形维数值。通常可以有两种计算途径，其一是通过颗粒的面积和特征长度的关系，作面积对特征长度的双对数曲线后得到的斜率值即为二维分形维数值[60]；另外，可以通过影像的计盒法得到二维计盒维数，这种方法是通过不断减小盒子的尺寸后用于覆盖颗粒的影像，然后计算需要最少的覆盖盒子数，通过计盒数与盒子尺寸的双对数曲线的斜率就能够得到颗粒的计盒维数值[71,78]。一般的，简单的软件就可以快捷地计算出颗粒的计盒维数。而对于影像分析软件来说，最重要的是能够高效准确地分辨出颗粒及其背景，以便于计算二维分形维数[60]。这就要求在软件分析前，要进行影像校正，使影像具有较高的对比度。

表 4-19 列出了不同测定分形维数方法的优缺点。光散射技术可以很好的应用于相对较小的、具有开放结构、低折射率的絮体。Bushell 等[71]认为在测定相对较小的、具有开放结构、低折射率的絮体时，光散射技术优于沉降法及影像分析法。这是因为絮体不能很高的沉降，并且很难确定高孔隙率对沉速的影响，再者，低折射率的絮体也很难通过影像分析。但是，当悬浊液中的絮体浓度较高时，多次散射可能出现，这必然导致测定结果偏离实际值。因此，光散射只能用于一定遮蔽度的颗粒的测定[74]。另外，如果悬浊液中含有不同种类的颗粒，那么由于不同颗粒具有的不同散射特性，也会降低测定结果的可信度。一般的，光散射只能测定小颗粒的分形维数，而较大颗粒的分形维数可以通过沉降法得到。虽然沉降法是种有效测定分形维数的方法，但是由于需要大量的样本值，所以相对费时。沉降法可以应用于大多数的絮体测定，只要被测的絮体相对密实，可以比较容易沉降，并且没有过高的孔隙率。在应用沉降法时，环境温度的控制相当重要，而且必须保证絮体沉降过程中无外界的干扰。二维的影像分析的准确度依赖于图像中颗粒与背景的对比度。因此，透明的活性污泥絮体往往不适合用影像分析法测定。此外，在影像分析前，对被测絮体的预处理也要求相当谨慎，不能破坏干扰絮体原本的结构。计盒法计算的分形维数最大的好处在于，它可以得到单个颗粒的分形维数值，而其他方法都是建立在统计意义基础上的。

当进行絮体分形维数测定时，必须告诉使用的是何种方法，因为不同的方法，即使对同一种絮体，测定的结果也不尽相同。例如，Wu 等[73]测定活性污泥絮体的分形维数时使用了不同的方法，沉降法测得的结果是 1.31，而光散射法测定值为 2.06。此外，影像分析法能给出的最大维数值为 2，而沉降法和光散射法能测定的最大维数为 3。

表 4-19　各种测定絮体分形维数方法的优缺点

方法	优点	缺点
光散射	快速、对絮体无干扰；可以在线动态分析。对于具有开放结构及低折射率的小絮体有很好的适应性；在很短的时间内，可以多次分析测定	不能适用于含有多种初始颗粒的复杂体系；合适的散射模型的选择比较困难；测定结果受外界污染物的干扰；在大颗粒尺度范围，幂指数关系被破坏
沉降法	适合测定密实的絮体；方法简单、测试成本低；对污染物的干扰不敏感；可应用于含不同初始颗粒的复杂体系	费时；选择合适的黏滞系数比较困难；测定结果受絮体在沉降过程的方向性影响；沉降柱的操作要求严格
影像分析法	适用于具有开放结构的大絮体；对污染物的干扰不敏感；对单个的絮体可以进行细节的分析	费时；要求图像具有较高的对比度

4.4.5　絮体结构与强度的工艺控制

研究所用到的试验对比组如表 4-20 所示。

表 4-20　试验对比组

实验组	描述
40＋60（渐增剪切）	40r/min（5min）＋45r/min（5min）＋50r/min（5min）＋55r/min（5min）＋60r/min（5min）＋400r/min（2min）＋40r/min（20min）
60＋40（渐减剪切）	60r/min（5min）＋55r/min（5min）＋50r/min（5min）＋45r/min（5min）＋40r/min（5min）＋400r/min（2min）＋40r/min（20min）
40（恒定）	40r/min（25min）＋400r/min（2min）＋40r/min（20min）
60（恒定）	60r/min（25min）＋400r/min（2min）＋40r/min（20min）

以“40＋60”为例，混凝试验按照如下的方式进行：200r/min 的速度快搅 1min，所需要的混凝剂在此阶段开始的时候投加到初始悬浊液中。慢搅过程中，分别以 40r/min、45r/min、50r/min、55r/min 和 60r/min 进行各 5min。然后以 400r/min 转速进行 2min 的破碎。最后，以 40r/min 的转速进行 20min 的絮体恢复过程。表 4-20 中的其他过程类似于“40＋60”的过程。

絮体动态粒径分布由静态激光光散射的方法得到。被检测液体通过蠕动泵实现循环，以保证悬浊液和混凝剂的量在实验过程中保持恒定。泵的流速控制在25mL/min以防止流速过大所可能带来的絮体破碎和重组。此外，蠕动泵安置在检测仪下游，以避免絮体在经过蠕动泵过程中被损坏。

图4-57显示了第一组对比实验过程中分形维数的变化。

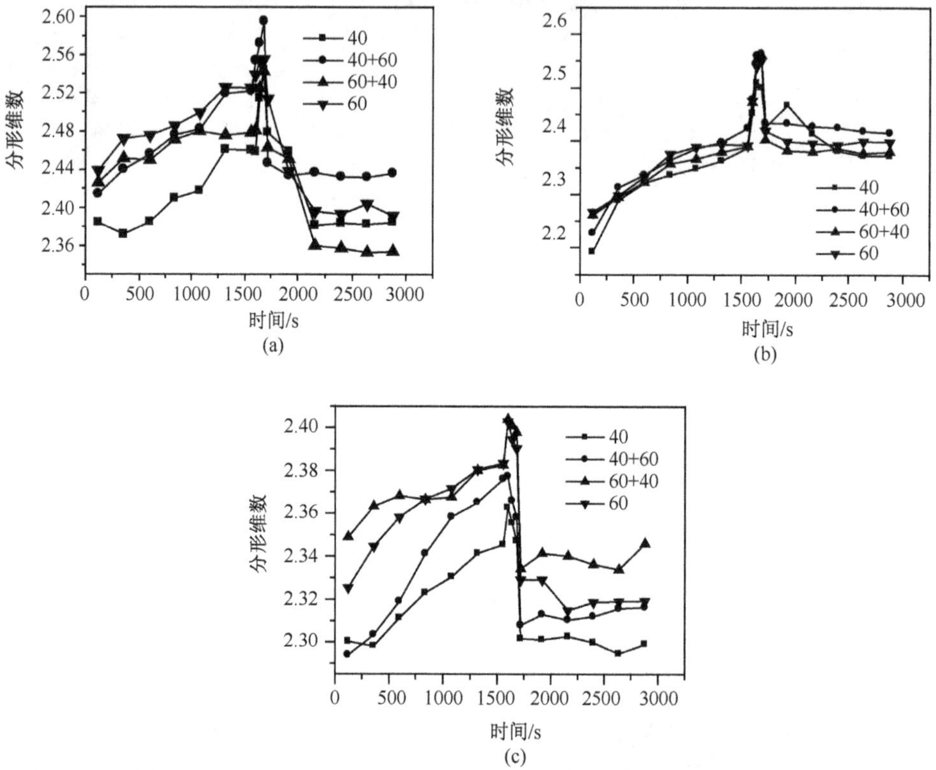

图4-57　絮体分形维数变化

(a) 电中和；(b) 50%电中和；(c) 卷扫

明显的，絮体的分形维数随着絮体的生长而有所增加。众所周知，絮体粒径分布是颗粒聚集和絮体破碎过程的动态平衡。因此，在絮体的生长过程中，颗粒的聚集和絮体的破碎过程总是同时存在的。在实验的开始阶段，初始颗粒物在一定的搅拌条件下快速聚集，按照DLA模型，在絮体内部会存在许多的孔洞。随着絮体的生长，团簇-团簇聚集的模式逐渐占据主导地位。由于聚集和破碎是同时发生的，许多小的，但是比较密实的颗粒就有机会进入一些较大的絮体内部。因此，在絮体的生长过程中，絮体的分形维数会逐渐增大。很容易理解，在较高的搅拌条件下，絮体破碎的可能性会随之增高，因此，小而密实的颗粒就有较多的机会进入较大絮体的内部。因此，在较强的搅拌条件下，絮体的分形维数较高。同时，由于絮体对于水力条件的变化较为敏感，在“40＋60”条件下形成的絮体有较多适当的破碎的机会。因此，在此条件下形成的絮体的分形维数最高。这也可能是絮体重组的另一个原因。

在以前的研究中，通常认为由于分形结构的自相似性，因此分形维数不会受到絮体破碎的影响。非静电作用形成的絮体与以往的研究结果一致。但是如图 4-57 所示，对于电中和和卷扫所形成的絮体，絮体分形维数的分布在絮体破碎前和破碎后有明显的区别。比如说，在“60”和“40”条件下形成的电中和絮体，在破碎后的分型维数较为一致，但是“40＋60”和“60＋40”条件下形成的絮体恢复过程中的分形维数不同，尽管他们都是在相同的水力条件下形成。

这种现象的一个可能原因是分形结构或自相似结构虽然在胶体体系中广泛存在，但是严格的自相似结果仅仅是一种理想化的模型。而实际中，絮体常常被考虑为多重分形结构或者说具有 2～3 个同尺度的分形结构。而且，自相似结构作为一种几何上的概念，其与外界条件和絮体的演化过程没有直接的联系，因此，仅仅依靠自相似来解释这些现象并不准确。

很明显，诸如剩余的混凝剂浓度和初始颗粒物的种类等外部条件，在絮体破碎前和破碎后有明显的变化，因此絮体分形结构也变化了。而且根据 DLA 模型和其他一些理论研究的结果，絮体的生长往往发生在一些活跃部位。因此，当絮体在尺寸的增长方面达到平衡的时候，在其内部仍然有大量的孔洞。这些孔洞并没有达到吸附平衡，仍然有与其他颗粒物和团簇结合的能力。但是，这些能力在絮体表面没有被适当的破坏的条件下没有机会表现出来。总之，粒度上达到平衡的絮体都有与较小的团聚体结合从而使得絮体更加密实的潜力。在“40＋60”的条件下，水力剪切条件从 40r/min 逐渐增加到 60r/min，一些絮体表面的结合键比其他的条件下更有可能被破坏。因此，许多絮体内部的孔洞暴露出来并被填充。因此，絮体变得更加密实。这也可能是絮体成长历史的另一种解释。从另一个角度说，逐步增加水力剪切可能为处理构筑物的设计提供了一种新的思路来改善絮体的结构，使其更适宜于水处理的要求。

在絮体破碎过程中，絮体的分形维数比破碎前和破碎后都要高。这个现象与以往的研究是一致的。在以往的研究中，这个现象往往由絮体重组来解释。但是，本章前一部分所叙述的原因，也能为这一现象提供合理的解释。由于在破碎过程中，絮体的表面结构被破坏，从而使得絮体中的孔隙能够被颗粒物填充，因而其分形维数会明显增高。

絮体的粒径分布是胶体颗粒的另一个重要参数，它直接反映了絮体的演化过程。并且粒径分布和分形维数与絮体强度有着密切的联系。絮体的粒径分布如

图 4-58所示。

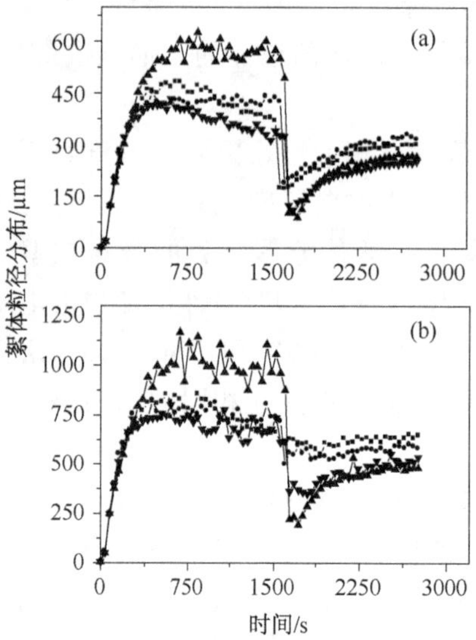

图 4-58　絮体的粒径分布

(a) $d(50)$;(b) $d(90)$

(■)40＋60;(●)60＋40;(▲)40;(▼)60

如图 4-58 所示，在慢搅过程结束以后，40r/min 条件下形成的絮体的 $d(50)$分布达到了 600μm，而在“40＋60”条件下形成的絮体的平均粒径为 450μm。在 60 r/min和“60＋40”条件下形成的絮体，其粒径在达到顶峰之后有所下降。这些现象还没有合理的解释。在所有的水力条件下，在破碎过程中絮体粒径都迅速的减小。在破碎之后，经过 40r/min 水力条件下 20min 的恢复过程，$d(50)$的粒径达到了一个新的平台。

在“40＋60”和“60”条件下形成的絮体，$d(90)$分布在破碎过程中的行为与其他两种条件下絮体的行为有所不同。特别是在“40＋60”条件下形成的絮体，粒径分布在破碎过程中只是略有减小。而破碎之后恢复过程中所表现出的动力学行为，在电中和点的絮体都较接近。这可能是由于在“40＋60”条件下所形成絮体的强度比其他条件下形成的絮体强度高。表 4-21 显示了第一个对照实验组中絮体的强度因子和恢复因子。

表 4-21　絮体的强度因子和恢复因子

实验组	强度因子/%	恢复因子/%
40＋60	46	63
60＋40	37	50
40	18	37
60	40	67

根据表 4-21 中所示的强度因子，“40＋60”和“60”条件下形成的絮体相比较其他条件下形成的絮体而言具有更好的抗剪切能力。而在破碎过程之后的恢复过程中，“40＋60”和“60”条件下所形成的絮体的恢复因子分别为 63%和 67%，而在“40”条件下形成的絮体的恢复因子仅有 37%。很明显，在“40＋60”条件下形成的絮体比在稳定的 40r/min 条件下形成的絮体具有更好的抗水力

剪切的能力和恢复能力。

考虑在第二部分理论部分中所引入的方法，具有分形特征的絮体的强度的计算结果如表 4-22a、b 所示。

表 4-22a 絮体破碎前计算所得强度

实验组	$d_f/\mu m$	$d_0/\mu m$	D_f	τ_B
40＋60	397.376	4	2.54	0.0091F
60	380.121	4	2.52	0.0089F
60＋40	446.927	4	2.48	0.0065F
40	595.708	4	2.45	0.0049F

表 4-22b 恢复期末的絮体强度

实验组	$d_f/\mu m$	$d_0/\mu m$	D_f	τ_B	减少百分比/%
40＋60	299.338	4	2.43	0.0065F	28.6
40	266.104	4	2.38	0.0056F	−14.3
60＋40	324.369	4	2.35	0.0043F	33.7
60	249.026	4	2.39	0.0062F	30.3

根据表 4-22 所示，在电中和点所形成的絮体的强度依次为“40＋60”＞“60”＞“60＋40”＞“40”。这个结果与表 4-21 中所示的结果一致。这样的计算结果显示，絮体的强度不仅与初始颗粒之间的结合力有关，与絮体中孔隙的分布也有密切关系。因为在剪切强度逐渐上升的过程中，一些小的颗粒或者颗粒的聚集体进入了较大的絮体的孔隙内部，因而导致了孔隙度的降低和分维数的增高，最终导致了絮体强度升高。表4-22(b)表示的是在恢复期末的絮体强度，结果显示在“40＋60”条件下形成的絮体的强度要大于其他条件形成的絮体。这一现象也反映了“40＋60”条件下形成的絮体较其他条件下形成的絮体有较强的抗水力条件波动的能力。而“40”条件下形成的絮体，破碎后的强度反而较破碎前较高，说明破碎过程中，絮体的密实度得到了提高。

4.5 展　　望

强化去除水体颗粒物和水体有机污染物，降低、消除消毒副产物的危害，提高饮用水水质和确保水质安全，是一个系统性的工程，需要结合预处理以及后续的工艺流程进行综合优化考虑。强化混凝是其中最佳的选择之一，在世界各地得到广泛认同，在强化去除污染物方面具有效果显著，而所导致的不良副产物和水体残留少、危害性低，同时尽可能降低设备投资和改建费用。但是强化混凝技术也有其一定的局限性，仍然有许多工作值得深入研究：①对于我国不同区域的水体，通过pH调节、软化沉淀工艺和混凝剂形态分布的优化控制，来提高有机物去除率的同时，对水厂基础设施、副作用和经济成本的影响等，需要更广泛地开展系统研究工作；②混凝剂投加后的水解过程中，不同类型的混凝剂将经历不同的水解形态，对有机物和颗粒物去除各有其不同的作用特点。各种水解形态对有机物的去除机理的明确以及与絮体形成的控制的有效结合，是探讨强化混凝机理与工艺的关键所在；③混凝去除有机物仍然具有一定的局限性，如对于特定的污染物以及亲水性的有机物必须与其他水处理工艺相结合，针对原水特征进行处理工艺的优化结合，以期高效、经济地消除水体污染物和消毒副产物的危害；④广泛收集不同区域强化混凝的技术参数，结合实验研究建立优化混凝数据库，制定适合中国水体特征的强化混凝操作规范。

参考文献

[1] 汤鸿霄，钱易，文湘华等．水体颗粒物和难降解有机物的特性与控制技术原理．北京：中国环境科学出版社，2000

[2] 王东升．聚铁硅型复合无机高分子絮凝剂的形态特征与性能．中国科学院生态环境研究中心，博士论文，1997

[3] 王东升．无机高分子絮凝剂的作用机理与计算模式．哈尔滨工业大学博士后出站报告，1999

[4] 王东升，刘海龙，晏明全，余剑锋，汤鸿霄．强化混凝与优化混凝：必要性、研究进展和发展方向．环境科学学报．2006，26（4）：544～551

[5] 王东升，韦朝海．无机混凝剂的研究及发展趋势．中国给水排水，1997，13（5）：20

[6] 胡承志．富含 Al_{13} 与活性氯絮凝剂的电解制备及性能研究．中国科学院生态环境研究中心博士论文，2006

[7] 汤鸿霄．无机高分子絮凝理论与絮凝剂．北京：中国建筑工业出版社，2006

[8] Bertsch P M．(1989)．Aqueous polynuclear aluminum species，In the Environmental Chemistry of Aluminum，Sposito G．(Eds.)，CRC press，Boca Raton，Fla

[9] Flynn CM．The hydrolysis of inorganic iron (III) salts．Chemical Review，1984，84：31～41

[10] Schneider W，Schwyn W (1987)．The hydrolysis of iron in synthetic biological and aquatic media，in Aquatic Surface Chemistry，Stumm W．(Eds.)，Wiley Intersciences，NY，167～188

[11] Blesa MA，Matijevic E．The hydrolysis of iron (III)．Adv．Coll．& Inter．Sci .,1989，29：173

[12] Iler RK．The chemistry of silica．New York：The John-Wiley & Sons，1979

[13] 苑宝玲．多功能高铁酸盐的除藻效能与机制研究．中国科学院生态环境研究中心博士论文，2002

[14] 董秉直，曹达文，范瑾初等．天然原水有机物分子量分布的测定．给水排水，2000，26（1）：30～33

[15] USEPA. Enhanced Coagulation and enhanced precipitative softening guidance manual. EPA, Office of water and drinking ground water, Washington, DC, 1998, 20～50

[16] McCurdy K, Carlson K, Gregory D. Floc Morphology and Cyclic Shearing Recovery: Comparison of Alum and Polyaluminium Chloride Coagulants. Water Res., 2004, 38: 486～494

[17] Boller M, Blaser S. Particles Under Stress. Water Sci. Technol.,1998, 37 (10): 9～29

[18] Parker D S, Kaufman W J, Jenkins D. Floc Breakup in Turbulent Flocculation Processes. Journal of the Sanitary Engineering Division: Proceedings of the American Society of Civil Engineers SA 1, 1972: 79～99

[19] Bache D H, Johnson C, McGilligan J F, Rasool E. A Conceptual View of Floc Structure in the Sweep Floc Domain. Water Sci. Technol.,1997, 36 (4): 49～56

[20] Leentvaar J, Rebhun M. Strength of Ferric Hydroxide Flocs. Water Res.,1983, 17: 895～902

[21] Francois R J. Strength of Aluminium Hydroxide Flocs. Water Res.,1987, 21: 1023～1030

[22] Fitzpatrick S B, Fradin E, Gregory J. Temperature Effects on Flocculation Using Different Coagulants. In: Proceedings of the Nano and Micro Particles in Water and Wastewater Treatment Conference; International Water Association, Zurich, 2003

[23] Wen H J, Lee D J. Strength of Cationic Polymer-Flocculated Clay Flocs. Adv. Environ. Res.,1998, 2: 390～396

[24] Chu C P, Chang B V, Liao G S, Jean D S, Lee D J. Observations on Changes in Ultrasonically Treated Waste-Activated Sludge. Water Research, 2001, 35: 1038～1046

[25] Bache D H, Rasool E, Moffatt D, McGilligan F J. On the Strength and Character of Alumino-Humic Flocs. Water Sci. Technol.,1999: 40 (9): 81～88

[26] Yeung A K C, Pelton R. Micromechanics: A New Approach to Studying the Strength and Breakup of Flocs. J. colloid Interface Sci.,1996, 184: 579～585

[27] Zhang Z, Sisk M L, Mashmoushy H, Thomas C R. Characterisation of the Breaking Force of Latex Particle Aggregates by Micromanipulation. Part. Part. Syst, Char.,1999, 16: 278～283

[28] Gregory J. Monitoring Floc Formation and Breakage In Proceedings of the Nano and Micro Particles in Water and Wastewater Treatment Conference, International Water Association, Zurich, 2003

[29] Spicer P T, Pratsinis S E, Raper J, Amal R, Bushell G, Meesters G. Effect of Shear Schedule on Particle Size, Density and Structure During Flocculation in Stirred Tanks. Power Eng. J.,1998, 97, 26～34

[30] Biggs C A, Lant P A. Activated Sludge Flocculation: On-Line Determination of Floc Size and the Effect of Shear. Water Res.,2000, 34: 2542～2550

[31] Bouyer D, Line A, Cockx A, Do-Quang Z. Experimental Analysis of Floc Size Distribution and Hydrodynamics in a Jar-test. Transactions of the Institute of Chemical Engineers, 2001, 79 (A): 1017～1024

[32] Wu C C, Wu J J, Huang R Y. Floc Strength and Dewatering Efficiency of Alum Sludge. Adv. Environ. Res.,2003, 7: 617～621

[33] Gregory J, Dupont V. Properties of Flocs Produced by Water Treatment Coagulants. Water Sci. Technol.,2001, 44: 231～236

[34] Govoreanu R, Seghers D, Nopens I, De Clercq B, Saveyn H, Capalozza C, Van der Meeren P, Verstraete W, Top E, Vanrolleghem P A. Linking Floc Structure and Settling Properties to Activa-

ted Sludge Population Dynamics in an SBR. Water Sci. Technol.,2000, 47 (12): 9～18

[35] Yeung A K, Gibbs A, Pelton R P. Effect of Shear on the Strength of Polymer-Induced Flocs. J. Colloid Interface Sci.,1997, 196: 113～115

[36] Gorczyca B, Ganczarczyk J. Structure and Porosity of Alum Coagulation Flocs. Water Quality Research Journal of Canada, 1999, 34: 653～666

[37] Thomas D N, Judd S J, Fawcett N. Flocculation Modelling: A Review. Water Res., 1999, 33: 1579～1592

[38] Selomulya C, Amal R, Bushell G, Waite T D. Evidence of Shear Rate Dependence on Restructuring and Break-up of Latex Aggregates. J. Colloid Interface Sci.,2001: 236: 67～77

[39] Chakraborti R K, Gardner K H, Atkinson J F, Van Benschoten J E. Changes in Fractal Dimension During Aggregation. Water Res.,2003, 37: 873～883

[40] Cornwell D A, Bishop M M. Determining Velocity Gradients in Laboratory and Full Scale Systems. J. Am. Water Works Ass.,1983, 75 (9): 470～475

[41] Klimpel R C, Hogg R. Evaluation of Floc Structures. Colloid Surf.,1991, 55: 279～288

[42] Gregor J E, Nokes C J, Fenton E. Optimising Natural Organic Matter Removal from Low Turbidity Waters by Controlled pH Adjustment of Aluminium Coagulation. Water Res.,1997, 31: 2949～2958

[43] Amirtharajah A, O'Melia C R. Coagulation Processes: Destabilisation, Mixing and Flocculation. In: American Water Works Association Water Quality and Treatment A Handbook of Community Water Supplies. New York: McGraw-Hill, 1990

[44] Gregory J. Fundamentals of Flocculation. Critical Reviews in Environmental Control, 1989, 19: 185～230

[45] Parker D S, Kaufman W J, Jenkins D. Floc Breakup in Turbulent Flocculation Processes. Journal of the Sanitary Engineering Division: Proceedings of the American Society of Civil Engineers SA, 1972, 1: 79～99

[46] Spicer P T, Pratsinis S E. Shear-Induced Flocculation: the Evolution of Floc Structure and the Shape of the Size Distribution at Steady State. Water Res.,1996, 3 (5): 1049～1056

[47] Ducoste J J, Clarke M M. The Influence of Tank Size and Impeller Geometry on Turbulent Flocculation: I. Experimental. Environ. Eng. Sci.,1998, 15 (3): 215～224

[48] Brakalov L B. A Connection between the Orthokinetic Coagulation Capture Efficiency of Aggregates and their Maximum Size. Chem. Eng. Sci.,1987, 42: 2373～2383

[49] Kaye B H. A Random Walk Through Fractal Dimensions. VCH Verlagsgesellschaft, Weinheim, Germany, 1989

[50] Gregory J. The Role of Floc Density in Solid-Liquid Separation. Filtr. Separat.,1998, 35: 367～371

[51] Waite T D. Measurement and Implications of Floc Structure in Water and Wastewater Treatment. Colloids and Surfaces A: Physicochemical and Engineering Aspects, 1999, 151: 27～41

[52] Feder J. Fractals [M]. 1st ed. New York: Plenum Press, 1988

[53] Mikkelsen L H, Keiding K. The Shear Sensitivity of Activated Sludge: an Evaluation of the Possibility for a Standardised Floc Strength Test. Water Res.,2002, 36: 2931～2940

[54] Lee C H, Liu J C. Sludge Dewaterability and Floc Structure in Dual Polymer Conditioning. Adv. Environ. Res.,2001, 5: 129～136

[55] Bache D H, Rasool E R. Characteristics of Alumino-Humic Flocs in Relation to DAF Performance.

Water Sci. Technol.,2001, 43 (8): 203～208

[56] Farrow J ., Warren L. Measurement of the Size of Aggregates in Suspension. In: Coagulation and Flocculation - Theory and Applications, New York, 1993, 391～426

[57] Burgess M S, Phipps J S, Xiao H. Flocculation of PCC Induced by Polymer/Microparticle Systems: Floc Characteristics. Nordic Pulp and Paper Research, 2000, 15 (5): 248～254

[58] Yukselen M A, Gregory J. The Reversibility of Floc Breakage. Int. J. Miner. Process.,2004, 73: 251～259

[59] Gregory J, Nelson D W. Monitoring of Aggregates in Flowing Suspension. Colloids Surf.,1986, 18: 175～188

[60] Chakraborti R J, Atkinson J F, Van Benschoten J E. Characterisation of Alum Floc by Image Analysis. Environ. Sci. Technol.,2000, 34: 3969～3976

[61] Waite T D, Cleaver J K, Beattie J K. Aggregation Kinetics and Fractal Structure of γ-Alumina Assemblages. J. Colloid Interface Sci.,2001, 241: 333～339

[62] Bache D H, Hossain M D, Al-Ani S H, Jackson P J. Optimum Coagulation Conditions for a Coloured Water in Terms of Floc Size, Density and Strength. Water Supply, 1991, 9: 93～102

[63] Bratby J. Coagulation and Flocculation. UK: Uplands Press Ltd, 1980, 55～89

[64] O'Melia C R, Becker W C, Au K K. Removal of Humic Substances by Coagulation. Water Sci. Technol.,1999, 40 (9): 47～54

[65] Manning A J, Dyer K R. A Laboratory Examination of Floc Characteristics with Regard to Turbulent Shearing. Mar. Technol. Soc. J.,1999, 160: 147～170

[66] Cousin C P, Ganczarczyk J. Effects of Salinity on Physical Characteristics of Activated Sludge Flocs. Water Quality Research Journal of Canada, 1998, 33 (4): 565～587

[67] Dharmarajah A H, Cleasby J L. Predicting the Expansion Behaviour ofFilter Media. J. Am. Water Works Ass.,1986, 78: 66～76

[68] Allen T. Particle Size Measurement. In: Powder Sampling and Particle Size Measurement. Chapman and Hall, London, 1997

[69] Aguilar M I, Saez J, Llorens M, Soler A, Ortuno J F. Microscopic Observation of Particle Reduction in Slaughterhouse Wastewater by Coagulation-Flocculation Using Ferric Sulphate as Coagulant and Different Coagulant Aids. Water Res.,2003, 37: 2233～2241

[70] BS3406 - British Standard Methods for Determinination of Particle Size Distribution, 1984

[71] Bushell G C, Yan Y D, Woodfield D, Raper J, Amal R. On Techniques for the Measurement of the Mass Fractal Dimension of Aggregates. Adv. Colloid Interf. Sci.,2002, 9: 50～51

[72] Tang P, Greenwood J, Raper J A. A Model to Describe the Settling Behaviour of Fractal Objects. J. Colloid Interface Sci.,2002, 247: 210～219

[73] Wu R M, Lee D J, Waite T D, Guan J. Multilevel Structure of Sludge Flocs. J. Colloid Interface Sci., 2002, 252: 383～392

[74] Guan J, Waite D, Amal R. Rapid Structure Characterization of Bacterial Aggregates. Environ. Sci. Technol.,1998, 32: 3735～3742

[75] Tang S. Prediction of Fractal Properties of Polystyrene Aggregates. Colloids and Surfaces A: Physicochemical and Engineering Aspects, 1999, 157: 185～192

[76] Miyahara K, Adachi Y, Nakaishi A, Ohtsubo M. Settling velocity of a sodium montmorillonite floc

under high ionic strength. Colloids and Surfaces A: Physicochemical and Engineering Aspects, 2002, 196: 87～91

[77] Johnson C P, Li X, Logan B E. Settling Velocity of Fractal Aggregates. Environ. Sci. Technol., 1996, 30: 1911～1918

[78] Bellouti M, Alves M M, Novais J M, Mota M. Flocs vs Granules: Differentiation by Fractal Dimension. Water Res., 1997, 31: 1227～1231

第 5 章　接触凝聚沉淀①

5.1　水体颗粒物及接触凝聚

5.1.1　水体颗粒物

现代环境化学中，水体颗粒物的范畴除以前所定义的 0.45μm 以上的矿物颗粒外，还将溶胶与高分子包括在内，即广义定义为 1nm 以上的实体物质(图 5-1)[1]。它们不但包括了黏土矿物、金属氢氧化物等无机物和腐殖质、高聚物等有机物，还包括细菌、藻类等有生命物质。

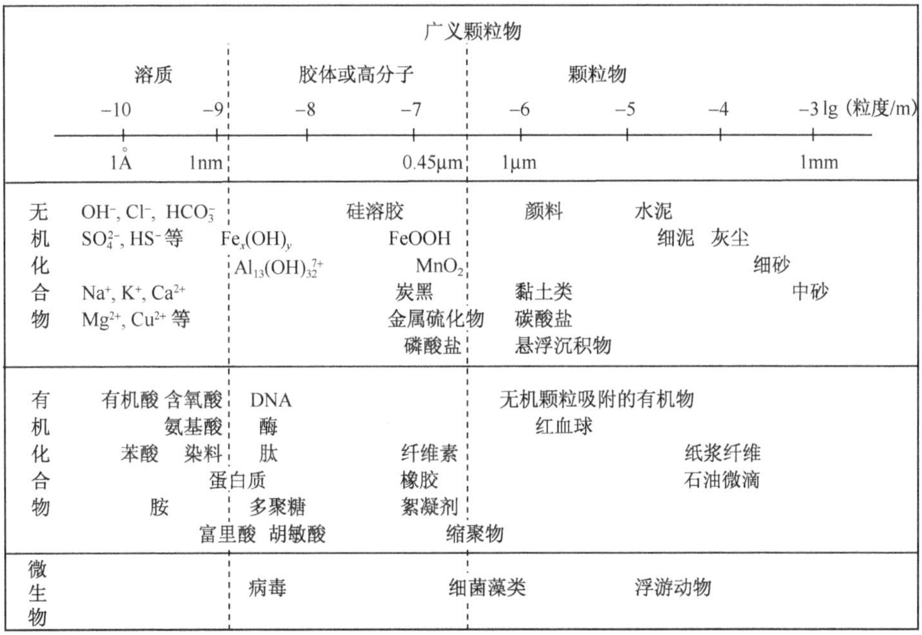

图 5-1　水中颗粒物的粒度谱[1]

与溶解的低分子相比，颗粒物的最大特点是其不均一性或多分散性。低分子物质虽然也存在不同的化合态和结构态，但对同一类化合态，在物理形状和化学

① 本章由王毅力，曲久辉撰写。

反应上一般是作为均一物质处理的。多分散性和多样性是颗粒物非常显著的基本特性，时刻需要加以考虑并区别对待，其主要特征有[1~6]：粒度分布多分散性，每种颗粒物在一定的粒度范围内分布，其中各个实体的粒度往往达到数量级的差异；形状形态多样性，颗粒物的微观形状可以是线状、片状、球状或各种不规则形状，同种形状的长短大小也有很大差别；反应活性区各异，颗粒物含有大量的各种官能团，作为与溶液中溶质或其他颗粒物相互作用的反应活性点，各种官能团的反应特性并不相同，即使同一类官能团由于所处部位不同也会有不同的活性；电学特性显著，矿物颗粒物因同晶置换或晶格缺陷而可能带有永久电荷，此外各官能团离解、颗粒表面吸附等也会产生电荷；界面效应强烈，除溶解状态的高分子物质外，颗粒物与溶液之间存在有大量的微观界面，它们的各种相互作用与反应就发生在界面上；组合体系复杂，天然水体中的颗粒物一般并不是以纯粹单一的状态存在，而是相互结合成为某种复合体，如图 5-2 所示。

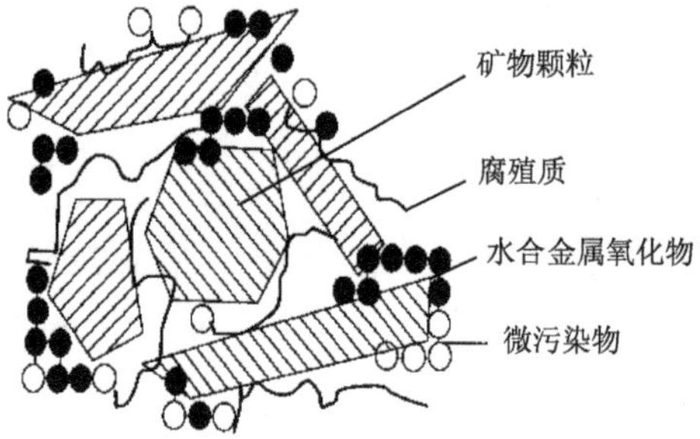

图 5-2　水体悬浮沉积物的复合结构模型[1]

水体颗粒物在环境污染中更重要的意义在于：大部分微量痕量污染物吸附在颗粒物表面，发生各种表面转化反应和生态效应，随之迁移并归宿于沉积物中，再释放出来造成水体的二次微污染。颗粒物群体具有十分丰富的微界面，它们本身不仅可成为污染物，更为重要的是与微污染物相互作用并成为其载体，从而在很大程度上决定着微污染物在环境中的迁移转化和循环归宿（表 5-1）[1~4]。在水处理过程中，颗粒物也是净化的主要对象。去除颗粒物的过程如絮凝、过滤、气浮、膜分离等，几乎遍及所有给水与污水处理工艺。

在水环境中，由于结合金属离子的不同，不同氧化物表面 OH 组表现出不同的酸碱属性，譬如 SiOH 表现为一元酸而 FeOH 表现为两性[1~4,7,8]。可见，水中氧化物的表面静电属性与表面固有酸碱属性紧密相关。等电点和零电点是与水中氧化物的表面电学和化学属性相关的概念。其中，零电点 pH_{ZPC} 是氧化物/水界面的表面离解反应产生的净表面电荷为零时的 pH，通常由一价电解质溶液中悬浮氧化物的电位滴定得到；而等电点 pH_{iep} 是不论何种途径产生的表面电荷全部为零时的pH，通常由电动测量得到。当电解质影响不是很大时，两者至少在理论上是相等的；在有阴阳离子专属吸附时，两者将向相反的方向移动。例如，当发生阳离子专属吸附时，零电点向酸性方向移动，而等电点向碱性方向移动[7~10]。在胶体稳定性研究中，pH_{iep}的改变具有重要的意义。

表5-1　水体颗粒物及其环境水质过程[1~4]

颗粒物	微污染物	迁移转化过程	水处理技术
矿物微粒	重金属	溶解、沉淀	混合
黏土矿物	类金属	络合、螯合	沉淀
金属氢氧化物	农药	氧化、还原	澄清
腐殖质	化学品	催化、光解	过滤
聚合物	有机酸碱	吸附、解吸	吸附
动植纤维	金属有机物	吸收、释放	絮凝
有机残渣	病毒	降解、富集	气浮
藻类	氮磷化合物	凝聚、絮凝	超滤
细菌、真菌	表面活性剂	渗透、过滤	化学沉淀
乳浊油滴	放射性核素	扩散、迁移	离子交换
气泡		沉积、蓄积	生物氧化
活性污泥			生物过滤
悬浮沉积物			浓缩脱水

表面固有化学常数的计算依赖于模型的选择，即使对于相同的实验资料，不同模型求得的结果也不相同。固有常数的计算方法都基于将表观常数扩展到结合位和溶液主体有效电位差为零的情况[1~4,7,8]。

$$K^{s} = K^{int}\exp(ez\varphi_{ed}/kT) \tag{5-1}$$

式中，K^{s}为表观平衡常数；φ_{ed}为结合位和溶液体内二者之间的有效电位差；k为Boltzmann常量；k^{int}为固有平衡常数；e为电子电荷；z为离子价；T为热力学温度。

由于不能将表观常数分解为电和化学两部分，有效电位差φ_{ed}是实验无法测量的属性。在不同的双电层模型中，对这两部分的分离在一定程度上是任意的，所以不同模型计算的结果不同。一旦选定双电层模型，即使所用的滴定数据不同，对于某种氧化物固有离解常数的计算值也是相同的。这意味着溶液中氧化物酸碱属性可以由确定的固有常数表述，就像多元酸可以由酸碱离解常数表述一样。

对氧化物-水界面双电层的电化学理论和实验研究主要针对一价电解质及无

专属吸附情况。多年来，研究者们利用动电技术（电泳和流动电位）和电位滴定方法，进行了无机氧化物的界面双电层特性，表面电荷和ζ电位的研究结果确证了质子对无机氧化物表面电位的决定作用[9,10]。表面电荷的形成可能通过两种表现不同、效果相同的机理：质子和水溶胶体在两性位上的吸附以及溶液中形成的水解金属物质在界面上的沉积。

对于一部分氧化物多孔层，其可滴定表面电荷值很高，这些值接近或超过通常所接受的氧化物表面 OH 组的最大密度。考虑到氧化物是相对很弱的酸，这些实验结果与理论分析相矛盾。对该问题并行提出了两种研究方法：多孔界面模型、位-结合模型。

Lyklema 及其合作者[11,12]对氧化物/水界面提出了多孔界面模型，其基础是：H^+、OH^-能够穿透氧化物的表面层，与两性的 OH 组反应。因此，只要带电基团间维持合适的分隔，大量的表面电荷就可以产生；同时，如果反离子也能够进入孔层，孔层的外边界净电位将显著降低。因此，高表面电荷能够与中等ζ电位共存。

Healy 及其合作者[13~15]对氧化物/水界面提出了位-结合模型，其基本方法包括：分析化学行为如何影响带电过程，进而计算作为溶液 pH 函数的表面电位。前者与平均电位相联系，假定平均电位与 H^+、OH^-离子相同。后者由两种表面水解固有常数得到，这些常数与表面物种的标准化学电位相关。

为了解释氧化物/水界面的高表面电荷与中等ζ电位共存现象，研究者扩展了界面的位离解（site-dissociation）模型，考虑到了表面酸碱基团对均匀电解质中阳离子和阴离子的结合[15]。他们认为表面位与反离子结合形成小的电极，假定当与表面位结合时，所有反离子运行距离相同，并进一步假定 Stern 层中表面位的数目等同于各 pH 条件下正负表面位。他们应用 Gouy-Chapman-Stern-Grahame 双电层模型，认为电位决定离子限于表面和内配位层（IHP）的吸附支持离子，得出结论认为外配位层（OHP）电容为 $20\mu F/cm^2$，IHP 电容为 $140\mu F/cm^2$。

Stumm 及其合作者[16~20]首先将溶液中和表面的专有化学过程引入到双电层理论中，强调溶质与氧化物表面的专有化学或配合作用。从理论和实验研究两方面，Stumm、Schindler 及其合作者提出并分析了氧化物/水界面的表面络合模型。在这些模型中，金属水合氧化物表面覆盖着 OH 基团，表现为两性。

表面络合模式的实质内容就是把固体表面看作一种聚合酸，其大量羟基可以发生表面络合反应，但在络合平衡过程中需将邻近基团的电荷影响考虑在内，由此区别于溶液中的络合反应过程。

从表面络合模型角度考虑，电位决定离子和专属吸附离子的优先吸附没有区别，所有这些吸附都可认为是通过表面络合对表面电位进行改变，所有离子都可视为电位决定离子，所有非专属吸附的离子都归结于扩散层，即利用 Gouy-Chapman 扩散双电层理论描述氧化物/水界面的物理作用，这称为简单双电层模型。

对氧化物悬浮液进行酸碱滴定，有时还需要考虑吸附情况的测量。Stumm 及其合作者提出了一种计算表面化学常数的模式。这些模型可用来研究氧化物/水界面的有机和无机物质的吸附、预测胶体稳定区域、描述自然水体中发生的现象。

此外，水体颗粒物作为水环境中最主要的组成部分，不仅具有独特的扩散、传递、水力学运动等各种过程特征，而且拥有宏大的群体比表面，与周围水溶液构成微界面体系，因而会在微界面上进行表 5-1 所示的各种复杂的迁移转化过程，进而影响上述各种污染物的环境化学行为[21]。传统的研究基于水体颗粒物的各向同性（homogenizaton）而考虑上述各种过程和反应，但这种认识是与水体中水体颗粒物的实际情况有一定差距的，因为它们实际上具有各向异性（heterogenizaton)，譬如：表面形貌的不规则、孔分布的不均一、甚至在质量粒度分布上也经常偏离各种均匀分布规律（正态分布、对数正态分布)。可见，传统的各向同性的认识不利于更加深入地认识这些颗粒物表面上发生的过程或反应。

近年来，Mandelbrot 提出、Feder 拓展的分形几何（fractal geometry）理论为描述自然界颗粒物（岩石颗粒、土壤颗粒、蛋白质、絮体、催化剂颗粒）的各向异性提供了有力的工具，而且在不同领域研究中的应用发展迅速，尤其在土壤颗粒领域[22～24]。但这一理论在水体天然颗粒物方面的研究却不多，采用分形理论研究其各向异性及其与 POPs 之间传质、反应过程将会对很多相关的微界面传质、反应过程产生重要影响。

Pfeifer 建立了表面分形理论的框架与基础，提出的表面分维 D_s 概念在之后的岩石或材料断层、土壤颗粒、催化剂、蛋白质高分子等方面的研究中应用广泛，以表征这些不规则表面的粗糙（surface roughness）程度[25～49]。并采用压汞法、分子吸附法、扫描电镜（SEM)、低温扫描电镜（cryo-SEM)、激光光散射(SLS)、小角度 X 射线散射（SAXS)、扫描隧道显微镜（STM)、原子力显微镜(AFM)、核磁共振成像（NMRI)、中子散射（NS）等分析测试技术进行测定[25～38]。

正是由于水体颗粒物的分形特征，传统的 ζ 电位仅仅表达了水体颗粒物表面电荷密度的平均值，无法表达出因水体颗粒物的表面分形结构而导致的表面电荷分布不均匀的情况，而这种电荷分布的“微区空间异质性（local hetergeneity)”与土壤颗粒的地球化学异质性（geochemical heterogeneity）相似[50]，因此采用传统的平均 ζ 电位研究在颗粒物作用中有时也会导致错误的结果。

分形理论不仅在时间和空间尺度上可为水体颗粒物的生物、化学和物理现象搭建定量的框架，而且也会逐渐从描述性的研究深入到预测性的研究。分形理论可用于研究水体颗粒物的物理特征：密度（沉降速度、X 射线）、孔隙-尺寸分布[截面切片图像分析、保水曲线、中子散射（NS）]、孔表面积（水蒸气或氮气吸附法、压汞法）、颗粒粒度分布（小角度静态光散射 SLS、筛分、沉降、离心、动态光散射 DLS）、聚集体粒度分布、颗粒形状、表面微观形貌；这一理论也已经被应用于土壤的物理过程［吸附、扩散（示踪剂法）、水和溶质的迁移、土壤颗粒的破碎或断裂、裂纹等］和定量研究土壤的空间变化方面。

Bache 等研究认为腐殖酸絮体的质量分维为 1.0，Rice 等提出固体状态的腐殖质类物质具有表面分形特征，而在溶液中则具有质量分形特征[25,26]。另外腐殖酸会影响与其结合的高岭土的分形维数。颗粒的表面分形维数 D_s 的测定表明质地分维（texture）和结构分维（structure）具有尺度界限，而且其数目和质量粒度分布模型可能具有分形特征。另外通过分形界面的吸附模型（FHH model）可以计算出目标颗粒物的表面分维 D_s，尤其是通过孔隙-尺寸分布和孔表面分形维数的变化可以确定颗粒物细孔的几何结构的变化；Sokolowska 等[29]也研究了 D_s 吸附能均值与颗粒的物理化学性质之间的相关性，结果表明，D_s 与土壤的矿物含量、阳离子交换量（CEC）的相关性较为明显，但与土壤有机质含量却没有相关性；而且吸附能均值与土壤的矿物含量、CEC、有机质的相关性差。

此外，在非均相反应体系中，尤其是在多孔颗粒中，分子的扩散过程对反应速率有着重要的作用[43～48]。Kopelman 等认为在分形介质中扩散控制的双分子反应的动力学过程也具有分形的特征。刘成伦、鲜学福等的研究结果表明岩石的溶解过程具有类分形动力学特征，Kinoshita 等研究表明砂岩对 Sr^{2+} 的吸附过程是一个类分形反应。王毅力等修正了颗粒微界面吸附模型——Langmuir 模型、Freundlich 模型和表面络合模型，提出了复杂分子在环境中颗粒物表面上的类分形动力学公式并进行了验证[41,48]。

由于水体中原始颗粒具有不规则的形态，因此这种不规则特征对絮凝过程影响的研究主要集中在天然水体中颗粒形态对其自身稳定性和混凝过程的影响，尤其是从热力学和动力学两方面产生相应的影响[51～55]。

在热力学方面，水体中颗粒物形态可以影响其表面双电层的分布、带电的强弱乃至电性的变化，从而使得静电作用复杂化；颗粒物不同的形态也可以影响颗粒间 van der Waals 力的大小和分布；由于颗粒物的形态不同，必然导致颗粒之间、颗粒与絮凝剂之间相互凝聚连接方式的多样化和复杂化。

蒋展鹏等研究了几种黏土颗粒的形态对其稳定性的影响[52]，通过典型的电镜照片（图 5-3）可以看出，不同黏土胶粒有着相迥异的形状、大小和空间结构，其中主要以片层状为主体的结构及其衍生态（如折褶、卷曲等）。

而且沉降稳定性实验证明，粒径是影响颗粒稳定性的重要因素。一般来说，

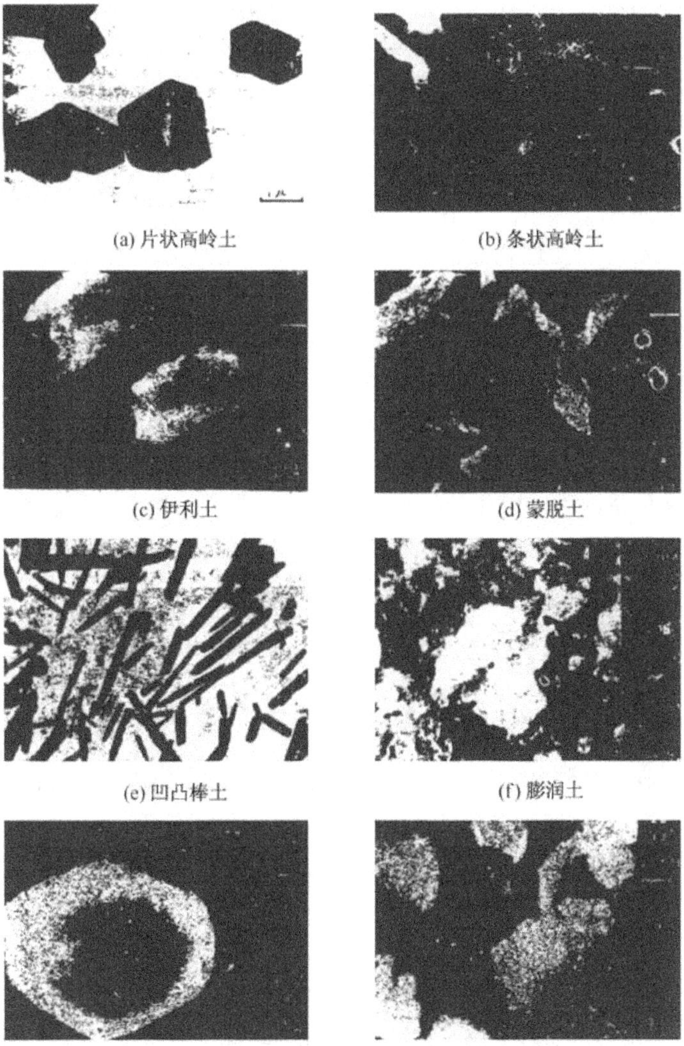

(a) 片状高岭土　(b) 条状高岭土

(c) 伊利土　(d) 蒙脱土

(e) 凹凸棒土　(f) 膨润土

(g) 砂土　(h) 黄河水（大颗粒已沉淀去除）

图 5-3　各种黏土样品的电镜照片[52]

颗粒平均粒径越大越有利于沉降；然而，测定的平均粒径只是表观粒径，在平均粒径很接近的颗粒物（伊利土、蒙脱土和凹凸棒土等）中，因其实际大小和质量的不同，从而引起沉降速率不一，这些结果的原因之一是颗粒形状不同；另外，黏土颗粒内部晶层结构决定了片层的厚薄，片层的厚薄也是影响胶体颗粒稳定性的重要因素，越厚沉降性能越好。

Maurice 等的 AFM 结果表明[56]：吸附于矿物表面的腐殖质类物质形成数十

纳米的环形聚集体边界，从而产生这一复合聚集体的疏水微界面。颗粒物表面的亲/疏水性质也影响其稳定性。即使黏土颗粒的ζ电位比较接近，其稳定性也不同。

水体中藻类等微生物的胞外多聚物（EPS）一般包括多糖、蛋白质、核酸和脂类，Nielsen 等、Stoodley 和 Flemming 等[57]认为这些胞外多聚物能够形成一个高含水的三维凝胶状荷电基质，包围着微有机体。这层基质影响藻类细胞的性质（表面亲/疏水性、电位、位阻等）和与其有关的颗粒结构（孔隙结构和数目、密度、分形、弹性、耐剪切力等），同时也影响与此有关的絮凝过程。

在动力学方面，水体中原始颗粒之间的碰撞概率与其形态以及体系的水力学条件密切相关。理想的水处理工艺中天然颗粒物为球形，其相互间的碰撞是各向均等的，非球形颗粒却在一定的流场中可能出现定向现象，从而影响碰撞概率。

清华大学蒋展鹏教授曾经研究了高岭土、凹凸棒土、聚苯乙烯乳胶三种颗粒形态（电镜照片见图 5-4）对絮凝中异向絮凝速率和同向絮凝速率的影响[53～55]，证实了经典混凝理论对球形颗粒絮凝动力学的偏差，并找出了形态因素影响絮凝反应速率常数的根据。

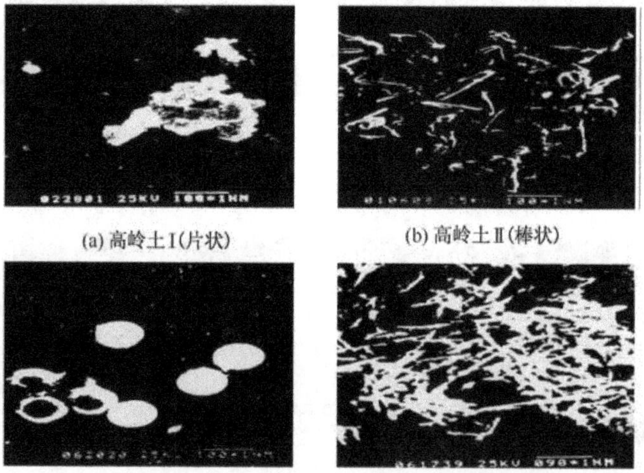

(a) 高岭土Ⅰ(片状)　(b) 高岭土Ⅱ(棒状)

(c) 乳胶　(d) 凹凸棒土

图 5-4　颗粒的电镜照片

相应的絮凝动力学过程可表示成以下几个方程。

异向絮凝动力学公式：

$$-\mathrm{d}N/\mathrm{d}t = kN_0^2 \tag{5-2}$$

经典异向絮凝速率常数：

$$k = 8k_0T/3\mu \tag{5-3}$$

考虑形态因素后经典的异向絮凝速率常数产生了改变。

长圆体（棒状）：

$$k = 8k_0 T/3\mu \times \{\ln\{[1 + (1 - J^2)^{1/2}]/J\}/(1 - J^2)^{1/2}\} \quad (5\text{-}4)$$

扁圆体（片状）：

$$k = 8k_0 T/3\mu \times \{[J\text{arctanh}(J^2 - 1)^{1/2}]/(J^2 - 1)^{1/2}\} \quad (5\text{-}5)$$

球体：

$$k = 8k_0 T/3\mu \quad (5\text{-}6)$$

可见，颗粒的形态因素对胶体的异向絮凝速率有着较大的影响。形态影响的大小可以通过轴比来反映，轴比越大形态因素的影响越大，同轴比下棒状颗粒的异向速率常数越大。

同向絮凝动力学公式：

$$-\mathrm{d}N/\mathrm{d}t = kN_0^2 \quad (5\text{-}7)$$

经典同向絮凝速率常数：

$$k = 16R^3 G/3 \quad (5\text{-}8)$$

考虑形态因素后异向絮凝速率常数：

$$k = 16\eta r_0^3 G/3 \quad (5\text{-}9)$$

式中，N 为絮凝速率-时刻 t 时胶体颗粒数；k 为反应速率常数；N_0 为胶体初始颗粒数；k_0 为 Boltzmann 常量；T 为体系的热力学温度；μ 为水的黏度；R 为颗粒间的作用半径；R_0 为作用半径，通常指非球形颗粒的最大半径长度；r_0 为体积半径，非球形颗粒的粒径指与其体积相同的球形颗粒的半径；$(\eta r_0^3)^{1/3}$ 为非球形颗粒间的作用半径；J 为长短轴之比，棒状：$R_0/r_0 = J^{2/3}$，片状：$R_0/r_0 = J^{1/3}$，球体：$R_0/r_0 = J^0$；G 为速度梯度；V_0 为非球形颗粒的实际体积；V_1 为以非球形颗粒的作用半径为半径的虚拟球体体积；η 为体积膨胀因子，$\eta = V_1/V_0 = (R_0/r_0)^3$。

可见，颗粒形态不同将改变颗粒间的作用半径，从而影响絮凝速率常数。一般轴比越大，体积膨胀因子越大；棒状颗粒体积膨胀因子比同轴比的片状颗粒的大。同向絮凝中颗粒的取向的减弱作用削弱了形态因素的影响。

5.1.2　接触凝聚

接触凝聚的概念源于直接过滤，在该过程中，微小絮体或脱稳颗粒在滤层中发生絮凝、沉积，滤料颗粒起到了强化水体颗粒物絮凝的作用。接触凝聚过程中絮凝作用得到了强化，一定意义上接触凝聚是对絮凝范围的拓展，是指存在介质时的一种强化絮凝[58]。接触凝聚具有广泛的研究范畴，涉及水质变化过程的许多方面。天然水体变化过程中的接触凝聚涉及高含沙水输送迁移、地表径流、地下水迁移以及沉积物上吸附、沉积等作用，在水处理领域中涉及气浮、沉淀、拦截沉淀、直接过滤、澄清等过程，膜过滤过程中也发生接触凝聚。废水生物处理过程中，由于有了微生物以及有机物颗粒的参与，接触凝聚的作用机理更加复杂。

5.1.2.1 接触凝聚的物理理论

接触凝聚的理论研究涉及物理、化学以及胶体界面理论，包括物理作用、物理化学作用、胶体界面作用理论和表面络合理论等[58]。接触凝聚的物理理论发展比较早，而且也比较成熟。

根据液体流动的情况可知，当实际流体流经固体颗粒物时，不管流动的雷诺数多大，固体边界上的流速必为零，称为无滑移条件。因此，在固体边界的外法线方向上流体速度从零迅速增大。Yao[59]在低雷诺数的情况下，通过对单个球体周围的液流研究来考察水中颗粒物的捕集，通常利用两种方法描述颗粒在捕集者上的沉积，即：迹线分析（Lagrangia 方法）和扩散方法（Eulerian 方法）。

在气体和液体过滤中经常见到单个捕集者效率的概念，这一概念最初由 Yao 给出定义：捕集者上的总沉积速率与其投影区域范围内接触捕集者颗粒的速率之比。相应的单个捕集者效率是布朗扩散、截留、沉淀和惯性等机理引起的捕集效率的代数和。当颗粒（或气泡）直径$<100\mu m$时，惯性力引起的捕集不明显。对于接触凝聚所研究的颗粒一般都在这一范围内，所以在实际接触絮凝计算中，忽略这一因素引起的捕集。

Spielmen 等[60]在对经典捕集模型的改进中迈出了重要的一步。采用迹线分析法，通过求解蠕动流的 Stokes 公式，他们将颗粒和捕集者间的水动力学作用引入到输移模型中，其结论显示改进方法与经典方法的计算结果有很大差别。对粒径依赖程度低，而对流速有所依赖（经典方法中对流速无依赖关系）；Fitz-Patrick 通过过滤实验对上述结论进行验证[61]。Alkiviades 从理论和实验角度对深床过滤中颗粒沉积迹线进行了分析比较[62]，Rajagopalan 利用改进的 Happel 球形单元流动模型求得非布朗颗粒的迹线公式[63]，Ghosh 的试验结果表明，忽略双电层斥力时，即针对有效（favorable）过滤，该式预测值的精确度很高[64]。Adamczyk 将极限迹（limitingrajectory）的方法通用化，使其可应用到旋转盘、柱体、柱型通道等情况下[65]。

一般来讲，在扩散方法中，可以将悬浮胶体颗粒视为球形，而对于较大的滤料颗粒视为平面进行研究，从而将接触凝聚体系视为球形分散系进行分析。布朗颗粒的通用输移模型基于朝向球体的液体扩散，并对其求对流扩散的 Levich 解，该方法忽略颗粒尺度（截留作用）影响，将扩散系数视为常数，不足以描述捕集者附近的颗粒扩散。Prieve 建立了针对球形捕集者通用的输移公式并求解，该式中包括：London 引力、重力、布朗扩散和水动力阻滞[66]。Yao 通过研究得到：将经典方法求得的布朗捕集引入到由 London 引力和重力引起的捕集，忽略扩散是可行的[67]。将迹线分析方法[60]和输移分析方法[66]中捕集模型理论表达式的计算结果对比可以看出：在不考虑重力和双电层作用的情况下，两者的数值解吻合良好。

5.1.2.2　接触凝聚的物理化学理论

随着接触凝聚理论的研究深入，考虑化学作用的各种理论得到了深入的发展。首先是将双电层作用力以及能够影响界面区域相互作用的物理化学现象引入研究中，对接触絮凝过程机理有了更深入的了解。物理化学理论的研究范围包括界面区域（距捕集者表面 100nm）发生的物理化学现象。在对胶体稳性和胶体物质传质的研究中[66,68]，颗粒沉淀和异相混凝中的物理化学作用愈加受重视。过滤过程中，这些作用直接影响单个滤料上颗粒沉积，进而影响滤床的截留效率。研究者们对填充床中胶体反应对颗粒沉积的影响进行了实验研究。Matijevic 及其合作者[69]给出了许多填充床颗粒沉积实验研究例子，他们的研究表明：填充床中颗粒的沉积和去除与颗粒和捕集者的种类、颗粒的零电位点有关。DLVO 理论对这一现象进行了解释，其基本理论是：颗粒捕集者间的排斥静电力（双电层静电斥）、van der Waals 引力共同作用产生了阻滞颗粒接触的能垒。加入电解质可通过减少面电荷和形成对电荷屏蔽（Debye screening）的离子云（氛）来减少表面斥力。他们的另一个结论是：随着悬浮颗粒粒径的增加，这些胶体化学因子的影响降低，当颗粒粒径＞10μm 时，双电层斥力几乎可以忽略。

颗粒与捕集者间的物理化学作用能够影响过滤过程中颗粒的沉积和去除，尤其是对于亚微米到几个微米大小的颗粒。在这些不利的情况下，迹线分析和扩散分析中应该考虑 London 力和双电层斥力，以便准确预测颗粒的沉积和去除。

胶体界面作用理论研究了包括双电层作用力、van der Waals 力、Born 斥力、水合力等因素的综合作用。表面络合理论则考虑了一定液相条件下，可离子化表面上的各种反应，研究了表面反应对颗粒物表面性质的影响。近年来，研究者又从亚微观角度对混凝动力学问题进行了研究，提出惯性效应是絮凝的动力学致因、湍流剪切力是絮凝反应中决定性的动力学因素。

5.2　絮体分形结构对沉淀的影响

5.2.1　絮体的分形结构特征

欧几里德几何以规整的几何图形为研究对象，他们的空间维数均为整数，如点、线、面、体分别为 0、1、2、3 维。而事实上自然界中存在大量不规则的物体，传统的数学无法描述它们。

1975 年，Mandelbrot 第一次提出了分形的概念，此后他于 1977 年出版的著作《分形：形、机遇与维数》[70]和 1982 年的著作《自然界的分形几何学》[22]标志着分形论迈入了现代新兴的科学之林。1986 年 Mandelbrot 提出的分形（fractal）定义为：分形是其组成部分以某种方式与整体相似的形，即一类自相似性体系。体系的形成过程具有随机性，其维数是连续的，可以是分数，从而称之为分维。分形论就是以分形维数来表征这一广泛存在的、无序、复杂、奇异的一大类客体。分形具有两个重要的特征，自相似性（self similar）或自仿射性（self affine）和标度不变性（independent of the scale of observation）[71~77]。

按照分形的定义，物体的质量 M 与其特征长度 d_p 之间的关系可表示为

$$M \propto d_p^{D_f} \tag{5-10}$$

式中，D_f 为物体的质量分形维数。

近年来，将 Mandelbrot 提出的分形理论应用于铝盐、铁盐低分子混凝剂的凝聚/絮凝过程以及絮体的研究工作在国内外已经开展起来。对于絮体，现在被认为具有分形结构（图 5-5）；我们通常以其当量直径（与平面投影面积相等的当量圆直径）作为特征长度。

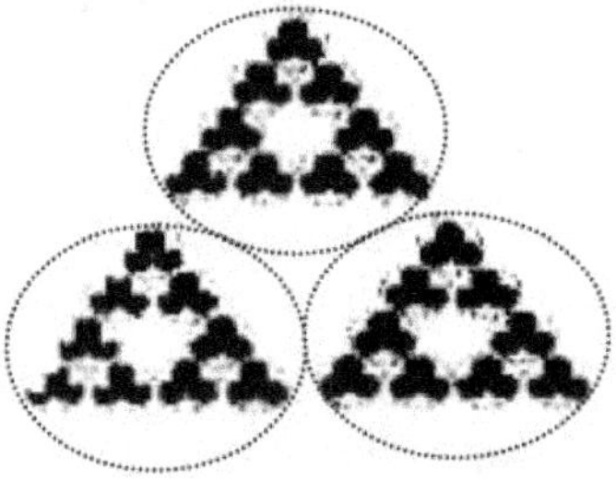

图 5-5　絮体自相似凝聚结构的两维模型[77]

Da 和 Ganczarczyk 的研究[78]证明了给水与废水处理工艺（凝聚/絮凝、活性污泥、生物滤池）中颗粒絮体的几何分形特征的存在，给出了不同类型无机絮体变化范围为 1.59～2.85 的分形维数 D_f，其中铁絮体的 D_f＝2.61～2.85，铝絮体的 D_f 因不同学者的研究条件不同而出现不同的范围：2.303～2.324，1.59～1.97。密实的聚集体的分形维数（D_f）介于 2.3～2.5 之间，而疏松聚集体的却介于 1.7～1.8 之间[79]。Masion 等[80]的 Al_{27} 核磁共振（NMR）和小角度 X 射线散射（SAXS）的结果证明 Al 与 NOM 形成了 Al 单体与 NOM 的有序结构的聚集体，其 D_f 约为 2.3。Logan 等[81, 82]的研究指出：藻类等生物聚集体中胞外高分子会占据颗粒间隙（平均 D_f＝2.5 左右）。

很多学者致力于寻求低分子铝盐分别与颗粒物、有机物（腐殖质和微生物体）形成絮体/污泥的物理化学特征（密度、孔隙率、亲疏水性、黏性、表面电荷、组成、形态）和其可压缩性、脱水性和沉降性能等宏观特征之间的相关性，结果表明，以分形维数表征的形态有着重要的影响，并认为将分形理论应用于上述过程的研究是可行的[81~95]。Logan 等[83~89]指出，不同的分形维数值是不同的絮凝机理的结果；布朗运动形成的絮体的 D_f＝1.8～2.2，差速沉降形成的絮体的 D_f＝1.61～2.31，剪切絮凝形成的絮体的 D_f≥2.4；结合粒度分布，就可以区分不同絮凝机理过程。而且他们通过实验研究和理论计算（显微图像法、粒度分

布法、沉降速度法等）确定了絮体的三维分形维数 D_3（相当于质量分形维数 D_f）、二维分形维数 D_2、特征尺度与絮体的固相体积、孔隙体积、质量、密度、孔隙率、沉降速度之间的关系；尤其是由于分形絮体高的可渗透性（permeability），其簇（cluster）间的大孔隙（macropores）允许较大的间隙流（interior-flow）从而导致絮体的沉降速度和流入其中的微小颗粒的增加。Gregory 指出[77]当絮体 $D_f>2$ 时，絮体的沉降速度随着 D_f 的升高而增加。分形絮体与悬浮颗粒的碰撞概率处于线性模型（rectilinear model）和曲线模型（curvilinear model）之间[96,97]。最近，一些学者也开始研究絮体分形维数随着反应时间的变化特性[97,98]，从而更加深入地解释絮凝动力学过程。国内的王晓昌、王东升、李剑超、王毅力等研究组也进行了絮体分形特征的研究。

Chakraborti 等[98]研究了将低分子铝盐絮凝剂投加至湖水和蒙脱土悬浊体系中形成的絮体的分形特征，结果表明在卷扫絮凝区，絮体的分维低于电中和区，即形成了较大的、更加不规则的絮体。金鹏康、王晓昌[99]研究了低分子铝盐絮凝腐殖酸在不同操作条件下形成的絮体分维的变化规律，得出与上述研究类似的结果；另外弱酸性条件（pH＝5.0）形成的絮体分维比中性（pH＝7.0）的高，絮体具有密实结构，随着搅拌历时的延长，分维有下降趋势（图 5-6）。

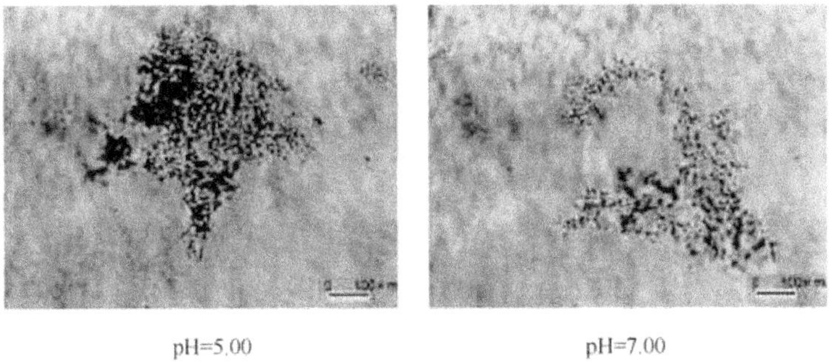

图 5-6　pH＝5.00 和 pH＝7.00 条件下的絮凝体图像[99]

上述分形的研究大多集中于絮体的三维分形维数 D_3（相当于质量分维 D_f）方面，有关絮体的表面分维 D_s 的研究较少，仅仅 Bellouti 等认为表面粗糙性可能会影响固-液界面的水动力学环境、交换、吸附与反应过程的有效面积、表面电荷的不均匀（异质性）程度，而且表面粗糙性用 D_2 来表示[84～86]。他们认为由于分形特征而导致絮体比表面积的增加，会增加絮体的碰撞概率，而且低的 D_2、D_3 值表明了絮体更加疏松。而且 Logan 的研究结果中二维分形维数 D_2 经常小于 2，当 $D_f<2$ 时，$D_2=D_f$；当 $D_f>2$ 时，$D_2\neq D_f$[83]。然而根据 Pfeifer 的表面分形理论[35～37]，表面粗糙度的特征参数 D_s 介于 2～3 之间，这并不是 D_2 所能表达出来的。越来越多的研究表明，不规则表面具有自仿射分维特征[22,70,72,74,76]。由此可见，用 D_2 来表征絮体表面粗糙度是有些缺陷的。此外，很多研究结果指出自然产生的絮体可能会具有多重分形特征[71,76]。

众所周知，布朗运动形成的絮体具有分形结构，因此分形絮体的密度是不守恒的，而且分形絮体的质量和体积（包含体积，encased volume）也不遵守欧几里德几何。假设对于某一分形絮体，由 N 个球形单体组成，其具有非均一（nonuniform）特征。根据分形理论，式（5-11）[83]成立：

$$N = \psi^{D/3}(l/l_0)^D \tag{5-11}$$

式中，$\psi=\zeta\xi/\xi_0$，ζ 为絮体堆积因子（packing factor），ξ 和 ξ_0 是絮体和原始颗粒（primary particles）的形状因子（shape factors）；l 是分形絮体的特征长度，可以定义为絮体的最长径；l_0 是絮体原始颗粒的长度；D 为分形维数，常为小于 3 的非整数。

5.2.2 分形絮体的特征

由于絮体具有分形结构，因此表征絮体的物理特征参数也相应地发生了变化。

根据 Logan 等的研究[83]，组成分形絮体的原始颗粒的质量可以表示为 $m_0=\rho_0\xi_0 l_0^3$，因此分形絮体的质量表达式为

$$m = Nm_0 = \rho_0\psi^{D/3}\xi_0 l_0^{3-D} l^D \tag{5-12}$$

包含体积（encased volume）V_e 是絮体外接圆的体积，类似与欧几里德几何中的关系，其与絮体特征长度的关系可表示为

$$V_e = \xi l^3 \tag{5-13}$$

絮体中固体部分的体积为

$$V_f = m/\rho_0 = \psi^{D/3}\xi_0 l_0^{3-D} l^D \tag{5-14}$$

因此，絮体的密度为

$$\rho_f = m/V_e = \rho_0\psi^{D/3}(\xi_0/\xi)(l/l_0)^{D-3} \tag{5-15}$$

可见絮体的密度通常随着絮体的增长而下降。

絮体的孔隙率为

$$\varepsilon = 1 - V_f/V_e = 1 - \psi^{D/3}(\xi_0/\xi)(l/l_0)^{3-D} \tag{5-16}$$

在表征絮体的沉降速度时，作出以下假设，首先根据 Logan 和 Hunt 的研究[83]，通过多孔絮体（higly porous flocs）的渗流（advective flow）对其沉降速度影响不大，此时絮体可视为非渗透性的（impermable）；其次絮体的垂直投影面积（projected surface area）A_f 遵守以下函数关系：

$$A_f = \xi_2 l_0^{2-D_2} l^{D_2} \tag{5-17}$$

式中，ξ_2 为投影表面形状系数；D_2 为絮体垂直投影图像的分形维数，因此 $A_f\neq A_e$（A_e 为外接圆面积，encased area），同理，$V_f\neq V_e$。第三，Logan 建立了阻

力系数 C_D 与雷诺数 Re 间的指数关系式：

$$C_D = aRe^{-b} \tag{5-18}$$

而且当 $Re \leqslant 0.1$，$a=24.0$，$b=1.0$；当 $0.1 \leqslant Re \leqslant 10$，$a=29.03$，$b=0.871$；当 $10 \leqslant Re \leqslant 100$，$a=14.15$，$b=0.547$（这是 Logan 将球体的阻力系数经验公式 $C_D=24/Re+[6/(1+Re^{1/2})]$近似成为 $C_D=aRe^{-b}$，然后由不同雷诺数范围的实验数据模拟而出的）。

另外，对于分形絮体或欧几里德几何体，式（5-19）成立：

$$(\rho_a - \rho_w) = (1-\varepsilon)(\rho_0 - \rho_w) \tag{5-19}$$

式中，ρ_a 为絮体堆积密度（bulk floc density），其中包括组成絮体的原始颗粒和包含其中的液体的质量；ρ_w 为流体密度。

因此，根据沉降的非渗透性絮体的受力平衡可知，重力 $F_g=\rho_a V_e g$，浮力 $F_f=\rho_w V_e g$，流体阻力 $F_D=1/2\ (C_D \rho_w U_f^2 A_f)$ 遵循以下关系：

$$V_e(\rho_a - \rho_w)g = 1/2(C_D \rho_w U_f^2 A_f) \tag{5-20}$$

式中，g 为重力加速度；U_f 为分形絮体的沉降速度。

于是，分形非渗透性絮体沉降速度公式为

$$U_f = [(2g\xi_0/a\rho_w \xi_2)(\rho_0 - \rho_w)\psi^{D/3} l_0^{1+D_2-D} \nu^{-b} l^{D+b-D_2}]^{1/(2-b)} \tag{5-21}$$

其中，$l=d_f$；ν 为流体的运动黏度。如果絮体为欧几里德球体，$D=3$，当 $Re \ll 1$ 时，式（5-21）简化为 Stokes 方程。对于分形絮体，$D_2 \leqslant 2$，Meakin 的研究结果表明，当 $D \leqslant 2$ 时，$D_2=D$；当 $2<D \leqslant 3$ 时，$D_2=2$。

5.2.3　分形絮体的 cluster-fractal 模型

对分形絮体而言，原始颗粒在絮体中的分布是不均匀的，其形成的孔隙分布如下：一些大孔和很多小孔隙，而且孔隙尺寸越小，相应的孔的数量越多[87]。为了表达分形絮体的渗透性，Logan 认为分形絮体是由小簇组成的，其中最大的簇（cluster）被定义为主簇（principal cluster）。最小可能的分形簇为分形生成元（fractal generator）[87]。在絮体生成过程中，从分形簇生成元开始，依次形成各个层次自相似（self-similar）的分形簇，最终形成如图 5-7 所示的分形絮体。最大的分形簇形成的大孔（macropores）控制着絮体的渗透性，此时忽略了低层次的簇中微孔的渗透性。随着絮体尺寸的增加，流体通过絮体的距离越长，水头损失的增加导致了流体在絮体内部的流速减慢；

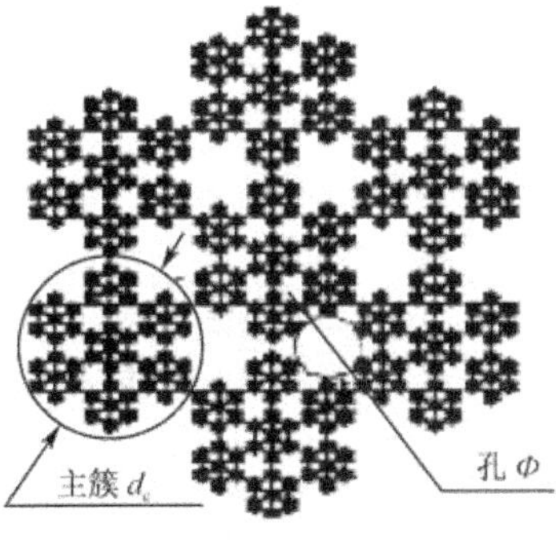

图 5-7　絮体的簇-分形（cluster-fractal）模型示意图[87]

但另一方面，絮体内的大孔提供了更大的流体通道，因而降低了水头损失，提高通过絮体内部的流体速度。在絮体的生长过程中，上述两种相反的过程可以相互抵消，导致内部渗透性不随絮体尺寸变化。

Logan 假定，同一层次的簇尺寸是一致的，而且分形絮体是由 n 个主簇组成，式（5-22）成立[89]：

$$n = c(d_f/d_c)^D \tag{5-22}$$

其中，c 为堆积系数（packing coefficient，Logan 的文章中假定其取值 0.25）；d_c 为主簇尺寸，假设其为球形，渗透性可以忽略，体积 $V_c=\pi d_c^3/6$，则簇-分形絮体的孔隙率为

$$\varepsilon_c = 1 - nV_c/V_e = 1 - c(d_f/d_c)^{D-3} = 1 - c(n/c)^{(D-3)/D} \tag{5-23}$$

同样 Logan 假设式（5-24）成立[82,87]：$d_c = Sd_f^{b_1}$，其中 S 和 b_1 均为经验常数。基于上述研究，渗透因子 ω 可以采用 Brinkman-Happlel 公式：

$$\begin{aligned}\omega_{B-C} &= 4.2(d_f/d_c)\times\{3+(4/c)(d_f/d_c)^{3-D}-3[(8/c)(d_f/d_c)^{3-D}-3]^{1/2}\}^{-1/2}\\ &= 4.2(n/c)^{1/D}\times\{3+(4/c)(n/c)^{(3-D)/D}\\ &\quad -3[(8/c)(n/c)^{(3-D)/D}-3]^{1/2}\}^{-1/2}\end{aligned} \tag{5-24}$$

其中，$\omega=d_{floc}/(2\kappa^{1/2})$，$\kappa$ 为渗透性，表达式如下：

$$\begin{aligned}\kappa_{B-C} &= (d_c^2/72)\{3+3/(1-\varepsilon_c)-3[8/(1-\varepsilon_c)-3]^{1/2}\}\\ &= (S^2 d_f^{2b_1}/72)\{3+3/(1-\varepsilon_c)-3[8/(1-\varepsilon_c)-3]^{1/2}\}\end{aligned} \tag{5-25}$$

要确定 S 和 b_1，可以进行如下计算。

如果考虑絮体的渗透性（permablility），则其渗透性絮体的沉降速度表达式为

$$U_{渗透} = U_s\{[\omega/(\omega-\tanh\omega)]+[3/(2\omega^2)]\} \tag{5-26}$$

式中，U_s 为其他方面均相同的非渗透性絮体的沉降速度，因此 $U_{渗透}/U_s$ 比值 Γ 的表达式可写为

$$\Gamma = \{[\omega/(\omega-\tanh\omega)]+[3/(2\omega^2)]\} \tag{5-27}$$

$U_{渗透}$ 计算是很困难的，但 U_s 可以通过计算获得，通过测定 $U_{渗透}$ 和计算 U_s，可以得出渗透因子 ω，再通过渗透性 κ 的公式计算得到 S 和 b_1。Logan 对某些絮体的实验研究得出：$d_c=0.056d_f^{0.44}$。

流体收集效率（fluid collection efficicy）e_f，即通过絮体的渗流通量与接近其的流体通量之比 η 可以通过式（5-28）得到：

$$\eta = e_f = 9(\omega-\tanh\omega)/[2\omega^2+3(\omega-\tanh\omega)] = 9U_s/(2\omega^2 U_{渗透}) \tag{5-28}$$

从上面推导的公式可以看出，Γ、η 或 e_f 仅是渗透因子 ω 的函数，当絮体的渗透性增加，则 ω 的降低，导致 Γ、η 或 e_f 增加；对于非渗透性絮体，渗透因子

ω 趋向无限大，Γ=1，η 或 $e_f=0$。

此外，与一维过滤方程类似，渗流中的微颗粒被絮体去除效率（particle removal efficiency from the intrafloc flow）为

$$e_P = 1 - \exp\{[-3/(2S)](1-\varepsilon)\alpha\eta_T d_f^{1-b_1}\} \tag{5-29}$$

式中，d_f 为分形絮体特征长度，即流体通过的距离；η_T 为单个絮体捕集效率（single collector efficiency）；α 为黏附效率。

微颗粒被絮体捕集的速率为

$$R_c = e_{分形} \beta_{线性} N_P \tag{5-30}$$

其中，$e_{分形} = e_f e_P/\alpha$；$\beta_{线性}$ 为线性模型的碰撞概率，N_P 微颗粒的数目；Logan 假设，这时微颗粒被絮体的捕集均是由渗流而产生的。

5.2.4 絮体的生长过程及形态与密度的关系

絮体的分形生长动力学模型主要包括以下三个模型，其中每一种模型均涉及单体、簇团的凝聚。扩散控制凝聚（diffusion limited aggregation，DLA）模型：单体凝聚为 Witten-Sander 模型，簇团为 DLCA 模型；弹射凝聚模型（ballistic aggregation，BA）：单体凝聚为 Vold 模型，簇团为 Sutherland 模型；反应控制凝聚模型（reaction limited aggregation，RLA）：单体凝聚为 Eden 模型，簇团为 RLCA 模型[71~73]。

絮体形态与密度的关系研究始于 1963 年 Vold 提出的著名的弹射凝聚模型（图 5-8），其后的 Sutherland 在 1966 年扩展了 Vold 模型，提出了集团凝聚模型（cluster aggregation）（图 5-9），使理论模型更接近于实际的絮凝过程[91~93,100,101]。

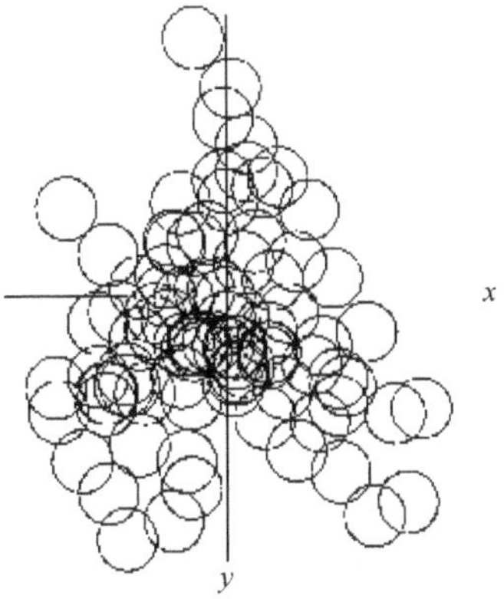

图 5-8 Vold 模型絮凝体[100]

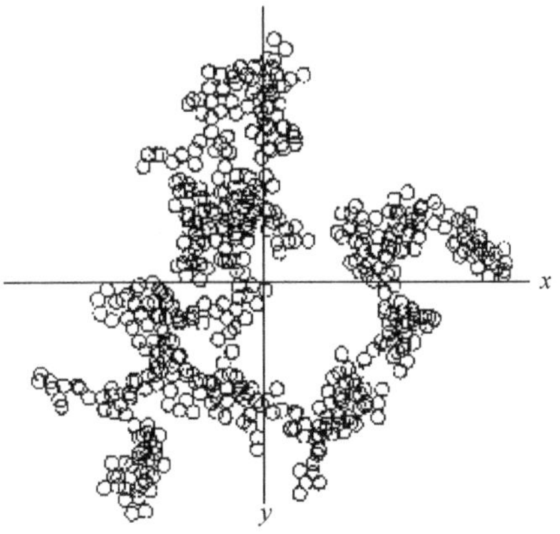

图 5-9 Sutherland 模型絮凝体[100]

Tambo、Lankvaner、Francois 和其他研究者测定了絮体密度和粒径（density-size relation）（图 5-10）[100]，得出如式（5-31）的关系：

$$\rho_e = \beta d_p^{-K_p} \tag{5-31}$$

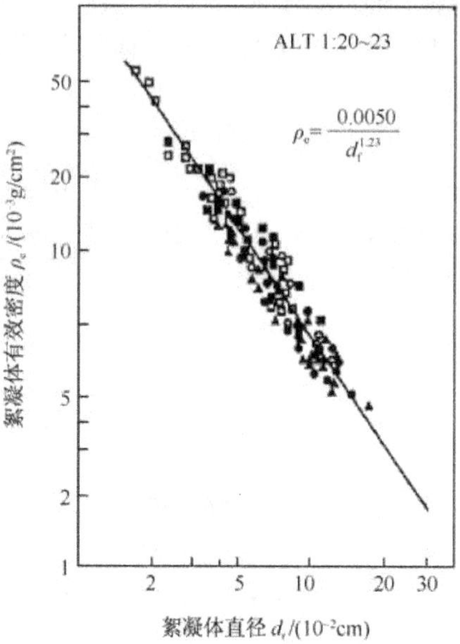

图 5-10　絮凝体的密度函数[100]

式中，ρ_e 为絮体有效密度（在水中的密度），$\rho_e = \rho_f - \rho_l = \phi_s(\rho_s - \rho_l)$，其中 ρ_s、ρ_l、ρ_f 分别为固体颗粒、液体和絮体的密度；ϕ_s 为絮体中固态物质的体积分数；d_p 为絮体粒径；β、K_p 为常数。

通过公式比较，得出质量分形维数 D_f 和常数 K_p 的关系：$D_f = 3 - K_p$。

通过实测絮体的投影面积和周长可以计算絮体的分形维数，实际上是絮体的二维分形维数 D_2。Aratani 的实验结果表明在通常条件下絮体的 $D_2 = 1.2 \sim 1.8$，随着搅拌强度 G 值的增大，D_2 值也增大，絮体结构越密实。根据文献资料，可以推算出一些学者有关分形维数的数据，见表 5-2。

王晓昌和 Tambo 提出的分步成长絮体模型（stepwise growth model of floc）见图 5-11[101]，相应的分形维数公式为

$$D_f = 3 + 3\ln(1 - \varepsilon)/\ln[m/(1 - \varepsilon)] \tag{5-32}$$

表 5-2　絮体分形维数的推算结果[100]

研究者	絮体密度指数 K_p	分形维数（D_f 或 D_2）	研究特点
Vold	0.676	2.324	单颗粒弹射凝聚模型
Sutherland	0.9～1.0	2.0～2.1	集团凝聚模型
Aratani	1.0～1.4	1.6～2.0	铝盐絮凝实测分析
Aratani	—	1.2～1.8	铝盐絮体分形维数实测

该模型给出的促进致密型絮体生成的途径为降低絮凝体的空隙比 ε 和提高参与结合的低一级颗粒个数 m，相应的操作模式为絮凝体的脱水收缩模式和逐一附着（one-by-one attachement）操作模式。试验结果表明，两种操作均可生成接近于球形的致密化团粒，但脱水收缩条件下生成的团粒仍具有颗粒有效密度随粒径增大而降低的特点，其分形维数为 2.40～2.47，而逐一附着操作生成的团粒

密度基本上与粒径无关，可认为其分形维数接近于 3。

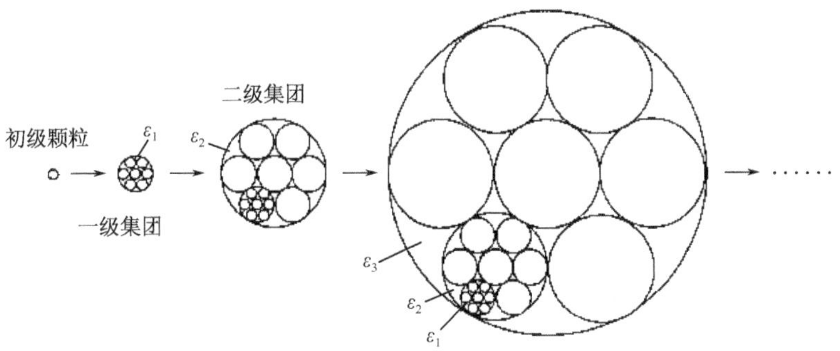

图 5-11 分步成长絮体模型[101]

5.2.5 絮体分形结构与其粒度分布的关系

絮体的分布可以以数目、质量、表面积等来表达；当絮体粒度被有效直径所表达时，絮体的分布将依靠其分形维数。对于某一絮体质量的指数分布，相应的以絮体粒径表达的分布为

$$f(a) = (D_f a^{D_f - 1} / a_m^{D_f}) \exp[-(a/a_m) D_f] \tag{5-33}$$

式中，a_m 为絮体平均半径，相应的分布见图 5-12。

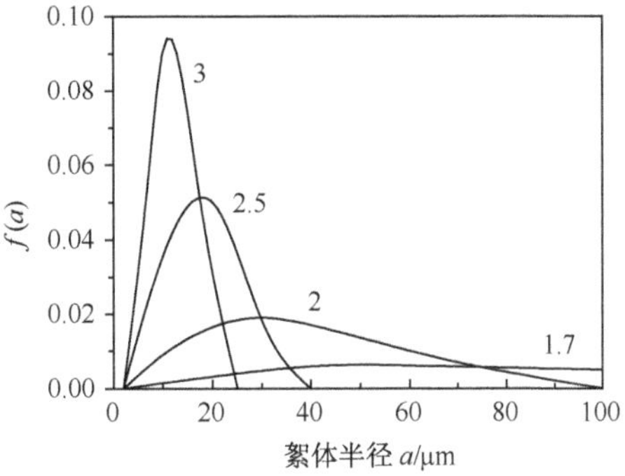

图 5-12 不同分形维数的絮体粒度分布[77]

可见，尽管图 5-12 曲线表达的是同样的絮体质量分布，然而它们显示了显著的区别；当 $D_f = 3$ 时，絮体粒度分布较窄，随着分形维数的降低，絮体粒度分布逐渐变宽，并且平均粒度向增大的方向移动。这表明分形更能详细和真实地表达絮体的分布。

5.2.6 絮体分形结构对其碰撞速度的影响

传统的 Smoluchowski 公式描述了球形颗粒聚集的线性动力学过程。但对于具有分形结构的絮体颗粒，其分形维数决定了同向絮凝的极为重要的参数-分形颗粒的有效捕集半径。此外，因分形颗粒内孔的可渗透性而导致水力学阻力的减少，从而影响其间传质的推动力和碰撞；而且絮体孔隙结构的异质性，从而使得絮体的内部可渗透性各异，影响了聚集体的密度和水动力学推力，Chellam 等、Gregory 等和 Wu 等均指出了这一特征对于 $D_f \leqslant 2$ 的聚集体的重要[77,94,95]。这些研究均表明分形颗粒的聚集反应不符合 Smoluchowski 公式，而是一个非线性动力学过程。

一般来说，异向絮凝是受扩散控制的，絮体的成长增加了碰撞半径，却减少了扩散系数，这两种作用相互抵消，从而使得异向絮凝速度常数对絮体粒度的依赖性不是很大。但对于具有分形结构的絮体，其水力半径很可能比与实际絮体物理延展程度相关的外层“捕捉半径”小些，于是导致 Brownian 扩散碰撞速度比以 Smoluchowski 理论为基础的速度快。而且，在异向絮凝中，分形絮体的水力半径 R_h 随时间增长关系为

$$R_h \propto t^{1/D_f} \tag{5-34}$$

当絮体增长至数微米时，异向絮凝可以忽略，有水力剪切导致的同向絮凝变的重要。当考虑絮体的分形结构时，相应的同向絮凝速率 k_{ij} 公式为

$$k_{ij} = 4Ga_0^3(i^{1/D_f} + j^{1/D_f})^3/3 \tag{5-35}$$

式中，a_0 为原始球形颗粒的半径，假定是均一体系；i、j 分别为由 i 或 j 个原始颗粒组成的絮体中原始颗粒数，相应的絮体半径公式分别为 $a_i = a_0 i^{1/D_f}$、$a_j = a_0 j^{1/D_f}$；G 为剪切强度。

对于典型的分形维数为 2 左右的絮体，其絮体成长速率比 Smoluchowski 理论预测的结果快了许多。而且，对于 $D_f \leqslant 2$ 的絮体，因有许多内孔导致的可渗透性也对絮体碰撞有影响，可能会削弱 Smoluchowski 理论中的线性假设。

Logan 等的研究指出[81～89]，分形聚集体颗粒因其开放的多孔结构，允许水流过聚集体，导致了它们间的碰撞频率远大于球形颗粒的模拟结果，但不同聚集体的孔隙率和可渗透性不同，譬如藻类等生物聚集体中胞外高分子会占据颗粒间隙（平均 $D_f = 2.5$ 左右），会产生不同的碰撞频率；分形絮体（乳胶絮体、细菌絮体）与小颗粒在剪切条件下的碰撞频率比线性模型（rectilinear model）预测结果低两个数量级、而比非线性模型（curvilinear model）高 5 个数量级。

5.2.7 絮体分形结构对其沉降速度的影响

一般情况下，$D_f \leqslant 2$ 的絮体有许多内孔，由此产生的可渗透性可以降低阻力，这一影响很重要，可以提高絮体沉降速度；但是 $2 \leqslant D_f \leqslant 3$ 的分形絮体，在同质量的情况下，分形维数越小，物理尺寸越大，阻力也越大，从而也使得沉降速度降低，这时和无内孔的分形絮体的沉降速度接近（图 5-13）[77]。

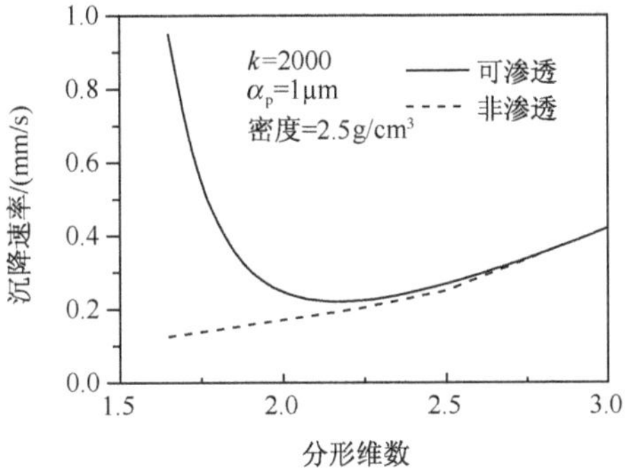

图 5-13　分形絮体的沉降速率[77]

5.3　沉淀的分类及经典原理

5.3.1　沉淀池的发展和应用

沉淀池作为一种水处理操作单元已经有数千年的实践历史了。在历史上，最早应用沉淀池的是罗马的劳地齐亚市，他们用沉淀水库来澄清浑浊供水。公元260 年前后，该市又在一个引水渠的末端建造了 2 个方形的沉淀池。到 19 世纪初，英国、法国和美国等国家的一些城市相继建造了沉淀池用于水的澄清[102]。

最初的沉淀池主要是一些简单的水池，在池中主要靠颗粒物的自由沉降来完成水的澄清过程。但随着技术的发展，历史悠久的混凝剂在国外开始应用于沉淀池沉淀效果的改善中。据说，使用明矾混凝沉淀净水技术起源于中国，而使用杏仁作为药剂强化沉淀的技术在古埃及早已应用。19 世纪后期，使用混凝剂改善沉淀效果的技术在公用供水公司先后得到应用，并且从实践中认识到针对具体水质提出相应的混凝沉淀技术工艺组成和操作参数重要性。

除了通过混凝技术来改善沉淀效果以外，水处理工作者在沉淀池类型开发方面也取得了很多新的成果，从开始简单的沉淀水池、平流式沉淀池发展到斜板沉淀池、迷宫式沉淀池、斜管沉淀池、小间距沉淀池、拦截沉淀池等。从沉淀池的水流方向来看，沉淀池也从开始的单一的平流式发展到现在平流式、竖流式、辐流式等各种形式并存的局面。给水中常用的是平流式沉淀池和斜板（管）沉淀池，辐流式沉淀池主要用于高浊度水（如黄河水）的预沉淀。

平流式沉淀池是一种曾经在城市水厂中广泛应用的沉淀形式。一般平流式沉淀池为矩形水池，池体上部为沉淀区、下部为污泥区、前部有进水区、后部有出水区。经混凝的原水流入沉淀池后，沿进水区整个截面均匀分配，进入沉淀区，然后流向出水口，水中的颗粒在上述流程中沉淀于池底，污泥定期排放。但是在平流沉淀池中颗粒沉淀路程长，沉淀表面积小，且水流状态不好，经常处于紊流状态，并非完全的理想沉淀模式，因此效果并不理想。

从平流式沉淀池到斜板沉淀池是一个技术上的进步[103]。斜板沉淀池是依据浅池沉淀的原理，在池体沉淀区沿水流方向布设多层隔板，使颗粒的最大沉降距离从平流沉淀池中的几米缩小到隔板之间的几厘米，大大缩短了沉降时间。而且按一定角度安装的斜板有利于污泥向池底的滑落。研究表明，在相同颗粒沉淀效果的条件下，斜板沉淀池单位面积产水率是普通平流式的6～10倍。按照水流在池中的流动方向，斜板沉淀池可以分为上向流、下向流和侧向流三种类型。其中上向流斜板技术发展成熟，适用于中小型水厂，但存在池深大、配水不匀等缺点；下向流斜板沉淀技术尽管产水能力比上向流高，但构造复杂，实际应用较少。侧向流斜板沉淀技术布水均匀、池深浅，适用于各种规模的水厂。

斜管沉淀池比斜板沉淀池缩小了斜板间距，同时又增加了侧向隔板，可以抑制斜管水流脉动，减少颗粒物沉降距离，增加沉淀表面积，因此斜管沉淀池的出现又是对沉淀技术的革新。

同样，针对斜板沉淀池的缺陷，Tambo又提出了迷宫式沉淀池[102]。该沉淀池是在斜板上加翼片，翼片与斜板之间构成方形的沉淀区，该区域是较为理想的沉淀场所，减少了沉降距离。但迷宫式沉淀池主流区脉动很强，主流区的少量短路就会影响沉淀效果。

另外，斜板沉淀池的改造方面也有了新的突破，其中较为著名的技术就是小间距斜板沉淀池的发明。该沉淀池基于沉淀动力学的观点，将斜板沉淀池的斜板间距减小到1～2cm，小间距斜板抑制了斜板中水流的脉动，缩短了沉降距离，在同样的流速条件下可使更多小颗粒沉降下来，出水效果好，产水量高[102,104]。

在给水处理领域，目前所应用的沉淀池仅仅发挥了对混凝后絮体的单纯沉淀作用，很少表现出显著的接触凝聚效果。然而，拦截沉淀正是基于接触凝聚理论而发展的新型沉淀池[105～108]。该沉淀池的构造是在池体中增设拦截体，微絮凝后的原水进入拦截沉淀池，通过拦截体对絮体颗粒的碰撞吸附、接触凝聚、聚集沉淀等多过程协同，从而得到较好的出水水质，并且抗水力冲击负荷能力较强。另外，澄清池也是依据接触凝聚理论而发展的将混凝与沉淀过程合建在一个构筑物中的水处理单元。在澄清池中，悬浮着的絮体层作为接触凝聚场所，混凝后的微絮体进入这个絮体层而发生接触凝聚反应，被捕捉而进入沉淀区分离。一般情况下，澄清池的絮凝效率高，处理效果好，运行稳定，产水率高。但是，保持稳定的悬浮絮体层是很关键的。

竖流式沉淀池主要用于废水处理，采用中心管进水，进水管中水流扰动剧烈，絮体容易破碎，因此不适合给水的混凝沉淀处理。辐流式沉淀池主要应用于污水处理厂的二沉池，适应于大量水的沉淀处理。由于该池采用中心管进水，也不适用于给水混凝后的沉淀单元，在给水中主要用于高浊水的预处理。

给水的沉淀工艺一般是由凝聚/絮凝/沉淀等单元组成的，具体类型有：凝聚/机械或水力絮凝/平流式沉淀；凝聚/机械或水力絮凝/斜板（管）沉淀；凝聚或微絮凝/澄清池；凝聚/水力絮凝/迷宫式沉淀池；凝聚/微涡旋网格絮凝/小间距斜板沉淀池。

影响沉淀工艺的因素有絮凝剂、凝聚的理化条件、絮凝的水力特征和沉淀的方式。在絮凝剂的使用方面，目前一般是选择无机高分子絮凝剂，主要包括：聚合铝、聚合铁和复合絮凝剂，并辅助以聚硅酸、有机高分子等作为助凝剂。凝聚过程一般要求药剂的瞬间分散，因此采用机械搅拌或管式混合器等，并考虑原水的浊度、有机物含量和 pH。絮凝要求形成适当大小的可沉絮体，一般采用机械搅拌或水力搅拌，尤其是微涡旋反应器，停留时间一般为 15～30min，微涡旋反应器一般在 15min 以下。只有形成沉降性能良好的絮体，才可取得很好的沉降效果。

在上述沉淀工艺中，澄清池前的絮体一般不需要达到常规沉淀池 0.5～3.0mm 的尺度，它只要形成微米尺度具有表面活性的微絮体，从而才能在澄清池的絮体悬浮层中发生接触絮凝过程而被除去。因此，絮凝过程的时间很短，甚至可以与澄清池合建为一体式结构。

5.3.2　沉淀过程的分类

当水中的颗粒物粒径在 20～100μm 以上时，可以通过与水的密度差在重力的作用下沉淀去除。根据浓度与性质，颗粒物的沉淀可以分为四种类型：自由沉淀、絮凝沉淀、拥挤沉淀及压缩沉淀[103,106]。

自由沉淀是一种理想状态下的沉淀过程，其基本假设为：颗粒物的沉淀不受容器器壁的影响；颗粒物的沉淀不受其他颗粒的干扰；颗粒物在沉淀过程中其粒径、质量、形状不发生变化。

基于这些假设，对球形颗粒的自由沉淀过程进行分析研究，即会得出其在平衡状态下的沉降速度：

$$u = [4gd(\rho_s - \rho_w)/3C_D\rho_w]^{1/2} \tag{5-36}$$

式中，C_D 为阻力系数；ρ_s 为颗粒物的密度；ρ_w 为液体的密度。

在不同的流体流动状态下，颗粒沉降速度的表示式不同。

当 $Re<0.2$，即层流状态下，阻力系数为

$$C_D = 24/Re \tag{5-37}$$

结合式（5-36），得出层流状态下颗粒沉降速度

$$u = g(\rho_s - \rho_w)d^2/18\mu \tag{5-38}$$

当 $0.2<Re<500$，即过渡状态下，阻力系数为

$$C_D = 18.5/Re^{0.6} \tag{5-39}$$

结合式（5-36），颗粒沉降速度为

$$u^{1.4} = (\rho_s - \rho_w) g d^{1.6} / 13.9 \rho_w^{0.4} \mu^{0.6} \tag{5-40}$$

当 $Re>500$，即紊流状态下，阻力系数为

$$C_D = 0.44 \tag{5-41}$$

结合式（5-36），颗粒沉降速度为

$$u = [3.3 g d(\rho_s - \rho_w)/\rho_w]^{1/2} \tag{5-42}$$

自由沉淀虽然是一种理想状态，但是水中颗粒物浓度很低的。在水流为层流状态的情况下，可以利用自由沉淀的理论对其沉淀过程进行分析。

在沉淀过程中，颗粒因为相互间碰撞而发生凝聚，颗粒的粒径不断增加，沉淀速度将随深度而增加，这一过程称为絮凝沉淀。絮凝沉淀现象在实际的沉淀过程中是很常见的，如活性污泥的沉淀、絮体的沉淀都会出现絮凝沉淀的现象。由于絮凝沉淀与颗粒物的性质有关，难以用统一的公式对其进行描述，絮凝沉淀中颗粒物的沉降速度及去除效率需要通过具体实验确定。图 5-14 为自由沉淀与絮凝沉淀的轨迹示意图。

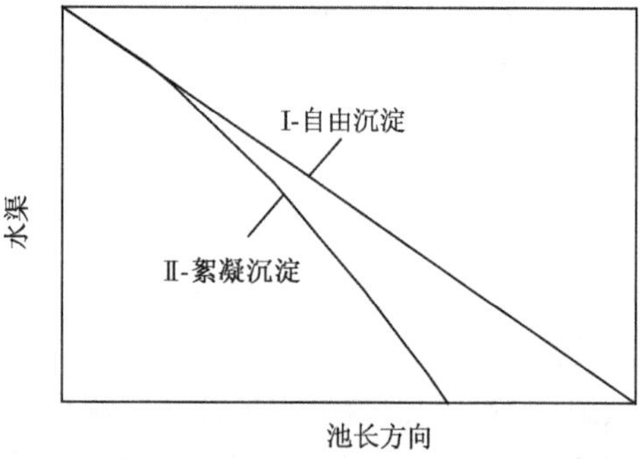

图 5-14　自由沉淀与絮凝沉淀的轨迹[103,106]

通常拥挤沉淀发生于水中颗粒物浓度很高的情况下（矾花浓度>2～3g/L，活性污泥含量>1g/L，或泥沙含量>5g/L），颗粒物的沉降过程受到来自其他颗粒的干扰，沉降速度下降，水中出现清水与浊水的分界面。随着沉降过程的进行，在沉淀池的底部，颗粒物浓度逐渐增加，直至颗粒物相互接触，在水压的作用下，这些颗粒物逐渐被压缩，水通过颗粒物间的空隙流出，这一过程称为压缩沉淀。

拥挤沉淀和压缩沉淀是紧密联系的。拥挤沉淀经过一段时间后，沉淀柱中的水分成四层：清水层、受阻沉降层、过渡层和压缩层。在受阻沉降层中，悬浮颗粒物的浓度是均匀的，且具有均匀的沉降速度，受阻沉降层与清水层间的界面均

速下降；过渡层中颗粒浓度逐渐增加，因此其与受阻沉降层的界面沉降速度逐渐减少；压缩层中颗粒物浓度也是均匀的，且其与过渡层之间的界面均速上升。拥挤沉淀进行到一定时间，受阻沉降层与过渡层消失，沉淀过程完全转入压缩沉淀阶段。

5.3.3　沉淀的经典原理

Hazen 和 Camp 提出了理想沉淀池的概念，其基本假定为：沉淀池中各过水断面上各点的流速相同；沉淀过程属于离散颗粒的自由沉淀，颗粒匀速下沉且其水平分速度等于水流速度；颗粒物到达池底即认为已经去除。平流沉淀池是一种理想的沉淀池。

图 5-15 为理想沉淀池中颗粒沉降轨迹示意图，由图分析可知，凡是沉速 $u \geqslant u_0$ 的颗粒，在理想沉淀池中都能全部沉到池底而被除去。而对于 $u < u_0$ 的颗粒则只能部分去除。

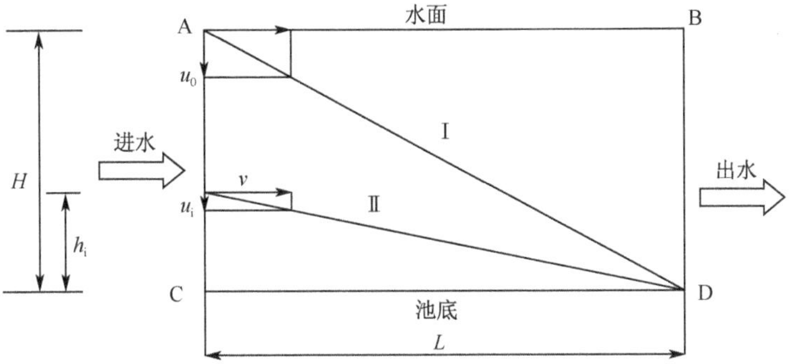

图 5-15　理想沉淀池中颗粒沉降轨迹示意图[103,106]

在对理想沉淀池的分析过程中，可以得出如下的关系式：

$$v = L \times u_0 / H \tag{5-43}$$

$$u_0 = q_0 \tag{5-44}$$

式中，u_0 为特定颗粒沉速，即沉淀池内可以全部沉淀的最小颗粒的竖直沉速；v 为沉淀池中水的水平流速；L 为沉淀池长度；H 为沉淀池深度；q_0 为沉淀池的表面负荷，即过流率。

另外，研究人员提出了浅池沉淀理论，根据式 (5-43)，如果沉淀池深度变为原深度的 $1/n$，在沉淀效果不变的情况下，沉淀池中水的水平流速可以提高为原流速的 n 倍，即处理能力上升为原处理能力的 n 倍；而在水平流速及沉淀池长度不变的情况下，如果沉淀池深度变为原深度的 $1/n$，则沉淀池内可以全部沉淀去除的最小颗粒的竖直沉速降为原沉速的 $1/n$，根据 Stokes 公式则可以完全沉淀的颗粒的粒径亦降为原粒径值的 $n^{-1/2}$，即增加了小颗粒的去除效率。这就是 Hazen 于 20 世纪初提出的浅池理论。

随着拦截沉淀技术的出现，接触凝聚补充了的沉淀经典理论，在新型的絮凝与沉淀有机耦合的拦截沉淀池中发挥作用。

5.3.4 现行沉淀方法的缺陷

现行沉淀方法均是在理想沉淀池的原理上设计的，实际的沉淀过程为受很多因素的影响，已完全偏离了理想沉淀过程。因此发展和建立新的更加合理的沉淀池模型、设计原理和方法是很必须的。

沉淀法发展到斜板（管）沉淀池是一个很大的进步，浅池沉淀理论在沉淀池的发展中起到了十分重要的作用，然而也制约着沉淀池的发展。迷宫沉淀池、小间距斜板沉淀池的出现使得此种类型的沉淀池的发展空间似乎变得更小。

澄清池是充分利用了接触絮凝理论而发展的新式沉淀池，但存在运行管理复杂，适应水质变化差的特点。因此近年来，各种类型的澄清池都进行过在澄清区内增设斜板的生产性试验，结果证明这是提高其处理能力与抗冲击负荷能力的有效途径。

拦截沉淀池是一种新式的沉淀池，它属于接触凝聚沉淀的典型模式，是根据无机高分子絮凝剂反应特性而构建，具有混凝反应和沉淀一体化特性和高效率反应器的属性。本章将就此作详细介绍。

5.4 拦截沉淀工艺

拦截沉淀是一种新型的水处理沉淀技术，主要是通过颗粒重力沉降、接触凝聚、吸附共沉的协同作用，改善沉降作用过程，有效地提高了絮体颗粒和水中有机物的去除效率。作为沉淀的前置单元，絮凝反应的效果对沉降过程有着重要的影响，而拦截沉淀则是将絮凝反应和沉淀过程有机耦合的集成化工艺。

5.4.1 拦截沉淀的基本原理

拦截沉淀是以棕榈纤维作为拦截材料，将其在沉淀池中按一定的构造形式布置，即可构成拦截沉淀池。与传统的沉淀方式相比，拦截沉淀更好地发挥了接触凝聚及重力沉降的协同作用，可望达到优异的絮凝沉淀效果。

絮凝反应后水中的絮体颗粒按其沉降特性可以分为两类：易沉颗粒和难沉颗粒。其中易沉颗粒是絮凝效果较好时产生的颗粒物，质量及粒径较大，沉降性能良好，易于通过重力沉降而去除。如果在絮凝反应过程中，存在一个密度较大并具有一定质量的凝聚核心，形成的絮体颗粒的沉降性能也较好，亦属于易沉颗粒。而难沉颗粒是由絮凝反应较差所致，此时颗粒的质量或粒径小，难以通过重力沉降去除。另外，如果形成的絮体颗粒不密实，颗粒的平均密度低，同样难以通过重力沉降去除，亦属于难沉颗粒。

对于易沉颗粒，通过重力沉降即可达到好的去除效果，而对难沉颗粒，则需要通过其他途径予以改善。在水中设置拦截材料，通过多种作用方式，可以提高难沉颗粒的去除效果。首先，拦截材料的存在缩短了絮体颗粒在竖直方向上的沉降距离，因而提高了难沉颗粒的重力沉降效率。其次，随着拦截沉淀池运行时间的增加，在棕榈纤维团上将会因絮体颗粒的累积而形成絮团，其体积不断增加并最终保持相对稳定。絮团的存在，为水中絮体颗粒提供了接触碰撞的介质。絮体颗粒与絮团碰撞后，其运动速度将发生变化，从而产生两种结果：其一，絮体颗粒与絮团碰撞，颗粒运动停滞在絮团表面上，并通过凝聚反应而与絮团结合；其二，絮体颗粒在絮团障碍物影响下，运动速度减慢，运动方向也发生变化，因此增加了絮体颗粒与其他颗粒碰撞的机会，发生接触凝聚作用，粒径和质量相应增加，沉降性能得以改善。所以，絮团实际上对絮体颗粒起到了拦截和接触凝聚的作用。再者，由于絮团是絮体颗粒不断累积凝聚而成，其表面形成了丰富的微孔，具有巨大的比表面积，对水中的微颗粒和有机物有较强的吸附作用，从而可以改善出水水质。另外，在拦截沉淀池中，絮体颗粒与絮团碰撞具有多向性，缩短了沉降距离。因此与重力沉降相比，拦截沉淀对颗粒的沉降性能要求不严格，难沉颗粒通过拦截、吸附共沉、接触凝聚等作用，同样可以达到较好的去除效果[105,106]。

5.4.2　拦截沉淀反应器

5.4.2.1　絮凝-拦截沉淀小试系统

絮凝-拦截沉淀小试系统由混合凝聚、絮凝反应、拦截沉淀三个单元组成。工艺流程见图 5-16。其中混合单元采用机械混合槽，在磁力搅拌的条件下，完成水与药剂［高岭土、PACl 等］的快速混合与凝聚反应过程。反应单元采用单级机械搅拌反应池，通过调速搅拌电机可以改变搅拌速度；混合出水流入反应池，在机械搅拌的作用下进行反应。拦截沉淀单元以棕榈纤维作为拦截材料，将其按一定的方式固定在框架上，构成拦截体，将拦截体置入平流沉淀池即构成拦截沉淀池。絮凝后的水流进拦截沉淀池，絮体颗粒通过与池中拦截体发生一系列作用而被分离去除，从而达到净化水质的目的。

小试系统设计和运行参数如下。

机械混合槽：设计流量 10L/h，混合时间 60s，有效池容 0.1667 L（5cm×5cm×6.7cm），有效水深 6.7cm；有效边长 5cm，超高 2.5cm。

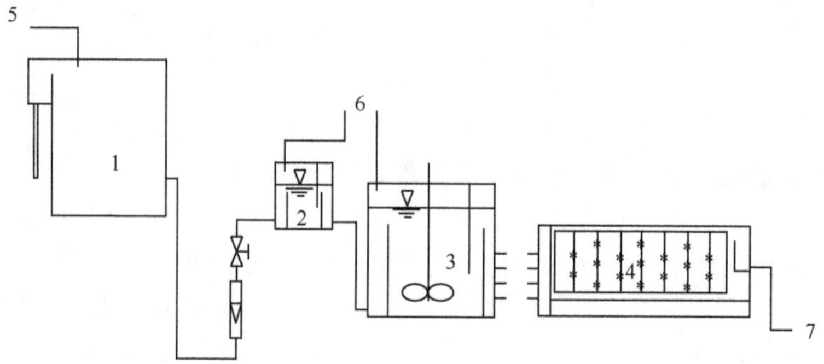

图 5-16　絮凝-拦截沉淀小试系统设备流程[106]

1—高位槽；2—混合池；3—絮凝反应池；4—拦截沉淀池；5—进水；6—药剂；7—出水

机械反应槽：设计流量 10 L/h，反应时间 15min，有效池容 2.5 L（12.5cm×12.5cm×16cm），有效水深 16cm，有效边长 12.5cm，超高 4cm。

拦截沉淀池：将棕榈纤维捆束成伞状纤维团并串联起来，按一定的结构方式固定在 PVC 框架上，形成拦截体。在上述平流沉淀池中设置拦截体即构成拦截沉淀池。本系统用 1 个拦截体构成拦截沉淀池，拦截体的结构见图 5-17，拦截体工艺尺寸（长×宽×高）240mm×140mm×100mm，缠绕拦截材料的有效高度 100mm，拦截材料的缠绕间距 30mm；设计流量 10L/h，沉淀池停留时间 20min，有效池容 3.3L（25cm×15cm×9cm），有效水深 9cm，沉淀池表面积 375cm^2[表面负荷为0.267m^3/(h・m^2)]，沉淀池长25cm(L/h=2.8<10)，平均水平流速 0.205mm/s。

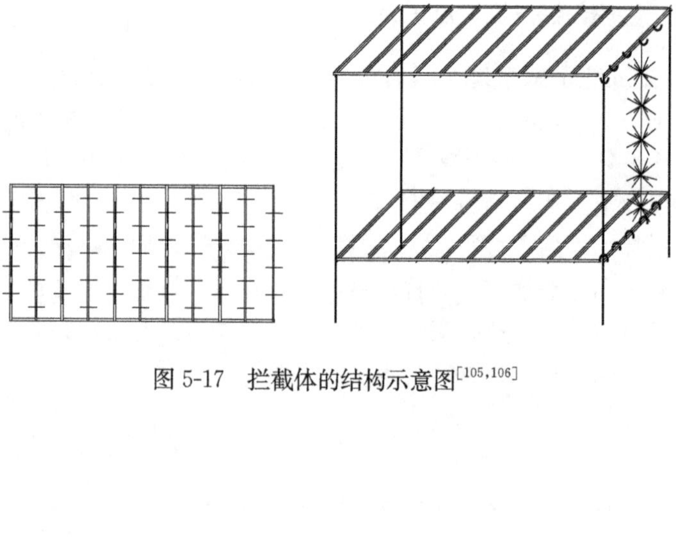

图 5-17　拦截体的结构示意图[105,106]

5.4.2.2　絮凝-拦截沉淀中试系统

该中试模拟系统的组成单元为凝聚混合、絮凝反应、拦截沉淀，工艺流程如图 5-18 所示。其中，混合单元采用机械混合槽；絮凝反应单元由三级机械搅拌絮凝反应池组成，搅拌强度逐级递减；沉淀单元平流、斜板、拦截三种形式的沉淀池，可以进行沉淀形式的转换，沿水流和水深方向设置取样口，以便于对沉淀池内的浊度变化进行研究。

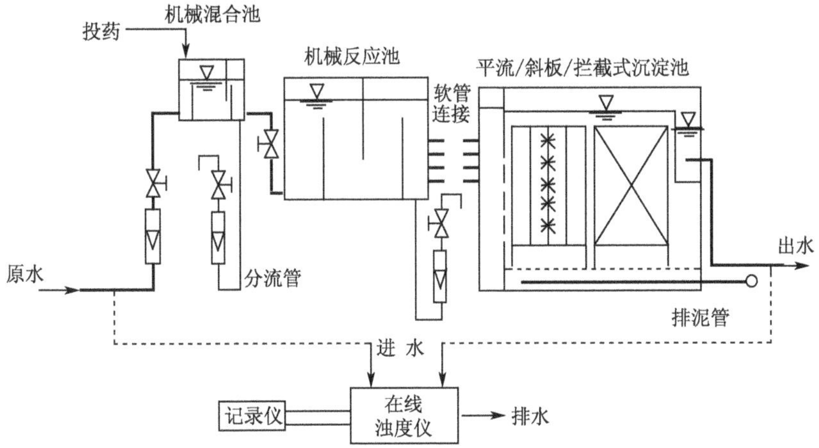

图 5-18　絮凝-沉淀中试系统设备流程[105,106]

在中试模拟系统运行时，原水经流量计进入混合池，与蠕动泵投加的药剂在混合池中机械搅拌作用下快速混合，然后依次流入三级搅拌絮凝反应器，絮凝反应后的出水在沉淀池中完成絮体颗粒与水的分离过程，实现水质净化。

中试系统设计和运行参数如下[105,106]。

机械混合槽：设计流量 $1m^3/h$，混合时间 60s，有效池容 $0.016\,67m^3$（$0.25m \times 0.25m \times 0.267m$），有效水深 0.267m，超高 0.233m，有效边长 0.25m。其中的桨式搅拌器直径为 0.125m，宽 0.025m，单层 2 叶搅拌器，转速 458r/min，搅拌强度 $744s^{-1}$，搅拌器外缘线速度 3m/s。

机械反应池：设计流量 $1m^3/h$，反应时间 15min，有效池容 $0.25\ m^3$（$1.05m \times 0.35m \times 0.68m$），有效水深 0.68m，超高 0.25m；反应池分为三格，每格平面尺寸为 $0.35m \times 0.35m$，有效边长 0.35m。其中桨式搅拌器直径为 0.28m，桨板长 0.2m，宽 0.05m；每根轴上 2 个桨板，旋转桨板面积与反应池过水断面面积比为 8.4%。

平流沉淀池：设计流量 $1m^3/h$，沉淀池停留时间 60min，有效池容 $1m^3$

(1.5m×0.6m×1.1m)，有效水深 1.1m，沉淀池表面积 $0.9m^2$[表面负荷率 $q=1.1m^3/(h\cdot m^2)<9\sim10$]，沉淀池长1.5m($L/h=1.4<10$)；沉淀池分为两格，每格宽 0.3m，平均水平流速 0.42mm/s，沉淀池超高 0.25m，缓冲层 0.1m，集泥斗深 0.15m。

斜板沉淀池：在上述平流沉淀池中布设斜板构成斜板沉淀池，斜板长 0.8m，宽 0.3m，厚 3mm；共 22 块斜板，安装倾角 61.3°，水平间距 50mm，垂直间距 43.9mm；沉淀池超高 0.25m，清水区 0.25m，斜板区深 0.7m，布水区 0.25m；清水区上升流速 0.309mm/s，斜板间流速 0.357mm/s。

拦截沉淀池：将棕榈纤维捆束成伞状纤维团并串联起来，按一定的结构方式固定在金属框架上，形成拦截体。在上述平流沉淀池中设置拦截体即构成拦截沉淀池。本系统用 2 个拦截体构成拦截沉淀池，拦截体的结构见图 5-17。

5.4.3 拦截沉淀的效能及主要影响因素

拦截沉淀效果受到诸多因素的影响，凝聚/絮凝作为拦截沉淀的前置单元，对拦截沉淀效果具有重要的影响。因此，絮凝剂、絮凝反应与拦截沉淀过程的协同作用是发挥拦截沉淀效能的关键所在。

5.4.3.1 絮凝剂种类及其投加量对拦截沉淀效果的影响

絮凝剂的投加量是影响絮凝反应效果并决定絮体颗粒沉降特性的关键要素之一，也是关系到水处理成本的重要工艺参数。图 5-19 表明，随无机高分子絮凝剂 PACl 投加量的增加，拦截沉淀池出水浊度呈明显的下降趋势，并在一定的投加量下出现最低点或平台区，此时出水浊度随 PACl 投加量的增加基本保持稳定。这个最低点或平台区的转折点（低投药量）所对应的投药量即是最佳 PACl 投加量。对低浊水（2.8NTU）及较高浊度水（35NTU），最佳 PACl 投加量（以 Al_2O_3计）分别为 2.75mg/L 和 3.02mg/L，相应的拦截沉淀池出水浊度为 0.73NTU 及 3.2NTU。

与图 5-20 进行比较可见，在絮凝-拦截沉淀工艺中，PACl 比硫酸铝（AS）具有更好的絮凝除浊效果。原水浊度为 35NTU 时，PACl 投加量为 3mg/L（以 Al_2O_3计），出水浊度即达到最低值 3.1NTU；而投加硫酸铝所达到的出水浊度最低值为 4.0NTU，相应的硫酸铝投加量为 3.3mg/L（以 Al_2O_3 计）。可见在 PACl 为絮凝剂时，较低的药剂投加量下可达到更好的拦截沉淀效果。

5.4.3.2 絮凝反应条件对拦截沉淀效果的影响

絮凝反应水力参数的确定：絮凝反应是一个在外力条件下，利用絮凝剂的作用，水中的细小的颗粒物质不断地接触碰撞而絮凝长大生成矾花的过程。在机械搅拌的絮凝反应池中，机械搅拌强度是影响絮凝反应的效果的重要参数[109～112]。根据近代的微涡旋絮凝理论[109,112～114]，絮凝反应对搅拌强度要求是双方面的。

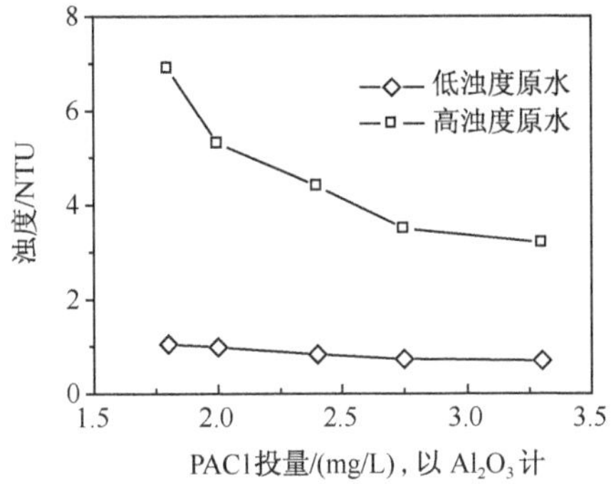

图 5-19　PACl 投加量与拦截沉淀池出水浊度的关系

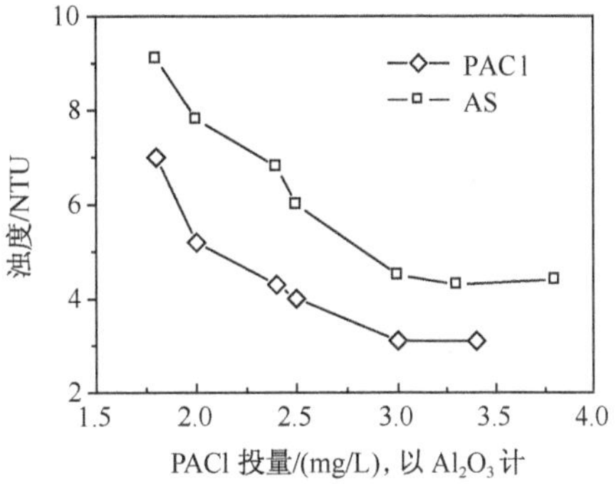

图 5-20　硫酸铝与 PACl 除浊效果的比较

一方面，根据式（5-45）：

$$N = 12\pi\beta(\varepsilon_0/\mu)^{1/2} R^3 n^2 \tag{5-45}$$

式中，N 为单位体积水中单位时间内因紊流扩散造成的絮凝碰撞次数；ε_0 为有效能量耗散率；μ 为水的黏度；R 为两颗粒中心点的有效作用间距；n 为颗粒数目浓度；β 为系数。

在增加有效能量耗散率 ε_0 的情况下，单位体积水中单位时间内的絮凝碰撞次数增加，从而促进了絮凝反应的进行，而增加有效能量耗散率 ε_0 即要求增加搅拌强度；另一方面，从理论上讲，只有涡旋临界尺度 λ_0 的数值接近于微粒的尺寸 R 时，紊流扩散对颗粒间接触絮凝的促进作用才明显，根据涡旋临界尺度的概念：

$$\lambda_0 = (\nu^3 \rho_w/\varepsilon_0)^{1/4} \tag{5-46}$$

式中，ν 为水的运动黏度；ρ_w 为水的密度。

可以得出 ε_0 与 R 之间的关系式：

$$\varepsilon_0 \propto (1/R)^4 \tag{5-47}$$

因此，在絮体颗粒随反应进行粒径不断增加的条件下，要求能量耗散率不断降低，即要求反应搅拌强度随反应进行不断降低。基于以上原因，搅拌强度是影响絮凝反应效果最关键的水力参数之一。

对絮凝过程而言，开始需要较高的搅拌强度，可以形成较小粒径的密实絮体，从而改善总体的絮凝效果。反应器进水为 2.8NTU 的低浊原水时第一级絮凝池的搅拌强度变化值依次为 70.6、112.9、168、209、266.3s^{-1}。当 PACl 投加量为 2.75 mg/L（以 Al_2O_3 计），增加第一级搅拌强度，絮凝反应后水中小颗粒（2～60μm）的数目明显减少，说明一级搅拌强度较大有助于小颗粒形成凝聚核心，利于絮凝反应的进行，而搅拌强度分别为 $168s^{-1}$、$209s^{-1}$、$266.3s^{-1}$时，小颗粒的数目变化不大，即在此范围内，继续增加第一级搅拌强度对促进小颗粒的絮凝反应作用不太明显。图 5-21 所示的拦截沉淀池出水浊度的变化表明，随着第一级搅拌强度升高，拦截沉淀池出水浊度呈递减趋势，搅拌强度高于 $168s^{-1}$时，出水浊度递减趋势减缓。因此，在低浊水（2.8NTU）条件下，第一级搅拌强度确定为 $168s^{-1}$ 比较合适，可以在较低的能耗下达到好的拦截沉淀效果。

反应器进水为 35NTU 的较高浊度水时第一级絮凝池的搅拌强度的变化值依次为0、50.9、95.9、142.2、$198.7s^{-1}$。当 PACl 投加量为 3.02mg/L（以 Al_2O_3 计），絮凝反应后形成絮体的粒度和拦截沉淀池的出水浊度（图 5-21）表明，增加第一级搅拌强度 G_1 后，拦截沉淀效果明显得到改善，出水浊度降低；在 G_1 高于 $160s^{-1}$的情况下，出水浊度下降趋势减缓而保持相对稳定，因此可以认为在较高浊度原水条件下（35NTU），第一级搅拌强度保持在 $160s^{-1}$左右比较合适。

经过第一级絮凝反应后，初步生长的絮体进入第二级絮凝反应继续聚集，所需的微涡旋尺寸比第一级絮凝反应大，因此反应池中有效能量耗散率要求降低，即第二级搅拌强度需要减小，反应器进水为低浊原水（2.8NTU）时第二级搅拌强度的变化值依次为 45.5、110、160.5、$213.8s^{-1}$，进水为较高浊度水（35NTU）时的变化值依次为 0、45.8、117.7、210、$265.3s^{-1}$。

图 5-22 为不同进水浊度条件下拦截沉淀工艺的除浊效果随着第二级搅拌强度的变化图。结合絮凝后的粒度分析结果表明，增加搅拌强度有利于小颗粒的反应而使其数目减少，但是对于两种不同浊度的原水，拦截沉淀池出水浊度变化却呈现出与粒度（2～60μm）变化不同的规律。对低浊原水，第二级搅拌强度为 $110s^{-1}$左右时，拦截沉淀池出水浊度最低；而高于 $110s^{-1}$，拦截沉淀池的出水浊

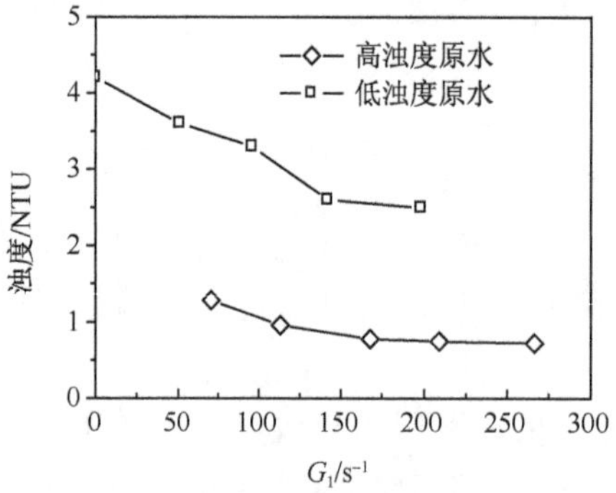

图 5-21 第一级搅拌对拦截沉淀池出水浊度的影响

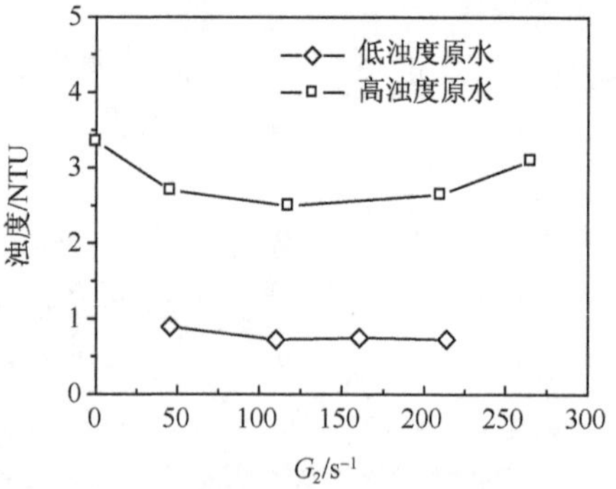

图 5-22 第二级搅拌对拦截沉淀池出水浊度的影响

度反而上升。而对较高浊度水，拦截沉淀池出水浊度同样在 $110s^{-1}$ 左右出现最低值；高于 $110s^{-1}$，拦截沉淀池的出水浊度明显上升。这说明，第二级搅拌强度太高对絮体的成长是不利的，从而会影响拦截沉淀的效果，根据试验结果，可以将搅拌强度确定为 $110s^{-1}$，与第一级絮凝反应相比明显降低。

两级絮凝反应后，絮体粒径长大到一定程度，第三级的水力搅拌对其会产生两方面的影响。一方面，根据微涡旋理论，较低的搅拌强度有利于絮体尺寸的增加；另一方面，过于激烈的机械搅拌会打碎已经形成的大颗粒，因此，第三级反应的搅拌强度应该控制在一个较低的范围内。反应器进水为低浊原水（2.8NTU）时第三级搅拌强度的变化值依次为 6.7、16.4、32.4、50.9、$70.6s^{-1}$，进水为较高浊度水（35NTU）时的变化值依次为 0、14.2、40.2、$73.9s^{-1}$。

对第三级絮凝后絮体粒度的分析表明，在低浊原水条件下，当第三级搅拌强度 G_3 值较低时，絮凝反应后的小絮体数目随搅拌强度的增强而减少，而当搅拌强度 G_3 高于 $18s^{-1}$ 的情况下，拦截沉淀效果下降，出水浊度略有上升（图 5-23），这是由于低浊水条件下形成的絮体颗粒不密实，第三级搅拌强度稍高即会破坏已经形成的絮体颗粒，从而使拦截沉淀效果下降。因此，第三级搅拌强度应保持在 $18s^{-1}$ 左右。

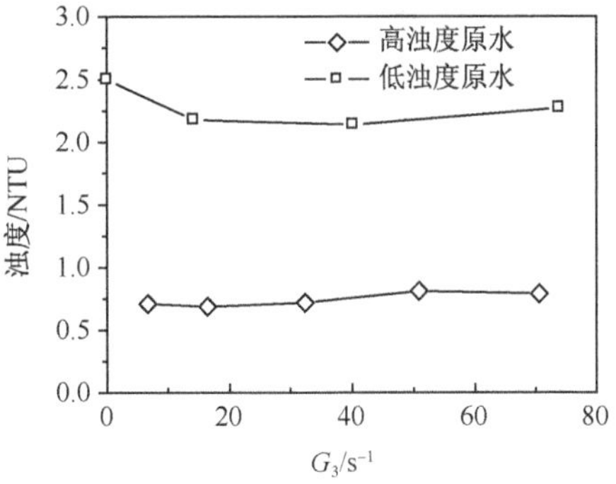

图 5-23　第三级搅拌对拦截沉淀池出水浊度的影响

当工艺进水为较高浊度水（35NTU）时，第三级搅拌强度的增加有利于小絮体的反应，小颗粒的数目相应减少，而拦截沉淀池出水浊度则会在搅拌强度超过一定值时呈现稍微上升的趋势（图 5-23）。搅拌强度为 $40s^{-1}$ 时，拦截沉淀池出水浊度最低，为 2.14NTU。因此对高岭土配水，第三级搅拌强度可以确定为 $40s^{-1}$。

与低浊原水条件下的结果相比，以较高浊度水时第三级搅拌强度可以稍高一些，这可能是由于在浊度较高的情况下形成的颗粒比较密实，不易被破坏。

综合比较图 5-21～图 5-23 结果表明，在絮凝反应中各级搅拌强度对絮凝单元和拦截沉淀单元的效果均有很重要的影响，絮凝反应的搅拌强度应该是逐级递减的，而且第一级反应对拦截沉淀效果的影响很大，应保持较高的搅拌强度，以利于水中微絮体的接触碰撞和絮凝，形成较为密实的凝聚核心。对低浊原水，搅拌强度在 170 s^{-1} 左右比较合适，而对较高浊度水，搅拌强度在 160 s^{-1} 左右。第二级絮凝反应的适宜的搅拌强度与第一级反应相比要小。对低浊原水及较高浊度水，试验确定其最佳 G 值约为 $110s^{-1}$。第三级絮凝反应的搅拌强度应该保持在一个较低的范围内，对低浊原水最佳的 G 值约为 $20s^{-1}$，而对较高浊度水，约为 $40s^{-1}$。比较低浊原水与较高浊度原水两种条件下的试验结果，可以发现在低浊原水条件下，搅拌强度对拦截沉淀去除浊度的效率影响很大，而且其效率在总体上低于后者。以第一级搅拌为例，低浊原水下，搅拌强度为 $70.6s^{-1}$ 时，出水浊度为 1.27NTU，浊度去除率为 55%；搅拌强度为 $169s^{-1}$ 时，出水浊度为 0.78NTU，浊度去除率为 72%。而较高浊度原水条件下，搅拌强度为 0 时，出水浊度为 4.11NTU，浊度去除率为 88%；搅拌强度为 $161s^{-1}$ 时，出水浊度为 2.59NTU，浊度去除率为 93%。这是由于在配水条件下，水中颗粒的分布密度大，颗粒间接触絮凝的机会大大增加，从而提高了絮凝效率，进一步改善了拦截沉淀的效果。

图 5-24 表明，对低浊原水及较高浊度原水，在递减搅拌下，改变各级搅拌强度，在一定范围内，增加搅拌强度会明显改善拦截沉淀效果，降低拦截沉淀池出水浊度，但是超出这一范围，出水浊度会上升。在低浊原水条件下，平均搅拌强度为 $110s^{-1}$ 时，拦截沉淀效果最好，出水浊度达到最低值，因此，最佳搅拌参数 G 可以确定为 $110s^{-1}$；在较高浊度水条件下，最佳搅拌参数 G 为 $135s^{-1}$。

对不同絮凝反应时间的絮体粒度分析表明，延长反应时间使小絮体的数目明显减少，相应的拦截沉淀效果得到明显改善，拦截沉淀池的出水浊度降低并在一定的反应时间时达到最低值（图 5-25）。根据出水浊度的变化，低浊水条件下最佳反应时间为 12min，各级反应时间为 4min，而较高浊度水条件下最佳反应时间为 15min，各级反应时间为 5min。

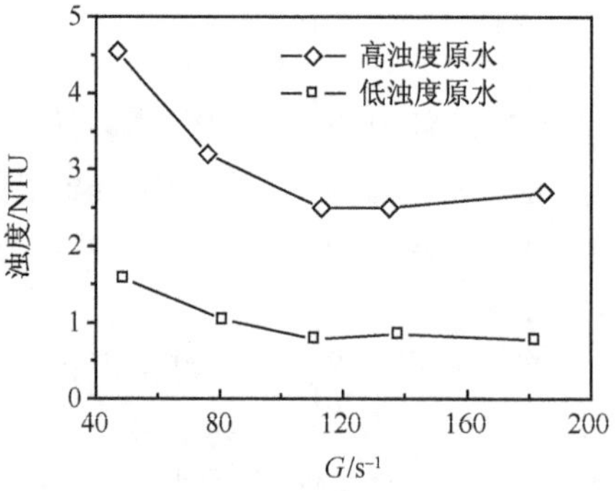

图 5-24　三级搅拌强度对拦截沉淀池出水浊度的影响

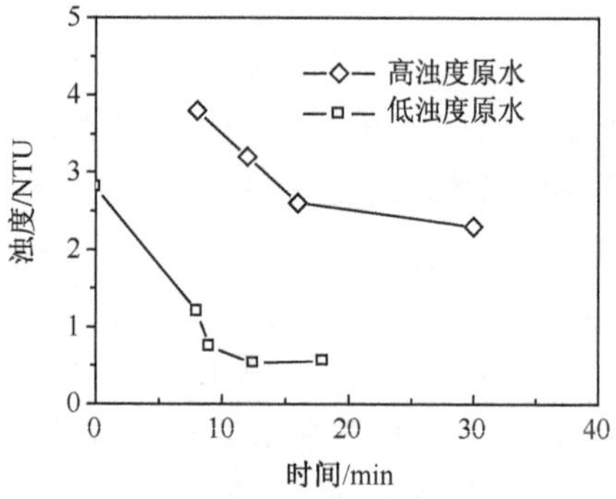

图 5-25　反应时间对拦截沉淀池出水浊度的影响

5.4.3.3　拦截沉淀池构造形式对沉降效果的影响

拦截体在沉淀池中的布置方式是影响其除浊效果的重要因素，表 5-3 列出了拦截体在沉淀池中的几种布置方式。

表 5-3　拦截沉淀池 4 种构造形式[106]

拦截沉淀池	拦截体数目	与水流方向夹角/(°)	纤维束竖直方向间距/mm	纤维束水平方向间距/mm	纤维团沿束间距/mm	纤维团伞面与水平面夹角/(°)	纤维团竖直间距/mm
直挂拦截材料全池拦截	2	90	—	60	30	0	30
直挂拦截材料半池拦截	1	90	—	60	30	0	30
斜挂拦截材料全池拦截	2	45（逆）	60	60	30	45	22
斜挂拦截材料半池拦截	1	45（逆）	60	60	30	45	22

拦截沉淀池构造形式包括两方面内容：拦截沉淀池中拦截体框架的数目；拦截材料在拦截体框架上的缠绕形式。拦截体框架的数目至多为两个，称其为全池拦截；当拦截体框架数目为 1 个时，称之为半池拦截。拦截材料的缠绕采用两种形式：竖直悬挂拦截材料，逆水流方向 45°角斜挂拦截材料。

沉淀池中取样点具体分布为：竖直方向上分为 3 个系列，系列 1 深度为 300mm，系列 2 深度为 600mm，系列 3 深度为 900mm（沉淀池有效水深为 1100mm）。水平方向上：对全池拦截，分为 3 列，距沉淀池穿孔墙的距离分别为 430、860 及 1290mm；对半池拦截，分为 5 列，距沉淀池穿孔墙的距离分别为 430、700、900、1100 及 1290mm，对平流沉淀池，分为 5 列，距沉淀池穿孔墙的距离分别为 100、400、700、1000 及 1290mm。另外，对水平方向，均将原水浊度作为距穿孔墙 0mm 处的浊度，即沉淀池进水浊度。拦截沉淀池内部可以划分为两部分：拦截区和平流区。拦截区为设置了拦截体的区域，在全池拦截中，自沉淀池进水穿孔墙至出水溢流堰，即距离为 0～130cm 的阶段均为拦截区，而在半池拦截中，距离为 0～65cm 的阶段设置了拦截体，为拦截区，距离为 65～130cm 处，没有设置拦截体，称其为平流区，在平流沉淀池中，距离为 0～130cm 的阶段均为平流区。

处理 2.8NTU 低浊原水时，图 5-26 中的系列 1、2、3 分别为沉淀池内液面下 300、600、900mm 处的取样点系列，平流沉淀池作为一种特殊形式的拦截沉淀池（拦截体数目为 0）而与其他四种形式的拦截沉淀池进行比较。

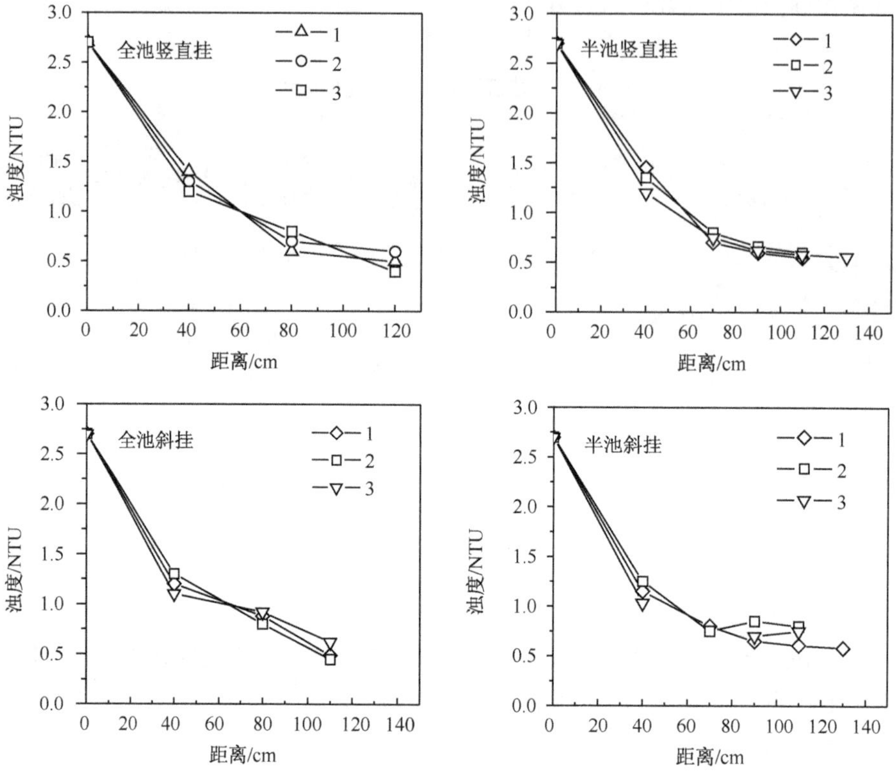

图 5-26　不同布置方式下沉淀池内浊度变化[106]

由图 5-26 可见，在低浊原水的处理过程中，拦截沉淀池内水的浊度呈现规律性变化。竖直方向上，在拦截区浊度没有明显的变化。结合图 5-27 可知，在平流区，浊度沿水的深度的增加，呈现微弱的上升趋势。如此的变化规律说明，拦截体的存在，缩小了絮体颗粒沉降的距离，使浊度在池深范围内的变化被削弱。

水平方向上，在拦截区，浊度变化呈现明显的递减趋势。而在平流区，浊度变化的趋势极为平缓。因此，拦截体对浊度的去除是很有效的，半池拦截与全池拦截浊度变化趋势的差异表明，增加拦截体长度对提高拦截沉降效果是有利的。另一方面，由全池拦截内浊度变化可以发现，拦截区中的浊度递减趋势本身也是渐趋平缓的。据此可以预计，随着拦截区长度的增加，对浊度去除的作用会逐渐减弱，甚至会接近消失，因此，拦截区的长度存在一最佳值，需要通过进一步更大规模的实验加以确定。

竖直悬挂与逆水流方向 45°角斜挂拦截材料两种缠绕方式下，沉淀池内浊度变化结果如图 5-28 所示，可以发现斜挂拦截材料的沉淀池内浊度下降趋势要更快一些。这一现象是由两方面原因造成的：其一，在拦截材料斜挂的情况下，伞状纤维团之间的竖直距离减小了，相当于缩短了絮体颗粒的沉降距离；其二，在竖直悬挂的情况下，拦截材料的伞状平面与水流方向大致平行，而在斜挂的情况下伞状平面与水流方向大致成 45°角，增加了材料在垂直于水流方向上的面积，提高了纤维团与絮体颗粒接触的概率，增强了拦截絮体颗粒的效果。

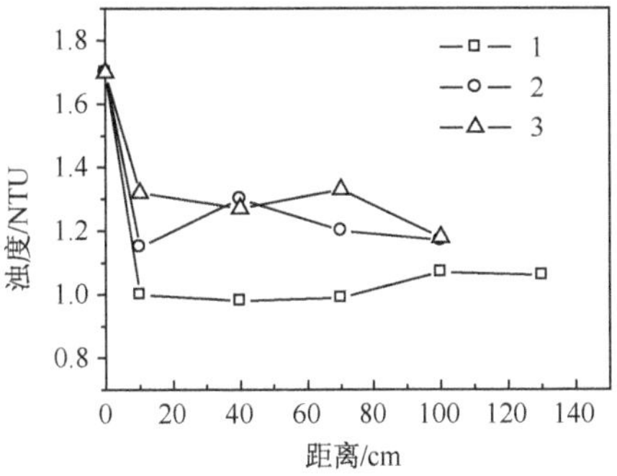

图 5-27　平流沉淀池内浊度变化[106]

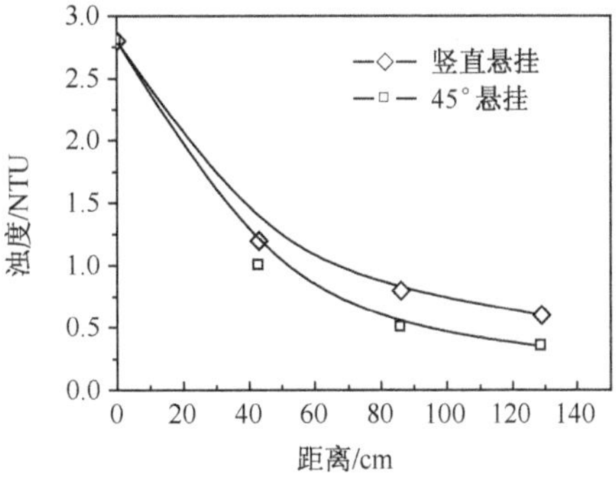

图 5-28　直挂全池拦截与斜挂全池拦截条件下沉淀池内浊度变化的比较[106]

处理 35NTU 的较高浊度水时，不同布置方式下沉淀池内浊度变化如图 5-29 所示。与低浊水条件下的结果相比，在较高浊度下竖直方向上呈现明显的浊度沿水深增加而递增的趋势。这是由于絮体颗粒在纤维团上累积凝聚生成大的絮团，而水流的剪切作用又会造成大絮团的部分脱落，在较高浊度下，絮团的这种生长及更新的过程速度很快，大量脱落絮团的沉降使池内浊度在竖直方向呈现明显的递增趋势。浊度的变化幅度在拦截区内（0～65mm 的阶段）要低于平流区(65～130mm)。结合图 5-30 可知，直挂情况下拦截区内浊度沿水深增加的幅度要低于斜挂的情况，因为斜挂的拦截材料对颗粒在竖直方向上的沉降过程起到了阻碍作用。拦截区内的浊度递减的趋势比平流区更为明显。与低浊原水条件下的实验结果相比，在拦截沉淀池的后半部分，浊度的递减趋势仍然十分明显。这说明，在进水浊度较高的情况下，可以通过延长拦截区的长度达到改善出水水质的目的。

此外，在其他条件不变的前提下，改变沉淀池内流量，观察拦截沉淀池出水浊度的变化，如图 5-31 和图 5-32 所示，流量对沉淀池的除浊效果会产生十分重要的影响。增加流量，在各种构造形式的拦截沉淀池中均会观测到浊度上升的现象，同时沉淀池出水浊度也相应地上升，比较流量对各种构造形式的拦截沉淀池影响，会发现逆水流方向斜挂拦截材料的全池拦截沉淀池耐流量冲击能力最强，出水浊度最低，而相应的半池拦截沉淀池与竖直悬挂拦截材料的全池拦截沉淀池

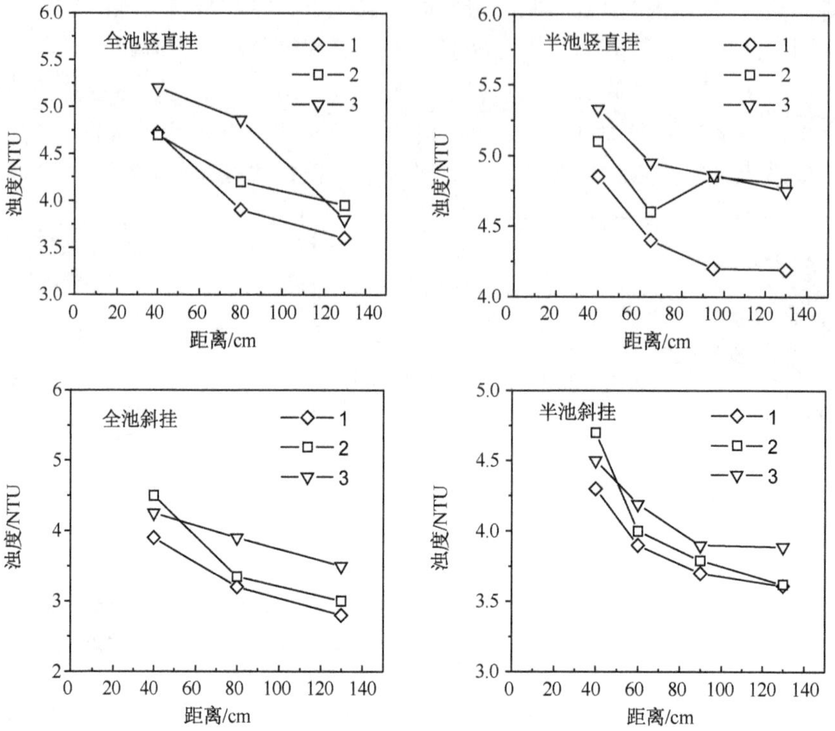

图 5-29　不同布置方式下沉淀池内浊度变化[106]

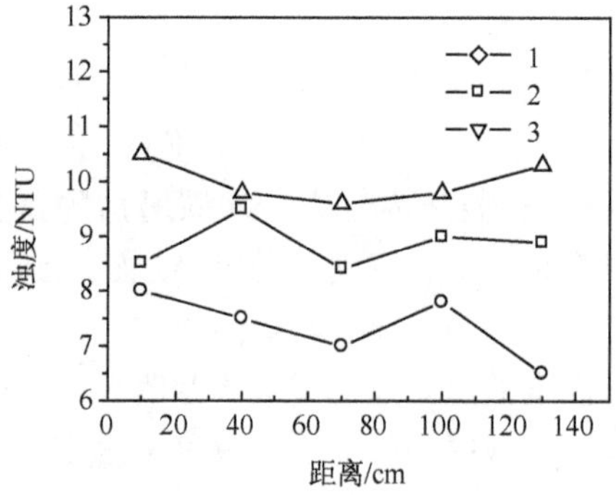

图 5-30　平流沉淀池内浊度变化[106]

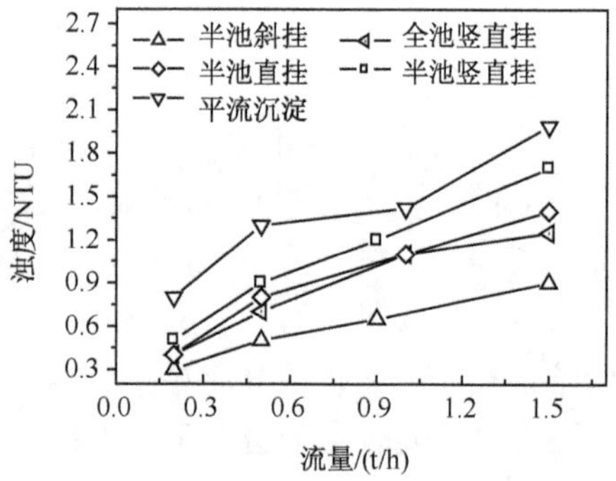

图 5-31　低浊原水条件下（2.8NTU）流量变化对拦截沉淀效果的影响[106]

次之，竖直悬挂拦截材料的半池拦截沉淀池耐流量冲击能力最差。以较高浊度水条件下实验结果为例，在流量由 0.2t/h 上升至 1.5t/h 的情况下，斜挂全池拦截沉淀池的出水浊度升高了 1.7NTU，而斜挂半池拦截与直挂全池拦截出水大约升高了 2.3NTU，直挂半池拦截出水浊度升高了 3.6NTU。

图 5-33 显示了流量变化对沉淀池内浊度变化的影响。流量的影响表现在两个方面：沉降时间的变化及水力条件的变化。增加系统流量意味着缩短沉降时间和增加沉淀池内水流湍动，这些对絮体颗粒的沉降过程是不利的，可能导致沉淀池内浊度和最终出水浊度升高。

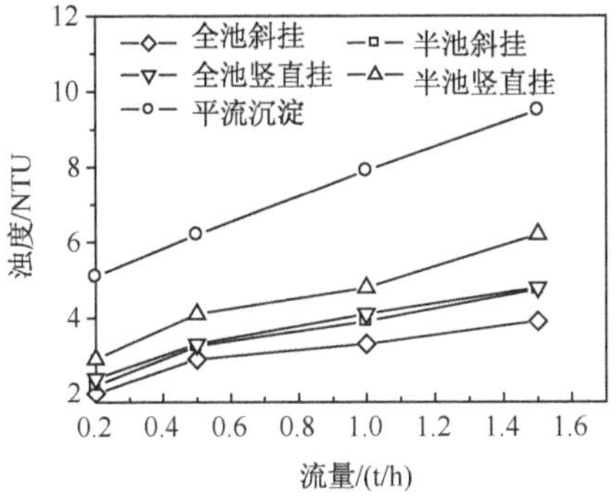

图 5-32　较高浊度原水条件下(35NTU)流量变化对拦截沉淀效果的影响[106]

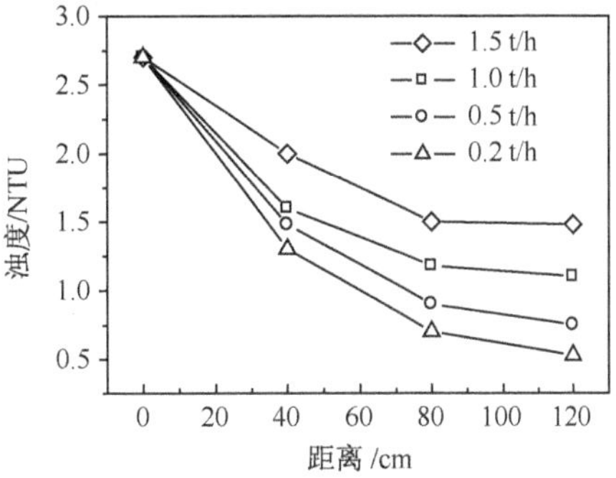

图 5-33　较高浊度原水下(35NTU)流量对直挂全池拦截沉淀池内浊度变化的影响[106]

沉淀池的耐进水浊度冲击能力是影响其运行稳定性的重要因素。保持 PACl 投加量、絮凝及沉降条件不变，在进水分别为低浊原水（2.8NTU）及较高浊度原水（35NTU）时，不同构造形式的拦截沉淀池的出水浊度结果表明，进水浊度升高后，斜挂全池拦截情况下的出水浊度增长幅度最低，为 2.8NTU；直挂全池拦截及斜挂半池拦截的情况下出水浊度增长幅度十分接近，约为 3NTU；直挂半池拦截出水浊度增长幅度最大，为 3.4NTU。因此斜挂全池拦截沉淀池的耐浊度冲击能力最强，直挂全池拦截沉淀池及斜挂半池拦截沉淀池次之，而直挂半池拦截沉淀池的耐浊度冲击能力最差。

在拦截沉淀池中不存在絮团的情况下，如果自 PACl 投加的一刻开始计时，监测出水浊度随时间的变化，可反映其运行稳定性的好坏及迅速进入稳定运行状态的能力。图 5-34 和图 5-35 表明，无论是在低浊水还是较高浊度条件下，拦截沉淀池均可以在 4～6h 之内进入稳定运行状态，并具有良好的运行稳定性。对低浊原水（2.8NTU），运行 4h 后，出水浊度即降至 0.55NTU 左右并自此基本保持不变；而对较高浊度原水（35NTU），运行 6h 后出水浊度由 3.3NTU 降至 2.5NTU，在 6～24h 以内，出水浊度有轻微波动，波动范围在 2～3NTU，超过 24h，出水浊度基本保持不变，考虑到进水浊度较高，可以认为在运行 6h 后出水浊度即相对稳定，拦截沉淀池进入稳定运行状态。

从实际的运行过程来看，拦截沉淀池中絮体颗粒在棕榈纤维团上逐渐累积凝聚，最终形成体积比较稳定的大的絮团，这一个过程，即絮团从无到体积比较稳定的过程，对低浊原水大约需要 24h 以上，对较高浊度的水大约需要 10h 左右，时间要明显长于拦截沉淀池进入稳定运行所需的时间。这一现象说明，在拦截沉淀池运行的最初的一段时间内，絮体颗粒的去除主要通过重力沉降的过程来完成，随着絮团体积的增加，沉淀池中水流速度及水流湍动程度增加，絮体颗粒的重力沉降过程将会受到干扰。由于拦截体上絮团逐渐增大使其拦截及接触凝聚的作用逐渐增强，所以抗干扰能力也较强，使沉淀池出水浊度保持稳定。

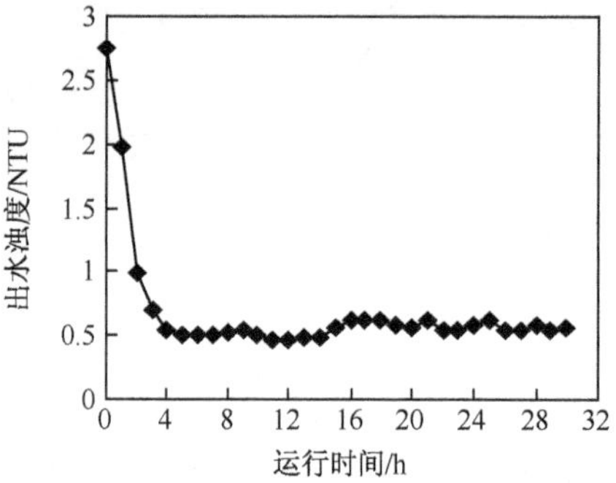

图 5-34 低浊原水条件下(2.8NTU)直挂全池拦截沉淀池出水浊度随时间的变化[106]

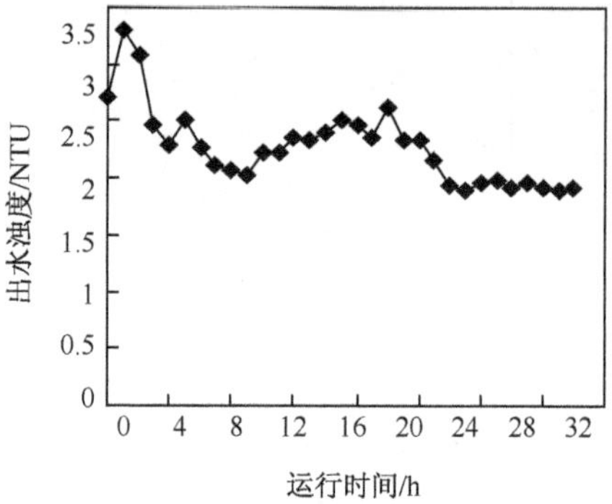

图 5-35 较高浊度原水条件下(35NTU)直挂全池拦截沉淀池出水浊度随时间的变化[106]

总之，对低浊水（2.8NTU）及较高浊度水（35NTU），最佳 PACl 投加量（以 Al_2O_3 计）分别为 2.75mg/L 和 3.02mg/L。絮凝反应各级搅拌强度对絮凝效果有很重要的影响，从而影响到拦截沉淀的效果，总体来讲，絮凝反应的搅拌强度应该是逐级递减的。第一级絮凝反应对拦截沉淀效果的影响很大，应保持一较高的搅拌强度，以利于水中颗粒物的接触碰撞和絮凝，形成较为密实的凝聚核心，对低浊原水，搅拌强度在 $170s^{-1}$ 左右比较合适，而对试验中的较高浊度水，搅拌强度在 $160s^{-1}$ 左右。第二级絮凝反应适宜的搅拌强度与一级反应相比要小。对低浊原水及较高浊度水，试验确定其最佳 G 值约为 $110s^{-1}$。第三级絮凝反应的搅拌强度应该保持在一个较低的范围内，对低浊原水最佳的 G 值约为 $20s^{-1}$，而对较高浊度水，约为 $40s^{-1}$。比较低浊原水与较高浊度水两种条件下的试验结果，可以发现在低浊原水条件下，搅拌强度对拦截沉淀去除浊度效率的影响很大，且其效率在总体上低于较高浊度水条件。对低浊原水，三级搅拌絮凝反应的最佳搅拌强度均约为 $110s^{-1}$；对较高浊度水，最佳搅拌强度均约为 $135s^{-1}$。随着反应时间的延长，小颗粒数目减少的速度及出水浊度降低的速度均减弱，同时，随原水浊度提高反应时间应该适当延长，低浊水条件下最佳反应时间为 12min，而较高浊度水条件下最佳反应时间为 15min。

观察拦截沉淀池内的浊度变化发现：在拦截区，浊度变化呈现明显的递减趋势，而在平流区，浊度变化的趋势极为缓慢。因此，拦截体对浊度的去除是很有效的，增加拦截体长度对提高拦截沉淀池的除浊效果有利。另一方面，拦截区中的浊度递减趋势本身也渐趋平缓，随着拦截区长度的增加，其拦截沉淀效果会逐渐降低。因此，拦截区的长度存在一最佳值，斜挂拦截区内浊度下降趋势要比竖直悬挂拦截区更快一些。由此建议在实际工程中可考虑采用全池斜挂式拦截沉淀方式。流量及进水浊度变化对浊度去除效果的影响表明，斜挂全池拦截沉淀池的耐流量及耐浊度冲击能力最强，直挂全池拦截沉淀池及斜挂半池拦截沉淀池次之，而直挂半池拦截沉淀池最差。

无论是在低浊水还是在较高浊度水的条件下，拦截沉淀池均可以在 4～6h 之内进入稳定运行状态，并保持良好的运行稳定性。

5.4.4　拦截沉淀与其他沉淀工艺的比较

在此，选择拦截、平流和斜板三种沉淀池，从絮凝剂投加量、反应时间、停留时间、耐冲击能力、出水粒度和沉淀机理等方面进行比较。

5.4.4.1　絮凝剂投加量与三种沉淀池除浊效果的关系

图 5-36 的结果表明，三种沉淀池出水浊度随絮凝剂投加量的变化呈现基本相同的变化规律：低浊原水条件下，絮凝剂投加量（以 Al_2O_3 计）低于 2.75mg/L 时，出水浊度随投加量的增加明显下降。投加量大于 2.75mg/L，出水浊度变化曲线出现一平台区，保持相对稳定。

比较三种沉淀池的出水浊度，在相同投药量的情况下，平流沉淀池的出水浊度最高，在低浊原水的处理过程中，PACl 投加量为 2.75mg/L 时，其出水浊度为 1.01NTU，浊度去除率仅为 64%。拦截沉淀池及斜板沉淀池的浊度去除率分别为 74%和 75%，除浊效果明显优于平流沉淀池。

可见，在絮凝剂投加量相同的条件下，拦截沉淀池的除浊效果接近斜板沉淀池而明显优于平流沉淀池。

5.4.4.2　反应时间与三种沉淀池除浊效果的关系

如图 5-37 所示，随着反应时间的延长，三种沉淀池的出水浊度呈不同程度的下降，并在反应时间为 15min 时出现较为明显的转折，浊度下降趋势变得平缓。对三种沉淀池，其最佳的反应时间均为 15min。此外，反应时间由 7.5min 增加到 15min 的过程中，平流沉淀池出水浊度由 9.5NTU 降低为 6NTU，下降了 3.5NTU；斜板沉淀池出水浊度由 4NTU 降至 2.4NTU，下降了 1.6NTU；拦截沉淀池出水浊度由 4.1NTU 降为 3.1NTU，下降了 1NTU。拦截沉淀池出水浊度变化速度最慢，原因在于拦截沉淀池中接触凝聚的作用比较明显，絮体颗粒在进入沉淀池后通过与絮团的接触碰撞或在微涡旋的作用相互之间接触碰撞，可以进一步凝聚，提高其沉降性能，因此在反应时间缩短后浊度上升趋势比较平缓。

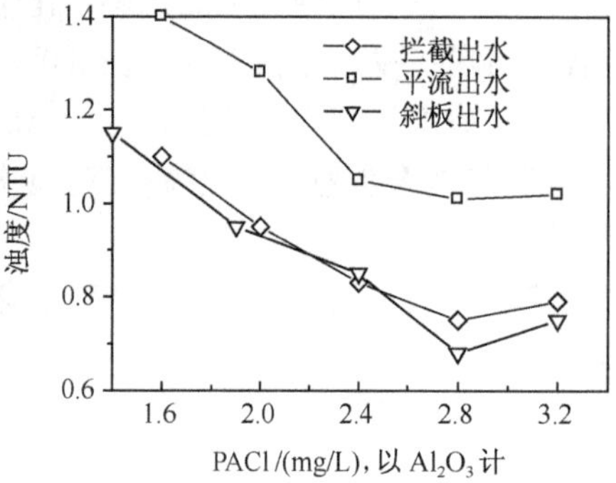

图 5-36 低浊原水条件下絮凝剂投加量对三种沉淀池除浊效果的影响[106]

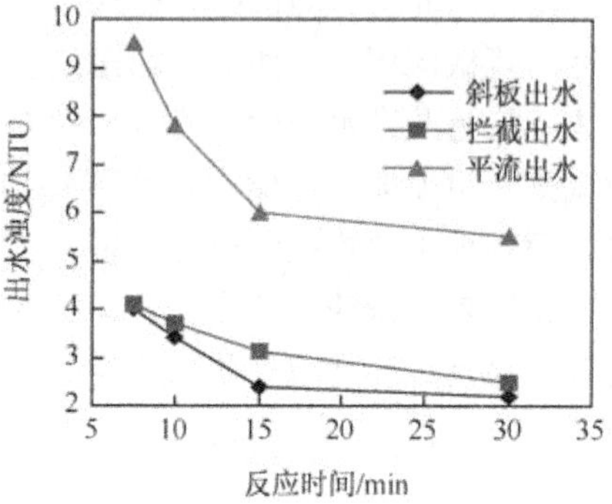

图 5-37 絮凝反应时间对沉淀池出水浊度的影响[106]

5.4.4.3 停留时间与三种沉淀池除浊效果的关系

图 5-38 为改变三种沉淀池的水力停留时间，其出水浊度的变化结果。随着停留时间的延长，三种沉淀池的出水浊度明显下降，并在沉淀时间大于 60min 的条件下，下降趋势减慢。比较三种沉淀池浊度变化曲线，可以发现停留时间由 60min 缩短为 30min 的情况下，拦截沉淀池出水浊度升高了 0.46NTU，而斜板沉淀池出水浊度升高了 0.55NTU，平流沉淀池出水浊度升高了 0.73NTU。相比较而言，拦截沉淀池的出水浊度随停留时间的变化最为缓慢，斜板沉淀池出水浊度的变化与拦截沉淀池很接近，平流沉淀池出水浊度受停留时间的影响较大。

5.4.4.4 三种沉淀池耐浊度冲击能力的比较

图 5-39 表明，进水分别为低浊原水和较高浊度原水时，斜板沉淀池的出水浊度差值为 2.1NTU，拦截沉淀池的出水浊度差值与斜板沉淀池的十分接近，在 2.4NTU 左右，平流沉淀池出水浊度差值约为 5.8NTU。因此，拦截沉淀池的耐浊度冲击能力介于斜板沉淀池与平流沉淀池之间，接近于斜板沉淀池。

5.4.4.5 拦截沉淀池与斜板沉淀池出水粒度的比较

利用 Coulter 粒度仪，在低浊原水（2.8NTU）与较高浊度水（35NTU）条件下，对拦截沉淀池与斜板沉淀池出水的粒度分布进行监测，结果表明，拦截沉淀池出水小颗粒的数目（2～60μm）要低于斜板沉淀池。因此，在碰撞吸附与接触凝聚的作用下，拦截沉淀池对悬浮物的去除效果要明显优于斜板沉淀池。

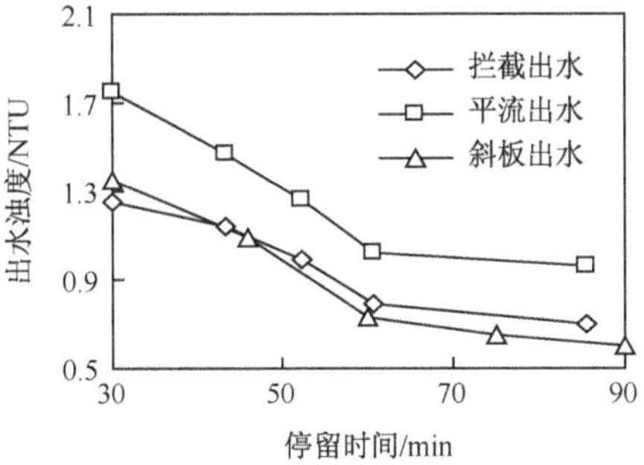

图 5-38 停留时间对除浊效果的影响[106]

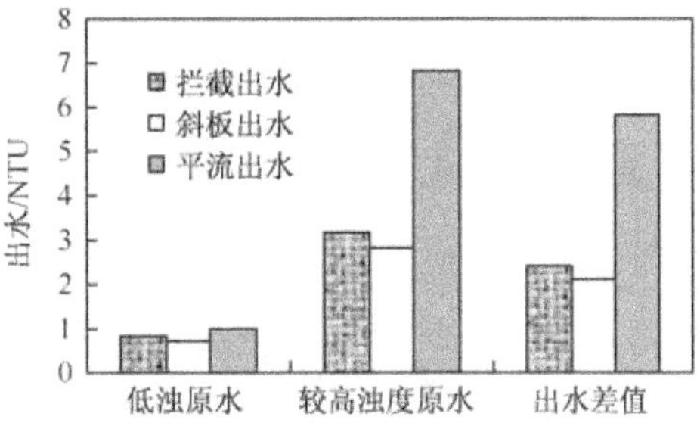

图 5-39 不同进水浊度条件下三种沉淀池出水浊度的变化[106]

但是比较两种沉淀池的出水，会发现拦截沉淀池的出水浊度反而要高于斜板沉淀池，这说明，影响拦截沉淀池浊度升高的是大颗粒。由于拦截沉淀池中存在着絮团部分脱落的现象，一些脱落后的絮团未能沉降而影响到出水浊度，导致出水浊度较高。

5.4.4.6 拦截沉淀与其他沉淀方式的异同

拦截、平流、斜板沉淀池在作用机理上既有相同点，又存在着明显的差异。相同点在于在三种沉淀池中，重力沉降过程对絮体颗粒的去除都起到了很重要的影响，改善颗粒的沉降性能，即改善絮凝反应的效果，对三种沉淀池都有十分重要的意义。

与平流沉淀池相比，拦截沉淀池由于拦截材料的存在缩短了絮体颗粒在竖直方向上的沉降距离，因此提高了颗粒的重力沉降效率。在拦截沉淀池中，大量絮团的存在，为水中絮体颗粒提供了接触碰撞的介质，对絮体颗粒起到了拦截和接触凝聚的作用，尤其是接触凝聚作用被大大加强了，这是平流沉淀池和斜板沉淀池难以做到的。由于絮团是絮体颗粒不断累积凝聚而成，其表面有丰富的微孔，因此比表面积大，对水中的微颗粒和有机物有较强的吸附作用，可以改善出水水质，比平流沉淀池和斜板沉淀池具有明显的优越性。总体上来讲，拦截沉淀实现了接触凝聚、重力沉降与吸附共沉的协同作用。在一定意义上讲，拦截沉淀池是浅池沉淀池与悬浮澄清池的有机统一。

絮凝反应时间变化及沉淀池内停留时间的变化对拦截沉淀池效能的影响要小于斜板沉淀池及平流沉淀池，所以拦截沉淀池的耐流量冲击能力比较高；其耐浊度冲击能力与斜板沉淀池接近，明显优于平流沉淀池。因此，拦截沉淀池有很好的运行稳定性。拦截沉淀池对小颗粒的去除效果要明显优于斜板沉淀池，但是絮团的脱落会导致一些较大的颗粒随水流出沉淀池，使拦截沉淀池的出水浊度反而高于斜板沉淀池。

拦截沉淀实现了接触凝聚、重力沉降与吸附共沉的协同作用，比平流沉淀池和斜板沉淀池具有一定的优越性。

5.4.5 拦截沉淀工艺的应用实例

拦截沉淀新工艺的一个试验性应用实例是在吉林市自来水公司一水厂[107]。由于该厂原来使用平流沉淀池，经常处于超负荷运行状态，给水水质保障带来困难，为此，在平流式沉淀池的基础上，进行拦截沉淀池建设，采取的主要工程设计参数如下所述。

平流式沉淀池原设计处理能力为 2 万 m^3/d，改造后要达到处理能力 5 万 m^3/d，则拦截沉淀网处理水量为 3 万 m^3/d，要求拦截沉淀池出水浊度不大于 10NTU。

拦截体拦截水力负荷 q，即单位拦截体长度在单位时间内处理到规定的标准所能承受的水量。q 取值通常在0.75～1$m^3/(d \cdot m)$之间，设计取值 $q=0.75\ m^3/(d \cdot m)$。则需要拦截体总长度 $L=40\ 000m$；设计每根拦截体长度为 2.5m，则总根数为 16 000 根。

池宽 $B=11m$，设计长度 $L=18m$。考虑安装、检修及水力条件，将拦截区分为两区，前区长 10m，后区长 8m，中间设置 2.5m 整流区。

运行结果分析表明，改造工程竣工投产后，运行状态理想，对多种水质污染指标都获得较高的去除率。与传统沉淀工艺相比，拦截沉淀池系统在获得良好出水质量的前提下，混凝剂单耗较传统工艺降低 30%～40%，显著降低制水成本，提高了经济效益。经计算，拦截沉淀池造价仅为侧向流斜板沉淀池造价的 42%。

生产实践证明，拦截沉淀池是一种新型的高效沉淀工艺，同时具有投资少、出水好等特点，其独特的拦截性能在一定程度上弥补混凝工艺的不足，并能承受较强流量及浊度冲击，且拦截体对低温低浊水质具有良好的处理效能。

沉淀技术作为一种历史悠久的固液分离技术，在给水领域主要作为混凝单元的后续过程。其主要功能是对混凝后的絮体进行分离，针对原水浊度去除，达到出水净化的效果。因此，沉淀池可应用的原水范围较为广泛，只要混凝后形成的絮体密度比水大就可以应用该技术。当然，对有些高浊原水是不需要混凝单元，直接用沉淀技术进行预处理。

随着沉淀技术的发展，出现了很多新型的沉淀池，在分离效果也得到了很大的提高。其原理主要基于浅池沉淀、接触凝聚等新的给水理论。这些沉淀池的设计和建造是为了适应生产实际的要求，总体上向占地面积小、基建投资低、处理效率高的方向发展。因此，如何在沉淀方法上提出创新，发展新的沉淀池，仍是一项重要课题。

实际上沉淀池中布设斜板、斜管、翼片、拦截体等就是单纯的平流式沉淀池与基于各种拦截原理的填充材料的组合。这种组合的方式不仅提高了固液分离效率，而且降低占地面积和基建投资。在沉淀池的发展中，如何设计和开发新的填充材料是沉淀技术的发展方向之一。

另外，沉淀池与其他工艺单元的组合，也是新的发展方向。目前已经有将气浮和沉淀合建的工艺单元，以适应不同季节下原水水质的变化，扩大了沉淀池的使用范围。如何将这二者更加有机的组合，进一步提高该单元的固液分离效果，依然是给水工程师的研究热点。

参考文献

[1] 汤鸿霄，钱易，文湘华．水体颗粒物和难降解有机物的特性与控制技术原理：（上卷 水体颗粒物），北京：中国环境科学出版社，2000，1～5

[2] 汤鸿霄．环境科学中的化学问题—环境水质学中的几个化学前沿问题．化学进展，2000，12（4）：415～422

[3] 汤鸿霄．微界面水质过程的理论与模式应用．环境科学学报，2000，20（1）：1～9

[4] 斯塔姆，摩尔根著．汤鸿霄译．水化学．北京：科学出版社，1987

[5] Wang Z. Chemical Aspects of Deep Bed Filtration. Ph. D. Dissertation, Baltimore: The Johns Hopkins University, 1986

[6] 郭瑾珑．气浮过滤过程中的接触絮凝研究．中国科学院生态环境研究中心博士论文，2002

[7] Stumm W, Morgan J J. Aquatic Chemistry-An Introduction Emphasizing Chemical Equilibria in Natural Waters. Second Edition, New York: John Wiley and Sons, 1981

[8] Stumm W. Chemistry of the Solid-Water Interface. First Edition. New York: John Wiley and Sons, 1992

[9] Hunter R J. Zeta Potential in Colloid Science. First Edition, New York: Academic Press, 1981

[10] Parks G A, DeBruyn P L. The Zero Point of Charge of Oxides. J. Phys. Chem., 1962, 66: 967～973

[11] Tadros T F, Lyklema J. Adsorption of Potential-Determing Ions at the Silica Aqueous Electrolyte Interface and the Role of Some Cations. J. Electroanal. Chem., 1968, 17: 267～275

[12] Breeuwsma A, Lyklema J. Physical and Chemical Adsorption of Ions in the Electrical Double Layer on Haematite. J. Colloid Interf. Sci., 1973, 43 (2): 437～448

[13] Healy T W, Yates D E, White L R and Chan D. Nernstian and Non-Nerstian Potential Differences at Aqueous Interfaces. J. Electroanal. Chem., 1977, 80: 57～66

[14] Healy T W, White L R. Ionizable Surface Group Models of Aqueous Interfaces. Adv. Colloid Interfac. Sci., 1978, 9: 303～345

[15] Yates D E, Levine S, Healy T W. Site-Binding Model of the Electric Double Layer at the Oxide/Water Interface. J. Chem. Soc., Faraday Trans., 1974, 70: 1807～1818

[16] Stumm W, Huang C P, Jenkins S R. Specific Chemical Interactions Affecting the Stability of Dispers-

ed Systems. Croat. Chem. Acta.,1970, 42: 223～244

[17] Huang C P, Stumm W. Specific Adsorption of Cations On Hydrous Al_2O_3. J. Colloid Interfa. Sci., 1973, 43 (2): 409～420

[18] Olson L L, O'Melia C R. The Interactions of Fe (III) with $Si(OH)_4$. J. Inorg. Nuclear Chem., 1973, 35: 1977～1985

[19] Stumm W, Kummert R, Sigg L. A Ligand Exchange Model for the Adsorption of Inorganic and Organic Ligands at Hydrous Oxide Interface. Croat. Chim. Acta.,1980, 53: 291～312

[20] Sigg L, Stumm W. The Interaction of Anions and Weak Acids with the Hydrous Goethite Surface. Colloids and Surfaces A, 1971, 2 (2): 101～117

[21] 汤鸿霄. 环境纳米污染物与微界面水质过程. 环境科学学报, 2003, 23 (2): 146～155

[22] Mandelbrot B B. The Fractal Geometry of Nature. San Francisco: Freeman, 1982

[23] Feder J. Fractals. New York: Plenum Press, 1988

[24] Perfect E, Kay B D. Application of Fractals in Soil and Tillage Research: A Review. Soil Till. Res., 1995, 36: 1～20

[25] Rice J A, Tombácz E, Malekani K. Applications of Light And X-Ray Scattering to Characterize the Fractal Properties of Soil Organic Matter. Geoderma, 1999, 88: 251～264

[26] Sokołowska Z, Sokotowski S. Influence of Humic Acid on Surface Fractal Dimension of Kaolin: Analysis of Mercury Porosimetry and Water Vapour Adsorption Data. Geoderma, 1999, 88: 233～249

[27] Dathe A, Eins S, Niemeyer J, *et al*. The Surface Fractal Dimension of The Soil-Pore Interface as Measured by Image Analysis. Geoderma, 2001, 103: 203～229

[28] Giménez D, Allmaras, R R, Huggins, D R, *et al*. Mass, Surface, and Fragmentation Fractal Dimensions of Soil Fragments Produced by Tillage. Geoderma, 1998, 86: 261～278

[29] Sokołowska Z, Borówko M, Reszko-Zygmunt J, *et al*. Adsorption of Nitrogen and Water Vapor by Alluvial Soils. Geoderma, 2002, 107: 33～54

[30] Meczislaw H, Ludmila K, Yakov P. Soil Pore Surface Properties in Managed Grasslands. Soil Till. Res.,2000, 55: 63～70

[31] Jozefaciuk G, Muranyi A, Szatanik-Klo A, *et al*. Changes of Surface, Fine Pore and Variable Charge Properties of a Brown Forest Soil under Various Tillage Practices. Soil Till. Res., 2001, 59: 127～135

[32] Toth T, Jozefaciuk G. Physicochemical Properties of a Solonetzic Toposequence. Geoderma, 2002, 106: 137～159

[33] Avnir D. The Fractal Approach to Heterogeneous Chemistry: Surface, Colloids, Polymers. New York: Wiley, 1989

[34] Avnir D, Frin D, Pfeifer P. Molecular Fractal Surface. Nature, 1984, 308 (15): 261～263

[35] Pfeifer P, Obert M. "Fractals: Basic Concepts and Terminology", The Fractal Approach to Heterogeneous Chemistry. New York: John Wiley & Sons. 1989: 11～44

[36] Pfeifer P, Avnir D. Chemistry in Noninteger Dimensions between Two and Three Ⅰ: Fractal Theory of Heterogeneous Surfaces. J. Chem. Phys.,1983, 79: 3558～3565

[37] Pfeifer P, Avnir D. Chemistry in Noninteger Dimensions between Two and Three Ⅱ: Fractal Surfaces of Adsorbents. J. Chem. Phys.,1983, 79: 3566～3571

[38] 王东升，汤鸿霄，栾兆坤. 分形理论及其研究方法. 环境科学学报，2001，21（增刊）：10～16
[39] 王晓昌，丹保宪仁. 絮凝体形态学和密度的探讨Ⅰ-从絮凝体分形构造谈起. 环境科学学报，2000，20（3）：257～262
[40] 王晓昌，丹保宪仁. 絮凝体形态学和密度的探讨（Ⅱ）-致密型絮凝体形成操作模式. 环境科学学报，2000，20（4）：385～390
[41] 赵旭，王毅力，郭瑾珑等. 颗粒微界面吸附模型的分形修正-郎格缪尔（Langmuir）弗伦德利希（Freundelich）和表面络合模型. 环境科学学报，2005，25（1）：52～57
[42] Fumiaki K, Ikuo Abe, Hiroshi K, *et al*. Fractal Model for Adsorption on Activated Carbon Surfaces: Langmuir and Freundlich Adsorption. Surf. Sci.,2000, 467: 131～138
[43] Liu C L, Xu L J, Xian X F. Fractal-Like Kinetic Characteristics of Salt Dissolution in Water. Colloid Surface A, 2002, 201: 231～235
[44] 辛厚文. 分形介质反应动力学. 上海：上海科技教育出版社，1997
[45] 刘成伦，徐龙君，鲜学福等. 电导法研究岩盐溶解的动力学. 中国井矿盐，1998，139：19～22
[46] 刘成伦，徐龙君，鲜学福. 非均相化学反应的类分形动力学. 化学世界，2001，5：265～267
[47] Kinoshita M, Harada M, Sato Y, *et al*. Fractal-Like Behaviorof a Mass Transport Process. AIChE J, 1997, 43 (9): 2187～2193
[48] 王毅力，于富玲，王东升，石宝友. 颗粒活性炭吸附染料的类分形动力学特征的研究. 环境科学学报. 2005，25（5）：643～649
[49] 王毅力，李大鹏，解明曙. 絮凝形态学研究进展，环境污染治理技术与设备，2003，(10)：1～9
[50] Elimelech M ., Masahiko Nagai, Ko C H, Joseph R N. Relative Insignificance of Mineral Grain Zeta Potential to Colloid Transport in Geochemically Heterogeneous Porous Media. Environ. Sci. Technol.,2000, 34 (11): 2143～2148
[51] 汤忠红，蒋展鹏. 混凝形态学-一种研究混凝过程的新路子. 中国给水排水，1987，5
[52] 蒋展鹏，涂方祥. 黏土颗粒的形态对胶体稳定性的影响. 中国给水排水，1993，9（2）
[53] 蒋展鹏，傅涛等. 颗粒形态与异向聚沉速率-混凝形态学的动力学研究之一. 中国给水排水，1993，9（4）
[54] 傅涛，蒋展鹏等. 颗粒形态与同向聚沉速率-混凝形态学的动力学研究之二. 中国给水排水，1993，9（5）
[55] 涂方祥，蒋展鹏. 无机絮凝剂的形态对混凝的影响. 中国给水排水，1996，12（4）
[56] Maurice P A, Namjesnik-Dejanovic K. Aggregate Structures of Sorbed Humic Substances Observed in Aqueous Solution. Environ. Sci. Technol ., 1999, 33 (9): 1538～1541
[57] Flemming H C, Wingender J. Relevance of Microbial Extracellar Polymeric Substances (Epss) -Part Ⅰ: Structural and Ecological Aspects. Water. Sci. Technol., 2001, 43 (6): 1～8
[58] 郭瑾珑，汤鸿霄. 接触絮凝研究进展. 环境污染治理技术与设备，2001，2（6）：1～9
[59] Yao K M. Influence of Suspended Particle Size on the Transport Aspect of Water Filtration. Ph. D. Dissertation, University of North Carolina, Chapel Hill, NC. 1968.
[60] Spielman L A, Goren S L. Capture of Small Particles by London Forces From Low Speed Flows. Environ. Sci. Techonl ., 1970, 4 (1): 135～140
[61] FitzPatrick J A, Spielman L A. Filtration of Aqueous Latex Suspensions through Beds of Glass Spheres. J. Colloid Interf. Sci., 1973, 43: 1350
[62] Alkiviades C P, Chi T, Raffi M T. Trajectory Calculation of Particle Deposition in Deep Bed Filtra-

tion. AIChE J, 1974, 20 (5): 889～905

[63] Rajagopalan R, Tien C. Trajectory Analysis of Deep Bed Filtration with the Sphere in Cell Porous Media Model. AIChE J, 1976, 22 (4): 523～532

[64] Ghosh M M, Jordan T A, Porter R L. Physicochemical Approach to Water and Wastewater Filtration. J. Environ. Eng. Div.,Proc. ASCE, EE1, 1975, 71 (1): 71～85

[65] Adamczyk Z, Dabros T, Czarnecki J, van de Ven T G M. Particle Transport to Solid Surfaces. Adv. Colloid Interfac.,1983, 19: 183～189

[66] Prieve D C, Ruckenstein. Effect of London Forces upon the Rate of Deposition of Brownian Particles. E.,AIChE J, 1974, 20 (6): 1178～1182

[67] Yao K M, Habibian M T, O'Melia C R. Water and Waste Water Filtration: Concepts and Applications. Environ. Sci. Technol.,1971, 5 (11): 1105～1112

[68] Gregory J, Wishart A. Deposition of Latex Particles on Alumina Fibers. Colloid Surfaces A, 1980, 1 (3/4): 313～334

[69] Kallay N, Nelliganm J D, Matijevic E. Particle Adhension and Removal in Model Systems. J. Chem. Soc. Faraday Trans.,1983, 79: 65～73

[70] Mandelbrot B B. Fractral: Form, Chance and Dimensions. San Francisco: Freeman. 1977

[71] 孙霞，吴自勤，黄畇. 分形原理极其应用. 合肥：中国科技大学出版社，2003

[72] 李后强，汪富泉. 分形理论及其在分子科学中的应用. 北京：科学出版社，1997

[73] 张济忠. 分形. 北京：清华大学出版社，1995

[74] 周宏伟. 岩石节理表面形貌的各向异性与尺度效应. 中国矿业大学北京校区博士后出站报告，2000

[75] Kaye BH（徐新阳，康雁，陈旭，等译）. 分形漫步. 沈阳：东北大学出版社，1994

[76] 谢和平. 分形-岩石力学导论. 北京：科学出版社，1996

[77] Gregory John. The Density of Particle Aggregates. Water Sci. Technol.,1997, 36 (4): 1～13

[78] Li D H, Ganczarczyk J. Fractal Geometry of Particle Aggregates Generated in Water and Wastewater Treatment. Environ. Sci. Technol.,1989, 23 (11): 1385～1389

[79] Chakraborti R K, Atkinson Joseph F, Van Benschoten John E. Characterization of Alum Floc by Image Analysis. Environ. Sci. Technol.,2000, 34 (18): 3969～3976

[80] Masion A *et al*. Coagulation-flocculation of Natural or Ganic Matter with Al Salts: Speciation and Structure of Aggregates. Environ. Sci. Technol.,2000, 34 (15): 3242～3246

[81] Li X Y, Yuan Y. Collision Frequencies of Microbial Aggregates with Small Particles by Differential Sedimentation. Environ. Sci. Technol.,2002, 36 (3): 387～393

[82] Tserra, Logan B E. Collision Frequencies of Fractal Bacterial Aggregates with Small Particles in a Sheared Fluid. Environ. Sci. Technol.,1999, 33 (13): 2247～2251

[83] Jiang Q, Logan B E. Fractal Dimensions of Aggregates Determined from Steady-state Size Distributions. Environ. Sci. Technol.,1991, 25 (12): 2031～2038

[84] Logan B E, Kilps J R. Fractal Dimensions of Aggregates Formed in Differented Fluid Mechnical Environments. Water Res. 1995, 29 (2): 443～453

[85] Cliffoed P J, Li X Y, Logan B E. Setting Velocities of Fractal Aggregates. Environ. Sci. Technol., 1996, 30 (6): 1911～1918

[86] Jiang Q, Logan B E. Fractal Dimensions of Aggregates from Shear Devices. J. Am. Water Works Ass.,1996, 88 (2): 100～113

[87] Li X Y, Logan B E. Collision Frequencies of Fractal Aggregates with Small Particles by Differential Sedimentation. Environ. Sci. Technol.,1997, 31 (4): 1229~1236

[88] Li X Y, Logan B E. Collision Frequencies between Fractal Aggregates and Small Particles in a Turbulently Sheared Fluid. Environ. Sci. Technol.,1997, 31 (4): 1237~1242

[89] Li X Y, Logan B E. Permeability of Fractal Aggregates. Water Res.,2001, 35 (14): 3373~3380

[90] Bushell G C, Yan Y D, Woodfield D *et al*. On Techniques for the Measurement of the Mass Fractal Dimension of Aggregates. Adv. Colloid Interfac. 2002, 95: 1~50

[91] Tambo N, Watanabe Y. Physical Aspect of Flocculation Process I. The Floc Density Function and Aluminum Floc. Water Res.,1979, 13: 409~419

[92] Wang X C, Tambo N. Kinetic Study of Fluidized Pellet Bed Process I. Characteristics of Particle Motions. J. Water Supply Res. T.,1993, 42 (3): 146~154

[93] Wang X C, Tambo N. Kinetic Study of Fluidized Pellet Bed Process II. Development of a Mathematical Model. J. Water Supply Res. T.,1993, 42 (3): 155~165

[94] Chellam S, Wiesner M R. Fluid mechanics and Fractral Aggregates. Water. Res., 1993, 27: 1493~1496

[95] Wu R M, Lee D J. Hydrodynamic Drag Force Exterted on a Moving Floc and Its Implication to Free-setting Tests. Water Res.,1998, 32 (3): 760~768

[96] Thomas D N, Judd S J, Fawcett N. Flocculation Modeling: a Review. Water Res.,1999, 33 (7): 1579~1592

[97] Lee D G, Bonner J S, Garton L S *et al*. Modeling Coagulation Kinetics Incorporating Fractal Theories: a Fractal Rectilinear Approach. Water Res.,2000, 34 (7): 1987~2000

[98] Chakraborti R K, Gardner K H, Atkinson J F, Benschoten J E V. Changes in Fractal Dimension during Aggregation. Water Res.,2003, 37: 873~883

[99] 金鹏康，王晓昌．腐殖酸絮凝体的形态学特征和混凝化学条件．环境科学学报，2001，21（增刊）：22~29

[100] 王晓昌，丹保宪仁．絮凝体形态学和密度的探讨(I)-从絮凝体分形结构谈起．环境科学报，2000，20（3）：257~262

[101] 王晓昌，丹保宪仁．絮凝体形态学和密度的探讨(II)-致密型絮凝体形成操作模式．环境科学学报，2000，20（4）：385~390

[102] 王琳，王宝贞．饮用水深度处理技术．北京：化学工业出版，2002

[103] 秦钰慧，凌波，张晓健．饮用水卫生与处理技术．北京：化学工业出版社环境科学与工程出版中心，2002

[104] 赫俊国，宋学峰，金昌锦，王鹤立等．微涡旋混凝低脉动沉淀技术处理低温低浊水．中国给水排水，1999，15（4）：17~19

[105] 李大鹏．无机高分子混凝剂聚合氯化铝高效混凝动态模拟试验研究．中国科学院生态环境研究中心博士后出站报告，1999

[106] 吕春生．高效絮凝拦截沉降集成系统工艺研究．中国科学院硕士学位论文，2000

[107] 刘智晓，王海山，孙大军，武斌，陈刚．拦截沉淀技术在水厂沉淀工艺改造中的应用．给水排水，2000，26（10）：22~24

[108] 王华生，刘祖文，邬长福，何锦龙．拦截斜板沉降技术的研究．净水技术，2004，23（3）：12~13，48

[109] 常青，傅金镒，郦兆龙．絮凝原理．兰州：兰州大学出版社，1993
[110] 顾夏声，黄铭荣，王占生等．水处理工程．北京：清华大学出版社，1991
[111] 许保玖，安鼎年．给水处理理论与设计．北京：中国建筑工业出版社，1992
[112] 武道吉，谭凤训，修春海．混合动力学机理及控制指标研究．中国给水排水，2000，16 (1)：54～56
[113] 王绍文．惯性效应在絮凝中的动力学作用．中国给水排水，1998，114 (2)：13～16
[114] 王绍文．亚微观传质在水处理反应工艺中的作用．中国给水排水，2000，16 (1)：30～32

第6章　接触絮凝气浮①

气浮法是应用日益广泛的给水净化技术，无论从反应机理还是从反应器设计上，与传统沉淀法都有较大的区别。气浮属于颗粒物与气泡的相互作用，通过吸附、絮凝及水动力学等复杂过程，实现水与颗粒物的分离与水的净化。在饮用水处理中，溶气气浮（dissolved air flotation，DAF）是最常用的技术之一。

6.1　溶气气浮技术的发展概况

气浮法在矿冶工业中称浮选法，是一种历史悠久的固液分离技术。早在公元2000年前，古希腊人就应用浮选过程从脉石（一种废料）中分离所需要的矿物。有关压力溶气气浮的第一个专利是1924年Peterson和Sveen从造纸工业的白水中回收纤维的过程，他们将空气在高压下溶入水中，然后在大气压下产生微细的气泡[1~4]。

在水处理领域中，早在1920年，Peck就考虑用气浮法处理污水，1930年瑞典某造纸厂曾试用一种将空气在压力下溶解于白水的水处理系统，但上述实验结果均未公开发表和引起足够重视。直至1943年Hansan和Goroas[5]在“Sewage Works Journal (1943.3)”上才发表了有关气浮法处理污水的文章“Sewage treatment by flotation”。1945年，Hoppe[5]在杂志“J. Am. Water Works Ass. (1945.3)”上撰写了题目为“Water purification by flotation”的文章，这是关于气浮法用于给水方面最早的一篇报道。

在20世纪60年代以前，气浮净水技术发展相当缓慢，也很少见其研究和应用的报道。直至人们采用部分回流式压力溶气法时，显著地改善了气浮净水技术的地位。因此，20世纪60年代该技术先后在工业废水的处理和生活饮用水的净化方面得到了应用和发展。

瑞典的Purac公司制造的气浮滤池，20世纪60年代中期已实际投入运行。70年代末，已有几百个气浮净水厂在运行。

在南非，20世纪60年代就开始对气浮进行中试研究，1969年第一个溶气气浮厂应用于熟化塘出流污水中的藻类去除，出水回用于Windhoek城居民的饮用水。南非的研究人员随后将溶气气浮技术用于污泥浓缩、工业废水处理方面。直

① 本章由王毅力，曲久辉撰写。

至70年代后期，此技术才获得地区性处理富营养化水体的机会[6]。到90年代，溶气气浮法已得到广泛的应用；而且对上述的第一个溶气气浮厂进行了扩建，并依然采用溶气气浮方法去除水中的悬浮物。

根据Heinanen报道[7]，芬兰已有36家工厂采用溶气气浮过程对饮用水进行处理，其中最早的一家可以追溯至1965年，最近的一家于1990年建成。迄今为止，所有的工厂处理效果均很好，这也证明了溶气气浮技术对芬兰的低温、富含腐殖质的水体是一种合适的处理方法。

70年代初，英国水处理公司首次以商业规模引进了溶气气浮装置，根据Zabel报道[3,4]，在英国大约有20家溶气气浮工厂处于运行或建设阶段。

在荷兰，最初对溶气气浮进行研究是始于20世纪70年代，当时是在Rotterdam水处理厂（WBE）用于饮用水处理。1979年，荷兰第一家溶气气浮工厂开始设计并建设，即现在的WNWB饮用水公司的Zevenbergen工厂。1995年，荷兰已有7家给水公司采用溶气气浮技术，主要用于藻类的去除。DZH公司于1990年运行的Scheveningen工厂采用硫酸铝（夏）和聚合铝（冬）对水进行有效的净化[8]。

目前，溶气气浮技术在荷兰、比利时和法国日益受到重视[9]。西德、日本以及前苏联均于20世纪70年代对气浮技术进行了研究[9]。尽管20世纪60年代，美国也出现了用溶气气浮技术处理污水的报道，然而Edzwald认为，在北美溶气气浮仍是一项发展中的技术，目前约有8家工厂进行溶气气浮操作[9]。

在我国，1975年同济大学在实际研究工作中开始对气浮法净水进行研究，1977年“气浮法净水新工艺及机理”列为原国家城建总局的科研项目，至1992年我国的压力溶气气浮净水技术的基本理论研究和生产实践方面都已达到国际水平，并在有关气浮法净水处理的溶气系统、释气系统、分离系统、测试技术、净水机理和溶气释气规律方面的研究均取得了一定的成果，并且有些还是创新性的。近十年来，气浮净水技术在国内迅速发展，据不完全统计，全国已拥有千余座各类气浮净水装置[10]。

气浮法净水技术从70年代以来得到迅速发展，一个重要的原因就是微细气泡产生技术的提高。

从矿物浮选引入净水处理工艺以后，溶气气浮的发展经历了几个阶段，由最初的大容积、低负荷池型逐渐向集成、紧凑型发展，近年来不少研究者提出了紊流气浮的新概念，并对之进行了研究开发与应用[9,11,12]。

最初用于水处理的溶气气浮系统的主要特征是：长、窄、浅池型，通常在进口处有一个竖直方向的溶气水分散架，分散架与气浮池宽度大体相当。待处理水从分散架下部进入，同时溶气水通过分散架两侧的小孔喷出，在进水口处的流态为紊态，混合水向上流动达到气浮池的表面。这样，微气泡被分散到分散架下部的水中，而不是被均匀地分布到待处理水中。而后，混合有微气泡的水几乎水平地流过气浮池。因为混合水将在气浮池的最后端流出，这种气浮池的水力负荷一般为 2～3 m/h，而且不会超过 5 m/h。气浮池表面的微气泡层非常薄，因为水体的流速非常小，几乎接近水平流，而且大多数情况下在池子的末端就根本没有气泡层，即池子的一部分（尤其是在末端）没有得到充分的利用。

在这种溶气气浮系统中几乎没有微气泡层对处理水的滤过作用，称之为第一代溶气气浮[11]。该体系中气泡与颗粒物的黏附主要发生在池子进口处的分散架部分，但是当流速合适的情况下其去除效率是相当高的。

溶气气浮净水技术于 20 世纪 60 年代起在欧洲国家得到广泛的应用，究其主要原因是与沉淀工艺相比，气浮更容易去除水体中腐殖质形成的低密度絮体。溶气气浮水处理技术在这一时期得到了很快的发展，工艺中水力学因素逐步得到了认识。最初溶气气浮设计并没有多大改变，但是当负荷大于 5m/h 时，气浮池的几何形状就需要有较大的改动。气浮池的深度与宽度变大，同时长度减小。研究设计者认识到，气浮池表面一定厚度的气泡悬浮层对于提高去除效率是非常有益的。而且在气浮反应器的形式上还出现了圆形气浮池，也即进水分散管布置在池子的中央。

通过增加气浮池的深度，处理水的流向与第一代溶气气浮中的近似平流相比发生了很大变化。在这些今天称之为传统气浮池的工艺中，液流向下的角度约为 30～40°。这种水流条件下，气浮池中的负荷可以增加到 5～7 m/h，甚至达到 10 m/h。这样就在整个气浮分离池中形成一个更厚的气泡悬浮层，该气泡层在分离室前端约为 30～50cm，在出口端约为 10～20cm。很明显气浮池顶部的气泡层起到了对处理水的过滤作用，增加了气泡在絮体颗粒上的黏附率，因为大部分的待处理水要强行穿过该气泡层。这种类型的处理工艺称为第二代溶气气浮[11]（图 6-1）。

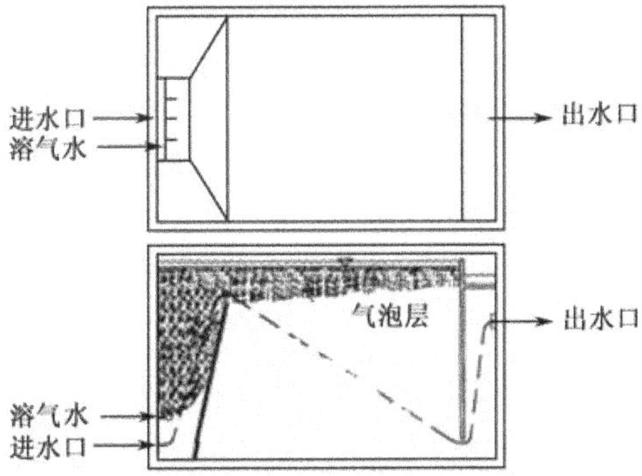

图 6-1　传统的溶气气浮（5～7 m/h）[11]

从水力负荷角度来讲，或许溶气气浮工艺最大的进步就是气浮过滤池，这种单元操作在1960年左右出现在瑞典，它将气浮与快速过滤有效结合起来，其工作原理基于两者水力负荷大致相等。这种工艺从水力学角度来讲是非常理想的，待处理水从池子的表面垂直向下流动，通过覆盖在整个气浮区底部的滤床。由于滤床的阻力非常大，使得待处理水在整个滤床表面均匀地流过，所以在整个气浮区中的水流均匀分布[13,14]。也就是说在整个浮沉池的上部有一个较厚的气泡悬浮层，沿水平方向气泡层的厚度大致相等（因为水流速度均匀），而且气泡层的下界面较深。如果滤床上部的气浮区域足够大的话，那么溶气气浮中的水力负荷约为10～15 m/h，相应气泡层的厚度为80～120cm。这样在浮沉池的气浮区域就形成了一个明显的深床微气泡滤层，相比溶气饱和水与待处理水在进水口处的混合方式，这种微气泡滤床的过滤作用对颗粒物的去除效率更高。1992～1994年出现的逆流溶气气浮滤池（CCDAFF）采用了气浮柱和分离区紊流的方式，用于市政给水处理，是气浮过滤池的新发展。

浮沉池的水力负荷可以达到20～25 m/h，但是通常砂滤池的负荷较低，成为单元操作总水力负荷的控制因素，所以浮沉池的负荷一般不会超过15m/h，否则就会导致水头损失增长过快。在这样的水力负荷条件下，气泡与颗粒物的黏附去除就在层流混合溶液中发生。

除了关注采用常规手段提气浮池高水力负荷之外，为了进一步提高气浮池的去除效率就需要改变气浮池结构才能够使其承受更大的水力负荷[11]。直到现在大部分研究者还认为气浮只能够在层流的水力条件下进行，即气浮分离区的水力负荷不能够超过25m/h。因此，第三代溶气气浮工艺研究的重点就变为：如何在待处理水流速较高、混合液呈紊流流态的情况下，使得气泡与絮体的共聚体顺利上浮到气浮池的顶部去除[15,16]。基于气浮过滤池的思想，第三代溶气气浮技术在1990年左右发展起来，也是一种在分离区紊流的气浮操作单元。

溶气气浮工艺中气泡的直径通常小于100μm，气泡、颗粒与液相主体在紊流状态下絮凝会使气浮效果大大提高，该方法最初在乳状液气浮处理中应用，而后引进到水处理工艺中，称为紊流微气浮[15,16]。Rulyov对紊流气浮进行研究，指出为了能够在短时间内产生体积、密度都较大的絮体，絮凝过程应该在高度紊流的水动力学条件下进行，平均速度梯度为3000～10 000 s^{-1}（超絮凝）。水力大絮体（hydraulically largest floccule）在流经浅池的过程中沉淀去除，而后沉淀出水与微气泡混合，再通过一个静态混合器，其平均速度梯度为300～600 s^{-1}，呈紊流状态。经过这一流程，大絮体在浅池中沉淀，污染物质的微小絮体和微气泡仍然停留在水中，气泡与絮体形成泡沫状结构，由于其高浮力，泡沫状聚集体在后续分离器中很容易被去除。

第三代溶气气浮技术[11]是采用了一层坚硬多圆孔的薄板代替了气浮过滤池

中滤料层（图6-2）。这层位于气浮池底的平板的流体阻力远低于砂滤，没有限制水力负荷的孔隙阻塞现象，能够控制气浮池分离区的垂直流并且使其平稳地分布于分离区的水平横截面上。第三代溶气气浮技术的池形的俯视图是正方形的，它的深度远大于长度和宽度。这种气浮池分离区的水力负荷为25～40m/h，甚至有60m/h的报道。在分离区中微气泡层可以分布在水下1.5～2.5m，此时，颗粒与气泡的碰撞概率比传统的溶气气浮技术提高了许多。微气泡床下面很清澈的水表明了其具有很高的除浊效率。

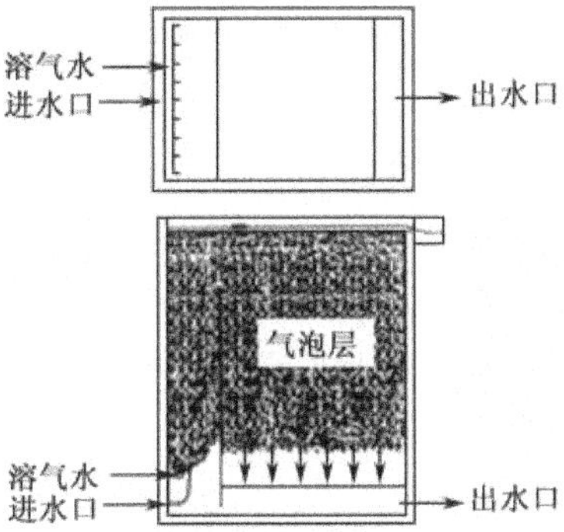

图6-2　紊流的气浮单元（25～40 m/h）[11]

6.2　溶气气浮理论与新模式

溶气气浮法的工艺过程，即：原水经过快速混合、絮凝反应进入气浮池的接触区与气泡进行黏附，形成密度比水小的气泡/絮体聚集体，随着水流进入气浮池的分离区，产生聚集体与水流的分向流动，前者向上浮，后者向下流动，从而达到对原水进行固液分离净化的目的。溶气气浮法源于浮选法，因此它的许多理论与模式均来源于浮选研究的结果，对于它在水处理领域的基础研究国内开展得很少，国外的研究有些进展，尤其是近些年来，以美国科研人员为代表发展的气浮轨迹模式已经有了很大的影响。

6.2.1　热力学方面的研究

6.2.1.1　水体颗粒物的微界面作用

在水体颗粒相互作用研究中，DLVO理论占有极其重要的地位。据DLVO理论，胶体电位能和受力由双电层作用力、van der Waals引力、Born斥力和水合作用力共同影响[17~21]。其中，van der Waals引力和静电双层作用力的作用范围在 100nm 之内，属于长程作用力；Born 斥力和结构力（水合作用力）属于短程力，因为它们只有在表面相距小于 5nm 时才起主要作用。此外，界面还受到憎水效应、表面张力、表面活性剂等其他因素的影响[18～25]。

水化层对界面相互作用有很大的影响，在浮选理论中，前苏联的物理化学家捷良金[26]发展了颗粒表面存在液体界面层的概念，而且实验已经证实，这种具有物理、物理化学和其他特点的水化层，最终决定浮选中气泡向颗粒的固着过程。尤其是水化层结构的有序性和厚度在浮选中起着甚为重要的作用，而水的偶极分子及其与颗粒晶格的集合体间的相互作用，不仅决定了水化层的厚度，而且决定了水化层的稳定性。水化层的强度随与颗粒表面的距离而有差异。最接近于颗粒表面的几个分子层，是颗粒表面力的直接作用区，因而特别牢固并严格定向，而且此水化层的层数与力场成正比。稍远的水化层偶极子聚集体并没有像前者那样规则定向，而较大程度上取决于层间的相互作用，受颗粒力场的影响较少，当然，其稳定性也小得多。

存在于液体内部的固体，其表面作用的影响范围和使液体分子结构变形程度是液态理论中最重要的原理之一。一般液体中，固体介质对定向影响的传播深度都不超过 10nm。这些现象可归结为颗粒与水分子间的作用，使分子的极化由颗粒表面向液相延伸。

随着研究的深入，吸引憎水长程力在研究中受到日益广泛的关注。现在有许多研究都讨论了在液相憎水颗粒表面存在微气泡的可能性，Ralston 对气浮过程中憎水作用力进行了总结讨论[27]，Tyrrell 和 Attard 用原子力显微镜对液相憎水表面进行成像分析，结果表明其表面由一层柔软区域所覆盖，该区域为不同纳米气泡紧密且不规则排列构成，其曲率半径在 100nm 左右，高出基质 20～30nm[28]。表面纳米气泡的架桥作用对憎水表面间的长程吸引作用力有一定的贡献[29]，有关研究者指出，溶液中不同溶解气体对憎水力的作用也有一定的影响[23]。

6.2.1.2 气泡的形成、结构和性质

气泡的形成：液相中气泡成核或在光滑表面上各向异性成核所需的饱和度非常高，主要因为新气相需要分开液体形成，所以就要克服很大的黏附吸引力及张力。对于低饱和度，气泡只有在亚稳气腔、容器壁、悬浮颗粒或溶液中亚稳微气泡上才能够形成。溶液中的悬浮颗粒非常有助于气泡的形成，尤其是憎水性、表面粗糙的颗粒。根据溶液性质、超饱和度大小以及气泡的成核位置，可以将气泡形成机理分为以下几种[30]。

Ⅰ型（图 6-3）：经典均相成核。在系统超饱和前没有气腔存在，气泡形成所需的超饱和度非常大，甚至会超过 100，而且一旦一个气泡形成，它将上浮到

表面，不会在同一位置形成新气泡。

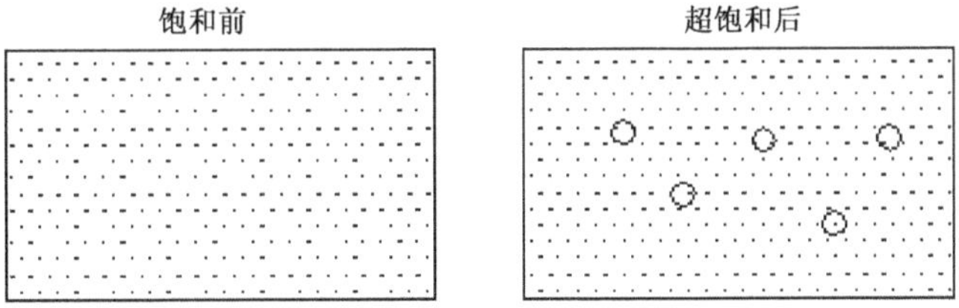

图 6-3　Ⅰ型：经典均相成核[30]

Ⅱ型（图 6-4）：经典异相成核。其产生条件与Ⅰ型相同，所需的超饱和度很高。气泡在容器壁、光滑表面或悬浮颗粒上形成，而后长大、脱离，并且留下一部分气体。这种情况下第一个气泡的形成称为Ⅱ型成核。

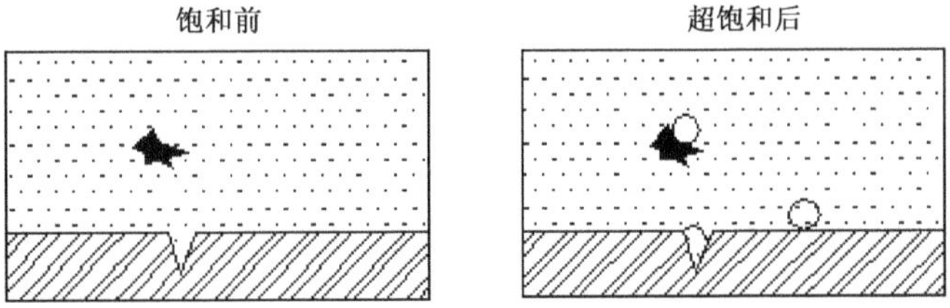

图 6-4　Ⅱ型：经典异相成核[30]

由于饱和度降低以及浓度梯度的变化，此点形成气泡的速率会大大降低，但是，实验观察到此处会连续产生气泡，这主要是由于此处气腔存在的缘故。后续气泡的形成称为Ⅲ型或Ⅳ型成核。

Ⅲ型（图 6-5）：准经典成核。在预先存在气腔上的成核。但是气腔小于经典理论计算的临界半径，因此对于气腔还存在一个有限的能垒，只有克服这一能垒才能够保证气泡的形成，这取决于溶液局部超饱和波动。Ⅲ型成核能够在较低饱和度情况下发生。一旦Ⅲ型成核发生，则在容器壁相应位置会发生Ⅳ型成核；

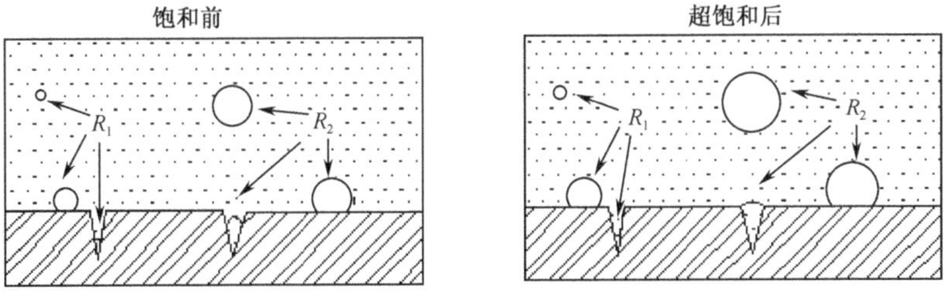

图 6-5　准/非经典成核[30]

R_1 小于临界成核半径，代表Ⅲ型：准经典成核

R_2 大于临界成核半径，代表Ⅳ型：非经典成核

但是溶液中的Ⅲ型成核并不一定导致Ⅳ型成核，因为气泡可能会携带成核位（颗粒物或其他）上浮到液体表面。

Ⅳ型（图 6-5）：非经典成核。没有成核能垒的存在，在预先存在的气腔上发生，可能在Ⅱ型或Ⅲ型成核后发生。预存在的气腔曲率半径大于临界成核半径，所以能够提供连续成核位。随着超饱和度的降低，临界曲率半径增大到与气腔半径相等时，停止产生气泡。这一原理可以解释在碳酸饮料中气泡连续产生现象。

Harvey 首先提出液体超饱和前存在气腔对气泡成核的影响[31～33]，现在普遍认为大多数的成核都是在这种气腔上的成核。Dean 发现，空气中破碎的玻璃上能够在超饱和溶液中提供成核位，而在液体中破碎的玻璃则不能[34]。Clark 发现成核只能在凹陷与划痕处才能发生，有效凹陷为 8～75μm[35]。Westerheide 报道，微电极上成核也在同样特殊位发生，气泡连续在同一部位产生[36]。

Finkelstein 实验研究Ⅰ型成核所需压力，发现清洁水中该值约为 13～42 MPa，而相应理论计算结果为 142 MPa，这主要是由于溶液中或容器壁上存在气腔所导致[37]。Ryan[38]认为对于Ⅱ型异相成核，光滑憎水表面和亲水表面所需的压力是接近的。在很高饱和度的情况下，光滑憎水颗粒表面上气泡产生的速率很低；而较低饱和度时，粗糙憎水表面上气泡的生成速度相对较高，说明气腔是低超饱和度下生成气泡的关键因素。伴随Ⅱ型气泡产生情况，突然压降会导致气腔的产生，这些气腔称为 Harvey 核。但是由于这种作用需要非常高的压力，所以被认为不是普遍作用，而认为气腔是在液体流经表面或者充满容器壁时已经存在。气腔的稳定性取决于其曲率半径，也即气-液-固接触角和成核位的形状，此外，表面活性剂的存在也会增加气腔的稳定性。

Dean 假定溶液中存在亚稳微气泡，这些气泡可能存在于溶液或气腔中[34]。Young 指出一些研究者曾经在微观尺度观测到这些微气泡[39]。Strasberg 等[40～42]对裂隙模型进行了广泛的分析讨论，该模型的基础是：憎水物质在裂隙底部聚集，从而阻碍了水与固体的直接接触。Vinogradova[43]指出成核更倾向于在憎水表面发生，因为在表面附近存在大量的亚微米气腔。通过原子力显微镜成像分析，Tyrrell 认为溶液中憎水表面上存在纳米级微气泡，其曲率半径在 100nm 左右，这些气泡的存在必然对超饱和溶液中气泡的形成产生一定的影响[28]。

气泡的产生、成长与脱离：气泡从无到有这一过程所需的时间称为成核时间。Volanschi 研究气泡形成过程，指出气泡连续、相似、等时间间隔地从某一点产生[44]。但是 Buehl 却认为气泡的产生无规律性而言，导致其结论的原因或许是溶液中压力太高，因此两个气泡产生位靠得太近，产生的气泡迅速发生合并，所以不能够清楚地观察到单个气泡形成位的变化情况[45,46]。

Hsu[47]指出，气泡的脱离破坏了热力学边界层，只有当扰动效应恢复以后才能够产生新的气泡；而且气泡的形成与脱离将会影响成核位周围的浓度，同样只有当溶解气体浓度恢复到原始浓度时，才会有新的气泡产生[48]。Jakob[49]发现气泡的成核时间与长大时间大致相当。

一旦形成气核，气泡就会不断长大直至脱离基质。成长速率受许多因素控制，包括：指向气泡表面的分子扩散速率、液体惯性、黏性、表面张力等，尽管控制气泡初始形成的关键因素还不是很明确，但可以肯定影响气泡最终长大的因素是分子扩散。气泡生长理论应通过对扩散和热传递的连续性、运动性及守恒定律进行分析得到。总结控制气泡成长的因素可以得到[50]：与基质相接触的气泡在长大过程中所受的力可以用式（6-1）表示[51]：

$$F_d + F_s = F_i + F_p + F_b \tag{6-1}$$

式中，左侧项为基质的黏附阻力 F_d、气液界面的表面张力 F_s，它们的联合作用使气泡黏附在基质上；右侧为气泡长大过程中所受的惯性力 F_i、压力 F_p 和浮力 F_b，它们的共同作用使气泡脱离基质表面。由于气泡不断长大，使其与周围液体有一个相对速度，从而产生阻力，能够部分抵消浮力作用。当气液界面增加缓慢时，液体惯性在气泡脱离基质的过程中起关键作用。

在 0～30℃和 200～800 kPa 的温度和压力范围内，氮气和氧气均遵循 Henry 定律，

$$p = HX \tag{6-2}$$

式中，p 为气体在气相中的分压；X 为液相中该气体的摩尔分数；H 为 Henry 定律常数。

在连续操作的溶气系统内，水面上的气相组成不同于空气，是富氮型的。这导致溶解气体质量减少了 9%。对于饮用水处理，由于固体浓度很低，因此可以忽略溶解固体浓度对气体溶解性能的影响，只考虑温度的影响即可。

气泡的大小由释放器及其相应的工作压力所决定。气泡尺寸越小，每单位体积的释气可产生更多的气泡，从而增大了气泡与絮体之间碰撞概率，然而小气泡上升速度慢，反而增大了气浮池的尺寸。在实际应用中，气泡直径为 10～120μm，平均直径为 40μm。

气泡微界面水化膜：关于气泡表面水化膜的研究比较少；据前苏联科学家研究得出的一些概念[26,52]，认为气泡表面的水化膜主要与分子间的偶极相互作用和基于氢键的相互作用有联系，因而其薄膜中无力场存在，但气泡表面的水化膜中也存在一定结构的界面层。水化膜的存在改变了气泡的物理化学性质。在气泡的产生过程中，形成了水/空气新的界面，同时也使靠氢键生成的水化层得以形成。一旦形成气泡，削弱的水分子热运动就开始使界面层受到破坏，这种作用的结果，使得气泡水化膜自发地发生自活化，黏附活性提高。

气泡表面膜可分为两层[5]，其结构如图 6-6 所示，外层排列较为疏松，称之为流动层，内层排列紧密，称为附着层。外层膜在上浮过程中受重力与阻力的影

响而流动，内膜则与气泡内气体一起构成稳定的微气泡而上浮。由定向有序排列的水分子构成的内膜因极性的减弱而可能带有憎水性。水中的长链高分子黏性物质可以提高气泡膜的韧性和强度。

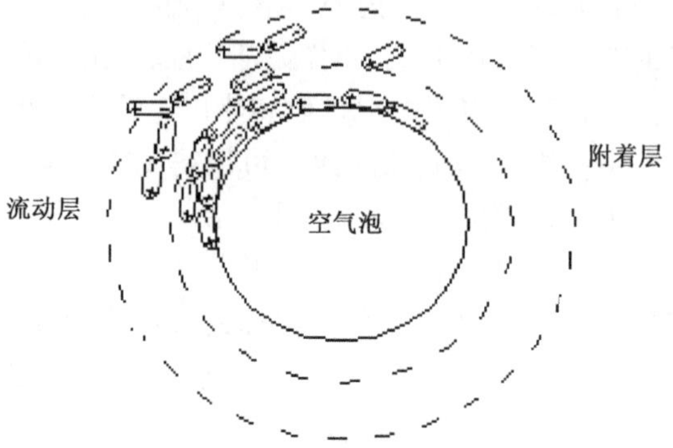

图 6-6　气泡表面结构[30]

表面张力及其作用方向：气泡两相界面处的表面张力力图缩小界面面积，产生表面张力的这一薄层水分子构成了气泡的膜。膜的曲面由于表面张力而对气泡内空气产生附加压强，所以气泡内压强等于气泡外压强与附加压强之和。附加压强 p_s 的大小与表面张力系数 α（dyn/cm）成正比而与气泡半径 r_b（cm）成反比：$p_s=\frac{2\alpha}{r_b}$。气泡半径越小，泡内所受附加压强越大，空气分子对气泡膜的碰撞也越剧烈。因此要获得稳定的微气泡，就要有足够牢固的气泡膜，水中存在高分子长链物质有助于增强气泡膜的牢度。在附加压强不变的情况下，如果能够降低表面张力系数则气泡半径也可以进一步缩小。投加表面活性剂，可以降低水的表面张力系数，从而进一步缩小气泡尺度。如果水中增加了溶解性无机盐，则会使表面张力系数提高，导致相同半径的气泡，因附加压强增大，气泡容易破裂或并大[5]。

表面自由能：由于液体表面层分子受力不均，而有缩小表面积的趋势，因此要增大液体的表面积就必须克服表面层分子被拉向液体内部的力，也即消耗一定的功。这种增大液体表面积所做的功就等于表面层分子获得的自由能，称之为表面自由能，简称表面能。计算公式为：$E_s=\alpha S$。式中，S 为表面积（cm^2）；E_s 单位为 erg。水中气泡粉碎得越细，它们的表面也就越大，具有的界面自由能也就越多，越显出热力学的不稳定性，因此它们具有吸附水中物质特别是憎水物质，而降低其表面能的趋势[5]。

6.2.1.3　颗粒向气泡黏附过程中的热力学理论研究

浮选理论中的基本行为，是指单个颗粒向气泡的黏附过程。浮选的理论，最初均是运用接触角的原理发展起来的。根据热力学的概念，气泡和颗粒的附着过程，是向该体系界面能减少的方向自发进行。在颗粒与气泡黏附的过程中，二者的外表面之间的液层发生相互作用，在剩余厚度小于 10Å 时，这一液层将发生瞬时破坏，形成三相接触角。

在平衡时，界面张力处于平衡状态，即

$$\sigma_{sg} = \sigma_{lg}\cos\theta + \sigma_{sl} \tag{6-3}$$

$$\cos\theta = \frac{\sigma_{sg} - \sigma_{sl}}{\sigma_{lg}} \tag{6-4}$$

式中，σ_{sg}，σ_{sl}，σ_{lg}分别为固-气、固-液、液-气的界面张力；θ为接触角。

从式（6-4）可见，接触角越大，憎水性越强，黏附性越好。接触角的大小依赖于气泡和颗粒的粒径范围。

颗粒向气泡附着前后该体系界面能的变化值为

$$\Delta E = \sigma_{lg} + \sigma_{sl} - \sigma_{sg} = \sigma_{sg}(1 - \cos\theta) \tag{6-5}$$

在气泡和固体接触过程中的不平衡阶段和平衡阶段，均可用不同的接触角来表示。在形成接触的两个阶段之间的物理界限，可用气泡与颗粒表面之间剩余液层破裂的瞬间来清楚地显示。

另外也有学者持不同的观点，认为气泡与胶体颗粒之间的黏附没有必要形成有限接触角，黏附是颗粒向气泡表面迁移过程中静电作用的减小和 van der Waals 引力的增加综合作用的结果，并且接触角仅产生于气泡与刚性憎水杂质黏附而使气泡变形的情况[5]。

20 世纪 60 年代早期，Derjaguin 和 Dukhin 对中、小直径颗粒的气浮进行研究，进一步澄清了气泡-颗粒物的相互作用，提出三区作用模型[53]。

如图 6-7 所示，区域 1 为液相主流区域，该区域的主要作用力为水流动力。颗粒物随液流流动，向气泡表面运动，液流黏性对这一运动施以阻力，而颗粒物的惯性力与重力作用使其朝向气泡表面。

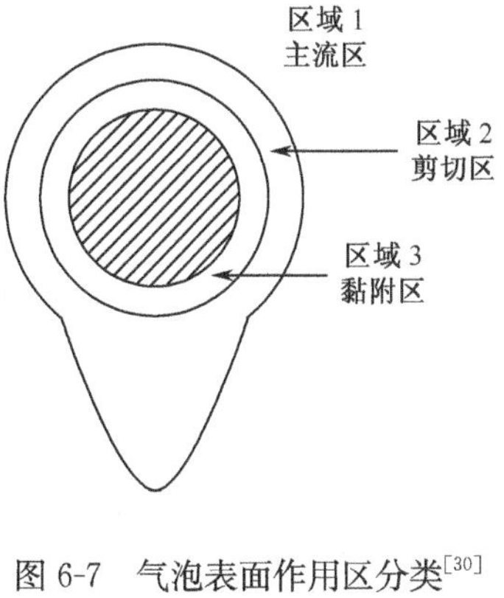

图 6-7　气泡表面作用区分类[30]

区域 2 为剪切力区域，扩散作用在该区域非常重要。运动气泡周围的水流剪力使气泡上表面吸附的颗粒物向其下半部移动，颗粒物或者吸附粒子因其性质不同而不均匀地分布在气泡表面。存在表面活性剂时，剪切流通常会将吸附颗粒物从气泡顶部扫到下半部分，因此导致浓度梯度产生，如果阴离子与阳离子的扩散系数不同，则可能产生 3000V/cm 的强电场[22]。因此，区域 2 中颗粒的运动还受扩散与电场力的影响，朝向气泡表面吸引或排斥。但是至今对这一作用还没有深入的研究。

在区域 1 与区域 2 中，颗粒与气泡的相互作用属于碰撞过程，对于胶体颗粒，扩散与电场的作用要大于重力与惯性力的作用。因此，针对气浮颗粒尺度（$>3\mu m$）通常忽略扩散和电场力的作用。

区域 3 为黏附作用区，一旦液膜厚度降低到几百纳米以下，表面力将会在碰撞过程中起主导作用。从热动力学角度看，液膜一旦形成，其自由能将有异于主体自由能，多出的自由能称作分离（wedging apart 或 disjoining）压力，代表液膜内部压力 p^f 与液相主体压力 p^l 之差。对于溶液中一个运动的气泡，其内部压力 p^b 与液膜压力 p^f 相等[53,54]。分离压力取决于液膜厚度 $\pi(h)=p^f-p^l$。对于稳定液膜的机械平衡，$\pi(h)>0$，$d\pi/dh<0$。颗粒-气泡间液膜的压缩速度受两者间总作用力的影响，视具体情况被加速或者减缓，因而提高或者降低了颗粒与气泡的黏附。由上述分析可以看出，区域 3 中气泡与颗粒物的相互作用可以看作是黏附子过程。

通过上面对气泡周围流场的分析，可以将气泡与胶体颗粒的相互作用分为以下三个子过程[22]：①碰撞过程，两者近距离相遇，受水动力学控制；②液膜的排除与破裂，三相接触线扩展形成稳定的湿周，这一排除、破裂、接触过程称为第二步骤，从而形成稳定黏附；③如果提供足够动能超过黏附能，则会发生第三个子过程，即气泡颗粒聚集体的脱离。

胶体颗粒能否被气浮去除的条件是，在与气泡的相互碰撞过程中，能否形成稳定的三相接触，这主要受颗粒物的动能影响[22,24]。保证气泡颗粒聚集体稳定最重要的前提是，三相接触线上的引力作用足以抵御气浮过程中水动力作用于聚集体上的破坏力。

有效黏附效率公式可以表述为[55]

$$E_{col} = E_c \cdot E_a \cdot E_s \tag{6-6}$$

式中，E_{col} 为有效黏附率；E_c 为单位时间内和气泡相遇的颗粒数与气泡投影面积上通过的总颗粒数的比值；E_a 为黏附效率；E_s 为黏附稳定效率。

6.2.2 动力学方面的研究

尽管理论上认为，三相润湿周边的形成是在极短的时间间隔内实现的，但是，要达到符合条件的润湿角，有时需要 10 min 或更长的时间，因此，气浮的基本行为是在不平衡的条件下进行的，因此其动力学行为尤为重要。

有效的气泡与颗粒黏附可以分为以下几个步骤[24]：液膜变薄到临界厚度，从而开始液膜破裂；液膜破裂，形成临界直径的三相接触点（接触孔形成）；气液固三相接触线从临界直径扩展成为稳定的接触湿周。如果上述三个过程中有一步不能顺利完成则不能形成颗粒与气泡的有效黏附。

在颗粒向气泡的黏附过程中，依据动力学的说法，薄水层的动力学稳定性以及其变薄至一定厚度的速度起着重要的作用。其后，覆盖在颗粒表面的水化层呈突跃式破坏，此时在气泡下仍残留着所谓残余水化层，其厚度视颗粒表面的疏水性而定，颗粒越疏水，厚度越薄。

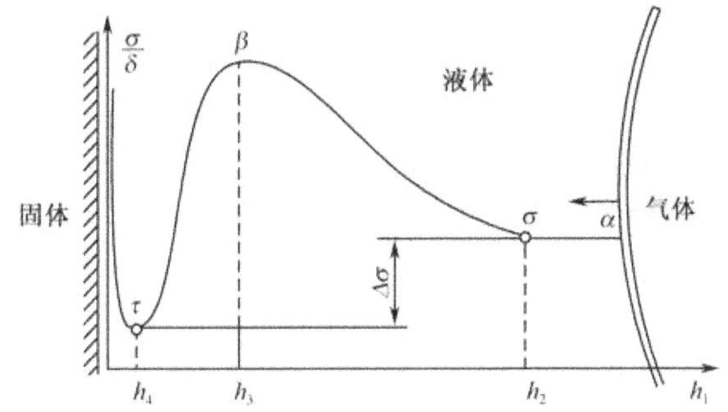

图 6-8　气泡与颗粒接近时水夹层变薄的自由能变化[52]

由图 6-8 可见，随着气泡和颗粒表面之间的水夹层变薄（在曲线 ασ 段），气泡和颗粒表面开始接近，在 h_2 距离之前，此夹层的自由能没有变化。从 σ 点开始，在和颗粒表面的接近过程中，从 h_2 到 h_3，气泡以自己的水化膜加入到由颗粒表面力场所生成的有序化水化层区中。唯有克服了水化夹层的阻力，气泡和颗粒之间水化夹层厚度才能进一步变薄，因此必须同时依靠外部的能耗增加其自由能（曲线 σβ 段）。在 β 点，气泡和颗粒表面之间的距离达到 h_3，水夹层自动显著地变薄而到达 h_4（曲线 βτ 段），与此相应，夹层自由能比其初值减少 Δσ。此时，三相润湿周边得以形成，h_4 为残余水化层的厚度，此后再接近需要高能耗才可完成。

在浮选理论中，前苏联科学家[52]首次提出了楔压力的概念，即由液体薄层产生的阻碍薄层在外力作用下继续变薄的压力，由于两个接近的表面相互重叠，结果产生了楔压力，这些表面层也是扩散的离子层。可以认为，楔压力和颗粒相互作用时的引力和斥力的合力概念有类似性。一般情况下，楔压力随表面厚度的变薄而增大，但厚度非常小时，楔压力可以降低，甚至作用相反，使水膜不稳定，急剧变薄。楔压力的出现是在扩散离子层开始重叠但定向水化层尚未重叠的距离处，于是，可将图 6-8 中 σ 点作为楔压力出现的始点，β 点表示水化层急剧变薄的始点。从 β 点开始，曲线下降，即相当于颗粒表面水层和定向水化层之间的明显界限。楔压力的总能量 Π(*h*) 可由以下部分组成：

$$\Pi(h)=\Pi_C(h)-\Pi_M(h)+\Pi_N(h) \tag{6-7}$$

式中，$\Pi_C(h)$ 为由电荷所造成的并在润湿薄膜两相表面上离子云的重叠或变形而产生的分量；$\Pi_M(h)$ 为由 van der Waals 力所造成的分量，或者水膜分子与颗粒或自身分子相互作用而产生的引力；$\Pi_N(h)$ 为表面水化率以及与疏水性或亲水性有关的叠加分量。

气泡与颗粒碰撞过程中，液膜破裂的影响因素主要分为以下两方面[56]：由于各种相互作用力（van der Waals 力、静电力、长程憎水吸引力等）的影响导致液体界面波动不断增加，最终引起液膜的破裂。该机理最初由 Scheludko 提出，认为最初形成脱水的点位需要克服一定的作用能垒，该能垒是由于三相接触线张力作用所导致。由 Derjaguin 最先提出的液膜成核理论[57]。第一种理论基于引力存在时液膜对于热波动的不稳定性，因为引力能够放大波动，这一不稳定性会导致液膜变薄过程中的破裂。第二种理论中不需要引力的存在，憎水位密度的波动或微小气泡的产生能够引起破裂。液相主体中，当一个气泡靠近固体表面时，液膜并不是呈平面状，而是四周最先变薄，在中部形成一个窝状结构，这主要是由于液膜边缘处的初始排除流速较大所致。

以甲基化石英代表憎水性表面，对液膜破裂的研究结论如下：如果液膜不破裂，它将一直变薄到临界厚度；最大临界液膜厚度为几百纳米，而且临界液膜随着憎水性的增加而变厚；憎水表面的不均匀性对液膜的生命周期以及临界厚度有很大影响，表面的不均匀性越大，则液膜的生命周期越短而临界厚度越大；只要存在一个三相接触孔就足以使液膜脱稳与破裂。另外一个非常重要的现象就是气液固三相接触线的环形扩展。

对于亲水界面与气泡的接触，液膜表面上很多部位会同时产生气-固接触孔[24,56]。临界液膜厚度不会超过双电层作用范围；液膜上出现的三相接触孔不会扩大，固体上的三相接触点可以通过缓慢降低气泡内部压力观测到；液膜上与固体的接触孔以相似的间隔分布，这一间隔为理论计算的毛细波动临界距离，所以认为只有毛细波动机理在这一体系中发挥作用；尽管液膜上会有许多三相接触孔同时形成，但是液膜仍能够长时间保持稳定[56]，而且实验没有观测到长程憎水吸引力，因此对其存在提出置疑。

由上述分析可以得到，对于憎水表面，液膜破裂主要是由于表面成核导致；而对于带相异电荷的表面，由于表面与气泡间静电吸引作用，毛细波动机理也会发生。如果微小的气腔能够导致液膜的脱稳与破裂，那么临界厚度应该与固体表面纳米气泡的尺度相当，所以相互作用可以解释为异相表面上气核的存在。

气泡与颗粒发生碰撞后，通过两者之间液膜的排除形成稳定接触。在气浮过程中，聚集体在气泡的浮力作用下浮升去除，颗粒物的最终去除决定于其能否与气泡形成稳定黏附。聚集体随水流运动的过程中，表面受到液相主体的剪切作用，该作用力大小由主体的 Reynolds 数决定，因此气泡-颗粒聚集体稳定的基础是三相接触作用力大于气浮过程中的水力剪切[24,56]。

三相交界线扩展受交界线张力及颗粒憎水性决定，而交界线张力则取决于固-液与气-液界面能。无论是在吸附还是在解吸附中，表面各向异性引起的动态接触角与静态接触角间的差异都是非常重要的，所以颗粒表面的几何粗糙度与各向异性也将影响到颗粒在气泡表面的脱离。三相接触线在其扩展运动过程中可能受阻静止，形成稳定的颗粒-气泡接触湿周，从而防止黏附聚集体的脱离[24]。

除了 DLVO 理论中所考虑的物理化学作用力外，影响气泡与颗粒间相互作用的因素很多，包括：三相的表面张力[56]、颗粒物表面的各向异性[24]、液相主体中溶解气体的类型[23]、界面毛细作用[56]和憎水颗粒表面的纳米级气泡[28]等。

由于固体表面不均匀性能够影响三相接触线的运动，所以各向异性表面的三相接触线扩展会受到限制[39]。各向异性表面上的微气泡相比其他类型表面上的微气泡更加难以去除，这与理论研究相一致。另外，实验研究表明[23]，空气与 CO_2 在水中的溶解能够增加捕集率，而其他气体的溶解则不同程度地降低捕集率。相比 OH^-，HCO_3^- 能够对气液界面结构区产生较大影响，导致更加无序的结构，因而容易在界面吸附，并破坏憎水固体界面处的水分子结构。

通过理论研究，影响气泡颗粒黏附动力学的因素有粒度、气泡大小、药剂的浓度和温度等，这与实践完全相符[26]。

6.2.3　颗粒气泡黏附的物理化学流体动力学模式研究

目前，对于溶气气浮水厂的设计和最佳操作均依靠中试和操作经验，各国学者的研究表明，气浮效能主要决定于原水水质、絮凝预处理及适当的操作参数等因素。随着对气浮、特别是溶气气浮技术的深入研究，常利用建立模式的方法来研究各种影响因素，从而确定主要参数，使气浮工艺的设计向更科学的方向发展，同时也为气浮理论的建立和研究开拓了思路。在这方面主要的研究人员或团队有日本的 Fukushi 和 Tambo 等（1985～1995）[58]、美国的 Edzwald 和 Malley 等（1988～1995）[59～60]、荷兰的 Schers 和 Dijk（1992）[61]、芬兰的 Heinanen（1992）[62]以及 Liers 和 Baeyens（1996）[63]等。

6.2.3.1　颗粒与气泡之间的互撞模式

在不考虑气泡和颗粒对流体动力学参数相互影响的情况下，可以计算颗粒与气泡在单相接近时的碰撞概率[52]。

互撞的流体动力学状态表征，可同时用以下所列的两个以上的参数来表述：

$$Re_p = dU/\nu \tag{6-8}$$

$$Re_b = DU/\nu \tag{6-9}$$

$$K = 2Ud^2\Delta\rho/9D\eta \tag{6-10}$$

式中，d、D 为颗粒和气泡的直径；Re_p、Re_b 为颗粒和气泡的 *Reynolds* 数；K 为 Stocks 准数；U 为气泡的上升速度；η 为水的黏度；ν 为运动黏度；$\nu=\eta/\rho$，ρ 为水的密度；$\Delta\rho$ 为颗粒和水的密度差。

颗粒按粒度大小可分为粗颗粒和细颗粒。粗颗粒相对于流线来说具有自身的运动轨迹，而细颗粒则只在流体动力学力作用的条件下沿着流线运动。根据颗粒与气泡的粒度关系以及流体动力学运动状态，互撞模式可分为：(a) 惯性模式；(b) 在气泡表面力场的无惯性模式；(c) 紊流-扩散模式；(d) 分子-扩散模式。图 6-9 是颗粒与气泡互撞模式的示意图。

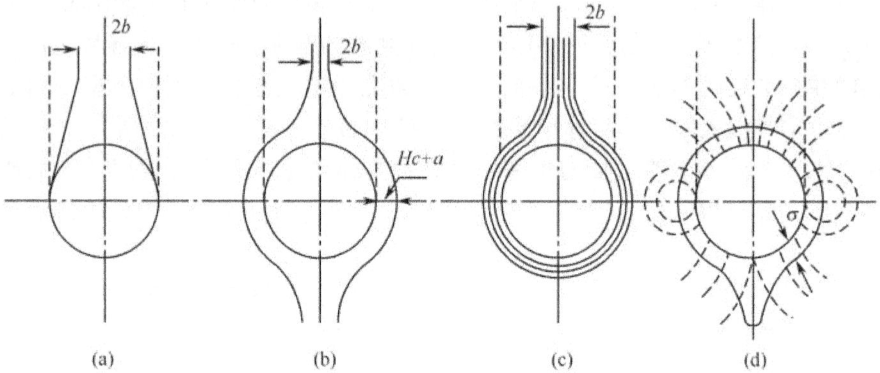

图 6-9　颗粒与气泡的互撞模式[52]

(a) 惯性模式；(b) 在气泡表面力场的无惯性模式；(c) 紊流-扩散模式；(d) 分子-扩散模式

(1) 惯性模式。当流体绕着气泡运动时，流线就会歪曲，产生一种将粒子从障碍物旁引向一边去的力。纯惯性接近时，粒子轨迹取决于惯性力与黏滞力的平衡。惯性力随颗粒尺寸的减小而减小，当粒度 d 值达到某临界值时，惯性力就不再能克服黏滞阻力。

$$d_{临界} = 18(\nu\eta/24g\Delta\rho D)^{1/2} \tag{6-11}$$

(2) 在气泡的表面力场的无惯性模式。无惯性粒子能被运动着的气泡上所产生的远程作用扩散电力所吸引。

(3) 紊流-扩散模式。当 Reynolds 数增加至 20 时，液体流动遭到破坏，形成往复式涡流，而将粒子吸到尾端上。理论研究表明，当粒子直径小于气泡表面黏性边界层的厚度 δ_0 时，才可发生上述尾部沉淀。

$$\delta_0 = (\eta D/2\rho U)^{1/2} \tag{6-12}$$

而且，当仅是由于流体动力学力的作用时，直径在 $\delta_0 < d < d_{临界}$ 范围内的颗粒与气泡的碰撞概率最小。

(4) 分子-扩散模式。当发生表面活性物质的吸附时，分子和离子都能与气泡表面很好的碰撞，依靠扩散作用，胶体粒子也能达到气泡表面。

6.2.3.2　颗粒与气泡碰撞的轨迹模式

Malley、Edzwald[59,60] 提出了一个基于胶体稳定和颗粒沉积的概念模式，用以确定影响DAF操作效果的变量。该模式指出的变量为颗粒稳定性和尺寸、气泡尺寸和上升速度、气泡体积浓度、停留时间。此后Edzwald等[9,59,60]发展了上述模型，建立了描述反应区（混合区、接触区）和分离区的方程式，在前人工作的基础上，对于反应区，他们利用层流状态下的单个捕集者碰撞效率（过滤的轨迹理论）的概念建立了单个捕集者碰撞模式（single collector collision model, SCC model），模拟分离区引用了Stokes定律，表达气泡-絮体复合体的上升速度。在层流状态下，认为颗粒絮体与气泡的碰撞有以下作用模式（图6-10）：(a) 布朗扩散模式；(b) 拦截模式；(c) 重力沉降模式；(d) 惯性模式。从而推导出单个捕集者效率依次为η_D、η_I、η_G、η_{TA}（图6-11）。将该概念模式化，可以较好地解释气浮的一些现象。该模式得出颗粒粒径处于1μm左右时单个捕集者效率最小。他们的结论是“气浮可以想象为一种过滤形式”。

(1) 布朗扩散模式。因无规则布朗运动而引起较小颗粒的传输作用，一般来说，对于粒径≤1μm的颗粒，该模式是控制机理。

(2) 拦截模式。当颗粒沿着流线运动至气泡表面而发生黏附的过程，一般来说，对于粒径≥1μm的颗粒控制机理。

(3) 重力沉降模式。因重力和相关的颗粒沉降速度的作用，引起颗粒横穿流线而到达气泡表面。

(4) 惯性模式。对于比较大而且重的颗粒，因其自身的惯性作用不沿流线运动而达到气泡表面的过程。

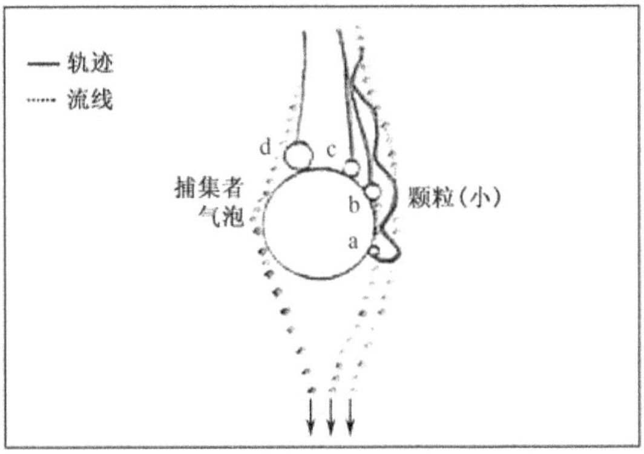

图6-10　层流状态下颗粒向单个气泡（捕集者）的传质模式示意图[61]

轨迹理论：a—布朗扩散模式；b—拦截模式；c—重力沉降模式；d—惯性模式

因而，单个捕集者的总效率η_T为以上各模式的简单加和值，即

$$\eta_T = \eta_D + \eta_I + \eta_G + \eta_{TA} \tag{6-13}$$

$$\eta_D = 6.18(k_b T/g\rho_w)^{2/3}(1/d_p)^{2/3}(1/d_b)^2 \tag{6-14}$$

$$\eta_I = 3/2(d_p/d_b)^2 \tag{6-15}$$

$$\eta_G = [(\rho_p - \rho_w/g\rho_w)](d_p/d_b)^2 \tag{6-16}$$

$$\eta_{TA} = g\rho_p d_b d_p^2/324\nu^2\rho_w \tag{6-17}$$

式中，k_b 为 Boltzmann 常量（1.38×10^{-23} J/K）；T 为热力学温度（K）；g 为重力加速度（9.81m/s^2）；ρ_w 为水的密度（g/m^3）；ρ_p 为颗粒密度（g/m^3）；d_p 为颗粒直径（m）；d_b 为气泡直径（m）；ν 为流体的动力黏度（m^2/s）。

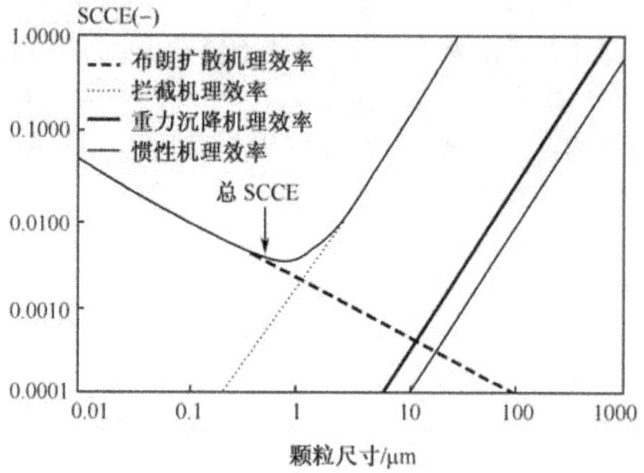

图 6-11 颗粒直径 d_p 对单个捕集者效率（SCCE）的影响示意图[61]

轨迹模式认为，对于气浮来说絮凝使颗粒脱稳的步骤是必需的，通过絮凝产生针尖大小（数十微米）的絮体是比较合适的，气泡的体积浓度比絮体的大得多，气泡直径一般为 10～100μm（平均 40μm）是最佳的。SCC 模式是适用于饮用水处理的模式，实际经验表明，在气浮池的设计及操作中，保持反应区释气水的平稳流是防止复合体被打碎的前提，但也要保证气泡和絮体混合均匀以利碰撞黏附，因此反应区的流态设计和控制很重要。

Schers 和 Dijk[61] 提出了有关的物理数学模式，其反应区也是采用单个捕集者碰撞效率的概念建立的。该模式区分两种分离机理，接触（过滤）过程和分离过程。接触过程描述类似于过滤理论的颗粒与气泡的碰撞，过滤区的效率主要依据气泡的体积浓度、接触时间和温度。在分离过程中，复合体上浮的速度主要确定了分离区的效率，并且很明显是依靠颗粒尺寸，大颗粒导致更高的分离速度，由此可以产生高的表面负荷率。该模式确定的影响气浮操作效果的参数为：气泡直径及其体积浓度、颗粒尺寸、接触时间、温度、表面负荷率等。

他们的模式研究结果提出气浮池的最佳设计如下。

过滤区：理论上，逆流优于并流，而在实际情况下，并流、逆流、十字交叉流对气浮效果并无多大影响。其原因是过滤区的表面负荷率为 50～100m^3/(m^2 ·

h)，比气泡上升的速度 $v_b \leqslant 2$m/h 高得多；接触时间应大于 1.5min；过滤区应当又长又窄，长宽比为 5 或更高才能获得较好的活塞流态；这一概念导致了所谓柱状反应器作为过滤区的设计思想；两种流体（絮凝水、回流水）必须平稳地分布于过滤区的横截面，絮凝时需要小而稳定的絮体。对于回流水可以采用不同的方式导入，以保护复合体的顺利形成。

分离区：表面负荷率达 25～30m^3/(m^2·h)；降低流体的水平流速，分离区深 2.0m，以保证至少有 5min 的停留时间；分离区应当又长又窄，水流应平均地在该区的截面上进入或排出，减少“死区”。

Heinanen 等[62]对气泡形成、气泡黏附和气泡-絮体复合体在气浮池的运动分别进行了论述，总结了前人的观点。作者认为，pH 对絮体形成和气泡黏附一样，均很重要，这也决定于絮凝剂种类和原水类型。在最佳 pH 时，颗粒的 ζ 电位接近于 0 或为负值，这依赖于不同的絮凝剂，而且此时复合体的平均上升速度与絮凝剂种类无关，约为 27m/h。研究表明，可以采用较高的溢流速度（≤15m/h）。

Baeyens 等[63]提出了溶气气浮的接触区和分离区的模式，其气泡絮体反应仍以轨迹理论为基础，模型参数为气泡絮体黏附系数（α_{pb}）和聚集体的固液比(β)，而且该模型对这些参数值不太敏感。该模式可以用于计算各种可能操作条件下的气浮效率。

6.2.4 颗粒与气泡碰撞的群体平衡模式

Edzwald 模型指出在气浮反应区，截留作用占主导地位。而以 Fukushi、Tambo 等为代表的日本学者[58]提出，反应区为紊流流态，有能量耗散发生，截留作用只在混合最终或气浮分离区发生。颗粒絮体和气泡的黏附是在紊流中絮凝，是一个群体平衡的作用机理，基于 Levich 的区域各向同性湍流、黏性分段扩散原理，也提出了相应的数学模式，即群体平衡模式（population balance model：PBT model）（图 6-12）。它是由描述气泡、絮体在混合区的碰撞和黏附过程的方程式和气泡-絮体复合体在分离区的上升速度方程式组成。该动力学模型是关于溶气气浮在给水及废水处理方面的模式，由此可以预测黏附的进展和分离区的上升速度。该模式对于指定絮体和气泡的状况、去除速度和程度可以很容易地进行评价。

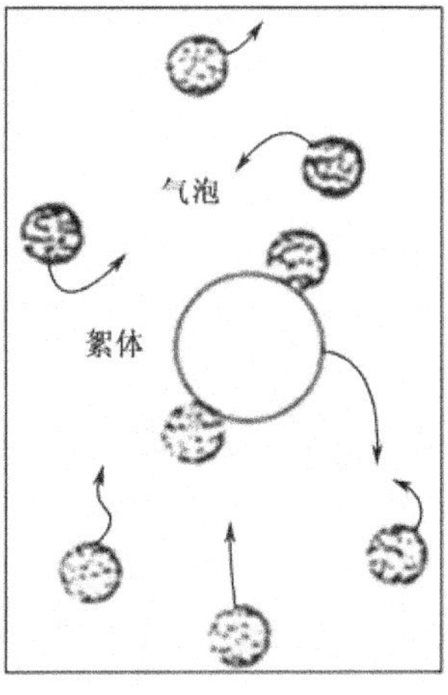

图 6-12　紊流状态下群体平衡的传质机理示意图[58]

通过计算混合一段时间 t 内，黏附 i 个气泡的絮

体数目 $n_{f,i}$，Fukushi 得到其动力学模型。模型中假定如下：①基于局部各向同性理论，混合区的搅拌强度可由平均有效能量耗散率 ε_0 表述；②整个过程中，气泡的大小不变。因为与絮体相比，气泡分布范围较窄，所以在设计中取其平均直径（$d_b=60\mu m$）；③气泡的黏附不会分离；④对于直径为 d_f 的絮体存在一个最大气泡黏附数目 m_f；⑤碰撞黏附系数 α 由絮体表面的阳离子絮凝体覆盖层和黏附气泡数目得出。当没有气泡黏附时的初始值 α_0 为 0.3～0.4。求得一系列动力学公式如下：

$$\frac{dn_{f,i}}{dt}=\frac{3}{2}\pi\beta_F(\varepsilon_0/\eta)^{1/2}n_b(d_b+d_f)^3(\alpha_{f,i-1}\cdot n_{f,i-1}-\alpha_{f,i}\cdot n_{f,i}) \tag{6-18}$$

$$\frac{dn_{f,0}}{dt}=\frac{3}{2}\pi\beta_F(\varepsilon_0/\eta)^{1/2}n_b(d_b+d_f)^3(-\alpha_{f,0}\cdot n_{f,0}) \tag{6-19}$$

$$\frac{dn_b}{dt}=-\int_0^\infty\left\{\frac{3}{2}\pi\beta_F(\varepsilon_0/\eta)^{1/2}n_b(d_b+d_f)^3\sum_{i=0}^{m_f-1}\alpha_{f,i}\cdot n_{f,i}\right\}d_f \tag{6-20}$$

$$m_f=\pi\alpha_0(d_f/d_b)^2 \tag{6-21}$$

$$\alpha_{f,i}=\alpha_0(1-i_f/m_f) \tag{6-22}$$

$$\frac{d\bar{i_f}}{dt}=\frac{3}{2}\pi\beta_F(\varepsilon_0/\eta)^{1/2}n_b(d_b+d_f)^3\alpha_0(1-\bar{i_f}/m_f) \tag{6-23}$$

式中，n_a 为游离的气泡数目；β_F 为常数；t 为接触时间；ε_0 为有效能量耗散率；η为水的黏度；n_b 为气泡个数浓度；$\bar{i_f}$为气泡的平均个数。

上述动力学公式经过无因次变换，然后通过 Laplace 变换成为较简单的形式。

6.2.5 其他模式

假定气泡表面为 Stokes 流态，忽略颗粒的惯性作用，Gaudin 于 1957 年给出一个碰撞效率公式，该模型在气泡的直径小于 100μm 时与实验结果接近，因为此时 Stokes 流态成立[64]。

Flint 和 Howarth 尝试对气泡与颗粒的碰撞进行全面分析[65]。当 Stokes 准数处于 0.001～0.1 范围内时惯性力可以忽略，通过求解颗粒运动公式，它们得到势流和 Stokes 流态两种情况下临界流线的理论解。其碰撞效率模型中考虑了速度因素：

$$E_{c-FH}=v_p/(v_p+v_b) \tag{6-24}$$

式中，E_{c-FH}为碰撞效率；v_p 为颗粒运动速度；v_b 为气泡上升速度。对于极细小颗粒，$v_b \gg v_p$，式（6-24）变为 $E_{c-FH}\approx v_p/v_b$。

Anfruns 和 Kitchener 对于碰撞效率提出一个水动力学模型[66]，模型中只考虑重力和液流黏性力的作用，忽略液流阻力与颗粒惯性力的影响。由于该模型基础为针对小颗粒的流线函数，所以该模型只适用于 Stokes 流态及无惯性流。与 Flint-Howarth 模型相比，该模型的预测值一般较高。Schulze[67]指出，由于模型中流线函数应用范围的限制，该模型只适用于气泡表面对小颗粒的截留。

1992 年 Nguyen-Van 等[68]运用数值解描述气泡与颗粒物的碰撞，提出了他们的第一个模型，而后通过对气泡表面流速近似的方法对模型进行了改进[69]。其假定基础如下：① 颗粒与气泡的碰撞只受长程水动力及重力控制；② 相比颗粒与气泡的直径，碰撞时两者之间的距离忽略不计；③ 气泡视为刚性球体，即其表面不可动；④ 由于颗粒直径远小于气泡直径，所以气泡的运动不受颗粒物影响；⑤ 颗粒无惯性。由于假定气泡表面不可动，所以预测值偏低。

Reay 和 Ratcliff 对颗粒与气泡碰撞的水动力作用进行研究后指出[70]，对于小气泡（$d_b < 100\mu m$）与颗粒（$d_p < 20\mu m$）的相互作用而言，可用 Stokes 流函数表述颗粒迹线，同时忽略颗粒物惯性作用得到：

$$E_c = m(d_p/d_b)^n \tag{6-25}$$

式中，E_c 为碰撞效率；m，n 是颗粒/液体密度比（ρ_p/ρ_l）的函数。

Jiang 等[71]考虑重力、惯性力、黏性力以及由于液流运动引起的颗粒附加质量的影响，提出其计算模型。模型与 Reay 和 Ratcliff 模型相似，只是使用范围更广［气泡（$50 < d_b < 860\mu m$）与颗粒（$5 < d_p < 120\mu m$）］。同时他们发现，m、n 不受颗粒物直径的影响却与气泡直径有关。但是由于这两个模型假定气泡表面不可动，所以没有考虑惯性力的影响。

Yang 等认为小颗粒向气泡表面的传输由布朗扩散和截留作用控制[72]，随着颗粒直径与气泡直径比例的增加，控制机理由扩散变为截留，机理变化的临界比例与 $d_b^{-4/3}$ 成比例，而且在该临界值时碰撞效率最低。其研究也提到可动气泡表面的碰撞效率要远大于不可动气泡表面。

6.2.6 溶气气浮技术的新概念

Edzwald[9,73]提出了“Integrate（一体化）”的概念。此概念认为将溶气气浮与处理厂的其他工艺整体进行考虑，必须充分研究气浮前的预处理（絮凝）对气浮的影响。同样，也要考虑气浮对其后续过程（过滤）的设计和操作的影响，这样可以进一步扩大气浮的应用范围。

20 世纪 90 年代出现的逆流气浮滤池（CCDAFF）和紊流气浮池[11～13,74,75]，正是气浮向高速、高效发展方向上的新思想体现。这种气浮池分离区的水力负荷为 25～40m/h，甚至有 60 m/h 的报道。从理论上而言，最佳的气浮单元是折衷了水力负荷和微气泡尺寸设计而成的；在实际操作运行中，如果确定的微气泡粒度尺寸在 40～60μm，相应的最大水力负荷为 30～40m/h。

采用数学中的多变量数据分析法来研究溶气气浮过程的所有影响参数的相互

作用，Krofta 等[76]认为多变量数据分析是一项相当有价值的工具，而且需要较少的实验，用它分析废水恒定变化时处理过程中获得的特征数据，从而得到有效的结论。对于进水速度、回流比和絮凝投药恒定的情况，进水水质对气浮操作的影响很大，最佳进流状况、回流比和絮凝投药量依赖于进水中最初的固体含量。

对于溶气气浮技术，首先是需要深入研究机理，例如气泡的结构和特征、气泡尺寸的正确选择与控制、颗粒和絮体的疏水性测量方法、气泡与絮体的黏附条件等均很重要。结合上述研究结果，采用数学方法和物理化学等知识对气浮工艺进行模拟，可以进行气浮池几何形状的优化，进而提出新型气浮反应器的概念模型和作用机理。在应用方面，低温、(超)低浊、富藻、含 NOM[77]、THMs[78]、环境内分泌干扰物和微有机生物体（隐孢子虫，贾第虫）[79]等水体的气浮净化将是重要的研究方向。对于废水和城市污水以及污泥的处理，也是溶气气浮继续研究和深化的方面。

溶气气浮技术中溶气、气泡释放、接触和反应装置等硬件的研究，趋向于达到最优组合、高效和高速分离的目的。尽管紊流气浮的概念和研究已经开展起来，但气浮池分离区的水力负荷达到 60m/h 也只是在实验室中出现。而且目前的工程一般均以第二代气浮技术的成熟设计为基础，因此研究和开发第三代紊流气浮技术依然是新的热点，如何去优化紊流气浮的设计、操作运行条件和拓展其应用领域将是今后水处理单元新技术的研究方向。

溶气气浮技术作为给水深度处理技术（膜技术）的预处理单元，并与后续工艺有机结合，形成优化集成净水工艺系统，对给水净化也有重要意义。

6.2.7 溶气气浮新方法的类型

随着溶气气浮技术的发展，高效的溶气气浮工艺，如高效絮凝-平流式气浮、逆流式气浮、强化共聚逆流气浮、紊流气浮等相继出现。这些溶气气浮总体上是朝着高效、高速的方向发展，体现了接触凝聚理论的新进展，气泡与絮体在紊流中发生共聚、碰撞、黏附作用，不断更新的微气泡层的形成可以像滤料层一样将絮体截流和分离，从而达到高效、高速分离的目的。

高效絮凝-平流式气浮工艺是以“高效絮凝技术集成系统（FRD）”和接触凝聚的概念为基础，结合无机高分子絮凝剂、高效的絮凝反应器（包括接触絮凝反应器-气浮池接触区）和高经济自动投药技术等饮水颗粒物去除的集成工艺。工艺单元包括：流动电流、絮凝指数仪、机械絮凝反应器和平流式气浮池等[80~83]。

在逆流式气浮工艺中，气浮池一般是柱形的，絮凝后的水进入气浮柱中一定深度，通过布水斗向下布水，而微气泡布在絮凝水的下方部位[74,75,84]。这样水气逆流，从而在柱中保持一定厚度的气泡层，大约 1～1.2m，随水向下运动的絮体在通过气泡层时发生接触絮凝过程而被拦截，气泡/絮体的聚集体随后向上浮至液面浮渣层。逆流气浮一般是组合在滤池的上方，成为一体化的设备。

共聚气浮是絮凝与气浮技术一体集成的工艺。其主旨是微气泡与尚未稳定的微絮体相互碰撞而发生颗粒物的同相与异相接触絮凝过程，最终形成适合分离的气泡/絮体的聚集体（aggregates）[10,85]。强化共聚气浮结合了强化混凝与共聚气浮的优点，采用相应的措施强化微絮体、微气泡、溶解性有机物间的气/液/固三相共聚过程[86~92]。从而达到高效地去除水中有机物和颗粒物的目的。相应的强化要素包括无机高分子絮凝剂、原水的 pH、絮凝反应器结构、气浮池的结构及工艺的操作运行条件等方面。

紊流气浮的基本原理是让絮体与气泡在紊流状态下发生碰撞、黏附，与逆流气浮类似，发生紊流的气浮分离区一般存在更厚的微气泡层，絮体在沉降时必然进入其中，从而被微气泡拦截过滤而形成聚集体上浮去除。此时，分离区的速度可达 25～40m/h[11,12]。

6.3　絮凝-平流式溶气气浮工艺

6.3.1　絮凝-平流式溶气气浮的工艺流程

絮凝-平流式溶气气浮工艺流程如图 6-13 所示，原水经进水管流入混合池进行投药快速混合，然后一部分进入三级机械搅拌絮凝反应池，另一部分分流为在线监测供水或排入集水渠。絮凝反应后的水，流入气浮池接触区与释放器产生的

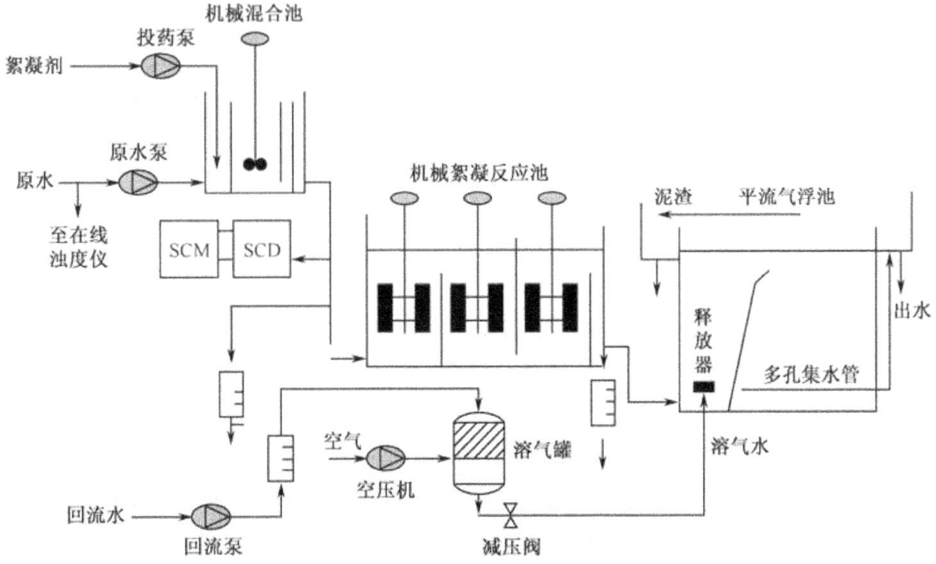

图 6-13　絮凝-平流式溶气气浮工艺流程图[80]

气泡混和反应，继而进入气浮池分离区，气泡絮体的聚集体上浮为浮渣层，清水向下流经集水管流出，其中原水和出水均分流至在线浊度仪监测浊度。溶气释气系统是将空气由空压机、自来水由离心泵同时打入溶气罐，然后经由管道至释放器减压释放。

所用的无机高分子絮凝剂为硫酸铝（AS）、不同规格的聚合氯化铝（PACl）和聚铝硅（PASC）[1,80,93,94]。

6.3.2 絮凝剂对絮凝-平流式溶气气浮工艺除浊效果的影响

平流式溶气气浮的出水余浊随着 PACZL（淄博产，液体）、PACTS（唐山产，固体）的投药量的增加而降低，相应的浊度去除率也在上升（图 6-14）；当余浊低于 0.6NTU，即浊度去除率接近 70%时 PACZL 的投药量为 3.8mg/L（以 Al_2O_3 计），PACTS 的投药量为 3.0mg/L（以 Al_2O_3 计）。从图 6-15 中对应的稳态 FI 值的变化来看，随着 PACZL 投药量的升高直至 3.8mg/L（以 Al_2O_3 计）期间，稳态 FI 值逐渐上升至最大值，而后下降。但对 PACTS 絮凝剂，在其投加范围稳态 FI 值逐渐上升并接近 PACZL 絮凝剂的最大值。

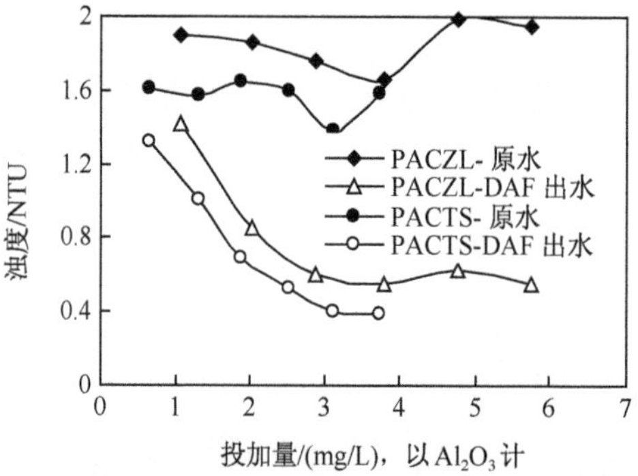

图 6-14　絮凝剂投药量与溶气气浮出水余浊的关系[93]

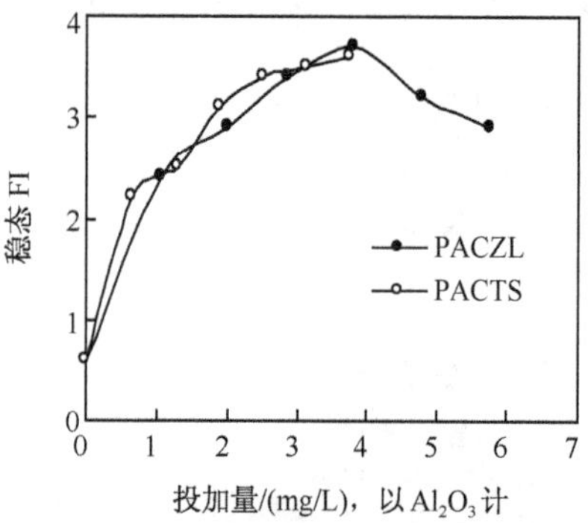

图 6-15　絮凝剂投加量与稳态 FI 值的关系[93]

稳态 FI 值与絮体粒度的平方根成正比，在 PACl 投药量增加到接近最高除浊点时，絮体一直在变大，当投药量再继续增加时，絮体粒度开始下降，但浊度去除率在此尚未下降，而是呈稍微上升的趋势。可见，投药量的增加使絮凝剂有足够的量去和水中的颗粒物进行物理化学的凝聚絮凝作用，并达到适合与微气泡作用的粒径范围，但最大粒径的颗粒并不是与微气泡作用最佳的。另外，上述结果证明采用透光率脉动仪进行投药的自动控制是有一定根据的。

图 6-16 表明，无机高分子絮凝剂的碱化度 *B* 越高除浊效果越好[93]。其中在相同的处理效果下，PACTL 的投加量仅为 AS 的 1/2～2/3。并且，在以 Al_2O_3

计的投加量相同的情况下，低投加量时 PASC 稍优于 PACl，但差别不大，此后除浊效果相近，出水浊度最低可达 0.364～0.402NTU。

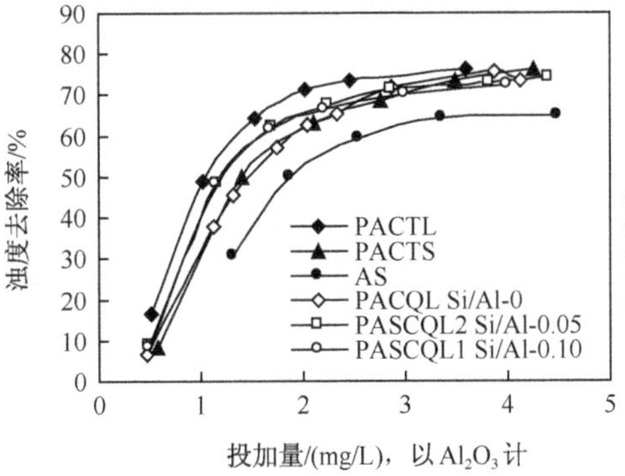

图 6-16　不同特征的絮凝剂投药量对絮凝-平流式溶气气浮工艺处理效果的影响[94]

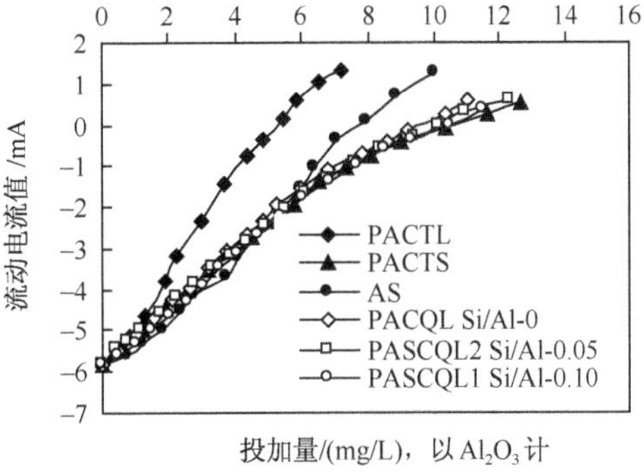

图 6-17　不同特征的絮凝剂投药量对流动电流（SC）值的影响[94]

流动电流值的比较结果如图 6-17 所示，碱化度 B 值越高的 PACl 其流动电流的响应值 SC 越高[94]，不同 B 值的 PACl 在达到 SC 的等电点（SC=0）时，需投加的量随着 B 值的增大而减少。由于 SC 值与 AS、PACl 絮凝剂水中的组分形态的ζ电位成正比，在一定的投加量范围内，AS 水解形态的ζ电位最低，而 PACl 水中各组分形态的ζ电位则随 B 值的增加而明显增加，这说明其电中和能力随着碱化度的升高而增强。

PASC 絮凝剂的流动电流值随 Si/Al 摩尔比的降低而有所提高，Si 的引入使絮凝剂电中和能力下降，但絮凝气浮效果与 PACl 相近或略好。由此可见，絮凝剂的电中和作用也不能完全决定该工艺的除浊效果，絮凝剂的其他作用机理也会有较大的影响。PASC 因硅的助凝作用而形成具有一定结构特性的絮体（絮体较大、形成速度快、密度高等），这些正面的因素抵消了电中和能力降低的影响，从而出现上述相近的除浊效果。

除了荷电特性外，絮凝剂的碱化度越高立体结构越显著，有利于其压缩颗粒表面的水化层而与颗粒黏附架桥，当然越有利于絮凝。另外，铝盐在混凝过程中形成的初生微粒呈绒毛状蓬松多孔絮状结构，其粒径约为 25～100μm；而 PACl 的絮体微粒呈球状链束聚集结构，其聚集体可到 300～500μm，拥有更大的体面比，很容易相互黏附长大[95]。

6.3.3　水力条件对絮凝-平流式溶气气浮工艺除浊效果的影响

图 6-18 表明，对于 PACTL（唐山产，液体）和 AS 两种絮凝剂，随着混合

强度的增大，除浊去除率总体呈下降趋势，相应的合适 G 值（速度梯度）为 300～1000s^{-1}；前者曲线规律显示，15s 的混合时间最佳，后者的混合时间至少要大于 30s。而且，随着混合强度的升高，以 PACTL 为絮凝剂时的除浊率的减少程度比以 AS 为絮凝剂时的小，可见 PACl 比 AS 具有更宽的凝聚水力条件范围。PACTL 和 AS 具有不同絮凝机理，前者不需水解其高聚产物即可与原水中的颗粒进行扩散吸附反应，所以在混合过程中可同时发生压缩双电层、吸附电中和等作用；而 AS 投加后首先为 Al(Ⅲ) 离子，除了在混合过程中发生压缩双电层等作用外，还要进行水解反应。Al(Ⅲ) 离子水解生成低聚产物与原水中颗粒物的吸附反应需要一定时间，因而发生压缩双电层、吸附电中和等作用需要稍长的时间[95]。

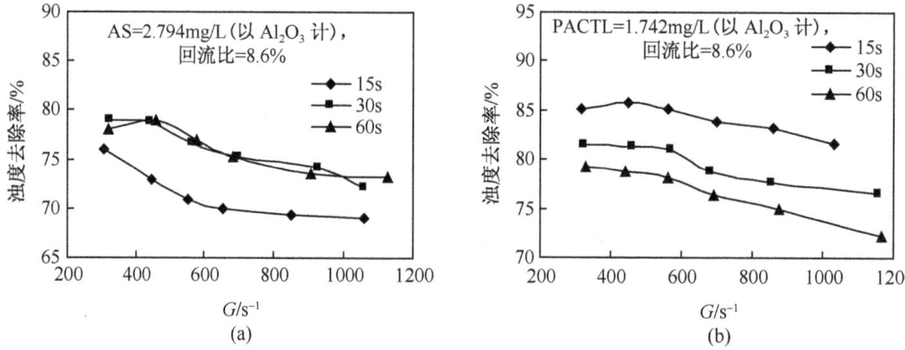

图 6-18　快速搅拌强度和停留时间对絮凝-溶气气浮浊度去除率的影响[94]

(a) 絮凝剂：AS，温度：12.0℃，原水浊度：1.80～2.60 NTU；

(b) 絮凝剂：PACTL，温度：11.6～12.8℃，原水浊度：1.70～2.30 NTU

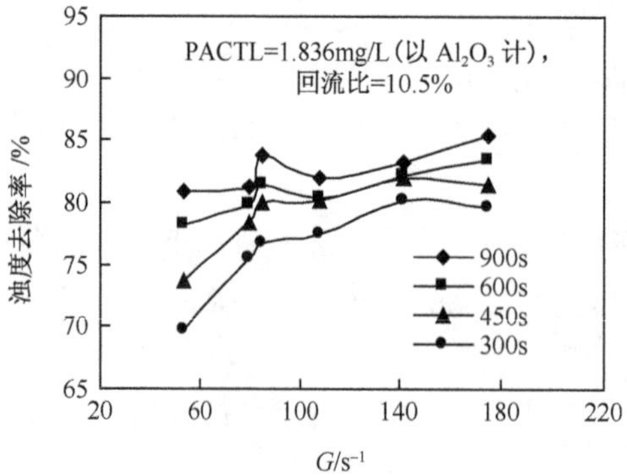

图 6-19　三级递减搅拌强度和停留时间对絮凝-溶气气浮工艺浊度去除率的影响[94]

絮凝剂：PACTL，温度：11.8～12.0℃，原水浊度：2.20～3.20 NTU

絮凝反应中的搅拌对絮体的成长有着重要的影响，PACTL 为絮凝剂时（图 6-19），在递减搅拌条件下，对于 4 种停留时间，浊度去除率随着搅拌强度的增大基本呈上升趋势，随着停留时间的减少浊度去除率逐渐下降；AS 为絮凝剂的结果与 PACTL 类似。对于这两种絮凝剂，平均 G 值在 40～140s^{-1} 范围内较为合适，而且，PACTL 的总停留时间以不小于 300s（5.0min）为佳，AS 则以不小于 450s（7.5min）为佳。图 6-20 所示的等速搅拌条件下影响曲线的变化趋势与

图 6-19中递降搅拌的相似，平均 G 值大于 $40.0s^{-1}$ 较为合适。由图 6-21 可以看出，随着总平均 G_T 值的增加，浊度去除率总体上呈逐渐增加的趋势，而且总平均 G_T 值≥2×10^4 时浊度去除率一般大于 70%。无论递减还是等速搅拌，三级搅拌时气浮除浊率的效果较两级搅拌的稍好一些，唯有单级搅拌差了许多。这表明，活塞流的絮凝反应器的结果优于 CSTR 型的絮凝反应器。高效絮凝-平流式溶气气浮工艺所需的絮凝段的搅拌强度比沉淀工艺（$G=20\sim40s^{-1}$）的高，停留时间反而较其短，在高 G 值条件下搅拌较短时间，形成的絮体粒度应在数十微米级，即该工艺要求针尖大小的絮体。凝聚絮凝反应的水力条件（搅拌方式、强度和时间）对浊度去除率的影响没有絮凝的化学因素（絮凝剂种类、投药量、pH 等）显著，这也符合文献的结论[96]。

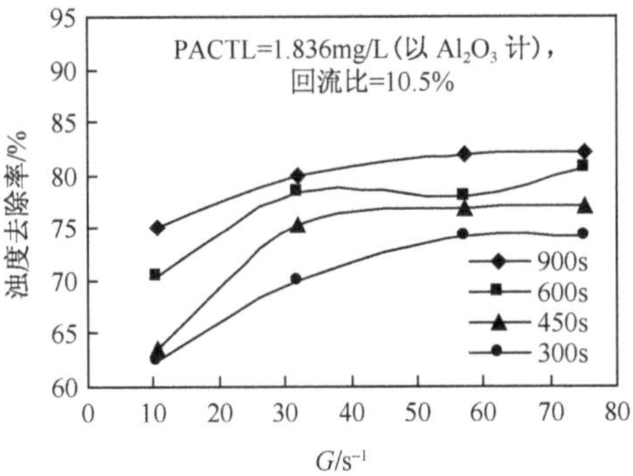

图 6-20　三级等速搅拌强度和停留时间对絮凝-溶气气浮工艺浊度去除率的影响[94]

絮凝剂：PACTL；温度：12.0～12.2℃，原水浊度：2.10～3.10 NTU

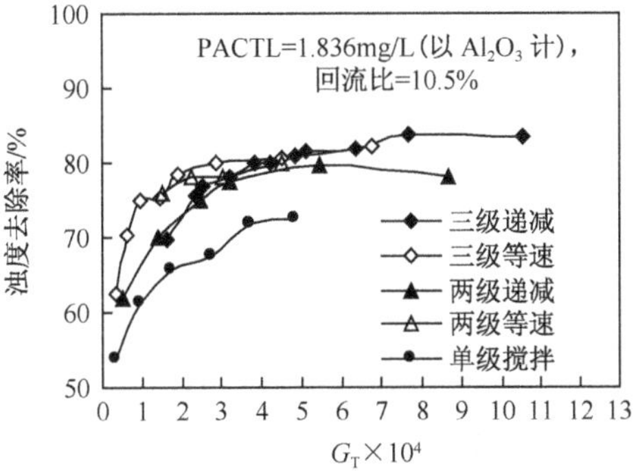

图 6-21　递减搅拌与等速搅拌对絮凝-溶气气浮工艺浊度去除率的影响比较[93]

絮凝剂：PACTL，温度：8.4～12.6℃，原水浊度：1.90～2.40 NTU

稳态 FI 值的变化（图 6-22）表明无论采用递减或等速搅拌方式，在搅拌强度的增加过程中，稳态 FI 值随之增加，然后趋向一极值，并有呈逐渐下降的趋势，相应的絮体粒度也有相同的变化历程，这一 FI 极值（对应絮体粒度的极值）时的搅拌强度为 G_f；在等速搅拌的情况下，絮凝时间 300s 时和 600s 时的 G_f 相近，都约为 $40s^{-1}$；在递减搅拌的情况下，絮凝时间 300s 时的 G_f 约为 $60s^{-1}$，絮凝时间 600s 时的 G_f 约为 $110s^{-1}$；在相同絮凝搅拌方式和强度时，絮凝时间为 600s 时形成的絮体总比 300s 时的絮体小。

对应 FI 值的变化，浊度去除率也是随着搅拌强度的增加而增加，然后趋向一极值，并有的呈逐渐下降趋势，这一浊度去除率极值对应的搅拌强度为 G_t，如图 6-23 所示。等速搅拌时，絮凝时间 300s 和 600s 的 G_t 都约为 $40s^{-1}$ 以上；递减搅拌强度时，絮凝时间 300s 时的 G_t 约为 $100s^{-1}$，絮凝时间 600s 时的 G_t 约

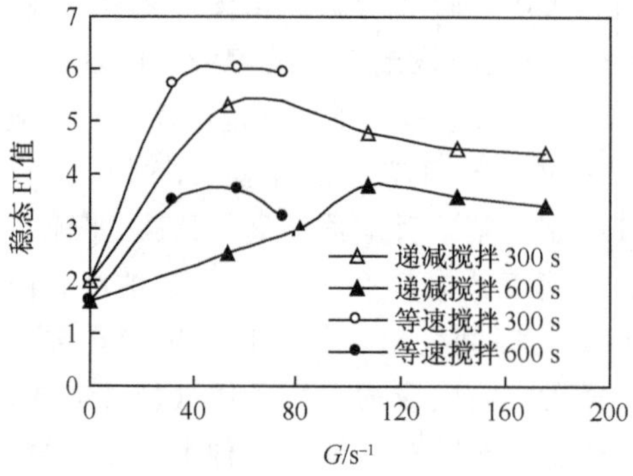

图 6-22　搅拌强度和时间对稳态 FI 值的影响[93]

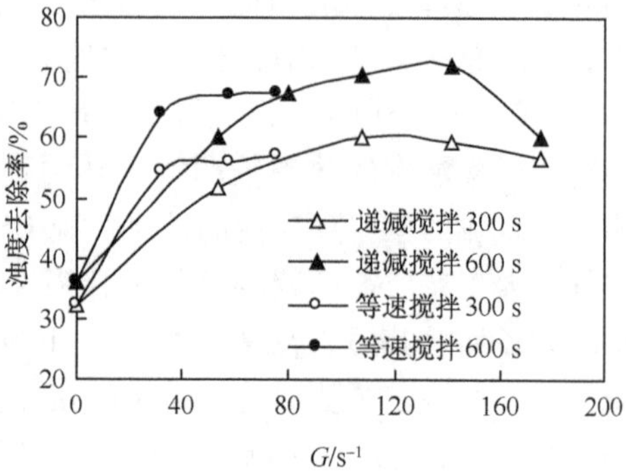

图 6-23　搅拌强度和时间对浊度去除率的影响[93]

为 $140s^{-1}$，而且搅拌强度在 $80\sim140s^{-1}$ 范围内，浊度去除率的变化趋势减缓；在相同絮凝搅拌方式和强度时，絮凝时间为 600s 时浊度去除率总比 300s 时的高。另外，在相同的搅拌强度时等速搅拌的浊度去除率稍高于递减搅拌，这与 Edzwald、王毅力等的观点接近。

综合图 6-22 和图 6-23 的结果，可以发现，能与微气泡作用效果较好的絮体应具有较大的粒度。尽管等速搅拌的 G_f 和 G_t 的底限接近，但在 G_t 时的浊度去除率均稍微低于递减搅拌在 G_t 时的浊度去除率，而对于递减搅拌，两种絮凝时间下的 G_f 都小于 G_t，这表明在 G_f时形成的具有极值尺寸的絮体并不是与微气泡作用效果最好的，最佳的絮体的粒度都是小于此极值粒度的，而且是高的搅拌强度下形成的；可见，具有较大粒度的密实絮体才是与微气泡作用效果最好的絮体，这种絮体能提供更多与微气泡发生黏附作用的点位。

6.3.4　絮凝操作条件对絮凝-平流式溶气气浮工艺的颗粒物去除效果的影响

以颗粒数目分配而言（图 6-24），密云水库原水中绝大部分的颗粒处在 2～15μm，且 2～4μm 的颗粒数目最多，凝聚混合后，各粒度范围的颗粒数目增加了几倍，尤其是 2～4μm 的颗粒数目增加的最多，除了絮凝剂水解的缘故外，密云水库原水中可能还含有大量粒度小于 2μm 的颗粒。Edzwald 等的研究表明[9]，颗粒粒度集中在小于 10μm 的水库原水经过 8～16min 的絮凝后，水中的小颗粒数目减少，大颗粒数目增加，数目最多的粒度分布在 35μm 左右。

通过比较该工艺的原水和溶气气浮出水中的颗粒粒度分布可知，在溶气气浮出水中粒径越大的颗粒含量越少，其中大于 15μm 的颗粒极少，但小于 2～4μm 的颗粒数目时常多于原水，尽管出水余浊还是下降，这也许是小颗粒对光散射的贡献低，对散射浊度结果影响小的原因。

由于原水颗粒数目的频繁波动和气浮工艺的复杂性，各种操作条件下对粒度去除的比较只能呈现轮廓性的结果。譬如，图 6-24 表明，完全省略絮凝单元后，溶气气浮出水中的颗粒数目一般较未省略絮凝单元的多，增加搅拌强度和延长时间可能都有利于颗粒的去除。等速搅拌时溶气气浮工艺出水中 4～8μm、大于 10μm 的颗粒数目较递减搅拌絮凝的少，而 2～4μm、8～10μm 颗粒的情况则相反。

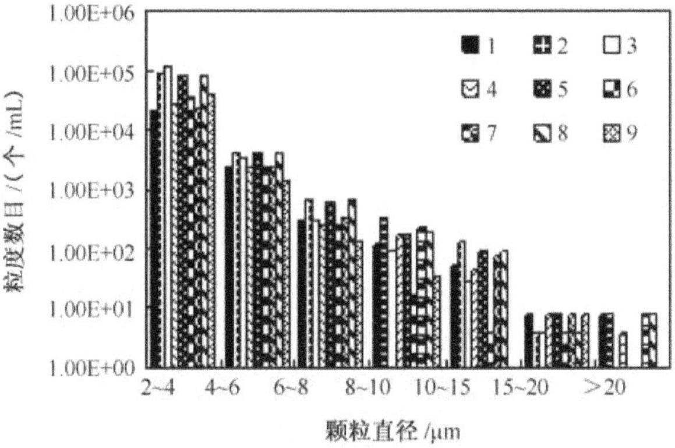

图 6-24　不同搅拌强度和时间下絮凝-溶气气浮工艺各单元出水中 2～60μm 的颗粒物的变化[93]

1—无絮凝时原水；2—无絮凝时凝聚混合水；3—无絮凝时溶气气浮出水；4—递减絮凝 G_t=53.35×600 时原水；5—递减絮凝 G_t=53.35×600 时凝聚混合水；6—递减絮凝 G_t=53.35×600 时溶气气浮出水；7—等速絮凝 G_t=57.30×600 时原水；8—等速絮凝 G_t=57.30×600 时凝聚混合水；9—等速絮凝 G_t=57.30 ×600 时溶气气浮出水

6.3.5　溶气-释气条件对絮凝-平流式溶气气浮工艺除浊效果的影响

固定释放器类型，对于 2 种不同的絮凝剂，在 3 种不同的释气压力下，浊度去除率随着回流比的增加而逐渐上升，而且释气压力在一定范围内的增加有利于溶气气浮除浊效果的发挥（图 6-25）。在释气压力为 2.5～3.3kgf/cm² 时，5.0%～8.3%的回流比较为合适。一般情况下：

$$R_{min} = 2\alpha_{g\text{-}l}/\Delta p \tag{6-26}$$

式中，R_{min} 为最小气泡半径；$\alpha_{g\text{-}l}$ 为气、液表面张力系数；Δp 为表压差。

式（6-26）表明压差与气泡粒径成反比，压力升高有利于形成较小的气泡，其黏附絮体的表面活性大。对于低浊水而言，即使压力为 3.3kgf/cm² 时，回流比在 3%也可达到 56%的除浊效果。而且压力和回流比对以 PACl 为絮凝剂时的

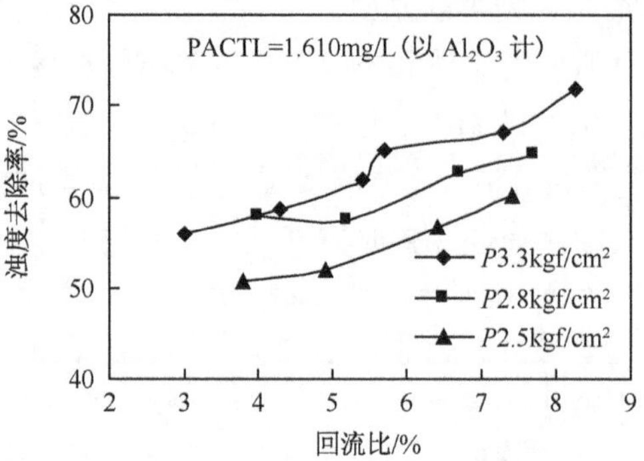

图 6-25 压力和回流比对絮凝-溶气气浮工艺除浊效果的影响[94]

絮凝剂：PACTL，温度：13.2～14.3℃，原水浊度：1.20～1.60 NTU

处理效果影响较为显著。PACl 絮凝剂在特征上介于传统絮凝剂与阳离子型有机高分子絮凝剂之间，由于其形态对水解反应有一定的惰性，从而减缓水解和延迟沉淀并形成与铝盐水解聚合物的电荷、溶解特性及结构各异的絮体颗粒，因此可能使其絮体的疏水性强于 AS 的絮体颗粒，从而它与气泡的黏附能力较 AS 的絮体颗粒与气泡的黏附能力强，并且呈现与气泡较为敏感的黏附作用。

6.3.6 气浮池水力负荷对絮凝-平流式溶气气浮工艺除浊效果的影响

对于 PACTL、AS 絮凝剂，接触室负荷（图未列出）或气浮池总表面负荷（图 6-26）的变化对絮凝气浮除浊效果的影响趋势类似，浊度去除率均是随着负荷的增大而逐渐下降，其主要原因是气泡和絮体进行异相絮凝反应的时间减少和

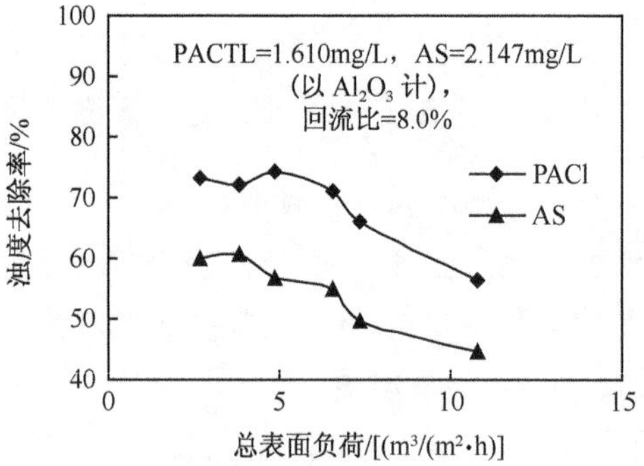

图 6-26 气浮池水力负荷对絮凝-溶气气浮工艺除浊效果的影响[94]

絮凝剂：AS，温度：14.5℃，原水浊度：1.20～1.60NTU；絮凝剂：PACTL，

温度：13.2～14.3℃，原水浊度：1.20～1.60 NTU

紊流扰动的不利影响。接触室负荷在 20.00～60.00$m^2/(m^3 \cdot h)$ 之间（停留时间 1.5～4.0min）变化时，除浊率变化为 12%～20%左右。

6.3.7　絮凝-平流式溶气气浮工艺的稳定性和除藻性能

在高效絮凝-平流式溶气气浮工艺的运行中，水库排洪时，图 6-27 给出了该工艺对高浊水的抗冲击能力，在几个小时的洪水冲击下，溶气气浮出水浊度较为稳定，表明该工艺的耐冲击性较强。

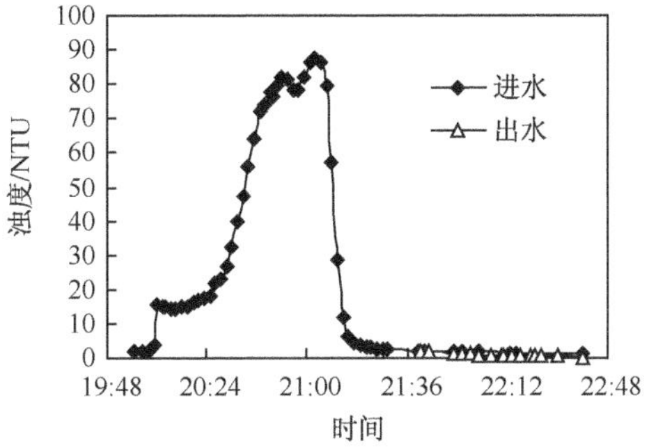

图 6-27　洪水期间絮凝-溶气气浮工艺进水、出水浊度随时间变化曲线

絮凝剂：PACZL，投加量：10.91mg/L（Al_2O_3），压力：3.30kgf/cm^2，回流比：8.5%，温度：11.0℃

另外，该工艺对密云水库原水所含的藻类的去除率是很高的，可以将水中的藻类浓度降到很低的水平，甚至完全去除。由表 6-1 可以看出，该工艺在低投药量和低回流比时除浊率仅为 55%，但对大部分藻类的去除率达到了 95%以上，出水中有些藻类的浓度为 0，这也验证了絮凝-平流式溶气气浮工艺对藻类有较高去除率的结论。另外原水经处理后的碱度和 pH 变化很小，而且出水中的 DO 含量增加，这是很有利的。

表 6-1　絮凝-平流式溶气气浮工艺对密云水库的原水藻类的处理效果[97]

水质指标	浊度/NTU	水温/℃	pH	碱度/(mg/L)	需氧量/(mg/L)	硅藻/(10^4/L)	绿藻/(10^4/L)	蓝藻/(10^4/L)	金藻/(10^4/L)	角藻/(10^4/L)	黄藻/(10^4/L)
原水	1.64	14.0	7.6	133	1.80	14.11	2.94	2.35	10.58	1.18	1.76
出水	0.72	14.6	7.6	133	1.45	0.59	0.59	0	0	0	0

注：絮凝剂：PACTL，投加量：1.580mg/L（Al_2O_3），压力：2.80kgf/cm^2，回流比：5.2%。

6.4　逆流式气浮

6.4.1　逆流气浮反应器系统

逆流共聚气浮反应工艺流程如图 6-28 所示，原水经过提升泵进入逆流共聚气浮反应器上方，絮凝剂在提升泵的吸水口加入，溶气回流水在反应器的底部通入，两者逆向流动；水体中的悬浮颗粒物与气泡相互碰撞、聚合，利用气泡的浮力上升到反应器顶部，通过调节出水管的阀门使生成的浮渣由溢渣槽排出；气浮反应器中，气泡、微絮体在待处理水与回流水的共同冲击下，形成稳定悬浮层，处于紊动状态，有效拦截向上浮升的气泡与随水流向下流动的悬浮颗粒物及微絮体；一部分处理过的水流流入动电流仪和在线浊度仪检测后其余进入下一处理单元[84]。

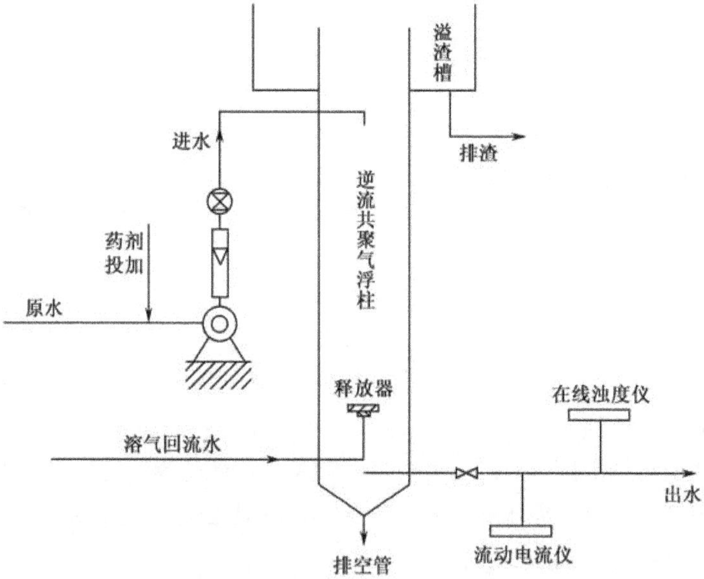

图 6-28　逆流共聚气浮（CCC-FF）反应工艺流程图[75,84]

溶气回流水由压力溶气系统提供，溶气系统利用直接传动式空气压缩机、离心泵分别将空气与自来水一起压入溶气罐，然后由管道输送至释放器（MJ 型）减压释放，溶气罐的压力维持在 380kPa。

如图 6-29 所示，逆流共聚气浮柱实验系统设计尺寸如下：内径为 18.4cm，有效高度为 200cm，反应器上每隔 20cm 有孔径为 5cm 的圆孔，用活接连接，作为待处理水与回流水进水口以及采样孔。溢渣槽内径为 304cm。最低的溶气回流水进口距反应器底部 30cm。

所用絮凝剂为液体（PACl）。

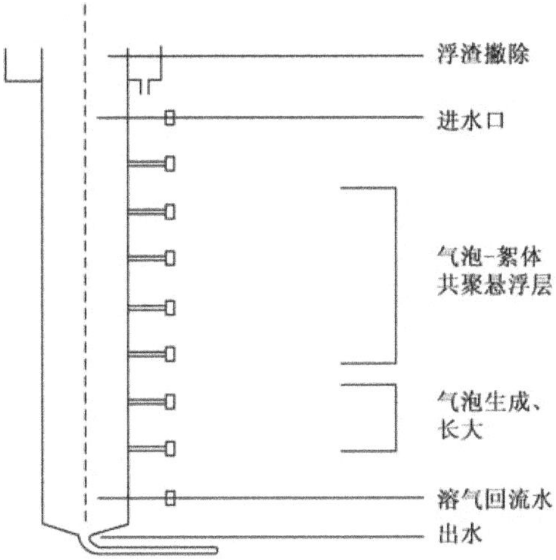

图 6-29　逆流共聚气浮柱示意图[75,84]

6.4.2　逆流气浮柱反应器的水力特征

利用氯化锂为示踪剂，用注射器迅速在进水口或者进气口注射一定量的示踪剂，而后逐时采样，测量不同时间反应器出水中示踪剂的浓度。反应器的液龄分布函数 $E(t)$ 曲线与累积液龄分布函数 $F(t)$ 曲线分别如图 6-30 和图 6-31 所示。在 35min 时，$F(35)=1$，说明示踪剂 LiCl 已全部由反应器中流出。

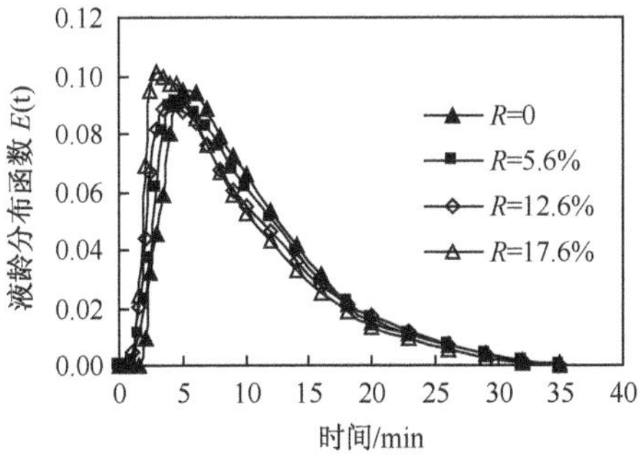

图 6-30　不同负荷液龄分布曲线[84]

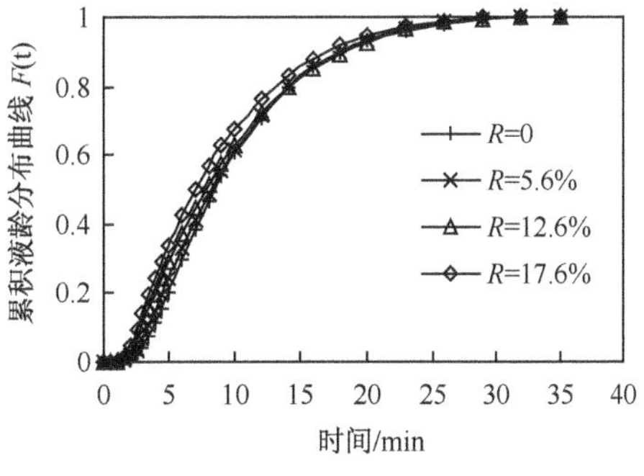

图 6-31　不同负荷累积液龄分布曲线[84]

表 6-2 为根据图 6-30、图 6-31 计算的逆流共聚反应器分散数的结果。

由图 6-30 中曲线可以看出，当流量为 300L/h 时，液龄分布曲线的偏斜度较大，所以采用式（6-27）计算分散数：

$$\sigma_\theta^2 = \frac{\sigma^2}{\bar{t}^2} = 2\frac{D}{UL} - 2\left(\frac{D}{UL}\right)^2\left(1 - e^{-\frac{UL}{D}}\right) \tag{6-27}$$

表 6-2 逆流共聚反应器分散数计算[84]

时间/min	$C(t_i)$/(mg/L)	$t_iC(t_i)$/(min · mg/L)	$t_i^2C(t_i)$/(min^2 · mg/L)
0	0	0	0
1	0.19	0.19	0.19
1.5	5.28	7.92	11.88
2	6.17	12.34	24.68
3	6.76	20.28	60.84
4	6.32	25.28	101.12
5	5.71	28.55	142.75
6	5.03	30.18	181.08
7	4.53	31.71	221.97
8	3.93	31.44	251.52
9	3.45	31.05	279.45
10	2.99	29.9	299
11	2.71	29.81	327.91
12	2.41	28.92	347.04
15	1.56	23.4	351
18	1	18	324
21	0.6	12.6	264.6
24	0.35	8.4	201.6
27	0.23	6.21	167.67
30	0.15	4.5	135
35	0	0	0
总计	59.37	380.68	3693.3

注：反应器进水流量 300 L/h，一次加入 5mL 浓度为 80g/L 的 LiCl，回流流量为 60 L/h。

用试差法求解式（6-27），得到结果为

$$D/UL = 0.41 \tag{6-28}$$

式中，D 为纵向离散系数；U 为反应器中平均水流速度；L 为反应器直径。

在该流量下反应器的平均停留时间 $\bar{t}$ 为 6.41min，小于由 V/Q 所定义的平均停留时间 $\bar{t}$（7.40min）。理论停留时间大于实际停留时间可能是由于气浮柱反应器中存在短流区造成，例如，待处理水刚进入反应器后的一段距离内呈流束状，并没有形成全柱范围内的分散流。

6.4.3　逆流共聚气浮的除浊性能

结合投药量对流动电流的影响结果，图6-32表明当投药量为0.1mmol/L时，出水浊度基本稳定，随着投药量的增加浊度去除率也有所提高，但是增幅不大；

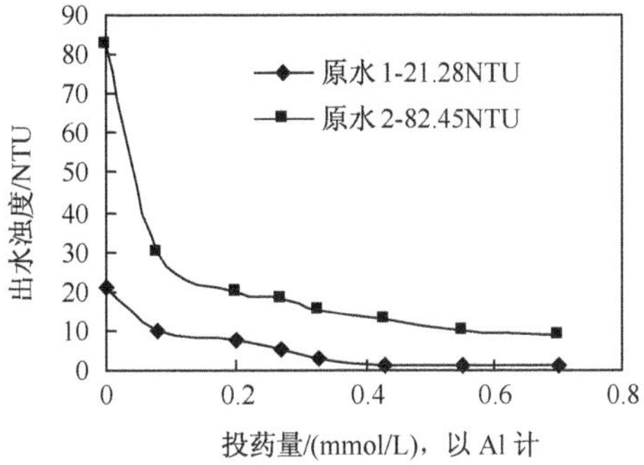

图6-32　投药量与出水浊度的关系[75]

水温：8℃；回流比：15%；处理水量：350 L/h

当投药量低于0.08 mmol/L Al时，将会出现处理水水质恶化的情况，当投药量高于1.2mmol/L Al时，会有较多的絮状沉淀残留在出水中，增加出水浊度。

两进水口间距对浊度去除效果有较大影响。图6-33表明，随着两者间距的增加浊度去除率升高，其原因是气泡与微絮体相互结合形成共聚体，共聚体在两个进水口间形成悬浮层，该悬浮层对向上浮升的气泡与向下流动的悬浮颗粒及微絮体有拦截作用。而且，随着两个进水口间距的增加，气泡与微絮体相互作用的距离也增加，即气泡-絮体共聚悬浮层的厚度增加，这样就能够更好地对向下流动的微絮体进行拦截，同时使上升的气泡的拦截作用发挥到最大程度。

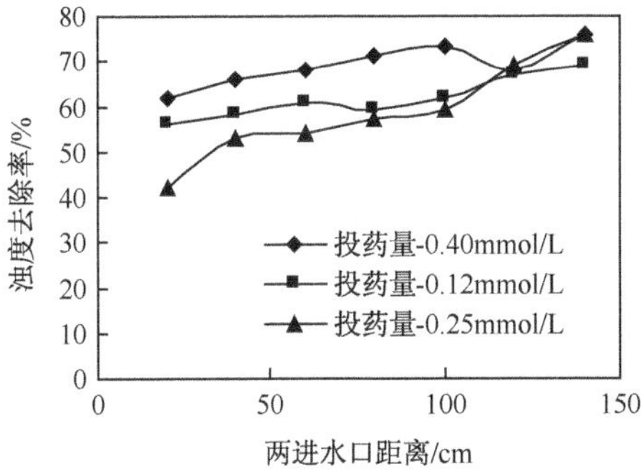

图6-33　两进水口间距与浊度去除率的关系[75]

水温：8℃；回流比：15%；原水浊度26.64NTU；处理水量：350 L/h

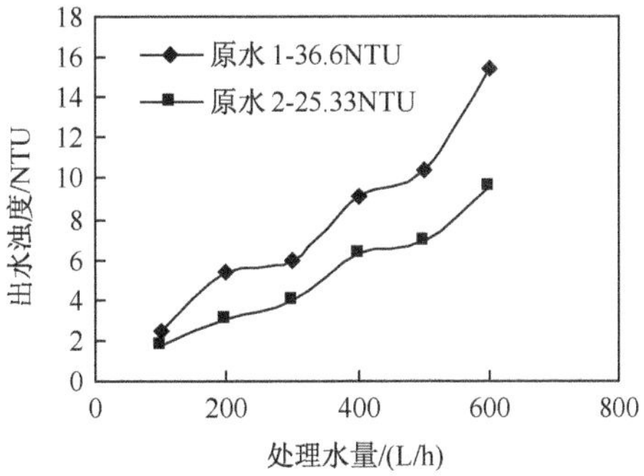

图6-34　处理水量对CCC-FF除浊效果的影响[75]

水温：7℃；回流比：10%；投药量：0.16 mmol/L Al^{3+}

如图6-34所示，随着处理水量的增加，出水浊度一直增加，尤其是当处理水量达到500L/h时，浊度去除效率更是急剧下降。可见，在本试验规模下逆流共聚气浮水处理工艺的进水量在 200～400L/h 范围都是可行的（除浊率为75%～85%）。当处理水量过大时向下的水流会扰动、破坏共聚体悬浮层，而且会由于大量的微气泡随水流向下流出反应柱而不能发挥其黏附颗粒物的功能，所以除浊效果将受到很大影响。

表 6-3 的数据表明，当进出水口间距 170cm 时，逆流共聚气浮单元反应的平均停留时间在 6～11min 范围内均可取得较好的处理效果，相应处理水负荷为 $9\sim16m^3/(m^2\cdot h)$。

表 6-3 处理水量-反应器流速-水力停留时间的关系[84]

处理水量/(L/h)	流速/(mm/s)	不同进气、水口间距时的平均停留时间 θ/min					
		20cm	60cm	100cm	140cm	160cm	170cm
100	1.15	2.90	8.70	14.50	20.30	23.19	24.64
150	1.725	1.93	5.80	9.66	13.53	15.46	16.43
200	2.299	1.45	4.35	7.25	10.15	11.60	12.32
250	2.874	1.16	3.48	5.80	8.12	9.28	9.86
300	3.449	0.97	2.90	4.83	6.77	7.73	8.21
350	4.024	0.83	2.49	4.14	5.80	6.63	7.04
400	4.599	0.72	2.17	3.62	5.07	5.80	6.16
450	5.174	0.64	1.93	3.22	4.51	5.15	5.48
500	5.749	0.58	1.74	2.90	4.06	4.64	4.93
550	6.323	0.53	1.58	2.64	3.69	4.22	4.48
600	6.898	0.48	1.45	2.42	3.38	3.87	4.11

注：回流比为 10%。

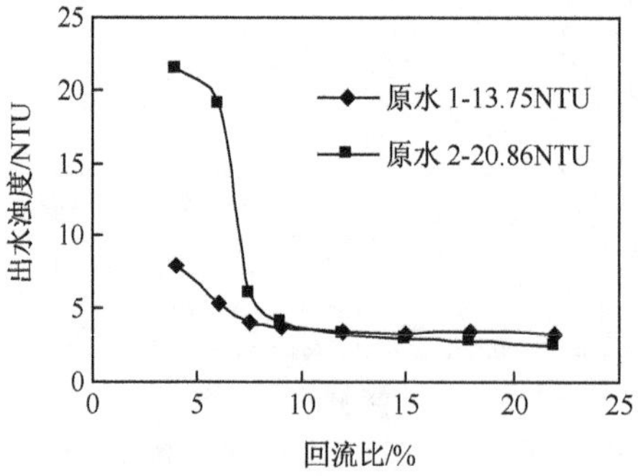

图 6-35 回流比对 CCC-FF 除浊效果的影响[75]

水温：12℃；投药量：0.16 mmol/L Al^{3+}；处理水量：350 L/h

在逆流共聚气浮工艺中，当回流比为8%左右时即可达到较为稳定的浊度去除效果（图 6-35）。随着回流比的降低，处理水水质急剧变坏，当回流比达到 5%左右时，逆流共聚气浮反应器内水质严重恶化，反应器底部沉降有大粒径絮体沉降。主要原因是当回流比过小时，溶气水中的微气泡数目不足以黏附生成的絮体上升，气泡-微絮体形成的共聚体悬浮层遭到破坏，而且由于絮体已经长大，本身也不容易被上浮去除，所以会随着水流流向反应器底部，导致出水水质恶化。

6.5　强化共聚逆流气浮组合工艺

6.5.1　强化共聚逆流气浮组合工艺流程

在强化逆流共聚气浮工艺中，分别采用两种微涡旋絮凝反应器：微涡旋絮管式凝反应器和Jet混合分离器（JMS），将该强化逆流气浮工艺与纳滤系统组合成一个工艺系统。

微涡旋絮凝-逆流气浮-纳滤组合工艺装置见图6-36。该组合工艺的预处理部分由管式混合器、微涡旋絮凝反应器、逆流气浮柱组成。微涡旋管式絮凝反应器是带有多孔板间隔的管式结构，当混合后水进入其中，在多孔板的作用下形成的具有强大推动力的微涡旋参与絮凝反应，但水流在其中的停留时间很短（2～3min），从而快速形成不稳定的微絮体。Jet混合分离器是带有垂直于水流方向的多孔板间隔的长方形池形结构，当混合后水进入其中，在多孔板的作用下形成的脉动（jet）对水流产生温和的扰动，很快形成可沉淀的大絮体，水流在其中的停留时间为10～13min，形成的不稳定微絮体进入逆流气浮柱。气浮装置的溶气-释气系统包括压力溶气罐，空气压缩机和释放器。

纳滤系统由前置微滤保安过滤器、活性炭柱、纳滤装置组成，其中TQ56-36FC型纳滤膜最大流量为1.9L/min，而M-N1812A型纳滤膜最大流量为

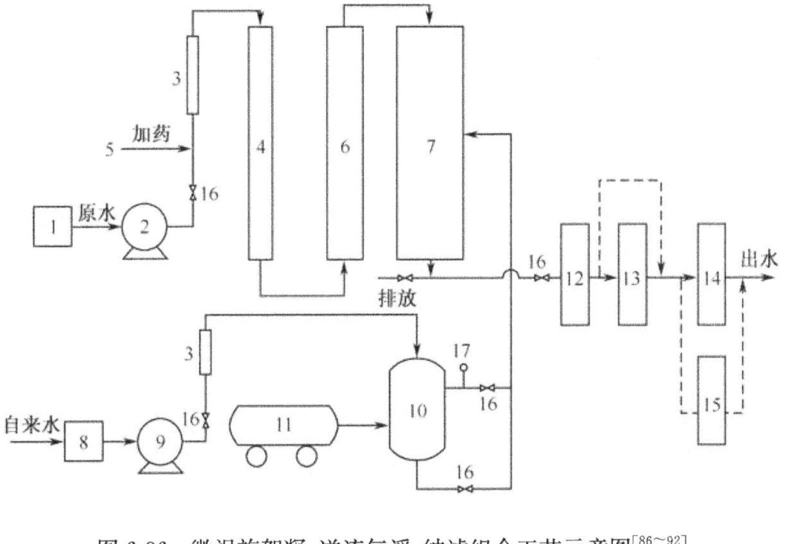

图6-36　微涡旋絮凝-逆流气浮-纳滤组合工艺示意图[86～92]

1—原水箱；2—原水泵；3—流量计；4—管式混合器；5—蠕动泵加药；6—微涡旋絮凝反应器（管式或Jet混合分离器—JMS）；7—逆流气浮柱；8—回流水罐；9—回流水泵；10—压力溶气罐；11—空压机；12—前置过滤器；13—活性炭柱；14—TQ56-36FC膜单元；15—M-N1812A膜单元；16—阀门；17—压力计；虚线表示旁路

2.2L/min。

控制原水的流量为200L/h，依次通过管式混合-微涡旋絮凝-逆流气浮-保安过滤器-活性炭柱（有时不用）-纳滤（TQ56-36FC或M-N1812A型），从而形成不同工艺流程：流程1-微涡旋絮凝/逆流气浮/保安过滤/TQ56-36FC型纳滤；流程2-微涡旋絮凝/逆流气浮/保安过滤/M-N1812A型纳滤；流程3-微涡旋絮凝/逆流气浮/保安过滤/活性炭柱/TQ56-36FC型纳滤；流程4-微涡旋絮凝/逆流气浮/保安过滤/活性炭柱/M-N1812A型纳滤。絮凝剂在管式混合器前，释气水加在逆流气浮柱中特定位置，回流比为30%（由于释放器流量很难降低，因此此时回流比较实际给水处理中的大。但当回流比大到15%以上，微气泡浓度的增加对气浮处理的效果影响不大。纳滤膜运行时浓水与清水流量保持在5∶1。

6.5.2 微涡旋管式絮凝(MEF)-逆流气浮(CCDAF)-纳滤(NF)组合工艺

工艺运行过程中，待处理的水样有3种类型：水样1# 是浓度为5mg/L的腐殖酸溶液；水样2# 是浓度为10mg/L的腐殖酸溶液；水样3# 是浓度为10mg/L的腐殖酸与5mg/L高岭土的混合水样。

微涡旋絮凝-逆流气浮工艺去除腐殖酸时需要PACl絮凝剂的量比较低。表6-4表明，在各水样的最佳投药量点，出水的TOC变化率为50%左右，UV_{254}的变化率为90%左右，COD_{Mn}的去除率也达80%左右，浊度的去除率也达90%左右。TDS变化不大，出水的浊度值小于1NTU，符合纳滤膜系统预处理单元的要求。原水、絮凝后和气浮出水中颗粒物粒度分布的中位直径（d_{50}）分别为5～6μm、10～14μm和8～13μm。以PFC为絮凝剂时，在最佳投药量点，出水的各项指标均比以PACl为絮凝剂时出水的指标差（表6-5），但依然符合膜的预处理单元的要求。

表6-4 在PACl投药最佳点时微涡旋管式絮凝-逆流气浮工艺的进出水水质[86]

水样	最佳投药量/(mmol/L),以Al^{3+}计	取样点	TOC/(mg/L)	UV_{254}/cm^{-1}	COD_{Mn}/(mg/L)	浊度/NTU	水中颗粒物分布的中位直径d_{50}(PSD)/μm
1#	0.523	进水	2.5257	0.1786	4.89	4.86	6.09
		出水	1.3048	0.0203	1.21	0.5	12.531
		去除率%	48.33	88.63	75.25	89.71	—
2#	0.694	进水	3.6418	0.3216	7.11	8.44	5.96
		出水	1.5456	0.0241	1.29	0.83	7.93
		去除率%	57.56	92.58	81.86	90.17	—
3#	0.523	进水	3.6418	0.3376	7.44	10.91	5
		出水	1.7751	0.04	1.31	0.9	10.155
		去除率%	51.26	88.15	82.39	91.75	—

表 6-5　在 PFC 投药最佳点时微涡旋管式絮凝-逆流气浮工艺的进出水水质[87]

样品	最佳投药量/(mmol/L)，以 Fe^{3+} 计	取样点	TOC/(mg/L)	UV_{254}/cm^{-1}	COD_{Mn}/(mg/L)	浊度/NTU	水中颗粒物分布的中位直径 d_{50}(PSD)/μm
1#	0.438	进水	2.4415	0.1783	4.59	4.86	2.246
		出水	1.5428	0.0823	1.51	0.92	16.872
		去除率%	36.81	53.84	67.10	81.07	—
2#	0.622	进水	4.0006	0.3191	7.1	8.1	4.695
		出水	1.2602	0.0641	1.34	0.74	16.552
		去除率%	68.49	79.91	81.13	90.86	—
3#	0.561	进水	4.0006	0.3452	7.1	11.66	—
		出水	1.3804	0.0695	1.23	0.85	—
		去除率%	65.50	79.86	82.68	92.71	—

以 PACl 为絮凝剂时，微涡旋絮凝-逆流气浮-纳滤组合工艺可以使给水中的有机物浓度大大降低，但不同的纳滤膜构成的组合工艺处理效果不同。原水分别经过 4 个流程后（表 6-6 列出流程 1、2 的结果，流程 3、4 未列出），水中的余浊几乎完全去除，其中流程 3 和 4 清样中 UV_{254} 也几乎完全去除，而且 TQ56-36FC 表现出更强的截留性能，各有机物的变化率大于 M-N1812A 型纳滤。含 TQ56-36FC 型纳滤膜的组合工艺出水的 TOC 值可达 0.28～0.45mg/L，COD_{Mn} 值为 0.47～0.8mg/L，UV_{254} 值为 0～0.0033，且有 95%以上的脱盐率。含 M-N1812A型纳滤膜的组合工艺系统出水的 TOC 值在 0.52～1.25mg/L，COD_{Mn} 值为 0.66～1.0mg/L，UV_{254nm} 值为 0.008～0.012，且脱盐率很低。

保安过滤器主要是去除水中的颗粒物，对浊度的去除率可达 85%以上，但其进出水粒度变化规律不明显，水样 1# 和 3# 在经过保安过滤器后出水颗粒的 d_{50} 减小，而水样 2# 的却变大了。水样的 TDS 经过保安过滤器后几乎无变化。TOC、COD_{Mn} 和 UV_{254} 三项指标的变化率依次增加，而且 TOC 的变化率极小，有时经过保安过滤器反而有所增加。

保安过滤器与活性炭柱结合的预处理单元不仅大幅度降低了水样的浊度，而且大量去除了进水（即气浮出水）中的有机物。其对浊度和 UV_{254} 的去除率可达 95%，COD_{Mn} 的去除率达到 32%～41%，TOC 的去除率变化较大，水样 1# 和 3# 的去除率接近 50%，而水样 2# 的去除率只有 17%。进出水粒度变化规律不明显，水样 1# 和 3# 在经过保安过滤器/活性炭柱后出水颗粒的 d_{50} 减小，而水样 2# 的却变大了。水样的 TDS 经过保安过滤器/活性炭柱后变化不大。

该系统中的活性炭柱与纳滤膜能去除的有机物种类是有些重合，但活性炭的存在提高了纳滤膜出水的水质。经过保安过滤器或保安过滤器/活性炭柱，水样

中的颗粒物的 d_{50} 为 0 到几个微米。经过纳滤膜后，出水无颗粒物。

表 6-6　工艺流程 1 和流程 2 的运行效果[86]

水样	取样点	TOC/(mg/L)	UV_{254}/cm^{-1}	COD_{Mn}/(mg/L)	浊度/NTU	水中颗粒物分布的中位直径 d_{50}（PSD）/μm
1#	气浮出水	1.3048	0.0203	1.21	0.5	12.531
	保安过滤出水	1.2131	0.0129	1.2	0	0
	流程 1 出水	0.2434	0	0.74	0	0
	流程 2 出水	0.8938	0.01	0.82	0	0
2#	气浮出水	1.5456	0.0241	1.29	0.83	7.93
	保安过滤出水	1.5094	0.0149	1.13	0.12	9.331
	流程 1 出水	0.4729	0	0.57	0.02	0
	流程 2 出水	1.0040	0.0082	0.92	0.04	0
3#	气浮出水	1.7751	0.04	1.31	0.9	10.155
	保安过滤出水	1.7997	0.0165	1.08	0.1	0
	流程 1 出水	0.4472	0.0033	0.77	0.01	0
	流程 2 出水	1.2356	0.0116	0.87	0.02	0

在 PACl 絮凝剂的最佳投药量下运行组合工艺，开始时纳滤膜浓水与清水流量保持在 10∶1。连续运行过程中，当纳滤膜的清水通量降到初始清水通量的 1/3时，完成一个工艺流程。

图 6-37～图 6-40 表明，对于水样 2#，在最佳 PACl 投药量下进行 MEF-CCDAF 预处理后，再分别经过两种纳滤膜系统的处理；当这个组合工艺以流量 2 运行了 72h 后，M-N1812A 型纳滤膜的清水通量从开始时的 85mL/min 降低到 28mL/min 左右，大约降低了 68%。但是膜的总通量（开始时约为 696mL/min）和浓水通量没有那么高的降低比例，大约在 40%左右，此即为累积的产水比例。在上述运行过程中，保安过滤出水的 COD_{Mn} 在 1.1mg/L 左右波动。纳滤膜清水的 COD_{Mn} 一般在 0.75mg/L 左右波动，但有时达到 1.0mg/L。同样，保安过滤出水的 UV_{254} 一般在 0.02 左右波动，经过纳滤膜后，清水样的 UV_{254} 在 0.0033 左右波动。可见，组合工艺对含腐殖酸有机物去除率较高。

而以流程 1 运行 72h 后，TQ56-36FC 型纳滤膜的清水通量从开始时的 57mL/min 降低到 25mL/min 左右，大约降低了 57%。但是膜的总通量（开始时约为 378mL/min）和浓水通量没有那么高的降低比例，累积的产水比例大约在 43%左右。保安过滤出水在运行中 COD_{Mn} 在 1.1mg/L 左右波动，有时出现一些零星的大波动，COD_{Mn} 甚至达到 1.5～1.8mg/L。纳滤膜清水的 COD_{Mn} 在

0.45mg/L 左右波动。经过纳滤膜后，清水样的 UV_{254} 为 0，组合工艺以流程 1 运行时对腐殖酸有机物去除率比流程 2 的高。

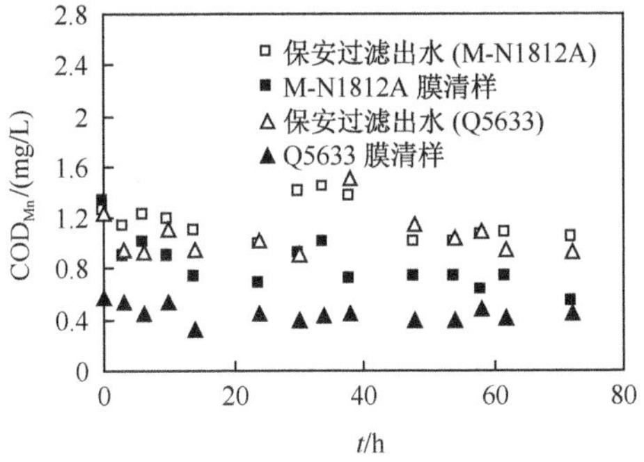

图 6-37　COD_{Mn}随着时间的变化[86]

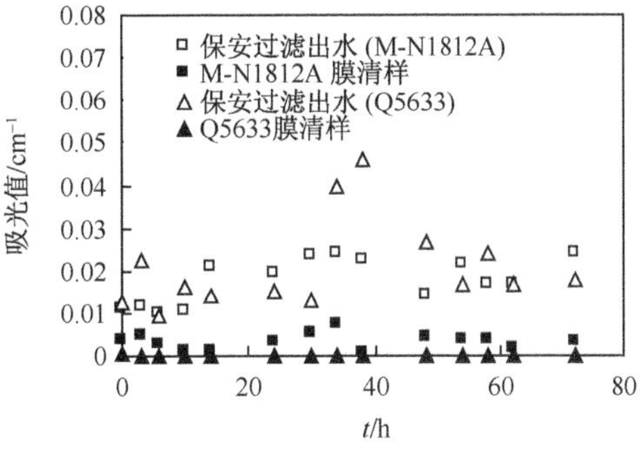

图 6-38　UV_{254}随着时间的变化[86]

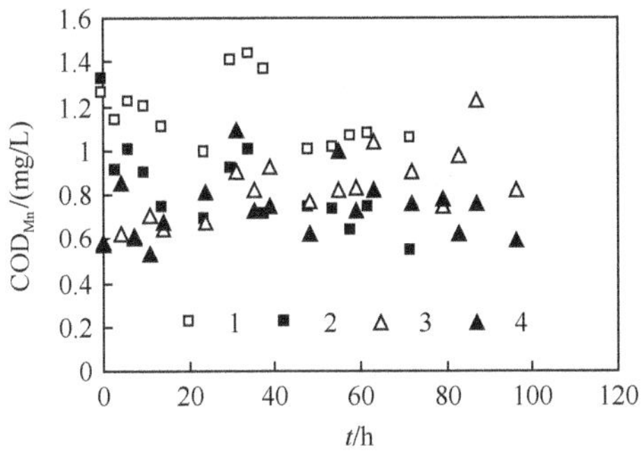

图 6-39　COD_{Mn}随着时间的变化[86]

1—保安过滤出水；2—膜清样；3—保安过滤/活性炭出水；4—膜清样（有活性炭）

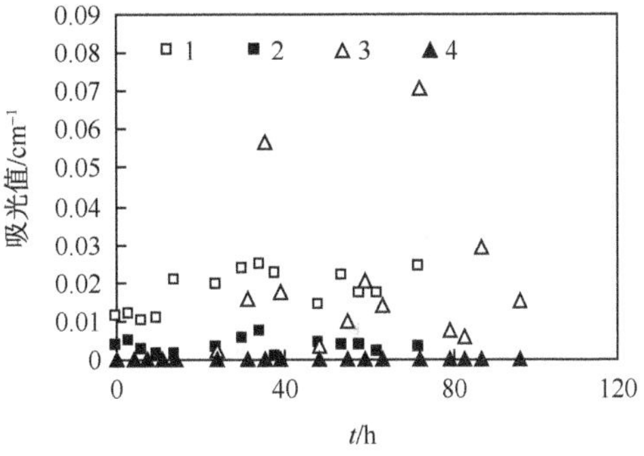

图 6-40　UV_{254}随着时间的变化[86]

1—保安过滤出水；2—膜清样；3—保安过滤/活性炭出水；4—膜清样（有活性炭）

而以流程 4 运行 96h 后，M-N1812A 型纳滤膜的清水通量从开始运行时的 85mL/min 降低到 17mL/min 左右，大约降低了 80%；运行了 72h 后，清水通量大约降低了 70%，这与流程 2 相差不大。累积的产水比例为 44%左右。在上述运行过程中，保安过滤/活性炭出水的 COD_{Mn}在 0.8mg/L 左右波动，UV_{254}一般在 0.015 左右波动，但有时为 0。纳滤膜清水的 COD_{Mn}在 0.74mg/L 左右波动，而且其清水样的 UV_{254}几乎都 0，组合工艺以流程 4 运行时对腐殖酸有机物的去除率比流程 2 的高。

另外，分别经过该组合工艺流程 2 和流程 4 后，保安过滤器或保安过滤/活性炭的预处理基本不会去除水中总溶性固体，活性炭对总溶性固体的去除没有效果。M-N1812A 型纳滤膜对总溶性固体的去除率仅在 6%～10%之间，该膜对无机离子的去除率很低，不是高脱盐率膜。但该组合系统以流程 1 运行后，保安过滤器基本不会去除水中总溶性固体，而 TQ56-36FC 型纳滤膜对总溶性固体的去除率很高，可达 95%左右，是高脱盐率膜。

该系统对浊度物质的去除率达到 100%，MEF-CCDAF 工艺对浊度的去除能力较强，不同原水的气浮出水浊度都低于 1NTU，纳滤膜出水的浊度在系统运行过程中一直为 0。

以 PFC 为絮凝剂时，微涡旋絮凝-逆流气浮-纳滤组合工艺可以使给水中的有机物浓度大大降低，但总体而言，工艺的运行效果比以 PACl 为絮凝剂时的差。

对显微镜拍摄的 PFC-HA 絮体灰度图像通过相应的软件进行与背景的分离、图像边界的提取和二值化处理流程如图 6-41 所示，然后对此处理后的图形进行几何参数的计算。

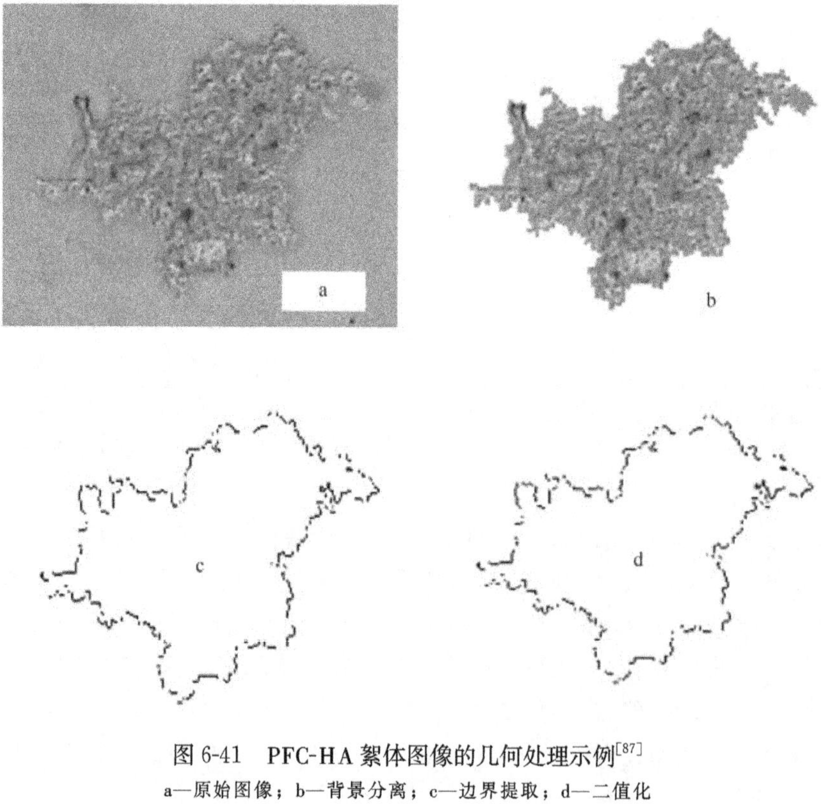

图 6-41　PFC-HA 絮体图像的几何处理示例[87]

a—原始图像；b—背景分离；c—边界提取；d—二值化

通过絮体周长（P）与最大直径（d_{max}）、絮体面积（A）与周长（P）的关系，分别根据分形维数计算原理可以确定直线的斜率，从而得到絮体的一维分形维数 D_1、二维分形维数 D_2。同时，表6-7列出了部分投药量下絮体的各种几何参数和不同方法计算出的分形维数。可见絮体的直径处于60～80μm之间，而且投药量对絮体形态有着显著的影响。当PFC投药量为0.13mg/L(Fe^{3+})，即PFC投药量对腐殖酸去除率影响过程的拐点，絮体的直径、周长、面积和 D_1 值最大（1.483）、D_2 值最小（1.061），水中的腐殖酸去除率在此点以前急剧增加，此后变化逐渐缓慢。但絮体分形维数与投药量之间的具体规律尚须进一步的研究。

表6-7 投药量变化时絮体的几何特征[87]

投药量/(mmol/L)，以 Fe^{3+} 计	最长直径/μm	最短直径/μm	Feret直径/μm	周长/μm	面积/$μm^2$	D_1	D_2
0.070	64.96	37.82	76.59	403.31	2173.89	1.0815	1.3431
0.13	77.44	47.39	97.84	617.9	3279.9	1.483	1.061
0.19	68.07	38.23	82.32	552.12	2167.96	1.1261	1.3361
0.25	62.88	41.01	75.42	494.39	2246.56	1.0248	1.3215

6.5.3 JMS-逆流气浮(CCDAF)-纳滤(NF)组合工艺

表6-8表明，在以PACl絮凝剂时的最佳投药量下，JMS-逆流气浮工艺 UV_{254} 的去除率90%以上，浊度的去除率也达90%以上，COD_{Mn} 的去除率也达80%左右。原水经过JMS-逆流气浮工艺后出水的浊度值都小于或接近1NTU，基本符合纳滤膜系统的预处理单元的要求。而在PFC的最佳投药量时，尽管JMS-逆流气浮工艺的出水基本符合纳滤膜系统的预处理单元的要求，但效果依然比以PACl为絮凝剂时稍差。

以PACl为絮凝剂时，JMS-逆流气浮-纳滤组合工艺可以使给水中的有机物浓度大大降低，组合工艺的流程1、2对4种原水的处理效果见表6-9（流程3、4的效果未列出）。结果表明，流程1和流程3的出水效果比另外两个流程好些。另外，含TQ56-36FC型纳滤膜的组合工艺有95%以上的脱盐率，而含M-N1812A型纳滤膜的组合工艺统脱盐率很低。

表 6-8　在 PACl 投药最佳点时 JMS 絮凝-逆流气浮工艺的进出水水质[89~91]

水样	最佳投药量/(mmol/L)，以 Al^{3+} 计	取样点	UV_{254}/cm^{-1}	COD_{Mn}/(mg/L)	浊度/NTU
1#	0.6049	进水	0.192	4.598	2.68
		出水	0.0174	0.978	0.37
		去除率%	90.93	78.73	86.19
2#	0.6896	进水	0.2034	4.975	5.18
		出水	0.016	0.807	0.36
		去除率%	92.13	80.73	93.05
3#	0.5202	进水	0.3451	8.607	7.87
		出水	0.0256	1.040	0.58
		去除率%	92.58	87.92	92.63
4#	0.6896	进水	0.3676	8.178	10.84
		出水	0.031	1.264	1.06
		去除率%	91.57	84.55	90.22

注：水样 1# 为浓度为 5mg/L 的腐殖酸溶液（5+0）；水样 2# 为浓度为 5mg/L 的腐殖酸与 5mg/L 高岭土的混合溶液（5+5）；水样 3# 为浓度为 10mg/L 的腐殖酸溶液（10+0）；水样 4# 为浓度为 10mg/L 的腐殖酸与 5mg/L 高岭土的混合溶液（10+5）。

表 6-9　工艺流程 1 和流程 2 的运行效果[89~91]

水样	取样点	TOC/(mg/L)	UV_{254}/cm^{-1}	COD_{Mn}/(mg/L)	通量/(mL/min)
1#	气浮出水	1.5625	0.0138	0.9990	—
	保安过滤出水	1.5984	0.0047	0.9195	—
	流程 1 清水	0.2599	0	0.3851	57
	流程 1 浓水	1.9958	0.0048	0.9587	261
	流程 2 清水	1.2874	0	0.6713	74
	流程 2 浓水	1.6449	0.0059	0.8292	348
2#	气浮出水	1.4594	0.0168	1.1021	—
	保安过滤出水	1.3689	0.0019	0.8757	—
	流程 1 清水	0.2734	0	0.4352	44
	流程 1 浓水	1.4703	0.0018	0.9505	207
	流程 2 清水	0.9102	0	0.7280	62.25
	流程 2 浓水	1.3495	0.0008	0.7834	322

续表

水样	取样点	TOC/(mg/L)	UV_{254}/cm^{-1}	COD_{Mn}/(mg/L)	通量/(mL/min)
3#	气浮出水	1.5445	0.0438	1.6830	—
	保安过滤出水	2.0621	0.0121	0.9720	—
	流程 1 清水	0.3883	0	0.4410	51
	流程 1 浓水	2.158	0.0161	1.1740	231
	流程 2 清水	1.2947	0.0087	0.8802	84
	流程 2 浓水	2.0509	0.0163	0.9833	390
4#	气浮出水	1.4415	0.0344	1.7007	—
	保安过滤出水	1.7268	0.0063	0.9315	—
	流程 1 清水	0.4282	0	0.4622	51
	流程 1 浓水	1.747	0.0076	1.0118	246
	流程 2 清水	1.0454	0.0018	0.7630	64
	流程 2 浓水	1.5307	0.0041	0.9509	340

注：水样 1# 为浓度为 5mg/L 的腐殖酸溶液（5+0）；水样 2# 为浓度为 5mg/L 的腐殖酸与 5mg/L 高岭土的混合溶液（5+5）；水样 3# 为浓度为 10mg/L 的腐殖酸溶液（10+0）；水样 4# 为浓度为 10mg/L 的腐殖酸与 5mg/L 高岭土的混合溶液（10+5）。

6.6　溶气气浮分形动力学模型

凝聚/絮凝过程中形成的絮体一般具有分形几何结构，导致絮体的密度、渗透性也随着絮体的增长而变化，从而对于固液分离过程（如气浮）带来很大的影响。因此应用絮体的不渗透性球体模型来探讨絮体与气泡的碰撞黏附动力学过程必然会带来较大的偏差，即使我们意识到絮体的不规则形貌和渗透性，但如何用关键的物理量来描述这种特征依然很困难。分形概念的提出为此提供了新的分析思路。

因此，以絮体分形维数为主线，研究絮体包含分形维数的相关几何参数（面积、周长）、物理参数（密度、体积、空隙率）的表达式，进一步尝试建立絮体与气泡之间的碰撞黏附动力学方程和阐明溶气气浮的过程机制，这些均是很有意义的研究工作[98,99]。

6.6.1　微气泡在水中的上升过程

在气浮中，微气泡在数微米至数十微米之间分布，其受力平衡方程为

$$\rho_w V_b g - \rho_b V_b g = 1/2(C_D \rho_w U_b^2 A_b) \tag{6-29}$$

式中，ρ_b 为空气密度；d_b 为球形微气泡直径；V_b 微气泡体积，$V_b = \pi d_b^3/6$；A_b 微气泡垂直投影方向上面积，$A_b = \pi d_b^2/4$；U_b 为微气泡的上升速度：

$$U_b^2 = 4/3 \times d_b(\rho_w - \rho_b)g/(C_D \rho_w) \tag{6-30}$$

当 $Re \leqslant 0.1$，$a = 24.0$，$b = 1.0$，即 $C_D = 24/Re = 24\mu/(d_b U_b \rho_w)$，则

$$U_b = d_b^2(\rho_w - \rho_b)g/(18\mu) \approx d_b^2 \rho_w g/(18\mu) = g d_b^2/(18v) \tag{6-31}$$

然而，Tambo 认为，$C_D = 16/Re = 16\mu/(d_b U_b \rho_w)$，则

$$U_b = d_b^2(\rho_w - \rho_b)g/(12\mu) \approx d_b^2 \rho_w g/(12\mu) = g d_b^2/(12v) \tag{6-32}$$

当 $0.1 \leqslant Re \leqslant 10$，$a = 29.03$，$b = 0.871$，则

$$\begin{aligned} U_b &= [d_b^{1.871}(\rho_w - \rho_b)g/(21.77\rho_w^{0.139}\mu^{0.871})]^{1/1.139} \\ &\approx [d_b^{1.871}\rho_w^{0.871}g/(21.77\mu^{0.871})]^{1/1.139} \end{aligned} \tag{6-33}$$

当 $10 \leqslant Re \leqslant 50$，$a = 14.15$，$b = 0.547$，则

$$\begin{aligned} U_b &= [d_b^{1.547}(\rho_w - \rho_b)g/(10.61\rho_w^{0.453}\mu^{0.547})]^{1/1.453} \\ &\approx [d_b^{1.547}\rho_w^{0.547}g/(10.61\mu^{0.547})]^{1/1.453} \end{aligned} \tag{6-34}$$

6.6.2 烧杯气浮实验中絮体与微气泡间的碰撞

烧杯气浮过程，絮体与微气泡间碰撞时，液体为静止的，此时絮体与微气泡间主要为相对运动的差速碰撞过程。

当 d_f 与 d_b 相差不大时，在 20～30μm 尺度，此时，不发生因流体渗流过絮体的内部而导致碰撞的黏附，碰撞概率与最长的特征长度 l 相关。絮体与微气泡之间的碰撞效率 β计算如下。

依据线性模型：

$$\begin{aligned} \beta_{线性} &= (\pi/4) \times (d_f + d_b)^2 \times (U_b + U_{渗透}) \\ &= (\pi/4) \times (l + d_b)^2 \times (U_b + U_{渗透}) \end{aligned} \tag{6-35}$$

依据曲线模型：

$$\begin{aligned} \beta_{曲线} &= e_{曲线} \times \beta_{线性} = e_{曲线} \times (\pi/4) \times (d_f + d_b)^2 \times (U_b + U_{渗透}) \\ &= e_{曲线} \times (\pi/4) \times (l + d_b)^2 \times (U_b + U_{渗透}) \end{aligned} \tag{6-36}$$

其中，$e_{曲线} = \exp[-3.4 + 0.62\lg(\gamma) + \lambda(3.5 - 1.2\lg\gamma)]$，$\lambda = d_b/d_f$，$\gamma = 8A/[(3\pi) \times (d_f + d_b)^2 \times (U_b + U_{渗透})]$，$A = 4 \times 10^{-20}\mathrm{J}$，$\gamma < 0.01$。

当 $d_f \gg d_b$ 时，d_f 为数百微米尺度，d_b 在几个微米至 30μm 之间，此时会发生因渗流而导致的碰撞黏附过程，絮体与微气泡之间的碰撞效率 β计算如下。

依据分形模型：

$$\begin{aligned} \beta_{分形} &= e_{分形} \times \beta_{线性} = e_{分形} \times (\pi/4) \times (d_f + d_b)^2 \times (U_b + U_{渗透}) \\ &\approx (e_f \times e_p/\alpha) \times (\pi/4) \times l^2 \times (U_b + U_{渗透}) \end{aligned} \tag{6-37}$$

当 $d_f \ll d_b$ 时，d_f 为几个微米尺度，d_b 在数十到数百微米尺度，d_f 为几个微米尺度以下，絮体分形特征尚需验证。絮体与微气泡之间的碰撞效率 β依据单个捕集者效率模型为

$$\beta = \eta_T \times \beta_{线性} = \eta_T(\pi/4)\times(d_f + d_b)^2 \times (U_b + U_{渗透})$$
$$\approx \eta_T(\pi/4)\times d_b^2 \times (U_b + U_{渗透}) \tag{6-38}$$

其中，单个捕集者效率：$\eta_T = \eta_D + \eta_I + \eta_S + \eta_{TA} = 6.18(K_b T/g\rho_w)^{2/3}(1/d_f)^{2/3}(1/d_b)^2 + (3/2)(d_f/d_b)^2 + [(\rho_f - \rho_w)/\rho_w](d_f/d_b)^2 + g\rho_f d_b d_f^2/(324 v^2 \rho_w)$。$\eta_D$ 为布朗扩散机理捕集效率；η_I 为拦截机理捕集效率；η_S 为重力沉降机理捕集效率；η_{TA} 为惯性机理捕集效率。研究证明，当絮体直径超过 5μm 时，拦截机理起主要作用，则 $\eta_T \approx \eta_I = (3/2)(d_f/d_b)^2$。

6.6.3　逆流动态气浮过程

层流状态：水流以速度 $U_水$ 向下流动。微气泡在数微米至数十微米之间分布，其上升的表观速度 $U_b = U_{b-实} - U_水$；同理，分形絮体的表观沉降速度 $U_{渗透} = U_{渗透-实} + U_水$。分形絮体与微气泡之间发生了差速碰撞、层流剪切碰撞过程。

当 d_f 与 d_b 相差不大时，在 20～30μm 尺度，此时，不发生因流体渗流过絮体的内部而导致黏附，碰撞概率与最长的特征长度 l 相关，絮体与微气泡之间的碰撞效率 β计算如下。

依据线性模型：

$$\beta_{线性} = (\pi/4)\times(d_f + d_b)^2 \times (U_b + U_{渗透}) + (G/6)(d_f + d_b)^3$$
$$= (\pi/4)\times(l + d_b)^2 \times (U_b + U_{渗透}) + (G/6)(l + d_b)^3 \tag{6-39}$$

依据曲线模型：

$$\beta_{曲线} = e_{曲线} \times \beta_{线性}$$
$$= e_{曲线} \times [(\pi/4)\times(d_f + d_b)^2 \times (U_b + U_{渗透}) + (G/6)(d_f + d_b)^3]$$
$$= e_{曲线} \times [(\pi/4)\times(l + d_b)^2 \times (U_b + U_{渗透}) + (G/6)(l + d_b)^3] \tag{6-40}$$

其中，$e_{曲线} = \exp[-3.4 + 0.62\lg(\gamma) + \lambda(3.5 - 1.2\lg(\gamma))]$，$\lambda = d_b/d_f$，$\gamma = 8A/[(3\pi)\times(d_f + d_b)^2 \times (U_b + U_{渗透})]$，$A = 4\times10^{-20}$ J，$\gamma < 0.01$。

当 $d_f \gg d_b$ 时，d_f 为数百微米，d_b 在几微米至 30μm 之间，此时会发生因渗流而导致的碰撞黏附过程，絮体与微气泡之间的碰撞效率 β计算如下。

依据分形模型：

$$\beta_{分形} = e_{分形} \times \beta_{线性}$$
$$= e_{分形} \times [(\pi/4)\times(d_f + d_b)^2 \times (U_b + U_{渗透}) + (G/6)(d_f + d_b)^3]$$
$$\approx (e_t \times e_p/\alpha)\times[(\pi/4)\times l^2 \times (U_b + U_{渗透}) + (G/6)l^3] \tag{6-41}$$

当 $d_f \ll d_b$ 时，d_f 为几微米，d_b 在数十到数百微米之间；d_f 为几个微米以

下，絮体分形特征尚需验证。絮体与微气泡之间的碰撞效率 β 依据单个捕集者效率模型为

$$\beta = \eta_T \times \beta_{线性} = \eta_T \times [(\pi/4) \times (d_f + d_b)^2 \times (U_b + U_{渗透}) + (G/6)(d_f + d_b)^3]$$
$$\approx \eta_T \times [(\pi/4) \times d_b^2 \times (U_b + U_{渗透}) + (G/6) d_b^3] \tag{6-42}$$

过渡流状态：水流以速度 $U_水$ 向下流动。微气泡分布在数微米至数十微米之间，其上升的表观速度 $U_b = U_{b\text{-}实} - U_水$；同理，分形絮体的表观沉降速度 $U_{渗透} = U_{渗透\text{-}实} + U_水$。分形絮体与微气泡之间发生了紊流剪切碰撞过程。

当 d_f 与 d_b 相差不大时，在 20～30μm，此时，不发生因流体渗流过絮体的内部而导致黏附，碰撞概率与最长的特征长度 l 相关，絮体与微气泡之间的碰撞效率 β 计算如下。

依据线性模型：

$$\beta_{线性} = (1.3G/8)(d_f + d_b)^3 = (1.3G/8)(l + d_b)^3 \tag{6-43}$$

依据曲线模型：

$$\beta_{曲线} = e_{曲线} \times \beta_{线性} = e_{曲线} \times (1.3G/8)(d_f + d_b)^3 = e_{曲线} \times (1.3G/8)(l + d_b)^3 \tag{6-44}$$

其中，$e_{曲线} = [8/(1+\lambda)^3]\exp[4.5 + 3.5\lg(\gamma) - \lambda(20.7 + 11.5\lg\gamma)]$，$\lambda = d_b / d_f$，$\gamma = A/[(18\pi\mu G) \times (d_f + d_b)^2]$，$A = 4 \times 10^{-20}$ J，$\gamma < 0.01$，$\mu = 0.0095$ g/(cm·s)。

当 $d_f \gg d_b$ 时，d_f 为数百微米，d_b 在几微米至 30 μm 之间，此时会发生因渗流而导致的碰撞黏附过程，絮体与微气泡之间的碰撞效率为

$$\beta_{分形} = e_{分形} \times \beta_{线性} = e_{分形} \times (1.3G/8)(d_f + d_b)^3$$
$$\approx (e_f \times e_p / \alpha) \times (1.3G/8) d_f^3$$
$$= (e_f \times e_p / \alpha) \times (1.3G/8) l^3 \tag{6-45}$$

当 $d_f \ll d_b$ 时，d_f 为几微米，d_b 在数十到数百微米之间；d_f 为几微米以下，絮体分形特征尚需验证。絮体与微气泡之间的碰撞效率 β 依据单个捕集者效率模型为

$$\beta = \eta_T \times \beta_{线性} = \eta_T \times (1.3G/8)(d_f + d_b)^3 \approx \eta_T \times (1.3G/8) d_b^3 \tag{6-46}$$

6.6.4 分形絮体与气泡黏附的方程

气浮过程是一个非均匀分散的颗粒体系，根据 Smoluchowski 絮凝动力学方程，颗粒物浓度随时间变化的微分方程式为

$$dN_k/dt = 1/2 \sum_{i+j=k} \alpha_{(i,j)} \beta_{(i,j)} N_i N_j - N_k \sum_{i=1}^{\infty} \alpha_{(i,k)} \beta_{(i,k)} N_i \tag{6-47}$$

式中，N_i、N_j、N_k 分别为 i、j、k 级别颗粒的数目浓度；$\beta_{(i,j)}$、$\beta_{(i,k)}$ 为颗粒之间的两两碰撞概率，$\alpha_{(i,j)}$、$\alpha_{(i,k)}$ 为相应的碰撞黏附效率。

对气浮过程而言，Tambo 认为，絮体与絮体间的碰撞概率很小。絮体与微

气泡在不同碰撞机制下可以看作两种尺度颗粒物分散体系，此时絮体的消失速率可以表示为

$$\mathrm{d}N_f/\mathrm{d}t = -\alpha_{b\text{-}f}\beta_{(f,b)}N_fN_b - \alpha_{f\text{-}f}\beta_{(f,f)}N_fN_f \tag{6-48}$$

式中，$\alpha_{b\text{-}f}$、$\alpha_{f\text{-}f}$分别为气泡-絮体、絮体-絮体间的黏附系数；$\beta_{(f,b)}$、$\beta_{(f,f)}$为它们的碰撞概率；N_f、N_b 分别为絮体、微气泡的数目浓度。

式（6-48）中第二项可以忽略，则分形絮体被与微气泡间的碰撞黏附而导致絮体的消失速率为

$$\mathrm{d}N_f/\mathrm{d}t = -\alpha_{b\text{-}f}\beta_{(f,b)}N_fN_b \tag{6-49}$$

式中，$\beta_{(f,b)}$即为前中的碰撞概率。

6.6.5　絮体/微气泡的聚集体在水中的上升速度

聚集体是由 y 个絮体与 x 个气泡结合而成，Haarhoff 和 Edzwald 认为每个絮体平均结合的微气泡的数目：$x/y=(A_b/S_f)(d_f/d_b)^3\times\{(\rho_w/\rho_b)+[(\rho_0-\rho_w)/\rho_b](l/d_b)^3\}=(A_b/S_f)(d_f/d_b)^3\{(\rho_w/\rho_b)+[(\rho_0-\rho_w)/\rho_b]\times(l/d_b)^3\}$。其中，$A_b$为微气泡的质量浓度；$S_f$ 为絮体的质量浓度；而根据 Tambo 研究，每个絮体平均结合的微气泡的最大数目：$(x/y)_{max}=\xi_b\pi(d_f/d_b)^2=\xi_b\pi(l/d_b)^2$。其中，$\xi_b$ 为微气泡的堆积系数。Ives 的摄影图像研究表明，即使絮体比微气泡小得多，也至少会有一个微气泡与其结合。

在逆流气浮过程中，其受力平衡方程如下（未考虑聚集体的渗透性）：

$$\rho_{聚集体}V_{聚集体}g-\rho_wV_{聚集体}g=1/2(C_D\rho_wU_{聚集体}^2A_{聚集体}) \tag{6-50}$$

式中，

$$V_{聚集体}=yV_f+xV_b=y\psi^{D/3}\xi_bl_0^{3-D}l^D+x(\pi/6)d_b^3$$

$$A_{聚集体}=yA_f+xA_b=y\xi_2l_0^{2-D2}l^{D2}+x(\pi/4)d_b^2$$

$$\begin{aligned}\rho_{聚集体}&=m_{聚集体}/V_{聚集体}=(ym_f+xm_b)/[y\psi^{D/3}\xi_bl_0^{3-D}l^D+x(\pi/6)d_b^3]\\&=[y\rho_0\psi^{D/3}\xi_bl_0^{3-D}l^D+x\rho_b(\pi/6)d_b^3]/[y\psi^{D/3}\xi_bl_0^{3-D}l^D+x(\pi/6)d_b^3]\end{aligned}$$

依据 Tambo 方式可以推导出聚集体的上升速率。

层流时：

$Re<1, C_D=K/Re=[16x+45y(d_f/d_b)^2]/[(x+y(d_f/d_b)^2)Re], Re=d_{聚集体}\times U_{聚集体}\rho_w/\mu$,其中，$d_{聚集体}=(yd_f^D+xd_b^3)^{1/3}=(yl^D+xd_b^3)^{1/3}$

则

$$\begin{aligned}U_{聚集体}&=[2g(y\xi l^3+x(\pi/6)d_b^3)/(y\xi_2l_0^{2-D2}l^{D2}+x(\pi/4)d_b^2)]\\&\times\{\rho_w-[y\rho_0\psi^{D/3}\xi_bl_0^{3-D}l^D+x\rho_b(\pi/6)d_b^3]/[y\psi^{D/3}\xi_bl_0^{3-D}l^D+x(\pi/6)d_b^3]\}\\&\times(yl^D+xd_b^3)^{1/3}[x+y(l/d_b)^2]/[16x+45y(l/d_b)^2\mu]\end{aligned} \tag{6-51}$$

过渡流时：

当 $0.1<Re<10$：$C_D=K/Re^{0.871}=[10.32x+29.03y(d_f/d_b)^2]/[(x+y(d_f/$

$d_b)^2)Re^{0.871}]$

则 $U_{聚集体}{}^{1.129}=[2g(y\xi l^3+x(\pi/6)d_b^3)/(y\xi_2 l_0^{2-D2}l^{D2}+x(\pi/4)d_b^2)]\{\rho_w-[y\rho_0\psi^{D/3}\xi_0\times l_0^{3-D}l^D+x\rho_b(\pi/6)d_b^3]/[y\psi^{D/3}\xi_0 l_0^{3-D}l^D+x(\pi/6)d_b^3]\}(yl^D+xd_b^3)^{0.290}[x+y(l/d_b)^2]/[16x+45y(l/d_b)^2\mu^{0.871}]/\rho_w^{0.129}$　　(6-52)

当 $10<Re<50$ 时，$C_D=K/Re^{0.547}=[5.03x+14.15y(d_f/d_b)^2]/[(x+y(d_f/d_b)^2)Re^{0.547}]$

则

$$U_{聚集体}{}^{1.453}=[2g(y\xi l^3+x(\pi/6)d_b^3)/(y\xi_2 l_0^{2-D2}l^{D2}+x(\pi/4)d_b^2)]\times\{\rho_w-[y\rho_0\psi^{D/3}\xi_0 l_0^{3-D}l^D+x\rho_b(\pi/6)d_b^3]/[y\psi^{D/3}\xi_0 l_0^{3-D}l^D+x(\pi/6)d_b^3]\}(yl^D+xd_b^3)^{0.182}[x+y(l/d_b)^2]/[16x+45y(l/d_b)^2\mu^{0.547}]/\rho_w{}^{0.453} \tag{6-53}$$

通过公式推导，确定了絮体沉降速率、其与微气泡的碰撞概率、聚集体的上升速率等与絮体的分形特征的定量关系。可见，絮体的渗透性导致其沉降速率的降低，增加了微气泡通过渗流而被絮体的捕集效率。絮体的“开放”结构有利于其与微气泡的碰撞概率提高。絮体与微气泡间的相对尺度和流态的不同会有不同的碰撞机制，相应的动力学方程式也与絮体的分形维数有不同的关系。

对于溶气气浮的具体过程，如果确定了相关物理化学参数，相应的碰撞黏附动力学过程就可以有定量的结果，然后可以与实验结果进行比较，分析它们之间的差异，从而更加深入地认识絮体与气泡的碰撞、接触和黏附过程，为高效气浮水处理新技术的研究和开发奠定基础。

高效溶气气浮技术主要适用于低温、低浊、富含有机物和藻类的原水处理，适应季节的变化，它对 DBPs 的前驱物有很好的去除效果，不仅可以替换传统的混凝/沉淀技术元，而且可以减少占地面积，是一项很经济、又具有生命力的新技术。

作为一种高效的技术，它与无机高分子絮凝剂和高效率的絮凝单元结合，适用于采用 FRD 系统的概念去组装。以微涡旋反应器为絮凝单元，气浮的溶气释气单元采用自动水位反馈系统和高效的释放器，气浮池可采用逆流气浮或紊流气浮形式的装置。

组装而成的高效溶气气浮工艺，可以作为给水处理中过滤的预处理工艺。在使用过程中，一定要考虑两者在负荷上的关系，高效气浮技术的负荷很高，相应的滤池的类型与数量要与之匹配。

另外，高效溶气气浮技术去掉与膜系统组成的组合工艺，可用于要求比较高的给水处理。

参考文献

[1] 王毅力. 高效絮凝/溶气气浮（DAF）水质净化集成系统的研究. 中国科学院生态环境研究中心博士

论文，2000

[2] Robert L S. Water Treatment Plant Design. Ann Arbor Science Publishers, Inc., 1979

[3] Gergory R, Zabel T F. "Sedimentation and Flotation," in Water Quality and Treatment. A Handbook of Community Water Supplies, AWWA. 4th ed. McGraw Hill, New York , USA. 1990, 367～453

[4] Zabel T F. "Flotation in water treatment, " in Innovations in Flotation Technology (Marros P, Matis K A, ed.) NATO AIS Series, Kluwer Academic Publishers, The Dordrecht Netherlands, 1992

[5] 陈翼孙，胡斌. 气浮净水技术的研究与应用. 上海：上海科学技术出版社，1985

[6] Offringa G. Dissolved Air Flotation in Southern Africa. Water Sci. Technol., 1995, 31 (3/4): 159～172

[7] Heinanen J, Jokela P and Peltokangas J. Exprimental Studies on the Kinetics of Flotation in Chemical Water and Wastewater Treatment Ⅱ, (R. Klute and H. H. Hahn, ed.), Springer～Verlag, USA. 1992, 247～262

[8] Puffelen J Van, Buijs P J, Nuhn P N A M, Hijnen W A M. Dissolved Air Flotation in Potable Water Treatment: The Dutch Experience. Water Sci. Techonl., 1995 31 (3/4): 149～158

[9] Edzwald J K. Principles and Applications of Dissolved Air Flotation . Water Sci. Technol, 1995, 31 (3/4): 1～24

[10] 陈翼孙，胡斌. 气浮净水技术. 北京：中国环境科学出版社，1992

[11] Kiuru H J. Development of Dissolved Air Flotation Technology from the First Generation to the Newest (Third) One (DAF in Turbulent Flow Conditions). Water. Sci. Technol., 2001, 43 (8): 1～7

[12] Kiuru H J, Tertiary Wastewater Treatment with Flotation Filters. Water. Sci. Technol., 1989, 22 (7/8): 139～144

[13] Eades A, Brignall W J. Counter-Current Dissolved Air Flotation / Filtration. Water Sci. Technol., 1995, 31 (3/4): 173～178

[14] Krofta M, Wang L K. Potable Water Treatment by Dissolved Air Flotation and Filtration. J. Am. Water Works Ass., 1982, 74 (6): 305～309

[15] Rulyov N N. Application of Ultra-Flocculation and Turbulent Micro-Flotation to the Removal Of Fine Contaminants from Water. Colloids Surf. A, 1999, 151: 283～291

[16] Rulyov N N. Turbulent Microflotation: Theory and Experiment. Colloids Surf. A, 2001, 192: 73～91

[17] Jegatheesan V, Vigneswaran S. Transient Stage Deposition of Submicron Particles in Deep Bed Filtration under Unfavorable Conditions. Water. Res., 2000, 34 (7): 2119～2131

[18] Gregory J. Approximate Expressions for Retarded Van Der Waals Interaction. J. Colloid Interface Sci., 1981, 83 (1): 138～145

[19] Gregory J. Interaction of Unequal Double Layers at Constant Charge. J. Colloid Interface Sci., 1975, 51 (1): 44～51

[20] Ruckenstien E, Prieve D C. Adsorption and Desorption of Particles and Their Chromatographic Separation. AIChE J., 1976, 22 (2): 276～283

[21] Israelachvili J N. Adhesion Forces between Surfaces in Liquids And Condensable Vapours. Surf. Sci. Rep., 1992, 14: 109～159

[22] Ralston J, Fornasiero D, Hays R. Bubble-Particle Attachment and Detachment in Flotation. Int. J. Miner. Process, 1999, 56: 133～164

[23] Dai Z, Fornasiero D, Ralston J. Influence of Dissolved Gas on Bubble-Particle Heterocoagulation. J. Chem. Soc., Faraday Trans., 1998, 94 (14): 1983～1987

[24] Stechemesser H, Nguyen A V. Time of Gas-Solid-Liquid Three-Phase Contact Expansion in Flotation. Int. J. Miner. Process, 1999, 56: 117～132

[25] Valkovska D S, Danov K D. Ivanov I B. Surfactants Role on The Deformation of Colliding Small Bubbles. Colloids Surf. A, 1999, 156: 547～566

[26] 格列姆博茨基 B A 著，郑飞等译，王淀佐校. 浮选过程物理化学基础. 北京：冶金工业出版社，1985, 273～329

[27] Ralston J, Fornasiero D, Mishchuk N. The Hydrophobic Force in Flotation-A Critique. Colloids Surf. A, 2001, 192: 39～51

[28] Tyrrell J W G, Attard P. Images of Nanobubbles on Hydrophobic Surfaces and Their Interactions. Phy. Rev. Let., 2001, 87 (17): 176104-1～176104-4

[29] Attard P. Thermodynamic Analysis of Bridging Bubbles and A Quantitative Comparison with the Measured Hydrophobic Attraction. Langmuir, 2000, 16: 4455～4466

[30] Lubetkin S D, Blackwell M. The Nucleation of Bubbles in Supersaturated Solutions. J. Colloid Interface Sci., 1988, 26: 610～625

[31] Harvey E N, Barnes D K, McElroy W D, Whiteley A H, Pease D C, Cooper K W. Bubble Formation in Animals: I. Physical Factors. J. Cell. Comp. Physio., 1944, 24: 1～22

[32] Harvey E N, Barnes D K, McElroy W D, Whiteley A H, Pease D C. Removal of Gas Nuclei from Liquids and Surfaces. J. Am. Chem. Soc., 1945, 67: 156～167

[33] Harvey E N, McElroy W D, Whiteley A H. On Cavity Formation in Water. J. Appl. Phys, 1947, 18: 162～172

[34] Dean R B. The Formation of Bubbles. J. Appl. Phys., 1944, 15: 446～451

[35] Clark H B, Strenge P S, Westwater J W. Active Sites for Nucleate Boiling. Chem. Eng. Prog. Symp. Ser. Heat Transfer, Chicago, 1959, 55: 103～110

[36] Westerheide D E, Westwater J W. Isothermal Growth of Hydrogen Bubbles during Electrolysis. AIChE J., 1961, 7: 357～362

[37] Finkelstein Y, Tamir A. Formation of Gas Bubbles in Supersaturated Solutions of Gases in Water. AIChE J., 1985, 31: 1409～1419

[38] Ryan W L, Hemmingsen E A. Bubble Formation in Water at Smooth Hydrophobic Surfaces. J. Colloid Interface Sci., 1993, 157: 312～317

[39] Young F R. Cavitation. First Edition. London: McGraw-Hill. 1989: 1～300

[40] Strasberg M. Onset of Ultrasonic Cavitation in Tap Water. J. Acoust. Soc. Am., 1959, 31: 163～176

[41] Apfel R. E. The Role of Impurities in Cavitation-Threshold Determination. J. Acoust. Soc. Am., 1970, 48: 1179～1186

[42] Crum L A. Nucleation and Stabilisation of Microbubbles in Liquids. Appl. Sci. Res., 1982, 38: 101～115

[43] Vinogradova O I, Bunkin N F, Churaev N V, Kiseleva O A, Lobeyev A V, Ninham B W. Submicrocavity Structure of Water Between Hydrophobic and Hydrophilic Walls as Revealed by Optical Cavitation. J. Colloid Interface Sci., 1995, 173: 443～447

[44] Volanschi A, Oudejans D, Olthuis W, Bergveld P. Gas Phase Nucleation Core Electrodes for the Electrolytical Method of Measuring the Dynamic Surface Tension in Aqueous Solutions. Sensors Actuators B, 1996, 35/36: 73～79

[45] Jones S F, Evans G M, Galvin K P. Bubble Nucleation from Gas Cavities-a Review. Adv. Colloid Interface Sci., 1999, 80: 27～50

[46] Buehl W M, Wetswater J W. Bubble Growth by Dissolution: Influence of Contact Angle. AIChE J., 1966, 12: 571～576

[47] Hsu Y Y. On The Size Range of Active Nucleation Cavities on a Heating Surface. J. Heat Transfer. Trans. ASME. 1962: 207～216

[48] Davies R. Cavitation in Real Liquids. First Edition. Amsterdam: Elsevier. 1964: 32～40

[49] Jakob M. Heat Transfer. First Edition. New York: Wiley. 1949: 631～632

[50] Wedlock D J. Bubble Nucleation and Growth, Controlled Particle, Droplet and Bubble Formation. First Edition. Oxford: Butterworth Heinemann. 1994

[51] Drew T B, Hoopes J W Jr, Vermeulen T. Advances in Chemical Engineering. First Edition. New York: Academic Press. 1966: 1～60

[52] 萨梅金 B Д 等著，刘恩鸿译，张宏福校. 浮选理论现状与远景. 北京：冶金工业出版社，1984，1～44

[53] Derjaguin B V, Dukhin S S. Theory Of Flotation of Small and Medium Size Particles. Trans. Inst. Min. Metall. 1961, 70: 221～246

[54] Scheludko A D. Thin Liquid Films. Adv. Colloid Interface Sci., 1967, 1: 391～402

[55] Dai Z, Fornasiero D, Ralston J. Particle-Bubble Collision Models—a Review. Adv. Colloid Interface Sci., 2000, 85: 231～256

[56] Schulze H J, Stöckelhuber K W, Wenger A. The influence of acting forces on the rupture mechanism of wetting films-nucleation or capillary waves. Colloids Surf. A, 2001, 192: 61～72

[57] Derjaguin B V, Curaev N V, Muller V M. Surface forces (in Russian). Moskva: Isdatelstvo Nauka. 1985

[58] Fukushi K, Tambo N and Matsui Y. A Kinetic Model for Dissolved Air Flotation in Water and Wastewater Treatment. Water Sci. Tech., 1995, 31 (3/4): 37～47

[59] Edzwald J K, Malley J P Jr , Yu C. A Conceptual Model for Dissolved Air Flotation in Water Treatment. Water Supply, 1990, 8: 141～150

[60] Malley J P Jr and Edzwald J K. Concepts for Dissolved Air Flotation Treatment of Drinking Waters. Aqua J. of Water Supply Res. & Tech, 1991, 40 (1): 7

[61] Schers G J and Dijk J C. Dissolved Air Flotation : Theory and Practice, in Chemical Water and Wastewater Treatment Ⅱ, (R. Klute and H. H. Hahn, ed.), Springer～Verlag, New York, USA. 1992, 223～246

[62] Heinanen J, Jokela P, Ala-Peijari T. Use of Dissolved Air Flotation in Potable Water Treatment In Finland. Water Sci. Tech., 1995 31 (3/4): 225～238

[63] Liers S, Baeyens J, Mochtar I. Modeling Dissolved Air Flotation. Wat. Envir. Res., 1996, 68 (6): 1061～1075

[64] Dai Z, Dukhin S, Fornasiero D, Ralston J. The Inertial Hydrodynamic Interaction of Particles and Rising Bubbles with Mobile Surface. J. Colloid Interface Sci., 1998, 197: 275～292

[65] Flint L R, Howarth W J. The Collision Efficiency of Small Particles with Spherical Air Bubbles. Chem. Eng. Sci., 1971, 26: 1155～1168
[66] Anfruns J F, Kitchener J A. Rate of Capture of Small Particles in Solution. Trans. Inst. Min. Metall., 1977, 86: C9～C15
[67] Schulze H J. Hydrodynamics of Bubble & Mineral Particle Collisions, Min. Process. Extractive Metall. Rev., 1989, 5: 43～76
[68] Nguyen-Van A, Kmet S. Collision Efficiency for Fine Mineral Particles with Single Bubble in a Countercurrent Flow Regime. Int. J. Min. Process, 1992, 35: 205～223
[69] Nguyen-Van A, Ralston J, Schulze H J. On Modeling of Bubble-Particle Attachment Probability in Flotation. Int. J. Min. Process, 1998, 53: 225～249
[70] Reay D, Ratcliff G A. Removal of Fine Particles From Water by Dispersed Air Flotation: Effects of Bubble Size and Particle Size on Collection Efficiency. Can. J. Chem. Eng, 1973, 51: 178～185
[71] Jiang Z, Holtham P N. Theoretical Model of Collision between Particles and Bubbles in Flotation. Trans. Inst. Min. Metall., 1986, Section C95: C187～C194
[72] Yang S M, Han S P, Hong J J. Capture of Small Particles on Bubble Collector by Brownian Diffusion and Interception. J. Colloid Interface Sci., 1995, 169: 125～134
[73] Edzwald J K, Tobiason J E, Amato T, Maggi L J. Integrated High-rate DAF Technology into Plant Design. J. Am. Water Works Ass., 1999, 91 (12): 41
[74] Guo J L, Wang Y, Li D P, Tang H X. Counter Current Co-Flocculation Flotation for Water Purification. J. Environ. Sci. Health Part A., 2003, A38 (5): 923～934
[75] 郭瑾珑，王毅力，李大鹏，汤鸿霄．逆流共聚气浮水处理工艺研究．中国给水排水．2002, 18 (7): 12～16
[76] Krofta M, Herath B, Burgess D, Lampman L. An Attempt to Understand Dissolved Air Flotation Using Multivariate Data Analysis. Water Sci. Technol., 1995, 31 (3/4): 191～201
[77] Michael James Macphee. Enhanced Coagulation and Dissolved Air Flotation for Removal of Natural Organic Matter from Low Alkalinity Surface Waters. Ph. D dissertation. Technical University of Nova Scotia (Canada), 1995, 187. ISBN: 0～612～08273～3
[78] Gehr R, Swartz C, Offringa G. Removal of Trihalomethane Precursors from Eutrophic Water by Dissolved Air Flotation. Water Res., 1993, 21 (1): 41～49
[79] Hall T, Pressdee J, Gregory R, Murray K. Cryptosporidium Removal during Water Treatment Using Dissolved Air Flotation. Water Sci. Technol., 1995, 31 (3/4): 125～135
[80] 汤鸿霄，钱易，文湘华．水体颗粒物和难降解有机物的特性与控制技术原理：(上卷 水体颗粒物)．北京：中国环境科学出版社．2000, 1～5
[81] 国家"九五"科技攻关专题 96-909-03-02"高效絮凝技术集成系统（F-R-D）研究"技术验收报告．中国科学院生态环境研究中心．2000, 12
[82] 李大鹏．无机高分子混凝剂聚合氯化铝高效混凝动态模拟试验研究．中国科学院生态环境研究中心博士后出站报告，2000
[83] Wang Yili, Guo Jinlong, Tang Hongxiao. Pilot Testing of dissolved air flotation (DAF) in a highly effective coagulation-flocculation integrated (FRD) system. J. Environ. Sci. Health Part A, 2002, A37 (1): 95～111
[84] 郭瑾珑．气浮及过滤过程的接触絮凝研究．中国科学院生态环境研究中心博士论文，2002

[85] Kitchener J A and Gochin K J. The Mechnism of Dissolved Air Flotation for Potable Water: Basic Analysis and A Proposal. Water Res., 1981, 15: 585

[86] 娄敏，王毅力，刘杰，廖柏寒. 微涡旋絮凝-逆流气浮-纳滤集成工艺去除水中腐殖酸的研究-以聚合氯化铝（PACl）为絮凝剂. 环境科学学报，2005，25（9）：1156～1163

[87] 王毅力，娄敏，石宝友，王东升，刘杰，廖柏寒. 微涡旋絮凝-逆流气浮-纳滤集成工艺去除水中腐殖酸的研究-以聚合氯化铁（PFC）为絮凝剂. 环境科学学报，2006，26（5）：791～797

[88] 娄敏，王毅力，侯立安，刘杰，廖柏寒. 微涡旋絮凝-逆流气浮-纳滤集成工艺去除水中腐殖酸的动态运行特征. 环境污染与防治，2006，28（7）：488～493

[89] 刘杰，孟庆胜，王毅力，侯立安，杜白雨. JMS-逆流气浮-纳滤集成工艺去除水中腐殖酸的研究. 水处理技术，2006，32（4）：63～67

[90] 刘杰，王毅力，杜白雨，侯立安. JMS-CCDAF-NF工艺去除水中腐殖酸的研究. 环境科学与技术，2006，29（8）：70～72

[91] 刘杰. JMS-CCDAF-NF对腐殖酸的去除及絮凝体表面分形的研究. 北京林业大学硕士论文. 2006

[92] 谢昌武. 强化共聚气浮-纳滤集成工艺去除水体中腐殖酸的研究. 北京林业大学硕士论文. 2004

[93] 王毅力，李大鹏，郭瑾珑，汤鸿霄. 絮凝-DAF（dissolved air floatation）工艺的化学因素与颗粒物特征研究. 环境科学学报，2002，22（5）：545～550

[94] 王毅力，汤鸿霄. 絮凝-DAF中试工艺处理密云水库低温低浊水的影响因素. 环境科学，2001，22（1）：27～31

[95] 汤鸿霄，栾兆坤. 聚合氯化铝和传统混凝剂的混凝-絮凝行为差异. 环境化学，1997，16（6）：497～505

[96] 王毅力，汤鸿霄. 气浮净水技术研究及进展，环境科学进展，1999，7（6）：94～103

[97] 王毅力，李大鹏，郭瑾珑，汤鸿霄. 絮凝-溶气气浮处理低温低浊水（中试）. 中国给水排水，2002，18（11）：9～12

[98] 吴秋丽，王毅力，郭瑾珑，谢昌武，赵旭，解明曙. 溶气气浮过程动力学模型的分形观. 环境污染治理技术与设备. 2005，6（5）：29～34

[99] Haarhoff J, Edzwald J K. Modeling of Flo-Bubble Aggregate Rise Rate in Dissolved Air Flotation. Wat. Sci. Tech., 2001, 43 (80): 175～184

第 7 章　强化过滤新工艺[①]

过滤是给水处理的最基本单元，它不仅可以去除水中的悬浮颗粒物质，使水得到澄清，而且还具有滤除絮凝和沉淀工艺中不能去除的浮游动物、微生物等功能。同时，通过滤料的吸附及生物膜作用，还可以进一步去除水中的有机污染物。因此，过滤工艺实际上是一个发挥综合净水功能的过程，滤池（器）也可以看作是一个多相水处理反应器。随着材料技术的进步和对水质安全要求的不断提高，特别是在 1994 年美国大规模暴发隐孢子虫污染事件以后，过滤技术受到更多的关注，人们将过滤过程作为饮用水安全风险控制的重要环节，在原理上不断深化，在技术上不断创新。强化过滤已成为提高常规水处理工艺能力的重要方面，也是当前国内外本领域研究和应用的重要课题。

7.1　水处理过滤的基本原理和方法

过滤是使水通过滤料（如砂、无烟煤或硅藻土等），使其中的悬浮固体、微生物、微小动物等得到去除，使水得到净化的过程。决定过滤工艺运行的因素很多，其中滤料性质与级配、过滤速度、反冲洗条件、进水水质等都对过滤净水效果产生重要影响[1]。近年来，由于水质污染对过滤功能提出了许多新的要求和挑战，人们在努力提高传统过滤工艺能力和效率的同时，积极研究和开发新型高效的过滤技术，力图通过新材料的改进、过滤过程的强化和处理条件的优化，提高过滤对水中细微悬浮物、有毒有害化学物质和病原微生物的去除能力。从而使传统过滤的内涵得到不断更新，过滤技术得到迅速发展。

7.1.1　水处理过滤的基本原理

在过滤中，主要进行着颗粒物从水流中向滤料颗粒表面的迁移、附着和脱落三个过程[1]。

一般情况下，颗粒物脱离流线逐渐与滤料接触的过程就是迁移过程，相应的机理有截留、扩散、惯性、沉降及水力撞击等作用[1]。

截留，即把滤层当作筛子，那些粒径大于滤料孔隙尺寸的颗粒难以通过滤料间的通道而被截留，小的颗粒如果从正面撞到滤料表面而被拦截。扩散，即悬浮

---

① 本章由曲久辉，王毅力撰写。

颗粒物因布朗运动而向滤料颗粒表面迁移，然后可能发生碰撞的过程。惯性，即当流体遇到滤料而发生绕流作用时，流体中质量较大的颗粒物因惯性冲击就会脱离流线与滤料发生碰撞。沉降，即如果水中的颗粒物粒径较大，密度远远超过水的密度时，颗粒就会穿越流线而与滤料表面接触，此时滤料中的孔隙就相当于浅层沉淀池。水力撞击，即在低 Reynolds 数的水力条件下，在不规则的滤料影响下的不均匀剪切力场中，水中的颗粒物在不平衡力的作用下不断转动而出现明显的位移偏离，可能横跨滤料孔隙中的流线，接近滤料表面而发生接触。在实际过滤的颗粒迁移中，同时发生上述过程。一般而言，粒径小于 1μm 的颗粒，扩散是主要机理；而对于粒径大于 10μm 的颗粒，沉淀和惯性作用是主要的。当然，粒径越大，截留作用越明显。

当颗粒物与滤料发生接触时，可能发生附着过程。影响附着的作用有：接触絮凝、静电引力、吸附和分子间引力。另外当滤池进行反冲洗时，水、气的冲刷和滤料间的碰撞摩擦都有可能使滤料表面附着的颗粒物发生剥离脱落。

7.1.2　过滤材料

7.1.2.1　过滤材料的种类与特征

滤料是滤池主要的组成部分，它提供了悬浮物接触凝聚的表面和纳污的空间，从而对滤池去除颗粒物的效果具有重要的影响。优良的滤料应满足以下要求：

(1) 应具有足够的机械强度，防止冲洗过程中因滤料碰撞、摩擦而产生的严重磨损和破碎。

(2) 具有良好的化学稳定性和耐腐蚀性。

(3) 具有一定的大小和合理的级配，以满足截留悬浮物的要求。

(4) 外形接近球形或纤维束状、表面粗糙有棱角，能提供较大的比表面积和足够的空隙率。

(5) 可就地取材，货源充足，价格低廉。

一般而言，滤料的性能指标如下：

(1) 有效直径和不均匀系数。有效直径是指通过 10%重量的滤料的筛孔直径（mm），以 d_{10} 表示；而通过 80%重量的滤料的筛孔直径（mm），以 d_{80} 表示。d_{10} 和 d_{80} 分别反映滤料中小颗粒和大颗粒的尺寸大小。d_{80} 和 d_{10} 的比值为滤料的不均匀系数，以 K_{80} 表示，反映了滤料颗粒大小的不均匀程度。在我国，普通快滤池一般采用 $d_{10}=0.5\sim0.6$mm，$K_{80}=2.0\sim2.2$ 的滤料，国外则倾向于采用较大的 d_{10} 和较小的 K_{80} 值滤料。

(2) 滤料的截污能力。单位体积滤料在过滤周期内能截留的污染物的量，单

位为 kg/m^3 或 g/cm^3，其大小与滤料的粒径和形状等因素有关。

(3) 滤料的空隙率和比表面积。滤料的空隙率与滤料颗粒的形状、大小、均匀程度和压实程度有关。在一定范围内，空隙率越大，滤层厚度越小，截污能力越大。常用的石英砂、无烟煤滤料的空隙率分别为 0.42、0.5～0.6 左右。滤料的比表面积是指单位重量或单位体积的滤料所具有的表面积，单位为 cm^2/g 或 cm^2/cm^3。比表面积越大，过滤效果越好。

7.1.2.2 滤料的布置

目前在水处理中常用的滤料有石英砂、无烟煤、核桃壳、陶粒、高炉渣、石榴石颗粒、磁铁矿颗粒、花岗岩颗粒、纤维球、发泡塑料球等[1～9]。在给水处理中，一般主要应用石英砂、无烟煤滤料，其他滤料大多用于水中特殊污染物的去除。

滤池中滤料的布置构成不同类型的滤料层，一般可分为单层滤料层、双层滤料层、多层滤料层和均粒滤料层等。单层滤料层一般采用石英砂滤料，石英砂滤料具有机械强度高、化学稳定性好、廉价、取材便利等优点。不足之处是在反冲洗的水力筛分作用下易使小颗粒滤料分布在上层、大颗粒滤料在下层，形成上小下大的孔隙分布，孔隙尺寸也是沿水流方向逐渐变大。当下向流过滤时，水流先经过粒径小、孔隙也小的上部砂层，再到粒径大、孔隙也大的下部砂层。水中颗粒大部分截留在上部数厘米深度内，床层上部孔隙容易堵塞，床层的水头损失上升迅速，下部滤层大部分容量尚未发挥出来就不得不终止过滤。

为了克服这一缺陷，在 20 世纪 50 年代，研究人员开发了双层滤料，即在石英砂滤层上部放置一层粒径较大、密度较小的轻质滤料，使用较早也较广泛的轻质滤料是无烟煤，后来使用的轻质滤料还有人工陶粒、人工合成纤维等。上层轻质滤料的密度小于石英砂的密度，但前者的颗粒粒度大于后者的颗粒粒度，从而在一定程度上防止了因反冲洗的水力筛分而导致的出现单层滤料的反孔隙分布，可见双层滤料过滤在一定程度上提高了滤速和过滤效率，增加了床层截污容量，延长了过滤周期，但其最大的缺点在于上层轻质滤料因过大的膨胀度而逸失。双层滤料体现了水先通过粗粒滤料后再通过细粒滤料的理想滤层的概念。基于理想滤层的原理，提出了三层滤料滤池，即在双层滤料下部再加一层密度大、粒径小的滤料。这最下一层滤料一般用石榴石、磁铁矿等。三层滤料比双层滤料床层结构更为合理。三层滤料是沿着双层滤料的思路追求理想滤层的结果。随后又出现了四层滤料和五层滤料。双层和三层的滤出水水质完全一样，但三层滤料的水头损失增长却比双层快，出现这一现象的原因可能是石榴石层只起保护作用，并不起截留悬浮固体的作用，而且这层粒度细的保护层使三层滤料比双层多了一层阻力，显著地增加了水头损失。

依此推论，滤料层数越多，滤层结构越合理，越符合理想滤层的概念。然而在实际应用中存在许多问题，如相邻两层滤料间的混杂和滤料流失，加之滤料来源有限，加工复杂等因素，生产中所采用的仍然是双层和三层滤料。双层和三层滤料滤床实质上不过是两个或三个不同的单层滤料滤床串联组成，而每层内仍存在水力筛分作用，主要担负截污作用的仍为表面部分。

混合滤料的出现可能是受理想滤层及混层现象的启发。由煤、砂和石榴石三种材料构成，三者比例约为60%、30%、10%，三种材料在反冲洗后发生全面混合，不出现任何界面，从滤层顶到底，颗粒的主要粒径从1mm逐渐减小为0.14mm。据称，这种混合滤料比分层滤层更接近于理想滤层。

20世纪80年代以来，开发应用的均粒滤料在很大程度上解决了非均粒滤料存在的问题，过滤速度、过滤效率及床层截污容量都得到了明显提高。在整个过滤层中，滤料的物理化学条件基本一致，反冲洗时，不允许滤料层产生膨胀，发生显著的流化，使之不会发生明显的分级。但这种滤池较深，造价较高。

人工合成纤维，如丙纶、涤纶等，具有作为滤料的基本条件，并且具有巨大的比表面积和较高的床层孔隙率，这是粒状滤料所不及的，从而为拓展过滤工艺的适应范围、提高过滤效率、增加床层截污容量、降低过滤阻力创造了前提条件。纤维滤料的布设方式有纤维束、短纤维丝、短纤维滤布、纤维球、彗星式纤维等方式，这些滤料组成的滤床的过滤速度、过滤效率及床层截污容量均比粒状滤料得到了很大的提高[21~35]。

7.1.3　过滤工艺

过滤作为给水处理重要的关键操作单元，一般与凝聚/絮凝/沉淀或气浮等单元组合构成整体的给水处理系统。常见过滤工艺通常是凝聚/絮凝/沉淀/过滤，其中沉淀池中有斜板、斜管、波纹板等各种填料，该过滤工艺主要是针对水中悬浮颗粒物的去除而提出的。随着水质标准的提高，为了去除低温低浊地表水体中的色度、藻类、微污染有机物等提出了凝聚/絮凝/气浮/过滤工艺，在寒冷地区针对超低温水提出了凝聚/絮凝/浮沉池/过滤工艺。微絮凝/直接过滤工艺作为新型的过滤工艺对低温低浊地表水体中的色度、藻类、微污染有机物、氨氮等也有很高的去除效果。

7.1.4　现行过滤工艺的问题

目前，给水厂的过滤工艺主要是针对水中的浊度物质、色度、藻类等污染物的去除。过滤工艺依然存在延长过滤周期、提高周期产水量、改善过滤性能、减小滤层水头损失和反冲洗难度等问题，即减少管理上难度的优化，同时合理地降低工程造价，进一步发挥已有设施的潜力。但是，国内对此展开的研究不多，尤其是对滤速和助滤剂方面的研究较少，在大规模使用之前，仍需研究和解决一些问题[1,8~10]：

（1）助滤剂的种类非常多，有阳离子聚合物及其他高分子化合物等，但究竟哪种效果最好，用量多少为最佳，以及各自的作用机理，还待进一步的比较研究，筛选出一种最合适的助滤剂。同时，助滤剂的安全性也是在饮用水处理中必须考虑的一个重要问题。

（2）粒径大、滤层厚是新型滤池的需要，但因此带来的反冲洗方式及强度变化并未展开深入研究，究竟采用何种冲洗方式及反冲洗强度如何调整，才能适应这种深床粗粒径滤层也是值得进一步研究的。需要从工程应用及经济可行性的角度出发，对粒径大、滤层厚带来的滤池加深所产生的工程造价提高、反冲洗难度增加造成的管理费用增加和周期产水量增加带来的效益进行比较，优化确定一个最佳方案。

（3）随着污染的加剧，水中有机物含量增多，尤其是DBPs前驱物、环境内分泌干扰物等，对人体健康产生严重风险，也对过滤能力提出了新的要求。理论上，优化常规过滤工艺可以增强截留作用，但对有机物的去除效果依然很少。但如果对滤料进行改性或对滤前水进行预处理，可能会提高对这些常规过滤单元没有去除效果的污染物的去除效率，值得进行深层次研究与探索。

7.2 新型过滤材料及其强化过滤作用

7.2.1 过滤材料改性及过滤效能

滤料是过滤工艺的基础材料，也是提高过滤能力和效率的核心要素。然而，普遍使用的常规滤料还存在很多问题。如应用最广泛的石英砂滤料，就存在着比表面积小、孔隙率低、表面吸附容量低等缺点。另外石英砂滤料表面带负电，从而与进水中表面带负电的杂质和有机物之间产生静电排斥力，不利于过滤作用的发生。因此从改善滤料性质着手，研制优于传统滤料的过滤介质，譬如用物理或化学方法对传统滤料进行改性，改善其表面结构和性能，使滤料表面带正电或呈中性，这样有利于静电引力的产生，可以提高过滤效率，减少混凝剂的用量。目前，国内外研制的各种新型滤料也正朝着改善滤料表面特性的方向努力，以提高滤料的截污能力，从而改善常规饮用水处理工艺，强化对水中悬浮物及有机物污染物的去除效率，提高出水水质。

近年来，针对石英砂和陶瓷滤料比表面积小、吸附能力差等问题，人们积极探索有效的改性方法[2~4]。有研究者通过一定的工序改性制备相应的石英砂（CS）改性滤料涂铁砂（Fe · CS）、涂铝砂（Al · CS）和陶粒改性滤料（CT）涂铁陶（Fe · CT）、涂铝陶（Al · CT），并对上述改性前与改性后的滤料的物理特性进行分析。结果表明[2]，改性滤料的比表面积比原滤料的比表面积增加数倍，使其对有机物的吸附容量和去除率都大于原滤料。同时，由于改性滤料将等电点（pH_0）由原来的0.7～2.2提高到7.5～10.3左右，当原水的$pH>pH_0$时，滤料表面发生酸性离解，导致表面带负电；当原水的$pH<pH_0$时，滤料表面发生碱性离解，表面带正电。原水的pH一般为中性，即$pH<pH_0$，此时改性滤料表面带正电。而水中有机物的主要官能团是羧基、酚羟基、醇羟基等，这些官能团的大部分为酸性，在一般条件下都脱去质子而带负电。改性滤料因电性相反增加了过滤过程中的黏附作用，提高了对水中污染物的吸附能力。

通过X射线光谱对改性涂层的鉴定结果表明，除Al·CS外，其余改性滤料表面的主要成分是铁和铝的氧化物。在水中，氧化物表面因吸附了一层水分子而羟基化，在中性条件下，羟基位的存在形式为≡MOH（M代表铁或铝）。溶解有机物的化学吸附通常是通过有机物阴离子官能团（$RCOO^-$）替代氧化物表面的羟基来进行的，反应式为

$$RCOO^- + \equiv MOH \longrightarrow \equiv MOOCR + OH^- \tag{7-1}$$

通常在吸附过程中，物理吸附和化学吸附两者兼而有之，分子间作用力和化学力很难截然区分。改性滤料对水中微量有机物的吸附是这两种作用的综合结果。改性滤料的比表面积比原料增加很多，表面积越大，表面张力也越大，要求降低表面张力的倾向也越大，吸附能力也越强。

而且，他们对上述滤料的动态吸附性能进行了比较，发现6种滤料对UV_{254}的去除率由大到小依次为Fe·CS，Al·CS，Al·CT，Fe·CT，CS及CT，四种改性滤料对TOC的去除率和对UV_{254}的去除效果是一致的。原砂和由石英砂制成的改性滤料优于原陶粒和由陶粒制成的改性滤料。这是因为过滤时的空床停留时间只有8min，即滤速较快，陶粒及其改性滤料没有能够充分地利用，所以其去除率没有石英砂及其改性滤料好。但总的来说，改性滤料的处理效果明显优于原滤料，Fe·CS的效果最好。

改性石英砂对含藻水的直接过滤效果略好于原石英砂[5]，而且，经混凝沉淀后再过滤对藻类的去除率要高于含藻水直接过滤，在混凝沉淀后藻类的去除率随过滤时间的延长而降低，个别石英砂滤柱的滤后水样中叶绿素a含量高于滤前水，而改性砂在过滤16h后仍保持着较高的去除率，可见改性砂对藻类的过滤截留容量远高于石英砂。

此外，改性石英砂对附着于藻类上的和其他形态铝的去除率都要远高于原石英砂，两种滤料对吸附于藻类颗粒上铝的去除率略高于对藻类颗粒的去除率，这说明吸附了较多铝的藻类颗粒相对于未吸附或吸附较少铝的藻类颗粒能够被优先过滤去除，可见残余铝对藻类的过滤去除起到了一定的促进作用。

7.2.2 新型过滤材料研制及过滤性能

在水处理工艺中，过滤单元一般主要是利用天然的石英砂作滤料，有时也用无烟煤、沸石、莫来石-堇青石、粗白垩土、硅藻土等天然滤料和活性炭、塑料、陶粒、炉渣和各类软性填料等人工滤料[6~9]。多年的实践证明，石英砂、无烟煤、莫来石-堇青石、粗白垩土、硅藻土、塑料、炉渣等普遍存在的问题是比表面积小，孔隙率小，截污容量低，过滤速度慢（阻力大），设备占地面积大；而活性炭粒价格昂贵，沸石来源不广。因此，新型高效滤料的研究开发始终都得到高度重视。

7.2.2.1 陶粒滤料

陶粒滤料是由陶砾辗碎、筛选而得，富有棱角，表面充分伸展，比表面积为同体积石英砂的 2～3 倍，孔隙率达 55%～70%，为石英砂的 1.3～1.7 倍，截污能力比石英砂高 2.5 倍。实践证明：用陶粒代替石英砂，在高质量出水下，生产效率可提高 1.2～2 倍[9]。但目前在大规模投产运行时，尚存在下列缺陷：

（1）焙烧滤料机械强度较差，多次冲洗碰撞后，易破碎而损耗，需定时补充；

（2）滤料上的小孔所吸附的污泥量需及时冲洗，否则易板结，需较大的反冲强度；

（3）价格偏高。

7.2.2.2 微孔陶瓷

微孔陶瓷是一种新型的无机非金属过滤材料，以石英砂、氧化铝、碳化硅或莫来石等为骨料，掺和一定量的黏结剂、成孔剂后经过高温烧制而成。利用成孔剂在坯体中占据一定空间，烧结过程中与空气反应生成气体或烧成后溶解于水离开坯体而形成微孔[11~13]。微孔的平均孔径一般为 0.5～450μm，大小分布均匀且相互连通。微孔陶瓷的孔隙率可达 45%～65%，使其具有很大的比表面积。

作为水处理过滤材料，微孔陶瓷具有以下结构特性和过滤特点：微孔孔隙率高，孔径分布均匀且大小易于控制；成型性能好，可根据不同需要做成各种形状的过滤器，如棒状、板状、片状等；化学稳定性好，除氢氟酸、浓碱外，对所有介质均有优良的耐腐蚀性，不与其他物质发生化学反应，不会造成二次污染；强度高，刚性大，在冲击压力作用下不引起外形变化和孔径变形；热稳定性好，不会产生热变形、软化、氧化现象等，在－50～500℃均可使用；自身洁净状态好，无毒无味、无异物脱落，不会造成二次污染；再生性强，可 100%恢复原有过滤能力，使用寿命长；具有很大的内表面，能吸附滤除大量微小的悬浮颗粒。

滤液通过微孔陶瓷时，其中的悬浮物、胶体物和微生物等污染物质被阻截在过滤介质表面或内部，同时附着在污染物上的病毒等也一起被截留。这一过程是吸附、表面过滤和深层过滤相结合的过程，且以深层过滤为主。微孔陶瓷发达的微孔结构使其具有巨大的表面积 $500\sim1700m^2/g$，因而具有巨大的表面能，能够吸附水中微小的悬浮物，吸附过程主要以物理吸附为主，因而容易脱附再生。表面过滤主要发生在过滤介质的表面，微孔陶瓷起到一种筛滤的作用，大于微孔孔径的颗粒被截留，并在过滤介质表面架桥而形成了一层滤膜，这层滤膜也能起到重要的过滤作用，可防止杂质进入过滤层内部将微孔很快堵塞。深层过滤发生在过滤介质内部，因重力沉降、惯性冲撞、扩散等作用，水中细小的悬浮颗粒在微孔陶瓷内部曲折且相互连通的孔道中运动时被孔道壁捕捉而滤除。

用于饮用水过滤处理的陶瓷材料微孔孔径大多在 $0.2\sim10\mu m$ 范围内，孔隙率可达65%以上。有研究表明，其过滤精度可达最大孔径的十分之一。陶瓷材料用于饮用水过滤处理的历史较长，最初被用来去除水中的细菌。随着科学技术的不断发展，目前的微孔陶瓷不仅可进行饮用水的无菌处理，而且对水中的有机物及一些化学污染物，如金属离子等也有一定的去除效果。水中滋生的病原微生物主要有三类：包括原生动物、细菌和病毒，其中原生动物的体积最大，大致为 $2\sim100\mu m$，能被微孔陶瓷完全截留；细菌远比原生动物要小，但一般大于 $0.2\mu m$，通常水中常见的大肠杆菌和沙门氏菌大小约为 $0.6\mu m$，因此绝大部分的细菌能够被微孔陶瓷的孔道诱捕。至于病毒，由于它没有细胞结构，不能独立存在而是附着在颗粒表面或是细菌上，因而很容易被伴随去除。

近年来，一些陶瓷生产厂家研制了一种新型滤料——微孔陶瓷球，可代替石英砂、无烟煤作为滤料，用于水厂自来水的净化。这些微孔陶瓷球与石英砂相比，具有对污染物的吸附能力强、运行周期长、水头损失小、反洗所需压力和水量均小、耐磨损、寿命长等优点，因而有着广阔的发展前景。

鉴于微孔陶瓷具有良好的除菌作用，可被制成滤芯，用于饮用水供水终端的水质净化，即作为净化器的主要部分用于过滤经供水管道输送或水塔存储后遭到污染的饮用水。因此微孔陶瓷的应用与小型水质过滤器、净化器是密不可分的。

由于没有抑菌、杀菌作用，因此在水质净化器运行周期较长的情况下，微孔陶瓷表面及内部截留的细菌易大量繁殖而造成出水的二次污染。国外净水器大多将微孔陶瓷滤芯内部均匀地涂敷银离子或者其他一些阴、阳离子，使其具有抗菌防霉功能，能将截留的细菌等微生物杀死。

7.2.2.3　瓷砂滤料

瓷砂滤料是一种新型人工滤料。它是以优质高岭土为原料，掺和一定的成孔剂、黏合剂和发泡剂，经过炼泥、陈腐、成型、干燥、烧成等工艺生产而成的一种球型均质滤料，粒径一般在 0.5～3.0mm，表面坚硬，外观白色，内部多微孔[14,15]。

瓷砂滤料同天然石英砂滤料一样，也是一种无机滤料，其成分不含对人体有害的重金属离子及其他有害物质。其主要化学成分为 SiO_2、Al_2O_3、Fe_2O_3、CaO 和 MgO 等。瓷砂滤料在松散容重、密度、空隙和比表面积、形状等方面均优于石英砂。瓷砂具有良好的物理性能和足够的化学稳定性，是一种耐摩擦、抗冲击、耐腐蚀、密度适度、颗粒均匀、孔隙率高、比表面积大、使用寿命长的一种新型滤料。

研究表明[14]，由于瓷砂为均匀的球形颗粒，滤层内的孔隙比较均匀，充分发挥了下部滤层的过滤作用，增大了滤层的截污深度和截污能力，延长了过滤周期。此外，瓷砂滤料的冲洗有一定的膨胀度，过滤初始孔隙率较大，从而减少了初始水头损失，更好地发挥了均质滤料的作用。

尽管瓷砂滤料比石英砂滤料有上述优势，但瓷砂滤料是人工滤料，价格较石英砂贵。但就单位体积的滤料而言，由于其堆积密度小，可以弥补部分价格上的差异。

7.2.2.4 沸石滤料

沸石是一种架状结构的硅铝酸盐，一般可用化学式 $(Na, K)_x(Mg, Ca, Sr, Ba, \cdots)_y(Al_{x+2y}Si_{n-(x+2y)}O_{2n})\ mH_2O$ 表示。其内部含有许多孔穴和通道。沸石具有独特的晶体结构和化学性质，其构架上的平衡阳离子与构架结合得不紧密，极易与水溶液中的阳离子发生交换作用，是一种极性吸附剂，具有良好的吸附、交换性能。沸石的表面粗糙、比表面积大（400～800m^2/g）、密度小，是一种比较好的天然轻质滤料。不同产地的沸石，其成分也有所不同，如浙江缙云产的斜发沸石中 SiO_2、Al_2O_3 的含量分别为 66.21%、10.99%，而山东胶州产的沸石中 SiO_2、Al_2O_3 的含量分别为 65.40%、13.24%[16～19]。

沸石在给水处理中主要应用于微污染水和含氟水的处理。通过对比沸石和石英砂滤料对黄河原水中的浊度、有机物、氨氮的去除效果[16]，发现粒径为0.5～2.0mm 的沸石对水中氨氮的去除效果明显优于同粒径的石英砂滤料，对浊度、有机物的稳定去除效果与石英砂基本相同，且水头损失小、运行周期长，是适宜的新型滤料。生物沸石反应器去除水源水中微污染物的长期测试表明，生物沸石反应器具有和生物活性炭、生物陶粒一样的性能，对原水中 NH_3-N、NO_2^--N、Mn、有机物、色度、浊度的平均去除率可分别达到 90.4%、93.4%、95%、30%、72%、77%[17]。用复合铝盐改性后的沸石交换剂不仅使原水中的含氟量从 3～10mg/L 降至 0.5～0.8mg/L，而且使水的其他各项指标均达到国家饮用水水质标准。

沸石在实际应用时还存在很多问题。由于沸石种类很多，因而在实际应用时必须经过实验合理选用；水源成分复杂时，必须根据具体情况确定合理的操作条件；不同水源条件经沸石过滤处理后所截留的污染性质不同，必须掌握相应规律确定合理的再生方法。

7.2.2.5 纤维滤料

针对上述颗粒滤料截污容量低、过滤速度慢（阻力大）和设备占地面积大等缺点，纤维作为一种新型的滤料受到了人们的重视，有人认为它是水处理的理想过滤材料之一。纤维滤料具有呈柔性、可压缩、孔隙率大、比表面大、截污能力强、工作层上疏下密的理想滤层的孔隙分布，易于反洗，具有较强的耐磨性及抗化学侵蚀性。在过滤时能够实现密度调节或沿水流方向过滤孔径逐渐变小的合理过滤方式，极大程度地实现了深层过滤，使设备出水质量、截污能力、运行流速都得到大幅度提高。纤维滤料可制成多种形状：纤维束、纤维球、短纤维等[20～34]。

纤维过滤材料一般是由有机高分子材料制成，在使用时经过了化学处理，它的表面具有某些有机官能团，故此对水中的重金属离子可能具络合或吸附作用，而对有机污染物可能具有同性吸附功能，特别是在开始过滤、滤料表面新鲜的情况下，对水中污染物具有明显的吸附去除作用。纤维滤料体积小，占地面积小，适于做成反应器，易于实现过滤过程的自动控制与在线调节。

但纤维过滤器存在着造价高，在某些情况下难以彻底清洗和长期运行易滋生微生物等不足。

7.2.2.6 轻质滤料

轻质滤料是人工合成的比水密度略小的聚乙烯颗粒。当含有微絮凝体的原水通过滤床时，与孔隙中先前截留的微絮凝体发生接触絮凝[35～38]。因此，一般认为轻质滤料滤池具有固液分离和絮凝的双重功效。

截至目前，在澳大利亚、法国、日本等都有研究人员在轻质滤料过滤系统以及絮凝系统方面做过大量的研究工作，并且在工程上已经有了相应的实例[37,38]。试验证明，在比传统的机械絮凝池负荷高、停留时间短的情况下，双层轻质粗滤料絮凝池能够取得良好的絮凝效果。

7.2.2.7 其他滤料

在滤料的开发中，新型滤料不断出现，尤其是通过废物资源化利用而开发出的滤料，譬如：核桃壳滤料、硅藻土滤料、炉渣滤料、粉煤灰滤料，它们在给水或废水的处理中也取得了一定的效果[13,39]。但由于这些滤料可能会对水质产生影响，考虑到饮用水安全性问题，人们在使用时仍然非常谨慎。

7.3 强化过滤新工艺

7.3.1 强化过滤工艺的优化方法

有机物在水中的大量存在使水中的胶体颗粒能够和有机物之间互相作用，在胶体颗粒表面形成一层天然有机涂层（organic coating)。溶解性天然有机物由于其高带电性和强亲水性，其包裹和吸附在无机胶体颗粒表面，造成颗粒间空间位阻和双电层排斥作用，阻碍颗粒间的结合，使无机胶体的负电性增强，亲水性增加。并导致水中的体系平衡发生改变，增加了水中胶体颗粒稳定性，这在水处理中表现为混凝时胶体颗粒难以脱稳，过滤时滤料表面易被水中有机物包裹起来，胶体颗粒不易与滤料吸附结合，有可能失去部分过滤功能，有机污染物难以去除，需要增加混凝剂的投加量，从而导致水处理成本大幅度上升，很难达到良好的出水水质。据报道，如果水中溶解性有机物浓度增加 3mg/L（以 TOC 计)，则硫酸铝混凝剂的有效剂量增加 5.3 倍，若溶解性有机物浓度增加 7mg/L，则硫酸铝混凝剂的有效剂量增加 10.2 倍。

原水的温度、浊度和有机物的种类、浓度等因素对过滤效果的影响是很大的。一般认为低温低浊高污染水体是难以处理的。当原水有机物浓度较高且预处理去除工艺效果较差时，水中有机物浓度增加可以使滤池发生污染现象：过滤失效或过滤效果减弱，经常出现滤池出水浊度和滤池进水浊度相差无几或降低幅度很小的情况。它的特征之一是滤料触摸的感觉发滑和发黏，表明滤池中的滤料已被有机物所包围，部分或全部失去了对胶体杂质的吸附和截留作用。

原理分析和实际运行结果都已证明，常规的混凝、过滤处理工艺对上述的一些微污染原水的处理已达不到饮用水的水质要求。因此，水的强化常规处理就是要在现有的工艺基础上，针对水中细微悬浮物、病毒微生物、色度、嗅味、藻类、藻毒素、DBPs 前驱物、持久性有机物、环境激素类污染物等，强化并提高各处理单元的水质净化功能，强化过滤功能则是其中的关键工艺环节之一。

目前，实际应用和研究开发的强化过滤新工艺主要有：①对滤料进行改性，或采用混合滤料，在提高一般意义上的过滤效果的同时，提高对水中有机污染物、藻类及微生物的去除能力。②将过滤与絮凝过程有机结合，通过采用新型絮凝-过滤方式，提高过滤工艺的综合净水效果。③通过预氧化处理，在滤前去除一些污染物或改变污染物的形态，并对颗粒物表面影响过滤的物质进行降解，同时也可以对滤料表面产生有利于吸附或截留污染物的作用，增加对污染物去除效率。④生物强化过滤技术也是一种针对水中微污染物去除的新型工艺，主要利用在滤料上的生物膜的作用去除水中的 NH_3-N、NO_2-N 和降解有机物，其关键是选择适合微生物生长的滤料。

7.3.2　接触凝聚强化过滤

双层、多层、均质及纤维滤料的出现，不仅改变了滤床的结构，提高了滤床的性能，而且改变了水处理厂的整体设计与操作概念。传统水处理过程中混凝与过滤是分属两个独立的操作单元。直接过滤则是混凝与过滤过程有机结合为一体而形成的新的单元处理过程。它是20世纪50年代由Pitman和Conloy用双层滤料实验成功的一种新的过滤工艺。由于直接过滤具有设计简单，节省占地面积，以及减少投资和运行费用等优点，20世纪70年代以来，随着过滤过程理论研究的不断深入，以及双层、多层、均质及纤维滤料、高分子聚合电解质的应用，直接过滤得到了迅速发展。20世纪80年代后，在西方发达国家[39,40]，如美国、欧洲一些国家以及澳大利亚得到了更广泛的应用，目前，新建水厂很多都采用了直接过滤工艺，滤料主要采用均质粗粒，粒径达1.2～1.8mm，滤层厚度3m以上，滤速达20m/h。

接触絮凝的概念源于直接过滤，在该过程中，微小絮体或脱稳颗粒在滤层中发生絮凝、沉积，滤料颗粒起到了强化水体颗粒物絮凝的作用。接触絮凝过程中絮凝作用得到了强化，一定意义上接触絮凝是对絮凝范围的拓展，是指存在介质时的一种强化絮凝方式[41]。

接触絮凝强化过滤在微絮凝-直接过滤过程中得到了充分的体现，这种过滤技术是省去沉淀过程而将混凝与过滤过程在滤池内同步完成的一种新型过滤技术。微絮凝直接过滤技术适用于水库水、湖泊水等低温低浊水质的净化处理，效果明显好于传统工艺。随着水体污染的日趋严重，国内外越来越多的城市以蓄积水库、湖泊作为饮用水源，微絮凝-直接过滤技术随之就成为各国，尤其是发达国家给水领域的研究与应用热点。

7.3.2.1　微絮凝-直接过滤的原理

由于混凝与过滤过程的微观物理化学理论的相似性与一致性，在微絮凝-直接过滤过程中，其化学条件及颗粒物脱稳作用与絮凝过程基本一致，而且前期的絮凝化学过程对直接过滤效能具有十分显著的影响。栾兆坤等的研究表明[42]，滤前水中絮体颗粒的电动特性及粒径对直接过滤具有十分重要的影响，只有在滤前水中絮体的粒径分布达到最适合过滤过程的状况时，才能得到理想的处理效果，并降低处理成本。

当微絮体进入滤床后，通过较长而弯曲的孔隙而被截留，这个过程涉及迁移和黏附两种机理。所谓迁移指当流体为层流流态时，微絮体在扩散力、重力、惯性力和流体动力等作用下穿越流线与过滤介质接触的过程，而黏附指微絮体迁移至过滤介质表面后发生的黏附于其上的过程[44]。这个过程起作用的主要因素有机械附着、静电作用、van der Waals 力和化学吸附作用等。开始时，微絮体与空白滤料之间发生迁移、黏附；随着微絮体对滤料的覆盖，随后而至的微絮体会与已黏附上的微絮体间发生接触絮凝作用。覆盖在滤料上的微絮体层改变原来滤料的表面形貌、表面电学和化学性质，覆盖了微絮体的滤料新表面具有很好的活性，具有进一步与其他微絮体结合的趋势，而且在滤床中形成了微型絮凝池，从而使得接触絮凝过程更加频繁的发生[45～47]。

在微絮体与滤料接触絮凝的同时，还存在由于水流的冲刷而使微絮体从滤料表面脱落的现象。前者主要决定于微絮体表面特性及其强度，后者主要决定于滤层孔隙流速。滤层中微絮体黏附与脱落是随着过滤时间的延续而变化的。过滤到一定时间后，表面滤料间孔隙逐渐被微絮体堵塞，严重时会产生滤膜使过滤阻力剧增。在一定的过滤水头下滤速会急剧减小，或由于滤层表面受力不均匀，而使滤膜破裂造成局部流速过大，微絮体穿透整个滤层。

当滤床再生时，在水或气流的剪切力、滤料间的摩擦力的作用下，将黏附于滤料上的絮体脱落下来。

直接过滤技术的理论发展是基于过滤机理的研究而逐渐深化的。研究表明，直接过滤中颗粒的去除效率主要取决于传输和黏附过程，悬浮颗粒大小是过滤效率和性能的最基本决定因素[48]。随后的研究表明，过滤中的化学条件及颗粒物脱稳与絮凝最佳条件一致，而且絮凝中有效的化学影响在过滤中也有效[48]。20世纪90年代，通过对水中絮体的ζ电位的测定表明，直接过滤是当絮凝体ζ电位达到最高值时进入滤层的，ζ电位降低，微粒间的吸引力就开始发挥作用，当ζ电位接近0时，吸引力达到最大值，脱稳微粒相互吸附絮凝而不断被滤料截留去除[49]。

7.3.2.2 微絮凝-直接过滤的工艺流程和絮凝剂的影响

微絮凝-直接过滤是指在原水中加入絮凝剂后，快速混合，水中悬浮颗粒杂质脱稳，凝聚成微絮体时就直接进入滤池进行过滤。滤池前不设反应和沉淀（或澄清）设备，滤池同时起接触、凝聚/絮凝作用。其工艺流程一般为：管式混合器/均质粗粒滤料深床过滤器，管式混合器/微絮凝反应器/双层颗粒滤料深层过滤器，管式混合器/微絮凝反应器/三层颗粒滤料深层过滤器，管式混合器/微絮凝反应器/纤维滤料深层过滤器等。

影响微絮凝-直接过滤效果的因素有微絮体特征、滤料性质、过滤速度和熟化时间等。微絮体的表面电性、粒度分布、形貌、密度和浓度等是很重要的影响因素，而微絮体的形成与絮凝剂的种类、投加量、絮凝反应器和原水性质等有关。另外，与滤料性质相关的因素有：滤料粒度、形状、深床厚度和床层孔隙率等。

对直接过滤中絮凝剂的使用，研究报道也很多[39～49]。Hutchjison 在中试和生产规模试验中证明[48]了使用氯化铁作絮凝剂约为使用铝盐时的 1/3，且在使用有效粒径为 1.55mm 的粗粒无烟煤滤料时，氯化铁也能达到较好的效果。20 世纪 80 年代后，有研究报告阳离子聚合物絮凝剂在絮凝时不形成氢氧化物絮状沉淀即可完成电中和，从而延长过滤周期而不会堵塞滤床，还可以使水头损失增长变慢[48]。随着无机高分子絮凝剂与絮凝技术的快速发展，聚合铝和聚合铁絮凝剂在直接过滤中的应用研究也随之开始。Dempsey、Yao、O'melia[48]分别报道了聚合铁去除低温、低浊原水中的浊度、富里酸时比铝盐更有效且用量少。Leromgce、Tang 和 Stumm 也分别报告了聚合铁对浊度去除的效果较好[48]。近年，中国科学院生态环境研究中心的栾兆坤、李桂平等研究表明[42,43]，聚合铝、聚合铁均适合微絮凝-深床直接过滤工艺，但聚合铁比聚合铝形成絮体更快，絮体更密实，抗剪切力更好，滤池的水质周期和水头周期更长，而且达到相同的处理效果时，聚合铁的投药量和所需床深都明显低于聚合铝。

研究者[51]采用深床过滤实验系统的进水直接与水厂管路相连，絮凝剂通过电子剂量泵精确投加，经管式或机械混合器混合后直接进入滤柱。滤柱由深床过滤柱和普通过滤柱并联组成。深床滤柱高 500cm，内径 20cm，取样管间隔 30cm，承托层 20cm。采用超大粒径的无烟煤滤料，粒径范围为 3.5～4mm，当量直径 d_e＝3.8mm，不均匀系数为 1.05。滤层高度为 1～2.5m。滤层底部铺垫粒径 16～32mm、8～16mm、4～8mm 的卵石承托层。滤前絮凝反应时间设定为 1～2min。最大处理流量为 $1m^3/h$，滤速为 30～32m/h。浊度采用在线浊度仪（model 8220）瞬时检测并记录。水头穿透标准为 220cm，水质穿透标准为浊度＜0.3NTU，色度＜0.3APHA。系统中设有各通路与其他絮凝反应部分连接，在需要时可以进行对比研究。深床过滤部分的细部示意图如图 7-1 所示。

中试实验使用 B＝40%～60%，Al_2O_3%＝10%和 16%的液体聚合铝，投药量以水厂现有工艺确定的最佳投药量（4mg/L）作基准。原水浊度＜2NTU 时，出水浊度控制在 0.3NTU 以下，若干典型周期的运行结果列于表 7-1 。

当床深在 1～1.5m 时，效果尚不够理想。床深为 2m 时，滤速在 25～30m/h，可保持周期在 25～34h。当床深增加到 2.5m、滤速增大到 31m/h 时，运行周期可达到 28h。若降低滤速到 16m/h，稳定运行的过滤周期甚至可以接近 100h。

由此可见，深床直接过滤在保证出水水质的前提下，可以大大提高滤速，同时延长过滤周期，显著增大产水率。另外，投药量也有所减少。

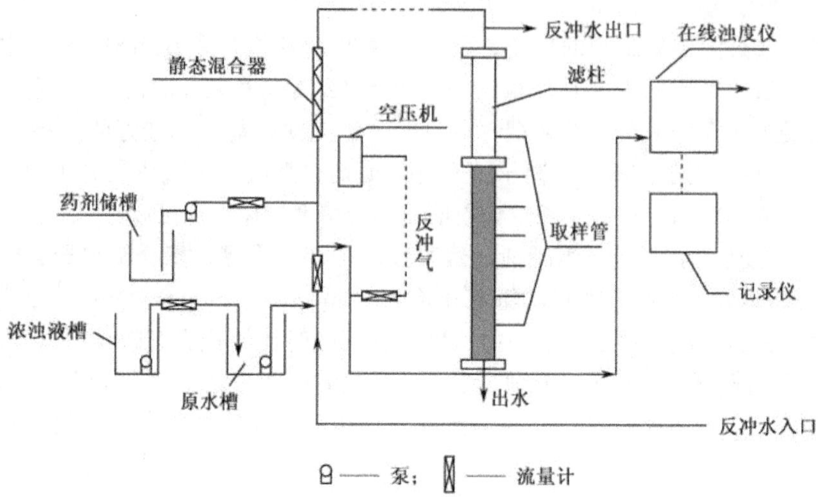

图 7-1　深床过滤柱及其附属设施

表 7-1　深床过滤系统中试试验结果

编号	浊度/NTU		床深/m	投药量/(mg/L)	水头损失/cm	水头增长速率/(cm/h)	周期/h	滤速/(m/h)	过滤效能综合因子/($\times10^{-6}$)	产水率/(m^3/m^2)
	进水	出水								
1	1.93	0.43	1	4	70	3.5	20	20		
2	1.43	0.25	1.5	4	103	9.36	11	25.5	642	280.5
3	1.76	0.23	1.5	4	116	6.82	17	20	343	340
4	1.50	0.20	2	4	140	5.6	25	31	241	775
5	1.83	0.21	2	3	152	4.47	34	25.5	201	867
6	1.67	0.13	2.5	4	200	7.14	28	31	179	868
7	1.38	0.18	2.5	3	230	3.24	71	20	211	1420
8	1.87	0.21	2.5	2	201	2.12	95	16	148	1520

微絮凝直接过滤以高效絮凝剂的作用特性为依据，因此絮凝剂的投药量是影响直接过滤效果的重要因素，也是衡量微絮凝-深床直接过滤工艺经济可行性的关键因素之一。研究表明，PACl的高效絮凝特性更适合于大粒径深床直接过滤的特点，能在较低的投药量下得到好的出水水质。在相同滤速（16m/h）条件下，不同投药量的中试运行试验结果显示，聚合铝絮凝剂在2mg/L（相当于0.32mg/L Al_2O_3）以下的投药量时仍可达到满意的过滤效果。在16m/h的滤速下，出水水质小于0.3NTU，稳定运行周期长达96h。而水厂现有工艺以8～10m/h滤速运行，周期为48h，液体PACl投加量为4mg/L（相当于0.64mg/L

Al_2O_3），为微絮凝-深床直接过滤工艺的2倍。

所投加的絮凝剂的种类和性质，对微絮凝-深床直接过滤具有重要影响。对原水浊度为7～8NTU的原水，采用聚合铝与传统铝盐凝聚剂在各自最佳投加量条件下，通过试验进行微絮凝-直接过滤效果对比，结果如表7-2所示。结果表明，无论是在水厂实际净化处理条件下，还是在模拟的无色或有富里酸存在的水样时，PACl絮凝剂的综合净化效能均显著高于$AlCl_3$或$Al_2(SO_4)_3$混凝剂，PACl的投加剂量仅为传统凝聚剂的1/3～1/2。这充分说明，与传统混凝剂相比，使用PACl絮凝剂，对微絮凝-深床直接过滤去除水中的悬浮物和腐殖质具有更好的效果。

表7-2 不同絮凝剂在微絮凝-直接过滤工艺中的综合效能比较

絮凝剂	投加量/(mg/L)，以Al_2O_3计	进水浊度/色度/(NTU/APHA)	平均水头损失/(cm/h)	出水浊度/色度/(NTU/APHA)	平均滤速/(m/h)	运行周期/h	产水率/(m^3/m^2)
PACl	0.75	7～8	9.11	0.01～0.1	16.0	26	415
$AlCl_3$	2.53	7～8	10.7	0.02～0.3	14.5	20	290
PACl	1.35	7～8/7.0	11.43	0.2/0.05	18	15	270
$AlCl_3$	2.55	7～8/7.0	19.11	0.3/0.07	16	5	80
PACl	0.67	1.8～2.5	1.2	0.2～0.4	16	78	1242
$Al_2(SO_4)_3$	1.34	1.8～2.5	1.5	0.2～0.4	16	47	752

7.3.2.3 微絮凝-直接过滤的反冲洗要求

均质滤料对反冲洗有利的一点是不会在冲洗强度较高时将小粒径滤料冲出滤池，造成滤料损失。另外，也不会发生为了避免小粒径滤料流失而减小冲洗强度导致粗粒径滤料不能完全流态化。然而均质大粒径滤料虽有利于截留悬浮物，滤层中污染物分布较均匀，但同时也带来了反冲洗的难度。在滤床深度较大时，反冲洗问题尤为突出，采用常规的反冲洗方法不能达到较好效果。因此，深床直接过滤工艺的反冲洗最好采用气水结合的方式，对清除滤料层中的污物效果最好。气水反冲洗分为三步骤：①单气冲洗；②气水混合冲洗；③单水漂洗。对于深床大粒径滤床的反冲洗参数目前国内尚无数据提供，在此只针对所采用的滤料及填料厚度，对合适的反冲洗参数的试验结果进行比较，如表7-3所示。

当柱上水头为1m时，使滤层搅动的反冲洗强度为18(L/s)/m^2，强度增长至26(L/s)/m^2时滤层开始膨胀。因此选取20(L/s)/m^2为气冲洗强度，冲洗时间2～3min。

混合冲洗阶段，将气冲强度减小至15(L/s)/m^2，在此条件下使滤层膨胀率达到 30%的水冲洗强度为 15(L/s)/m^2，冲洗时间根据经验取 4min。

水漂洗阶段为防止污染物重新回到滤层下方，应保持第二阶段的膨胀率不变。此阶段的水力强度应加大，为 25(L/s)/m^2，冲洗 4min。

在实际运行中，最好结合表面扫洗，使随气泡或水流上浮的杂质及时被清除。扫洗强度可按经验数据取 7～8(L/s)/m^2。在有表面扫洗时，混合冲洗阶段尤其是单水漂洗阶段气和水的强度均可适当减小。

表 7-3　反冲洗参数及水量计算

冲洗方式	冲洗强度/[(L/s)/m^2]		流量/(m^3/h)		历时/min	水量/m^3
	气	水	气	水		
单气冲洗	20		2.3		2～3	0.3
气-水混合	15	15	1.7	1.7	4	0.113
单水漂洗		25		2.8	4	0.187

综合表 7-3 中结果，若周期内总产水量为 45m^3，反冲洗的总耗水量仅占产水量的 0.6%。

7.3.2.4　微絮凝-直接过滤的工艺特点及应用

如上所述，微絮凝-直接过滤更适用于水库水、湖泊水等低温低浊微污染水的净化处理，其净化效果比传统工艺好得多。具体而言，微絮凝-直接过滤对以下 3 类水的处理效果较好[39]：①浊度和色度分别低于 25 单位；②低浊时色度不超过 100 色度单位；③低色度时浊度不超过 200NTU；大肠菌和硅藻类物质不超过 90/L 和 1000asu/mL。Wiesner 等使用系统分析的方法优化水处理设计，得出直接过滤最适合的原水类型：①出水颗粒浓度<10mg/L，悬浮颗粒直径<1μm；②出水颗粒浓度 2～15mg/L，悬浮颗粒直径 2～4μm。

直接过滤稳定运行时的处理试验结果与水厂现有传统的工艺处理结果对比，列于表 7-4。结果表明，在使用 PACl 作絮凝剂时，微絮凝-深床直接过滤工艺在净化处理低温、低浊水方面具有较大的优越性，具体表现在：①可省略现有三级絮凝反应池和斜板沉淀池，节省投资近 1/3；②现有滤池滤速为 7～8m/h，48h 周期反冲洗，而直接过滤滤速可达 16～32m/h，能稳定运行 80～104h，滤速提高 1～3 倍，过滤周期也提高 1～2 倍，产水率至少提高 2～4 倍；③投药量仅为现有水厂的 1/2～1/3。微絮凝-深床直接过滤的出水水质浊度控制在 0.2～0.5NTU，明显高于水厂现有 0.5～1.0NTU 的水质标准，滤后水质得到明显改善。

表7-4 直接过滤与常规过滤的比较

	工艺流程	滤速/(m/h)	投药量/($mg/L Al_2O_3$)	出水水质/NTU	周期产水率/[$m^3/(m^2 \cdot t)$]	反冲洗用水率
水厂现有传统处理工艺	源水⇒混合池⇒三级反应池⇒斜板沉淀池⇒煤滤池⇒碳滤池⇒出水	7～8	0.6～0.8	0.5～1.0	336～384	1.5%
微絮凝直接过滤	源水⇒混合池⇒深床过滤⇒碳滤池⇒出水	16～32	0.35～0.5	0.2～0.5	1200～1500	0.7%～1.2%
工艺优点	省去三级反应池和斜板沉淀池	提高滤速2～4倍	减少投药量1/2～1/3	降低出水浊度1倍	产水率提高3～4倍	用水率减少

微絮凝-直接过滤作为一种很有前途的水处理工艺，它省略了沉淀和污泥收集装置，缩短了凝聚/絮凝过程，从而简化了水厂处理流程，节省了占地面积，降低投资和运行费用，而且还可延长过滤周期，提高产水量及出水水质，产生微絮体的絮凝剂投加量可节省10%～30%。一些研究证明，直接过滤较常规过滤节省各项费用50%左右。

微絮凝-直接过滤的主要缺点是，由于截污量的限制使其不能处理高浊度、高色度或二者均很高的原水，而且滤床熟化慢停留时间短，因此对絮凝及其化学条件要求高，需要精确地控制絮凝过程、选择絮凝剂和投药量，最好采用连续监测和自动化控制系统。

微絮凝-直接过滤技术在给水处理领域的应用很广泛。第一座直接过滤的水处理厂是1964年在加拿大的Toronto建成的。该工艺中反冲洗用水量较少，但截污能力较低。随后，在Ontario又陆续建成几个类似的处理厂，滤速为6～12 m/h。80年代以后，美国Los Angeles和Utah等地对源水为水库水和河水的处理厂都采用了直接过滤工艺，滤速提高为14～33m/h。到90年代后，直接过滤技术已成为低温、低浊水处理的首选技术，并且开始向大规模集成化发展。如澳大利亚悉尼市建造的目前世界规模最大的水处理厂（日处理能力300万t/d），完全采用了深床直接过滤系统。我国也有一些直接过滤工艺应用研究的相关报道，但大部分是建立在传统滤池的结构上，局限于常规滤料粒径较小（0.1～1.2mm）和较浅床深的研究，而相关的实际应用则更少。2001年中国科学院生态环境研究中心的栾兆坤、李桂平等首次设计并建立了采用大粒径匀质滤料的中试规模的微絮凝-深床直接过滤工艺，并对床深、滤料粒径等设计参数，滤速、混合强度等水力学条件及反冲洗方式进行了优化。我国有关直接过滤技术的实际工程实例很少，目前只有深圳市的几家水厂采用的是微絮凝-直接过滤工艺。

7.3.3 强化纤维过滤工艺

7.3.3.1 典型的纤维过滤器

纤维过滤器也有很多形式，如纤维球过滤器、短纤维过滤器、胶囊式纤维束过滤器等。有关研究表明[20~34]，这些纤维过滤器均可达到较高的滤速，但由于各自结构和过滤机理的不同，都存在不同的缺陷[29]，如纤维球内部积泥难以去除，短纤维反洗时易流失，胶囊式纤维束过滤器胶囊易破损，需频繁更换等。新型的长纤维过滤，克服了上述纤维过滤器的若干不足，因而具有优越的过滤性能。新型的彗星式纤维滤料的不对称结构使其兼有颗粒滤料和纤维滤料的特点。

短纤维过滤器中一般是用杂乱无章的短纤维作滤料，形成深层滤床。通常纤维的平均直径为0.1～30μm，长10～300mm。滤床的缺点是短纤维易流失，滤床体积较大，反冲洗不彻底，但过滤效果好[29]。

除了上述滤料形式外，也可用短纤维束作为滤料，多个短纤维束用细绳顺序绑扎串接起来（短纤维束一端固定于细绳，另一端自由），成为纤维束串，在过滤器内保持短纤维束的自由端朝上[33]。基于此种考虑的原因是，使用该纤维束作为过滤材料时，纤维束能漂浮于水中，若将绑扎端坠一重物，则纤维束呈垂直状态，自由端朝上，完全松散向四周展开，当对水产生扰动时，短纤维束自由端可以随水自由的摆动与摇曳，这种现象非常有利于反冲洗。短纤维束滤料滤层在过滤时沿水流方向可形成具有较大孔隙率的上部蓬松层与小孔隙率的下部压实层，以基本实现正向过滤的变孔隙滤层即孔隙率沿过滤方向由大到小。而在反冲洗时，整个滤层完全伸展，保持了大孔隙率，有利于短纤维束的摆动。

短纤维束过滤器的滤层孔隙率沿深度由大到小（90%～40%），基本实现了理想滤层[33]。试验表明[32]，上部滤层的截污能力很强，滤料的颜色变得很深，而且，随过滤时间的增加，颜色沿滤层逐步下移，当压缩层出现颜色变化时，过滤周期即将结束。在最上层的纤维丝径可由50μm左右增加到200μm左右，其形态犹如纤细的枝条结满“霜花”，当扰动水流使其产生摆动时，“霜花”会立即散落并随水流形成浓烟雾状。虽然上层截污量很大，但由于孔隙率大，因此对整个滤柱的水头损失几乎无影响，水头损失的产生主要在压缩层。该短纤维束过滤器的过滤能力至少是砂滤器的十几倍，初滤时间很短。上部滤层内截污量大而且均匀，局部最大截污量达25kg/m^3，压缩层截污量小，但起保安与精滤作用。

长纤维束过滤器有以下几种类型。

图7-2为胶囊挤压式纤维束过滤器示意图[30]。该过滤器中的纤维束上端固定在孔板上，下端系有陶瓷重坠，运行时通过胶囊的充水与放水，来实现对纤维束的压实与松散。利用压缩空气和水来清洗纤维。

该过滤器的特点是：过滤效率高（悬浮物的去除率接近100%）、过滤速度快（20～50m/h，为石英砂过滤器的3～4倍）、截污量大（5～10kg/m^{3}滤料，为传统石英砂过滤器的2～4倍）、可调性强（过滤精度、截污容量、过滤阻力等参数）、占地面积小（仅为石英砂过滤器的1/5～1/3）、吨水造价低（仅为石英砂过滤器的1/3～1/2）、容易彻底清洗（清洗时胶囊放水，纤维呈松散状态），但也存在胶囊易破损、操作较复杂、胶囊占用过滤面积大、滤料油污难洗脱等缺点和问题。

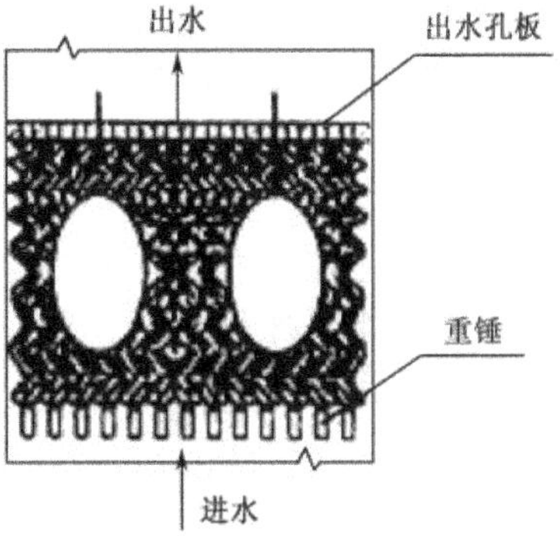

图7-2　胶囊挤压式纤维束过滤器示意图[30]

图7-3和图7-4为无囊式纤维束过滤器[30]，这种纤维束过滤器也可以分为压力板式纤维束过滤器（滑板式纤维束过滤器）和自压式纤维束过滤器。运行时，依靠进水的压力和反冲洗水冲力将纤维束压实和松散实施过滤。该过滤器过滤速度为胶囊式纤维束过滤器4倍以上，截污容量10倍以上，操作简单，能耗低，无易损件，便于程控，适用范围广。

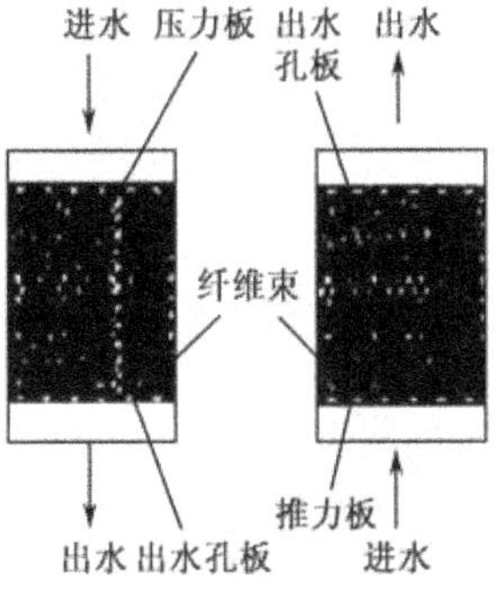

图7-3　压力板式纤维束过滤器[30]

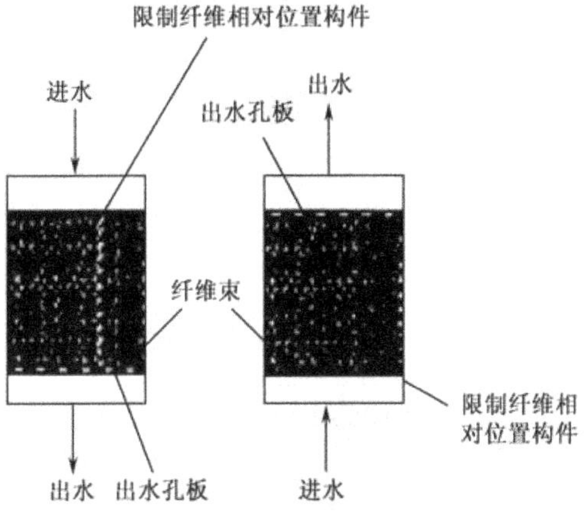

图7-4　自压式纤维束过滤器[30]

对于压力板式纤维束过滤器（滑板式纤维束过滤器），若纤维束上端固定在移动孔板上，下端系在固定孔板上，即上孔板移动式无囊纤维束过滤器；若纤维束上端固定在固定孔板上，下端系在移动孔板上，即下孔板移动式无囊纤维束过滤器；运行初期靠水流对压力板的水头阻力，首先将靠近压力板侧的纤维压弯，使水头阻力增大后产生向下压力，进一步挤压下部纤维层。当压力板下压至适当位置时，限位装置使之停止下移。反洗时，因压力板设计的整体密度与水接近，能够被水流冲起，使纤维层舒展，实现对纤维层的彻底清洗。尽管压力板式过滤器克服了胶囊挤压式过滤器的一些不足，但有时压力板易出现卡塞现象，影响稳定运行。

而自压式纤维过滤器有两种结构形式，一种是出水孔板在下部，一种是出水孔板在上部，长纤维束一端固定在出水孔板上，另一端与一质量极小的限制纤维束相对位置的构件连接。所谓自压，是指不依靠其他装置，仅靠水流对纤维层的水头阻力实现对纤维层的压缩。当水流自上向下通过纤维层时，在水头阻力作用下，纤维承受向下的纵向压力且越往下则纤维所受的向下压力越大。由于纤维纵向刚度很小，当纵向压力足够大时就会产生弯曲，进而纤维层会整体下移，最下部纤维首先弯曲并被压缩，此弯曲、压缩的过程逐渐上移，直至纤维层的支撑力与纤维层的水头阻力平衡（压缩过程需 3～5min）。由于纤维层所受的纵向压力沿水流方向依次递增，所以纤维层沿水流方向被压缩弯曲的程度也依次增大，滤层孔隙率和过滤孔径沿水流方向由大到小分布，这样就达到了高效截留悬浮物的理想床层状态。

自压式纤维束过滤器的有效过滤面积大，设备结构简单，出现机械故障的因素极少，且接近出水位置的纤维压缩比大，大都呈横向状态，这显然更有利于吸附、截留悬浮物，过滤速度、过滤效率都能得到进一步提高。

纤维球是一种新型的过滤材料，具体可以分为以下几种形式。

图 7-5 为卷曲纤维球示意图，以卷曲的纤维球作为滤料，滤速为砂床的 5～8 倍，能有效去除 0.5～10μm 的微小颗粒，经简单反冲洗后可以重复使用。但纤维球内过滤积泥难以彻底清洗，从而影响出水水质。

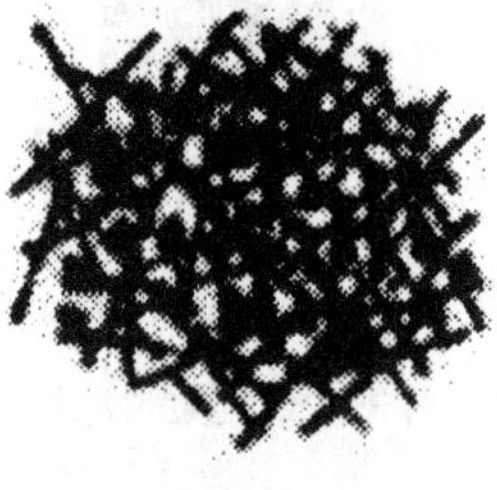

图 7-5　卷曲纤维球示意图

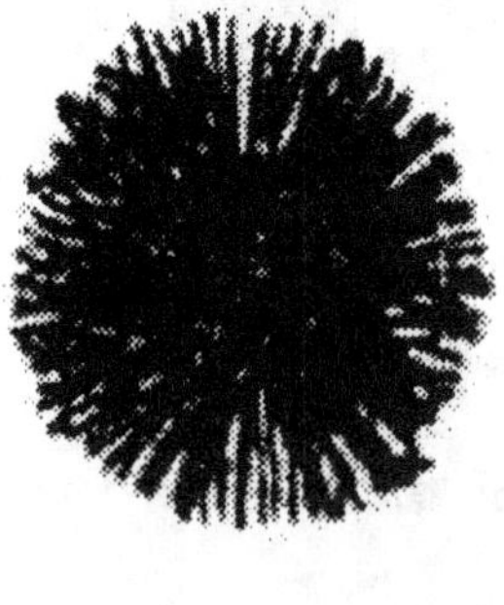

图 7-6　结扎纤维球剖面示意图

图 7-6 为结扎纤维球示意图，取一束短纤维，在其中心紧密结扎或热熔黏结，使短纤维形成呈辐射状的球体结构。这种纤维球的个体特征是球中心纤维密实，越靠近球边缘则纤维越疏松，孔隙率分布不均。

纤维球过滤器是在容器内填装纤维球形成床层，由于纤维球个体较疏松，具有一定弹性，在床层中纤维球之间的纤维丝可实现相互穿插，此时纤维球的个体特征已不重要，床层形成了一个整体。床层中纤维球受到的压力为过滤水流的流体阻力、纤维球自身的重力以及截留悬浮物的重力之和（如果水流从上至下通过床层，该力在滤层中沿水流方向是依次递增的）。在压力下滤层孔隙率和过滤孔径由大到小渐变分布，滤料的比表面积由小到大渐变分布。这是一种理想过滤方式，直径较大、容易滤除的悬浮物可被上层滤层截留，直径较小、不易滤除的悬浮物可被中层或下层滤层截留。在整个滤层中，结构合理，占地面积小，操作简便，易于实现自动控制，滤料空隙大，过滤效率由低到高递增，机械筛分和接触絮凝作用都得到充分发挥，从而实现较高的滤速、截污容量和较好的出水水质。

该过滤器存在的不足是：纤维球是呈辐射状，靠近球中心部位的纤维密实，反洗时无法实现疏松，截留的污物难于彻底清除；气、水联合清洗时纤维球易流失，而机械搅拌清洗时纤维球易破碎。

载核纤维过滤器是以圆筒或多面球塑料为核芯，外面缠绕纤维制成的载核纤维块作为滤料，为了防止纤维滋生微生物可先对纤维进行防腐处理后再使用。纤维材料可选用丙纶纤维、棉纤维、尼龙纤维、聚酯纤维等原料。该过滤器的纤维使用寿命大大延长，解决了长期使用中纤维的黏结问题。

彗星式纤维过滤器是以彗星式纤维滤料而得名的，这种滤料是一种不对称构型过滤材料，一端为松散的纤维丝束，称“彗尾”，另一端为密度较大的实心体，称“彗核”，彗尾纤维丝束固定于彗核内，整体呈彗星状（图 7-7）[22]。彗星式纤维滤料的不对称结构使得其兼有颗粒滤料和纤维滤料的特点。

图 7-7　彗星式纤维滤料

与使用常规滤料的过滤器相比[22～24,28]，彗星式纤维滤料过滤器有如下几个特点：①过滤器可在滤速 10～100m/h 的范围内运行；②适应原水悬浮物浓度范围 10～100mg/L；③彗星式纤维滤料过滤器的突出特点是对原水水质水量变化的适应性较强。

7.3.3.2　微絮凝直接纤维过滤

微絮凝直接纤维过滤系统的基本构造如图 7-8 所示。原水由提升泵提升至 4.8m（距系统出水口）高处的絮凝混合槽内并以电子计量泵加入一定剂量的 PACl 水溶液，药剂和原水经数字式机械搅拌机在 360r/min 下充分搅拌混合，混合时间为 10s。混合后的水自动溢流进入纤维过滤柱。过滤柱外形尺寸为 D15.6cm×300cm，过滤柱中的填料为长 1.6m 的化学纤维（使用时将此化学纤维均匀地压缩至 1.2m 的高度，此时化学纤维的自然干燥堆密度为 74.4g/L）。水进入过滤床前的停留时间为 1.5min。经过滤后的出水与在线浊度仪相连，进行在线浊度检测，每隔 1h 读取一次出水的浊度。过滤系统的水头损失以测压管检测，每 1h 与出水浊度同步记录一次水头损失。此过滤系统的处理水量为 230～460L/h。

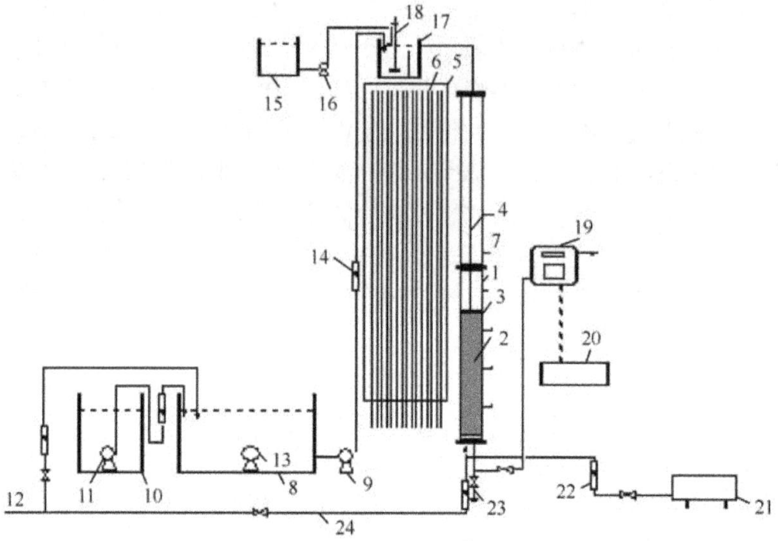

图 7-8　微絮凝直接纤维过滤动态试验系统流程图

1—过滤柱；2—纤维滤料层；3—纤维束上固定叉板；4—纤维水力压实控制锁；5—测压板；6—测压管；7—取样管；8—模拟浑浊水槽；9—提升泵；10—浓浊水槽；11—潜水泵；12—自来水；13—潜水泵；14—转子流量计；15—絮凝剂液槽；16—电子计量泵；17—混合槽；18—机械搅拌；19—在线浊度仪；20—记录仪；21—空气压缩机；22—气体流量计；23—出水管；24—反冲洗水管

微絮凝直接纤维过滤柱的反冲洗步骤、强度、历时如表 7-5 所示。

表 7-5　微絮凝直接纤维过滤柱反冲洗条件[52]

反冲洗程序	反冲洗强度/[L/(s · m^2)]	反冲洗历时/min
水＋空气	12＋30	7
空气	35	3
水	12	5

絮凝剂及其投加量是决定微絮凝直接纤维过滤除浊的关键因素。采用 PACl 作为絮凝剂，其最佳投量不仅要满足试验原水浊度条件下的剂量要求，而且也要保证生成微絮凝体。因此，应在满足滤后水质的同时尽量使用较小的 PACl 剂

量。当原水浊度为 9NTU 时，在过滤速度为 15m/h，处理水量为 230L/h 的条件下，不加絮凝剂直接纤维过滤除浊效果如图 7-9，不同 PACl 投加量下微絮凝直接纤维过滤的除浊效果如图 7-10 所示。

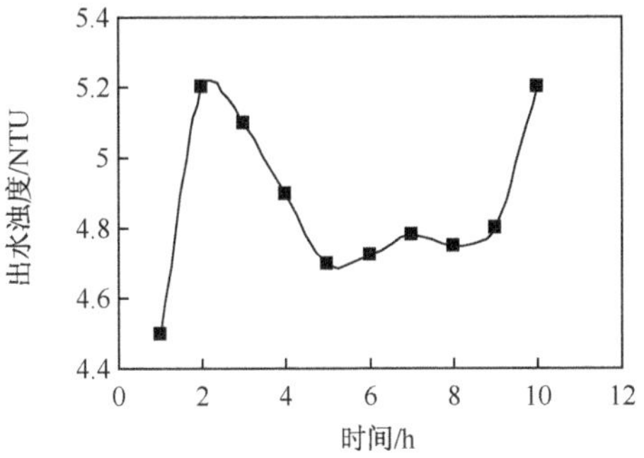

图 7-9　不加絮凝剂直接纤维过滤的除浊效果[52]

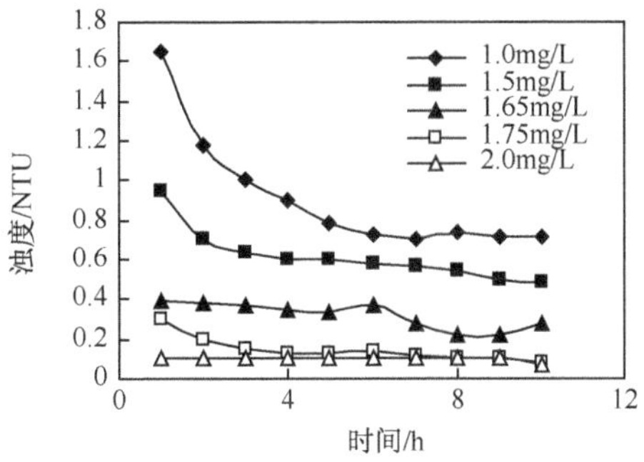

图 7-10　不同 PACl 投加量下微絮凝直接纤维过滤的除浊效果[52]

由图 7-9 可见，在不投加絮凝剂时，直接纤维过滤也有一定的除浊能力，最高可去除原水浊度的 50%，但远不能满足滤后水质要求（出水浊度≤0.5NTU）。少量投加 PACl 后出水浊度明显下降并随着 PACl 投量的增加纤维过滤柱的除浊能力显著提高，出水浊度明显降低。其中，1.65mg/L 的 PACl 投加量下，在过滤系统工作 10h 内仍能保持滤后水浊度在 0.4NTU 以下。这说明，采取微絮凝直接纤维过滤，在投加量较低情况下即可满足处理要求，比常规处理有明显的节省投药的效果。

在确定絮凝剂投加量时，还必须考虑在所选择的参数条件下，絮凝剂投加量与水头损失的关系。如上所述，在过滤过程中投加 PACl 对提高出水水质无疑是有利的，但试验证明，由于投药量的增加带来的水头损失增长也不容忽视。如图 7-11 所示，在投药量为 1.5mg/L、1.65gm/L、1.75mg/L 和 2.5mg/L 时，它们的水头损失与过滤时间的关系发生明显变化。可见，絮凝剂投加量较高时，由于生成的絮体较大，易于堵塞滤料，水头损失增长较快，不适宜微絮凝过滤特性。在所试验的 4 种 PACl 投加量下，1.65mg/L 时的水头损失最小，说明此投药剂量较适合于微絮凝过滤的水力条件要求。

在保证出水水质的前提下，希望过滤速度较快以增加产水量，同时也综合考虑絮凝剂的投加量使其尽可能低，以降低制水成本。为此，从 PACl 投加量和纤维过滤柱的水头损失变化情况两个方面进行试验研究，确定了相应的纤维过滤系统的适宜工作条件。

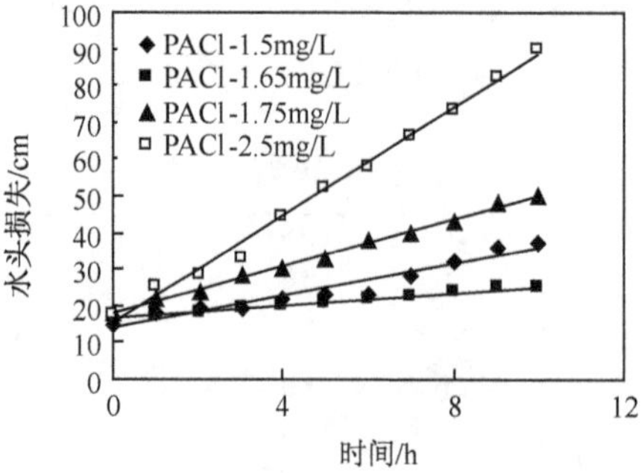

图 7-11　不同 PACl 投加量时随过滤时间的水头损失[52]

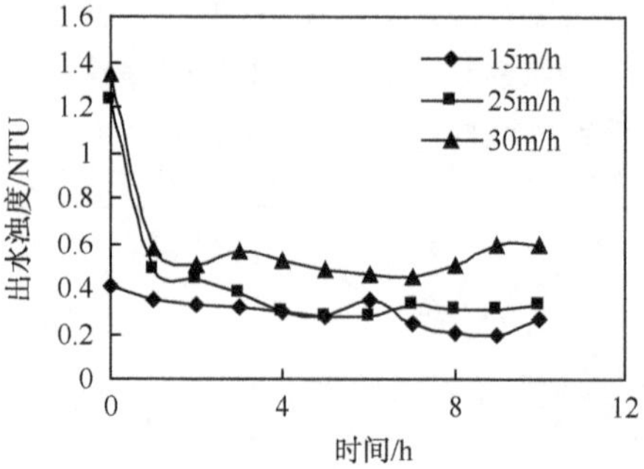

图 7-12　滤速对微絮凝直接纤维过滤出水浊度的影响[52]

图 7-12 是在相同 PACl 投加量（1.65mg/L）、不同过滤速度时的出水浊度随过滤时间变化曲线。可见，当过滤速度为 15m/h 时，出水浊度在前 6h 是比较平稳的，从第 6h 开始出水浊度又有所降低，亦即出水水质又有所改善，这是由于原水从化学纤维间隙通过时颗粒物产生沉淀、吸附和颗粒物间相互凝集、吸附等作用在此时开始有所加强的原因。过滤速度为 25 m/h和 30m/h 时的两条曲线变化规律很相似，在滤床工作 1h 后滤后水浊度明显降低，此后则基本平稳。这说明，过滤速度的提高有利于原水通过化学纤维间隙时产生复杂的流速分布和原水中颗粒物在滤材纤维间沉淀、吸附及颗粒物间的相互凝集、吸附等作用的加强和进程的提前。但是，滤速过高则会导致出水质量的下降。如在滤速 30m/h 时，整个周期（在此给出的是 10h 的运行工况）出水浊度不能达到设定的水质要求。因此，在选择纤维直接过滤速度时，既要考虑滤速对运行工况的改善，又要考虑处理后水质的要求。图 7-13 是在 PACl 投加量为 1.65mg/L 的条件下，在不同过滤时间内水头损失与滤速的关系。可见，滤速提高过滤的水头损失也相应增加，而且随时间上升较快，其中滤速为 30 m/h时水头损失最大而 15m/h 时最小。但比较滤速为 20m/h 和 25 m/h两种情况发现，它们所对应的水头损失较为接近。因此，综合考虑原水浊度、絮凝剂投加量和设定的出水浊度等条件，选择 25m/h的滤速最为适宜。而在实际运行中，则可根据原水浊度和对滤后水的水质要求，选择适宜的滤速。

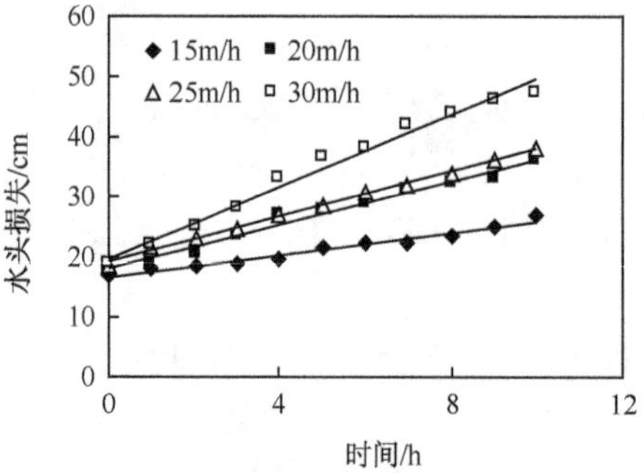

图 7-13　过滤速度与纤维滤柱水头损失变化的关系[52]

根据上述结果，考察了当 PACl 投加量为 1.65mg/L、滤速为 25m/h、滤后水控制浊度小于 0.5NTU 时，微絮凝直接纤维过滤的净水效果，结果如图 7-14 和图 7-15 所示。结果表明，在整个运行周期内滤后水质变化经历了三个阶段，即不断改善阶段、平稳阶段和下降阶段，这与常规滤池的工作状况相似。在运行了约 25h 后，出水浊度超过设定的 0.5NTU，此时即到达水质周期。而过滤柱的水头损失随过滤时间的增长而逐渐上升，尤其在工作了约 15h 后上升较快，但由图 7-15 可见，即使经 24h 连续工作以后，其水头损失也只接近 1.6m 的设定值，说明化学纤维滤料具有阻力较小、工作稳定的优点。

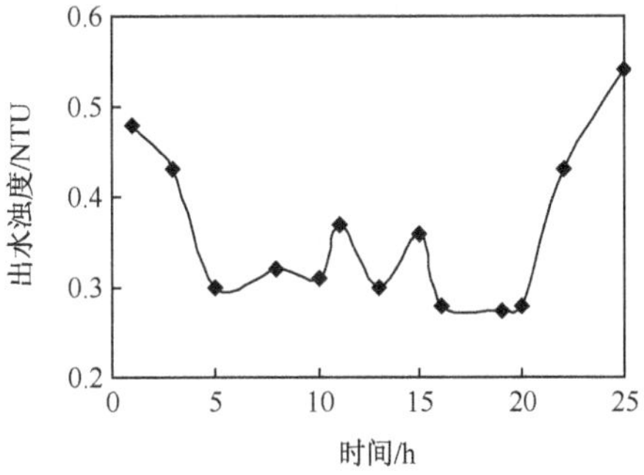

图 7-14　工作周期内微絮凝直接纤维过滤出水浊度的变化[52]

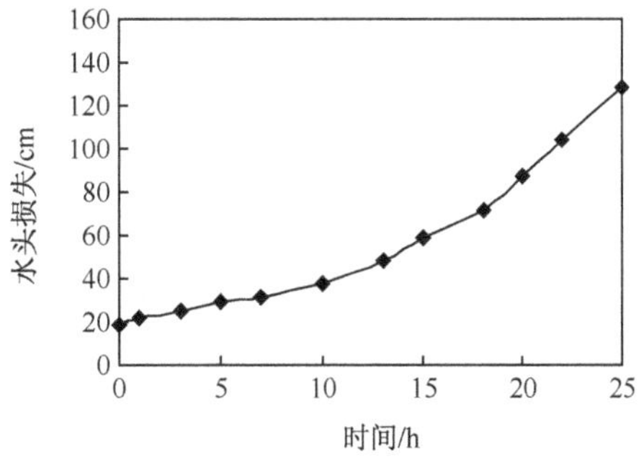

图 7-15　工作周期内微絮凝直接纤维过滤水头损失的变化[52]

研究结果表明，微絮凝直接纤维过滤系统处理低浊水效果明显，在较低的 PACl 投加量和较高的滤速下可保证处理后水的浊度小于 0.5NTU，在 25m/h 的滤速下工作周期可达 25h。此系统可简化处理流程，具有处理效率高、适应性强、出水稳定等突出优点，对处理低温低浊水有重要的应用价值。

7.3.4　预氧化强化过滤

在滤前投加氧化剂进行预氧化处理，已被国内外许多水厂的运行实践证明是有效的。滤前预氧化至少可以达到 4 个目的：①对水中残存污染物的进一步氧化处理，使其降解或改变形态以利于在滤池中去除；②改变水中残存固体颗粒物的表面性质，有利于在和滤料发生接触碰撞的过程中被截留去除；③杀灭水中微生物、藻类物质或微小动物等，使其不能穿透或不堵塞滤池，提高过滤净水效果；④对滤料表面具有清洁作用，改善过滤效能。实际运行中，根据滤前水质，可选择适宜的氧化剂和氧化反应方式，这种选择须以保证处理后的水质安全为依据，即不会因预氧化而产生二次污染。同时，也要考虑成本、投加形式、操作条件、使用安全等诸多因素。

7.3.4.1 预氧化及其药剂

作为滤前预氧化的常用氧化剂有氯、臭氧、二氧化氯、高锰酸钾、过氧化氢等，其中每种氧化剂都有其优点，也存在不足。因此，一般根据实验结果进行选择。

在实际水厂运行中，常常选择氯作为氧化剂，进行滤前预氯化处理。氯具有很强的氧化杀菌能力，特别对水中的微生物、藻类物质和微小动物等有良好的杀灭作用，同时对滤料表面的生物污染也具有很好的净化功能。氯化作为滤前预氧化工艺还有一个非常重要的原因，就是一般给水处理厂都采用氯作为消毒剂，因此氯使用方便，工艺成熟。但在氯化过程中氯与水中有机物作用生成多种有害氯代物，可能带来对人体健康的安全风险，因此在使用时受到一定的限制。近年来，人们尝试采用二氧化氯作为滤前预氧化剂，因为一般认为二氧化氯比氯更为安全，它较少产生有机氯代物。研究和应用表明，二氧化氯预氧化对很多水质条件可以达到强化过滤的效果，特别对水中有机物的去除有一定的提高作用，也可以改善滤池的工作效率。但二氧化氯与水中有机物反应后，其相当一部分被转化成对人体有害的副产物亚氯酸根，特别是在预氧化过程中，有机物浓度越高，消耗的二氧化氯量较大，产生的亚氯酸盐就越多，还不能大规模推广应用。

臭氧预氧化始终都被认为是最可靠的方式，因为臭氧的氧化能力很强，自身的还原产物无害，也不会与水中的有机物反应生成有机卤代物等被人们关注的有毒有害副产物[53~55]。大量的研究和应用表明，采用臭氧预氧化进行预过滤处理，可一定程度地降解水中有机物、杀灭微生物、藻类物质及浮游动物等，延长了滤池的工作周期，使水的过滤净化效果得到明显提高。但是，臭氧预氧化过程中也存在一些问题。最近的研究发现，臭氧可以将水中的一些大分子物质氧化成为小分子产物，有时会因此而导致水的 TOC 增加。当水中存在溴离子时，臭氧可能将其氧化而产生具有致癌风险的溴酸盐。同时，臭氧发生设备投资大、运行费用较高，一般的水厂还难以进行大规模的生产应用。

高锰酸钾在不同酸性介质中均有一定的氧化能力，适用性好，对反应条件没有特别的要求，其氧化程度主要与投入量有关。近年来，我国哈尔滨工业大学李圭白、马军等人又在高锰酸钾的基础上，发展出了高锰酸钾药剂，它由高锰酸钾（主剂）和其他多种药剂（辅剂）组成。其主要机理是高锰酸钾主剂和辅剂在预处理中具有的协同作用。研究表明[56~59]，复合药剂预处理可强化过滤去除水中藻类、嗅味、浊度以及去除水中微量有机污染物等方面的效能，在我国的多个水厂进行了应用试验。但不论是高锰酸钾还是其复合药剂，在使用中都还需考虑一些目前尚未解决的问题。首先是高锰酸钾在给水处理的 pH 条件下氧化能力不够强，单纯依靠其氧化作用很难将水中的大部分有机物去除或转化。第二，高锰酸盐具有紫红色，当其在水中的浓度超过0.2mg/L时，将出现颜色，影响出水水质。第三，采用复合高锰酸盐，由于其中含有胶体态的二氧化锰和其他固体药剂，可能堵塞滤池，缩短反冲洗周期，影响滤池的处理能力。

过氧化氢（H_2O_2）由于氧化性强，安全易得，故为高级氧化技术中的常用氧化剂。在一定触媒（如Fe，UV_{254}等）以及其他氧化剂（O_3）的作用下，可产生氧化性极强的羟基自由基·OH，使水中有机物得以氧化而降解，而且过氧化氢的分解产物是水和氧气，不会产生新的污染物，因此，过氧化氢被称作绿色氧化剂，受到国内外专家学者极大关注[60～62]。H_2O_2 的高级氧化技术的反应体系主要包括：Fenton试剂、UV/O_3、H_2O_2/O_3、$UV/H_2O_2/O_3$，其中 H_2O_2/O_3 是应用最广泛的高级氧化技术（advanced oxygen technology）。H_2O_2 与 O_3 的联合使用可提高 O_3 进入水中的质量迁移（提高因子为1.7），而且对三氯乙烯（TCE）、四氯乙烯（PCE）的去除率达95％时所需要的 O_3 量比单独用 O_3 处理少得多。与UV高级氧化法相比，H_2O_2/O_3 法不需要UV使分子活化，而且即使在浊度较高的水中也仍然运行良好。

7.3.4.2 预氧化强化过滤工艺和应用

从前面的讨论可以看出，预氧化强化过滤的工艺可以对浊度、有机物和由有机污染引起的色度、藻类、嗅味等均有较好的去除效果，一般适用于微污染原水的处理，从而在饮用水处理中有着广泛的应用。相应的工艺流程有：预氯化/过滤，臭氧预氧化/过滤，高锰酸钾预氧化/过滤，H_2O_2 预氧化/过滤等。

7.3.5 二次微絮凝强化过滤技术

近年来，随着絮凝剂和絮凝技术研究的深入，人们发现可以通过二次或多次分批加入絮凝剂提高絮凝处理效果。同时也证实，如果在过滤前补加少量絮凝剂助剂，可以通过接触凝聚使水中的微小颗粒继续聚集成较大颗粒，更有利于后续在滤床中被截留；同时，在絮凝剂的作用下，水体中残存的悬浮颗粒物、藻类等杂质还可以被改变其亲水性质，更易于与滤料表面接触，并利用滤料表面的吸附能力达到去除污染物的目的。因此，二次絮凝已经被作为一种有效的强化过滤方法被广泛采用。

在国家“十五”重大科技专项“水污染控制技术与治理工程”的“饮用水安全保障技术研究与工程示范”专题中，由深圳市水务集团主持的“南方饮用水安全保障技术研究与工程示范”和由天津自来水集团公司主持的“北方饮用水安全保障技术研究与工程示范”2个课题中，分别根据南北方典型水质，开展了二次絮凝强化过滤技术和应用工艺研究，确定了相关的技术参数，作为示范工程的设计依据。

针对我国南方水质特点，以深圳水厂供水作为研究对象，以 PACl 为二次絮凝药剂，主要从以下几个方面研究了二次絮凝强化过滤的方法和效果。

1. 滤前二次微絮凝药剂投加量的影响

二次絮凝的药剂投加量与一次投加量差别较大，它是影响强化过滤效果的非常重要的因素。因为如果投加量太低，达不到对水中小颗粒进一步凝聚的作用，强化过滤效果不理想；但如果絮凝剂的投加量过大，会使絮体疏松体积较大，同时由铝水解生成的氢氧化铝胶体量也会较多，这样将堵塞滤床，造成过滤效果变差。因此，确定适宜的二次絮凝剂投加量，对絮凝强化过滤是关键要素之一。

研究结果表明，与不进行二次絮凝相比，在滤前加入少量 PACl 可以显著改善滤后水质。当待滤水浊度分别为 4.14NTU、2.66NTU、1.82NTU 和 1.97NTU 时，分别投加 0.1mg/L、0.2mg/L、0.4mg/L 和 0.6mg/L PACl 时，滤后水的浊度分别下降了 0.051NTU、0.19NTU、0.142NTU 和 0.13NTU，取得非常明显的强化过滤除浊效果。投加 PACl 进行二次微絮凝后，滤后水浊度均小于 0.1NTU。另外，通过在线浊度仪连续检测证明，二次絮凝的滤后水浊度变化比较稳定，滤柱过滤周期均超过 24h。

2. 滤前二次絮凝对初滤水浊度的影响

投加的 PACl 带有正电荷，与水中悬浮颗粒作用后，可以改变颗粒物表面的物理化学特性，使表面负电性降低，胶体的稳定性下降，这更有利于颗粒在滤料上黏附，提高过滤除浊的效果。所进行中试研究证明，投加 PACl 进行二次絮凝后，滤后水浊度很稳定，从一开始运行水的浊度就小于 0.1NTU，在运行 15min 后出水浊度一直低于 0.05NTU，而且受滤前水浊度变化的影响较小。而在不投加 PACl 进行二次絮凝的情况下，在运行了 40min 内，滤后水浊度还大于 0.1NTU，40min 以后才小于 0.1NTU，而且滤后水浊度受滤前水浊度的影响很大。可见，投加 PACl 进行二次微絮凝对降低滤池的初滤水浊度具有明显效果。

3. 滤前二次微絮凝反应时间的影响

在滤前投加絮凝剂进行二次絮凝，滤床实际上起到一个絮凝反应器的作用。因此，在药剂投加以后，应该在进入滤床前有一定的絮凝混合时间，使药剂与悬浮颗粒物充分接触碰撞，并形成初级较小的聚集体。这一聚集体必须是大小适宜的，太小则不能提供在滤床反应器中继续成长并被有效截留的絮体，强化过滤效果较差；太大则失去了在滤床中接触凝聚的意义，还可能导致絮体疏松，堵塞滤床，降低过滤能力。以上两种情况，可能均达不到二次微絮凝的工艺要求。试验研究表明，如絮凝反应时间控制在 2～4min 之间，滤后水浊度在 0.02NTU 左右变化；在絮凝反应时间为1min和5min时，滤后水浊度分别为0.03NTU和0.025NTU，高出絮凝时间为2～4min时的25%～50%。因此，在水进入滤池前，投加一定量的絮凝剂（PACl）并进行2～4min的反应，对二次微絮凝强化过滤是一个较为适宜的条件。

4. 滤前二次微絮凝对过滤水头损失的影响

如上所述，在滤前水中投加一定量的絮凝剂，实际上是增大了水中颗粒物的尺寸，如果控制不当，特别是在投加过量絮凝剂的情况下，可能导致过滤水头损失增加。在最佳投药量和最佳微絮凝停留时间条件下所进行的试验表明，在水头损失达到1.98m时，投加PACl的滤柱过滤周期为56h，而不加PACl的滤柱过滤周期为63h。投加PACl二次微絮凝后，滤池的水头损失增加的速度要比不投加PACl时的增加速度快。因为进行二次微絮凝使颗粒物絮体变得更为密实，所以这种影响不是特别显著。进一步观察发现，在过滤的前25h内，两者的水头损失变化差别甚微，只是在过滤后期，由于滤料截污量的不同而逐渐表现出水头损失的差别。一般情况下，水厂将滤池的过滤周期控制在24～48h之间，因此二次微絮凝对滤池所造成的水头损失的影响可以忽略。

5. 滤前二次微絮凝对其他水质指标的影响

对滤前水进行二次微絮凝，可进一步使悬浮物进行聚集，在此过程中，水中的一些污染物也可被颗粒物吸附，通过凝聚将其包裹并过滤去除。因此，二次微絮凝不仅可以提高浊度的去除效果，还可能改善过滤工艺对水中其他污染物的净化作用。投加PACl二次微絮凝强化过滤对有机物和藻类去除的试验研究表明，与没有投加PACl的过滤效果相比，二次微絮凝对COD_{Mn}、TOC和藻类的去除率分别增加了6.1%、5%和4.1%。

6. 二次微絮凝强化过滤生产试验

按照上述所确定的滤前二次微絮凝最佳聚合氯化投加量和滤前絮凝反应时间，在南方某水厂进行了PACl二次微絮凝强化过滤的生产试验，结果如表7-6所示。

生产性试验结果表明，在投加PACl 0.2mg/L时，滤池运行周期超过24h，滤后水浊度比不加PACl的低，浊度小于0.1NTU的比例大于90%，但过滤周期比不加药的滤池缩短了四分之一。这一结果说明，采用滤前二次微絮凝强化过滤在一定程度上还是影响了过滤周期，这可能是由于絮体长大以后对滤池堵塞速度加快的原因。因此控制好絮凝剂的投加量和滤前反应时间可能是非常关键的的问题。同时，加药点的选择也可能对解决这一问题会有帮助，但还需要通过进一

表 7-6　二次微絮凝生产试验运行结果

指标	加 PACl 0.2mg/L	不加 PACl
滤后水浊度/NTU	0.024	0.032
运行周期/h	30	43
水头损失/m	1.01	1.03
水头损失增长率/（cm/h）	3.37	2.40

步的研究和生产性试验提供足够的证据和经验。

针对北方水质特点，使用三氯化铁混凝剂进行二次絮凝。试验证明，二次混凝能直接强化过滤出水效果，比一次混凝节省投药量。在滤池前投加少量混凝剂（$FeCl_3$）2.5mg/L（混凝阶段 $FeCl_3$ 投药量为 16mg/L），滤池出水平均颗粒数由 2794 个/mL 降低为 2126 个/mL，是常规工艺出水颗粒数的 77.3%；在滤池前投加 Cl_2 2.0mg/L，过滤出水颗粒数是不投加时的 38.5%，过滤对悬浮杂质的去除效率明显提高。

7.3.6　强化过滤对水质的保障作用

7.3.6.1　微絮凝直接纤维过滤对水中腐殖质的去除

微絮凝直接纤维过滤，是将絮凝反应过程与纤维过滤过程有机结合的一体化反应器。由于絮凝可以吸附和去除部分有机物，特别是可以凝聚和吸附可能作为消毒副产物的水中天然有机大分子物质，同时纤维的特殊表面性质也可能会促进有机物大分子及其凝聚物在滤床中反应和去除，因此这样的一种工艺组合对水中腐殖质的去除应该具有较好的效果。图 7-16 为微絮凝直接纤维过滤工艺对低温低浊水中腐殖质进行处理的试验工艺流程图。滤柱为有机玻璃柱，柱高 3.5m，内径 15cm，内装 1.6m 长丙纶纤维束，水力压实后滤床固定高 1.2m，过滤水量为 230～460L/h。微絮凝纤维直接过滤去除水中的富里酸，主要是通过絮凝剂、悬浮物与富里酸在纤维滤料表面相互反应并逐渐进行接触凝聚，同时被过滤截留。

微絮凝直接纤维过滤对水中腐殖质去除的试验结果如图 7-17 所示[63]。可见，当原水浊度为 9NTU，富里酸含量为 2mg/L，滤速为 30m/h 时，随 PACl 投加量的增加，水中富里酸去除率也在升高，而且静态和动态试验表现出了基本一致的规律性。但是，如果絮凝剂投加量过大，在提高富里酸和浊度去除率的同时，将致使滤料截留分布不均和过滤的水质周期下降。

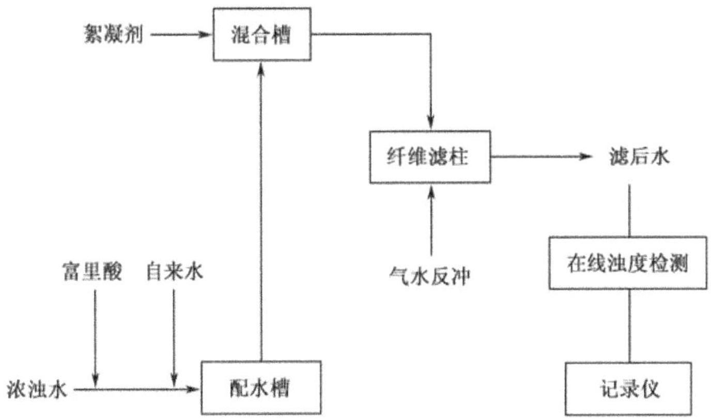

图 7-16　微絮凝直接纤维过滤工艺流程图[63]

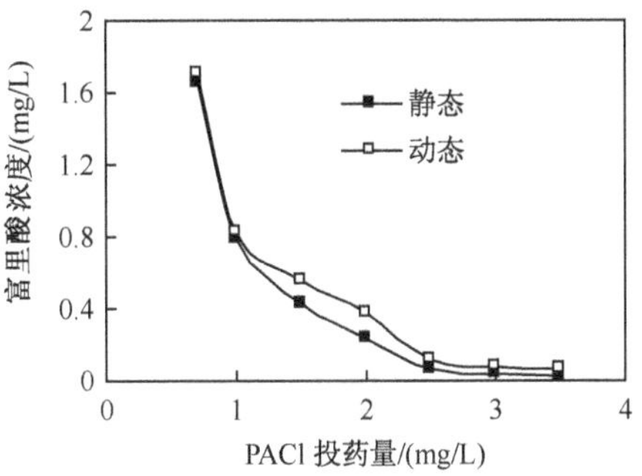

图 7-17　絮凝剂投加量与富里酸去除效果的关系（过滤 1h）[63]

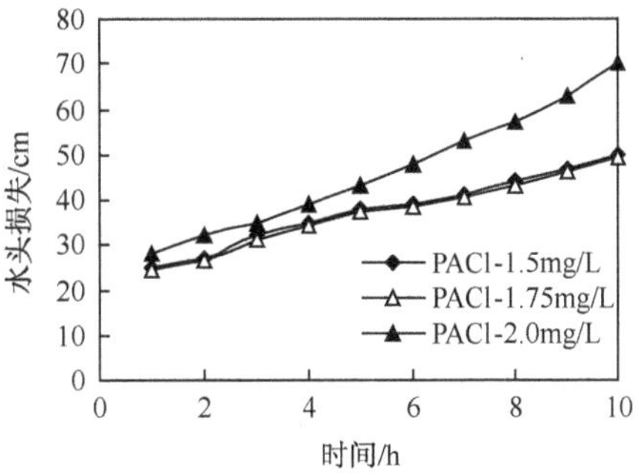

图 7-18　絮凝剂投加量与水头损失的关系[63]

由图 7-18 所示的研究结果进一步证明，当滤速为 30m/h 时，在同一时间下，由于投药量较高水头损失相对较大，这将影响过滤效率。但如果絮凝剂的投加量适宜，则既可保证出水水质又可以减少水头损失。当 PACl 投加量为 1.75mg/L 时，其水头损失的变化与投加量为 1.5mg/L 时接近，同时也能有效去除水中富里酸和悬浮物，工作周期可达到 24h，对富里酸去除率在 75%以上，滤后水浊度在 0.3NTU 以下。

如图 7-19 所示，当原水浊度为 9NTU、富里酸含量 2mg/L 时，投加 PACl 1.75mg/L，滤速对直接纤维过滤去除富里酸的影响主要是由于水在滤床中的停留时间不同，低滤速停留时间相对较长，有较为充分的接触凝聚过程，因而去除率也相对较高。同时，对较低滤速和较高滤速两种情况，在以浊度控制（该研究控制的出水浊度为 0.3NTU）的水质周期到达之前，对富里酸的去除率较为稳定，一般在 75%以上，但在临近水质周期时，富里酸的去除效果随之迅速下降。而且，滤速为 30m/h 的过滤试验首先穿透，水中富里酸浓度迅速增高。但从处理量、除浊和除腐殖质几个方面综合考虑，采取 30m/h 的滤速较为可行。

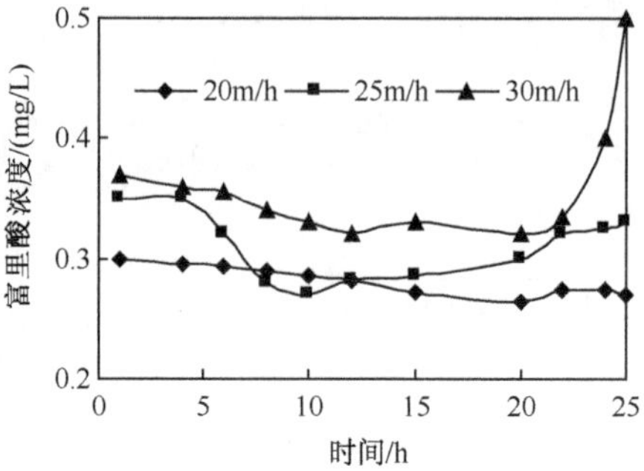

图 7-19　滤速对富里酸去除效率的影响[63]

7.3.6.2　滤前预氧化对污染物的去除

最近的研究结果显示，不同原水经臭氧预氧化均能显著提高过滤效果。臭氧预氧化对过滤效率的提高及 UV_{254} 值的降低，说明臭氧作为强氧化剂，使有机物的性质发生变化，从而引起水体中颗粒物表面性质的改变。臭氧氧化改善了颗粒的物理化学特性，降低了表面电位，提高了水中颗粒物与滤料表面的吸附效率，是强化过滤的有效措施。

实际上，在臭氧氧化过程中，可以氧化水中难以生物降解的有机物，如天然有机物（NOM），使其断链、开环，成为短链的小分子物质，或者分子上的某些基团被改变，提高原水中有机物的可生物降解性，降低大分子极性污染物浓度，提高水中有机物的 BOD 值和亲水性。另外由于臭氧的加入，可以使水中氧气浓度增加，有利于后续生物单元的运行。

目前，臭氧预氧化技术在实际应用中一般是与生物活性炭或生物滤池技术进行组合，分别形成臭氧-生物活性炭工艺或臭氧-生物活性滤池工艺。有学者[64]采用后者处理了黄河微污染原水，取得了良好的处理效果，其工艺流程图如图 7-20。

所处理的黄河原水水质数据如表 7-7 所示。

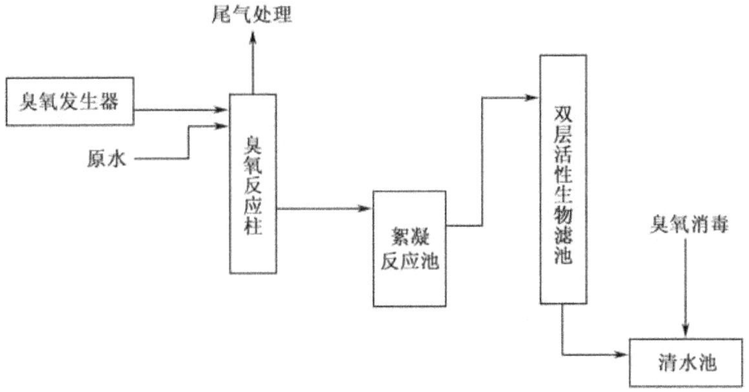

图 7-20 臭氧-生物活性滤池工艺流程图[64]

表 7-7 黄河水厂原水水质数据[64]

时间	pH	DO/(mg/L)	SS/(mg/L)	COD_{Cr}/(mg/L)	COD_{Mn}/(mg/L)	NH_4^+-N/(mg/L)	NO_2^--N/(mg/L)	NO_3^--N/(mg/L)
枯水期	7.98	9.34	55	33.5	3.40	0.609	0.026	5.28
丰水期	7.58	6.81	81	30.3	3.26	0.479	0.034	0.325
平水期	9.01	6.32	51	27.3	5.14	0.209	0.022	0.795

处理结果表明，投加臭氧 2.6mg/L 预氧化后，该工艺中所用的絮凝剂的投加量降低了 24%。但经过臭氧预氧化后，出水的 COD_{Mn}有些增加，NH_4^+-N 含量基本未发生变化，只有色度大大降低。由此可以说明，臭氧的预氧化仅仅是改变了水中有机物的分子结构，使其更有利于混凝。

经过图 7-20 的组合工艺，该工艺对出水浊度控制比较理想，出水浊度一直稳定在 1NTU 以下，最低时为 0.2NTU，比无臭氧预氧化时的 2NTU 低了很多；对 COD_{Mn}的去除率也高于未加臭氧时的结果，达到 50%；另外该工艺对 NH_4^+-N 的去除率为 70%，与未加臭氧时相当。经过色质联机检测对比，发现该厂原水经臭氧处理后其中的优先控制污染物去除率可达 51%～52%。

臭氧-生物活性炭工艺运行的结果表明[65]，对 NH_4^+-N 的去除率为 70%～90%，对 TOC 的去除率为 30%～75%。而且经过该工艺后，出水中已去除了绝大部分的“三致”物质。

7.3.6.3 强化过滤对生物污染的去除

我国饮用水水源的富营养化趋势比较严重，这些微污染原水中的有机物和藻类已经对传统的给水处理工艺提出了严峻的挑战。强化过滤是饮用水水质保障的关键。因此很多研究人员开展了这方面的工作。武汉大学的科研人员曾经采用改性的石英砂滤料技术探讨了对藻类的去除效果[63]（图 7-21）。

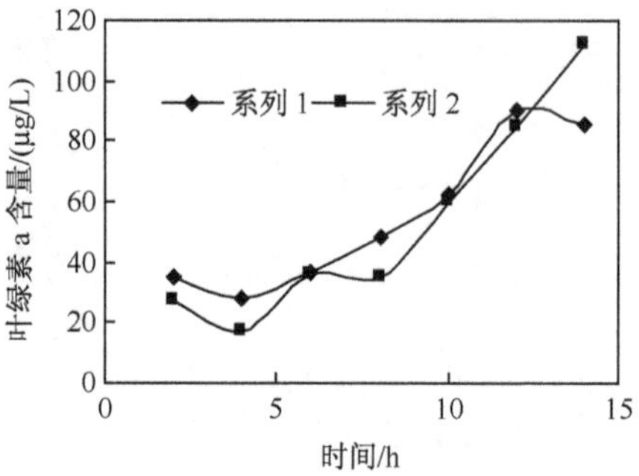

图 7-21　不同滤料时过滤出水中叶绿素 a 含量的比较[66]

由此可以看出，前 8h 涂钛砂滤柱出水的叶绿素值比石英砂出水的叶绿素值低 10%～30%，超过 8h 后，由于涂钛砂滤柱截留的藻细胞量较多，未及时反冲，导致两种滤料截留藻细胞差异逐渐变小。到 14h，涂钛砂已经失去优势。一般而言，改性滤料去除有机物、藻细胞的能力主要与其表面晶格金属阳离子价数有关，金属离子价数高，络合的有机物阴离子配体就越多，去除有机物、藻细胞的能力就强。而此时滤料表面电位变为次要因素。

7.3.6.4　强化过滤对细微悬浮物的去除

水体中的细微悬浮物在水中一般以浊度来体现，但随着近年来欧美国家多次爆发了病原动物穿透滤池而引起的大规模水媒传播疾病的恶性事件后，调查结果显示当时给水浊度指标符合标准，因此他们对浊度指标的安全性提出质疑，建议水厂要增加出水颗粒物浓度的监测。因为有研究表明[67]，病原体的数量和相关粒径的出水中颗粒物的数量是呈正相关的。

李圭白等[67]研究表明，经过高锰酸盐等药剂的预氧化后，滤后水中 2～15μm 范围内的颗粒物数目大幅度减少。而致病的原生动物粒径一般为 3～15μm，其中典型的贾第虫为 8～12μm，隐孢子虫为 4～6μm。初步表明，经过预氧化有助于病原微生物颗粒的混凝和过滤，可以提高饮用水的生物安全性。

7.4　强化过滤的应用与发展方向

7.4.1　新型过滤材料的应用案例分析

重庆建筑大学的科研人员成功地研制出了处理受污染水的活性滤料滤池[68]：

活性氧化铝滤料和惰性氧化铝滤料滤池，既保持了传统常规工艺基本流程的特点，又能有效地去除水中有机污染物（包括极性、非极性、饱和链、非饱和链有机物）。其科研成果提出了在普通 V 型滤池滤料层上部一定厚度内，改用活性炭和该活性滤料组成的复合床，既发挥了活性炭滤料对水中非极性有机物的吸附效应，又利用了活性滤料能吸附极性有机物的互补净化优势。生产性试验以加速澄清池和新型活性滤料滤池组合处理受污染原水，取得了良好的处理效果：其净化效果在滤池空床接触时间为 9～18min 时，氨氮去除率达 90%以上；COD_{Mn}去除率为 42%～47.8%；Ames 试验指标均有明显降低。对于 TA98 和 TA100 的两种菌株，试验滤池出水（消毒）出现突变率 MR＜2 的最小致突变剂量为 3.1L/皿。

另外，国内外近年来开发成功的各种改性滤料，在传统过滤滤料的表面通过化学反应附加了一层改性剂（活性氧化剂），从而发挥了在滤料表面增加巨大的比表面积和与水中各类有机物接触过程中由表面涂层所产生的强化吸附和氧化等净化功能。不仅可以净化大分子和胶体有机物，而且能够大量吸附和氧化水中各种离子和小分子的可溶性有机物，尤其是提高了对水中有机物和有害金属离子的净化效果，达到全面改善水质的目的。据资料报道，采用某种多功能活性复合滤料净化受污染水，可以取代深度处理中的生物活性炭滤池，对水中溶解有机物、无机盐、离子等有很高的净化效果，滤后水就是洁净的饮用水。

7.4.2 强化过滤工艺应用的案例分析

成都自来水公司龙泉水一厂过氧化氢生产性试验工程改造完成后，该厂原流程被改造为两套独立的并行流程：预氯化流程和过氧化氢预氧化流程。

滤池滤料为人工锰砂，过氧化氢预氧化生产性试验总规模 1 万 m^3/d，其中一半按照原来预氯化方式或不预加氯的常规方式运行，另一半进行过氧化氢预氧化对比试验运行澄清、过滤和消毒后，两部分水汇合进入清水池，然后加压出厂。

过氧化氢投加量约 5mg/L，一般每天投药 8h，消耗过氧化氢 1 桶 25kg，必要时则 24h 连续投药。

大规模的生产性试验结果证实了过氧化氢预氧化的优点：产生的有效氯很少，可以显著去除水中低相对分子质量有机物和减少消毒产生的有机氯；明显抑制藻类生长；过氧化氢预氧化是取代预氯化的有效的、方便的、经济的办法。

强化过滤工艺是针对饮用水源的新问题而提出的高效工艺，主要是从以下几方面进行过滤工艺的强化：采用直接过滤工艺或深床过滤工艺；开发新型滤料；采用新型预氧化药剂，譬如高锰酸钾复合药剂。这些强化过滤的方法在试验研究中已取得了很好的效果，有的在生产实践中也得到了应用，但是依然存在不同的问题，譬如：直接过滤工艺或深床过滤工艺的结构和工艺参数的进一步优化、新型污染物去除效果和工程实践依然需要加强；新型滤料和预氧化药剂的使用，依然需要在工程实践中进一步进行检验。

因此，对于过滤工艺的强化在发展方面可以考虑以下问题：

(1) 直接过滤或深床过滤工艺。适合直接过滤或深床过滤工艺新型滤料的开发，直接过滤或深床过滤工艺结构优化，直接过滤或深床过滤工艺对水中微污染有机物的去除效果，直接过滤或深床过滤工艺出水的安全稳定性研究等。

(2) 新型滤料。各种新型滤料的开发，粒状滤料或纤维滤料的使用形态优化，滤料的改性，新型滤料对水中的新污染物的去除效果。

(3) 预氧化药剂。安全、稳定、高效、廉价的预氧化药剂的开发和研究，预氧化药剂对过滤的强化效果，预氧化药剂作用下的滤后水的安全稳定性。

参考文献

[1] 汪大翚，雷乐成．水处理新技术及工程设计．北京：化学工业出版社，2001

[2] 邓慧萍，徐迪民，易小萍，严煦世．几种改性滤料去除水中有机物的性能比较．同济大学学报，2001，29 (4)：444～447

[3] Benjamin M M，Sletten R S，Bailey R P et al.，Sorption and Filtration of Metals Using Iron Oxide-coated Sand. Water Res.，1996，30 (11)：2609～2620

[4] Chang Y J，Li C W，Benjamin M M. Iron Oxide-coated Meida for NOM Sorption and Particulate Filtration. J. Am. Water Works Ass.，1997，89 (5)：100～103

[5] 马军，盛力，王立宁．改性石英砂滤料强化过滤处理含藻水．中国给水排水，2002，18 (10)：9～11

[6] 朱乐辉，樊华，朱衷榜，万金保．一种新型滤料—瓷砂滤料的过滤研究．环境保护，1998，8：36～37

[7] 张万友，郗丽娟，陈雪梅，齐铁范．几种纤维过滤器的工作原理及特性．中国给水排水，2003，19 (6)：23～25

[8] 袁旭安，余键，李宁．常规过滤工艺优化研究述评．冶金矿山设计与建设，2002，34 (4)：30～36

[9] 吴国权，钱庆玲．过滤技术在应用中的关键问题．化工给排水设计，1996，4：8～11

[10] 郭士权，姚雨霖．近年来给水过滤技术的发展．重庆建筑工程学院学报，1994，16 (2)：129～134

[11] 马晓雁，戴长虹，吴会中．微孔陶瓷材料在水处理中的应用．中国陶瓷，2003，39 (6)：46～51

[12] 马晓雁，戴长虹，吴会中．微孔陶瓷材料在饮用水净化处理中的应用．净水技术，2003，22 (6)：35～37

[13] 徐晓虹，邸永江，吴建锋等．利用固体废弃物制备多孔陶瓷滤球的研究．陶瓷学报，2003，24 (4)：197～200

[14] 尚少鹏，王利平．瓷砂滤料过滤工艺的开发应用．科技情报开发与经济，2003，13 (6)：72～73

[15] 于玲红，王利平，敬双怡，尚少鹏．瓷砂滤料在包钢薄板坯新水处理中的应用研究．冶金能源，2004，23 (2)：50～53

[16] 孙迎雪，徐栋．沸石处理有机微污染生活饮用水的实验研究．兰州铁道学院学报（自然科学版），2003，22 (4)：127～129

[17] 李德生，张金萍．沸石滤料对黄河原水的处理效果．中国给水排水，2002，18 (12)：37～38
[18] 严子春，王晓丽．沸石强化过滤的效果及其对水质的影响．重庆大学学报（自然科学版），2002，25 (2)：130～133
[19] 何少华，黄仕元，金必慧．沸石在水和废水处理中的应用．矿业工程，2004，2 (1)：24～27
[20] 张浩，王世和，黄娟，卢宁．长纤维高速过滤器过滤净水厂沉淀出水的试验研究．东南大学学报(自然科学版)，2003，33 (5)：673～676
[21] 张敏．滑板式纤维过滤器在水处理中的应用．沈阳化工学院学报．2003，17 (2)：136～138
[22] 闫冰，王夏，李振瑜．彗星式纤维滤料过滤器性能曲线．给水排水，2003，29 (5)：73～76
[23] 李振瑜，王夏．彗星式纤维过滤材料．给水排水，2002，28 (6)：71～74
[24] 王夏．彗星式纤维滤料过滤器的性能及性能曲线：北京：清华大学硕士论文，2002
[25] 王峰青，乐丽孙．均粒石英砂滤料过滤研究．给水排水，1999，25 (4)：5～7
[26] 熊岚等．纤维球滤料直接过滤原水的试验研究．中南工学院学报，2000，(3)：33～37
[27] Amirtharajah A. SomeTheoretical and Conceptual Views of Filtration. J. Am. Water Works Ass., 1988，(12)：36
[28] 李振瑜，刘沫，王夏等．彗星式纤维滤料直接过滤的试验研究．给水排水，2004，30 (3)：77～80
[29] 袁斌，吕松，王炎红．基于合成纤维的过滤技术的评述．广东化工，2003，1：32～33
[30] 张万友，郗丽娟，陈雪梅，齐铁范．几种纤维过滤器的工作原理及特性．中国给水排水，2003，19 (6)：23～25
[31] 耿土锁．纤维球直接过滤给水与废水的试验研究．江苏环境科技，1996，2：1～6
[32] 刘建广，张春阳，韩庆祥．新型纤维滤料过滤特性研究．山东建筑工程学院学报，2003，18 (1)：45～48
[33] 文联奎，曲爱平，王学文．新型滤料——短纤维性能研究．油气田环境保护，1994，4 (4)：3～9
[34] 袁世平，曹英峰．变孔隙纤维过滤器及应用．给水排水，2002，28 (7)：78～80
[35] 胡明成，李学军．轻质滤料滤池的试验与研究．工业水处理，2003，23 (1)：40～42
[36] Vigneswaran S. Floating media Medium Filtration of Particle Retention Mechanism in Water Treatment. U. S. A：UTS-Project's Progress Report，1994，320～323
[37] 胡明成，夏金虹，宁春．轻质滤料滤池过滤系统的研究与应用．桂林电子工业学院学报，2002，22 (6)：52～54
[38] 王健，金鸣林，魏林等．用粉煤灰制备新型水处理滤料．化工环保，2003，23 (6)：352～355
[39] 栾兆坤，李科，雷鹏举．微絮凝深床过滤理论与应用的研究．环境化学，1997，16 (6)：590～599
[40] Eikebrokk B. Coagulation Direct Filtration of Soft，Llow Alkalinity Humic Waters. Water Sci. Technol.，1999，40 (9)：55～62
[41] 郭瑾珑，汤鸿霄．接触絮凝研究进展．环境污染治理技术与设备，2001，2 (6)：1～9
[42] 李科，栾兆坤．微絮凝直接过滤中应用聚合氯化铝处理低温低浊水的研究．中国给水排水，1998，14 (16)：1～4
[43] 孟军，李桂平，王东升等．聚合氯化铁在微絮凝-深床过滤工艺中的应用．环境科学，2003，24 (1)：98～102
[44] 吴章平，李桂水．深层过滤的研究及评述．过滤与分离，2003，13 (3)：25～28
[45] 曲爱平．深层过滤理论基础研究．化学工程，1999，27 (5)：30～33
[46] 王德英，沈自求．深层过滤理论与技术的研究进展．环境污染治理技术与设备，2002，3 (1)：38～46

[47] 周北海，王占生，全浩．纤维球-砂直接过滤积泥形态学的研究．环境科学进展，1993，1（2）：71～79

[48] 赵奎霞，李晓粤．微絮凝-直接过滤技术的研究与应用进展．环境保护科学，2003，29（总119）：12～14

[49] 李三中．微絮凝-直接过滤处理水库水的探讨．中国给水排水，1997，13（5）：17～19

[50] Tate C H，TrusseII R R. Recent Development in Direct Filtration. J. Am. Water Works Ass.，1980，72（3）：162～168

[51] 国家"九五"科技攻关专题 96-909-03-02"高效絮凝技术集成系统（F-R-D）研究"技术验收报告．中国科学院生态环境研究中心．2000，12

[52] 雷鹏举，曲久辉，杨日光．微絮凝直接纤维过滤处理低浊水试验研究．环境化学，1999，18（6）：561～565

[53] 李海燕，曲久辉．饮用水中DBP的臭氧氧化效能与影响因素．环境化学，2004，23（3）：278～282

[54] 李海燕，曲久辉．饮用水中微量内分泌干扰物质（DBP）的 O_3 氧化去除研究．环境科学学报，2003，23（5）：570～574

[55] 赵翔，曲久辉，李海燕，许兆义．催化臭氧化饮用水中甲草胺的研究．中国环境科学，2004，24（3）：332～335

[56] 马军，石颖，陈忠林等．高锰酸盐复合药剂预氧化与预氯化除藻效能对比研究．给水排水，2000，26（9）：25～27

[57] 许国仁，李圭白．高锰酸钾复合药剂强化过滤微污染水质的效能研究．环境科学学报，2002，22（5）：664～670

[58] 许国仁，李圭白，陈洪等．高锰酸钾复合药剂强化过滤效能研究．给水排水，2001，27（3）：30～32

[59] 许国仁，李圭白，王向东等．高锰酸钾复合药剂预处理对水中藻类和嗅味去除效果的研究．给水排水，1998，24（12）：13～15

[60] 王桂荣，唐友尧，张杰，胡鸿雁．过氧化氢预氧化除藻效能研究．武汉城市建设学院学报，2001，18（2）：21～29

[61] 刘晓艳，唐友尧，徐山源等．过氧化氢预氧化处理汉江水中试试验研究．湖南城建高等专科学校学报，2003，12（3）：23～25

[62] 周克钊．过氧化氢预氧化技术试验研究．中国给水排水，1999，15：15～18

[63] 曲久辉，雷鹏举，杨日光．微絮凝直接纤维过滤去除低浊水中的腐殖质．中国环境科学，1999，19（4）：293～296

[64] 陈超，胡文容，张群．O_3 预氧化-生物活性滤池直接过滤工艺处理黄河微污染原水．净水技术，2004，23（1）：10～12，29

[65] 于万波．臭氧-生物活性炭技术在微污染饮用水处理中的应用．环境技术，2003，2：11～15

[66] 雷国元，刘巍，李永成，邹有红，王光辉．改性滤料强化过滤处理微污染水．净水技术，2005，24（6）：18～21

[67] 陈杰，李星，陶辉，何文杰，韩宏大，李圭白．预氧化强化去除滤后水中颗粒物中试研究．给水排水，2006，32（2）：31～35

[68] 戴之荷．受污染水处理技术在我国的应用．给水排水，2002，28（1）：8～12

第8章　深度处理新技术①

深度处理是在常规处理工艺之后，为提高饮用水水质而采取的进一步净化措施。深度处理将饮用水净化从一般性的工艺，延伸到一个更为复杂的过程，发展到一个更具有技术挑战性的系统组合。水质污染与净化、健康的危害与安全，都为饮用水深度处理提出了永远也不会结束的研究和应用课题。

8.1　常用深度处理方法概述

8.1.1　深度处理问题的提出

目前国内外绝大多数水厂基本采用以混凝、沉淀、过滤、氯消毒为主导技术的常规处理工艺。这种工艺是建立在有合格水源的基础上，以去除浊度和细菌为主要目标，但对有机物尤其是溶解性有机物的去除能力很低。如对水中NOM的去除率仅有20%～30%。随着水源水质的不断恶化，常规处理工艺的不足不断地表现出来。如饮用水源中的溶解性有机碳（dissolved organic carbon，DOC）在消毒过程中容易生成THMs、亚溴氯甲烷、HAAs、三氯硝基甲烷、三氯酚等DBPs，由于这些DBPs具有“三致”效应而越来越多地引起人们的关注[1]。有研究表明，DBPs生成势与原水中的总有机碳含量有较好的线性相关性。

天然水体中常见的有机物，如酚类、重氮、偶氮化合物、天然有机酸（如腐殖酸、黄腐酸）等，常规处理工艺不能将其有效地去除，而且这些物质也是DBPs的前驱物[2,3]。另外地表水源中普遍存在的氨氮问题，常规处理工艺也不能有效解决。目前国内大多数水厂都采用折点加氯的方法控制出厂水中氨氮浓度，以获得必要的活性余氯，但由此产生的大量有机卤代物又导致水质毒理学安全性下降。随着水质分析技术发展，水源水和饮用水中能够检测到的微量污染物质的种类不断增加。对常规工艺进出水中微量有机污染物和Ames致突变试验结果表明：混凝-沉淀-过滤-消毒过程对水中微量有机污染物没有明显的去除效果，水中有机物数量，尤其是毒性污染物的数量，在处理前后变化不大。

尽管很多水厂不断改进工艺，采用预氯化、强化混凝等方法提高饮用水处理效果，但新的问题仍不断出现，如预氯化产生的有机卤代物在混凝、沉淀及过滤处理过程中不能有效去除；采用预氯化的常规工艺不仅出水中有机卤代物种类增

① 本章由曲久辉，刘会娟撰写。

加，而且优先控制污染物及毒性污染物数量也有明显上升，出水的致突变活性较处理前增加了50％～60％；由于溶解性有机物存在，不利于破坏胶体的稳定性而使常规工艺对原水浊度去除效果明显下降（仅为50％～60％）[4]。有研究者基于富里酸与无机颗粒物所带电荷量的差异，研究指出如果向含有10mg/L无机胶体的悬浮液中加入3mg/L富里酸，混凝剂投量需增加6倍才能使之脱稳；即使采用强化混凝的方法也难以改善处理效果，有时还可能因加大混凝剂的投量而导致出水中的金属离子增加。

近年来在饮用水源中发现某些新的病原微生物如隐孢子虫、微孢子虫等，其尺寸（1～5μm）微小，采用常规过滤技术难以完全去除，而且对常用的氯、氯胺等消毒剂有很强的抗性，需要采用更为有效的方法进行去除与控制。由于水体富营养化，藻类的滋生与污染成为饮用水源的重要水质问题。藻类污染产生很多方面的问题：首先，较高含量藻类及藻类代谢物引起的色、嗅、味等，使水质恶化并给常规处理带来挑战；第二，藻可能在水的处理与转化过程中产生新的污染物，特别是某些藻类，可能在适当的条件下释放毒素，使水具有毒性；第三，较高浓度的藻会影响絮凝处理效果，并在过滤过程中堵塞滤池，对生产造成不利影响。

综上所述，饮用水深度处理的目的主要是：在常规处理以后，采用适当的方法，将现行工艺不能有效去除的溶解性有机污染物、DBPs的前驱物、微量化学物质、异嗅异味物质以及某些病原微生物如隐孢子虫、微孢子虫等进行强化去除，以提高和保证饮用水水质安全。应用较为广泛的深度处理技术是活性炭吸附技术、生物活性炭技术、膜分离技术、臭氧氧化技术、臭氧-生物活性炭组合技术以及各种高级氧化技术的联用技术。

随着饮用水水源污染问题的复杂化和饮用水水质标准的不断提高，常规处理工艺越来越表现出明显的局限性。在改善饮用水质的研究与应用探索中，人们对深度处理的必要性已经取得了共识，对深度处理的原理、方法和工艺的创新与运用也更加深入和适用。在水质安全保障的实际需求和新技术的推动下，饮用水深度处理技术与工艺正在向更高水平发展。

8.1.2 常用的深度处理方法

8.1.2.1 活性炭吸附法

活性炭吸附是饮用水深度处理的最常用技术，也是在常规工艺基础上进一步去除水中色度、浊度与有机污染物的最成熟与有效方法之一。

19世纪50年代初期，西欧一些以地表水为水源的饮用水处理厂开始使用活性炭的主要目的是消除水中嗅味。活性炭在美国使用最初的目的也是为了去除水中的色度和嗅味，且以使用粉末活性炭（PAC）为主。进入20世纪60年代以来，由于全球性的环境问题日益加剧，饮用水水源的有机污染成为威胁饮用水安全的主要因素之一，人们逐渐把注意力从仅仅去除水中嗅味转移到去除致癌、致畸、致突变的有机物及其 DBPs 前驱物上来。在水厂的实际工程应用中发现，采用活性炭去除有机物的运行周期远低于去除嗅味的寿命，因而水处理的费用大大提高。尽管如此，由于活性炭具有安全、高效、易于管理等特点，仍在世界范围内被广泛使用。在美国环保局饮用水标准的 64 项有机污染物指标中，有 51 项将活性炭列为最有效去除技术。近年来，活性炭在我国给水处理工艺中的应用也较广。

除孔隙特征以外，活性炭对有机物的去除也受目标污染物特性的影响，其中有机物的极性和分子大小的影响非常显著。同样相对分子质量的有机物，溶解度越大、亲水性越强，活性炭对其吸附性能就越差；反之对溶解度小、亲水性差、极性弱的有机物却具有较强的吸附能力。活性炭对相对分子质量在 500～3000 的有机物有十分明显的去除效果，去除率一般为 70%～87%，而对相对分子质量小于 500 和大于 3000 的有机物则达不到有效的去除效果。饮用水中 THMs 主要是消毒过程中氯和有机物的反应产物，因此去除 THMs 的前驱物成为饮用水深度处理的一个重要目标。大量的研究结果表明，活性炭吸附作用对去除水中 THMs 前驱物的效果不稳定。尽管 THMs 前驱物指标通常用 TOC 间接表示，但目前还不能认为任何水质中的 TOC 和 THMs 前驱物之间有很好的对应关系。Lange 和 Kawcaynski 通过研究发现，混凝处理可以去除大部分的 TOC，但水中的 THMs 生成势的变化却很小。Hentz 等的试验研究也报道了同样的现象。但也有研究结果表明，活性炭对 THMs 前驱物的吸附能力大于对 TOC 的吸附能力。美国水工协会、美国环保局在对活性炭吸附 THMs 前驱物能力进行了研究后认为，活性炭对 THMs 前驱物有一定的吸附能力，但使用周期比较短。

在饮用水深度处理中，活性炭以粉末炭和颗粒炭两种形式得到应用。一般来说，粉末炭主要用于具有季节性变化规律的微量有机污染物如农药和嗅味物质等的去除。由于其使用方便灵活，设备投资成本较低，并可根据水质情况决定投加或不投加以及投加量，因而特别适用于一些突发性污染事件的应急处理。2005 年末的松花江污染事件中粉末活性炭就发挥了极为关键的作用。日本有不少水厂都备有粉末活性炭投加设备。但是，受投加量限制，该技术对于大量存在的有机污染物去除效率不高，对 TOC、COD_{Mn} 以及 DBPs 前驱物等指标的去除效果并不理想。

颗粒活性炭多用于原水水质季节性变化不大的情况进行深度处理。一般来说，由于颗粒活性炭对水中多数有机物无选择地进行吸附，炭池在运行 3～6 个月后就会被穿透，需要更换或再生。我国单独使用颗粒活性炭的水厂不多，北京市自来水公司第九水厂利用活性炭吸附技术进行深度处理，但由于炭的更换周期较长，在长期运行过程中活性炭上会自然形成生物膜，对有机物的去除实际上是活性炭吸附和生物降解共同作用的结果，也就是通常所说的生物活性炭技术。

8.1.2.2 生物活性炭法

生物活性炭技术是在欧洲饮用水处理的实践中产生的，之后在世界各国得到了大量研究和广泛应用。目前，仅在欧洲应用生物活性炭技术的水厂就有 70 个以上。多年来，在生物活性炭技术不断应用的同时，国内外研究人员也对其很多方面进行了研究，并取得了大量成果。研究表明，生物活性炭去除有机物的机理是活性炭吸附和微生物降解的协同作用，从而大大延长活性炭的使用寿命。固定化细菌（大小为 1μm）主要集中于颗粒活性炭的外表面及邻近大孔中，而不能进入微孔，这些存在于表面及大孔中的细菌能够将活性炭表面和大孔中吸附的有机物降解。另外细胞分泌的细胞外酶和因细胞解体而释放出的酶类（大小为 1nm）能直接进入颗粒活性炭中孔和微孔中，与孔隙内吸附的有机物作用，使其从吸附位上解脱下来，并被微生物利用，这就构成了活性炭吸附和微生物降解的协同作用。依靠长期运行自然形成的生物活性炭菌种复杂，生物降解速率不高，通过投加高活性工程菌人工固化形成的生物活性炭则具有高效、长效、运行稳定和出水无病原微生物等优点。

在水厂的生物活性炭工艺运行中，活性炭的吸附性能对有机物的去除效果有重要影响，用来表征的参数主要为孔径分布和表面化学官能团。研究认为，天然水中的有机物是多种有机物的混合物，例如腐殖酸、富里酸等，相对分子质量一般约为 200～100 000，因此选用中孔比较发达的活性炭更为有利。表面改性的研究表明，增加表面酸性官能团致使活性炭表面的亲水性增强，不利于对疏水性为主的天然有机物的吸附。

活性炭上生物量随炭层高度的增加而降低，但一般都在 10^8～10^9 个细菌/g 滤料以上，水温、营养物质、反冲洗操作方式和氧化剂（例如氯）等很多因素都会影响生物量的多少。采用扫描电子显微镜可以看到，微生物主要分布于活性炭颗粒的外表面，除局部有菌体重叠和粘连外，基本上呈单层排布，这与通常意义的生物膜有显著的差别。多数研究者都提出活性炭上生长的优势菌种是假单胞菌属，另外还有黄杆菌属、芽孢菌属、节杆菌属、气单胞菌属、不动杆菌属等。

生物活性炭处理法被认为是饮用水处理中去除有机物的有效方法之一，在欧洲已得到普遍应用。但由于活性炭价格昂贵，妨碍了其在国内的推广。另外，生物活性炭出水中的细菌数经常高于进水中的细菌数，一般来说范围在 1～10 000 个/mL。在生物活性炭处理过程中，活性炭上附着生长的有害微生物可能与活性炭的细小颗粒一起流出。由于生物膜上微生物的长期固定培养，它们对各种不利环境有较强的适应性，从而对消毒有更强的抵抗性，氯化消毒往往难以杀死这些微生物。用氯胺和游离氯进行消毒，接触 40min 细菌只减少了 0.5-log。因此，生物活性炭技术可能在一定程度上降低了饮用水的微生物安全性。

生物活性炭技术去除贾第虫胞囊和隐孢子虫卵囊的效果大致与双层或多层滤料过滤工艺的效果相同，其中对隐孢子虫卵囊的去除效果较差。对国外几座给水处理厂的粒状活性炭滤池分析发现，出水中隐孢子虫卵囊的检出次数与数量比贾第虫胞囊多。表 8-1 所示为国外某给水厂的反冲洗水中这两种寄生虫的检出数据，可以看出隐孢子虫卵囊比贾第虫胞囊更易于穿漏活性炭滤池，这与其个体很小（约 5μm）有关。

表 8-1　国外某给水厂快滤池和活性炭滤池反冲洗水中贾第虫和隐孢子虫检出量

过滤步骤	贾第虫/(个/100L)	隐孢子虫/(个/100L)	备注
快滤池	75	150	反冲洗开始后第 10min 取样
活性炭滤池	3428	ND	运行 2 年，已过滤 500 万 m^3 水

8.1.2.3　臭氧氧化法

臭氧应用于饮用水处理要早于活性炭。本书第 3 章已对臭氧应用在常规处理工艺前进行预氧化处理作了较为详细的介绍。本书第 9 章还将详述臭氧在消毒方面的应用。本章主要对其作为常规工艺以后的深度处理方法作简单介绍。

作为一种极强的氧化剂，臭氧除了能有效地去除色度、嗅味和氧化破坏难降解污染物外，还可以氧化微生物细胞的有机体或破坏有机体链状结构而导致细胞死亡，对微生物也具有强大的杀伤力。20 世纪初臭氧开始作为自来水的消毒剂。1902 年，德国帕德博恩市建立了第一座用臭氧处理饮用水的大规模水厂，开创了臭氧进行饮用水处理的先河。但由于当时臭氧发生器效率较低，使其应用受到了限制。70 年代以后，臭氧制备技术不断提高，臭氧应用成本逐渐降低，因而应用越来越广泛。

由于水中 OH^- 和有机物等能诱发臭氧分解成 $\cdot OH$，所以低 pH 条件下有利于臭氧直接氧化反应，而高 pH 和有机物含量高的条件下则有利于 $\cdot OH$ 的间接氧化反应。研究表明，臭氧能在任何 pH 条件下将水中多种污染物氧化，如造成水体色、嗅和味的腐殖质，酚、氨氮、铁、锰和硫等还原物质等。作为深度处理的氧化方法，臭氧能较有效地控制 DBPs 生成、改善出水水质。

将臭氧化作为饮用水深度处理的方法，需要关注以下几个问题：

（1）研究发现，臭氧对水中有机物氧化具有明显的选择性。臭氧对水中已形成的 THMs 没有去除作用，即使在臭氧投加量达到 25mg/L，接触时间为 4～5 min 的情况下，也不能有效地氧化降解 THMs。臭氧对 THMs 前驱物的氧化因其投加量不同而产生不同的结果。有研究报道，将采用单独臭氧氧化的出水进行氯化，THMs的生成量较氧化前反而上升。但这一结果对不同水质可能有不同情况，研究结果还有相当不一致之处。

（2）臭氧处理虽然能够分解THMs等有机卤代物前驱物，但在臭氧处理后再加氯或氯胺处理会分别生成三氯硝基甲烷等，这又成为新的DBPs，其毒性现在尚不清楚。据研究报道，臭氧处理之后进行加氯胺处理的三氯硝基甲烷生成量增加很大。在瑞士的两个湖水进行预臭氧和后加氯处理，预臭氧使由氯引起的三氯硝基甲烷生成量增加3倍。

（3）臭氧能使水中含有不饱和键或者部分芳香类的有机污染物氧化分解，相当多的稳定性有机污染物（如农药、卤代有机物和硝基化合物等）难以被氧化去除。例如，臭氧可使碳碳双键有机物的键断裂，使苯环开环，因此对这类有机物的氧化很有效，但对某些有机物，如DDT、环氧七氯、狄氏剂等效果较差[5~8]。并且，臭氧对一些有机物的降解仅仅局限于母体化合物结构上的变化，并不能将其彻底矿化去除，生成很多有机中间氧化产物，不能从根本上控制水质安全风险。

（4）臭氧氧化有机物时，由于不能将其彻底矿化，会生成过氧化物、环氧衍生物、甲醛、小分子酸等副产物，这些副产物多为亲水性物质，浓度很低，检测分析有一定难度。副产物生成量一般与原水有机物浓度成正比。有研究表明：臭氧投加量为2.6mg/L时，一般水厂条件生成的酸总量为62μg/mgTOC，生成醛类10～40μg / L。作者所在的研究小组研究也发现，在臭氧单独氧化邻苯二甲酸酯或甲草胺时会有大量小分子有机酸产生。大部分有机副产物易被生物分解，其中酸类对人体无大的危害，但易使出水pH有所降低。甲醛则以其具有致癌性、遗传毒性、变异原性而被世界卫生组织列为臭氧氧化有机副产物的代表，其MCLs为100μg/L。

（5）对于含有溴离子的原水，臭氧可氧化溴离子为次溴酸，次溴酸与卤代DBPs前驱物反应，会产生溴仿和其他溴代有机副产物，溴离子还能被进一步氧化为溴酸根离子。预臭氧和后加氯消毒工艺同时使用，若水中含有较多溴离子，经臭氧化后，次溴酸和次氯酸将共同与有机物发生反应，而且相互存在竞争，从而导致有不同浓度的氯代、溴代和氯溴代有机副产物生成。

（6）尽管臭氧本身无残留，无毒害，但它与有机物反应的中间产物可能是有毒有害的，并且会产生小分子有机物，使水中生物可同化有机碳（AOC）浓度水平升高，从而导致水的生物稳定性变差。

（7）从反应器中排放的尾气浓度通常较高，需要设置专门的臭氧吸收池，以便对臭氧尾气进行收集、处理。

综上所述，单独臭氧氧化工艺有利有弊，具体视原水水质而异，但如果臭氧与其他处理技术结合，则可扬长避短。虽然我国也对臭氧氧化技术进行了多年的研究工作，但由于臭氧氧化技术投资大、运行管理费用很高，目前应用仍不普遍。因此，开发经济有效的与臭氧联用的高级氧化方法，改善臭氧化对水中有机污染物的去除效果具有重要的工程应用价值。

鉴于单独采用任何一种深度处理方法都不能提供优质安全饮用水，近年来将物理、化学和生物净化技术进行组合运用，成为饮用水处理技术的发展趋势。

8.1.2.4　臭氧-生物活性炭法

1. 臭氧-生物活性炭技术的发展沿革与应用现状

基于臭氧化技术和生物活性炭工艺的特点，为充分发挥二者的综合优势，人们尝试了对这两种技术的联用。臭氧和活性炭联用首先是 1961 年在德国 Dusseldorf 市的 AmStard 水厂开始的。由于该厂的水源-莱茵河水质恶化，原有的河水过滤-臭氧氧化-过滤-加氯工艺已不能满足水质要求。为了提高出水水质，消除嗅味，在过滤后又增加了活性炭吸附，该流程与原有的工艺相比，出水水质明显改善。

臭氧-生物活性炭技术在德国得到研究和应用后，被欧洲、美国、加拿大等一些国家广泛地应用到饮用水的深度处理中，并且对去除控制饮用水中各种污染物取得良好的效果。其中有代表性的是德国的不来梅水厂，缪尔海姆水厂，法国的梅里苏瓦茨水厂，瑞士的苏黎世里格湖水厂和日本东京市的金町净水厂和大阪市的柴岛水厂，澳大利亚的 Edenhope 水厂，美国加利福尼亚的 Casitas 水厂等。日本于 20 世纪 90 年代中开始推广臭氧-生物活性炭技术，尤其在关西、关东等人口集中、水质较差的地区得到了广泛应用。

国内最早使用臭氧-活性炭工艺的水厂是北京市自来水集团田村山水厂，该工艺已有 20 多年的历史。但此后很长的一段时间里没有上新的工程，而田村山水厂的臭氧设备由于水源切换等原因也在很长一段时间里没有真正投入运行。臭氧-活性炭工艺的真正应用是在最近几年，在水源污染比较严重，经济也比较发达的东部地区（浙江桐乡、嘉兴等地）和南部地区（广东广州、深圳等地）陆续有些水厂开始采用该工艺。上海周家渡水厂，梅林水厂，浙江桐乡市果园桥水厂等，长期应用臭氧-生物活性炭工艺并取得很多经验。2004 年投入生产的广州南洲水厂是我国目前规模最大的采用臭氧生物活性炭工艺的供水厂，日供水规模达 100 万吨。

2. 臭氧-生物活性炭的基本原理

臭氧-生物活性炭工艺是在常规水处理工艺基础上增加了臭氧化接触和生物活性炭过滤两个操作单元，是臭氧氧化、活性炭吸附和生物降解三者协同作用的结果。

(1) 臭氧氧化。利用臭氧氧化作用，将水中部分有机物或其他还原性物质氧化，以降低生物活性炭滤池的有机负荷。同时，臭氧氧化能使水中难以生物降解的有机物，如 NOM 和人工合成有机物等通过断链、开环，氧化成小分子物质或改变分子的某些基团，从而提高水的可生化性。臭氧氧化还可使部分有机物的极性和亲水性得到改善，更容易被活性炭吸附并被附着在活性炭上的细菌生物降解。臭氧化能够改变有机物生色基团的结构，形成的中间产物更易于被活性炭吸附，强化了活性炭的脱色效能。臭氧化还能有效地降低水的 UV_{254}。

(2) 生物活性炭吸附和生物降解。生物活性炭主要依靠颗粒活性炭上微生物的新陈代谢作用对有机物进行同化分解和对氨氮进行氧化。其主要作用包括 3 个方面：①破坏水中残余臭氧，这一过程一般发生在最初的几厘米炭层内；②吸附去除有机化合物或臭氧氧化副产物；③通过活性炭表面细菌的生物降解有机物。另外，臭氧还能起到充氧作用，使生物活性炭滤池有充足的溶解氧用于生物氧化。活性炭能够迅速地吸附水中的溶解性有机物，同时也能富集水中的微生物。活性炭表面吸附的大量有机物也为微生物提供了良好的生存环境，丰富的溶解氧环境下微生物以有机物为养料生存和繁殖。生物活性炭上的有机物被生物降解后又可使活性炭表面得以再生，从而具有持续吸附有机物的能力，即大大延长了活性炭的再生周期。

在进水氨氮浓度较高时，活性炭附着的硝化菌在好氧的条件下，通过好氧菌(亚硝化菌和硝化菌)的作用，将水中的氨氮氧化成亚硝酸盐和硝酸盐，并最终转化为硝酸盐，降低水中氨氮的浓度。同时，硝化反应产物增加了水中的含氮化合物，微生物利用这些氮素原料，结合碳与其他营养物质，在一定的比例下，合成微生物的细胞物质，达到微生物生长增殖的目的，提高了对水中有机物的氧化分解能力。而活性炭附着的反硝化菌又能够利用活性炭吸附的充足的有机物碳源进行反硝化反应，既可降低水中有机物的浓度，又能使硝酸盐等通过反硝化过程转化为 N_2，保障出水水质。

3. 臭氧-生物活性炭的常用工艺

在实际工程应用中，活性炭一般放在整个处理工艺的最后，臭氧的位置却十分灵活。图 8-1 为巴黎某水厂应用臭氧和活性炭组合处理工艺的流程图。可以看出，该流程中有三个臭氧投加点，首先是向原水中投加，目的是为了增加水中有机物在贮存池内的生物降解作用；然后在混凝前投加臭氧以提高混凝处理效果；最后在活性炭吸附前投加以增强有机物的可吸附性与生物降解性。在此处理工艺流程中，活性炭吸附放在流程的末端，以保证出水水质。另外，预臭氧氧化替代了通常的预氯化，减少了预氯化过程产生的有机卤代物。

同济大学和上海自来水公司将生物滤池和臭氧-活性炭技术进行组合处理黄浦江的原水，所提出的主要工艺流程如下：

（1）生物滤池→常规的混凝、沉淀、过滤→臭氧→生物活性炭→加氯

（2）生物滤池→常规的混凝、沉淀、过滤→加氯

（3）臭氧→常规的混凝、沉淀、过滤→加氯

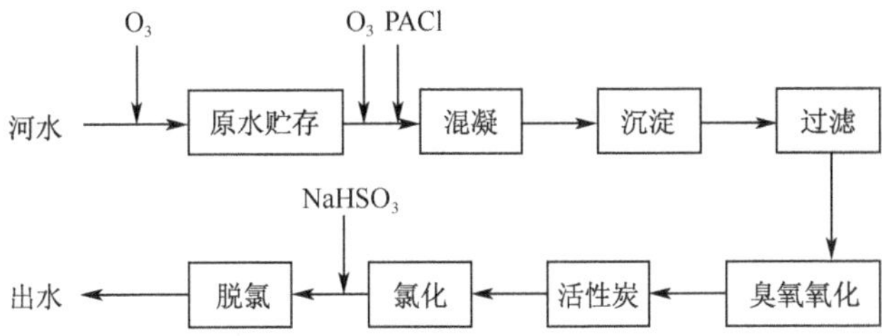

图 8-1　巴黎某水厂饮用水处理工艺流程

结果表明，经工艺（2）、（3）处理后水中存在大量有机物，氯化后致突变性呈阳性，而工艺（1）处理后水呈阴性，这表明即使经过生物过滤或臭氧氧化后仍存在着有机物和氯反应生成致突变物质的可能。应用情况进一步证明，采用臭氧-生物活性炭处理工艺的出厂水水质明显优于臭氧单独处理，可以进一步降低水的致突变性。

目前国内外采用的典型工艺流程大致有以下几种：

德国缪尔霍姆水厂工艺流程：原水→混凝→澄清→臭氧投加→活性炭过滤→砂滤→安全投氯→用户。

法国麦瑞休奥斯水厂工艺流程：原水→臭氧预氧化→混凝→沉淀→砂滤→二次臭氧→活性炭过滤→安全投氯→用户。

北京田村山水厂工艺流程：原水→预加氯→混凝→澄清→砂滤→臭氧→活性炭过滤→安全投氯→用户。

4. 臭氧-生物活性炭的效能

经臭氧-生物活性炭技术工艺处理的出水水质很好，对臭氧氧化过程中形成的可生物降解有机物、致嗅、味的化合物及氨氮的去除效果十分显著。马放对吉林前郭炼油厂饮用水深度净化工程进行色质联机分析得出：原水中的 160 余种污染物经臭氧化后变为 40 余种易生物降解的中间产物。张金松通过试验证明，该工艺能有效地去除有机物，对试验用水的 COD_{Mn} 的平均去除率达 68%，为普通活性炭的 2 倍。生物活性炭可以将臭氧氧化出水中的 AOC 降低。有研究结果认为，生物活性炭对 AOC 去除效果较稳定，去除率约 30%～60%，大多数情况下

在50%以上。

Seredynska-Sobecka[9]对O_3-BAC工艺去除水中微量有机污染物苯酚(10mg/L)的效果进行了研究。当臭氧投量为1.9～2.5mgO_3/mgTOC时，臭氧氧化苯酚的去除率接近90%，TOC去除率较低，表明生成了一些副产物，且臭氧化后溶液pH下降至3.76，说明副产物中有部分酸性化合物。臭氧化过程中相对低的臭氧投量(1.9mgO_3/mgTOC)和相对长的接触时间(5min)对苯酚的去除效果最好。臭氧与生物活性炭的联用对于各种污染物指标如COD_{Mn}、BOD_5、TOC等都有很高的去除率，增加了水中有机污染物完全降解可能性。对污染物的氧化降解或形态转化，氧化段的工艺条件更加关键。

在臭氧-生物活性炭工艺中，臭氧氧化会使腐殖质的结构发生显著变化。如：破坏芳香化合物的结构使色度及UV_{254}发生明显而迅速的下降；TOC略微下降(在1mgO_3/mgTOC时为10%)；大分子有机物减少同时小分子化合物增加；羧基化合物明显增加；以及臭氧氧化副产物的形成等。其中臭氧氧化产物主要为醛类(甲醛、乙醛、乙二醛及甲基乙二醛等)及羧酸类(蚁酸、乙酸、乙二酸及丙酮酸等)。因此，臭氧氧化使惰性的腐殖质转化为可生物降解的化合物，从而被后续生物活性炭去除。同时，腐殖酸也是形成THMs及其他有毒物质的重要前驱物。研究证明，在臭氧用量为0.2～1.0 mgO_3/mg TOC时，THMs前驱物的去除率将随臭氧投量的增加呈系统性提高。但是，THMs前驱物去除率在低碱度的水中明显降低，原因可能是因为臭氧分子对THMs前驱物的作用更具选择性。

韩帮军、马军等[10]在天津芥园水厂研究了催化臭氧氧化与生物活性炭联用对氯化DBPs生成的控制效能。结果发现：①催化臭氧氧化较单纯臭氧化更能强化生物活性炭对THMs前驱物的去除。氯仿前驱物是THMs前驱物的主体部分，催化臭氧氧化对THMs前驱物的去除优势体现在对氯仿前驱物的去除上，是去除THMs前驱物的主要工艺环节。②催化臭氧氧化可有效去除疏水性有机物及部分亲水性有机物，并提高了DBPs前驱物的可生化性，保证了深度处理工艺对DBPs前驱物的有效去除。③较高的臭氧投量易导致生成次溴酸，使氯化过程中溴代DBPs的生成能力增强。

经臭氧-活性炭吸附工艺处理后的出水中有机组分很少，且含量甚微，在加氯消毒过程中，有机组分的含量一般处在卤代物生成的下限之下。可见臭氧-生物活性炭吸附工艺有效去除了可能生成卤代物的前驱物，可以全面改善饮用水水质。但臭氧-活性炭联用技术也有其局限性，例如臭氧在破坏一些有机物结构的同时也可能产生一些中间产物。研究结果表明，水源水经臭氧-活性炭深度处理后，氯化出水水质仍可能具有致突变性。

5. 臭氧-生物活性炭应用实例

上海周家渡水厂进行 O_3-BAC 工艺的中试试验中发现，单独臭氧氧化不能去除氨氮，有时甚至使氨氮略微升高，可能是有机氮被氧化的结果。这说明 O_3-BAC 工艺去除氨氮完全是靠生物活性炭滤池内的微生物完成的。当进水氨氮浓度在 2mg/L 以下时，对氨氮有较高的去除率，且能够完全转化为硝酸盐氮。但若进水的氨氮浓度较高，氨氮的硝化作用则不完全，出水的亚硝酸盐氮浓度就会升高[11]。但是，如果臭氧-活性炭工艺的进水氨氮浓度较高时，会使出水中的亚硝酸盐浓度增高，并影响有机物的去除效果[11]。

水厂采用 O_3-BAC 工艺的主要目的是去除水中微量有机污染物，提高出水水质。如进水氨氮浓度过高，活性炭滤床中硝化细菌将占优势，溶解氧会被硝化细菌迅速消耗。生物活性炭滤池中的异养菌得不到足够的溶解氧以氧化去除有机物，会影响活性炭的生物再生效果，从而降低生物活性炭池去除有机污染物的效率。解决的方法有两个：一是采用折点加氯，通过投加过量的氯来消耗水中的氨氮；二是采用生物预处理与 O_3-BAC 工艺联用，在混凝之前进行生物预处理，由于其有曝气设备，能连续向水中充氧，因而对氨氮去除效果较好。

深圳梅林水厂是深圳市供水量最大的一座水厂，其规划总规模为 90 万 m^3/d，2004 年投入生产，目前规模为 60 万 m^3/d，其深度处理设计采用臭氧-生物活性炭工艺。水源为深圳水库水，属低浊高藻富营养化水体。后臭氧投加量设计采用 1.5～2.5mg/L，水中残余臭氧浓度采用 0.2～0.4mg/L，接触时间采用 10min，CT 值≥1.6mg · min/L。生物活性炭滤池的 EBCT 采用 12min，炭床厚度采用 2.0m，滤速采用 2.0m/h。炭池出水主要水质指标良好，浊度≤0.2NTU，COD_{Mn}≤1.5mg/L，DO≥5mg/L，毒理学指标 THMs 小于 80μg/L，Ames 试验呈阴性。臭氧-生物活性炭深度处理单位水量投资为 278 元/m^3，单位制水成本为 0.18 元/m^3。

日本大阪府水道部村野水厂是一个设计能力为 180 万 m^3/d 的大型供水企业，以琵琶湖为水源。由于琵琶湖的富营养化，导致原水水质下降，即使在水源治理和水质好转后，水质仍然是Ⅴ类，水中有机污染物含量较高，采用常规处理工艺不能达到饮用水标准。为此，该水厂采用了臭氧-生物活性炭工艺。运行结果表明，与未加深度处理的水质相比，水中有机物浓度下降了一倍，出水水质优良。在生产运行过程中，生物活性炭工艺出现了一些问题，最重要的表现在两个方面：①生物活性炭池的底部出现了线虫，主要发生在反冲洗时。这种线虫很细，能穿透活性炭滤池，出现在用户末端，给供水水质带来不良影响。为此，该水厂采取了在反冲洗时投加大约 2mg/L 氯的方法，每 3 天反冲洗一次，这样 3 天内线虫从虫卵不能成长为虫，抑制了线虫的滋生。②由于原水中含有锰离子，在加入臭氧后生成锰氧化物胶体，在进入生物活性炭滤池以后，很容易发生堵塞，影响了水厂正常生产。针对这种现象，该水厂采用在混凝前加入次氯酸进行氧化 Mn^{2+}，然后通过混凝沉淀去除锰氧化物的工艺。可见，饮用水的深度处理工艺的运行与常规工艺的强化应该紧密结合，协同运行。

6. 臭氧-生物活性炭的研究热点和发展趋势

臭氧-生物活性炭工艺在饮用水深度处理和水质改善中发挥了重要作用。针对该工艺过程的认识和应用探索，国内外已进行了大量的研究开发工作。但目前仍存在一些理论和实践方面的问题，影响着该技术的推广应用。

(1) 臭氧投加方式、投加量的优化与接触反应设备效能的提高，是当前臭氧-生物活性炭工艺应用中的一个难点。根据臭氧投加位置的不同可以分为预臭氧、主臭氧、后臭氧，其作用各不相同。选择合理的投加位置，并对投量进行优化分配，在工程应用之前应慎重考虑。对原水水质全面、周密的分析研究和系统设计，是保证工艺高效运行的前提。只有对水中消耗臭氧的有机物和还原性物质有了量化的把握，并在此基础上测定臭氧初始需求量，才能作为工程设计的依据。在深度净化设施投入运行后还要结合臭氧的接触反应方式，对接触反应过程进行化学衡算。水中和尾气中剩余臭氧的在线测定，对于分析接触反应装置效率和确定臭氧的最佳投加量非常重要，这已在深圳预臭氧化的工程实践中得到充分证明。

(2) 臭氧化副产物和臭氧化出水 AOC 升高，已成为臭氧氧化技术应用的一个关键问题。近年来的研究表明，臭氧化会形成溴酸盐、甲醛等一些有害副产物[12]。如何控制出水中溴酸盐，成为臭氧化技术应用需要考虑的一个重要问题，目前国外主要是采取臭氧多点投加、改变水的化学条件、生物过滤等方法来减少溴酸盐的生成。AOC 是自来水管网中细菌再生长繁殖的重要因素，也是管壁生物膜形成与生长，管道腐蚀结垢的主要原因之一[13]。臭氧氧化有机物产生的中间产物，如醛、酮、羧酸等，使水中的 AOC 明显升高，采用适宜的臭氧投加量并结合生物活性炭过滤是控制臭氧化出水中 AOC 的主要途径[14]。

(3) 在臭氧-生物活性炭工艺中，活性炭的选择、再生方式，以及生物活性炭的出水生物安全性一直为研究和设计人员所关注。

8.1.3 臭氧-生物活性炭工艺中存在的主要问题

尽管臭氧-生物活性炭深度处理技术对于控制饮用水质污染和改善水质发挥了较好的作用，但也存在局限性。主要表现在：① 臭氧氧化处理饮用水存在臭氧利用率低、氧化能力不足等缺陷。因此，近年来围绕提高臭氧利用率的研究广泛而深入地展开。② 臭氧可有效降解含有不饱和键或者部分芳香类有机污染物，而对相当多的稳定性有机污染物（如农药、卤代有机物和硝基化合物等）难以氧化降解。臭氧对一些有机物的降解仅仅局限于母体化合物结构上的变化，可能会生成毒性更大且不易被生物活性炭降解的中间氧化产物。③ 臭氧可以将大分子有机物氧化成小分子有机物，而有研究表明，活性炭吸附对分子质量为500～3000Da的有机物有较好的去除效果，而对大分子和小分子有机物去除效果较差。臭氧氧化后有机物的分子质量变小，将不利于活性炭的吸附。④ 活性炭对臭氧氧化难以降解的某些亲脂性有机物（如有机氯化物等）的吸附效果也较差，因此不能完全保障饮用水的安全；⑤ 活性炭价格比较贵，对有机物的吸附去除作用受其自身吸附特性和吸附容量的限制，不能保证对所有的有机化合物有稳定和长久的去除效果，因而也影响了它在水处理中的推广应用。

在臭氧-生物活性炭工艺中，臭氧氧化降解有机物的能力对最终出水的水质安全性起决定作用。进一步提高臭氧的氧化能力，增加有机物的矿化率是保障臭氧-生物活性炭出水的一个重要方面。因此，要提高臭氧的利用率及出水的安全性，对臭氧-活性炭技术的研究可重点在以下几个方面展开：① 研究催化臭氧化技术。通过催化臭氧化产生大量具有强氧化性的羟基自由基，更大程度地氧化降解水中的有机污染物，并且提高臭氧的利用率。② 研究基于臭氧的高级氧化技术（如臭氧/过氧化氢技术）。由于臭氧对于一些农药类物质、有机卤代物（如二英类等）的分解效率很低，采用高级氧化技术可提高其降解效率。③ 开发针对活性炭不能有效吸附的小分子有机物和非极性有机物的高效吸附剂，提高对臭氧氧化降解产物的吸附效率。

由以上分析可以得出，臭氧在臭氧-生物活性炭深度处理技术中发挥着关键作用。臭氧氧化过程对水中污染物的转化效率及转化形态，是决定生物活性炭单元能否提高深度处理效率、保障出水水质的主要因素。但大量的研究表明，一般的臭氧化反应并不一定是安全的，可能会将一些大分子转化为小分子，也可能将毒性小的物质转化为毒性较大的物质。因此，研究开发一种更高效降解有机物的方法，是完善臭氧-生物活性炭工艺的关键。

近几年，作者所在的研究组及其合作者发展了均相、非均相催化臭氧氧化方法，可有效提高臭氧氧化降解水中有机污染物的效率，大大提高有机物的矿化率。与此同时，开发出一种新型类脂吸附剂，该吸附剂可选择性吸附饮用水中极低含量的亲脂性有机物。在8.2和8.4节中，将分别对这两方面的研究结果作一介绍。

8.2　深度催化臭氧化新方法

8.2.1　均相催化臭氧化

催化臭氧化技术是近年来发展起来的一种新的氧化方法。与其他高级氧化技术一样，催化臭氧化技术是利用反应过程中产生的大量˙OH 氧化降解水中的有机物，提高水中有机物的矿化率。均相催化臭氧化是利用金属离子作为催化剂，提高臭氧矿化有机物能力的一种高级氧化技术。国内外关于均相催化臭氧化的研究较多，所采用的催化剂包括 Fe(Ⅱ)、Mn(Ⅱ)、Ni(Ⅱ)、Co(Ⅱ)、Cd(Ⅱ)、Cu(Ⅱ)、Ag(Ⅰ)、Cr(Ⅲ)、Zn(Ⅱ) 等各种金属离子。

1988 年 Abdo 等[15]在研究染料废水时发现 $ZnSO_4$、$CuSO_4$ 或 $AgNO_3$ 能加快染料废水的臭氧化脱色过程。1992 年意大利的 Andreozzi 等[16]研究在酸性条件下乙二酸降解动力学时发现：单独臭氧与乙二酸不反应的行为由于 Mn(Ⅱ) 离子的加入而被克服，臭氧化试验结果表明 Mn(Ⅱ) 离子在 pH 为 0 和 4.7 时起着不同的催化作用。当 pH＝0 时 Mn(Ⅱ) 通过 Mn(Ⅳ) 氧化为 Mn(Ⅲ) 被认为是整个氧化过程的速度控制步骤，反应速率对臭氧和 Mn(Ⅱ) 浓度都为一级反应而与乙二酸浓度无关，当溶液中加入 MnO_2 时最初出现的短暂过渡阶段消失证实了这种机理。当 pH＝4.7 时为自由基氧化机理，他们认为乙二酸和 Mn(Ⅲ) 形成一中间产物，这种中间产物是自由基链的引发剂，其过程如式 (8-1)～式 (8-6)。

$$\mathrm{Mn(II)} + O_3 + 2H^+ \rightarrow \mathrm{Mn(IV)} + O_2 + H_2O \tag{8-1}$$

$$\mathrm{Mn(IV)} + \mathrm{Mn(II)} \rightarrow 2\mathrm{Mn(III)} \tag{8-2}$$

$$\mathrm{Mn(III)} + nAO^{2-} \rightarrow \mathrm{Mn(III)}(AO^{2-})_n \tag{8-3}$$

$$\mathrm{Mn(III)}(AO^{2-})_n \rightarrow \mathrm{Mn(II)} + AO^{\cdot} + (n-1)AO^{2-} \tag{8-4}$$

$$AO^{\cdot} + O_3 + H^+ \rightarrow 2CO_2 + O_2 + {}^{\cdot}OH \tag{8-5}$$

$${}^{\cdot}OH + AO^{2-} \rightarrow \cdots \tag{8-6}$$

另外他们还研究证实了在酸性条件下，Mn(Ⅱ) 也能加速乙醛酸、丙酮酸的氧化分解；并且认为在 pH3.0～4.0 时 Mn 的存在能导致系统反应活性进一步增大，乙醛酸的消失速率加快，因此有利于污染物完全矿化。Gracia 等的研究也认为 Mn(Ⅱ) 和 Ag(Ⅰ) 对臭氧氧化处理水中腐殖酸类有机物的过程具有良好催化作用[17]。他们还考察了臭氧氧化水中腐殖质过程中 Mn(Ⅱ)、Fe(Ⅱ)、Fe(Ⅲ)、Cr(Ⅲ)、Ag(Ⅰ)、Cu(Ⅱ)、Zn(Ⅱ)、Co(Ⅱ) 和 Cd(Ⅱ) 的硫酸盐的催化活性。结果表明，即使在很高臭氧投量（4.5gO_3/gTOC）的情况下，单独臭氧化过程 TOC 去除率仅为 33%，而在相同条件下过渡金属离子的引入大大提高了水中腐殖质的去除效果，Mn(Ⅱ) 和 Ag(Ⅰ) 的催化效果最好，其 TOC 去除率分别为 62%和 61%，其他金属离子的催化效果稍差[18]。

当臭氧投量为 1.5 gO_3/gTOC 时，0.06mmol/L 的 Mn(Ⅱ) 和 Fe(Ⅱ) 在中性条件下能有效催化臭氧氧化氯苯类衍生物。反应 20min 后，单独臭氧化时 COD 去除率为 18%，Fe(Ⅱ) 催化臭氧化能达到 55%，Mn(Ⅱ)/O_3 体系则能达到 66%，而 Fe（Ⅲ）对于 COD 的去除没有催化效果。高 pH 条件下单独臭氧氧化氯苯的主要副产物包括甲醛和甲基乙二醛，而 $Fe(Ⅱ)/O_3$ 体系中的主要副产物是甲醛和乙二醛，$Mn(Ⅱ)/O_3$ 体系中则为乙二醛[19]。微量 $Co(Ⅱ)$（0.002mmol/L）能加速臭氧去除草酸的能力[20]。

许多研究者对均相催化臭氧化的机理进行了研究。Gracia[18]认为过渡金属离子催化臭氧化的机理在于它们催化臭氧分解生成 $^{\cdot}OH$。溶液中的金属离子促进臭氧分解形成 $^{\cdot}O_2^-$，$^{\cdot}O_2^-$ 转移一个电子到 O_3 分子产生 $^{\cdot}O_3^-$，$^{\cdot}O_3^-$ 与 H^+ 反应形成 $^{\cdot}OH$。均相催化剂也可能与有机物分子形成配合物，所形成的配合物更易被臭氧氧化。Pines 和 Reckhow[20]认为在 $Co(Ⅱ)/O_3$ 体系中（pH=6）草酸的臭氧化过程经历了多个步骤（图 8-2）。首先 $Co(Ⅱ)$ 与 $C_2O_4^{2-}$ 形成配合物 $Co(Ⅱ)-C_2O_4$，然后形成的配合物 $Co(Ⅱ)-C_2O_4$ 被臭氧氧化成 $Co(Ⅲ)-C_2O_4^+$，随后 $Co(Ⅲ)-C_2O_4^+$ 分解生成 $^{\cdot}C_2O_4^-$ 和 $Co(Ⅱ)$；最后 $^{\cdot}C_2O_4^-$ 被 O_2、O_3、$^{\cdot}OH$ 等氧化生成 CO_2。草酸盐的去除和臭氧的分解都随着 pH 的降低而提高。

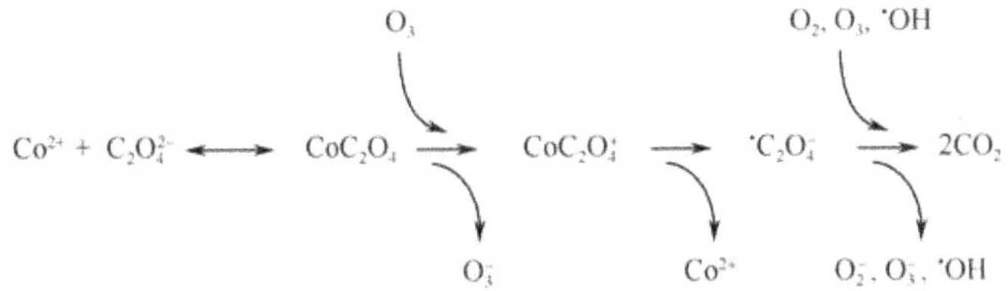

图 8-2　$Co(Ⅱ)/O_3$ 体系中草酸的降解过程[20]

Ma 和 Graham[21,22]重点研究了锰催化臭氧降解阿特拉津（atrazine）的过程，探讨了腐殖质和自由基捕获剂存在下的影响，进而推测出可能的催化机理。对于臭氧氧化降解阿特拉津来说，高锰酸钾氧化锰离子生成的胶体二氧化锰与最初加入锰离子具有相同的催化效果，他们认为起催化作用的是经臭氧氧化而原位生成的锰氧化物而并非 $Mn(Ⅱ)$，原位生成的锰氧化物催化臭氧分解生成 $^{\cdot}OH$。实验发现腐殖质对于锰催化臭氧氧化降解阿特拉津有很大影响，当腐殖质含量较低时（1mg/L），能促进阿特拉津的降解；而更高的腐殖质含量（>2mg/L）对于催化臭氧氧化降解阿特拉津有负面影响。他们认为阿特拉津的降解遵循自由基氧化机理，低浓度的腐殖质和原位生成的二氧化锰都能促进臭氧分解生成羟基自由基，然而高浓度腐殖质却成为自由基的捕获剂阻止了臭氧氧化阿特拉津。图 8-3 为他们推测的 $Mn(Ⅱ)$ 催化臭氧氧化降解阿特拉津的反应历程[21,22]。

实验还发现 HCO_3^- 和叔丁醇对于锰催化臭氧氧化阿特拉津都有负面影响，HCO_3^- 浓度的增加进一步降低了 $Mn(Ⅱ)$ 催化臭氧氧化降解阿特拉津的速率；由于叔丁醇与 $^{\cdot}OH$ 的反应速率要大于 HCO_3^- 与 $^{\cdot}OH$ 的反应速率，所以叔丁醇对于阿特拉津降解的影响更为显著，这也从另一个侧面证实了锰催化臭氧氧化阿特

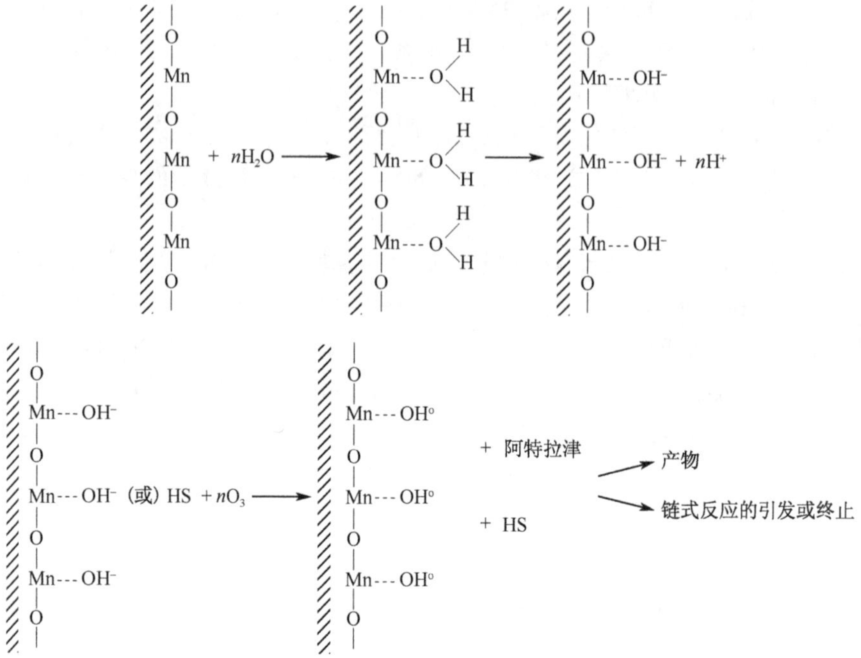

图 8-3 Mn(Ⅱ) 催化臭氧氧化降解阿特拉津的反应历程[21,22]

拉津的确遵循自由基氧化机理。

Andreozzi[23]等研究了锰催化臭氧氧化乙醛酸的反应过程和催化机理(pH2.0～4.0)，与 Ma 等的研究结果相似 Mn(Ⅱ) 和 Mn(Ⅳ) 具有相同的催化效果。单独臭氧氧化过程中只有草酸一种氧化产物，而催化臭氧氧化过程的氧化产物除了草酸还有甲酸；固体 β-MnO_2 没有催化效果，而 α，β-MnO_2 在水溶液中会释放出 Mn(Ⅱ) 和 Mn(Ⅲ)，他们发现 α，β-MnO_2 和 β-MnO_2 呈现完全不同的催化效果，并用 XRD 分析结果加以解释：α，β-MnO_2 中的主要成分是 Mn_2O_3，它拥有大量 Mn(Ⅲ) 活性位点，而 β-MnO_2 中的 Mn(Ⅲ) 活性位点数量可以忽略不计。

由于天然水体中普遍存在 Fe(Ⅱ)和 Mn(Ⅱ)，作者所在的研究小组近年来对其催化臭氧化难降解有机物的效能及机制进行了初步研究。

8.2.2 Fe(Ⅱ) 催化臭氧氧化效能

选择甲草胺为模型污染物进行催化臭氧氧化降解研究。图 8-4 所示为不同 Fe(Ⅱ)浓度催化臭氧化降解甲草胺的效能。臭氧气体流速为 30mL/min，气态 O_3 浓度为 0.06mg/mL。由图可见，当 Fe^{2+} 浓度为 0.5mg/L 时甲草胺的降解效率最高，当 Fe^{2+} 的浓度达到 2.0mg/L 时却抑制了臭氧氧化甲草胺的反应。这说明，在臭氧浓度一定时，只需少量的 Fe^{2+} 催化剂就可以有效促进水中甲草胺的臭氧氧化分解。天然水体中常见的 Fe(Ⅱ) 浓度水平即可影响臭氧对甲草胺的降解效能。

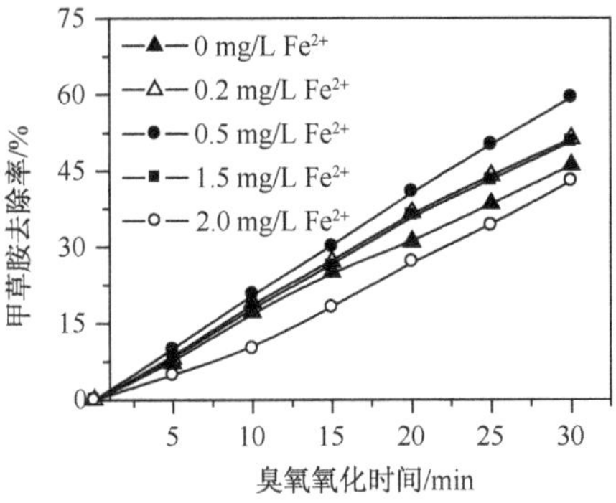

图 8-4　不同 Fe(Ⅱ) 浓度催化臭氧化降解甲草胺的效能

甲草胺浓度：10mg / L，反应温度：20℃，pH：7.0

Fe(Ⅱ) 催化臭氧化的历程可以用式 (8-7)～式(8-12) 表示。

$$O_3 + Fe^{2+} \rightarrow Fe^{3+} + {}^{\cdot}O_3^- \tag{8-7}$$

$$^{\cdot}O_3^- + H^+ \rightarrow O_2 + {}^{\cdot}OH \tag{8-8}$$

$$O_3 + Fe^{2+} \rightarrow (FeO)^{2+} + O_2 \tag{8-9}$$

$$(FeO)^{2+} + H_2O \rightarrow Fe^{3+} + {}^{\cdot}OH + HO^- \tag{8-10}$$

$$^{\cdot}OH + Fe^{2+} \rightarrow Fe^{3+} + HO^- \tag{8-11}$$

$$2H^+ + Fe^{2+} + (FeO)^{2+} \rightarrow 2Fe^{3+} + H_2O \tag{8-12}$$

在反应过程中，Fe^{2+} 不但可催化 O_3 分解产生 $^{\cdot}OH$，还可以与 O_3 直接反应生成 $(FeO)^{2+}$。$(FeO)^{2+}$ 是一种反应活性很强的氧化中间体，并且还可继续引发 $^{\cdot}OH$ 的生成。因此，水中的甲草胺可在 $^{\cdot}OH$ 和 $(FeO)^{2+}$ 的共同作用下被氧化去除。然而如果 Fe^{2+} 过量时，Fe^{2+} 会与 $^{\cdot}OH$ 和 $(FeO)^{2+}$ 发生反应，消耗活性中间体 $^{\cdot}OH$ 和 $(FeO)^{2+}$，从而对水中甲草胺的氧化降解将产生抑制作用。图 8-5 所示的 Fe(Ⅱ) 催化臭氧氧化降解水中甲草胺过程中典型 $^{\cdot}OH$ ESR 图谱，进一步验证了催化过程中产生了具有高氧化能力的 $^{\cdot}OH$。

图 8-6 所示为不同浓度的 Fe(Ⅱ) 催化臭氧氧化过程中产生的 $^{\cdot}OH$ 的量。可以看出，反应过程中产生的 $^{\cdot}OH$ 信号强度随 Fe(Ⅱ) 投加浓度的升高而逐渐增强，当 Fe(Ⅱ) 浓度达到 1.0mg/L 时，进一步提高 Fe(Ⅱ) 投量 $^{\cdot}OH$ 的产生量进一步增加。此外，反应过程中水中溶解臭氧浓度随 Fe(Ⅱ) 浓度的增加而降低，说明当 Fe^{2+} 存在于臭氧氧化有机物的体系中时，能非常有效地催化水中的

臭氧分解产生˙OH，并且˙OH 的产生量随 Fe^{2+} 浓度的升高而增大。

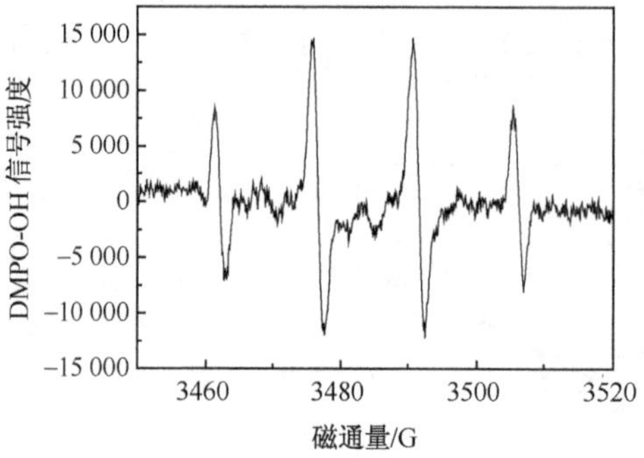

图 8-5　Fe(Ⅱ)催化臭氧氧化降解水中甲草胺时产生的典型˙OH ESR 图谱

DMPO、O_3 和 Fe(Ⅱ)浓度分别为 25 mmol/L、0.568 mmol/L、1.5 mg/L

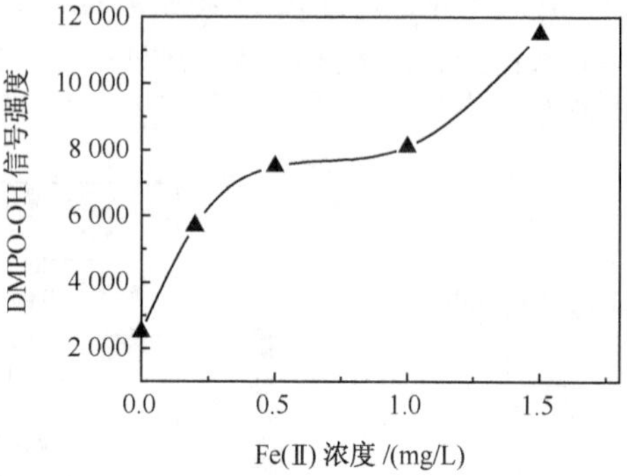

图 8-6　不同浓度的 Fe(Ⅱ)时臭氧氧化处理过程中产生的˙OH

DMPO 浓度：25 mmol/L，O_3 浓度：0.568 mmol/L

8.2.3　Mn(Ⅱ)催化臭氧氧化

8.2.3.1　Mn(Ⅱ)催化臭氧氧化降解甲草胺的效能

Mn(Ⅱ) 可被氧化剂氧化成为 MnO_2，而 MnO_2 也可以氧化某些污染物。锰离子及其锰化合物的这种性质，使其具有催化剂的基本特征。在实际水处理过程中，可以利用锰氧化物的这种性质氧化去除某些污染物。在地下水除锰的过程中，实际上锰就发挥了一定的催化氧化作用。最近的研究也发现，当将 Mn(Ⅱ) 与 O_3 联合使用时，锰在其不同形态转化过程中就会表现出这种催化功能。图 8-7 显示了 Mn(Ⅱ)对臭氧氧化降解水中甲草胺的催化效果。可以看出，在 Mn(Ⅱ) 浓度为

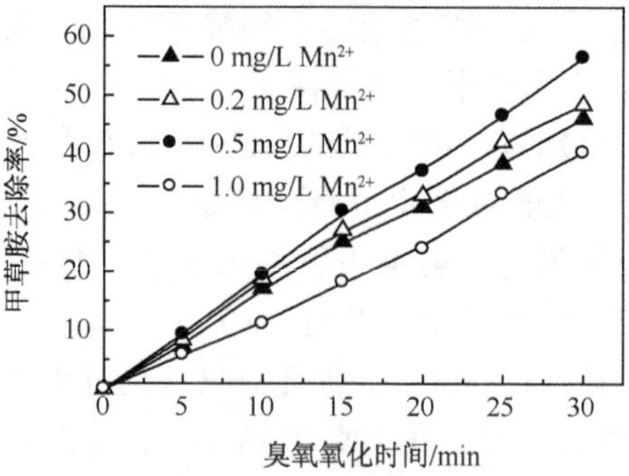

图 8-7　不同 Mn^{2+} 浓度对臭氧氧化降解水中甲草胺的影响

甲草胺初始浓度：10mg / L，反应温度：20℃，pH：7.0

0.2mg/L 时就表现出对臭氧的催化作用，Mn(Ⅱ) 浓度为 0.5mg/L 时的催化作用最强；当 Mn^{2+} 浓度升高至 1.0mg/L 时却表现出抑制臭氧氧化降解甲草胺的作用。

8.2.3.2　Mn(Ⅱ) 催化臭氧氧化降解甲草胺的机制

Mn(Ⅱ) 对臭氧氧化过程的催化机理与 Fe(Ⅱ) 的催化机理不同。Mn(Ⅱ) 催化产生˙OH 应不是主要作用，这一点可从反应过程中˙OH 的产生量来解释。图 8-8 所示不同浓度 Mn(Ⅱ) 催化臭氧化甲草胺过程中˙OH 的 ESR 谱图。可以看出，不同浓度 Mn(Ⅱ) 催化时所得到的˙OH 的信号强度均较弱，因此可以认为 Mn(Ⅱ) 引发臭氧分子的分解而产生的˙OH 对甲草胺的氧化降解贡献较小，主要的催化机制可能是生成具有吸附催化作用的水合 MnO_2，从而催化臭氧氧化反应。

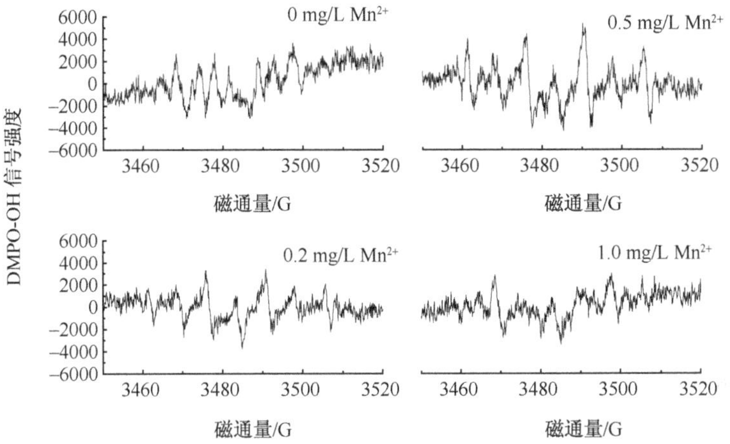

图 8-8　不同浓度 Mn(Ⅱ) 催化臭氧化甲草胺过程中˙OH 的 ESR 谱图
DMPO 浓度：25 mmol/L，O_3 浓度：0.568 mmol/L

在水溶液中，Mn(Ⅱ) 与臭氧作用生成 MnO_2，其比表面积相对较大，对水中污染物有较强的吸附能力。如果假设预先形成的 MnO_2 是一个排列整齐的晶体，那么其表面的水和 OH^- 可能在 MnO_2 的表面上相互转换，造成水溶液（相）中这些离子相对浓度的改变。这样，至少在其他离子不存在时，H^+ 和 OH^- 作为电位离子与 MnO_2 表面电荷直接相关，这可通过 pH 反映出。电荷越负则 pH 就越高，结果是吸附的 OH^- 和 H^+ 的比率增加了。pH 非常低时，在 MnO_2 表面主要吸附 H^+，MnO_2 表面具有正电荷，而在中性和高 pH 时，MnO_2 表面具有负电荷。当水合锰氧化物表面电荷为零的 pH，被称之为零电荷点(zero point charge，ZPC)。Morgan 和 Stumm 在 1964 年就已经报道过，MnO_2 的 ZPC

为 2.8～4.5。对于天然水和水处理工艺体系 pH 一般为 5～11，那么 MnO_2 的表面带负电荷。由于上述所介绍的研究条件为中性，因此形成的 MnO_2 表面为负电荷，并且吸附着 OH^-。

有文献报道这种生成的 MnO_2 以 Mn(Ⅳ)（水合态固体）形式存在，化学反应式为

$$Mn^{2+} + O_3 + 2OH^- \rightarrow Mn(\text{Ⅳ})(\text{水合态固体}) + O_2 + H_2O \tag{8-13}$$

并且 Mn(Ⅳ) 水合态固体表面可形成活性基团，吸附溶液中的 OH^-，

$$MnO_2 + H_2O \rightarrow MnO_2 \cdots OH^- + H^+ \tag{8-14}$$

Mn(Ⅳ) 水合态固体表面的 $\cdots OH^-$ 浓度要高于溶液其他地方。臭氧与 $\cdots OH^-$ 作用，在 MnO_2 表面生成键合态羟基自由基（$\cdots {}^{\cdot}OH$），键合态羟基自由基再氧化水中甲草胺。

$$MnO_2 \cdots {}^{\cdot}OH^- + O_3 \rightarrow MnO_2 \cdots {}^{\cdot}OH \tag{8-15}$$

$$MnO_2 \cdots {}^{\cdot}OH + \text{甲草胺} \rightarrow \text{产物} \tag{8-16}$$

Mn^{2+} 投加量为 0.5mg/L 时甲草胺的降解率最高，此时水中溶解臭氧的浓度最低，这说明溶液中被分解的 O_3 最多，从而产生 $MnO_2 \cdots {}^{\cdot}OH$ 的浓度也最高，因此 0.5mg/L 是 Mn^{2+} 离子催化臭氧化甲草胺反应的最佳浓度。当 Mn^{2+} 离子的浓度达到 1.0mg/L 时却抑制了臭氧对甲草胺的氧化反应，原因可能在于两方面：一是大量的 Mn^{2+} 会被臭氧氧化成更高的价态，从而消耗了大量的 O_3，如式 (8-17) 所示。

$$Mn(\text{Ⅳ}) + 1.5O_3 + 3H^+ \rightarrow Mn(\text{Ⅶ}) + 1.5O_2 + 1.5H_2O \tag{8-17}$$

产生的+7 价锰对甲草胺的氧化能力很差。另一方面，过量的 Mn^{2+} 可与 O_3 竞争 MnO_2 表面形成的活性基团，形成 $MnO_2 \cdots OH \cdots Mn \cdots OH \cdots MnO_2$ 物质，降低了 MnO_2 的活性，抑制了式 (8-15) 的反应，减少了键合态自由基的产生，因此甲草胺的降解速度也随之降低。

综上所述，Mn(Ⅱ) 对于水中有机污染物甲草胺的催化臭氧氧化作用不是直接催化 O_3 分解，而可能是首先产生的 Mn(Ⅳ) 水合固体聚集水中的 OH^-，通过 OH^- 促进 O_3 产生 $MnO_2 \cdots {}^{\cdot}OH$ 来氧化甲草胺。通过对研究结果的分析，可以认为 Mn(Ⅱ) 的催化臭氧氧化反应可分成这样几个过程：首先是 O_3 氧化 Mn^{2+} 形成 Mn(Ⅳ) 水合固体并聚集水中的 OH^-，然后固体表面高浓度的 OH^- 促进 O_3 分解产生键合态自由基，最后再由键合态自由基氧化水中的甲草胺。

为了证实催化剂 MnO_2 对于甲草胺臭氧氧化反应的催化作用，采用自制的 MnO_2 催化剂进行了进一步的研究。结果表明，与单纯臭氧相比，MnO_2 对甲草胺降解的催化效果非常明显（如图 8-9），说明在臭氧化过程中 MnO_2 也是甲草胺的有效催化剂，但与 Mn(Ⅱ) 相比，MnO_2 的催化活性要低一些。Mn(Ⅱ) 与 MnO_2 催化活性的微小差别主要就是 Mn(Ⅱ) 瞬间原位形成的 MnO_2 和预先形

成 MnO_2 的方式不同所致，Mn(Ⅱ)作为催化剂时一般是在氧化过程中原位形成 MnO_2，并且是在颗粒沉淀聚合前对臭氧分解进行催化作用。而预先形成的催化剂是在臭氧氧化之前较短时间里所形成的，并已形成沉淀聚合体，该沉淀聚合体与瞬间原位形成的 MnO_2 相比，具有颗粒尺寸大和比表面积相对较小等特点。这些结果表明，MnO_2 的存在形态对于甲草胺的催化效果是非常重要的。从图 8-9可以看出，MnO_2 对甲草胺的吸附作用较弱，进一步说明 MnO_2 对臭氧氧化降解甲草胺主要起的是催化作用。

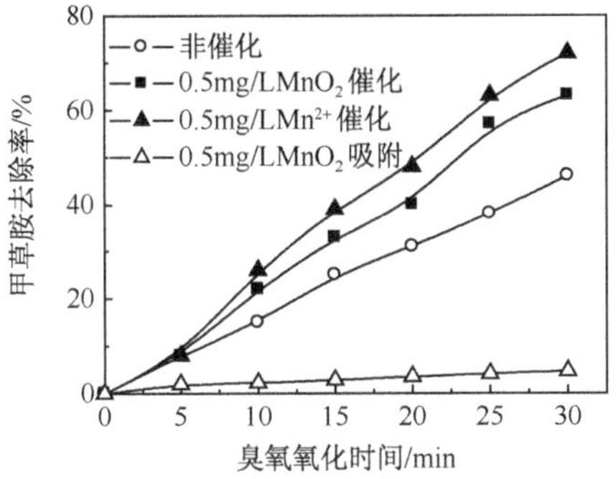

图 8-9　MnO_2 和 Mn^{2+} 对臭氧氧化降解水中甲草胺的作用

甲草胺初始浓度：10mg/L，反应温度：20℃，pH：7.0

8.2.4　非均相催化臭氧氧化

均相催化虽然具有较好的催化效能，使有机物的矿化率提高，但是存在出水金属离子浓度较高的缺点。因此，在载体上负载金属或金属氧化物催化臭氧反应这一催化途径引起了人们的关注。作者所在的研究小组在均相催化臭氧氧化过程中也考察了Cu(Ⅱ)对臭氧氧化有机污染物的催化效能。结果表明，Cu(Ⅱ)具有较好的催化臭氧氧化降解甲草胺的效能。在此基础上，作者发明了一种新型 Cu/Al_2O_3 复合催化剂，并将该复合催化剂固定在蜂窝陶瓷载体表面，可方便地应用于臭氧反应器中。

8.2.4.1　新型固定化复合催化剂

新型固定化复合催化剂的制备方法是：首先用浸渍法制备 Cu/Al_2O_3 复合催化剂，将一定量的 Al_2O_3 浸渍于适量的 $Cu(NO_3)_2$ 溶液中，然后在 333K 的温度下减压旋转蒸发，湿溶液在 393K 干燥 12h，再于 873K 条件下在空气中焙烧 3h，得到 Cu/Al_2O_3 催化剂，冷却后筛分为 20～40 目颗粒。将所制得的 Cu/Al_2O_3 催化剂颗粒烧结固定到蜂窝陶瓷体上，即可得到固定化非均相催化剂。

通过对不同 Cu 负载量催化剂的比表面积、孔径和孔容及 XRD 表面特征分析表明，Cu 负载量为 10%的催化剂颗粒均匀且具有最好的催化活性。因此，以甲草胺为模型污染物，研究了负载型铜催化剂的催化臭氧化降解污染物效能及机制。

8.2.4.2　催化臭氧化降解甲草胺的效能

图 8-10 为臭氧氧化降解甲草胺的效能及某些中间产物的生成情况，其中（a）为单独臭氧氧化；（b）为粉末 Cu/Al_2O_3 催化臭氧化；（c）为固定化 Cu/Al_2O_3 催化臭氧化。

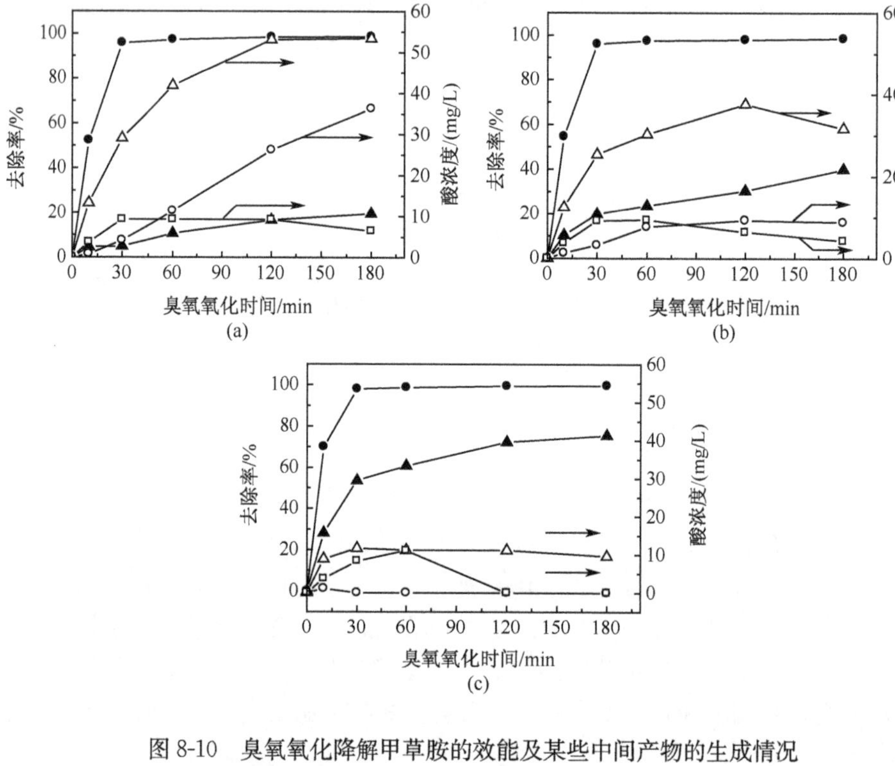

图 8-10　臭氧氧化降解甲草胺的效能及某些中间产物的生成情况

（●）甲草胺；（▲）TOC；（△）乙酸；（○）草酸；（□）丙酸

O_3 气体流速：30mL/min，O_3 发生量：0.488mg O_3/min；甲草胺初始浓度：100mg/L，反应温度：20℃，超纯水反应体系

单独臭氧氧化时［图 8-10(a) 所示］，反应 30 min 后甲草胺的降解率就可达到 95%以上，但在反应 180 min 后仅有约 20%的 TOC 被去除。这说明单独臭氧化不能将甲草胺彻底矿化为 CO_2 和 H_2O，而是产生了不易被 O_3 氧化去除的中间产物，主要是乙酸、丙酸和草酸等短链酸。在单独臭氧氧化 180 min 后，乙

酸、丙酸和草酸的生成量分别为 53.4mg/L、6.45mg/L 和 36.3mg/L，并且随反应时间的延长也未见有降低的趋势。这是因为，在 O_3 氧化过程中，小分子羧酸等氧化中间产物除甲酸外与 O_3 的反应活性均很低；另一方面，相对于其他有机化合物来说，乙酸和草酸与·OH 的反应速率常数也较低［分别为 8.5×10^7 和 $7.7\times10^6(mol/L)^{-1}s^{-1}$］。在 O_3 单独作用过程中产生的·OH 的数量较少，难以满足小分子羧酸矿化的需要，容易造成小分子羧酸的累积。

图 8-10(b) 是 Cu/Al_2O_3 粉末催化剂催化臭氧氧化降解甲草胺效能及某些中间产物的生成情况。甲草胺去除率与单独 O_3 氧化过程基本相同，而 TOC 去除率提高了约 20%。其过程中产生的小分子有机羧酸的量也较单独 O_3 氧化过程中的少，但仍有一定量的积累。Cu/Al_2O_3 复合金属氧化物能催化臭氧对水中有机物的分解，产生的·OH 比单独臭氧氧化过程中的要多。ESR 分析结果表明，Cu/Al_2O_3 催化臭氧化过程与单独臭氧氧化过程产生的 DMPO-OH 信号强度分别为 10 000 和 2500，说明 Cu/Al_2O_3 参与的反应过程可以产生更多的·OH。虽然·OH与小分子酸的反应速率也较低，但在催化过程中所产生较大量的·OH 能与部分小分子羧酸反应，从而使有机物的矿化率提高。

粉末 Cu/Al_2O_3 催化剂虽然能催化臭氧氧化降解有机物，但由于其与水相分离困难而很难在实际中应用。一种比较可行的应用方式，是将 Cu/Al_2O_3 催化剂固定在一种可以稳定存在的载体上，称之为固定化催化臭氧化反应。将 Cu/Al_2O_3 固定到蜂窝陶瓷体上被证明是可行的。用这种固定化催化剂进行了催化臭氧氧化降解甲草胺的研究，结果如图 8-10(c) 所示。与单独臭氧氧化相比，固定化

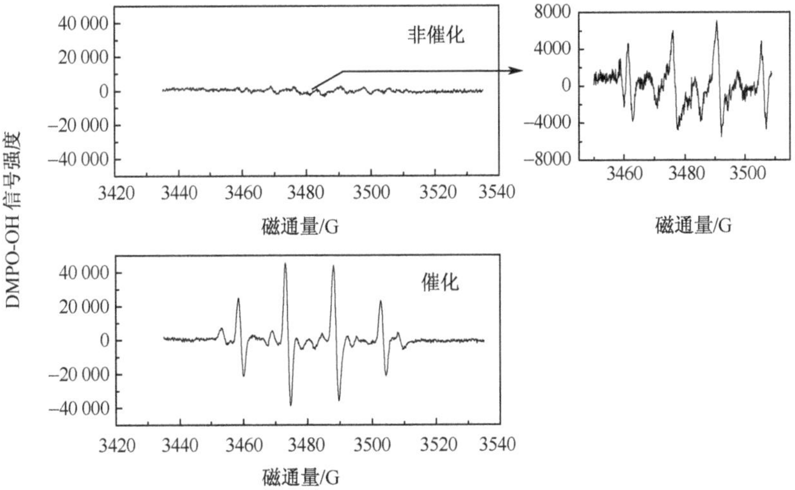

图 8-11　Cu/Al_2O_3 催化与非催化过程中产生的·OH

DMPO 浓度：25 mmol/L，O_3 浓度：0.568 mmol/L

催化剂催化 O_3 氧化反应 180min 后，溶液 TOC 去除率从 30%升高到 75%，降解中间产物小分子有机酸的量大大减少，乙酸、丙酸和草酸的最高浓度仅为 10.0mg/L、10.0mg/L 和 1.03mg/L。并且当反应进行 120min 后，溶液中的丙酸和草酸浓度都在所用分析方法的检测限以下。进一步的研究证明，使甲草胺较彻底降解的主要机制是在催化反应过程中产生 $\cdot OH$。对 Cu/Al_2O_3 催化及非催化过程中所产生的 $\cdot OH$ 利用 ESR 进行了测定，结果如图 8-11 所示，Cu/Al_2O_3 催化作用下臭氧氧化甲草胺过程中产生的 $\cdot OH$ 的量远远大于非催化过程。

8.2.4.3 催化臭氧化过程中溶液 pH 的变化

图 8-12 所示为催化与非催化臭氧氧化降解甲草胺过程中溶液 pH 的变化。单独 O_3 氧化时，反应 180min 后溶液的 pH 从 6.39 降到了 3.98，这主要是由于反应中大量小分子酸生成所致。臭氧氧化甲草胺的反应速率也因 pH 的降低而受到影响：在低 pH 条件下主要进行 O_3 与甲草胺的直接氧化，而在高 pH 时则引发自由基反应［式 (8-18)～式 (8-21)］。而直接氧化的效能往往比 $\cdot OH$ 氧化效能低，因此也不利于甲草胺的矿化。在固定化 Cu/Al_2O_3 催化臭氧氧化过程中，反应前后 pH 变化不大，进一步证明了反应过程中产生了较少的小分子酸。一方面催化氧化过程产生了更多 $\cdot OH$ 参与反应，另一方面，溶液 pH 的相对稳定也有利于 $\cdot OH$ 与甲草胺以及氧化中间产物反应而提高有机物的矿化率。

$$O_3 + OH^- \rightarrow HO_2^- + O_2 \tag{8-18}$$

$$O_3 + HO_2^- \rightarrow HO_2^{\cdot} + {\cdot}O_3^- \tag{8-19}$$

$${\cdot}O_3^- + H^+ \rightarrow {\cdot}HO_3 \tag{8-20}$$

$${\cdot}HO_3 \rightarrow {\cdot}OH + O_2 \tag{8-21}$$

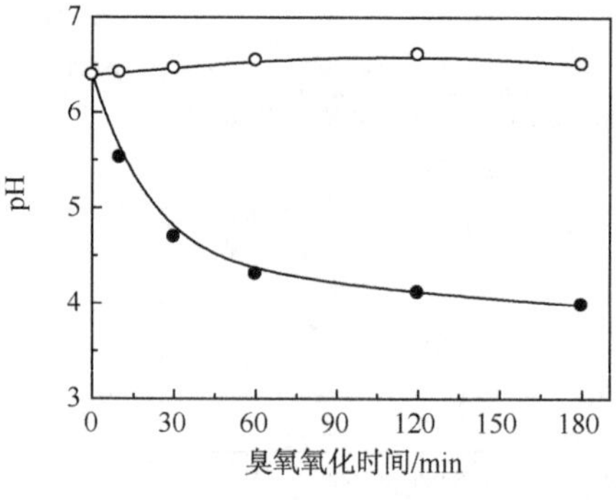

图 8-12 催化与非催化臭氧氧化降解甲草胺过程中溶液 pH 的变化

研究过程中监测了催化与非催化反应过程中溶液无机离子的变化情况。可以发现，在催化臭氧化甲草胺的过程中，溶液中产生了比单独臭氧化更多的无机离子。这进一步说明，催化臭氧化可以提高有机物的矿化率，降低水质安全风险。

将催化臭氧化方法与生物活性炭工艺结合是否会有更高的深度处理效率，从而具有更强的对水中有机污染物的去除效能，还有待进一步研究。

8.3　膜处理方法

膜技术特别是以高分子膜为代表的膜分离技术是近 30 年来发展起来的一项高新技术，是饮用水深度处理技术中的一种重要方法，甚至有人说膜技术是 21 世纪水处理领域的关键技术。随着饮用水水质标准的提高，特别是对水中日益增多的致病微生物与有毒有害有机物等限值要求的日趋严格，并随着膜技术的不断发展和膜材料价格的逐年降低，它在饮用水处理中具有广泛的应用前景。

膜分离技术是以压力差为推动力，使水相中的一种或几种物质有选择性地经传质作用通过膜或膜组件，达到分离污染物质、纯化水质的目的。常用的膜技术包括微滤（MF）、超滤（UF）、纳滤（NF）和反渗透（RO）。它们的工艺分类及其对应分离的粒子大小如图 8-13 所示。

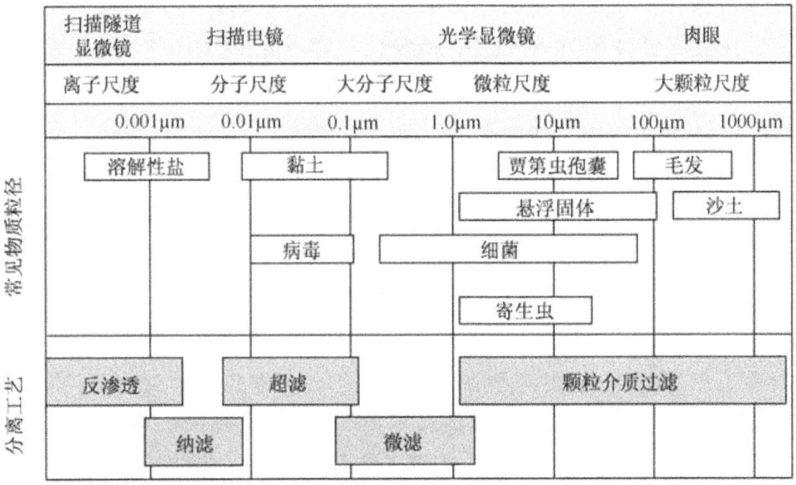

图 8-13　膜工艺分类及其对应分离的粒子大小

客观地说，在水处理过程中这四类膜分离过程是不同的两个物理化学过程。微滤和超滤属于“膜过滤”（membrane filtration）范畴，其作用对象是固液混合的两相体系，重点在于去除水中悬浮性物质，包括沉积物、藻类、细菌、原生动物、病毒和黏土颗粒等，它的作用机理主要是物理性截留，处理效果的优劣主要取决于颗粒物粒径的大小，与原水水质和操作工艺参数无关。纳滤和反渗透属于

“反渗透”（reverse osmosis）范畴，其作用对象是溶液态的单相体系，重点在于去除水体中的溶解性物质，包括一些离子（如 Ca^{2+}、Mg^{2+}、Na^{+}、Cl^{-}、SO_4^{2-} 等）和天然溶解性有机物等，它的作用途径主要是扩散机理，因此水处理效果的好坏受进水溶液浓度、流速和操作压力的影响。

8.3.1 微滤在饮用水深度处理中的应用

微滤膜在 20 世纪 20 年代由 Belfort[24] 等首次申请了专利，在 20 世纪 80 年代，随着人们对病原微生物去除的逐渐重视，才将微滤膜技术应用于饮用水的处理。1987 年，在美国科罗拉多州的 Keystone 建立了世界上第一座膜分离净水厂，处理水量为 $105m^3/d$，使用孔径为 0.2μm 的外压式中空聚丙烯微滤膜。自此，低压膜处理工艺的应用得到了迅速的发展。

微滤膜的膜孔径为 0.1～2.0μm，介于常规过滤和超滤之间，微滤膜去除病毒的优势机理是“标准过滤”，即膜孔径大小刚好使病毒吸附到膜孔壁上，通过电子显微镜观察发现，病毒多是吸附在膜孔内部，而不是膜表面的滤饼中。它的微细孔结构可有效除去水中的泥沙、胶体、大分子化合物等杂质颗粒及细菌、大肠杆菌等微生物，在一定程度上保证了水质安全。但随着人们对饮用水质安全的深入研究，发现微滤技术具有一定的局限性，对小分子有机物、重金属离子、硬度及病毒去除效果较差，同时当含较高颗粒物时也易导致微滤膜的堵塞，因此在饮用水的深度处理中它常与其他工艺过程结合使用。

为了克服微滤对小分子有机物和病毒去除效率低的缺点，一些学者将活性炭吸附和微滤进行了工艺组合，形成了吸附-固液分离工艺流程来处理饮用水。活性炭可有效吸附水中相对分子质量较低的有机物，使溶解性有机物转移至固相，再利用超滤膜或微滤膜截留去除微粒的特性将相对分子质量较低的有机物从水中去除。Oh 等[25]将陶瓷微滤工艺和粉末活性炭吸附工艺巧妙地组合在同一反应器中，并考察了该工艺对水中有机物和微生物的去除效果。结果表明，当投加 PAC 至 20mg/L 时，大部分有机物在吸附单元被 PAC 吸附，剩余部分在陶瓷微滤单元截留。由于上述工艺有效地降低了有机物含量，使后续 Cl_2 消耗量小于 0.5mg/L，生成的 DBPs 低于 10μg/L。同时 PAC 也可吸附病毒类物质，从而提高了微滤对病毒的去除效果，研究表明运行 60 天后还保持处理效果稳定。Kim 等[26]也将粉末活性炭和微滤系统联用，研究了组合工艺对河水二沉池出水的净化效果。结果表明，随着粉末活性炭投量的增加，TOC 去除率和膜过滤效率也随之升高，出水浊度小于 0.1NTU，出水水质稳定。

针对微滤难以去除重金属离子的局限，有研究者将某些工艺与微滤组合，达到了很好的强化去除效果。Basar 等[27]以十六烷基三甲基溴化铵（CTAB）为助剂，考察了粉末活性炭和错流微滤（CFMF）组合工艺对 CrO_4^{2-} 的去除效果。

控制CFMF的压力为150kPa，流速为1.8m/s，温度为30℃。研究结果表明，当PAC投量为0.5g/L，十六烷基三甲基溴化铵为5mmol/L，处理时间为120min时，0.2 mmol/L的CrO_4^{2-}去除率可达97.2%；同时他们还研究了微滤膜的传质，发现由于吸附CrO_4^{2-}后的PAC进入微滤膜孔隙并沉积在膜表面，导致了微滤膜的堵塞，使得膜压上升。Bayhan等[28]以酵母菌为Ni^{2+}、Cu^{2+}和Pb^{2+}的载体，考察了错流微滤对这些金属离子的去除效果。研究发现，当酵母细胞浓度大于2g/L时，Ni^{2+}、Cu^{2+}和Pb^{2+}都达到较好的处理效果与酵母细胞的结合能力$Pb^{2+}>Cu^{2+}>Ni^{2+}$。这些研究表明，吸附等工艺与微滤联合使用能有效提高重金属离子的去除率。

针对微滤膜的污染，国内外学者也做了大量研究。Oh等[29]将臭氧氧化工艺与微滤工艺联用，考察了臭氧氧化与溶解性有机物导致膜污染的关系。研究中以布洛芬和阿莫西林等可溶性有机物作为目标污染物，在臭氧-微滤实验系统中研究，结果表明，与不投加臭氧后的系统相比，投加4.8mg/L臭氧后的过滤系统，由于臭氧对有机目标物的降解，在运行20h后膜操作压力降低程度明显延缓；分析膜上的污染物发现导致膜污染的正是布洛芬和阿莫西林等目标污染物，而经臭氧降解后的产物并不会导致膜的堵塞。

8.3.2　超滤在饮用水深度处理中的应用

超滤是利用超滤膜不同孔径对固液进行分离的物理筛分过程，其切割相对分子质量为10^3～10^6，孔径为0.01～0.1μm。对于标称孔径0.22μm脊髓灰质炎病毒，微滤膜对它的去除率大于99%，超滤膜的孔径比微滤膜更小，因此对脊髓灰质炎病毒的去除是完全彻底的。阿米巴（痢疾）、兼性寄生阿米巴（脑膜炎）、肠梨形虫（胃肠功能紊乱腹泻）、贾第虫（腹泻）和隐孢子虫（腹泻）等具有强耐氯性的致病原生动物，常规水处理方式很难将其灭活，但其个体较大（贾第虫胞囊大小约为5～10μm，隐孢子虫为2～5μm，而阿米巴在10～15μm左右），尺寸远远大于超滤膜的孔径，因此超滤膜可通过筛滤作用将之完全去除。由此可见，超滤膜可有效去除饮用水中的微生物。

但是超滤膜对水中的有机物去除能力有限，Laine等[30]经实验证实，截留相对分子质量为1000～5000的超滤膜去除THMs前驱物效果不是很好。如不经预处理，将原水直接进行超滤，TOC、COD_{Mn} UV_{254}的去除率分别为20%、30%、40%左右[31]，处理效果不甚理想。水中有机物是膜的主要污染源，膜污染又直接导致超滤工艺的产水率降低和运行成本增加，缩短膜的使用寿命，因此研究人员对超滤与其他技术的组合工艺进行了研究，目前应用较多的主要是混凝-超滤组合工艺和吸附-超滤组合工艺。

1. 混凝-超滤组合工艺

混凝-超滤组合工艺多用于去除水中有机污染物，其去除机理主要有两种：

第一种是通过混凝作用使小分子有机物形成微絮体，改善了其分离性。这些微絮体通过超滤膜时被截留，从而使水中可凝聚小分子有机物和大分子有机物得到最大限度的去除。Qin 等[32]研究了混凝-超滤组合工艺对水库水的处理效果，也证明了这一点。他们实验的优化混凝 pH 为 5.2，铝盐投量为 5mg/L。实验结果发现，混凝-超滤组合工艺能去除 99%以上浊度，59.5%以上的 NOM；同时出水浊度最大不超过 0.1NTU，DOC 小于 2.26mg/L，并且无大肠杆菌和三卤甲烷的检出，取得了良好的处理效果。Xia 等[33]以松花江水作为研究对象，经过混凝和快速砂滤、超滤出水的浊度小于 0.2NTU、COD_{Mn}去除率为 31%～42%、DOC 去除率为 42%～47%、UV_{254}去除率为 22%～29%，与原水直接超滤相比，混凝-超滤组合工艺提高了膜通量，降低了膜压力，同时也保证了出水水质。

另外一种解释认为混凝预处理使小分子有机物形成微絮体，并在膜表面被截留，减少了进入膜孔的污染物量，而混凝预处理形成的微絮体改变了膜表面沉积层的性质，同时在混凝过程中絮体颗粒直径增大，导致其在膜表面的反向传输速度随之增大，从而减轻了有机物在膜表面的吸附沉积[34]。Sharp 等[35]考察了不同混凝预处理方法对超滤出水水质的影响。实验中分别使用常规絮凝、超滤膜上的动态絮凝和在线絮凝方法。结果表明，正是由于混凝预处理形成的微絮体改变了膜表面沉积层的性质，使得混凝-超滤组合工艺与原水的直接超滤和常规絮凝预处理相比，超滤膜上的动态絮凝具有更稳定的产水率，提高了对 DOC 的去除效果，同时膜上的动态絮凝也有效地避免了超滤膜的污染。

2. 活性炭吸附-超滤组合工艺

活性炭吸附-超滤组合工艺是目前饮用水处理方面的一个研究热点。该工艺的优点是把粉末活性炭对低分子有机物的吸附作用和超滤对大分子有机物及细菌等病原微生物的截留筛分作用很好地结合在一起，大大提高了有机物的去除率，并有效减缓了膜污染。Tomaszewska 等[36]的实验得出：直接超滤工艺对色度、腐殖酸的去除率分别为 60%、40%，对酚则没有去除效果；投加 50mg/L 的 PAC 时，色度、腐殖酸、酚的去除率分别达到了 96%、89%、97%。

超滤、微滤对胶体和细菌的去除效果较好，通过与其他工艺的组合也可提高对有机物和盐类的去除效果。在不需要预处理去除水中颗粒物时，处理能力低于 $2\times10^3\ m^3/d$ 的小型膜工艺水厂的制水成本与常规工艺相当或较低。此外，膜处理单元体积小，易于自动化控制。

8.3.3　纳滤在饮用水深度处理中的应用

纳滤膜是 20 世纪 90 年代发展起来的新型分离膜材料，早期被称为“疏松”反渗透膜或“低压”反渗透膜，其截留分子质量介于反渗透膜和超滤膜之间，约为 200～1000Da。纳滤膜的表面分离层由聚电解质所构成，在膜的表面和膜内部带有带电基团，通过静电作用，可阻碍多价离子的渗透从而使分离过程具有离子选择性。因此，纳滤膜分离技术在饮用水深度处理中可以去除异味、色度、农药、合成洗涤剂、可溶性有机物、砷和重金属等有害物质等。与反渗透技术相比，纳滤膜分离过程还具有操作压力低、产水率高、浓缩水排放较少等优点。

有研究表明，纳滤能有效地去除水中致突变物质和色度，TOC 去除率在 90%以上，AOC 去除率在 80%以上。纳滤对细菌有很好的去除效果，可以作为物理消毒取代常规化学消毒。但进入纳滤膜的水需经酸化、加防垢剂等预处理以防止离子沉淀，需要进行预过滤防止颗粒对膜污染，控制操作压力为 0.8～1.0 MPa，操作较麻烦。

一般来说，微滤和超滤膜由于不能去除相对分子质量较低的有机污染物，其单独使用时不能称之为深度处理。由于纳滤所具有的特点，在饮用水深度处理中被广泛应用。日本曾组织国家攻关项目“MAC21”（Membrane Aqua Century 21）开发膜法饮用水净化系统。该项目进行的前三年侧重于微滤/超滤膜的固液分离技术的研究，后三年重点开发以纳滤膜为核心，以脱除砂滤法不能去除的溶解性微量有机污染物为目标的饮用水深度净化系统。图 8-14 为日本某膜处理水厂及其膜组件。美国环保局也曾用大型装置证实了纳滤膜去除有机物以及合成化学品的优良效果。

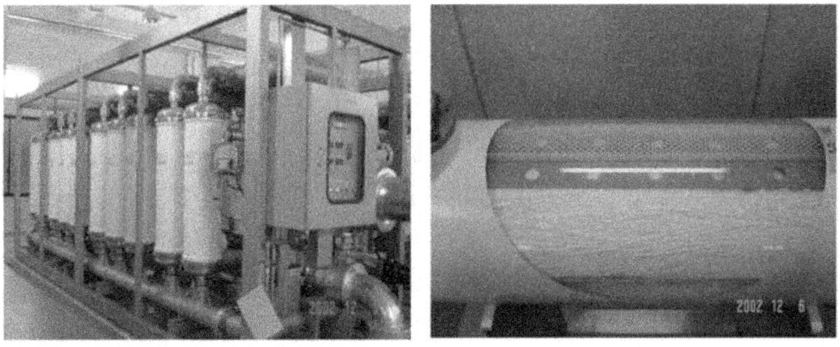

图 8-14　日本某膜处理水厂及其膜组件

8.3.4 反渗透在饮用水深度处理中的应用

反渗透膜孔径仅约为 10Å 左右，操作压力为 1～10MPa。反渗透能耗大，但可以去除水中很多物质，包括各种悬浮物、胶体、溶解性有机物、无机盐、细菌、微生物等。近年来，反渗透技术已大量应用于饮用水的深度处理，成为制备纯水的主要技术之一。但反渗透膜使水中的有益矿物质和微量元素也同时被去除，长期饮用对健康不利。反渗透膜目前在管道直饮水中的应用较广。由于反渗透膜容易阻塞和污染，因此对预处理要求非常严格。一般采用粒径 0.4～0.8 mm 的石英砂过滤器或孔径 2～20 μm 的微孔过滤器进行预处理，全部或部分去除原水中的微生物、胶体、无机或有机杂质，为后续处理工序创造条件，反渗透的操作复杂，产水率较低。

8.4 深度吸附处理新方法

近年来，国内外许多饮用水源中发现存在 POPs。这类物质中有相当一部分毒性大，在环境条件下难以降解，能够长期存在，通常在极低暴露水平下，通过长时间持续作用产生危害。饮用水源中的 POPs 通常含量极低，一般在 ng/L～pg/L 级。但由于这些污染物能够在生物体脂肪内富集，仍然对人体具有潜在和巨大的危害性。不仅常规饮用水处理工艺不能有效去除这类低浓度、脂溶性有机污染物，常用的深度处理技术也效果不佳。有研究表明，臭氧对饮用水源中常见的一些持久性有机物，如 DDT、环氧七氯、狄氏剂和氯丹等，都是无效的。即使一些 POPs 可被臭氧氧化降解，但也很难被完全矿化，而且生成的中间产物有可能毒性更强，使水质的安全性降低。吸附法可将 POPs 从水中分离，一般不会有副产物的污染问题，但目前水处理工艺中广泛使用的活性炭对此类有机污染物的吸附效果较差，特别是对水中某些有机污染物的吸附存在一个最低浓度，低于该浓度值，活性炭难以发挥作用。有研究表明[4]，对于较低浓度的有机卤代物，活性炭对它不产生吸附作用。此外，绝大多数 POPs 是生物难降解物质难以利用生物处理单元有效去除。因此，目前还没有可以有效去除饮用水中极低含量的 POPs 的实用技术，而通过研究开发一种高效吸附剂实现这种污染物的去除净化是可能与必要的。

由于亲脂性有机物（如二噁英类）对生物体具有毒性效应是因其在脂肪中的富集，作者所在的研究小组根据这一原理开发了一种含有类脂成分的吸附剂，可有效吸附饮用水中低剂量持久性有机物。这种吸附剂是由类脂和醋酸纤维素复合膜均匀涂覆在一种粒状载体上制成的，吸附材料外侧亲水，便于和水相之间的溶质交换最大；吸附材料内侧亲脂，便于被吸附的亲水和中等疏水有机污染物被亲脂性污染物取代，以保证对亲脂性污染物的吸附容量最大；通过支撑载体的选择，使得被复合膜吸附的有机污染物进一步在支撑材料内形成不可逆吸附，使材料的吸附容量最大化。

作者所在的研究组开发了三种对亲脂性有机污染物具有高效富集效果、能够模拟生物富集原理的中性类脂/醋酸纤维素新型复合吸附剂。这三种吸附剂分别为：以无吸附性的硅胶为载体的硅胶/生物类脂/醋酸纤维素复合吸附剂；以具有吸附性的活性炭为载体的活性炭/生物类脂/醋酸纤维素复合吸附剂；无载体的生物类脂/醋酸纤维素球形吸附剂。对于有载体的吸附剂，生物类脂/醋酸纤维素膜很好地包敷于载体上，膜的厚度为 4～6μm，膜的孔径大小为纳米级，可允许环境介质中相对分子质量＜1000 的物质扩散进入膜相；表层醋酸纤维素有一定亲水性，内嵌三油酸甘油酯（triolein）为疏水相。在生物类酯低添加量条件下膜均匀，在典型环境温度（0～40℃）与 pH（4～8）条件下性能稳定，无类脂泄露。无载体的生物类脂/醋酸纤维素球形吸附剂为白色颗粒，柔韧可耐水力冲击，颗粒粒径可根据制备工艺调节，为 0.1～2mm，在适宜类脂添加量下（2%～4%）下生物类脂均匀分布在醋酸纤维素形成的网状结构中。

在此，以无载体的类脂/醋酸纤维素为例，简要介绍其制备方法及其对水中几种低浓度持久性有机物的去除效果。

8.4.1　类脂复合吸附剂的形态结构

类脂/醋酸纤维素吸附剂为浅乳白色球状颗粒，具有很好的弹性可耐水力冲击。颗粒的粒径可根据制备工艺调节，本研究采用的粒径为 0.5～1mm 的吸附剂。

图 8-15 所示为吸附剂的表面及断面的扫描电镜图。图 8-15(a) 和图 8-15(b) 所示分别为醋酸纤维素和醋酸纤维素-三油酸甘油脂复合吸附剂的外表面图，两种吸附剂的表面均比较致密，未发现微孔。

图 8-15(c) 和图 8-15(d) 分别是放大 5000 倍的醋酸纤维素球及含有 2%生物类脂的复合吸附剂（即每 100g 膜液中加入 2g 的三油酸甘油酯）断面的扫描电镜图。在醋酸纤维素球的内部形成高分子构架网络，有大量的孔结构，而填充类脂后，很多三油酸甘油酯形成的脂滴，均匀镶嵌于醋酸纤维素高分子构架中。正是由于吸附剂中存在着这些脂滴，才使得复合吸附剂有可能对辛醇-水分配系数（$\lg K_{ow}$）较高的疏水性有机污染物进行吸附，而吸附剂表面由于高分子的无规则运动形成内径约为 10Å 的瞬间微孔。纳米级的微孔限制了可进入三油酸甘油酯相的污染物相对分子质量约在 1000 以下，环境中绝大多数痕量有毒有机污染物分子的大小都在此范围内[37]。

当进一步增加三油酸甘油酯的添加量，复合吸附剂内形成的脂滴变大，同时

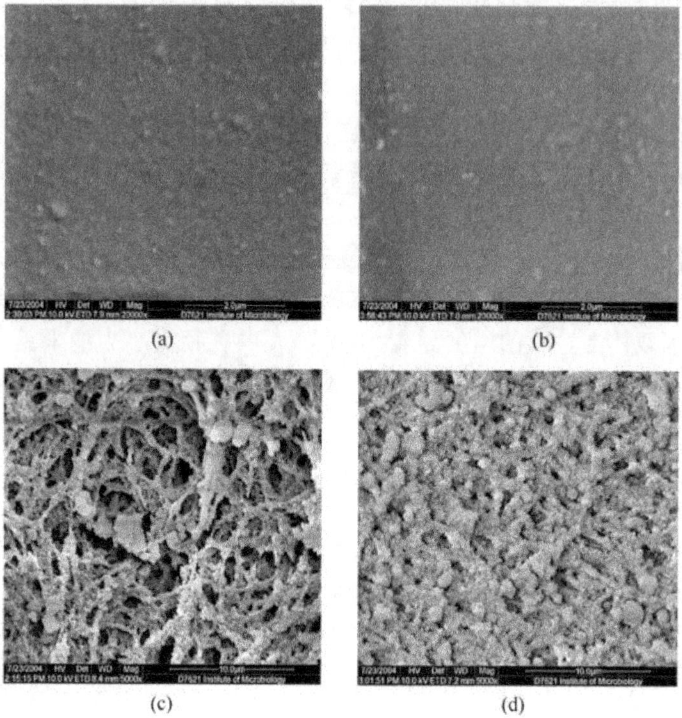

图 8-15 吸附剂的扫描电镜照片

(a) 醋酸纤维素球的表面（×20 000）；(b) 含 2%生物类脂的吸附剂表面（×20 000）；
(c) 醋酸纤维素球断面（×5000）；(d) 含 2%生物类脂的吸附剂断面（×5000）

也影响了吸附剂结构的均匀性。因此从复合吸附剂的结构上来考虑，应采用较低的三油酸甘油酯添加量，本研究的吸附实验采用的是含 2%三油酸甘油脂的吸附剂。

吸附剂中三油酸甘油酯的稳定性是其使用过程中安全性的一个重要指标。将所使用的吸附剂在蒸馏水中长期浸泡，不同时间内取水样未检出三油酸甘油酯，说明这种新型的复合吸附剂可以安全地应用在饮用水净化中。

8.4.2 类脂复合吸附剂对水中 POPs 的吸附性能

选取狄氏剂、艾氏剂、异狄氏剂和环氧七氯 4 种 POPs 为目标污染物，对所制备吸附剂的吸附性能进行初步考察。上述几种 POPs 的理化性质如表 8-2 所示。选择这几种污染物的原因是：①它们均是有机氯农药，在环境中的残留浓度较高；②它们的相对分子质量相差不大，而其辛醇-水分配系数相差较大，也即表现为在水中溶解度的不同。

表 8-2　几种 POPs 的理化性质

POPs	相对分子质量	溶解度/(mg/L)(25℃)	lg K_{ow}[38~40]
艾氏剂	365	0.027	5.663
狄氏剂	381	0.195	5.48
环氧七氯	389.2	0.35	4.51
异狄氏剂	381	0.25	4.56

上述几种 POPs 的初始浓度为 10μg/L，用添加 2%的类脂复合吸附剂和醋酸纤维素吸附剂进行摇瓶吸附实验，考察两种吸附剂对几种 POPs 的吸附性能。图 8-16所示为几种 POPs 的残留浓度随吸附时间的变化曲线。在吸附的初始阶段，醋酸纤维素吸附剂和类脂吸附剂均有较快的吸附速度，然后随时间的延长吸附速度逐渐减慢。吸附 1h 后，有近 90%的艾氏剂被两种吸附剂吸附去除。吸附结束后，采用醋酸纤维素吸附剂和类脂吸附剂吸附后艾氏剂残留浓度分别为 0.43 μg/L 和 0.21μg/L。类脂吸附剂表现了较好的吸附效果。

类脂复合吸附剂对亲脂性有机物的吸附作用是醋酸纤维素和类脂共同作用的结果。吸附剂中的类脂极大地促进了吸附剂对亲脂性有机物的吸附。Xu 等[40] 的

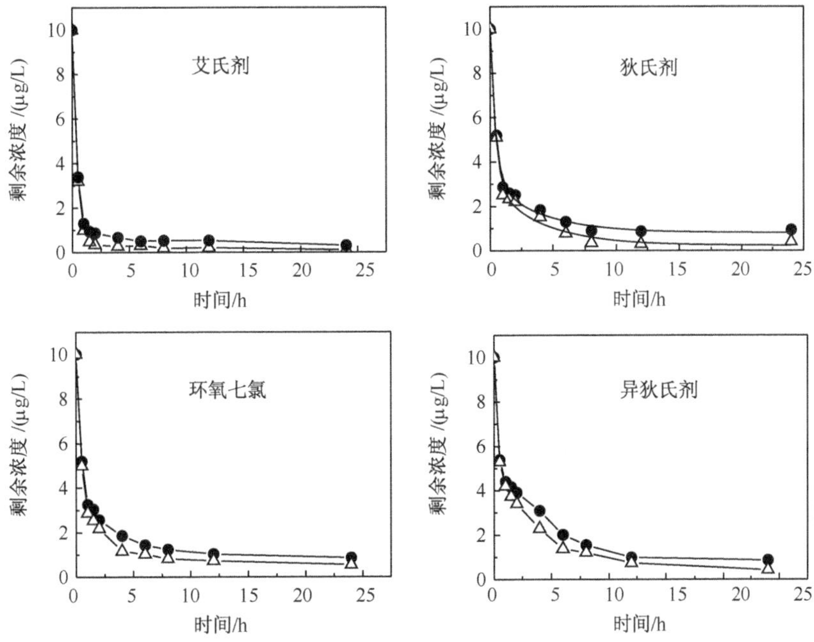

图 8-16　2 种吸附剂对几种 POPs 的去除效果

(●) 醋酸纤维素吸附剂；(△) 类脂复合吸附剂

V=0.1L；T=25℃；N=170r/min；吸附剂：1g；C_0=10μg/L

研究表明，三油酸甘油酯对亲脂性有机物具有很强的富集性能，并且有机物的 $\lg K_{ow}$ 值越大，其富集性能越强，在类脂中的分配系数越高。

实验结果显示，醋酸纤维素吸附剂和类脂复合吸附剂对亲脂性较强及极性较弱的化合物有着较强的吸附能力，这可能是由于三油酸甘油酯能够发挥相当于液-液萃取过程中的有机溶剂的作用。中性有机化合物在类脂吸附剂和水相之间的分配作用与化合物的辛醇-水分配系数正相关。研究中选用的几种 POPs 的辛醇-水分配系数介于 4.51（环氧七氯）～5.663（艾氏剂）之间。以上几种目标物反应体系中，环氧七氯具有最小的辛醇-水分配系数和最高的残余浓度。

8.4.3 类脂复合吸附剂对水中 POPs 的吸附过程

液相体系中的吸附过程一般由以下几个步骤组成：①溶质分子在溶液本体的传输；②溶质分子在吸附剂颗粒周围液膜中的扩散；③溶质分子在吸附剂颗粒内部孔隙包含的溶质里扩散并沿粒内孔径传输；④溶质分子在吸附剂的内表面上的吸附和解吸。

这 4 个步骤中的任何一个都可能是控速步骤。在大规模吸附实验中，溶质分子在溶液本体传输通常是控速步骤。本研究体系通过快速振荡混合的方式消除了溶液本体传输过程的影响，因此这一步骤在本实验中不是控速步骤。

根据粒内扩散模型[41]，如果吸附过程控速步骤为粒内扩散，则吸附量与接触时间的平方根的比值为一常数，粒内扩散模型方程为

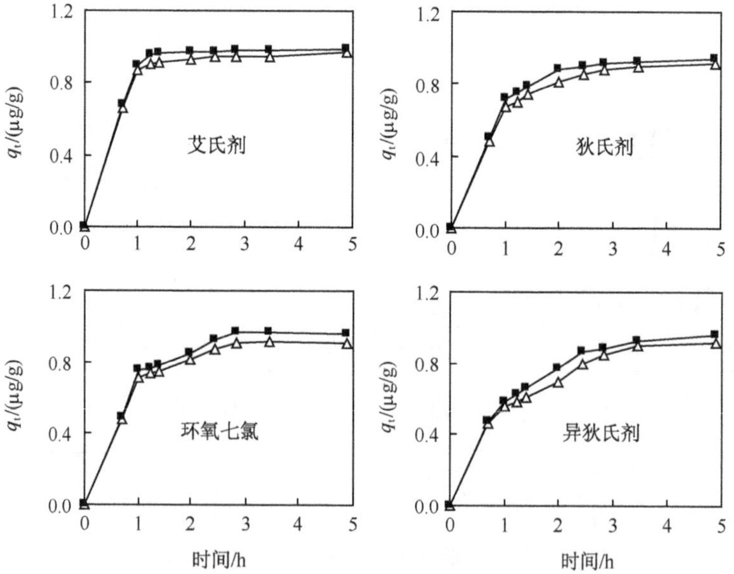

图 8-17 2 种吸附剂对 4 种目标污染物吸附时，q_t 随 $t^{0.5}$ 的变化曲线

（■）醋酸纤维素吸附剂；（△）类脂复合吸附剂

$$q_t = k \cdot t^{0.5} \tag{8-22}$$

式中，q_t 为时间 t 时的吸附量（μg/g）；k 为速率常数［μg/（g · $h^{0.5}$）］。

图 8-17 为对 4 种 POPs 吸附数据的粒内扩散模型拟合曲线，q_t 与 $t^{0.5}$ 呈多线性关系。表 8-3 列出了 4 种 POPs 在不同吸附阶段拟合的吸附速度常数 k 值，可以很明显地看出，四种 POPs 的不同阶段吸附速率常数 $k_1 > k_2 > k_3$。

表 8-3　4 种 POPs 在不同吸附阶段吸附速度常数 k 值

POPs	k_1		k_2		k_3	
	醋酸纤维素吸附剂	类脂复合吸附剂	醋酸纤维素吸附剂	类脂复合吸附剂	醋酸纤维素吸附剂	类脂复合吸附剂
艾氏剂	0.8912	0.9206	0.0352	0.0265	0.0146	0.0056
狄氏剂	0.7016	0.7321	0.1092	0.1221	0.0039	0.0069
环氧七氯	0.6766	0.7122	0.1286	0.1507	0.0237	0.0170
异狄氏剂	0.5902	0.5956	0.1626	0.1727	0.0085	0.0222

有研究表明[42]，多线性的拟合曲线说明吸附反应经历了两个或更多个阶段。第一阶段斜率较大的部分为外表面吸附或瞬时吸附阶段；第二阶段为逐步吸附阶段，在此阶段粒内扩散为控速步骤；第三阶段为最终平衡阶段，在此阶段溶液中溶质浓度的降低会导致粒内扩散速度减慢。

类脂吸附剂对 POPs 的吸附实验结果可以通过吸附剂的结构来解释。实验中所用的吸附剂均具有相同的醋酸纤维素外表面，并且三油酸甘油酯作为主要吸附材料被镶嵌在醋酸纤维素大分子网状结构之间。有机污染物首先在吸附剂表面的醋酸纤维素层中富集；当外表面的醋酸纤维素吸附达到饱和时，污染物进入吸附剂内部醋酸纤维孔道，并通过孔道迁移至吸附剂内部醋酸纤维素表面或醋酸纤维与三油酸甘油酯界面；最后 POPs 以分配的方式在吸附剂内部醋酸纤维素分子中或三油酸甘油酯中达到最终的吸附平衡。在吸附的开始阶段，反应驱动力为有机污染物在吸附剂外表面及吸附剂周围溶液中的浓度差。对醋酸纤维素吸附剂和类脂复合吸附剂而言，这两种吸附剂具有相同的跨界浓度差，因而具有相同的驱动力。在此阶段中吸附剂的外表面在吸附过程中发挥主要作用。

随着反应的进行，吸附剂外表面富集的有机污染物逐渐迁移至吸附剂内部醋酸纤维孔道。基于以下两个原因我们假设目标物在醋酸纤维素膜中的扩散为类脂复合吸附剂富集过程的控速步骤。第一，有研究表明非电解质有机物在高分子合成材料中的扩散速度十分缓慢；第二，复合吸附剂内部脂相和膜相之间的界面张力很小，因此目标物穿过这一界面层的速度十分迅速。醋酸纤维素孔道内的有机污染物可以快速迁移至三油酸甘油酯之中，迁移速度随有机污染物辛醇-水分配系数的增大而加快，醋酸纤维素中会留下更多的吸附位，因此待测目标物在醋酸纤维素中的扩散为吸附过程的控速步骤。

4种目标污染物的吸附速率与它们的辛醇-水分配系数相关。狄氏剂和艾氏剂具有比环氧七氯和异狄氏剂更高的辛醇-水分配系数，因而狄氏剂和艾氏剂具有比环氧七氯和异狄氏剂更快的吸附速率。环氧七氯和异狄氏剂具有相近的辛醇-水分配系数，而两者的吸附速率却略有差别，这可能是由于这两种物质具有不同的相对分子质量和分子结构所导致。有研究表明[37,43]，有机污染物在类脂中的富集速率是由污染物的分子立体结构所决定的，包括相对分子质量、分子大小、旋转自由度及弹性等等。

通过以上研究表明，类脂复合吸附剂可有效地吸附饮用水中极低含量的亲脂性 POPs，这一研究成果对于改善微污染饮用水源水质具有重要的意义。但目前该技术还只处于实验室的研究阶段，将其应用于实际饮用水处理过程是将来的研究方向。

8.5 饮用水的其他深度处理方法

近年来，人们也将各种组合工艺应用到饮用水深度处理中。研究表明，紫外光（UV）或过氧氧化氢与臭氧组合，可大幅提高臭氧氧化去除水中难降解有机污染物的效率，被美国环保局认为是具有发展前途的技术。Duguet 等研究发现[44]，单独臭氧氧化三氯乙烯（TCE）或四氯乙烯（PCE），在臭氧投量 8 mg/L，接触时间 10min 时，其去除率小于 30%；在反应器进水前加入 H_2O_2，使 H_2O_2/O_3 质量比为 0.4 时，可使三氯乙烯的去除率达 98%，四氯乙烯的去除率也大大增加，且臭氧的投量只需约 5 mg/L。对三氯甲烷、四氯化碳、六氯苯、多氯联苯等不与 O_3 反应的难降解有机物，采用上述技术也可迅速将其氧化去除。此外，有研究表明，H_2O_2/O_3 工艺对水中二　英的去除率可达 50%以上，可将水中的阿特拉津在 10min 内降解 91%，对氯丁烷的去除率也可达到 93%。

臭氧与 UV 的组合工艺也可提高难降解有机物的降解效率。1977 年美国环保局将该技术定为处理多氯联苯的最佳实用技术。Glaze 等[45]研究了芳香烃、卤代有机物的 UV/O_3 氧化过程，他们认为在 UV/O_3 的作用下首先产生 H_2O_2，H_2O_2 再与 O_3 反应产生$\cdot OH$ 并参与催化有机物降解的反应，反应过程中还会产生 $HO_2^{\cdot}$ 参与降解有机物的反应过程。

Kazuaki 等采用 $O_3/H_2O_2/UV$ 组合方式氧化降解三氯甲烷，在臭氧投量 2.86mg/L、H_2O_2 投量 25mg/L、UV 强度 2.6×10^{-6} Einstein · s^{-1} 的条件下，反应 30min 后，三氯甲烷由 150μg/L 低至 1μg/L 以下[46]。

光催化氧化技术是近年来迅速发展的一种高级氧化技术，由于其产生的空穴和·OH具有极强的氧化能力，绝大多数有机物都能被其降解。目前的研究涉及了烃、醇、酚、羧酸、醛、酮、酯、卤代有机物、硝基化合物、染料以及农药等等，并都取得了较好的效果。有研究表明，光催化氧化技术对水中难降解有机污染物如三氯甲烷、四氯化碳、三氯乙烯、六氯苯等饮用水中常见的有机污染物均具有较好的降解效果。

虽然光催化氧化具有在饮用水深度处理上应用的潜力，但将其投入实际应用还面临着如光源的选择、催化剂的再生、光催化反应器的研制以及降解处理费用等问题。

饮用水深度处理是随着水质污染问题不断出现和人们对饮用水水质要求不断提高所发展出来的净水新工艺，已成为保障饮用水安全的重要环节。现行的深度处理工艺在污染物进一步去除和提高水质方面已经被证明是有效的，工程应用也日臻成熟。但是，饮用水水质问题是复杂的，新的污染物和污染效应也不断被发现，特别是在毒理学分析方法应用于饮用水的安全性评价以后，人们发现现有的深度处理工艺还不能完全满足水质安全保障的实际需求，特别是那些低剂量的持久性有毒污染物采用现行的深度处理方法不能将其安全去除，或去除的效率不高，经深度处理后的饮用水仍然存在健康风险。这些都为饮用水深度处理提出了更高的技术要求和更严峻的挑战，也为水质科学的发展提出了新的课题。因此，从风险控制的角度研究饮用水安全保障的新原理、新技术和新工艺，特别是完善和发展深度处理的新理论和新方法，始终都将是本领域的重要研究方向。

参考文献

[1] Kim W H, Nishijima W. Pilot plant study on ozonation and biological activated carbon process for drinking water treatment. Water Sci. Technol., 1997, 35 (8): 21～28

[2] 张金松. 臭氧化-生物活性炭技术试验研究. 给水排水, 2002, 28 (3): 29～32

[3] 许建华，刘辉. 微污染水源水生物预处理及后续工艺的生化延伸效应除污染研究. 给水排水, 2002, 28 (7): 1～5

[4] 王占生，刘文君编著. 微污染水源饮用水处理. 北京：中国建筑工业出版社, 2002, 60～62

[5] Beltran F J, Garcia-Araya J F, Acedo B. Advanced oxidation of atrazine in water-1. Ozonation. Water Res., 1994, 28: 2153～2164

[6] Beltran F J, Garcia-Araya J F, Rivas J, Alvarez P M, Rodriguez E. Kinetics of simazine advanced oxidation in water. J. Environ. Sci. Health, 2000, B35: 439～454

[7] Weavers L K, Malmstadt N, Hoffmann M R. Kinetics and mechanism of pentachlorophenol degradation by sonication, ozonation and sonolytic ozonation. Environ. Sci. Technol., 2000, 34: 1280～1285

[8] Legube B, Guyon S, Sugimitsu H, Dore M. Ozonation of some aromatic compounds in aqueous solution: styrene, benzaldehyde, naphthalene, diethylphthalate, ethyl and chlorobenzenes. Ozone Sci.

Eng.，1983，5：151～170

[9] Seredyńska-Sobecka B，Tomaszewska M，Morawski A W. Removal of micropollutants from water by ozonation/biofiltration process. Desalination，2005，182：151～157

[10] 韩帮军，马 军，陈忠林等. 臭氧催化氧化与BAC联用控制氯化消毒副产物. 中国给水排水，2006，22（17）：18～21

[11] 叶辉，许建华. O_3-BAC活性炭工艺处理高氨氮原水的问题探讨. 水处理技术，2001，27（5）：300～302

[12] Krasner S W，et al. Formation and control of bromate during ozonation of waters containing bromide. J. Am. Water Works Ass.，1993，75（1）：73～81

[13] 王丽花，周鸿，张晓健. 供水管网中AOC、消毒副产物的变化规律. 中国给水排水，2001，17（6）：1～3

[14] Kenneth H C，Gary L A. Ozone and Biofiltration Optimization for Multiple Objectives. J. Am. Water Works Ass.，2001，93（1）：88～98

[15] Abdo M S E，Shaban H，Bader M S H. Decolorization by ozone of direct dyes in presence of some catalysts. J. Environ. Sci. Health，1988，A23：697～710

[16] Andreozzi R，Insola A，Caprio V，D'Amore M G. The kinetics of Mn(Ⅱ)-catalysed ozonation of oxalic acid in aqueous solution. Water Res.，1992，26（7）：917～921

[17] Gracia R，Aragües J L，Ovelleiro J L. Mn(Ⅱ) catalysed ozonation of raw EBRO river water and its ozonation by-products. Water Res.，1998，32（1）：57～62

[18] Gracia R，Aragües J L，Cortés S，Ovelleiro J L. in：Proceedings of the 12th World Congress of the International Ozone Association，Lille，France，15－18 May 1995：75

[19] Cortés S，Sarasa J，Ormad P，Gracia R，Ovelleiro J L. Comparative efficiency of the systems O_3/high pH and O_3/catalyst for the oxidation of chlorobenzenes in water. Ozone Sci. Eng.，2000，22：415～426

[20] Pines D S，Reckhow D A. Effect of dissolved Cobalt（Ⅱ）on the ozonation of oxalic acid. Environ. Sci. Technol.，2002，36：4046～4051

[21] Ma J，Graham N J D. Degradation of atrazine by manganese-catalysed ozonation：influence of humic substances. Water Res.，1999，33（3）：785～793

[22] Ma J，Graham N J D. Degradation of atrazine by manganese-catalysed ozonation：influence of scavengers. Water Res.，2000，34（15）：3822～3828

[23] Andreozzi R，Marotta R，Sanchirico R. Manganese-catalysed ozonation of glyoxalic acid in aqueous solutions. J. Chem. Technol. Biot.，2000，75，59～65

[24] Belfort G，Davis R H，Zydney A L. Behavior of suspension and macromolecular solution in crossflow microfiltration. J. Membrane Sci.，1994，96，1（2）：1～58

[25] Oh H K，Takizawaa S，Ohgakia S，Katayamaa H，Ogumaa K. Removal of organics and viruses using hybrid ceramic MF system without draining PAC. Desalination，2007，202：191～198

[26] Kim H S，Takizawa S，Ohgaki S. Application of microfiltration systems coupled with powdered activated carbon to river water treatment. Desalination，2007，202：271～277

[27] Basar C A，Aydiner C，Kara S，Keskinler B. Removal of CrO_4^{2-} anions from waters using surfactant enhanced hybrid PAC/MF process. Separation and Purification Technology，2006，48：270～280

[28] Bayhan Y K，Keskinler B，Cakici A，Levent M，Akay G. Removal of bivalent heavy metal mixtures

from water by Saccharomyces cerevisiae using crossflow microfiltration. Water Res., 2001, 35 (9): 2191～2200

[29] Oh B S, Jang H Y, Hwang T M , Kang J W. Role of ozone for reducing fouling due to pharmaceuticals in MF (microfiltration) process. J. Membrane Sci., 2007, 289: 178～186

[30] Laine J M, Clark M M, Mallevialle J. Ulrafiltration of lake water: efect of pretreatment on the partitioning of organics, THMFP and flux. J. Am. Water Works Ass., 1990, 2: 82～87

[31] 陈益清，尹华升，尤作亮等. 超滤处理微污染水库水的中试研究. 饮用水安全保障技术与管理国际研讨会会议论文集. 北京：中国建筑工业出版社，2005，525～532

[32] Qin J J, Oo M H, Kekre K A, Knops F, Miller P. Reservoir water treatment using hybrid coagulation-ultrafiltration. Desalination, 2006, 193: 344～349

[33] Xia S J, Li X, Liu R P, Li G B. Pilot study of drinking water production with ultrafiltration of water from the Songhuajiang River (China). Desalination, 2005, 179: 369～374

[34] 王晓昌，王锦. 混凝－超滤去除腐殖酸的实验研究. 中国给水排水，2002，18 (3)：18～22

[35] Sharp M M, Escobar I C. Effects of dynamic or secondary-layer coagulation on ultrafiltration. Desalination, 2006, 186: 239～249

[36] Tomaszewska M, Mozia S. Removal of organic matter from water by PAC/UF system. Water Res., 2002, 36 (16): 4137～4143

[37] Huckins J N, Tubergen M W, Manuweera G K, et al. Semipermeable membrane devices containing model lipid: A new approach to monitoring the bioavailability of lipophilic contaminants and estimating their bioconcentration potential. Chemosphere, 1990, 20: 533～552

[38] Mackay D. Correlation of Bioconcentration Factors. Envrion. Sci. Technol., 1982, 16: 274～278

[39] Bra′s I P, Santos L, Alves A. Organochlorine pesticides removal by pinus bark sorption. Envrion. Sci. Technol., 1999, 33: 631～634

[40] Xu Y P, Wang Z J, Ke R H, Khan S U. Accumulation of organochlorine pesticides from water using triolein embedded cellulose acetate membranes. Envrion. Sci. Technol., 2005, 39: 1152～1157

[41] Weber W J, Morris J C. Kinetics of absorption on carbon from solution. Journal of the Sanitary Engineering Division ASCE, 1963, 89: 31～60

[42] Wu F C, Tseng R L, Juang R S. Kinetic modelling of liquid-phase absorption of reactive dyes and metal ions on chitosan. Water Res., 2001, 35: 613～618

[43] Huckins J N, Manuweera G K, Petty J D, Mackay D, Lebo J A. Lipid containing semipermeable membrane devices for monitoring organic contaminants in water. Envrion. Sci. Technol., 1993, 27: 2489～2496

[44] Duguet J P, Bernazeau F, Mallevialle J. Removal of atrazine by ozone and ozone-hydrogen peroxide combinations in surface water. Water Res., 1990, 24 (1): 45～50

[45] Glaze W H, et al. Destruction of pollutants in water with ozone in combination with ultraviolet radiation. Ozone Sci. Eng., 1987, 9: 335～350

[46] Kazuaki I, Wen J, Wataru N, Aloysius U B, Eiji S, Mitsumasa O. Comparison of ozonation and AOPs combined with biodegradation for removal of THM precursors in treated sewage effluents. Water Sci. Technol., 1998, 38 (7): 179～186

第 9 章　安全消毒新方法①

9.1 概　　述

消毒是饮用水处理过程中必不可少的环节，也是保障供水水质安全的重要屏障。

消毒的首要目标是保障饮用水的微生物安全性。这不仅包括灭活饮用水中病原微生物（细菌、病毒、原生动物等），而且包括控制输配水过程中微生物的再生长以及抑制管壁生物膜生长。微生物的灭活主要通过投加消毒剂得以实现，消毒剂浓度 C 与接触反应时间 T 是影响消毒效果的关键因素。多种消毒剂联用及其表现出的协同效应能有效强化消毒效能，保证消毒效果，这种消毒方式对于灭活和控制贾第虫、隐孢子虫等是非常重要的。

随着饮用水中消毒副产物的检出及其对人体健康负面影响的证实，控制消毒过程中产生的有毒有害副产物生成量也成了保障饮用水质安全、控制水质健康风险的重要问题。控制消毒副产物的生成主要有如下途径：强化去除消毒副产物前驱物；通过调控反应过程阻断、抑制生成消毒副产物的反应；采用替代消毒剂或组合消毒工艺；去除已经生成的消毒副产物。在工程实际中，上述不同方法可以综合应用，从根本上控制消毒副产物生成量、保障饮用水化学安全性。

灭活微生物与控制消毒副产物生成往往是矛盾的，因此，确定饮用水安全消毒策略的核心在于确定合理的消毒工艺，实现灭活微生物与控制消毒副产物生成的统一，实现保障饮用水微生物安全性与化学安全性的统一。

9.1.1 饮用水消毒历史沿革

最早的饮用水处理工艺中并没有消毒工艺，主要由过滤（慢滤）控制水致疾病（waterborne diseases）的爆发。但实践表明，慢滤并不能对其进行有效控制，尤其是随着快滤池的出现及其推广应用，控制水致疾病成了饮用水处理中面临的主要问题。1881 年，Koch 证实细菌是引发水致疾病的主要因素，并发现氯对灭活水中病原细菌的有效性。1902 年，比利时 Middelkerke 市在世界上首次将消毒引入饮用水处理中并将其作为连续使用的工艺。截至 1941 年，美国 85% 以上的饮用水厂都采用了氯化消毒工艺。也正是在 20 世纪 40 年代，氯化消毒成

① 本章由曲久辉，刘锐平，胡春撰写。

为饮用水处理的标准工艺之一。60 年代末、70 年代初，基于氯消毒产生的嗅味等问题，臭氧作为预消毒剂在欧洲大陆许多城市逐渐被推广运用。70 年代中期，人们发现氯化消毒过程会产生对人体有害的氯化副产物。80 年代，世界上爆发了多次由饮用水中贾第虫、隐孢子虫等强抗氯性微生物引起的疾病。这些因素引起人们对氯化消毒工艺有效性与安全性的质疑，与此同时，许多新型消毒剂及其组合工艺也逐渐产生并在工程中得到应用。

从历史发展角度看来，消毒工艺的引入在饮用水处理技术发展与革新中具有举足轻重的地位。对饮用水进行消毒之前，美国、欧洲等国家和地区有数百万人死于伤寒、霍乱、痢疾等水体传播疾病；随着消毒工艺的引入与推广，发达国家中由水体传播的病原微生物引发的人体致病、死亡案例几乎完全根除了，而消毒也发展成为饮用水处理过程中最重要的处理单元。过去数十年间，由贾第虫、隐孢子虫、军团菌（*legionella pneumophila*）等引起的水致疾病的爆发，引发了人们分别从研究与工程应用角度对消毒工艺进行更为深入细致的探索。

9.1.2　饮用水消毒概况

根据消毒剂投加点的不同，消毒通常可以分为预消毒（primary disinfection）与后消毒（post disinfection）或二级消毒（secondary disinfection）。预消毒通常在进厂处投加消毒剂，主要是为了灭活原水中的微生物与藻类，从而避免其在处理构筑物中生长繁殖；后消毒通常在清水池入口投加消毒剂，这一方面是为了灭活滤后水中残留的微生物，但更为重要的是，在管网系统中维持一定的消毒剂余量，从而避免与控制微生物在管网系统中的再生长和繁殖。

是否有必要进行后消毒，这在学术研究与工程实践中仍是有争议的问题。欧洲有些国家认为，倘若将出厂水中微生物完全灭活，在饮用水处理过程中削减可供水中微生物生长的营养源、提高出厂水水质生物稳定性，并且提高管网运行维护水平，是可以不进行后消毒的，长期的工程实践也证实了这一观点的可行性。美国、日本、中国等绝大多数国家认为，后消毒是控制管网系统中微生物再生长与管壁生物膜形成、保障饮用水微生物安全性的重要手段。对中国等发展中国家而言，目前尚不具备足够资金对水厂工艺和管网系统进行大规模更新升级与改造，难以有效去除水中营养物质、难以从根本上提高水质生物稳定性并控制管网生物繁殖与生物膜生长，在这种条件下，采用后消毒不失为保障饮用水微生物安全的经济有效的可行方案。

值得指出的是，从饮用水处理技术系统的角度而言，消毒是与混凝、沉淀、过滤等单元过程紧密联系的。首先，混凝、沉淀、过滤过程能有效去除大量微生物（对于细菌与原生动物等，通常去除率为 2～3-log；对于病毒，去除率一般在 1～3-log 之间）[1]。States 等通过中试试验研究了不同絮凝剂（氯化铁、氯合聚化铝和明矾等）的强化絮凝过程去除 *C. parvum* 的能力，结果表明 *C. parvum* 去除率最高能达到 5.8-log[2]。有研究者认为，沉淀澄清是去除原生动物、阻止其进入输配管网的第一道屏障[3]。其次，混凝、沉淀、过滤过程能有效去除细菌生长所需的营养源。此外，上述工艺还能有效去除水中浊度、颗粒物等，减少微生物的依存环境从而利于消毒剂直接作用于微生物，有效确保了后消毒效果。事实上，美国环保局已经将浊度归入饮用水微生物学指标体系中。

从处理目标的角度而言，消毒主要为了灭活水中的细菌、病毒、原生动物（protozoa，如贾第虫、隐孢子虫）等。此外，灭活原水中的藻类、红虫、摇蚊幼虫等微生物是对进厂水进行预消毒的重要目的，而抑制微生物再生长、控制输配系统管壁生物膜的形成与生长也是后消毒的重要功能。另一方面，从水厂工艺角度而言，预消毒（氧化）过程通常也是去除水中铁、锰、嗅味、色度等污染物的过程，并能在一定程度上改善混凝、沉淀与过滤效率。

从消毒剂种类来看，目前使用较为广泛的饮用水消毒剂包括氯、氯胺、二氧化氯、臭氧、紫外线等。总的说来，各种消毒剂各有其优缺点，且不同类型微生物对消毒剂的忍耐性并不相同，因此在工程实践中应对不同消毒工艺进行对比评价，以确定适宜的消毒剂。饮用水最佳消毒策略的确定通常需要综合考察水质微生物安全性与化学安全性两个方面，亦即消毒剂灭活控制微生物效能与控制消毒副产物生成效能。氯消毒是历史最悠久、且使用范围最广的消毒工艺，但随着人们对消毒过程中产生的消毒副产物问题的关注，各种替代消毒剂以及组合消毒技术逐渐引起人们重视，且在工程实际中逐渐得到了推广应用。本章将对消毒效能与消毒副产物控制等问题作较详细介绍。

9.1.3 饮用水消毒的主要安全问题

如上所述，饮用水消毒需要实现保障微生物安全与化学安全性的统一，因此，饮用水消毒过程所面临的主要安全问题包括微生物安全与化学安全两个方面，其中前者主要表现为对人体造成短期的、急性健康影响，而后者主要体现为长期暴露水平下的健康风险效应。

9.1.3.1 饮用水微生物安全性及其消毒工艺评价方法

长期的流行病学调查结果证实了饮用水中病原微生物对人体健康的重要影响[4]。对比而言，病原细菌、病毒等微生物对人体构成的健康风险要比化学品高得多[5, 6]，即便在很低的风险水平下（在 1000～10 000 个消费者中，每年发生一例感染者），仍认为是非常显著且影响巨大的。确定流行病与饮用水质之间联系，是昂贵而困难的事情，主要以世界卫生组织建议的方法为基础进行健康风险评估。

截至目前为止，已经确定的水体传播的病原体有 150 余种，并大致可分为四个主要的组群（病毒、细菌、原生动物、蠕虫）。在发达国家，肠道病毒被认为是饮用水中最重要的病原体，此外隐孢子虫也引起了多次大面积饮用水致疾病的爆发。在发展中国家，饮用水中霍乱肠菌素等肠道细菌可能是危害人体健康的最为重要的微生物。鉴于饮用水中病原微生物对人体健康具有重要影响，因此在饮用水处理过程中，选择合理的消毒剂与安全的消毒工艺以实现有害病原微生物的灭活与控制是控制水质健康风险的关键，而建立合理的消毒工艺评价方法是必须解决的首要问题。另一方面，水中病原微生物种类繁多，对每种微生物都进行监测不仅难度大，而且缺乏普适推广意义，尤其对于农村等欠发达地区难以使用。因此，许多国家都采用指示微生物以判断水源污染状况并评价消毒工艺的安全性。

国内外一般采用总大肠杆菌类（total *coliforms*）作为指示微生物。研究表明，水中大多数病原微生物来自于人体以及温血动物的排泄物，而大肠杆菌等微生物的存在往往是水源被人或动物的排泄物污染的间接证据，这就为大肠杆菌作为指示微生物的合理性提供了逻辑基础。此外，大肠杆菌检测方法简单方便，无需复杂的仪器设备，易于在不同层次的地区推广应用，具备很好的推广基础。

但另一方面，利用指示微生物评价消毒工艺能否从根本上保证工艺的安全性呢？也就是说，如果指示微生物都灭活了，能否确保有害病原微生物也都被灭活呢？事实上，倘若“相对于所有病原微生物而言，指示微生物对消毒剂的抵抗能力最强”这一推断是成立的，那么基于指示微生物的消毒工艺安全性评价方法就具有了完备的逻辑基础，就能从根本上保证消毒工艺评价结果的安全可靠性。但遗憾的是，大肠杆菌等指示微生物比许多病原微生物更容易被灭活，指示微生物的灭活并不能从逻辑上保证所有病原微生物的灭活，从而不能从根本上保证饮用水质的微生物安全。

为了克服这个逻辑缺陷，研究者们采用基于过程的方向逼近法以评估消毒反应器中消毒剂的暴露水平（disinfectant exposure）。其中，消毒剂暴露水平为随时间变化的消毒剂浓度对接触时间的积分估算［$c=f(t)$］。大量研究证实，消毒过程中许多重要微生物数量浓度对数值的相对减少与 $c^n t$ 成正比，根据 Chick-Watson 方程有

$$\lg(N/N_0) = -kc^n t \tag{9-1}$$

式中，N_0 为反应起始点 $t=0$ 时微生物的数量浓度；N 为反应时间为 t 时微生物的数量浓度；k 为特定微生物灭活速率常数；c 为消毒剂的浓度；t 为接触时间；n 为非线性拟合参数。

在很多情况下，n 等于 1，所以相应的微生物灭活规律符合一级动力学过程[7]，而微生物数量浓度对数值的相对减少过程符合准二级动力学。因此，对于

某些典型的特殊微生物（如贾第虫、隐孢子虫等），可以依据前人针对相应微生物失活的研究而得的 ct 值等参数进行评价[8,9]。

另一方面，由于在饮用水处理过程中，对于非理想反应器难以得到消毒剂浓度随时间的积分 ct 值，因此往往利用保守的逼近方法对 ct 值进行估算。其中，消毒剂浓度 c 由反应器外的测定浓度乘以接触时间 t_{10} 而得到；而 t_{10} 为目标微生物的 10%通过整个反应器所需的时间。但在臭氧消毒过程中，这种逼近方法趋于保守，可能低估反应器的积分 ct 值，从而导致工程实际中臭氧的过量投加以及由此引起的较高的消毒副产物生成量。为了克服这一问题，可以依据反应器的水力学流态以及氧化、消毒动力学过程进行反应动力学拟合与逼近[10]，从而确定较为合理的消毒剂投加量。

9.1.3.2 DBPs与饮用水化学安全性

在确保病原微生物灭活、保障饮用水微生物安全性的同时，还必须有效控制消毒过程产生的有毒有害副产物带来的水质安全风险，保障饮用水的化学安全性。消毒剂具有很强的氧化能力，在灭活水中微生物的同时，能与原水中有机物、溴化物、碘化物等 DBPs 前驱物反应而生成 DBPs。灭活微生物是消毒过程的主反应，除此之外的所有反应均为副反应；DBPs 是消毒（或氧化）反应中所有副反应生成的中间产物与最终产物的统称。反应生成的 DBPs 类型与消毒剂种类有关，氯、氯胺、臭氧、二氧化氯等都会生成各自不同类型特征的副产物[11]；此外，同一种消毒剂在不同水质与投量条件下，DBPs 生成种类以及各种形态 DBPs 的相对比例也会有很大不同。许多国家均制定了相应的规程或导则以控制 DBPs 长期暴露对人体产生的健康风险，保障饮用水质化学安全性。

人们对 DBPs 的认识是随着化学分析技术的发展而逐渐深化的。1974 年，Rook 首次发现进行氯化消毒的饮用水中存在氯仿等 THMs[12]。1976 年，美国环保局在政府资助的大规模饮用水质调查的基础上公布了调查结果，证实了氯仿等 THMs 在氯化消毒后的饮用水中普遍存在。与此同时，美国国家癌症研究所通过动物实验结果证明氯仿与癌症之间存在明显相关关系。至此，一个重要的关乎公众健康的议题产生了，并推动着政府、科研机构与供水企业等相关部门分别从政策制定、基础研究与控制技术开发、工程实践应用等不同角度控制饮用水中 DBPs 的浓度水平。

1979 年，美国环保局颁发规定要求饮用水中 THMs 生成浓度控制在 100μg/L 以下；1998 年，美国环保局颁布了第一部消毒剂/消毒副产物的规程 [Stage 1 Disinfectant/Disinfection By-Product(D/DBP) Rule]，将 THMs 的控制标准降低至 80μg/L，并首次规定了五种 HAAs、溴酸盐（BrO_3^-）、亚氯酸盐（ClO_2^-）等的标准。此外，世界卫生组织和欧洲许多国家也针对饮用水中的 DBPs 制定了相应的标准。美国环保局第二部消毒剂/消毒副产物规程［Stage 2 Disinfectant/Disinfection By-Product（D/DBP）Rule］中，将保持THMs、HAAs的最大污染物水平（MCLs）不变，但要求相应目标污染物的MCLs以地区的运行年平均值为基础，且每个地区给水管网系统每个监测点的消毒副产物年平均值都必须低于MCLs。对比而言，1998年规程中允许给水系统中某些监测点的消毒副产物浓度超出MCLs，只要保证所有监测点消毒副产物的平均值不超过MCLs即可，这样就导致供水系统某些局部区域的消费者可能饮用DBPs超标的水。此外，新的规定并未改变BrO_3^-、ClO_2^-等指标的MCLs水平，但美国环保局计划长期跟踪监测溴酸盐的生成量。

与此同时，研究者们也纷纷从DBPs的毒理学效应、DBPs生成过程及机制、DBPs生成影响要素、DBPs生成控制技术等不同角度进行深入系统的探索，并在基础研究与应用技术层面上取得了丰硕的成果，为从根本上控制消毒副产物带来的健康风险、保障饮用水质安全提供了基础支撑。

关于DBPs的生成及其对人体健康的影响效应，人们进行过一定的研究，但仍显不足[11]。截至目前为止，文献报道的DBPs有近500种，但对于其对人体健康的毒理学效应，只有相当少的一部分进行过较为系统的研究。随着流行病学和毒理学的发展，关于饮用水中DBPs对人体健康影响的研究也上升发展到了更高层次。例如，有研究者开始关注多种DBPs共存条件下的联合致毒效应及其对人体生殖、生长发育的影响，并认为宫内生长迟缓、自然流产等现象与饮用水中DBPs有关。但另一方面，对DBPs毒理学的进一步系统研究过程中仍面临许多困难与挑战。首先，随着分析检测技术的发展完善，越来越多的DBPs相继被检测出，但仍有相当部分DBPs难以准确定性定量。例如，经氯化消毒的饮用水中仍有大量有机副产物难以确认其结构，臭氧氧化生成的小分子有机碳仍有50%以上结构未知。其次，消毒技术的发展与新型消毒工艺的应用可能产生新的不同类型的DBPs。最后，采用模型动物实验探寻饮用水中DBPs与癌症等疾病之间的关系，之后将研究结果应用于人体，这之间仍缺乏充分完备科学的逻辑基础。因此，针对饮用水中的DBPs，建立基于人体生理特征的科学、可行、具有普适意义的饮用水质安全评价体系可能是解决上述困难的重要途径。

9.2　常用的消毒方法

9.2.1　氯消毒

最初人们认为，自由氯与化合氯的消毒效果相当，二者都在生产中得到广泛采用。1943年，Wattie与Butterfield研究证实自由氯的消毒效果比化合氯强得多，从而使得氯成为饮用水消毒中使用最为普遍的消毒剂。

9.2.1.1　氯消毒机制

氯作为传统的饮用水消毒剂，最早是以次氯酸钠的形式使用的。1913 年，美国 Philadelphia 州在世界上首次成功使用液氯进行饮用水消毒，之后液氯逐渐推广应用，并发展成为最普遍的氯消毒形式。现在通常所说的氯指的是氯气，此外也包括次氯酸钠、次氯酸钙、漂白粉等。工程应用时，将高压液氯在常压气化后以氯气的形式通入水中。氯气易溶于水，通入水中后瞬间发生如下反应：

$$Cl_2 + H_2O = HOCl + HCl \tag{9-2}$$

其中，HCl 能通过下述反应快速电离成 H^+ 和 Cl^-：

$$HCl \longrightarrow H^+ + Cl^- \tag{9-3}$$

HOCl 是弱酸，在水中存在如下反应平衡关系：

$$HOCl \rightleftharpoons H^+ + OCl^- \tag{9-4}$$

$$K_a = \frac{[H^+][OCl^-]}{[HOCl]} \tag{9-5}$$

其中，不同 pH 与温度条件下 HOCl 和 OCl^- 之间的形态比例并不一样[13]，其形态转化关系如图 9-1 所示。

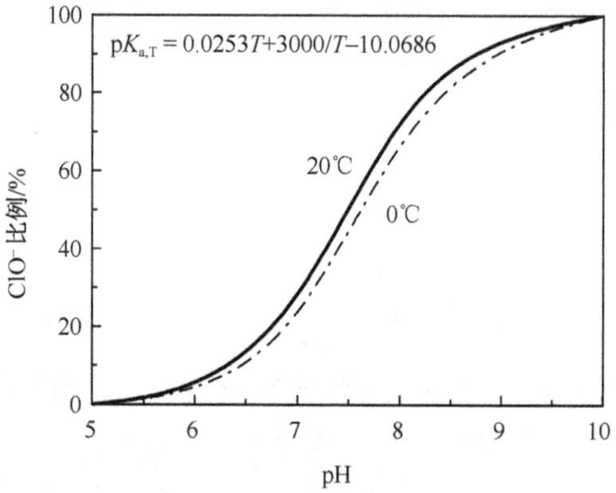

图 9-1　温度与 pH 对自由氯形态的影响[13]

一般认为，氯气消毒中发挥主要作用的为次氯酸，这主要是由于次氯酸为很小的中性分子，易于扩散到带负电的细菌表面，并通过细菌的细胞壁穿透到细菌的内部，当次氯酸分子到达细菌内部时，能发挥氧化作用破坏细菌的酶系统而使细菌死亡。次氯酸根也具有杀菌能力，但是它带负电荷，与表面带负电荷的细菌相斥，很难与细菌接触，其消毒能力受到抑制。由于 pH 对 HOCl 电离平衡关系以及 HOCl 与 OCl^- 不同形态比例关系有重要影响，因此也将对消毒效果产生显著影响。在不同 pH 条件下，反应 30min 灭活 99％的大肠杆菌（2～5℃），计算

HOCl和OCl^-的消毒效果，发现OCl^-的杀菌能力仅为HOCl的1/80。生产实践也发现，pH越低氯消毒作用越强，证实中性HClO分子是消毒的主要成分。

9.2.1.2　氯消毒影响因素

影响氯消毒效果的因素包括水质条件（pH、温度、浊度等）、水力条件（混合效果）、余氯浓度、反应时间等[7]。一般说来，pH越低，温度越高，浊度越低，混合越充分，氯投量越高，反应时间越长，则氯消毒效果越好。

如前所述，pH影响着活性氯在水中存在的不同形态及其比例，从而影响消毒效果。研究表明，在达到相同消毒效果的前提下（以病毒为目标物），体系pH为7.0时所需的反应时间较pH6.0时高出50%左右；进一步增大pH至9.0左右，则接触反应时间需要延长5倍以上。温度也是影响消毒效果的重要因素。温度每降低10℃，在达到相同消毒效果的条件下需要延长2～3倍的消毒剂接触时间。因此，生产中应根据季节变化及时调整消毒剂投量，以保证消毒效果。

9.2.1.3　氯消毒存在的问题

氯消毒在饮用水处理中的应用已有近百年历史。由于氯消毒具有消毒效果好、价格低廉、操作简单、无需庞大设备等优势，因此目前依旧是广泛使用的消毒剂。但是，氯消毒工艺本身也存在不少问题。

首先，氯气本身有毒，高压液氯泄漏或爆炸将产生严重后果，因此使用时必须严格规范操作，防止泄漏与爆炸。近年来，随着对城市公共安全的重视，而高压液氯往往具有较大的安全隐患，国内外有的城市逐渐取消了高压液氯而代之以液态的次氯酸钠作为消毒剂进行投加。此外，胡承志等研究了通过电解氯化铝溶液同时制备高性能PACl与活性氯的可行性[14]。从消毒作用机制的角度而言，次氯酸钠消毒、电解制备活性氯与氯气消毒具有一致性。

其次，氯消毒将可能产生大量THMs、HAAs等卤代消毒副产物，从而影响饮用水水质化学安全性。对美国80个主要城市的自来水进行全面调查，结果表明，以地表水为水源、并经氯化消毒的水厂处理水中普遍存在着较高浓度的$CHCl_3$、$CHBrCl_2$、$CHBr_2Cl$及$CHBr_3$等DBPs。研究证明，腐殖酸、富里酸等NOM以及溴离子都是重要的DBPs前驱物，对氯化过程DBPs的生成有重要的影响。

此外，氯消毒本身在灭活微生物方面具有一定的局限性。研究发现，相对于氯胺，氯灭活控制管壁微生物膜生长的效能要差得多；此外，氯消毒对灭活贾第虫、隐孢子虫等耐氯性较强的微生物往往无能为力。

鉴于氯消毒工艺存在的上述问题，尤其是饮用水标准中对卤代DBPs的规定日趋严格，因此各种替代消毒方法及其组合消毒工艺在饮用水处理中逐渐得到应用。

9.2.2　氯胺消毒

9.2.2.1　氯胺的生成

氯胺是氯与氨反应生成的产物，主要包括一氯胺、二氯胺、三氯胺等三种形式。当体系 pH 在 7.0～8.5 之间时，活性氯 HClO 将迅速与水中的氨发生如式（9-6）～式（9-8）的反应：

$$NH_3 + HOCl \longrightarrow NHCl_2 + H_2O \text{（一氯胺）} \tag{9-6}$$

$$NH_2Cl + HOCl \longrightarrow NHCl_2 + H_2O \text{（二氯胺）} \tag{9-7}$$

$$NHCl_2 + HOCl \longrightarrow NHCl_3 + H_2O \text{（三氯胺）} \tag{9-8}$$

其中，上述反应之间存在竞争与平衡转化关系，而氯氮比（Cl_2：N）对生成的氯胺形态有重要影响[7]。当氯氮质量比小于 5：1 时，主要生成一氯胺；当氯氮质量比在 5：1 至 7.6：1 之间时，将发生折点氯化反应，氨氮将通过以下反应转化成氮气或硝酸盐等[13]：

$$3HOCl + 2NH_3 \longrightarrow N_2(g) + 3H_2O + HCl \tag{9-9}$$

$$4HOCl + NH_3 \longrightarrow HNO_3 + H_2O + 4HCl \tag{9-10}$$

另一方面，上述反应的反应速率常数受体系 pH 影响显著。研究表明[13]，氯氮比在折点氯化点附近时，pH 7～8 范围内反应速率最大；在该 pH 范围之外，反应速率显著降低。不同 pH 条件下剩余氨氮浓度（mg/L，以 N 计）随时间变化规律如图 9-2 所示。因此，采用折点氯化去除饮用水中氨氮时，必须保证足够的反应时间。

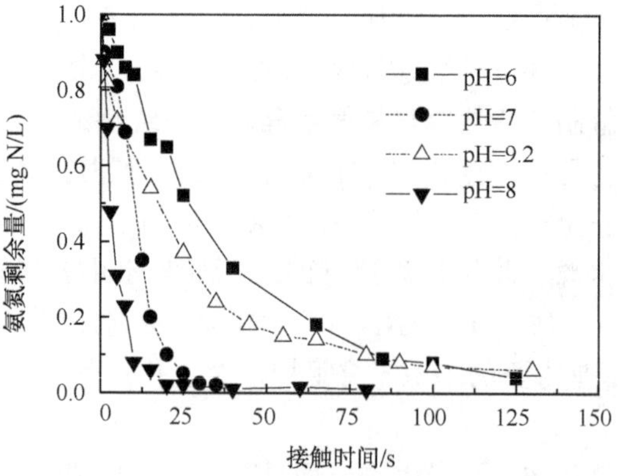

图 9-2　pH 对折点氯化过程的影响[13]

反应温度：15～18.5℃，$[NH_3]_0$=1mg/L，$[Cl_2/NH_3]_0 \approx 10$

此外，式（9-6）～式(9-8）中产生的所有形态的氯胺之和为化合氯，而化合

氯与自由氯之和则为总氯。不同形式氯之间的关系可以简单表示为

$$自由氯 = HClO + OCl^- \tag{9-11}$$

$$化合氯 = NHCl_2 + NHCl_2 + NHCl_3 \tag{9-12}$$

$$总氯 = 自由氯 + 化合氯 \tag{9-13}$$

9.2.2.2　氯胺消毒

相对于氯消毒而言，氯胺灭活水中微生物的能力比自由氯低得多，因此在工程中通常不将其作为预消毒剂对进厂水进行处理，但氯胺作为饮用水二次消毒剂却具有许多优点。

首先，氯胺与水中消毒副产物前驱物反应活性远低于自由氯，相同条件下的DBPs生成量也相应大大减少。采用氯胺取代氯进行二次消毒是许多城市水厂采取的控制消毒副产物生成的策略。

其次，相对于臭氧、二氧化氯与自由氯等，氯胺更为稳定，衰减速率更低。对管网规模庞大的大型城市而言，采用氯胺消毒能有效保证管网系统的余氯浓度水平。此外，对于具有二次供水水箱、末端死水区的管网而言，氯胺消毒也具有很强的比较优势。

第三，相对于自由氯，氯胺具有更强的控制生物膜生长的能力，这主要是由于它具有更强的穿透生物膜的能力，从而利于其灭活生物膜内部的微生物。控制管网系统生物膜的生长对于保障饮用水微生物安全、控制管道腐蚀及其引发的二次污染具有重要意义。此外，当水中含有有机物与酚类物质时，氯胺消毒不会产生氯臭和氯酚臭。

氯胺消毒的上述优点使得其在生产实践中得到了较为广泛的应用，但进一步的研究发现，投加氯胺消毒也可能产生潜在的水质安全风险。首先，投加氯胺引入了氨氮等微生物生长的营养源，有可能在一定条件下成为管网系统微生物生长繁殖的促进因素。例如，在温度较高的夏季采用氯胺消毒有可能导致管网系统发生硝化现象。另一方面，最近的研究发现氯胺消毒可能产生某些危害更大的有机胺类消毒副产物。此外，采用氯胺消毒可能促进管壁金属溶出释放，从而导致饮用水中铅、锌等金属浓度水平大大升高。例如，氯胺与铅反应生成可溶性的$Pb_3(OH)_2(CO_3)_2$，而自由氯与铅反应生成不溶性的PbO_2。因此采用氯胺取代氯消毒后，将可能导致水中铅浓度升高。

生产中氯胺的产生由氯气与氨气通入水中反应而得。由于二氯胺与三氯胺具有明显的嗅味，因此一般通过氯氨比$Cl_2:NH_3$的控制使得反应主要生成一氯胺，这通常需要将$Cl_2:NH_3$控制在3以下。但另一方面，为了避免投加氨而可能导致的管网系统硝化现象的发生，通常略微增大氯投量将$Cl_2:NH_3$比控制在4∶1左右[7]。此外，生产中可以灵活设置氯气、氨气投加点，从而达到充分发

挥氯、氯胺两种消毒剂优点的目的。例如，将氯气投加点置于清水池入口并由跌水的水力作用实现氯与水的充分混合，之后氯在清水池充分反应30min（清水池设计水力停留时间）以实现水中微生物的有效灭活；对于清水池出水，再补加氨将水中自由氯转化为氯胺，从而实现了灭活微生物与控制消毒副产物生成的统一。

值得一提的是，当原水中含有较高浓度氨氮时，若进行预氯化消毒，水中氨氮将与氯反应生成氯胺，这将在一定程度上降低灭活微生物的能力；而采用其他消毒剂与氯胺联用是可能强化消毒能力的可行途径。此外，从水厂工艺运行角度而言，若滤池进水中仍具有一定浓度氯胺，这能有效避免由微生物生长繁殖而引起的滤池结块等现象。但对于需要利用微生物作用去除水中BDOC、氨氮等污染物的生物活性炭滤池而言，氯胺的存在则是不利的。

9.2.3 二氧化氯消毒

随着氯代消毒副产物的检出及其相关D/DBP标准的颁布与实施，二氧化氯（ClO_2）以其几乎不产生有机副产物等优势而被采用并逐渐推广。尤其在欧洲的法国、瑞士、德国等国家，二氧化氯的使用更为普遍。但是，到20世纪80年代末期，二氧化氯产生的亚氯酸盐（ClO_2^-）与氯酸盐（ClO_3^-）等无机副产物受到广泛关注。1998年，美国环保局颁布的第一部消毒剂与消毒副产物的规程中要求饮用水中ClO_2^-的MCL应在0.8mg/L以下。

9.2.3.1 二氧化氯基本性质及其生成

ClO_2是氧化还原电位仅次于羟基自由基、臭氧的一种强氧化剂。作为一种广谱的消毒剂，ClO_2对细菌、病毒、藻类等微生物均具有良好的灭活效能。ClO_2消毒的作用机理迄今为止仍未形成定论。一般认为，ClO_2主要是通过吸附并穿透微生物细胞壁，进而氧化破坏细胞内的基酶而达到灭活微生物的目的。此外，ClO_2抑制微生物蛋白质的合成，氧化分解蛋白质中的氨基酸也是其重要机制。需要指出的是，对于不同类型微生物，ClO_2消毒的作用机制可能并不一致。

ClO_2在常温常压下为气态，且在压缩条件下容易发生爆炸。因此，ClO_2不能储存与运输，需要现场发生、在线投加。反应生成ClO_2的方式有很多，水厂中应用较为普遍的是以$NaClO_2$为生成ClO_2的前驱体，通过通入氯气、盐酸等之后经由如下反应生成：

$$2NaClO_2 + Cl_2(g) = 2ClO_2(g) + 2NaCl \tag{9-14}$$

$$2NaClO_2 + HOCl = 2ClO_2(g) + NaCl + NaOH \tag{9-15}$$

$$5NaClO_2 + 4HCl = 4ClO_2(g) + 5NaCl + 2H_2O \tag{9-16}$$

其中，ClO_2产率是评价ClO_2制备方法及其发生反应器优劣的重要指标。

9.2.3.2　二氧化氯消毒优缺点

ClO_2消毒的主要优点是[7]：它与水中腐殖酸、富里酸等有机物反应时不会生成 THMs、HAAs 等可能产生水质安全风险的有机卤代物；消毒效果好，在低浓度水平下也具有较强的消毒作用；pH、温度等环境因素对 ClO_2消毒效能影响较小；ClO_2较游离氯稳定，持续作用时间长；能选择性地与一些无机物和有机物反应，从而有效破坏氰化物、硫化物、铁、锰、酚类等污染物；能有效去除酚臭和其他异味。因此，ClO_2是良好的替代消毒剂，尤其对于不适合采用高压液氯、处理规模较小的村镇水处理站，ClO_2消毒具有很强的比较优势。

但是，ClO_2消毒也具有不少缺点。首先，ClO_2与水中还原性物质反应将生成亚氯酸盐（ClO_2^-）和氯酸盐（ClO_3^-）等无机副产物，从而产生潜在的水质安全风险。ClO_2^-的毒性主要表现为氧化损伤、破坏血液中红细胞壁。低剂量 ClO_2^-就能引起溶血性贫血，而高剂量条件下将引起高铁血红蛋白增加。此外，ClO_2^-对婴幼儿的神经系统也可能造成不利影响。由于 ClO_2与 ClO_3^-进入人体之后将迅速转化为 ClO_2^-并对人体健康造成影响，因此 ClO_2消毒过程中无机副产物的生成量及其浓度水平应予以控制。此外，采用 ClO_2消毒处理成本相对较高。

9.2.4　臭氧消毒

臭氧在饮用水处理中应用的历史可以追溯到 1893 年。作为一种强氧化剂，臭氧对水中细菌、病毒、藻类、原生动物等均具有良好的灭活效能。臭氧灭活细菌主要通过其强氧化性破坏某些基团得以实现。例如，臭氧氧化破坏细胞膜中醣蛋白、醣脂、氨基酸等基团；进攻细胞酶蛋白的巯基等官能团而导致酶失去活性；氧化细胞内核酸中的嘌呤、嘧啶等基团。臭氧对不同类型微生物的灭活机制可能存在较大差别。

臭氧通常为气态且不稳定，必须在线发生、在线投加。臭氧的产生通常以空气或高纯氧为发生源，在高频高电压强电场作用下将 O_2分解为单原子氧，之后单原子氧与 O_2按如下反应生成臭氧：

$$3O_2 \rightleftharpoons 2O_3 \tag{9-17}$$

此外，通过对含有 O_2的气体进行紫外照射等方式也可以产生臭氧。

臭氧连续产生并投加至水中后，为了定量确定臭氧投加量，需要准确测定气体流量、处理水流量、进气与出气中臭氧浓度。从而，臭氧投加量可由式(9-18)表示[13]：

$$O_3\text{投量}/(\text{mg/L}) = \frac{Q_g}{Q_l} \times (C_{g,in} - C_{g,out}) \tag{9-18}$$

式中，Q_g为 气体流量（L/min）；Q_l为 水流量（L/min）；$C_{g,in}$为进气中臭氧浓度

(mg/L)；$C_{g,out}$为出气中臭氧浓度（mg/L）。

臭氧对所有类型的微生物都具有很强的灭活能力，其中包括氯胺、自由氯等常规消毒剂难以灭活的具有很强抗氯性的贾第虫、隐孢子虫（“两虫”）等微生物。采用 H_2O_2、UV 等方式催化产生羟基自由基，能进一步强化灭活“两虫”等微生物的能力。另一方面，鉴于臭氧衰减速率很快，因此采用臭氧或催化臭氧过程进行消毒，之后投加自由氯、氯胺或二氧化氯保持管网余氯水平，这是灭活“两虫”等微生物、保障水质微生物安全性的可行途径。

臭氧氧化能减少需氯量，降低后续过程中氯的投加量，延缓氯的投加，从而有效降低氯代消毒副产物的生成量。另一方面，臭氧在某些条件上能氧化破坏水中消毒副产物的前驱物，从而减少后续氯化过程消毒副产物的产生。但有研究表明，臭氧消毒也将产生一些氧化副产物，并有可能增大诱导有机体突变的活性。随着溴酸盐、醛、酮类等副产物的相继检出，臭氧氧化副产物的生成过程与控制技术得到了越来越广泛的关注，这将在本章后续部分进行详细探讨。

臭氧氧化不仅能氧化去除水中铁、锰、硫化物等还原性无机物，而且能有效氧化破坏与去除水中持久性有机物、致嗅微量有机物等难降解污染物。此外，臭氧能将水中大分子有机物氧化成易于生物降解的小分子有机物，提高生物活性炭工艺对水中污染物的去除率。但是，臭氧氧化将大幅提高水中 AOC 的浓度水平，这对于输配水过程的微生物再生长控制是不利的。

臭氧消毒在工程中的应用有逐步扩大的趋势。在过去的 20 年，世界上有 2000 多个饮用水处理厂采用臭氧消毒，美国有 40 多个水厂用臭氧进行消毒，我国北京、广州、上海等城市也有水厂采用臭氧氧化的工艺。

9.2.5 高锰酸钾消毒

尽管高锰酸钾在饮用水处理中的应用有较长的历史，但从严格意义上来说，它并非消毒剂而是氧化剂。高锰酸钾仅有在较高浓度、较低 pH、较长接触反应时间的条件下才具有较为明显的消毒效果，但上述条件在饮用水处理过程中通常难以满足。事实上，水中存在 1mg/L 以上高锰酸钾时就呈现明显的品红色而严重影响饮用水感观特性，但高锰酸钾在此浓度条件下消毒效果很差，只有通过大大延长反应时间才能保证消毒效果，而这对水处理工艺而言是不经济的。此外，也正基于其具有明显颜色的原因，高锰酸钾在饮用水处理中仅能作为预氧化剂而不能作为二次消毒剂使用。

前人对高锰酸钾灭活微生物的机制也进行过一些研究。研究表明，高锰酸钾氧化微生物细胞或其胞内酶等成分，从而导致微生物失活是其消毒的主要机制。此外，与其他绝大多数消毒剂不同的是，高锰酸钾在饮用水处理条件下的还原产物为固相的水合二氧化锰。水合二氧化锰本身具有氧化性能在一定程度上灭活微生物，更为重要的是，水合二氧化锰具有丰富的比表面积而能吸附水中微生物，从而促进微生物与其一块通过沉淀、过滤过程从水中去除。此外，当采用其他消毒剂与高锰酸钾联用时，水合二氧化锰能将微生物吸附富集在固相表面，从而利于别的消毒剂发挥消毒作用，提高消毒效果。

总的说来，高锰酸钾灭活微生物的效能较差[7]。高锰酸钾投量为 2.0mg/L 时，往往需要 30min 以上的接触反应时间才能对细菌表现出较好的消毒效果；而对原生动物、蠕虫等微生物，通常还需要更大的投量与更长的接触反应时间。有研究者研究高锰酸钾灭活 *Vibrio cholerae*、*Salm. Typhi*、*Bact. flexner* 等微生物的效能时发现，高锰酸钾投量在高达 20mg/L 条件下反应 24h，仍不能完全保证上述微生物完全彻底灭活。将某些消毒剂与高锰酸钾联用，发挥不同消毒剂之间的协同作用是强化提高高锰酸钾消毒效果的重要途径。

与其他大多数消毒剂类似，pH、温度等指标是影响高锰酸钾消毒效能的重要因素。此外，当水中存在能与高锰酸钾反应的还原性物质时，将在一定程度上降低其消毒效能。

在饮用水处理过程中，投加高锰酸钾能在一定程度上表现出消毒效能。但在工程实际中，采用高锰酸钾预氧化工艺的更为重要的目的在于：氧化 Fe^{2+}、Mn^{2+}、硫化物等还原性物质；去除控制水中嗅味，降低水中色度；强化去除水中藻类；通过高锰酸钾还原原位生成的水合二氧化锰增大水中颗粒物浓度，从而表现出助凝效能；氧化破坏或吸附去除（对于水合二氧化锰）水中消毒副产物前驱物，降低后氯化过程中消毒副产物生成量；取代预氯化，将氯投加点延缓至 DBPs 前驱物浓度更低的滤后水，缩短氯与 DBPs 前驱物反应时间，从而减少 DBPs 生成量。此外，地下水除砷工艺中，可以利用高锰酸钾将水中较难去除的还原性 As(Ⅲ)氧化为更易于去除的 As(Ⅴ)，从而提高水中三价砷的去除率。

9.2.6　紫外消毒

除了化学消毒剂之外，某些物理方法也能杀灭微生物。例如，利用加热方法进行消毒的巴斯消毒法是典型的物理消毒方法，电磁波辐射（尤其是 γ 射线与紫外线）也能有效灭活食物、空气与饮用水中的微生物。紫外线消毒在饮用水处理中具有最强的适用可行性[13]，从而在饮用水消毒中得到了广泛使用。

紫外消毒在水处理中的应用始于 20 世纪 70 年代早期，其发挥消毒作用的波长范围通常为 200～300nm。紫外消毒的主要机制是由于细菌等微生物的脱氧核糖核酸与核蛋白等组分在 254～257nm 范围内有吸收，细菌吸收紫外线能量发生光化学反应引起 DNA 链断裂，从而导致细菌灭活[7,13]。与其他消毒工艺不同，紫外线主要通过物理过程进行消毒而不依赖于化学药剂的投加，因此基本没有消毒副产物生成。

紫外线对水中细菌、病毒类微生物有良好的消毒效果，在较短的接触反应时间内即可实现其有效灭活；但对贾第虫、隐孢子虫等囊性微生物，则通常需要数倍以上的接触时间。有研究表明，*C. parvum oocysts* 等微生物具有修复因紫外诱导产生的 DNA 中吡啶二聚物的能力，但经过紫外线持续照射之后，这种囊性细胞并未恢复其传染性[15, 16]，有不少研究证实了紫外线灭活鞭毛虫病类囊性微生物的有效性。此外，对于腺病毒类病原微生物的灭活通常需要增大紫外线强度或延长其接触反应时间。

pH、温度、碱度、离子强度等水质参数对紫外消毒效果的影响很小，而浊度、大分子有机物等会因“包覆”微生物、阻止紫外线对微生物的直接照射等作用而降低消毒效果。另一方面，水中一些对紫外线具有吸收能力的污染物，如亚硝酸盐、酚等，也会对消毒效果产生不利影响。

水溶液中溶解性组分对光的吸收可以通过 Lambert-Beer 定律定量计算，如式（9-19）表示：

$$\lg\left(\frac{I}{I_0}\right) = -\varepsilon(\lambda)Cx \qquad (9\text{-}19)$$

式中，I 为距光源 x 处的光强（mW/cm^2）；I_0 为光源处光强（mW/cm^2）；C 为吸光物质的浓度（mol/L）；x 为距光源处的距离（cm）；$\varepsilon(\lambda)$为在波长 λ 处的吸光物质的摩尔吸光系数[L/(mol · cm)]。

式（9-19）右边指的是吸光度，为无量纲值。吸光度越大，对紫外消毒的负面影响也越大，从而需要更强的紫外光强与能量才能得到相同的消毒效果[13]。

此外，从反应器运行角度而言，一些会导致紫外灯套管表面沉淀形成覆盖层、从而降低紫外光强的成分，如 Fe^{2+}、硫化物、硬度等，也会对紫外消毒效果产生影响。

紫外消毒的优点在于：紫外消毒本身几乎不产生 DBPs，不产生引起感官不快的嗅、味等物质；紫外消毒能减少后续氯、氯胺、臭氧等消毒剂投量，从而降低副产物生成量；紫外能催化臭氧、过氧化氢等消毒剂产生 $\cdot OH$，并通过协同作用显著提高消毒效果，这对灭活控制抗氯性较强的微生物（如贾第虫、隐孢子虫等）具有重要意义。

但是，紫外消毒也存在不少缺点：不能保证消毒剂余量，提供持续消毒效果；紫外消毒反应器较为复杂，受反应器参数的限制处理规模相对较小，较难在大型市政水厂中大规模推广应用；通常不能作为预消毒剂使用。随着紫外消毒技术的发展，紫外消毒工艺逐渐开始在饮用水处理中应用，并通过投加氯气或氯胺以保证消毒剂余量。从 2003 年起，美国、加拿大等国的很多水厂开始采用紫外消毒技术，并通过与其他消毒剂的组合使用，强化消毒灭活微生物效能，减少消毒副产物生成，保障饮用水安全，控制饮用水质安全风险。

9.3　饮用水消毒新技术

以上简要介绍了饮用水处理中常用的消毒剂与消毒方法。实际上，消毒技术是伴随着物理学、无机化学、材料学等基础科学的进步而不断发展的。近年来，国内外研究者们相继提出了各种饮用水消毒新技术并对其进行了系统研究，作者也在该方面开展了大量工作。尽管从工程实践层次而言，新技术的推广与规模化应用过程中仍有许多问题需要解决，但它对水处理工艺水平的提高和水质安全保障无疑是极为重要的。

9.3.1　光催化消毒

尽管将光催化应用于饮用水处理工程实际中仍有大量的问题需要解决，但由于其具有无需投加药剂、不产生副产物等优点，可作为现行消毒技术的可能选择与补充，从而成为国内外的研究热点。

9.3.1.1　光催化消毒的化学基础

光催化氧化法是以N型半导体的能带理论为基础，以N型半导体做敏化剂的光敏化法，当能量 E 大于禁带宽度 E_g 的光照射半导体催化剂时，价带上的电子（e）被激发，跃过禁带进入导带，在价带上产生相应的电子-空穴，从而诱发氧化反应。

二氧化钛以其优良的光化学特性与较高的稳定性而得到广泛应用。研究表明，在水相体系中，紫外线或太阳光照射下，电子从价带跃迁到导带上，TiO_2 能够自行分解出自由移动的带负电的电子（e）和带正电的空穴（h^+），形成空穴-电子对。吸附在 TiO_2 表面的溶解氧俘获电子成 $\cdot O^{2-}$，而空穴则将吸附 TiO_2 表面的 OH^- 和 H_2O 氧化成 $\cdot OH$，这些高活性的自由基可以氧化包括生物降解产物在内的很多有机物，使之完全矿化。反应过程如下：

$$hv + TiO_2 \longrightarrow h^+ + e \tag{9-20}$$

$$h^+ + H_2O \longrightarrow \cdot OH + H^+ \tag{9-21}$$

$$e + O_2 \longrightarrow \cdot O^{2-} \longrightarrow HO_2^{\cdot} \tag{9-22}$$

$$2HO_2^{\cdot} \longrightarrow O_2 + H_2O_2 \tag{9-23}$$

$$H_2O_2 + \cdot O^{2-} \longrightarrow \cdot OH + OH^- + O_2 \tag{9-24}$$

但是，TiO_2 作为半导体材料，由于其禁带宽度为3.2eV，只能吸收激发波长为385 nm（紫外波长）以下的光进行反应。研究显示，掺杂贵金属可以有效防止电子-空穴对的复合，促进电子-空穴对的有效分离，从而提高其氧化性能。

此外，光催化胶体AgCl近年来也有很多有关报道[17]。AgCl带宽为3.3eV，在近紫外线激发下，电子能够从价带跃迁到导带上，形成空穴和电子对，激活水和空气中的氧，产生羟基自由基$\cdot OH$和活性氧离子O^{2-}，二者都具有很强的氧化能力，能在短时间内破坏细菌的增殖能力而使细胞死亡，从而达到抗菌的目的。反应机理如下[17]：

$$AgCl \longrightarrow AgCl + h^{+} + e \tag{9-25}$$

$$h^{+} + OH^{-} \xrightarrow{h\nu} \cdot OH \tag{9-26}$$

在氧气存在的条件下，电子与氧和H^{+}反应，产生过氧化氢H_2O_2，H_2O_2在紫外线条件下迅速分解并产生$\cdot OH$。

$$e + H^{+} + O_2 \xrightarrow{h\nu} H_2O_2 \tag{9-27}$$

$$H_2O_2 \xrightarrow{h\nu} OH^{-} + \cdot OH \tag{9-28}$$

同时，胶体AgCl在反应过程中，Ag^{+}被还原，H_2O_2作为强氧化剂，在近紫外条件下，将Ag再氧化成离子态，使反应得以连续进行。整个反应过程可以描述为[17]

$$AgCl + 2H_2O_2 + O_2 \xrightarrow{h\nu} AgCl + 4\cdot OH \tag{9-29}$$

关于TiO_2等光催化材料催化光氧化去除控制水中有机物、无机物、有害微生物等污染物的效能与机制前人进行过大量的研究。研究表明，氧化钛等催化紫外线等光氧化过程中产生的电子空穴对，并在此基础形成的羟基自由基、过氧自由基等多种活性物种的综合作用是其优良氧化杀菌性能的关键。当细菌吸附于光催化剂表面时，$\cdot O^{2-}$和$\cdot OH$能穿透细菌细胞壁进入菌体，阻止成膜物质的传输，阻断其呼吸系统和电子传输系统。大量研究证实，利用氧化钛等催化剂催化光消毒杀菌机制主要分为如下两个过程[18~26]：首先，光催化产生活性物种进攻细胞壁，并导致脂质发生过氧化反应以及细胞壁的破坏，从而引起在细胞呼吸过程中发挥主要作用的细胞壁的过度损伤导致呼吸停止；之后，细胞内部组分被进一步氧化破坏与分解，最终导致细胞死亡。另外，TiO_2光催化杀菌还能有效降解细菌死亡时释放出的有毒物质。

9.3.1.2　光催化灭活微生物效能

多相光催化技术同时具备了光照射、羟基自由基、过氧离子、过氧化氢等氧化剂氧化、吸附与过滤等多种功能，能有效灭活原生动物、真菌、细菌、病毒、囊性微生物等，从而表现出良好的消毒效能。此外，许多研究还证实光催化消毒兼具有很强的降解有机污染物等能力，因此对于较为严重的复合污染，采用多相光催化进行饮用水消毒可能是有效可行的。Lonnen等[27]以氙灯模拟太阳光，研究氧化钛对原生动物、真菌、细菌等微生物灭活能力，结果证明在波长300～

400 nm 范围内，利用光强为 200 W/m^2 氙灯照射 8h，上述几种类型微生物灭活率均在4-log以上。Rincon 与 Pulgarin 等[28, 29]在模拟太阳光下，研究酸碱性、无机离子、NOM、浊度等水质条件以及持续、间歇等光照方式对氧化钛光催化消毒的影响，并对有效消毒时间（亦即停止光照后，没有细菌复活的光照时间）也进行了探讨。研究证实，剩余消毒效率依赖于光催化消毒时的光强，而直接太阳能照射未表现剩余消毒效果。Wolfrum 等[30]研究了在 365 nm 光照条件下的氧化钛薄膜对细菌、真菌孢子的作用，并提出了细胞全转化的碳平衡与动力学过程，进一步证实光催化技术在饮用水质净化与消毒中应用的可行性。

但是，将光催化消毒技术应用于工程实践还有很多问题需要深入研究。例如，水质条件对光催化消毒效能的影响、有效光反应时间、有害微生物灭活过程中副产物生成情况及其毒性评价、基于太阳能的光催化消毒反应器设计，以及光催化消毒工艺处理的安全性评价等，上述问题都缺乏系统的基础研究、中试试验与规模化生产实践，从而缺乏科学、全面的工艺参数以建立基于太阳能的光催化饮用水消毒系统。总的说来，开发高效稳定的可见光响应杀菌材料、设计太阳能光催化反应器是发展光催化饮用水消毒技术需要重点解决的两个问题。

9.3.1.3　光催化功能材料设计及其消毒效能与机制

固定化太阳能光催化杀菌材料是光催化消毒技术的核心问题，而粉体与固定化是光催化消毒技术中最主要的两种催化剂形式。其中，粉体催化剂存在与水相分离困难的问题；固定化催化剂容易脱落，难以长久地保持催化效能，且相对于粉体催化剂催化效率低。国内外针对上述问题，开展了大量的研究工作，包括对氧化钛进行过渡金属掺杂[31, 32]、非金属掺杂[33, 34]、双金属或双非金属共掺杂，为提高催化效率而制备出具有较强可见光响应能力的多元金属氧化物，进而实现太阳能的充分利用，提高光催化灭活微生物与去除污染物效能。例如，香港中文大学研究开发了一系列可见光、紫外线杀菌材料[34]；日本东京大学研制了由无机抗菌剂铜、银进行复合的氧化钛系紫外线杀菌材料[35, 36]，并提出了无机离子与抗菌剂协同光催化杀菌机制，从而提高了光催化杀菌消毒效率。

此外，将银载入二氧化钛并进行表面改性，可以将光的利用范围拓展到可见光范围；另一方面，银本身又可与菌体中酶蛋白的巯基—SH 强烈地结合并使蛋白质凝固，从而破坏细胞合成酶的活性，使细胞丧失分裂增殖能力而死亡。二氧化钛与银各自所具有的优异杀菌性能有机结合并发挥协同作用，使得载银二氧化钛具有很好的的光催化杀菌效果。研究表明[37]，在银的含量为 1.6%时，基本可以兼顾光催化与银的协同杀菌作用（图 9-3）。

胡春等也研究开发了一系列光催化消毒杀菌材料，并对其灭活微生物效能与机制进行了系统探讨。其中，多元金属氧化物 $NiO/SrBi_2O_4$ 对可见光具有明显响应，在可见光照射下对灭活大肠杆菌表现出很强的催化效率；$SrBi_2O_4$也表现出了一定活性，但是 P25 TiO_2在相同条件下却未表现出相应的催化活性（图 9-4）。

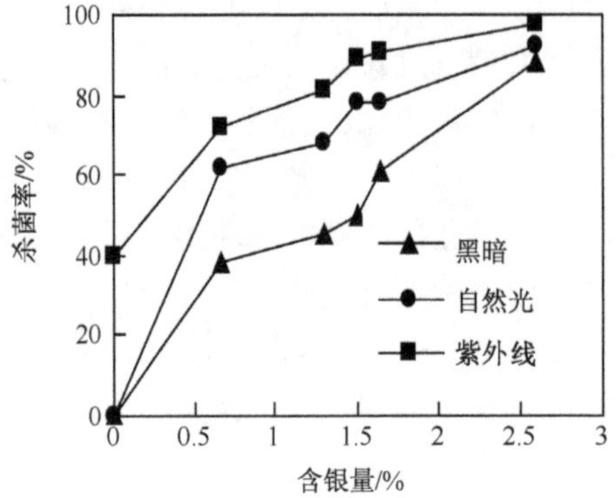

图 9-3 载银量对二氧化钛光催化杀菌的影响[37]

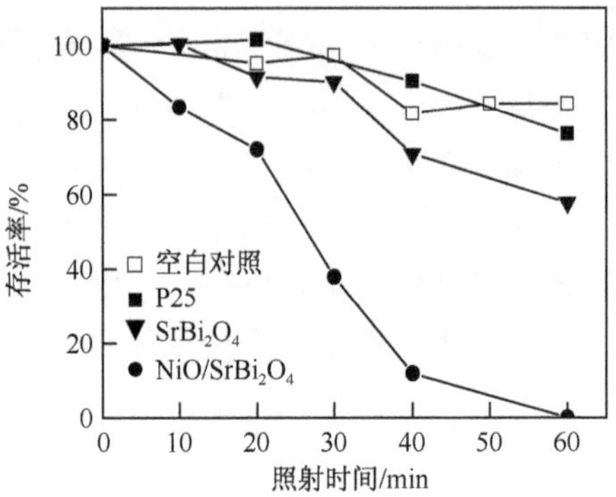

图 9-4 在可见光照的不同催化剂体系中大肠杆菌的存活率

此外，不同反应体系下伴随着细胞死亡的钾离子释放规律也明显不同。从图 9-5 可以看出，对于 $NiO/SrBi_2O_4$催化体系，钾离子的释放平行于细胞的死亡速率，但对于 $SrBi_2O_4$催化体系，钾离子释放却迟于细胞死亡 30min。钾离子通常存在于细胞内，是多聚糖和蛋白质的主要成分。钾离子的释放是细胞膜破裂的直接证据，由此证明 $NiO/SrBi_2O_4$型催化剂在可见光条件下的消毒杀菌机制与二氧化钛相似：光致活性组分（$\cdot OH$，$HO_2^{\cdot}$，H_2O_2等）连续进攻细胞膜与细胞质，引起细胞膜破裂与细菌死亡。此外，胡春等还开发了可见光催化剂 $AgBr/TiO_2$，并证实其在模拟可见光与室内自然光条件下均对大肠杆菌表现出很强的灭活效率，且负载在 TiO_2表面的 AgBr 具有很好的光照稳定性，银释放后的平衡浓度低于

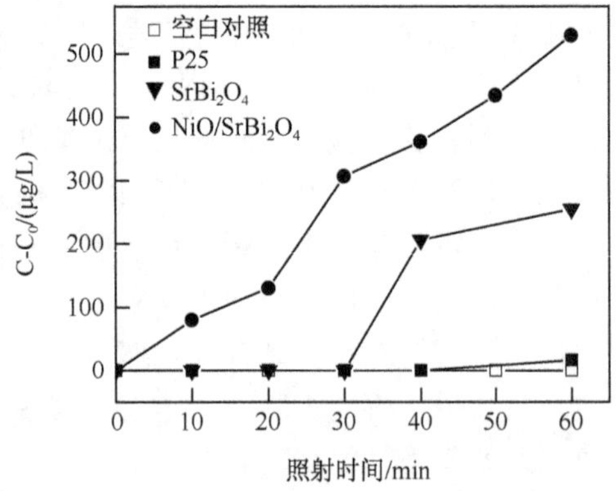

图 9-5 在可见光照射下，随着大肠杆菌失活的钾离子释放过程

90μg/L，满足相关饮用水标准。

进一步研究上述光催化材料的光催化杀菌机制，结果表明，光催化杀菌主要是通过光致产生的活性物种氧化分解细菌细胞中各种组成成分，最终导致细菌死亡。利用透射电镜（TEM）观察光催化杀菌过程中大肠杆菌与金黄色葡萄球菌的形貌变化（图 9-6）。研究发现，光催化作用前，两种细菌都具有完整的细胞膜、细胞壁等组织结构，细胞内蛋白质、DNA 等物质因染色处理显黑色；在可

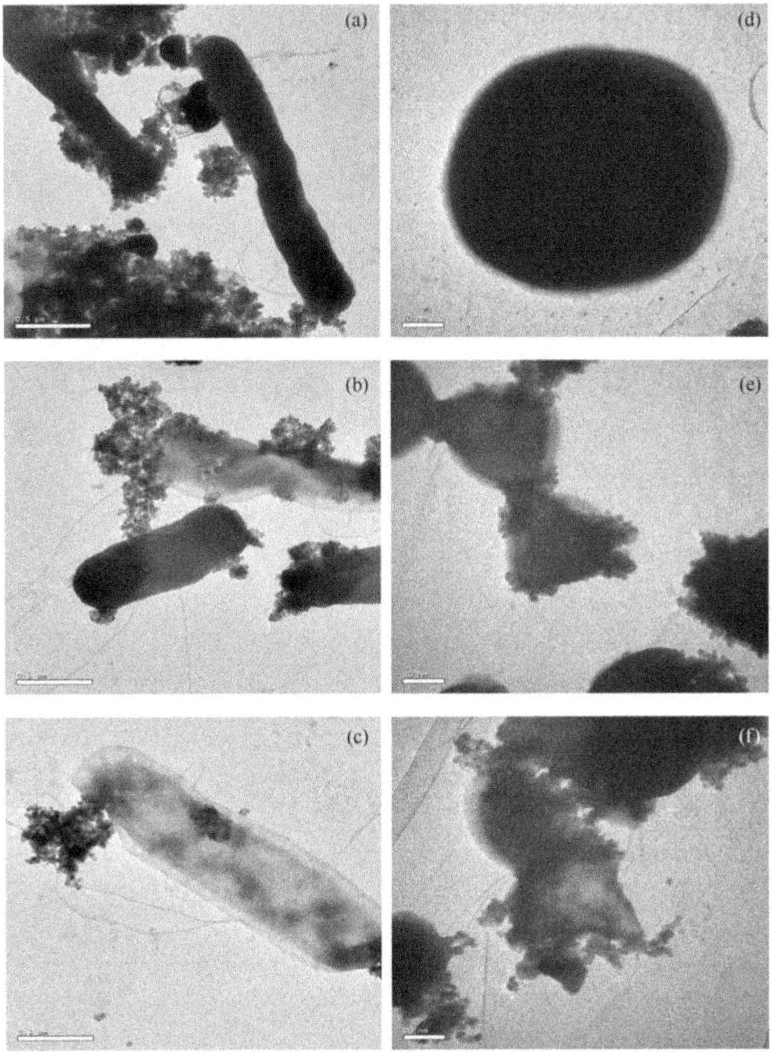

图 9-6 在可见光照的 $AgBr/TiO_2$ 悬浮液中，细菌的透射电镜图像随反应时间的变化

(a) 反应前大肠杆菌；(b) 反应 30min 的大肠杆菌；(c) 反应 120min 的大肠杆菌；(d) 反应前的金黄色葡萄球菌；(e) 反应 30min 的金黄色葡萄球菌；(f) 反应 120min 的金黄色葡萄球菌

见光照射条件下经光催化处理 30min，细胞出现局部破损，引起细胞质流失，表现为染色的细胞颜色变浅[图9-6(b)、(e)]；光催化反应至 120min，细菌细胞破损更加明显，说明长时间光照后，催化剂（及其产生的活性组分）进入了细胞内部，引起更为严重的细胞膜、细胞壁等组织结构破损，而胞内物质的流失也更加明显。

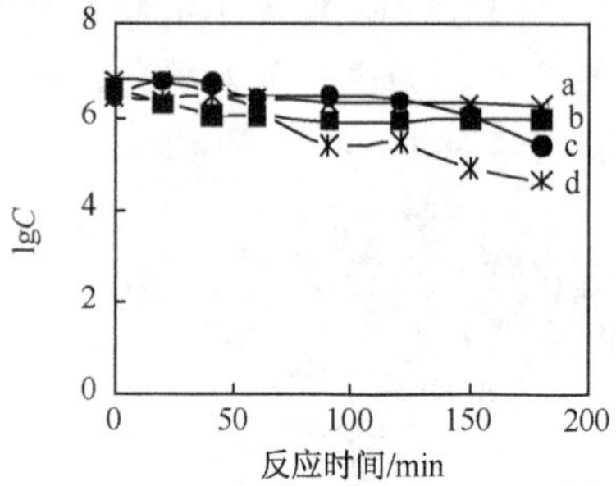

图 9-7　在弱紫外线辐照下，不同条件的空白实验

a—只有紫外线辐照；b—HAP；c—HAPTi；d—P25-TiO_2

另外，胡春等还以羟基磷酸钙（HAP）为载体，利用共沉淀和离子交换方法制备了 Ti(Ⅳ)-HAP(HAPTi)、Ti(Ⅳ)-Ag(Ⅱ)-HAP(HAPTiAg)、Ti(Ⅳ)-Cu(Ⅱ)-HAP(HAPTiCu)和 Ti(Ⅳ)-Zn(Ⅱ)-HAP(HAPTiZn)等系列光催化材料。进一步将上述材料负载在多孔镍网薄膜上，考察其在弱紫外线照射条件下的灭活微生物效能，证实上述材料具有很强的催化灭活微生物效能，比 Degusa P25 氧化钛具有更高催化杀菌活性。图 9-7～图 9-10对比了上述几种材料灭活大肠杆菌(*E. coli*)效能。

图 9-7 空白试验显示，HAP 和 HAPTi 负载的镍网薄膜在弱紫外线照下对大肠杆菌没有明显的杀菌活性。单纯弱紫外线照作用杀菌能力很弱，溶液中 *E. coli* 存活率随光反应时间未见明显减少，P25-TiO_2 负载的薄膜经弱紫外线照射 180min 大肠杆菌存活率减小了 1.8-log。

对比而言，将 Ag、Cu、Zn 等离子与 HAPTi 复合而成的 HAPTiAg、HAPTiCu 和 HAPTiZn 等光催化材料的催化杀菌灭活 *E. coli*的效果明显增强。图 9-8 表明，在弱紫外线照射或黑暗条件下，HAPTiAg 反应 150min 后，*E. coli*

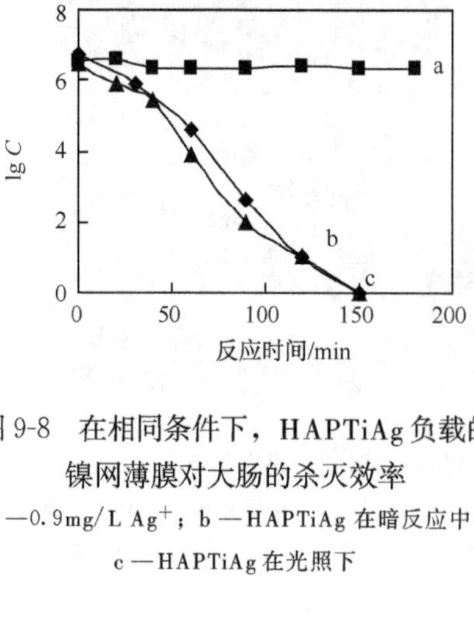

图 9-8　在相同条件下，HAPTiAg 负载的镍网薄膜对大肠的杀灭效率

a —0.9mg/L Ag^+；b —HAPTiAg 在暗反应中；c —HAPTiAg 在光照下

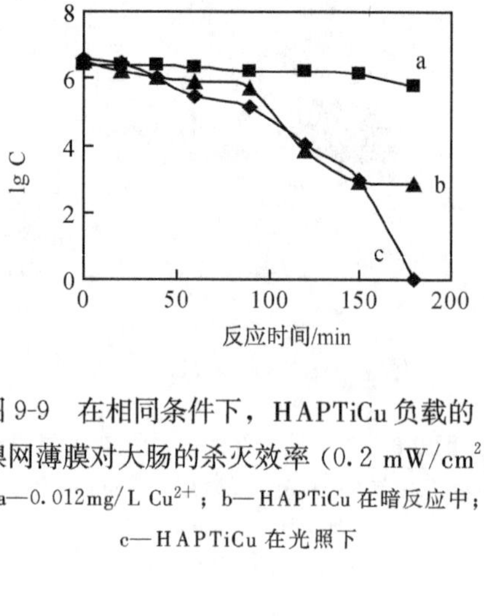

图 9-9　在相同条件下，HAPTiCu 负载的镍网薄膜对大肠的杀灭效率（0.2 mW/cm^2）

a—0.012mg/L Cu^{2+}；b—HAPTiCu 在暗反应中；c—HAPTiCu 在光照下

灭活率达到 6.7-log。从 HAPTiAg 薄膜释放到体系中的银离子最大浓度为 0.9mg/L，对比试验表明，该浓度水平下的 Ag^+ 对 *E. coli* 没有任何灭活作用。同样，HAPTiCu 体系下紫外线照射 180min 能使 *E. coli* 灭活率达到 6.6-log；黑暗条件反应相同时间内也能灭活 3.6-log 级的 *E. coli*。上述两种条件下 HAPTiCu 薄膜释放的 Cu^{2+} 最大浓度为 0.012mg/L，同样该 Cu^{2+} 浓度也没有杀菌活性（如图 9-9）。但是，HAPTiZn 的杀菌性能却明显低于 HAPTiAg 和 HAPTiCu。对 HAPTiZn 薄膜光照 180min 后 *E. coli* 灭活率能达到 3.28-log，但在黑暗条件下仅能灭活 0.668-log 的 *E. coli*，体系中 Zn^{2+} 的释放水平（0.02mg/L）对大肠杆菌也未表现杀菌活性（图 9-10）。

综上所述，HAPTiAg 和 HAPTiCu 薄膜在紫外线和黑暗条件下对 *E. Coli* 的灭活活性均明显高于紫外线照射条件下的 P25-TiO_2，HAPTiZn 薄膜只有在紫外线照射下具有较高的杀菌活性；薄膜材料溶解的 Ag、Cu、Zn 等离子在其释放浓度水平下单独作用无明显的杀菌能力。这些结果暗示，上述催化材料杀菌过程中可能存在某些活性氧物种分解与抗菌离子抑菌等多种机制之间的协同作用。

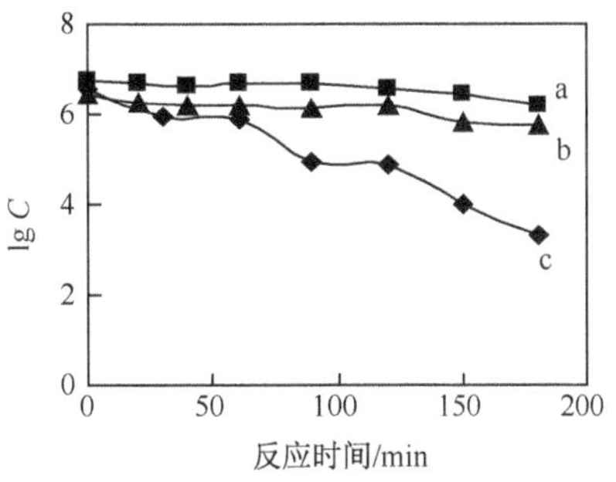

图 9-10　在相同条件下，HAPTiZn 负载的镍网薄膜对大肠的杀灭效率

a—1mg/L Zn^{2+}；b—HAPTiZn 在暗反应中；c—HAPTiZn 在光照下

为了证实这一推断，进一步用电子自旋共振 DMPO 诱捕技术检测反应过程中的超氧活性基团。结果表明，HAPTiAg、HAPTiCu 和 HAPTi 在黑暗与光照条件下均能形成 $O_2^{-\cdot}$；HAP、P25-TiO_2 和 HAPTiZn 在暗反应条件未检测出超氧峰的存在，而在光照条件下证实生成了 $O_2^{-\cdot}$。由于暗反应条件下 HAPTiZn 产生的超氧自由基很少，仅依靠释放的 Zn^{2+} 的微弱抑菌作用，导致杀菌活性较低。对比而言，HAPTiAg 和 HAPTiCu 薄膜体系在暗反应条件下不仅具有 Ag^+ 或 Cu^{2+} 的抑菌作用，而且产生了大量的 $O_2^{-\cdot}$，从而表现出较高的杀菌效率。此外，研究表明，对于 HAPTiAg、HAPTiCu 等薄膜材料，在黑暗与紫外线照射等不同反应条件下的杀菌活性也明显不同：紫外线的引入产生了更多的 $O_2^{-\cdot}$，从而表现出更强的杀菌活性。同样，HAPTiZn 薄膜在紫外线照射下通过活性组分氧化与释放离子抑菌等多种作用进行杀菌，从而表现出比暗反应条件下更强的杀菌活性。上述结果表明，光催化消毒过程中具有催化产生的 $O_2^{-\cdot}$ 等氧化活性物种的氧化作用与释放金属离子的抑菌作用，并且多种机制共同作用表现出协同效应，其杀菌效果明显优于单独作用之和。

光催化消毒反应器的设计主要需要考虑反应停留时间、光有效穿透深度、光催化材料与水有效接触面积、催化剂稳定性等基本工艺参数。此外，体系中对光具有吸收、散射能力和降低催化剂活性与稳定性的水质条件也对反应器设计与运行有重要影响。从工程应用角而言，若单独采用太阳光催化消毒技术进行市政水厂消毒，将需要很大的占地面积与反应器体积，且在无太阳光的夜间难以确保消毒效果。此外，光催化消毒技术无法提供剩余消毒剂浓度，难以保证持久的消毒效果。这些都是限制光催化消毒技术推广应用、且目前难以解决的瓶颈问题。需要指出的是，将光催化杀菌材料用于室内空气消毒与净化可能是光催化消毒技术的另一重要应用方向。

9.3.2 电化学消毒

近年来，电化学消毒在海水净化及一些小型饮用水处理中得到重视。电化学消毒主要是依靠电场作用，通过电化学反应装置对水中细菌等进行杀灭去除。根据其作用原理，电化学消毒大体上可以分为直接电氧化消毒、间接电化学消毒与电磁消毒等三类。

9.3.2.1 直接电氧化消毒

直接电氧化消毒是在一个装配阴极和阳极并通入直流电的电化学反应器中进行。当水流经这一电解反应器时，通过阳极的直接电氧化作用将水中的微生物杀灭。该消毒方法设备简单，不需要辅助装置，操作容易，杀菌效率比较高。

电极是直接电化学消毒方法的关键因素。所用的阳极应采用惰性材料，如金属钛、钌钛、石墨等，通电以后阳极不会溶出，具有较小的过电位。近年来，为了提高电氧化消毒的效率，人们研究了多种新型电极材料，特别关注电极对电氧化反应的催化作用，如二氧化钛涂覆的钛电极、银掺杂的二氧化铅电极等，都被证明在直接电氧化消毒中具有催化作用。

最近，作者所在的研究小组在研究电聚浮饮用水处理技术系统时发现，在电聚浮水反应过程中，不仅水中的悬浮颗粒物得到高效去除，而且水中的大肠杆菌和细菌总数也得到明显降低。这种效果除了颗粒物吸附与气浮去除和微生物的絮凝去除以外，证明直接电氧化也发挥了重要作用。

但直接电化学方法耗电量大，不太适合于大规模供水厂的消毒处理，而应用在小型水处理系统则具有一定的优越性。

9.3.2.2 间接电化学消毒

这种电化学消毒主要不是通过阳极直接氧化作用杀灭水中微生物，而是通过电氧化产生消毒剂进行间接的。基本的原理是：当水中含有氯离子时，在电化学氧化过程中，发生以下反应：

$$2Cl^- = Cl_2 + 2e \tag{9-30}$$

$$Cl_2 + H_2O = HClO + HCl \tag{9-31}$$

$$HClO = H^+ + ClO^- \tag{9-32}$$

产生的氯气、次氯酸离子等可以非常有效地杀菌消毒。在这一过程中，水中含有氯离子的量是非常关键的因素。一般情况下，水中的氯离子含量都不会太高，因而很难产生足够量的氯消毒剂满足水处理要求。所以在必要的情况下，可以加入少量的氯离子以提供足量的消毒剂前体物。

自 1893 年美国一家公司首次研制出电化学消毒设备以后，随着电化学和材料科学技术的发展，直接电化学消毒装置类型和应用范围得到不断拓展。近年来，我国也开发出不同用途的相似设备并获得实际应用。

2004 年清华大学刁惠芳等对低压直流电化学消毒的机理和适用性进行比较系统的研究。研究发现[38]，当水中氯离子浓度为 600mg/L，停留时间为 15s 时，杀菌效率可以达到 99.9%。氯离子浓度是影响间接电化学消毒的重要因素，适当提高水中氯离子含量，可以提高杀菌能力。如当氯离子浓度增加到 6000mg/L 时，仅需反应 5s，杀菌率即可达到 5-log。

对于水中含有较高氯离子浓度的原水，采用间接电化学消毒是一种具有协同效应的方法。它在将水中氯离子氧化成为氯气或次氯酸盐并对水进行高效消毒的同时，也减少了氯离子的含量，对提高水质具有双重效果。

9.3.2.3　电磁消毒

电磁消毒是在施加一定电流的情况下，产生电磁场效应并杀灭水中微生物的过程。近年来，国内外对电磁水处理消毒技术高度关注，产生了一系列新方法和新装置。其中变频扫频电磁水处理器，即是其中具有代表性的一种，经研究和生产实践证明，这种反应器对水中细菌具有较高的杀灭效果。

该水处理器的基本原理如下。

(1) 强大的直流脉冲电流在高电平转入低电平瞬间，积聚在感应线圈的能量，由于电路的突然关闭，为了得以释放，在线圈两端产生反冲高压，使水管中感应的电压瞬间猛增，产生了一个很大的瞬间电流，大大提高了电磁场能量的传递效率。

(2) 在电磁作用及水处理过程，伴随着多种物理、化学、电化学和生物反应，这些反应和作用都不是在同一频率的电场驱动下产生，而是分别对应于某种频率的电场力作用下进行有效的反应。

(3) 采用直流脉冲电磁场，即具有交流感应性能，又具有直流电场阴阳极的电离作用，还具有脉冲波冲击功能。这样在水处理的复杂过程中，使电磁场能量能以多种形式有效地参与各种物理、化学和生物的反应，提高了水处理效果。

变频扫频电磁水处理器运行时，自动地、周期性和规律性地产生各种频率的强大的直流脉冲电磁场。反应器的电磁杀菌作用，一般是通过与发生装置连接并过缠绕在水管上的导线传递而实现的。在电磁场的作用下，水中产生极性离子。这些离子的微弱电能在反抗外加脉冲电场的过程中相互碰撞，从而得以消耗，其运动强度和运动方向因此被束缚。由于金属管壁接阴极，管内水体为阳极，水中的各个质点与管壁形成一个脉冲电场。在这个脉冲电场作用下，水中各种离子分别组合成脉动的正负离子基团，使之产生电极反应，形成易排除物质同时水体的 pH、二氧化碳、活性氧及 OH^- 等的含量也发生了变化。水在直流脉冲电场作用下，迅速发生微弱的氧化还原反应，在阳极区附近产生一定量的氧化性物质，这些氧化性物质与细菌及藻类作用，破坏其正常的生理功能，使细胞膜过氧化而死亡，达到杀藻灭菌的目的。

在这种脉冲电磁场作用下，还会产生一系列微弱的化学变化，在阴极区附近产生大量的钙镁碳酸盐微晶核，改变了结晶物的结构形态。由于脉动的离子集团的引力对水管管壁上的老垢和水中结晶物进行吸引，迫使结晶物逐渐疏松分散成粉末状态的老垢，随水带走，获得了除垢效果。直流脉冲式微电脑水处理器，通过传感线圈在水体中感应出一系列脉冲正电压。由于金属管壁施加负极，这样在水体和管壁间发生了电极效应，使管壁内壁表面形成氧化保护膜，防止了管道的腐蚀，延长了管道的使用寿命.

目前研制出的变频扫频电磁水处理器主要有两种形式，一种是交流变频水处理器，另一种是直流脉冲水处理器。试验时，将金属导线分 3 组缠绕于原水管外壁，原水通过设备的作用时间在 1s 以内。对两种处理器的杀菌灭藻效果的比较如图 9-11 所示。可见，采用交流变频式水处理器的杀菌率为 45%，而采用直流脉冲式水处理器对细菌去除率可达 76%。这说明，直流脉冲式要比交流变频式的能量传递效率高，对水中的细菌具有更为有效的杀灭效果。

缠绕在管式反应器上的线圈组数对杀菌效果具有重要影响。由表 9-1 可以看出，在相同的水力停留时间条件下，采用 2 组和 3 组线圈的情况下，杀菌效果要比 1 组线圈好；当停留时间为 5min 时，采用 2 组绕线方式比其他 2 种绕线方式的处理效果要好；当水在管道中的停留时间为 10min 时，采用 1 组、2 组和 3 组线圈对水中细菌的去除率分别为 76%、89% 和 96%，增加线圈组可提高对细菌的去除效率；但当停留时间足够长，如 15min 时，3 种绕线方式对细菌的去除率几乎没有区别。

在线圈组数相同的条件下，随着处理停留时间的延长，其杀菌效率提高。

在原水含菌量$>10^7$时，采用1组绕线方式，当水在管中的水力停留时间为5min时，对水中细菌去除率小于31%；停留10min，总细菌的去除率可以达到76%以上；停留时间达到15min时，其杀菌率达到95%以上。

在原水总细菌数高的情况下，杀菌率较原水总细菌数少时高，这可能是水中含细菌密度大时，更容易受电磁场的作用所致。

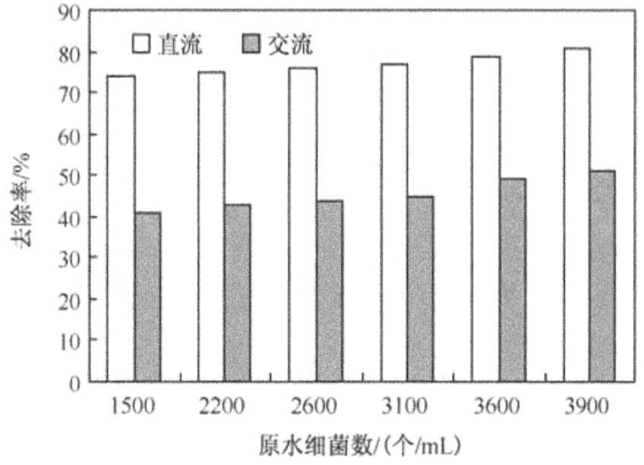

图9-11　交、直流两种设备对水中细菌的处理效果

表9-1　不同停留时间、不同线圈绕组情况下对细菌的去除效率

停留时间/min	线圈绕组	原水细菌总数/(个/mL)	处理后细菌总数/(个/mL)	杀菌率/%
5	1	7.1×10^5	9.1×10^5	/
	2		4.9×10^5	31
	3		5.5×10^5	23
10	1	2.92×10^7	6.95×10^6	76
	2		3.15×10^6	89
	3		1.02×10^6	96
15	1	2.92×10^7	8.0×10^5	97
	2		5.0×10^5	98
	3		1.52×10^6	95

变频扫频式电磁水处理器对大肠杆菌有很好的去除效果，在原水大肠菌数为16 000时，停留时间为15min，线圈绕组为2组的情况下，对大肠杆菌的去除率达到96%。

根据需要，变频扫频式电磁水处理器可以设置不同的输出功率。但研究和应用表明，水处理器的输出功率对杀菌效果影响不大，当输出功率由12W增大到 468W 时，功率增大了 39 倍，但杀菌效率却基本相同（表 9-2）。由此可见，在以杀菌为主要处理目的时，水处理器不需采用很大的功率便能达到较高的细菌去除效果。

表 9-2 扫频式微电脑水处理器输出功率对杀菌效果的影响

输出功率/W	原水细菌总数/(个/mL)	处理后细菌总数/(个/mL)	杀菌率/%
12	2.92×10^{7}	6.95×10^{6}	76
234	2.5×10^{6}	0.75×10^{6}	70
468	2.5×10^{6}	0.6×10^{6}	76

9.3.3 超声消毒

声化学作为一种物理化学方法，近年来得到了国内外学者的普遍关注。许多研究组已在饮用水声化学杀菌消毒效能与机制方面展开了研究，并取得了许多很有意义的结果。

Richards 和 Loomis 在 1927 年首次报道了超声的生物和化学效应。声化学反应主要源于超声空化（cavitation），即空化液体中气泡的形成（formation）、生长（growth）和崩溃（collapse）。在空化气泡崩溃瞬间，气泡内部温度可高达 2000～5000℃，压力约为 500～1500 atm。空化气泡的寿命虽然极短，但瞬间温度变化率可达 10^{9} K/s，为化学反应提供了一种非常特殊的物理化学环境。研究表明，水声解的主要产物为 H_2 和 H_2O_2，其他中间产物包括具有较高能量的 $HO_2^{\cdot}$、H、$^{\cdot}$OH 和 e(aq)。其中，超声过程中产生的 H、$^{\cdot}$OH 等自由基已通过电子顺磁共振（ESR）与化学自旋捕集技术得到了证实。在超声作用下，当反应体系总蒸汽压低到可以产生空化崩溃时，几乎所有的有机液体中都会产生自由基。超声空化表现为液体中的微小泡核在超声作用下被激活，随后发生泡核的振荡、生长、收缩及崩溃等一系列动力学过程。

超声杀菌可能是通过空化过程中生成的氧化性物种及其提供的特殊物理化学环境共同作用的结果，但对其作用过程与机制仍需进行深入系统的研究。Scherba 等[39]研究了超声对细菌（*Escherichia coli*，*Staphylococcus aureus*，*Bacillus subtilis*，*Pseudomonas aeruginosa*）、真菌（*Trichophyton mentagrophytes*）与病毒（*feline herpesvirus*，*feline calicivirus*）等不同类型微生物的灭活效果，结果表明超声对上述微生物都表现出较好的灭活能力，且灭活效果随着反应时间的延长与超声强度的加大而增强。卢靖华与周广宇研究了超声对摇蚊幼虫的灭活效能[40]，结果表明摇蚊幼虫灭活率与水中溶解氧浓度呈正相关关系；分别将自由性余氯、二氧化氯与超声联用进行消毒，证实超声与化学消毒剂之间具有协同效应。Madge 与 Jensen 研究发现[41]，超声消毒效能与超声发生器功率呈正相关关系；水质条件对超声灭活微生物效果影响不大；超声过程中引起的温度升高有助于提高消毒效果。进一步地，他们通过实验定量了不同机制对微生物灭活的贡献率[41]：超声过程产生的热效应对微生物灭活的贡献率为52%；气泡空化过程中产生的机械剪切作用的贡献率为36%；剩余的12%归于多种机制的协同效应。Hua 与 Thompson[42]研究了超声波强度、超声波频率、体系溶解气体等因素对超声灭活 *E. Coli* 的影响。研究发现[42]，*E. Coli* 灭活规律符合假一级动力学过程，随着超声波强度由 4.6W/cm^2 增大至 74W/cm^2，灭活速率常数相应地由 0.031min^{-1}升高至 0.046min^{-1}；氧气、氩气及其混合气体等不同体系对 *E. Coli* 灭活速率常数影响较小。超声波频率越低，*E. Coli*灭活速率常数越大：超声波频率为 1071kHz 时，*E. Coli* 灭活速率常数为 0.031min^{-1}，而当频率为 205kHz 时，其灭活速率常数增大至 0.078min^{-1}，是 1071kHz 条件下的 2.6 倍；不同超声频率下 *E. Coli* 灭活速率的变化规律与超声过程过氧化氢的生成规律具有一致性。Hua 与 Thompson 认为超声灭活 *E. Coli*是物理、化学等多种机制共同作用的结果[42]：超声作用引起许多微生物组成的聚集体分散，从而利于超声过程产生的氧化活性组分直接作用单一细胞，提高其灭活效率；此外，气泡内破裂等物理作用导致细胞膜破裂，这将促进氧化活性组分穿透、进攻细胞内部结构，增强微生物灭活效果。

在超声过程中引入 TiO_2 等催化剂能显著提高消毒效果。研究表明，TiO_2 催化超声杀菌是一个相当复杂的物理化学过程，目前对其机制的解释有两种可以接受的观点。一种是声致发光机制：超声波能使水中的照相底片感光，超声在水溶液产生的光使 TiO_2 发挥光催化剂的作用效能；另一种是高热激发机制：超声波在水中产生的热点高达数千 K，超声本身即能促使水分子产生氧化性极强的˙OH,但效率极低；而异质 TiO_2 催化剂获得这部分能量后激发电子跃迁到导带而产生空穴，进而导致˙OH 的生成。

王君探讨了普通 TiO_2、纳米 TiO_2 和 WO_3 掺杂纳米 TiO_2 催化超声杀菌的可行性。结果表明[43]，催化剂投量在 0.5～1.0 g/L 范围内，体系 pH 为 3.0 时，利用输出功率为 1.0W/cm、频率为 25 kHz 的超声波对 10^6 cFu/mL 菌体密度的大肠杆菌菌液进行超声反应 60min 左右，可以彻底灭活水中病原细菌(图 9-12)。Dadjour 等同样研究证实[44]，反应体系中引入 TiO_2 等催化剂能显著增强微生物灭活效果。在其实验条件下，单独超声反应 30min

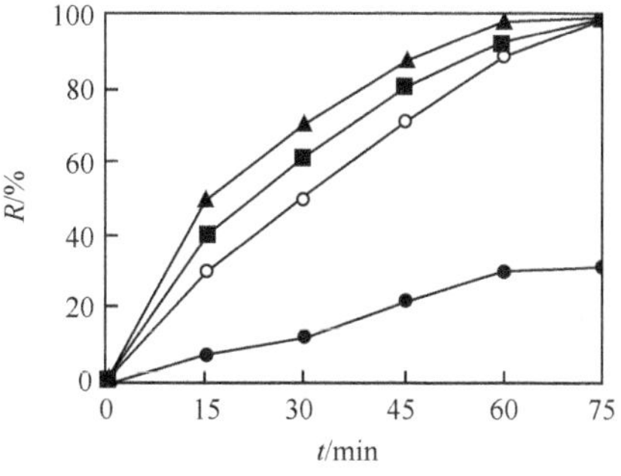

图 9-12　pH=3.0 时加入 1.0g/L TiO_2 系列催化剂催化超声杀菌的杀菌率（R）[43]

（○）普通 TiO_2；（■）纳米 TiO_2；（▲）掺杂 TiO_2；（●）对照组

后 *E. Coli* 灭活率仅为 13%，而在相同超声条件下若体系中加入 TiO_2 能使 *E. Coli* 灭活率达到 98%，且 *E. Coli* 灭活率与 TiO_2 投量呈正相关关系；TiO_2 较 Al_2O_3 表现出更强的催化超声波灭活 *E. Coli* 的能力；*E. Coli* 灭活率随着自由基抑制剂的加入而降低，证实了自由基在反应过程中的重要作用。Dadjour 等[45]进一步以军团菌（*Legionella pneumophila*）为处理对象，同样证实了 TiO_2 等催化剂对超声消毒效果的促进作用。

TiO_2 系列催化剂催化超声杀菌的显著优点在于，杀菌效果对溶液中细菌浓度依赖性较小。此外，催化超声杀菌方法还具有清洁、彻底、没有二次污染等优点，避免了常规化学消毒剂可能产生有害副产物的问题，具有诱人的应用前景。但另一方面，高频、高强超声波发生源成本较高，这在一定程度上限制了其在工程中的大规模应用。

由于超声消毒耗能过大，且未能提供持续的消毒能力，因此从工程应用的角度而言单独利用超声进行消毒并不可行。研究发现，超声能显著强化氯、臭氧、UV 等消毒剂对微生物的灭活效能，从而为超声在工程中的推广应用提供可能。Blume 与 Neis 研究发现[46]，与单独氯消毒相比，氯与超声同时作用时消毒效果显著增强，20 kHz 超声波反应 5min 能使微生物灭活率提高 1 倍以上；但超声与氯投加方式对消毒效果有重要影响。当二者先后依次加入进行消毒时，超声的强化消毒作用明显降低；超声波促进活性氯在体系中的扩散可能是其强化氯消毒效果的重要因素。Duckhouse 等研究表明[47]，超声与氯投加顺序对消毒效果的影响与超声频率有关：当频率为 20 kHz 时，超声与氯同时投加表现出最优的强化消毒效能；相反，当频率为 850 kHz 时，将超声作为氯消毒预处理的投加方式消毒效果最优。Gary 等[48]以多种细菌与病毒为目标，考察了单独臭氧、超声与臭氧联用两种工艺对微生物灭活效能，发现超声能显著强化臭氧对微生物的灭活效能，证实了超声与臭氧之间的协同消毒效应。事实上，超声能加速臭氧分解产生自由基，能增强臭氧分解产生的新生态氧等活性组分穿透微生物细胞壁的能力，能促进臭氧与微生物在微观尺度上的充分接触，从而提高臭氧消毒效率并降低臭氧投加量。Joyce 等[49]对比考察了 UV、电解原位生成活性氯等单独作用及其与超声组合工艺对微生物的灭活效果，证实了超声强化 UV、电解等过程对微生物的消毒灭活效能。超声与其他消毒方式联用，在强化提高消毒效能的同时降低运行成本，可能是今后超声在工程中应用的重要方向。

9.3.4 高铁酸盐消毒

在第 4 章曾简要介绍了高铁酸盐的氧化凝聚水处理功能。客观地说，高铁酸盐在工程应用层次上并非经济、适用、方便的饮用水消毒剂，且迄今为止仍未见高铁酸盐在生产中应用的报道。但另一方面，高铁酸盐具有其他许多消毒剂不具备的优异性质，随着无机合成技术的发展及其由此导致的制备成本降低，高铁酸盐在饮用水处理中的应用仍具有一定的应用前景。正基于此，本章拟从技术展望的角度对高铁酸盐消毒技术进行系统的探讨。

Murmann 与 Robinson 最早对高铁酸盐消毒效能进行研究，发现在其实验投量条件下高铁酸盐能实现实验培养细菌（*Pseudomonas*）的完全灭活，证实了其优异的消毒效能。Bartzarrt 与 Nagel 研究表明[50]，用 6mg/L K_2FeO_4 处理 30min，可以将原水中 20～30 万个/mL 细菌去除到小于 100 个/mL。Kazama 在研究高铁酸盐灭活 *Coliphage* 效能时发现[51]，pH 对 *Coliphage* 的灭活率有明显影响，*Coliphage* 灭活动力学过程可用 Hom 模型进行拟合。Schink 与 Waite 对比研究了纯水与天然水体系下高铁酸盐对细菌与 f2 病毒的灭活效能[52]，发现高铁酸盐在广谱 pH 范围内（pH6～8）均表现出良好的消毒效能，高铁酸盐灭活 f2 病毒的能力与大肠杆菌相当。此外，高铁酸盐的杀菌效率还可以通过与其他氧化剂的联合使用得到进一步提高。Farooq 与 Bari 研究表明[53]，单纯采用臭氧处理，投加 2mg/L 臭氧可以灭活水中 99% 的大肠菌群；但若利用 5mg/L K_2FeO_4 进行预处理，仅投加 1mg/L 臭氧便可使大肠菌群灭活率提高到 99.9%。

高铁酸盐消毒作用的主要机制在于高锰酸盐及其氧化中间体具有强氧化性，氧化破坏了细胞内酶系统所致。Kazama 研究发现[54]，高铁酸盐对 *Sphaerotilus* 表现出很强的抑制其呼吸作用的能力，这主要是由于其穿透细胞并抑制 *Sphaerotilus* 的内源呼吸作用所致；进一步研究发现，高铁酸盐对 *Sphaerotilus* 脱氢酶活性表现出很强的抑制作用。Cho 等研究表明[55]，修正的 Chick-Watson 模型可以较好地模拟高铁酸盐灭活 *E. Coli* 的过程；进一步研究 FeO_4^{2-}、$HFeO_4^-$、H_2FeO_4 等三种形态的高铁酸盐灭活 *E. Coli* 效能，结果发现 $HFeO_4^-$、H_2FeO_4 的消毒效能分别为 FeO_4^{2-} 的 3 倍和 265 倍。此外，Kazama 还研究证实了高铁酸盐反应中间体在消毒过程中的重要作用[51]：高铁酸盐完全分解后体系仍具有良好的消毒效能；进一步加入还原性盐酸羟胺，消毒效果消失。

影响高铁酸盐消毒效果因素主要有 pH、高铁酸盐浓度、反应时间、还原性物质等。总的说来，高铁酸盐在广谱 pH 范围内均具有良好的灭活微生物的能力，在较低投量条件下（6mg/L，以 Fe 计）即可达到相当于 10mg/L Cl_2 与 4mg/L $Fe_2(SO_4)_3$（以 Fe 计）的消毒效果[57]。具体而言，体系 pH 越低高铁酸盐消毒能力越强[55,57]。例如，K_2FeO_4 投量为 1mg/L 时，在 pH 分别为 7.8、6.9 和 5.9 的条件下，要达到 f2 *Coliphage* 99%的灭活率，接触反应时间依次为 22min、5.7min 和 0.77min[58]。研究发现，pH8.0 是重要的临界点，pH 低于 8.0 时，高铁酸盐消毒效果明显增强[59]。此外，高铁酸盐投量对消毒效果也有显著影响。当高铁酸盐投量为 2.4mg/L（以 Fe 计）时，需要反应 18min 才能达到 99.9%的 *E. Coli* 灭活率；而当投量增大到 6mg/L 时，仅反应 7min 就可达到相同的灭活率[59]。

9.3.5 新型杀菌材料及其消毒效能

近年来，国内外出现了大量关于新型抗菌材料及其消毒效能与机制的报道。尽管在常规饮用水处理工艺中，新型抗菌材料目前仍难以直接应用于大规模的实际饮用水净化工程，但在小型饮用水处理系统中，新型抗菌材料则表现出一定的应用前景。

负载抗菌剂是将载体与具有抗菌性质的金属及其化合物配合使用，让二者形成稳定的复合物，牢固地覆着于载体上。选择合适的载体，可使二者相互作用并起到加强抗菌效果和增强杀菌稳定性的目的。由于无机抗菌载体具有安全性高、耐热性好、使用寿命长、无挥发等优点，从而成为当前抗菌剂开发的热点之一。较常用的抗菌金属为银、铜、锌，特别是银，由于其从而具有杀菌率高、抗菌广谱、稳定无毒等优点而成为最具应用前景的抗菌材料。银与无机载体的结合成为抗菌剂并呈现优异的杀菌效能，已成为新一代的无机抗菌净化的首选材料。

银型无机抗菌剂的抗菌作用机理具有两种解释：一是银离子的缓释杀菌抗菌机理，二是活性氧杀菌机理。银离子缓释杀菌抗菌是指在其使用过程中，抗菌剂缓慢释放出 Ag^+，因为 Ag^+ 在很低浓度下能破坏细菌细胞膜或强烈地吸引细菌体中酶蛋白的巯基，并迅速结合在一起降低细胞原生质活性酶的活性，从而具有抗菌作用。银离子的活性氧抗菌机理表明，高氧化态银的氧化能力极高，抗菌剂与水或空气作用，可以生成活性氧 $\cdot O_2^-$ 和 $\cdot OH$，具有很强的氧化作用。而在银型无机抗菌剂的抗菌过程中，Ag^+ 和活性氧的作用一般是同时存在的。目前研究较多的载体主要有沸石、活性炭、不溶性磷酸盐等。

9.3.5.1 沸石抗菌剂

沸石为一种碱金属或碱土金属的结晶型硅铝酸盐，又名分子筛，其结构由硅氧四面体和铝氧四面体共用氧原子构成三维骨架环状结构，因而具有较大的比表面积。由于骨架中的铝-氧四面体电价不平衡，为达到静电平衡，结构中必须结合钠、钙等金属阳离子，而此类阳离子可以被其他阳离子所交换，从而使沸石具有很强的阳离子交换能力。目前银型沸石抗菌剂正是利用其阳离子的交换能力，通过离子交换将银离子引入到沸石中。银离子的交换量通过调节含银离子可溶性盐的水溶液或熔盐中的浓度、pH 及温度等参数来控制。在使用的过程中，银离子从基体中缓释出来从而达到抗菌效果。对采用离子交换法制备的含银 2.5%（质量分数）沸石抗菌剂，抗菌实验表明，沸石抗菌剂具有较好的缓释能力，对大肠杆菌和金黄色葡萄杆菌的最小抑制浓度分别为 62.5 μg/mL和 125 μg/mL。

9.3.5.2 活性炭纤维抗菌剂

活性炭纤维由于其巨大的比表面积而具有很强的吸附能力，可以吸附去除水中的有机物，包括一些致癌或毒性较大的微量芳香物质。因此，活性炭纤维正逐步取代活性炭，成为饮用水深度处理的重要材料。研究表明，在活性炭纤维上负载适量的银，可以有效地杀灭水中的微生物，同时也抑制了微生物在活性炭纤维表面的繁殖。这样，既能发挥活性炭纤维对有机物优异的吸附性能，又增强了活性炭纤维的抑菌杀菌功能，促进了活性炭纤维在饮用水净化中更广泛的应用。陈水挟等的初步研究结果表明[60]，载银或银卤化物活性炭纤维可以有效杀灭水中的大肠杆菌和金黄色葡萄球菌。

LePape等通过实验研究发现[61]，负载银的活性炭纤维抗菌材料在与大肠杆菌等细菌作用约16min后，几乎全部被杀死；通过各种手段检测出杀菌过程中产生大量的短寿命活性中间体（reactive oxygen species，ROS），如$\cdot O_2^-$、H_2O_2以及$\cdot OH$等；进一步研究表明，水中溶解的一定量的银离子和溶解氧是确保良好杀菌效果的必要因素，因为在缺氧条件下的杀菌效果明显低于有氧条件。上述过程的反应机理可能是银离子起到催化活性中心的作用，激活水中的氧，产生羟基自由基($\cdot OH$)及活性氧离子($\cdot O_2^-$)，而这些活性组分具有很强的氧化能力，能在短时间内破坏细菌的增殖能力，致使细胞死亡，从而达到抗菌的目的。因而载银活性炭纤维杀菌材料的良好杀菌行为，是溶出的极低浓度的银离子和溶解氧协同作用的结果。

但是，活性炭抗菌材料也存在一些明显的缺陷。比如，由于活性炭具有很强的吸附能力，在吸附水中细菌的同时，也可能会吸附大量的有机污染物，为细菌的繁殖提供有利的条件，导致细菌数量在处理后期反而出现增加的情况。

9.3.5.3 Al_2O_3负载的银催化剂

银不仅本身具有很强的杀菌能力，而且还是一种具有催化氧化活性的金属。Al_2O_3具有很高的比表面积，是一种优良的载体材料，可以大大减少银的用量，降低成本。银与Al_2O_3相结合，可以催化空气的氧或水中溶解氧转化为ROS，将这种催化剂用于空气杀菌或饮用水消毒，可得到良好效果。此外，该技术设备简单，无需光电能源，对环境和健康没有副作用。目前，实验室已经成功优化了Al_2O_3负载的Ag催化剂的制备方法，所获得的Al_2O_3负载的Ag催化剂分散效果好，对微生物杀灭效果比较理想。杀菌消毒效果测定的结果表明，此种方法制备的Al_2O_3负载的Ag催化剂5min内能杀灭其表面90%以上的大肠杆菌、金黄色葡萄球菌、白色假丝酵母以及SARS冠状病毒。

如图9-13所示，水中O_2曝气和N_2曝气条件下的对比杀菌实验表明，载银

Al_2O_3在有氧条件下的杀菌活性明显高于无氧条件，有力地说明 O_2的参与是保证高杀菌活性的必要条件，即材料的杀菌能力很可能源于银与氧的协同作用。

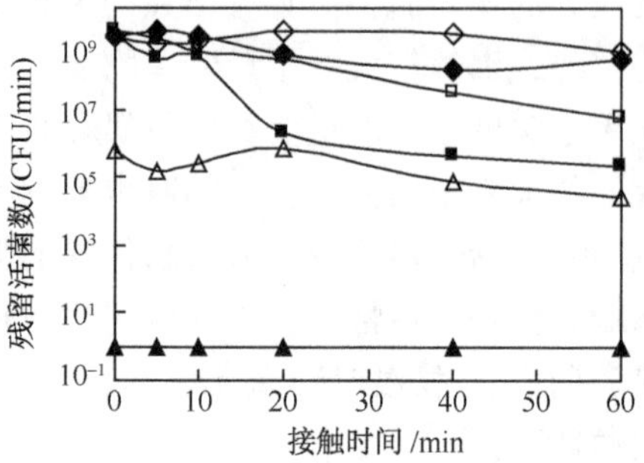

图 9-13 充 O_2和充 N_2条件下不同材料的杀菌能力对比

(◆) O_2-Al_2O_3；(■) O_2-AgCl/Al_2O_3；(▲) O_2-Ag/ Al_2O_3；

(◇) N_2-Al_2O_3；(□) N_2-AgCl/ Al_2O_3；(△) N_2-Ag/ Al_2O_3

考虑到 Ag/Al_2O_3作为一种氧化型催化材料应该具有将 O_2转化成为 ROS (其中可能包括超氧离子˙O_2^-、过氧化氢 H_2O_2和羟基自由基˙OH 等）的能力，而这种 ROS 具有极强的氧化性，很可能是直接导致细胞破裂的原因。为进一步确认反应过程中是否产生了 ROS，杀菌实验中引入了超氧化物歧化酶（super oxide dismutase，SOD）作为˙O_2^-的特征捕捉剂，并与未加捕捉剂的实验进行对比。在该实验中，200 单位/mL 超氧化物歧化酶被应用于抗菌材料表面，其作用对材料杀菌效果的影响如图 9-14 所示。与没有加任何捕捉剂的情况相比，SOD 的引入使得材料的杀菌效果变弱；随着引入 SOD 捕捉剂浓度的增加，其杀菌能力进一步下降。这一结果表明，材料表面的确有超氧离子生成，并且对杀菌效果有一定贡献。但另一方面，SOD 并没有完全抑制材料的杀菌能力，表明反应过程中还有其他的 ROS 发挥着作用。

扫描电镜表征明显观察到 Al_2O_3负载的 Ag 催化剂对其表面细菌的破坏是从细胞膜开始的，然后逐步将其氧化；结合红外表征检测到的分解产物为 CO_2，表明细菌最终被完全分解成无害小分子，脱离催化剂。因此，Al_2O_3负载的 Ag 催化剂不仅可以杀灭附着于其表面的微生物，还具有相当强的自净功能，是一种优良的杀菌材料。

9.3.5.4 稀土激活光催化复合型无机抗菌剂

光催化和金属离子型无机抗菌材料虽然发展快、使用广，但也存在不同的缺陷。例如，金属离子、金属氧化物类抗菌材料多数存在见光变色问题。TiO_2光催化抗菌材料在紫外线照射下形成电子和空穴对，产生羟基自由基，但在 100 ns

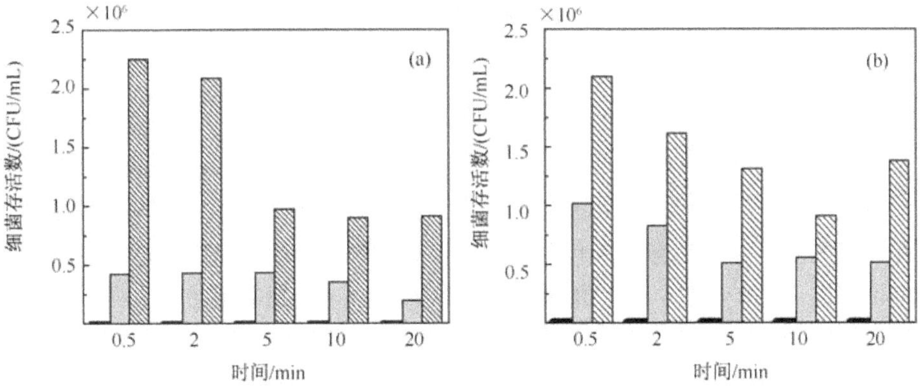

图 9-14　SOD 对抗菌材料杀菌效果的影响

(a) Ag/Al_2O_3；(b) $AgCl/Al_2O_3$

0 单位/mL SOD　50 单位/mL SOD　100 单位/mL SOD

之内易复合，失去光催化活性，存在太阳能利用率低、量子效率低等问题。另外，一些光催化效果较强的材料稳定性却比较差，实际应用困难。针对这些问题，我国科研人员又开发了稀土激活光催化复合型无机抗菌材料。

稀土元素的 4f 轨道电子与 6s 电子能级相近，从而使稀土元素的配位产生可变性，其 4f 亚层的电子可起到“后备化学键”或“剩余原子价”的作用。稀土元素价态变化过程中转移的电子可激活并参与光催化反应，降低水分子缔合度，促进羟基自由基的产生。稀土激活无机抗菌材料利用半导体材料的光催化作用、变价稀土元素激活作用及采用原子水平上的纳米复合与包覆技术，将稀土离子交换到多层纳米黏土中，同时将 TiO_2 和 ZnO 包覆在其中，增大羟基自由基产量，提高材料抗菌效率，使材料在光照条件下表现出优良的抗菌性能。

总之，采用无机催化抗菌材料消毒，不仅具有高效、广谱、安全稳定的特点，更重要的是，与化学消毒剂相比，在消毒的同时还能清除细菌死亡时放出的毒性物质，不会产生二次污染，是一种理想的环保消毒方法。此外，与紫外线消毒及电催化消毒相比还具有能耗低、操作简便及消毒持久等优点、在饮用水消毒方面有着广阔的应用前景。

9.3.6　联用消毒新技术

总的说来，各种不同消毒技术单一使用时均有其各自不同的优缺点，因而可能导致饮用水仍在不同程度上存在水质安全（微生物安全与化学安全）风险。因此，人们提出了组合联用消毒工艺，并在研究与工程应用层面上进行了系统的探索与实践。结果表明，组合联用消毒技术能有效避免单一消毒工艺的缺点，并充分发挥不同消毒剂各自的优势。两种（或多种）消毒剂组合使用时常常表现出协同作用，从而大大增强其灭活微生物效能，这一方面对于杀灭具有较强生存能力的贾第虫等原生动物具有重要意义；另一方面，消毒能力的增强往往可以降低消毒剂投量，从而可能降低消毒副产物生成量，并在一定程度上节约成本。此外，将某些消毒剂（如过氧化氢与臭氧）进行组合，能显著增强其氧化破坏水中难降解污染物的能力，这对于受到人工合成品污染的水源水处理有重要的应用价值。值得一提的是，组合消毒不仅包括多种消毒剂同时投加的情况，还包括不同投加点的消毒剂之间的组合，如预消毒与后消毒的组合，这种类型的组合在工程实际中应用更为普遍，尤其在确定消毒副产物生成控制策略时，组合消毒方式往往是必需的。

9.3.6.1　臭氧/过氧化氢联用消毒

臭氧氧化过程中引入过氧化氢能显著加快臭氧分解，并促进羟基自由基（˙OH）的生成，从而增强消毒灭活微生物的能力以及氧化破坏水中难降解有机物（如农药、致嗅微量有机物等）的能力。由于生成˙OH会导致臭氧利用效率的降低，因此从运行成本角度而言，倘若臭氧即能有效灭活水中微生物，采用 O_3/H_2O_2 组合工艺进行消毒并不经济。

一般认为，臭氧在 O_3/H_2O_2 组合工艺的消毒过程中发挥关键作用。事实上，已有研究表明过氧化氢本身的消毒能力很差。例如，单独利用过氧化氢对脊髓灰质炎病毒（*poliovirus*）进行消毒，若灭活率要达到 2-log，投量为 15 000mg/L 时需要反应 24min，而投量为 3000mg/L 时则需要反应 360min[7]。另一方面，由于加入过氧化氢促进了氧化消毒能力极强˙OH 的产生，因此 O_3/H_2O_2 组合工艺的消毒能力优于臭氧，是消毒能力最强的工艺之一。这对于灭活控制水中贾第虫、隐孢子虫等抗氯性很强的微生物更为适用。

影响 O_3/H_2O_2 组合工艺消毒效果的因素有臭氧投量、$H_2O_2:O_3$、反应时间、水质条件等，其中臭氧投量是影响消毒效果的关键因素。Scott 等通过连续流中试试验研究了臭氧投量（0.5～4.0mg/L）、过氧化氢投量、反应时间（3、6、9、12min）、浊度（0、10、50NTU）等参数对贾第虫灭活效果的影响。结果表明[62]，臭氧余量是贾第虫灭活的决定因素，只要臭氧余量在 0.65mg/L 以上而不论其他水质条件如何，贾第虫灭活率均能达到 2-log 以上。Finch 等对比研究了单独臭氧与 O_3/H_2O_2 两种工艺对 *E. Coli* 的消毒效果[63]，其中臭氧在 0.05mol/L 磷酸盐与 0.01mol/L 碳酸盐缓冲体系下，而 O_3/H_2O_2 工艺在 0.05mol/L 磷酸盐体系下，且两种体系 pH 均控制在 6.9。结果表明[63]，在反应前 60 s 内两种工艺消毒效果无显著差异；反应 120 s 后单独臭氧工艺仍表现出消毒能力，对比而言，O_3/H_2O_2 工艺反应 60 s 后即已失去消毒能力，且臭氧余量检测结果表明此时臭氧浓度已在检出限以下，证实了臭氧余量在 O_3/H_2O_2 工艺消毒效果中的重要意义。

此外，过氧化氢与臭氧的投量比也对消毒效果有重要影响。Wolfe 等研究了不同工艺参数（臭氧投量、$H_2O_2:O_3$、反应时间）与不同原水水质条件下 O_3/H_2O_2 对 *E. Coli*、MS2、异养菌等微生物的灭活效能[64]。结果表明，当反应时间低于 5min 时，在所有 $H_2O_2:O_3$ 条件下 O_3/H_2O_2 组合工艺均比臭氧的消毒效果差一些；当 $H_2O_2:O_3$ 质量比小于或等于 0.5 时（臭氧投量 2.0mg/L），反应 4min 即能保证 *E. coli* 与 MS2 等微生物的灭活率达到 4.5-log 以上；但增大 $H_2O_2:O_3$ 质量比至 0.8，消毒效果明显降低。同样，Wolfe 等以 *E. Coli*、MS2、f2、R2A-HPC 为目标微生物，通过连续流试验研究发现，$H_2O_2:O_3$ 比为 0.2mg/mg 是决定 $H_2O_2:O_3$ 工艺消毒效果的重要临界值，当 $H_2O_2:O_3$ 比高于 0.2mg/mg 时，O_3/H_2O_2 对微生物的灭活能力明显降低[65]，这也从另一个角度证实了臭氧在该工艺消毒过程中的重要作用。

上述研究结果对于 O_3/H_2O_2 工艺的工程应用具有指导作用。生产实际中 O_3 与 H_2O_2 可以采用多种投加方式：O_3 与 H_2O_2 同时投加，O_3 先投 H_2O_2 后投、H_2O_2 先投 O_3 后投等。为了充分发挥 O_3/H_2O_2 工艺的消毒与强氧化能力，可以考虑将反应器设计为 2 级。其中，第一级反应室中通入臭氧灭活水中微生物，之后在第二级中加入 H_2O_2 以催化 O_3 生成·OH 氧化分解难降解有机物。需要指出的是，第一室体积应设计较大以保证足够的消毒接触反应时间；第二室中 H_2O_2 的加入加速了臭氧分解，且·OH 氧化有机物的反应速率很快，因此反应器体积相对小得多。

9.3.6.2　原位在线发生臭氧与紫外联用消毒

前已述及，臭氧消毒过程中臭氧投量与接触时间是影响消毒效果的决定因素。为了保证微生物消毒所需的 CT 值，需要投加较高浓度的臭氧，这对减少处理成本、控制臭氧氧化副产物生成是不利的，而采用某些方式强化臭氧消毒能力可能是可行途径。另一方面，传统的臭氧发生方法需要氧气源与臭氧发生器，工艺设备复杂，运行维护困难，尤其不适合小规模饮用水处理系统的使用。

针对上述问题，作者根据紫外线（253.7nm）照射空气（或氧气）的过程中能产生臭氧这一原理，提出了原位在线发生臭氧与紫外联用消毒工艺技术原理，研究了该工艺的消毒及其除污染物效能，为技术的实际应用奠定了基础。

原位发生臭氧与紫外联用消毒工艺的臭氧由紫外线辐射激发空气（或氧气）原位在线生成，其主要过程如下：紫外线照射灯管外壁与石英冷阱内壁之间的流动空气（或氧气），分子氧在高能紫外线作用状态下被激发成原子氧，原子氧与分子氧进一步组合形成臭氧分子。含有臭氧的气体通过装置入口水射器的射流补气作用将抽吸入水中混合进行后续消毒（图 9-15）。

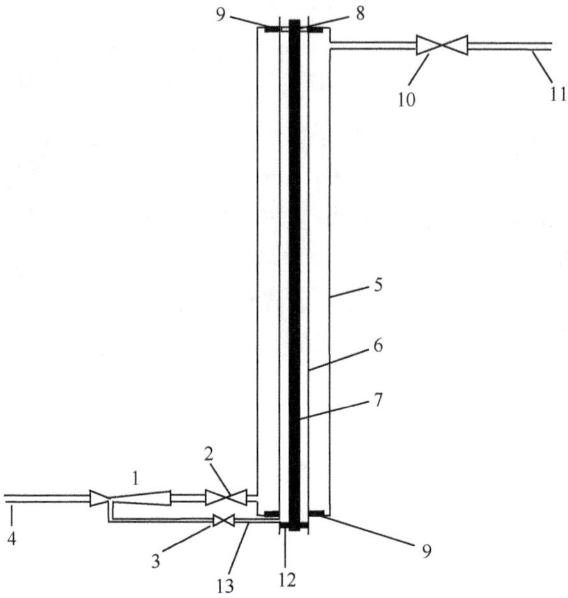

图 9-15　原位在线发生臭氧与紫外联用集成装置

1—水射器；2—进水阀；3—导气阀；4—进水管；5—反应器本体；6—石英套管；7—UV254 紫外灯；8—进气口；9—密封圈；10—出水阀；11—出水管；12—出气密封圈；13—导气管

研究表明，在反应器运行的 30min 内，系统出水剩余臭氧平均浓度可达 0.3～0.5mg/L，这即便对难以灭活的贾第虫、隐孢子虫等微生物也能很好地满足其 CT 值的要求。进一步将生活污水与脱氯自来水分别按1∶50与 1∶100 的比例进行混合作为待处理水，研究本工艺在连续流动态运行条件下对微生物的消毒效果。其中，中试模型处理规模为 300 L/h，紫外灯功率为 30W，主波长 253.7 nm。研究表明，对于配置的两种原水，该技术对细菌总数和大肠杆菌的去除率均达到 5-log 以上，表现出了良好的消毒效能。此外，水中有机物也表现出了良好的去除效果，COD_{Mn}去除率可达 41.85%，TOC 去除率可达 22.54%。这主要是由于在线生成的臭氧以及 UV 催化臭氧产生的˙OH 共同作用所致。事实上，试验过程中处理水剩余臭氧浓度持续保持较高水平，最高达到 0.398mg/L。

本工艺实现了多种作用机制之间的协同与耦合：通过 UV 激发空气（或氧气）原位在线生成臭氧，之后利用臭氧与 UV 之间的协同作用进行消毒，大大增强了消毒效能，提供了一定消毒剂余量，相对于单独臭氧消毒减少了臭氧投加量；另一方面，UV 能有效催化臭氧氧化过程˙OH 等自由基生成量，提高水中污染物的降解能力。作者进一步以本工艺为核心单元，建立了兼具氧化、消毒、吸附与膜过滤等多种净水功能的优质饮用水净化集成技术系统，开发了相关一体化成套设备，并将在奥运村优质饮用水供水工程中使用。

9.3.6.3　紫外/氯胺联用消毒

氯胺作为二次消毒剂虽能有效降低 DBPs 生成量，但由于其消毒能力较弱，往往需要增大投量或延长反应时间才能达到某些微生物（如贾第虫等）所需的 CT 值，而采用某些消毒方式与氯胺进行组合消毒可能是弥补的有效途径。

紫外线对抗氯性很强的隐孢子虫等微生物具有很强的灭活能力，将其与氯胺联用是弥补氯胺不足的可行方式，且紫外与氯胺的投加先后顺序对工艺消毒能力有重要影响。以腺病毒为对象，研究紫外与氯、氯胺组合联用消毒工艺的消毒效能表明，若先投加氯胺再进行紫外消毒，在不同氯胺投量与紫外线强度条件下，腺病毒平均灭活率在 3.4～4.2-log 之间；对比而言，先进行紫外消毒再补加氯胺，腺病毒的平均灭活率达到 6-log 以上，而剩余氯胺浓度接近 2.8mg/L，消毒效率明显优于上一种工艺；紫外、氯联用消毒工艺消毒效果与紫外、氯胺联用消毒工艺相当，但反应相同时间后余氯浓度较低，且剩余消毒剂持续时间缩短。此外，以含有较高浓度氨氮的实际原水为对象，考察了紫外与氯联用消毒工艺的消毒效能，发现紫外线强度为 40 mJ/cm^2 时，能使腺病毒降低 1.02-log，进一步投加氯（自由氯迅速与氨氮反应生成氯胺）反应 12min，腺病毒灭活率达到 4-log 以上，经估算紫外与氯胺联用工艺灭活腺病毒的 CT 值约为 27.2mg · min/L，证实了该工艺对腺病毒灭活的有效性。

另一方面，投加氯胺对于控制微生物的光致复活作用（photoreactivation）具有重要意义。Quek 等研究发现[66]，在不同紫外线强度下进行消毒，处理水均表现出不同程度的光致复活作用，且细菌增加量在 0.04～1.35-log 之间；氯胺具有明显的抑制细菌再复活的作用，但与氯胺投量有关：投加 0.5mg/L 氯胺仅能使得细菌再生长过程抑制 1h，而投加 1mg/L 氯胺后实验期间内未观察到细菌的再生长。

氯胺与紫外之间的协同作用充分发挥了两种消毒剂的优势，具有很好的应用前景。美国目前有不少水厂都采用紫外与氯胺联用消毒，并在工程实际中获得了很好的效果。此外，对于原水氨氮浓度较高、仅用氯消毒难以确保有效灭活隐孢子虫类等微生物的情况下，引入紫外线从而间接地利用紫外与氯胺联用消毒工艺，这在工程实践中也具有很好的可行性。

9.3.6.4　二氧化氯/氯联用消毒

二氧化氯以其不产生氯代 DBPs 以及能有效氧化水中苯酚、藻类、硫化物、锰等污染物等优势，常用于控制水中的嗅与味。此外，国内外也有一些水厂利用二氧化氯进行消毒，但处理成本较高，且若运行不当有可能出现亚氯酸盐副产物超标的情况。因此，出现了以二氧化氯为主，氯气为辅（通常 ClO_2 ∶ Cl_2 为 7∶3）的新型组合联用消毒剂，克服了单独氯或二氧化氯消毒的缺点，并相对于二氧化氯消毒明显降低了处理成本。

研究表明，二氧化氯/氯联用消毒与二氧化氯在消毒效果上基本相同；另一方面，由于二氧化氯比氯活泼，且在水中扩散速度比氯快，因此将优先与水中有机物发生氧化反应，从而在一定程度上抑制了氯与有机物相互作用而生成有机氯代副产物的反应；而复合消毒剂中的余氯又可维持管网中的余氯浓度水平，从而抑制水中微生物的再生长。此外，这种组合消毒方式减少了二氧化氯的投加，从而降低水中亚氯酸盐的含量。

二氧化氯/氯联用消毒技术已经成功运用于我国广东省肇庆市狮山水厂。生产性试验期间，对出厂水与管网水的细菌总数、总大肠菌群、粪大肠菌群和余氯等进行跟踪监测，并在此基础上及时调整复合消毒剂投量，最终确定出厂水余氯控制浓度为 0.08～0.3mg/L。长期生产运行结果表明，采用二氧化氯/氯进行消毒能有效保证管网余氯浓度在 0.05mg/L 以上，出厂水与管网系统微生物指标均能达到相关标准，且亚氯酸盐浓度能控制在 0.2mg/L 以下。目前二氧化氯/氯联用消毒技术已在国内一些水厂陆续推广使用。

以上针对不同消毒剂同时作为预消毒剂（primary disinfectant）或二级消毒剂（secondary disinfectant）的组合或联用消毒方式，选取了 4 种代表性工艺进行了较为细致的介绍。但如前所述，饮用水处理中应用更为普遍的组合消毒工艺往往是不同消毒剂分别作为预消毒剂和二级消毒剂的情况。美国环保局曾系统对比了不同消毒剂分别作为初级、二级消毒剂及其之间不同组合方式形成的组合消毒工艺的优缺点[7]。需要再次强调的是，这种组合消毒方式主要基于控制 DPBs 生成量这一目的，而不同消毒剂协同作用强化灭活微生物这一功能并不是主要的。正由于此，本书并不准备探讨这种组合方式对微生物灭活的影响，而其控制 DBPs 生成的效能与机制也将在下一节详细介绍。此外，作为区别，在本书中第一种方式的组合消毒工艺使用“联用消毒”的表述方式，而第二种组合消毒则略去“联用”二字。

9.4 消毒副产物的生成与控制

9.4.1 消毒副产物生成的化学基础

客观地说，迄今为止研究者们对 DBPs 生成历程与机制仍知甚少。许多 DBPs前驱物（DBPs precursors）结构与性质未能准确定性、消毒剂种类的多样性、反应体系及其影响因素的复杂性以及 DBPs 分析手段的局限性，这些都导致我们目前对 DBPs 生成机制的把握仍基本停留在假设与推测层次。尽管如此，研究者们也努力从不同角度进行探索，试图探明 DBPs 前驱物与消毒剂反应并生成 DBPs的历程与机制，并取得了一些颇有价值的成果。本节将对此进行介绍，从而为后续 DBPs 生成控制技术的介绍奠定基础。

9.4.1.1　消毒副产物前驱物分类及其性质

天然水体中常见的 DBPs 前驱物可以分为有机与无机 DBPs 前驱物两大类。其中，有机 DBPs 前驱物主要包括腐殖酸、富里酸等天然腐殖类有机物和非腐殖质性有机物（nonhumic organic matter）；后者主要有亲水酸、聚糖、氨基酸、蛋白质、单宁酸、烃类化合物等。公认的无机 DBPs 前驱物主要为 Br^- 、I^- 等。但近年来关于 DBPs 生成过程与机制的进一步研究发现，氨氮（及其与氯反应生成的氯胺）也参与 DBPs 生成过程，并在 *N*-硝基钠二甲基胺（NDMA）等某些 DBPs 的生成过程中发挥重要作用。

针对有机 DBPs 前驱物结构性质的研究显示，腐殖酸、富里酸等有机分子中含有丰富的羟基苯、多羟基苯甲酸、苯多酸等结构；进一步地，间苯二酚、1,2,3-苯三酚、邻苯二酚、5-甲基-1,3-苯二酚、2,6-二羟基甲苯、邻苯二甲基-1,3-苯二酚、邻苯二甲酸、间苯二甲酸等是其主要单体形式；此外，间苯二酚等酚类物质以及 β-酮酸、β-二酮等是重要的氯化 DBPs 前驱物[67～70]。进一步研究表明，DBPs 前驱物的结构性质对其在消毒过程中生成 DBPs 规律有重要影响。上述官能团结构特征使得腐殖酸、富里酸分子在氯化过程中易与活性氯发生取代、加成、开环、断链、水解、碱催化加成等反应而生成氯代 DBPs；此外，当水中存在 Br^- 、I^- 时，氯能分别将其氧化为 HBrO（或 BrO^- ）、HIO（或 IO^- ）并进一步地与有机物发生各种反应，形成混合型卤代 DBPs。研究表明，当有机分子中的两个羟基之间含有一个或三个活性空位碳原子时，这类有机物的 THMs 生成势较高。

9.4.1.2　消毒副产物生成的过程与机制

DBPs 的形成可由式（9-33）表示：

$$\text{消毒剂}+\text{DBPs 前驱物}\longrightarrow \text{DBPs} \qquad (9\text{-}33)$$

其中，消毒剂包括氯、臭氧、二氧化氯、氯胺等；DBPs 前驱物包括 NOM 和 Br^- 、I^- 、氨氮等。DBPs 的形成受各种反应水质条件与工艺参数（如 pH、温度、反应时间、消毒剂种类、投加量及剩余量等）影响[71]。DBPs 包括经过卤仿反应、氧化反应与氧化的二级效应（secondary effects of oxidation）等作用形成卤代副产物、氧化副产物及其二级副产物（secondary by-products）等。迄今为止，饮用水消毒过程中检测出的 DBPs 已接近 500 种，表 9-3 中列出了其中最主要的 DBPs。其中，THMs 与 HAAs 最受关注，目前溴酸盐、有机胺类副产物等也是研究热点。

表 9-3 饮用水消毒过程中产生的主要消毒副产物[72]

DBPs 类型	DBPs 名称	化学式
三卤甲烷	氯仿(三氯甲烷)	$CHCl_3$
	一溴二氯甲烷	$CHCl_2Br$
	二溴一氯甲烷	$CHClBr_2$
	溴仿(三溴甲烷)	$CHBr_3$
卤乙酸	一氯乙酸	$CH_2ClCOOH$
	二氯乙酸	$CHCl_2COOH$
	三氯乙酸	CCl_3COOH
	一氯一溴乙酸	$CHBrClCOOH$
	二氯一溴乙酸	$CBrCl_2COOH$
	二溴一氯乙酸	$CBr_2ClCOOH$
	一溴乙酸	$CH_2BrCOOH$
	二溴乙酸	$CHBr_2COOH$
	三溴乙酸	CBr_3COOH
卤乙腈	三氯乙腈	$CCl_3C\equiv N$
	二氯乙腈	$CHCl_2C\equiv N$
	溴氯乙腈	$CHBrClC\equiv N$
	二溴乙腈	$CHBr_2C\equiv N$
卤代酮	二氯代酮	$CHCl_2COCH_3$
	三氯代酮	CCl_3COCH_3
混合氯代有机物(miscellaneous chlorinated organic compounds)	水合三氯乙醛	$CCl_3CH(OH)_2$
	三氯硝基甲烷	CCl_3NO_2
卤代氰	氯代氰	$ClC\equiv N$
	溴代氰	$BrC\equiv N$
卤氧化物	亚氯酸盐	ClO_2^-
	氯酸盐	ClO_3^-
	溴酸盐	BrO_3^-
醛类物质	甲醛	$HCHO$
	乙醛	CH_3CHO
	乙二醛	$OHCCHO$
	甲基代乙二醛	CH_3COCHO
醛(酮)酸类	乙二醛酸	$OHCCOOH$
	丙酮酸	$CH_3COCOOH$
	2-酮-丙二酸	$HOOCCOCOOH$
羧酸类	甲酸	$HCOO^-$
	乙酸	CH_3COO^-
	乙二酸	$OOCCOO^{2-}$
马来酸类	叔丁基马来酸	$HOOCC(C(CH_3)_3)CHCOOH$

1. 卤仿反应

活性氯加入水中在极短地时间即可水解及离解成次氯酸（HClO）和次氯酸根离子（ClO^-），当天然水中含有少量Br^-（或I^-）时，Br^-（或I^-）被氯氧化成单质溴Br_2（或单质碘I_2），Br_2（或I_2）又水解而成次溴酸（HBrO）和次溴酸根（BrO^-）。不同pH条件下，HClO与ClO^-（以及HBrO与BrO^-、HIO与IO^-）之间不同组分所占比例不同。在pH为7～10之间时，ClO^-和BrO^-（或IO^-）分别占其总量的80%～100%。ClO^-、BrO^-与IO^-等均为强亲电性物质，能与水中多种有机物发生反应而生成氯代、溴代，碘代副产物。研究表明，两个羟基之间含有一个活性空位和三个活性空位碳原子的有机物（如间苯二酚，间苯三酚、1，3-环己酮等）与其具有很强的反应活性，从而在氯化过程中通过取代、加成、开环、断链、水解、碱催化加成等作用反应，最终形成卤代副产物。

Rook推测了富里酸中间苯二酚类物质发生的卤仿反应历程[73]，结果如图9-16所示。若在a处断开将生成THMs，b处断开将生成卤乙酸（HAAs），若在c处断开则生成卤代酮；倘若水中还存在Br^-（或I^-），则形成混合卤代副产物。此外，Cl_2∶Br^-（或Cl_2∶I^-）对于不同卤代副产物生成量及其组成比例有重要影响。

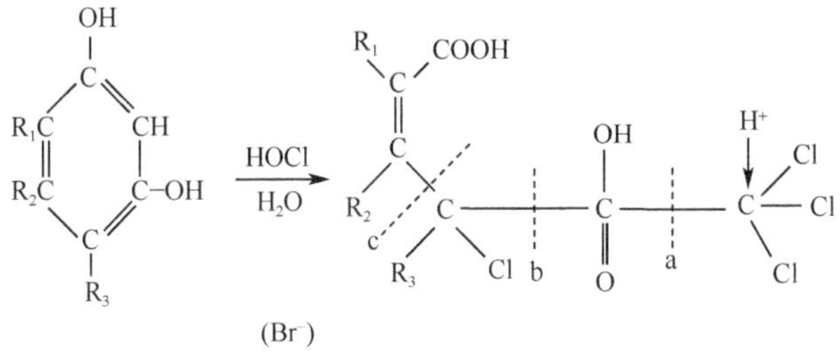

图9-16 间苯二酚类物质与氯反应生成卤代副产物的可能反应历程[73]

2. 氧化反应

当采用强氧化剂时均会发生氧化反应。例如，氯能通过氧化反应将氨基酸氧化成乙醛；ClO_2、臭氧等消毒剂及其组合消毒工艺都有可能通过氧化作用生成各种不同类型的DBPs[74,75]。

3. 氧化的二级效应

臭氧会与DBPs前驱物反应生成臭氧氧化副产物；进一步地，在后氯化过程中，臭氧氧化产生的副产物会继续与氯反应生成二级副产物。例如，氯代醛类物质往往是由臭氧氧化形成的醛类物质在后氯化过程中与氯反应而形成的。

由于 DBPs 前驱物结构非常复杂，要研究消毒剂与其作用的反应过程与机制十分困难。为此，根据 DBPs 前驱物官能团特征，选取若干结构简单的小分子模型化合物并模拟氯化过程进行反应，以此探索消毒过程中 DBPs 生成历程及其不同类型官能团特征化合物的 DBPs 生成规律，这不失为一种可行途径。例如，有研究者选取了间苯二酚、间苯三酚、芳香酸类化合物、二酮类化合物、邻氯苯酚等单体化合物进行氯化反应，结果表明，具有间羟基或羧基的苯酚类、苯甲酸类物质具有较高的三氯甲烷生成势；而苯系物、邻苯二甲酸、对苯二甲酸、联苯三酚、葡萄糖、D-果糖、1,3-丙二醇、1,3-丁二醇、苯乙烯、一氯苯、二乙醚、醋酸乙酯等单体化合物几乎不能生成卤仿，证实了 DBPs 前驱物的官能团结构特征在 DBPs 生成过程中的关键作用。

但是，采用模型化合物单体进行研究仍与实际 NOM 等 DBPs 前驱物有较大差距。另一方面，NOM 等 DBPs 前驱物结构复杂、不存在固定单体结构从而难以对 NOM 单体进行鉴定。因此，许多研究者尝试利用基于 NOM 等 DBPs 前驱物不同性质的分类分级方法，从而为实际水体 DBPs 生成过程与机制的研究以及水体 DBPs 生成势评价奠定了基础。其中，基于 DBPs 有机前驱物相对分子质量大小而建立的超滤膜分级方法和基于亲疏水性而建立的树脂分级方法应用较为普遍。研究表明，上述分类分级方法对于实际天然水体条件下的 DBPs 生成过程与机制的研究是有利的，并能对饮用水处理工艺选择与工艺过程优化提供重要的信息。当然，上述分类分级方法不能提供更为详尽的基于大分子有机物的官能团信息，从而不利于天然水体条件下的 DBPs 生成过程与机制的深入探讨。

9.4.1.3 消毒副产物生成评价

建立 DBPs 生成量评价方法在研究与工程应用中都具有重要意义。

DBPs 生成势（disinfection by-products formation potential，DBPsFP）是较为通用的 DBPs 生成量评价方法，主要用于表征某一水样 DBPs 的最大生成潜力。例如，THMsFP 表示水样在 20℃条件下反应 7 天后总三卤甲烷的生成量。其中，实验过程中要求反应 7 天后水样中仍有余氯，且其浓度在规定水平范围内。尽管反应 7 天并不能保证氯与 DBPs 前驱物已经反应完全，从而得到理论意义上的总三卤甲烷最大生成量，但动力学研究表明，进一步延长反应时间后总三卤甲烷生成量几乎不再增加。因此，采用此方法确定 THMsFP 是可行的。

DBPs 生成势提供的是关于 DBPs 最大生成量的信息。但另一方面，工程实际中消毒剂与 DBPs 前驱物的反应时间远低于 7 天（一般最多在 48h 之内），且消毒剂实际投量也比进行 DBPsFP 试验时的投量低得多。因此，有研究者提出了模拟输配系统三卤甲烷生成试验（simulated distribution system trihalomethane test，SDST）进行评价水样的三卤甲烷生成量，从而使得结果具有较好的工程指导意义。

影响DBPs生成量的因素很多，包括消毒剂种类与投量、水质条件、反应条件、反应时间等。因此，在把握DBPs生成规律的基础上，建立涵盖主要影响因素的DBPs量生成量模拟模型，进而实现DBPs生成预测，这对于实际生产具有很好的指导作用。许多研究者对此进行了系统的探讨，并取得了许多有价值的成果[76,77]。

9.4.2　消毒副产物的生成与控制

自20世纪70年代末首次报道饮用水中存在三氯甲烷等DBPs并证实其与癌症之间存在相关关系以来，关于DBPs生成及其控制技术的论文大量涌现，迄今为止仅SCI收录的文章就达数千篇。总的说来，控制饮用水中DBPs生成量主要包括以下几种方法：

（1）在投加消毒剂之前强化去除DBPs前驱物。这不仅包括强化混凝与沉淀、强化过滤、强化软化、吸附、膜分离、离子交换等（未发生电子转移的非氧化还原反应）能促进DBPs前驱物从体系中分离与去除的工艺方法，而且包括采用氧化方法（包括化学氧化与生物氧化）促进DBPs前驱物形态、结构与性质的变化（发生电子转移的氧化还原反应），从而降低其DBPs生成势的方法。

（2）采用某些方式抑制或阻断生成DBPs的途径，通过反应过程调控抑制DBPs的生成，从而降低DBPs生成量。这通常通过改变水质条件（如pH、碱度等）或引入某些控制反应历程的物质等方式得以实现。本章将以溴酸盐生成控制技术为例对此进行详细介绍。

（3）采用替代消毒剂或组合消毒工艺，从而避免、控制某些类型DBPs的生成。从严格意义上来说，该方法属于第二种方法中的“抑制生成DBPs的反应”，但鉴于本方法在工程中应用的普遍性，且技术内涵本身并不一致，因此拟单独列出进行详细讨论。

（4）采用某些能有效去除DBPs的工艺去除已经生成的DBPs。例如，吹脱法能去除水中THMs等挥发性有机物。需要指出的是，该方法尽管从理论上是可行的，但往往因为所需单元的复杂性与技术经济性而影响其工程中的实际应用。

9.4.2.1　消毒副产物前驱物的强化去除与控制

自从饮用水处理技术出现以来，其最初处理目标主要为无机胶体颗粒、病原微生物等污染物；此外，对于地下水源，通常还包括去除铁、锰、砷、氟等元素以及水的软化等。随着水源污染的加剧以及人们对消毒副产物的关注，去除DBPs前驱物也成了饮用水处理过程的重要目标，而强化常规工艺单元的处理效率是可行途径。

1. 强化混凝

从严格意义上来说，混凝过程仅仅是胶体（包括DBPs前驱物等大分子有机物）的脱稳与絮体形成、生长的过程，并不包括固液分离等污染物从体系中去除的过程。因此，强化混凝本身并不能实现DBPs前驱物的去除，而仅仅是促进其通过沉淀单元得以去除。常规混凝去除目标主要为水中颗粒物、胶体等，并不能有效去除DBPs前驱物。强化混凝（及其沉淀）通过多种途径强化混凝反应过程，有效提高了DBPs前驱物去除效果，并成为美国环保局推荐采用的去除DBPs前驱物的最有效技术（best available technologies，BAT）。

由于本书第4章对强化混凝的机制、途径与方式、影响要素、过程表征与控制技术进行了全面系统的探讨，故在此不再详细介绍。

需要指出的是，生产中采用增加混凝剂投量的方式进行强化混凝往往会增加产泥量，并有可能在一定程度上增加处理成本。此外，DBPs前驱物的强化去除是以消耗水中碱度、降低水的缓冲能力从而增强处理水的腐蚀性为代价的，这有可能加剧管网系统的腐蚀。而另一方面，管壁腐蚀有可能促进管网系统微生物的再生长与繁殖，这对水质的微生物安全性而言是不利的。

2. 强化过滤

首先需要指出的是，此处的过滤主要指砂滤，而不包括颗粒活性炭过滤与膜过滤过程。一直以来，过滤的主要目标是去除沉淀（或气浮）单元中未能去除的颗粒物或微小生物等。混凝过程中，混凝剂及其水解产物与大分子NOM等DBPs前驱物通过吸附、网捕等作用结合可以形成絮体。其中，较大的絮体（$>30\mu m$）通过沉淀（或气浮）工艺去除，而较小的絮体则通过过滤单元去除，并在滤层中表现为逐渐向下迁移的动态过程。此外，去除水中形体尺寸较大的原生动物也是过滤的重要功能，美国环保局要求隐孢子虫等在过滤单元的去除率要达到2-log以上。随着DBPs的日益受到关注，去除DBPs前驱物也成了过滤单元的目标之一。

过滤去除水中颗粒物的主要机制是颗粒物与滤料表面之间的黏附作用，而机械筛分作用所占比例较小。另一方面，石英砂滤料主要带负电，而NOM等DBPs前驱物也带负电。因此，强化过滤过程对水中DBPs前驱物的去除，首先可以通过改变滤料表面电性、从而增强滤料与颗粒物之间的相互作用力得以实现。关于不同改性滤料对水中有机物的强化去除效果有过不少研究。例如，李涵婷等以黄浦江原水为目标物，通过中试试验对比研究了普通石英砂与改性滤料涂铁铝砂Ⅱ对沉淀池出水 UV_{254} 去除效果[78]。结果表明，涂铁铝砂Ⅱ对 UV_{254} 的去除效果明显优于石英砂滤料，但对浊度的去除无明显优势；改性滤料再生后对 UV_{254} 去除效果能得到有效恢复。此外，与活性炭吸附不同的是，改性滤料过滤去除的有机物分子质量相对较大，尤其对分子质量大于 1000kDa 的有机物效果明显[79]。

采用某些方式促进微生物在滤料表面生长繁殖，从而发挥微生物对天然有机物的生物氧化作用，也能在一定程度上去除水中 DBPs 前驱物。McMeen 与 Benjamin 对比研究了铁氧化物改性橄榄石（iron oxide-coated olivine，IOCO）、未改性橄榄石与普通石英砂对水中天然有机物的去除效果[80]，结果发现未改性橄榄石与普通石英砂几乎无去除天然有机物的能力，而 IOCO 具有良好的去除天然有机物效能。他们认为这主要是由于 IOCO 的优良吸附性能以及滤床内生长了一定量微生物、具有较强生物活性所致。但另一方面，对传统普通快滤池而言，微生物的生长可能导致滤料板结，这对滤池正常运行往往是不利的。强化过滤去除 DBPs 前驱物还可以通过优化滤料粒径级配、投加助滤剂等方式来实现，但这往往需要以缩短滤池过滤周期、提高处理成本为代价。

3. 强化软化（enhanced softening）

当水中硬度过高时，往往需要投加苏打、石灰等药剂以去除水中 Ca^{2+}、Mg^{2+} 等离子，降低水中硬度。由于水中 Ca^{2+}、Mg^{2+} 等通过形成 $CaCO_3$、$Mg(OH)_2$ 等固相物质并沉积出来，当水中同时存在大分子 NOM 等 DBPs 前驱物时，就有可能通过吸附、沉降/共沉降等方式得以去除。强化软化在去除硬度的同时强化去除水中有机物，通过优化药剂投加量与组成配比关系，实现有机物的强化去除与控制，目前已发展成为去除 DBPs 前驱物的有效工艺，并在不少水厂中成功应用。

Kalscheur 等选择了六种原水，研究了不同石灰投量条件下的软化效果及其去除水中 NOM、降低 DBPsFP 的效能，并探讨了原水水质特征（SUVA、Br^-、TOC 等）对软化工艺去除天然有机物与降低 DBPs 效果的影响[81]。结果表明，强化软化工艺能有效促进水中溶解性有机物的去除，降低 SUVA 值，从而有效降低 DBPs 生成量；$CaCO_3$ 与 $Mg(OH)_2$ 对水中天然有机物的去除均有贡献。此外，研究还发现，若水处理过程中仅采用软化工艺去除 DBPs 前驱物，往往需要增大石灰投加量使得 $Mg(OH)_2$ 沉降析出才能获得较好的 TOC 去除率并达到 DBPs 相关标准。Roalsom 等认为[82]，尽管 $Mg(OH)_2$ 具有更强的吸附天然有机物效能，但需要增大石灰等药剂投量以提高体系 pH 方能达到 $Mg(OH)_2$ 的溶度积，而 $CaCO_3$ 在较低 pH 条件下即能有效沉积。进一步研究表明，在较低石灰投量条件下，加入一定量硅酸盐并优化石灰软化过程也能有效强化去除水中天然有机物，这对强化软化工艺去除 DBPs 前驱物具有重要指导意义。此外，软化过程对 DBPs 前驱物的去除效果还可以通过投加含有较高镁含量的石灰与 $MgCl_2$ 以及污泥回流等方式得到强化。Bob 与 Walker 的研究结果显示[83]，DOC 的去除以及 THMs 生成量的降低与体系中镁的去除率直接相关，这与 Thompson 等的研究结果具有一致性[84]。此外，采用含镁石灰或投加 $MgCl_2$ 均能有效提高 DOC 去除率；在 $CaCO_3$ 沉积 pH 条件下［$Mg(OH)_2$ 并未沉积］，若投加 7.5mg/L $MgCl_2$ 并进行污泥回流能使 DOC 去除率达到 43%，作为比较，若仅依靠 $CaCO_3$ 的沉降作用仅能达到 13%的 DOC 去除率[83]。

强化软化工艺对有机物的去除效果还与原水有机物性质及其浓度水平有关。Thompson 等研究表明[84]，初始 DOC 浓度与 SUVA 值越高，强化软化过程对 DOC 去除量也相应越高；软化过程对憎水性有机物的去除效果优于亲水性有机物。此外，软化主要去除天然有机物等大分子有机物，而对农药等小分子有机物去除能力很差[85]。需要指出的是，生产中采用强化混凝（或软化）工艺将在很大程度上改变水质化学特征，从而可能对后续处理与输配系统造成不利影响[86]。

4. 强化吸附

吸附是污染物从水相向吸附剂表面的迁移与固化的过程，若为多孔吸附剂，则包括孔内通道的迁移与孔内表面的固化。活性炭（包括粉末活性炭与颗粒活性炭）是饮用水常规处理工艺中最为常用的吸附剂，此外还包括金属氧化物、黏土颗粒、沸石等。其中，活性炭在去除水中 NOM 等 DBPs 前驱物中最为常用。

活性炭具有巨大的比表面积与丰富的活性基团，从而具有优异的吸附性能。影响活性炭吸附 DBPs 前驱物性能的因素主要有活性炭本身种类与性质、DBPs 前驱物结构与性质特征、水质条件与工艺条件等。

活性炭性质直接决定其吸附 DBPs 前驱物效能。活性炭比表面积越大、中微孔数量越多，则有效吸附位越多，吸附能力越强；孔径大小及其分布规律、表面官能团性质等也对吸附性能有直接影响。Rodriguez 等[87]研究了微孔、中孔比表面积及其对单宁酸去除能力等因素与活性炭对 DBPs 前驱物吸附势之间的相关关系，结果证实上述参数可作为 DBPs 前驱物吸附势的指示参数。因此，工程中可方便地通过对比不同活性炭对单宁酸的去除能力而进行活性炭筛选与评价，具有很好的指导意义。

DBPs 前驱物本身性质对活性炭吸附性能也有重要影响。例如，活性炭对富里酸的吸附效果明显优于腐殖酸，这主要是由于富里酸相对分子质量较小、与活性炭表面的亲和力更强所致。不同相对分子质量分布范围的天然有机物在活性炭吸附能力也不一致[88]。大分子天然有机物难以进入活性炭内部微孔而占据并充分利用微孔内部吸附位；此外，从反应动力学角度而言，大分子有机物在活性炭孔内的扩散速度也慢得多。因此，利用活性炭吸附大分子有机物往往是不经济的。另一方面，结合混凝对大分子有机物具有较好的去除效果，这就为混凝与活性炭组合工艺的提出提供了依据。Hooper 等研究证实引入优化混凝工艺后能使颗粒活性炭滤池再生周期延长 2～3 倍，认为这主要是由于 TOC、pH 降低并去除大分子有机物、避免活性炭内孔堵塞所致[89]。此外，混凝工艺的引入还能通过多种机制避免钙、镁等在颗粒活性炭表面的沉积，这对再生过程中恢复颗粒活性炭的吸附能力是有利的[90]。需要指出的是，活性炭吸附天然有机物之后，比表面积、孔结构、孔容、孔径分布等性能参数也将发生很大变化[91]，小分子天然有机物主要影响其微孔孔容，而大分子天然有机物则影响活性炭的中孔孔容。

此外，pH、温度、竞争污染物等水质因素以及活性炭投量、反应时间、空床停留时间等工艺参数也对吸附效果有不同程度的影响，在此不再详述。

由于天然有机物结构性质特征、水质特征与工艺条件差异很大，工程应用中进行大量实验以进行活性炭筛选与评价是非常繁琐的。深入探索活性炭吸附天然有机物等 DBPs 前驱物的过程、机制与影响要素，结合反应器类型与工艺特征，建立基于活性炭性质与反应过程的吸附模型，进而合理预测活性炭去除 DBPs 前驱物效能，并进行工艺优化以降低运行费用，许多研究者对此进行了积极的尝试[92]。与此同时，建立关于活性炭性质、水质特征、工艺参数与除污染能力之间的相关特征数据库，这对工程中进行活性炭筛选、评价与应用具有很好的指导意义，美国环保局在这些方面进行了大量有益的探索[93]。

粉末活性炭为一次性使用，处理成本较高，通常用于季节性嗅味或突发性污染事件的应急处置，若利用粉末活性炭去除水中天然有机物等 DBPs 前驱物缺乏经济可行性。另一方面，天然有机物将通过竞争吸附而明显抑制粉末活性炭对 MIB 等微量污染物的去除效果[94]，因此在 DBPs 前驱物与微量污染物的吸附去除之间存在一定的矛盾。颗粒活性炭（或粉末活性炭）在工程中常常与臭氧等联合使用，通过不同机制之间的协同作用表现出优异的强化去除各种不同类型 DBPs前驱物的能力[95～97]。

在工程应用层次上，除了活性炭之外的针对饮用水中 DBPs 前驱物去除的吸附剂尚未见报道。有研究证明，高锰酸钾还原过程中原位生成的水合二氧化锰也具有良好的吸附 DBPs 前驱物等污染物能力，并在高锰酸钾预氧化工艺控制 DBPs生成过程中发挥着重要作用[98]。

5. 膜分离

客观地说，对于某些膜分离技术（如反渗透、纳滤）而言，去除天然有机物等 DBPs 前驱物并不是其处理目标。相反，进水中存在较高浓度的天然有机物往往是导致膜污染、影响膜正常运行的重要因素。因此，反渗透工艺中通常要求进水 COD_{Mn} 小于 1mg/L。因此，本部分主要探讨微滤、超滤工艺对 DBPs 前驱物的去除效能。

微滤孔径范围为 0.05～10μm，去除目标主要为水中颗粒物、浊度等。微滤对天然有机物等 DBPs 前驱物的去除能力很差，去除率在 10%以下，且主要为颗粒态的有机物。因此，饮用水处理中较少采用微滤工艺去除水中 DBPs 前驱物。

超滤对有机物的去除能力主要决定于超滤膜的截留相对分子质量范围，并且不同截留能力的超滤膜对 DBPs 前驱物去除能力相差很大。截留相对分子质量较小的超滤膜对 DOC 的去除率可能是截留能力较差的超滤膜的 10 倍以上，并且 DOC 去除率与 DBPs 生成量的降低之间存在明显的相关关系。另一方面，采用截留能力较强的超滤膜往往需要增大操作压力，缩短运行周期，并增加运行费用。

可见，单纯采用超滤工艺去除天然有机物等 DBPs 前驱物效果仍不甚理想，而采用混凝、活性炭吸附等工艺与超滤联用[99, 100]，从而提高 DBPs 去除效果并在一定程度上降低膜的运行费用，可能是今后的发展方向。研究表明，混凝、活性炭吸附增大了水中污染物颗粒粒径，并将水中天然有机物等消毒副产物前驱物吸附在固相从而提高其去除率。进一步地，混凝产生的絮体及其活性炭在膜表面与水相之间形成一层固相层，这对于延缓膜通量的降低、抑制膜污染可能是有利的[101, 102]。

6. 离子交换

水中 Br^-、I^-、天然有机物等 DBPs 前驱物带有电负性，因此离子交换树脂能将其有效去除，从而控制 DBPs 生成量。Tan 等选取了 8 个地表水源原水，对比研究了 3 种不同离子交换树脂降低 THMs、HAA_9 等不同类型 DBPs 生成量的效果[103]。结果表明，采用离子交换技术进行处理，DOC 去除率在 30%～70%之间，而 THMs 与 HAA_9 的生成活性（TTHMs/DOC、HAA_9/DOC）的降低程度在 40%～70%之间。离子交换、物理吸附与氢键键合等多种机制在去除 DBPs 前驱物过程中发挥了重要作用。此外，离子交换树脂对 Br^- 等 DBPs 前驱物的良好去除效果[104]，这是其他 DBPs 前驱物强化去除技术所不能及的。

离子交换树脂对水中不同组分有机物的去除效果并不一致，并且与树脂本身结构与官能团特征有重要关系。Bolto 等将水中天然有机物依据其亲/疏水性的不同进行分离，研究了树脂不同类型官能团对水中天然有机物不同组分去除效果的影响，并证实了树脂的开放式结构（open structure）及其高含水率性质对天然有机物去除的促进作用[105]。上述研究对于今后以去除天然有机物为目标的树脂官能团及其结构特征设计提供了一定的工作基础。

上述几种工艺方法主要侧重于饮用水中DBPs前驱物从水相体系的移除，在反应过程中并未发生电子转移过程，其降低DBPs生成主要通过降低DBPs前驱物的浓度水平得以实现。从严格意义上说，尽管上述过程未发生氧化还原反应，但体系中剩余的DBPs前驱物组成、结构与性质特征已经发生较大改变，从而对后续消毒过程DBPs的生成规律产生了很大影响。事实上，特定工艺对不同组分天然有机物的去除具有选择性，从而导致天然有机物组成比例发生变化。另一方面，由于大多数工艺对无机DBPs前驱物（如Br^-、I^-等）没有去除效果，从而导致处理水中有机与无机DBPs前驱物组成比例（如DOC∶Br^-值）发生改变，从而导致所生成的DBPs组成与形态比例发生显著变化。

7. 化学氧化

与前面几种方法不同，氧化过程（化学氧化与生物氧化）主要通过氧化剂（同时也是消毒剂）与DBPs前驱物之间的相互作用使其形态发生改变，从而达到降低DBPs生成势、控制DBPs生成的目的。但另一方面，氧化过程在某些情况下也有可能导致DBPs生成势升高。因此，探索氧化剂与DBPs前驱物之间的相互作用过程，明确氧化过程DBPs前驱物形态变化规律，把握影响DBPs生成的关键要素，从而实现DBPs前驱物形态转化过程的合理调控，成为控制反应过程、抑制DBPs生成的关键核心问题。作者所在的课题组对此进行了研究，并取得了初步的成果。在此主要以臭氧氧化为例对该方法控制DBPs生成的过程与机制进行探讨。

众所周知，臭氧氧化过程中主要通过两种途径作用于DBPs前驱物：臭氧分子的直接氧化作用，臭氧分解产生的$^{\cdot}OH$以及$^{\cdot}OH$与水中CO_3^{2-}（或HCO_3^-）结合而成的$^{\cdot}CO_3^-$（或$^{\cdot}HCO_3$）等自由基的间接作用。其中，$^{\cdot}OH$表现为无选择性地快速进攻污染物并促进有机物的矿化；相反，臭氧分子与$^{\cdot}CO_3^-$（或$^{\cdot}HCO_3$）等主要表现为选择性进攻某些官能团，且反应速率较$^{\cdot}OH$慢得多。

臭氧对有机官能团氧化的选择性可以通过反应过程中UV_{254}与DOC去除率的差异得到证实。臭氧氧化过程中UV_{254}的去除率明显高于DOC，表明其对芳香官能团的去除具有优先选择性。此外，研究显示臭氧氧化既有可能降低后氯化过程中DBPs生成量，同时也可能产生新的DBPs前驱物活性位点，从而导致DBPs生成量增加。

pH、CO_3^{2-}与HCO_3^-从不同角度影响了臭氧反应历程及其利用效率，进而影响臭氧对后氯化过程中DBPs的生成规律。pH越高，具有催化臭氧生成$^{\cdot}OH$的OH^-浓度越大，从而加速臭氧分解。研究证实，体系pH越高，水中溶解臭氧浓度越低，从而导致选择性进攻DBPs前驱物的臭氧直接氧化作用所占比例减小。此外，臭氧氧化对THMs生成量的影响还与后氯化反应过程的pH有明显相关关系。Reckhow 等研究表明[106]，在较低 pH 条件进行氯化反应时，臭氧氧化能在最大程度上降低后氯化过程 THMs 生成量；与此相反，pH 较高时 THMs 生成量往往明显升高。

CO_3^{2-}（或 HCO_3^-）具有很强的捕获˙OH 的能力，对臭氧氧化污染物的反应历程与机制有重要影响，进而直接决定了臭氧在水处理过程的作用效果。从控制后氯化过程 DBPs 生成规律的角度而言，CO_3^{2-}（或 HCO_3^-）的存在抑制、避免了˙OH 无选择性的间接氧化作用，使得臭氧分子、˙CO_3^-、˙HCO_3 等活性基团能选择性地直接作用于 DBPs 生成活性位点，进而降低 DBPs 生成势。作者研究发现，臭氧氧化过程对 UV_{254} 的去除率高于 DOC，并且随着体系 HCO_3^- 浓度的增加，UV_{254} 去除率与 DOC 去除率相差越大。由于 UV_{254} 能有效地间接表征 DBPs前驱物浓度水平，HCO_3^- 存在条件下 UV_{254} 相对于 DOC 的优先去除间接证实了 HCO_3^- 在促进臭氧选择性进攻 DBPs 生成活性位点过程中的重要作用。

此外，由于臭氧分解生成氧化能力极强的˙OH 是以臭氧利用效率的降低为代价的，因此 CO_3^{2-}（或 HCO_3^-）的存在及其对˙OH 的捕获作用提高了臭氧利用效率，从而增加实际与 DBPs 前驱物反应的臭氧量。CO_3^{2-}（或 HCO_3^-）的上述两种作用机制使得臭氧表现出更强的促进控制 DBPs 生成的能力[106]。作者的研究也证实，HCO_3^- 的存在明显延缓了臭氧的分解，溶解臭氧浓度随着体系 HCO_3^- 浓度的升高而升高；此外，相对于无 HCO_3^- 体系，HCO_3^- 体系明显降低了 DOC 去除率，表明具有极强矿化有机物能力的˙OH 的生成过程受到了明显抑制。pH 与 CO_3^{2-}（或 HCO_3^-）可能是影响臭氧氧化破坏 DBPs 前驱物的关键水质因素。

上述结果表明，在不同水质条件下，臭氧氧化对后氯化过程中同一种 DBPs 生成规律的影响并不相同。研究还显示，在相同反应条件下，臭氧氧化对后氯化过程中不同类型 DBPs 生成的作用效应也不一致，表明不同类型 DBPs 的活性位点是不同的。Reckhow 与 Singer 研究了不同臭氧投量下臭氧氧化对后氯化过程中二氯乙氰、三氯乙酸、TTHMs、总有机卤代物（TOX）、二氯乙酸、1，1，1-三氯丙烷、四氯丙酮等不同类型副产物生成的影响[107]。结果证实，臭氧氧化之后，TOX、TTHMs、三氯乙酸与二氯乙氰生成量明显降低，生成量降低程度在 5%～75%之间；二氯乙酸生成量变化不大；而 1，1，1-三氯丙烷与四氯丙酮生成量明显提高。

除了臭氧之外，高锰酸钾、二氧化氯等常用的预氧化剂（消毒剂）也会对 DBPs 前驱物的形态结构与性质特征产生影响，进而影响后氯化过程中 DBPs 的生成规律[108, 109]。值得强调的是，在控制 DBPs 生成过程中，上述氧化剂的以下作用可能是工程中更为重要的：取代自由氯进行预消毒（氧化），降低了体系需氯量，从而减少了氯的投加量；将氯投加点移至滤池出水，延缓了氯的投加，缩短了氯与水中有机物的反应时间，并避免了氯直接与 DBPs 前驱物浓度水平较高的原水反应。

8. 生物氧化

饮用水中比较常见的生物氧化单元为生物滤池（生物预氧化单元）与生物活性炭，后者主要与臭氧联用，成为最有前景的饮用水深度处理工艺之一。这里主要对生物预氧化工艺进行探讨。

生物滤池主要去除水中生物可降解有机质（biodegradable organic matter，BOM），提高水质生物稳定性，从而有效避免由于生物稳定较差而带来的嗅味强度加大、异养菌生长繁殖、管网腐蚀加剧等水质问题。由于 BOM 也是 DBPs 生成的前驱物，因此生物滤池在去除 BOM 过程中也有效降低了处理水的 DBPs 生成势。此外，生物滤池对还原性 Fe^{2+}、Mn^{2+}、硫化物等也具有良好去除效果，从而降低了水的需氯量[110]。

生物滤池对不同类型有机物去除效果并不一致，但 TOC 总去除率一般能在 30%以上[111]。滤速、温度、过滤周期等参数对生物滤池去除水中有机物影响很大。Moll 等研究了温度对生物滤池单元去除 DBPs 前驱物效能的影响[112]，结果表明，5℃条件下 DBPs 前驱物去除率明显低于 20℃与 30℃时。此外，不同温度条件下与相同温度的不同滤层之间的微生物种群群落结构有很大区别，表明生物滤池中有机物的生物降解是通过多种类型微生物共同作用完成的。需要指出的是，生物滤池单元控制 DBPs 生成量过程中，同时包括 DBPs 前驱物去除与形态转化两种反应机制与历程。

以上介绍了强化去除饮用水中 DBPs 前驱物的单元技术，另一方面，饮用水处理工艺是多种单元过程组合而成的多级屏障系统，而不同单元技术之间的组合与协同可能表现出更强的去除 DBPs 前驱物的效果。例如，郭召海等针对我国南方水库水，研究了臭氧预氧化、臭氧/生物活性炭（O_3/BAC）单元与其他单元对 THMs 前驱物的强化去除效果[113]。结果表明，预臭氧与传统处理工艺的结合可以选择性地去除以 THMs 前驱物为主的有机污染物；不同工艺的组合能有效去除水中天然有机物等 DBPs 前驱物及其氧化过程产生的 DBPs。具体而言，当预臭氧反应量为 0.5mg/L 时，通过与混凝、沉淀、砂滤等单元组合，原水中 THMs 前驱物去除率接近 48%；进一步采用 O_3/BAC 工艺，THMs 前驱物去除率增大，去除率最高达到 65%；不同工艺的组合明显提高了污染物去除效果。因此，工程应用中需要更为关注的是：根据不同单元之间内在的、本质的联系，合理优化处理技术系统，从而实现 DBPs 前驱物的高效去除。为此，首先必须考虑不同单元的组合与优化，发挥单元间协同作用以实现控制 DBPs 生成与降低处理成本的统一。此外，必须考虑处理功能与目标多样性的统一，实现不同功能的协同与耦合，从而建立高效、可行的 DBPs 生成控制技术系统。

9.4.2.2 消毒副产物生成的抑制、阻断与过程调控

DBPs由消毒剂（或其中间体）与DBPs前驱物（及其氧化中间产物）在一定条件下反应而生成。因此，在反应过程中，通过某些手段改变DBPs反应中间体的形态或结构，优化反应条件，从而抑制或阻断生成DBPs的反应，进而达到控制DBPs生成量的目的，实现DBPs生成过程的调控，这也是控制饮用水中DBPs生成量的有效途径。在这里将以溴酸盐的生成控制为例进行阐述。

溴酸盐具有强致癌性，美国环保局规定其在饮用水中的最大允许浓度应低于10 μg/L。我国建设部、卫生部以及拟颁布的国家饮用水标准也作了相关规定。调查表明，美国、法国、德国、瑞士等许多国家的水厂中都有溴酸盐超标的情况。

溴酸盐主要在臭氧（以及相关高级氧化工艺）氧化消毒过程中产生，其前驱物为Br^-。调查表明，天然水环境条件下Br^-浓度一般在0.01～6.0mg/L范围之间。在美国，地表河流中Br^-浓度范围为0.01～3.0mg/L，地下水中为0.002～0.429mg/L，沿海地区水体中Br^-浓度较高，在0.05～0.40mg/L之间。在我国，上海、杭州、青岛、宁波等沿海地区水体中也检测出较高浓度的Br^-，尤其是海水倒灌或咸潮来临时往往会导致水体中Br^-浓度升高。

从毒理学角度而言，天然水体中通常Br^-浓度水平下，Br^-本身并不会对人体产生不利影响。但是，在饮用水氯化消毒过程中，Br^-作为DBPs前驱物会被氯等氧化成为具有很强取代活性的HBrO（或BrO^-），再进一步与有机物反应生成比氯代DBPs致癌性更强的溴代（或氯溴代）有机副产物。另一方面，在臭氧以及O_3/H_2O_2、UV/O_3、UV/H_2O_2等高级氧化工艺中，Br^-可能通过多种反应途径生成溴酸盐；不同工艺的溴酸盐生成途径可能并不一致，但基本都经历了Br^*、HBrO（或BrO^-）、BrO^*等反应中间体的过程。

1. 臭氧氧化过程中溴酸盐生成

研究表明，臭氧氧化工艺中，臭氧直接氧化以及臭氧分解产生的$^{\cdot}OH$间接氧化等两种作用均可能生成溴酸盐。在臭氧直接氧化作用下，溴酸盐的生成主要经历了以下几个步骤[114][图 9-17(a)]：首先，Br^-在臭氧分子的作用下氧化为BrO^-(或HBrO)；其次，BrO^-被臭氧分子氧化为BrO_2^-(臭氧基本不与HBrO发生作用)；之后，BrO_2^-被臭氧快速地氧化为BrO_3^-，各主要反应的动力学常数如表9-4所示。当$^{\cdot}OH$参与反应过程时，溴酸盐生成历程更为复杂一些，除了上述反应之外，还存在以下不同反应历程[114] [图 9-17(b)]：$^{\cdot}OH$将Br^-氧化为Br^*；Br^*转化为$HBrO/BrO^-$；$HBrO/BrO^-$被$^{\cdot}OH$或$^{\cdot}CO_3^-$氧化为BrO^*；BrO^*不成比例地分解成OBr^-和BrO_2^-。上述两种反应途径中，溴元素的主要形态以及可能与其发生反应的氧化活性组分如表9-5所示。

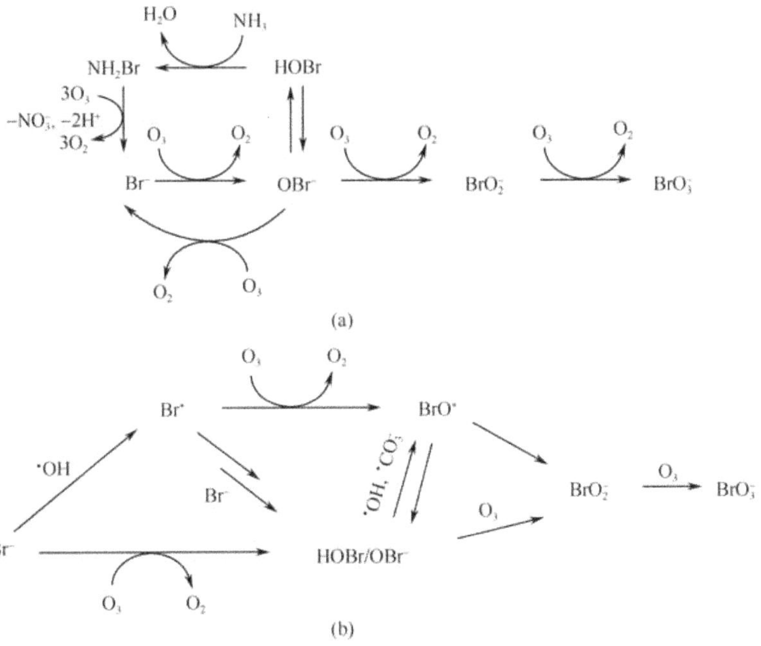

图 9-17　臭氧氧化工艺中溴酸盐生成途径[114]

(a) 臭氧直接氧化；(b) ·OH 参与过程

表 9-4　臭氧直接氧化过程中溴酸盐生成反应速率[115]

序号	反应式	反应速率常数/[(mol/L)$^{-1}$·s^{-1}]
1	$Br^- + O_3 \longrightarrow OBr^- + O_2$	160
2	$OBr^- + O_3 \longrightarrow Br^- + O_2$	330
3	$OBr^- + O_3 \longrightarrow BrO_2^- + O_2$	100
4	$BrO_2^- + O_3 \longrightarrow BrO_3^- + O_2$	$\gg 1\times 10^5$

2. 臭氧氧化工艺中溴酸盐生成抑制与阻断途径

通过上述反应历程的描述可以看出，$BrO^-/HBrO$ 是对含 Br^- 水进行臭氧氧化过程中的重要中间产物，而其浓度水平与组成比例对溴酸盐生成量有直接影响：$BrO^-/HBrO$ 浓度越低，BrO^- 所占比例越小（臭氧不直接与 HBrO 作用），在相同反应条件下生成溴酸盐的量越少。因此，通过降低 $BrO^-/HBrO$ 浓度或减小 BrO^- 所占的比例等两种途径可以有效地抑制或阻断生成溴酸盐的反应，从而控制臭氧氧化过程溴酸盐生成量。其中，降低 BrO^-/HBrO 浓度可以通过向水中加入能快速还原 BrO^-/HBrO 的物质（如氨氮）得以实现，而减少 BrO^- 所占比例可通过降低体系 pH 的方式进行。

表 9-5 臭氧氧化工艺溴酸盐生成过程中溴元素形式、价态及其相关氧化物种[114]

形态	化学式	溴元素价态	氧化物种
溴离子	Br^-	−Ⅰ	O_3，·OH
溴自由基	Br^*	0	O_3
次溴酸	HOBr	+Ⅰ	·OH
次溴酸根	OBr^-	+Ⅰ	O_3，·OH，$·CO_3^-$
次溴酸自由基	BrO^*	+Ⅱ	—
亚溴酸根	BrO_2^-	+Ⅲ	O_3
溴酸根	BrO_3^-	+Ⅴ	—

(1) 加酸降低 pH。研究表明，加酸降低体系 pH 能有效通过降低 BrO^- 所占比例，抑制臭氧与 BrO^- 的反应，进而降低溴酸盐生成量。Song 等针对几种含有不同天然有机物浓度的原水，对比研究了不同 pH 条件下臭氧氧化工艺中溴酸盐生成量[116]。结果表明，pH 每降低一个单位，溴酸盐生成量平均可以减少 50%。Pinkernell 与 Gunten 研究证实[117]，降低 pH 能有效降低溴酸盐生成量；但在刚通入臭氧的反应初始阶段，溴酸盐生成量差别不大（图 9-18）。另一方面，HBrO 相对于 BrO^- 表现出更强的取代活性，更易于与有机物反应生成有机溴代副产物。因此，尽管降低体系 pH 是抑制溴酸盐生成的可行途径，但采用调节 pH 进行控制溴酸盐生成量这一方法存在溴酸盐与溴代副产物生成量之间矛盾的平衡问题，并且从工程角度而言，加酸降低体系 pH 并不经济。

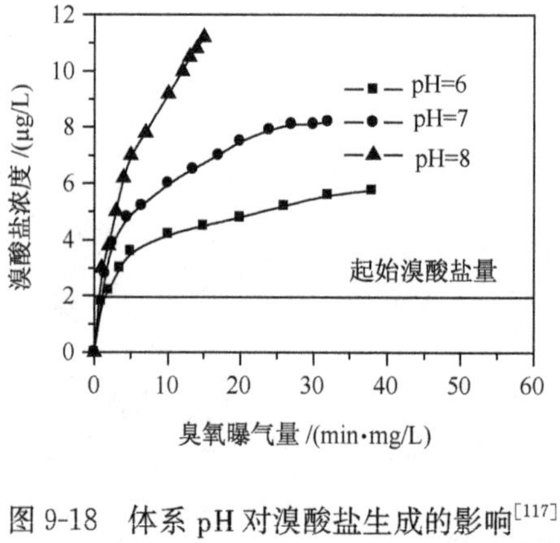

图 9-18 体系 pH 对溴酸盐生成的影响[117]

(2) 投加氨氮。研究表明，向反应体系投加氨氮是降低溴酸盐生成量的有效途径[118]。体系存在氨氮时，HBrO（与 BrO^-）将通过式（9-34）快速与氨氮反应生成 NH_2Br，并有可能进一步生成 $NHBr_2$、NBr_3 等。溴胺一方面可能在臭氧氧化作用下转化为 Br^- 和 NO_3^-［图 9-17(a)］，从而阻断了生成溴酸盐的反应；另一方面也可能被氧化成 BrO_3^- 和 NO_3^-，从而抑制、延缓了溴酸盐的生成并降低其生成量[119]。此外，氨氮的存在也可快速消耗˙OH，从而降低溴酸盐的生成。上述机制综合作用，所以投加氨氮表现出明显的降低溴酸盐生成量的作用。

$$HOBr + NH_3 \longrightarrow NH_2Br + H_2O \quad K = 8\times10^7 (mol/L)^{-1}s^{-1} \tag{9-34}$$

Song 等在碱性 pH 条件下向水中加氨（NH_3-N∶Br^-摩尔比为 1∶1），结果表明溴酸盐生成量降低了 40%[116]。Siddiqui 与 Amy 研究发现[120]，按 NH_3-N∶Br^-摩尔比 6.3∶1 投加氨氮，可以降低 65%的溴酸盐生成量。Pinkernell 与 Gunten 研究了投加不同浓度氨氮对臭氧氧化过程溴酸盐生成的影响（原水 50 μg/L Br^-）。图 9-19 结果表明[117]，在臭氧反应起始阶段，投加氨氮对溴酸盐生成量的影响不大（臭氧投量≤2mg/L · min），这主要是由于臭氧反应初期，大多数 Br^- 与˙OH 反应形成 Br^*，并进一步被氧化形成 BrO^*，而 BrO^* 并不与 NH_3发生反应；当 Br^- 发生转化为 HOBr/OBr^- 的反应之后，投加氨氮才表现出较好的抑制溴酸盐生成的作用。氨氮的最大有效投量为 200μg/L，进一步投加氨氮其抑制溴酸盐的作用并未显著增强。

研究还表明，HOBr 与 NH_3之间的反应是碱催化平衡反应，体系中仍存在部分 HOBr/OBr^-，它们仍有可能进一步被氧化成溴酸盐[116]。此外，对 DOC 较低的地下水体系投加氨氮，溴酸盐生成量降低率更为显著，这主要由于当体系中含有天然有机物时，溴酸盐的生成主要通过˙OH 反应途径得以生成。投加氨氮所表现出的降低溴酸盐生成的能力与体系 Br^- 浓度、pH 与天然有机物浓度等水质因素以及臭氧投量等有关[119]。

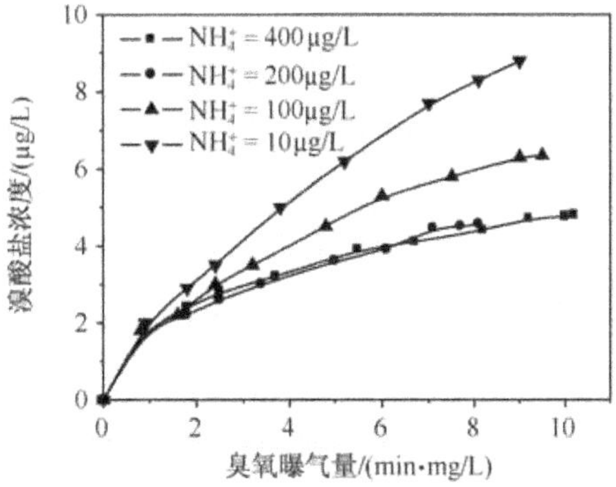

图 9-19　投加氨氮对溴酸盐生成的影响[117]

（3）投加 H_2O_2。投加 H_2O_2也是控制溴酸盐生成的可行途径。H_2O_2不仅具有氧化性，同时也具有还原性，能将 BrO^-/HBrO 还原为 Br^-，从而抑制、阻断其进一步向生成溴酸盐方向的反应，如图 9-20 所示[115]。但是，加入 H_2O_2并不总表现为降低溴酸盐生成的效果。例如，有研究发现，相对于单独臭氧氧化工艺，O_3/H_2O_2工艺中溴酸盐生成量明显降低；但也有报道表明，H_2O_2的加入导致溴酸盐生成量升高。Krasner 等研究了 pH＝8 条件下持续增加 H_2O_2投量对溴酸盐生成的影响[121]，结果发现，H_2O_2由 0mg/L 逐步增加过程中溴酸盐表现出先增加后降低的变化趋势。

投加 H_2O_2对溴酸盐生成的不同影响是由 H_2O_2的性质决定的。H_2O_2可能作为还原剂将 BrO^-/HBrO 还原为 Br^-，从而阻断生成溴酸盐的反应[115]（图

9-20)；另一方面，H_2O_2也是催化臭氧分解并产生˙OH 的催化剂，˙OH 的生成增加了溴酸盐通过˙OH 氧化途径的生成量，从而表现出增大溴酸盐生成量的作用。研究显示，H_2O_2对溴酸盐生成的影响与水质因素及工艺条件有关。首先，pH、DOC 浓度等水质条件有重要影响。另外，O_3/H_2O_2工艺中 H_2O_2的应用模式也直接决定其对溴酸盐生成所表现出的促进或抑制效应。两种工艺若维持相同臭氧余量并增大 H_2O_2 投量，O_3/H_2O_2工艺的溴酸盐生成量往往升高；但若保持臭氧总投量不变而增大 H_2O_2投量，溴酸盐生成量明显降低。基于溴酸盐生成控制目的的 O_3/H_2O_2工艺中，H_2O_2投量存在最佳值。

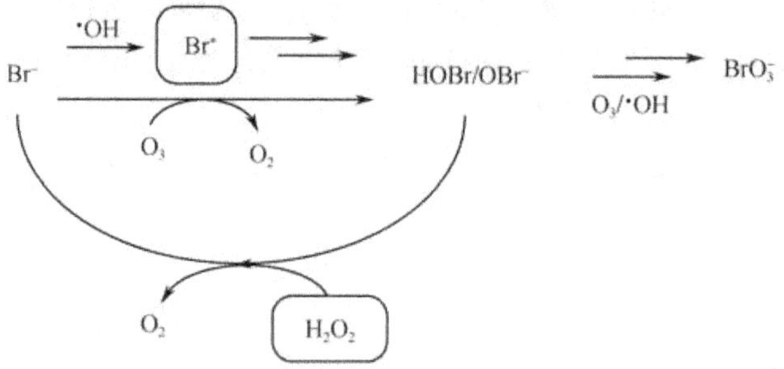

图 9-20　O_3/H_2O_2工艺中溴酸盐的生成历程[115]

(4) Cl_2-NH_3工艺。在臭氧氧化之前采用 Cl_2-NH_3工艺也能合理调控溴的不同形态之间的转化过程与途径，从而有效降低臭氧氧化过程的溴酸盐生成量。Cl_2-NH_3工艺的基本原理（图 9-21）是：首先通过 Cl_2（HClO、ClO^-）将 Br^-快速氧化为 BrO^-/HBrO（而不通过臭氧实现该过程溴形态的转化），之后 BrO^-/HBrO 也能快速地与氨氮反应生成 NH_2Br（或 $NHBr_2$等）；天然有机物作为 BrO^-/HBrO（主要是 HBrO）的“汇”避免了其向生成溴酸盐的途径转化；此外，NH_2Cl（或 NH_2Br、$NHBr_2$等）还能有效猝灭˙OH，抑制其对溴酸盐生成的促进作用[122]。上述多种作用有效地阻断、抑制、延缓了溴酸盐的生成，从而表现出显著的控制臭氧氧化过程溴酸盐的生成量的效果。

可以看出，在生成 DBPs 的反应过程中，采用某些措施促进 DBPs 生成中间体的形态，通过 DBPs 生成的过程调控，抑制、阻断或延缓生成 DBPs 的反应，能有效控制饮用水中 DBPs 的生成量。

9.4.2.3　组合消毒控制副产物生成

美国环保局全面系统总结了基于组合消毒工艺的 DBPs 生成控制方法，并对各种组合消毒工艺在灭活微生物、控制 DBPs 生成方面的优缺点与适用范围进行了详细的评述[7]（表 9-6、表 9-7），为组合消毒技术在工程中的应用提供了很好

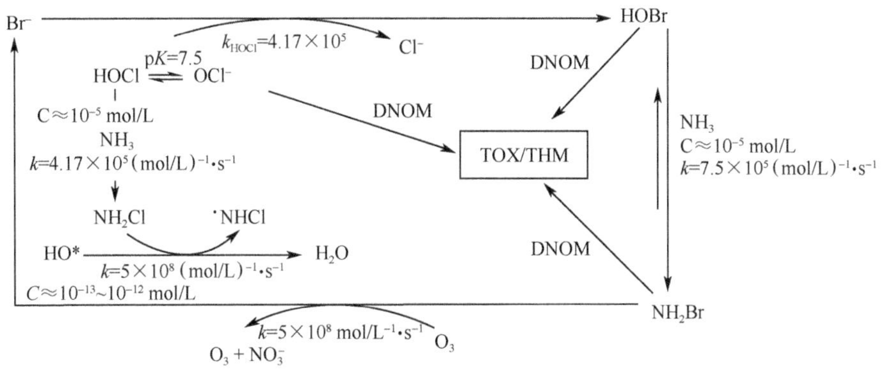

图 9-21　Cl_2-NH_3工艺控制臭氧氧化工艺中溴酸盐的生成途径[122]

的指导。鉴于美国环保局总结成果的完整性，本书拟在此引用相关成果，并不再作详细论述。

表 9-6　饮用水中常见的组合消毒工艺[7]

预消毒剂/后消毒剂	适用情况与条件	备　注
氯/氯	原水 THMsFP 低；TOC 低；适用于采用了优化混凝的常规工艺	最为常见的消毒工艺
氯/氯胺	THMs 生成量中等；尤其适用于常规处理工艺	氯用于消毒，氯胺降低 DBPs 生成
二氧化氯/二氧化氯	DBPs 生成量高；要求过滤单元去除贾第虫的情况；处理水 ClO_2 需求量低	ClO_2 投量不能过高，控制剩余 ClO_3^-/ClO_2^- 浓度
二氧化氯/氯胺	DBPs 生成量高；要求过滤单元去除贾第虫的情况	ClO_2 投量不能过高，以控制剩余 ClO_3^-/ClO_2^- 浓度；二级消毒剂稳定、反应活性弱
臭氧/氯	DBPs 生成量中等；可用于直接过滤工艺或无过滤工艺；THMsFP 低	消毒能力很强；THMsFP 低，可采用氯消毒
臭氧/氯胺	DBPs 生成量中等；直接过滤工艺或无过滤工艺；THMsFP 较高	消毒能力很强；采用氯胺消毒 THMsFP 低
UV/氯	具有膜分离工艺能保证贾第虫、隐孢子虫有效去除；UV 仅用于病毒的灭活；地下水消毒；THMsFP 低	很少采用，但在某些情况下可以使用；贾第虫灭活率低，隐孢子虫不能灭活
UV/氯胺	具有膜分离工艺能保证贾第虫、隐孢子虫有效去除；UV 仅用于病毒的灭活；地下水消毒；THMsFP 中等	很少采用，但在某些特殊情况下可以使用；贾第虫与隐孢子虫均不能灭活

表 9-7　各种组合氧化/消毒工艺的 DBPs 生成情况[7]

可选择的消毒剂形式			潜在的 DBPs	备注
预氧化剂	预消毒剂	二级消毒剂		
氯	氯	氯	卤代消毒副产物(X-DBPs)	与其他工艺比较，X-DBPs 生成量最高；DBPs 主要成分为 TTHMs 和 HAAs
			醛	生成量相对较低
氯	氯	氯胺	X-DBPs、氯代氰、溴代氰	与 $Cl_2/Cl_2/Cl_2$工艺相比，X-DBPs(主要为 TTHMs 和 HAAs)生成量显著降低
			醛	生成量相对较低
二氧化氯	二氧化氯	氯	X-DBPs	由于氯的投加点被延缓，X-DBPs 生成量降低
			醛、乙酸、马来酸	生成量相对较低
			氯酸盐、亚氯酸盐	ClO_2^-是 ClO_2的主要产物
二氧化氯	二氧化氯	氯胺	X-DBPs	由于避免了氯的投加，X-DBPs(尤其是 TTHMs 和 HAAs)的生成量显著降低
			醛、乙酸、马来酸	生成量相对较低
			氯酸盐、亚氯酸盐	ClO_2^-是 ClO_2的主要产物
高锰酸钾	氯	氯	X-DBPs	由于氯的投加点被延缓，X-DBPs 生成量降低
			醛	生成量相对较低
高锰酸钾	氯	氯胺	X-DBPs、氯代氰、溴代氰	与 $KMnO_4/Cl_2/Cl_2$工艺比较，X-DBPs 生成量进一步降低
			醛	生成量相对较低
臭氧	臭氧	氯	X-DBPs	与 $Cl_2/Cl_2/Cl_2$工艺相比，某些 X-DBPs 生成量可能升高，也可能降低；当水中存在 Br^-时，应关注溴代副产物生成量
			溴酸盐、醛、乙酸	尽管可能生成较高浓度的 BOM，但能通过生物过滤去除
臭氧	臭氧	氯胺	X-DBPs、氯代氰、溴代氰	由于避免了氯的投加，X-DBPs(尤其是 TTHMs)的生成量显著降低
			溴酸盐、醛、乙酸	尽管可能生成较高浓度的 BOM，但能通过生物过滤有效去除
O_3/H_2O_2	氯或臭氧	氯	X-DBPs	与 $Cl_2/Cl_2/Cl_2$工艺相比，某些 X-DBPs 生成量可能升高，也可能降低
			溴酸盐、醛、乙酸	尽管可能生成较高浓度的 BOM，但能通过生物过滤有效去除；此外，由于采用 O_3/H_2O_2工艺，溴酸盐生成量增大

续表

可选择的消毒剂形式			潜在的 DBPs	备　注
预氧化剂	预消毒剂	二级消毒剂		
O_3/H_2O_2	氯或臭氧	氯胺	X-DBPs、氯代氰、溴代氰	与 $O_3/H_2O_2/Cl_2/Cl_2$ 工艺相比，X-DBPs 生成量降低
			溴酸盐、醛、乙酸	尽管可能生成较高浓度的 BOM，但能通过生物过滤有效去除；此外，由于采用 O_3/H_2O_2 工艺，溴酸盐生成量增大
氯	UV	氯胺	X-DBPs、氯代氰、溴代氰	预氧化过程中将生成 X-DBPs
			醛	生成量很低
高锰酸钾	UV	氯胺	X-DBPs	由于采用低活性的氧化剂，X-DBPs 生成量非常低
			醛、乙酸	由于采用低活性的氧化剂生成量极低

9.4.2.4　饮用水中消毒副产物的去除

前面已经就去除 DBPs 前驱物的工艺方法进行了介绍，但另一方面，倘若在处理过程中已经生成了 DBPs，通过后续单元中强化去除水中 DBPs 避免其进入管网输配系统，这则成为控制饮用水中 DBPs 浓度水平的重要途径。臭氧/GAC（或 BAC）工艺中，GAC(或 BAC)单元通过吸附、生物同化与降解等作用去除臭氧氧化生成的小分子有机物（同时也是臭氧氧化副产物），这就是去除已经生成的 DBPs 的典型案例。

对于 THMs 等挥发性 DBPs 而言，基于亨利定律的空气吹脱法能有效地将其从水相中去除。此外，还有研究证实超声、膜分离、果壳活性炭(nutshell carbons)吸附等技术对 THMs 等 DBPs 的去除具有良好效果[123－125]。但从工程应用角度而言，要对饮用水进行充分曝气、吹脱与超声是不太可行的。

对于已经生成的 HAAs 等 DBPs 而言，GAC(以及 BAC）可能是最为有效的去除单元，且具有较强的技术可行性。Xie 与 Zhou 通过柱试验研究了 BAC 对 HAA_5 的去除效能[126]，结果表明，在 HAA_5 各组分进水浓度均为 50 μg/L 条件下进行动态吸附试验，BAC 出水中除了三氯乙酸浓度为 10 μg/L，其余均被完全去除，证实了其优异的去除 HAA_5 效能；抑制 BAC 中微生物活性之后，HAA_5 去除效果显著下降，表明生化过程对去除 HAA_5 有重要作用。GAC 运行初期尚无微生物活性时，HAA_5 的去除主要通过活性炭吸附得以实现，随着 GAC 中微生物生长而发展成为 BAC，生化作用成为去除 HAA_5 的主要机制。Wu 与 Xie 研究表明，温度与空床停留时间（EBCT）是影响 BAC 去除 HAA_5 效能的关键因素[127]，并认为当水温为 4℃时 EBCT 应在 10min 以上；当水温高于 10℃时，EBCT 应在 5min 以上。

研究表明，GAC 单元也是去除饮用水中溴酸盐的可行途径，但水中存在 Cl^-、SO_4^{2-}、Br^-、NO_3^- 与天然有机物时，去除效果明显下降[128,129]；刚投入使用的 GAC 具有一定的去除溴酸盐的能力，但随着运行时间的延长（3 个月），GAC 转化为 BAC 之后其去除溴酸盐的能力显著降低，这可能是由于表面生长的微生物阻止了溴酸盐与活性炭活性吸附位接触所致[130,131]。此外，活性炭表面官能团性质对溴酸盐去除效果有重要影响，碱性官能基团越多，吸附溴酸盐的能力越强。活性炭操作参数中，EBCT 是影响溴酸盐去除率的重要参数，且二者之间存在正相关关系[132]。

在饮用水 pH 范围内，利用 Fe(Ⅱ) 也能有效地将溴酸盐还原为溴离子，且其还原速率随着 pH 的降低与 Fe(Ⅱ) 投量的增大而升高[133]。缺氧条件下，Fe(Ⅱ)吸附到水合 Fe(Ⅲ) 上的过程能显著提高溴酸盐还原的速率[134]。由于溶解氧与溴酸盐对 Fe(Ⅱ) 的竞争作用而表现出明显的负面效应，而饮用水处理过程中溶解氧浓度一般较高，因此采用此方法去除溴酸盐具有一定的局限性。此外，还有人研究了光催化[135]、零价铁还原[136]、离子交换[137]去除溴酸盐的可行性，但上述工艺距工程应用仍有较大距离。

总的说来，当 DBPs 已经生成之后再将其去除，往往从技术可行性、经济性与可操作性等方面具有很大的难度，因此控制 DBPs 的生成才是最关键的。

可以看出，灭活微生物与控制 DBPs 生成是饮用水消毒的两个核心问题，而确定合理的消毒策略是指导饮用水安全消毒工艺确定的关键。

总的说来，确定饮用水消毒策略的主要内容是：针对某一确定的水质，结合特定的水厂处理工艺与输配水管网特征，通过选择合理的消毒剂与消毒方式，保障处理水达到相关水质标准（主要是微生物学指标与消毒副产物指标）。其中，选择合理的消毒剂与消毒方式是确定饮用水安全消毒策略的具体内容；水质特征、水处理工艺与管网特征是决定饮用水消毒策略的主要因素；处理水达到相关饮用水标准是安全消毒策略的目标与评价依据。鉴于饮用水水质标准往往具有相对稳定性，因此确定消毒策略时主要考虑水质条件、水厂处理工艺与输配水管网等方面。需要指出的是，微生物灭活与 DBPs 生成控制常常是矛盾的，因此确定消毒策略的过程往往也是在二者之间找到最佳平衡点的过程。

水质特征是确定饮用水消毒工艺的关键因素。首先，水中微生物种类与浓度水平对确定消毒工艺具有决定意义。不同消毒工艺对同一种微生物的灭活能力不同；同样，对于同一消毒工艺，细菌、病毒与原生动物等不同微生物所需的 CT 值也不相同。因此，必须根据水中微生物种群结构特征与浓度水平确定合理的消毒工艺。例如，当原水中可能含有贾第虫、隐孢子虫等抗氯性较强的微生物时，必须考虑臭氧、ClO_2、UV 及其组合消毒工艺。其次，水质条件对消毒工艺灭活微生物的效果有重要影响。例如，当原水中含有 Fe^{2+}、Mn^{2+}、硫化物等还原性物质时，将消耗消毒剂并降低消毒效果。因此，可适当提高消毒剂投量以保证消毒效果。当水温随季节发生明显变化时，在不同季节也应对消毒工艺作相应的调整。此外，水质条件直接影响了不同消毒工艺的 DBPs 生成情况。例如，当原水中氯代 DBPs 生成势较高时，往往需要考虑替代消毒剂或组合消毒工艺；当原水中含有溴离子，在采用臭氧、臭氧/过氧化氢等工艺时就必须考虑控制溴酸盐的生成量。最后，消毒剂与水中污染物之间相互反应而造成的水质条件变化对于消毒工艺参数的确定也有重要影响。例如，臭氧作为二次消毒剂会将水中大分子有机物氧化分解为小分子物质，从而降低水的生物稳定性。在这种情况下，往往需要提高氯、氯胺等消毒剂投量，从而抑制微生物在管网中的再生长。

水厂处理工艺与管网规模也是确定合理的消毒策略的重要依据。从处理系统的角度看来，消毒作为水处理系统的单元之一，是与混凝、沉淀、过滤等单元过程紧密联系的。混凝、沉淀、过滤等单元不仅去除了水中大量微生物与 DBPs 前驱物，而且去除了水中浊度与颗粒物，从而利于消毒剂直接作用于微生物，提高消毒效果。因此，上述工艺运行好坏对消毒效果有重要影响。反过来，消毒（预氧化）过程也对上述工艺过程的运行有重要影响。预消毒灭活了水中细菌、藻类等微生物，从而利于混凝反应絮体的形成，并避免由于构筑物内微生物生长繁殖对处理效果的影响（如避免滤池板结）；适度的消毒（预氧化）常常表现出氧化助凝效能，利于后续的混凝沉淀过程；臭氧氧化增加水中小分子物质，从而利于生物活性炭对污染物的去除效果。此外，对于规模较大的管网，往往需要采用衰减速率慢的消毒剂。

因此，确定饮用水消毒策略过程中应综合考虑微生物灭活与消毒副产物生成控制这两个核心问题，结合不同水质、工艺条件，建立安全消毒技术系统，从根本上保障饮用水安全性，控制饮用水质健康风险。

参考文献

[1] USEPA. Alternative disinfectants and oxidants guidance manual. EPA 815-R-99-014, 1999

[2] States S, Tomko R, Scheuring M, Casson L. Enhanced coagulation and removal of cryptosporidium. J. Am. Water Works Ass. 2002, 94 (11): 67～77

[3] Jakubowski W, Craun G F. Update on the control of Giardia in water supplies. In: Olson B E, Olson M E, Wallis P M (Eds.), The Cosmopolitan Parasite. CABI Publishing, Wallingford, UK

[4] Craun G F. Safety of water disinfection: balancing chemical and microbial risks. International Life Sciences Institute Press, Washington DC. 1993

[5] Downs T J, Cifuentes G E, Suffet I M. Risk screening for exposure to groundwater pollution in a wastewater irrigation district of the Mexico City region. Environ. Health Perspect, 1999, 107: 553～561

[6] Hunt N K, Marinas B J. Kinetics of *Escherichia coli* inactivation with ozone. Water Res., 1997, 31: 1355～1362

[7] USEPA. Alternative disinfectants and oxidants guidance manual. EPA 815-R-99-014, 1999

[8] Langlais B, Reckhow D A, Brink D R. Ozone in water treatment, application and engineering. Chelsea: Lewis, 1991

[9] Von Gunten U, Elovitz M, Kaiser H P. Calibration of full-scale ozonation systems with conservative and reactive tracers. J. Water SRT-Aqua, 1999, 48: 250～256

[10] Do Q Z, Roustan M, Duguet J P. Mathematical modeling of theoretical Cryptosporidium inactivation in full-scale ozonation reactors. Ozone Sci. Eng., 2000, 22: 99～111

[11] Richardson S D. Drinking water disinfection by-products. In: Meyers R. A. (Eds.), The encyclopedia of environmental analysis and remediation. Vol. 3, Wiley, New York, USA, 1998

[12] Rook J J. Formation of haloforms during chlorination of natural waters. Water Treat. Exam., 1974, 23: 234～243

[13] Crittenden J C, Trussell R R, Hand D W, Howe K J, Tchobanoglous G. Water Treatment: Principles and Design. 2nd Edition, Hoboken: John Wiley & Sons, Inc., New Jersey., USA, 2005

[14] 胡承志. 富含 Al_{13}与活性氯絮凝剂的电解制备及性能研究. 博士论文，北京：中国科学院生态环境研究中心，2005.

[15] Oguma K, Katayama H, Mitani H, Morita S, Hirata T, Ohgaki S. Determination of pyrimidine dimers in Escherichia coli and Cryptosporidium parvum during UV light inactivation, photoreactivation, and dark Repair. Appl. Environ. Microbiol., 2001, 67: 4630～4637

[16] Shin G A, Lindon K G, Arrowood M J, Sobsey M D. Low-pressure UV inactivation and DNA repair potential of Cryptosporidium parvum oocysts. Appl. Environ. Microbiol., 2001, 67: 3029～3303

[17] 汤斌，张庆庆. 胶体氯化银的光催化特性研究. 中国科学技术大学学报，2002, 32 (6): 743～747

[18] Sunada K, Watanabe T, Hashimoto K. Studies on photokilling of bacteria on TiO_2 thin film. J. Photochem. Photobiol. A: Chem., 2003, 156: 227～233

[19] Maness P C, Smolinski S, Blake D M, et al. Bacteriaidal activity of photocatalytic TiO_2 reaction: toward an understanding of its killing mechanism. Appl. Environ. Microbiol., 1999, 65: 4094～4098

[20] Huang Z, Maness P C, Blake D M, et al. Bactericidal mode of titanium dioxide photocatalysis. J. Photochem. Photobiol. A: Chem. 2000, 130: 163～170

[21] Watts R J, Kong S, Orr M P, et al. Photocatalytic inactivation of coliform bacteria and viruses in secondary wastewater effluent. Water Res., 1995, 29: 95～110

[22] Lee S, Nakamura M, Ohgaki S. Inactivation of phage Qbeta by 254nm UV light and titanium dioxide photocatalyst. J. Environ. Sci. Health A. 1998, 33: 1643～1655

[23] Cai R, Kubaota Y, Shuin T, et al. Induction of cytotoxicity by photoexcited TiO_2 particles. Cancer Res. 1992, 52 (5): 2346～2348

[24] Kubota Y, Shuin T, Kawasaki C, et al. Photokilling of T-24 human bladder cancer cells with titanium dioxide. Brit. J. Cancer, 1994, 70: 1107～1111

[25] Kikuchi Y, Sunada K, Iyoda T, et al. Photocatalytic bactericidal effect of TiO_2 thin films: dynamic

view of the active oxygen species responsible for the effect. J. Photochem. Photobiol. A: Chem., 1997, 106: 51～56

[26] Sunada K, Kikuchi Y, Hashimoto K, et al. Bactericidal and detoxification effects of TiO_2 thin film photocatalysts. Environ. Sci. Technol., 1998, 32: 726～728

[27] Lonnen J, Kilvington S, Kehoe S C, et al. Solar and photocatalytic disinfection of protozoan, fungal and bacterial microbes in drinking water. Water Res., 2005, 39: 877～883

[28] Rincon A G, Pulgarin C. Photocatalytical inactivation of *E. coli*: effect of (continuous-intermittent) light intensity and of (suspended-fixed) TiO_2 concentration. Appl. Catal. B: Environ., 2003, 44: 263～284

[29] Rincon A G, Pulgarin C. Effect of pH, inorganic ions, organic matter and H_2O_2 on *E. coli* K12 photocatalytic inactivation by TiO_2: Implications in solar water disinfection. Applied Catalysis B: Environ., 2004, 51: 283～302

[30] Wolfrum E J, Huang J, Blake D M, et al. Photocatalytic oxidation of bacteria, bacterial and fungal spores, and model biofilm components to carbon dioxide on titanium dioxide-coated surfaces. Environ. Sci. Technol., 2002, 36: 3412～3419

[31] Zou Z, Ye J, Sayama K, Arakawa H. Direct splitting of water under visible light irradiation with an oxide semiconductor photocatalyst. Nature, 2001, 424: 625～627

[32] Konta R, Ishii T, Kato H, et al. Photocatalytic activities of noble metal ion doped $SrTiO_3$ under visible light irradiation. J. Phys. Chem. B., 2004, 108: 8992～8996

[33] Sakthivel S, Kisch H. Daylight photocatalysis by carbon-modified titanium dioxide. Angew. Chem., Int. Ed., 2003, 42: 4908～4911

[34] Yu J, Hp W, Yu G, et al. Efficient visible-light-induced photocatalytic disinfection on sulfur-doped nanocrystalline titania. Environ. Sci. Technol., 2005, 39: 1175～1179

[35] TOTO Ltd., Patent No. (PCT) WO95/15816, 1995, 11: 175～180

[36] Watanabe T, Kojima E, Norimoto K, et al. Fabrication of TiO_2 photocatalytic tile and practical applications. Fourth Euro Ceramics, 1995, 11: 175～180

[37] 苑春. 载银二氧化钛光催化杀菌性能的研究. 应用化工, 2005, 34 (1): 40～43

[38] 刁惠芳. 低压直流式电化学消毒机理与适用性研究. 博士论文, 北京: 清华大学, 2004

[39] Scherba G, Weigel R M, O'Brien Jr W D. Quantitative assessment of the germicidal efficacy of ultrasonic energy. Appl. Environ. Microbiol. 1991, 57: 2079～2084

[40] 卢靖华, 周广宇. 超声波对自来水中大龄摇蚊幼虫的杀灭作用. 城镇供水, 2003, 6: 12～13

[41] Madge B A, Jensen J N. Disinfection of wastewater using a 20-kHz ultrasound unit. Water Environ. Res., 2002, 74 (2): 159～169

[42] Hua I, Thompson J E. Inactivation of Escherichia coli by sonication at discrete ultrasonic frequencies. Water Res., 2000, 34 (15): 3888～3893

[43] 王君. 超声波催化 TiO_2系列催化剂对大肠杆菌的杀菌作用. 环境与健康杂志, 2004, 21 (6): 395～397

[44] Dadjour M F, Ogino C, Matsumura S, Shimizu N. Kinetics of disinfection of Escherichia coli by catalytic ultrasonic irradiation with TiO_2. Biochem. Eug. J. 2005, 25 (3): 243～248

[45] Dadjour M F, Ogino C, Matsumura S, Nakamura S, Shimizu N. Disinfection of Legionella pneumophila by ultrasonic treatment with TiO_2. Water Res., 2006, 40 (6): 1137～1142

[46] Blume T, Neis U. Improving chlorine disinfection of wastewater by ultrasound application. Water Sci. Technol., 2005, 52 (10-11): 139～144

[47] Duckhouse H, Mason T J, Phull S S, Lorimer J P. The effect of sonication on microbial disinfection using hypochlorite. Ultrason. Sonochem., 2004, 11 (3-4): 173～176

[48] Gary R, Burleson T M, Pollard M. Inactivation of Viruses and Bacteria by Ozone, With and Without Sonication. Appl. Environ. Microbiol., 1975, 29 (3): 340～344

[49] Joyce E M, Mason T J, Lorimer J P. Application of UV radiation or electrochemistry in conjunction with power ultrasound for the disinfection of water. Int. J. Environ. Pollut. 2006, 27 (1-3): 222～230

[50] Bartzarrt R, Nagel D. Removal of nitrosamine from waste water by potassium ferrate oxidation. Arch. Environ. Health, 1991, 46: 313～320

[51] Kazama F. Inactivation of coliphage Qβ by potassium ferrate. FEMS Microbiol. Lett.. 1994, 118 (3): 345～349

[52] Schink T, Waite T D. Inactivation of f2 virus with ferrate (VI). Water Res., 1980, 14 (12): 1705～1717

[53] Farooq S, Bari A. Tertiary treatment with ferrate and ozone. J. Environ. Eng-ASCE. 1986, 112 (2): 301～310.

[54] Kazama F. Respiratory inhibition of Sphaerotilus by potassium ferrate. J. Ferm. Bioeng., 1989, 67: 369～373

[55] Cho M, Lee Y, Choi W, Chung H, Yoon J. Study on Fe (VI) species as a disinfectant: Quantitative evaluation and modeling for inactivating Escherichia coli. Water Res., 2006, 40 (19): 3580～3586

[56] Jiang J Q, Wang S, Panagoulopoulos A. The exploration of potassium ferrate (Ⅳ) as a disinfectant/coagulant in water and wastewater treatment. Chemosphere, 2006, 63 (2): 212～219

[57] Kazama F. Viral inactivation by potassium ferrate. Water Sci. Technol., 1995, 31 (5～6): 165～168

[58] Schink T, Waite T D. Inactivation of f2 virus with ferrate (VI). Water Res., 1980, 14: 1705～1717

[59] Gilbert M B, Waite T D, Hare C. Analytical notes-an investigation of the applicability of ferrate ion for disinfection. J. Am. Water Works Ass., 1976, 68: 495～497

[60] 陈水挟，刘进荣，曾汉民. 几类载银活性炭纤维抗菌活性的比较. 新型炭材料，2002，17 (1): 26～29

[61] LePape H, Solano S F, Contini P, Devillers C, Maftah A, Leprat P. Involvement of reactive oxygen species in the bactericidal activity of activated carbon fibre supporting silver Bactericidal activity of ACF(Ag) mediated by ROS. J. Inorg. Biochem. 2004, 98: 1054～1060

[62] Scott K N, Wolfe R L, Stewart M H, Pilot-plant-scale ozone and peroxone disinfection of giardia-muris seeded into surface-water supplies. Ozone Sci. Eng. 1992, 14 (1): 71～90

[63] Finch G R, Yuen W C, Uibel B J. Inactivation of Escherichia coli using ozone and ozone: hydrogen peroxide. Environ. Technol., 1992, 13 (6): 571～578

[64] Wolfe R L, Stewart M H, Liang S, McGuire M J. Disinfection of modelindicator organisms in a drinking water pilot plant by using peroxone. Appl. Environ. Microbiol., 1989, 55 (9):

2230～2241

[65] Wolfe R L, Stewart M H, Scott K N, McGuire M J. Inactivation of Giardia muris and indicator organisms seeded in surface water supplies by peroxone and ozone. Environ. Sci. Technol., 1989, 23 (6): 774～745

[66] Quek P H, Hu J Y, Chu X N, Feng Y Y, Tan X L. Photoreactivation of Escherichia coli following medium-pressure ultraviolet disinfection and its control using chloramination. 2006, Water Sci. Technol., 53 (6): 123～129

[67] Boyce S D, Hornig J F. Reaction pathways of trihalomethane formation from the halogenation of dihydroxyaromatic model compounds for humic acid. Environ. Sci. Technol., 1983, 17: 202～211.

[68] Larson R A, Weber E J. Reaction mechanisms in environmental organic chemistry. Boca Raton, FL: Lewis Publishers, 1992

[69] Tretyakova N Y, Lebedev A T, Petrosyan V S. Degradative pathways for aqueous chlorination of orcinol. Environ. Sci. Technol., 1994, 28: 606～613

[70] Hoigne J, Bader H. Rate constants of reactions of ozone with organic and inorganic compounds in water-I: Non-dissociating organic compounds. Water Res., 1983, 17: 173～183

[71] Singer P C. Control of Disinfection By-products in Drinking Water. J. Environ. Eng. -ASCE, 1994, 120 (4): 727～744

[72] Singer P C. Formation and control of disinfection by-products in drinking water. J. Am. Water Works Ass., 1999

[73] Rook J J. Chlorination Reactions of Fulvic Acids in Natural Waters. Environ. Sic. Tech., 1997, 11 (5): 478～482

[74] Raczyk S U, Swietlik J, Dabrowska A, Nawrocki J. Biodegradability of organic by-products after natural organic matter oxidation with ClO_2: case study. Water Res., 2004, 38 (4): 1044～1054

[75] Ma Y S. Reaction mechanisms for DBPs reduction in humic acid ozonation. Ozone Sci. Eng., 2004, 26 (2): 153～164

[76] Lekkas T D, Nikolaou A D. Development of predictive models for the formation of Trihalomethanes and haloacetic acids during chlorination of bromide-rich water. Water Qual. Res. J. Canada, 2004, 39 (2): 149～159

[77] Sadiq R, Rodriguez M J. Disinfection by-products (DBPs) in drinking water and predictive models for their occurrence: a review. Sci. Total Environ., 2004, 321 (1-3): 21～46

[78] 李涵婷，梁聪，邓慧萍．改性滤料处理黄浦江原水的中试研究．净水技术，2006，25 (2)：32～34

[79] 邓慧萍，梁超，常春，高乃云．改性滤料和活性炭去除有机物的特性研究．同济大学学报：自然科学版，2006，34 (6)：766～769

[80] McMeen C R, Benjamin M M. NOM removal by slow sand filtration through iron oxide-coated olivine. J. Am. Water Works Ass., 1997, 89 (2): 57～71

[81] Kalscheur K N, Gerwe C E, Kweon J, Speitel G E, Lawler D F. Enhanced softening: Effects of source water quality on NOM removal and DBP formation. J. Am. Water Works Ass., 2006, 98 (11): 93～106

[82] Roalson S R, Kweon J, Lawler D F, Speitel G E. Enhanced softening: Effects of lime dose and chemical additions. J. Am. Water Works Ass., 2003, 95 (11): 97～109

[83] Bob M, Walker H W. Lime-soda softening process modifications for enhanced NOM removal.

J. Environ. Eng. -ASCE., 2006, 132 (2): 158～165

[84] Thompson J D, White M C, Harrington G W, Singer P C. Enhanced softening: Factors in influencing DBP precursor removal. J. Am. Water Works Ass., 1997, 89 (6): 94～105

[85] Jiang H, Adams C. Treatability of chloro-s-triazines by conventional drinking water treatment technologies. Water Res., 2006, 40 (8): 1657～1667

[86] Carlsom K, Via S, Bellamy B, Carlson M. Secondary effects of enhanced coagulation and softening. J. Am. Water Works Ass., 2000, 92 (6): 63～75

[87] Rodriguez F R, Hilts B A, Dvorak B I. Disinfection by-product precursor adsorption as function of GAC properties: Case study. J. Environ. Eng. -ASCE. 2005, 131 (10): 1462～1465

[88] Matilainen A, Vieno M, Tuhkanen T. Efficiency of the activated carbon filtration in the natural organic matter removal. Environ. Int., 2006, 32 (3): 324～331

[89] Hooper S M, Summers R S, Solarik G, Owen D M. Improving GAC performance by optimized coagulation. J. Am. Water Works Ass., 1996, 88 (8): 107～120

[90] Nowack K O, Cannon F S. Control of calcium buildup in GAC: Effect of iron coagulation. Carbon, 1997, 35 (9): 1223～1237

[91] Kameya T, Hada T, Urano K. Changes of adsorption capacity and pore distribution of biological activated carbon on advanced water treatment. Water Sci. Technol., 1997, 35 (7): 155～162

[92] Summers R S, Hooper S M, Solarik G, Owen D M, Hong S H, Bench-scale evaluation of GAC for NOM control. J. Am. Water Works Ass., 1995, 87 (8): 69～80

[93] Bond R G, Digiano F A. Evaluating GAC performance using the ICR database. J. Am. Water Works Ass., 2004, 96 (6): 96～104

[94] Newcombe G, Drikas M, Hayes R. Influence of characterized natural organic material on activated carbon adsorption: II. Effect on pore volume distribution and adsorption on 2-methylisoborneol. Water Res., 1997, 31 (5): 1065～1073

[95] Vahala R, Langvik V A, Laukkanen R. Controlling adsorbable organic halogens (AOX) and trihalomethanes (THM) formation by ozonation and two-step granule activated carbon (GAC) filtration. Water Sci. Technol., 1999, 40 (9): 249～256

[96] Chang E E, Liang C H, Ko Y W, Chiang P C. Effect of-ozone dosage for removal of model compounds by ozone/GAC treatment. Ozone Sci. Eng., 2002, 24 (5): 357～367

[97] Kim K S, Oh B S, Kang J W, Chung D M, Cho W H, Choi Y K. Effect of ozone and GAC process for the treatment of micropollutants and DBPs control in drinking water: Pilot scale evaluation. Ozone Sci. Eng., 2005, 27 (1): 69～79

[98] Liu R P, Nan J, Li X, Yang Y L, Xia S J, Li G B. Hydrous manganese dioxide adsorbing humic acid: controlling Trihalomethane formation. High Technol. Lett., 2006, 12 (1): 77～81

[99] Kabsc K M. Impact of pre-coagulation on ultrafiltration process performance. Desalination, 2006, 194 (1-3): 232～238

[100] Iritani E, Mukai Y, Katagiri N, Hirano T. Properties of hybrid ultrafiltration of humic substances combined with both flocculation and adsorption treatments. Kagaku Kogaku Ronbunshu, 2004, 30 (3): 353～359

[101] Xia S J, Li X, Liu R P, Li G B. Study of reservoir water treatment by ultrafiltration for drinking water production. Desalination, 2004, 167: 23～26

［102］ Oh H，Yu M，Takizawa S，Ohgaki S. Evaluation of PAC behavior and fouling formation in an integrated PAC-UF membrane for surface water treatment. Desalination，2006，192（1-3）：54～62
［103］ Tan Y R，Kilduff J E，Kitis M，Karanfil T. Dissolved organic matter removal and disinfection by-product formation control using ion exchange. Desalination，2005，176（1-3）：189～200
［104］ Humbert H，Gallard H，Suty H，Croue J P. Performance of selected anion exchange resins for the treatment of a high DOC content surface water. Water Res.，2005，39（9）：1699～1708
［105］ Bolto B，Dixon D，Eldridge R，King S，Linge K. Removal of natural organic matter by ion exchange. Water Res.，2002，36（20）：5057～5065
［106］ Reckhow D A，Legube B，Singer P C. Ozonation of organic halide precursors：effect of bicarbonate. Water Res.，1986，20（8）：987～998
［107］ Reckhow D A，Singer P C. The removal of organic halide precursors by preozonation and alum coagulation. J. Am. Water Works Ass.，1984，76（4）：151～157
［108］ Moyers B，Wu J S. Removal of organic precursors by permanganate oxidation and alum coagulation. Water Res.，1985，19（3）：309～314
［109］ Lykins B W，Griese H G. Using chlorine dioxide for trihalomethane control. J. Am. Water Works Ass.，1986，71（6）：88～93
［110］ Urfer D，Huck P M，Booth S D J，Coffey B M. Biological filtration for BOM and particle removal：a critical review. J. Am. Water Works Ass.，1997，89（12）：83～98
［111］ Hozalski R M，Goel S，Bouwer E J. Use of biofiltration for removal of natural organic-matter to achieve biologically stable drinking-water. Water Sci. Technol.，1992，26（9-11）：2011～2014
［112］ Moll D M，Summers R S，Fonseca A C，Matheis W. Impact of temperature on drinking water biofilter performance and microbial community structure. Environ. Sci. Technol.，1999，33（14）：2377～2382
［113］ 郭召海. 预臭氧与臭氧-生物活性炭工艺处理南方水库水的研究. 北京：中国科学院研究生院博士学位论文. 2005
［114］ Gunten U. Ozonation of drinking water：Part II. Disinfection and by-product formation in presence of bromide，iodide or chlorine. Water Res.，2003，37（7）：1469～1487
［115］ Gunten U，Oliveras Y. Advanced oxidation of bromide-containing waters：bromate formation mechanisms. Environ. Sci. Technol.，1998，32（1）：63～70
［116］ Song R，Amy G. Westerhoff P. Bromate Minimization during ozonation. J. Am. Water Works Ass.，1997，89（6）：69～78
［117］ Pinkernell U，Gunten U. Bromate Minimization during ozonation：mechanistic considerations. Environ. Sci. Technol.，2001，35：2525～2531
［118］ Krasner S W，Glaze W H，Weinberg H S，Daniel P A，Najm I N. Formation and control of bromate during ozonation of waters containing bromide. J. Am. Water Works Ass.，1993，85（1）：73～81
［119］ Siddiqui M S，Amy G L，Rice G. Bromate ion formation：a critical review. J. Am. Water Works Ass.，1995，87（10）：58～63
［120］ Siddiqui M S，Amy G L. Factors affecting DBP formation during ozone-bromide reactions. J. Am. Water Works Ass.，1993，85（1）：63～72
［121］ Krasner S W，Glaze W H，Weinberg H S，Daniel P A，Najm I N. Formation and control of bro-

mate during ozonation of waters containing bromide. J. Am. Water Works Ass., 1993, 85 (1): 73~81

[122] Buffle M O, Galli S, Gunten U. Enhanced bromate control during ozonation: The chlorine-Ammonia process. Environ. Sci. Technol., 2004, 38 (19): 5187~5195

[123] Bodzek M, Waniek A, Konieczny K. Pressure driven membrane techniques in the treatment of water containing THMs. Desalination, 2002, 147 (1-3): 101~107

[124] Shemer H, Narkis N. Ultrasonic removal of THMs from aqueous solution. Bstracts of Papers of the American Chemical Society, 2003, 226: U507-U507, 239

[125] Ahmedna M, Marshall W E, Husseiny A A, Goktepe L, Rao R M. The use of nutshell carbons in drinking water filters for removal of chlorination by-products. J. Chem. Technol. Biotechnol., 2004, 79 (10): 1092~1097

[126] Xie Y F F, Zhou H J. Use of BAC for HAA removal—Part 2, column study. J. Am. Water Works Ass., 2002, 94 (5): 126~134

[127] Wu H W, Xie Y F F. Effects of EBCT and water temperature on HAA removal using BAC. J. Am. Water Works Ass., 2005, 97 (11): 94~101

[128] USEPA. National primary drinking water regulations: Final rule. Federal Register, 1989, 54: 27485~27541

[129] Mills A, Belghazi A, Rodman D, Hitchins P. The removal of bromate from potable water using granular activated carbon. J. Chart. Inst. Water E., 1996, 10 (3): 215~217

[130] Asami M, Aizawa T, Morioka T, Nishijima W, Tabate A, Magara Y. Bromate removal during transition from new granular activated carbon (GAC) to biological activated carbon (BAC). Water Res., 1999, 33 (12): 2797~2804

[131] Kirisits M J, Snoeyink V L, Kruithof J P. The reduction of bromate by granular activated carbon Water Res. 2000, 34 (17): 4250~4260

[132] Huang W J, Chen C Y, Peng M Y. Adsorption/reduction of bromate from drinking water using GAC: Effects on carbon characteristics and long-term pilot study. Water SA. 2004, 30 (3): 369~375

[133] Gordon G, Gauw R D, Emmert G L, et al. Chemical reduction methods for bromate ion removal. JAWWA, 2002, 94: 91~98

[134] Craik S A, Weldon D, Finch G R, et al. Inactivation of cryptosporidium parvum oocysts using medium- and low-pressure ultraviolet radiation. Water Res., 2001, 35: 1387~1398

[135] Mills A, Belghazi A, Rodman D. Bromate removal from drinking water by semiconductor photocatalysis. Water Res., 1996, 30 (9): 1973~1978

[136] Xie L, Shang C. Role of humic acid and quinone model compounds in bromate reduction by zerovalent iron. Environ. Sci. Techenol., 2005, 39 (4): 1092~1100

[137] Chubar N I, Samanidou V F, Kouts V S, Gallios G G, Kanibolotsky V A, Strelko V V, Zhuravlev I Z. Adsorption of fluoride, chloride, bromide, and bromate ions on a novel ion exchanger. J. Colloid Interface Sci., 2005, 291 (1): 67~74

第 10 章 以地下水为原水的水质净化[①]

10.1 概 述

地球上可资利用的有限淡水资源约有 70%储藏于地下。地下水资源具有水质好、分布广泛、便于就地开采利用等优点，是重要的饮用水水源。我国约有 70%的人口以地下水为主要饮用水源，全国 95%以上的农村人口饮用地下水。在社会发展过程中，由于地球环境化学变化过程的自然原因以及地表生态环境的人为破坏和污染，致使地下水水质日益恶化，全球范围内地下水质污染问题越来越突出。

地下水污染一般是由于土壤污染、地表水污染、各种渗滤液等在下渗过程中不断被沿途的各种阻碍物阻挡、截留、吸附、分解，并最终进入地下水造成的。按污染物的种类可分为有机物污染、无机物污染、生物污染和放射性污染等。近年来对我国平原区浅层地下水水质现状的调查表明，劣质水分布面积占平原区面积近 60%。据美国环保局估计，美国有 30 万～40 万个遭受污染的地方，总净化费用预计高达 7500 多亿美元。因为污染物渗透过土壤到达蓄水层需要很长时间，所以如今正面临的污染实际上是几十年前产生的。与此同时，农业高度集约化，施用的化肥和农药越来越多，过量的化肥和农药正在慢慢渗入地下蓄水层。

地下水一旦被污染，其修复将非常困难甚至不可能。主要原因是：①地下蓄水层水质交换缓慢；②地下水不接触空气和阳光，自净困难；③地下蓄水层微生物生存条件不佳，缺少溶解氧或其他电子受体，无法生物降解；④地下污染物可能被捕集在蓄水层的凹处和裂缝中，或附着在岩石的表面，在蓄水层中形成了一个长期污染源。

地下水污染的种类繁多，世界各国针对各种地下水污染开展了大量的研究，每年都有大量的论文和专著来讨论地下水质污染及其控制的问题。本章仅就地下水的主要污染问题及其相关污染控制技术与原理进行简单的归纳，并着重介绍作者在地下水微量有机污染物、硝酸盐及地下水砷污染去除方面的主要研究进展。

---

① 本章由曲久辉，刘会娟撰写。

10.1.1 地下水的主要污染问题

10.1.1.1 有机物污染

工业有机废水的超标排放、城镇居民生活污水的入渗、农药与化肥的过量使用、垃圾渗滤液的淋滤、石油开采过程中原油的泄漏等都可能造成地下水的有机污染。地下水有机污染物主要是挥发性有机物和半挥发性有机物。从目前国内外研究情况看，地下水有机污染主要分为有机农药污染、卤代烃污染、单环芳烃及多环芳烃污染等几类。

集中使用化学品的现代农业生产作业方法是造成越来越多地下水污染的主要原因之一。最近的一些研究表明，地下水中农药污染已经成为一个令人担忧的问题。农药能迁移进地下水，即便是不稳定的化合物，一旦迁移到生物活性土壤区下面，也会变得极为不易改变。对于饮用水中农药安全浓度问题，目前尚没有一致的意见，欧盟为单一农药制定的标准为 0.1μg/L，但是世界卫生组织和美国环保局允许高于该标准 20～30 倍的浓度。即便根据这一较宽松的标准，美国环保局估计美国仍有 1%的饮用水井超过了农药的安全极限。我国农药使用量较大，一些长效、性质稳定的农药如 DDT、六六六很容易残留在土壤、水域及生物体内。虽然我国于 1983 年停产、停用了有机氯杀虫剂，但有机氯污染所造成的危害延续至今。

卤代烃也是地下水中最常见的有机污染物之一，主要来源于现代工业所广泛应用的化工原料和有机溶剂。其中，三氯乙烯和四氯乙烯作为氯代溶剂，在金属加工、电子、干洗、电镀、有机合成等行业广泛使用，对土壤和地下水环境造成污染，使其成为分布最为广泛的污染物之一。日本发现很多地方的地下水中三氯乙烯和四氯乙烯的浓度，已严重超过世界卫生组织所规定的饮用水水质标准。

地下水中有机污染物还包括酚类、醛类、苯，这类有机物主要来自如炼焦、炼油、制取煤气和利用酚作为原料的工业企业。酚类化合物还广泛应用于消毒、防腐等，在其运输和使用过程中均可能污染地下水。氯苯主要来源于生产苯胺、杀虫剂、酚、氯硝基苯及燃料的工业废水。此外，多环芳烃主要由石油、煤、天然气及木材在不完全燃烧或者在高温处理条件下所产生。这些有害化合物通过工业废水或生活污水的方式排放，最终可能渗透到地下水中。

我国地下水有机污染不容忽视，在 44 个城市地下水的调查中，有 42 个城市地下水受到污染，并检出数百种有毒有机物。表 10-1 总结了我国部分地区地下水有机污染状况。

表 10-1　我国部分地区地下水有机污染状况[1]

地　点	有机污染
松花江肇源河段	定性检出 11 大类 133 种有机物，定量检出 11 种有机物，其中取代苯类 27 种，多环芳烃 21 种
京津唐地区	有机污染物种类达 133 种
河北平原	有机氯检出率为 100 %，平均含量为 0.1μg/L，并呈现从山前至滨海逐渐升高的规律性
山东省某河水旁	检出酚类、醛类、醇类、多环芳烃、烷烃、酮类和酸类有机污染物 10 种
济南地区岩溶地下水	检出有机污染物 76 种，其中酞酸脂类和杂环芳烃 60%检出。东郊水厂、卧虎山水库、孟家庄地下水、西郊水厂、锦绣川水库、西营地下水污染较重，合计检出有机污染物 59 种
北京某排污河灌区地下水	检出有机物 138 种，其中 23%为美国环保局和我国筛选出的优先控制污染物
北方某市近郊区	有机组分 43 项，检出 36 项，单环芳烃 5 项，卤代烃 7 项，有机农药残留 8 项，多环芳烃 16 种
常州市及近郊区	主要有机污染物为三氯甲烷、三氯乙烯、四氯乙烯、苯和甲苯
苏州、无锡市及近郊区	主要有机污染物为三氯乙烯、四氯乙烯和甲苯

10.1.1.2　无机物污染

地下水中无机污染物主要分为三类：①汞、铬、铅、镉等重金属污染；②NH_4^+、NO_3^-、NO_2^-等含氮化合物污染；③砷、氟、含硫化合物、含氯化合物等特殊污染物。

1. 重金属污染

重金属的污染来源主要是加工和冶炼、热力发电、煤矿、电器电池生产、电子产品的废弃物和废水，这些重金属通过雨水冲刷直接渗入地下水或者经过生物、化学反应对地下水造成二次污染。如汞在厌氧微生物的作用下可转化成甲基汞，其毒性比无机汞更大。汞、镉、铅等很多重金属具有生物放大作用，通过食物链进入人体，蓄积到神经组织、骨骼系统、肾脏系统，最终造成相应器官的损害和病变。

城市垃圾填埋也是地下水重金属污染的主要来源之一。2002 年，对北京市阿苏卫、北神树等几个大型垃圾填埋场周边的地下水质检测结果发现，由垃圾填埋场渗漏出的有毒物质已经污染到了地表 30m 以下的地下水，渗滤液中的主要污染物包括重金属镉和铅以及 COD、NH_4^+、NO_3^-、NO_2^-、Cl^-等。

2. 硝酸盐

目前，世界范围内地下水中硝酸盐的污染已越来越严重。如美国许多地区水中硝酸盐平均每年增长 0.8mg/L，德国有 50%的农用井水硝酸盐的浓度已经超过 60mg/L，法国巴黎附近部分地区硝酸盐浓度已经高达 180mg/L。我国的情况也不容乐观，在大多数地区，作为饮用水源的地下水已不同程度地受到硝酸盐污染，并且有逐年加重的趋势。个别地区浓度已超过 100mg-N/L。近年来我国平原地区地下水调查表明，NH_4^+、NO_3^-、NO_2^- 超标普遍。氮类污染物每年都在不断地补充进入，并逐渐转化为亚硝酸盐和硝酸盐。

硝酸盐对人体健康具有危害[2,3]。当摄入过多时，可诱发高铁血红蛋白症，即可使体内正常的低铁血红蛋白转化成高铁血红蛋白，使血液失去携氧能力，因此可造成组织缺氧并导致死亡。在硝酸盐转化过程中形成的亚硝胺和亚硝酰胺具有致癌、致畸和致突变作用。此外，过多的硝酸盐对牲畜和农作物的生长均有一定的影响。鉴于硝酸盐的危害，许多国家及世界卫生组织都对饮用水中硝酸盐的含量制定了标准。世界卫生组织规定饮用水中硝酸盐浓度不超过 50mg/L。美国环保局规定了最高极限值为 10mgNO_3^--N/L。欧盟委员会提出硝酸盐最高含量为 50mg/L。我国生活饮用水卫生标准规定硝酸盐的浓度不超过 10mg NO_3^--N/L，水源限制时为 20mg NO_3^--N/L。

3. 砷污染

由于地下水中砷长期暴露而造成的慢性砷中毒已引起了世界范围的广泛关注。在孟加拉国，饮用水砷中毒已经成为一个全国性的问题，可以说孟加拉国目前正面临着可能是人类历史上最大规模的砷中毒事件。饮用水砷中毒在我国大陆发现较晚，但分布面宽，病情严重。20 世纪 80 年代初期，我国首次在新疆发现饮用水砷中毒的病例，之后在内蒙古发现大面积的饮水型砷中毒病区，1994 年在山西大同附近 5 个县也发现了高砷饮水病区。内蒙古呼和浩特市只几梁和铁门更地区的调查结果显示，该地区砷中毒患病率同水砷浓度呈正相关。根据我国饮水水质与水性疾病调查资料，全国大约有 1460 万人受到来自饮水砷（>0.03mg/L）的暴露，占调查区人口的 1.5%。我国饮用高砷水地区涉及内蒙古、新疆、山西等 10 个省（区）约 30 个县（旗），这些地区大多属于少、边、贫地区，缺乏充分的可替代水源。

砷污染最常见的原因是地球物理化学变化的自然原因，即地下岩层中存在天然砷。较多研究者认为世界上大部分地区地下水中的砷直接来自于氧化的和被溶解的含砷硫化铁矿。除此之外，冶金、玻璃陶瓷工业、皮革加工、化工、染料等工业废气和废水的排放，木材防腐剂、农药、杀虫剂的使用等，也会造成地下水的砷污染。

由于砷是一种原生质毒物，具有广泛的生物效应，已被美国疾病控制中心（CDC）和国际癌症研究机构（IARC）确定为第一类致癌物质。长期饮用高砷水，会引起黑脚病、神经痛、血管损伤，以及增加心脏病发生机会。其中砷（Ⅲ）的毒性大于砷(Ⅴ)。根据流行病学研究结果，许多国家已经更改了饮用水水质标准，世界卫生组织以及日本、德国和美国等西方发达国家已将砷的卫生标准由0.05mg/L降到0.01mg/L,我国即将颁布的新的饮用水标准中砷的最大允许浓度也规定为0.01mg/L。饮用水标准的提高给饮用水除砷技术带来新的挑战。

4. 氟污染

氟是地球上分布最广的元素之一，它约占地壳构成的0.1%左右。氟又是一种极活泼的元素，几乎能与所有的元素相互作用。岩石、矿物及土壤中的氟是地表水和地下水中氟的主要来源。除上述天然存在的高氟水外，人为的氟化物污染诸如来自电子工业、玻璃工业等的酸蚀酸洗废水和来自各种冶炼工业、火力发电厂等的尾气洗涤废水等高含氟废水的大量排放，也有可能造成某些地区地下水中氟的含量过高。

氟是人体维持正常生理活动不可缺少的微量元素之一，有预防龋齿、增加骨质硬度的效果，对维持神经传导和酶系统正常也有一定作用。然而，若人体摄氟过量，则会引起氟中毒。氟的毒理主要表现为破坏钙、磷的正常代谢，抑制酶的作用，影响内分泌腺的功能。成年人体内氟的总含量约为2.57g，其中96%以上蓄积在骨和齿等硬组织中，高浓度氟污染可刺激皮肤和黏膜，引起皮肤灼伤、呼吸道炎症，低浓度氟污染的危害主要是牙齿和骨骼中毒，可导致氟斑牙和氟骨症。对我国内蒙古地区的调查研究发现，长期饮用氟离子浓度2.0mg/L左右的井水的人群中患轻度以上氟斑牙的概率已接近50%，连续饮用含氟量为5～6mg/L的地下水10年会普遍导致氟斑牙，40年则普遍发生氟骨症。根据报道，我国将近一亿人口居住在高氟区，饮用含氟量超标（1.0mg/L）水的人口约七千七百万，我国有氟斑牙患者3900万人，氟骨症患者170万人。

饮用水中的氟约90%左右可被人体吸收，而食物中的氟仅有20%左右能被人体吸收。因此，国际上对于饮用水中的氟含量有严格要求，世界卫生组织规定饮用水中氟的允许浓度为1.5mg/L，我国规定饮用水中氟的浓度为1.0mg/L。

10.1.1.3　其他污染

地下水其他污染主要包括生物污染和放射性污染。浅层地下水容易受到细菌、病毒等生物性污染，主要来源是未经处理的生活污水、人畜粪便、医院废水的排放。经水传播的疾病主要有腹泻、甲型肝炎、伤寒、痢疾、霍乱等。我国地下水中生物污染的形势也较严峻，2004年对北京大兴区所属14个镇的197眼自备井的水质卫生监测表明，细菌总数超标率为12.69%。在我国由地下水生物污染引起的疾病爆发也时有发生。

水中所含有的放射性核素构成一种特殊的污染，它们总称放射性污染。放射性污染一部分来自地球中的放射性元素及衰变产物，这些物质可以经过降雨、岩石风化或工业选矿而进入地下水，还有一部分来自各种核工业、核电站、医疗科研单位所用的核物质。水中的放射性污染也会通过食物链进入人体造成长期的危害，促成贫血、白血球增生、恶性肿瘤等放射性病症。

10.1.2　地下水污染控制

10.1.2.1　地下水污染防治

迄今为止，对被污染地下水进行修复，费用昂贵且常常无效。美国政府耗费了数十亿美元，用于将污染的蓄水层净化达到饮用水标准，但近20年的经验表明，在很多情况下所取得的成效非常有限。鉴于地下水污染对环境尤其是人类自身的严重危害，目前许多国家已颁布相关法规，采取了相应的防护措施，同时也开展了有关污染地下水的治理研究。对地下水污染的防治可从以下几个方面考虑：①加强监管，防患未然；②加强对地下水的研究和监测，根据水文地质条件及地下水源的分布及污染特点建立水源地保护区；③开展地下水环境脆弱性调查评价，为地下水决策、管理、规划、设计等提供指导；④对被污染地下水进行工程修复。

污染物到达地下蓄水层，会产生一个地下水的污染“羽状物”，在蓄水层中移动。有许多地下水补救方法，主要是防止或最大限度地减少污染物进入地下水，或控制“羽状物”在地下蓄水层内的扩散和移动。代表性的方法有三种：①阻挡法。它将污染局限于最小的蓄水层区，并用地下黏土壁、水泥壁或钢壁将其无限期地控制在那里。根据所使用的材料，这些壁被直接打入地下，通过孔注入地下或安装在深入蓄水层的沟槽中。一旦就位，这些阻挡物无需维护；②拦截系统。在水位之下挖掘一条大沟，将污染羽状物从清洁的蓄水层区引走。这种系统费用较低，而且安装比较简单，但不像其他防治法那样有效；③羽状物管理。通过战略性地钻井，从井中抽水以改变地下水的流向。采用这种方法必须连续不断地抽水，直到所有的污染物都被抽走，因此是一个长期的过程，而且由于污染物附着在蓄水层中的岩石上，有重新溶解造成二次污染的风险。

10.1.2.2　地下水污染修复

可采取两种方式对被污染地下水进行修复[4]：一种是原位修复，即在蓄水层内处理；另一种是将地下水抽出来，在地面上进行处理。

1．原位修复技术

原位修复技术主要是通过将化学物质或生物物质添加到蓄水层，让期待的反应在地下蓄水层内进行，从而达到去除污染的目的。从本质上来说，原位修复技术所依赖的反应原理，无论是化学的还是生物化学的，与一般的水体污染控制技术的原理并无二致。所不同的是，地下水原位修复力图通过强化的地球化学、生物化学以及其他的化学技术手段等，实现污染物的固定、转移或降解。由于生物技术的廉价和高效，地下水修复亦以各种生物技术为主，并组合多种化学或物理化学手段。

地下水修复的难题是如何确保有足够数量的细菌来降解特定的污染物，以及有适合细菌生长的条件。需要重点解决的问题主要有：

(1) 菌种。最简单的解决办法是通过为现场现有的土著细菌和地下水细菌提供最佳条件，促使它们生长；或是预先驯化和培育足够数量的土著菌种，然后注入地下；还有一种方法是利用生物工程设计和培养特定的工程菌种，但很多人对将这种人造微生物大量扩散到自然环境可能产生的不利影响表示担忧。

(2) 溶解氧。有机污染物、氨氮以及其他还原性污染物的降解和去除都必须有足够浓度的溶解氧参与。通常地下水中的溶解氧浓度很低，自然复氧速度很慢，为此通过工程手段向地下水充氧常常是必需的。最近在地下水生物修复的研究与应用中开发了一些供氧的新方法，如生物通风，或采用化合态氧的方法，如向地下蓄水层注入或在地下水必经途径的地层内埋入过氧化物、硝酸盐、硫酸盐等。

(3) 营养物。在生物修复中，细菌生长所需的各种营养物质和元素必须齐全并且平衡。如果地下水是以有机污染为主，在很多情况下需要向地下水层内补充氮、磷等营养物，如果地下水是以氧化性污染物如硝酸盐为主，则向地下水补充有机物或其他可以做为电子供体的物质就是必需的。但添加外源营养物并非越多越好，只有在一定量的范围内才具有促进作用，并且不至于引起二次污染。除了营养物、电子受体和电子供体的影响外，土壤特性、有毒有害污染物、pH 等都是影响地下水原位修复的重要因素。

(4) 反应条件。如何改善生物修复的条件，已经成为生物修复研究的热点问题。细菌的许多酶并不是胞外酶，而污染物只有与微生物相接触才能被微生物降解。通过研究表面活性剂对石油降解能力的影响表明，表面活性剂能够促进土壤中吸附的烃类污染物的生物降解。另外，共代谢方式在土壤难降解物质的生物降解过程中起着重要作用，因此，提供共代谢底物（如 CH_4）促使微生物产生共代谢酶将有利于难降解污染物的去除。

从应用前景看，采用原位生物修复技术对地下水污染物进行处理比采用将污染物提取出来然后再处理的方法耗时少，而且与其他技术相比，该技术所需费用也较低，因此目前对地下水修复技术的研究非常热门，新的技术不断被提出，比较具有代表性的技术有以下几种：

（1）地下水曝气技术。地下水曝气法的基本原理是通过注气井将压缩空气注入地下水饱和区，在随后空气的上升过程中，不断发生氧气的溶解，为地下水增氧，促进有机物的微生物降解。地下水曝气法通常与土壤抽出法联合使用，通过注气和抽气的联合应用，达到收集饱和区和非饱和区中的可挥发性污染物和促进污染物的微生物降解的双重目的。

（2）渗透反应格栅法。渗透反应格栅法（permeable reactive barrier，PRB）是日益引人注意的污染含水层恢复的一种方法，它克服了抽出水处理系统受到的因许多化合物溶解度和溶解速率低而带来的限制。PRB 一般设置在地下水污染源的下游，通过反应介质的吸附、沉淀、化学降解和生物降解去除地下水中的污染物，随着被污染的地下水流过此反应设施，污染物浓度逐渐降低。PRB 的去除机理可能是生物的，也可能是非生物的，它包括吸附、沉淀、氧化还原、固化和物理转化。按照反应性质，PRB 可分为化学沉淀反应格栅、吸附反应格栅、氧化还原反应格栅和生物降解反应格栅。

地下水原位修复技术大多还处在试验阶段。很多时候，现场条件与实验室的研究条件截然不同。目前已运行了 10 年以上的装置还很少。采用原位修复技术处理被石油烃污染的地下水方面，有两个工程案例比较成功：一是美国某空军基地的柴油储罐管道破裂造成土壤和地下水高浓度有机污染的治理工程；另一个是在弗吉尼亚进行的对受二氯乙烯、三氯乙烯和四氯乙烯污染的地下水的生物修复工程。在分别经过 13 个月和 16 个月的运行以后，地下水中污染物浓度均达到当地自然资源局规定的标准。

2．抽吸与处理技术

最为有效并且容易实现的地下水净化技术依然是传统的“抽吸与处理”法。在这一过程中，将污染的地下水从蓄水层中抽出并通过气提、碳吸附、化学处理或生物处理等方法进行净化，也可通过湿地处理被污染的地下水，经过处理后再把水送回蓄水层，或用清洁水取而代之。

抽吸与处理技术相对于原位修复技术来说投资较大，操作上较为烦琐，但出水水质比较容易得到控制。针对不同的地下水污染物可采取不同的处理方法，以后几节将分别介绍本书作者在地下水中微量有机物、硝酸盐以及砷的非原位处理技术的研究进展。

10.2　水中有机物去除方法

10.2.1　去除地下水中有机物的一般方法

地下水中存在的有机污染物主要包括有机氯农药、卤代烃、单环芳烃以及多环芳烃等。其去除方法与地表水中有机污染物的去除方法大致相同，主要包括空气吹脱法、吸附法、化学氧化法、生物处理法、膜分离法和光催化氧化法等等。由于前几章已分别对上述方法进行了详细的介绍，在此不再赘述。值得注意的是，由于地下水中的铁锰浓度较高，在充氧曝气时会产生 $Fe(OH)_3$ 和 MnO_2 等物质，这些物质对地下水中有机物具有吸附去除作用。

10.2.2　锰氧化物氧化/吸附水中有机物方法

本节以 $KMnO_4$ 氧化去除某市地下水中有机物的研究结果为例，介绍地下水中有机物降解的方法和初步机理。高锰酸钾是一种强氧化剂，它具有使用简便、易于管理、不会产生二次污染等优点，从 20 世纪 60 年代初开始用于去除水中嗅、味、色，效果良好。将 $KMnO_4$ 用于含微量有机物地下水的处理，发现它在水中锰等溶解性离子的共同参与下，具有较好的水质净化效果。

10.2.2.1　对地下水中微量有机污染物的去除效果

表 10-2 为研究所选取的地下水的常规指标分析数据。可见，该井水中含锰量较高，为 1.64mg/L。

表 10-2　某地下水的常规水质指标数据

项目	色度	嗅、味	浊度	肉眼可见物	pH	氨氮/(mg/L)	亚硝酸盐/(mg/L)	硝酸盐/(mg/L)	硫酸盐/(mg/L)
浓度	无	三级油味	清	无	6.4	0.32	0.00	1.18	103.3
项目	氯化物/(mg/L)	总铁/(mg/L)	耗氧量/(mg/L)	总硬度	氟化物/(mg/L)	铜/(mg/L)	铅/(mg/L)	锌/(mg/L)	砷/(mg/L)
浓度	52.0	0.11	1.82	232.2	0.1	0.00	0.00	0.00	0.00
项目	锰/(mg/L)	汞/(mg/L)	镉/(mg/L)	硒/(mg/L)	挥发酚/(mg/L)	铬/(mg/L)	氰化物/(mg/L)	大肠杆菌数	细菌总数
浓度	1.64	0.00	0.00	0.00	痕	0.00	0.00	—	—

该地下水中含有较高浓度的锰，而二价锰又对高锰酸钾具有还原作用，所以，对水中有机污染物进行了含锰和除锰两种情况下的处理效果比较。在含锰地

下水中分别投加 2.0mg/L(2[#]样)、0.5mg/L(3[#]样)、0.2mg/L(4[#]样)的高锰酸钾，在除锰地下水中投加 0.5mg/L(5[#]样)的高锰酸钾进行处理，将处理结果与未经高锰酸钾处理的地下原水（1[#]样）的测定结果进行定量比较。实验条件如表 10-3 所示。

表 10-3　地下水的 $KMnO_4$ 处理条件

水样处理前放置时间/h	投加量 $KMnO_4$(mg/L)及处理时间								反应水温/℃	pH
	2#		3#		4#		5#			
	$KMnO_4$/(mg/L)	反应时间/h	$KMnO_4$/(mg/L)	反应时间/h	$KMnO_4$/(mg/L)	反应时间/h	$KMnO_4$/(mg/L)	反应时间/h		
立即处理	2.0	1	0.5	1	0.2	1	0.5	1	9.1	6.5
1.5	2.0	1	0.5	1	0.2	1	0.5	1	9.0	6.6
1.0	2.0	1	0.5	1	0.2	1	0.5	1	10.0	6.8
3.5	2.0	1	0.5	1	0.2	1	0.5	1	10.0	6.7
立即处理	2.0	1	0.5	1	0.2	1	0.5	1	11.1	6.9

对含锰地下水中微量有机物的高锰酸钾处理过程如图 10-1 所示。

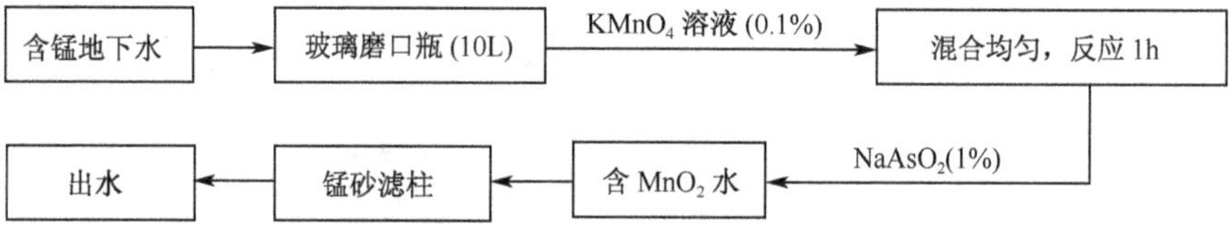

图 10-1　含锰地下水中微量有机物的高锰酸钾处理过程

在上述处理过程中，由于水中二价锰被高锰酸钾氧化及高锰酸钾被还原产生大量二氧化锰，会在水样富集时将吸附剂微孔堵塞，因此用锰砂滤柱将其滤除。

对除锰地下水中的处理过程如图 10-2 所示。

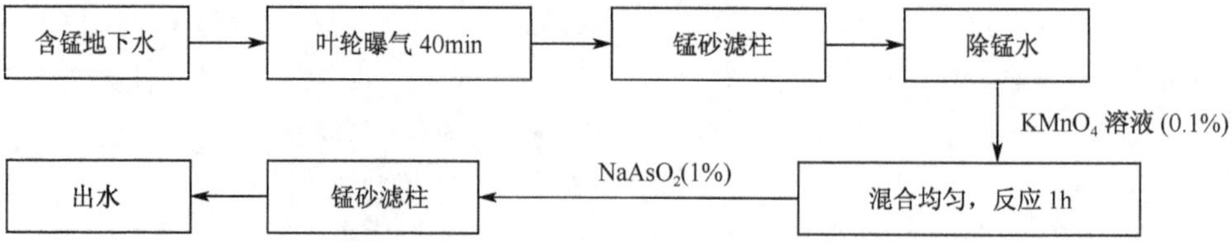

图 10-2　除锰地下水中微量有机物的高锰酸钾处理过程

在以上处理流程中，含锰地下水经叶轮曝气、锰砂过滤以后，经测定水中无锰，但加入高锰酸钾后，又产生了二氧化锰，所以还需经锰砂过滤将其去除，以免影响分析效果。

在 GC-MS 分析测定中，因无标准样，无法对单个有机物进行绝对定量，因而只能对某些强度较高的有机物的色谱峰进行定量比较。因为在一定操作条件下，被分析的物质的质量（m_i）与色谱峰面积（A_i）成正比，如式（10-1）所示：

$$m_i = f_i A_i \tag{10-1}$$

式中，f_i为校正因子。

采用 GC-MS 法，在该地下水中共检测出了 94 种有机污染物，其中属于美国环保局提出的“优先控制污染物”有 3 种：1，2-二氯乙醚、3，3-二氯丙烯和苯；可致癌、致突变物 2 种：2，2-二溴丙烷和 2，4，6-三甲基溴苯。从色谱图可见，上述 5 种物质的峰较弱，峰面积很低，说明该地下水源受有机物污染是轻度的。

在所检测出的 94 种有机污染物中，选取其中 31 种进行研究，比较高锰酸钾对微量有机物的去除效果，结果列于表 10-4。

表 10-4　$KMnO_4$对地下水中某些有机物去除情况

化合物	1#	2#		3#		4#		5#	
	峰面积 A_1	峰面积 A_2	A_2/A_1	峰面积 A_3	A_3/A_1	峰面积 A_4	A_4/A_1	峰面积 A_5	A_5/A_1
3-氯-1-丙烯	4172	586	0.14	1420	0.34	3015	0.72	2023	0.48
1,2-二氯乙醚	12 541	3218	0.26	2725	0.46	9494	0.76	7406	0.59
2-甲氧基-5-甲基苯胺	2426	196	0.08	453	0.18	1010	0.41	423	0.17
对甲氧基苯酚	2081	299	0.14	720	0.35	1358	0.65	1095	0.53
4-氯丁醇	1123	200	0.18	608	0.54	1156	1.03	1101	0.98
2,2-二溴丙烷	46 976	9736	0.21	16 335	0.36	24 964	0.53	22 637	0.48
1,1-氧代二[3-氯]丙烷	12 526	2972	0.24	4741	0.38	7639	0.61	6936	0.56
2-乙氧基-1,2-二苯乙醇	5184	867	0.17	1510	0.29	21 516	0.49	2274	0.44
α-甲氧基苯乙酸甲酯	6655	1990	0.30	4223	0.64	7573	1.14	7840	1.18
苯基杂氮环丁醇	1439	0	0	0	0.0	738	0.51	400	0.28
苯并噻唑	126 929	2554	0.02	6454	0.05	7654	0.06	—	—
氯化二羟基丙酸	1884	0	0	73	0.04	428	0.23	1343	0.17
3,3-二氯丙烯	144	0	0	0	0	0	0	0	0
3-羟基苯并噻唑	631	0	0	148	0.23	449	0.71	641	1.02
苯甲醛	3448	230	0.007	1058	0.31	3085	0.89	3461	1.00
2-乙基-6-羟基苯甲酸甲酯	7642	13 710	1.79	19 702	2.73	58 708	7.68	57 155	7.48
吲哚	2267	18 607	8.2	32 237	14.20	45 617	20.12	33 359	14.7

续表

化合物	1#	2#		3#		4#		5#	
	峰面积 A_1	峰面积 A_2	A_2/A_1	峰面积 A_3	A_3/A_1	峰面积 A_4	A_4/A_1	峰面积 A_5	A_5/A_1
4-氰基苯乙酸(4-甲氧基)苯酯	4105	2602	0.63	869	0.21	—	—	—	—
2-甲酸(2,2-二乙基)辛酸基苯甲酸	16 017	16 453	1.03	61 408	3.73	53 173	3.63	36 310	2.27
2-环己基十二烷	7156	1911	0.27	2597	0.37	3721	0.52	8209	1.15
N-苯基-2-苯胺	4308	2209	0.51	1509	0.35	4221	0.98	—	—
2-乙基癸烷	5376	3564	0.66	3323	0.62	8920	1.66	5790	1.1
3,4-二甲基戊醛	2982	1281	0.43	1732	0.58	4785	1.61	3032	1.02
二丙基辛醛	3713	1978	0.52	1543	0.42	5544	1.49	2465	0.66
3-甲基-1-庚醇	2796	941	0.34	1517	0.54	1340	0.43	2614	0.94
十三氧基环氧乙烷	2305	1087	0.47	811	0.35	3402	1.5	1543	0.67
1,4-十一烯	—	406	—	619	—	2148	—	3510	—
2-氨基-1,5萘啶	3159	1137	0.36	1929	0.61	5106	1.62	4730	1.5
α,α-二甲基丙酸乙酯	1986	630	0.32	670	0.34	3255	1.64	—	—
氮-苯乙烯基甲胺	1177	0	0	278	0.24	—	—	—	—
二十八烷	3275	11 023	0.43	1732	0.73	2821	1.19	—	—
2-乙基-2-丙基环乙醇	1607	990	0.62	1543	0.96	1937	1.20	14 303	8.9

为比较总的去除效果，对表 10-4 所列出的 31 种物质的峰面积求和，进行总峰面积定量比较，列于表 10-5。

表 10-5 $KMnO_4$ 去除有机物总量比较

试样	1#	2#	3#	4#	5#
$\sum_{i=1}^{31} A_i$	291 753	59 589	174 709	255 191	230 592
$\left(\sum_{i=1}^{31} A_i\right)_j / \sum_{i=1}^{31} A_i$	—	0.31	0.59	0.86	0.77

从表 10-4 和表 10-5 可见，高锰酸钾对地下水中微量有机污染物具有良好去除效果。绝大多数物质在水中的浓度都有不同程度的降低。尤其是对水中几种强毒性的“优先控制污染物”和致癌、致突变物质可以很好去除。在含锰水中投加 2.0mg/L 的高锰酸钾就可将其中的 1，2-二氯乙醚去除 74%，2，2-二溴丙烷去除 79%，即使只向水中投加 0.2mg/L 的高锰酸钾，也可分别将 1，2-二氯乙醚

和 2，2-二溴丙烷去除 27%和 47%。而对含量较低的 3，3-二氯丙烯，在以上 4 个处理过程中均已被完全去除。其他 2 种强毒性的物质：苯和 2，4，6-三甲基溴苯，由于峰形不好，无法进行峰面积定量，但并未发现其浓度升高。这说明，在所采用的实验条件下，采取高锰酸钾净化水质具有一定效果。

高锰酸钾对水中微量有机物的去除效率与其投加量成正比，水中微量有机物去除的顺序是 2# ＞3# ＞5# ＞4#。其中 3# 和 5# 同样是加入 0.5mg/L 的高锰酸钾，所不同的是 3# 水中含锰，而 5# 中无锰，结果前者对有机物的去除效果较好，而后者去除效果较差。这表明，对地下水中微量有机物的去除效率起决定作用的不仅仅是高锰酸钾的投加量，而且还与水中含锰或二氧化锰的量有关。

对于含有易被高锰酸钾氧化的不饱和键或特征官能团的有机化合物，经高锰酸钾处理后，其含量下降幅度相对较大。这些物质被高锰酸钾去除率的顺序是(以 2# 为例)：3，3-二氯丙烯、氯化二羟基丙酸、*N*-苯乙基甲胺＞2-甲氧基-5-甲基丙胺＞3-氯-1-丙烯、对甲氧基苯酚。这与它们可被高锰酸钾氧化的顺序大体类似。

如上所述，在采用高锰酸钾对地下水中有机污染物进行处理的过程中，有少数物质的含量有所升高，这说明发生了有机物间的相互转化。在所讨论的 31 种有机污染物中，处理后含量升高的主要是杂环类、醇和酯类，而无一是“三致物”和“优先控制污染物”。因此，在上述实验条件下，用高锰酸钾氧化法去除地下水中微量有机污染物，并无转化产生新的强毒性物质之虞。

10.2.2.2　高锰酸钾去除地下水中微量有机物的机制探讨

通过实验结果和以上讨论分析，作者认为，高锰酸钾之所以对该地下水中微量有机物具有良好的去除效果，主要是氧化和吸附共同作用的结果。

1. 高锰酸钾对有机物的氧化

实验表明，高锰酸钾对含不饱和键和特征官能团的有机物能较好地氧化降解。

烯烃类化合物易被高锰酸钾氧化，因而去除率较高。如表 10-4 中所列烯烃，高锰酸钾对其均有很好的去除效果。高锰酸钾对烯烃类化合物的氧化去除过程如式（10-2）所示。

(10-2)

高锰酸钾易将苯酚及苯胺类化合物氧化降解，使其结构受到破坏。如对甲氧基苯酚和 2-甲氧基-5-甲基苯胺，当向原水中投加 2mg/L 高锰酸钾时，其降解率分别为 86%和 92%，如果它们能被彻底降解，则反应如式（10-3）和式（10-4）所示。

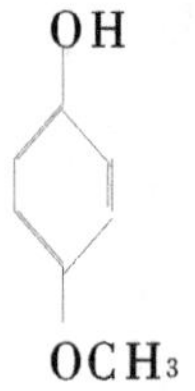

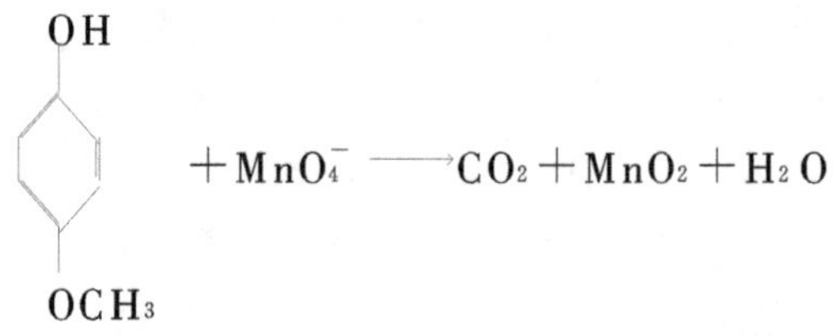

$$+MnO_4^- \longrightarrow CO_2+MnO_2+H_2O \qquad (10\text{-}3)$$

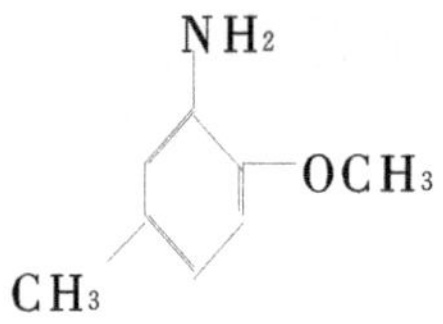

$$+MnO_4^- \longrightarrow CO_2+MnO_2+NH_3+H_2O \qquad (10\text{-}4)$$

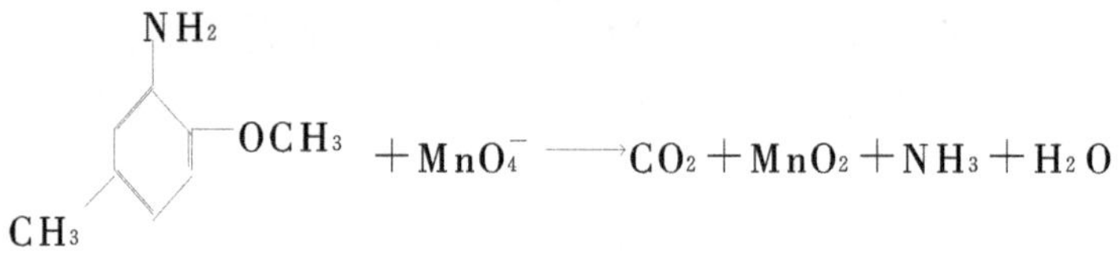

由表 10-4 可见，当高锰酸钾足够时，地下水中的 α-羟基苯乙酸甲酯能被较好地氧化去除，此种类型反应如式（10-5）所示。

$$R-\underset{\underset{OH}{|}}{C}HCOOH+MnO_4^- \longrightarrow R-\underset{\underset{O}{\|}}{C}COOH \longrightarrow R-\underset{\underset{O}{\|}}{C}-CH_3+CO_2 \qquad (10\text{-}5)$$

醇类化合物较难被高锰酸钾氧化，但实验表明，它们中的大多数的去除率要比醛类及那些完全不能被高锰酸钾氧化的烷烃、羟基类化合物要高。它们与高锰酸钾的反应如式（10-6）和式（10-7）所示。

$$R-CH_2OH+MnO_4^- \longrightarrow R-COOH+MnO_2 \qquad (10\text{-}6)$$

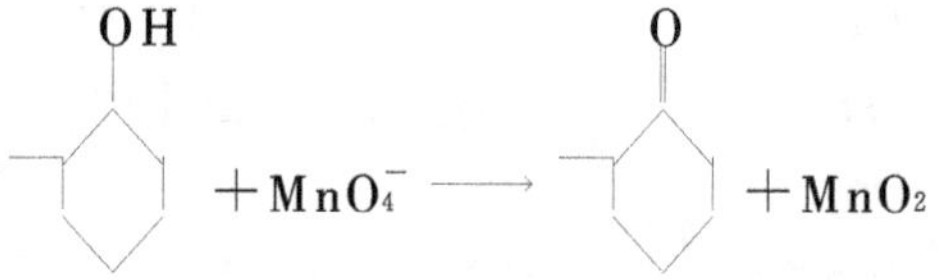

(10-7)

实验表明，地下水中那些易被高锰酸钾氧化的有机物的去除效率与其被高锰酸钾氧化的程度有关。这些物质被高锰酸钾氧化以后，很难完全降解生成二氧化碳，应以生成醇、醛、酮、羟基类等化合物为主，而这些物质均非“三致物”或“优先控制污染物”，因而可使水质得到一定程度的净化。

2. 二氧化锰对有机物的吸附

由于所研究的地下水的含锰量为 1.64mg/L，因而 $KMnO_4$ 的氧化还原产物 MnO_2 对有机物的吸附去除因素必须考虑。

如前所述，高锰酸钾对那些完全不能被其氧化的有机污染物也有一定的去除效果，而且对含锰水中的微量有机物比除锰水中的处理效果更好。如十三氧基环己烷，在含锰水（水样3#）中去除了65%，而在不含锰水（水样5#）中只去除了33%；2-环己基十二烷，在3#中除去了36%，而在5#中无去除效果；2-氨基-1，5-萘啶，在3#中去除39%，而在5#中浓度反而上升。这些结果说明，二氧化锰对水中某些有机物具有吸附作用，这种吸附作用可能是通过以下过程实现：

(1) 某些物质靠羟基生成桥键。高锰酸钾对二价锰的氧化又可以写成

$$3Mn^{2+} + 2MnO_4^- + 12H_2O = 5Mn(OH)_4 + 4H^+ \tag{10-8}$$

生成的 $Mn(OH)_4$ 具有羟基表面，可以与含羟基、氨基等的有机物生成氢键［式(10-9)中，X可以是N、O等负电性较强的物质］。因为“R—”一般具有斥电性，使得X上富电子，更有利于氢键生成。同时，由于二氧化锰提供的羟基表面很大，形成氢键机会很多，并在后续净化处理时，有机物与二氧化锰被同时去除。

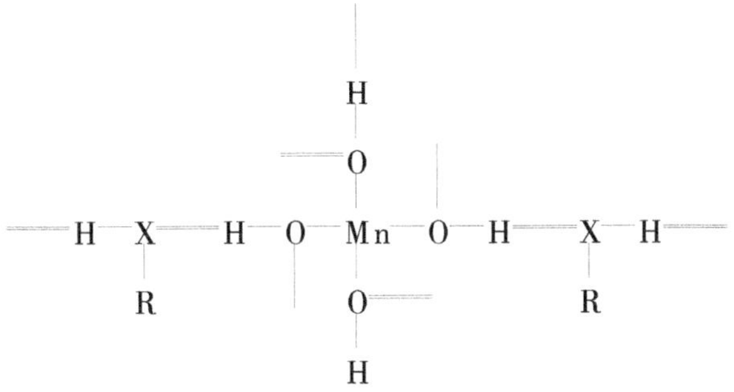

(10-9)

(2) 吸附包夹作用。由于生成二氧化锰胶体的速度快、颗粒细，比表面大，提供了有机污染物得以共沉淀的机会。在水中二氧化锰迅速生成的过程中，有机物必然有一部分附着在二氧化锰胶体表面，并被后来生成的二氧化锰胶体所覆盖，使有机物包夹于沉淀内部，引起共沉淀。

对那些易被高锰酸钾氧化的有机物，其去除机理一方面有高锰酸钾的氧化作用，另一方面还有二氧化锰的吸附作用，因而它们的去除率较高。对那些不易被高锰酸钾氧化的有机物，其去除机理是吸附起主要作用。例如，醇类化合物，在含 $Mn(OH)_4$ 较多的水中（3#）和含 $Mn(OH)_4$ 较少的水中（5#）的去除效果有明显差别。如2-乙氧基-1，2二苯乙醇和3-甲基-1-庚醇，在3#中去除率分别为72%和46%，而在5#中为50%和6%。而那些完全不能被高锰酸钾氧化的有机物去除，则完全是由于二氧化锰的吸附，即生成桥键和共沉淀的结果，如2-环己基十二烷、二十八烷等。

综上所述，用 $KMnO_4$ 处理含 Mn^{2+} 的微污染地下水时，由 $KMnO_4$ 氧化 Mn^{2+} 生成的 MnO_2 和自身被还原产生的 MnO_2 共同发挥作用，这可能是此类地下水中有机物得以一定程度去除的主要原因。利用这一现象，发展出一些 $KMnO_4$

水处理方法，并在实际工程中得到应用。

10.3 地下水中 NO_3^- 的去除

10.3.1 水中 NO_3^- 去除方法概述

饮用水中相对较低浓度的硝酸盐的去除方法主要有：物理法[5,6]、生物法[7,8]、化学法[9]和复合集成法[10]。根据其处理场所不同又可分为原位反硝化和异位反硝化。

10.3.1.1 物理法

物理法是指利用 NO_3^- 离子的迁移或交换完成的，大致分为两类：离子交换法和膜分离法。

1. 离子交换法

离子交换除盐技术相对成熟，主要是指利用碱性树脂的阴离子交换能力，由氯离子或重碳酸根离子与被处理水中硝酸根交换达到去除饮用水中硝酸盐的目的。离子交换法是最早实际应用于饮用水脱硝的工艺，1974 年在美国纽约的 Nassau 县建立了第一座离子交换工艺的脱硝水厂来处理 NO_3^- 含量为 20～30mg-N/L 的地下水，采用连续再生的离子交换工艺，树脂在一个封闭的回路中移动，处理能力为 6566m^3/d，出水中 NO_3^- 浓度低于 2mg-N/L。常规的离子交换法用盐酸和氢氧化钠对树脂进行预处理，用浓盐水再生，再生效率低且再生频繁，再生产生的废液量大；同时因树脂对阴离子的交换次序为 $SO_4^{2-}>NO_3^->HCO_3^-$，会造成被处理水中氯离子增加且再生费用高。所以在树脂的选择方面，往往以高的 NO_3^- 选择性和低的 SO_4^{2-} 选择性为标准，主要原因是有高 NO_3^- 选择性的树脂具有经济性，SO_4^{2-} 很快就能交换到床体的顶部，剩余床体的大部分仍用来交换 NO_3^-。针对常规处理中遇到的问题，人们采取了各种各样的改进工艺。

CARIX(carbon dioxide regenerated ion exchangers) 工艺是将弱酸树脂和重碳酸盐形式的弱碱树脂相结合，将两种树脂混合填充在滤柱中，采用二氧化碳对树脂进行再生。此工艺的优点是不产生过量的再生废液，而且二氧化碳可以重复使用，节省了再生剂用量。缺点是工艺复杂，运行管理困难。此外，碳酸盐是一种弱酸，产生相当低浓度的质子和重碳酸根离子，树脂再生后只恢复总交换容量的 5%～10%。

硝酸盐选择性离子交换工艺中的树脂对硝酸盐有选择性，可以不受处理水中硫酸盐的影响，从而降低了树脂再生的频率，减少了再生剂的用量。硝酸根选择性树脂对阴离子的交换顺序是：$NO_3^- > SO_4^{2-}>HCO_3^-$。树脂对硝酸根的选择性与树脂中氨基周围烃基的空间取向力有关，研究发现当树脂中氨基周围的甲基被乙基取代后，将增加树脂对硝酸根的选择性，增大树脂中离子交换点间的距离或增加树脂基体、官能团的疏水性等也能增加对硝酸根的选择性。

离子交换脱硝工艺适用于中小城市饮用水处理。由于离子交换脱硝工艺实际上相当于将进水中的硝酸盐等盐分浓缩到再生废液中，因此该工艺最大的缺点就是存在再生废液的排放问题，处理不当会造成对环境的二次污染。

2．膜分离法

膜分离法是指在某种推动力的作用下，利用膜的透过性能，达到分离水中离子或分子以及某些微粒的目的。用隔膜分离溶液时，使溶质通过膜的方法称为渗析，使溶剂通过膜的方法称为渗透。用于饮用水脱硝的膜分离方法包括反渗透和电渗析两种。

(1) 反渗透法。反渗透的推动力是外加压力。反渗透膜对硝酸根无选择性，各种离子的脱除率与其价数成正比。目前用于水淡化除盐的反渗透膜主要有醋酸纤维素膜和芳香族聚酰胺膜两大类。反渗透法在除去硝酸盐的同时也将除去其他的无机盐，会降低出水的矿化度。为延长反渗透膜的使用寿命，反渗透前需对待处理水进行预处理以减少矿物质、有机物、水中其他悬浮物在膜上的沉积结垢以及减少污染物、pH 波动对膜的伤害。

(2) 电渗析法。电渗析法的膜推动力是与膜正交的电场力。电渗析可选择性地脱除阴阳离子。与传统的电渗析相比，可逆电极的电渗析工艺减少了膜上的结垢及化学药剂的用量，可用于从苦水和海水中生产饮用水。电渗析和反渗透的脱硝效率差不多，但电渗析脱硝法只适用于从软水中脱除硝酸盐。

膜分离法适用于小型供水设施，其缺点主要是费用高以及产生浓缩废盐水，存在废水排放的问题。

10.3.1.2　化学法

化学反硝化法是指利用一定的还原剂还原水中的硝酸盐。基本反应历程是硝酸盐氮首先被还原为亚硝酸盐氮，最后被还原为氮气或氨氮，从亚硝酸盐氮还原可能要经过 NO 或 N_2O 产生及还原的过程，但目前尚没有统一的说法。迄今为止，对化学反硝化法脱除饮用水中硝酸盐氮可采用氢气、活泼金属、甲酸和甲醇等数种还原剂。可将其分为活泼金属还原法与催化法两大类。

1．活泼金属还原法

活泼金属还原法是指一些活泼金属如 Cd、Cd-Hg 齐、铁、铝、Devarda 合金、锌、Arndt 合金等在特定 pH 环境中可以使硝酸盐还原为亚硝酸盐或氨氮的方法。最常用的是铝粉和铁粉还原法。

铝粉还原硝酸根是在 $9<pH<10.5$ 时，铝粉可以将硝酸盐氮还原为氨氮（60%～95%）、亚硝酸盐和氮气，十几分钟反应即可完成。此工艺需要严格控制体系的 pH，否则会发生铝粉的钝化，但反硝化产物中的氨氮和亚硝酸盐必须进一步去除。

20 世纪 60 年代，研究人员发现以铁粉作还原剂调节 pH 可使 75%的硝酸盐氮转化为氨氮。90 年代后，又进一步发现以铁为还原剂可将硝酸根还原为氮气和亚硝酸根：

$$10Fe + 6NO_3^- + 3H_2O \longrightarrow 5Fe_2O_3 + 6OH^- + 3N_2 \tag{10-10}$$

$$Fe + NO_3^- + 2H^+ \longrightarrow Fe^{3+} + H_2O + NO_2^- \tag{10-11}$$

最近研究表明，在有氧条件和不同 pH 下，铁粉对硝酸盐氮具有还原作用，产物为氨氮和 Fe^{2+}：

$$NO_3^- + 10H^+ + 4Fe \longrightarrow NH_4^+ + 3H_2O + 4Fe^{2+} \tag{10-12}$$

该反应过程中可加入酸和采取 pH 缓冲措施，反应速度快慢为 $pH=5>pH=6>pH=7$。

铁粉还原法的原理都比较相似，故而有着共同的缺点：①反应中需要比较严格地控制 pH；②出水中有较多的氨氮和亚硝酸盐氮，需要后续处理。但由于铁来源广、价格低、反应速度较快，而且除了 pH 外，对环境（如温度）并没有特别的要求，因此对铁还原法去除水中硝酸盐的研究仍在继续，并采取了各种改进措施，一种是利用铁作还原剂，土壤中水流和硝酸根在外加电场产生的电渗和电动作用下向铁源迁移，在铁源附近发生脱硝反应；另一种是利用纳米铁粉（1～100nm）进行还原，反应须在无氧条件下进行，可将硝酸盐氮还原为氮气，反应后水中几乎没有其他中间产物和氨氮，无需调节 pH，此方法有一定的应用前景。

活泼金属还原法的主要缺点是反应产物很难完全还原成无害的氮气，并且会产生金属离子、金属氧化物或水合金属氧化物等导致二次污染，所以对后续处理要求较高。

2. 催化法

由于金属铁或二价铁等还原硝酸盐的条件难以控制，易产生副产物导致二次污染，所以人们设法在反应中加入适当的催化剂，以减少副产物的产生，这就是催化还原硝酸盐的方法。利用氢气做还原剂，金属等催化剂负载于多孔介质上催化还原水中的硝酸盐成为无毒无害的氮气，这种方法具有速度快、适应条件广的优点。但此方法的难点是催化剂的活性和选择性的控制，此外有可能由于氢化作用不完全形成亚硝酸盐，或由于氢化作用过强而形成 NH_3、NH_4^+ 等副产物。

（1）金属催化剂。以氢气、甲酸、甲醇等为还原剂在催化剂作用下的脱硝研究始于20世纪80年代末，德国学者Voriop提出，负载型的二元金属催化剂（如 Pd-Cu/Al_2O_3）在有氢气存在的条件下，可将硝酸盐氮全部还原为氮气。

$$NO_3^- \xrightarrow{H_2/Pd\text{-}Cu/Al_2O_3} NO_2^- \xrightarrow{H_2/Pd/Al_2O_3} [NO] \xrightarrow{H_2} \begin{cases} N_2O \\ N_2 \\ NH_4^+ \end{cases} \tag{10-13}$$

催化剂多为贵金属，如Pd、Pt、Ru、Ir、Rh等。Pd是将硝酸盐氮还原为氮气的最佳催化剂。催化反硝化是一个异相催化过程，只有位于表面的金属原子才具备催化活性，因此增加催化剂的比表面积（可固载在氧化铝、氧化硅、沸石等表面，并制成一定的颗粒）可以增加反应速度，且反应后易于实现催化剂与水的分离。

影响水中催化反硝化的因素很多，其中既有热力学方面的，又有动力学方面的。一些反应的中间过程，诸如所有反应物、中间产物或最终产物向催化剂表面的传质过程、吸附与解吸过程、表面迁移与反应过程，都有可能成为反应速度的控制步骤，从而影响脱除硝酸盐的速度和最终反应产物的组成，即影响催化活性和选择性。催化活性可以用单位质量催化剂在单位时间内脱除硝酸盐氮的量来表示；催化选择性可以用某一产物产率或产量表示，通常指产物为氮气时的催化选择性。目前催化反硝化的选择性可以达到90%以上，但这样的选择性仍不能保证出水中氨氮或亚硝酸盐氮浓度满足饮用水的要求标准。具体反硝化结果主要由以下因素决定：①催化剂的性质。目前以金属钯为主的二元催化剂最适合充当硝酸盐氮还原的催化剂，而钯的一元催化剂最适合用来催化亚硝酸盐氮的还原反应。辅助催化剂可改变催化剂的活性和选择性。不同方法制备的催化剂活性和选择性也有较大的差别。②水质。饮用水水质对二元（Pd-Cu）催化反硝化的活性和选择性都有一定的影响，阳离子影响硝酸根和氢氧根在水中的迁移速度，阴离子与硝酸根竞争表面吸附或活性位置，同时S^{2-}等离子可导致催化剂中毒。③pH和传质过程。因任何消失的阴离子和增加的阳离子都需由反应中的OH^-来平衡。④传质条件。负载型催化剂颗粒不仅有外表面还有内表面，所以良好的传质是必要的，小型实验通过补充酸性物质（二氧化碳、硫酸、盐酸）和强烈搅拌改善传质条件，但对大型反应器的均匀混合是不现实的。改善传质的方法主要有：a. 将微粒催化剂和胶态催化剂装入中空纤维膜；b. 将催化剂微粒和胶体包埋于聚乙烯醇凝胶颗粒中等等。

（2）膜催化剂。在催化反硝化研究过程中，发展出了膜催化剂。这一方法利用了膜的两种性质：①对催化剂活性组分的固定作用；②对参与反应的某一相的选择通过作用。由此可以实现氢气和被处理水从膜的两边进入并在催化剂的活性位置产生接触，从而改善传质效果，但其在催化选择性和活性两方面的效果都不甚理想。也有研究者提出纳米电极催化反硝化法，即将金属或合金催化剂制成纳米颗粒，使之分散于被处理水中，采用微粒子电极方法，还原硝酸盐氮为氮气，利用膜技术实现纳米催化剂与出水分离，并利用碳材料在阳极产生 CO_2 为反硝化反应补充酸度，保证反应器内的还原性环境，这种仅需输入电能的工作模式适用于小型或分散给水处理。

化学催化反硝化反应速度快，具有潜在的经济性和对小型或分散型给水处理的适应性，但此方法离实用阶段还有相当的距离，主要问题是反应过程中的传质因素影响了催化反硝化的活性和选择性，成为现有催化反硝化的难点，对操作管理的要求也高。

10.3.1.3　生物反硝化法

生物反硝化是指在缺氧（anoxic）的环境中，反硝化细菌在一系列生物酶作用下将硝酸根和亚硝酸根还原为 NO、N_2O 和无毒无害的 N_2 的过程，这是自然界氮循环的重要环节。与物理化学脱硝法相比，生物反硝化法有两个主要优点：①可以将硝酸盐氮彻底还原为氮气，不存在对环境的二次污染问题；②对被处理水的水质如硬度、有机悬浮物等没有特殊要求。因此生物反硝化法是一种更具发展潜力和适应性更强的饮用水脱硝方法。

将生物反硝化方法用于给水处理最早在 1988 年由 Bouwer 提出，1989 年 Rittmann 将此方法引进到公共给水处理中，并已建立了一定规模的处理厂。

1. 生物反硝化原理

生物反硝化是用硝酸盐和亚硝酸盐代替氧气作为电子受体，以有机物或氢气、硫等还原性物质作为电子供体，在缺氧或限氧的条件下生成氮气的过程，反硝化细菌在一系列生物还原酶的作用下将硝酸根还原为氮气经 4 步反应完成，如式（10-14）所示：

$$NO_3^- \xrightarrow{\text{硝酸盐还原酶}} NO_2^- \xrightarrow{\text{亚硝酸盐还原酶}} NO \xrightarrow{\text{氧化氮还原酶}} N_2O \xrightarrow{\text{氧化亚氮还原酶}} N_2$$

$$(10\text{-}14)$$

$$2HNO_3 \xrightarrow[-2H_2O]{+4H} 2HNO_2 \xrightarrow[-2H_2O]{+4H} [2HNO] \begin{array}{c} \xrightarrow{+4H} 2NH_2OH \xrightarrow[-2H_2O]{+4H} 2NH_3 \\ \xrightarrow[-2H_2]{+2H} N_2 \\ \xrightarrow{-H_2O} N_2O \xrightarrow[-H_2]{+2H} \end{array}$$

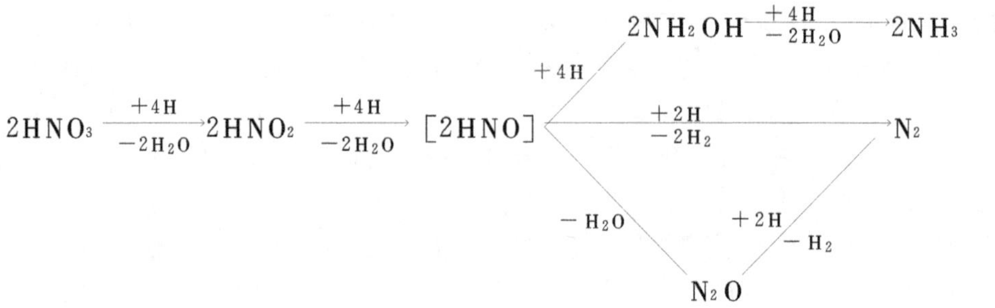

每一步反应都需要特定酶的催化，整个反硝化过程可以认为是在多种微生物的协同作用下完成的。在反硝化反应过程中，硝酸盐氮通过反硝化细菌的代谢活动，有两种转化途径：①同化反硝化（合成），最终形成有机氮化合物，成为菌体的组成部分；②异化反硝化（分解），最终产生气态氮，为菌体的生命活动提供能量，如式（10-15）所示。

式（10-16）为硝酸根还原的半反应：

$$NO_3^- + 6H^+ + 5e \rightleftharpoons 1/2N_2(g) + 3H_2O \tag{10-16}$$

反硝化过程的另一个半反应可由反硝化细菌氧化有机物或无机物来完成。据细菌生长所需碳源不同，反硝化菌可分为异养反硝化菌和自养反硝化菌。异养反硝化菌利用有机物作为自身生长的碳源，有机物的氧化过程为其提供能量。细菌氧化碳水化合物的半反应如式（10-17）所示：

$$CH_2O + H_2O \rightleftharpoons CO_2(g) + 4H^+ + 4e \tag{10-17}$$

自养反硝化菌可利用无机碳作为碳源，如 CO_3^{2-}、HCO_3^-、CO_2 等，但它需额外的电子供体 H_2 或硫及还原态的硫化合物提供能量。硫铁矿作为电子供体的半反应如式（10-18）所示：

$$\frac{1}{14}FeS_2 + \frac{4}{7}H_2O \rightleftharpoons \frac{1}{7}SO_4^{2-} + \frac{1}{14}Fe^{2+} + \frac{8}{7}H^+ + e \tag{10-18}$$

2．生物反硝化法分类

反硝化细菌利用 NO_3^- 或 NO_2^- 作为电子受体，以有机碳源或氢气、硫等还原性物质为电子供体进行反硝化，当以有机碳为碳源时称为异养反硝化，有机碳同时也是电子供体；当微生物利用的碳源是无机碳源如 CO_3^{2-}、HCO_3^- 时，以氢气、硫等还原性物质为电子供体，此反应过程称为自养反硝化。

（1）异养反硝化。异养反硝化分为缺氧反硝化和好氧反硝化两类，主要为缺氧反硝化，以下分别进行叙述。

① 缺氧反硝化。异养反硝化细菌利用有机物如甲醇、乙醇、乙酸等将硝酸盐还原为氮气，气态有机物如甲烷、一氧化碳也可作为给水反硝化的基质。1989 年德国的 Gayle 等将一氧化碳用于地下水脱硝[11]。1992 年 Mateju 等研究表明，去除 1kg NO_3^--N 需要消耗 3.0 kg 甲醇，超过化学计量值 2.47 kg[12]，以甲醇、乙醇和乙酸作为碳源时 C∶N 比分别为 0.93，1.05 和 1.32，所以从碳氮比角度看，甲醇是最有效的有机基质；反应中所需的磷营养物质可由式（10-19）计算

$$P = (\Delta - NO_3^-) \times 2.26 \times 10^{-3} \quad (mg/L) \tag{10-19}$$

式中，$\Delta - NO_3^-$ 为去除的硝酸根离子（mg/L）；以三种物质为碳源时的化学计量式见(10-20)～式(10-22)：

$$5CH_3OH + 6NO_3^- \longrightarrow 3N_2 + 5CO_2 + 7H_2O + 6OH^- \tag{10-20}$$

$$5C_2H_5OH+12NO_3^- \longrightarrow 6N_2+10CO_2+9H_2O+12OH^- \tag{10-21}$$

$$5CH_3COOH+8NO_3^- \longrightarrow 4N_2+10CO_2+6H_2O+8OH^- \tag{10-22}$$

1979年，英国研究人员对泰晤士河的硝酸盐去除进行了中试研究，他们以甲醇作为碳源建立了三种升流式的脱硝反应器：①用两级砂砾作为微生物载体的固定床反应器；②由生长有反硝化细菌的细河流泥沙组成的絮状层的悬浮式生长床；③流化沙床反应器。用两周的时间来启动这些反应器以保证形成足量的微生物群体。结果表明，反硝化效率最高的是流化床反应器，10℃时反硝化负荷为160g-N/(m^3·h)，而固定床的反硝化负荷最低，10℃时为12g-N/(m^3·h)。在低温0～10℃操作时，悬浮床最合适的升流速度为12m/h，流化床为15～20m/h。流化沙床反应器2℃时仍能去除掉45mg/L硝酸盐。在这些研究的基础上，1982年在英国的Bucklesham建成了欧洲第一座反硝化水处理厂。

1988年Soares等用32%孔隙率的下流式沙柱对硝酸盐浓度为22.6mg-N/L的地下水进行了脱硝实验。用蔗糖作为基质，在C∶N比等于2时达到了完全反硝化，大部分微生物集中在沙柱顶部15 cm部分，反应过程中释放的氮气对反应柱的运行有一定影响，采用真空措施可以恢复柱子的正常运行[13]。

1988年Dahab对升流式固定床反应器的脱硝进行了研究，床内部填充直径为25mm的球形介质或直径为16mm的柱状环，以乙酸作为碳源，在进水硝酸盐氮浓度为22.6mg-N/L时运行10个月，结果表明当C∶N比为1.5、最小HRT为9 h时硝酸盐氮被完全去除，但存在出水SS和浊度较高的问题[14]。1992年Kappelhof等研究了以乙醇作为基质碳源的升流式固定床反应器[15]，反应器内部填充的三种有效填料为：扩展的片岩、无烟煤和沙子。反应器内过量的生物量积累用通气和水清洗来去除，填充介质的优劣用它们附着微生物的能力、硝酸盐去除负荷、生物膜剥落度和磨损度四种指标来衡量，结果表明沙子是优先选择的填料，因为生物膜只用简单的冲洗就能去除。

Liessens等[16,17]研究了生物流化沙床脱硝处理厂的操作条件，此处理厂的处理能力约为1136m^3/d。处理厂属于比利时de Blankaart水处理厂的一部分，从1988年开始运行。以甲醇作为有机基质，当进水硝酸盐浓度为16.4mg-N/L，空床接触时间为15min时可使硝酸盐发生完全反硝化。35℃时反应器的负荷为2.03kg-N/(m^3·d)，当甲醇过量1～2mg/L时出水中没有NO_2^--N的积累，甲醇的用量比化学计量值高20%～25%；沙粒上的生物膜用搅拌器和水力旋流器进行清除。后处理包括滴滤池和活性炭柱反应器除去多余的甲醇。根据分析取得的毒性实验数据，指出与甲醇使用相关的人体健康风险范围是比较小的，但微生物处理对水质有一定的影响，残余的甲醇和微生物分泌物会增加出水中AOC的含量，观察到生丝微菌属中的 *Hyphomicrobium sp.* 是一种重要的甲基利用反硝化细菌。液压剪切机能够引起各种菌株的流失，造成处理水中总大肠杆菌（*total coliforms*)、粪便大肠菌（*fecal coliforms*)、粪便链球菌（*fecal streptococci*)、气单胞菌（*Aeromonads*)、梭菌类（*Clostridia*）和阳性球菌（*Staphylococci*）分别以 $10^{2.4}$、$10^{0.7}$、$10^{1.8}$、$10^{0.61}$、$10^{1.5}$、$10^{1.0}$ 的量对数增长，处理水必须进行后处理，包括过滤和消毒以确保残余有机碳的去除和避免指示生物超标。Frank 等 1985 年的研究也观察到在填充有聚苯乙烯的固定床中试试验中，反硝化反应器出水中的细菌量有所增加(从10^2～10^3个/mL 到10^4～10^5个/mL)，鉴定出主要的菌种为假单胞菌（*Pseudomonads*)，但他们指出出水中并不存在致病微生物[18]。

1982 年 Nilsson 等用藻酸钠盐合成物将假单胞反硝化菌（*Pseudomonas denitrificans*）固定，用乙醇作碳源，建成了四个平行的柱状反应器，结果发现这些反应器均能将硝酸盐浓度从104mg/L(23.5mg-N/L)降到0.1mg/L(0.02mg-N/L)，但工艺存在一些局限性，主要包括基质和反应产物在藻酸盐填充物里的扩散速率较低；填充物里细菌损失和活性降低；藻酸盐填充物使用寿命较短（两个月）等[19]。为克服以上问题，1995 年 McCleaf 和 Schroeder 开发出了膜-固定生物膜反应器[20]，将反硝化细菌和碳源与待处理水分开，水中的 NO_3^- 通过 0.2μm 的膜与水分离，进入到人造膜的另一侧为反硝化细菌的生长提供电子受体，利用碳源基质和营养物质由附着在人造膜上的生物膜完成反硝化，但实验观察到有甲醇从有生物膜的人造膜一侧扩散到被处理的水中，并且也观察到处理水的一侧也有微生物的生长。为防止微生物污染处理水，1996 年 Reising 等减小膜的孔径到 0.02μm，用生物膜和悬浮的微生物来处理被硝酸盐污染的水，产生处理水的人造膜的另一边，悬浮微生物比固定生物膜处理硝酸盐的能力大的多，开发出了一种连续流的膜生物反应器[21]。利用膜（如纤维膜）截留生物反硝化反应器出水中的悬浮微生物和污泥，能提高反应器中微生物的浓度和出水卫生学指标，但出水仍存在多余的有机碳[22]。针对此问题，研究者提出新的设想，用附着有生物膜的纤维膜将微生物和原水分开，NO_3^- 以扩散方式经纤维膜进入生物膜，有机碳源和磷酸盐从纤维膜的另一侧进入生物膜，在生物膜内进行反硝化。纤维膜能将被处理的水和生物絮体分开，通过沉淀即可去除剩余污泥。生物膜的代谢作用能使有机碳和磷酸盐保持在较低的浓度水平，防止它们渗入处理水中造成污染。

Fuchs 等用不同种类的反应器并采用不同的管状膜（包括聚偏氟乙烯膜、再生纤维膜和聚丙烯膜）对 NO_3^- 去除进行了研究[23]。反应器中有悬浮的微生物，但起主要反硝化作用的是生物膜。若控制好外加碳源的浓度，使其完全被生物膜利用而不渗入到处理水中，进水中含有的微生物会因营养缺乏而无法生存，因此出水中也不会有微生物。在内置再生纤维膜的反应器中，当乙醇作为碳源（C：N 比为 1.9：2.2)，进水 NO_3^- 为 100mg-N/L，磷酸盐浓度为 15～20mg/L 时，NO_3^--N 去除率为 80%～100 %，反应器的脱硝能力为450～560mg-N/(m^3 · d)。

Roennefahrt 1986 年开发出了 DENIPOR 工艺去除地下水中的硝酸盐[24]，其工艺流程如图 10-3 所示。

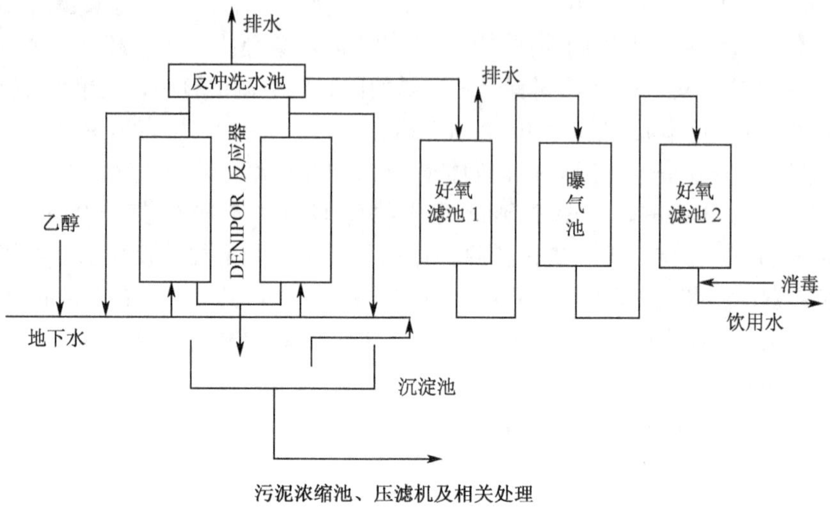

图 10-3　脱除地下水硝酸盐的 DENIPOR 工艺

此工艺利用蓄水层中的异养微生物，采用固定床的方式，用一种膨胀聚苯乙烯的球形合成材料作为微生物附着的载体。该载体材料能克服柱子的堵塞问题，载体上的微生物也很容易在反冲洗过程中得以去除。以乙醇作为碳源基质，添加磷酸盐作为营养物质，结果表明，在反应器负荷为 0.7～1.0kg-N/(m^3 · d) 时，NO_3^- 去除率为 95%。脱硝后的水再经过两个好氧滤池，10℃时出水的 TOC 能控制在 1mg/L 以下。目前，德国已建成了两个 DENIPOR 脱硝水处理厂，并在正常使用。

在法国，名为 Nitrazur 和 Biodenit 的两种脱硝工艺已投入实际生产使用[25]。Nitrazur 工艺是以活性炭作为滤料介质，乙酸或乙醇作为碳源基质的升流式操作过程。1986 年 BcÖkle 等开发出了一种类似的用活性炭作为滤料介质，乙酸作为碳源基质的工艺来处理硝酸盐污染的饮用水[25]。Biodenit 工艺是用热膨胀的页岩作为微生物载体，球形活性炭和沙子作为滤料填充介质，反应器采用下流进水式，在压力下操作以避免过多的水头损失和气体在滤柱内的积累，反应用乙醇作为碳源基质。Biodenit 和 Nitrazur 工艺处理负荷分别约为 11 500m^3/d 和 2000m^3/d。在生物反硝化过程中人们主要关注的问题之一是 NO_2^--N 的积累。Richard 发现停留时间较长的生物污泥会导致 NO_2^--N 的积累，因此有效冲洗填料上的微生物可以避免亚硝酸盐的积累[26]。

②好氧反硝化。20 世纪 80 年代，研究发现好氧条件下某些细菌也能进行反

硝化反应，已知的反硝化细菌有：假单胞菌（*Pseudomonas* spp.）、产碱菌（*Alcaligenes facealis*）和 *Thiosphaera* 等，这些微生物能在好氧条件下将 NO_3^-、NO_2^- 还原为无毒无害的 N_2。与厌氧反硝化细菌相比，好氧反硝化菌的一般特征为反硝化速率相对较慢，但能较好适应厌氧（或缺氧）好氧周期变化。有研究者认为，当环境中氧的浓度较高时，细菌偏向胞内同化硝酸盐，NO_3^- 去除是胞内同化作用的结果，而胞外还原被抑制；当溶解氧浓度较低时，胞外还原更容易发生，而胞内同化被抑制。

异养反硝化用于给水处理的过程中面临着一些问题：细菌有可能污染处理水，处理水中残留有机物浓度较高，需进行后续处理。

（2）自养反硝化。自养反硝化利用的碳源是无机碳，根据电子供体的不同，自养反硝化可分为氢自养反硝化和硫自养反硝化。

①氢自养反硝化。反硝化细菌的种类很多，但异养菌副球反硝化菌（*Paracoccus denitrificans*）和自养菌微球反硝化菌（*Micrococcus denitrificans*）都能利用氢气作为电子供体将硝酸盐还原为氮气。氢自养反硝化根据氢气来源分为间接供氢法和直接电解供氢法。

自养菌中的假单胞反硝化菌（*Micrococcus denitrificans*）在氧化氢气到水的过程中能将硝酸盐还原为氮气。Gross 和 Treutter 1986 年开发了一种叫作 DENITROPUR 的氢气自养反硝化工艺[27]，此工艺不像异养反硝化工艺那样必须进行后处理。自养反硝化细菌的生长速率比较慢，因此需要处理的生物污泥也比较少。自养反硝化过程会引起处理水的 pH 向碱性范围偏移，但二氧化碳的出现会减弱此 pH 的偏移，结果表明这种固定床反应器能很好地进行自养反硝化。德国 Mönchengladback 建造的 DENITROPUR 处理厂能处理约 $2863m^3/d$ 的地下水，脱硝反应器在 $0.12kg\text{-}N/(m^3 \cdot d)$ 负荷下能将 NO_3^- 浓度从75mg/L 降低到1mg/L，污泥产生率为 0.2 kg 有机质/kg-N。该处理工艺不像硫/石灰石反硝化那样改变处理水的硬度。

Kurt 等于 1987 年开发出了流化沙床反应器进行氢自养反硝化[28]，脱硝的最佳 pH 是 7.5，当 pH 高于 9 时有 NO_2^- 的积累。对 NO_3^- 为 25mg-N/L 的进水，当 HRT 为 4.5 h 时可完全反硝化，可以用一个双 Monod 饱和函数来模拟此系统硝酸盐氮的去除。反硝化过程中 NO_3^- 首先转化为 NO_2^-，NO_2^- 再转化为氮气，反硝化速率受硝酸盐的限制而不受氢气的影响，反应体系的最大反硝化速率为 $0.031mg\text{-}N/(cm^2 \cdot d)$。Dries 等于 1988 年研究了以聚亚安酯作为微生物载体的氢自养反硝化[29]，被硝酸盐污染的水从反应器的顶部向下流，氢气从反应器的底部向上流，流出的水接着进入第二个升流式反应器，在那里消耗掉剩余的溶解氢气。在柱子的顶部，对水进行曝气充氧，使 NO_2^- 转化为 NO_3^-。带状的聚亚安酯证明比立方体的聚亚安酯更适于作微生物附着的载体；嗜麦芽假单胞菌

（*Pesudomonas maltophilia*）和腐败假单胞菌（*Pesudomonas putrefaciens*）是生物泥中的主要反硝化菌，20℃时反应器的总脱硝率为 0.5kg-N/(m^3 · d)。当进水硬度较大时，第一个反应器会因为 $CaCO_3$ 的沉淀而发生堵塞，当处理硬度较低的软水时，不会发生堵塞问题。

溶解的氮气和氢气会影响固定床脱硝反应器的操作，氮气气泡的释放需要特别小心以避免氢气的截留和滤柱的阻塞；氧气的出现会导致过量微生物的产生，从而导致固定床脱硝反应器的堵塞。因此，生物反硝化前的真空脱气对控制固定床反应器的堵塞十分有效。

在氢气反硝化过程中，存在氢气溶解度低，存储和运输困难的缺点。为解决这些问题，1992 年 Mellor 等首先提出电极-生物膜反应器的概念[30]，将反硝化酶和电子传递体（燃料）固定在阴极表面，通过电解水提供氢。燃料能有效地捕获原子氢（阻止 H_2 的生成）并将电子传递给反硝化酶，电子传递体和酶共固定能提高酶的活性约 30%。电极-生物膜反应器分两相，第一相的阴极上固定有硝酸盐还原酶和天青 A，将 NO_3^- 还原为 NO_2^-；第二相的阴极上固定有亚硝酸盐还原酶、N_2O 还原酶和藏红 T，将 NO_2^- 还原为氮气。控制流速能使 NO_3^- 完全转化为 N_2 而无污泥产生，反应器的比催化活性大于 126.5 kg-N/(m^3 · d)，连续运行 3 个月后仍具有最初活性的 50%。在此研究的基础上，1993 年日本的 Sakakibara 等将反硝化细菌固定在阴极（碳电极）上[31]，阴极上的反硝化细菌利用电解水产生的氢气将硝酸盐转化为 N_2，反硝化效率和电流呈线性关系，结果表明 1mol 电子能将 0.2mol NO_3^- 还原为氮气，证明这项由电流控制的新工艺是可行的，对于处理低浓度硝酸盐的水更加实用。该工艺的操作电压为 0～37V，电流为 0～40mA，可稳定运行 3 个月。

Sakakibara 等设计的电极-生物膜反应器如图 10-4 所示，他们采用藻酸钠盐凝胶体将经过异养富集的反硝化细菌固定在反应器阴极，反应器阴极和阳极采用同心圆方式布置，阳极碳棒置于中央，不锈钢筒作为阴极[32]，如图 10-4 所示。用直流电源来供应电流，生物反硝化由固定在阴极上的反硝化细菌利用阴极产生的 H_2 来完成，同时观察到反应器的阳极有 CO_2 产生。试验结果表明，在电流作用下可实现完全反硝化，CO_2 的产生有利于反硝化过程中缺氧条件的形成和碱度调节，维持中性条件。反应中所用最佳电压为 2.2V，去除 10mg-N/L 的模拟地下水能量消耗为 0.22kW · h/m^3。

对电极-生物膜反应器的生物膜反硝化动力学研究表明，反硝化速率主要受电流的影响。从电极-生物膜工艺的设计和控制来看，电极-生物膜系统反应中应加的最大电流可由式（10-23）计算得到：

$$\left(\frac{I}{A}\right)_{\max} = 5FE_f \frac{kXL_f C^*_{NO_3^-}}{K_{m,NO_3^-} + C^*_{NO_3^-}} \tag{10-23}$$

式中，$[I/A]_{max}$ 为应加最大电流（mmol-e/cm^2）；F 为 Faraday 常量(C/mol)；E_f 为有效因子（无单位）；k 为最大比反硝化速率 [(mol/gVSS)/d]；X 为生物膜的微生物密度(gVSS/cm^3)，L_f 为生物膜厚度(cm)；K_{m,NO_3^-} 为利用 NO_3^- 的半速率常数(mol/L 或 mol/cm^3)；$C^*_{NO_3^-}$ 为主体溶液中的 NO_3^- 浓度(mol/L 或 mol/cm^3)。

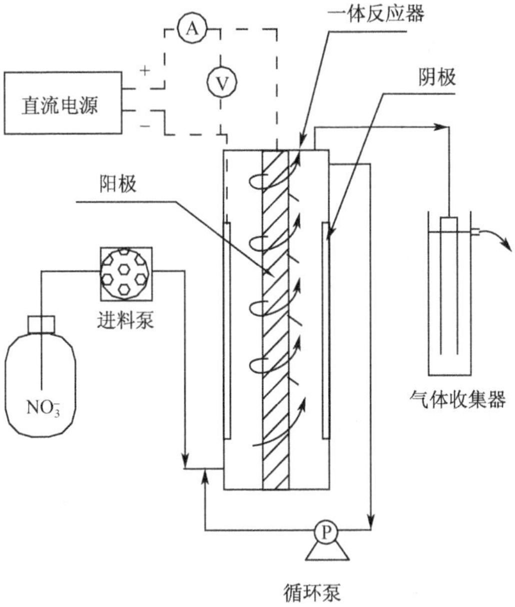

图 10-4　电极-生物膜反应器示意图

当电流超过一定值时，由于受氢抑制的影响，反硝化速率下降，此时模型可用氢气抑制系数 10^{-4} mol/L 来定性地预测反应器的操作。

当被硝酸盐污染的饮用水中含有溶解氧、SO_4^{2-} 且没有缓冲液时，用电极-生物膜反应器对其进行处理，NO_3^- 去除率高达 100%。以不锈钢作为阴极、石墨作为阳极，生物膜固定在阴极上，由于溶解氧可以很快地被式（10-24）消耗掉，所以式（10-25）能顺利发生并为反硝化提供必须的氢气。

$$\frac{1}{2}O_2+2e+H_2O \rightleftharpoons 2OH^- \qquad (\varphi^0=0.401V) \qquad (10\text{-}24)$$

$$2H_2O+2e \rightleftharpoons H_2+2OH^- \qquad (\varphi^0=-0.828V) \qquad (10\text{-}25)$$

以石墨作为阳极，由电极电势判断，pH 为 7 左右时，优先发生反应式(10-26)：

$$C+2H_2O \rightleftharpoons CO_2+4H^++4e \qquad (\varphi^0=0.207V) \qquad (10\text{-}26)$$

$$H_2O \rightleftharpoons \frac{1}{2}O_2+2H^++2e \qquad (\varphi^0=1.23V) \qquad (10\text{-}27)$$

H_2、CO_2的优先产生，有利于反硝化的进行和整个体系的碱度维持中性，当生物膜被完全驯化适应电流后，试验结果能很好地和模型计算吻合，试验过程中没有 SO_4^{2-} 的还原和 NO_2^- 的积累。

对电极-生物膜反应器，又研究了进出水中各种离子浓度随电流的变化，研究的离子包括 NO_3^-、NO_2^-、SO_4^{2-}、Cl^-、PO_4^{3-}、NH_4^+、Na^+、K^+、Ca^{2+} 和 Mg^{2+}，它们为地下水中常见的离子，出水中 Na^+、K^+、SO_4^{2-}、PO_4^{3-} 和 Cl^- 浓度几乎不随电流变化；NO_3^- 去除率，由电流的大小决定并和电流呈线性关系，硝酸盐完全反硝化到氮气很容易实现，并且没有 NO_2^-、N_2O和 NH_4^+ 的积累；Ca^{2+} 和 Mg^{2+} 的浓度在出水中有所下降，主要是因为它们部分沉积在阴极表面所致。但是 $CaCO_3$、$MgCO_3$和 $CaMg(CO_3)_2$溶解平衡方程的饱和系数计算表明，反应器电化学使体系碱度中性化的作用阻碍了它们的沉积作用，而且如果改变电极的极性，沉积的钙镁将会重新溶解。以上结论表明，现有的电极-生物膜反应器对 NO_3^- 有很高的选择性，此工艺可供选择用来处理多种被硝酸盐污染的饮用水。

当用于大规模的电极-生物膜水处理脱硝工艺时，石墨的脆性和体积问题使其作为电极材料受到限制，而不锈钢避免了上述缺点；不锈钢有一定的强度并且易于处理，两种材料作为阴极时的反硝化效果，并没有明显的差别，表明不锈钢作为阴极可与石墨相媲美。当水中含有 Cu^{2+} 等重金属离子时，它们会在阴极上沉积，并对电极上的生物膜有明显抑制作用，导致反硝化能力下降，所以应用此工艺时不能有铜等重金属离子的存在。

研究人员对电极-生物膜脱硝反应器的长期运行进行了研究，对出水中的 NO_3^-、NO_2^-、TOC 和出水细菌数进行了监测。初始阶段电流为 0～100 mA，以磷酸盐为缓冲剂，20 mA 时 NO_3^- 去除率为 98%，电极负荷为 0.08mg-N/(cm^2 · d)；电流为 20～25mA 时，NO_3^- 去除率随电流的增加而增加；当施加更高电流时，由于氢抑制和电荷感应相斥作用，硝酸盐去除率下降。体系的 ORP 在 60～100mA 电流时由氢浓度控制，0～60mA 电流时由硝酸盐的浓度控制。在没有任何营养物质的情况下，25mA 电流时反应器的 NO_3^- 去除率仍达到 85%。当电流超过 20mA 时，出水的颜色会稍微增加，可能是由碳阳极的腐蚀造成的。出水中的细菌数量非常低，并且随时间没有明显的改变。证明电极-生物膜脱硝水处理工艺是可以长期操作运行的。

Szekeres 等又发展了一种新的去除饮用水中硝酸盐的方法[33]，操作系统包括电化学反应池和生物反应器。待处理水首先在电化学反应池的阴极室中充分吸收氢气（能源），接着在生物反应器中进行反硝化，生物反应器由活性炭来填充，水流采用连续升流式。此工艺在各种流速和电流条件下稳定运行一年，在 HRT 为 1h 时，反硝化速率高达0.25kg-N/(m^3 · d)，出水中 NO_2^- 的浓度很低。这种工艺将电化学和生物反应器连接在一起，有很大的灵活性，并且维修方便，产氢的电化学反应池与生物反应器分开，较小的电化学反应器就能提供充足的氢气给较大的生物反应器，整个反应器的建造、运行都很经济。

电极-生物膜反应器，是一种清洁的硝酸盐去除方法，在饮用水脱硝方面有很好的应用前景。

②硫自养反硝化。Driscoll 和 Bisogni 1978 年在固定床反应器中以单质硫和硫化物为电子供体，利用脱氮硫杆菌（*Thiobacillus denitrificans*）成功地将 NO_3^- 由24mg/L 降低到1mg/L，硫单质颗粒越细，相应的 HRT 越短。研究发现每去除 1mg NO_3^--N 要消耗 3.74mg（以 $CaCO_3$ 计）碱度[34]，但用来提供碱度的石灰石会造成出水中总溶解性固体物（TDS）的升高。

a. 硫单质为电子供体的硫自养反硝化。1987 年 Schippers 等研究了硫/石灰石滤柱反硝化，此反硝化过程放出 H^+，降低 pH，所以添加石灰石颗粒来调节 pH，中试规模的研究采用升流式反应器以有利于氮气气泡的释放[35]。

$$55S+50NO_3^-+38H_2O+20CO_2+4NH_4^+ \longrightarrow 4C_5H_7O_2N+25N_2+55SO_4^{2-}+64H^+ \tag{10-28}$$

滤柱在 0.5m/h 的滤速下运行，接近于慢速滤池的滤速。进水进行了脱气处理以去除氮气和氧气，并往其中添加 0.2mg/L PO_4^{3-} 作为营养元素。出水中的 SO_4^{2-} 离子和 HCO_3^- 离子大约比进水中相应离子分别高 5 倍和 2 倍。继中试研究后，将反应器装置按比例扩大到约 900m^3/d 的处理能力，处理厂包括真空脱气机、慢速硫/石灰石滤柱反应单元、阶梯式塔盘和一个渗透池。滤柱包括硫单质颗粒（2～6mm）和石灰石颗粒（2～5mm）混合层，在混合层上面是 4.8～9.6mm 的砂砾层。当滤速为 0.25m/h 时，NO_3^- 浓度由 20mg-N/L 降低到 3～5mg-N/L。阶梯式塔盘用来给处理过的水复氧，通过渗透池来进行渗透。处理后水中的 AOC 浓度为 100～500 μg /L（以醋酸盐碳计），这主要是由藻类的生长造成的。

为修复被硝酸盐污染的地下水蓄水层，Hoek 等研究了硫/石灰石反硝化系统（SLAD 系统）[36]，图 10-5 是此反硝化系统的装置工艺图。

该处理系统包括一个真空脱气装置，从水中脱除氮气和氧气，滤柱内硫单质颗粒和石灰石颗粒（2～6mm）以 1∶1 的体积比填充，从滤柱流出的水在阶梯式塔盘内进行复氧，后通过土壤进行渗透处理。处理系统在出水硝酸盐浓度低于 25mg/L 的情况下，稳定运行了 800 天。在此研究基础上荷兰的 Montferland 建成了现场规模的处理厂，1991 年投入运行，处理能力为 2863～3726m^3/d。硫/石灰石滤柱系统会使处理水中的 SO_4^{2-} 和硬度增加，因此该系统比较适合处理 SO_4^{2-} 和硬度较低的水[37]。有研究报道，硫/石灰石反硝化系统填料中硫和石灰石的最佳体积比为 3∶1[38]。

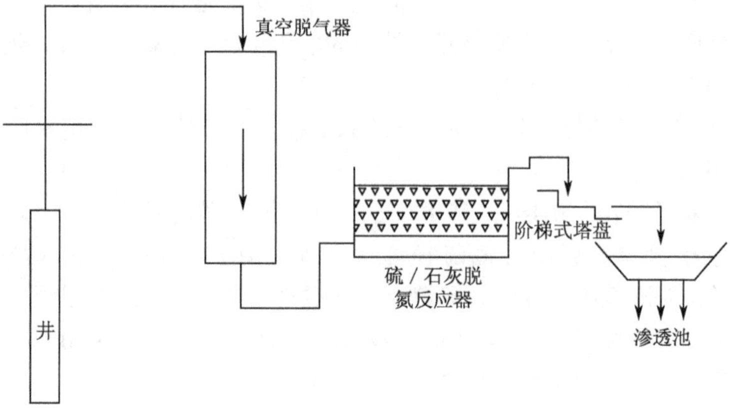

图 10-5 硫/石灰石（SLAD）反硝化系统

用硫/石灰石反硝化系统能够现场处理被硝酸盐污染的水源，研究者们对比研究了好氧和缺氧环境对系统的影响[39]。结果表明，当反应体系体积为 21L，HRT 为 30 天，流速为 0.48mL/min，进水 NO_3^- 浓度 30mg-N/L 时，在好氧（搅拌）条件下，添加适当的碱度来调节 pH，NO_3^--N 去除率为 90～100 %，但产生的 SO_4^{2-} 浓度超过了美国环保局制定的饮用水标准，使好氧条件下 SLAD 系统的使用受到了限制。这主要是因为好氧条件下非反硝化细菌 *T. Thiooxidans* 的存在产生大量的 SO_4^{2-}，并进一步导致 pH 降低；在缺氧条件下，NO_3^--N 去除率可达 85%～90%，无需调节体系的 pH，而且 SO_4^{2-} 不会超标，由此表明，缺氧运行的 SLAD 系统可替代异养反硝化工艺来处理被硝酸盐污染的饮用水。

为进一步优化固定床 SLAD 滤柱的设计标准和评估生物膜污染问题，1999 年 Flere 等做了大量的工作[40]。他研究的 SLAD 滤柱装填 2.38～4.76mm 粒径的硫单质和石灰石颗粒（体积比 3∶1），反应器体积为 1.13 L，在反应器负荷率为 600～700g-N/(m^3 · d) 时，反应器的最大反硝化率为 384g-N/(m^3 · d)；当反应器负荷率超过 600g-N/(m^3 · d) 时，出水中开始有 N 的积累并随负荷增加而逐渐增加；在反应器负荷率为 175～225g-N/(m^3 · d) 时，达到最大的 NO_3^- 去除率（约 95%）。对一定的 HRT，通过绘制不同进水浓度时 NO_3^- 去除率随时间的变化曲线，就可确定体系的最佳去除率。反应中的生物附着污染问题会引起反应器的短流和 NO_3^- 去除率的下降，另一个标志是引发 SO_4^{2-} 浓度降低，此时需进行反冲洗。进水为配水时，6 个月需进行一次反冲洗；进水为实际地下水时，1～2 月就需进行一次反冲洗。

1987 年 Lewandowski 等将自养反硝化细菌包裹在藻酸钙盐制成的小球里，小球里包含有硫和碳酸钙，采用完全混合的序批式反应器对体系脱硝效率进行了研究[41]。7h 后，硝酸盐已由 27mg/L 降到 6mg/L，大约 2h 后反硝化速率从 4.6mg-N/(L·h)降到 2.4mg-N/(L·h)。

b．硫代硫酸盐为电子供体的硫自养反硝化。还原性的硫代硫酸盐也可作为自养反硝化细菌的电子供体，在以无烟煤颗粒作为填充介质的滤柱里，采用向下流的方式，对 NO_3^- 浓度为 20mg-N/L 的配水在 20℃下操作，反应如式（10-29）和式（10-30）所示。

$$NO_3^- + \frac{1}{4}S_2O_3^{2-} + \frac{1}{4}H_2O \longrightarrow NO_2^- + \frac{1}{2}SO_4^{2-} + \frac{1}{2}H^+ \tag{10-29}$$

$$NO_2^- + \frac{3}{8}S_2O_3^{2-} + \frac{1}{4}H^+ \longrightarrow \frac{1}{2}N_2 + \frac{3}{4}SO_4^{2-} + \frac{1}{8}H_2O \tag{10-30}$$

总反应式（10-31）为

$$NO_3^- + \frac{5}{8}S_2O_3^{2-} + \frac{1}{8}H_2O \longrightarrow \frac{1}{2}N_2 + \frac{5}{4}SO_4^{2-} + \frac{1}{4}H^+ \tag{10-31}$$

反应过程消耗碱度，所以用 $NaHCO_3$ 来调节体系的 pH，实验研究的两个滤柱中所加 $NaHCO_3$ 的浓度分别为 120～240mg/L 和 300～240mg/L[42]。结果表明，两个滤柱出水中的硝酸盐都能很好地被去除，当 $NaHCO_3$ 为 120～150mg/L 时，NO_2^- 有大量的积累，但当 $NaHCO_3$ 为 240～300mg/L 时，NO_2^- 积累消失。表明 NO_2^- 的积累和体系的 pH 有密切的关系。对滤柱硫反硝化推荐 pH 要高于 7.4，这样可实现完全反硝化，同时没有 NO_2^- 积累。

10.3.1.4　原位反硝化

对地下水中硝酸盐的去除，可以直接在被污染的地下水水体中进行处理，称为原位反硝化或地下反硝化。地下水中，反硝化由于缺乏电子供体难以自发进行，为加强其反硝化作用，可在水体中加入基质和营养物质使反硝化及二次处理过程在地下得以完成。原位反硝化利用水体和含水层本身完成反硝化及后处理过程，包括过滤、有机物降解等，此过程不受季节温度变化的影响。

20 世纪 80 年代中后期对地下生物反硝化工艺开展的研究较多，并且也有一些实际应用的例子。以甲醇、乙醇或蔗糖等为基质可进行地下异养生物反硝化[43～45]，将植物油直接注入水井周围也可以对硝酸盐污染的地下水进行修复[46]。利用种植相应的植被或往地下投加锯末、香蒲的茎叶等作为碳源也可进行原位反硝化，这项技术在欧洲、日本等国家已经实用化。以氢气、硫的还原态化合物为基质也可以进行地下自养生物反硝化。

1．原位水井反硝化

原位反硝化一般由给料井和取水井组成，如图 10-6 所示。根据硝酸盐浓度投加适量营养物质于给料井中，使之进行反硝化，水从给料井向外扩散完成过滤和降解等过程，在取水井处即可取出处理后的水[47]。根据处理要求可设置多个处理井，也可将给料井和取水井呈内外两圈排列[48]。一种复杂的原位反硝化系统名为 Nitrfedox，由外圈井和内圈井组成，以甲醇为基质，在外圈井中进行反硝化，在内圈井中进行脱气（氮气）和复氧，通过氧化还原电位（ORP）控制内外圈水井的运行。Nitrfedox 技术在奥地利一砂砾层水体的应用取得了成功，系统中包括 16 个外圈井和 8 个内圈井，出水量为 215 m^3/h，硝酸盐浓度从 5.1mg-N/L 降低到 1.28mg-N/L，亚硝酸盐的含量低于 0.01mg-N/L。在正常操作过程中，工艺没有出现堵塞现象。

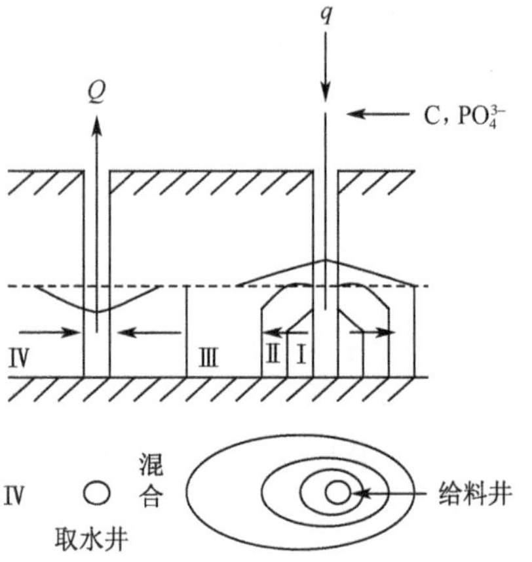

图 10-6　原位反硝化示意图

Ⅰ—反硝化区；Ⅱ—过滤、降解区；
Ⅲ—处理过的水；Ⅳ—高硝酸盐含量地下水

由于其处理过程在地下进行，反硝化过程难以得到很好的控制，易出现阻塞及亚硝酸盐浓度增加的现象。含水层的孔隙会因反硝化产生的气体和微生物残渣阻塞而逐渐变小，水流阻力相应增大。若反应进行不完全，会出现亚硝酸盐累积的现象；此外，原位修复时所投加的有机碳可能对饮用水产生二次污染，因此在实际应用中应采取相应的防范措施。

2. 生物脱氮墙

20 世纪 90 年代兴起的生物脱氮墙是一种经济有效的原位 NO_3^- 去除方法[49,50]，如图 10-7 所示。生物脱氮墙将混合介质以一定厚度填到地下水水位以下，形成多孔墙体，该墙体与地下水水流垂直，污染物流经处理墙时经生物或化学作用而被去除。由于锯末降解缓慢，故可以为反硝化提供碳源和厌氧环境。地下水中的 NO_3^- 流经脱氮墙时通过生物和化学作用得以去除。试验表明反硝化细菌是完成脱氮的主要因素，脱氮负荷为 0.0144～0.4344 kg/(m^3 · d)。该方法用于浅层地下水处理时，基建费用低，无需运行管理费，但治理较深层地下水时，基建费用较高。若将脱氮墙建在河边，则是一种经济有效的 NO_3^- 去除方法，能起到岸边缓冲带的作用。

新西兰的 Schipper 等 2001 年报道了在浅层地下水中连续运行 5 年的中试规模的脱氮墙[51]，脱氮墙由锯末和筑墙挖出的土壤混合而成（体积比 1∶1.97），脱氮墙处于与浅层地下水拦截交叉的位置。地下水中 NO_3^- 的浓度为 5～15mg-N/L，在连续运行的 5 年中，脱氮墙对 NO_3^- 的去除率高于 95%，并且没有测到总碳的降低，脱氮墙建成后的前 200 天，可利用的碳源有所衰减，但此后保持在相

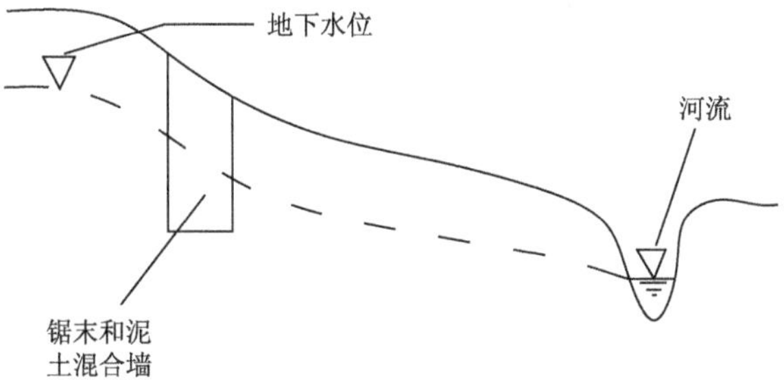

图 10-7　生物脱氮墙

对稳定的水平。虽然生物量在 350～550μg-C/g 间波动，但没有衰减的趋势，表明碳源的有效性并不限制生物量的多少；然而实验中反硝化酶活性的下降表明反硝化细菌的大量减少，但这并不影响脱氮墙保持较高的从地下水中去除 NO_3^- 的反硝化效率。试验结果充分表明，这种脱氮墙足以提供给该地下水 5 年生物脱硝所需的碳源。

3. 动电/铁墙工艺

动电/铁墙工艺（electrokinetics/iron wall）于 1998 年由 Chew 等提出，属原位修复的一种。主要用于土壤渗透性较差的区域，NO_3^- 通过电渗析和电迁移作用流向阳极，被位于阳极的铁截留并还原[52]。Chew 等的试验装置如图 10-8 所示。

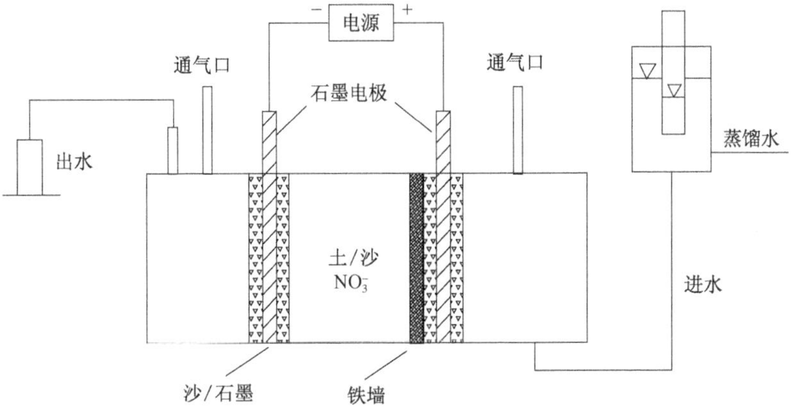

图 10-8　动电/铁墙工艺图

试验土样由 33%的黏土、33%的沙和 33%的 NO_3^- 溶液（100mg/L）组成。

阴阳极为石墨电极，电极插入土样，两端的沙/石墨层有利于电流的均匀分布，铁墙位于阳极以截留 NO_3^-。结果表明，此工艺可有效去除地下水中的 NO_3^-。加入铁粉后，NO_3^--N 去除率提高 2～4 倍，在恒压 20 V 下，去除率最高可达 90%，但高电压易导致土壤板结和温度稍有增加，NO_3^- 的迁移速度也下降；在恒压 10 V 下，NO_3^--N 去除率为 70%，产物中 NH_3 占 20%，N_2 占 50%，电耗平均值为 13.5 kW·h/m^3。土壤对 NH_3 的吸附能力高于对 NO_3^- 的吸附能力，所以尽管产物中有一定的 NH_3，但 NO_3^- 还原成 NH_3 减少了氮素的流动性，从而减少了其对地下水的污染。

4. Fe^0-生物脱氮

铁可还原 NO_3^-，其反应如式（10-10）和式（10-11）所示。据此，Till 等研究了 Fe^0 产生氢作为脱氮副球菌（*Paracoccus denitrificans*）惟一能源的可行性[53]，结果表明脱氮副球菌能够很好地与 Fe^0 联合，铁不仅能作为还原剂直接还原 NO_3^-，而且通过与水作用为脱氮副球菌提供 H_2，保证了生物脱氮的连续进行，总脱氮过程如式（10-32）所示。

$$5Fe^0+2NO_3^-+6H_2O \longrightarrow 5Fe^{2+}+N_2+12OH^- \qquad (10\text{-}32)$$

10.3.1.5 异位反硝化

异位反硝化是将被硝酸盐污染的饮用水在地面用各种工艺和反应器进行的反硝化过程。无论是物理、化学还是生物脱硝方法，都有各自的优缺点，近年来将相关方法进行组合，取得了一些有意义的应用与研究进展。以下简单介绍两个技术组合的例子。

1. 电渗析-膜生物反应器复合工艺

2001 年，法国的 Wisniewski 等将电渗析和膜生物反应器组合在一起处理被硝酸盐污染的地下水[54]，有两个电渗析装置 A 和 B，一个包括 10 个膜室，一个包括 60 个膜室，有效膜面积分别为 0.2m^2 和 3.33m^2，由单价阴离子选择性膜组成，A 和 B 的阳离子交换膜分别为 CMX 和 CMX-S，CMX-S 是单价阳离子选择性膜。运行过程中，每 20min 倒极一次，以防止膜剥落和膜污染，电流密度为 10～40mA/cm^2。膜生物反应器由 13L 的发酵罐和管状膜组件组成，管状膜组件组成的过滤单元由 19 通道的陶瓷膜组成，每个通道的直径为 4mm，长 850mm，整个过滤面积为 0.2m^2，膜平均孔径为 0.05 μm。对 NO_3^- 初始浓度分别为 90mg/L、155mg/L 的两种水，通过电渗析作用，NO_3^- 去除率分别为 70% 和 90%，同时对其他阴阳离子有一定的去除作用，能起到软化水的作用。被电渗析浓缩的含高浓度 NO_3^- 的水 300～1600mg/L 进入膜生物反应器，HRT 为 10 h

时，NO_3^- 几乎 100%去除，膜生物反应器的脱硝效果并不受各种阴阳离子的影响。此复合工艺已在法国的 Rodilhan 进行了现场应用，处理 NO_3^- 浓度为 60mg/L 的地下水，达到 99%的去除率，并且没有 NO_2^- 积累。

2. 电催化-膜反硝化

电化学催化-膜反硝化去除硝酸盐的方法已申请了专利[55]，装置如图 10-9 所示。

反应中，硝酸根离子在 Pd 催化剂的活性表面还原为 N_2：

$$2NO_3^- + 2H^+ + 10H \longrightarrow N_2 + 6H_2O \tag{10-33}$$

其中，H^+ 在阳极产生，通过阴离子交换膜到达阴极，阴极处的产氢对硝酸盐的还原是必要的。该方法最大的优点是终产物只有 N_2 和水，没有其他污染物的产生。

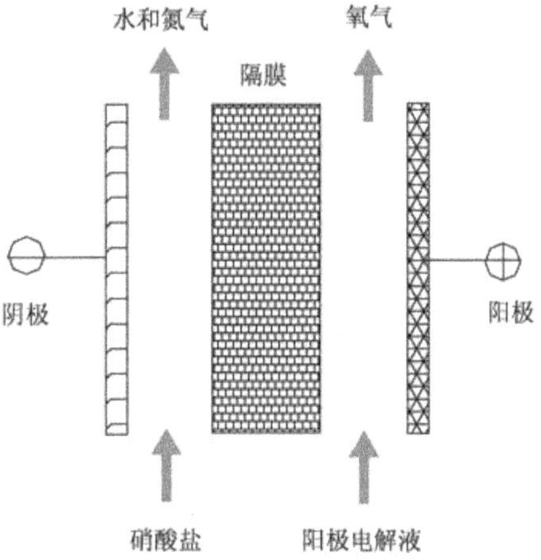

图 10-9　电催化-膜反硝化工艺原理图

10.3.2　Pd-Cu 水滑石催化氢还原脱硝

以 H_2 为还原剂的化学催化还原法由于反应活性高、易于操作，目前受到研究者的广泛关注。影响化学催化还原硝酸根的因素很多，包括催化剂的性质、水质因素、反应条件及传质过程等。已有研究表明，双金属催化剂 Pd-Cu、Pd-Sn或 Pd-In 对于 NO_3^- 还原具有较高的活性和选择性[56~58]，而不同类型的载体，如 γ-Al_2O_3、SiO_2、TiO_2、ZrO_2、SnO_2、活性炭，对这类催化剂的催化性能有显著影响。一般情况下，载体对目标物有适当的吸附能力会有助于提高催化剂的催化效果，而此类载体的催化剂对于 NO_3^- 的吸附性能均不高。因此，寻求一种更为合适的载体对于充分发挥催化剂的活性至关重要。

水滑石是一类具有层状结构记忆功能的阴离子型黏土，其焙烧产物在水环境中通过层状结构重建可吸附大量的阴离子，这些阴离子在层间富集，从而有利于催化反应的进行。另外，将活性金属离子引入带正电荷的水滑石层板上，由于金属离子间夹杂着其他的金属阳离子和氧化物分子，可以克服金属负载催化剂活性金属组分在高温下发生团聚的现象。因此将水滑石作为催化剂或催化剂载体，在催化领域中得到了越来越广泛的应用。

10.3.2.1 Pd-Cu/水滑石的制备

1．水滑石载体的制备

配制 $Mg(NO_3)_2$，$Al(NO_3)_3$的混合溶液（A），NaOH 和 Na_2CO_3混合溶液（B）。将 A、B 两种溶液同时滴入盛有蒸馏水的烧杯中。控制 pH 恒定在 10，同时剧烈搅拌，30min 内滴毕，再搅拌 4h，将得到的浆液陈化 18 h，过滤，洗涤至中性，将滤饼于 105℃烘干，550℃煅烧 8 h，得到的固体产物记为 HTx，x 表示 Mg^{2+} 与 Al^{3+} 的摩尔比。

2．催化剂的制备

分别采用混合浸渍法和共沉淀法制备催化剂。混合浸渍法制备催化剂的具体步骤是：按 1%（质量分数，下同）Pd，0.25% Cu 的负载量配制 $Pd(NO_3)_2$ 和 $Cu(NO_3)_2$混合溶液，将一定量载体（Al_2O_3、TiO_2、HZSM、HTx）浸渍于此溶液中，搅拌 14 h 后，在 80℃的温度条件下减压旋转蒸发，所得固体于 110℃干燥 12h，然后在 500℃下焙烧 2h，冷却至室温后，在 500℃，5% H_2/Ar 条件下还原 1h。此方法制备的催化剂记为 Pd-Cu/HTx。共沉淀法制备催化剂的步骤是：按 1.2mol/L Mg，0.4mol/L Al 的化学计量和与浸渍法同样负载量的 Pd（1%），Cu（0.25%）配制一定浓度的 $Mg(NO_3)_2$、$Al(NO_3)_3$、$Pd(NO_3)_2$ 和 $Cu(NO_3)_2$ 混合溶液（A），NaOH（1.65mol/L）和 Na_2CO_3（0.5mol/L）混合溶液（B），利用共沉淀法制备催化剂，最后在 500℃，5% H_2/Ar 条件下还原 1h，所得催化剂记为 HT3（Pd-Cu）。

10.3.2.2 催化还原反应装置及评价方法

催化还原 NO_3^- 反应装置示意图如图 10-10 所示。向反应器含 NO_3^- 水中加入催化剂，在反应器底部通入 H_2 和 Ar 的混合气（H_2：200mL/min；Ar：400mL/min），其中 H_2作为还原剂。1h 后，加入一定量的 $NaNO_3$浓缩液，使 NO_3^- 的初始浓度为 100mg/L。反应温度为 25℃，反应器内的压力与外界大气压力相等。定时取出水样经 0.45μm 的滤膜过滤后测定 NO_3^-、NO_2^-、NH_4^+ 的浓度。

为了评价催化剂的催化特性，在此对催化剂的平均活性和选择性特作如下定义。

催化剂的平均活性以反应 3h，平均每分钟每克催化剂催化氢还原 NO_3^--N 的量表示；催化剂的选择性以反应 3h，水中催化氢还原去除的总氮（TN）与氢还原去除的 NO_3^--N 的比值表示。假定生成的气态产物仅为氮气。NO_3^- 的去除率（$X_{NO_3^-}$）为水中 NO_3^- 的减少量与初始 NO_3^- 量的比值，即

$$X_{NO_3^-}=([NO_3^-]_{t=0}-[NO_3^-]_{t=t})/[NO_3^-]_{t=0} \tag{10-34}$$

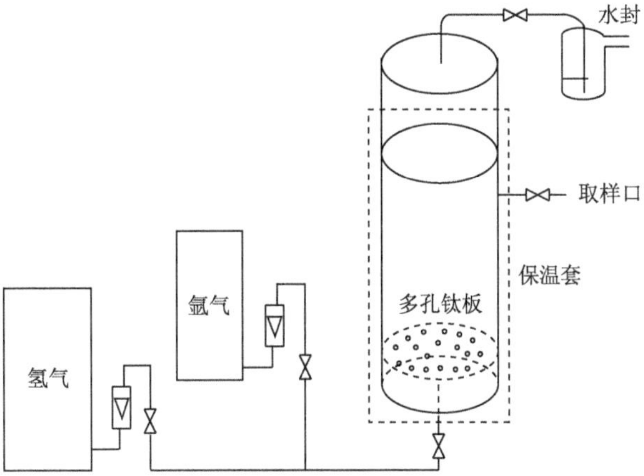

图 10-10　NO_3^- 化学催化还原实验装置图

10.3.2.3　Pd-Cu/水滑石对水中 NO_3^- 的催化性能

1. 与其他材料的比较

催化剂载体承载着催化剂的活性组分，同时也是催化反应进行的场所。所以加氢脱除硝酸盐反应中载体的选择十分关键。适合作还原硝酸根催化剂载体的材料必须满足：①制得的催化剂活性组分高度分散；②反应物和产物可迅速地在催化剂表面吸附、脱附，减小扩散抑制作用；③稳定性好。其中扩散抑制作用的降低是目前反硝化催化剂有待解决的难题之一。研究表明，煅烧后的水滑石材料在硝酸根溶液中迅速恢复为层状结构，硝酸根吸附在层间进行富集，其吸附层很可能是硝酸根还原反应的适宜场所。

将 Pd-Cu/HT3 对 NO_3^- 的催化氢还原与吸附曲线作比较[图10-11(a)]，发现在前 30min 硝酸根的去除率区别较小。随后，在催化氢还原过程中硝酸根的浓度迅速下降，而吸附曲线的变化较为缓慢。180min 时，催化氢还原过程对硝酸根的去除率为 79.4%，明显高于吸附去除率 36.5%。这说明 Pd-Cu/HT3 对于水中硝酸根有明显的催化还原作用。

与 Al_2O_3、TiO_2、HZSM 为载体的催化剂相比较，Pd-Cu/水滑石对 NO_3^- 的催化氢还原效果要好，如见图 10-11(a) 所示。结果表明，反应前 2min，Pd-Cu/HT3 能很快地催化还原去除 NO_3^-，NO_3^--N 浓度由 23.2mg/L 降为 20.01mg/L，去除率为 13.8%；而后，NO_3^- 的去除速率降低，反应 180min，NO_3^--N 浓度为 4.8mg/L，去除率为 79.4%；而以 Al_2O_3、TiO_2、HZSM 为载体的 Pd-Cu 催化剂，在反应前 2min，NO_3^--N 去除率仅分别为 9.3%、9.3% 和 7.3%，反应

180min，NO_3^--N 浓度分别为 13.6mg/L、17.4mg/L、17.4mg/L，去除率为 41.3%、25.1%、25.1%。因此，Pd-Cu/HT3对 NO_3^- 去除的初始速率和平均速率均远远大于以 Al_2O_3、TiO_2、HZSM 为载体的 Pd-Cu 催化剂。

考虑到 Pd-Cu/水滑石对硝酸根具有一定的吸附作用，因此反应后，将催化剂分离，盐酸溶解后，稀释测定 NO_3^--N 浓度，即可得反应结束时 Pd-Cu/水滑石对 NO_3^--N 的吸附量，从而可计算出实际催化氢还原 NO_3^--N 的量。图 10-12 是不同载体材料对硝酸根还原活性的比较，可以看出，当去除各材料对于硝酸根的吸附量后，Pd-Cu/HT3 仍具有最大的硝酸根还原活性。

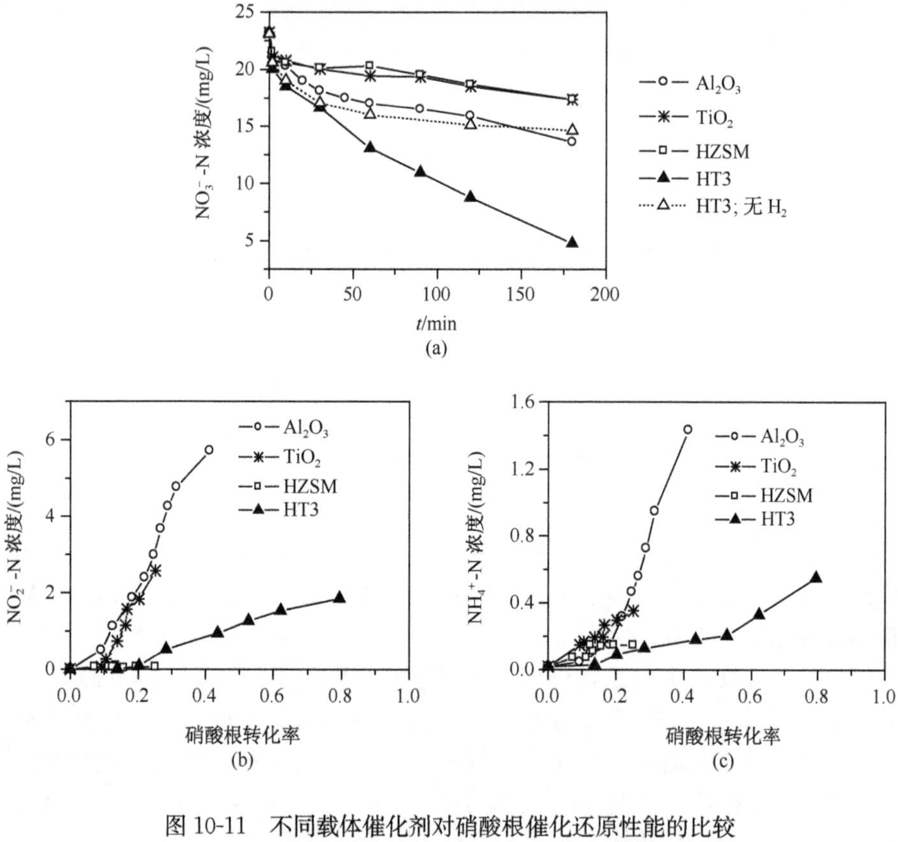

图 10-11　不同载体催化剂对硝酸根催化还原性能的比较

(a) NO_3^--N 浓度随时间的变化曲线；(b) NO_2^--N 浓度随硝酸根转化率的变化曲线；

(c) NH_4^+-N 浓度随硝酸根转化率的变化曲线

NO_3^- 的催化还原过程中，同时发现有 NO_2^- 和 NH_4^+ 的积累，其浓度均随 NO_3^- 去除率的增加而增加[图10-11(b)和图10-11(c)]。说明水中的 NO_3^- 在催化还原为 N_2 的过程中部分转化为 NO_2^- 和 NH_4^+，其中 NO_2^- 是 NO_3^- 还原的中间产物，而 NH_4^+ 是最终副产物。反应过程中 NO_2^- 的积累表明，NO_3^- 还原为 NO_2^- 的过程要快于 NO_2^- 的进一步还原。

不同载体的催化剂对于 NO_3^- 还原的选择性不同，反应 3h 后，Pd-Cu/HT3 催化氢还原 NO_3^- 所生成的 NO_2^--N 浓度为 1.86mg/L，NH_4^+-N 浓度为 0.55mg/L，低于 Palomares 等报道的利用 5%Pd-1.5%Cu/水滑石催化还原 NO_3^- 所产生的 NH_4^+-N 量。从图 10-12 可以看出，这种 Pd-Cu/HT3 催化氢还原 NO_3^- 的选择性较高，为 82.4%；而以 HZSM 为载体的催化剂选择性最高，为 96.4%；以 TiO_2 和 Al_2O_3 为载体的催化剂选择性较低，仅为 49.7% 和 25.4%。不同载体的催化剂对 NO_3^- 还原的选择性从大到小的顺序为：HZSM＞HT3＞TiO_2＞Al_2O_3。将这一结果与催化剂的孔结构结果相比较发现，催化剂对 NO_3^- 还原的选择性随催化剂平均孔径的增大而降低。另外，当同时考虑催化剂的活性和选择性时，水滑石是最为理想的载体，其特殊的层状结构为硝酸根还原提供了一个很好的反应场所，降低了扩散抑制作用的影响。

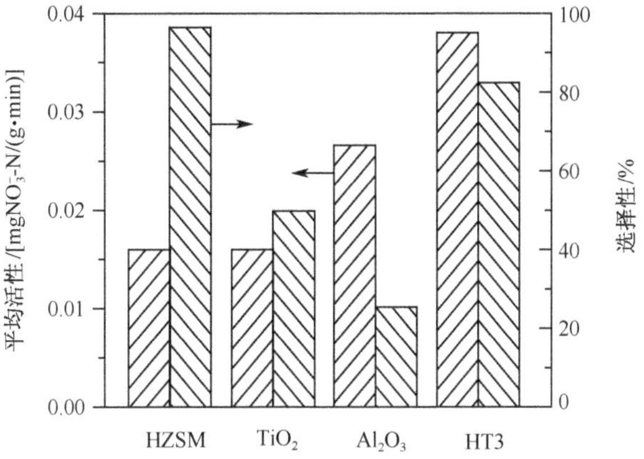

图 10-12　不同载体催化剂催化氢还原硝酸根的平均活性和选择性（反应时间为 180min）
平均活性；选择性

2. Pd/Cu 比对 Pd-Cu/水滑石催化性能的影响

以 Pd-Cu 为活性组分，对不同 Pd/Cu 比的水滑石催化剂还原硝酸根的性能进行了系统考察。表 10-6 是使用不同 Pd/Cu 比的水滑石催化剂催化氢还原硝酸根，反应 180min 时水中的 NO_3^--N、NO_2^--N、NH_4^+-N 浓度。可以看出，在单金属 Pd 催化剂作用下，反应速度最慢，180min 后，仅有 44% 的硝酸根被还原。同时，生成的副产物氨氮最多。但是中间产物 NO_2^--N 的浓度最低，为 0.12mg/L。这表明单金属 Pd 对 NO_2^- 的还原具有良好的催化活性，但不能有效地还原硝酸根。添加适量的 Cu 后，硝酸根去除率明显增加，表明要还原 NO_3^-，双金属催化剂是必需的。Prüsse 等[56]在利用 Pd 基催化剂还原硝酸根的研究中也发现，硝酸根首先在 Pd-Me 双金属活性位上还原为亚硝酸根，然后在单金属 Pd 的催化作用下，进一步还原为氮气或者氨氮。

有资料显示[59]，Pd-Cu 双金属催化剂还原硝酸根的机理可能是：一个硝酸根离子具有三个氧原子，三个氧原子不可能同时吸附在钯表面，由于没有吸附在钯表面的氧原子的空间位阻，与吸附的氢结合反应的能力非常小；当有铜存在时，由于钯金属表面的铜有较高的活性，它可以夺取吸附在钯表面上的硝酸根的一个氧，将未与钯表面接触的 N—O 键拉长，促进与吸附的氢结合生成亚硝酸根。

因此，选择合适的 Pd/Cu 比对于提高催化剂活性和选择性都至关重要。由表 10-6 和图 10-13 可以看出，Pd/Cu 比对 Pd-Cu/水滑石催化剂的催化活性和选择性有较明显的影响。随着 Pd/Cu 比的降低，催化剂的催化活性先明显增加，在 Pd/Cu 比为 4 时达到 0.036mgNO_3^--N/(g · min)，随后 Cu 含量虽然继续增加，但催化活性变化已不明显。在反应过程中生成的 NO_2^- 浓度随着 Cu 含量的增加而逐渐增加，而氨氮浓度变化不大，生成氮气的选择性在 Pd/Cu 为 0、8、4 时变化不大，随后由于 NO_2^- 的生成量迅速增多，选择性下降较为明显，当 Pd/Cu 为 1/2 时选择性仅为 52%。综上可知，当 Pd/Cu 比为 4 时，催化剂具有较好的活性和最高的选择性。出现上述现象可能是由于当引入少量的 Cu 时，Pd、Cu 之间产生协同作用，促进了硝酸根的还原，使催化活性增加；但过多地增加 Cu 含量，相应的单金属 Pd 的活性位点数势必有所减少，抑制了亚硝酸根的还原，从而降低了催化剂的选择性。因此，对于催化还原硝酸根，Pd/Cu 比为 4 的 Pd-Cu水滑石为一良好的催化剂。

表 10-6 不同 Pd/Cu 水滑石催化反应下水中几种氮形态分布

Pd/Cu	NO_3^--N 浓度/(mg/L)	NO_2^--N 浓度/(mg/L)	NH_4^+-N 浓度/(mg/L)
1/0(无 Cu)	12.96	0.12	0.86
8	11.65	0.41	0.67
4	5.64	1.51	0.26
2	5.26	3.58	0.58
1/2	5.54	5.54	0.59

注：NO_3^--N 初始浓度为 23.21mg/L；固定 Pd 浸渍量：1%(质量分数)；反应 180min。

3. Mg/Al 比对 Pd-Cu/水滑石催化性能的影响

不同 Mg/Al 比的 Pd-Cu/水滑石材料对于硝酸根的吸附能力各不相同。一般

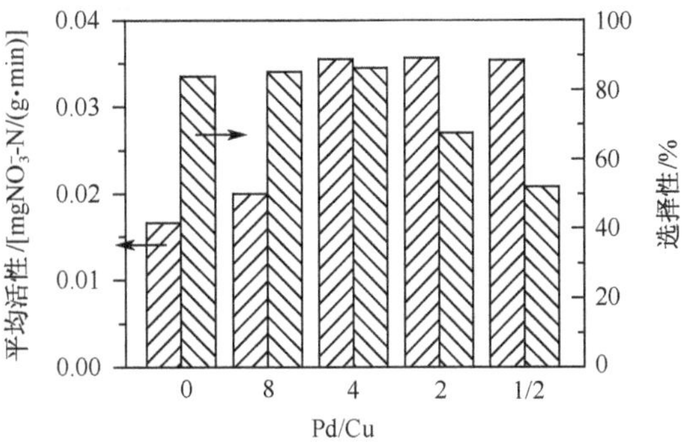

图 10-13　不同 Pd/Cu 的水滑石催化剂对硝酸根还原活性和选择性的比较

反应时间为 180min

平均活性；选择性

情况下，催化材料对目标物的不同吸附能力会导致不同的催化活性和选择性。因此，考察了不同 Mg/Al 比的 Pd-Cu/水滑石对于硝酸根的催化能力。

图 10-14(a) 是 Pd-Cu/HTx（x＝2，3，4，5）催化氢还原过程中 NO_3^--N 浓度随时间的变化曲线。可以看出，在起始 2min 内，NO_3^- 浓度迅速下降，Pd-Cu/HT2、Pd-Cu/HT3、Pd-Cu/HT4 和 Pd-Cu/HT5 对于 NO_3^- 的去除率分别为 12.6％、13.8％、10.1％和 15.4％。随后，NO_3^- 的去除速率有所降低。反应 180min 时，NO_3^- 的去除率分别为 61.9％、79.4％、47.0％和 85.4％。即不同 Mg/Al 比的 Pd-Cu/水滑石对于硝酸根的催化活性顺序为：Pd-Cu/HT5＞Pd-Cu/HT3＞Pd-Cu/HT2＞Pd-Cu/HT4[图10-14(d)]，结果与吸附能力顺序一致。可以认为，Pd-Cu/水滑石对于硝酸根的不同吸附性能使其催化还原能力有所不同，吸附能力越高催化还原活性就越大。

在硝酸根还原过程中，有 NO_2^- 和 NH_4^+ 的生成，浓度均随硝酸根转化率的增加而增加。

图10-14(d)是不同 Mg/Al 比的 Pd-Cu/水滑石催化还原硝酸根的氮气选择性比较，顺序为：Pd-Cu/HT3＞Pd-Cu/HT2＞Pd-Cu/HT5＞Pd-Cu/HT4。所以，综合考虑活性和选择性两个因素，当 Mg/Al 为 3 时催化剂具有较好的活性和最高的选择性。

4．制备方法对 Pd-Cu/水滑石催化性能的影响

研究表明，共沉淀法制备的 HT3(Pd-Cu) 对硝酸根的吸附性能明显高于浸渍法。在本节中将讨论不同制备方法对 Pd-Cu/水滑石催化氢还原硝酸根能力的影响。

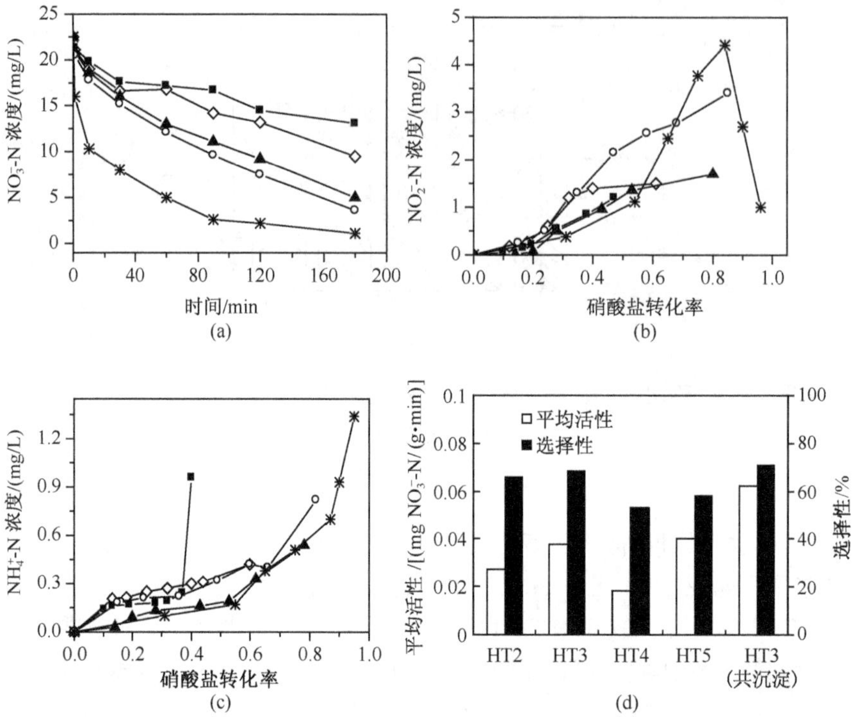

图 10-14　不同 Mg/Al 及不同制备方法的 Pd-Cu/水滑石对于 NO_3^- 的催化还原性能

(a) NO_3^--N 浓度随时间的变化曲线；(b) NO_2^--N 浓度随硝酸根转化率的变化曲线；(c) NH_4^+-N 浓度随硝酸根转化率的变化曲线；(d) 平均活性和选择性的比较

(◇)Pd-Cu/HT2；(▲)Pd-Cu/HT3；(■)Pd-Cu/HT4；(○)Pd-Cu/HT5；(*)HT3(Pd-Cu)

由图 10-14(a)可以看出，共沉淀法制备的 HT3(Pd-Cu) 对硝酸根的催化能力明显增加。在前 2min，硝酸根的去除率即达到 31.2%，为浸渍法制备的 Pd-Cu/HT5 的 2 倍。反应 180min 时，采用 HT3(Pd-Cu) 为催化剂，硝酸根去除率为 96.8%，比 Pd-Cu/HT5 高 13.3%。因此，共沉淀法制备的 HT3(Pd-Cu) 的催化活性明显高于浸渍法(图10-14(d))。在反应过程中，随着硝酸根去除率的增加，NO_2^--N 浓度先明显升高，当硝酸根去除率为 88%时，NO_2^--N 浓度达到最大，随后逐渐降低。反应 180min 时，NO_2^--N 的浓度为 1.05mg/L，这一变化趋势明显区别于采用浸渍法制备的催化剂。水中 NO_2^--N 浓度先增加后降低的趋势说明，HT3(Pd-Cu) 对于亚硝酸根亦具有较高的催化还原活性。同时，也证明亚硝酸根是硝酸根还原过程中的一个中间产物。氨氮在硝酸根还原过程中浓度逐渐上升，当硝酸根去除率相同时，采用 HT3(Pd-Cu) 作为催化剂，反应 180min 时，生成的氨氮量最少，为 1.34mg/L。所以，共沉淀法制备的 HT3(Pd-Cu) 的催化选择性明显高于浸渍法，为 89.3%。

综上所述，采用共沉淀法制备的 Pd-Cu/水滑石材料对于硝酸根的活性和选择性均明显高于浸渍法。这主要是由于在催化剂制备过程中，共沉淀法是首先将活性金属离子钯、铜引入到水滑石的层中，在随后的高温煅烧和还原过程中，由于层上带有正电荷，即活性金属间夹杂着其他的金属阳离子和氧化物分子，在静电斥力的作用下，活性金属粒子不能互相融合成大的晶体，因而制得的 Pd-Cu 微晶高度分散。这一推断由 TEM 结果加以证实，如图 10-15 所示。共沉淀法制备的 HT3（Pd-Cu）催化剂活性金属粒子大小均匀（<10nm），而浸渍法制备的 Pd-Cu/ HT3 催化剂，活性金属颗粒分布不均匀，有团聚现象。因此，两者相比较，采用共沉淀法制备的催化剂具有较高的催化活性和选择性。

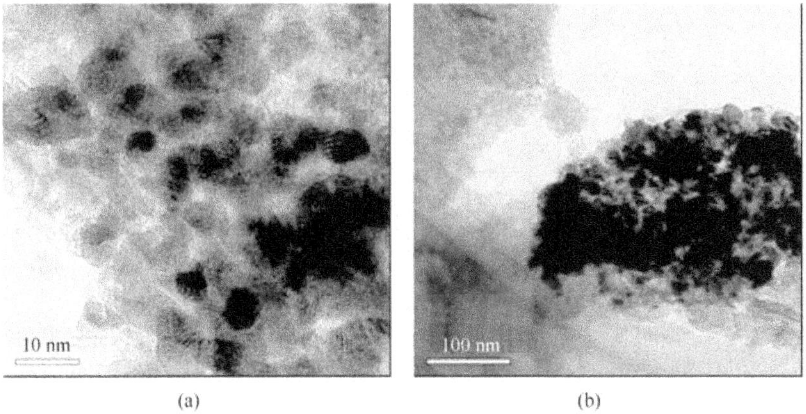

图 10-15　不同制备方法制备的 Pd-Cu/水滑石催化剂 TEM 图

(a) 共沉淀法[HT3(Pd-Cu)]；(b) 浸渍法[Pd-Cu/HT3]

10.3.2.4　Pd-Cu/水滑石吸附-催化氢还原 NO_3^- 的过程

催化还原去除硝酸盐的反应机理虽然还不是很清楚，但目前的观点一般都认为需要通过多个基本步骤才能完成。催化还原硝酸根是一典型的多相催化反应，它同样遵循多相催化所需要的基本步骤，即反应物首先扩散并吸附在活性位上，然后吸附于活性位上的物质进行反应，最后是产物的脱除及向外扩散。硝酸盐在还原反应过程中逐渐脱除原子 O，产生多种中间产物，如 NO_2^-、NO、N_2O 等，其中 NO 是影响选择性的关键中间物种。当 NO 遇到另一个 NO 分子时，就可能形成 N—N 键，生成 N_2，产生的 O 原子与 H 结合形成 H_2O；当 NO 分子遇到吸附 H 时，形成 N—H 键，两个 N—H 结合，可能形成 N_2；若 N—H 再次遇到吸附 H 时，就形成副产物氨氮。

结果表明，所制备的 Pd-Cu/水滑石对硝酸根有很好的吸附和催化还原性能。为了进一步了解 Pd-Cu/水滑石吸附-催化氢还原硝酸根的过程，将 Pd-Cu/水滑石对硝酸根的吸附和催化氢还原过程进行比较，结果如图 10-16 所示。可以看出，在吸附过程中，Pd-Cu/HT2、Pd-Cu/HT3、Pd-Cu/HT4、Pd-Cu/HT5 和 HT3(Pd-Cu) 在前 30min 对硝酸根的吸附去除率分别占整个吸附过程（180min）的 71.4%、71.5%、65.0%、73.3%、76.7%，说明前 30min 对硝酸根的吸附去除率很快。在催化氢还原过程中，Pd-Cu/HT2、Pd-Cu/HT3、Pd-Cu/HT4、Pd-Cu/HT5 在前 30min 对于硝酸根的去除率仅略高于吸附过程，而 30min 后，硝酸根的催化还原量大大高于吸附过程，Pd-Cu/水滑石显示出明显的催化性能。

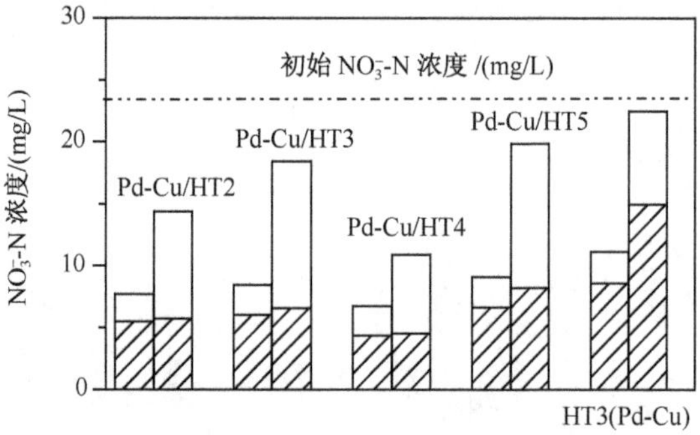

图 10-16　不同的 Pd-Cu/水滑石吸附（左侧柱）与催化氢还原（右侧柱）硝酸根的比较

起始 30min NO_3^--N 去除量；30～180min NO_3^--N 去除量

图 10-17 是 Pd-Cu/水滑石催化氢还原硝酸根的过程示意图。首先，煅烧后的 Pd-Cu/水滑石催化剂放入水中后，由于具有结构记忆功能，立刻恢复为水滑石的层状结构，层电荷为正，溶液中的阴离子 NO_3^- 被迅速吸附到层间或水滑石外表面；同时，吸附的硝酸根在催化剂表面被氢气迅速还原为 NO_2^-：

$$NO_3^- + H_2 \longrightarrow NO_2^- + H_2O \tag{10-35}$$

吸附的 NO_3^- 在转化为 NO_2^- 后，催化剂所吸附的阴离子电荷没有任何的改变，所以生成的 NO_2^- 离子仍然吸附在催化剂表面或层间，这有利于 NO_2^- 的进一步还原：

$$NO_2^- + 0.5H_2 \longrightarrow NO + OH^- \tag{10-36}$$

$$2NO + H_2 \longrightarrow N_2O + H_2O \tag{10-37}$$

$$N_2O + H_2 \longrightarrow N_2 + H_2O \tag{10-38}$$

$$2NO + 2H_2 \longrightarrow N_2 + 2H_2O \tag{10-39}$$

$$NO + 2.5H_2 \longrightarrow NH_4^+ + OH^- \tag{10-40}$$

总反应为

$$2NO_2^- + 3H_2 \longrightarrow N_2 + 2OH^- + 2H_2O \tag{10-41}$$

$$NO_2^- + 3H_2 \longrightarrow NH_4^+ + 2OH^- \tag{10-42}$$

随后，溶液中的 NO_3^- 通过与 OH^- 的离子交换作用吸附在催化剂表面并被进一步还原。因此，Pd-Cu/水滑石对 NO_3^- 的去除过程就是吸附作用和催化氢还原作用的连续动态过程。

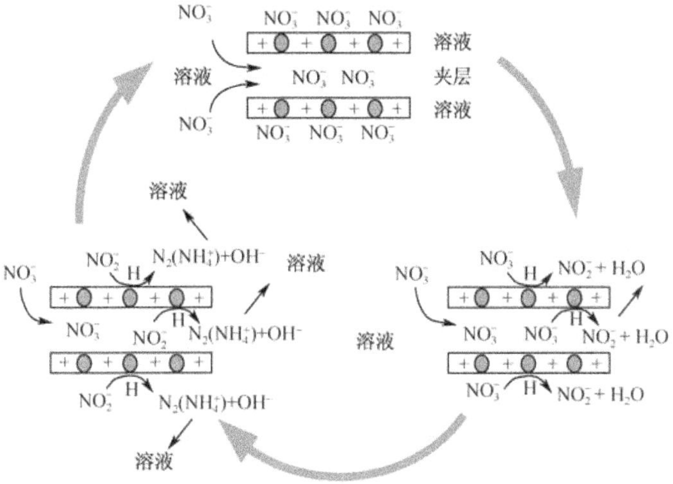

图 10-17　Pd-Cu/水滑石催化氢还原硝酸根的过程示意图

为了证实上述推测，在反应过程中将 Pd-Cu/水滑石取出进行红外表征，以考察表面 NO_3^-、NO_2^- 的变化情况（图 10-18）。在反应初始，催化剂表面出现两个吸收峰，1628cm^{-1}附近为水分子 O—H 的振动引起的，1384cm^{-1}归属为 NO_3^- 的不对称伸缩振动，此时 NO_3^- 的吸收峰强度最大，说明初始阶段硝酸根的吸附速率很快；当反应 30min、60min 时，硝酸根的吸收峰强度相差不多，即这一阶段为吸附-催化氢还原动态平衡过程，因此催化剂表面的硝酸根强度变化不明显，而在 1286cm^{-1}处出现了 NO_2^- 的吸收峰，强度在反应 60min 时达到最大，然后逐渐降低，这也证实了吸附的硝酸根被逐渐还原，中间产物亚硝酸根的还原速率低于硝酸根的还原速率；随后，NO_3^- 和 NO_2^- 的吸收峰强度均逐渐降低，这是因为溶液中硝酸根浓度较低，吸附速率小于催化还原速率，即表现为催化剂表面吸附的硝酸根减少，所累积的亚硝酸根被逐渐还原。

因此，在反应初始阶段，由于水滑石层结构的恢复，水中的硝酸根吸附在催化剂表面，而此时催化剂表面的物种比较单纯，催化活性最强，还原速率最快；随着催化氢还原反应的进行，水中的硝酸根通过与 OH^- 的离子交换作用进行吸附，吸附速率有所降低，同时催化还原过程中 OH^- 离子不断产生，抑制硝酸根的还原。因此，在催化还原过程中，硝酸根的吸附速率和还原速率均逐渐减小直至达到吸附-催化还原的动态平衡。最后，当溶液中硝酸根浓度较低时，催化还原速率大于吸附速率，所吸附的硝酸根被逐渐还原。

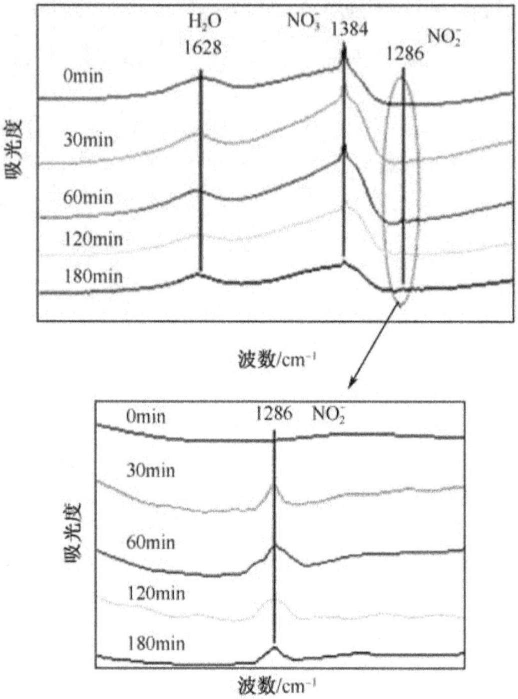

图 10-18 HT3（Pd-Cu）在催化氢还原硝酸根过程中的红外谱图变化

10.3.2.5 Pd-Cu/水滑石催化氢还原 NO_3^- 的影响因素

1. 温度的影响

图 10-19 是 HT3（Pd-Cu）在不同温度下（10℃、25℃和 35℃）对硝酸根催化氢还原效果的比较。可以看出，硝酸根的催化氢还原反应对于温度的变化比较敏感。在反应前 2min，硝酸根很快地被去除，尤其在 35℃下，硝酸根去除率高达 93.5%。随后，硝酸根去除率均逐渐变缓。反应 180min 时，在 10℃、25℃和 35℃时硝酸根的去除率分别为 64.4%、96.8%和 98.8%。因此，反应温度的增加对提高硝酸根的还原速率是有利的，这个结果与已有报道一致。

图 10-19(b) 是不同温度下硝酸根催化氢还原过程中 NO_2^--N 和 NH_4^+-N 的浓度变化。在相同硝酸根转化率的情况下，35℃时所生成的 NO_2^--N 和 NH_4^+-N

的浓度最低。随着反应温度的降低，NO_2^--N 和 NH_4^+-N 的浓度逐渐增加，即生成 N_2 的选择性逐渐降低。这进一步说明，温度的增加有利于硝酸根的催化还原。

2. pH 的影响

由硝酸根还原的反应式可以看出，在还原硝酸根过程中会有 OH^- 离子不断产生，催化剂与溶液界面处的 pH 有升高的趋势。产生的 OH^- 亦会使溶液的 pH 升高。

如图 10-20 所示为初始 pH 对 HT3 (Pd-Cu) 催化氢还原硝酸根的影响。当初始 pH 为 5.25、6.8、7.4 和 10.74 时，随着 pH 的增加，硝酸根的去除率略有降低；最终产生的 NH_4^+ 离子浓度没有明显的不同，而 NO_2^- 离子浓度在初始 pH 为 5.25、6.8、7.4 时随着 pH 的增加有所升高，在初始条件为碱性时（pH＝10.74）出现明显的升高，最终浓度为 4.85mg/L，是初始溶液为中性条件（pH＝7.4）时的 3 倍。

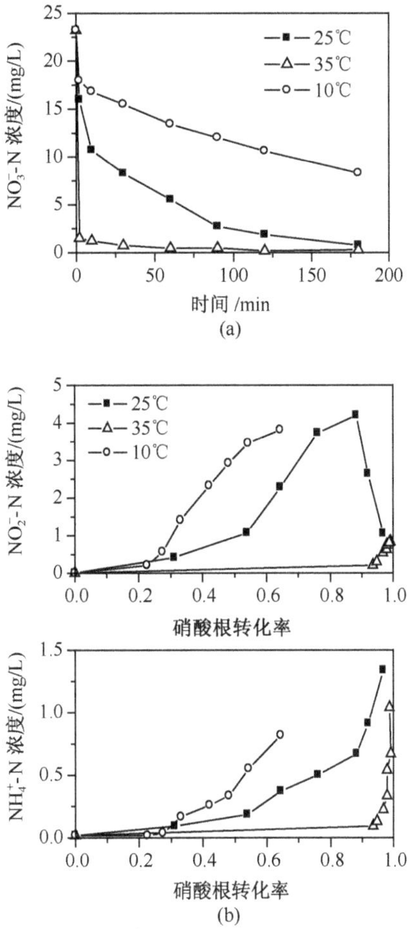

图 10-19　温度对 HT3 (Pd-Cu) 催化氢还原硝酸根的影响

(a) 硝酸根随时间的变化曲线；(b) NO_2^--N 浓度和 NH_4^+-N 浓度随硝酸根转化率的变化曲线

在不同初始 pH 条件下，HT3 (Pd-Cu) 对硝酸根吸附、催化氢还原的比较结果表明，当初始 pH 在 5.25～7.4 时，硝酸根吸附和催化氢还原速率与初始 pH 的关系不大，即在此 pH 范围内，虽然初始 pH 有所变化，但硝酸根吸附和催化氢还原去除率没有明显改变。另外，虽然溶液的初始 pH 不同，但经过吸附和催化氢还原过程后，反应结束时溶液的 pH 分别稳定在 10.8 和 12 左右。这些现象主要是因为水滑石类化合物的煅烧产物为弱碱性化合物，进入溶液中立即恢复为水滑石的层状结构，在此过程中溶液的 pH 迅速上升。因此，虽然初始 pH 有所不同，但是加入水滑石催化剂后，水的 pH 迅速趋于一致。所以在初始 pH 为 5.25～7.4 时，硝酸根吸附（催化氢还原）的速率区别不大。而较高初始 pH（10.74）条件下，在 HT3(Pd/Cu) 恢复

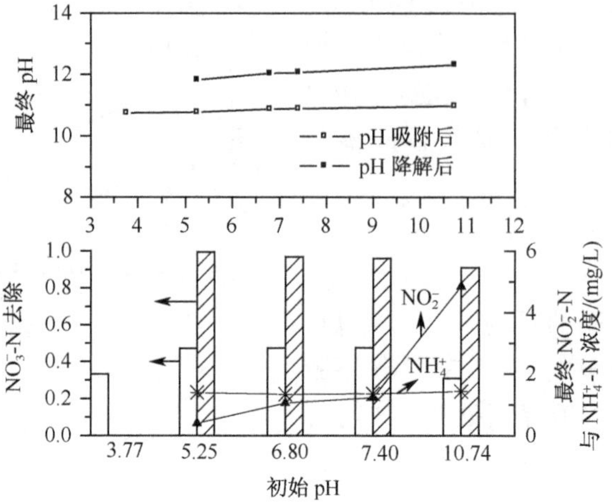

图 10-20　初始 pH 对 HT3（Pd-Cu）催化氢还原硝酸根的影响（反应时间为 180min）
▨ 催化还原去除率；□ 吸附去除率

层状结构过程中，溶液中 OH^- 离子的增加会进一步提高水的 pH，从而抑制硝酸根和亚硝酸根的还原。

3. 阳离子的影响

水中常见的阳离子（Na^+、Ca^{2+}、Mg^{2+}、Mn^{2+}、Fe^{3+}）对于硝酸根催化氢还原的影响如图 10-21 所示。结果表明，当水中存在不同阳离子时硝酸根还原去除速率的顺序为：$Fe^{3+} > Mn^{2+} > Mg^{2+} > Ca^{2+} > Na^+$，$Na^+$ 存在时其反应最终 pH 较其他离子存在条件下偏高，即二价和三价的金属盐在反应后溶液的 pH 明显低于一价的金属盐。以上现象与阳离子对硝酸根吸附影响的结果一致。反应 180min 时，溶液中 $NO_2^- $-N 和 $NH_4^+ $-N 浓度均不相同，硝酸根还原速率越快，最终 $NO_2^- $-N 的累积就越少，说明利于硝酸根还原的阳离子同样促进亚硝酸根的还原。最终 $NH_4^+ $-N 浓度在 $NaNO_3$ 为硝酸盐前体物时最低。反应结束后溶液中的 Fe^{3+}、Mn^{2+}、Mg^{2+}、Ca^{2+} 离子浓度极低，说明可能有氢氧化物沉淀生成。

由于多相催化还原硝酸根反应是一个表面反应过程，因此硝酸根还原速率与生成 N_2 的选择性受传质的影响较大。在催化还原过程中，OH^- 的不断产生抑制了硝酸根和亚硝酸根离子向催化剂表面的扩散，因此将 OH^- 尽快地从催化剂表面"移走"，使其占据的 Pd-Cu 催化活性中心暴露出来，这样有利于硝酸根和亚硝酸根的"移入"，从而可以提高还原速率。据此推测，不同的阳离子对硝酸根的催化还原影响不同主要是由于其具有不同的物理化学特性（如价态、离子半径、氢氧化物的溶解性能等），从而对 OH^- 产生不同的引力造成的。金属价态越

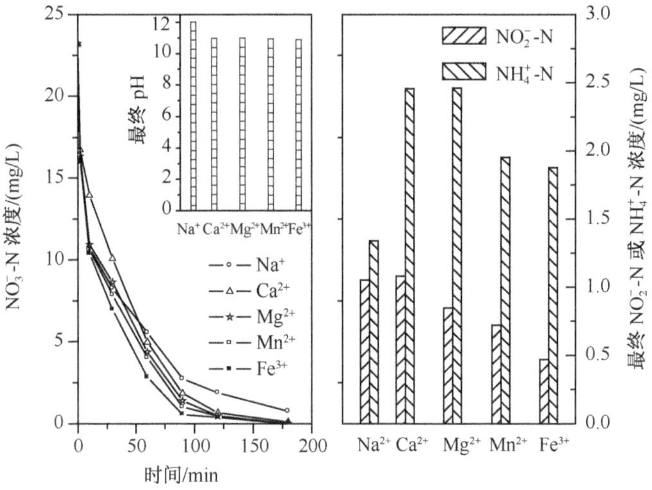

图 10-21　共存阳离子对 HT3（Pd-Cu）催化氢还原硝酸根的影响

（反应时间为 180min）

高，离子半径越小（$Mn^{2+}<Mg^{2+}<Ca^{2+}$），对 OH^- 的亲和力就越大，因此其可将催化剂表面的 OH^- 迅速“移走”，从而促进硝酸根和亚硝酸根的还原。另外，不同阳离子形成的氢氧化物溶解常数越小，对 OH^- 的引力就越大。上述几种阳离子及其氢氧化物的溶解常数顺序为：$Fe(OH)_3<Mn(OH)_2<Mg(OH)_2<Ca(OH)_2<NaOH$［$Fe(OH)_3$：$K_{sp}=4\times10^{-38}$；$Mn(OH)_2$：$K_{sp}=1.9\times10^{-13}$；$Mg(OH)_2$：$K_{sp}=1.8\times10^{-11}$；$Ca(OH)_2$：$K_{sp}=5.5\times10^{-6}$；298K］，正好与硝酸根还原速率的顺序相反，即所形成的金属氢氧化物溶解常数越低，越容易吸引 OH^- 离子，形成氢氧化物沉淀，从而减少催化剂表面和溶液中 OH^- 离子的积累，加快催化剂表面活性位的更新，促进硝酸根和亚硝酸根的还原。

4. 阴离子的影响

水中常见阴离子 Cl^-、SO_4^{2-}、HCO_3^- 对 HT3（Pd-Cu）催化氢还原硝酸根的影响如图 10-22 所示。可以看出，与阴离子对 HT3（Pd-Cu）吸附硝酸根的影响结果一致，三种离子对硝酸根的催化还原也存在不同程度的抑制作用，其顺序为：$HCO_3^->SO_4^{2-}>Cl^-$。当 Cl^- 浓度为 0.001mol/L 和 0.01mol/L 时，硝酸根去除率只有略微的降低，随着 Cl^- 浓度的增加，抑制作用逐渐明显。当 Cl^- 浓度达到 0.05mol/L 时，硝酸根去除率由 96.8%下降到 59.7%。对于 SO_4^{2-} 和 HCO_3^-，当水中浓度为 0.001mol/L 时，硝酸根去除率分别由 96.8%下降到 90.3%和 85.8%，但当水中有 0.01mol/L 的 SO_4^{2-} 或 HCO_3^- 时，硝酸根去除率下降非常明显，仅为未添加 SO_4^{2-} 或 HCO_3^- 时硝酸根去除率的 47.5%。

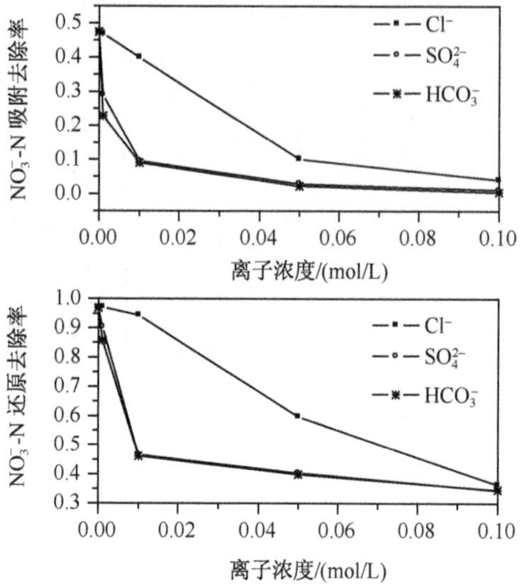

图 10-22　共存阴离子对 HT3（Pd-Cu）吸附、催化氢还原硝酸根影响的比较

另外，在还原硝酸根过程中，Cl^-、SO_4^{2-}、HCO_3^- 离子的存在使得中间产物 NO_2^- 的累积更为明显（图 10-23），最终生成的 NH_4^+ 量较多，且随着这些离子浓度的增加，亚硝酸根和铵离子的生成量增加。即 Cl^-、SO_4^{2-}、HCO_3^- 离子抑制了亚硝酸根的还原，并且降低了氮气选择性。三种离子对于氮气选择性的抑制顺序同样为：$HCO_3^- > SO_4^{2-} > Cl^-$。这说明 HCO_3^- 离子对于硝酸根催化还原反应活性和选择性的抑制作用最强。推测原因，可能是由于 HCO_3^- 与 NO_3^- 具有相同的平面结构，且 N-O 键键角与 C-O 键键角均为 120°，所以在催化剂表面，HCO_3^- 的竞争吸附作用较 Cl^- 和 SO_4^{2-} 相比更为明显。

为了解三种离子抑制硝酸根还原的原因，选择 SO_4^{2-} 离子存在时的反应体系作为对象，在催化还原过程中对催化剂表面进行红外表征，结果如图 10-24 所示。可以看出，与不存在 SO_4^{2-} 离子的情况相比，反应初始时催化剂在 1109cm^{-1} 处即出现明显的吸收峰，可以归属为 SO_4^{2-} 的红外吸收峰，并且强度随着反应时间的增加而逐渐增强，说明溶液中的 SO_4^{2-} 离子可迅速吸附在催化剂表面，并且逐渐累积，占据了催化剂表面的活性位，从而抑制了硝酸根和亚硝酸根的还原。

5. 催化剂用量的影响

催化剂用量对于硝酸根催化还原反应具有一定的影响。在硝酸根初始浓度为 100mg/L，温度为 25℃，通入 H_2 和 Ar 的混合气（H_2：200mL/min；Ar：

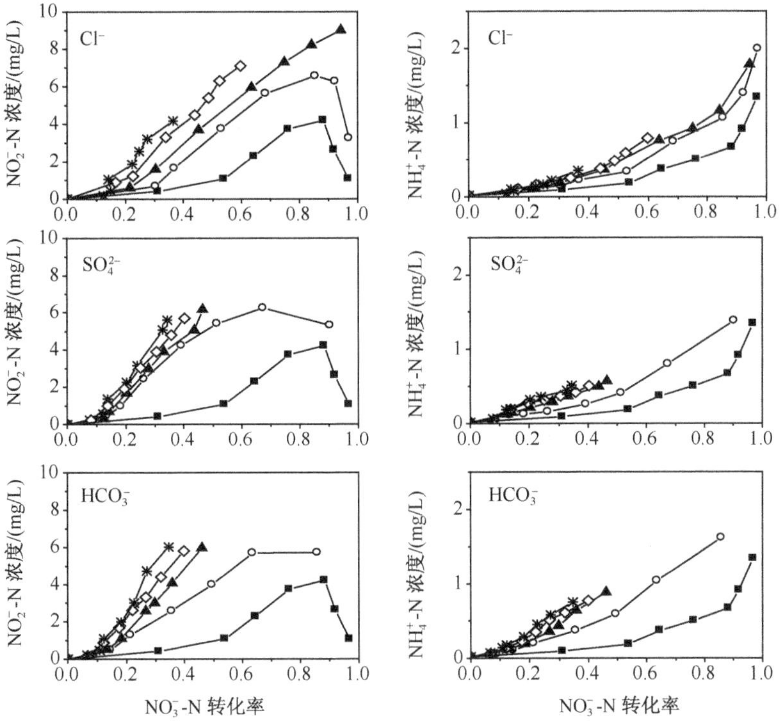

图 10-23　共存阴离子对 HT3(Pd-Cu) 催化氢还原生成 NO_2^- 和 NH_4^+ 影响的比较

(■) $NaNO_3$; (○) $NaNO_3$+0.001mol/L; (▲) $NaNO_3$+0.01 mol/L;
(◇) $NaNO_3$+0.05 mol/L; (*) $NaNO_3$+0.1 mol/L

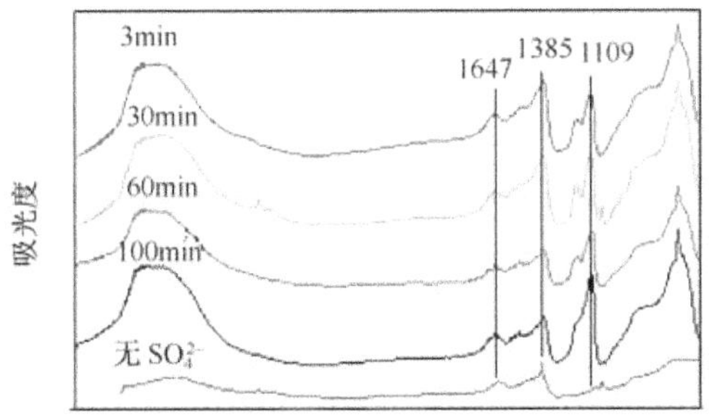

图 10-24　HT3（Pd-Cu）催化氢还原过程中 SO_4^{2-} 存在条件下的红外谱图

400[illegible] 的条件下，分别考察了 0.5g/L、1g/L、2g/L、3g/L 催化剂量对还原硝酸根的影响，结果如图 10-25 所示。在不同催化剂量条件下，硝酸根浓度随时间的变化趋势基本相同：在初始阶段，硝酸根的去除速率较快，随后逐渐减慢。催化剂用量增加，硝酸根的去除速率加快，反应时间缩短。在反应过程中，均有中间产物 NO_2^- 的积累，并且副产物 NH_4^+ 的浓度也逐渐增加。在相同硝酸根转化率情况下，溶液中 NO_2^- 和 NH_4^+ 的浓度均随催化剂用量的增加而降低。

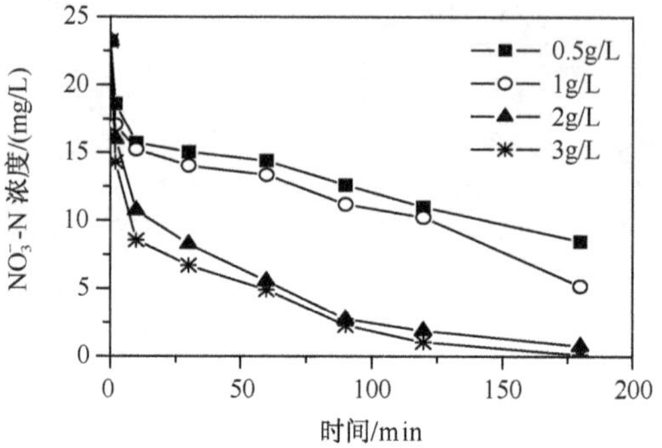

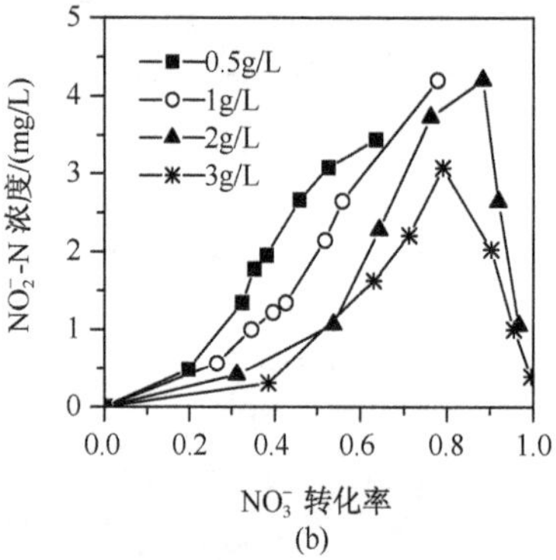

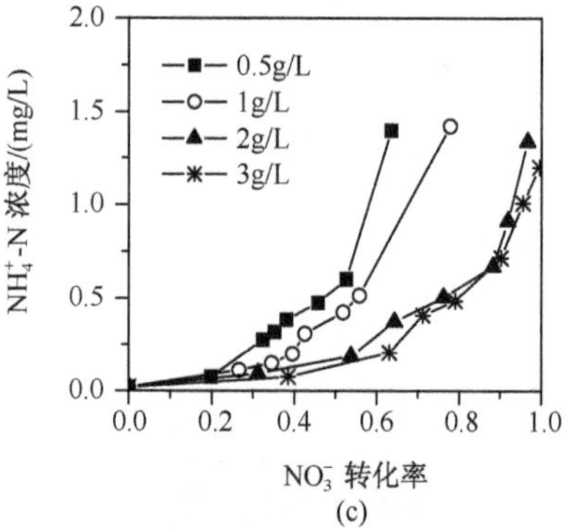

图 10-25　催化剂用量对 HT3（Pd-Cu）催化氢还原硝酸根的影响

（a）NO_3^- 浓度随时间的变化曲线；（b）NO_2^- 的生成量随 NO_3^- 转化率的变化；

（c）NH_4^+ 的生成量随 NO_3^- 转化率的变化

由前述结果已知，硝酸根的还原主要在 Pd-Cu 双金属活性位上，亚硝酸根的还原需要 Pd 单金属活性位。催化剂用量越多，双金属 Pd-Cu 和单金属 Pd 活性位的绝对数量就越多，所以有利于硝酸根和亚硝酸根的还原，具体就表现为硝酸根还原速率的增加和亚硝酸根的累积减少。另外，在硝酸根催化还原过程中有中间产物 NO_x 的生成。在催化剂表面，两个 NO_x 相遇并进行反应可形成 N—N 键，产生 N_2。如果 NO_x 遇到催化剂表面的吸附 H，两者结合形成 N—H 键，再进一步与 H 结合即生成 NH_4^+。所以，当供氢量一定时，催化剂量越多，催化剂表面吸附 H 的浓度就越低，N—O 键变为 N—H 键的概率越小，NH_4^+ 的生成量就越低。综上所述，催化剂用量的增加，可提高硝酸根还原速率，降低亚硝酸根和氨氮的生成，提高生成氮气的选择性。

6．H_2供量的影响

还原剂氢气的流量对硝酸根催化氢还原的影响结果如图 10-26 所示。可以看出，随着供氢量的增加，硝酸根的去除速率和副产物氨氮的浓度均增加。这主要是由于氢气流量的增加，一方面为硝酸根的还原提供了更多的电子供体，有利于硝酸根还原速度加快；另一方面，在硝酸根的还原过程中，产生的中间相原子氧会吸附于催化剂表面从而占据反应所需活性位，导致反应速率降低。而氢气量的增加，有利于氧原子从催化剂表面脱离，使催化剂活性位更新速率加快，从而促进硝酸根的还原。但是，氢气量增加，也使得催化剂表面吸附 H 的浓度增加，从而提供了更多的 NO_x接触吸附 H 的机会，导致副产物氨氮的生成量增多。因此减少氢气的流量虽然会降低硝酸根的催化活性，但能很好地提高催化选择性。

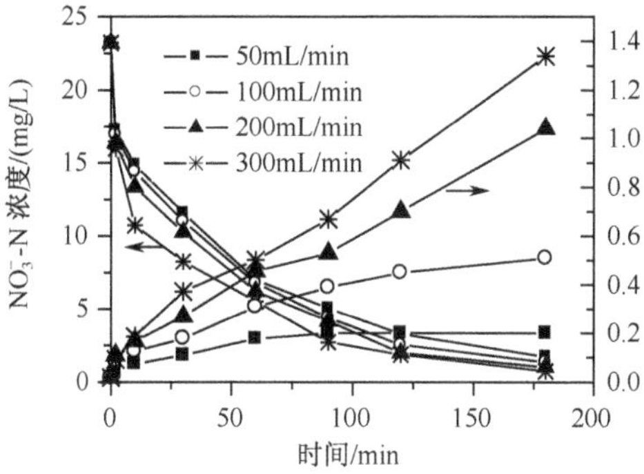

图 10-26　不同 H_2供量对 HT3（Pd-Cu）催化氢还原硝酸根

在实际应用中可通过改变 H_2流量等反应条件来减少氨氮的生成，以提高催化剂对氮气的选择性。研究表明，当氢气流量为 100mL/min，初始硝酸根浓度 100mg/L 的条件下，反应 180min，硝酸根的去除率达 92.6%，而此时的氨氮浓度（0.2mg/L）达到饮用水水质标准（<0.5mg/L）。这说明若创造一定的反应条件，催化还原过程能有效地去除硝酸根，并防止氨氮及亚硝酸根积累，保证水质安全。

10.4 地下水中砷的去除

10.4.1 地下水除砷方法概述

目前采用较多的除砷方法包括混凝沉淀、离子交换、膜分离以及吸附法等。

地下水中的砷主要以亚砷酸盐[As(Ⅲ)]和砷酸盐[As(Ⅴ)]两种形态存在，水中砷的价态对除砷效果影响显著。亚砷酸盐的溶解度一般远高于砷酸盐，不利于沉淀反应的进行。另外如砷离子形态和 Eh-pH 的关系如图 10-27 所示[60]，亚砷酸离子表面所带的负电荷较砷酸离子少，因而通过混凝或吸附法去除 As(Ⅲ)的难度较大，因此，通常要将饮用水中 As(Ⅲ) 氧化成 As(Ⅴ) 以后再采取适当的方法除砷。游离氯、次氯酸盐、臭氧、高锰酸盐和 Fenton 试剂等都可以将三价砷氧化为五价砷，但对于用混凝沉淀和快速过滤除砷最可行方法是使用高锰酸盐和 Fenton 试剂。

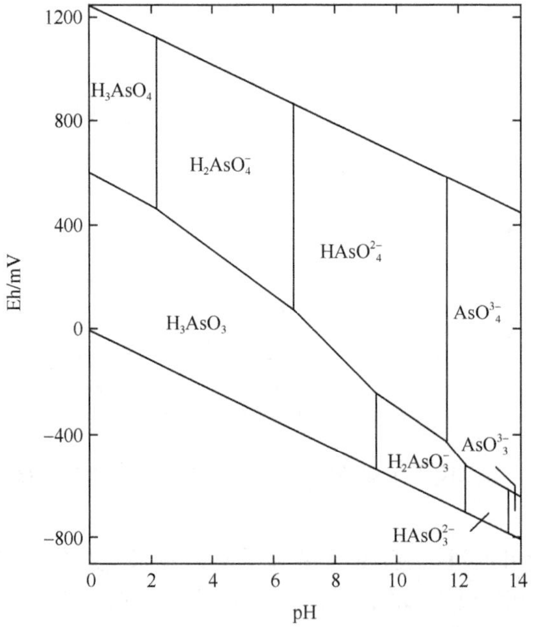

图 10-27 砷形态和 Eh-pH 的关系[60]

10.4.1.1 混凝沉淀/过滤法

混凝沉淀/过滤法除砷是最常用的一种饮用水除砷方法。常用的混凝剂主要有铝盐和铁盐，比较而言，铁盐混凝除砷的效果比铝盐更好，尤其是对三价砷。

最近有研究表明高铁酸盐具有氧化和絮凝的双重作用，对于三价砷的去除效果很好，但由于高铁酸盐的价格较高，目前研究仍停留在实验室阶段[61]。

在混凝沉淀除砷方法中，砷一般通过以下三种过程得以去除[62]。

(1) 沉淀。形成不溶性的化合物如 $Al(AsO_4)$ 或者 $Fe(AsO_4)$。

(2) 共沉淀。可溶性的砷嵌入到正在生长的金属氢氧化物中。

(3) 吸附。可溶性砷与金属氢氧化物外表面的静电结合。

过滤是确保除砷效果的一个重要步骤。研究表明，通过混凝和沉降只能去除大约 30%的砷，而经过孔径为 1.0μm 的滤料过滤后，砷去除效率提高至超过 96%。在实际应用中，一些水厂用两段过滤来提高砷的去除率。

10.4.1.2 离子交换法

用于除砷的树脂主要是碱性材料，这种树脂带正电荷。树脂对水中阴离子的去除选择性不高，不同树脂对离子具有不同的选择顺序。市售的强碱性树脂能够有效地去除水中的五价砷，出水中砷的浓度低于 1μg/L。然而，因为三价砷不带电荷而无法用离子交换去除。因此，除非全部是五价砷，否则必须预氧化使 As(Ⅲ)变成 As(Ⅴ)。传统的硫酸根离子选择树脂特别适合于砷去除，离子交换除砷受 pH 和进水砷浓度的影响不大。但如果存在竞争离子，特别是硫酸根，将影响对砷的去除效果。美国环保局建议在 SO_4^{2-} 浓度高于 120mg/L 或者总溶解性固体高于 500mg/L 时，不适宜采用离子交换树脂除砷。

离子交换树脂的优点是除砷速度快，再生容易；缺点是选择性不高，成本也较高。

10.4.1.3 常用吸附法

因为操作简单、经济高效以及可再生等特点，吸附法被认为是最有应用前景的除砷方法。常用的吸附材料包括天然矿物、活性氧化铝、铁的氧化物及羟基氧化物、铁氧化物负载材料、零价铁、钛氧化物及负载材料、稀土氧化物及活性炭等。

(1) 活性氧化铝。活性氧化铝是至今为止国内外使用最多的除砷吸附剂，对三价砷和五价砷都有较好的去除效果。但砷的吸附容量受 pH、进水砷浓度以及砷种类的影响。由于五价砷去除效果最佳的 pH 值范围很窄（5.5～6.0）。对于中性和碱性水，为了提高砷去除效果，必须调节 pH。在平衡浓度为 0.02～0.1mg/L 时，砷吸附容量约为 5～15mg/L。SO_4^{2-} 和 Cl^- 的存在使吸附容量减少 50%左右，三价砷比五价砷更难被活性氧化铝吸附。活性氧化铝可以用稀的 NaOH 溶液和 H_2SO_4溶液再生，但与离子交换树脂相比，再生更困难，而且也更不完全（一般为 50%～80%）。

(2) 颗粒活性炭。颗粒活性炭吸附剂在饮用水处理中最为常用。有研究表明，活性炭除砷效果与其比表面积大小关系不大，而主要与其灰分有关，即其中的金属矿物组成起着决定性作用。尽管合适的 pH、较高的灰分及金属离子预处理可以提高砷的吸附容量，但总的来说，颗粒活性炭的砷吸附容量并不高。有研究者考察了负载铜离子前后的活性炭去除砷的性能，发现负载铜离子后，其吸附砷的能力大大增加，可见铜对砷有很强的吸附亲和能力。在颗粒活性炭表面负载铁氧化物后，可以大大提高其砷吸附容量。

(3) 零价铁。零价铁也可用来除砷[63～65]。除砷的机制主要是水中的三价砷被零价铁还原为不溶性的单质砷，同时生成的铁氧化物可通过其吸附作用将水中的砷去除。零价铁来源广泛，价廉易得，非常适合在经济欠发达地区使用。尽管零价铁是一种很好的除砷材料，但目前的研究大多数局限于实验室内，未见现场应用实例。

(4) 颗粒水合氧化铁。铁的氧化物和羟基氧化物与砷有非常高的结合能力，因而被广泛用作除砷吸附剂。颗粒水合氧化铁是近来开发的一种高效除砷吸附剂，最先由德国的 Driehaus 等研制，并于 1997 年实现了商品化。加拿大和美国也开发了类似的产品。目前商品化的基于水合羟基铁氧化物的吸附剂主要有 GFH 和 GFO。GFH 对五价砷的吸附效果较好，在达到穿透浓度 10μg/L 前，可以处理 50 000 柱体积的进水。尽管颗粒水合氧化铁有很好的除砷效果，但其成本较高，约合 62 000 元/t，限制了它的广泛应用。

(5) 负载铁氧化物的吸附材料。为了充分利用铁氧化物对砷的吸附能力，很多研究者把铁氧化物负载到其他廉价的载体上，制成负载铁氧化物的吸附剂。常用的载体有石英砂、河沙、硅藻土等。Joshi 和 Chaudhuri 的研究表明[66]，负载铁氧化物的沙子能够有效去除三价砷和五价砷。一个简单的固定床能够处理 160～190 倍床体积的含 1000μg/L 三价砷，或是 150～165 倍床体积的含 1000μg/L 五价砷的水，用 0.2mol/L 的氢氧化钠冲洗可使吸附剂得以再生。也有用大孔强酸性阳离子交换树脂作载体负载纳米水合铁氧化物除砷的报道。该吸附材料把铁氧化物的高除砷能力与树脂良好的机械强度和化学稳定性相结合，对砷有很好的去除效果。

由于铁的氧化物对砷有很好的吸附作用，且 Cu 对砷也有较强的吸附亲和能力，因此，本章重点介绍作者最近开发的一种复合金属氧化物吸附除砷新方法——$CuO\text{-}Fe_2O_3$ 吸附剂同时去除 As(Ⅴ)及 As(Ⅲ)。

10.4.2 复合金属氧化物吸附除砷新方法

10.4.2.1 高比表面 $CuO\text{-}Fe_2O_3$ 的制备

$CuO\text{-}Fe_2O_3$ 复合金属氧化物采用共沉淀法制备，以 $CuSO_4 \cdot 5H_2O$ 和 $FeCl_3 \cdot 6H_2O$ 为原料，配制 Cu∶Fe＝1∶2 的混和液，其中［Fe^{3+}］＝0.6mol/L。然后在

快速搅拌下用3mol/L的NaOH溶液中和至一定pH，继续搅拌30min，再置于水浴中陈化2h。倾出上清液，加等量去离子水于沉淀物中，搅拌下用0.2mol/L HCl中和至中性，用磁分离或离心法进行固液分离后，再反复用去离子水洗涤固体物，过滤，50℃干燥，再在110℃下烘干2h。研磨后，再在一定温度条件下焙烧1h，制得粉状吸附剂。

10.4.2.2　优化条件下所制备材料的特征

根据以上条件制得了一系列复合金属氧化物材料，进行了扫描电镜和X射线衍射分析，并分别测定其粒径、比饱和磁化强度和比表面积等参数。图10-28是优化条件下所制备的$CuO-Fe_2O_3$除砷吸附材料的扫描电镜照片，表10-7为$CuO-Fe_2O_3$复合氧化物材料的特征参数。

图10-28　$CuO-Fe_2O_3$材料的扫描电镜表面形貌分析

由图10-28可见，$CuO-Fe_2O_3$材料的粒径在10μm左右，其表面聚集了大量纳米级颗粒，呈现出粗糙表面结构。

表10-7　所制备复合金属氧化物材料的特征参数

	表面元素 Cu∶Fe	粒径/μm	比饱和磁化强度/(emu/g)	比表面积/(m^2/g)	平均孔径/Å	平均孔容/(cm^3/g)
$CuO-Fe_2O_3$	1∶2.08	11.7	22.8	88.6	70.2	0.14

由表10-7的数据可知，该复合金属氧化物是具有较小的粒度、较高比表面积和较好的磁性。

10.4.3　对砷的吸附性能

在砷的吸附处理中，很多因素可能对其去除效果产生影响。实际上，地下水中包含了多种离子，构成了复杂的水化学体系，也构成了吸附剂应用的特定环境。

10.4.3.1 不同 pH 下的吸附能力

图 10-29 为不同平衡 pH 时，吸附平衡水样残余的砷浓度，其中 As(Ⅲ)和 As(Ⅴ) 的初始浓度分别为 10mg/L 和 20mg/L，吸附剂投加量为 0.100g，水样体积为 50mL。结果表明，在较宽 pH 范围内该吸附剂吸附 As(Ⅴ)的能力非常强，特别是在 pH3.5～6.5 范围内，可将溶液中砷的浓度降到 10μg/L 以下。在 pH>6.5 后，随 pH 增高，平衡时水中砷浓度逐渐增加，表明在偏酸性条件下有利于吸附As(Ⅴ)。吸附 As(Ⅲ)时 pH 的影响则与上述情况相反，随 pH 的升高，平衡溶液中砷浓度逐渐降低，表明在较高 pH 下有利于吸附 As(Ⅲ)。但总的来看，吸附 As(Ⅲ)的能力要弱些。其主要原因是砷酸和亚砷酸在水溶液中以不同形态存在，H_3AsO_4 和 H_3AsO_3 的解离反应分别如式(10-43)～式(10-45)及式(10-46)～式(10-48)所示。H_3AsO_4 的解离常数为 $pK_{a_1}=2.24$，$pK_{a_2}=6.76$，$pK_{a_3}=11.60$；H_3AsO_3 的解离常数为 $pK'_{a_1}=9.23$，$pK'_{a_2}=12.10$，$pK'_{a_3}=13.41$。

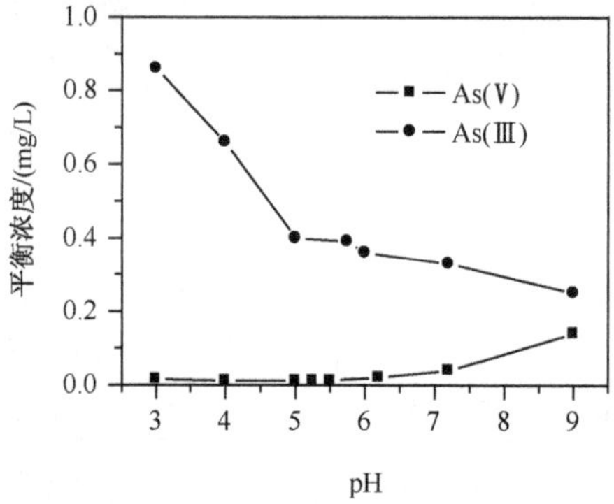

图 10-29 溶液 pH 对吸附砷的影响

$$H_3AsO_4 \xrightarrow{K_{a_1}} H_2AsO_4^- + H^+ \tag{10-43}$$

$$H_2AsO_4^- \xrightarrow{K_{a_2}} HAsO_4^{2-} + H^+ \tag{10-44}$$

$$HAsO_4^{2-} \xrightarrow{K_{a_3}} AsO_4^{3-} + H^+ \tag{10-45}$$

$$H_3AsO_3 \xrightarrow{K'_{a_1}} H_2AsO_3^- + H^+ \tag{10-46}$$

$$H_2AsO_3^- \xrightarrow{K'_{a_2}} HAsO_3^{2-} + H^+ \tag{10-47}$$

$$HAsO_3^{2-} \xrightarrow{K'_{a_3}} AsO_3^{3-} + H^+ \tag{10-48}$$

在酸性条件下，材料表面发生质子化作用，如式（10-49）所示。

$$-MOH + H^+ \rightleftharpoons -MOH_2^+ \tag{10-49}$$

此时，砷酸和亚砷酸与材料表面分别发生如式（10-50）和式（10-51）所示的反应而被吸附。

$$-MOH_2^+ + H_2AsO_4^- \rightleftharpoons -MH_2AsO_4 + H_2O \tag{10-50}$$

$$-MOH_2^+ + H_3AsO_3 \rightleftharpoons -MH_2AsO_3 + H_3O^+ \tag{10-51}$$

在中性或弱碱性条件下，砷酸和亚砷酸与材料表面分别发生如式（10-52）和式（10-53）所示的反应而被吸附。

$$-MOH + HAsO_4^{2-} \rightleftharpoons -MHAsO_4^- + OH^- \tag{10-52}$$

$$-MOH + H_2AsO_3^- \rightleftharpoons -MH_2AsO_3 + OH^- \tag{10-53}$$

砷酸在弱酸性或中性条件下解离，主要生成 $H_2AsO_4^-$ 或 $HAsO_4^{2-}$，而测定 CuO-Fe_2O_3的ζ电位与 pH 关系表明，在 pH<5.2 时，CuO-Fe_2O_3带正电，pH>5.2 后则带负电，所以 CuO-Fe_2O_3吸附 As(Ⅴ)在弱酸性条件下最有利，pH 升高到一定程度后吸附能力减弱。对于亚砷酸，在酸性条件下不能解离，要在较强碱性条件下才能解离为阴离子，而此时 CuO-Fe_2O_3表面羟基化严重，已带较多负电，不利于吸附。只有在中性至弱碱性情况下，H_3AsO_3部分解离为$H_2AsO_3^-$，CuO-Fe_2O_3带负电也不多，同时溶液中的 OH^- 浓度不高，吸附竞争不激烈。$H_2AsO_3^-$可以与吸附剂表面的Cu(Ⅱ)或Fe(Ⅲ)进行配位络合，形成 $FeHAsO_3$或 $CuHAsO_3$，此时吸附量相对较大。但由于这种配位络合作用是在带负电的表面上进行的，对 $H_2AsO_3^-$有一定排斥作用，所以反应进行较慢。研究发现，进一步延长反应时间，平衡液中 As(Ⅲ)的浓度会有较大幅度的降低，而对于 As(Ⅴ)则没发现这种现象，这也说明 As(Ⅲ)和 As(Ⅴ)具有不同的吸附机理。有人采用 EXAFS 和 FT-IR 等方法，也发现两种砷的形态在氧化铁表面的吸附机理不同。

10.4.3.2　吸附等温线

图 10-30 和图 10-31 分别是 As(Ⅲ)和 As(Ⅴ)在低浓度溶液、pH=5 时的吸附等温线。可以看出，该吸附剂对As(Ⅴ)的吸附性能非常好，在较低浓度范围内，吸附容量随平衡液中 As(Ⅴ)浓度的上升而迅速上升。在平衡浓度为 10μg/L 时，其吸附容量可达 10mg/g 左右，可以保证在投加较低量吸附剂的情况下，达到饮用水除砷要求。从图 10-30 和图 10-31 可以看出，该吸附剂对 As(Ⅲ)的吸附要弱些，特别是在较低浓度范围，其吸附能力不够强，吸附容量随溶液中 As(Ⅲ)浓度的上升而缓慢增加，不易将 As(Ⅲ)的平衡浓度降到 10μg/L 以下。

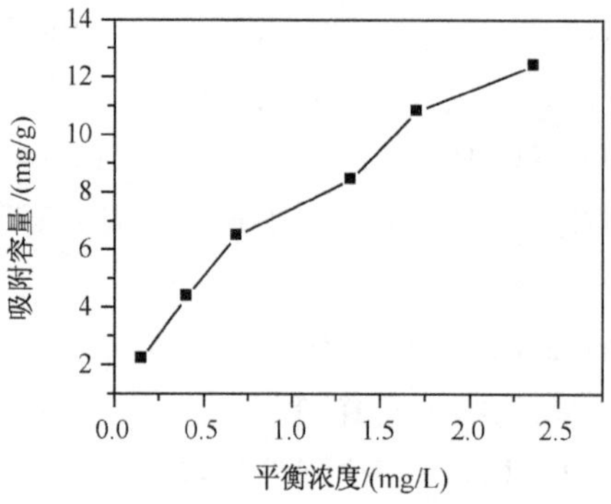

图 10-30　三价砷 As(Ⅲ)吸附等温线

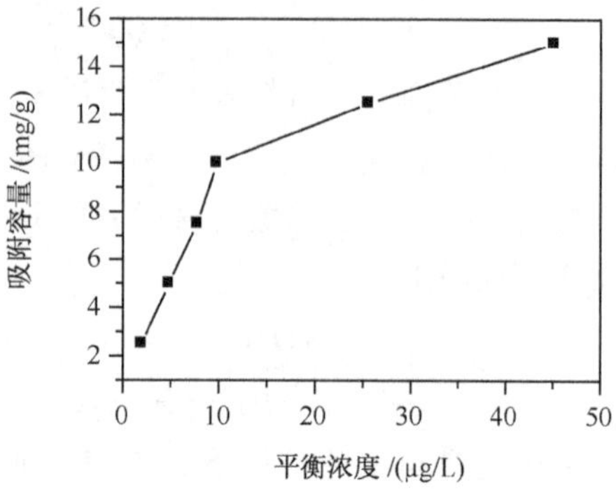

图 10-31　五价砷 As(Ⅴ)吸附等温线

高浓度范围下对砷吸附等温线的研究表明，$CuO-Fe_2O_3$ 作为吸附剂对 As(Ⅴ)的吸附容量很高，在 pH 为 5.6、平衡浓度为 74.0mg/L 时，吸附容量达 45.3mg/g，远高于活性炭、氧化铁、粉煤灰及活性铝等，与负载Fe(Ⅲ)的交换树脂的吸附容量相当。

10.4.3.3　阴离子的影响

表 10-8 显示了吸附剂对含有不同阴离子水样时吸附 As(Ⅲ)和 As(Ⅴ)的结果。可以看出，在所考察的阴离子浓度为砷浓度的 10～20 倍的情况下，Cl^- 对吸附

表 10-8　阴离子对吸附砷的影响

原水中 As(Ⅲ)或 As(Ⅴ)浓度/(mg/L)	阴离子浓度/(mg/L)	pH	砷的平衡浓度/(mg/L)
As(Ⅲ)：0.15	—	5.0	1.75×10^{-3}
As(Ⅲ)：0.15	—	7.1	1.05×10^{-3}
As(Ⅲ)：0.15	Cl^-：3.0	5.2	1.51×10^{-3}
As(Ⅲ)：0.15	Cl^-：3.0	7.2	1.10×10^{-3}
As(Ⅲ)：0.15	SO_4^{2-}：3.0	5.5	5.02×10^{-3}
As(Ⅲ)：0.15	SO_4^{2-}：3.0	7.1	3.13×10^{-3}
As(Ⅲ)：0.15	NaH_2PO_4：2.0	5.7	1.68×10^{-3}
As(Ⅲ)：0.15	NaH_2PO_4：2.0	7.4	1.10×10^{-3}
As(Ⅴ)：0.25	—	5.2	1.00×10^{-4}
As(Ⅴ)：0.25	—	6.2	1.20×10^{-4}
As(Ⅴ)：0.25	Cl^-：3.0	5.1	1.01×10^{-4}
As(Ⅴ)：0.25	Cl^-：3.0	6.4	1.35×10^{-4}
As(Ⅴ)：0.25	SO_4^{2-}：3.0	5.2	2.45×10^{-4}
As(Ⅴ)：0.25	SO_4^{2-}：3.0	6.8	5.25×10^{-4}
As(Ⅴ)：0.25	NaH_2PO_4：2.0	5.2	1.12×10^{-4}
As(Ⅴ)：0.25	NaH_2PO_4：2.0	7.0	1.21×10^{-4}

剂去除 As(Ⅲ)和 As(Ⅴ)均无明显影响。较高浓度 SO_4^{2-} 的存在使 As(Ⅲ)和 As(Ⅴ)的平衡浓度有所上升，但随 pH 的变化其影响趋势不同：对于 As(Ⅲ)，随 pH 的升高，其影响变弱；而对于 As(Ⅴ)，则随 pH 的升高，其影响增大，这与其他文献报道的结果一致。

10.4.3.4　脱附再生性能

用 0.1mol/L NaOH 对负载吸附剂进行了脱附再生实验，结果见表 10-9。

表 10-9　吸附剂脱附性能

	As(Ⅲ)		As(Ⅴ)	
吸附量/(mg/g)	4.35	10.8	10.0	14.9
脱附率/%	32.4	38.6	86.6	89.3

结果表明，As(Ⅴ)较容易脱附，脱附率随吸附剂负载量的增加而增大。对于吸附量分别为 10.0mg/g 和 14.9mg/g 的吸附剂，一次脱附率分别可达 86.6% 和 89.3%；而 As(Ⅲ)则较难脱附，当吸附量从 4.35mg/g 增加到 10.8mg/g 时，脱附率也只从 32.4%增到 38.6%。这可能是由于 As(Ⅲ)的吸附速率较慢，但吸附后与吸附剂表面的 Cu(Ⅱ)或 Fe(Ⅲ)形成的络合物稳定性较强，吸附的可逆性差，不易脱附。所以 CuO-Fe_2O_3 可以作为 As(Ⅲ)的固定剂使用，减小其可迁移性；但作为吸附剂除砷时，最好将 As(Ⅲ)氧化到 As(Ⅴ)，这样不但去除效果好，而且吸附剂经磁分离回收后，可以较容易地进行脱附再生，循环使用。作者所在研究组最近已开发出一种新型复合金属氧化物吸附剂，可将 As(Ⅲ)直接氧化成 As(Ⅴ)并高效吸附去除。

10.5　地下水中氟的去除方法

氟离子半径小，溶解性能好，是较难去除的污染物之一。近几十年来，国内外对含氟地下水的处理进行了大量的研究，对除氟工艺以及相关的基础理论也取得了一些进展。目前认识到的除氟机理主要有：生成难溶氟化物沉淀；离子或配位体交换；物理或化学吸附；络合沉降。由于含氟地下水的水质以及用途存在较大差别，因此除氟工艺也各不相同，根据原理不同，除氟方法大致可以分为吸附法、离子交换法、絮凝沉淀法、化学沉降法以及电化学法。

10.5.1　吸附法

目前使用最广泛的除氟吸附材料主要有活性氧化铝和骨炭。

10.5.1.1 活性氧化铝法

活性氧化铝是白色颗粒多孔吸附剂，有较大的比表面积。活性氧化铝是两性物质，等电点约为9.5，当水的pH小于9.5时可吸附阴离子，大于9.5时可去除阳离子。氧化铝吸附地下水中常见阴离子的顺序是$OH^- > HCO_3^- > PO_4^{3-} > F^- > SO_3^- > NO_2^- > Cl^- > NO_3^- > SO_4^{2-}$，对$F^-$具有较高的选择性。

活性氧化铝使用前可用硫酸铝溶液活化，使转化成为硫酸盐型，反应如式(10-54)所示：

$$(Al_2O_3)_n \cdot 2H_2O + SO_4^{2-} \longrightarrow (Al_2O_3)_n \cdot H_2SO_4 + 2OH^- \qquad (10\text{-}54)$$

除氟时的反应如式(10-55)所示：

$$(Al_2O_3)_n \cdot H_2SO_4 + 2F^- \longrightarrow (Al_2O_3)_n \cdot 2HF + SO_4^{2-} \qquad (10\text{-}55)$$

活性氧化铝失去除氟能力后，可用1%～2%浓度的硫酸铝再生，见式(10-56)所示：

$$(Al_2O_3)_n \cdot 2HF + SO_4^{2-} \longrightarrow (Al_2O_3)_n \cdot H_2SO_4 + 2F^- \qquad (10\text{-}56)$$

活性氧化铝使用一定时间后，吸附容量逐渐下降，再生周期缩短，甚至失效。原因是活性氧化铝颗粒表面附着了颗粒污染物，表面孔隙被填充，比表面积下降。解决的办法可以是将失活的氧化铝浸泡、搓洗、超声以清除颗粒表面的淤泥，恢复表面孔隙；也可以进行热处理，在500℃灼烧半小时，此时氧化铝呈V型，它比Al_2O_3的吸附力更强。

活性氧化铝吸附去除水中氟的效能主要与水中氟含量、pH和氧化铝的粒径有关[67]。

高氟离子浓度地下水，由于对氧化铝颗粒能形成较高的浓度梯度，有利于氟离子进入颗粒内，从而能获得高的吸附容量。实验表明，原水氟离子浓度分别为10mg/L和20mg/L时，如保持出水氟离子浓度在1mg/L以下，所能处理的水量大致相同，说明原水含氟量增加时吸附容量可相应增大。

pH在5～8范围内时除氟效果较好，在pH=5.5时吸附速率最大，故获得最高吸附容量。因此，将原水pH调节到5.5左右可以增加活性氧化铝的除氟效率。在实际除氟过程中，为了获得较高的除氟效率，需用硫酸调低原水pH然后再进入除氟设备，但并不是调节到pH5.5左右，在我国通常调节到6.5～7.0之间，这是因为除氟过程中必须考虑水质标准的要求和控制水的腐蚀性，而且过低的pH又需重新加碱提高碱度，增加了费用和操作的复杂性。有报道表明，CO_2也是一种良好的pH调节剂。

氧化铝粒径大小和吸附容量呈线性关系，粒径小的吸附容量大于粒径大的。有实验表明[68]，粒径为2～3mm的活性氧化铝的除氟量比粒径为3～5mm的大3～4倍。这主要是由于粒径小的氧化铝具有较大的比表面积，吸氟能力较强，吸附容量增加，在单位时间内除氟效率更高。

除氟装置有固定床和流动床等两种形式。固定床一般采取升流式，滤层厚度1.1～1.5 m，滤速为3～6m/h。移动床滤层厚度为1.8～2.4m，滤速为10～12m/h。除氟装置的接触时间应在15min以上。

10.5.1.2　骨炭法

骨炭法也称磷酸三钙法。骨炭是兽骨燃烧去掉有机质后形成的吸附剂，是仅次于活性氧化铝而在我国应用较多的除氟方法。骨炭的主要成分是羟基磷酸钙，其分子式可以是 $Ca_3(PO_4)_2 \cdot CaCO_3$，也可以是 $Ca_3(PO_4)_2 \cdot (OH)_2$。骨炭去除水中氟离子既有离子交换作用也有吸附作用，其交换作用通常认为如式（10-57）所示：

$$Ca_3(PO_4)_2 \cdot (OH)_2 + 2F^- = Ca_3(PO_4)_2 \cdot F_2 + 2OH^- \qquad (10\text{-}57)$$

当水中含氟量高时，反应向右进行，氟被骨炭吸收而去除。骨炭的吸附容量明显高于活性氧化铝，水中常见的阴离子对骨炭除氟效果无明显影响，水中常见的阳离子能够提高骨炭除氟效能，而这些阴阳离子会对活性氧化铝除氟效能产生不利影响。因此，对于硬度和盐度较高的高含氟水采用骨炭除氟更合理。骨炭除氟不会出现像活性氧化铝可能产生二次污染问题，如 SO_4^{2-} 和 Al^{3+} 浓度过高，而且在相同条件下骨炭的滤水量远远大于活性氧化铝。

粒状磷酸钙可用磷酸和熟石灰反应而制得。它的表面积较大，能够选择吸附氟离子，对氟的吸附容量在1～3mg/g范围内。在采用粒状磷酸钙为滤料的除氟装置中接触时间在30min以内，随着时间延长吸附容量显著增大；接触60min后，吸附容量增长缓慢，接近平衡。当羟基磷酸钙吸附 F^- 接近平衡后，可用NaOH溶液淋洗，以解吸再生，再生进行式（10-57）的逆反应。过量的NaOH溶液需用 H_2SO_4 中和，使pH降到6.0～7.5。

粒状磷酸钙价格低廉，具有除氟吸附速度快、效率高的优点，但是机械强度较低，磨损较快。

10.5.1.3　沸石法

天然沸石是一种含水的碱金属或碱土金属的铝硅酸盐矿物，具有多孔性、筛分性、离子交换性、耐酸性以及对水的吸附性能等。经预处理之后，对氟离子具有高选择交换性能。试验研究表明，沸石交换吸附除氟过程中，同时交换吸附了部分钙、镁，从而降低了水的硬度，进一步改善了水质；且沸石的吸附性能具有越用越好的趋势，这是其他吸附剂无法比拟的[69]。但沸石的吸附容量有待于提高，经过改性处理后吸附能力明显增强。经过高温焙烧、硫酸浸泡、硫酸镁改性途径活化得到的沸石除氟容量是未改性的3.97倍[70]；经过用NaOH和

$Al_2(SO_4)_3$溶液改性，沸石的除氟吸附速率加快，最佳 pH 工作范围加宽，对氟离子选择性增强[71]。

除活性氧化铝、骨炭和沸石以外，目前许多新型吸附剂也已被用作或尝试用作除氟材料，比如利用稀土元素金属氧化物氧化铈去除水中氟离子获得了较好的效果，对氟的吸附具有较高的动力学速率和较高的吸附容量，但是吸附剂成本较高，目前还尚未大规模应用。氧化锆和氧化钛对地下水中氟离子去除率可达到90%以上。还有报道采用氧化镁、水解石、活性锯末、植物组织、活性黏土等作为除氟吸附剂。常用吸附剂的基本特征见表 10-10。

表 10-10　常用除氟吸附剂

吸附剂种类	吸附容量/(mg/g)	最佳吸附 pH
斜发沸石	0.06～0.3	7.3～7.9
活性氧化铝	0.8～0.2	4.5～6.0
活性氧化镁	6～14	6.0～7.0
粉煤灰	0.01～0.03	3.0～5.0
羟基磷酸钙及骨炭	2.0～3.5	6.0～7.0
氧化锆树脂	30	3.5～7.0

吸附法去除地下水中氟具有去除率较高（可达 90%以上），处理成本较低的优点。但是也存在缺点：吸附过程中一般需要调节 pH，最佳工作 pH（5～6）范围较窄；当地下水盐度高时，活性氧化铝容易被污染而失活；吸附过程中受到地下水中 SO_4^{2-}、HCO_3^-、PO_4^{3-} 竞争吸附导致吸附效率下降；吸附容量不高，吸附剂常需要再生，再生后吸附剂吸附氟的性能减弱。

10.5.2　离子交换法

水中氟离子可以通过与某些离子交换树脂的反离子交换而被去除。离子交换树脂去除水中氟离子的方法操作简便，除氟效果稳定。常用的除氟树脂有氨基磷酸树脂、聚酰胺树脂、阳离子交换树脂和阴离子交换树脂等。氨基磷酸树脂吸附氟的最高量为 9.3mg/L，但它同时除掉了水中的矿物质，引入了胺类有机物。

Meenakshi[72]等使用强碱性含氨基的阴离子交换树脂去除水中氟离子，不改变原水感官品质的情况下除氟效率达到 90%～95%。反应过程可以表示为

$$R^+Cl^- + F^- \Longrightarrow R^+F^- + Cl^- \tag{10-58}$$

这是一种 Cl 型阴树脂。氟离子置换了树脂中的氯离子，这个过程一直持续到树脂上位点全部被氟离子占据，然后需要对树脂用饱和氯化钠溶液进行反冲

洗，此时 Cl^- 重新回到树脂上再进行下一周期离子交换除氟处理。

一种新型离子交换树脂镧型阳离子交换树脂用来去除水中的氟离子[73]，采用这种离子交换树脂氟离子去除率高达 90%～95%。但是其缺点是：地下水中 SO_4^{2-}、HCO_3^-、PO_4^{3-} 的存在对除氟产生不利影响；树脂再生产生的高氟浓度废液有可能污染环境；树脂的费用较高以及需要预处理以保持进水较低 pH，造成除氟费用较高；要求原水具有较低碱度以及较高的氯离子浓度等。

10.5.3 絮凝沉淀法

铁盐和铝盐是水处理中常用的两大类无机絮凝剂，投入水中后这些三价金属发生水解产生一系列水解聚合产物，最终形成氢氧化物沉淀，这些物质对水中氟离子产生配位体交换、物理吸附、卷扫沉降等作用从而去除水中氟离子。铁盐要达到较高的除氟率，需配合 $Ca(OH)_2$ 使用。最后需用酸将 pH 调至中性才能排放，工艺复杂，而且会增加水的色度。而铝盐则可以在接近中性的条件下除氟。

硫酸铝和聚合铝（聚合氯化铝、聚合硫酸铝等）对氟离子都具有较好的去除效果。使用硫酸铝时，混凝最佳 pH 为 6.4～7.2，但投加量较大，会使出水中含有一定量的残留铝，有可能危及人体健康。使用聚合铝时，用量可减少一半左右，混凝最佳 pH 范围扩大到 5～8。聚合铝的除氟效果与其自身品质有关，碱化度为 75%左右的聚合铝除氟最佳，投加量以水中 F 与 A1 的摩尔比为 0.7 左右时最为经济。有研究表明，传统铝盐去除水中氟离子的效能高于聚合铝。

混凝沉淀除氟具有去除效率高，操作简单，水处理费用低廉的优点。但是出水不稳定，受搅拌条件、沉降时间等操作因素以及原水碱度、温度的影响较大；投药量不容易控制，出水残留铝浓度往往偏高；污泥处理量大。

10.5.4 电化学方法

10.5.4.1 电凝聚

电凝聚法除氟的基本原理是：电场作用下，电化学反应器中的铁或铝阳极溶解产生三价的金属离子 Fe^{3+} 或 Al^{3+}，进一步水解产生聚合物或氢氧化物沉淀吸附或卷扫沉淀去除水中氟离子。有研究发现，由于电场的作用电凝聚除氟效能高于絮凝沉淀法。在电场作用下，氟离子向阳极迁移，在阳极附近聚集了较高浓度的氟离子，它们与阳极溶解产生的金属离子可以更迅速、更容易反应形成不溶物质，最后沉淀被去除。

但是地下水中某些常见的阴离子，如 SO_4^{2-} 的存在会对阳极金属溶出产生不利影响，降低除氟效率。而 Cl^- 有助于减少电极的钝化，提高电流效率，从而提高电凝聚除氟效率。电凝聚除氟的最佳 pH 范围是 5.5～6.0，但一般的原水偏碱性，pH 可能超过 7.5，需加酸调节 pH。电凝聚除氟的 pH 一般控制在 6.5 左右，处理后出水可基本接近中性。提高电流密度可以缩短水力停留时间，但是电流密度提高将会增加能耗，因此在实际中需要根据原水水质以及处理要求确定电解参数。减少电极钝化也是降低能耗的有效措施之一，在电化学反应器中采用倒极的办法可以破坏钝化膜。此外，还尝试过采用脉冲电解等新的电解方式来减缓铝电极钝化问题。

电凝聚法除氟具有灵活快速、操作简单的突出优点，非常适合远离市政给水管网地区以及水处理量小的分散式地下水除氟处理。

10.5.4.2　电渗析

电渗析是在直流电场作用下利用荷电离子膜的反离子迁移原理（与膜电荷相反的离子透过膜，同电性离子则被膜截留），使水溶液中阴、阳离子作定向迁移，从而达到带电离子从水溶液中分离的一种物理化学过程。

电渗析法主要用于除去水中的正负离子，包括 F^- 在内，是水的深度处理方法之一。电渗析应用于饮用水除氟始于 20 世纪 70～80 年代。该方法可同时除盐，适宜于苦咸高氟水地区的饮用水除氟。电渗析前，一般先用铝盐凝聚法作预处理。此法投资大、操作要求高，产水率只有 50%左右。运行不够稳定以及随着反渗透技术的快速发展等原因，80 年代后，电渗析在国外的发展进入了萎缩期，其应用越来越少。

10.5.5　膜滤法

氟离子的直径为 0.266nm，由于反渗透膜孔径小于氟离子直径，利用反渗透技术可以有效去除地下水中氟离子。影响反渗透去除氟离子的主要因素包括：系统压力、流量、原水的 pH、水中氟离子浓度以及离子强度等。

反渗透处理不仅能有效去除水中的氟以及盐，还能对水中的有机物、微生物、细菌和病毒等进行分离控制，不存在二次污染；而且具有分离效率高、节能、易于自动控制等优点，适宜于苦咸高氟水地区以地下水为水源的饮用水除氟。尽管目前反渗透膜组件价格较高、易污染、使用寿命较短（一般只有 1～3 年），但随着低压、耐污染、高通量膜的开发，反渗透技术应用于饮用水除氟有着广阔的前景。

10.5.6　化学沉淀法

水中氟离子与钙反应可以生成 CaF_2 不溶物，使氟离子沉淀而被去除，这种方法也称为钙盐沉淀法，通常向水中投加石灰和可溶性钙盐（硫酸钙和氯化钙等）形成氟化钙沉淀，如式（10-59）所示：

$$Ca^{2+} + F^- = CaF_2 \downarrow \tag{10-59}$$

石灰和硫酸钙价格便宜，但溶解度较小只能以乳状液投加，利用率低，通常投药量很大。水溶性较好的氯化钙，使用量也需维持在理论用量的2～5倍，这是由于Ca^{2+}和F^-生成CaF_2的反应速度较慢，达到平衡需较长的时间，为使反应加快，需加入过量的Ca^{2+}。钙盐沉淀法除氟效率较低，在饮用水处理中受到限制。

吸附是目前地下水除氟的主要方法，具有除氟效率高，水处理成本低的优点而被广泛应用，使用最多的活性氧化铝存在出水SO_4^{2-}和Al^{3+}浓度过高的二次污染问题，骨炭法和沸石能够克服这一问题。此外，新型除氟吸附剂也不断地被研制，其中的一些经过进一步改进应用开发后，可能取代传统除氟滤料在饮用水处理中得到推广。目前，反渗透膜技术发展也非常迅速，新成果为反渗透技术应用于地下水除氟创造了良好的条件。虽然由于经济等原因在工程实践中应用较少，但显示了该技术应用于饮用水除氟的巨大潜力。同时开发自动化程度高、设备紧凑，能满足快速分散式地下水除氟的高效电化学反应器也是饮用水除氟研究的方向之一。水处理技术正朝着绿色技术方向发展，因此寻求高效节能、不产生二次污染和经济有效的方法应是地下水除氟研究和应用的重要课题。

10.6　地下水中铁锰的去除

地下水中由于溶解氧含量较少，铁和锰主要以低价态存在，主要是Fe^{2+}和Mn^{2+}。因此氧化还原反应过程是地下水除铁锰的主要预处理方法[67]。去除地下水中铁锰一般都利用同一原理，即将溶解状态的铁锰氧化成不溶解的Fe^{3+}或Mn^{4+}化合物，再经过滤达到去除目的。处理工艺主要可分为自然氧化法、接触氧化法和生物法。

10.6.1　自然氧化法

自然氧化法包括曝气、氧化反应、沉淀、过滤等一系列复杂的流程。地下水经曝气充氧后，Fe^{2+}氧化为Fe^{3+}并以$Fe(OH)_3$的形式析出，再通过沉淀、过滤得以去除；对于除锰，仅靠曝气难以将水的pH提高到自然氧化除锰所需的$pH > 9.5$的条件，需投加碱（如石灰）以提高水pH，使工艺流程更加复杂，处理后的水pH太高，需要酸化后才能正常使用，进一步增加了管理难度及运行费用。

利用氧气作为氧化剂时的反应如式(10-60)～式(10-61)：

$$4Fe^{2+} + O_2 + 10H_2O \longrightarrow 4Fe(OH)_3 + 8H^+ \tag{10-60}$$

$$2Mn^{2+} + O_2 + 2H_2O \longrightarrow 2MnO_2 + 4H^+ \tag{10-61}$$

氧化剂除氧以外还有氯和高锰酸钾等，因为利用空气中的氧既方便又经济，所以生产上应用最广。

国外一些地区地下水中含铁量超过生活饮用水标准时，一般采用在含水层中除铁的处理工艺，即地层除铁法[74]。把含氧水灌入地层，在含水层中形成半径为10～20m的氧化区，在此区内铁被氧化并沉淀。瑞士、芬兰等国家是通过取水井周围的专用灌水井进入含水层，而在俄罗斯等国通常将含氧水直接从取水井注入地层。

10.6.2 接触氧化法

10.6.2.1 接触氧化法原理

含 Fe^{2+}、Mn^{2+} 地下水经过简单曝气后不需要絮凝、沉淀而直接进入滤池中，能使高价铁、锰的氢氧化物逐渐被附着在滤料表面，形成深褐色的氢氧化铁覆盖膜和黑褐色的高价铁锰混合氧化物，这种自然形成的活性滤膜具有接触催化作用。在pH为中性范围内，Fe^{2+}、Mn^{2+} 就能被滤膜吸附，然后再被氧化，又生成新的活性滤膜物质参与反应。所以铁、锰质活性滤膜的除锰过程是一个自催化反应，接触催化剂为 $Fe(OH)_3$、MnO_2。该滤层的形成需要一定的时间，所需的时间称为成熟期。根据原水水质，石英砂滤料的成熟期可从数周到数月以上，锰砂滤料的成熟期稍短。

铁和锰的化学性质相近，所以常共存于地下水中，但铁的氧化还原电位低于锰，容易被氧化，相同pH时二价铁比二价锰的氧化速率快，以致影响二价锰的氧化，因此地下水除锰比除铁困难。

10.6.2.2 接触氧化除铁锰工艺

接触氧化法除铁锰的工艺流程一般为

原水⟶曝气⟶催化氧化过滤

过滤可以采用各种形式的滤池。实际工艺中按原水水质及处理后的水质要求来决定。当原水中铁锰含量不高时，可以在同一滤层中同时除去铁和锰。但如果铁锰含量较大，一般在流程中建造两个滤池，前者是除铁滤池，后者是除锰滤池。此时一般采用的工艺如下[75]：

原水⟶一级曝气⟶催化过滤除铁⟶二级曝气⟶催化过滤除锰

此时工艺流程复杂，运行费用也会升高。

10.6.2.3 影响因素

影响接触氧化法去除铁锰效率的因素主要有：滤料、铁锰含量、pH、曝气、滤速等。

1．滤料的选择

我国于 20 世纪 60 年代以来开始采用接触氧化法去除地下水中铁和锰，用的主要是软锰矿砂作接触催化氧化滤料。河砂、石英砂、无烟煤等也都有不同程度去除铁锰的能力，有学者研究对比了优质锰砂、石英砂和纤维球 3 种不同性能的滤料的除铁除锰效果。研究结果表明：优质锰砂滤料去除铁锰效果均较好，适用于铁锰共存水质；纤维球和石英砂滤料均能除铁，但在 20 多天的运行时间内除锰效果不明显。除此之外，不同研究者还研究了轻质页岩、硅藻土等滤料去除铁锰的性能。

目前随着地下水的大量开采，对锰砂的需求量日益增加，加之锰砂价格昂贵，对于某些地区还存在运输的问题。因此，价格低廉、取之方便、除铁锰效果满足要求的滤料的寻找是更应该关注的问题。鉴于对铁锰氧化反应产生催化作用的是铁质、锰质活性滤膜，因此若从该角度考虑则工艺中无论采用何种滤料，只要滤料表面形成活性滤膜，就可达到稳定的除铁锰效果。

研究表明，不同的滤料，尽管初期吸附能力不同，但滤料表面形成铁质活性滤膜的时间基本相同。即不同品种的滤料，只要经过大致相同时间的除铁运行，都能在其表面形成具有催化作用的铁质活性滤膜[76]。

2．原水中铁锰含量

当原水中含铁量小于 2.0mg/L、含锰量小于 1.5mg/L 时，可在同一滤池中同时去除铁和锰。在同一滤层中，铁主要截留在上层滤料内，而锰主要在下层滤料中被去除。如铁锰含量较大，由于除铁滤层范围的增大，即铁对除锰的干扰使得出水不符合水质标准。如前文所说，此时可在流程中建造两个滤池，除铁滤池和除锰滤池。在压力滤池中也有将滤层做成两层，上层用以除铁，下层用以除锰。

3．pH

在接触氧化除铁的 pH 范围内，即 pH 在 6.5～7.5 之间时，二价铁的氧化速率随着 pH 的升高而加快。pH 低于 6.5 时铁的去除不明显，pH 高于 7.5 时铁的去除转化成空气氧化。在反应进行过程中，随着铁的被氧化会产生 H^+ 减小碱度，因此，如果水的碱度不足，则在氧化反应过程中由于 pH 降低，氧化速率会受到影响而变慢。

4. 曝气

增加溶解氧的浓度会加快二价铁的氧化，因此曝气装置及其曝气效率是影响去除效果的重要因素之一。曝气装置有多种形式：如跌水、喷淋、射流曝气、板条式或焦炭曝气塔等，可根据原水水质和曝气要求选定。

射流曝气是应用水射器利用高压水流吸入空气，高压水一般为压力滤池的出水回流，经过水射器将空气带入深井泵吸水管中。这种形式构造简单，适用于小型设备、原水铁锰含量较低且无须去除 CO_2 以提高 pH 的情况。

曝气塔是一种重力式曝气装置，适用于含铁量不高于 10mg/L 时。曝气塔中填以多层板条或者是 1～3 层厚度为 0.3～0.4m 的焦炭或矿渣填料层，填料层的上下净距在 0.6m 以上，以便空气流通。含铁锰的水从位于塔顶部的穿孔管喷淋而下，成为水滴或水膜通过填料层，由于与空气和水的接触时间长，所以效果好。焦炭或矿渣填料常因铁质沉淀堵塞而需更换，因此在含铁量较高时，以采用板条式较佳。曝气塔的水力负荷为 $5\sim15\text{m}^3/(\text{m}^2\cdot\text{h})$。

5. 滤速

除铁滤池的滤速一般为 5～10m/h。国外学者通过长期的试验研究并总结了实践经验，得出二价铁过滤的关系式：

$$v = 0.8\left[(3.0\text{pH} - 18.6)\frac{t^{0.8}}{\text{Fe}_0^{0.1}\ln(\text{Fe}_0/\text{Fe}_L)}\frac{L}{d}\right]^{1.23} \tag{10-62}$$

式中，v 为除铁滤池滤速(m/h)；Fe_0 为滤池进水含铁量(mg/L)；Fe_L 为滤池出水含铁量(mg/L)；L 为滤层厚度(m)；d 为滤料有效粒径(mm)；t 为水温(℃)。

式（10-62）适用的条件是：

滤速 $v\leqslant30$m/h

进水含铁量 $\text{Fe}_0=0.5\sim12.0$mg/L

进水 pH=6.8～7.3

水温 $t=6\sim18$℃

$\text{Fe}_0\leqslant4$mg/L 时，过滤水中含氧量≥5mg/L；4mg/L$<\text{Fe}_0\leqslant$6mg/L 时，过滤水中含氧量≥7mg/L；6mg/L$<\text{Fe}_0\leqslant$10mg/L 时，过滤水中含氧量≥8mg/L

滤料为石英砂，厚度 $L=1.0\sim3.0$m

滤前水暂时硬度≥120mg/L CaO

10.6.3 生物法

中国市政工程东北设计研究院项目组在 1987 年对微污染含铁含锰水的净化试验中，发现并提出了 Mn^{2+} 的生物氧化理论。在此后进行的长期研究发现，滤料的成熟过程基本上可分为4个时期：适应期（15d），此时石英砂滤层无明显除锰效果；第一活性增长期（15～30d），在适宜微生物代谢繁殖的条件下，滤层内细菌快速增长，除锰率不断提高；第二活性增长期（30～50d），微生物群体趋于平衡，出水锰达标并趋于稳定；稳定期（50d以后），滤层完全成熟而且运行稳定，并有一定的抗冲击能力。

试验发现，经高温高压灭菌的锰砂，开始时出现较高的锰去除效果，然后就大幅度下降。另外，经 $HgCl_2$ 抑菌的锰砂的锰去除率也会出现大幅度下降。由此可见，成熟锰砂表面的细菌对锰有很强的去除能力。而当细菌被高温高压灭活或活性被药物抑制后，虽然保持了暂短的除锰能力，而后去除效率大幅度降低，说明短暂的除锰能力可能是吸附表面被再生的结果。

在认识到滤池中除铁锰过程中细菌的作用后，近年来对生物法除铁锰有了更深入的了解，即：Fe^{2+} 的去除机制是自催化氧化反应，生成的含水氧化铁是铁离子氧化的催化剂；而除锰滤池中锰的去除主要是滤层中铁、锰氧化细菌作用的结果，而不是传统除锰理论所说的，锰是锰质活性滤膜的化学催化作用去除的，即 Mn^{2+} 的氧化是在以生物固锰为核心的生物群系的作用下进行的。在pH中性条件下只有生物滤层中的微生物数量达到一定程度时，在除锰菌体外酶的催化作用下，Mn^{2+} 才能被氧化成 Mn^{4+} 并被截留于滤层中或沉积黏附到滤料表面而被去除。该理论还认为，锰砂表层的锰质活性滤膜并不仅仅是由锰的化合物所组成，而是锰的化合物和细菌的共生体，且活性滤膜是在微生物的诱导作用下形成的。除锰滤池中，微生物氧化原水中的锰获得能量，不断繁殖并附着在滤料表面，同时被氧化的 MnO_2 也沉积在滤料表面，与微生物形成一层“黑膜”，就是接触氧化除锰工艺中的锰质活性滤膜。滤层成熟后，滤膜不断吸附水中的 Mn^{2+}，铁、锰氧化细菌利用水中的溶解氧将 Mn^{2+} 氧化成 $MnO_2 \cdot mH_2O$ 并沉积在滤膜表面，成为滤膜的一部分，使滤膜得到更新。

研究还发现，水中 Fe^{2+} 虽然很容易被溶解氧所氧化，但在生物滤层中有大量锰氧化细菌存在的条件下，铁参与了锰氧化细菌的代谢，而且是维系生物滤层中微生物群系平衡与稳定的不可缺少的重要因素。所以 Fe^{2+}、Mn^{2+} 可以在同一生物滤层中同时被去除。同时，生物滤层对进入滤层前已氧化成 Fe^{3+} 的胶体颗粒也有很好的截留作用。

对除铁除锰细菌的分离试验证明了嘉氏铁柄杆菌（*Grenathrix polyspora*）、缠绕纤发菌（*Leotothrix volubilis*）和亚铁杆菌（*Ferrobacillus*）等菌属的存在。其中嘉氏铁柄杆菌为高效除铁菌，缠绕纤发菌为高效除锰菌。

生物法除铁锰的工艺与接触氧化法的工艺相似，都涉及曝气和过滤。关于生物法除铁锰中的影响因素目前探讨较多的主要有：pH、溶解氧、反冲洗强度、温度等。曝气后使地下水中DO为7.0～7.5mg/L及pH为6.8～7.0时，生物滤层中的锰氧化细菌能够保持较好活性及除锰能力，且工艺能够达到铁锰同时去除的要求。锰砂和石英砂生物滤层的反冲洗强度分别控制在6～9L/(m^2·s)、7～11 L/(m^2·s)的较低范围时，滤层的微生物所受扰动较小。当铁锰共存时最适宜的处理环境温度为20℃。

生物法除铁锰作为一种新技术，在实际工程应用中还有一些问题尚待解决。例如，虽然目前生物除锰的实际效果已得到广泛的认可，但生物除锰的机理还处于较初级的试验研究阶段，尽管细菌的筛选、驯化已获一定成功，但采用实验室筛选菌种接种的方法，对于大中型除铁锰滤池，尽管技术上可行，但菌种培养费用较高，经济上不可行。深入研究生物除铁锰技术，培养高效实用的工程菌，探索出经济可行的生物过滤方法是未来研究的重点。此外，利用生物基因技术生产出高效稳定的生物制剂也具有广阔的发展前途。

10.6.4 膜技术

对于铁锰含量低于5mg/L并且含有极少量有机物的地下水，常规工艺即可达到较好的除铁除锰效果。在处理铁锰含量较高的地下水时，预氧化会出现较高的铁、锰氧化物颗粒浓度，导致过滤周期缩短；而且，往往会出现除锰效果下降的现象，出水水质也不稳定。为此，对于那些铁锰含量高并含有较多溶解性有机物的地下水，一些新工艺被用来强化铁锰的去除，比如上一节介绍的生物法，和本节所介绍的膜处理技术。

地下水膜分离除铁锰的方法可分为直接膜分离和氧化结合膜分离两类[77]。直接膜分离技术中最常用到的是反渗透和纳滤去除地下水中铁锰，处理过程中需要调节进水pH确保水中铁为溶解态以避免膜污染。膜清洗过程中，简单地用水清洗很难除掉膜上沉积的锰，但是用稀的弱碱性氨水可以防止锰的沉积[78]。直接膜分离法去除地下水中铁锰，出水Mn^{2+}有时仍然超过0.1mg/L。

氧化结合膜分离技术中氧化剂大多采用Cl_2、$KMnO_4$、H_2O_2等，Fe^{2+}、Mn^{2+}被氧化形成不溶的$Fe(OH)_3$和MnO_2悬浮颗粒物，然后被微滤膜或超滤膜分离去除。Ellis采用$KMnO_4$氧化加微滤的方式去除地下水中的Fe^{2+}、Mn^{2+}，研究结果表明，被氧化形成的颗粒物的粒径范围为1.5～50μm，即使是Fe^{2+}、Mn^{2+}浓度较高的水中微滤膜也能够轻易将其分离；操作压力为10 kPa时，可以获得相对较高和稳定的滤速（0.5m/h），提高操作压力膜通量很快下降[77]。Choo等[79]使用Cl_2氧化与超滤联合的工艺处理去除湖水中Fe^{2+}、Mn^{2+}，发现当Fe^{2+}浓度为1.0mg/L和Mn^{2+}浓度为0.5mg/L时，仅靠溶解氧的氧化而不需加氯，之后采用超滤即可分离去除水中的铁，但只能去除很少量的锰，当加氯量为3mg/L时，除锰效率显著提高，去除率大于80%以上；他还发现锰对膜污染的贡献更大，主要是在反冲洗过程中被氧化的颗粒态锰沉积到了膜孔之内所造成。

在膜分离前通过锰砂过滤可以减轻膜污染，还有研究表明天然有机物的存在可以降低膜污染水平。

采用膜分离法去除地下水中铁锰突出的优点是工艺简单，可以形成自动化程度较高、设备紧凑的水处理系统以达到高效除铁锰的目的。此外，膜分离技术还有水质适用范围宽的优点。

目前，地下水除铁除锰工艺相对比较成熟，一般情况下足以保障出水水质安全。但是，随着地下水污染以及水处理要求的提高，地下水强化除铁锰新技术，比如生物法和膜分离技术发展迅速，有取代传统技术的趋势。然而，大规模实际工程应用，生物法和膜分离技术还有一些问题需要解决。生物除铁除锰的机理有待深入探讨，生物除锰滤池的滤速、过滤周期以及曝气强度等工艺参数难以确定。膜材料及技术领域所取得的研究成果为膜技术应用于地下水除铁锰创造了良好的条件，虽然在工程实践中应用较少，但如能有效控制膜污染，该技术应用于地下水除铁锰将具有良好前景。

本章所介绍的只是针对几种不同的地下水污染类型，采用氧化，还原和吸附等不同处理方法的一些研究成果。然而地下水污染问题很多，污染物及其组成也很复杂，需根据实际水质情况采用适宜的处理技术和工艺才能取得预期效果。总体上，对地下水污染控制和地下水净化的研究还比较缺乏，特别是新技术在工程应用上的成功案例较少。因此，针对地下水资源的保护和安全利用问题，进行系统的研究开发和工程应用，是饮用水安全保障的重要课题。

参 考 文 献

[1] 汪珊，孙继朝，张宏达等．我国水环境有机污染现状与防治对策．海洋地质动态，2005，21（10）：5～10

[2] Super M，Heese H de V，MacKenzie D，Dempster W S，et al. An epidemiological study of well-water nitrates in a group of south west african/namibian infants. Water Res.，1981，15（11）：1265～1270

[3] Shuval H I. Infant methemoglobinemia and other health effects of nitrates in drinking water. Prog. Water Technol.，1980，12：1731～1736

[4] 王战强，张英，姜斌等．地下水有机污染的原位修复技术．环境保护科学，2004，30（125）：10～12

[5] Wiśniewski J，Różańska A. Donnan dialysis with anion-exchange membranes as a pretreatment step before electrodialytic desalination. Desalination，2006，191（1）：210～218

[6] Santafé-Moros A，Gozálvez-Zafrilla J M，Lora-García J. Performance of commercial nanofiltration membranes in the removal of nitrate ions. Desalination，2005，185（3）：281～287

[7] Rittmann B E and Huck P M. Biological treatment of public water. CRC Critical Rev. Environ. Control，1989，19（2）：119～184

[8] Moon H S，Chang S W，Nam K，et al. Effect of reactive media composition and co-contaminants on sulfur-based autotrophic denitrification. Environ. Pollut.，2006，144（3）：802～807

[9] Prusse U, Vorlop K D, Supported bimetallic palladium catalysts for water-phase nitrate reduction. J. Mol. Catal. A-Chem., 2001, 173: 313～328

[10] Wisniewski C, Persin F, Cherif T, et al. Denitification of drinking water by the association of an electrodialysis process and a membrane bioreactor: feasibility and application. Desalination, 2001, 139: 199～205

[11] Gayle B P, Bordman G D, Sherreard J H and Benoit R E. Biological denitrification of water. J. Environ. Eng. -ASCE, 1989, 115 (5): 930～943

[12] Mateju V, Cizinska S, Krejci J, Janoch T. Biological water denitrification-a review. Enzyme Microbiol Technol., 1992, 14: 170～183

[13] Soares M I M, Belkin S and Abeliovich A. Biological groundwater denitrification: laboratory studies. Water Sci. Technol., 1988, 20 (3): 189～195

[14] Dahab M F, and Lee Y W. Nitrate removal from water supplies using biological denitrification. J. Water Pollution Control Fedn., 1988, 60 (9): 1670～1674

[15] Kappelhof J W N M, Hoek van der J P and Hijnen W A M. Experiences with fixed-bed denitrification using ethanol as substrate for nitrate removal from groundwater. Water Supply, 1992, 10 (3): 91～100

[16] Liessens J, Germonpré R, Beernaert S and Verstraete W. Removing nitrate with a methylotrophic fluidized bed: technology and operating performance. J. Am. Water Works Ass., 1993a, 85 (4): 144～154

[17] Liessens J, Germonpré R, Kersters I, Beernaert S and Verstraete W. Removing nitrate with a methylotrophic fluidized bed: microbiological water quality. J. Am. Water Works Ass., 1993b, 85 (4): 155～161

[18] Frank C and Dott W. Nitrate-removal from drinking-water by biological denitrification. Germany Weinheim: Vom Wasser, 1985, 65: 287～295

[19] Nelsson I, Ohlson S. Columnar denitrification of water by immobilized pseudomonas denitrificans. Eur. J. Appl. Microbiol. Biotechnol., 1982, 14: 86～90

[20] McCleaf P R, Schroeder E D. Denitrification using a membrane immobilized biofilm. J. Am. Water Works Ass., 1995, 87 (3): 77～86

[21] Reising A R, Schroeder E D. Denitrification incorporating microporous membranes. J. Environ. Eng. -ASCE, 1996, 122 (7): 599～604

[22] Wasik E, Bohdziewicz J and Blaszcyk M. Removal of nitrate ions from natural water using a membrane bioreactor. Sep. Purif. Technol., 2001, 22-23: 383～392

[23] Fuchs W, Schatzmayr G and Braun R. Nitrate removal from drinking water using a membrane fixed biofilm reactor. Appl. Microbiol. Biot., 1997, 48 (2): 267～272

[24] Roennefahrt K W. Nitrate elimination with heterotrophic aquatic microorganisms in fixed bed reactors with buoyant carriers. J. Water Supply Res. T., 1986, 5: 283～285

[25] BcÖkle R, Rohmann U and Wertz A. A process for restoring nitrate contaminated groundwater by means of heterotrophic denitrification in an activated carbon filter and aerobic post-treatment underground. J. Water Supply Res. T., 1986, 5: 286～287

[26] Richard Y R. Operation experiences of full scale biological and ion-exchange denitrification plants in France. J. Inst. Water Environ. Mgmt., 1989, 3: 154～167

[27] Gross H and Treuter K. Biological denitrification process with hydrogen-oxidizing bacteria for drinking water treatment. J. Water Supply Res. T., 1986, 5: 288～290

[28] Kurt M, Dunn I J and Bourne J R. Biological denitrification of drinking water using autotrophic organisms with H_2 in a fluidized-bed biofilm reactor. Biotechnol. Bioeng., 1987, 29: 493～501

[29] Dries D, Liessens J, Verstrate W et al. Nitrate removal from drinking water by means of hydrogenotrophic denitrifiers in a polyurethane carrier reactor. Water Supply, 1988, 6: 181～192

[30] Mellor R B, Ronnenberg J, Campbell W H and Diekmann S. Reduction of nitrate and nitrate in water by immobilized enzymes. Nature, 1992, 355 (20): 717～719

[31] Sakakibara Y and Kuroda M. Electric prompting and control of denitrification. Biotechnol. Bioeng., 1993, 42: 535～537

[32] Sakakibara Y, Araki K, Tanaka T et al. Denitrification and neutralization with an electrochemicall and biological reactor. Water Sci. Technol., 1994, 30 (6): 151～155

[33] Szekeres S, Kiss I, Bejerano T T and Soares M I M. Hydrogen-dependent denitrification in a two-reactor bio-electrochemical system. Water Res., 2001, 35 (3): 715～719

[34] Driscoll C T and Bisogni J J. The use of sulfur and sulfide in packed bed reactors for autotrophic denitrification. J. Water Pollution Control Fedn., 1978, 50 (3): 569～577

[35] Schippers J C, Kruithof J C, Mulder F G and Lieshout van J. Removal of nitrate by slow sulphur/limestone filtration. J. Water Supply Res. T., 1987, 5: 274～280

[36] Hoek van der J P, Kappelhof J W N M and Hijnen W A M. Biological nitrate removal from groundwater by sulphur/limestone denitrification. J. Chem. Technol. Biot., 1992, 54 (20): 197～200

[37] Kool H J. Health risk in relation to drinking water treatment. Biohazards of drinking water treatment. Chelsea, Mich: Lewis Publishers, 1989: 3～20

[38] Lampe D G and Zhang T C. Evaluation of sulfur-based autotrophic denitrification. Proc. HSRC/WERC Joint Conf. on the Environment, 1996: 444～458

[39] Flere J M and Zhang T C. Sulfur-based autotrophic denitrification pond systems for in-situ remediation of nitrate-contaminated surface water. Water Sci. Technol., 1998, 38 (1): 15～22

[40] Flere J M and Zhang T C. Nitrate removal with sulfur-limestone autotrophic denitrification processes. J. Environ. Eng. -ASCE, 1999, 8: 721～729

[41] Lewandowski I, Bakke R and Characklis W G. Nitrification and autotrophic denitrification in calcium alginate beads. Water Sci. Technol., 1987, 19: 175～182

[42] Furumai H, Tagui H and Fujita K. Effects of pH and alkalinity on sulfur-denitrificatio in a biological granular filter. Water Sci. Technol., 1996, 34 (1-2): 355～362

[43] Hamon M, and Fustec E. Laboratory and field study of an in-situ groundwater denitrification reactor. J. Water Pollut. Control Fed. 1991, 63 (7): 942～949

[44] Braester C and Martinell R. The Vyredox and Nitredox method of in-situ treatment of groundwater. Water Sci. Technol., 1988, 20: 149～153

[45] Mercado A, Libhaber M and Soares M I M. *In situ* biological groundwater denitrification: Concepts and preliminary field tests. Water Sci. Technol., 1988, 20 (3): 197～209

[46] Hunter W J and Follett R J. Removing nitrate from groundwater using innocuous oils: Water quality studies. Intitu. Onsitu. Biorem. Sympl., 1997, 3: 415～420

[47] Hiscock K M, Lloyd J W and Lerner D N. Review of natural artificial denitrification of groundwater.

Water Res., 1991, 25 (9): 1099～1111

[48] Janda V, Rudiusky J, Wanner J and Marha K. *In situ* denitrification of drinking water. Water Sci. Technol., 1988, 20: 215～219

[49] Schipper L A and Vojvodić-Vuković M. Nitrate removal from ground water using a denitrification wall amended with sawdust: Field Trials. J. Environ. Qual., 1998, 27: 664～668

[50] Schipper L A and Vojvodić-Vuković M. Nitrate removal from groundwater and denitrification rates in a porous treatment wall amended with sawdust. Ecol. Eng., 2000, 14: 269～278

[51] Schipper L A and Vojvodić-Vuković M. Five years of nitrate removal, denitrification and carbon dynamics in a denitrification wall. Water Res., 2001, 35 (14): 3473～3477

[52] Chew C F and Zhang T C. In-situ remediation of nitrate contaminated ground water by electrokinetics/iron wall process. Water Sci. Technol., 1998, 38 (7): 135～146

[53] Till B A, Wethers L J and Alvarez P J J. Fe^0-supported autotrophic denitrification. Environ. Sci. Technol, 1998, 32: 634～639

[54] Wisniewski C, Persin F, Cherif T, et al. Denitrification of drinking water by the association of an electrodialysis process and a membrane bioreactor: feasibility and application, Desalination. 2001, 139: 199～205

[55] Stadlbauer E A, LÖhr H, Eberheim J and Weber B. 1996, Patent: DE 195 12 955 A1

[56] Prüsse U, Vorlop K D, Supported bimetallic palladium catalysts for water-phase nitrate reduction. Journal of Molecular Catalysis A: Chemical, 2001, 173: 313～328

[57] Gao W L, Guan N J, Chen J X, et al. Titania supported Pd-Cu bimetallic catalyst for the reduction of nitrate in drinking water. Applied Catalysis B: Environmental. 2003, 46 (2): 341～351

[58] Lemaignen L, Tong C, Begon V, et al. Catalytic denitrification of water with palladium-based catalysts supported on activated carbons. Catalysis Today, 2002, 75: 43～48

[59] Takehiroa N, Yamada M, Tanaka Ken-ichi. Oxidation states of submonolayer copper islands on a Pd (Ⅲ) surface exposed to oxygen. Surf. Sci., 1999, 441: 199～205

[60] Smedley P L and Kinniburgh D G. A review of the source, behaviour and distribution of arsenic in natural waters. Applied Geochemistry, 2002, 17 (5): 517～568

[61] LeeY, Um I H, Yoon J. Arsenic(Ⅲ) Oxidation by Iron(Ⅳ) (Ferrate) and Subsequent Removal of Arsenic(Ⅴ) by Iron(Ⅲ) Coagulation. Environ. Sci. Technol., 2003, 37 (24): 5750～5756

[62] Edwards, M. Chemistry of arsenic removal during coagulation and Fe-Mn oxidation. J. Am. Water Works Ass., 1994, 86 (9), 64～78

[63] Mishra D and Farrell J. Evaluation of mixed valent iron oxides as reactive adsorbents for arsenic removal. Environ. Sci. Technol., 2005, 39 (24): 9689～9694

[64] Bang S, Korfiatis G P, and Meng X. Removal of arsenic from water by zero-valent iron. J. Hazard. Mater. 2005, 121 (1-3): 61～67

[65] Kober R, et al. Removal of arsenic from groundwater by zero valent iron and the role of sulfide. Environ. Sci. Technol., 2005, 39 (20): 8038～8044

[66] Joshi A and Chaudhuri M. Removal of arsenic from ground water by iron oxide-coated sand. J. Environ. Eng. -ASCE, 1996, 122 (8): 769～772

[67] 严煦世，范瑾初，刘荣光等. 给水工程（第四版）. 北京：中国建筑工业出版社，1999

[68] 关旭. 除氟剂性能的比较研究. 市政技术，2006，24 (4)：228～231

[69] 黄富民，赵广健，陆全球，等. 饮用水除氟技术的研究现状及发展趋势. 西南给排水，2002，24 (5)：4～6

[70] 程有普，闻建平，杨素亮. 天然沸石活化及除氟性能. 化学工业与工程，2006，23 (3)：236～239

[71] 沈振华，张玉先. 改性沸石用于饮用水除氟的试验研究. 工业安全与环保，2006，32 (3)：14～16

[72] Meenakshi, Maheshwari, R C. Fluoride in drinking water and its removal. J. Hazard. Mater., 2006, B137: 456～463

[73] 吕昌银，黄明元. 镧型阳离子交换树脂静态除氟实验研究. 南华大学学报·医学版，2003，31 (4)：386～390

[74] 朱琨，陈惠. 含水层中铁锰的地下去除方法. 地下水. 1993，15 (4)：168～170

[75] 邢颖，张大钧，李冰. 地下水除铁除锰水厂设计实例. 北方环境. 2002，1：65～66

[76] 张培良，周洪海. 接触氧化法除铁的滤料选择. 黑龙江环境通报. 1998，22 (2)：51～53

[77] Ellis D, Bouchard C, Lantagne G. Removal of iron and mangancese from groundwater by oxidation and microfiltration. Desalination, 2000, 130: 255～264

[78] Molinari R, Arguiro P, Romeo L. Studies on interactions between membrances (RO and NF) and pollutants (SiO_2, NO_3^-, Mn^{2+} and humic acid) in water. Desalination, 2001, 138: 271

[79] Choo K, Lee H, Choi S. Iron and manganese removal and membrance fouling during UF in conjunction with prechlorination for drinking water treatment. J. Membrane Sci., 2005, 267: 18～26

第 11 章 输配过程的水质稳定[①]

11.1 概 述

处理后的饮用水须经输配水管网系统输送到用户。输配水管网主要具有如下两个功能：一是满足用户对水量的需求，保证供水的连续性和足够的水压；二是满足用户对水质的要求，保证水在管网输配过程中不受到二次污染。社会的发展和城市的扩张对水量的需求日益增加，供水管网的规模也随之不断扩大，管网水压不稳定和失压现象成为保障安全供水的突出问题。为此，新建水厂、利用替代水源、优化水资源的分配和增加蓄水池等成为解决水量供给问题的主要措施。同时，确保出厂水水质在管网输配系统中的稳定是实现安全优质供水的另一重要环节。对优质饮用水保障技术的研究，以往人们主要侧重于新型处理技术的开发和处理工艺的革新应用，而对水在输配系统中的变化过程和反应机制的认识相对不足。事实证明，即便采用先进的饮用水处理技术和工艺保证出厂水水质，但若未能有效控制输配过程中的二次污染，仍不能保证安全优质饮用水的供给，甚至可能对人们的生命健康造成威胁。本章主要讨论水质在管网系统中变化的主要影响因素、反应机制，在此基础上，探讨保障饮用水安全输配的主要技术原理。

输配水管网是一个非常庞大复杂的系统。一个城市的输配水管道总长少则数百公里，多达数千公里，管网的结构布局错综复杂，各种附属设施相互交联，管道的材质、管径、使用年限也不尽相同。饮用水从处理厂经长距离的输配、蓄积设施到用户终端，停留时间因用户端所处管网位置的不同通常在数小时至数天之间。在这个过程中，水自身会继续进行在水处理阶段没有完成的反应，如沉淀的析出、DBPs 的生成等。与此同时，水与管道内壁和附属设备内表面接触，会发生许多复杂的物理、化学和生物反应，从而不可避免地导致水质发生不同程度的变化。此外，如果管网系统疏于维护而出现管漏，将导致管道封闭性降低，这不仅会造成水量的损失，而且输配系统极易遭受外界污染。

一般说来，管网水质变化导致的问题主要包括两个方面，一是水带有明显的浊度、色度和异嗅味，从而影响水的感观，这也是招致消费者抱怨最多的问题；二是输配过程中微生物在管网系统内的生长繁殖或外界微生物、致病菌（如大肠杆菌、隐孢子虫、贾第虫等）的入侵，增加因饮水致病的可能性。

---

① 本章由石宝友，曲久辉撰写。

导致管网水质恶化的因素较多，归纳起来可以分为以下几点：

(1) 出厂水的水质。首先，出厂水的水质必须是完全合格达标的。如果净化处理不彻底，如快速过滤、活性炭吸附等过程出现故障，未加消毒剂或消毒剂投加量不足，将会使得细菌随同颗粒物直接进入管网中，并导致水质在管网系统中进一步恶化。另一方面，即使出厂水水质能够达到规定要求，如果其稳定性差，在管网中也会有发生恶化的可能。水质稳定性通常包括化学稳定性和生物稳定性。水的化学稳定性主要是指水经处理进入管网后其自身各种组成成分之间继续发生反应的趋势（如碳酸钙的沉积析出、DBPs 的生成等）和水对所接触的管道或各种附属设施的侵蚀作用（如非金属管道材料表面有毒有害物质的溶出，金属管道材料表面的腐蚀等）。如果水中碳酸钙大量沉积到管壁上，或金属腐蚀产物在管壁上大量累积，都将影响水的输送能力。金属管材的腐蚀还会导致水的浊度、色度升高，引起消费者的不满。此外，铅的腐蚀还会直接增加水的毒性，消毒剂（如自由氯等）投加量如果过大，会导致管网输配系统中三卤甲烷、卤乙酸等有害 DBPs 的生成量增大。水的生物稳定性主要是指水中生物营养元素（氮、磷等）和生物可降解有机物（biodegradable organic matter，BOM）促进微生物生长繁殖的趋势。当管网中消毒剂余量不足时，生物稳定性较差的水就会有利于细菌等微生物的大量生长繁殖，增加致病菌出现的可能性。同时，微生物的大量生长繁殖还可能使水产生异嗅、异味，浊度升高，在某些情况下还会加重管道的生物腐蚀。

(2) 管道材料。输配水管网中常用管材可分为金属管材和非金属管材两大类。金属管材包括灰口铸铁管、延性铸铁管、不锈钢管、镀锌钢管和铜管等。非金属管材包括石棉水泥管、塑料管以及各种复合型管材。内腐蚀是金属管材，尤其是铁质管材普遍存在的问题。为了防止腐蚀，有的金属管材增加了有保护性的内衬层，如在大口径铸铁管内表面加一水泥内衬层。非金属管材耐腐蚀性能好，但石棉水泥管等管材表面有毒有害物质的溶出问题也不容忽视。塑料管具有惰性光滑表面而对水质的影响较小，但其机械强度较差，与金属材料的复合可以弥补其不足。另外，管道内表面的粗糙程度也会对水质造成影响，粗糙的内表面往往易于成为微生物栖息繁殖的场所。

(3) 管网布局和附属设施。如果管网供水能力与实际输送水量状况矛盾，则有些管道内水流速度过高，对管壁造成严重水力侵蚀，而有些管道内水流速度缓慢，延长了水在管网内的停留时间，使水质恶化的可能性加大。如果管网结构布局不合理，水在分支管道和蓄水设施内形成长时间滞留或造成死水区，水质则可能严重恶化。与管网相连的阀门、消火栓等专用附属设备，如果性能不完好或年久失修，容易成为外界污染物入侵管网内部的通道。同时，这些部位本身也是微生物易于孳生繁殖的地方。

(4) 管网的运行和维护。管网如果长期不清洗，会造成大量颗粒物在系统内的沉积，当水力条件突变时，常常会导致出水浊度、色度增加，细菌超标。细菌等微生物往往大量附着在管道中的颗粒物表面，大大降低消毒剂消毒效能。另外，直接从管网上用泵抽水或形成大的管漏，有可能造成管网局部负压，致使管外污染物入侵。在新管道铺设、旧管道更换和维修管漏时，若不严格按规范实施必要的隔离和消毒措施，外界污染物就很容易进入到管网系统内。

(5) 二次供水设施。蓄水池、高位水箱等二次供水设施如果设计不合理，选材不恰当，密封不严密，疏于管理，未及时清洗，会造成水的停留时间过长、细菌繁殖、有毒有害物溶出和外界污染物入侵。

为了保障管网输配过程的水质安全，必须保证输配过程具有较高的可靠性。在水处理阶段，考虑到管网对水质的化学稳定性和生物稳定性的要求，应采用先进的处理工艺和深度处理技术，尽可能保证出厂水的稳定性。应定期监测管网水质，建立及时有效的预测报警机制。同时，确保管网系统良好的封闭性，避免漏水损失和管网失压，控制外界污染物的入侵。新建管网应进行优化设计和合理布局，针对具体的水质特征选用合适的管材，减小腐蚀的发生，保证管网输水能力和输水水质。设计环状管网布局，布设足够的排水口，对管网进行良好的运行维护，避免水在局部管网中长时间停滞，定期排放可能形成的滞留水，并及时进行清洗。及时发现并更换存在问题和有隐患的旧管道。管道工程施工过程中，应严格按照操作规范进行施工，采取必要的隔离和防护措施，注意给水管道与污水管道的安全间隔，避免外界污染物入侵管网系统，施工完毕后及时进行管道的清洗和消毒。

11.2 水的化学稳定性与管网水质

腐蚀是影响饮用水安全输配的最重要问题之一。管道因腐蚀而造成的损坏使供水企业不得不每年投入大量的资金进行维修和更换，其费用支出往往大大超过水厂处理过程的运行和维护费用。腐蚀通常会引起水中金属元素浓度的增加。饮用水中铅、镉等有毒金属几乎都来源于腐蚀引起的溶出过程。腐蚀导致的铁、铜和锌等元素的释放虽然对人们健康的影响相对较小，但由此产生的浊度、色度和金属异味会带来感观的不悦，并在洗涤时沾污衣物。此外，金属元素的溶出还会增大污废水处理过程的金属负荷，影响污泥的处置和利用。美国环保局在 1991 年颁布了铅和铜污染法规，对供水管网中铅和铜的污染水平做出了严格的限制。

管道腐蚀带来的问题还包括以下几个方面：腐蚀产物形成的结核（tubercles）增加了水的输送阻力，降低了管道的输水能力；严重的点蚀引起管漏的产生，导致水量和水压的损失；腐蚀提高了用以保证管内消毒剂余量的消毒剂投加量。

就管内腐蚀而言，水的物理和化学特征是主要的外在影响因素。水在流动的过程中与管道内壁接触发生相互作用，而这种相互作用因管材和水质的不同而有很大的差别。广义地说，腐蚀一词通常也包括非金属材料的溶出过程，如水泥基材料中游离石灰成分的释放、石棉基材料中石棉纤维的释放等，这一类腐蚀主要是受水的 pH 影响。而对于表面直接与水接触的铸铁管、镀锌钢管、铜管等金属管道而言，水的腐蚀作用就相对复杂得多。严格地说，所有的水对金属都有一定的腐蚀性，只是腐蚀的程度因管材不同而有较大的差异。例如，对铁质管材腐蚀严重的水不一定对铜质管材腐蚀严重，反之亦然。

水对管道的腐蚀包括物理、化学和生物等多个方面的作用。物理作用的重要表现是水对管壁的水力冲刷，高强度的水力冲刷会破坏管壁表面长期形成的保护层，同时促进了参与腐蚀反应物质的传质过程，从而加速了腐蚀进程。化学作用通常是金属管材腐蚀的最重要机制，是本节讨论的重点。生物腐蚀现象比较复杂，因微生物种群的不同而有相应不同的腐蚀机理，在此不做详细介绍，读者可以参阅相关研究文献。

一般而言，金属管道在使用较长时期后，会在其内壁形成一个腐蚀产物层。这一腐蚀层覆盖在金属基体之上既是金属元素向水相中释放的来源，又是基体金属的腐蚀产物向水中释放的必由通路。致密稳定的腐蚀层可以保护金属基体免受进一步的腐蚀，又可以减轻由金属溶出对水质的影响。另一方面，金属腐蚀层还是微生物栖息繁殖的重要场所。因此，研究金属的腐蚀以及腐蚀产物层形成的机理和特征对供水管网的水质保证具有重要意义。

11.2.1　铁释放的机理和影响因素

供水管网中普遍使用的铁质管材为铸铁管和镀锌钢管。镀锌钢管长期使用后，其内表面的镀锌层逐渐失去保护作用而使基体金属受到腐蚀。铁的腐蚀与释放是既相互联系又相互区别的过程。前者主要指铁基体的氧化和腐蚀产物的形成过程，而后者主要指溶解态或颗粒态的铁由管壁向水相中的转移过程。腐蚀通常由铁的重量损失来衡量，而铁的释放则通过测定水中铁的浓度来衡量[1]。

颗粒态铁的释放常常是由于水力冲刷作用造成的，这是一个物理过程。当水力条件变化时，管壁表面那些较为疏松的沉积物会裹挟到水相中。但大多数情况下铁的释放是由腐蚀层物相的溶解或腐蚀层内部溶解态铁往水相扩散造成的，涉及一系列复杂的物理、化学过程。

理论上，水相与铁相共存时，在任何 pH 条件下都不存在铁的稳定区域，即铁在水溶液中的腐蚀是不可避免的。铁的腐蚀通常以原电池反应的形式发生，金属铁作为电子供体，水中的溶解氧通常作为电子受体，水中的无机和有机离子作为电解质而发生如下反应：

$$Fe \rightarrow Fe^{2+} + 2e \tag{11-1}$$

$$0.5O_2 + H_2O + 2e \rightarrow 2OH^- \tag{11-2}$$

通过上述反应产生的亚铁离子经过一系列复杂的氧化和化学转化过程形成多种不溶性的产物释放到水相中或沉积在管壁表面上形成腐蚀层。了解腐蚀层的结构组成和形成过程是揭示铁释放机理的一个重要方面。研究表明，铁质管材表面腐蚀层的化学组成成分主要包括针铁矿（goethite，α-FeOOH），磁铁矿（magnetite，Fe_3O_4）和纤铁矿（lepidocrocite，γ-FeOOH）[1,2]等结构的氧化物。在新鲜采集的管道腐蚀产物样品中，还通常会发现菱铁矿（siderite，$FeCO_3$）的存在[3,4]。$FeCO_3$较不稳定，被认为是形成其他铁氧化物成分的中间形态。Singer和Stumm的研究表明，在饮用水的pH范围内和有碳酸盐碱度存在时，$FeCO_3$是控制水中溶解态铁浓度的物相[5]。另有研究者在铸铁管的腐蚀层中发现了一种“绿锈”晶体物质，其成分是含有氯离子、硫酸根或重碳酸根阴离子的水合亚铁和三价铁的混合氧化物[6]。

基于对释放到水相中铁的来源认识的不同，对铁的释放机理有不同的认识。Sontheimer等研究认为，由铁基体腐蚀产生的亚铁离子释放和腐蚀层中亚铁组分的溶解是造成水相中铁浓度升高的主要原因，并提出了$FeCO_3$模式（siderite model）以解释铁的释放机理[7]。该模式认为，铁腐蚀产生的Fe^{2+}在缓冲能力较高的水中首先形成$FeCO_3$，之后$FeCO_3$经过慢速的氧化过程形成对金属基体有良好保护作用的氧化物层，进而限制了溶解氧扩散穿透腐蚀层对金属基体造成的腐蚀。如果水相的水质条件不利于形成这种保护层，铁基体的腐蚀就会直接造成大量铁往水相中释放。

Sarin等对铁的释放机理做了进一步研究认为，铁的释放是由管壁上腐蚀氧化物层的物理化学性质控制的，并且腐蚀层的结构从外到内并不相同。最外层主要是由三价铁氧化物（如Fe_3O_4，α-FeOOH，γ-FeOOH）构成，结构比较致密，而这一致密层以下则为由亚铁氧化物为主的多孔疏松腐蚀产物，并且此处亚铁离子的浓度可以达到极高的程度（0.1～100g Fe/L），氧气、自由氯等氧化剂能够将扩散到腐蚀层表面的亚铁离子氧化成不溶性的三价铁产物进而抑制铁向水相中的释放[6]。

Sander等还应用表面络合理论来解释铁腐蚀产物在水溶液中的溶解特性。他们把研究重点放在腐蚀产物层的外表面与水之间的相互作用，认为铁的溶解与其所形成的表面络合物的浓度有关。铁氧化物通过其吸附的水分子的离解而形成表面羟基，这些表面羟基既可进行脱质子反应也可进行质子化反应。当表面羟基与水中阳离子结合时，表面会释放出质子；而与阴离子结合时，羟基就会被置换下来，因此这些过程强烈地受pH变化的影响。表面络合模式虽然可以成功地解释许多受表面控制的金属氧化物与矿物的溶解反应过程，但将其应用于供水管网中铁释放这样复杂的过程还有待进一步的深入研究[8]。

铁的腐蚀与释放不仅仅发生在有氧条件下，而且在无氧的条件下也有可能发生。为了解释这一现象，Kuch 提出，在缺氧的条件下，管壁上原先存在的三价铁形态的氧化物会作为电子受体与金属铁发生如下反应：

$$Fe + 2FeOOH + 2H^{+} \rightarrow 3Fe^{2+} + 4OH^{-} \tag{11-3}$$

从而使得铁的腐蚀反应能够继续进行。纤铁矿通常在亚铁离子的快速氧化条件下形成，被认为是易于还原的三价铁形态。Smith 等的研究证实了 Kuch 机理并发现水在管道中停滞、缺氧和温度较高的情况下最易导致“红水”现象的发生[9]。

除 Kuch 机理外，另有学者研究指出，在缺氧或无氧条件下，硝酸根或硫酸根可通过微生物作用作为电子受体而使铁发生氧化[10]。

$$2NO_3^{-} + 6H_2O + 10e \rightarrow N_2 + 12OH^{-} \tag{11-4}$$

$$SO_4^{2-} + 6H_2O + 8e \rightarrow H_2S + 10OH^{-} \tag{11-5}$$

在 pH 较低时，这些反应会发生得更快。

由于铁的腐蚀与释放是由水和金属管壁的接触造成的，因此水的自身特征就会对这些过程发挥重要影响。一些主要的水质参数及其影响作用介绍如下。

(1) pH。如前所述，当铁和水溶液接触时，在任何 pH 范围内都会有腐蚀发生。在饮用水的 pH 范围内（一般为 7～9），铁的腐蚀产物很难以溶解态的形式存在，通常以固相形式沉积在管壁内表面形成腐蚀产物层或直接释放到水相中。在饮用水相对较窄的 pH 范围内，pH 的变化对铁的腐蚀和释放的影响有时并不显著。根据原电池原理，pH 升高应该抑制铁的腐蚀，但 Stumm 和 Larson 等的研究发现 pH 的升高会加重铁的腐蚀并易于产生不均匀腐蚀现象，导致腐蚀产物形成结核状突起[11～13]。此外另有研究发现，pH 降低会抑制铁的腐蚀产物的释放[14]。有关 pH 对不同管材水质化学稳定性的影响，将在 11.2.4 节中进行介绍。

(2) 碱度。提高碱度可抑制铁的腐蚀是达成广泛共识的，然而对其作用机理的认识却经历了不同的阶段。在饮用水的 pH 范围内，碱度通常可以用水中 HCO_3^- 的浓度来表达。HCO_3^- 对腐蚀的影响作用，早期一种普遍的且影响较深的观点认为，HCO_3^- 可以与水中的 Ca^{2+} 反应生成不溶性 $CaCO_3$ 沉积到管壁表面，并形成一层基体金属保护膜阻止基体金属与溶解氧的接触，进而抑制铁的腐蚀。然而后来的研究却表明，HCO_3^- 对铁腐蚀的抑制作用，是由于当 HCO_3^- 存在时，腐蚀过程中可以产生比 $Fe(OH)_2$ 溶解度更低的产物，如 $FeCO_3$。$FeCO_3$ 作为腐蚀的中间产物形成后，可以经缓慢的氧化而在管壁表面形成均匀致密的腐蚀产物层，从而起到对基体金属的保护作用[15]。

(3) SO_4^{2-} 和 Cl^-。高浓度的 SO_4^{2-} 和 Cl^- 会加快铁的腐蚀和释放过程。SO_4^{2-} 和 Cl^- 是构成水中溶解盐类的主要阴离子，二者浓度的增加使水的电导率升高，促进原电池腐蚀反应的进行；另一方面，它们还能与腐蚀产生的 Fe^{2+} 结合形成可溶性络合物，促进 Fe^{2+} 的转移，从而加速铁的腐蚀产物往水相中的释放。

(4) Ca^{2+} 和 Mg^{2+}。Ca^{2+} 和 Mg^{2+} 是构成水中硬度的阳离子。通常认为，Ca^{2+} 和 Mg^{2+} 与 pH 和 HCO_3^- 一起通过形成 $CaCO_3$ 和 $Mg(OH)_2$ 沉积物层，从而对腐蚀起抑制作用。由于具有高硬度的水一般也相应具有高碱度，因而 Ca^{2+} 和 Mg^{2+} 对腐蚀的影响效应总是与碱度相联系的。

(5) 溶解氧和余氯。溶解氧是铁腐蚀反应中主要的电子受体，溶解氧浓度的升高有助于加速铁的原电池腐蚀反应。但如 Kuch 所指出的，在无氧的情况下，铁的腐蚀仍然可以发生。因此，控制溶解氧的浓度并不能完全阻止铁腐蚀反应的发生。溶解氧的另一个作用是将腐蚀产生的 Fe^{2+} 氧化形成不溶性的Fe(Ⅲ)产物，如果这种产物在管壁表面形成结构致密的保护层，就有可能抑制Fe(Ⅱ)往水中的进一步释放。所以，溶解氧在铁的腐蚀和释放过程中所起的作用是非常复杂的，不同条件下将表现出不同的作用效能。余氯因其具有较强的氧化能力而可作为电子受体促进铁的腐蚀。另一方面，如果腐蚀主要是由微生物反应引起的，较高的余氯浓度能抑制微生物的活动，这对控制铁的腐蚀和释放是十分必要的[16]。事实上，在供水管网系统中，铁的腐蚀与微生物的活动常常是相互联系的。腐蚀反应的发生加速了余氯的消耗，从而使得微生物得以繁殖并以腐蚀产生的粗糙表面作为其繁衍生存的场所；反过来，微生物的大量繁殖又可能加速铁的腐蚀。此外，Frateur 等研究发现，尽管铁的腐蚀能够加快余氯的化学衰减过程，但铁的电化学腐蚀并不直接导致余氯的消耗[17]。溶解氧存在条件下，氯并不参与铁腐蚀的原电池反应，只参与氧化腐蚀产生的亚铁。

(6) 硅酸盐和有机物。有研究表明，硅酸盐等含硅化合物可在多种材料表面形成保护层，从而抑制腐蚀作用[18~20]。然而 Rushing 等的研究却发现，硅酸盐的加入能促进铁的释放，并且有助于释放到水中的颗粒态铁形成尺寸更细小的颗粒态铁。同时，硅酸盐还能进入到腐蚀产物层中改变腐蚀产物层的组成成分和结构特征[21,22]，而这种改变既可能促进更致密保护层的形成也可能破坏原有的保护层。对于水中有机物在铁的腐蚀和释放过程中的作用，目前也存在许多不同的研究结果。一方面，大分子有机物可经过长期的累积覆盖在管道表面从而降低腐蚀速率；此外，有机物与无机物相结合有助于形成具有更强保护功能的管壁表面层[23,24]。但也有报道认为，有机物能改变反应体系的氧化还原电位，会增加水中可溶性 Fe(Ⅱ)的浓度。另外，有机物还可以与不同形态的铁形成溶解性的络合物，增加铁在水中的溶解度，从而促进铁的释放[25]。

(7) 温度。温度对水的物理化学性质、水中溶解成分的扩散、化学反应速率以及管道表面物质的结构特性等都有影响。因此，温度对铁的腐蚀和释放过程的影响效应在不同具体情况下会有不同的表现，结果将取决于占主导作用的影响效应。温度的影响作用主要包括以下几个方面：①影响水的黏度。温度升高使得水的黏度降低，从而加快水中各种离子与其他溶解组分的扩散迁移速度，进而影响铁的释放。例如，SO_4^{2-} 和 Cl^- 的扩散速度的加快会促进铁的释放，而溶解氧和 HCO_3^- 扩散速度的加快又可能抑制 Fe(Ⅱ)释放。②影响氧气的溶解度，温度升高水中溶解氧浓度降低。在一个大气压下，25℃时氧的溶解度为 8.26 mg/L，而 5℃时可达 12.77 mg/L。③影响氧化反应速率。在一定的 pH 条件下，温度每升高 15℃，Fe(Ⅱ)的氧化速率可增加一个数量级。另外，温度还会对腐蚀产物的溶解度和致密性产生影响[26]。Volk 和 Horsley 研究发现，管网系统中铁的腐蚀和释放程度随温度的季节变化有很强的相关性，铁释放引起的水色度升高的现象多发生在夏季高温季节[27,28]。

11.2.2　铜和铅的释放机理及其影响因素

根据铜及其化合物的溶解平衡原理，在铜、水共存体系中，金属铜或被钝化（passivation）或免受腐蚀（immunity），可在水中稳定存在。相对于铁质管材，铜质管材具有良好的耐腐蚀性能，且铜管易于施工，因此铜管作为室内给水管材在欧美国家得到了越来越广泛的应用。但实际工程应用中发现，铜管并非完全不受水的腐蚀，与此相反，铜管的腐蚀仍是普遍存在的，并且在某些情况下还表现得特别严重。这主要是由于饮用水中不仅存在溶解氧、自由氯等氧化剂，还存在能与铜离子形成可溶性络合物的组分。

铜的腐蚀既可能在铜管表面均匀发生，也可能在局部发生点蚀。点蚀对铜管的危害极大，一旦在某一部位发生，该部位的腐蚀就会以极快的速度进行，并最终将管壁蚀穿，导致管道破损。水的缓冲能力越低，硬度越小，发生点蚀的可能性就越大[10]。Edwards 对铜的点蚀发生机理进行了研究和评述，他认为，水中的 SO_4^{2-} 和 NO_3^- 是促进点蚀发生的因素，而 Cl^- 则有可能抑制点蚀的发生；水中的有机物通常有助于均匀腐蚀产物层在管壁表面的形成从而避免点蚀的发生，但在某些情况下，有机物也可能加速铜的腐蚀[29]。均匀腐蚀虽不像点蚀会导致铜管的短期破损，但均匀腐蚀严重时会导致水中铜浓度显著升高。均匀腐蚀通常在高碱度和低 pH 的水质条件下发生。

铜管大多用作室内给水管道而非供水主干管，因此水在铜管内经常处于停滞状态，且水中铜的浓度会随停滞时间的延长而逐渐增加。尤其在夜间由于水的滞留时间较长，在清晨用水时会对人体造成较高浓度铜的暴露。因此对饮用水中铜浓度检测的采样一般也以夜间停留时间（6～8h）为基准。在特定水质条件下要准确预测水中铜的总溶解度，需要判断反应体系是否达到平衡状态，并建立铜的各种氧化态及其与水中各种组分可能形成的络合态的平衡关系及其平衡常数。在平衡条件下，溶解态铜的浓度是受铜管表面的固相腐蚀产物的组成成分所控制的。

在通常饮用水体系中，金属铜可以被溶解氧（或余氯）氧化成一价铜 Cu(Ⅰ)或二价铜 Cu(Ⅱ)两种氧化态。研究表明，Cu^{+} 与基体金属铜处于可逆平衡状态，而由 Cu^{+} 向 Cu^{2+} 的转化是速率限制因素。Cu(Ⅰ)和 Cu(Ⅱ)的相对稳定性取决于水中的阴离子等配体以及体系氧化还原电位等因素，有氧化剂存在时 Cu^{+} 不稳定。Cu^{+} 还可由如下歧化反应生成 Cu^{2+}：

$$2Cu^{+} \rightleftharpoons Cu(s) + Cu^{2+} \tag{11-6}$$

因此，倘若水中存在 Cu(Ⅰ)形态，则很可能是由于形成了较为稳定的络合物[30]。饮用水体系中经实验证实能够与 Cu^{+} 形成较稳定络合物的配体有 NH_3 和 Cl^{-}。Cu^{+} 可以直接与 NH_3 形成络合物，或者由 Cu^{2+} 与 NH_3 的络合物与单质铜经如下还原反应生成[31]：

$$[Cu(NH_3)_4^{2+}] + Cu(s) \rightleftharpoons 2[Cu(NH_3)_2^{+}] \tag{11-7}$$

Cu^{+} 与 Cl^{-} 形成络合物的络合常数比其与 NH_3 的络合常数要小，但由于饮用水体系中 Cl^{-} 浓度通常远大于 NH_3 浓度，因此 Cu^{+} 与 Cl^{-} 之间的络合反应对 Cu^{+} 的溶解度具有重要影响。Millero 等还研究发现，Cu^{+} 与 Cl^{-} 之间的络合对延缓 Cu^{+} 的氧化起着重要作用[32]。显然，当体系氧化还原电位较低时，水中 Cl^{-} 和 NH_3 的存在会显著增大铜的溶解度。

对于 Cu^{2+} 的水解和络合反应常数的数据，特别是 $Cu(OH)_2$，现有的文献报道之间还存在较大的不一致，而对 $Cu(OH)_3^{-}$ 和 $Cu(OH)_4^{2-}$ 稳定常数的研究更是少有报道。目前研究较多的是 Cu^{2+} 与 CO_3^{2-} 形成的络合物，水中 CO_3^{2-} 浓度越高，铜的溶解度就越大[33, 34]。CO_3^{2-} 可以与 Cu^{2+} 形成多种络合形态，如 $CuHCO_3^{+}$，$CuCO_3$，$Cu(CO_3)_2^{2-}$，$CuCO_3OH^{-}$，$CuCO_3(OH)_2^{2-}$ 等。在较高 HCO_3^{-} 浓度和 pH 条件下，溶解态的 $CuCO_3$ 能进一步通过如下反应生成不溶性的 $Cu_2(OH)_2CO_3$，从而使铜在水中的溶解度降低。

$$2CuCO_3 + 2OH^{-} \rightleftharpoons Cu_2(OH)_2CO_3 + CO_3^{2-} \tag{11-8}$$

铜管表面的固相腐蚀产物层的组成和结构比较复杂，并且因水质不同而有较大的差异。有研究指出，Cu_2O 可以在腐蚀产物层的最下边靠近金属基体的部位存在[35]。已经证实存在的 Cu(Ⅱ)的固相产物包括：CuO，$Cu(OH)_2$，$Cu_2(OH)_2CO_3$ 和 $Cu_4(OH)_6SO_4$ 等。由于这些物相的溶解度常数目前尚不能确定，而 $Cu(OH)_2$ 具有热力学不稳定性，此外 $Cu_2(OH)_2CO_3$ 的形成过程非常缓慢，因此要定量预测水中铜的溶解浓度水平是非常困难的。另外，这些固相产物晶体颗粒尺度的大小对铜溶解度的影响也是极大的，有时甚至可以达到超过两个数量级的差别。再者，对热力学平衡体系的测定并不能预测固相产物转化和晶体成长的速率。例如，$Cu(OH)_2$ 在反应动力学上优先于 CuO 形成，因此在新的铜管体系中，用 $Cu(OH)_2$ 预测铜的溶解度较 CuO 更接近实际[36]。

水在铜管中停留时，水的化学组成、Cu(Ⅰ)、Cu(Ⅱ)溶解形态的稳定性以及体系氧化还原反应动力学等因素对水中铜浓度随时间的变化规律以及铜的平衡浓度有直接影响。在检测铜的溶解性时，通常以 6h 停留时间作为取样基准，但这个时间范围内铜的浓度未必能达到稳定的平衡浓度。对于溶解氧和余氯较低的体系，Cu(Ⅰ)的可溶形态及其不溶性固相产物的化学反应活性可能会起着极为重要的作用，从而使得体系铜浓度的变化过程更加复杂。Merkel 等研究了水的长时间停滞对铜的腐蚀速率及腐蚀产物释放的影响，结果表明水中铜浓度的变化取决于金属的氧化、溶解态铜的释放、溶解态铜在固相腐蚀产物层中的沉积等多个过程的动力学行为。铜的浓度在最初 10h 的停留时间内可达到一个最大值，之后开始下降。他们还发现 CuO 和 $Cu_2(OH)_2CO_3$ 是管壁固相腐蚀层的主要成分，$Cu_2(OH)_2CO_3$ 可以形成良好的晶体结构，但并不能保护基体金属免受溶解氧的腐蚀进攻[37]。另有研究者认为，水相中铜的浓度随时间的变化可分成两个阶段。起先，铜的浓度受反应动力学过程控制，之后铜的浓度则由 $Cu(OH)_2$ 的亚稳态平衡决定。在无氧条件下随着滞留时间的延长，铜的浓度会因生成更稳定的固相腐蚀产物而降低[38]。

影响铜腐蚀的水质因素主要有以下几个方面。

(1) pH 和碱度。pH 和碱度是影响铜在水中溶解度的最为重要的水质参数。即便在饮用水相对较窄的 pH 范围（7～9）内，pH 的变化也会对铜的溶解度有显著影响，pH 降低，铜的溶解度迅速升高。Cu^{2+} 的水解及其与 HCO_3^-、CO_3^{2-} 的结合能形成许多稳定的溶解态络合物，从而对增大铜在水中的溶解度有极大的贡献。例如，在计算铜的总溶解度时，倘若不包括 $Cu(OH)_2$ 在内，则会产生至少 100 倍的负误差。而在 pH＞7 条件下，铜的碳酸盐络合物甚至会超过其水解络合物对铜溶解度的贡献。Edwards 等研究了 pH 和碱度对铜的腐蚀产物释放的影响，发现铜的释放量与碱度呈正相关关系，并且 pH 越高，碱度的正效应越显著[39]。

(2) SO_4^{2-}。SO_4^{2-} 与 Cu^{2+} 的结合力非常弱，因此它们之间的络合作用对铜总溶解度的贡献并不显著。SO_4^{2-} 与 Cu^{2+} 可以形成多种不同的碱式硫酸盐固相产物，但目前对其结构和热力学常数的研究还存在很大的分歧。另外，浓度较高的 SO_4^{2-} 可能会干扰铜管表面致密腐蚀层的形成。例如，对于预先沉积了 $Cu(OH)_2$ 的铜管，若增大水中 SO_4^{2-} 浓度，管壁沉积物层就会转变为 $Cu_4(SO_4)(OH)_6$，从而阻碍 CuO 和 $Cu_2(OH)_2CO_3$ 的形成过程。研究表明，SO_4^{2-} 在有氧条件下能加快铜的腐蚀速度[40, 41]。

(3) Cl^-。Cl^- 至少可以与 Cu^{2+} 形成三种弱络合物，$CuCl^+$，$CuCl_2$ 和

$CuCl_3^-$，但其对铜溶解度的贡献并没有一致的结论。有研究指出，高浓度 Cl^- 能降低铜的腐蚀速率，但并不改变体系到达平衡时的铜平衡浓度。Broo 等研究表明，将铜暴露于水中 24h，当体系存在 1 mmol/L Cl^- 时，溶解态铜的浓度为 0.4 mg/L，而体系不存在 Cl^- 时，铜的浓度可达 2～3 mg/L；没有 Cl^- 存在时，铜的浓度在 24h 内即可达到最大值，而存在 1 mmol/L Cl^- 时，铜的浓度需要数天才能达到最大值[42]。但 Hong 等也报道了相反的研究结果，他们认为 Cl^- 会促进溶解态铜向水中的释放[43]。

(4) 硅酸盐。硅酸盐能强烈吸附在 $Cu(OH)_2$ 固体表面，并将 $Cu(OH)_2$ 表面的正电荷中和，甚至通过形成表面络合物使其表面带负电。因此，铜的腐蚀产物在存在硅酸盐的条件下易于形成较大的颗粒。与此同时，这些含硅颗粒会变得更加疏松，使其在水中的悬浮时间更长。$Cu(OH)_2$ 固相向 Cu_2O 的转化过程也会由于硅酸盐的存在而变得缓慢[44]。

(5) 天然有机物。根据 Campbell 的研究报道，天然有机物可抑制铜表面点蚀现象的发生[45]。另一方面，天然有机物具有较强的与金属离子络合的能力，可与溶解态铜离子形成稳定的络合物从而增加铜的溶解度。此外，天然有机物与铜的络合还会改变铜表面腐蚀产物层的组成和结构。研究指出，当水中溶解性有机碳的浓度为 0.1～0.2 mg/L 时，铜溶解度的增大可以由有机物的络合能力进行解释[38]。此外，天然有机物对铜溶解度的影响在低 pH 条件下较在高 pH 时更为显著，这主要是由于腐殖质类物质官能团的反应活性随 pH 变化而变化的缘故。

(6) 余氯。对于水中自由氯对铜的腐蚀效应，一方面有研究认为自由氯参与铜的氧化会改变铜管表面腐蚀产物层的组成和结构，从而降低腐蚀产物层的保护功能，然而更多的实验结果表明，自由氯只是加快了腐蚀反应的速率，并不改变其化学平衡状态。

(7) 温度。与温度对铁的腐蚀影响的情形类似，温度对铜腐蚀的影响也包括多个方面，如对氧化还原反应动力学和腐蚀产物热力学特性的影响等。温度对铜腐蚀表现出的影响效应由反应体系的具体条件而定。对于较高碱度和较低 pH 的体系，温度升高一般会加速铜的腐蚀，并且在较高温度的条件下，水相中颗粒态铜的含量也相应增加[46]。

尽管铅管早已不再作为饮用水输配管材，但在流经铜管的水中经常可以检测到铅的存在，这主要是由于铜管安装过程中使用了作为焊接材料的铅/锡合金的缘故。铅在铅/锡合金焊接材料中所占比例一般为 40%～50%。铅在和饮用水接触时发生腐蚀和溶解，从而导致水产生极强的毒性。即便水中铅的浓度在非常低的水平，也会对人的大脑、肾、神经系统和血红细胞等造成损伤和危害。因此各个国家对饮用水中铅的浓度都做了非常严格的限制。美国环保局在 1991 年制定的铜/铅法规中规定铅在饮用水中的最高允许浓度为 0.015 mg/L。

铅与铜接触时可以发生电化学腐蚀反应，铅作为阳极被氧化，腐蚀反应可表示为

$$Pb \rightarrow Pb^{2+} + 2e \tag{11-9}$$

$$0.5O_2 + H_2O + 2e \rightarrow 2OH^- \tag{11-10}$$

铅被氧化后可形成多种不溶性化合物，如 PbO，$PbCO_3$，$Pb_3(OH)_2(CO_3)_2$ 等[10]。饮用水体系中对铅的溶解度有主要贡献的是铅的水解络合物和碳酸盐络合物，如 Pb^{2+}，$Pb(OH)_2^0$，$Pb(OH)_3^-$，$Pb(OH)_4^{2-}$，$Pb_2(OH)^{3+}$，$PbHCO_3^+$，$PbCO_3^0$，$Pb(CO_3)_2^{2-}$ 等。低 pH 和高碱度通常是导致水中铅浓度升高的最主要原因。其中，碱度对铅溶解度的影响效应还取决于附着在铅基体表面的铅的碳酸盐形态。如果 $PbCO_3$ 是铅基体表面的稳定固相形态，增加碱度会降低铅的溶解度；与此相反，当 $Pb_3(OH)_2(CO_3)_2$ 是铅基体表面的稳定固相形态时，增加碱度反而会增加铅的溶解度[47]。

影响铅腐蚀的其他水质因素还包括如下几个方面。

(1) SO_4^{2-} 和 Cl^-。研究发现，在 SO_4^{2-} 浓度极高的条件下，可在水相中检测到碱式硫酸铅[$Pb_3(SO_4)_2(OH)_2$]的存在。Cl^- 对铅的腐蚀动力学过程有重要影响，而对铅平衡溶解度的影响不大。SO_4^{2-} 和 Cl^- 对铅固相腐蚀产物 $PbCO_3$ 和 $Pb_3(OH)_2(CO_3)_2$ 的形成过程的影响不大。但当采用含 SO_4^{2-} 和 Cl^- 极高的海水进行研究时发现，在最初钝化阶段，沉积物中可以检测到 Pb(OH)Cl 的存在，而经历较长时间后，沉积物中还检出了 $Pb_2CO_3Cl_2$ 和 $PbCl_2$；而 SO_4^{2-} 始终未出现在固相沉积物中[48, 49]。

(2) 有机物。水中有机物对铅的腐蚀和溶解过程的影响目前还缺乏理论上的解释。有机物长期累积覆盖在铅表面后，可起到一定程度的抑制腐蚀的作用。但也有研究发现，水中高浓度的富里酸对铅具有较强的腐蚀作用[50]。英国的一项研究表明，水中有机物与铅的络合使得水中溶解态铅的浓度增大。另外，有机质还可能抑制具有保护作用的钝化膜的形成。

(3) 溶解氧和余氯。溶解氧和余氯作为铅腐蚀反应的电子受体，当其浓度升高时，铅腐蚀速率加快。研究还发现，当铜管中水的硬度较低且使用氯胺作消毒剂时焊料中铅的溶出速率要比使用自由氯时快得多。然而，铅的最大平衡溶解浓度最终取决于铅基体表面的难溶固相产物的组成和结构特性。

此外，水的流动状况对水中铅的浓度也有显著影响。一般说来，在水滞留的管中铅的浓度要高于水流动条件下的铅浓度。铅的浓度在水不流动的情况下会很快增加。因此，应尽量避免水在管内的长时间停滞，并且要注意避免人体对长期滞留水的暴露。

11.2.3　消毒剂对管网水质化学稳定性的影响

考虑到管网对水质的化学和生物稳定性的要求，足够消毒剂是控制水质生物稳定性的关键，但氯的投量过高又会影响水质的化学稳定性，如生成各种氯代DBPs、对金属管道内壁产生腐蚀从而导致水中金属离子浓度过高、使水的色度及浊度发生明显变化等。

不同初始浓度氯胺投量下，不同管材的水管中氯胺的横向衰减规律如图11-1所示。可以看出，镀锌管和铜管衰减速率较快，而不锈钢管、PPR管和PE管中氯胺衰减相对较慢。随着初始氯胺量的降低，各管中氯胺衰减差异减小，96h后非金属管材与镀锌管、铜管中氯胺浓度相差约0.5mg/L。

管网中氯胺的衰减有如下几方面主要原因：①与管壁（主要是金属材料管道）发生了反应；②自身的分解，主要受pH和温度控制，有研究表明，氯胺的自身分解是酸催化反应，pH是控制氯胺自身分解的重要参数；③与水中有机物等物质发生氧化还原反应。

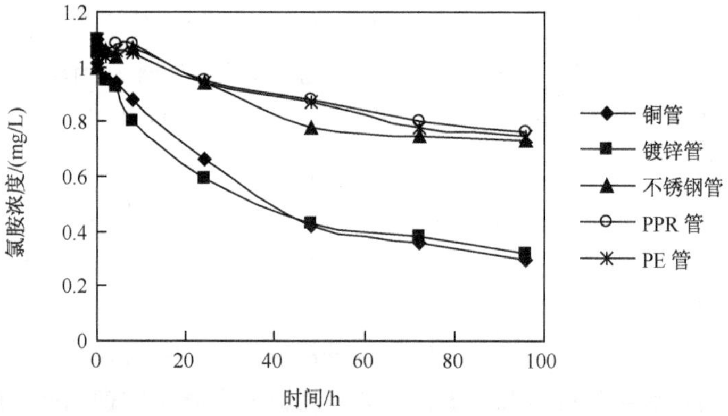

图11-1　初始浓度1.12mg/L时各管中氯胺消耗

对于金属管材而言，金属离子或金属氧化物的溶出、释放是影响饮用水水质的重要因素。图11-2对比了铜管和镀锌管中铜、锌等金属的溶出情况。结果表明，镀锌管和铜管的金属溶出量相对较高。当提高管网进水中氯胺浓度时，金属离子的溶出量明显增加。当氯胺的投量从1.12mg/L提高到3.31mg/L时，铜管中溶出铜离子浓度的最高值从1.15mg/L增加到了1.7mg/L；镀锌管中锌离子溶出变化更明显，当氯胺浓度从1.12mg/L增加到1.8mg/L时，锌离子的最高溶出浓度从约5mg/L增加到10 mg/L以上。

锌、铜的溶出在刚开始时急剧升高，之后逐渐下降。这可能是由于运行初期氯与铜、锌反应而导致其溶出释放；随着运行时间的延长，铜、锌离子可能与水

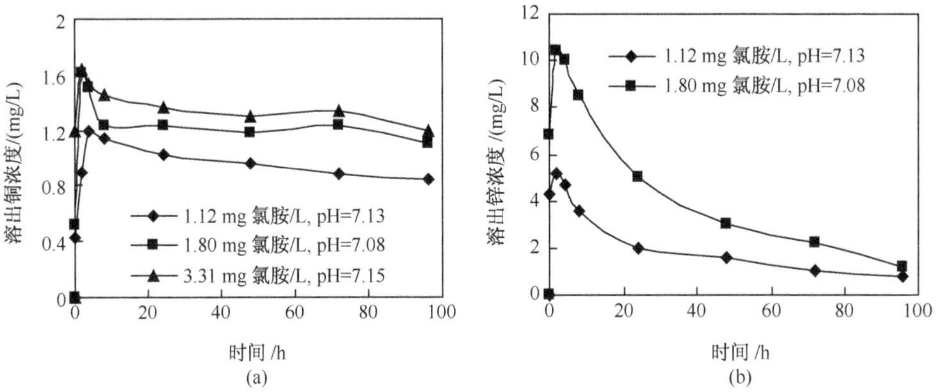

图 11-2　不同氯胺浓度时不同管材金属溶出情况

（a）铜管；（b）镀锌管

中 OH^-、CO_3^{2-} 等组分发生反应沉淀析出，并在管壁表面沉积，对水管产生保护作用。管材是影响浊度变化的一个重要因素，尤其是未做内防腐的金属管道被腐蚀后。管材的腐蚀产物被冲刷进入水中，是造成浊度升高的重要原因之一。大量监测数据表明，在无内防腐的铁质管道内，浊度随管线逐渐增加。金属管道腐蚀的直观表征参数就是色度和浊度的升高。研究发现，浊度与金属浓度表现出相似的变化规律。由此可以推测，水中浊度的升高与管材金属溶出以及形成固相氧化物或水解产物有关。

11.2.4　pH 对管网水质化学稳定性的影响

不同 pH 条件下氯胺在五种管材中的衰减过程表明，氯胺在不同管材中的衰减均随 pH 的升高而降低。较低的 pH 表现出明显的促进氯胺衰减的作用。pH 的影响主要如下。首先，pH 直接影响着氯的存在形态，pH 越高次氯酸根（ClO^-）所占比例越大，而 HClO 和 ClO^- 与水中的有机物等具有不同的反应活性。其次，如前所述，由于氯胺的分解是酸催化反应，所以 pH 是控制管网中足够氯胺浓度的最重要因素之一。研究表明，在实际运行中进行出厂水二次加氯消毒时应根据水的 pH 等参数确定最佳氯投加量，以保证管网中维持足够的消毒剂浓度。

对不同 pH 条件下各管材中氯胺的衰减变化进行比较，在 pH 为 6.7 时几种管材间氯胺衰减差异要小于 pH 为 8.3 时的情况，由于非金属管材和不锈钢管中氯胺的衰减主要受水质的影响，管材的影响较小。因此可以认为，pH 的改变对非金属管材中氯胺的衰减影响程度要高于金属管材；管网系统水的 pH 从 6.7 提高到 8.3 后对铜管、镀锌管中氯胺衰减规律影响不大。

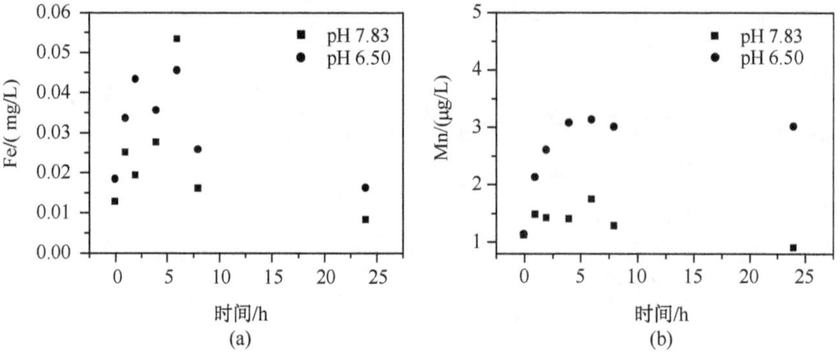

图 11-3 不同 pH 条件下镀锌管中金属的溶出

（a）铁；（b）锰

研究对比了铜管、镀锌管中铜、锌金属的溶出情况，如图 11-3 所示。结果表明，在其他水质条件相同的情况下，水的 pH 不同，各种管材的金属溶出也不相同。总的来说，pH 越高，管材中金属溶出越少。因此，提高 pH 具有明显的抑制金属管材腐蚀、金属离子溶出及其释放的效果。所以，实际中通过调节 pH 抑制管材腐蚀是可行的。对于新铜管和镀锌管，其金属释放量相对较高。锌的溶出最高能达到 3.5mg/L，而铜的溶出也达到接近 1.50 mg/L。此外，锌、铜的溶出均呈现刚开始急剧升高，之后逐渐下降的过程。

很多研究结果都显示，对铸铁管、不锈钢管中的铁元素而言，在饮用水的 pH 范围内（一般 7～9），铁的腐蚀产物通常以固相形式沉积在管壁内表面形成腐蚀产物层或直接释放到水相中。pH 对铜管中铜的溶出产生较大影响，这与 Cu^{2+} 可能与 CO_3^{2-} 等产生络合物有关。

不锈钢管、镀锌管、铜管等在加工过程中都加入一定量的铅、镍、锰等其他金属元素以提高材料的机械强度和抗腐蚀性能。对这些金属元素的溶出情况所做的研究表明，不同 pH 条件下不锈钢管中镍、锰元素的溶出量较小，不会对水质造成明显影响。

11.2.5 水力条件对管网水质化学稳定性的影响

流速是影响管网水浊度变化的重要因素之一，水对管壁冲刷作用能够增加水体浊度，同时水中悬浮物也能向管壁附着或沉淀可以降低水体的浊度。当流速较大时，冲刷作用大于沉淀作用，表现为浊度升高；当流速较小时沉淀作用大于冲刷作用，表现为浊度降低。研究表明，出厂水进入管网系统后在一段时间内浊度达到峰值后均有一定下降，最后趋于平稳。同时浊度变化与流速有相关性，通过图 11-4 两种流速条件下浊度变化的对比可以看出，当流速从 0.25m/s 提高到

0.5m/s 后，金属管材中浊度均有一定升高。

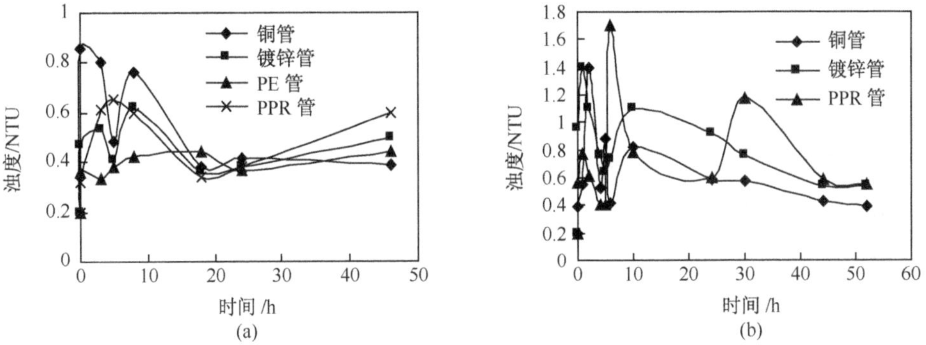

图 11-4　不同流速下管网水浊度的变化

(a) 流速为 0.25m/s；(b) 流速为 0.5m/s

流速增大使 H_2CO_3 和 H^+ 等去极化剂更快地扩散到金属表面，导致阴极去极化增强，消除了扩散控制，使腐蚀产生的 Fe^{2+} 迅速离开金属表面，这些作用使腐蚀速率增大，同时改变了腐蚀产物膜的结构与附着力，即改变了膜的保护性。水的切向作用力可能会阻碍金属表面保护膜的形成或对已形成的膜起破坏作用，使腐蚀加剧。已有研究发现当流动状态从层流过渡到湍流状态时，腐蚀速率明显增大，局部腐蚀严重。对于铜管，输配过程中铜的溶出随接触反应时间的延长而升高最后达到稳定；对于镀锌管，锌的溶出浓度在短时间内（1h）急剧升高，之后锌浓度较为平衡稳定。在流速分别为 0.25m/s 和 0.5m/s 时，流速的加大并没有对金属的溶出释放有明显的影响。经计算这两种流速下的水流状态均为湍流，水体流态未发生变化是金属离子溶出差异不大的直接原因。

11.2.6　CO_2 对管道腐蚀的影响

水的理化性质是决定管道内壁受损状况的重要因素。一般认为，pH、碱度低，Cl^-、NH_4^+，Cu、Fe、Mn 等金属的阳离子含量高，电导率大的水对管道的腐蚀作用大。研究表明腐殖酸等天然有机物的存在能够改变 $CaCO_3$(s)、$FeCO_3$(s)和 FeOOH(s)等的晶形结构和沉淀速率，抑制腐蚀过程，但也有些有机化合物与重金属发生配位化合反应或促进微生物生长而加快腐蚀进程。水温越高，电化学和化学反应速率越快，材料腐蚀严重。15℃是自来水输配系统内微生物生长的临界温度，水温超过 15℃后，系统内附生微生物的代谢活性显著加强，提高管材的腐蚀速率。

CO_2 溶于水后对金属材料均具有较强的腐蚀性，CO_2 在水介质中能引起钢铁迅速的全面腐蚀和严重的局部腐蚀，CO_2 腐蚀典型的特征是呈现局部的点蚀、癣状腐蚀和台面状腐蚀。一般地表水为水源的自来水要比地下水的腐蚀性强，如果Langelier饱和指数（LI）计算值明显小于0，出厂水进入管网体系时具有较强的腐蚀性。当其进入管网体系后，CO_2、pH及溶解氧等是控制金属管道腐蚀的主要条件，所以碱度、pH及溶解氧变化对管网体系腐蚀情况的考察具有重要参考意义，同时研究水中金属离子及浊度的变化是管道腐蚀的最直接表现。

不同条件下碱度、溶解氧、电导率、钙镁离子浓度等影响管网腐蚀的参数统计情况见表11-1，尽管这几种参数理论上对金属腐蚀的影响较大，但由统计表显示进入管网体系后这几种参数变化量均较小。实验中溶解氧浓度约10mg/L，碱度处于80～90mg/L $CaCO_3$ 之间，电导率基本上于800 μS/cm 波动，钙、镁离子浓度在实验过程中基本保持不变，约为 1.5×10^{-3} mol/L。

表11-1　不同水质条件下管网系统中DO、碱度、电导率统计数据

参数		0～96h 不同初始氯胺浓度			0～96h 不同初始pH条件		
		1.12	1.63	3.31	6.7	7.3	8.3
铜管	溶解氧/(mg/L)	9.94～10.8	9.98～10.7	9.83～9.97	9.96～10.7	9.92～10.0	9.82～9.94
	碱度/(mg/L $CaCO_3$)	84～90	84～90	76～85	78～87	74～85	78～92
	电导率/(μS/cm)	760～854	745～876	760～827	769～837	788～861	830～866
	pH	7.03～7.14	6.98～7.18	7.06～7.21	—	—	—
	总钙镁	1.54～1.66($\times10^{-3}$mol/L)					
镀锌管	溶解氧/(mg/L)	9.84～9.98	9.91～10.3	9.98～10.2	9.89～9.97	9.94～10.4	9.82～10.2
	碱度/(mg/L $CaCO_3$)	84～93	76～89	74～91	78～82	76～95	79～96
	电导率/(μS/cm)	760～793	745～876	736～783	752～833	783～877	830～883
	pH	7.03～7.17	7.04～7.22	7.03～7.14	—	—	—
	总钙镁	1.49～1.61($\times10^{-3}$mol/L)					
不锈钢管	溶解氧/(mg/L)	9.98～10.7	9.79～9.96	9.88～9.94	9.89～9.97	9.87～9.95	9.85～10.4
	碱度/(mg/L $CaCO_3$)	78～89	77～91	79～93	78～86	76～83	78～93
	电导率/(μS/cm)	760～814	734～798	760～817	748～783	763～789	829～874
	pH	6.93～7.13	7.05～7.16	7.04～7.20	—	—	—
	总钙镁	1.55～1.64($\times10^{-3}$mol/L)					
PPR管	溶解氧/(mg/L)	9.91～10.08	9.86～10.1	9.96～10.3	9.85～9.97	9.96～10.2	9.93～10.7
	碱度/(mg/L $CaCO_3$)	80～87	81～89	75～83	73～84	76～89	74～86
	电导率/(μS/cm)	752～783	745～797	739～764	734～782	746～768	830～854
	pH	6.99～7.14	7.05～7.28	6.92～7.30	—	—	—
	总钙镁	1.6～1.66($\times10^{-3}$mol/L)					

续表

参数		0～96h			0～96h		
		不同初始氯胺浓度			不同初始 pH 条件		
		1.12	1.63	3.31	6.7	7.3	8.3
PE 管	溶解氧/(mg/L)	9.88～9.96	9.83～10.4	9.79～9.94	9.81～10.00	9.86～10.5	9.88～9.98
	碱度/(mg/L $CaCO_3$)	75～84	84～93	73～85	75～82	74～91	78～93
	电导率/(μS/cm)	751～788	745～803	760～773	734～785	746～803	830～892
	pH	7.02～7.16	7.01～7.20	7.03～7.23	—	—	—
	总钙镁	1.63～1.68 ($\times 10^{-3}$ mol/L)					

关于 CO_2 腐蚀机理方面的研究工作较多，在饮用水的 pH 范围内，碱度通常可以用水中 HCO_3^- 的浓度来表达。据文献资料介绍，铁质管材中 CO_2 腐蚀遵循如下反应机理：

$$Fe + 2CO_2 + 2H_2O \rightarrow Fe + 2H_2CO_3 \rightarrow Fe^{2+} + H_2 + 2HCO_3^- \tag{11-11}$$

阳极反应：

$$Fe + H_2O \rightarrow FeOH_{ad} + H^+ + e \tag{11-12}$$

$$FeOH_{ad} \rightarrow FeOH^+ + e \tag{11-13}$$

$$FeOH^+ + H^+ \rightarrow Fe^{2+} + H_2O \tag{11-14}$$

阴极反应：

$$CO_{2ad} + H_2O \rightarrow H_2CO_{3ad} \tag{11-15}$$

$$H_2CO_{3ad} \rightarrow H^+ + HCO_3^- \tag{11-16}$$

溶液中的 H^+ 转变成为吸附在金属表面的 H^+，待表面吸附的 H^+ 接受电子成为氢气后逸出溶液。影响管道发生 CO_2 腐蚀的除了材质之外主要有如下几个影响因素：温度、pH、水体流速等。

温度对 CO_2 腐蚀的影响主要基于以下几个方面：温度影响了介质中 CO_2 的溶解度。表现为 CO_2 在水中溶解度随着温度升高而减小；温度影响反应进行的速度，温度的升高导致反应速率加快；温度影响了腐蚀产物成膜的机制，温度的变化影响了基体表面 $FeCO_3$ 晶核的数量与晶粒长大的速度。由此可见，温度是通过影响化学反应速度与腐蚀产物成膜机制来影响 CO_2 腐蚀的。

pH 的变化直接影响 H_2CO_3 在水溶液中的存在形式。当在酸性环境中时，主要以 H_2CO_3 形式存在；当 $4 < pH < 10$ 之间，主要以 HCO_3^- 形式存在；当在碱性环境时，主要以 CO_3^{2-} 存在。一般来说 pH 的增大，降低了原子氢还原反应速度，从而腐蚀速率降低。

溶液中 Ca^{2+}、Mg^{2+} 通过影响钢铁表面腐蚀产物膜的形成和性质来影响腐蚀特性。Ca^{2+}、Mg^{2+} 的存在，增大了溶液的硬度，离子强度增大，导致 CO_2 溶解在水中的表观 Henry 常数增大，当其他条件不变的情况下，溶液中 CO_2 含量将会减少。此外，这两种离子还会使介质的结垢倾向增大。在其他条件相同时，这两种离子的存在会降低面腐蚀，但局部腐蚀的严重性会增强。

总之 CO_2 腐蚀影响因素繁多，且各因素之间可能还存在相互作用，认识不同水质条件下的腐蚀规律需要对其水质各影响因素的变化进行综合分析。

11.2.7 金属管材腐蚀的评价

金属管材腐蚀的评价方法包括基于管材本身的直接评价方法和基于水质腐蚀性的间接评价方法两大类[51]，以下分别对此进行讨论。

11.2.7.1 基于管材本身的腐蚀评价方法

（1）物理监测。物理观察是一种简单有效且费用较低的评价方法，且易于纳入供水企业的常规监测体系。对管道内壁腐蚀层的宏观观察和显微观察可判断腐蚀发生的类型以及腐蚀程度。宏观上的观测可以判断腐蚀是均匀腐蚀为主还是点蚀为主，此外，还可观察表面生成结核状突起的情形以及判断表面是否产生裂隙。长期的、多部位的以及不同水质条件下的管道内壁观察记录还可以分析腐蚀进行的快慢或判断是否存在钝化现象。利用显微观察可以看到更多的肉眼无法分辨的细节，如微细的裂纹或极小的局部腐蚀等，从而获取更多的信息。另外，采用普通或显微照相方法将不同时期的腐蚀情形进行对比，这有助于对腐蚀作出更准确的评价。

（2）腐蚀速率的测定。腐蚀速率通常以每年金属管壁被腐蚀的厚度或金属的重量损失来表示。腐蚀速率并不一定与金属在水中的释放过程具有良好的相关性，因为金属释放是受金属基体的腐蚀过程和腐蚀产物的溶解过程等多方面影响的，而腐蚀速率只表示金属基体受腐蚀的快慢。测定腐蚀速率的方法通常包括重量损失法和电化学法。重量损失法可选用有代表性的金属样品进行静止或动态的浸泡实验来完成，也可以截取一段管材连接到循环装置系统中进行。电化学腐蚀速率的测定是基于金属腐蚀的电化学特性，通过测定金属样品的电阻率、线性极化、腐蚀电流等指标，之后进行相关计算得出。电化学测定法已得到了广泛应用。

（3）金属浸泡实验。浸泡实验通常用来评估腐蚀抑制剂的效果[52]。它是将金属样品浸入到烧杯中并按照标准方法评判抑制剂种类及其剂量、pH 等因素对腐蚀的影响。此方法简单有效，但缺点是不能模拟实际情况下水的流动及水质化学条件。该方法可用作最初的筛选手段。

（4）化学分析。对管壁上的腐蚀产物进行化学成分分析可以获得腐蚀产生的原因、腐蚀抑制剂作用机理等有用信息。所选用的分析方法应该能够测定常见的阴离子（如碳酸根、磷酸根、硫酸根、氯离子、硅酸根等）、阳离子及其他成分[53]。对于一些含有有机物的复杂腐蚀产物层的分析还应采取适当的消解技术和分析方法以鉴定其中的成分。实际分析过程中需要测定的成分应根据实际管材和腐蚀产物的表观现象进行确定。例如，对于呈现绿色的腐蚀沉积物，应分析铜的含量，而对于黑色的沉积物则应同时测定铁和铜的含量。根据腐蚀产物的化学成分分析数据，结合实际管道系统所使用管材的腐蚀情况，可以推断腐蚀可能发生的部位。

（5）显微分析技术。光学显微技术和扫描电镜是表征管道表面和腐蚀产物结构形貌的有力工具。这类技术手段同其他分析方法相结合能够提供发现问题和设计解决方案的非常有价值信息。借助表面显微分析技术甚至可以直接确定管壁表面的组成成分和结构。

（6）X 射线分析技术。X 射线荧光光谱（XRF）和 X 射线能谱（EDXA）可以对管道表面物质进行元素组成和相对含量定量分析。相对于湿法化学分析，这类方法样品前处理过程简单，分析快速省时；但在选取样品时必须注意样品的代表性，对同一管材可以进行多部位的测定。X 射线衍射（XRD）技术被广泛应用于腐蚀产物中晶形化合物的鉴别。XRD 谱图可以给出样品中所有晶体物质的信息，结合元素分析鉴定结果，再参照不同物质的标准谱图，可以确定样品中所含有的晶形化合物的种类。

（7）红外光谱。作为常用的化合物鉴定手段，红外光谱（IR）谱图可以揭示腐蚀产物不同化学键的转动和振动等分子信息，特别对于可能存在的有机物是有力的鉴定手段。

11.2.7.2　对金属腐蚀的间接评价方法

（1）消费者的抱怨。管道腐蚀所导致的问题首先是引起消费者的抱怨，但消费者抱怨的问题并非都是由于腐蚀所引起，因此应进行深入的调查分析以确定可能的原因。例如，当消费者抱怨“红水”现象时，铁管和旧镀锌管的腐蚀通常是主要原因；当抱怨水池或浴缸上的蓝色污渍时，可能是由于铜管受到了腐蚀；当抱怨供水失压时，其可能的原因比较复杂，包括管道内严重结垢、腐蚀产物形成大量结核状突起，腐蚀特别是点蚀导致管道出现管漏等。对消费者的抱怨进行详细记录和归纳是及时有效监测管道腐蚀的有用手段。

（2）腐蚀指数。由于管材的腐蚀是由管材与所输送的水直接接触造成的，所以管材腐蚀与水质特征是密切相关的。利用水质参数预测水对管材的腐蚀情况，这对实现安全优质供水是非常必要的。但如前所述，对管材腐蚀具有影响效应的水质参数常常有许多种，如果将其中有显著影响效应的参数构建成表征水质腐蚀性的指数，并利用其进行腐蚀的预测，这对指导饮用水输配的实践是有重要价值的。长期以来，人们建立了许多类型的腐蚀指数，并对实际应用起到了一定的指导作用。但需要注意的是，由于目前对腐蚀机理的认识远未完全清楚，许多腐蚀指数常在不同场合被错误地应用。

现有的腐蚀指数主要有两大类，一类是基于碳酸钙沉积原理建立的，另一类则是基于腐蚀与其他水化学参数的相关关系建立的，现概述如下。

①基于碳酸钙饱和程度的指数。这类指数主要有三种类型，包括 Langelier 饱和指数（LSI），碳酸钙沉淀势（CCPP）和 Ryznar 指数。其中，Langelier 饱和指数（又称 Langelier 指数，LI）应用最早且最为广泛，该指数是基于 pH 对碳酸钙溶解平衡的影响效应得出的[54]。在碳酸钙达到饱和时，水中既无碳酸钙沉淀析出，已沉淀的碳酸钙也不会溶解，此时水的 pH 称为饱和 pH 或稳定 pH（pHs）。LSI 指数的定义为体系实际 pH 与 pHs 之差，即

$$LSI = pH - pHs \tag{11-17}$$

当 LSI>0 时，水是过饱和的，具有析出碳酸钙沉淀的趋势；当 LSI=0 时，水处于碳酸钙饱和平衡状态，碳酸钙既不沉淀也不溶解；当 LSI<0 时，水处于碳酸钙不饱和状态，并有碳酸钙固体溶解的趋势。计算 LSI 指数需要测定水的总碱度，钙离子浓度，水的离子强度，实际 pH，水的温度等参数。计算方法可以参阅相关文献或专著，在此不再赘述。必须指出的是，将 LSI 指数作为腐蚀控制参数，应当注意以下问题[55, 56]：a. 对于硬度或溶解性碳酸盐较高的水质，Ca^{2+} 与 HCO_3^- 的络合离子对效应必须在计算过程中予以校正；b. 当体系存在聚磷酸盐时，LSI 指数会过高估计碳酸钙的饱和程度，除非在计算 pHs 时进行适当校正；c. 浓度较高的硫酸盐、正磷酸盐、镁离子、有机物等对碳酸钙晶体的形成及其结构形态有较大影响，这对 LSI 指数的应用带来一定限制；d. 如果碳酸钙在管道内表面的沉积层不均匀或不能有效阻止氧化剂的扩散，则可能不会对腐蚀起到保护作用；e. 即便水的 LSI 值小于 0，碳酸钙也可能在某些位置因局部较高的 pH 而出现沉积，且这种现象往往出现在水的缓冲能力较低的情况下。

LSI 指数只能表明水中碳酸钙是倾向于沉淀还是溶解及其趋势的大小，并不能预测生成沉淀的量和形成沉积物的结构形态。而 CCPP 能给出碳酸钙的理论生成量[57～60]，它的计算关系式为

$$CCPP = 50\,045(TALK_i - TALK_{eq}) \tag{11-18}$$

式中，$TALK_i$ 为水的最初碱度，$TALK_{eq}$ 为达到平衡状态时的碱度，单位均为 mg/L 以 $CaCO_3$ 计。这一计算方法是基于碳酸钙沉淀的生成量与水中碱度消耗量之间的对应关系建立的，具体推导过程可参见相关文献。当 CCPP 为正值时，表明水是过饱和的，其数值表示碳酸钙的生成量；反之，当 CCPP 为负值时，表明水处于不饱和状态，其数值则表示水可溶解的碳酸钙的量。使用该指数的限制因素同以上所述的 LSI 指数的限制因素。

Ryznar 饱和指数（RSI）[59～61]是在实验观察的基础上建立发展起来的，其值由式（11-19）给出：

$$RSI=2pHs-pH \tag{11-19}$$

当 RSI 值在 6.5～7.0 之间时，可以认为水相对于碳酸钙几乎处于平衡状态；当 RSI 大于 7.0 时，水处于不饱和状态，倾向于溶解碳酸钙固体；RSI 小于 6.5 时，水处于过饱和状态，倾向于沉积碳酸钙固体。与 LSI 等其他指数不同，RSI 指数并不是建立在任何理论基础之上的。由于在 pHs 前乘以了系数 2，这一指数更适合于应用在高硬度和高碱度的水质条件下。必须注意的是，当水的 pHs 不同时，平衡状态下的 RSI 值也会有相应不同的数值。虽然 RSI 指数也有较多的应用，但与其他方法计算的指数相比并没有明显的优越性。

②基于水的缓冲能力的指数。水的缓冲能力是设计腐蚀控制方案时常用的重要水质参数。提高水的缓冲能力往往能大大改善控制腐蚀的效果。目前实践中虽然没有对水的缓冲能力作具体的数值规定，但原则上其大小应足够高，从而使得水的 pH 在整个输配过程中处于相对稳定的状态。为使水具有较强的缓冲能力，可通过调节 pH 或加入溶解性无机碳酸盐类等手段来实现。尤其是控制铜和铅的腐蚀时，由于增大无机碳酸盐浓度能增加这类金属的溶解度，因此 pH 调节将是行之有效的方法。

这一类型的指数主要有两个：一个是饱和指数（SI），另一个是 Larson 指数。对于任何固相物质的溶解反应，饱和指数可定义如下[62, 63]：

$$SI_x=\lg\left(\frac{IAP_x}{K_x}\right) \tag{11-20}$$

式中，IAP_x和 K_x分别表示固相物质 x 的离子活度积和溶度积常数。例如，对于碳酸钙的溶解关系式

$$CaCO_3 \rightleftharpoons Ca^{2+}+CO_3^{2-} \tag{11-21}$$

SI 指数的表达式为

$$SI_{calcite}=\lg\left(\frac{\{Ca^{2+}\}\{CO_3^{2-}\}}{K_s}\right) \tag{11-22}$$

式中，{} 表示离子的活度而不是浓度。与 LSI 指数一样，SI 等于 0 时表示该物质处于饱和平衡状态，大于 0 时表示过饱和，小于 0 时则表示不饱和。该指数对判断管道内金属的钝化层能否形成是很有帮助的。

Larson 指数或称为 Larson 比值（LR）[64, 65]是基于对铁的腐蚀速率研究的基础上建立起来的，其表达式为

$$LR=\frac{[Cl^-]+2[SO_4^{2-}]}{[HCO_3^-]} \tag{11-23}$$

式中，离子的浓度以 mol/L 计。为有效控制铁的腐蚀速率，应使 LR 值小于 0.2～0.3。前面已经讨论过，Cl^- 和 SO_4^{2-} 能够促进铁的腐蚀，HCO_3^- 能够抑制铁的腐蚀，铁的腐蚀速率与二者的比值呈正相关关系。另有研究发现，Cl^- 对某

些管壁上的钝化保护层具有破坏作用，且对钢管还有诱发点蚀的现象。Larson 比值的有效性可以从许多化学作用机理上得到支持，且与高硬度、高缓冲能力的水腐蚀性较弱的实验观察相一致。然而 Larson 比值的应用也有限制条件，例如当水的 pH、硬度、碱度等参数在较大的范围内有其自身明显的变化趋势时，单纯计算 LR 值就不能比较水质的腐蚀特性。

其他腐蚀指数还有 Riddick 指数（RI）[55, 66]、改进的 LSI 指数等[67]。这类指数的建立是在模型中引入更多的与腐蚀有关的水质参数，以期能够更准确地预测实际的腐蚀情形。RI 指数除了包括常用的腐蚀相关参数外，还引进了 CO_2、NO_3^-、SiO_2和溶解氧（DO）的浓度，其表达式为

$$RI=\frac{75}{ALK}\left[CO_2+0.5(\text{硬度}-ALK)+Cl^-+2NO_3^-\right]\left[\frac{10}{SiO_2}\right]\left[\frac{(DO+2)}{DO_{sat}}\right] \tag{11-24}$$

式中，硬度和碱度（ALK）的单位为 mg/L（以 $CaCO_3$ 计）；NO_3^- 的单位为 mg-N/L；其余参数的单位均为 mg/L。RI 的数值小于 25 时表示没有腐蚀性，26～50 之间为中等程度的腐蚀性，51～75 为较大的腐蚀性，大于 75 时表示腐蚀性极强。该指数是在研究美国东北部地区较软的水质条件下建立的，并不一定适用于硬度较大的水质。

Pisigan 和 Singley 在做了大量的计算和实验室腐蚀测试的基础上建立了预测腐蚀速率的模型，并改进了 LSI 指数使之包括了离子对效应和络合物形态效应。他们提出的计算 pHs 的关系式为

$$\begin{aligned}pHs =&11.017+0.197\lg(TDS)-0.995\lg(Ca^{2+})_T-0.016\lg(Mg^{2+})_T\\&-1.041\lg(TALK)_T+0.021\lg(SO_4^{2-})_T\end{aligned} \tag{11-25}$$

式中，下标“T”表示总浓度，以 mg/L 计；（碱度 TALK 以 mg $CaCO_3$/L 计）。

11.2.8　腐蚀的控制

腐蚀产生的机理非常复杂，因此没有任何一种单独的方法可以完全控制整个管网系统腐蚀的发生。对于某些管材行之有效的腐蚀控制方法并不一定对其他管材有效。工程实际中只能针对具体的水质化学、水力学条件以及管网管材构成、结构布局等具体特征设计合理的方案控制腐蚀发生的程度，使到达用户终端的水质不致发生严重恶化。一般说来，控制腐蚀的途径有以下几种[68, 69]：

（1）调节水质。针对构成管网的主要管材或易于发生腐蚀的管材，在水处理过程中或水进入管网前，调节水的 pH、碱度等水质参数，降低水的腐蚀性。

（2）使用腐蚀抑制剂。磷酸盐或硅酸盐等腐蚀抑制剂有助于致密保护层在管道内表面的形成，从而阻止氧化剂对内部金属基体材料的进攻。

（3）选用适当管材和优化管网设计。在新建管网或替换旧管网时，选用具有

较强抗腐蚀能力的管材，如各种具有内衬的管材、塑料管材和复合型管材等。对管网布局也应进行优化设计，尽可能避免水在管网中发生长时间滞留。

(4) 改善管道的内表面结构。在易于产生腐蚀的管道内表面施以惰性内衬层或涂层，隔绝水与金属基体材料的直接接触。

(5) 阳极保护。阳极保护通常只针对管外腐蚀采用，对管内腐蚀控制应用较少。

11.2.8.1　水质的调节

水质的调节是在认识管材发生腐蚀的主要机理的基础上，通过调节对腐蚀有显著影响作用的水质参数，从而降低水对管材的腐蚀能力。常用的化学调节手段包括：调整出厂水 pH，调整碱度（或溶解性无机碳酸盐浓度），添加化学抑制剂等。

pH 是水的一项最为重要的水质参数，也是腐蚀控制措施中需要优先考虑的因素。pH 对腐蚀的影响可以从多个方面来考虑：一方面，H^+ 可作为电子受体参与金属腐蚀的电化学反应；另一方面，pH 对大多数管材的组成成分及其所形成腐蚀产物的溶解有决定性的影响。在低 pH 条件下，管材的构成成分或其腐蚀产物的溶解速率加快，溶解度增大。pH 还影响了水中碱度、溶解性无机碳酸盐与 CO_2 之间的平衡体系，从而对 $CaCO_3$ 的溶解度有显著影响，LSI 指数就是基于水的 pH 来判断水的腐蚀性大小的。为了促进管壁表面保护层的形成，一般情况下应将出厂水 pH 调节至略大于 $CaCO_3$ 的饱和 pH（pHs）；但若 pH 调节得过高，会造成 $CaCO_3$ 较为严重的沉积，进而影响水的输送能力。由于铜和铅的腐蚀对低 pH 非常敏感，因此控制其腐蚀通常要求较高的 pH，一般应在 pH8.5 以上。另外，使用正磷酸盐等腐蚀抑制剂对 pH 的要求也比较严格。选用的抑制剂不同，其最佳应用 pH 范围并不一样[70]。在确定最佳 pH 时，必须综合考虑抑制剂所参与的反应和 $CaCO_3$ 沉淀反应对 pH 的要求。

对于缓冲强度较低的水，仅靠调节 pH 并不能取得满意的控制腐蚀效果。一方面，缓冲强度太低，pH 会在管网系统内产生局部的大幅度变化，造成点蚀的发生或腐蚀产物在局部的大量累积；另一方面，如果水的钙硬度和碱度都比较低，仅靠调节 pH 难以形成 $CaCO_3$ 保护层。然而对水的硬度和碱度调整至何种水平为最佳，目前尚没有一致的结论。将钙硬度和碱度都调整到 40～80 mg $CaCO_3$/L范围内曾作为一种建议在国际上提出[59,71]。当水中使用了聚磷酸盐螯合剂或其他对晶体形成有抑制作用的物质时，应调节水质使其碳酸钙的沉积势大大高于通常的水平，但必须注意调整后的水质对铜和铅管材可能造成的腐蚀。这是因为高浓度的溶解性无机碳酸盐会显著增加铜（有时包括铅）的溶解度，此时利用软化等方法去除一部分碱度，或在 pH 较低条件下吹脱去除部分 CO_2 是必要的。

11.2.8.2 使用腐蚀抑制剂

水中添加腐蚀抑制剂可以通过形成管壁保护膜达到降低腐蚀速率或金属溶解度的目的。饮用水中常用的腐蚀抑制剂有正磷酸盐（orthophosphates)、聚磷酸盐（polyphosphates)、混合磷酸盐（正磷酸盐和聚磷酸盐的混合物）和硅酸钠盐类等。最初使用正磷酸盐是为了控制碳酸钙沉淀在管网中的过量生成，后来发现加入正磷酸盐能在铁管和镀锌管上形成保护膜，从而有效控制“红水”现象的发生。实验还发现正磷酸盐可延缓铜的氧化速率，并在较短时间内迅速降低铜的溶解度；但从长期而言，它对降低铜的溶解度并不利，因为，铜的磷酸盐的形成阻碍了溶解度更低的黑铜矿型氧化铜和孔雀石型铜腐蚀产物[$Cu_2(OH)_2CO_3$]的形成[44]。正磷酸盐同样可以有效降低铅的溶解度，这是由于正磷酸盐能与铅在较宽 pH 范围内可形成几种难溶的固相物质，如 $Pb_5(PO_4)_3OH$ 和 $Pb_3(PO_4)_2$ 等。

聚合磷酸盐是磷酸盐的缩聚体，分子式可计为 $Na_{22}P_{20}O_{61}$。大量的研究发现聚磷酸盐能有效预防腐蚀，控制“红水”现象的发生。最新的研究还发现，聚磷酸盐能够去除管壁上已有的腐蚀产物，提高水的输送能力。对聚磷酸盐控制腐蚀的机理有许多不同的解释。有研究者认为，聚磷酸盐能够吸附到管道表面形成保护膜，另有研究者强调指出钙在聚磷酸盐的腐蚀控制机理上起着重要作用，还有研究指出水力流动条件对聚磷酸盐的作用有重要影响。但将聚磷酸盐应用于铜和铅的腐蚀控制时，不同研究者得出了不同的研究结论。聚磷酸盐在理论上能增加铜和铅的溶解度，但在某些情况下聚磷酸盐却表现出抑制腐蚀的作用，这可能是由于部分聚磷酸盐分解形成了正磷酸盐的缘故[72]。目前，尚缺乏足够的证据证实聚磷酸盐对铜和铅腐蚀的抑制作用。混合磷酸盐的使用是为了充分发挥不同类型磷酸盐的各自优势而达到控制腐蚀的目的。然而，应用混合磷酸盐时必须对不同类型磷酸盐所起的作用有充分的了解，否则就可能导致使用混合磷酸盐反而不如使用单一类型抑制剂的效果。

硅酸盐化合物在水处理中最早用作混凝过程的助凝剂。后来发现水中天然硅化合物有助于铁质管材表面保护层的形成，添加硅酸盐类物质还能够降低铁的腐蚀速率。Hadad 等的研究报道指出，硅酸盐类物质能通过延缓溶解性亚铁腐蚀产物通过扩散作用穿过硅酸盐保护膜的速率，从而降低亚铁被氧化的速率[73]。另外，硅酸盐保护膜的形成必须在有铁氧化物同时存在的条件下才能形成，所以硅酸盐类抑制剂必须在有一定腐蚀发生的情况下使用而通常不用于新管材。硅酸盐化合物也能够强烈地吸附在氢氧化铜固体表面，并由于其电中和作用使氢氧化铜形成颗粒较大的固体。硅与氢氧化铜的结合可以抑制氢氧化铜的老化过程，因此硅化合物对铜质管材不一定能够起到有效的保护作用。硅类化合物对铅腐蚀的作用研究较少，但有研究发现硅的添加剂量较大（10～20 mg SiO_2/L）时，可在铅的表面形成保护膜。

11.2.8.3 管材的选择和管网设计

一般说来，不同管材材质对腐蚀的抑制作用有明显的差异，反应活性较低的金属（在金属活动性序列中较贵的金属）抗腐蚀的能力较强。在铺设新管道或更换旧管道时，应针对具体的水质特征，尽可能选用抗腐蚀性较强的管材。供水企业在选用管材时，往往还需要同时考虑管材的成本、易得性以及安装和维护的易操作性。然而工程实际中，一个往往容易被忽略的问题是如何根据具体水源水质特征，通过改进水处理工艺和调节出厂水水质作为控制腐蚀的长期、经济的替代措施。

供水管网系统通常由多种管材构成，因此，选择管材时还须考虑不同管材之间的兼容性。当两种活性差异较大的金属管材接触时，例如铜管和镀锌钢管，由于它们的金属活性不同，有可能在两种金属之间产生原电池腐蚀。在管网布置，特别是室内管道安装时，应尽量使用同种管材或选用金属活动性序列中位置相近的金属管材。另外，安装管道过程中还应当在不同管材之间进行有效的隔绝，以避免产生电化学腐蚀。

在选择管材时，还需要考虑管材中可能存在的有毒有害物质的溶出对人体健康造成的长期风险。例如，一些不含铅的焊接材料中明显含有铋、砷、锑等元素。管材选择的指导原则在相关文献与专著中虽有所描述，但这方面的研究还远不够深入。

管网结构设计与管材选择有着同样的重要性。即使选用恰当的管材，但如果管网设计不合理，仍有可能发生严重的腐蚀。管网设计一般包括以下几个方面：避免死水头和滞流区域；设计足够的排水口，以使长期滞流水和管网清洗水能及时排出；选择合理的水流速度；降低管道的机械应力；保证供水管道与污水及其他管道的足够间隔空间；管网结构应有利于检查、维护和替换旧管道；避免电路与管网系统的接地连接等等。

11.2.8.4 内涂保护层和内衬

在管道内壁涂以保护层可以有效地将水与管道基体隔绝，避免管材受到水的腐蚀。这种涂层可在管道加工制造过程中附加，也可在管道施工时涂附。对旧管道也可进行涂层处理，但事先必须对管道进行清理，使其内表面平整且易使涂层材料附着。常用的管材涂衬材料包括煤焦油、环氧树脂涂料、水泥砂浆和聚乙烯等。使用涂层或内衬时必须注意不能使其对水质造成二次污染，如产生味、嗅或溶出有毒有害物质。此外，涂衬层还应当尽量避免成为微生物的营养源和栖息繁殖的场所。选用涂衬层材料时，还应考虑具体水质特征的影响，结合水质的化学调节手段避免水对涂衬层的侵蚀，以更好地保护水质。

11.3 水的生物稳定性与管网水质

近年来，饮用水的生物稳定性成为水处理领域关注的热点问题。水的生物稳定性通常是指水中存在的营养物质促进微生物生长繁殖的能力大小，一般用限制微生物生长的营养物质浓度进行表征[74]。对于管网水质而言，水中高浓度的营养物质同其他物理、化学和工程操作等因素一起导致细菌在管网中大量再生长以及杆菌的出现。要保证水质的生物学指标不发生恶化，一方面要尽可能避免微生物进入管网系统，另一方面要尽可能使处理后的水不含有促进微生物生长的营养物质。饮用水输配过程中生物不稳定的水进入管网后能够促使微生物大量生长繁殖，从而对水质造成许多不利的影响，如加剧管道的腐蚀，影响水的输送能力，产生令人生厌的嗅或味，增加致病菌出现概率和饮水致病事故的概率等。

11.3.1 水的生物稳定性评价方法

水中存在的能够为微生物所利用的各种营养物质都有可能对水的生物稳定性造成影响，如天然的或人工合成的各种含磷、氮、微量金属的无机物以及含碳有机物。异养菌对碳、氮、磷的需求比例约为 100：10：1。其中，磷对水质生物学特征的影响可以有以下几个方面：当水中磷元素含量极低时，磷的加入有可能促进细菌生长；对有机物作为细菌生长限制因素的水来说，磷的加入对细菌的生长可能无明显影响；磷酸盐由于其对腐蚀的抑制作用，可能有利于控制生物膜在管壁上的形成[75, 76]。为了控制腐蚀，通常往水中加入磷酸盐的量（1～5mg-P/L）大大超过细菌对磷作为营养元素的需求，这对那些含磷量非常低的水源来说，极有可能促进细菌的生长繁殖；而对腐蚀严重的管材来说，磷则可能起到改善管内的生物膜、降低生物膜内的细菌密度的作用。对大多数水质而言，水中的有机碳往往是微生物生长的限制因素。供水水源中的有机碳主要是在天然条件下植物生长及其残骸分解形成的，包括腐殖酸、富里酸、聚糖、蛋白质等。

供水管网系统细菌的再生长与水中生物可降解有机物含量之间的关系，已经被许多研究者所证实[77～79]。在水处理过程中，尽可能降低有机物含量是有效控制细菌生长使水质获得生物稳定性的最重要途径，与此同时，去除有机物也可以降低消毒剂的消耗量，减少消毒副产物的生成。

水中的天然有机物（NOM）是由多种化合物组成的复杂混合物，它们的含量通常很低，要想对每一种物质进行定性、定量分析是十分困难的。有机物的含量可以通过总有机碳（total organic carbon，TOC）或溶解性有机碳（dissolved organic carbon，DOC）的测定来表示。通常，NOM可以分成两部分：可生物降解的有机物（biodegradable organic matter，BOM）和不可生物降解的有机物。可生物降解的有机物可以作为细菌的能量来源和碳源，能促进细菌在输配管网中的生长，并有可能与杆菌的出现有关[80]。可生物降解的有机物通常为碳水化合物和小分子有机物，而腐殖质等复杂有机物一般认为难以被生物降解；但也有研究指出腐殖质在细胞酶的作用下也可以被部分降解。

水的生物稳定性通常用水中BOM含量来衡量。定量测定水中BOM含量一般要经过以下步骤：玻璃容器的预处理；水中原有细菌的灭活处理；水样的接种和培养；生物降解试验参数（细菌数或DOC浓度）的测定；生物稳定性数值的计算。BOM的定量测定方法中被广泛采用的主要有如下两种：一种是测定水中可生物降解的溶解性有机碳（biodegradable dissolved organic carbon，BDOC）的含量，另一种是测定水中可同化有机碳（assimilable organic carbon，AOC）的含量。BDOC的测定是先将异养微生物在水样中培养，然后用培养前后水样中溶解有机物的差值进行定量。它表示的是能被微生物同化或矿化的那部分溶解性有机物。测定BDOC时，首先将待测定水样分成同等的两份，其中一份加入选取的细菌并在控制条件下培养一定时间，然后进行过滤并用有机碳分析仪测定水中剩余的DOC浓度，并将其与初始DOC浓度进行比较，二者之差即为BDOC的浓度。如果细菌的培养时间较长（如10～30天），就可以使测定结果中包括水中缓慢分解的那部分有机物[81]。平均而言，构成BDOC的有机物中有75%为腐殖质，30%为碳水化合物，4%为氨基酸；就相对分子质量而言，BDOC中有30%的部分超过100 000Da[82]。这一方法的缺点是当DOC浓度较低时，分析灵敏度不高。另外，在实际中也缺乏BDOC浓度与管网中异养菌（HPC）浓度或杆菌的出现具有正相关关系的直接证据。

AOC侧重于表征可被细菌利用于自身生长的那部分有机物。AOC的测定是将特定的微生物测试菌种（如 *Pseudomonas fluorescens P*17 或 *Spirillum* NOX）接种到水样中，然后检测细菌菌落的形成情况。测定时，先用某一测试微生物在已知浓度的标准有机物（如乙酸盐、草酸盐）溶液中的生长量（如菌落数）作一标准校正曲线，然后将同种微生物在水样中的生长量转化成相应的AOC值。对AOC的测定主要基于以下几个重要假设：①有机碳是分析所用的微生物生长的限制因素；②分析所用的微生物生长率对天然有机物中AOC组分含量是常数，并且与作为标准使用的有机物是相等的；③分析所用的微生物能够代表管网中的实际微生物群消耗AOC的情形。但有研究发现，在有些情况下要使有机碳成为微生物生长的限制因素，还必须加入磷。AOC的测定必须小心防止可能存在的各种污染，并多次平行测定以减少分析过程的误差。另外，测定AOC时还必须注意样品的存放时间造成的影响。有研究表明，即使按照标准分析方法，如果样品存放时间超过一周，AOC 的浓度也会显著增加。这是因为，尽管在 AOC 测定前对样品进行了灭菌处理，但仍可能有耐高温（通常使用的灭菌温度为 70°C）的微生物（如酵母菌 *Cryptococcus neoformans*）存活，在存放过程中，构成 BOM 的大分子有机物可在生物酶的催化作用下降解为 AOC，从而导致 AOC 的增加。Escobar 等建议在测定 AOC 之前，应首先评价存放时间对 AOC 测定可能造成的影响，样品存放时间最好不超过 24h。或者采用一种改进的灭菌方法，即 72°C 灭菌 30min 后立即用冰水浴冷却，然后在 4°C 低温下存放样品，这样可使样品存放时间达一周[83]。

AOC 代表了水中最易于降解的那部分有机物，主要由相对分子质量较小的有机物组成，通常其含量只占总有机物含量的 0.1%～9.0%[84]。van der Kooij 等研究发现，出厂水中 AOC 浓度与管网水中异养菌的几何平均值存在显著相关性。如果出厂水 AOC 浓度低于 10～20μg-C/L，即使在无消毒剂存在的情况下，水在管网输送过程中仍然可以保持很好的生物稳定性[79]。但是，要达到如此低的 AOC 水平，往往需要多级复杂的处理过程。LeChevallier 等指出，在消毒剂存在的情况下，AOC 在小于 50～100μg-C/L 的水平下就可维持水在管网中的生物稳定性[77]。

针对 BDOC 与水中异养菌浓度之间缺乏相关性的现象，Escobar 等认为，BDOC 既包括可被微生物同化的有机碳，又包括可被微生物矿化的有机碳，其检出限一般只有 0.1～0.2mg/L，而 AOC 可以较准确地测定小于 100μg-C/L 的范围；二者检出限的差别可能是水中有机物含量极低时 BDOC 与水中微生物再生长之间相关性较差的主要原因。他们通过实验研究提出，AOC 与 BDOC 在衡量水的生物稳定性时应是相互补充的，只是二者所代表的有机物性质有所区别，测定的范围有所不同[85]。

Rice 等还提出了一个表征水对杆菌生长促进能力大小的指标，称作杆菌生长响应（coliform growth response，CGR），并用杆菌的对数生长速率来表示[86,87]。他们分别研究了水源水、不同阶段处理单元出水和最终出厂水的 CGR。选用 Enterobacter cloacae 系列的三个菌种在 20°C 黑暗条件下培养 5 天，然后测定微生物的密度并与初始微生物密度相比较：如果 CGR 小于 0.5，则认为水不利于杆菌的生长；如果 CGR 在 0.5～1.0 之间，则水对杆菌生长有中等程度的促进作用；而当 CGR 大于 1.0 时，则该水有利于杆菌的生长。实验结果还表明，臭氧和氯气处理后的水可使 CGR 大于 1.0，显著增加了杆菌的生长趋势。后来的大量实验研究还发现 CGR 值与 AOC 之间具有明显的正相关性，CGR 值随 AOC 的升高而增大。Volk 和 LeChevallier 等的研究进一步提出了预测杆菌在管网中出现的三个水质参数极限值[74]：水温大于 15°C、残余自由氯小于 0.5

mg/L或氯胺小于1 mg/L、出厂水的AOC浓度大于100μg/L。该研究指出，当以上两个或三个极限值同时超过时，所调查的水样有70%的样品杆菌指标呈阳性；当其中一项参数超过时，16%的样品呈杆菌阳性；而当三项参数均不超过时，仅有1.9%的样品呈杆菌阳性。

Kaplan等对比研究了AOC、BDOC和CGR三种表征水中BOM的方法，他们所采用的100多个水样涵盖了多种不同水源及不同水处理过程，其中53种源于地表水，26种源于地下水，40种取自不同水处理单元过程[88]。结果表明，水源类型对AOC和BDOC浓度的影响要大于水处理过程对其产生的影响；相对于基于乙酸盐测定的AOC值，基于草酸盐测定的AOC值与BDOC的相关性要好。该研究对CGR与其他二者之间的相关性没给出结论。此外，该研究还建议将AOC和BDOC作为测定水中BOM的互补性技术。

11.3.2　影响管网水质生物稳定性的主要因素

管网水质的生物稳定性受多种因素影响，大致包括如下几个主要方面：原水水质、水处理过程、管网系统的运行操作和维护等。

水源水中的微生物有可能穿透水处理过程的多级屏障而进入到输配水管网系统，尤其是那些对消毒剂具有较强抵抗力的细菌和微生物，如贾第虫和隐孢子虫等。地下水中细菌含量较低，每100 mL水中杆菌的数量一般小于1，异养菌的数量通常也极低，但对那些受到地面污染源污染的地下水，细菌含量会显著增加。如农业化学肥料和垃圾液的渗入、地面污水和地表水体的入侵等，都有可能引起地下水中可供微生物生长的营养元素含量升高，从而促进细菌等微生物的生长繁殖。在某些情况下，微生物甚至可能直接进入到保护性较差的地下水体中。相对于地下水，地表水更容易受到各种污染，导致地表水体的微生物数量远大于地下水。如湖泊中藻类的繁殖、地面降水的汇入，河流上游生活与工业废物的排放等，都可能导致细菌等微生物在地表水体中大量繁殖[51]。

设计合理、运行良好的水处理过程不仅可以有效截留或灭活水中杆菌和各种致病微生物，而且可以显著降低出水中BOM的含量。但任何水处理流程都不能确保所有微生物不穿透处理过程的各级屏障。调查研究表明，传统的水处理单元过程（混凝、沉淀、过滤、消毒）可以使异养菌的去除率达到4-log（99.99%）以上。染色菌的去除率一般稍低，因此有可能成为管网系统中微生物的优势菌种。消毒剂在足够的浓度和接触时间条件下可以控制杆菌和病毒的数量，并且管网中存在一定消毒剂余量时可以有效抑制它们的再生长与过量繁殖。对于消毒剂不能有效灭活的微生物，如能够形成孢囊的原生动物，过滤单元可以起到有效截留去除的作用；但不当的运行操作可能导致大量原生动物孢囊穿透滤层，或使已经截留的孢囊重新释放到水中。混凝沉淀单元可以直接去除吸附在颗粒物表面的微生物及其菌团。另外，强化混凝是去除水中 NOM 的最常用的水处理过程，该过程对有机物的去除可以大大降低消毒副产物的生成势。但混凝沉淀过程去除的主要是大分子和疏水性的有机物部分，而对小分子和亲水性有机物的去除能力较差，而水中最易于被微生物所利用的往往是小分子有机物。实验研究也表明，混凝沉淀过程去除 AOC 的能力非常有限，并且硫酸铝、有机高分子混凝剂对 AOC 的去除能力比铁盐混凝剂更差[89]。因此，混凝沉淀过程单元之后，通常还需要采用深度处理技术，如臭氧-生物活性炭工艺或膜处理工艺等，以实现对水中有机物尤其是混凝沉淀难以去除的小分子有机物的进一步去除。

为了最大限度地控制管网中微生物的生长繁殖，必须尽可能去除水中有机物特别是小分子有机物。两级过滤，即先快速砂滤再活性炭过滤，对有机物有良好的去除效果。如果过滤之前未进行预氯化处理，运行一段时间后过滤介质上就会逐渐形成生物膜，其中的微生物可以起到同化和去除 BOM 的作用。PAC 和 GAC 常用于去除水中致嗅、致味物质，同时也是去除 AOC 最为有效的手段之一；但 GAC 经长期使用后也会成为细菌等微生物的生存场所，若未及时再生或操作条件发生变化，微生物就可能进入水中。目前已经发现如 *Klebsiella*、*Enterobacter*、*Citrobacter* 等几种杆菌，能够在颗粒活性炭表面形成菌落，在温度较高时大量生长繁殖并可能释放到水中[90～93]。对于现在广泛应用的生物活性炭（BAC）技术，一方面它可以去除可生物同化降解的有机物而提高出厂水的生物稳定性；另一方面，BAC 也会导致微生物向水中释放的可能性增大，在最终出厂水中经常可以发现细颗粒炭的存在，并且常常有杆菌在其上附着。

氧化技术既可以作为消毒方法灭活细菌、病毒等微生物，同时也是去除溶解性有机物的重要手段。臭氧作为一种强氧化剂具有较强的消毒效能。臭氧在不同的水处理阶段被广泛用于氧化分解有机物、脱色或去除异味。然而许多研究者发现，经臭氧处理后水中可生物降解的溶解性有机物含量增加[93,94]，这主要是由于臭氧只是将相对分子质量较大的有机物分解为小分子的易被生物降解的成分，并不能将有机质完全矿化。但如果臭氧氧化与 GAC 吸附或生物过滤相结合，就可以大大降低水中 AOC 浓度，提高出水生物稳定性。同样，研究发现常用的预氯化处理也会显著增大水中 AOC 浓度，有时甚至会导致 AOC 浓度成倍增加。因此，在使用这类氧化技术时，必须慎重评价其对 AOC 造成的影响。

膜分离作用可以去除绝大多数细菌、病毒等微生物，但超滤和微滤对水中有机物的去除率较低。纳滤和反渗透作为去除水中有机物、提高水质生物稳定性的手段已经有了较为广泛的应用。Escobar 等利用实验室实验和实际水厂运行监测数据研究了不同的溶液化学特征对纳滤、反渗透去除水中 BOM 的影响，结果发现，水的溶液化学特征对纳滤和反渗透去除 AOC 的影响非常显著[95]。对于低离子强度和低硬度水，纳滤和反渗透对 AOC 的去除率要远高于高离子强度和高硬度的水；提高 pH 也有利于 AOC 的去除。基于此，他们认为膜表面与 AOC 物质之间的电性相斥作用是膜分离法去除 AOC 的主要机理。高离子强度、高硬度和低 pH 条件均导致膜表面电负性降低，从而减小了膜与 AOC 物质间的静电斥力。该研究还发现，纳滤对 BDOC 的去除率也随着离子强度和硬度的降低而增大，而反渗透对 BDOC 的去除受水的溶液化学因素影响不大。这表明反渗透对 BDOC 的去除可能包括电性排斥和孔径筛分两种机理。实际水厂的运行监测结果表明，纳滤虽然可以有效去除 BDOC，但对 AOC 的去除却不显著，说明孔径筛分是该条件下纳滤去除 BDOC 的重要机理，而相对较弱的电性排斥作用不利于 AOC 的去除。

管网在新建和维修过程中容易引入外界环境中的微生物而使之受到污染，污染程度可以用水中异养菌的浓度和管壁上异养菌的密度来表示，并且管网中异养菌的种类分布与所接触的土壤中异养菌的分布情形基本相同。土壤颗粒物进入管网不仅引入了大量异养菌，而且还起到了保护这些菌类免受或减轻消毒剂暴露的作用，从而降低了管网中余氯的消毒效果。此外，如碎木片等其他坚硬异物如果在施工时不慎被封入管道中，将在管内长期存在，其上附着的细菌会逐渐适应管内环境而繁殖和生长。这一因素引入的微生物污染很难由常规方法查出，并容易对改进措施的选择产生误导[96]。因此，在新建管道和维修管道完成后应及时进行清洗。清洗时水的流速应至少在 3 m/s 以上，以彻底清除管内可能存在的土壤颗粒物或其他杂物[97]。必要时还应在清洗水中加入高剂量消毒剂（余氯量大于25mg/L），并使之与管壁有足够的接触时间（24～48h），从而将施工中引入的外界细菌降低到可以接受的水平（杆菌数小于 1cfu/100mL，异养菌数小于500cfu/mL）[90]。如果确定管道中没有碎片等较大的异物，1～2 mg/L 的自由氯、2.5～4.0 mg/L 的高锰酸钾或 5.0 mg/L 的硫酸铜都可以使清洗后的管道满足杆菌指标的卫生要求[96, 98]。但倘若要去除更大量的异养菌，自由氯比其他两种消毒剂更有效[97]。

11.3.3 管网系统中的微生物及其控制方法

11.3.3.1 管网系统中微生物的组成

由于不同微生物生长所需的条件不同，因此要分离、鉴定管网中所有的微生物是十分困难的。最近对脂肪酸鉴定方法的研究在管网微生物的表征方面取得了一定进展[99]。以往对微生物鉴定的研究通常局限于水中那些可能引起消费者对嗅、味和色度抱怨的微生物；也有一些研究着重于引起食品、饮料、化妆品和制药工业问题的微生物，因为这些工业生产过程中往往需要大量饮用级别的水[100～103]。

管网系统中的微生物通常来源于所使用的水源水。水源水中的某些微生物在经过了各种水处理过程后幸存下来并进入到管网系统中。水中溶解性痕量有机物、蓄水箱中累积的有机物以及管内沉积物中的有机成分可以支持多种微生物在供水管网中生存。这些微生物可能互相结合在一起形成微生物团，也可能附着在悬浮颗粒物表面、隐藏于管壁或管壁沉积物上的任何疏松多孔结构内。细菌是管网中微生物的最大种群，常见的细菌种类主要包括：杆菌（*Coliforms*）、抗-抗生素菌（*Antibiotic-Resistant Bacteria*）、枝状菌（*Mycobacteria*）、染色菌（*Pigmented Bacteria*）、抗消毒剂菌（*Disinfectant-Resistant Bacteria*）、放线菌（*Actinomycetes*）、真菌（*Fungi*）等等。其中，总杆菌数是衡量水处理过程处理效能和公共卫生风险的重要指标。杆菌属于革蓝氏阴性菌，在给水水源中只是偶尔存在，并且易于被消毒剂灭活；但当杆菌附着于颗粒物上时，消毒剂对其灭活作用就会大大削弱[103]。此外，管网中原生动物、大型无脊椎动物的数量也相对较大。管网中微生物的种类还会因水中营养物质含量和季节的变化而发生变化。

11.3.3.2　管网系统中的生物膜

供水管网系统内与水长期接触的表面上普遍存在着生物膜。管壁表面的生物膜是由附着到管壁的微生物经过大量生长繁殖和长期积累形成的。有些微生物可以通过其细胞上延伸出的肢状物直接附着到管壁上，另有一些细菌可以通过其胞外多糖形成的囊状物粘连到管壁表面[104]。生物膜中的微生物可以利用从水相扩散到管壁表面的各种有机物和其他营养物质而得以生存。生物膜中的微生物包括细菌、病毒、真菌、原生动物和其他无脊椎动物等，其中细菌是生物膜中的最大种群。大多数细菌之所以能够在经过消毒的饮用水中存活下来，主要是因为它们能够找到或创造一种躲避残余消毒剂的环境，生物膜正是这种对其有利的生存环境。Nagy 等的研究发现，即使余氯量在 1～2mg/L 时，也不能完全抑制管壁表面生物膜的生长，细菌密度仍可达 10^4 cfu/cm^2；当水中有杆菌出现时，小于 6mg/L 的余氯水平不足以将杆菌有效控制[105]。一般说来，生物膜内的微生物只有极少数会对人体健康造成威胁，但对一些免疫能力较低的人群来说，水中微生物的致病概率会比普通人群高出很多。

生物膜是一个复杂的、动态变化的微生物生存环境，包括微生物新陈代谢、生长繁殖以及生物膜从管壁上脱落和转移等过程。生物膜的形成速度与营养物质的供给、管壁表面特征和水流速度有关。Block 等利用循环管路装置实验证明，在实验最初阶段，管壁上生物膜的累积速度较快；但随着时间的延长，生物膜生长速度逐渐变慢，这主要是由于管路内 BOM 的通量随时间不断降低[106]。生物膜的组成成分还随时间延长而变化，Batte 等研究发现生物膜内的碳水化合物和多糖成分随生物膜形成时间延长而增加，而蛋白质含量基本恒定[76]。

管壁腐蚀所形成的粗糙或突起的表面可为微生物提供有效的保护，包括减小水力冲刷作用和降低消毒剂的损伤等。这就使得通常所用的管网水质维护措施，如冲洗和加大消毒剂用量等，只能在短时间内改善水质。由于并没有彻底去除作为污染源的生物膜，因此由细菌引起的水质恶化问题可能会再次出现。

生物膜对管网水质的影响是多方面的：生物膜中的微生物能够进入水相，成为水相微生物的源；特别是当管网水力条件发生变化时，生物膜可能会从管壁成片剥离而进入水相中，从而引起管网水中的浊度、色度上升，致使水产生嗅和味，造成微生物浓度超标进而增加饮水致病的机会。研究指出，管网中所监测到杆菌的主要来源就是管壁表面存在的生物膜。生物膜内能导致水产生异常的嗅、味、色度和浊度升高的异养菌包括 *Actinomyces*，*Streptomyces*，*Nocardia*，*Arthrobater*[107]。还有研究发现，生物膜中固定细菌的密度与水相悬浮细菌的密度之间存在线性相关关系。

对生物膜中的所有微生物进行鉴定是非常困难和复杂的，常用的表征生物膜密度的方法有：异养菌计数法（heterotrophic plate count，HPC）、直接计数法（total direct count，TDC）、胞外蛋白水解活性法（potential exoproteolytic activity，PEPA）、三磷酸腺苷（adenosinetriphosphate，ATP）法等。其中 HPC 法最为常用，该法测定的是总细菌群中可被培养的那部分细菌。Prevost 等对比研究了多种不同的分析方法后指出，对管网中细菌生长情况的评价与采用的分析方法有关；利用 HPC 法判断细菌在管网中的生长比较有效，因为出厂水的 HPC 值一般较低，而随着输配过程余氯的消耗 HPC 值将会显著升高[108]。但是，由于 HPC 值无法准确表达细菌生长情况的具体特征，因此即使出厂水和管网水都能满足 HPC 法规的要求，也并不意味着水质就是安全的。

11.3.3.3　管壁生物膜形成的影响因素与控制方法

管道材质与管壁表面特征对生物膜的形成有着重要的影响。金属管材内壁的腐蚀为微生物生长繁殖、躲避消毒剂的伤害提供有利的栖息场所。管壁表面由于腐蚀而产生的层片状或突起状结构增加了管壁与水的接触面积，从而易于吸附水中的微生物营养成分，并促进含有机物的颗粒态物质在管壁上的沉积，进而成为微生物生长繁殖的营养物质来源。LeChaviller 等研究指出，在带有较厚腐蚀层或结垢层的管壁上细菌的密度可以达到 10^7 个/g。研究表明，腐蚀还明显抑制了消毒剂对生物膜的消毒效果[77]。当水的 Larson 指数较大时，容易引起铁质管材的点状腐蚀，导致消毒剂对生物膜的消毒效果更差。因此，要对生物膜取得较好的消毒效果，应控制管道腐蚀速率并尽可能降低水的 Larson 指数[109]。Appenzeller 等研究了腐蚀抑制剂对细菌生长的影响，结果表明：管壁不存在腐蚀时，磷酸盐的加入（0.1～2.0 mg-P/L）与细菌的生长之间没有相关性；管壁轻微腐蚀时，加入磷酸盐（1 mg-P/L）能显著控制微生物的生长；而管壁严重腐蚀时，加入磷酸盐大大降低了细菌的生长速率，同时也大大减少了铁腐蚀氧化物向水中的释放[75]。另一方面，由于磷在某些情况下可能是微生物生长的限制营养元素，因此在使用磷酸盐类腐蚀抑制剂时必须针对具体的水质特征作出全面评价，以避免由于磷元素引入而造成的微生物在管网系统中的大量生长和繁殖。

管道材质对微生物膜的生长也有重要影响。Charachlis 等研究了不使用消毒剂情况下 PVC 管壁上的生物膜形成情况[110]，发现整个管壁被一层肉眼可见的生物膜覆盖，其细胞密度可达到 $5\times10^{10}/m^2$。Pederson 利用生物膜反应器研究了钢管和 PVC 管内壁表面的生物膜[111]，发现即便体系中存在 0.1mg/L 余氯，经过 167 天后，生物膜中的细胞密度仍可达 $4.9\times10^6/cm^2$。一般说来，相同水质条件下不同管材表面形成的生物膜的细胞密度依次为：铁管＞聚乙烯＞PVC＞水泥。并非整个管网系统的所有位置都适合于微生物的生长繁殖。管网中水流速度高或平滑表面的部分使得微生物的附着非常困难，与此同时，这些地方也不利于微生物躲避消毒剂的杀伤作用。因此可以预见，生物膜沿着管道的分布不是均匀的。

另一方面，微生物的生长繁殖反过来又能加速金属管材的生物腐蚀。许多研究者在铁质管材表面的腐蚀层中发现了杆菌的存在[77, 112, 113]。实验室研究也发现，发生腐蚀的钢板表面异养菌和杆菌的密度是聚碳酸酯材料表面的 10 倍以上[114]。Niquette 等对比研究了多种管材表面固定细菌的生物量，结果表明，在相同培养条件下，塑料基管材（PE 和 PVC）表面固定细菌的生物量最少，灰口铁管材表面固着的生物量比塑料基管材要高 10～45 倍，而水泥基管材则介于二者之间[115]。二次供水使用的蓄水池、竖管等也能为生物膜的形成提供有利条件。由于这些地方水流速度一般较低，水的停留时间较长，沉积物易于在池中累积；若不经常进行清洗，生物膜的密度则有可能达到相当高的程度。如果蓄水池用多孔材料（如砖块、木材等）建成，将更有利于微生物群落的形成，并且冲刷、消毒等处理也难以去除这些微生物。作为预防水质恶化的措施，应定期对蓄水构筑物表面进行系统的检查，并及时清除其中的沉积物。

管网中普遍存在的疏松颗粒状、丝状或片状沉积物也是微生物生长繁殖的有利场所。尽管出厂水中悬浮颗粒物含量很低，但输配过程中随着输配距离的延长，水中颗粒物的含量会有所增加，并表现为浊度上升。颗粒物的可能来源有：穿透水处理屏障的水源水中的颗粒物、水处理过程中过滤单元流失的颗粒物、管道内碳酸钙和金属氧化物或氢氧化物沉淀、腐蚀产物的释放和微生物膜的脱落等；蓄水池的外界污染以及管道的维修、更换也有可能将颗粒物带入管网系统。这些颗粒物在适宜的水力条件下，会沉降到管道表面并累积形成多孔疏松的沉积物。这类沉积物组成不固定，其成分可以包括：铁、锰、锌等金属的氧化物、石英砂、硅藻残骸、天然有机质、有机微污染物等[76, 116~118]。Gauthier 等研究发现，在较大规模的管网中，这类疏松沉积物中有机物可占 11%，氮可占 1.1%，总挥发性固体可达 28%。因此，它非常易于成为细菌的载体为细菌的生长提供营养物质，同时也有利于提高细菌对消毒剂的耐受性[119]。而当水力条件发生变化时，这些疏松沉积物又可以重新悬浮到水相，导致水中细菌浓度、浊度、色度升高，从而引起消费者的抱怨。因此，深入了解管道内沉积物/水界面之间有机质和生物量的动态变化规律是认识并控制管网系统中细菌和原生动物污染的关键。

进入管网的微生物浓度对生物膜的形成也有一定的影响。Mathieu 等利用管网模拟系统研究了细菌的流通量对管壁生物膜形成的作用[120]。该模拟系统由直径为 10cm 的 30m 长水泥内衬管构成循环装置。研究发现，进水中每增加 1-log 的细菌流通量将产生 0.32-log 的生物膜密度的增量，表明水中细菌的流通量对管壁生物膜的累积有贡献。

Clark 等用管网模拟装置研究了不同消毒剂（自由氯和氯胺）对生物膜的影响，其中模拟管道采用水泥内衬铸铁管[121, 122]。结果表明，对于两种消毒剂，管壁生物膜密度均随着剩余消毒剂浓度降低而增加；自由氯比氯胺具有更为显著有效的灭活水相细菌的能力，但在对管壁生物膜的影响方面，氯胺与自由氯二者之间没有明显差别。Ndiongue 等利用环形生物反应器（annular reactor，AR）研究了自由氯对 PVC 管壁上生物膜形成的影响[123]：当无自由氯存在时，PVC 内壁上逐渐形成生物膜；而加入极微量自由氯即可观察到生物膜 HPC 的下降；当水中存在可检测出的余氯浓度时，HPC 值即随着自由氯的加入而呈指数规律下降。LeChaviller 研究指出，消毒剂种类对生物膜的消毒效果也有较大影响，要提高消毒效果不能仅仅依靠增大消毒剂浓度[124]。例如，即便自由氯投加量达到 4 mg/L、消毒时间持续两周，铁管表面的生物膜密度也未见明显降低；但若采用氯胺进行消毒，在相同消毒剂剂量和消毒时间的条件下，管壁生物膜中微生物可以达到 3-log 的灭活。这表明消毒剂对生物膜的穿透能力是消毒过程的速率控制因素，尽管氯胺的反应活性较自由氯低，但氯胺更易于穿透生物膜，因此较自由氯具有更为有效的控制生物膜生长的能力。

调节水的 pH 也会对生物膜的生长产生一定的影响。Meckes 等研究了不同 pH 条件下生物膜的变化情况，结果发现偏酸性的水对生物膜的生长具有非常显著的抑制作用[125]。对于 pH 为 8 的模拟试验体系，若将水的 pH 调节至 5，管壁生物膜密度会随之成千倍地降低；但如果将 pH 再恢复至 8，生物膜密度在一周之内即显著增加。但研究中同时发现，体系 pH 的降低大大增加了水中钙离子浓度，这一现象似乎表明，管壁生物膜密度的降低是由生物膜所附着基体被破坏所致，而并非 pH 对微生物生长的抑制作用。

温度对微生物、尤其是那些生长较慢微生物的生长有重要影响。当温度低于10°C时，微生物再生和死亡过程基本处于平衡状态；当体系温度大于10°C时，微生物的生长就会显著加速。生物膜密度随季节变化而变化的现象已被许多研究者证实。在冬季低温季节，微生物的活动受到抑制，即使水中BOM含量较高，细菌生物量也不会大量增加；而在夏季高温且余氯水平较低的情况下，水中细菌生物量与BOM浓度呈现明显的正相关关系。Lund和Ormerod研究发现：温度低于5°C时，新的塑料管表面没有明显的生物膜形成；温度高于5°C时，生物膜开始形成。但若温度再降低至5°C以下，生物膜的生长即被抑制[126]。另外，达到控制生物膜内微生物生长的需氯量与温度之间存在明显的线性正相关关系。值得指出的是，温度对生物膜的影响作用大小与水中BOM浓度、余氯浓度水平等因素是相互关联的[123]。水温较高时，余氯衰减速度加快，难以维持较高余氯浓度，如果BOM浓度仍在较高浓度水平，细菌的生长繁殖就会大大加速。但如果增大消毒剂投加剂量，消毒副产物的生成就有可能成为不可忽视的问题。

以往对管壁生物膜的研究大多是在实验室控制条件下进行的，设计良好的实验装置与严格的实验控制条件可以较好地研究某项特定因素对生物膜生长的影响作用。但实验室研究的主要缺点是对实际管网的情形代表性较差；中试系统可以较好地模拟实际管网状况，但中试模型系统搭建、运行费用较高；而对实际管网进行的现场研究往往又存在难以取样的问题。Hallam等利用生物膜势监测器（biofilm potential monitor，BPM）对实际管网中的生物膜进行了现场研究。BPM主要是将玻璃小球（直径3mm）置于乙酰基树脂托架上而构成[127]。研究发现BPM不仅能较好地代表实际管网的情形，而且所得结果具有很好的重现性，可以成为一种有效的监测管网生物膜方法。

针对管网系统微生物的再生长问题，建立预测模式可以为指导水处理过程和管网运行提供有利工具[75]。不同研究者基于各自的研究方法曾建立了不同的模式。其中，生物膜累积模式主要包括营养物质传输与消耗、生物膜形成、细菌生长与死亡、微生物脱落与转移等过程，该模式已经在循环管路中试系统中被证明是有效的。另一种模式（称作SANCHO模式）是在研究生物颗粒活性炭过滤时发生的各种生物膜过程的基础上建立的。该模式主要是基于细菌生长与BDOC浓度之间的相关关系，其基本要素包括细菌在管壁的黏附、细菌与有机物的相互作用（如同化、胞外酶水解等）、细菌在管壁和水相中的生长与死亡、消毒剂的影响等。第三种模式（ALCOL模式）的建立主要是用于评价管网中杆菌出现的风险，所涉及的因素有温度、BDOC浓度、残余消毒剂、水中的悬浮细菌等。

11.4　消毒剂余量与管网水质的关系

保证管网中一定的消毒剂浓度是水处理的一项重要目标，是控制输配过程中细菌浓度水平、保障供水安全的重要手段。以往出厂水中消毒剂投量的确定是以使整个管网系统中都能维持一定的消毒剂水平来衡量的，这往往要求非常高的消毒剂投量。供水行业中最常用的消毒剂自由氯（氯气或次氯酸盐）虽可以有效杀灭水中悬浮细菌，但它与有机物反应生成的THMs、HAAs等DBPs具有潜在的致癌性，从而成为影响饮用水安全的另一重要问题。现行的饮用水法规中对水的微生物学指标（如总杆菌数）和DBPs指标都有严格的限制。因此，如何不仅维持管网中一定的消毒剂浓度水平以满足水的微生物学指标要求，与此同时又尽可能控制DBPs生成，这是供水行业面临的巨大挑战。

由于水中的NOM既是微生物生长的主要营养物质，又是DBPs生成前驱物，因此尽可能去除水中NOM是保证管网水质生物稳定性和减少DBPs生成的根本途径。欧洲国家一般采用深度和多级处理的方式，最大限度地提高水的生物稳定性（如使出厂水中AOC浓度降到20μg C/L以下），从而避免由于使用消毒剂所带来的DBPs问题。在美国，往往采用降低水中NOM和使用消毒剂二者相结合的方式，既确保消毒剂对细菌生长的抑制作用，又能控制DBPs的大量生成。在消毒剂选择上，越来越多的水厂开始使用氯胺等消毒剂以取代自由氯，从而达到降低DBPs生成量的目的。

消毒剂具有氧化能力，在管网中将继续与水相和管壁的有机物等还原性物质反应，从而导致消毒剂余量随着管网的延伸而降低。消毒剂的衰减速率受温度的影响非常大，夏季要维持管网中消毒剂余量比其他季节困难得多。消毒剂除了与管网系统中存在的各种溶解性和颗粒态有机物反应而造成消耗，与非惰性管壁材料的反应也会导致部分消毒剂消耗。如铁质管材表面腐蚀所产生的Fe(Ⅱ)化合物可以被自由氯或氯胺氧化而生成Fe(Ⅲ)甚至Fe(Ⅳ)化合物[128]。由于腐蚀层中亚铁浓度有时可以达到非常高的浓度（0.1～40 mg/L），因此这类反应有时会成为消毒剂消耗的重要途径。如果消毒剂在管壁上的反应占主导，管径大小对消毒剂衰减也会有较大的影响，管径越小（即接触面积与水体积的比值越大），管壁对消毒剂消耗的影响作用就会更显著。

由于消毒剂在管网内发生各种反应的复杂性以及管网自身构成、布局的复杂性，要探明其在管网内消耗衰减的机理是非常困难的。在实际中经常使用经验模型来预测消毒剂在管网中的衰减过程与残余浓度水平。模型中通常包括消毒剂初始浓度、水中有机物浓度、温度、时间等因素，此外，消毒剂消耗还与管材管壁特征有密切关系。

尽管自由氯作为饮用水消毒剂已有很长的历史，但在管网中难以维持一定自由氯余量，这仍是困扰供水行业的一大问题。深入认识自由氯在水相中和管壁上随时间消耗衰减规律是保证管网中余氯水平、实现饮用水安全输配的重要方面。在水相中，自由氯一般通过与氨、二价铁、有机物等还原性物质反应而消耗；在管壁上，自由氯则主要与沉积颗粒物、腐蚀产物以及管壁生物膜反应而消耗。自由氯在管道内的消耗可以用一级反应动力学进行模拟。Hallam 等研究了自由氯在具有不同内壁特征管道内的衰减过程，指出管材相对于自由氯的消耗可分为高反应活性（如无内衬铁管）和低反应活性（如 PVC、MDPE、水泥内衬铁管）管材两种。对高反应活性管材，自由氯从水相往管壁的扩散传输过程是其消耗快慢的限制因素；而对于低反应活性管材，自由氯的消耗速度与具体管材特征有关[129]。Lu 等研究还表明，就新的塑料管材（如 PVC、PE）而言，管壁上氯的消耗相对于水相往往是可以忽略的；但当管壁上存在生物膜时，生物膜对自由氯有不同程度的消耗；在稳定状态下，生物膜需氯量与水中 BDOC 浓度呈线性正相关关系[130]。

消毒剂种类对管网水质产生的影响也有所不同。一般说来，氯胺氧化能力低于自由氯，其灭活细菌的效力也相应较低。但另一方面，也正由于氯胺反应活性较低，因此较自由氯更易于在管网中维持一定水平的余量，从而具有长效的灭菌能力。与自由氯相比，氯胺与有机物反应生成 DBPs 潜势也要低得多。另一方面，如前所述，相对于自由氯，氯胺能更为有效地控制管壁生物膜的生长。Norton 和 LeChevallier 研究了两个配水管网系统由自由氯消毒转变为氯胺消毒后对水质的影响，发现使用氯胺后，水中出现杆菌的概率、HPC 与 DBPs 的浓度均大大降低[131]。Neden 等也对比研究了自由氯和氯胺消毒对控制管网中细菌生长的影响，发现氯胺消毒后水中异养菌浓度降低、杆菌出现阳性概率减小、味和嗅减小、消毒剂余量较为稳定[132]。

氯胺由自由氯与氨反应生成，根据二者的不同比例可以通过如下反应分别生成一氯胺、二氯胺和三氯胺：

$$NH_4^+ + HOCl \longrightarrow NH_2Cl + H_2O + H^+ \tag{11-26}$$

$$NH_2Cl + HOCl \longrightarrow NHCl_2 + H_2O \tag{11-27}$$

$$NHCl_2 + HOCl \longrightarrow NCl_3 + H_2O \tag{11-28}$$

其中，最常用且消毒效能最强的形态是一氯胺，对应于自由氯与氨氮的摩尔比为 1∶1，质量比为 5∶1。一氯胺并不稳定，既可以进一步反应生成二氯胺，也可以通过水解和自分解重新生成自由氨，反应式为

$$2NH_2Cl + H^+ \longrightarrow NH_4^+ + NHCl_2 \tag{11-29}$$

$$NH_2Cl + H_2O \longrightarrow HOCl + NH_3 \tag{11-30}$$

$$3NH_2Cl \longrightarrow N_2 + NH_3 + 3HCl \tag{11-31}$$

当体系 pH 降低、温度升高、自由氯与氨比值增大时，氯胺自身分解速率将加快。Valentine 等研究发现，pH 对氯胺衰减速率影响极大，当 pH 从 7.5 降低到 6.5 时，氯胺的半衰期由 300h 降低到 40h。Vikesland 等研究表明，水中碳酸根、亚硝酸根和溴离子等也能加速氯胺衰减，并建立了相应的氯胺衰减模型[133, 134]。Valentine 发现，pH 为 7.5 条件下，随着温度从 4°C 升高到 35°C，氯胺衰减速率增大了 6.5 倍。消毒过程中若降低 Cl_2 ∶ NH_3 的比值，可以延缓氯胺的衰减过程；但在较高 pH 时，该比值对氯胺衰减速率的影响作用较低。

在实际操作中，如果通过分别投加自由氯和氨的方式得到一氯胺，必须注意二者的投加顺序与投加比例。如果先投加自由氯并使之与水有一定的接触反应时间，可以提高消毒效果，但同时也增大了 DBPs 生成量。如果自由氯和氨的投加比例接近或大于 5∶1，体系中就会生成二氯胺甚至三氯胺。但如果自由氯与氨比例较小，则水中游离氨氮的浓度就相对较高，增大了发生硝化反应的可能性。一般采用的自由氯与氨的比例为 3∶1～5∶1。

虽然氯胺作为消毒剂相对于自由氯有较多优点，但实际中经常面临的问题是管网中发生硝化反应的可能性大大增加。60％以上的使用氯胺作消毒剂的供水企业遇到过管网硝化现象的问题。硝化现象一旦发生将导致水质多方面的恶化：消毒剂余量的降低、水中 HPC 浓度升高、管壁生物膜密度增加、水中硝酸盐氮和亚硝酸盐氮浓度升高等。

硝化现象发生的根本原因在于水中存在过量氨氮。氨氮过量的原因较多：可能由于在生成氯胺过程中自由氯加入量不足（Cl_2 ∶ NH_3 ＜5），或由活性炭过滤过程中的反硝化作用而生成，此外氯胺在管网中的自身分解或与还原性物质（如有机物）反应生成也是重要原因之一。

硝化作用是由以下两个主要反应步骤组成的生物化学过程：首先，氨氮在氨氧化菌（AOB）作用下被氧化成亚硝酸盐；之后，亚硝酸盐在亚硝酸盐氧化菌（NOB）作用下被氧化成硝酸盐。氨氧化菌包括多种细菌，其中最重要的一种是 *Nitrosomonas*，此外还有 *Nitrosolobus*、*Nitrosococcus*、*Nitrosovibrio*、*Nitrosospira* 等氧化氨氮速率极为缓慢的细菌[135]。*Nitrobacter* 是惟一的一种亚硝酸盐氧化菌。AOB 与 NOB 均为自养型细菌，分别以氧化氨氮和亚硝酸盐氮作为其能量来源，与此同时，将无机碳同化为有机碳支持自身的生长并使其成为生物链的一部分，促进其他异养菌的生长繁殖。AOB 和 NOB 所引起的硝化反应分别表示如下：

$$\frac{1}{6}NH_4^+ + \frac{1}{4}O_2 \rightarrow \frac{1}{6}NO_2^- + \frac{1}{3}H^+ + \frac{1}{6}H_2O \tag{11-32}$$

$$\frac{1}{2}NO_2^- + \frac{1}{4}O_2 \rightarrow \frac{1}{2}NO_3^- \tag{11-33}$$

AOB 生长速度通常较慢，并且会受光照等因素抑制，其最佳生长 pH 范围为略碱性（大于 8.0），温度为 25～30°C。NOB 所适宜的 pH 和温度范围比 AOB 小，因此并不一定能与 AOB 在管网中同时存在。如果 AOB 氧化氨氮与 NOB 氧化亚硝酸盐氮的反应能够同时进行，并且前一步骤氧化生成的亚硝酸盐能立即被第二步骤氧化为硝酸盐，则上述硝化反应本身不会造成消毒剂的消耗。但如果 AOB 氧化生成的亚硝酸盐不能即时被 NOB 氧化，则亚硝酸盐就会与水中氯胺或自由氯反应，使消毒剂余量减少，进而导致水的细菌学指标恶化。亚硝酸盐与自由氯的反应早已被人们所认识，1 mg/L 亚硝酸盐可以导致 5 mg/L 自由氯消耗。最近的研究还发现氯胺也能直接与亚硝酸盐反应导致氯胺消耗及游离氨的释放。上述反应的反应式为

$$HOCl + NO_2^- = NO_3^- + Cl^- + H^+ \quad (11\text{-}34)$$

$$NH_2Cl + NO_2^- + H_2O = NO_3^- + NH_4^+ + Cl^- \quad (11\text{-}35)$$

判断管网系统中硝化现象是否发生，可以从监测氯胺余量是否减少、HPC 浓度和亚硝酸盐浓度是否增加来确定。随着管网延伸与输配距离的增加，氯胺（AOB 抑制剂）浓度逐渐降低，氨氮（AOB 能量源）浓度逐渐升高，当氯胺对 AOB 的抑制作用小于氨氮对 AOB 生长的促进作用时，硝化现象就有可能发生。因此，硝化现象大多发生在距离水厂较远的管网位置。供水企业必须及时监测可能发生的硝化现象并采取相应的控制措施。一旦发生较大程度的硝化作用后再进行干预，往往很难达到理想的抑制硝化作用的效果。这主要是由于硝化菌可以大量地依存于生物膜而受到保护，仅仅靠增加消毒剂剂量很难实现其有效杀灭与控制。

要避免和控制硝化现象的发生，应采取措施尽量降低氯胺在管网中的衰减速率，减少自由氨的释放。研究表明，氯胺的分解是酸催化反应[136]。在酸催化作用下，两个一氯胺分子反应生成二氯胺，之后二氯胺迅速分解。pH 大于 8.0 时氯胺分解速度最慢，并且 pH 大于 8.3 时，Cl_2：NH_3 比值对其分解速率影响不大。因此，pH8.3 时可以较好地维持管网中氯胺余量。许多研究证实水中 NOM 能加速氯胺衰减，然而 NOM 与其相互作用机理尚不清楚。NOM 既可能催化氯胺的衰减过程（例如腐殖质可以起到类似的酸催化分解作用），也可能作为还原剂与氯胺反应而消耗氯胺[137]。氯胺氧化 NOM 的反应可由式（11-36）进行表示：

$$NOM + NH_2Cl = NH_4^+ + NOM + Cl^- + \text{产物} \quad (11\text{-}36)$$

可以看出，每消耗 1mol 氯胺，就会释放 1mol 自由氨。因此，NOM 对氯胺的还原作用促进了氯胺的消耗与自由氨的释放。Bone 等实验证实氯胺与 NOM 的氧化反应是导致管网初期阶段氯胺消耗的主要因素，而氯胺的自身分解则是管网后期氯胺消耗的主要途径[138]。强化水处理过程对 NOM 的去除是降低输配过

程中氯胺衰减速率的重要手段。Harrington 等研究表明，与传统混凝过程处理后的水相比，经强化混凝处理后的水能明显延缓硝化现象的发生、降低管网中硝化现象发生的概率[139]。Wilczak 等的研究也表明，GAC 吸附和纳滤工艺对水中有机物去除率高于传统混凝沉淀过滤工艺，从而能显著提高氯胺在管网系统中的稳定性[140]。

另外，提高 pH 能延缓氯胺的分解速率，这有利于抑制硝化现象的发生。但另一方面，pH 的升高也可能降低氯胺对 AOB 的灭活效果。调查研究表明，硝化现象可在较宽的 pH 范围内（6.5～10.0）发生。因此，pH 对硝化作用的影响必须根据具体情况进行判断。温度是影响硝化作用的另一重要因素，水温较高利于硝化细菌的生长，并且明显加快氯胺的衰减速率。实际监测结果也表明硝化现象多发生在水温较高（大于 15℃）的季节，尤其在夏季更为频繁[141]。此外，一旦发生硝化现象，即使温度随季节降低，硝化现象也难以完全抑制[142]。常用的抑制硝化细菌生长的方法还包括：严格控制过滤、GAC 吸附等水处理过程实现 NOM 有效去除，并避免氨氮生成；增大氯和氨氮比值，减小自由氨氮含量；周期性地使用自由氯消毒（折点加氯法）替换氯胺消毒；尽可能降低水在管网内停留时间；保持管网中氯胺余量在 2.0 mg/L 以上。此外，对管网进行清洗也有利于抑制硝化细菌的生长，并维持一定的消毒剂浓度水平。

水在管网中的输配是饮用水供给的最后环节，也是水质安全保障的重要组成部分。如何采取有效措施保证水在送到用户末端时仍然是安全优质的，始终都是饮用水安全保障的重点。研究与应用证明，不同管材和管网类型、不同水质和水输送环境等都会对管网水质产生影响，保障管网水质稳定必须从系统的角度考虑。出厂水的水质是保证管网水质的最重要基础，同时必须选择适当的管材和管网运行条件，从化学稳定性和生物稳定性两个方面制定保证管网水质的运行方案和输配工艺。近年来，管网水质安全得到了全世界的普遍关注，这方面的研究也越来越深入，从不同条件下管网水质转化的规律性认识，到防止管网送配二次污染的工程实施，都成为饮用水研究和应用探索的重要课题。然而，就目前的认识和应用水平来说，对管网水质安全保障仍需要在原理、技术、材料和工艺等方面实现全面发展，并将其作为一个系统工程，不断推进应用实施。

参考文献

[1] Sarin P, Snoeyink V L. Bebee J, Kriven W M, Clement J A. Physico-chemical characteristics of corrosion scales in old iron pipes. Water Res., 2001, 35 (12): 2961～2969

[2] Lin J, Ellaway M, Adrien R. Study of corrosion material accumulated on the inner wall of steel water pipe. Corros. Sci., 2001, 43: 2065～2081

[3] Baylis J R. Prevention of corrosion and red water. J. Am. Water Works Ass., 1926, 15 (6): 589～631

[4] Sontheimer H, Kolle W, Snoeyink V L. The siderite model of the formation of corrosion-resistant scales. J. Am. Water Works Ass., 1981, 73 (11): 572~579

[5] Singer P C, Stumm W. The solubility of ferrous iron in carbonate-bearing waters. J. Am. Water Works Ass., 1976, 68: 198~202

[6] Sarin P, Bebee J, Beckett M A, Jim K K, Lytle D A, Clement J A, Kriven W M, Snoeyink V L. Mechanism of release of iron from corroded iron/steel pipes in water distribution systems. Proceedings of AWWA annual conference, Denver, Colorado, 2000

[7] Sontheimer H, Kölle W, Snoeyink V L. The siderite model of the formation of corrosion-resistant scales. J. Am. Water Works Ass., 1981, 73 (11): 572~579

[8] Sander A, Berghult B, Ahlberg E, Elfström Broo A, Johansson E L, Hedberg T. Iron corrosion in drinking water distribution systems-surface complexation aspects. Corros. Sci., 1997, 39 (1): 77~93

[9] Smith S E. Minimizing red water in drinking water distribution systems. Proceedings of water quality technology conference, San Diego, California, 1998

[10] Elzenga C H J, Graveland A, Smeenk J G M M. Corrosion by mixing water of different qualities. Water Supply: the review journal of the international water supply association, 1987, 5 (3/4) ss12: 9~12

[11] Stumm W. Investigation of the corrosive behavior of waters. Journal of ASCE Sanitary Engineering Division, 1960, 86: SA6~27

[12] Larson T E. Skold R V. Current research on corrosion and tuberculation of cast iron. J. Am. Water Works Ass., 1958b, 50 (11): 1429

[13] Larson T E, Skold R V. Laboratory studies relating mineral quality of water to corrosion of steel and cast iron. J. Am. Water Works Ass., 1958, 14 (6): 285~588

[14] Hidmi L, Gladwell D, Edwards M. Water quality and lead, copper, and iron corrosion in Boulder water. Report to the City of Boulder. Colorado, 1994

[15] Larson T E, King R M. Corrosion by water at low flow velocity. J. Am. Water Works Ass., 1954, 46 (1): 3~9

[16] LeChevallier M W, Lowry C D, Lee R G, Gibbon D L. Examining the relationship between iron corrosion and the disinfection of biofilm bacteria. J. Am. Water Works Ass., 1993, 85 (7): 111~123

[17] Frateur I, Deslouis C, Kiene L, Levi Y, Tribollet B. Free chlorine consumption induced by cast iron corrosion in drinking water distribution systems. Water Res., 1999, 33 (8): 1781~1790

[18] Rompre A, Prévost M, Coallier J, Brisebois P, Lavoie J, Lafrance P. Implementing the best corrosion control for your needs. Proceedings of AWWA Water Quality Technology Conference, Tampa, Florida, 1999

[19] Raad R, Rompré A, Prévost M, Morissette C, Lafrance P. Selecting the best corrosion control strategy using a new rapid corrosion monitoring tool. Proceedings of AWWA Water Quality Technology Conference, San Diego, California, 1998

[20] Williams S M. The use of sodium silicate and sodium polyphosphate to control water problems. Water Supply, 1990, 8: 195

[21] Rushing J C, McNeill L S, Edwards M. Some effects of aqueous silica on the corrosion of iron. Water Res., 2003, 37: 1080~1090

[22] Mayer, T D, Jarrell W M. Formation and stability of iron (Ⅱ) oxidation products under natural con-

centration of dissolved silica. Water Res., 1996, 30: 1208～1214

[23] Lind J E. Importance of water composition for prevention of internal copper and iron corrosion. PhD dissertation. Chalmers University of Technology, Goteborg, Sweden, 1989

[24] Larson T E. Chemical control of corrosion. J. Am. Water Works Ass., 1966, 58 (3): 354～362

[25] Deng Y, Stumm W. Reactivity of Aquatic iron (Ⅲ) oxyhydroxides-implicaitions for redox cycling of iron in natural waters. Applied Geochem., 1994, 9 (1): 23～36

[26] Mcneill L S, Edwards M. The importance of temperature in assessing iron pipe corrosion in water distribution systems. Environ. Monit. Assess., 2002, 77: 229～242

[27] Volk C, Dundore E, Schiermann J, Lechevallier M. Practical evaluation of iron corrosion control in a drinking water distribution system. Water Res., 2000, 34: 1967～1974

[28] Horsley M B, Northrup B W, O'Brien W J, Harms L L. Minimizing iron corrosion in lime softened water. AWWA water quality technology conference, San Diego, California, 1998

[29] Edwards M, Ferguson J F, Reiber S H. The pitting corrosion of copper. J. Am. Water Works Ass., 1994, 86 (7): 74～90

[30] Cruse H, Franqué O. Corrosion of copper in potable water systems, 'Internal Corrosion of Water Distribution Systems' [M], AWWA Research Foundation, DVGW-Forschungsstelle cooperative research report, 1985

[31] Cotton, F A, Murillo C A, Bochmann M. Advanced inorganic chemistry [M]. John Wiley & Sons, Inc., New York, 1988

[32] Millero F J, Izaguirre M, Sharma V K. The effect of ionic interaction on the rates of oxidation in natural waters. Mar. Chem., 1987, 22: 179

[33] Schock M R. Treatment or water quality adjustment to attain MCL's in metallic potable water plumbing systems. Proceedings of a Seminar: Plumbing Materials and Drinking water quality. Cincinnati, Ohio, 1985

[34] Schock M R, Gardels M C. Plumbosolvency reduction by high pH and low carbonate-solubility relationships. J. Am. Water Works Ass., 1983, 75 (2): 87～91

[35] Shoesmith, D W, Lee W, Bailey M G. Anodic oxidation of copper in alkaline solutions II-the open-circuit potential behavior of electrochemically formed cupric hydroxide films. Electrochem. Acta, 1977, 22: 1403

[36] Adeloju S B, Hughes H C. The corrosion of copper pipes in high chloride-low carbonate mains water. Corros. Sci., 1986, 26 (10): 851～870

[37] Merkel T H, Gross H-J, Werner W, Dahlke T, Reicherter S, Beuchle G, Eberle S H. Copper corrosion by-product release in long-term stagnation experiments. Water Res., 2002, 36: 1547～1555

[38] Broo A E. Copper corrosion in water distribution systems-the influence of natural organic matter (NOM) on the solubility of copper corrosion products. Corros. Sci., 1998, 40 (9): 1479～1489

[39] Edwards M. Alkalinity, pH, and copper corrosion by-product release. J. Am. Water Works Ass., 1996: 88 (3): 81～94

[40] Milosev I, Metikos-Hukovic M, Drogowska M, Menard H, Brossard L. Breakdown of passive film on copper in bicarbonate solutions containing ions. J. Electrochem. Soc. 1992, 139 (9): 2409～2418

[41] Edward M, Meyer T, Rehring J. Effect of various anions on copper corrosion rates. Proceedings of AWWA Annual Conference, San Antonio, Texas, 1993

[42] Broo A E, Berghult B, Hedberg T. Copper corrosion in drinking water distribution systems-the influence of water quality. Corros. Sci., 1997, 39: 1119~1132

[43] Hong P K, Macauley Y Y. Corrosion and leaching of copper tubing exposed to chlorinated drinking water. Water Air Soil Poll., 1998, 108: 457~471

[44] Powers K A. Aging and copper corrosion by-product release: role of common anions, impact of silica and chlorine, and mitigating release in new pipe. MS thesis, Virginia Polytechnic Institute and State University, Blacksburg, Virginia, 2001

[45] Campbell H S. A natural inhibitor of pitting corrosion of copper in tap waters. J. Appl. Chem., 1954, 4: 633

[46] Boulay N, Edwards M. Role of temperature, chlorine, and organic matter in copper corrosion by-product release in soft water. Water Res., 2001, 35 (3): 683~690

[47] Boffardi B P. Lead corrosion. J. Am. Water Works Ass., 1995 (6): 121~131

[48] Schock M, Wagner I. The corrosion and solubility of lead in dinking water, 'internal Corrosion of Water Distribution Systems', Chapter 4, AWWA Research Foundation, DVGW-Forschungsstelle cooperative research report, Denver, 1985

[49] Beccaria A M, Mor E D, Bruno G, Poggi G. Corrosion of lead in sea water. Brit. Corros. J., 1982, 17 (2): 87~91

[50] Samuels E R, Meranger J C. Preliminary studies on the leaching of some trace metal from kitchen faucets. Water Res., 1984, 18 (1): 75~80

[51] Letterman R D, Amirtharajah A, O'Melia C R. Water Quality and Treatment - A Handbook of Community Water Supplies, Fifth Edition [M], McGRAW-Hill, INC. American Water Works Association, Denver, 1999

[52] Reiber S, Ryder R A, Wager I. Corrosion Assessment Technologies, 'internal Corrosion of Water Distribution Systems', 2nd ed. [M], AWWA Research Foundation, Denver, Coloradao, 1996

[53] Schock M R, Smothers K W. X-ray microscope, and wet chemical techniques: A complementary team for deposit analysis, Proceedings of AWWA Water Quality Technology Conference, Philadelphia, 1989

[54] Langellier W F. The analytical control of anti-corrosion water treatment. J. Am. Water Works Ass., 1936, 28 (10): 1500~1521

[55] Snoeyink V L, Kuch A. Principles of metallic corrosion in water distribution systems, 'internal Corrosion of Water Distribution Systems', AWWA Research Foundation/DVGW Forschungsstelle, Denver, Coloradao, 1985

[56] Snoeyink V L, Wagner I. Principles of corrosion in water distribution systems, 'internal Corrosion of Distribution Systems', 2nded. [M], AWWA Research Foundation/ DVGW-TZW, 1996

[57] Trussell R R. Corrosion, 'Water Treatment Principles and Design' [M]. John Wiley & Sons, New York, 1985

[58] Rossum J R, Merrill Jr D T. An evaluation of the calcium carbonate saturation indices. J. Am. Water Works Ass., 1983, 75 (2): 95~100

[59] Merrill D T, Sanks R L. Corrosion Control by Deposition of $CaCO_3$ Films (Ⅲ). J. Am. Water Works Ass., 1978, 70 (1): 12

[60] Loewenthal R E, Marais G V R. Carbonate Chemistry of Aquatic Systems [M]. Ann Arbor Science

Publishers, Ann Arbor, MI, 1976

[61] Ryznar J W. A new index for determining amount of calcium carbonate scale formed by a water. J. Am. Water Works Ass., 1944, 36 (4): 472～486

[62] Stumm W, Morgan J J. Aquatic Chemistry [M]. 3rd ed. John Wiley & Sons, New York, 1996

[63] Shock M R, Gardels M C. Plumbosolvency reduction by high pH and low carbonate solubility relationships. J. Am. Water Works Ass., 1983, 75 (2): 87～91

[64] Larson T E. Corrosion by Domestic Waters, Bulletin 59, Illinois State Waters Survey, 1975

[65] Larson T E, Skold R V. Corrosion and tuberculation of cast iron. J. Am. Water Works Ass., 1957, (10): 1294～1302

[66] Singley J E. The search for a corrosion index. J. Am. Water Works Ass., 1981, 73 (11): 579～582

[67] Pigsan R A Jr, Singley J E. Evaluation of water corrosivity using the Langelier Index and relative corrosion rate models. Mat. Perf., 1985, 26 (4): 26～36

[68] Singley J E, Beaudet B A, Markey P H. Corrosion manual for internal corrosion of water distribution systems. EPA/570/9-84-001, US Environmental Protection Agency, Prepared for Office of Drinking Water by Environmental Science and Engineering, Inc., Gainesville, Florida, 1984

[69] Corrosion Control for Operators [M]. American Water Works Association, Denver, Colorado, 1986

[70] Schock, M R, Wagner I, Oliphant R. The corrosion and solubility of lead in drinking water, 'internal Corrosion of Water Distribution Systems', 2nd ed. [M], AWWA Research Foundation/TQW, Denver, 1996, 131～230

[71] Boireau A, Randon G, Cavard J. Positive action of nanofiltrarion on materials in contact with drinking water. J. Water Supply Res. T., 1997, 46 (4): 210～217

[72] Holm T R, Schock M. Potential effects of polyphosphate products on lead solubility in plumbing systems. J. Am. Water Works Ass., 1991, 83 (7): 76～82

[73] Hadad A S, Pizzo P P. The effect of temperature, humidity and silicon content on the oxidation of fine iron particles. Corrosion of Electronic and Magnetic Materials [M], American Society for Testing and Materials (ASTM) STP, 1992

[74] Volk C J, LeChevallier M W. Assessing biodegradable organic matter. J. Am. Water Works Ass., 2000, 92 (5): 64～76

[75] Appenzeller B M, Batte M, Mathieu L, Block J C, Lahoussine V, Cavard J, Gatel D. Effect of adding phosphate to drinking water on bacterial growth in slightly and highly corroded pipes. Water Res., 2001, 35 (4): 1100～1105

[76] Bette M, Koudjonou B, Laurent P, Mathieu L, Coallier J, Prevost M. Biofilm responses to aging and to a high phosphate load in a bench-scale drinking water system. Water Res., 2003, 37: 1351～1361

[77] LeChevallier M W, Badcock T M, Lee R G. Examination and characterization of distribution system biofilms. Appl. Environ. Microb., 1987, 53: 2714～2724

[78] Huck P M. Measurement of biodegradable organic matter and bacterial growth in drinking water. J. Am. Water Works Ass., 1990, 82 (7): 78～86

[79] Van der Kooij D. Assimilable organic carbon as an indicator of bacterial regrowth. J. Am. Water Works Ass., 1992, 84 (2): 57～65

[80] LeChevallier M W, Shaw N J, Smith, D B. Factors limiting Microbial growth in distribution systems:

Full-scale experiments. AWWA RFP 90709. American Water Works Association Research Foundation, Denver, 1996

[81] Pascal O, Joret J C, Levi Y, Dupin T. Bacterial aftergrowth in drinking water networks measuring biodegradable organic carbon (BDOC). 'Ministere l'Environment/US Environmental Protection Agency Franco-American Semina', Cincinnati, Ohio, 1986

[82] Volk C J, Volk C B, Kaplan L A. Chemical composition of biodegradable dissolved organic carbon matter in stream water. Limnol. Oceanogr., 1997, 42: 39~44

[83] Escobar I, Randall A A. Sample storage impact on the assimilable organic carbon (AOC) bioassay. Water Res., 2000, 34 (5): 1680~1686

[84] LeChevallier M W. Coliform regrowth in drinking water: a review. J. Am. Water Works Ass., 1990, 82: 74~86

[85] Escobar I. CRandall A A. Assimilabe organic carbon (AOC) and biodegradable dissolved organic carbon (BDOC): complementary measurements. Water Res., 2001, 35 (18): 4444~4454

[86] Rice E W, Scarpino P V, Logsdon G S, Reasoner D J, Mason P J, Blannon J C. Bioassay procedure for predicting coliform bacterial growth in drinking water. Environ. Technol., 1990, 11: 821~828

[87] Rice E W, Scarpino P V, Reasoner D J, Logsdon G S, Wild D K. Correlation of coliform growth response with other water quality parameters. J. Am. Water Works Ass., 1991, 83 (7): 98~102

[88] Kaplan L A, Reasoner D J, Rice E W. A survey of BOM in U.S. drinking waters. J. Am. Water Works Ass., 1994, 86 (2): 121~132

[89] Volk C J, LeChevallier M W. Effects of conventional treatment on AOC and BDOC levels. J. Am. Water Works Ass., 2002, 94 (6): 112~123

[90] McFeters G A, Kippin J S, LeChevallier M W. Injured coliforms in drinking water. Appl. Environ. Microb., 1986, 51: 1~5

[91] Camper A K, Broadaway S C, LeChevallier M W, McFeters G A. Operational variables and the release of colonized granular activated carbon particles in drinking water. J. Am. Water Works Ass., 1987, 79 (5): 70~74

[92] Stewart M H, Wolf R L, Means E G. Assessment of the bacteriological activity associated with granular activated carbon treatment of drinking water. Appl. Environ. Microb., 1990, 56: 3822~3829

[93] Volk C, Renner C, Roche P, Paillard H, Joret J C. Effect of ozone on the production of biodegradable dissolved organic carbon (BDOC) during water treatment. Ozone Sci. Eng. 1993, 15: 389~404

[94] Hu J Y, Wang Z S, Ng W J, Ong S L. The effect of water treatment processes on the biological stability of potable water. Water Res., 1999, 33 (11): 2587~2592

[95] Escobar I, Hong S, Randall A A. Removal of assimilable organic carbon and biodegradable dissolved organic carbon by reverse osmosis and nanofiltration membranes. J. Membrane Sci., 2000, 175: 1~17

[96] Martin R S, Gates W H, Tobin R S, Grantham D. Factors affecting coliform bacterial growth in distribution systems. J. Am. Water Works Ass., 1982, 74 (1): 34~37

[97] Buelow R W, Taylor R H, Geldreich E E, Goodenkauf A, Wilwerding L. Disinfection of new water mains. J. Am. Water Works Ass., 1976, 68 (6): 283~288

[98] Hamilton J J. Potassium permanganate as a main disinfectant. J. Am. Water Works Ass., 1974, 66 (12): 734~738

[99] Briganti L A, Wacker S C. Fatty acid profiling and the identification of environmental bacteria for drinking water utilities. American Water Works Association Research Foundation and American Water Works Association, Denver, 1995

[100] Tenenbaum S. Pseudomonads in cosmetics. J. Soc. Cosmetic. Chem., 1967, 18: 797～807

[101] Duunigan A P. Microbiological control of cosmetic products, 'Federal Regualtions and Practical Control Microbiology for Disinfectants, Drugs, and Cosmetics', Soc. Indust. Microbiol.', Special Publication no. 4, 1969

[102] Borgstrom S. Principles of food science, 'Food Microbiology and Biochemistry', Vol. 2, Macmillan Co., Collier Macmillan Ltr., London, England, 1978

[103] Camper A K, LeChevallier M W, Broadaway S C, McFeters G A. Growth and persistence on granular activated carbon filters. Appl. Environ. Microb., 1985, 50: 1378～1382

[104] Geldreich E E. Coliform noncompliance nightmares in water supply distribution systems, Chapter 3, Water quality: A realistic perspective. University of Michigan, College of Engineering, Michigan Water Pollution Control Association, Lansing, MI, 1988

[105] Nagy L A. Biofilm composition, formation and control in the Los Angles Aqueduct system., Proceedings of AWWA Water Quality Technology Conferences, Nashville, Tenn., 1982

[106] Block J C, Haudidier K, Paquin J L, Miazga J, Levi Y. Biofilm accumulation in drinking water distribution systems. Biofouling, 1993, 6: 333～343

[107] Geldreich E E. Microbial quality control in distribution systems. Water quality and treatment, 4th Ed. [M], American Water Works Association, McGraw-Hill Inc., New York, 1990

[108] Prevost M, Rompre A, Coallier J, Servais P. Suspended bacterial biomass and activity in full-scale drinking water distribution systems: impact of water treatment. Water Res., 1998, 32 (5): 1393～1406

[109] LeChevallier M W, Lowry C D, Lee R G, Gibbon D L. Examining the relationship between iron corrosion and the disinfection of biofilm bacteria. J. Am. Water Works Ass., 1993, 7: 111～123

[110] Characklis W G, Goodman D, Hunt W A, McFeters G A. Bacterial regrowth in distribution systems. American Water Works Association Research Foundation, Denver, 1988

[111] Pederson K. Biofilm development on stainless steel and PVC surfaces in drinking water. Water Res., 1990, 24: 239～243

[112] Emde K M, Smith D W, Facey R. Initial investigation of microbially influenced corrosion (MIC) in a low temperature water distribution system. Water Res., 1992, 26 (2): 169～175

[113] Camper A K, Jones W L, Hayes J T. Effect of growth conditions and substratum composition on the persistence of coliform in mixed-population biofilms. Appl. Environ. Microb., 1996, 62 (11): 4014～4018

[114] Holden B, Greetham M, Croll B T, Scutt J. The effect of changing inter-process and final disinfection reagents on corrosion and biofilm growth in distribution pipes. Water Sci. Technol., 1995, 32: 213～220

[115] Niquette P, Servais P, Savoir R. Impacts of pipe materials on densities of fixed bacterial biomass in a drinking water distribution system. Water Res., 2000, 34 (6): 1952～1956

[116] Ridgway H F, Olson B H. Scanning electron microscope evidence for bacterial colonization of a drinking water distribution system. Appl. Environ. Microb., 1981, 41 (1): 274～287

[117] Sly L I, Hodgkinson M C, Arunpairojana V. Deposition of manganese in a drinking water distribution system. Appl. Environ. Microb. , 1990, 56 (3): 628～639

[118] Derosa S. Loose deposit in water mains. Report DoE 3118-/2, Department of the Environment, London, U. K. , 1993

[119] Gauthier V, Gerard B, Protal J M, Block J C, Gatel D. Organic matter as loose deposits in a drinking water distribution system. Water Res. , 1999, 33 (4): 1014～1026

[120] Mathieu L, Block J C, Dutang M, Mailliard J, Reasoner D J. Control of biofilm accumulation in drinking water distribution systems. Water Supply, 1993, 11: 365～376

[121] Clark R M, Lykins B W, Block J C, Wymer L J, Reasoner D J. Water quality changes in a simulated distribution system. J. Water Supply Res. T. , 1994, 43 (6): 263～277

[122] Clark R M, Sivaganesan M. Characterizing the effect of chlorine and chloramines on the formation of biofilm in simulated drinking water distribution systems. EPA/600X-99/027, US Environmental Protection Agency, Office of Research and Development, Cincinnati, 1999

[123] Ndiongue S, Huck P M, Slawson R M. Effects of temperature and biodegradable organic matter on control of biofilms by free chlorine in a model drinking water distribution system. Water Res. , 2005, 39: 953～964

[124] LeChevallier M W, Lowery C D, Lee R G. Disinfecting Biofilms in a model distribution system. J. Am. Water Works Ass. , 1990, 82 (7): 87～99

[125] Meckes M C, Haught R C, Dosani M, Clarkm R M, Sivaganesan M. Effect of pH adjustment on biofilm in a simulated water distribution system, American Water Works Association Water Quality Technology Conference, Tampa, Florida, 1999

[126] Lund V, Ormerod K. The influence of disinfection processes on biofilm formation in water distribution systems. Water Res. , 1995, 29 (4): 1013～1021

[127] Hallam N B, West J R, Forster C F, Simms J. The potential for biofilm growth in water distribution systems. Water Res. , 2001, 35 (17): 4063～4071

[128] Hallam N B, West J R, Forster C F, Powell J C, Spencer I. The decay of chlorine associated with the pipe wall in water distribution systems. Water Res. , 2002, 36: 3479～3488

[129] Lu W, Kiene L, Levi Y. Chlorine demand of biofilms in water distribution systems. Water Res. , 1999, 33 (3): 827～835

[130] Vikesland P J, Valentine R L. Reaction pathways involved in the reduction of monochloramine by ferrous iron. Environ. Sci. Technol. , 2000, 34: 83～90

[131] Norton C D, LeChevallier M W. Chloramination: its effect on distribution system water quality. J. Am. Water Works Ass. , 1997, 7: 66～77

[132] Neden D G, Jones R J, Smith J R, Kirmeyer G J, Foust G W. Comparing chlorination and chloramination for controlling bacterial regrowth. J. Am. Water Works Ass. , 1992, 84 (7): 80～88

[133] Valentine R L, Ozekin K, Vikesland P J. Chloramine decomposition in distribution system and model waters. AWWA Research Foundation, Denver, 1998

[134] Vikesland P J, Ozekin K, Valentine R L. Monochloramine decay in model and distribution system waters. Water Res. , 2001, 35 (7): 1766～1776

[135] Regan J M, Harrington G W, Baribeau H, De Leon R, Noguera D R. Diversity of nitrifying bacteria in full-scale chloraminated distribution systems. Water Res. , 2003, 37: 197～205

[136] Valentine R L, Jafvert C T. General acid catalysis of monochloramine disproportionation. Environ. Sci. Technol., 1988, 22: 691～696

[137] Vikesland P J, Ozekin K, Valentine R L. Effect of natural organic matter on monachloramine decomposition: pathway elucidation through the use of mass and redox balances. Environ. Sci. Technol., 1998, 32: 1409～1416

[138] Bone C C. Ammonia release from chloramines decay: implications for the prevention of nitrification episodes. Proceedings of AWWA Annual Conference, Chicago, Illinois, 1999

[139] Harringtion G W, Noguera D R, Kandou A I, Vanhoven D J. Pilot-scale evaluation of nitrification control strategies. J. Am. Water Works Ass., 2002, 94 (11): 78～89

[140] Wilczak A, Hoover L L, Lai H H. Effects of treatment changes on chloramine demand and decay. J. Am. Water Works Ass., 2003, 95 (7): 94～106

[141] Lieu N I, Wolfe R L, Means Ⅲ E G. Optimizing chloramine disinfection for the control of nitrification. J. Am. Water Works Ass., 1993, 85 (2): 4～90

[142] Pintar K D, Slawson R M. Effect of temperature and disinfection strategies on ammonia-oxidizing bacteria in a bench-scale drinking water distribution system. Water Res., 2003, 37: 1805～1817

第 12 章　水质安全评价[①]

我国饮用水水质管理，一直都是以源头水水质及终端产品水质的标准限值作为衡量的依据，对此，饮用水安全性评价的最终目的就是确保饮用水对消费人群安全和卫生，因此很多安全保障措施应该在饮用水中某种危害因子对人体造成危害之前就应该加以采用。饮用水水质安全性评价系统建设应该体现三种观点：首先，饮用水水质安全性评价指标和方法的运用应是一个动态过程，随着环境污染形势的变化、科学技术的发展、人们生活质量的不断提高，饮用水安全性评价指标及其限定值都随之不断的变化。其次，饮用水安全性评价应该是一个系统工程，饮用水水源地的污染程度、水处理工艺效率、输送系统的稳定性以及消费者的消费方式与消费习惯都会对饮用人群的安全造成一定的影响，因此在饮用水水质安全性评价过程中不应孤立的对待每一个单独的过程，每一个过程都将直接或间接地影响到饮用水水质的安全性。第三，基于健康风险分析开展饮用水水质安全性评价。围绕饮用水水质相关的问题及水质安全性评价的原理和方法，本章介绍内容包括三部分：水源地安全评价方法体系；饮用水处理工艺水质安全性评价方法；饮用水水质健康风险评价方法。

12.1　水源地水质安全评价

12.1.1　现行水源地水质标准及其存在问题

我国现行地表水标准是 2002 年 4 月 28 日颁布的《地表水环境质量标准》(GB3838—2002)，检测项目共计 109 项，其中，地表水水质标准基本项目 24 项，针对集中式生活饮用水地表水源增加 5 项必检项目。现行地表水水质标准制定的原则是以保证饮用水水源水质为中心，以实现水域功能分区要求为原则，将地表水水质划分为五类，不同功能类别执行相应类别标准值，同一水域兼有多类使用功能的，执行最高功能类别对应的标准值，体现高水质类别高标准保护，低水质类别低标准保护。现行地表水水质标准对于确保我国集中式饮用水水源水安全发挥了积极的作用，但也存在一定的问题，主要体现在如下方面。

1. 水质状况判定指标较单一

我国水质管理是在引入美国环保局提出的“满足使用功能与达到水质标准是

---

① 本章由王子健，马梅，黄圣彪撰写。

等效”管理概念基础上制定的，在标准中明确规定了“地表水环境质量评价应根据应实现的水域功能类别，选取相应类别标准，进行单因子评价，评价结果应说明水质达标情况，超标的应说明超标项目的超标倍数”。在实际地表水水质管理中执行的却是“单因子评价”原则，即对监测项目“基本项目（24 项）＋补充项目（5 项）＋特定项目（自行选择）”，只要一项不达标即判定该地表水水质不达标，把某一个或几个因子超标与整体水域水质属几类等同起来。如何理解水质单一因子超标与整体水域水质状况，区分水体功能分区公布的水质类别与水质达标率之间的关系，已引起广大管理者和研究者的关注。

2. 现行水质标准限定值的科学性有待提高

对于水源水而言，在评价水质安全时，不仅要考虑人体健康，更要考虑其他的生物，如鱼类和水蚤等，它们组成一个生物链，互相依存，如果某一部分受到危害，将会殃及其他，从而会使生态环境遭到破坏，人类将是最终的受害者。为此，在制定水源水水质标准时，必须充分考虑各限定项目的环境效应。

目前，我国地表水标准各项目的限定值制定依据一般是在参照国际组织或发达国家现有水质标准基础上，结合我国地表水污染状况综合调查结果，确定某项指标是否纳入标准体系，再综合考虑现有技术水平、经济、社会及伦理等因素，权衡水环境保护与经济承受能力，确定该项目的限定值。依据该思路建立的地表水水质标准主要问题在于：现有水质标准的制定过于依赖统计学方法，缺乏充足的试验数据支撑，缺乏统一的基准数据给予支持，导致现有水质标准对于维护水体生态系统及人群的健康性反映不足，忽略了限定污染物项目的环境效应。美国《清洁水法》中要求美国环保局制定水质基准，要求各州在制定水质标准（法规）过程中采用或修正水质基准。此外，为应对环境中新污染物的不断检出和提高环境标准体系的科学性及可操作性，近年来美国环保局制定的各项有关环境保护科技发展计划和规划中，始终将完善水质基准方法学及制定和更新各种污染物水质基准作为重要内容加以推进。目前，我国可用于环境管理的水质基准几乎是空白，根本原因在于有关水质基准研究薄弱，缺乏具有可操作性的水质基准制定方法学，导致现有水质标准科学依据不充分，对水生态系统和人体健康的保护不够或过分保护。

3. 与其他水质标准的衔接需要加强

根据《中华人民共和国水污染防治法》的规定，为保障各类水体水质安全，我国先后制定了多部水环境质量标准。按水体类型划分有地表水环境质量标准、海水水质标准、地下水质量标准；按水资源用途划分有生活饮用水卫生标准、城市供水水质标准、渔业水质标准、农田灌溉水质标准、生活杂用水水质标准、景观娱乐用水水质标准、瓶装饮用纯净水水质标准、畜禽饮用水水质标准、无公害食品及各种工业用水水质标准等。各种水质标准分别由我国各行业主管部门制订，但是由于制定年限差距大，针对管理对象不同以及各行业之间沟通问题，导致现有各水质标准之间在指标选择以及同一指标限定值选择方面的衔接不够，管理过程中出现一些矛盾。从地表水水质标准来看，由于自身制订过程中存在的衔接问题，导致地表水水域功能分区未能在行业水质标准的制订过程中得到充分体现。例如，现行的地表水水质标准与饮用水水质标准对水质指标的限定就缺乏衔接，二者对同一指标的限定值没有统筹协调，致使地表水标准中某些指标高于饮用水指标的限定值，从而对饮用水处理工艺及参数的确定造成困难。

4. 饮用水水源地缺乏有效的安全评价措施

现行地表水水环境质量标准对水源地安全的保障仅仅是在 24 项必检项目基础上，增加了 5 项集中式饮用水水源地检测指标。该保障措施在水源地安全性评价方面主要侧重于水质评价，多数是基于简单的指标因子、单级或单目标的环境系统和确定性静态系统评价的假定，尚未将水源地安全性评价纳入区域尺度范畴。主要原因在于：现有水体质量监测方法和技术相对落后，数据相对缺乏，缺乏安全性评价所必需的基础信息；迄今没有大家公认通用的、具有可比性的水源地安全性评价指标体系和评价方法。

5. 饮用水水源地缺乏应急保护体系

2001 年 9 月 11 日，美国纽约遭到恐怖分子的袭击后，美国颁布了《公众健康安全和反恐怖准备及应对法》[1]，该法案对饮用水安全和应急保障安全提出具体要求，对供水人口在 3300 人以上的供水系统，必须实施脆弱性评价，并根据脆弱性评价报告制定或者修改应急对策。按这一规定，美国 90％以上的人口都在此服务区内。但如何应对危及饮用水水源安全的突发性事件，我国目前只有原则要求而没有详细的规定，主要表现在：首先，对突发性事件的种类没有详细划分，应急保护信息不完整，对应对突发事件缺乏技术支持，难于满足决策需要。其次，我国水源地的管理部门各不相同，水源工程设施管理与水源地的水质管理分离、水量调度与水质管理分离、原水管理与城市供水系统管理分离，牵涉部门多，应急反应能力较差，统一行动困难。第三，缺乏对饮用水水源地与供水系统安全性的全面评估。过去对水源地的评估虽然包括水质状况的评估和工程安全方面的评估，但二者缺乏必要的协调统一，评价仅针对日常工作，对应急反应未具体涉及原水输水管道、水厂处理工艺和输配水管网等关键环节。

12.1.2 水源水质基准与风险评价方法

12.1.2.1 水质基准

水环境质量基准按保护对象可分为保护人群健康的环境卫生基准和保护鱼类等水生生物及水生态系统的水生态基准。根据水生态毒理学数据，研究和制订化学品的水生态基准，对于控制进入水环境的化学品的质、量和时空分布，维持良好的生态环境，保护生物多样性及整个生态系统的结构和功能具有重要意义。随着保护生物多样性和环境管理的强化，制订符合我国国情的水质基准已势在必行。在2006年颁布的《国家中长期科学发展规划纲要》中高度重视环境保护科技支撑体系工作，将环境列为重点领域之一，明确提出“大幅度提高改善环境质量的科技支撑能力”，同时将“国家标准、计量和检测技术体系”作为加强科技基础条件平台建设的重要内容予以安排。与此同时，在国务院颁布的《落实科学发展观加强环境保护工作的决定》中也对加强环境标准体系建设提出明确要求。为此，借鉴国外已有的经验和技术成果，根据我国水生生物区系的特点和污染控制的需要，开展相应的水生态毒理学基础研究，确定我国水质基准的优先类型和优先污染物，建立基于维护水体生态系统健康和人体健康的水质基准制订方法学与规范，将为我国水生态基准的制订，进而为水质标准的改善提供科学依据。下面以美国水质基准为例，对水质基准的制订过程作一介绍。

美国最早制订的水质基准只有一个值，即以水生生物的急性毒性值乘上相应的应用系数所得到的浓度作为不允许超过的值。后来在综合考虑了急性和慢性这两种不同的毒性效应以及废水排放的波动，避免“过保护”增加的经济负担，美国环保局在一些物质的水质基准中增加一个任何时间内都不得超过的最大值，实行“双值”基准方案。美国环保局在1985年发布了“推导保护水生生物及其用途的国家水质基准的技术指南”[2]，为双值水质基准推荐了比较完善的技术路线。其中，水生生物基准值要根据实验数据确定4个实验终点值——最终急性值、最终慢性值、最终植物值、最终残留值，再利用这4个实验终点值来推导保护水生生物的急性基准值和保护水生生物的慢性基准值。人体健康基准值的确定，对于致癌物和非致癌物采用不同计算方法。对于非致癌物按照阈值衡量（如参考剂量），即不超过阈值污染物不会产生危害；确定致癌物基准必须首先确定一个可接受的致癌风险，再根据各种污染物的相对源贡献，推导出健康基准值。

在上述过程中，首先是动植物毒性数据和生物累积量数据的收集，在急性毒性数据库中至少要包括8个不同属的生物，通过急性毒性数据计算FAV（final acute value）。FAV是为了保护水环境中95%水生生物避免受到半抑制/致死效应的出现或发生（即急性毒性值）。所选择生物中，同类生物急性毒性的几何平均值叫 GMAV（genus mean acute value），同种生物急性毒性的几何平均值叫 SMAV（species mean acute value）。根据同样的过程可以计算 FCV（final chronic value），但是计算过程要比 FAV 困难得多，因为慢性毒性试验较复杂，并且花费昂贵。正由于此，常用 ACR（acute-to-chronic ratios）通过三个生物种的 FAV 换算而来，单个 ACR 等于同种生物的急性毒性值除以慢性毒性值，最终得到的 FCV 是一个平均值。三种生物中应含有一种对急性毒性敏感的生物种和一种藻或一种具有导管组织的植物。FPV（final plant value）是指根据动物的急性毒性值来保护水生植物，通常选用藻类进行 96h 急性毒性，选取其中的最小毒性值。在制订有机物的水质基准时，还必须包括一种对有机物能够产生生物浓缩的水生生物，即 FRV（final residue value），FRV 等于同种生物的 BCF 或 BAF 除以最大允许组织浓度，最终计算所得到的 FRV 是一个平均值。对于没有生物累积效应的化学物质，例如铜，在水质标准制订中不要求计算 FAV。

每种化合物的国家水质基准包括两个毒性域值，CMC（criterion maximun concentration）和 CCC（criterion continuous concentration）。CMC 也叫急性毒性基准，是通过 FAV 得到，保护生物在短期内化合物的浓度升高可能出现的危害。原来的 CMC 就等于 FAV，现在的基准方法中 CMC 等于 FAV 的 1/2，原因在于 FAV 是化合物的急性毒性值，对于实际水体过于严格。CCC 用于保护生物在长期内化合物的浓度过高可能出现的危害，该值等于 FCV 减去 FPV 或 FRV。

美国环境水质基准（AWQC）是 CMC 和 CCC 的结合，但是 AWQC 并不是从来不允许化合物浓度瞬时超过的，例如有的生物可以忍受短时间化合物的高浓度，但不能适应在整个生命周期内化合物的浓度是一个恒定值。在 AWQC 中提出以“Magnitude - Duration - Frequency”方法来保护水生生物，在这里提出两个概念“Exceedance”和“Excursion”，前者是指瞬间的超过 CMC 或 CCC，后者是指在标准时间内平均浓度大于标准值。例如一个水样中化合物的浓度大于 CMC 或 CCC，叫做“Exceedance”，而四天平均化合物的浓度大于 CMC 或 CCC，叫做“Excursion”。“Frequency”是指在一特定时间内出现“Excursion”的次数。“Duration”是指当化合物浓度发生“Exceedance”后，化合物浓度下降到标准浓度以下的时间长度，这个时间长度根据毒性实验的时间而定。通常在 AWQC 中采用默认的“Frequency”和“Duration”，“Frequency”被设定为 3 年内不能多于 1 次“Excursion”。

水质基准与水化学特性密性相关，美国环保局关于铜的淡水水质基准的发展具有很好的代表性，首先依据总交换态铜浓度采用总量控制而制订了水质基准（USEPA，1985）；后来认识到可溶性铜更接近于生物可利用形态，因此建议用金属的溶解态作为水质基准，因为金属的溶解量比金属的总量更接近天然水体中生物可利用的部分，将铜水质基准由原来的总可交换态铜乘以一个系数（0.96）

后转换成可溶态铜作为衡量基准（USEPA，1996）；在 1996 年修订的铜水质基准中，允许不同地点根据水的硬度对当地的水质基准进行调整，将铜的安全浓度表示为水质硬度函数，规定铜的淡水水质标准为每四天的平均浓度不能有一次超过最近三年的平均浓度［$e^{(0.8545[\ln(hardness)]-1.465)}$］，1h 内的基准急性毒性不能超过最近三年的平均急性毒性值［$e^{(0.9422[\ln(hardness)]-1.465)}$］。近来美国环保局又将依据可溶态铜得到的盐水附加入到了铜的水质基准中。

由于 AWQC 是通过实验室标准实验得到的，但实验中使用的生物在某些地区并不存在，因此 AWQC 对于某些地区可能存在一种过保护或不能满足需要的情况，于是在 1994 年，美国环保局允许根据 WER（water effective ratio）对特定地区的水质基准加以修改。在修改铜的水质基准时考虑了特定地区（site-specific）、水质特性（包括 DOC，pH 和碱度等）对铜生物有效性/毒性的影响，提出了水效应比（WER）的概念，WER 是指根据现场和实验室同时得到的毒性实验结果而进行的评价，要求每年用两种生物进行三次毒性测试，说明不同地点水质特性对金属生物有效性/毒性的影响。这种水质基准的调整对于现场重金属污水的排放具有重大意义，评估结果被美国环保局所认可。

12.1.2.2　水源地生态风险评估

水源地安全性评价是饮用水安全保障的一项基础性工作，同时也是水质管理与区域经济可持续发展一体化研究的重要方向。水源地水体质量除了直接由水体水质指标体系表达之外，还与生态系统质量有关。为此，水源地的安全除了不应含有对生物和人类产生危害的有毒物质、病原体以及放射性核素之外，还应能够为生物的生存、繁衍提供所必需食物、能量和其他环境条件（光、氧等），维持不同层次生物所组成的生命系统结构和功能的完整性。因此，建立包括水质评价在内的多级关联系统相互影响与作用的评价体系，应该包括随时间和空间变化的水质评价、水体底泥环境质量评价、水生生物质量评价、水体富营养化评价，以及由这些因子构成的整体水环境系统的质量综合评价。

目前在水源地安全性评价方面遇到的主要困难是如何将水质评价与生态系统质量评价结合在一起，即结合必要的水生生态系统影响指标体系、标准和定量化评价方法，将水质评价结果与水源地生态环境质量相结合。生态风险评价在这一方面具有很大作用，主要表现在：①生态风险评价是一个迭代过程，允许新发现的问题和收集到的资料随时加入到风险评价过程中，并在分析时加以考虑，相应地及时改进环境管理决策，符合适用性管理原则。②风险评价能够表示生态效应随胁迫因子暴露特征改变而发生的变化，有助于风险管理者权衡减少应激物风险与降低成本之间的关系。③风险评价详细说明了评价过程中不确定性的数量，描述评价结果的可信度，使风险管理者集中各种力量，最大限度地减少不确定性。

④风险评价将存在的风险进行优先排序，使风险管理者在制订管理措施时能够以最小的投入换取最大的管理效益。⑤风险评价在确定评价终端和概念模型时，将科学数据与管理目标和对象放于同等重要的地位，确保评价结果的可信度，增强风险管理的科学性。

目前，在生态风险评价工作中存在的问题主要集中在以下几个方面：

1. 风险污染物筛选及优先排序

(1) 危害认定。风险评价过程包括多个阶段，每一个阶段均需要大量的环境与污染物的信息，其中污染物毒性信息是进行危害认定和风险水平判别的主要依据，污染物毒性信息由针对多个评价终点的毒性测试数据组成。首先，现有化学监测手段很难将进入环境中所有的有害污染物检测出来，并对其危害性进行排序。进入环境的污染物及其代谢物的生物有效性和暴露途径各异，存在低剂量、慢性暴露的特点，对种群有害效应需要较长时间才能显示出来，使对进入环境后的污染物的危害认定变得相当复杂；其次，环境中许多有毒污染物的浓度水平远低于实验室活体实验中设计的剂量水平，因此需要通过外推的方法预测环境暴露水平下的效应阈值，存在很大的不确定性；再次，直接用土著生物进行现场实验又很难观察到评价终点的显著性改变。由此可见，风险评价所依据的污染物毒性数据主要是活体毒性测试结果传统急性毒性测试方法在风险评价中的应用正在受到挑战。

风险评价要求的多种化合物毒性测试方法正在不断发展，例如，利用毒理学浓度阈值法（thresholds of toxicological concentration，TTCs）得到合理的外推结果，利用 QSAR 方法预测污染物的潜在毒性效应，利用化学分析和体外毒性测试结合应用等毒性当量筛选方法进行风险认定[3,4]。随着生物技术的广泛应用，针对细胞和生物化学等评价终点的测试技术得到较大发展，提高了环境毒理效应的早期诊断水平。此外，污染物与靶生物分子结合后，在亚细胞或细胞水平上的响应也可以作为未来体内毒性测试的评价终点。计算化学，分子、细胞和生物化学毒理学、模型模拟等方面的发展及这些学科的交叉与结合，也将促进生态风险评价的科学性和实用性。

(2) 区域环境风险污染物筛选及因果关系分析。随着经济和城市化进程的加快，我国环境复合污染问题日益突出。在区域环境风险评价过程中，如何甄别环境中需要重点管理的风险污染物及其优先序，是了解区域环境整体风险的基础。当前相当多的研究工作以已知具有毒性的污染物浓度为切入点，通过简单的相关分析将观察毒性效应归咎于这些污染物，但是并不能提供因果关系的直接证据。目前，在毒性效应因果关系分析过程中经常采用的方法主要包括 TIEs 方法、化学分析和生物毒性测试相结合方法、生物效应标记分类方法等。TIEs 方法主要针对排水毒性，在区域环境质量研究中尚没有成功应用的案例。化学分析和生物毒性测试相结合方法，主要受限于化学分析所能够获得的信息比较有限。例如，采用化学分析和生物毒性测试相结合方法进行毒性测试因果关系解析时，经常在现场调查中发现区域尺度上依据化学分析结果与同步进行的毒性测试所观察到的生物效应分布并不完全吻合，污染物浓度较高区域并不一定是高生态风险区主要原因在于：①并没有筛选出导致效应的主要风险污染物；②暴露评价中忽略了环境介质对污染物生物有效性的影响。

由于在高等级水平生态系统产生的效应总是要经历生物过程的早期变化，生物标记物可以灵敏的指示毒性物质已进入生物体、在组织之间分配及关键靶位引起的毒性效应，预先指示随后可能发生的效应。利用生物标记物方法虽可以筛选出毒性效应类型（如遗传毒性），但是还需要分析导致这类效应的污染物种类。基于这种认识，开展了许多早期预警信号或生物标记物的研究，用于环境中由于人类活动产生的毒性物质导致有害生物效应的筛选，对于区域生态风险评价具有十分重要的意义。

2. 暴露分析

在生态风险评价过程中，暴露分析主要目的是评估人群或环境生物暴露于污染物的剂量或浓度，目前研究与应用的关注重点主要是：

（1）评价终点的选择。评价终点的选择对于风险评价结果的应用和风险管理目标是否代表了生态系统的特征至关重要。一般来说评价终点的选择应该体现三个原则[5]：①评价终点应该反映生态系统的特点，体现生态关联性；②评价终点对已知或潜在胁迫因子应具有易感性；③评价终点的选择在符合科学要求的同时，应同时满足公共管理的需要。但是由于生态系统组成千差万别，很难搞清楚生态系统中哪种组分是对生态系统功能最重要，因此导致评价终点的选择带有很大的偶然性，从而导致风险评价结果不确定性增加。

（2）暴露评价。目前污染物环境暴露评价模型有多种，例如EUSES、E-FAST和GREAT-ER等。在使用这些模型进行暴露评价过程中，需要了解化合物使用、释放、排放数据信息以及生物样品的监测信息，为模型提供参数，减少暴露模型的不确定性。欧盟依据GIS建立的暴露模型GREAT-ER，可以预测化合物浓度在单元结构中的分布，包括时间尺度和季节尺度，提高了风险评价早期阶段暴露评价的有效性和真实性。

然而，即使再有效的模型都存在不同程度的缺陷，仅仅是用数学方式模拟化合物的环境归宿，但区域环境在时间和空间上的非均一性会影响其模拟效果。目前使用的多数暴露模型并没有考虑污染物生物有效性的变化，也忽略了污染物通过食物链的生物放大作用。例如，水环境食物链最高级捕食者体内蓄积的污染物

90%～99%来自于低营养级动物蓄积。为此，基于污染物在环境多介质体系中分配过程及其生物有效性关系来评价污染物对生物的暴露水平，已经成为环境风险评价过程的重要工作之一。

对暴露水平进行评估，最初使用较多的是平衡分配系数（K_p），通常是通过污染物加标土壤和沉积物实验或用 QSAR 方法得到，忽略了生物有效性和老化现象。利用有机碳或生物体脂肪归一化的方法可以降低平衡分配系数的不确定性，但是很难体现环境介质的空间非均质特点。目前常用外暴露浓度（external concentrations），生物体内暴露浓度（internal effect concentration）与其他一些阈值（例如临界内暴露浓度，critical internal concentrations）进行对比，提出有效评价参数。其中，内暴露剂量排除了环境因素对生物吸收过程的影响，将实验室毒性测试结果（以内剂量表述）与现场研究真正地连接起来。

3. 效应分析

在生态风险评价过程中，效应评价的主要目的就是建立胁迫因子与生物效应或生态效应之间的剂量-效应关系，确定胁迫因子的危害及临界效应浓度（即基准）。

最初仅使用持久性、生物蓄积和毒性（persistence，bioaccumulation and toxicity，PBT）等内在特性评价污染物的危害[6]。其中，急性毒性（例如 LC50 和 ECx）是最常使用的评价终点，综合反映了污染物生物蓄积和本征毒性（intrinsic toxicity）的信息，用内暴露急性毒性剂量（internal lethal concentration，ILC50）表示作用于靶位的效应浓度，不仅能够说明毒性动力学的差别，而且与生物蓄积过程无关。对于不具有特定作用的基线毒物（nonspecific acting baseline toxicants），由于其对所有生物都具有相同的作用靶位，当化合物效应浓度用生物脂肪量校正后，生物种类和化合物类型的差异对内暴露剂量的影响就被最小化，从而降低了毒性数据的不确定性。而对于具有特定作用的污染物（specific-acting chemicals），毒性作用方式、作用靶位数量以及新陈代谢的能力都将影响其生物毒性效应，应用靶位浓度（target-site concentration）代替生物体内暴露剂量来表示效应浓度，此时由于排除了生物吸收、分配和生物转移等影响因素，靶位浓度能够很好的反映生物的敏感性，数据的不确定性也会减少。

此外，毒性比方法（toxic ratio，TR）也是一种有效的毒性作用指示因子。例如，对某化合物由 QSAR 方法预测其基线毒性（baseline toxicity）ILC50，并计算其与实验测定的 LC50 之间的比值。当 TR>10，能够区分特定作用毒性与基线毒性。如果不考虑生物体内的转化作用，由 LC50 得到的 TR 和 ILC50 得到的 TR 在概念上是等同的；如果 TR 阈值保持不变，ILC 阈值必须降低，这也是

TR方法的另一个优点。但是要在慢性毒性中使用TR方法，不仅要考虑生物有效性，还必须考虑生物积累和转化作用。如某个污染物的体内代谢产物可能是一种毒性更强的污染物。

在效应评估中，毒性测试技术与生态效应评价的发展过程密切相关，通过早期阶段毒性测试，解析毒性作用和高等级生物组织效应之间的关系，从而推断高等级生物组织的效应，使评价结果更好的为管理服务。例如，风险评价可以回答当预测的环境浓度超过由急性毒性测试或QASR方法获得的LC50后，对于鱼群将会产生什么后果？在既定暴露水平下，如果$x\%$鱼出现y水平的繁殖失败，对于整个鱼群会产生什么样的后果？整个鱼群被影响需要多长的时间？受到影响鱼群会在什么地方出现？其他地方会不会发生类似现象等？

此外，在评价种群效应时，还需要充分了解胁迫因子暴露的空间和时间分布及其与种群分布的关系。因此需要发展通过个体水平定量化合物暴露-效应关系和栖息地-效应关系的空间尺度种群评估技术。目前常用的空间分析方法，例如GIS效应分析方法，将包括特殊物种毒性、统计学结果、生命史及栖息地质量的数据库与预测模型相连接，判断特定地区特定物种的种群效应。依据GIS方法进行风险评价的过程共分为四步，首先了解化合物浓度和栖息地质量的时间和空间分布；第二步建立化合物剂量效应关系和栖息地质量与效应关系，此时反映的是个体效应的变化；第三步，依据种群模型，评价种群增长速率、种群灭绝速率或其他种群水平终点的效应；第四步，利用所得到的种群变化，评价特定地区生态风险。

虽然目前有关生态质量和危害证实等方面的技术有所进展，但在受害系统中诊断剂量效应关系的能力仍需要加强，诊断评价应该能够准确地判断危害的最初起因（化学或非化学因子）、多种胁迫因子对负面效应的贡献和各种胁迫因子的交互作用。确定特定生态系统或相似生态系统胁迫因子的关键是发展诊断技术，对于化学胁迫因子，目前已经建立了大量的分子、生物化学和生物水平的指示因子，能够指示特定化合物或某类化合物暴露是否已经发生或正在发生。在效应指示因子方面存在的主要问题是如何判断负面效应正在发生或未来可能发生。

12.1.3　水源地生态风险评价案例

水源地水质安全性管理的目标体现在三个方面，其一就是水质健康安全，即不含有对评价受体有害物质；其二就是生态系统结构完整性，维持水源地正常的生态功能，确保水域中各种野生动、植物的持续生长，但并不包括此流域所有的生态学价值。第三，水域水质安全性管理目标还应包括审美方面，休闲娱乐方面以及历史方面。下面以美国俄亥俄州中心地区DB河流域生态风险评价为案例[7,8]，着重介绍流域生态风险评价的整体思路。在该案例中，其目标是使整个流域水质满足现有规定标准，确保水域中各种动、植物持续生长，保证流域水量。

12.1.3.1 评估终点的选择

评估终点的选择是建立在管理目标基础上的，同时也是建立在用来确认终点的生物学相关性和对已确定压力的敏感性的有效信息基础上的。好的评估终点要意义明确、具有可操作性，并经得起检验。评估终点包括两类：一类是评价受体种群组成、多样性和功能结构，可以用三个测定终点进行表征，分别是生物完整性指标（IBI），经修饰后的健康指标（MIwb）和无脊椎动物群落指标（ICI）。另一类是野生鱼类和贝类的承受能力。

评价终点 1：评价受体群落的组成、多样性、功能结构

水源地种群的组成、多样性、功能结构用三个指标来衡量，即生物完整性指标、经修饰后的健康指标、无脊椎动物群落指标，这些指标在美国环保局生态风险评价中已被广泛应用。

生物完整性指标（IBI），包括评价受体种群的 12 种特征，种群的丰富度与复杂度是由野生种群的数量，水底种群的数量，各水层种群的数量，长寿种群的数量，无忍耐力种群与有忍耐力种群所占的比例来衡量的。营养结构是由杂食动物，食虫动物和高级食肉动物所占的比例来衡量的。评价受体的丰富度和状况是由杂种和生病的鱼所占的比例来分级的。每个标准都分为 5、3、1 三个级别。

经修饰后的健康指标（MIwb），是以结构特征、丰富度、均匀度和生物量为基础的。

无脊椎动物群落指标（ICI），用 10 个标准来强调河流中小型无脊椎动物群落的结构特征，每个标准有 6、4、2、1 四个级别。所有标准的值相加就得到该位点的最终得分。

评价终点 2：野生鱼类和贝类的承受能力

评价受体的承受能力可以通过几种不同方法来定义。最普遍的是通过考察受体生活史的死亡率、出生率和分布情况评价。用于鱼类测定终点的是野生鱼类种群的数量和生物量、单个岩生的数量、亚科种群的数量。用于软体动物测定终点的是受到威胁种群丰富度、种群分布（每个位点上的数量），种群中小个体的百分数可作为衡量补充量的指标。

12.1.3.2 概念模型的建立

概念模型是对胁迫因子来源、剂量、效应和评价终点之间关系的一系列假

设，它通常用图标表示，说明风险评价各内容之间的关系。对DB河流域而言，主要的胁迫因子来源包括岸边土地使用、农业生产、居住区和工业发展等过程，它们对水源地生态效应的影响可以用IBI，MIwb，ICI指标来表征。在DB河流域生态风险评价中集中讨论4种胁迫因子，分别是有害物质，改变后的水环境形态学、沉积物、营养物质。这些胁迫因子对于鱼、底栖无脊椎动物、贝类等评价受体可能导致的生态效应主要表现如下。

1. 鱼类

（1）水体形态。水体形态的改变（例如岸边的改动，底泥的扰动等）通常导致生态环境异质性的损失，即减少了鱼类和无脊椎动物适于生存的环境类型。例如刀鱼，硬质水体底质比例的减少会影响岩生物种，这种鱼将卵直接产在河底而失去原有的适宜环境。在许多疏浚过的地区，会发现所有种群的数量都减少了。同时，由于水体形态学的改变，会导致水体流动规律改变，进而导致水体温度和氧气含量的变化。

（2）沉积物。理论上将河流中的沉积物分为两种。一种是悬浮物，它们是产生浑浊的主要原因；另一种是大颗粒，它们通常会下沉而成为淤泥。淤泥沉积量的增加会改变动、植物的栖息地，因为它们会填没沟壑，或覆盖在急流中的鹅卵石和碎石的表面，岩生鱼类在淤泥沉积的河底是不能产卵的，而过高的浑浊度会使食草鱼类在视觉上受影响。

（3）营养物质。河流系统内营养物质的增加造成的生物学效应目前已有深入研究。氮、磷以及有机物浓度的升高会增加藻类和微生物的数量，适量的营养物负荷会增加鱼类生物量。如果营养物与有机物（如未经处理的废水、动物粪便污水）的负荷过高，会促使丝状藻类与菌类的生长，这些物质覆盖在河底的底层，导致水体暴发。

（4）有害化学物质。由于不同有害化学物质的作用机理不同，故生物群落对此的反应很难描述。在受到有毒化学物质污染的水体，IBI的各项指标都会下降，包括种群总量、个体数目和生物量等。

2. 底栖无脊椎动物群落

（1）水体形态。水体形态的改变将影响无脊椎动物群落。我们希望定性的EPT指标是对无脊椎动物最敏感的指标之一，因为它使用的样本是来自自然底质。但遗憾的是，由于定性的EPT指标对其他胁迫也有响应，这些无脊椎动物指标很难区分胁迫因子的种类。

（2）沉积物。首先，水体浑浊度的增加将会稀释滤食生物食物来源，导致以悬浮物为食的生物种群减少；其次，水体沉积物的大量淤积将会破坏无脊椎动物的栖息环境。

(3) 营养物质。水体营养物质负荷的改变对无脊椎动物的影响与鱼类相似，适量的营养物质将提高生物产量和生物多样性，而过高的营养物质负荷将增加水体耐污染无脊椎动物种群数量，主要是摇蚊（chironomids）和寡毛类环节动物(oligochetes)。

(4) 有毒物质。因为有毒化学物质的种类和生物应答方式的多种多样，很难对ICI指标及组成它的各项指标做一个概括。通常，大多数无脊椎动物群落和ICI指标对有毒污染物的反应是类似的。

3. 贝类

珠蚌类生活史较长，在水生态系统里特别容易灭绝。生态环境的变更可能破坏贝类的领地并将当地的贝类通过疏浚、冲洗或掩埋而全部消灭。

12.1.3.3 风险假设

一般而言，风险评价过程需要评价者作一系列假设，以便为将来的风险评价提供着眼点。在DB河流域生态风险评价中选择三类假设。

假设1：假设水体形态的改变与IBI、ICI指标的变化密切相关，其中，DB河流域岸边土地利用比例的升高将导致IBI或ICI的下降；水体底质的改变将导致IBI和ICI的上升。

假设2：水体化学污染物的浓度、空间或时间范围的增加会导致生物群落的变化，这些变化可以由ICI和IBI指标、种群丰富度来衡量。

假设3：虽然生物群落能对多种胁迫因子产生响应，但在本评价中对概念模型中所考虑的最突出响应变量进行评价、分析生物效应因果关系。

12.2 饮用水工艺过程出水安全性评价

供水水质除了水源水质存在的问题外，在饮用水处理过程中也存在一些问题[9,10]。主要包括水处理材料和药剂污染、反应副产物（如氯化物）污染、嗅味和微生物污染等。同时在输配过程中也可能导致二次污染问题。但目前对水处理工艺出水安全风险缺少评价方法，如现行关于水中THMs的水质标准，一般是限制其在水中的总浓度，或限制水中三氯甲烷浓度。因此，对供水工艺过程的出水进行系统的安全性评价，对保障水质健康有重要意义。

12.2.1 国内外现有水质标准

人类对水质与健康关系的认识存在一个过程。最初，饮用水对人体健康的影响主要关心的是致病微生物（由于传染病发病时间短）；随公众寿命的增加，开始关心饮用水中污染物对健康的慢性影响（如癌症和老年痴呆症），这一认识过程恰好与“二战”后环境中化合物数量的增加有关，这一过程说明水处理工艺改造以及水质标准的修订应是一个动态过程。

12.2.1.1　国外水质标准的特点及发展趋势

根据对世界各国水质标准现状的分析，世界卫生组织《饮用水水质准则》、欧盟《饮用水水质指令》以及美国环保局《国家饮用水水质标准》是各国制订标准的基础，这三部标准的制订原则和重要的水质参数反映了当今饮用水水质标准的特点及发展趋势。

(1) 世界卫生组织制订的《饮用水水质准则》采用风险-效益分析方法(risk-benefit approach)，综合考虑了全球多个国家、地方、社会的习俗、经济、文化、环境的差异，水质指标较完整，并随着全球经济的迅猛增长和人类对健康的日益重视而不断发展，是各国制订水质标准的重要参考。主要特点是：控制微生物的污染仍是首要任务，在制定化学物质指导值时，既要考虑直接饮用部分，也要考虑沐浴或淋浴时皮肤接触或易挥发性物质通过呼吸摄入部分。

(2) 欧盟《饮用水水质指令》是欧洲各国制订本国水质标准的主要框架。1998年11月通过了新指令98/83/EC，标准参数由66项减少至48项（瓶装水为50项），最大特点在于及时将水行业的科技进步纳入其中，及时反映了原水水质的变化，以及生产、输送饮用水中所遇到技术困难。

(3) 美国环保局制定的国家饮用水水质标准（2001年3月颁布），共列了101项参数（包括计划实施的），主要特点是：① 各项指标均有最大浓度值(MCLs)及最大浓度目标值(MCLGs)，MCLGs为非强制性目标值，侧重于对人体健康的影响，并不涉及污染物的检出限和水处理技术；具体执行时，采用的是MCLs，这是供水系统供给用户的水中污染物的最大允许浓度。② 对微生物的人体健康风险给予高度重视，微生物学标准共有7项之多，并将浊度作为控制微生物风险来考虑。③ 对DBPs十分重视，要求自2002年1月起，饮用水中的总三卤甲烷浓度由0.1mg/L降为0.08mg/L，并增加了HAAS浓度不超过0.06mg/L的规定。

(4) 其他有鲜明特点的各国水质标准。英国是第一个对饮用水中的隐孢子虫提出量化标准的国家。加拿大现行饮用水水质标准（第六版）的主要特点的是该标准中规定的放射性指标有29项之多，最重要的特点在于指标限定值是依据对人体由饮用水中吸收某种物质对人体所造成的健康危险进行科学评估后确定的。俄罗斯的水质标准仅感官性参数中就列出了47项，其中的碲、钐、铷、铋、过氧化氢、剩余臭氧等指标项目在其他国家的水质标准中未曾出现。

(5) 国外水质标准发展趋势。目前，人们对水质标准的关注主要体现在：首先，饮用水中主要风险还是微生物指标，对隐孢子虫、贾第虫、军团菌、病毒等生物的人体健康风险给予了更高的重视。其次，对消毒剂与 DBPs 愈来愈重视，世界卫生组织针对可能使用的不同消毒剂列出了包括消毒剂与 DBPs 共 30 项指标。第三，对有毒污染物给予了足够的关注，随着痕量有毒有机污染物在环境中的检出种类和数量逐年增加，各国水质标准中有毒有机污染物的限定指标越来越严格。例如，目前许多国家饮用水中将总微囊藻毒素作为限定指标加以限定。此外，风险效益投资分析已成为制订水质标准的重要步骤。

12.2.1.2 我国现行水质标准

我国供水行业和有关卫生监督部门对饮用水水质标准给予了高度重视。自建国以来，我国城市饮用水水质标准颁布了 5 次，实行的城市集中式饮用水标准是 2005 年 2 月由建设部颁布的新水质标准《城市供水标准》(CJ/T206—2005)，从开始的 16 项增加到现在的 101 项，每次标准的修改制订都增加了水质检验项目，并提高了水质标准。此外，卫生部 2001 年 9 月 1 日颁布了《生活饮用水卫生规范》。

现行《城市供水标准》(CJ/T206—2005) 与 1985 年标准相比，新标准最大特点在于，限定指标大幅增加。现行标准检测项目由原来标准中 35 项提高到 101 项，增加了对有机污染物和农药的检测项目，其中有机物指标从过去的 2 种增加到 27 种；针对水处理中消毒剂的使用，该标准增加了对 DBPs 的检测项目，并做出严格限制；新标准增加了对原虫类病毒体的检测项目，并增加了对嗅和味的检测。此外，新标准对部分影响关键水质项目的限定值进行了更为严格的界定，例如耗氧有机物的综合性指标更为严格，硝酸盐的限值也定为 10mg/L，与国际上水质标准相同。对照当今世界上三大水质标准，我国目前水质标准与水质卫生规范存在问题主要体现在：

(1) 水质标准制定缺乏必要的科学依据。我国长期执行的《饮用水卫生标准》(GB5749—85)，是参照世界卫生组织制订的水质准则的主导思想，并结合国情编制的。而我国幅员辽阔，水源条件差异很大，地区经济发展也不平衡，制订统一的水质标准显然是不合适的，并且制订水质标准中缺乏风险效益分析。此外，水质标准风险管理意识不足，目前国内对生活饮用水安全性研究工作比较缺乏，尤其缺乏通过健康风险评价和风险控制的方法保障生活饮用水的安全性。SARS 和禽流感等疫情的发生已经使人们对饮用水水质的关注在重视标准化管理同时，开始着手于风险管理。

(2) 新标准的实施仍需时日。2005 年颁布的《城市水质标准》，由于新的标准对于水质要求更加严格，不同经济发达程度地区执行的难度有很大差别，另外在标准的实施过程中由于水质检测标准提高，许多水厂要对原有旧工艺进行改造，加入新的工艺。此外，现行标准中某些项目仍缺乏配套的监测方法与监管部门，严重影响了标准执行的速度与力度。

（3）对紧急污染事件监管体现不足。目前，饮用水安全除了面临的常规污染威胁之外，环境污染事故及恐怖投毒事件对饮用水安全的威胁越来越严峻，而我国现行水质标准体系及水质安全评价体系对此重视不足。

12.2.2 水质安全评价的基本方法

我国未来水源水质状况难于在短时间得到根本的好转。因此，提高供水水质应该是一项长期任务，而保证供水水质的主要措施之一就是科学完善水质安全性评价体系。

如果从人们终生用水的安全来考虑，水质安全性概念包含了饮用、气味和接触三个方面的安全。因此在水质评价标准方面主要基于三个方面来保障饮用水水质问题，即已知的具有健康影响的化学污染物（包括藻毒素、DBPs、硝酸盐和亚硝酸盐、有机有毒污染物，金属污染物，微生物和病原菌）的评价；对未知有毒物质的生物毒性测试和评价，包括对水质变化和突发事故预警的在线监测技术和方法；饮用水健康风险评价。从而确保饮用水感官性状良好，防止介水传染病的暴发，防止急性和慢性中毒以及其他健康危害。

围绕上述保障目标，饮用水安全性评价方法体系应包括化学分析、生物测定、应急检测三大类方法。

（1）化学测定方法。主要针对环境中已知污染物类型测定方法，即采用各种仪器分析方法，直接分析测定水体中有害物质的种类及其浓度，以及与之有关的参数，如色度、COD、BOD 等，以此为依据制定出污染物浓度控制标准。这类方法执法依据充分、管理界限明确，不仅能确定有害物质的种类，对其中部分污染物还能准确地测定它们的浓度或含量，因此是普遍采用的方法。但是，化学方法也存在许多不足，近年来随着工农业的发展和人口的增加，越来越多的有毒微污染物，特别是有毒有机污染物进入到水环境中，导致污染物质种类繁多，数量巨大，而现有的化学分析手段十分有限，环境样品中能够被鉴定的污染物仅占实际存在污染物的很少部分，由于大多数污染物不能被鉴定，因此不能根据浓度数据推测它们的毒性效应，从而不能排除样品中未被检测出的污染物的潜在毒性效应。

（2）生物测定方法。针对化学检测不能体现出未知污染物危害问题，生物测定方法在水质评价中的作用越来越得到重视。早期采用的生物毒性测试手段主要是单指标生物毒性实验，即将一种生物暴露于两个或更多浓度梯度的有毒物质中，保持其他条件恒定，以观察生物效应（死亡或抑制；生理改变；行为改变等)。这种实验能够较准确地反映出某种化合物对某一特定生物产生的特定毒性作用。然而，水体中有成千上万种生物，对毒物的敏感程度存在极大的差异，因此很难从一种生物的毒性效应推测对另一种生物的影响。即使对同一种系的生物，其对某种污染物的敏感性也存在着明显的差别。因此，仅以一种生物来对某一污染物的生物毒性进行评价是远远不能说明问题的。由此至 20 世纪 70 年代后，发展了多指标生物测试（multispecies bioassay)。多指标生物测试是利用同一营养级的几种生物同时对某个环境样品或污染物进行生物毒性实验，在一定的统计学规律上其结果能够说明该样品或污染物对这一营养层次生物的平均毒性效应。针对不同营养层次，发展了成组生物检验（battery bioassay)，即利用不同营养级的有代表性的生物进行生物毒性检验。在统计学意义上，测试结果能够部分反映污染物对生态系统的影响。上述方法都是基于整体生物进行的体内测试(*in vivo*)。近年来对生物毒性的研究更加趋向于微观。越来越多的科学家试图从分子水平基因调控的深度上去阐明毒物中毒机理，并在此基础上提供相应的防范措施。而且对大量环境样品进行毒性测试时，节省时间和费用且样品需要量少的过筛试验更为必要。由此发展形成了体外测试（*in vitro*）和生物标记物等新的监测手段，以对污染物的生物毒性进行快速、早期的预测。

(3) 第三类是针对污染事故的水安全预警监测。从国际恐怖事件、国内突发性水体污染事件频发、农药应用的广泛性等，说明进行饮用水安全预警的必要性。当前国内农药应用的普遍性和获取的简易性，大大增加了向水体内投加剧毒性农药的可能性。水体安全预警的在线生物监测在 20 世纪 80 年代就已经在国外进行，经过近 20 年的发展，水体的在线生物监测技术日趋成熟和多样化。目前，国外水体的在线生物监测主要有以下几种形式：多物种生物监测体系（multispecies freshwater biomonitor，MFB)，光学探测监测仪（optical biosensor，OB)，数码成像记录体系（digital image recording system，DIRS)，国内在这方面的研究基本上处于初始阶段。

12.2.3 饮用水处理工艺及出水水质安全性化学评价指标体系

1. 化学评价指标体系建立原则

依据研究地区的地球化学特点和水质状况调查结果，立足于我国现行各类水质标准，参照国际组织或发达国家先进的地表水和饮用水水质标准，提出所研究区域具有健康风险污染物的种类，确定目标污染物；对目标污染物进行不同季节连续采样监测，按照污染物风险甄别体系，确定研究区域不同重视程度污染物监测清单，分为重点污染物监测清单（stress pollutions list，SPL)、风险污染物监测清单（risk pollutions list，RPL）和无风险污染物监测清单（no risk pollutions list，NRPL）。其中，重点污染物监测清单是指列入该清单的污染物具有高毒性特点，在所研究的区域有超标现象，需要做常规重点监测，对于列入此清单的污染物，建议相关部门重点监测，同时采取必要的措施加以控制；风险污染物监测清单是指列入该清单的污染物具有明显毒性特征，其浓度范围或致癌风险较大，需要经常监测，对于列入此清单的污染物，一方面建议相关部门定期监测，一方面建议进行消费人群的暴露评价，确定对不同消费人群的风险级别，考虑是否需要采取措施降低风险级别；无风险污染物监测清单：浓度范围明显低于各种标准，或无明显证据证明有致癌作用，建议每 2～3 年监测一次。

（1）污染物风险甄别范围。国家建设部在 20 世纪 90 年代初出版了《城市供水企业 2000 年技术进步发展规划》一书，其中一类水司应能够检测水中的 89 个项目。2001 年国家卫生部颁发的《生活饮用水卫生规范》要求检测水中的 96 个项目；“水源水规范”为 98 个项目。1993 年世界卫生组织《饮用水水质标准》要求检测水中 132 项，1999 年美国环保局《饮用水标准》要求检测水中 107 项，同时参考我国和美国环保局制定的“优先控制污染物黑名单”，共 280 项监测项目。主要包括：

① 国家卫生部《生活饮用水水质卫生规范》中检测项目。2001 年国家卫生部颁布了《生活饮用水卫生规范》，在规范中共 102 个检测项目，其中生活饮用水水质常规检测项目为 34 项，非常规检测项目 68 项。其中元素与理化项目 38 项；有机检测项目中，卤代烃类 16 项，农药类 10 项，芳香烃类 11 项，酚类 3 项；DBPs10 项，藻毒素 1 项，其他检测项目 9 项（包括生物检测项目）。在非常规检测项目中主要是有机物。

② 有机氯农药（OCPs）。20 世纪 70 年代中期，美国在《清洁水法》中规定了 129 种优先污染物，其中有 17 种有机氯农药，本方法测定的主要有机氯农药目标化合物就是 17 种，分别是：α-六六六（α-HCH）、β-六六六（β-HCH）、γ-六六六（γ-HCH）、δ-六六六（δ-HCH）、4，4′-滴滴滴（*p*，*p*′-DDD）、4，4′-滴滴伊（*p*，*p*′-DDE）、4，4′-滴滴涕（*p*，*p*′-DDT）、艾氏剂（aldrin）、狄氏剂（dieldrin）、异狄氏剂（endrin）、硫丹Ⅰ（endosulfanⅠ）、硫丹Ⅱ（endosulfan Ⅱ）、硫丹硫酸酯（endosulfan sulfate）、异狄氏剂醛（endrin aldehyde）、七氯（heptachlor）、七氯环氧（heptachlor epoxide）、甲氧滴滴涕（methoxychlor）。其中除了异狄氏剂醛是异狄氏剂的降解产物外，其余 16 种均在环境激素黑名单中。除此之外 γ-氯丹、α-氯丹、异狄氏剂酮也作为考察对象。包含了 2001 年卫生部《生活饮用水水质卫生规范》中所有有机氯农药，δ-HCH，七氯，七氯环氧，$\sum$HCH 和$\sum$DDT。

③ 多环芳烃。20 世纪 70 年代中期，美国在《清洁水法》中规定了 129 种优

先污染物，其中有 16 种多环芳烃，本方法测定的主要多环芳烃目标化合物就是这 16 种，分别是：萘（naphthalene），苊烯（acenaphthylene），苊（acenaphthene），芴（fluorene），菲（phenanthrene），蒽（anthracene），荧蒽（fluoranthene），芘（pyrene），屈（chrysene），苯并［a］蒽（benzo（a）anthracene），苯并［b］荧蒽（benzo（b）fluoranthene），苯并［k］荧蒽（benzo（k）fluoranthene），苯并［a］芘（benzo（a）pyrene），茚并［1，2，3-cd］芘（indeno（1，2，3-cd）pyrene），二苯并［a，h］荧蒽（dibenzo（a，h）fluoranthene），苯并［ghi］北（benzo（ghi）perylene）。其中苯并［a］芘被列入内分泌干扰物黑名单（美国环保局在 1998 年 8 月公布的对内分泌干扰物的筛选）。

④ 多氯联苯。20 世纪 70 年代中期，美国在《清洁水法》中规定了 129 种优先污染物，Aroclor 系列的多氯联苯混合物皆列入其中，本方法测定的主要为其中 12 种同族物，分别是：PCB18、28、29、44、52、101、118、138、149、153、180、194（数字均为 IUPAC 编号），其中 PCB118 为共平面 PCB。PCBs 也被列入内分泌干扰物黑名单中（美国环保局在 1998 年 8 月公布的对内分泌干扰物的筛选）。

⑤ 邻苯二甲酸酯（phthlates）和壬基酚（NPs）。20 世纪 70 年代中期，美国在《清洁水法》中规定了 129 种优先污染物，其中包括 5 种邻苯二甲酸酯。本方法测定 6 种邻苯二甲酸酯，分别是：邻苯二甲酸二甲酯（DMP）、邻苯二甲酸二乙酯（DEP）、邻苯二甲酸二丁酯（DBP）、邻苯二甲酸二异丁酯、邻苯二甲酸正丁基异丁基二酯、邻苯二甲酸二异辛酯，其中前 3 种属于“优先控制污染物”。其中邻苯二甲酸二乙酯、邻苯二甲酸二丁酯也被列入内分泌干扰物黑名单中（美国环保局在 1998 年 8 月公布的对内分泌干扰物的筛选）。早期壬基酚虽未被列入“优先控制污染物”，但却是目前已被确认的典型内分泌干扰物之一，已列入内分泌干扰物黑名单中。本方法测定壬基酚的 13 种同分异构体，以壬基酚总量(t-NPs)表示。

⑥ 藻毒素。微囊藻毒素为有害的蓝藻水华释放的一类具有强烈促癌作用的肝毒素，已发现 60 多种异构体，其中 LR 与 RR 毒性较大，且 LR 已列为 2001 年卫生部《生活饮用水水质卫生规范》非常规检测项目中。本方法测定其中 LR 与 RR。

⑦ 挥发性有机污染物。针对美国环保局挥发性有机污染物分析标准（524）中规定的 54 种混合挥发性有机污染物：卤代烷烃类有二氯甲烷、1，1-二氯乙烷、氯溴甲烷、1，1，1-三氯乙烷、四氯化碳、氯仿、1，2-二氯丙烷、二溴甲烷、二氯溴甲烷、1，1，2-三氯乙烷、一氯二溴甲烷、1，2-二溴乙烷、1，1，1，2-四氯乙烷、溴仿（三溴甲烷）、1，1，2，2-四氯乙烷、1，2-二溴-3-氯丙

烷；卤代烯烃类有反-1，2-二氯乙烯、顺-1，2-二氯乙烯、1，1-二氯丙稀、三氯乙烯、反-1，3-二氯丙稀、顺-1，3-二氯丙稀、四氯乙烯；苯类包括苯、甲苯、氯苯、乙苯、间、对二甲苯、邻二甲苯、苯乙烯、异丙基苯、溴苯、丙苯、2-氯甲苯、1，2，3-三甲基苯、4-氯甲苯、叔丁基苯、1，2，3-三氯苯、异丁苯、1，4-二氯苯、对甲基异丙苯、丁苯、1，3-二氯苯、1，3，5-三氯苯、萘、1，2，4-三氯苯。其中包括了2001年卫生部《生活饮用水水质卫生规范》中卤代烃和芳香烃中挥发性氯/苯取代物（18项）和部分DBPs（3项）项目。

⑧ 有机氮磷农药和酚类化合物。主要参考目标是我国大量生产并使用的，在“一个规范二个标准”中列为检测项目的农药，对以下混合样品建立了实验室分析方法，甲草胺、灭草松、叶枯唑、百菌清、溴氰菊酯、内吸磷、乐果、马拉硫磷、对硫磷、甲基对硫磷；除草醚、敌百虫；其中除除草醚和敌百虫外均属于2001年卫生部《生活饮用水水质卫生规范》中检测项目。酚类化合物包括苯酚，对硝基酚，间甲酚，2，4-二氯酚，2，4，6-三氯酚，五氯酚。

2. 污染物风险甄别体系

将污染物风险甄别范围中连续监测污染物按四种方式归类：在我国现行水质标准中已列入的污染物；我国现行水质标准没有考虑，但在美国环保局和世界卫生组织现行水质标准已有体现的污染物；我国与美国环保局和世界卫生组织现行水质标准都没有考虑的污染物；现行水质标准中没有列入，同时又无慢性毒性筛选值（chronic screening values，CSV）的目标污染物。

（1）对于列入我国现行水质标准的污染物，设定两个参照值，China-Index（国家标准值）和$\frac{\text{China-Index}}{10}$（国家标准值的1/10）。在目标污染物连续监测过程中，如果任何一次的监测结果出现：①超出China-Index的污染物，列入重点污染物监测清单；②虽低于China-Index，但高于$\frac{\text{China-Index}}{10}$的污染物，列入风险污染物监测清单；③低于$\frac{\text{China-Index}}{10}$的污染物，列入无风险污染物监测清单。

（2）我国现行水质标准没有考虑，但在美国环保局和世界卫生组织现行水质标准已有体现的污染物，参照两个标准中最严格的标准值，设定两个参照值，Index（标准值）和$\frac{\text{Index}}{10}$（标准值的1/10）。在目标污染物连续监测过程中，如果任何一次的监测结果出现：①超出Index的污染物，列入重点污染物监测清单；②虽低于Index，但高于$\frac{\text{Index}}{10}$的污染物，列入风险污染物监测清单；③低于$\frac{\text{Index}}{10}$的污染物，列入无风险污染物监测清单。

(3) 我国与美国环保局和世界卫生组织现行水质标准都没有考虑的污染物，参照美国环保局《生态风险评价规范》中 CSV 和$\frac{\text{CSV}}{10}$。在目标污染物连续监测过程中，如果任何一次的监测结果出现：①超出 CSV 的污染物，列入重点污染物监测清单；②虽低于 CSV，但高于$\frac{\text{CSV}}{10}$的污染物，列入风险污染物监测清单；③低于$\frac{\text{CSV}}{10}$的污染物，列入无风险污染物监测清单。

(4) 对于现行水质标准中没有列入，同时又无 CSV 的目标污染物，参照美国环保局化合物致癌等级［五级划分法，致癌风险由高到低 A，B (B1/B2)，C，D，E］进行区分，对于污染物致癌等级在 D 以下的，归为无风险污染物监测清单；在 D 以上的归为风险污染物清单。

3. 某水厂处理工艺出水污染物风险甄别

根据污染物风险甄别体系划分标准，对 2003 年某水厂各工艺段出水水质进行了连续 4 次监测，并对结果进行系统分析（结果见表 12-1），在所选择的污染物风险甄别范围中，除 2001 年卫生部《生活饮用水水质卫生规范》常规项目外，对水厂水源水和不同工艺段出水中污染物分别列入三种监测清单。

(1) 重点污染物监测清单。细菌总数、总大肠菌群、粪性大肠菌群、亚硫酸还原菌、铍、铝苯并［a］芘和藻毒素 LR 和 RR，此清单中污染物应作为日常监测工作的重点。

(2) 风险污染物清单。硝酸盐氮、氟化物，总氰化物、六价铬、氨氮总 α 放射性、总 β 放射性铁、锰、镉、铅、硼、氯仿、α-HCH、β-HCH、γ-HCH；屈、苯并［b］荧蒽、苯并［k］荧蒽、茚并［1，2，3-cd］芘；12 种多氯联苯 (PCB18、28、29、44、52、101、118、138、149、153、180、194)；需要定期监测。

(3) 无风险污染物清单。除上述污染物外，污染物风险甄别范围内的其他污染物均列入此清单，在未来两年的工作中不再进行监测。

12.2.4 未知污染物评价方法

美国环保局的调查表明[11]，饮用水水源中含有多达数千种的微量化学物质。为了确保我国饮用水的安全性，在掌握饮用水中化学物质暴露水平和毒性的基础上，有必要对其风险进行评价，最终制订合适的措施。

表 12-1a　某水厂不同工艺段出水基础水质参数测定结果与风险甄别

检验项目	现行标准				源水	预氯化	砂滤前	砂滤后	出水	Screening toxicity values	致癌等级	污染物监测清单		
	单位	中国卫生部 2001	世界卫生组织 1993	美国环保局 1999								SPL	RPL	NRPL
总氰化物	mg/L	0.05	0.07	0.2	<0.004	ND～0.014	0.005～0.011	ND～0.005	ND～0.014	—	—		√	
六价铬	mg/L	0.05	0.05	0.1	0.005～0.012	0.006～0.021	0.007～0.011	ND～0.004	ND～0.006	—	—		√	
氨氮	mg/L	—	1.5	—	0.22～0.29	0.15～0.34	0.18～0.28	0.03～0.25	0.14～0.19	—	—		√	
总磷	mg/L	—	—	—	ND～0.12	0.12～0.17	0.08～0.16	0.05～0.12	ND～0.08	—	—			√
总 α 放射性	(Bq/L)	0.5	0.1	0	ND～0.02	ND～0.06	ND～0.02	ND～0.01	<0.01	—	—			√
总 β 放射性	(Bq/L)	1	1	0	ND～0.11	0.13	ND～0.14	ND～0.12	ND～0.12	—	—			√
电导率	(μS/cm)	—	—	—	111.5～145	104～148.9	133.3～181.8	130.6～181.9	131.2～168.6	—	—			√
铁	mg/L	0.3	0.3	0.3	0.09～0.6	0.21～78	0.02～0.19	ND～0.17	ND～0.04	1.1	E		√	
锰	mg/L	0.1	0.1	0.05	ND～0.02	ND～0.02	ND～0.02	ND～0.01	<0.01	0.073	E			√
铜	mg/L	1	1	1.3	<0.01	ND～0.03	ND～0.01	ND～0.01	<0.01	0.15	E			√
锌	mg/L	1	3	5	ND～0.06	ND～0.06	ND～0.03	ND～0.03	<0.01	0.15	E			√
硒	mg/L	0.01	0.01	0.05	<0.001	<0.001	<0.001	<0.001	<0.001	1.1	E			√
镉	mg/L	0.005	0.003	0.005	<0.002	ND～0.001	ND～0.002	ND～0.001	<0.001	0.018	E			√
铅	mg/L	0.01	—	0	<0.003	ND～0.002	ND～0.003	ND～0.002	<0.001	0.0018	E			√
银	mg/L	0.05	—	0.1	<0.004	<0.004	<0.004	<0.001	<0.001	—	—			√
砷	mg/L	0.05	0.01	—	<0.005	<0.005	<0.005	<0.001	<0.001	0.000042	B2			√
钾	mg/L	—	—	—	2.8～3.28	ND～3.33	ND～2.72	ND～3.15	2.71～3.12	—	—			√
铍	μg/L	0.002	—	0.004	0.09～0.12	0.11	0.04～0.09	0.02～0.03	0.03	0.0073	E	√		
硼	mg/L	0.5	0.3	—	ND～0.52	ND～0.74	ND～0.02	ND～0.02	ND～0.02	—	—	√		
钠	mg/L	200	200	—	6.52～9.17	6.68～8.95	6.09～9.02	6.04～9.14	6.02～8.96	—	—			√

续表

检验项目	现行标准				源水	预氯化	砂滤前	砂滤后	出水	Screening toxicity values	致癌等级	污染物监测清单		
	单位	中国卫生部 2001	世界卫生组织 1993	美国环保局 1999								SPL	RPL	NRPL
镁	mg/L	—	—	—	9.79～12.42	10.96～13.02	10.27～12.05	9.66～11.87	9.92～11.77	—	—			√
铝	mg/L	0.07	0.2	0.05	0.05～0.91	0.48～1.13	0.28	0.02～0.06	0.02～0.05	—	—	√		
钙	mg/L	—	—	—	11.36～11.87	10.19～12.82	17.05～18.1	16.58～17.75	16～17.85	—	—			√
钒	mg/L	—	—	—	<0.01	<0.01	<0.01	<0.01	<0.01	0.026	E			√
钴	mg/L	—	—	—	<0.001	<0.001	<0.001	<0.001	<0.001	—	—			√
镍	mg/L	0.02	0.02		<0.002	<0.002	<0.001	<0.001	<0.001	0.073	E			√
锑	mg/L	0.005	0.005	0.006	<0.003	<0.003	<0.001	<0.001	<0.001	0.0015	E			√
钡	mg/L	0.7	0.7	2	0.013～0.023	0.022～0.034	0.012～0.022	0.009～0.021	0.01～0.021	0.0026	E		√	

表 12-1b　某水厂不同工艺段出水基础水质参数（1）测定结果与监测清单划分

检验项目	现行标准				源水	预氯化	砂滤前	砂滤后	出水	污染物监测清单		
	单位	中国卫生部 2001	世界卫生组织 1993	美国环保局 1999						SPL	RPL	NRPL
色	度	<15	15	—	18～83	20～95	15～36	ND～4	ND～2	√		
浑浊度	NTU	<1	5	不适用	4.07～22.3	3.74～23.2	1.14～3.3	0.08～0.39	0.08～0.36		√	
嗅和味	级	不得有异味	不得有异味	—	泥味（2～3）	泥味＋铁锈味	泥味（2）	无（0）	无（0）			√
肉眼可见物	—	不得含有	—		少量细小颗粒	少量细小颗粒	少量细小颗粒	无	无			√
pH	—	6.5～8.5	—	6.5～8.5	7.04～7.33	6.89～7.21	7.78～7.96	7.31～7.78	7.6～7.71			√
总硬度（以 $CaCO_3$ 计）	mg/L	450	500	—	33～35	29～56	42～64	42～71	41～48		√	
COD_{Mn}	mg/L	—	—	—	1.16～1.45	0.99～1.77	0.82～1.62	0.8～1.46	0.66～0.8			√

续表

检验项目	现行标准				源水	预氯化	砂滤前	砂滤后	出水	污染物监测清单		
	单位	中国卫生部2001	世界卫生组织1993	美国环保局1999						SPL	RPL	NRPL
二氧化硅（以硅计）	mg/L	—	—	—	11.2～12.68	11.46～12.85	10.38～11.88	9.91～11.18	10.06～11.54			√
溶解性总固体	mg/L	1000	1000	500	56～73	52～74	67～91	65～91	66～84		√	
汞	μg/L	1	0.001	0.002	<0.05	<0.05	<0.05	<0.05	<0.05			√
挥发酚类（以苯酚计）	mg/L	0.002	—	—	<0.002	<0.002	<0.002	<0.002	<0.002			√
矿物油	mg/L	—	—	—	0.05～0.11	ND～0.1	ND～0.1	ND～0.07	ND～0.08			√
阴离子合成洗涤剂	mg/L	0.3	—	—	<0.2		<0.2					√
总碱度	mg/L	—	—	—	29～34.2	27.2～27.8	38.9～46.2	36.7～42.1	35.1～36.1			√
细菌总数	个/mL	100	—	—	780～1400	67～1900	16～550	1～480	0～1			√
总大肠菌群	个/100mL	0	0	0	0～16	0～16	0	0	0			√
粪性大肠菌群	个/100mL	0	—	—	9～44	ND～42	0	0	0			√
水温	℃	—	—	—	18.8～26.8	18.8～26.8	18.8～26.8	18.8～26.8	18.8～26.8			√
粪性链球菌	个/100mL	—	—	—		0	0	0	0			√
亚硫酸还原菌	个/100mL	—	—	—	0～14	0	0	ND～1	0			√
溶解氧	mg/L	—	—	—	6.59～8.52	6.79～8.76	7.7～10.28	7.03～10.23	8～10.29			√
氯化物	mg/L	250	—	—	6.8～16.2	8.7～13.2	10.4～15.6	10.5～16.6	10.8～16.5			√
亚硝酸盐氮	mg/L	—	—	1	0.048～0.073	0.002～0.068	0.01～0.025	ND～0.031	0.001～0.002			√
硝酸盐氮	mg/L	20	—	10	1.5～2.2	1.5～3.4	1.5～3.3	1.6～3.5	1.5～2.5		√	
硫酸盐	mg/L	250	250	250	8.7～12.5	8.3～13.7	8.5～13.7	8.6～14	8.1～12.4		√	
氟化物	mg/L	1	—	4	0.13～0.25	0.12～0.31	0.15～0.27	0.14～0.3	0.15～0.27		√	

表 12-1c　某水厂不同工艺段出水有机磷农药和酚类化合物测定结果与风险甄别

检验项目	现行标准				源水	预氯化	砂滤前	砂滤后	出水	Screening toxicity values	致癌等级	污染物监测清单		
	单位	中国卫生部 2001	世界卫生组织 1993	美国环保局 1999								SPL	RPL	NRPL
苯酚	μg/L	—	—	—	<0.8	<0.8	<0.8	<0.8	<0.8	—	—			√
对硝基酚	μg/L	—	—	—	<0.3	<0.3	<0.3	<0.3	<0.3	—	—			√
间甲酚	μg/L	—	—	—	<0.5	<0.5	<0.5	<0.5	<0.5	—	—			√
2，4-二氯酚	μg/L	—	—	—	<0.8	<0.8	<0.8	<0.8	<0.8	—	—			√
2，4，6-三氯酚	μg/L	—	—	—	<0.8	<0.8	<0.8	<0.8	<0.8	—	—			√
五氯酚	μg/L	9	—	0	<0.8	<0.8	<0.8	<0.8	<0.8	—	—			√
TOC	μg/L	—	—	—	1.1～2.81	1.24～2.82	2.16～10.3	0.98～2.29	0.96～2.27	—	—			√
除草醚	μg/L	—	—	—	<0.05	<0.05	<0.05	<0.05	<0.05	—	—			√
敌百虫	μg/L	—	—	—	<0.08	<0.08	<0.08	<0.08	<0.08	—	—			√
敌敌畏	μg/L	—	—	—	<0.05	<0.05	<0.05	<0.05	<0.05	—	—			√
乐果	μg/L	0.08	—	—	<0.08	<0.08	<0.08	<0.08	<0.08	—	—			√
甲基对硫磷	μg/L	20	—	—	<0.08	<0.08	<0.08	<0.08	<0.08	—	—			√
对硫磷	μg/L	3	—	—	<0.08	<0.08	<0.08	<0.08	<0.08	—	—			√
氯仿	μg/L	60	—	—	<1.0	ND～2.3	ND～8	ND～7.4	ND～10.4	—	—		√	
四氯化碳	μg/L	2	2	0	<0.5	<0.5	<0.5	<0.5	<0.5	—	—			√

表 12-1d 某水厂不同工艺段出水挥发性有机污染物测定结果与风险甄别

检验项目	现行标准				源水	预氯化	砂滤前	砂滤后	出水	Screening toxicity values	致癌等级	污染物监测清单		
	单位	卫生部2001	世界卫生组织1993	美国环保局1999								SPL	RPL	NRPL
1，1-二氯乙烯	μg/L	30	—	7	<0.3	<0.3	<0.3	<0.3	<0.3	0.044	B2			√
二氯甲烷	μg/L	20	20	0	<1.0	<1.0	<1.0	<1.0	<1.0	—	—			√
1，1，1-三氯乙烷	μg/L	2000	2000	200	<0.5	<0.5	<0.5	<0.5	<0.5	54	B2			√
1，2-二氯乙烷	μg/L	30	30	0	<1.0	<1.0	<1.0	<1.0	<1.0	0.12	B2			√
三氯乙烷	μg/L	70	70	0	<0.3	<0.3	<0.3	<0.3	<0.3	—	—			√
1，1，2-三氯乙烷	μg/L	—	—	3	<0.8	<0.8	<0.8	<0.8	<0.8	0.19	B2			√
四氯乙烷	μg/L	40	40	—	<0.3	<0.3	<0.3	<0.3	<0.3	—	—			√
三溴乙烷	μg/L	—	—	—	<0.5	<0.5	<0.5	<0.5	<0.5	—	—			√
1,1,2,2-四氯乙烷	μg/L	—	—	—	<0.5	<0.5	<0.5	<0.5	<0.5	0.053	B2			√
六氯苯	μg/L	—	—	0	<0.05	<0.05	<0.05	<0.05	<0.05	—	—			√

表 12-1e 某水厂不同工艺段出水有机氯农药测定结果与风险甄别

化合物名称	各工艺阶段出水全年监测结果范围/(ng/L)				饮用水标准/(μg/L)			Screening toxicity value/(ng/L)	致癌等级	污染物监测清单		
	预氯化	混凝	砂滤	出水	2001卫生部	1999美国环保局（MCL）	1993世界卫生组织			SPL	RPL	NRPL
α-HCH	0.23～9.91	0.33～11.4	0.27～5.38	0.20～5.42	—	—	—	10	C		√	
β-HCH	ND～5.54	ND～6.00	ND～4.5	ND～5.6	—	—	—	37	C		√	
γ-HCH	0.16～3.80	ND～4.93	0.33～3.78	0.33～8.02	—	—	—	52	C		√	
δ-HCH	ND～1.67	ND～2.49	ND～1.85	ND～1.40	2	0.2	2	37	C			√

续表

化合物名称	各工艺阶段出水全年监测结果范围/(ng/L)				饮用水标准/(μg/L)			Screening toxicity value/(ng/L)	致癌等级	污染物监测清单		
	预氯化	混凝	砂滤	出水	2001 卫生部	1999 美国环保局（MCL）	1993 世界卫生组织			SPL	RPL	NRPL
p，p'-DDD	ND～0.09	ND～0.33	ND～0.19	ND～0.38	—	—	—	280	C			✓
p，p'-DDE	ND～0.36	ND～0.54	ND～0.38	ND～0.49	—	—	—	200	C			✓
p，p'-DDT	ND～0.63	ND～1.06	ND～0.71	ND～0.86	—	—	—	200	C			✓
艾氏剂	ND	ND	ND	ND	—	—	0.03	3.9	B2			✓
狄氏剂	ND	ND	ND	ND	—	—	0.03	4.2	B2			✓
硫丹Ⅰ	ND	ND	ND	ND	—	—	—	22000	D			✓
异狄氏剂	ND	ND	ND	ND				1100	D			
硫丹Ⅱ	ND～0.45	ND～0.36	ND～0.45	ND	—	—	—	22000	D			✓
Endosulfan sulfate	ND	ND	ND	ND	—	—	—	22000	D			✓
Endrin aldehyde	ND	ND	ND	ND	—	—	—	1100	D			✓
七氯	ND	ND	ND	ND	0.4	0.4	0.03	2.3	B2			✓
环氧七氯	ND	ND	ND	ND	0.2	0.2		1.2	B2			✓
甲氧氯	ND	ND	ND	ND	—	—	—	18000	D			✓
γ-氯丹	ND～0.09	ND	ND～0.08	ND～0.09	—	2	0.2	190	B2		✓	✓
α-氯丹	ND～0.30	0.21～0.27	ND～0.17	ND～0.21	—						✓	✓
Endrin ketone	ND	ND	ND	ND	—	—	—	1100	D			✓
ΣHCH	4.75～20.9	3.90～24.8	ND～5.49	ND～15.60	5	—	—					✓
ΣDDT	0.26～1.20	nd～1.93	ND～1.28	ND～1.73	1	400	2					✓

表 12-1f 某水厂源水有机氯农药测定结果与风险甄别

化合物名称	源水全年监测结果范围/(ng/L)	国家地表水标准	美国环保局地表水标准 MCL	世界卫生组织地表水标准	致癌等级	污染物监测清单		
						SPL	RPL	NRPL
α-HCH	0.23～20.68	—	—	—				√
β-HCH	ND～12.13	—	—	—				√
γ-HCH	ND～8.02	—						
δ-HCH	ND～1.44	—	—		C			√
p，p′-DDD	ND～0.28	—	—					√
p，p′-DDE	ND～0.56	—	—					√
p，p′-DDT	ND～0.89	—	0.001mg/L					√
艾氏剂	ND	—	—		B2			√
狄氏剂	ND	—	0.056mg/L		B2			√
硫丹Ⅰ	ND	—	0.056mg/L					√
异狄氏剂	ND		0.036mg/L		D			
硫丹Ⅱ	ND～0.89	—	0.056mg/L					√
Endosulfan sulfate	ND	—	—					√
Endrin aldehyde	ND	—	—					√
七氯	ND	—	0.0038mg/L		B2			
环氧七氯	ND	—	0.0038mg/L		B2			√
Methoxychlor	ND	—	—		D			√
γ-氯丹	ND～0.10	—	0.0043mg/L		B2			√
α-氯丹	ND～0.39	—						√
异狄氏剂酮	ND	—	—					√
∑HCH	2.86～42.27	—	—		D			√
∑DDT	ND～1.63	—	—					√

表 12-1g　某水厂不同工艺段出水多环芳烃测定结果与风险甄别

化合物名称	各工艺阶段出水全年监测结果范围/(μg/L)				饮用水水质标准/(μg/L)			Screening toxicity values/(μg/L)	污染物监测清单			致癌等级
	预氯	混凝	砂滤	出水	2001 卫生部饮用水规范	美国环保局饮用水标准 MCL	世界卫生组织饮用水标准		SPL	RPL	NRPL	
萘	0.002～0.039	0.002～0.037	0.002～0.017	0.003～0.012	—	—	—	0.65			√	D
苊烯	0.002～0.010	ND～0.002	0.001～0.002	ND～0.002	—	—	—	—			√	—
苊	0.002～0.008	ND～0.002	ND～0.001	ND～0.001	—	—	—	37			√	—
芴	0.004～0.018	0.001～0.017	0.002～0.003	0.002～0.003	—	—	—	24			√	D
菲	0.006～0.022	0.006～0.075	0.001～0.009	0.004～0.010	—	—	—	—			√	—
蒽	0.001～0.010	0.001～0.007	0.001～0.012	0.001～0.009	—	—	—	18			√	D
荧蒽	0.002～0.007	0.002～0.008	0.001～0.004	0.002～0.005	—	—	—	152			√	—
芘	0.002～0.016	0.002～0.018	0.002～0.005	0.001～0.003	—	—	—	18			√	D
苯并 [a] 蒽	ND	ND	ND	ND	—	—	—	0.092			√	D
屈	0.001～0.003	0.001～0.004	0.001	0.001～0.003	—	—	—	9.2		√	√	B2
苯并 [b] 荧蒽	ND～0.001	ND～0.002	ND～0.001	ND～0.001	—	—	—	0.092		√		B2
苯并 [k] 荧蒽	ND～0.001	ND～0.001	ND～0.001	ND～0.001	—	—	—	0.92		√		B2
苯并 [a] 芘	ND	ND	ND	ND～6.0	—	0.20	0.70	0.0093	√			A
茚并 [1，2，3-cd] 芘	ND	ND	ND	ND	—	—	—	0.092			√	B2
二苯并 [a，h] 荧蒽	ND	ND	ND	ND	—	—	—	0.0093			√	—
苯并 [ghi] 北	ND	ND	ND	ND	—	—	—	—			√	D

表 12-1h　某水厂不同工艺段出水多氯联苯烃测定结果与风险甄别

化合物名称	各工艺阶段出水全年监测结果范围/(μg/L)				饮用水水质标准/(μg/L)			Screening toxicity values/(μg/L)	污染物监测清单			致癌等级
	预氯	混凝	砂滤	出水	2001 卫生部饮用水规范	美国环保局饮用水标准 MCL	世界卫生组织饮用水标准		SPL	RPL	NRPL	
PCB18	0.007	0.006	0.006	0.006	—	—	—	—		√		—
PCB28	0.003	0.003	0.002	0.001	—	—	—	—		√		—
PCB29	ND	ND	ND	ND	—	—	—	—		√		—
PCB44	ND	ND	ND	ND	—	—	—	—		√		—
PCB52	ND	ND	ND	ND	—	—	—	—		√		—
PCB101	ND	ND	ND	ND	—	—	—	—		√		—
PCB118	ND	ND	ND	ND	—	—	—	—		√		—
PCB138	ND	ND	ND	ND	—	—	—	—		√		—
PCB149	ND	ND	ND	ND	—	—	—	—		√		—
PCB153	ND	ND	ND	ND	—	—	—	—		√		—
PCB180	ND	ND	ND	ND	—	—	—	—		√		—
PCB194	ND	ND	ND	ND	—	—	—	—		√		—
∑PCBs	0.010	0.009	0.008	0.007	—	0.5	—	0.033		√		B2

表 12-1i　某水厂源水多氯联苯测定结果与风险甄别

化合物名称	源水全年监测结果范围/(μg/L)	地表水水质标准/(μg/L)			Screening toxicity values/(μg/L)	污染物监测清单			致癌等级
		国家地表水标准	美国环保局地表水标准 MCL	世界卫生组织地表水标准		SPL	RPL	NRPL	
PCB18	0.025	—	—	—	—		√		—
PCB28	0.001	—	—	—	—		√		—

续表

化合物名称	源水全年监测结果范围/(μg/L)	地表水水质标准/(μg/L)			Screening toxicity values/(μg/L)	污染物监测清单			致癌等级
		国家地表水标准	美国环保局地表水标准 MCL	世界卫生组织地表水标准		SPL	RPL	NRPL	
PCB29	ND	—	—	—	—		√		—
PCB44	ND	—	—	—	—		√		—
PCB52	ND	—	—	—	—		√		—
PCB101	ND	—	—	—	—		√		—
PCB118	ND	—	—	—	—		√		—
PCB138	ND	—	—	—	—		√		—
PCB149	ND	—	—	—	—		√		—
PCB153	ND	—	—	—	—		√		—
PCB180	ND	—	—	—	—		√		—
PCB194	ND	—	—	—	—		√		—
ΣPCBs	0.026		1.4		0.014		√		B2

表 12-1j 某水厂不同工艺段出水邻苯二甲酸酯和壬基酚测定结果与风险甄别

化合物名称	各工艺阶段出水全年监测结果范围/(μg/L)				饮用水水质标准/(μg/L)			Chronic screening values/(μg/L)	污染物监测清单			致癌等级
	预氯	混凝	砂滤	出水	2001 卫生部饮用水规范	美国环保局饮用水标准 MCL	世界卫生组织饮用水标准		SPL	RPL	NRPL	
邻苯二甲酸二甲酯	ND	ND	0.050	0.059	—	—	—	—			√	D
邻苯二甲酸二乙酯	0.006	ND	0.050	0.040	—	—	—	—			√	D
邻苯二甲酸二丁酯	0.253	0.034	1.231	8.188	—	—	—	—			√	D
邻苯二甲酸正丁基异丁基二酯	0.006	0.001	0.080	0.109	—	—	—	—			√	—

续表

化合物名称	各工艺阶段出水全年监测结果范围/(μg/L)				饮用水水质标准/(μg/L)			Chronic screening values/(μg/L)	污染物监测清单			致癌等级
	预氯	混凝	砂滤	出水	2001 卫生部饮用水规范	美国环保局饮用水标准 MCL	世界卫生组织饮用水标准		SPL	RPL	NRPL	
邻苯二甲酸二异丁酯	0.014	0.003	0.173	0.372	—	—	—	—			✓	—
邻苯二甲酸二异辛酯	0.177	0.005	0.332	0.163	—	—	—	—			✓	—
壬基酚总量	ND	ND	ND	ND	—	—	—	—			✓	—

表 12-1k 某水厂源水邻苯二甲酸酯和壬基酚测定结果与风险甄别

化合物名称	源水全年监测结果范围/(μg/L)	地表水水质标准/(μg/L)			Chronic screening values/(μg/L)	污染物监测清单			致癌等级
		国家地表水标准	美国环保局地表水标准 MCL	世界卫生组织地表水标准		SPL	RPL	NRPL	
邻苯二甲酸二甲酯	ND	—	—	—	330			✓	D
邻苯二甲酸二乙酯	0.016	—	—	—	521			✓	D
邻苯二甲酸二丁酯	0.140	—	—	—	9.4			✓	D
邻苯二甲酸正丁基异丁基二酯	0.002	—	—	—	—			✓	—
邻苯二甲酸二异丁酯	0.019	—	—	—	—			✓	—
邻苯二甲酸二异辛酯	0.121	—	—	—	—			✓	—
壬基酚总量	ND	—	—	—	—			✓	—

表 12-1l 某水厂藻毒素测定结果与风险甄别

化合物名称	各工艺阶段出水全年监测结果范围/(μg/L)					饮用水水质标准/(μg/L)			Chronic screening values/(μg/L)	污染物监测清单			致癌等级
	源水	预氯	混凝	砂滤	出水	2001 卫生部饮用水规范	美国环保局饮用水标准 MCL	世界卫生组织饮用水标准		SPL	RPL	NRPL	
LR	0.27～0.36	0.25～0.44	0.21～0.28	0.21～0.29	0.20～0.25	1	—	1	—		✓		—
RR	0.70～0.77	0.46～0.69	0.23～0.39	0.22～0.50	0.16～0.61	—	—	—	—		✓		—

由于环境污染物的复杂性和各种生物的敏感性不同，生物毒性不仅反映化合物的性质，而且与受试物种和试验条件有关。单一的测试和单一的物种对所有化合物不可能表现相同的灵敏度，采用不同灵敏度的成组生物测试以判断环境污染物的生态毒理效应是必须的。因此常常需要利用不同种属的生物、经不同测试以提高判断的准确性和可靠性，利用成组生物参数互相补充，共同评价环境污染物的毒性效应。这些方法能够对饮用水及地表水中有机有毒污染物的作用方式和程度，作出早期警报。由于污染物对生态系统的影响，最早期必然会反映在分子水平上发生的变异。生物标记物研究，是以分子水平的反应为基础，探求污染物对生物暴露的影响。即在生态系统中，研究由外来物引起的生物体在细胞、生化组分或过程、结构及功能等方面发生的可量度的变化。这些变化提供了充分的且与生物体有重要关系的化学损伤，生物效应与环境污染间关系等方面的信息。通过对产生的生物学效应以及该效应与环境污染物间的相互关系分析，可全面反映混合污染物间的相互关系及其复合污染效应。水中有毒污染物大体可以分为十种类型：卤代烷烃、酚、单环芳烃、醚、亚硝胺、邻苯二甲酸酯、多环芳烃、农药、有机氯和重金属。这些有毒污染物引起的生物毒性效应，目前较为关注的主要有三致效应、内分泌干扰物效应、Ah 受体效应、细胞毒性等[12,13]。

1. “三致”效应

“三致”即致癌、致畸、致突变。从理论上讲，致突变的化学物质作用于人或哺乳动物胚胎细胞就会造成畸胎，若作用于体细胞便可发生肿瘤，因而“三致”之间有很高的相关性，检验致突变性则成为检验“三致”的前提。致突变性是指直接损伤 DNA 或产生其他遗传学改变，而使基因和染色体发生改变的作用。分为基因突变和染色体畸变，但更多情况下，是指基因突变的范畴。基因突变的损伤分为三个类型：碱基置换（base-pair substitution）、移码（frame shift）和大段损伤。已有研究发现，自来水中卤代烃类化合物是多种癌症的致癌因子，美国环保局在全国范围的饮水检测中发现，氯化消毒的饮用水中普遍含有卤代烃类，在被检测的 289 种化合物中有 111 种卤代有机物，其中氯仿、溴仿、一溴二氯甲烷、二溴一氯甲烷、四氯化碳、1，2-二氯乙烷以及某些较高分子的有机卤代物的致癌作用最为明显。美国卫生研究所在美国自来水中测定出 767 种有机化学污染物，其中确认致癌物、促癌物和可疑致癌物为 109 种。用于“三致”效应物质生物监测的方法包括 4 种：①基因突变测定法。这类试验是测定 DNA 水平的基因突变，目前多利用各种微生物，哺乳动物细胞，植物等为实验材料，以鼠伤寒沙门氏菌/微粒体酶法（Ames 试验）和哺乳动物细胞致突变试验较为常用。②染色体畸变检测法。这类试验方法是运用细胞遗传学技术测定致突变物引起细胞染色体畸变，包括染色体数目与结构改变等。另外也可以分析与染色体畸变密切相关的微核率的改变。这类试验中有代表性的是微核试验。③初级（原发性）DNA 损伤检测法。这类试验主要观察 DNA 损伤的现象，主要包括测定姊妹染色单体交换和 DNA 修复试验等。近年来也发展应用分子生物学技术，如 Southern 印记杂交、变性梯度凝胶电泳、多聚酶链反应（PCR）技术等检测 DNA 的缺失、插入、重排、扩增等。④细胞转化试验。用体外细胞培养方法观察细胞转化，多采用地鼠或大鼠的成熟纤维细胞。

（1）用于致突变性检验的短期测试方法。在上述诸多方法中，鼠伤寒沙门菌、回复突变试验是当前世界各国用于快速检测诱变剂、致癌剂最广泛使用的方法之一。该方法是由美国加州大学分析生物化学系的 Ames 教授于 1975 年创建的，因此也叫 Ames 试验。该方法测试的阳性化合物与致癌性之间有十分明显的相关性，1975 年 Ames 等报告了应用本法检测 284 种化合物的结果，发现与大鼠长期致癌试验的结果相当一致，阳性检测率达 90%，假阳性和假阴性率约 10%。以后其他科学家的实验结果也验证了这一点。

Ames 试验的原理是利用鼠伤寒沙门氏菌组氨酸营养缺陷型（his－）菌株，在加入哺乳动物肝微粒体酶（S9）活化条件下，测定化学物质诱导组氨酸操纵子回复突变成为组氨酸原养型回复子（his＋）的能力，故属于回复突变检测体系。当组氨酸营养缺陷型细菌回复突变为原养型时，细菌从不能合成组氨酸到能合成组氨酸，因此能在不加组氨酸的培养基上生长，极易被鉴定选出。根据在不含组氨酸的培养基内生长的细菌集落数目，与对照组比较，来测定化学物质诱导微生物基因突变的能力。Ames 试验常用的鼠伤寒沙门氏菌有 TA97、TA98、TA100、TA102，在我国常用的是 TA98 和 TA100。TA98 检测的是移码型致突变性物质，即在 DNA 分子中增加或减少一个或几个碱基对，从而改变了遗传密码的“阅读”顺序而导致的基因突变。TA100 检测的是碱基置换型致突变性物质，即一个碱基对被另一个碱基对所替换。这两种菌的检测包含了大部分致突变性物质。

致突变性物质包括直接致突变性物质和间接致突变性物质，前者仅占致癌物的一小部分，无需代谢转化而直接与细胞中大分子发生亲电结合，大多是烷化剂，如：双氯甲醚，硫芥，氮芥，丙内脂和烷基磺酸盐，亚硝基化合物。间接致突变性物质，是需要经过代谢转化才能转变成亲电子的致突变物。因此在进行 Ames 试验时，需要加入经诱导后的大鼠肝匀浆（S9）以模拟体内代谢转化过程。

（2）SOS/Umu 试验。SOS/Umu 试验（又称 umu 试验）是 20 世纪 80 年代中期发展起来的检测环境诱变物的短期筛选试验，它是基于 DNA 损伤物诱导 SOS 反应而表达 umuC 基因的基础上建立起来的。该方法具有快速、敏感、廉价等优点，因而被广泛应用于遗传毒理学研究、酶代动力学分析、环境监测与质量评估以及药效学评价和新药筛选等方面。umu 试验采用的是 Salmonella typhimurium TA 1535/PSK 1002 菌株进行，该融合菌株是应用操纵子融合的方法将筛选的 umuC 基因（操纵子）整合到 Salmonella typhimurium 染色体上，使缺少启动区但能编码 β-galactosidase 的 lacZ 基因处于 umuC 基因控制下。

在 Salmonella typhimurium 中，SOS 反应受到 lexA 和 recA 基因的共同调控。在 DNA 分子受到外因的大范围损伤时，可产生一系列诱导信号，如寡聚核苷酸（三核苷酸、低核苷酸等）、单链或缺口双链 DNA 等，这些物质也是变构剂，使无活性的 recA 蛋白（一种变构酶蛋白）激活。激活的 recA 蛋白可裂解包括 lexA 蛋白在内的多种蛋白，lexA 蛋白失活后启动 recA 操纵子，大量转录、翻译 recA 基因，显示出蛋白酶活性。同时激活原被 lexA 蛋白遏制的与“SOS”作用于有关的基因——umuC 基因（操纵子）。recA 的蛋白酶与 umuC 基因结合启动 lacZ 基因编码 β-galactosidase，通过比色法测定 β-galactosidase 活性，测知被检测样品的致突变性。

2. 内分泌干扰物效应

内分泌干扰物质也称作环境类激素（“内分泌干扰物”或“环境荷尔蒙”），是指能够通过特定的行为干扰负责在体内调节各器官工作的荷尔蒙（生物体雌激素、睾丸激素、甲状腺激素等内分泌物质）的正常功能，干扰生物体内分泌、生殖和神经系统的化合物。已有的研究充分证明，环境荷尔蒙类物质包括持久性有机氯化物、农药、戊酚到壬酚、双酚 A、酞酸脂、苯乙烯的二聚物和三聚物、苯并（a）芘、重金属等。这些化学物质主要用来制造农药、除草剂、染料、香料、涂料、洗涤剂、去污剂、表面活性剂、塑料制品的原料或添加剂、化妆品等。此外还有天然和合成的激素。

20 世纪 90 年代以来世界各国都相继启动了旨在研究确定环境荷尔蒙种类、来源、行为、危害、分子作用机理、污染控治、防治对策等的计划，以期缓解环境荷尔蒙污染给人类和野生动物带来的负面影响。美国环保局于 20 世纪 90 年代以来启动了庞大的《荷尔蒙干扰物筛选研究方略》，世界野生动物基金会（WWF）启动了庞大的“蓝带专家”（blue ribbon）环境荷尔蒙的研究计划，日本环境厅也花费巨额投资启动了“环境激素战略规划公告”的环境荷尔蒙计划，欧洲各国也普遍建立政府行为的研究中心，实施环境激素的研究计划。

（1）内分泌干扰物对生物体的作用。已有研究表明，内分泌干扰物对生物体的作用主要表现在以下 5 个方面：

①作用于生殖系统，可引起男性精液质量下降，不育率增高，性腺发育不良，生殖器官肿瘤发病增加，月经紊乱，先天性畸形等。

②引起癌症，包括乳腺癌、前列腺癌、睾丸癌、卵巢癌、甲状腺癌，副睾丸

囊肿、阴道腺癌、膀胱癌、精巢癌。

③作用于免疫系统，可引起免疫功能改变，表现在降低及抑制免疫能力，加速自身免疫性病变的发生和引起胸腺萎缩。

④作用于神经系统，表现在神经系统的发育迟滞和行为改变，如阿尔茨海默病。

⑤作用于心血管系统，可引起慢性缺血性心脏病、高血压、慢性风湿性心脏病。

（2）环境内分泌干扰物筛选方法。广泛用来筛选环境荷尔蒙的生物测试方法分为体内和体外两大类。体内测试集中于生物体体重、细胞异化程度、蛋白质表达、酶活性的测定。该方法体系已得到了世界各国广大环境工作者的认同和广泛的应用，但费用较高、敏感性低、应激强度中等。另一类是体外实验，适合用于对较大范围的可疑环境荷尔蒙物质或环境样品进行筛选。目前应用较多的基于生物测试的内分泌干扰物测试方法主要有以下几类：

①子宫增重反应试验。通过动物实验判断化合物是否增加雌激素敏感器官的重量，以子宫湿重和子宫湿重与体重之比作为评价雌激素活性的指标，是一种比较经典而粗略的方法。

②卵黄素蛋白原法。卵黄素蛋白原是卵黄素蛋白的前驱物，正常的雄性体中不会有卵黄素蛋白原，环境化合物能刺激卵生动物肝细胞产生卵黄素蛋白原，通过测定动物体内卵黄素蛋白原的含量来评价其雌激素的活性，卵黄素蛋白原的测定方法有 HPLC 法、放射免疫及利用特异性抗体的 ELISA 法。

③乳铁蛋白 mRNA 法。通过检测试验动物子宫的乳铁蛋白 mRNA 水平升高的倍数，判定雌激素的活性大小。

④竞争性雌激素受体结合法（competive ER binding）。该方法由来已久，能够证明化合物与荷尔蒙受体相结合引起受体调节反应，有效地鉴定出了环境中某些荷尔蒙物质的存在和危害，但却不能有效区分受体兴奋类物质和受体抑制类物质，高浓度的配基还会产生非特异置换；且化合物与受体结合，未必就意味着其一定有雌激素干扰性，因为还与化合物与受体结合的强度以及它们对基因的影响有关。

⑤细胞增殖法（cell proliferation）。一般常用的是 MCF-7 或 T47-D 细胞，它们最大的优点就是简单易操作，较为敏感，在验证环境荷尔蒙物质结构-活性间关系时意义重大。但这一类实验易受培养基质条件和细胞克隆方式的影响，重现性差，尚未标准化。

⑥蛋白表达/酶活力法（protein expression/enzyme activity）。该方法对环境荷尔蒙物质检测较为敏感。但是某些酶类和蛋白质只是由某些特定的细胞株系所诱导产生。由该方法测定出的化合物对某一器官有雌激素干扰性，对其他器官和

生物体则未必有荷尔蒙干扰性。

⑦酵母介导法（yeast-based assays）。该方法基于荷尔蒙物质作用于生物体受体的机理，将人体的荷尔蒙受体基因导入酵母体内，结合了环境荷尔蒙物质后，促使酵母体内生成呋喃半乳糖酶来进行测定。该方法对17β-雌二醇的 EC_{50} 达到了较高的灵敏性，是其他几种方法的成千上百倍，且重现性较好。

上述方法中，后四种属于体外测试。这些方法以分子水平的反应为基础探求环境荷尔蒙物质对生物暴露的影响，方法的创立和应用于20世纪80～90年代始于美国，并在近年来逐渐用于天然水体水质和污水的生物监测，是一种在分子水平上研究生态毒理学的方式。其中雌激素受体重组基因酵母细胞增殖法作为体外测试方法，因其易于操作、费用低廉，灵敏度高而被广泛应用于环境样品的检测。

（3）重组基因酵母测试（yeast assay）。酵母细胞本身不含有雌激素受体，重组基因酵母是将人的雌激素受体（hER）的DNA序列整合到酵母主要染色体上，同时酵母细胞含有载有表达基因lac-Z的表达质粒（编码β-半乳糖苷酶），当酵母中的雌激素受体（hER）基因响应片段被雌激素活性物质激活，从而在蛋白质转录和合成过程中，报道基因也同时被激活，转录成β-半乳糖苷酶，通过测定β-半乳糖苷酶的活性即可检测出暴露化学品的类雌激素活性。该方法可用于测定能与雌激素受体（hER）发生缔合的所有化学品。

2003年3月，应用重组基因酵母试验对某自来水厂各处理工艺段出水及水源水进行了测定。研究结果显示（图12-1），原水中内分泌干扰物效应为143pgEEQ/L，经预氯化、混凝沉淀、砂滤等工艺处理后，出厂水中内分泌干扰物效应逐渐降低到24.5pgEEQ/L，总去除率为80%，表明水厂工艺能够比较有效地去除原水中内分泌干扰物。2004年6月对现有传统工艺进行了改进，形成了中试规模的经预臭氧、混凝沉淀、砂滤、臭氧、生物活性炭组合而成深度处理工艺流程（中试工艺）。对中试工艺进行原水和各处理段出水中内分泌干扰物效应检测，结果显示（图12-2），2004年6月原水中内分泌干扰物效应和2003年3月相差不多，为100pgEEQ/L，预臭氧、混凝沉淀和砂滤处理并没有明显降低原水中的内分泌干扰效应，砂滤后的臭氧处理，结合生物活性炭处理，显然是去除原水中内分泌干扰物效应的关键步骤，新的工艺出厂水中内分泌干扰物效应低至16.3pgEEQ/L，去除率提高到84%。

3. Ah受体效应

7种多氯联苯二　英（PCDD）、10种PCDF、12种PCB被认为是类二　英物质。多数用于检测二　英和类二　英物质的生物毒性测试方法都是基于以下假设：所有这类物质都是通过Ah受体的信号传导途径起作用。其作用原理大致如下：二　英（类二　英）和 Ah 受体结合后形成复合物，之后复合物进入细胞核，使一系列相关基因发生转录，产生细胞色素 P-450（CYP）1A，这是一种参与外源物质氧化、还原、水解的酶，也称混合功能氧化酶。

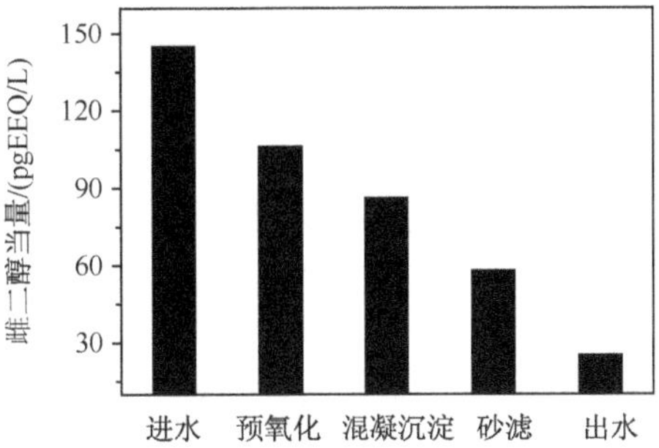

图 12-1　某水厂原水和各工艺段出水总提取物内分泌干扰物效应检测

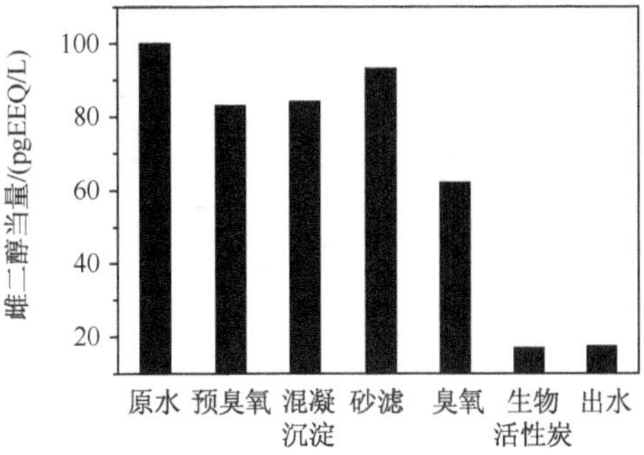

图 12-2　某水厂原水和各工艺段出水总提取物内分泌干扰物效应检测

细胞色素 P450 酶系是广泛分布于动物，植物和微生物等不同生物体内的一类代谢酶系。细胞色素 P450 单加氧酶起中心作用的是细胞色素 P450 以及细胞色素 P450 还原酶，因其主要成分的 P450 蛋白与一氧化碳的结合体在 450nm 处有特征光吸收峰而得此名。P450 酶系可以催化多种类型的反应，不仅对多种环境有毒物质具有代谢作用，还参与一些起重要生理功能的内源性物质如激素，脂肪酸的代谢，在生物体中起十分重要的作用。

细胞色素 P450 的化学本质是蛋白质，它不是一种蛋白，而是分子质量在 46～60kDa 的一族蛋白，这一族蛋白结构类似，但不尽相同，性质类似而又有差异。来源于不同种，或同种不同品系，或同一品系不同组织的 P450，其分子质量，光谱特征，分布特点，免疫性质，氨基酸顺序，调控机制及底物专一性不尽相同。细胞色素 P450 的多样性本质上是由其基因结构的多样性决定的。几乎每一种 P450 基因总是产生单一的 P450 蛋白，P450 基因结构的多样性已从克隆顺序的 P450 基因中得到证实，截止到 1993 年已描述的基因包括分属于 31 种真核生物，11 种原核生物的 36 个基因家族的 221 个基因。近年来，还不断有新的成员加入到 P450 家族中，至今已经鉴定出 1000 多种来自植物，动物等的 P450。

目前用于二　英物质生物测试的方法主要有：7-乙氧基-异吩　唑酮-脱乙基酶（EROD）检测、芳香烃羟化酶（AHH）检测、酶免疫法检测（EIA）、报道基因检测［如化学激活的荧光素酶基因表达（CALUX）或 P450HRGS］、Ah 受体 DNA 结合凝胶延迟试验（GRAB）、放射性标记二　英 Ah 受体检测、Ah 受体免疫检测（AhIA）等。

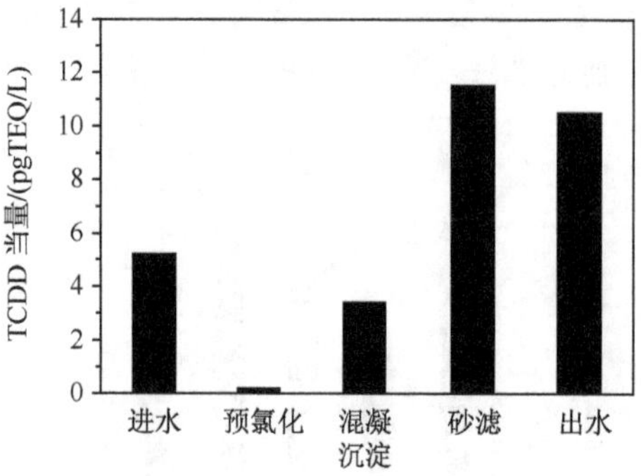

图 12-3　某水厂原水和各工艺段出水总提取物类二　英效应检测

2003 年 3 月对某水厂原水及现有传统工艺各处理段出水进行了 EROD 试验，检测类二　英效应，结果显示（图 12-3），原水中类二　英效应仅相当于 5pgTEQ/L，目前没有基于生物测试的饮用水标准，但美国环保局颁布的基于化学分析的 TCDD 标准为 30pg/L。因此可以认为，该水厂原水中不存在二　英类物质污染，尽管如此，仍然可以通过生物测试结果看出这类物质在水处理过程中效应的变化。预氯化后出水效应降低到 0.1pgTEQ/L，而混凝沉淀和砂滤处理效应逐渐升高，使出厂水中效应升高到原水的 2 倍。以往有研究认为，混凝沉淀可以使原本和水中大分子有机物（如腐殖酸）结合的小分子有机物，特别是弱极性的有机物，重新释放到水中，使这类物质发挥毒性效应。砂滤引起的效应升高目前原因尚不清楚。

4. 细胞毒性

细胞毒性被认为是有毒物质引起细胞死亡的毒性作用，细胞毒性一般认为和急性毒性有相关性，因为如果一种物质具有急性毒性，那么它一般都会对细胞功能有损伤作用。目前已有大量研究表明，细胞毒性和急性毒性有很好的相关性。

细胞毒性测试最常见的测试方法是基于细胞渗透屏障的破坏（如染料排除法）、细胞酶的释放（如乳糖脱氢酶），核苷酸释放、尿苷吸收、活体染料吸收（如中性红等）原理，其他原理还有线粒体功能的降低，细胞形态的改变和细胞复制的改变等。还有一些试验是基于细胞蛋白含量的测定或出菌率。

中性红试验是检测细胞存活的一种化学敏感性测试方法。它的原理是存活的细胞可以和中性红染料相结合。中性红是一种阳离子超活体染料，它可以很容易地通过非离子扩散穿过细胞膜，和溶酶体中阴离子位点结合，从而在溶酶体中累积，当有毒物质引起细胞膜表面或溶酶体膜的改变后，会使溶酶体变得脆弱，而不易吸收中性红染料，以此区分死亡、受损和正常存活的细胞。

2003 年 3 月对某自来水厂原水和各处理段出水的细胞毒性检验（中性红测试）结果（图 12-4）表明，水源水和各处理段出水均未显示急性细胞毒性，在加氯处理后显示出一定程度的刺激生长作用。

5. 生物监测方法用于水质安全评价存在的问题

从以上各检测结果来看，采用成组生物毒性测试方法，可以很好地对饮用水水源和各处理工艺出水进行水质评估，能够较好地反映处理工艺对不同类型有毒物质的减毒效果。对于目前水质标准中未知污染物，采用生物毒性测试的方法，能够得到其综合的生物效应，克服了逐一进行化学分析的繁琐和费用昂贵的缺点，因此有望今后成为饮用水标准新的补充。

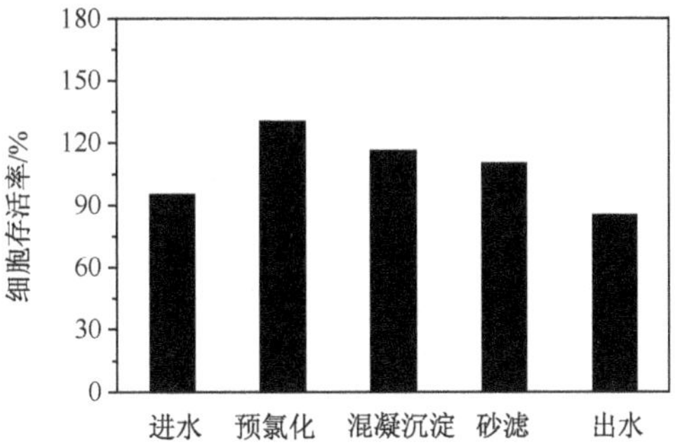

图 12-4　某水厂原水和各工艺段出水总提取物细胞毒性检测

但是由于环境样品的复杂性，与有毒污染物共存物质的干扰，多种有毒污染物的联合毒性效应等因素，使对环境样品直接进行生物毒性测试的结果很难给出产生毒性效应的真正原因。

12.2.5　突发事件应急监测方法

水生动物的行为生态变化在水环境质量的在线监测过程中起到重要的指示作用。它是通过生物早期预警系统（biological earlier warning system，BEWS）监测生物行为生态变化实现的。但这并不意味着任何一种水生生物都可以用来作为水质监测的指示生物。在线生物监测的指示生物选择要遵循以下原则：①该水生生物是所要监测水环境中一种重要的水生生态群的代表；②该生物在重要的食物链中应该占有一定的地位，应该处于生态链的中央，而不是生态链的最低层和最上层；③该水生生物在一定区域的水环境中分布广泛，保养容易，遗传稳定；④该生物拥有相当丰富的研究背景资料；⑤该水生生物应该是敏感种类，并且对于各种污染物有相对明显的逃避行为等行为生态的变化。

利用水生生物对饮用水的水质实行在线监测，主要通过水生动物的行为变化来进行。在所有的水生动物中，浮游动物（zooplankton）虽然运动能力比较弱，但是它们的分布最为广泛，种类繁多，因此依然是水质监测的重要选择对象。浮游动物是指悬浮于水中的水生生物，包括无脊椎动物的大部分门类。

根据生物的这种特性，开发了各种在线生物监测仪，其中多物种在线生物监测仪是一种新式的在线生物早期预警系统，它能够持续进行水环境质量的检测，几乎所有的能够对环境胁迫产生行为反应的水生生物都可以用来监测水环境污染和突发性事故。同时，它是比较成熟的在线监测仪中的一种，基本工作原理是：

利用电场对生物传感器内水生生物的干扰来感知其行为生态的变化，然后通过信号转换器，将电信号转换成可视图像来加以分析的。这种生物传感器因为形状大多为管状，用来测试管内生物的行为生态变化，因此又叫生物测试管或测试管(test chamber)。

大型蚤是一种标准的环境状况指示生物，它已经广泛的在国内外的各种环境生物监测技术中得到应用，其中包括水体的在线生物监测。作为生物监测的受试生物，大型蚤有很大的优势：①大型蚤在中国的分布非常广泛，几乎不受季节和温度的影响，即使在冬季的几个月份也能够在野外很容易采到样品，也就是说它的存在基本不受温度这一环境影响因子的干扰，能够作为长年的受试种类进行现场在线生物监测。②大型蚤的枝角很多，因此行为生态也就变化多端，这对于依靠测定水生生物行为生态变化的水环境在线生物监测来说是非常重要而优越的条件。③大型蚤对水环境内污染物的变化比较敏感，并且能够通过自己运动行为的改变很快反映出来，很容易通过在线的生物监测来测知。④大型蚤的生殖力很强，可以通过实验室的养殖来获得足够的、纯种、同龄的大型蚤来进行水环境质量的在线生物监测。⑤大型蚤所需的食物也很容易在实验室内通过连续培养获得，以保证大型蚤的生存繁殖所需。

大型蚤在水体内的运动主要依靠它的枝角，尤其是它的第二对触角的活动。它的运动行为多种多样，主要有跳动、泳动、翻转运动以及爬行运动等。大量的实验证明，大型蚤对于大多数水环境内的能够对其产生生物毒性的污染物具有同样的行为生态变化趋势。也就是说，在一定浓度污染物的作用下，大型蚤的行为生态变化（强度、类型等）方式基本保持一致，并与暴露时间呈明显的相关性。

现在，虽然饮用水的在线生物监测还没有被广大的饮用水生产厂家所采用，但是，因为通过对饮用水的在线生物监测，不仅可以克服理化监测的许多弊端，对水质变化进行实时的监测，而且可以节约大量的资金。因此，在线生物监测在饮用水的安全生产中所起到的作用会逐渐被人们所接受。

12.3　饮用水健康风险评价

健康风险评价是20世纪80年代开始的一个新的研究领域，它的主要特点是以风险度作为评价指标，把环境污染与人体健康联系起来，定量描述污染对人体产生健康危害的风险。通过污染物对人体健康风险的评价研究，可以给关心环境质量问题的公众就环境中存在污染物的健康风险性提供基础的解释，提高公众对现实与潜在环境危害的认识与区别；帮助科学家证实污染物健康危害的程度，判断潜在危害的主次和敏感人群；政府机构可以依据风险评价制定减少有害物质暴露的可行方案，减少环境污染物对公众的健康危害。因此，不论从何种角度来考虑，对饮用水进行健康风险评价研究都是非常必要的。

12.3.1 饮用水健康风险评价研究与应用现状

过去，健康风险评价主要用于表达各种气、液流出物对人体健康危害的影响，对于水环境污染造成对人体健康危害的风险研究较少，而在我国，环境健康风险评价暂时没包括在常规环境评价工作中，国内外曾发生因水源污染引起的一些灾害性事件都说明了加强水环境健康风险评价是非常必要的。

目前有关环境污染物人体健康暴露风险评价的研究方法和评价模型处于不断的发展和完善当中，由于是一门新的概念和技术，所涉及的概念很容易混淆，例如“健康风险评价”这一术语经常被错误的解释，与流行病研究相等同，事实上健康风险评价和流行病评价有不同的目标，大多数流行病评价的是过去的化学暴露是否应对一个特定人群已证明的健康问题负责，而健康风险评价是评价目前或将来的化学暴露是否将引起一个广泛人群的健康风险。

近年来，关于饮用水的健康风险评价的研究在世界范围内正方兴未艾。在美国，美国环保局领导联邦风险评价工作，环境健康风险评价办公室（office of environmental health hazard assessment，OEHHA）的主要责任就是执行健康风险评价。饮用水是人体暴露于有毒物质的重要的潜在暴露源，有毒物质从土壤岩层向地下水源的溶出、释放，工业废水、废弃物的排放，饮用水处理过程中所添加的处理药剂（如液氯），管道输送过程中所发生的管道物质的溶出（如铅）等等，都会造成饮用水的污染，对饮用水消费人群身体健康造成一定的危害。为了定量描述饮用水中污染物对暴露人群所造成的危害，世界各国的科学家们对饮用水的健康风险评价做了大量的研究。健康风险评价需要两部分数据：目标污染物毒理学数据和暴露人群的暴露剂量数据，毒理学数据主要来自于流行病学临床资料和大量实验室动物实验。目前，针对众多有毒污染物，国际上已经建立了应用于健康风险评价的毒理学数据库，并积累了大量有效数据。而对于暴露人群的暴露剂量数据，则是进行健康风险评价所研究的重点，并也做了大量的研究工作。要想正确估计暴露人群的暴露剂量，通常需要消费者提供大量的消费信息。目前，美国环保局认为成人每天消耗的饮用水水量为2L/d，对于体重为10kg左右的婴儿，认为他们每天饮用水的摄入量为1L/d，这个消费数量包括以果汁和用饮用水泡制的各种饮料（咖啡，茶等）形式所摄入的饮水量。同时，美国科学院还认为饮用水的消耗量会随着暴露人群的身体活动状况和所处环境状况（温度，湿度等）的改变而改变，因此，有理由认为一个人在身体活动剧烈的情况下或在较炎热的环境中会消耗更多的饮用水。目前，许多研究都是关于饮用水消费信息的，总体来讲，这些研究所获得的消费信息基本上与美国环保局所采用的饮水消耗数据相一致。在世界上很多国家，科学家们所做的大量研究都是关于暴露剂量评估的，尤其在美国、加拿大和欧洲，对此做了大量的研究。

我国目前关于饮用水质量方面的评价，还仅仅是停留在水质监测阶段。即对饮用水进行采样，分析其化学成分，看是否有污染物存在，含量是多少，是否超过国家标准，仅仅是一个定性的评价，无法给出一个与饮用人群健康密切相关的定量信息，即无法描述饮用水中的污染物对饮用人群会造成什么样的危害，其危害程度有多大。健康风险评价概念的引入，将会在一定程度上解决目前饮用水安全评价所面临的一些本质问题。但是由于这门方法进入中国较晚（20 世纪 90 年代初才刚刚进入中国），目前尚处于起步阶段，国内研究人员对饮用水健康风险评价所做的工作还比较少，而且也仅仅是停留在水环境方面的宏观健康风险评价。有研究者所做的关于饮用水水源的健康风险评价，根据自来水厂出水水质监测数据，利用一定的模型对健康风险进行定量评价，但由于不是饮用水用户终端暴露评估，难免就忽略了饮用水在传输过程中所造成的二次污染，自然就会给评价结果引入不确定性。我国关于饮用水暴露评价、风险评价，还没有建立起如美国和欧洲那样比较健全的方法体系，可用数据也不充分，而关于饮用水暴露人群的消费资料、可用数据几乎没有，这也给我国在此方面的工作开展带来了许多困难。因此，只能立足于基础，从基础数据的收集和积累做起。同时，健康风险评价在借鉴国外研究经验的基础之上，还有待于开发建立适合我国饮用水水质条件的模型，这也是我国健康风险评价所面临的又一问题。

12.3.2 健康风险评价的一般过程

健康风险评价可以分为定性健康风险评价和定量健康风险评价。健康风险评价需要科学理论基础和专业的判断，是一个持续发展过程。一个完整的健康风险评价包括四个方面的内容：危害鉴定，剂量-效应关系，暴露评价和风险表征。

危害鉴定本身就是定性健康风险评价过程，同时又是定量健康风险评价的第一步，是实现后三个阶段的前提和基础。下面对健康风险评价的四个方面进行简单介绍[14]。

12.3.2.1 危害鉴定（hazard identification）

危害鉴定是确定暴露于有害因子所引起不良健康效应发生率的过程，即对有害因子引起不良健康效应的潜力进行定性评价的过程。也可称作危害评估，可直接用于有毒化学品登记等管理工作。如判定某污染物对健康产生危害，并进一步确定了其危害的后果，如是否具有致癌性。通常应对污染物的一些方面进行评估。这些方面包括理化特性和暴露途径与方式、结构活性关系、代谢与药代动力学资料、其他毒理学效应的影响、短期试验、长期动物研究、人类研究。对现存化学物质，主要是评审该化学物质的现有毒理学和流行病学资料，确定其是否对生态环境和人体健康造成损害。对危害不明的化学物质来说，需要从头累积较完整而可靠的资料。在方法学上常采用病例收集、结构毒理学、短期简易测试系统（如 Ames 试验、微核等）、长期动物实验以及流行病学调查等方法去进行。程序上可先进行筛选性测试（如急性毒性测定），继而作预测性测试（包括慢性试验，“三致”实验和致敏作用测试等），进而进行确定性测试（包括现场研究或微观研究等），最后监测性研究（以确保在实际条件下的安全性）。对资料进行分析、审核、评价之后就要对化合物的毒性作出鉴定，并进一步确定其危害的后果。做鉴定时，还要根据各种法令与管理规则的不同要求选用不同的侧重点。从环境保护角度，需要考虑对自然生态系统能否引起或已引起了哪些改变，甚至是破坏等。

给化学物质划分等级主要依据其是否存在毒性以及其存在毒性的确凿程度，其划分标准也是由管理部门规定的。目前，关于化学物质毒性的划分方法很多，最常用的是美国环保局采用的五级分级法，根据化学物质致癌强度分为五级。

A 级：人类致癌物质，人群研究中致癌性证据充分的物质。

B 级：可能的致癌物质，人群研究中致癌证据有限或动物实验中证据充足的物质，本级又可分为两个亚级，其中 B1 级为人群研究证据有限的物质。B2 级为动物实验数据充足，但人群研究资料证据不完全或无相关资料的物质。

C 级：可疑人类致癌物。仅有有限的动物实验致癌性证据，而无人群研究资料的物质。

D 级：不能划分为对人类有致癌性的物质。人群和动物实验研究的证据均不完全或无相关资料的物质。

E 级：无人类致癌性证据的物质。至少在两个合理的不同种类的动物实验中或合理的流行病学研究及动物实验研究中都未发现致癌性证据。

需要指出的是，对混合物进行危害鉴定时，应对混合物中化学物质组成进行证据权重。特殊情况下，尤其对复杂混合物，健康危害的证据来自对混合物本身的职业研究。而对混合物本身的资料，必须对掩盖的证据进行检查。例如，当组成化学物之一是可疑致癌物，但是资料表明在主要器官（如肝、肾）中具有明显毒性，并且未表明癌症，这就可能是其他毒性效应掩盖了致癌性的证据。危害鉴定表明在任何剂量下都无癌症危险，而事实上在低于系统毒性阈值的剂量时，会有明显的癌症危险。同时必须考虑接触资料，以确定在环境中化学物相互作用产生新的可能性，那么在一定的时间或在运转时期，具有不同的健康危害。

12.3.2.2　剂量-效应评估（dose-response assessment）

剂量-效应评估是对有害因子暴露水平与暴露人群或生物种群中不良健康反应发生率之间关系进行定量估算的过程，是风险评价的定量依据。有害物质对生物体系统影响的确定（即毒理学评价），习惯上用剂量-效应关系表达。剂量指机体暴露的剂量（外环境中的含量和暴露时间）或摄入量、外来化学物质被机体吸收的剂量及其在靶器官中的剂量等。生物体暴露一定剂量的化学物质与其所产生反应之间存在一定的关系，称为剂量-效应关系。在毒理学研究中剂量-效应关系分为两类：①暴露于某一化学物的剂量与个体呈现某种生物反应强度之间的关系；②某一化学物的剂量与群体中出现某种反应的个体在群体中所占比例，可以用百分比或分数表示，如死亡率、肿瘤发生率等。

通常，有两种剂量反应评估方法，在无阈值效应（如癌症）情况下，利用低剂量外推模式评价人群暴露水平上所致的危险概率。在致癌物危险评价领域，大多数化学物应进行这样的剂量反应外推，包括：依据人类流行病学资料的估算优于依据动物资料；缺少适当的人类研究情况下，应使用最与人类接近的动物种类的资料；从长期动物研究证明，应给予最敏感的生物学科接受资料以最大的重视。

所关注的暴露途径资料优于其他暴露途径，例如利用其他暴露途径的资料作途径与途径外推，此过程必须进行慎重考虑。当有多个肿瘤位点或多种肿瘤时，每一种都明显证明肿瘤发生率的提高，致癌危险的总估算应集中进行，即以患一个或多个有意义肿瘤的动物进行计算。风险估算时，应将良性肿瘤与恶性肿瘤一起计算。

另一主要考虑的问题是选择用于低剂量外推的特定数学模式。不同的外推模式可能是很好的适宜于所观察到的资料，但是，在低剂量时，可能导致得出的危险有很大差异。

从以上计算可以看出，流行病学调查资料是首选资料。其次是效应与人接近的、敏感动物的长期致癌实验。在无前两种资料的情况下，不同种属、不同性别、不同剂量、不同暴露途径的多组长期致癌实验结果亦可用来估算剂量-效应关系。剂量效应关系往往不是直接得到的，而是通过一定的模型估算出来的。对于流行病学调查资料来说，尽管数据直接来自人群，但这些人群往往处于高暴露水平。而低暴露水平的剂量效应关系则需进行估算。对动物实验资料来讲，则更需要通过一定的模式将动物实验结果外推到人，将高剂量结果外推到低剂量，将一定暴露途径得到的剂量-效应关系外推到人在暴露方式下的剂量-效应关系。因而估算模型的建立、选择、使用及对其可信度的分析，是目前风险评价领域面临的重要问题，这一问题的研究和解决会直接推动风险评价的发展。目前在定量致癌风险评价中，基本上还是采用毒理学传统的剂量-效应关系外推模型。也就是从动物向人外推时，采用体重、体表面积外推法或采用安全系数法。从高剂量向低剂量外推时，可选用的模型有 Probit 模型、Logit 模型、Weibull 模型、Ohe-hit 模型、Multi- hit 模型、Mulbistage 模型等。这些模型都还不成熟，在进行致癌剂量外推时的适应范围及适应程度还在被比较和研究中。目前 Multistage 模型即多阶段模型是管理部门、特别是美国环保局使用较多。美国环保局在1986年的致癌风险评价指导方针中指出，一般情况下应使用多阶段模型。在定量致癌风险评价中，剂量-效应关系估算的结果一般应以一定期间（一般为终生）暴露于一定剂量的致癌物相应引起的超额癌症发生率或癌症死亡率来表示。

对化学混合物的剂量-效应评估与上述方法有些区别。对于化学混合物一般需要多方面的资料，其中既包括化学混合物的资料，又包括做成混合物的各个化学物质的资料。如果没有化学混合物的剂量-效应资料，从组成相似的混合物进行推导得出的资料也可利用。如果两种资料都没有，当组成混合物的化学物质之间存在协同作用时，可利用剂量或效应相加，并进行适当的修正。对于毒理学相似的有阈污染物，使用严格的剂量相加办法，这包括对每一估算的摄入水平除以RfD，然后对其相加计算危害指数。当危害指数远小于1时，混合物可能无危险。当危害指数远大于1时，则混合物可能有显著危险。当危害指数接近1时，视情况而定。对于致癌物和具有剂量-效应资料的非致癌物，效应进行相加，还应考虑到有相互作用。进行这样的计算，每一危险估算都是合理的上限，这就有可能导致不确定性，但这种不确定性偏于对公众健康的保护。

12.3.2.3　暴露评估（exposure assessment）

暴露指生物（在健康风险评价中为人）与某一化合物和物理因子的暴露。暴露量大小可通过测定或估算在某一特定时期交换界面（即肺、胃肠、皮肤）的某种化合物的量。暴露评估是对人群暴露于环境介质中有害因子的强度、频率、时间进行测量、估算或预测的过程，是进行风险评价的定量依据。它同时应当考虑到过去、现在和将来的暴露情况，并且对某一时期应用不同的评估方法。当前暴露评估可根据未来条件的模式进行计算，对过去暴露的估算根据测定或模式所计算的过去浓度或测定的组织化学物浓度而进行。

在暴露评估中主要应包括以下一些方面：源项评估-污染源的表征；途径和结果分析-描述某种污染物如何从源到潜在暴露人群的运转情况；估算环境浓度-应用检测资料或用模式计算的潜在暴露人群位置的污染物水平进行估算；人群分析-描述潜在暴露人群和环境受体的大小、位置和习惯。综合暴露量分析-计算暴露量水平和评估不确定性。

在暴露量评估过程中通常有三个步骤，即表征暴露环境、确定暴露途径和定量暴露。表征暴露环境指对普通环境物理特点和人群特点进行表征，在这一步应确定气候、植被、地下水水文学以及地表水情况，确定人群并描述有关影响暴露的特征，如相对于源的位置、活动方式以及敏感亚人群的存在情况等。这一步应考虑到当前的人群特征，同时也应考虑将来人群情况。确定暴露途径指确定过去人群暴露的途径。依据对源项、释放情况、类型和化学物在场所的位置、可能的化学物环境最终结果（包括存留、分离、运转和介质间的转换），以及潜在暴露人群的位置和活动情况。对每一暴露途径确定暴露点和暴露方式（如食入、吸入）。定量暴露指对每一暴露途径上暴露量的大小、暴露频度和暴露持续时间进行定量。通常分为两个阶段进行，即估算暴露浓度和计算摄入量。估算暴露浓度指确定在暴露期将要暴露的化学物污染程度。利用检测数据或化学转运及环境最终结果模式进行估算暴露浓度。利用模式可估算当前污染介质中将来化学污染物的浓度或可能受到污染的介质中化学污染物的浓度，目前介质中的浓度以及没有检测数据地点的浓度。计算摄入量指计算在第二步确定的每一暴露途径上特定的化学物暴露量。暴露量用单位时间单位体重与身体暴露的化学物的质量来表示[即（mg/kg）/d]。化学物摄入量计算公式中包括的变量有暴露浓度、暴露率、暴露频率、暴露持续时间、体重和暴露平均时间。这些变量的数值取决于现场条件和潜在暴露人群的特征。

暴露评估过程应提供人群个体在一定期间内（或以潜在终身暴露表示）对有害因子的最大暴露总量，以 DH 表示。计算方法为

$$\mathrm{DH}=C\cdot I\cdot T\cdot A\cdot B \tag{12-1}$$

式中，C 为单位污染介质（空气、水或食品）中有害因子 mg 数；I 为暴露人群个体每日平均摄入的污染介质的量；T 为暴露人群个体的平均暴露天数；A 为吸收因子；B 为暴露率。

通常，暴露量估算值以某一暴露量的大小和持续时间或以潜在终身暴露表示。另一方面，对于致癌风险评价，通常考虑终身日平均暴露量。根据风险评价所评估的毒性效应的本质确定所给的适宜的暴露时间。

$$D=\mathrm{DH}/(W\times70\times365)=C\cdot I\cdot T\cdot A\cdot B/(W\times70\times365) \tag{12-2}$$

式中，W 为体重（kg）；70 为人类平均寿命（a）；365 为天数。

暴露评估的目的是评估消费人群暴露于某种化学物质的程度或可能程度。它应当包括以下几个方面：污染物的来源、暴露途径、暴露人群的特征和污染物在介质中的浓度与分布。在此基础上，计算暴露人群的暴露水平，进行不确定性分析。具体做法是，根据对源项、释放情况、类型、化学物质的类型、分布及其可能的最终结果（包括残留、分离、转运和介质中迁移），确定研究所监测污染物的种类。同时，结合暴露人群的特点（数量、年龄、性别、居住地分布、职业、工作地点、活动状况和消费特点等）确定暴露人群可能的暴露途径（如食入、吸入、皮肤接触等）以及暴露时间和频率。结合污染物在介质中的浓度和分布的监测结果，确定经不同暴露途径的暴露量以及总暴露量。综合分析上述过程中存在的不确定性因素，进行不确定性分析。如果直接进行总体测定来评估暴露程度固然理想，但需要投入大量的人力和物力。实际做法是从具有代表性的各种群体中抽样，作有限数量的测定分析，再作数学模式推导，用以估测总体暴露人群或不

同分组人群的暴露水平。人群包括某种职业人群、某地区人群、老幼病弱等特别易感人群等，一般是计算他们终生暴露的平均水平。确定人群对某一化学物质的暴露水平，可以通过直接测定进行评定。在可以选到适宜指标的情况下，往往可以测定人的体液及组织中的化学物质或代谢产物浓度来估算污染物的暴露量。根据环境介质中污染物的浓度及其空间分布情况，人的活动参数，从空气、水、食品中的摄入参数，生物检测数据等，用适当的模型，可以估算出不同人群、不同时期污染物的总暴露量，在致癌风险评价中常用人的终生暴露量。文献上对于环境污染物的评价方法，已有广泛的讨论，但没有一种适用于所有污染物的通用方法，因此必须根据每种化合物的具体情况，逐个加以评价。

12.3.2.4　风险表征（risk characterization）

风险表征是健康风险评价的最后一步。利用前面三个阶段所获取的数据，估算不同接触条件下，可能产生的健康危害的强度或某种健康效应的发生概率的过程，并综合进行风险的定量和定性表达。风险度评定主要包括两方面的内容，一是对有害因子的风险大小作出定量估算与表达。二是对评定结果的解释与对评价过程的讨论，特别是对前面三个阶段评定中存在的不确定性作出评估，即对风险评价结果本身的风险作出评价。风险表征的另一个主要内容是评定结果的解释及评价过程的讨论，对整个风险评价过程都有至关重要的意义，特别是对评价过程中各个环节的不确定性分析。为表征潜在的非致癌效应，应进行摄入量与毒性之间的比较。而表征潜在癌症效应，应根据摄入量和特定化学物剂量反应资料估算个体终生暴露产生癌症的概率，对于主要的假设、科学判断以及评价中不确定性评估也应提出。

在健康风险定量估算中首先需计算风险因子或称单位风险，它指在一定时期内连续暴露于某有害因子时，每单位浓度的有害因子造成的超额健康风险，以 R 表示。根据剂量-效应关系提供的有害因子引起不良健康效应的最低剂量（DL）及暴露于有害因子引起的超额风险（Pe）可以计算 R，计算方法为

$$R = \mathrm{Pe}/\mathrm{DL} \tag{12-3}$$

健康风险的表达有多种方式，R 是用各种方法表达健康风险的估算基础。

风险表征的第二步就是对风险进行定量表达，对已致癌效应用风险表示，而非致癌物效应以风险指数表示。风险表征常用商值法和外推法。

商值法是以保护某一特殊受体设立参照浓度指标，然后与估计的环境浓度（EEC）进行比较，超过参照浓度的 EEC 被认为具有潜在风险。一般可以选择基准值、现行（或拟定）的环境质量标准值或毒理学指标和 LC_{50} 作为参照浓度指标；也可以人为的按经济利益或自然保护价值确定浓度值。常在参照浓度指标的基础上引入一个修正系数，如评价系数 AF、非确定系数 UF 或安全系数 SF 等。

修正系数可依靠已有的剂量-效应资料推导，也可以根据毒性系数的可靠程度而确定。商值法可以回答是否具有风险的问题。由于该方法相对费用低廉，所依靠的实验简便，毒理指标易得，因此，广泛用于筛选评价或建立环境质量标准。它的缺点是比较粗略。

12.3.2.5 风险评价的不确定性

从风险评价的整个过程可以看出，评价中的不确定性主要来自剂量-效应评估及暴露评估。剂量-效应评估中动物实验和流行病学调查过程本身造成的偏差、安全系数的选择、利用各种模型进行种属间和高剂量到低剂量的剂量-效应评估推算、计算过程中各种参数的使用等是造成不确定性的主要原因。在暴露评估中，监测过程本身造成的偏差、通过各种模型与方法估算有害因子浓度的过程、计算DH时各种参数的使用等是造成不确定性的主要原因。这些因素都会不同程度地影响到评价结果对实际风险的真实反映，造成评价结果的不确定性。在风险评价领域中，造成评价结果不确定性的原因本身也被认为是不确定性。所以，在报告结果的同时，对每一环节的不确定性进行分析，使管理部门掌握评价结果的可靠程度而进行决策是十分重要的。

12.3.2.6 风险管理

环境风险管理是一门新兴管理学科，其任务是通过各种手段控制或者消除进入人类环境的有害因素，将这些因素导致的人体健康风险减少到目前公认的可接受水平。环境风险管理的具体目标，是作出相应的管理决策，而在此过程中需要集中利用风险表征、控制方法选择和非危害因素分析等方面的资料及其研究结果。美国科学院给风险管理的定义为：“风险管理是选择各种管理法规并进行实施的过程。它是管理部门在立法机构的委托下，在综合考虑政治、社会、经济和工程等方面因素后，制定分析比较各种管理方案的合理性和可行性，然后对某种环境管理因素作出管理决策的过程。在对方案进行选择时，要同时对风险的可接受性和控制费用的合理性进行效益-成本分析。”

风险评价是对各种环境中有害因素进行管理的重要依据。最初美国应用于管理放射线暴露的安全问题，继之应用于管理职业致癌物与环境致癌物。目前已推广应用于管理其他有毒作用的化学物质。目前，健康风险评价的技术及方法建立不久，在很多方面并不成熟，科学家正着力进行研究。在我国，健康风险评价刚刚起步，技术还未普及，管理部门也没有建立相应的准则。因此，汲取世界上健康风险评价领域的经验，结合我国国情建立起比较完整的健康风险评价管理及技术是当前的重要任务。

12.3.3　某市居民生活饮用水健康风险评价研究案例①

该案例除了研究饮用水的水质外，还包括消费者的消费习惯、生活方式对饮用水中无机污染物对人体暴露剂量水平的影响，并对可能产生的健康风险进行评价，在这个工作中将 WCHS（consumption habit exposure habit）方法与 D/S（drink/sample）方法有机结合起来进行潜在暴露和即时暴露评价[15]，希望建立一套适合我国居民消费习惯的饮用水中污染物对人体健康暴露风险评价方法体系和风险评价模型。

通过饮用水健康风险评价，可以将水环境质量和消费人群的健康危害定量联系起来，并定量地描述通过饮用水污染对消费人群存在潜在危害的大小，使评价指标落实到人体健康上，给关心饮用水质量状况的公众一个最直接的答案。同时通过这一研究，可以得出饮用水质量的综合结论（以对消费人群个体健康危害的年风险来表示），确定来自饮用水中污染物的主次及需注意人群的优先权，从而为饮用水水质的风险管理提供科学依据和决策依据。

12.3.3.1　研究内容

本研究在冬季选取150个被调查者，根据消费方式的差异划分人群，评价不同人群经饮用水途径受到的暴露剂量差别和由此而带来潜在危害的不同。

(1) 通过随机入户调查问卷的方式了解该市被调查者家庭情况、饮用水消费情况和住宅内管网的组成及其物理参数，了解被调查者个人情况、从事职业以及饮用水消费方式和类型，明确消费人群的可能暴露经历，获取消费人群的潜在最大/最小污染物暴露可能性；了解饮用水中“二次污染物”的来源和可能产生的途径，进而使家庭用水在昼夜之间得到合理分配，避免滞留浓度的出现。

(2) 采集被调查者在规定期限内每一次饮用水的水样（包括在家中和工作地点），实验室内分析各项基本水质参数和无机元素铜、砷的含量，计算这些元素在一天当中通过饮用水对消费者的暴露剂量；同时采集家庭中厨房滞留水样品（最大污染物浓度样品）和流水样品（最小污染物浓度样品），同样测定上述参数，计算这些元素在一天当中通过饮用水对消费者的最大/最小潜在暴露剂量。

(3) 依据所选择的代表性被调查者，建立某市饮用水消费习惯和无机污染物对人体暴露剂量水平与健康风险数据库，为以后大规模详细健康风险评价或相关工作提供依据或参考。

(4) 根据我国典型地区（某市）城市饮用水水质情况、居民的生活方式（含工作特点）以及饮用水消费方式，建立一种新的方法和模型用于评价来自饮用水

① 本项工作由黄圣彪，王子健等完成。

中无机污染物对人体的暴露剂量水平和可能产生的急性/慢性暴露危害，并进行风险评价结果的讨论。

12.3.3.2 饮用水暴露评价研究方法

在研究饮用水中污染物对人体的急性/慢性暴露评价或测定时，目前国际上最新的暴露评估方法是 D/S 和 WCHS 方法。在这项研究中将同时应用 WCHS 和 D/S 方法。在 WCHS 方法中，借助于饮用水消费习惯调查问卷及家庭/工作地点自来水管网中滞留污染物浓度、流水污染物浓度和随机样品中污染物浓度的测定，间接评价消费人群可能受到的潜在即时、最低、平均和最大污染物暴露；在 D/S 方法中，借助于测定一天当中被调查者每一次饮用水中目标化合物的浓度及基本水质参数，直接评价消费人群因消费习惯不同而受到的即时暴露和一天当中经饮用水途径目标化合物的总暴露。最后应用消费习惯暴露模型 CHEM (consumption habit exposure model)，计算个人经饮用水途径受到目标化合物的急性暴露和慢性暴露水平。

在所考察的饮用水种类中，只考虑被调查者摄入体内的水。包括直接饮用的自来水（冷水/热水）；咖啡、豆浆、茶和汤等热饮料；自来水制的果汁等其他饮料。

1. 不同人群暴露量的计算

对每组人群的每个样品，分别计算暴露浓度的最大值（C_{max}）、最小值（C_{min}）、平均值（$C_{average}$）、中值（C_{medium}），其中后两者计算公式为

$$C_{average}=\frac{\sum C}{M} \tag{12-4}$$

$$C_{medium}=\frac{C_{max}+C_{min}}{2} \tag{12-5}$$

式中，M 为相应组的人数（个）；C 为个人饮用水中污染物的浓度（mg/L）。

通过各消费人群所受到暴露或潜在暴露样品（饮用水滞留样品、饮用水流水样品、饮用水随机样品、被访者每次饮用水样品）浓度的平均值计算其饮水途径的单位体重日均暴露水平（D_{ig}）：

$$D_{ig}=\frac{L\times\Delta C_i\ (\chi)}{W} \tag{12-6}$$

式中，L 为成人每日平均饮水量（L）；$\Delta C_i(\chi)$ 为污染物 i 经食入途径的平均浓度，即式（12-5）中的平均浓度 $C_{average}$（mg/L）；W 为人均体重（kg）。

需要说明的是，成人每日平均饮水量 L 只考虑被调查者摄入体内的水，包括直接饮用的自来水（冷水/热水）；咖啡、豆浆、茶和汤等热饮料；自来水制的

果汁等其他饮料。

2. 饮用水风险评价模型

在该研究中，选取铜作为非癌症风险分析的代表元素，选取 As 作为癌症风险分析的代表元素。

(1) 铜经饮用水途径健康风险评价模型。根据国际癌症研究机构 (IARC) 和世界卫生组织通过全面评价化学物质致癌性可靠程度而编制的分类系统，铜属于非致癌物质，采用以下模型：

$$R_{ig}^{n}=\frac{(D_{ig}\times 10^{-6})}{PAD_{ig}\times 72} \tag{12-7}$$

式中，R_{ig}^{n}为非致癌物 i 经食入途径所致健康危害的个人平均年风险 (a^{-1})；D_{ig}为非致癌污染物 i 经食入途径的单位体重日均暴露剂量[mg/(kg · d)]；PAD_{ig}为非致癌污染物 i 的食入途径的调整剂量[mg/(kg · d)]；某市人群平均寿命为 72 岁。

饮水途径的单位体重日均暴露剂量 (D_{ig}) 可按式 (12-6) 进行计算。

调整剂量 (PAD_{ig}) 可按式 (12-8) 计算：

$$PAD_{ig}=\frac{RfD_{ig}}{安全因子} \tag{12-8}$$

式中，RfD_{ig}为非致癌污染物 i 的食入途径参考剂量，对于 Cu 取值 5×10^{-3} mg/(kg · d)；安全因子取 10。

(2) 砷经饮用水途径健康风险评价模型。砷通过饮用水途径进入人体后的健康风险评价模型属于致癌物所致健康危害的风险模型，公式为

$$R_{ig}^{c}=\frac{1-\exp(-D_{ig}\cdot q_{ig})}{72} \tag{12-9}$$

其中，R_{ig}^{c}为化学致癌物 i 经食入途径产生的平均个人致癌年风险 (a^{-1})；D_{ig}为化学致癌物 i 经食入途径的单位体重日均暴露剂量 [mg/ (kg · d)]；q_{ig}为化学致癌物 i 经食入途径致癌强度系数，取值 15 $[mg/(kg\cdot d)]^{-1}$；某市人群平均寿命为 72 岁。

12.3.3.3　某市居民生活饮用水消费习惯

在所调查时间内 (24h)，冬天某市居民习惯于饮用煮沸的热水，水的来源中 81%是烧开后储存于暖瓶中的自来水，19%是经饮水机加热后的不同品牌桶装纯净水。60 岁以上的消费人群习惯于饮用茶水 (茶的品牌以绿茶和花茶为主)；20～60 岁之间的消费人群中，70%以上人饮用的都是茶水，20%的人饮用咖啡 (主要是雀巢咖啡)，10%的人饮用的为白开水；在 20 岁以下年龄组消费人

群中，60%的人直接饮用白开水，20%的人饮用茶水，20%的人饮用果汁。调查表明，男性平均饮水量大于女性；其中老年男性和女性饮水量之间的差别最大，相差20%左右，而在室内工作的男性和女性之间以及在室外工作的男性和女性之间的饮水量差别最小，仅在4%左右；在男性中，随年龄的增加，饮水量也增加，其中，老年男性（60岁以上）饮用水量最大，平均为3.2 L；20岁以下男性饮水量最小，平均为2.0L。在女性年龄与饮水量的关系中发现了类似的现象。

从上面的结果中可以发现，某市不同年龄层次、不同性别和不同职业的消费人群在24h内的饮用水量存在很大差别，而且饮用水种类也因年龄层次不同存在相当大的差异。在美国，居民习惯于从水龙头直接饮用自来水，水的种类主要是咖啡和果汁，美国环保局关于消费人群日平均饮用水量的假设是成年男性2.2L/d，成年女性1.7L/d，儿童1.2L/d。可见，在本研究中若以美国环保局假设的消费人群日平均饮用水量来对饮用水中污染物的人体健康风险进行评价显然是不科学的。

12.3.3.4 消费人群饮用水中铜和砷浓度的分布

某市饮用水样品中铜和砷的含量见表12-2。在所有的消费人群所接触的饮用水中，As在饮用水样品中的浓度都远远大于其他样品中As的浓度，在被调查的男性饮用水中As的浓度平均为2.53μg/L，最大浓度和最小浓度分别为31.63μg/L和0.01μg/L，最大值已经接近国家2001年《生活饮用水水质卫生规范》中As的标准值（50μg/L）。在不同消费人群中，20～60岁年龄组中，室内男性饮用水样品中As的浓度最高，平均值为3.54μg/L，最大值和最小值分别为

表12-2 不同消费人群饮用水中铜和砷的浓度/(μg/L)

年龄	消费人群	元素	平均	最大	最小	中值	标准偏差	相对偏差	个数	检测限
所有年龄组	男性组	As	2.53	31.63	0.01	1.85	4.49	176.9%	73	—
		Cu	5.17	38.80	1.17	3.88	5.2	100.5%	71	0.001
	女性组	As	1.42	11.27	0.08	1.55	1.94	135.9%	71	—
		Cu	5.95	70.72	0.94	4.06	9.01	151.3%	71	0.001
60岁以上	老年男性组	As	2.45	8.053	0.02	0.97	2.96	120.8%	14	—
		Cu	5.87	13.48	1.77	5.61	3.42	58.2%	12	0.001
	老年女性组	As	0.78	3.55	0.08	2.28	1.14	146.8%	16	—
		Cu	4.52	15.56	2.03	3.91	3.34	73.7%	17	0.001

续表

年龄	消费人群	元素	平均	最大	最小	中值	标准偏差	相对偏差	个数	检测限
20～60岁之间	中青年男性组	As	2.93	31.63	0.01	1.62	5.43	184.8%	42	—
		Cu	4.88	38.80	1.17	3.85	6.06	123.9%	41	0.001
	中青年女性组	As	1.84	11.26	0.20	1.57	2.15	116.2%	40	—
		Cu	6.63	70.72	0.94	4.43	10.94	164.9%	39	0.001
	室内中青年男性组	As	3.54	31.63	0.01	2	6.28	177.6%	30	—
		Cu	5.12	38.80	1.10	3.88	6.94	135.4%	29	0.001
	室内中青年女性组	As	1.84	11.26	0.20	1.57	2.29	124.1%	34	—
		Cu	7.17	70.72	0.94	4.61	11.8	164.3%	33	0.001
	室外中青年男性组	As	1.44	3.60	0.18	1.12	1.4	97.2%	7	—
		Cu	3.93	7.94	2.50	3.12	1.94	49.3%	7	0.001
	室外中青年女性组	As	2.23	3.56	1.09	1.56	1.15	51.4%	5	—
		Cu	3.38	5.63	1.02	3.40	1.76	51.9%	5	0.001
	其他中青年男性组	As	1.63	2.77	1.04	1.07	0.99	60.5%	3	—
		Cu	3.30	4.58	1.89	3.44	1.35	40.8%	3	0.001
20岁以下	青少年男性组	As	1.62	5.77	0.03	2.18	2.08	128.1%	17	—
		Cu	5.35	17.57	1.77	4.56	4.08	76.2%	18	0.001
	青少年女性组	As	0.99	6.59	0.26	0.68	1.68	169.9%	15	—
		Cu	5.81	33.44	1.09	3.23	8.06	138.7%	15	0.001
	男学生组	As	1.68	5.77	0.03	2.04	2.05	121.7%	17	—
		Cu	5.79	17.57	1.17	4.72	4.69	80.9%	17	0.001
	女学生组	As	0.99	6.59	0.26	0.77	1.82	183.4%	14	—
		Cu	5.51	33.44	1.09	3.13	8.22	149.1%	14	0.001

31.63μg/L和0.01μg/L；老年女性饮用水样品中As的浓度最低，平均值为0.78μg/L，最大值和最小值分别为3.55μg/L和0.08μg/L，其次为20岁以下女性，As的平均浓度为0.99μg/L；其余各消费人群饮用水样品中As的浓度在1.44～2.93μg/L之间。

在被调查的男性饮用水中Cu的浓度平均为5.17μg/L，最大浓度和最小浓度分别为38.80μg/L和1.17μg/L，远远低于国家2001年《生活饮用水水质卫生规范》中Cu的标准值（1 mg/L）。在20～60岁年龄组中，除去未知工作类型的男性外，室内女性饮用水样品中Cu的浓度最高，平均值为7.17μg/L，最大值和最小值分别为70.72μg/L和0.94μg/L；室外女性饮用水样品中Cu的浓度最低，平均值为 3.38μg/L，最大值和最小值分别为 5.63μg/L 和 1.02μg/L，其次为室外男性饮用水，Cu 的平均浓度为 3.93μg/L；其余各消费人群饮用水样品中 As 的浓度在 4.88～ 6.63μg/L 之间。

从上面的分析中发现，在不同消费人群的饮用水样品中，室外工作男性和女性所饮用水样品中 As 和 Cu 的含量普遍偏低，而室内工作的男性和女性饮用水样品中 As 和 Cu 的含量普遍偏高。

12.3.3.5 消费人群经饮用水途径 Cu 和 As 的暴露水平

图 12-5 显示了不同消费人群经饮用水途径在 24h 内 As 的暴露水平，男性经饮用水途径 As 的暴露量大于女性，男性的平均暴露量为 0.18 (μg/kg) /d，女性平均暴露量为 0.12 (μg/kg) /d。在男性消费者中，20～60 岁之间男性经饮用水途径 As 的暴露量明显高于 60 岁以上男性的暴露量，平均暴露量分别是 0.22 (μg/kg) /d 和 0.18 (μg/kg) /d。在所有的消费人群中，室内工作男性经饮用水途径 As 的暴露量最大，平均暴露量为 0.28 (μg/kg) /d，而室外工作男性平均暴露量最小，为 0.07 (μg/kg) /d。这一结果再次说明，某市居民中不同的消费人群 As 的暴露量有很大区别，在进行经饮用水途径 As 健康风险分析时，参照美国环保局的对不同消费人群的标准假设进行暴露水平评价是不合适的，就某市而言可能忽略了最大暴露人群和暴露途径，造成最后风险分析的不确定性，从而降低了分析结果的可参考性。

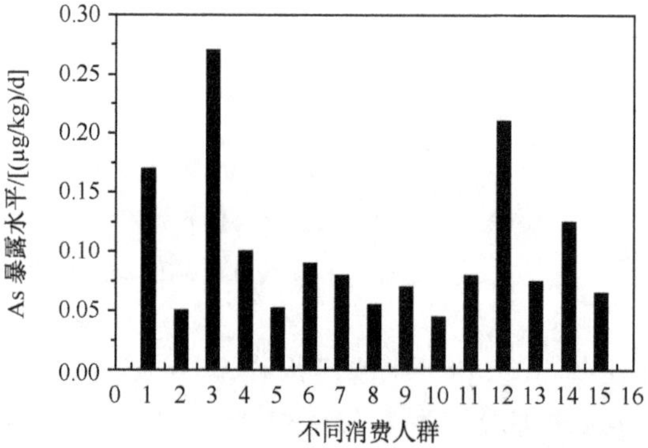

图 12-5 不同消费人群经饮用水途径 As 的暴露水平

图 12-6 显示了不同消费人群经饮用水途径在 24h 内 Cu 的暴露水平。从图中可以发现，在所考察的 150 个被调查者中，男性消费人群和女性消费人群经饮用水途径 Cu 的最大潜在暴露水平、平均暴露水平、随机暴露水平和直接饮用暴露水平分别在 0.36～0.42 (μg/kg) /d 和 0.34～0.37 (μg/kg) /d。

经直接饮用水途径 Cu 的最大暴露水平发生在 60 岁以上男性消费人群中，

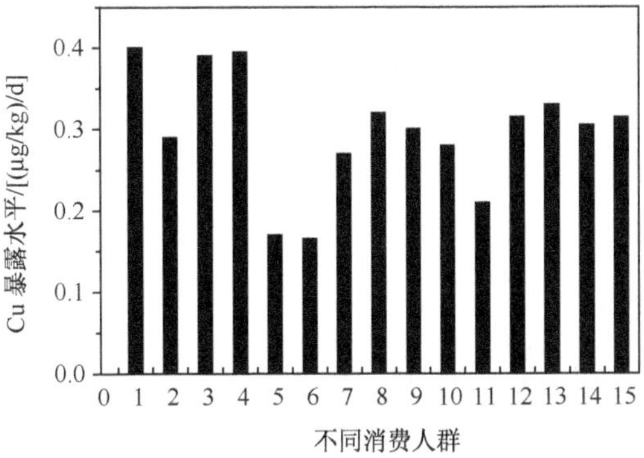

图12-6 消费人群经饮用水途径Cu的暴露水平

暴露水平为0.40（μg/kg）/d；最小暴露发生在20～60岁之间在室外工作的女性消费人群中，暴露水平为0.15（μg/kg）/d。这说明此户外工作的中青年、青少年与学生的随机浓度暴露量较突出。原因在于他们的活动范围广，饮水来源不确定，因此经随机暴露途径Cu暴露水平差异较大。

总的看来，所受暴露量最高的是老年人和户内工作的人群，其次是青少年和学生，最低的是户外工作人群，男女相差不大。

12.3.3.6 应用风险模型评价饮水中Cu和As的健康风险

1. 砷的致癌风险

砷是强烈致癌物质，长期饮用高砷水是导致皮肤癌的一个重要因素。1968年，我国台湾省西南沿海地区居民长期饮用高砷水（饮用水含砷范围0.01～2.5mg/L，多数在0.4～0.6mg/L），45年后对该地区40 421个居民的调查发现，其中患皮肤癌的428例，病理检查确诊的238份标本中，鲍文氏病达121例，占半数以上，从而在临床病理上确定了砷与鲍文氏病的关系。流行病学调查资料证实，在生产和使用含砷农药的工人中，因接触无机砷化物而患肺癌的死亡率增高。在1972～1981年10年期间，我国云南锡业公司矿工肺癌年平均发病率为435.44/10万，死亡率为370.16/10万，井下得肺癌矿工中，组织内砷含量平均高达43.38mg/kg（干重），为其他地区肺癌患者肺组织中含砷量的44倍，通过统计分析发现引起肺癌的主要因素为砷。砷除可以引起皮肤癌及肺癌外，还有报道可引起肝、食管、肠、肾、膀胱等内脏肿瘤及喉舌癌、鼻咽癌和白血病的发生。

以人的平均寿命为72岁计算，不同消费人群经不同饮用水途径造成的As

平均个人年风险中，通过直接饮水途径所引起的 As 个人年风险最大，R_{ys} 为 $(7.9\sim14.0)\times10^{-6}/a$。而在不同消费人群经饮用水途径 As 的个人年风险的大小分布为，男性大于女性，20～60 岁男性按照室外和室内工作两种职业来划分的话，室内工作消费人群经饮用水途径远远大于其他的消费人群（图 12-7）。

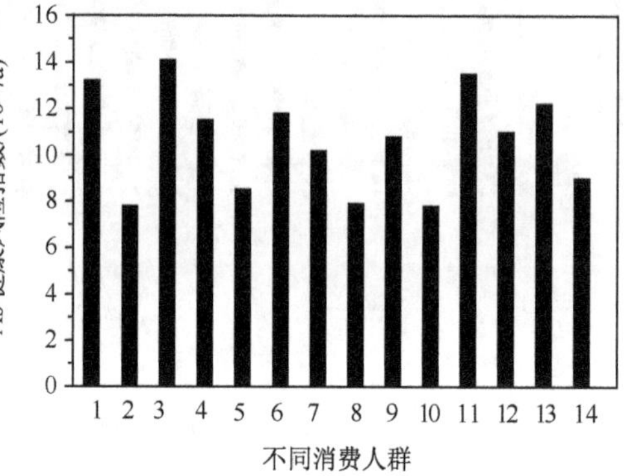

图 12-7 不同人群通过饮水所引起的 As 健康风险 $\times10^{-6}$(个人年风险：a^{-1})

1—OM-1；2—OF-1；3—MM-2；4—MM-5；5—MM-3；6—MF-6；7—YM-1；8—YF-4；9—YM-2；10—YF-3；11—MM-1；12—MF-4；13—AM-1；14—AF-2

在所有人群，经不同饮用水途径 As 的个人年风险都小于国际辐射防护委员会（international commission on radiological protection，ICRP）推荐的最大可接受风险水平 $5.0\times10^{-5}/a$。而按照美国环保局《饮用水规范和健康顾问》中关于 As 在 10^{-4} 癌症风险规定值 $2\times10^{-5}/a$，虽然 As 的风险是可以接受的，但相当接近于这一规定风险值。因此在未来生活饮用水规范的制定中，应特别注意 As 风险状况，应将其作为风险决策管理的重点对象。

2. 铜的非致癌风险

铜是人体必需的微量元素，它是人体许多酶的必要成分，其通过消化系统的吸收时间和肝脏循环系统的滞留时间要取决于人体负荷。过量的铜摄入会引起中毒，其急性和亚急性毒性会对人体的很多器官造成损害，像肝脏，肾，血液，消化系统和大脑。高剂量的铜摄入会引起消化道黏膜损伤，失去黏膜保护功能后，将导致铜的大量吸收，引起更严重的伤害。因为铜摄入所引起的慢性中毒非常少见，这可能是因为消化系统的自我平衡调节功能、胆汁的排泄和血浆铜蓝蛋白对铜的结合能力降低了铜的积累，导致铜的慢性毒性的降低。但是，对于一些敏感人群，高剂量的铜暴露会更容易导致中毒，尤其对于婴儿，铜的代谢机能还不成熟，血液中的血浆铜蓝蛋白含量又低，过量铜暴露非常容易对他们引起伤害。根据有关研究，当通过饮用水途径所引起的铜暴露量在 2～32mg 的范围内时，会引起一些不良症状反应，如恶心、呕吐、腹痛和腹泻。瑞典科学家研究表明，铜暴露可能会引起儿童腹泻，因为铜是一种效力很强的杀菌剂，当进入肠道消化系统时，会改变肠道内正常菌群组成，因此会引起腹泻。缺铜会出现许多临床症状，包括贫血、心脏和循环系统问题以及骨骼畸形等。此外，神经系统、免疫系统、肺、甲状腺、胰腺和肾脏等的功能会受到缺铜的危害。世界卫生组织下属的国际化学制品安全委员会（IPCS）就缺铜的问题，召集健康问题专家们举行了会议，得出了这样的结论：缺铜对健康造成的危险性远超过铜的毒性作用，对于儿童和上了年纪的人更是如此，甚至在美国和西欧这样的发达国家也不例外。

对某市的研究结果显示（图 12-8），不同消费人群经饮用水暴露途径所引起的 Cu 健康风险中，各消费人群之间的 Cu 所引起的风险水平有较大的差异，但是总的来看，各消费人群风险水平都集中在 10^{-6} 水平上，远远低于美国环保局推荐的健康风险水平标准 $1\times10^{-5}/a$。这说明，在该市铜通过饮水途径引起的健康风险水平处于可接受水平，即使长期慢性暴露也不会对饮用者造成健康危害。

饮用水安全评价是保证水质安全的基本依据，也是技术发展和工艺革新的基本准则。在过去近 10 年里，世界各国及相关的国际组织，对饮用水安全风险给予了前所未有的关注，为此而发展出一系列用于水质安全评价的新理论和新方法。然而，一方面由于新的环境污染物和污染现象不断产生，对水质安全评价带来了许多理论和技术难题；另一方面，由于新的特别是痕量分析和毒性分析方法的快速发展，也发现了一些以前从未认识的水质污染风险问题。这些都给饮用水

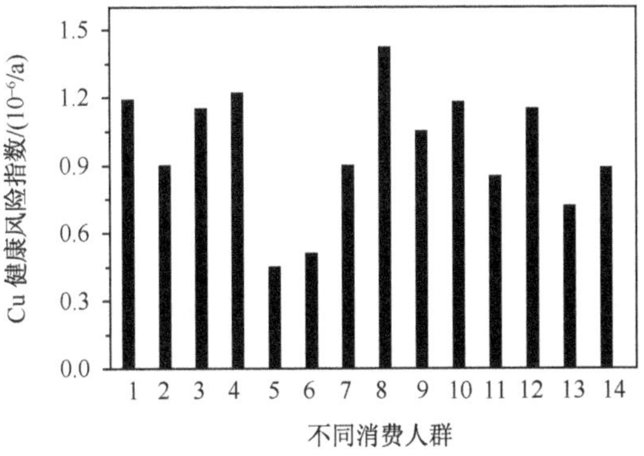

图 12-8　某市不同消费人群 Cu 通过饮水所引起的健康风险$\times10^{-6}$（个人年风险：a^{-1}）

1—OM-1；2—OF-1；3—MM-2；4—MM-5；5—MM-3；6—MF-6；7—YM-1；8—YF-4；9—YM-2；10—YF-3；11—MM-1；12—MF-4；13—AM-1；14—AF-2

水质安全的评价提出了挑战，建立既用于常规分析也能用于急性慢性毒性分析的方法成为饮用水安全保障的基础性工作。目前所进行的研究和应用还处于探索阶段，特别是针对突发性水质变化的健康风险缺乏有效和快速的甄别技术。虽然我国在此方面的工作尚在初期，但人们已经认识到发展饮用水安全评价技术系统的极端重要性。为此在国家“十五”重大科技专项“水污染控制技术与治理工程”的饮用水安全保障专题中，对水质安全评价方法已做了初步研究和开发，取得了一些有意义的结果。今后，饮用水安全保障的发展方向，将是以水质的健康风险控制为核心，以构建水源地保护与水质改善-水厂高效净化-管网水质稳定送配-水质安全评价的应用技术体系为重点，实现理论、技术和应用的系统创新。

参考文献

[1] US Federal Drug Administration. Public health security and bioterrorism preparedness and response act of 2002, PUBLIC LAW, 2002

[2] USEPA. National recommended water quality criteria: 2002, United States Office of Water EPA-822-R-02-04, Environmental Protection Office of Science and Technology, 2002

[3] Auer C. Conference proceedings of the US/EU chemicals conference. Charlottesville, VA, 2004

[4] USEPA. A framework for a computational toxicology research program in ORD. Report No. EPA/600/R 03/065, 2004

[5] USEPA. Framework for application of the toxicity equivalence methodology for polychlorinated dioxins, furans and biphenyls in ecological risk assessment. EPA/630/P-03/002A (External Review Draft), 2003

[6] Van Gestel C A M, Van Brummelen T C, Incorporation of the biomarker concept in ecotoxicology calls for a redefinition of terms. Ecotoxicology, 1996, 5, 217～225

[7] 殷浩文. 生态风险评价. 上海：华东理工大学出版社，2001

[8] USEPA, Risk assessment forum. Ecological risk assessment issue papers (EPA/630/R-94/009), 1994

[9] 王占生，刘文君. 微污染水源饮用水处理. 北京：中国建筑工业出版社，1999

[10] 王琳，王宝贞. 饮用水深度处理技术. 北京：化学工业出版社，2002

[11] Bradbury S P, Feijtel C J T, Leeuwen J C. Meeting the scientific needs of ecological risk assessmentin a regulatory context. Environmental Science and technology. 2004, 12 (1): 463～480

[12] Cairns J, Pratt J R. The scientific basis of bioassays. Hydrobiologia, 1989, 188/189: 5～20

[13] Persoone G. Cyst-based toxicity test: I, A promising new tool for rapid and cost effective toxicity screening of chemicals and effluents. Z Angew. Zool, 1991, 78: 235～241

[14] USEPA. Guidelines for health risk assessment of chemical mixtures. Federal Register, 1986, 51 (185): 34014～34025

[15] Lagos G E, Maggi L C, Reveco F. Model for estimating of human exposure to copper in drinking water. Sci. Total Environ., 1999, 239: 49～70

附　　录

附录1　中华人民共和国生活饮用水卫生标准（GB 5749—2005）

附表1-1　水质常规检验项目及限值

项目	限值
1. 微生物指标[①]	
总大肠菌群(MPN/100mL或CFU/100mL)	不得检出
耐热大肠菌群(MPN/100mL或CFU/100mL)	不得检出
大肠埃希氏菌(MPN/100mL或CFU/100mL)	不得检出
菌落总数(CFU/mL)	100
2. 毒理指标	
砷/(mg/L)	0.01
镉/(mg/L)	0.005
铬(六价)/(mg/L)	0.05
铅/(mg/L)	0.01
汞/(mg/L)	0.001
硒/(mg/L)	0.01
氰化物/(mg/L)	0.05
氟化物/(mg/L)	1.0
硝酸盐(以N计)/(mg/L)	10,水源限制时20
三氯甲烷/(mg/L)	0.06
四氯化碳/(mg/L)	0.002
溴酸盐(使用臭氧时)/(mg/L)	0.01
甲醛(使用臭氧时)/(mg/L)	0.9
亚氯酸盐(使用二氧化氯消毒时)/(mg/L)	0.7
氯酸盐(使用复合二氧化氯消毒时)/(mg/L)	0.7
3. 感官性状和一般化学指标	
色度(铂钴色度单位)	15
浑浊度(NTU-散射浊度单位)	1,水源与净水技术条件限制时为3

续表

项目	限值
嗅和味	无异嗅、异味
肉眼可见物	无
pH(pH 单位)	大于 6.5;小于 8.5
溶解性总固体/(mg/L)	1000
总硬度(以 $CaCO_3$计)/(mg/L)	450
耗氧量(COD_{Mn}法,以 O_2计)/(mg/L)	3(超过Ⅲ类水源,原水>6mg/L 时为 5)
挥发酚类(以苯酚计)/(mg/L)	0.002
阴离子合成洗涤剂/(mg/L)	0.3
铝/(mg/L)	0.2
铁/(mg/L)	0.3
锰/(mg/L)	0.1
铜/(mg/L)	1.0
锌/(mg/L)	1.0
氯化物/(mg/L)	250
硫酸盐/(mg/L)	250
4. 放射性物质	
总 α 放射性/(Bq/L)	0.5
总 β 放射性/(Bq/L)	1

①MPN，最大可能数；CFU，菌落形成单位。当水样检出总大肠菌群时，应进一步检验大肠埃希氏菌或耐热大肠菌群；水样未检出总大肠菌群，不必检验大肠埃希氏菌或耐热大肠菌群。水样中检出大肠埃希氏菌或耐热大肠菌群表示该水体已受到人或动物粪便污染。

附表 1-2　水质常规检验项目（根据所使用的消毒剂确定检验项目）

消毒剂名称	接触时间	出厂水中限值	出厂水中余量	管网末梢水中余量
氯气及游离氯制剂/(mg/L),以游离氯计	与水接触至少 30min 出厂	4	≥0.3	≥0.05
氯胺/(mg/L),以总氯计	与水接触至少 120min 出厂	4	≥0.5	≥0.05
臭氧(O_3)/(mg/L)	与水接触至少 12min 出厂	0.3		0.02；如加氯，总氯≥0.05
二氧化氯(ClO_2)/(mg/L)	与水接触至少 30min 出厂	0.8	≥0.1	≥0.02

附表 1-3　水质非常规检验项目及限值

项目	限值
1. 微生物指标	
贾第鞭毛虫/(个/10L)	<1
隐孢子虫/(个/10L)	<1
2. 毒理指标	
锑/(mg/L)	0.005
钡/(mg/L)	0.7
铍/(mg/L)	0.002
硼/(mg/L)	0.5
钼/(mg/L)	0.07
镍/(mg/L)	0.02
银/(mg/L)	0.05
铊/(mg/L)	0.0001
氯化氰(以 CN^- 计)/(mg/L)	0.07
三卤甲烷(三氯甲烷、一氯二溴甲烷、二氯一溴甲烷、三溴甲烷之总和)	该类化合物中每种化合物的实测浓度与其各自限值的比值之和不超过1
一氯二溴甲烷/(mg/L)	0.1
二氯一溴甲烷/(mg/L)	0.06
三溴甲烷/(mg/L)	0.1
二氯甲烷/(mg/L)	0.02
1,2-二氯乙烷/(mg/L)	0.03
1,1,1-三氯乙烷/(mg/L)	2
环氧氯丙烷/(mg/L)	0.0004
氯乙烯/(mg/L)	0.005
1,1-二氯乙烯/(mg/L)	0.03
1,2-二氯乙烯/(mg/L)	0.05
三氯乙烯/(mg/L)	0.07
四氯乙烯/(mg/L)	0.04
六氯丁二烯/(mg/L)	0.0006
二氯乙酸/(mg/L)	0.05
三氯乙酸/(mg/L)	0.1
三氯乙醛(水合氯醛)/(mg/L)	0.01
苯/(mg/L)	0.01

续表

项目	限值
甲苯/(mg/L)	0.7
二甲苯/(mg/L)	0.5
乙苯/(mg/L)	0.3
苯乙烯/(mg/L)	0.02
2,4,6 三氯酚/(mg/L)	0.2
苯并(a)芘/(mg/L)	0.00001
氯苯/(mg/L)	0.3
1,2-二氯苯/(mg/L)	1
1,4-二氯苯/(mg/L)	0.3
三氯苯(总量)/(mg/L)	0.02
邻苯二甲酸二(2-乙基己基)酯/(mg/L)	0.008
丙烯酰胺/(mg/L)	0.0005
微囊藻毒素-LR/(mg/L)	0.001
甲草胺/(mg/L)	0.02
灭草松/(mg/L)	0.3
百菌清/(mg/L)	0.01
滴滴涕/(mg/L)	0.001
溴氰菊酯/(mg/L)	0.02
乐果/(mg/L)	0.08
2,4-滴/(mg/L)	0.03
七氯/(mg/L)	0.0004
六氯苯/(mg/L)	0.001
六六六(总量)/(mg/L)	0.005
林丹(γ-六六六)/(mg/L)	0.002
马拉硫磷/(mg/L)	0.25
对硫磷/(mg/L)	0.003
甲基对硫磷/(mg/L)	0.02
五氯酚/(mg/L)	0.009
莠去津/(mg/L)	0.002
呋喃丹/(mg/L)	0.007
毒死稗/(mg/L)	0.03
敌敌畏(含敌百虫)/(mg/L)	0.001

续表

项目	限值
草甘膦/(mg/L)	0.7
3. 感官性状和一般化学指标	
氨氮(以 N 计)/(mg/L)	0.5
磷酸盐(只用于加磷酸盐类缓蚀阻垢剂,以 PO_4^{3-} 计)/(mg/L)	5
硫化物/(mg/L)	0.02
钠/(mg/L)	200

附表 1-4　农村小型集中式供水和分散式供水水质要求

项目	限值
1. 微生物指标	
菌落总数/(CFU/mL)	500
2. 毒理指标	
砷/(mg/L)	0.05
氟化物/(mg/L)	1.2
硝酸盐(以 N 计)/(mg/L)	20
3. 感官性状和一般化学指标	
色度(铂钴色度单位)	用户可接受(参考值 20)
浑浊度(NTU-散射浊度单位)	3,特殊情况时为 5, 分散式供水者,用户可接受
嗅和味	用户可接受
肉眼可见物	用户可接受
pH(pH 单位)	不小于 6.5;不大于 9.5
溶解性总固体/(mg/L)	用户可接受(参考值 1500)
总硬度(以 $CaCO_3$ 计)/(mg/L)	用户可接受(参考值 550)
耗氧量(COD_{Mn} 法,以 O_2 计)/(mg/L)	5
铁/(mg/L)	用户可接受(参考值 0.5)
锰/(mg/L)	用户可接受(参考值 0.3)
氯化物/(mg/L)	用户可接受(参考值 300)
硫酸盐/(mg/L)	用户可接受(参考值 300)

附录2　世界卫生组织饮用水水质标准（第二版，2004年）

附表 2-1　饮用水中的细菌质①

有机体类		指标值	旧标准
所有用于饮用的水	大肠杆菌或耐热大肠菌	在任意100mL水样中检测不出	
进入配水管网的处理后水	大肠杆菌或耐热大肠菌	在任意100mL水样中检测不出	在任意100mL水样中检测不出
	总大肠菌群	在任意100mL水样中检测不出	在任意100mL水样中检测不出
配水管网中的处理后水	大肠杆菌或耐热大肠菌	在任意100mL水样中检测不出	
	总大肠菌群	在任意100mL水样中检测不出。对于供水量大的情况，应检测足够多次的水样，在任意12个月中95%水样应合格	

①如果检测到大肠杆菌或总大肠菌，应立即进行调查。如果发现总大肠菌，应重新取样再测。如果重取的水样中仍检测出大肠菌，则必须进一步调查以确定原因。

附表 2-2　饮用水中对健康有影响的化学物质

1. 无机组分

项目	指标值/(mg/L)	旧标准/(mg/L)	备注
锑	0.005 (p)①		
砷	0.01② (p)	0.05	含量超过 6×10^{-4}mg/L将有致癌的危险
钡	0.7		
铍			NAD&
硼	0.3		
镉	0.003	0.005	
铬	0.05 (p)	0.05	
铜	2 (p)	1.0	ATO#
氰	0.07	0.1	
氟	1.5	1.5	当制定国家标准时，应考虑气候条件、用水总量以及其他水源的引入
铅	0.01	0.05	众所周知，并非所有的给水都能立即满足指标值的要求，所有其他用以减少水暴露于铅污染下的推荐措施都应采用
锰	0.5 (p)	0.1	ATO

续表

项目	指标值/(mg/L)	旧标准/(mg/L)	备注
汞（总）	0.001	0.001	
钼	0.07		
镍	0.02		
NO_3^-	50	10	每一项浓度与它相应的指标值的比率的总和不能超过1
NO_2^-	3（p）		
硒	0.01	0.01	
钨			NAD

2. 有机组分

项目	指标值/(μg/L)	旧标准/(μg/L)	备注
(1) 氯化烷烃类			
四氯化碳	2	3	
二氯甲烷	20		
1，1-二氯乙烷			NAD
1，1，1-三氯乙烷	2000（p）		
1，2-二氯乙烷	30②	10	过量致险值为 10^{-5}μg/L
(2) 氯乙烯类			
氯乙烯	5②		过量致险值为 10^{-5}
1，1-二氯乙烯	30	0.3	
1，2-二氯乙烯	50		
三氯乙烯	70（p）	10	
四氯乙烯	40	10	
(3) 芳香烃族			
苯	10②	10	过量致险值为 10^{-5}
甲苯	700		ATO
二甲苯族	500		ATO
苯乙烷	300		ATO
苯乙烯	20		ATO
苯并［a］芘	0.7②	0.01	过量致险值为 10^{-5}
(4) 氯苯类			
一氯苯	300		ATO
1，2-二氯苯	1000		ATO

续表

项目	指标值/(μg/L)	旧标准/(μg/L)	备注
1，3-二氯苯			NAD
1，4-二氯苯	300		ATO
三氯苯（总）	20		ATO
(5) 其他类			
二-(2-乙基己基）己二酸	80		
二-(2-乙基己基）邻苯二甲酸酯	8		
丙烯酰胺	0.5②		过量致险值为 10^{-5}μg/L
环氧氯丙烷	0.4 (p)		
六氯丁二烯	0.6		
乙二胺四乙酸（EDTA）	200 (p)		
次氮基三乙酸	200		
二烃基锡			NAD
三丁基氧化锡	2		

3. 农药

项目	指标值/(μg/L)	旧标准/(μg/L)	备注
草不绿	20②		过量致险值为 10^{-5}μg/L
涕灭威	10		
艾氏剂/狄氏剂	0.03	0.03	
莠去津	2		
噻草平/苯达松	30		
羰呋喃	5		
氯丹	0.2	0.3	
绿麦隆	30		
DDT	2	1	
1，2-二溴-3-氯丙烷	1②		过量致险值为 10^{-5}μg/L
2，4-D	30		
1，2-二氯丙烷	20 (p)		
1，3-二氯丙烷			NAD

续表

项目	指标值/(μg/L)	旧标准/(μg/L)	备注
1，3-二氯丙烯	20②		过量致险值为 10^{-5}μg/L
二溴乙烯			NAD
七氯和七氯环氧化物	0.03	各 0.1	
六氯苯	1②	0.01	过量致险值为 10^{-5}μg/L
异丙隆	9		
林丹	2	3	
2-甲-4-氯苯氧基乙酸(MCPA)	2	100	
甲氧氯	20		
丙草胺	10		
草达灭	6		
二甲戊乐灵	20		
五氯苯酚	9 (p)	10	
二氯苯醚菊酯	20		
丙酸缩苯胺	20		
达草止	100		
西玛三嗪	2		
氟乐灵	20		
氯苯氧基除草剂，不包括2，4-D 和 MCPA			
2，4-DB	90		
二氯丙酸	100		
2，4，5-涕丙酸	9		
2-甲-4-氯丁酸 (MCPB)			NAD
2-甲-4-氯丙酸	10		
2，4，5-T	9		

4. 消毒剂及 DBPs

项目	指标值/(mg/L)	旧标准/(mg/L)	备注
消毒剂			
一氯胺	3		
二氯胺和三氯胺			NAD

续表

项目	指标值/(mg/L)	旧标准/(mg/L)	备注
氯	5		ATO，在 pH＜8.0 时，为保证消毒效果，接触 30min 后，自由氯浓度应＞0.5mg/L
二氧化氯			由于二氧化氯会迅速分解，故该指项标值尚未制定。且亚氯酸盐的指标值足以防止来自于二氧化氯的潜在毒性
碘			NAD
项目	指标值（μg/L）	旧标准（μg/L）	备注
DBPs			
溴酸盐	25② （p）		过量致险值为 7×10^{-5}μg/L
氯酸盐			NAD
亚氯酸盐	200（p）		
氯酚类			
2-氯酚			NAD
2，4-二氯酚			NAD
2，4，6-三氯酚	200②	10	过量致险值为 10^{-5}μg/L，ATO
甲醛	900		
3-氯-4-二氯甲基-5-羟基-2（5H）-呋喃酮（MX）			NAD
三卤甲烷类			每一项的浓度与它相对应的指标值的比率不能超过 1
三溴甲烷	100		
一氯二溴甲烷	100		
二氯一溴甲烷	60②		过量致险值为 10^{-5}μg/L
三氯甲烷	200②	30	过量致险值为 10^{-5}μg/L
氯化乙酸类			
氯乙酸			NAD
二氯乙酸	50（p）		
三氯乙酸	100（p）		
水合三氯乙醛	10（p）		
氯丙酮			NAD
卤乙腈类			
二氯乙腈	90（p）		

续表

项目	指标值/(mg/L)	旧标准/(mg/L)	备注
二溴乙腈	100 (p)		
氯溴乙腈			NAD
三氯乙腈	1 (p)		
氯乙腈（以 CN 计）	70		
三氯硝基甲烷			NAD

注：①（p）—临时性指标值，该项目适用于某些组分，对这些组分而言，有一些证据说明这些组分具有潜在的毒害作用，但对健康影响的资料有限；或在确定日容许摄入量（TDI）时不确定因素超过1000以上。

②对于被认为有致癌性的物质，该指导值为致癌危险率为 10^{-5} 时其在饮用水中的浓度（即每100 000人中，连续 70 年饮用含浓度为该指导值的该物质的饮用水，有一人致癌）。

NAD&—没有足够的资料用于确定推荐的健康指导值。

ATO#—该物质的浓度为健康指导值或低于该值时，可能会影响水的感官、嗅或味。

附表 2-3　饮用水中常见的对健康影响不大的化学物质的浓度

化学物质	备注	化学物质	备注
石棉	U	锡	U
银	U		

注：U—对于这些组分不必要提出一个健康基准指标值，因为它们在饮用水中常见的浓度下对人体健康无毒害作用。

附表 2-4　饮用水中放射性组分

项目	筛分值/(Bq/L)	旧标准/(Bq/L)	备注
总 α 活性	0.1	0.1	如果超出了一个筛分值，那么更详细的放射性核元素分析必不可少。较高的值并不一定说明该水质不适于人类饮用
总 β 活性	1	1	

附表 2-5　饮用水中含有的能引起用户不满的物质及其参数

项目	可能导致用户不满的值[a]	旧标准	用户不满的原因
物理参数			
色度	15TCU[b]	15TCU	外观
嗅和味	—	没有不快感觉	应当可能接受
水温	—		应当可以接受
浊度	5NTU[c]	5NTU	外观；为了最终的消毒效果，平均浊度≤1NTU，单个水样≤5NTU

续表

项目	可能导致用户不满的值[a]	旧标准	用户不满的原因
无机组分			
铝	0.2mg/L	0.2mg/L	沉淀，脱色
氨	1.5mg/L		味和嗅
氯化物	250mg/L	250mg/L	味道，腐蚀
铜	1mg/L	1.0mg/L	洗衣房和卫生间器具生锈（健康基准临时指标值为2mg/L）
硬度	—	500mg$CaCO_3$/L	高硬度：水垢沉淀，形成浮渣
硫化氢	0.05mg/L	不得检出	嗅和味
铁	0.3mg/L	0.3mg/L	洗衣房和卫生间器具生锈
锰	0.1mg/L	0.1mg/L	洗衣房和卫生间器具生锈（健康基准临时指标值为0.5mg/L）
溶解氧	—		间接影响
pH	—	6.5～8.5	低pH：具腐蚀性 高pH：味道，滑腻感 用氯进行有效消毒时最好pH<8.0
钠	200mg/L	200mg/L	味道
硫酸盐	250mg/L	400mg/L	味道，腐蚀
总溶解固体	1000mg/L	1000mg/L	味道
锌	3mg/L	5.0mg/L	外观，味道
有机组分			
甲苯	24～170μg/L		嗅和味（健康基准指标值为700μg/L）
二甲苯	20～1800μg/L		嗅和味（健康基准指标值为500μg/L）
乙苯	2～200μg/L		嗅和味（健康基准指标值为300μg/L）
苯乙烯	4～2600μg/L		嗅和味（健康基准指标值为20μg/L）
一氯苯	10～120μg/L		嗅和味（健康基准指标值为300μg/L）
1，2-二氯苯	1～10μg/L		嗅和味（健康基准指标值为1000μg/L）
1，4-二氯苯	0.3～30μg/L		嗅和味（健康基准指标值为300μg/L）
三氯苯（总）	5～50μg/L		嗅和味（健康基准指标值为20μg/L）
合成洗涤剂	—		泡沫，味道，嗅味
消毒剂	600～1000μg/L		嗅和味（健康基准指标值为5mg/L）
氯酚类			
2-氯酚	0.1～10μg/L		嗅和味

续表

项目	可能导致用户不满的值[a]	旧标准	用户不满的原因
2，4-二氯酚	0.3～40μg/L		嗅和味
2，4，6-三氯酚	2～300μg/L		嗅和味（健康基准指标值为200μg/L）

a. 这里所指的水准值不是精确数值。根据当地情况，低于或高于该值都可能出现问题，故对有机物组分列出了味道和气味的上下限范围。

b. TCU，色度单位。

c. NTU，散色浊度单位。

附录3　欧盟饮用水水质指令
（欧盟委员会1998年）

附表3-1　微生物学参数

指标	指标值/（个/mL）	指标	指标值/（个/mL）
埃希氏大肠杆菌	0	肠道球菌	0

以下指标用于瓶装或桶装饮用水：

指标	指标值	指标	指标值
埃希氏大肠杆菌	0/250mL	细菌总数（22℃）	100/mL
肠道球菌	0/250mL	细菌总数（37℃）	20/mL
铜绿假单胞菌	0/250mL		

附表3-2　化学物质参数

指标	指标值	单位	备注
丙烯酰胺	0.10	μg/L	注1
锑	5.0	μg/L	
砷	10	μg/L	
苯	1.0	μg/L	
苯并［a］芘	0.010	μg/L	
硼	1.0	mg/L	
溴酸盐	10	μg/L	注2

续表

指标	指标值	单位	备注
镉	5.0	μg/L	
铬	50	μg/L	
铜	2.0	mg/L	注 3
氰化物	50	μg/L	
1，2-二氯乙烷	3.0	μg/L	
环氧氯丙烷	0.10	μg/L	注 1
氟化物	1.5	mg/L	
铅	10	μg/L	注 3 和注 4
汞	1.0	μg/L	
镍	20	μg/L	注 3
硝酸盐	50	mg/L	注 5
亚硝酸盐	0.50	mg/L	注 5
农药	0.10	μg/L	注 6 和 7
农药（总）	0.50	μg/L	注 6 和 8
多环芳烃	0.10	μg/L	特殊化合物的总浓度 注 9
硒	10	μg/L	
四氯乙烯和三氯乙烯	10	μg/L	特殊指标的总浓度
三卤甲烷（总）	100	μg/L	特殊化合物的总浓度 注 10
氯乙烯	0.50	μg/L	注 1

注：1. 参数值是指水中的剩余单体浓度，并根据相应聚合体与水接触后所能释放出的最大量计算得到。

2. 如果可能，在不影响消毒效果的前提下，成员国应尽力降低该值。

3. 该值适用于由用户龙头处所取水样，且水样应能代表用户一周用水的平均水质。成员国必须考虑到可能会影响人体健康的峰值出现情况。

4. 该指令生效后 5～15 年，铅的参数值为 25μg/L。

5. 成员国应确保［硝酸根浓度］/50＋［亚硝酸根浓度］/3≤1，方括号中为以 mg/L 为单位计的硝酸根和亚硝酸根浓度，且出厂水亚硝酸盐含量要小于 0.1mg/L。

6. 农药是指有机杀虫剂、有机除草剂、有机杀菌剂、有机杀线虫剂、有机杀螨剂、有机除藻剂、有机杀鼠剂、有机杀黏菌和相关产品及其代谢副产物、降解和反应产物。

7. 参数值适用于每种农药。对艾氏剂、狄氏剂、七氯和环氧七氯，参数值为 0.030μg/L。

8. 农药总量是指所有能检测出和定量的单项农药的总和。

9. 具体的化合物包括：苯并［b］呋喃、苯并［k］呋喃、苯并［g，h，i］芘、茚并［1，2，一cd］芘。

10. 如果可能，在不影响消毒效果的前提下，成员国应尽力降低下列化合物值：氯仿、溴仿、二溴一氯甲烷和一溴二氯甲烷。该指令生效后 5～15 年，总三卤甲烷的参数值为 150μg/L。

附表 3-3　指示参数

指标		指导值	单位	备注
色度		用户可以接受且无异味		
浊度		用户可以接受且无异常		注 7
嗅		用户可以接受且无异常		
味		用户可以接受且无异常		
氢离子浓度		6.5～9.5	pH 单位	注 1 和 3
电导率		2500	μS/cm（20℃）	注 1
氯化物		250	mg/L	注 1
硫酸盐		250	mg/L	注 1
钠		200	mg/L	
耗氧量		5.0	mgO_2/L	注 4
氨		0.50	mg/L	
TOC		无异常变化		注 6
铁		200	μg/L	
锰		50	μg/L	
铝		200	μg/L	
细菌总数（22℃）		无异常变化		
产气荚膜梭菌		0	个/100mL	注 2
大肠杆菌		0	个/100mL	注 5
放射性参数	氚	100	Bq/L	
	总指示用量	0.10	mSv/年	

注：1. 不应具有腐蚀性。

2. 如果原水不是来自地表水或没有受地表水影响，则不需要测定该参数。

3. 若为瓶装或桶装的静止水，最小值可降至 4.5pH 单位，若为瓶装或桶装水，因其天然富含或人工充入二氧化碳，最小值可降至更低。

4. 如果测定 TOC 参数值，则不需要测定该值。

5. 对瓶装或桶装的水，单位为个/250mL。

6. 对于供水量小于 10 000m^3/d 的水厂，不需要测定该值。

7. 对地表水处理厂，成员国应尽力保证出厂水的浊度不超过 1.0NTU。

附录 4　美国饮用水水质标准
（美国环保局 2006 年）

国家一级饮用水规程（NPDWRs 或一级标准）是法定强制性的标准，它适用于公用给水系统。一级标准限制了那些有害公众健康的及已知的或在公用给水系统中出现的有害污染物浓度，从而保护饮用水水质。

污染物划分为：无机物，有机物，放射性核素及微生物。

附表 4-1

污染物	MCLG① /(mg/L)④	MCL②TT③ /(mg/L)④	从水中摄入后对健康的潜在影响	饮用水中污染物来源
无机物				
锑	0.006	0.006	增加血液胆固醇，减少血液中葡萄糖含量	炼油厂，阻燃剂，电子，陶器，焊料工业的排放
砷	未规定⑤	0.05	伤害皮肤，血液循环问题，增加致癌风险	半导体制造厂，炼油厂，木材防腐剂，动物饲料添加剂，防莠剂等工业排放，矿藏溶蚀
石棉（> 10μm 纤维）	7×10^7纤维/L	7×10^7纤维/L	增加良性肠息肉风险	输水管道中石棉，水泥损坏，矿藏溶蚀
钡	2	2	血压升高	钻井排放，金属冶炼厂排放、矿藏溶蚀
铍	0.004	0.004	肠道损伤	金属冶炼厂，焦化厂、电子，航空，国防工业的排放
镉	0.005	0.005	肾损伤	镀锌管道腐蚀，天然矿物溶蚀，金属冶炼厂排放，水从废电池和废油漆冲刷外泄
铬	0.1	0.1	使用含铬大于 MCL 多年，出现过敏性皮炎	钢铁厂，纸浆厂排放，天然矿藏的溶蚀
铜	1.3	作用浓度 1.3TT6	短期接触使胃肠疼痛，长期接触使肝或肾损伤，有肝豆状核变性的病人在水中铜浓度超过作用浓度时，应请教个人医生	家庭管道系统腐蚀，天然矿藏溶蚀，木材防腐剂淋溶
氰化物	0.2	0.2	神经系统损伤，甲状腺问题	钢厂或金属加工厂排放，塑料厂及化肥厂排放
氟化物	4.0	4.0	骨骼疾病（疼痛和脆弱），儿童得齿斑病	为保护牙，向水中添加氟，天然矿藏的溶蚀，化肥厂及铝厂排放
铅	0	作用浓度 0.015TT6	婴儿和儿童：身体或智力发育迟缓，成年人肾脏出问题，高血压	家庭管道腐蚀，天然矿藏侵蚀
无机汞	0.002	0.002	肾损伤	天然矿物的溶蚀，冶炼厂和工厂排放，废渣填埋场及耕地流出

续表

污染物	MCLG①/(mg/L)④	MCL②TT③/(mg/L)④	从水中摄入后对健康的潜在影响	饮用水中污染物来源
硝酸盐（以N计）	10	10	“蓝婴儿综合征”（6个月以下婴儿受到影响未能及时治疗），症状：婴儿身体发蓝色，呼吸短促	化肥泄出，化粪池或污水渗漏，天然矿藏物溶蚀
亚硝酸盐（以N计）	1	1	“蓝婴儿综合征”（6个月以下婴儿受到影响未能及时治疗），症状：婴儿身体发蓝色，呼吸短促	化肥泄出，化粪池或污水渗漏，天然矿藏物溶蚀
硒	0.05	0.05	头发，指甲脱落，指甲或脚趾麻木，血液循环问题	炼油厂，排放，天然矿物的腐蚀，矿场排放
铊	0.0005	0.0002	头发脱落，血液成分变化，对肾、肠或肝有影响	矿砂处理场溶出，电子，玻璃，制药厂排放
有机物				
丙烯酰胺	0	TT[7]	神经系统及血液问题，增加致癌风险	在污泥或废水处理过程中加入水中
草不绿	0	0.002	眼睛、肝、肾、脾发生问题，贫血症，增加致癌风险	庄稼除莠剂流出
阿特拉津	0.003	0.003	心血管系统发生问题，再生繁殖困难	庄稼除莠剂流出
苯	0	0.005	贫血症，血小板减少，增加致癌风险	工厂排放，气体储罐及废渣回堆土淋溶
苯并（a）芘	0	0.0002	再生繁殖困难，增加致癌风险	储水槽及管道涂层淋溶
呋喃丹	0.04	0.04	血液及神经系统发生问题，再生繁殖困难	用于稻子与苜蓿的熏蒸剂的淋溶
四氯化碳	0	0.005	肝脏出问题，致癌风险增加	化工厂和其他企业排放
氯丹	0	0.002	肝脏与神经系统发生问题，致癌风险增加	禁止用的杀白蚁药剂的残留物
氯苯	0.1	0.1	肝、肾发生问题	化工厂及农药厂排放
2，4-滴	0.07	0.07	肾、肝、肾上腺发生问题	庄稼上除莠剂流出
茅草枯	0.2	0.2	肾有微弱变化	公路抗莠剂流出
1，2-二溴-3-氯丙烷	0	0.0002	再生繁殖困难，致癌风险增加	大豆、棉花、菠萝及果园土壤熏蒸剂流出或溶出
邻-二氯苯	0.6	0.6	肝、肾或循环系统发生问题	化工厂排放
对-二氯苯	0.075	0.075	贫血症，肝、肾或脾受损，血液变化	化工厂排放
1，2-二氯乙烷	0	0.005	致癌风险增加	化工厂排放

续表

污染物	MCLG①/(mg/L)④	MCL②TT③/(mg/L)④	从水中摄入后对健康的潜在影响	饮用水中污染物来源
1，1-二氯乙烯	0.007	0.007	肝发生问题	化工厂排放
顺1，2-二氯乙烯	0.07	0.07	肝发生问题	化工厂排放
反1，2-二氯乙烯	0.1	0.1		化工厂排放
二氯甲烷	0	0.005	肝发生问题，致癌风险增加	化工厂排放和制药厂排放
1，2-二氯丙烷	0	0.005	致癌风险增加	化工厂排放
二乙基己基己二酸酯	0.4	0.4	一般毒性或再生繁殖困难	PVC管道系统溶出，化工厂排出
二乙基己基邻苯二甲酸酯	0	0.006	再生繁殖困难，肝发生问题，致癌风险增加	橡胶厂和化工厂排放
地乐酚	0.007	0.007	再生繁殖困难	大豆和蔬菜抗莠剂的流出
二　英（2，3，7，8-四氯二苯并对二氧六环）	0	0.000 000 03	再生繁殖困难，致癌风险增加	废物焚烧或其他物质焚烧时散布，化工厂排放
敌草快	0.02	0.02	生白内障	施用抗莠剂的流出
草藻灭	0.1	0.1	胃、肠出问题	施用抗莠剂的流出
异狄氏剂	0.002	0.002	影响神经系统	禁用杀虫剂残留
熏杀环	0	TT[7]	胃出问题，再生繁殖困难，致癌风险增加	化工厂排出，水处理过程中加入
乙基苯	0.7	0.7	肝、肾出问题	炼油厂排放
二溴化乙烯	0	0.000 05	胃出毛病，再生繁殖困难，	炼油厂排放
草甘膦	0.7	0.7	胃出毛病，再生繁殖困难	用抗莠剂时溶出
七氯	0	0.0004	肝损伤，致癌风险增加	禁用杀白蚁药残留
环氧七氯	0	0.0002	肝损伤，再生繁殖困难，致癌风险增加	七氯降解
六氯苯	0	0.001	肝、肾出问题，致癌风险增加	冶金厂，农药厂排放
六氯环戊二烯	0.05	0.05	肾、胃出问题	化工厂排出
林丹	0.0002	0.0002	肾、肝出问题	畜牧、木材、花园所使用杀虫剂流出或溶出
甲氧滴滴涕	0.04	0.04	再生繁殖困难	用于水果、蔬菜、苜蓿、家禽杀虫剂流出或溶出
草氨酰	0.2	0.2	对神经系统有轻微影响	用于苹果、土豆、番茄杀虫剂流出
多氯联苯	0	0.0005	皮肤起变化，胸腺出问题，免疫力降低，再生繁殖或神经系统困难，增加致癌风险	废渣回填土溶出，废弃化学药品的排放
五氯酚	0	0.001	肝、肾出问题，致癌风险增加	木材防腐工厂排出

续表

污染物	MCLG①/(mg/L)④	MCL②TT③/(mg/L)④	从水中摄入后对健康的潜在影响	饮用水中污染物来源
毒莠定	0.5	0.5	肝出问题	除莠剂流出
西玛津	0.004	0.004	血液出问题	除莠剂流出
苯乙烯	0.1	0.1	肝、肾、血液循环出问题	橡胶、塑料厂排放，回填土溶出
四氯乙烯	0	0.005	肝出问题	从PVC管流出，工厂及干洗工场排放
甲苯	1	1	神经系统，肾、肝出问题	炼油厂排放
总三卤甲烷(TTHMs)	未规定⑤	0.1	肝、肾、神经中枢出问题，致癌风险增加	饮用水消毒副产品
毒杀芬	0	0.003	肾、肝、甲状腺出问题	棉花，牲畜杀虫剂的流出或溶出
2，4，5-涕丙酸	0.05	0.05	肝出问题	禁用抗莠剂的残留
1，2，4-三氯苯	0.07	0.07	肾上腺变化	纺织厂排放
1，1，1-三氯乙烷	0.2	0.2	肝、神经系统、血液循环系统出问题	金属除脂场地或其他工厂排放
1，1，2-三氯乙烷	0.003	0.005	肝，肾，免疫系统出问题	化工厂排放
三氯乙烯	0	0.005	肝脏出问题，致癌风险增加	炼油厂排出
氯乙烯	0	0.002	致癌风险增加	PVC管道溶出，塑料厂排放
二甲苯（总）	10	10	神经系统受损	石油厂，化工厂排出
核素				
β粒子和光子	未定⑤	4毫雷姆/年	致癌风险增加	天然和人造矿物衰变
总α活性	未定⑤	15微微居里/升	致癌风险增加	天然矿物浸蚀
镭226，镭228	未定⑤	5微微居里/升	致癌风险增加	天然矿物浸蚀
微生物				
贾第虫	0	TT[8]	贾第虫病，肠胃疾病	人和动物粪便
异养菌总数	未定	TT[8]	对健康无害，用作批示水处理效率，控制微生物的指标	未定
军团菌	0	TT[8]	军团菌病，肺炎	水中常有发现，加热系统内会繁殖
总大肠杆菌（包括粪型及艾氏大肠菌）[10]	0	5.0%[9]	用于指示其他潜在有害菌的存在	人和动物粪便
浊度	未定	TT[8]	对人体无害，但对消毒有影响，为细菌生长提供场所，用于指未微生物的存在	土壤随水流出
病毒	0	TT[8]	肠胃疾病	人和动物粪便

国家二级饮用水规程

二级饮用水规程（NSDWRs 或二级标准）为非强制性准则，用于控制水中对美容（皮肤、牙齿变色），或对感官（如嗅、味、色度）有影响的污染物浓度。

美国环保局为给水系统推荐二级标准，但没有规定必须遵守，然而各州可选择性采纳，作为强制性标准。

附表 4-2

污染物	二级标准	污染物	二级标准
铝	0.05～0.2mg/L	锰	0.05mg/L
氯化物	250mg/L	嗅	嗅阀值 3
色	15（色度单位）	银	0.1mg/L
铜	1.0mg/L	pH	6.5～8.5
腐蚀性	无腐蚀性	硫酸盐	250mg/L
氟化物	2.0mg/L	总溶固体	500mg/L
发泡剂	0.5mg/L	锌	5
铁	0.3mg/L		

注：①污染物最高浓度目标 MCLG—对人体健康无影响或预期无不良影响的水中污染物浓度。它规定了适当的安全限量，MCLGs 是非强制性公共健康目标。

②污染物最高浓度—它是供给用户的水中污染物最高允许浓度，MCLGs 是强制性标准，MCLG 是安全限量，确保略微超过 MCL 限量时对公众健康不产生显著风险。

③TT 处理技术—公共给水系统必须遵循的强制性步骤或技术水平，以确保对污染物的控制。

④除非有特别注释，一般单位为 mg/L。

⑤1986 年安全饮水法修正案通过前，未建立 MCLGs 指标，所以，此污染物无 MCLGs 值。

⑥在水处理技术中规定，对用铅管或用铅焊的或由铅管送水的铜管现场取龙头水样，如果所取自来水样品中超过铜的作用浓度 1.3mg/L，铅的作用浓度 0.015mg/L 的 10%，则需进行处理。

⑦如给水系统采用丙烯酰胺及熏杀环（1-氯-2，3-环氧丙烷），它们必须向州政府提出书面形式证明（采用第三方或制造厂的证书），它们的使用剂量及单体浓度不超过下列规定；

丙烯酰胺＝0.05%，剂量为 1mg/L（或相当量）

熏杀环＝0.01%，剂量为 20mg/L（或相当量）

⑧地表水处理规则要求采用地表水或受地面水直接影响的地下水的给水系统，a. 进行水的消毒；b. 为满足无须过滤的准则，要求进行水的过滤，以满足污染物控制到下列浓度：

贾第虫，99.9%杀死或灭活

病毒，99.99%杀死或灭活

军团菌未列限值，美国环保局认为，如果一旦贾第虫和病毒被灭活，则它就已得到控制。

任何时候浊度不超过 5NTU，采用过滤的供水系统确保浊度不大于 NTU，（采用常规过滤或直接过滤则不大于 0.5NTU），连续两个月内，每天的水样品中合格率至少大于 95%。

HPC 每毫升不超过 500 个细菌数。

⑨每月总大肠杆菌阳性水样不超过 5%，于每月例行检测总大肠杆菌的样品少于 40 只的给水系统，总大肠菌阳性水样不得超过 1 个。含有总大肠菌水样，要分析粪型大肠杆菌，粪型大肠杆菌不容许存在。

⑩粪型及艾氏大肠杆菌的存在表明水体受到人类和动物排泄物的污染，这些排泄物中的微生物可引起腹泻、痉挛、恶心、头痛或其他症状。